高职高专“十三五”规划教材

机械加工综合实训(初级)

上册

主编　王红梅

北京航空航天大学出版社

内容简介

本书是以《职业技能鉴定标准》为依据，结合高职教育的特点，按照初级工技能等级标准编写的。全书内容共五部分，分上、下两册，上册包括第一至三部分，下册包括第四和第五部分。第一部分为钳工，介绍锉削、钻孔、锉配等基本操作方法及技能训练；第二部分为车削，介绍外圆、锥度、螺纹的加工方法及技能训练；第三部分为铣削，介绍平面、槽、孔的加工方法及技能训练；第四部分为数控车削，介绍常用指令的编程方法及简单型面的数控车削加工方法及技能训练；第五部分为数控铣削，介绍平面、轮廓、型腔的数控铣削加工方法及技能训练。本书将五个工种的内容进行整合，突出了学与训、训与练，以及加工技术与加工工艺的结合。

本书可作为职业院校机械制造类专业的教材，也可作为成人教育及职业技能鉴定的辅导用书。

图书在版编目(CIP)数据

机械加工综合实训 ：初级 ：全 2 册 / 王红梅主编
. -- 北京 ：北京航空航天大学出版社，2017.8
ISBN 978-7-5124-2423-4

Ⅰ. ①机… Ⅱ. ①王… Ⅲ. ①金属切削—高等职业教育—教材 Ⅳ. ①TG5

中国版本图书馆 CIP 数据核字(2017)第 112317 号

机械加工综合实训(初级)
上册
主编 王红梅
责任编辑 王 实
*
北京航空航天大学出版社出版发行
北京市海淀区学院路 37 号(邮编 100191) http://www.buaapress.com.cn
发行部电话：(010)82317024 传真：(010)82328026
读者信箱：goodtextbook@126.com 邮购电话：(010)82316936
北京时代华都印刷有限公司印装 各地书店经销
*
开本：787×1 092 1/16 印张：43.25 字数：1 135 千字
2017 年 8 月第 1 版 2021 年 8 月第 4 次印刷 印数：5 101～6 500 册
ISBN 978-7-5124-2423-4 定价：129.00 元(全 2 册)

若本书有倒页、脱页、缺页等印装质量问题，请与本社发行部联系调换。联系电话：(010)82317024

前　言

《机械加工综合实训》全套书分为初级、中级、高级三册，内容包含钳工、车工、铣工、数控车、数控铣五个工种的加工技术、零件装夹、刀具选择、工艺处理等相关知识的应用和训练。全套书是以《职业技能鉴定标准》为依据，结合高职教育的特点，按照技能等级标准编写的。根据编者多年来的实践经验，对机械加工操作技能的内容进行整合，以实用为原则，突出技能操作训练，拓宽知识层面，立足于求新，形成全新的实训教材模式。

本书是《机械加工综合实训》初级，内容共五部分，分上、下两册，上册包括第一至三部分，下册包括第四和第五部分。第一部分为钳工，介绍锉削、钻孔、锉配等基本操作方法及技能训练；第二部分为车削，介绍外圆、锥度、螺纹的加工方法及技能训练；第三部分为铣削，介绍平面、槽、孔的加工方法及技能训练；第四部分为数控车削，介绍常用指令的编程方法及简单型面的数控车削加工方法及技能训练；第五部分为数控铣削，介绍平面、轮廓、型腔的数控铣削加工方法及技能训练。

针对高等职业教育"突出实际技能操作培养"的要求，在编写教材时，重点突出与操作技能相关的必备专业知识。在内容上循序渐进，从基础入手，强调师生互动和学生自主学习，突出职业院校生产实训教学的特点。将《职业技能鉴定标准》引入教学实训，使操作训练与职业技能鉴定的标准相结合，以达到上岗前培训的标准并满足就业的需要。本书最鲜明的特点是，将五个工种的内容进行整合，突破以往教材的单一模式，全书突出了学与训、训与练的结合，加工技术与加工工艺的结合。本书编写的定位是：以培训初级职业技能——机械加工操作的能力为目标，培养岗位适应性较强的机械加工操作技能人员。

本书由四川航天职业技术学院的王红梅任主编，张继军、古英、张馨允、杨晓莉、杨青英、王华、张斌、罗明华任副主编；庞飞龙、刘君凯、蒋应平、陈久港、杨林参编。

由于编写水平有限，书中难免存在错误和不当之处，恳请读者批评指正。

编　者

2017年3月

目　　录

上　　册

下　册

第一部分　钳　工

课题一　入门知识

教学要求

◆ 了解钳工在工业生产中的工作任务。

◆ 认识、熟悉钳工实训场地的常用设备及工具。

◆ 了解钳工实训安全文明生产常识及安全操作规程。

1.1.1　钳工概述

钳工是以手持工具对工件进行金属切屑加工的一种方法，是复杂、细致、技术要求高、实践能力强的工种。其基本操作技能包括：平面划线、锉削、锯割、钻孔、扩孔、铰孔、攻螺纹、套螺纹、锉配和装配。

基本操作技能是进行产品生产的基础，也是钳工专业技能的基础。无论哪种钳工，首先都应掌握好钳工的各项基本操作技能，然后再根据分工不同进一步学习掌握好零件的钳工加工及产品和设备的装配、修理等技能。目前，虽然有各种先进的加工方法，但钳工所用工具简单，具有加工灵活多样、操作方便、适应面广等特点，故有很多工作仍需要由钳工来完成。钳工在机械制造及机械维修中起着特殊的、不可取代的作用。但钳工操作的劳动强度大、生产效率低、对工人技术水平要求较高。因此，必须熟练掌握，才能在今后的工作中逐步做到得心应手，运用自如。

1. 钳工的主要工作任务

钳工是机械制造中不可缺少的一个工种，其操作灵活性大，工具简单，应用范围很广。钳工的工作范围主要包括以下几个方面：

① 加工前的准备工作，如清理毛坯或在工件上的划线等；

② 单件或小批生产中，制造一些一般的零件及修配性加工；

③ 零件装配时的钻孔、铰孔、攻螺纹和套螺纹等；

④ 加工精密零件，如锉样板、刮削或研磨机器、量具和工具的配合表面、夹具与模具的精加工等；

⑤ 装配、调整、修理及零件装配时的配合修整等；

⑥ 机器的组装、试车、调整和维修等。

2. 钳工的种类

随着机械工业的发展，钳工的工作范围日益扩大，专业分工更细。按工作内容的性质来分，钳工主要有三类：

① 装配钳工（普通钳工），主要从事机械或部件的装配和调整工作以及一些零件的加工工作。

② 机修钳工(修理钳工),主要从事机器设备的维修工作。

③ 模具钳工(工具制造钳工),主要从事模具、工具、量具及样板的制作。

3. 钳工技能的学习要求

钳工基本操作项目较多,各项技能的学习掌握有一定的相互依赖关系,因此要求我们必须循序渐近,由易到难,由简单到复杂,一步一步地将每项操作技能学习好,掌握好。基本操作是技术知识、技能技巧和力量的结合,不能偏废任何一个方面,还要自觉遵守实训纪律,有认真细致的工作作风和吃苦耐劳的工作精神,严格按照每个课题的要求进行操作,只有这样,才能很好地完成钳工基础技能训练。

1.1.2 钳工常用设备及工具简介

钳工的一些基本操作主要在由工作台和台虎钳等常用设备及工具组成的工作场地来完成。

1. 钳工工作台

钳工工作台简称钳台或钳桌,它是钳工主要的工作场地。钳台一般用硬质木板或钢材制成,也有用铸铁件制成的,要求牢固、坚实和平稳,以确保工作时的稳定性。为了使操作者有合适的工作高度和位置,要求钳台的台面到地面的高度为800~900 mm,钳台的长度和宽度可根据工作场地的大小和实际生产需要来确定。钳台还可以用来放置和收藏钳工常用的各种工具、量具和准备加工的工件。

钳台台面上装有虎钳和防护网,要求固定钳身的钳口处于钳台边缘外,以便于对工件顺利夹紧和操作者进行各种操作。

注意事项

钳台使用中的注意事项:

- 钳台上放置的各种工具、量具和工件不要处于钳台边缘之外;
- 量具和精密零件应当摆放整齐,钳台表面上垫一块橡胶板以防止碰伤零件;
- 暂时不用的工具和量具,应当整齐地摆放在钳台的抽屉内或者柜内的工具箱中;
- 工件加工完成后,应马上清除台面上的切屑和杂物,并放置好相关的工具、量具和工件,保持台面的整洁。

2. 台虎钳

台虎钳是夹持工件进行手工操作的通用夹具,其规格用钳口的宽度来表示。常用的规格有100 mm、125 mm和150 mm等。

(1) 台虎钳的结构

台虎钳通常按其结构分为固定式和回转式两种,如图1-1-1所示。两种台虎钳的主要结构和工作原理基本相同。由于回转式台虎钳的整个钳身可以旋转,能满足工件不同方位加工的需要,使用方便,因此回转式台虎钳在工具钳工中应用非常广泛。

(2) 台虎钳的工作原理

活动钳身1通过导轨与固定钳身4的导轨孔做滑动配合,丝杆13装在活动钳身上,能够旋转但不能轴向移动,与安装在固定钳身内的螺母5配合。当摇动手柄12使丝杆旋转时,就带动活动钳身相对于固定钳身做进退移动,起到夹紧或松开工件的作用。钳口的工作面上制有交叉网纹和光面两种形式。交叉网纹钳口夹紧工件后不易产生滑动,而光滑钳口则用来夹

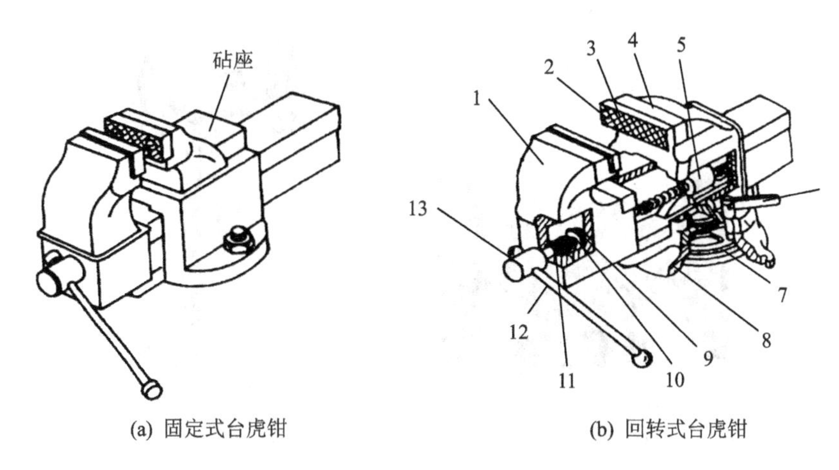

(a) 固定式台虎钳　　(b) 回转式台虎钳

1—活动钳身；2—螺钉；3—钢钳口；4—固定钳身；5—螺母；6—转座手柄；
7—夹紧盘；8—转座；9—销；10—挡圈；11—弹簧；12—手柄；13—丝杆

图 1－1－1　台虎钳的结构

持表面光洁的工件，夹紧经加工后的表面不会损伤工件表面。

（3）台虎钳的使用要求

① 固定钳身的钳口工作面应处于钳台边缘。安装台虎钳时，必须使固定钳身的钳口工作面处于钳台边缘以外，以保证夹持长条形工件时，工件的下端不受钳台边缘的阻碍。

② 台虎钳在钳台上的固定要牢固，工作时应注意左右两个转座手柄必须扳紧，且保证钳身没有松动迹象，以免损坏钳台、台虎钳及影响工件的加工质量。

③ 夹紧工件时，只允许用手的力量来扳紧丝杆手柄，不允许用锤子敲击手柄或套上长管去扳手柄，以免丝杆、螺母及钳身因受力过大而损坏。

④ 长工件只可锉夹紧的部分，锉其余部分时必须移动重夹。锉削时，工件伸出钳口上方的高度要短，工件伸出太多就会弹动，加工时用力方向最好是朝向固定钳身。

⑤ 不允许在活动钳身的光滑平面上进行敲击作业，以免降低活动钳身与固定钳身的配合性能。

⑥ 夹持工件的光洁表面时，应垫铜皮加以保持。

⑦ 台虎钳使用完后，应立即清除钳身上的切屑，特别是丝杆和导向面应擦干净，并加注适量机油，有利于润滑和防锈。

⑧ 操作台虎钳时，逆时针转动手柄，钳口则慢慢开启，做平行移动；顺时针转动手柄，钳口慢慢闭合。

3. 砂轮机

砂轮机是用来磨去工件或材料的毛刺和锐边以及刃磨钻头、刮刀等刀具或工具的简易机器。图 1－1－2 所示为常用的台式和立式两种砂轮机的外观。砂轮机由电动机、砂轮、机体（机座）、托架和防护罩组成。

下面重点介绍砂轮机的操作使用要求：

① 砂轮机启动前，应检查安全托板装置是否固定可靠和完好，并注意观察砂轮表面有无裂缝。砂轮机应有安全罩。

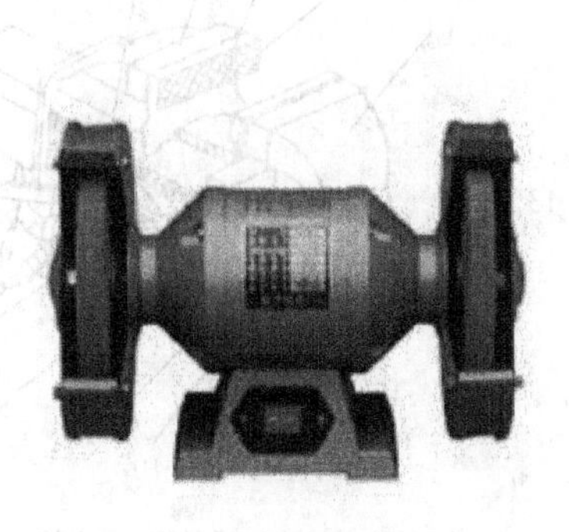

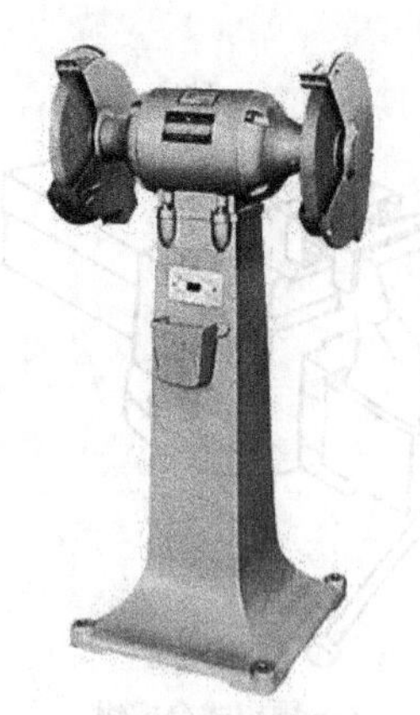

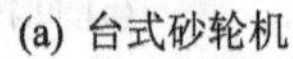

(a) 台式砂轮机　　　(b) 立式砂轮机

图 1-1-2　砂轮机的外观

② 砂轮机启动后,应观察砂轮机的旋转是否平稳,旋转方向与指示牌是否相符,以及有无其他故障存在;待转速正常后方可进行磨削。使用时应严格遵守安全操作规程。

③ 要经常保持砂轮表面平整,若砂轮表面严重跳动,应及时修整。

④ 砂轮机的托架与砂轮间的距离一般应保持在 3 mm 以内,以免发生磨削件轧入而使砂轮破裂。

⑤ 白刚玉、棕刚玉砂轮磨一般钢材;绿色碳化硅砂轮磨硬质合金。

⑥ 操作时,人不能正对砂轮站立,应站在砂轮的侧面或斜侧位置。在磨削时不要用力太猛,以免砂轮碎裂。

⑦ 要对砂轮定期检查,检查砂轮有无裂纹,两端螺母是否锁紧。

⑧ 使用完毕应随即切断电源。

4. 台式钻床

台式钻床简称台钻,是一种放在工作台面上使用的小型钻床。台钻的钻孔直径一般小于或等于 12 mm,最小可以加工直径为十分之几毫米的孔。台钻主要用于电器、仪表行业及一般机器制造业的钳工装配工作中。

图 1-1-3(a)是常见的 Z512 台钻的外观,由底座、立柱、头架和主轴等组成。底座用于钻孔时安放平口钳或卡盘、工件;立柱用来连接底座和头架;头架上主要装有塔轮和皮带,将皮带置于不同的塔轮上就能得到不同的转速;主轴上装有钻夹头用来安装钻头,钻孔时,钻头随主轴作顺时针方向旋转运动。

图 1-1-3(b)所示为 Z4012 台式钻床结构图,电动机 6 通过五级皮带轮 3 可使主轴 1 获得 5 种不同的转速。机头 2 套在立柱 8 上,摇动摇把 4 做上下移动,并可绕立柱中心转动,调整到适当位置后用手柄 9 锁紧。

5. 立式钻床

立式钻床简称立钻,是应用较为广泛的一种钻床。特点是主轴轴线垂直布置且其位置固定。钻孔时,为使刀具旋转中心线与被加工孔的中心线重合,必须移动工件。因此,立钻适用于加工中小型工件上的孔。立钻的最大钻孔直径有 25 mm、35 mm、40 mm、50 mm 等不同规格,工作时可以自动进给,主轴转速和进给量都有较大的变动范围。

图 1-1-4(a)所示为 Z525 立式钻床外观图。最大钻孔直径为 25 mm,由工作台、床身、

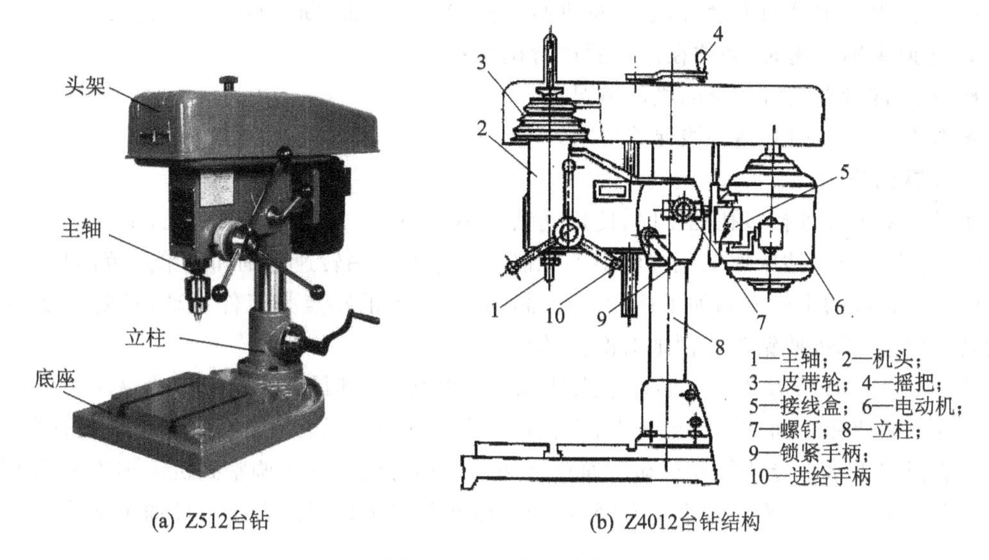

(a) Z512台钻　　(b) Z4012台钻结构

图 1-1-3 台式钻床

主轴变速箱、进给变速箱等主要部分组成。

图 1-1-4(b)所示为 Z525 立式钻床部分结构图。电动机 7 通过主轴变速器 6 驱动主轴 4 旋转，变更变速手柄 5 的位置可使主轴获得多种转速。通过进给变速箱 8，可使主轴获得多种机动进给速度，转动进给手柄 2 可以实现手动进给。工作台 1 装在床身导轨的下方，可沿床身导轨上下移动，以适应不同高度的工件的加工。

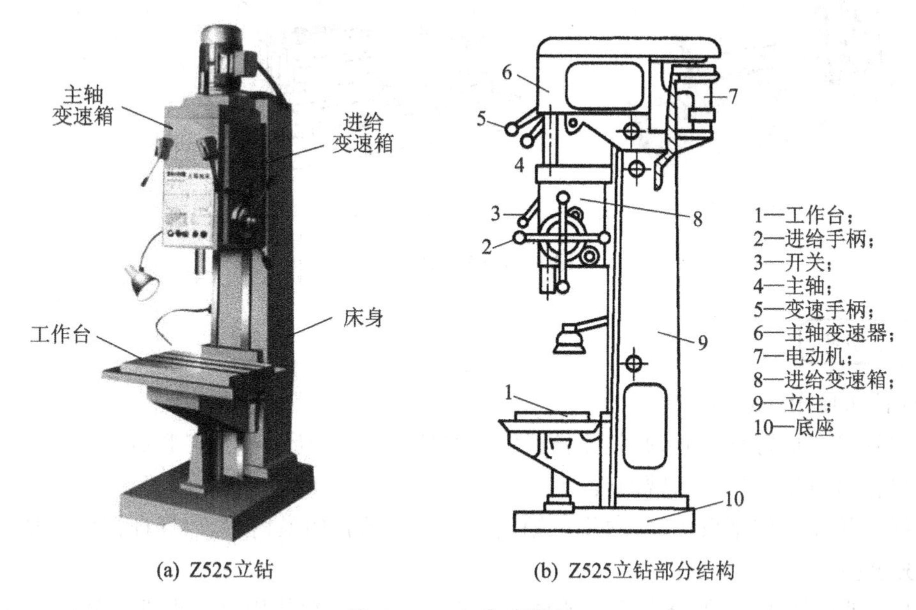

(a) Z525立钻　　(b) Z525立钻部分结构

图 1-1-4 立式钻床

注意事项

立钻使用规则及维护保养：

- 立钻使用前必须先空转试车，在机床各机构都能正常工作时才可操作；

- 工作中不用机动进给时，必须将进给手柄端盖向里推，断开机动进给传动；
- 变换主轴转速时，必须在停车后进行调整；
- 需经常检查润滑系统的供油情况；
- 维护保养参照立钻一级保养要求。

6. 摇臂钻床

在对大型工件进行多孔加工时，使用立钻很不方便，因为每加工一个孔，工件就要移动找正一次，而使用摇臂钻床加工就方便多了。摇臂钻床的主轴转速范围和进给量范围均很大，工作时可获得较高的生产率和加工精度。在摇臂钻上钻孔的特点是工件不动，只要调整摇臂和主轴箱的位置，就可使钻头方便地对准孔的中心。

图 1-1-5 所示为 Z3040 摇臂钻床外观图及结构图，其最大钻孔直径为 $\phi 40$。工件安装在机座 6 上或机座上面的工作台 5 上；主轴箱 3 安装在可绕垂直立柱 2 回转 360°的摇臂 4 上，并可沿着摇臂上水平导轨往复移动。通过这两种运动可将主轴 1 调整到机床加工范围内的任何位置上。另外，摇臂沿立柱上下升降，可使主轴箱的高低位置适合于工件加工部位的高度。

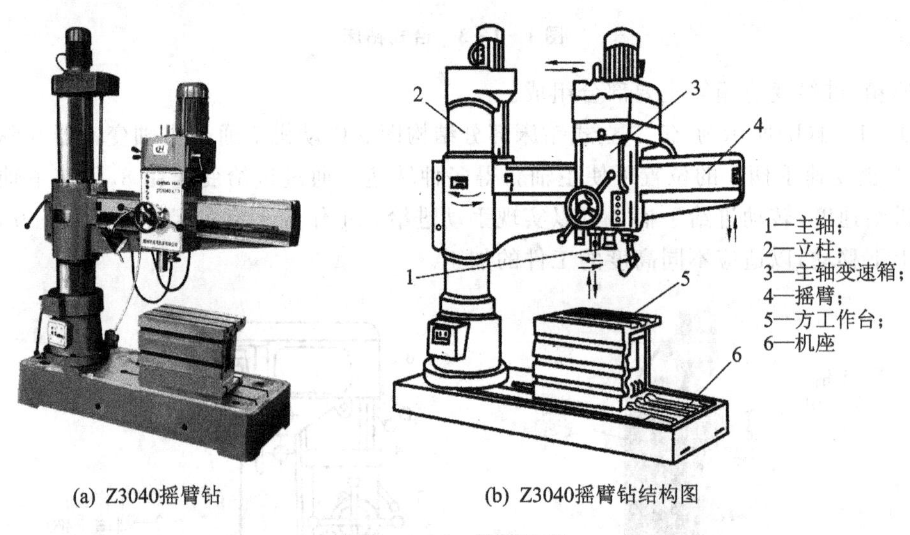

(a) Z3040摇臂钻　　(b) Z3040摇臂钻结构图

图 1-1-5　摇臂钻床

注意事项

摇臂钻床使用注意事项：

- 主轴箱或摇臂移位时，必须先松开锁紧装置，移动至所需位置夹紧后方可使用；
- 操作时可用手拉动摇臂回转；
- 摇臂钻床工作结束后，必须将主轴变速箱移至摇臂的最内端，以保证摇臂的精度。

7. 分度头

钳工在进行划线、钻等分孔及做各种等分测量工作时，须使用分度头进行分度。分度头是一种比较精确的分度工具，使用较为广泛，如图 1-1-6 所示。

分度头按其结构不同，一般分为直接分度头、万能分度头和光学分度头三种。在单件、小批量生产的工具制造业中，常采用万能分度头。分度头的主要规格是以顶尖中心线到底面的高度来表示。生产中常用的分度头规格有 FW100、FW125、FW250 等几种。

图 1-1-6 万能分度头

其分度原理及使用方法，详见后面课题。

8. 钳工常用工具及量具

钳工常用工具有划线用的划针、划线盘、划规、样冲和平板，錾削用的手锤和各种錾子，锉削用的各种锉刀，锯割用的钢锯，孔加工用的各类钻头、锪钻和铰刀，攻螺纹、套螺纹用的各种丝锥、板牙和铰杆，刮削用的平面刮刀和曲面刮刀以及各种扳手和旋具等。

钳工常用的量具主要有钢直尺、刀口尺、游标卡尺、千分尺、90°角尺、塞尺和百分表等。

钳工常用工量具的使用方法，详见后面各课题。

1.1.3 钳工安全文明操作规程

1. 工作场地文明生产

工作场地文明生产要素如下：

① 合理布局主要设备。钳台是钳工工作最常用的场所，应安放在光线适宜、工作方便的地方；面对面使用的钳台应在中间装上安全网；钳台间距要适当；砂轮机、钻床应安装在场地的边缘，尤其是砂轮机，一定要安放在安全可靠的地方，即使砂轮飞出也不致伤及人员。在必要时甚至可将砂轮机安装在车间外墙沿。

② 毛坯和工件的摆放要整齐，尽量放在搁架上，便于工作。

③ 合理、整齐存放工量具，并考虑到取用方便。不允许任意堆放，以防工量具受损坏。精密的工量具更要轻拿轻放。常用的工量具应放在工作台附近，以便随时拿取。工量具用后要及时维护、存放。

④ 保持工作场地的整洁。工作完毕后，应对所用过的设备按要求清理、润滑，对工作场地要及时清扫干净，并将切屑等污物及时运送到指定地点。

2. 安全文明操作规程

安全文明操作规程如下：

① 进入实训厂必须穿合身的工作服，戴工作帽，衬衫要系入裤内，敞开式衣袖要扎紧，女同学必须把长发纳入帽内，严禁穿高跟鞋、拖鞋、凉鞋、裙子、短裤及戴围巾，防止发生事故。

② 所用工具必须齐备、完好可靠，才能开始工作。严禁使用有裂纹、带毛刺、无手柄或手柄松动等不符合安全要求的工具，并严格遵守常用工具安全操作规程。

③ 工作中注意周围人员及自身的安全，防止因挥动工具脱落、工件及铁屑飞溅造成伤害，两人以上工作时要注意协调配合。

④ 用虎钳装夹工件时，工件应夹在虎钳口中部，以保证虎钳受力均匀。

⑤ 禁止用套管或手锤敲击虎钳的手柄,以防止丝杆或螺母上的螺纹损坏。

⑥ 量具不能与工件混放在一起,为了取用方便,右手用的工量具放在台虎钳右边;左手用的工量具放在台虎钳左边;各自排列整齐。工具或量具应放在工作台上适当的位置,以防掉下损伤量具或伤人脚。

⑦ 锯割时用力要均匀,不得重压或强扭,零件快断时,减小用力,缓慢锯割。

⑧ 铁屑必须用毛刷清理,不允许用嘴吹或手拭。

⑨ 使用的台钻、砂轮机要经常检查,发现损坏应及时报告指导老师,在未修复前不得使用。钻孔时听从指导老师安排,不得拥挤,不得擅自拿材料自行钻孔。

3. 钻床安全操作规程

钻床安全操作规程如下:

① 严禁戴手套操作,女同学必须戴好工作帽。

② 钻床工作台,禁止堆放物件。

③ 钻削时,必须用夹具夹持工件,禁止用手拿。钻通孔时应在孔的两侧垫上垫铁。

④ 钻出的切屑禁止用手或棉纱之类物品清扫,禁止用嘴吹。清扫切屑应用毛刷。

⑤ 应对钻床定期添加润滑油。

⑥ 使用钻夹头装卸麻花钻时,需用钻钥匙,不许用手锤等工具敲打。

⑦ 变换转速、装夹工件、装卸钻头时,必须停车。

⑧ 当发现工件不稳、钻头松动、进刀有阻力时,必须停车检查,消除原因后,方可继续。

⑨ 当操作者离开钻床时,必须停车。使用完毕后,必须及时切断电源。

思考与练习

1. 怎样正确使用台虎钳?
2. 认识、熟悉钳工工作场地及常用设备。
3. 使用砂轮机时要注意哪些事项?
4. 钳工文明生产的安全规则。

课题二 常用工量具的使用

教学要求

◆ 了解常用工量具的种类、读数方法及原理。

◆ 懂得如何正确使用常用工量具。

◆ 常用工量具的维护和保养方法。

◆ 遵守操作规程,养成良好的安全、文明生产习惯。

量具是测量零件的尺寸、角度等所用的工具,由于零件有各种不同的形状和精度要求,因此,量具也有各种不同类型和规格。

1.2.1 游标卡尺

我国长度单位采用米制,它是十进制。机械工程上使用的米制长度单位的名称、代号和进位方法如下:

米　分米　厘米　毫米　微米

m　dm　cm　mm　μm

$1\ m=10\ dm=100\ cm=10^3\ mm=10^6\ \mu m$

长度的基准单位是米。但机械工程上所标注的米制尺寸，是以毫米为主单位，而且为方便起见，图样上以毫米为单位的尺寸，规定不注单位符号，如 100 即 100 mm，0.5 即 0.5 mm。

游标卡尺是一种中等测量精确度的量具，常用来测量零件的内径、外径、中心距、宽度和长度等，它有 0～150 mm、0～200 mm、0～300 mm、0～500 mm 和 0～1 000 mm 等规格。

1. 游标卡尺的结构

游标卡尺的测量范围包括：

① 测量范围为 0～150 mm 的游标卡尺，制成带有刀口形的上下量爪和带有深度尺的型式，其外形如图 1-2-1 所示。

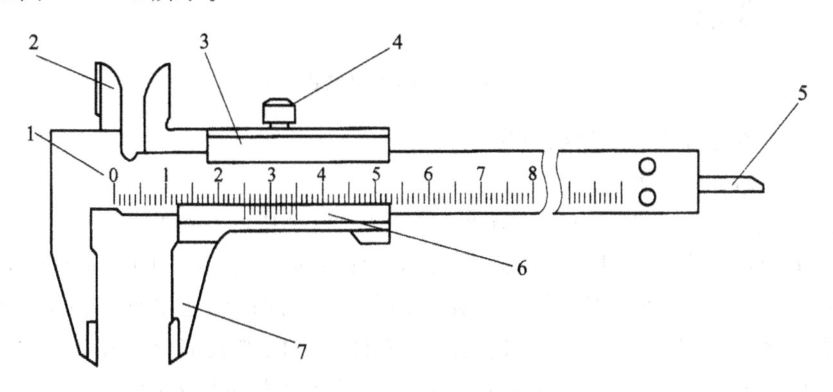

1—尺身；2—内量爪；3—尺框；4—紧固螺钉；5—深度尺；6—游标；7—外量爪

图 1-2-1　游标卡尺结构之一

② 测量范围为 0～200 mm 和 0～300 mm 的游标卡尺，可制成带有内外测量爪和带有刀口形的上量爪的型式，其外形如图 1-2-2 所示。

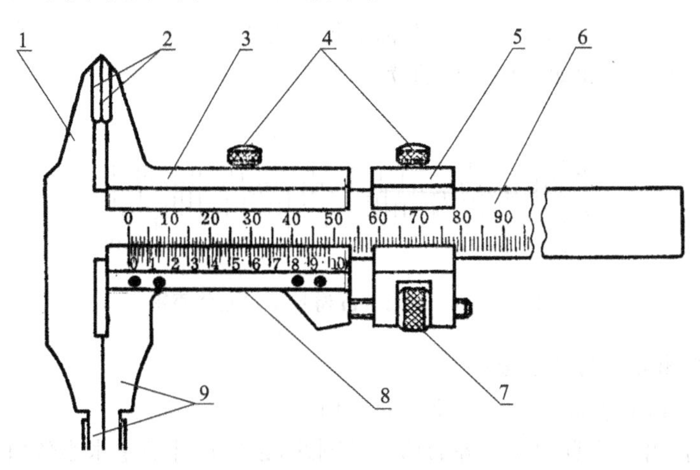

1—尺身；2—上量爪；3—尺框；4—紧固螺钉；5—微动装置；

6—主尺；7—微动螺母；8—游标；9—下量爪

图 1-2-2　游标卡尺结构之二

③ 测量范围为 0～200 mm 和 0～300 mm 的游标卡尺,也可制成只带有内外测量面的下量爪的型式,如图 1-2-3 所示。而测量范围大于 300 mm 的游标卡尺,只制成这种仅带有下量爪的型式。

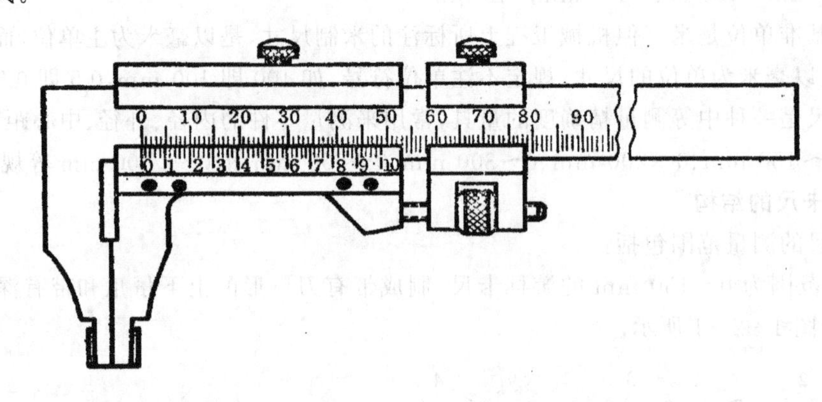

图 1-2-3 游标卡尺结构之三

2. 游标卡尺的读数原理及读数方法

(1) 游标卡尺的读数原理

游标卡尺的读数机构,是由主尺和游标(如图 1-2-2 中的 6 和 8)两部分组成的。当活动量爪与固定量爪贴合时,游标上的“0”刻线(简称游标零线)对准主尺上的“0”刻线,此时量爪间的距离为“0”,见图 1-2-2。当尺框向右移动到某一位置时,固定量爪与活动量爪之间的距离,就是零件的测量尺寸,见图 1-2-1。此时,零件尺寸的整数部分可在游标零线左边的主尺刻线上读出来,而比 1 mm 小的小数部分,可借助游标读数机构来读出。

游标卡尺的精确度通常有 0.02 mm、0.05 mm、0.1 mm 三种,分别表示测量的示值总误差为 ±0.02 mm、±0.05 mm、±0.1 mm。下面以 0.02 mm 的游标卡尺为例说明其读数原理及方法。

如图 1-2-4 所示,0.02 mm 游标卡尺的尺身上每小格为 1 mm。当两量爪合并时,游标上的 50 格等于尺身上的 49 mm。因此,游标上每格为 49÷50=0.98 mm,主尺与副尺每格相差为 1-0.98=0.02 mm,此即游标卡尺的读数值。

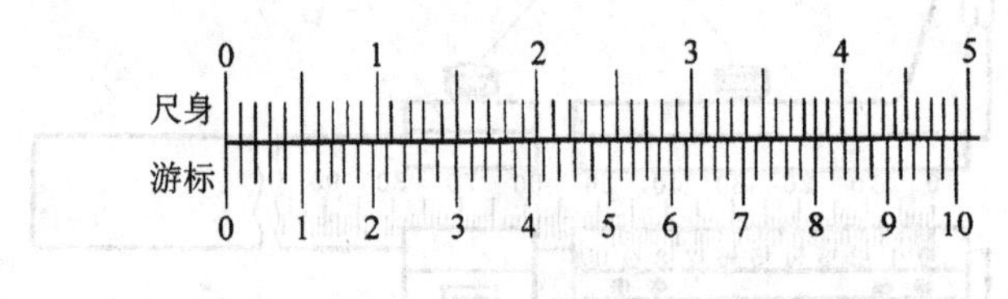

图 1-2-4 0.02 mm 游标卡尺刻线原理

(2) 游标卡尺测量值的读数方法

① 读出游标零线在左面尺身上的毫米整数值。

② 在游标上找出与尺身刻线对齐的那一条刻线,读出尺寸的毫米小数值。

③ 将尺身上读出的整数和游标上读出的小数相加,即得测量值:

工件的实际尺寸=主尺读数+副尺读数

例如有一个工件在主尺量得的读数是 8 mm 略为多一点,主尺与副尺对得最齐的那条刻度是从副尺“0”刻线起第 9 格,因此得出这个工件的实际尺寸为 8.18 mm。

如图 1-2-5 所示为游标卡尺读数方法示例，其中，图(a)读数为 10 mm＋0.1 mm＝10.1 mm；图(b)读数为 27 mm＋0.94 mm＝27.94 mm；图(c)读数为 21 mm＋0.5 mm＝21.5 mm。

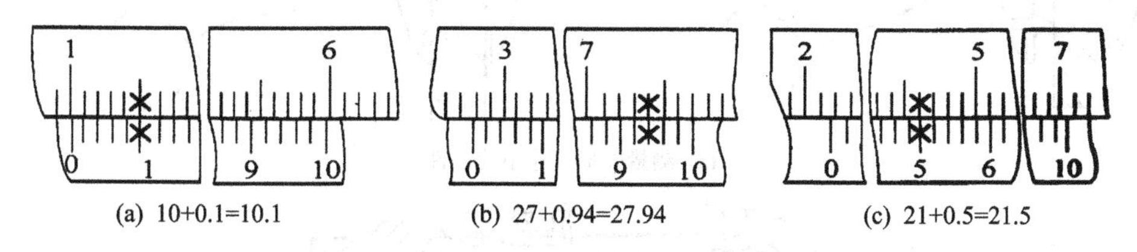

(a) 10+0.1=10.1　　(b) 27+0.94=27.94　　(c) 21+0.5=21.5

图 1-2-5　0.02 mm 游标卡尺的读数方法

我们希望直接从游标尺上读出尺寸的小数部分，而不要通过上述的换算，为此，把游标的刻线次序数乘以其读数值所得的数值，标记在游标上，这样读数就方便了。

(3) 游标卡尺的测量精度

不论使用得怎样正确，游标卡尺的制造精度本身就可能产生一些误差。例如，当用 0.02 mm 游标卡尺测量 ϕ50 的轴时，若卡尺上的读数为 50.00 mm，实际尺寸就可能是 50.02 mm，也可能是 49.98 mm。这不是游标卡尺在使用方法上有什么问题，而是它本身制造精度所允许产生的误差。因此，若该轴的直径尺寸是 IT5 级精度的基准轴，则轴的制造公差为 0.025 mm，而游标卡尺本身就有±0.02 mm 的示值误差，选用这样的量具去测量，显然是无法保证轴径的精度要求的。

此时，可以用游标卡尺先测量与被测尺寸相当的块规，消除游标卡尺的示值误差(称为用块规校对游标卡尺)。例如，要测量上述 50 mm 的轴时，先测量 50 mm 的块规，看游标卡尺上的读数是不是正好为 50 mm。如果不是，则比 50 mm 大的或小的数值，就是游标卡尺的实际示值误差；测量零件时，应把此误差作为修正值考虑进去。若测量 50 mm 块规，游标卡尺上的读数为 49.98 mm，即游标卡尺的读数比实际尺寸小 0.02 mm，则在测量轴时，应在游标卡尺的读数上加上 0.02 mm，才是轴的实际直径尺寸。若测量 50 mm 块规时的读数是 50.01 mm，则在测量轴时，应在读数上减去 0.01 mm，才是轴的实际直径尺寸。

另外，游标卡尺测量时的松紧程度(即测量压力的大小)和读数误差(即看准是哪一根刻线对准)，对测量精度影响亦很大。所以，当必须用游标卡尺测量精度要求较高的尺寸时，最好采用与测量相等尺寸的块规相比较的办法。

3. 游标卡尺的使用方法

量具使用得是否合理，不但影响测量本身的精度，而且直接影响零件尺寸的测量精度，因此，必须重视量具的正确使用，以获得正确的测量结果，确保产品质量。

(1) 测量外形尺寸

① 测量外形尺寸小的工件时，左手拿工件，右手握卡尺，量爪张开尺寸略大于被测尺寸。用右手拇指慢慢推动游标，使两量爪轻轻地与被测零件表面接触，读出尺寸数值，如图 1-2-6(a)所示。

② 测量外形尺寸大的工件时，将工件放在平板或工作台面上，两手操作卡尺，左手握住尺身，右手握住主尺并推动辅助游标靠近被测零件表面(尺身与被测零件表面垂直)，旋紧紧固螺钉，右手拇指转动微动螺母，使两量爪与被测零件表面接触，读出数值，如图 1-2-6(b)所示。

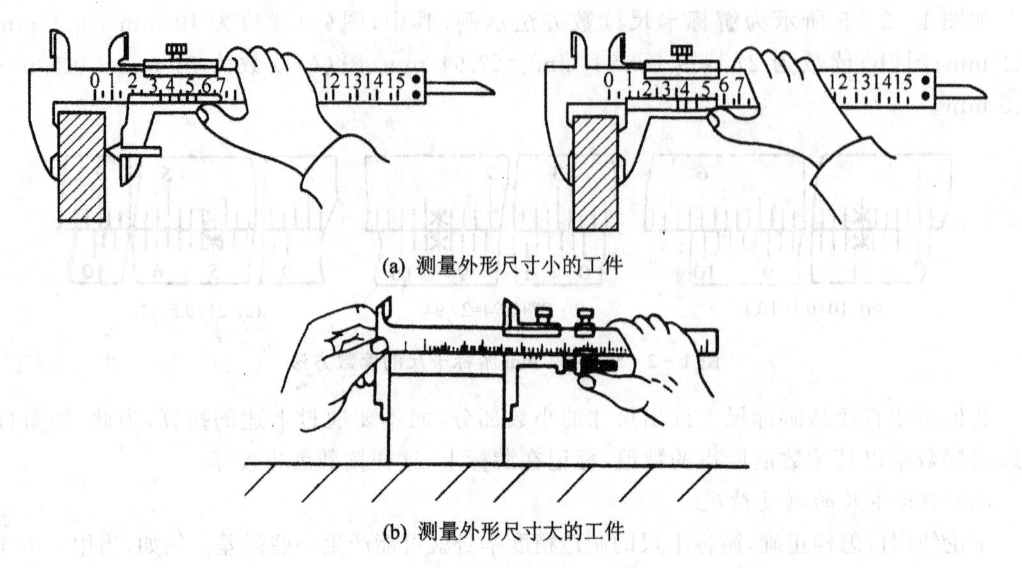

(a) 测量外形尺寸小的工件

(b) 测量外形尺寸大的工件

图 1-2-6 测量时量爪的动作

(2) 测量槽宽和孔径

① 测量前量爪张开的距离应略小于被测尺寸,进入零件槽或内孔后,用右手拇指慢慢拉动游标,使两个量爪轻轻地与被测表面接触,然后再轻轻摆动一下尺体(前后方向),使量爪处于槽宽的垂直位置或孔的直径部位,读出数值,如图 1-2-7 所示。

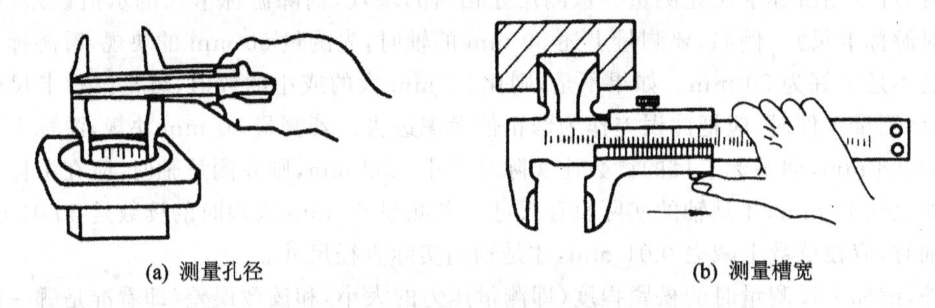

(a) 测量孔径　　(b) 测量槽宽

图 1-2-7 游标卡尺测量槽宽和孔径

② 测量直角沟槽的直径时,应当用量爪的平面测量刃进行测量,尽量避免用刃口形量爪去测量。而对于圆弧形沟槽尺寸,则应当用刃口形量爪进行测量,如图 1-2-8 所示。

③ 若用图 1-2-2 和图 1-2-3 所示的两种游标卡尺测量内尺寸,在读取测量结果时,一定要把量爪的厚度加上去,即游标卡尺上的读数,加上量爪的厚度,才是被测零件的内尺寸。测量范围在 500 mm 以下的游标卡尺,量爪厚度一般为 10 mm。

测量槽宽时,要放正游标卡尺的位置,使卡尺两测量刃的连线垂直于沟槽,不能歪斜,否则测量结果不准确(可能大也可能小),如图 1-2-9 所示。

(3) 测量深度

测量孔深和槽深时,尺身应垂直于被测部位,不可前后、左右倾斜,尺身端部靠在基准面上,用手拉动游标,带动深度尺测出尺寸,如图 1-2-10 所示。

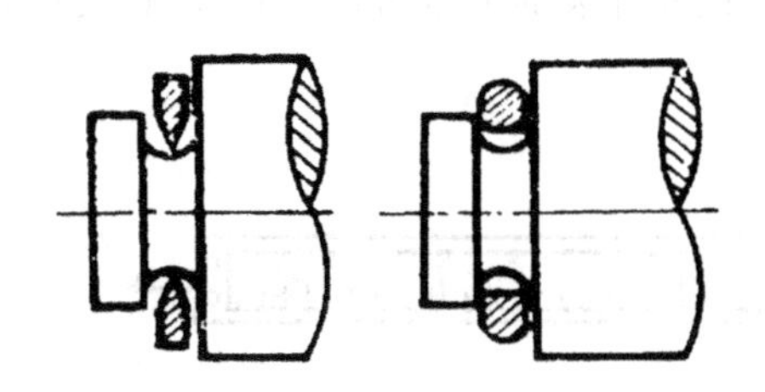

图 1-2-8　测量圆弧沟槽时的位置

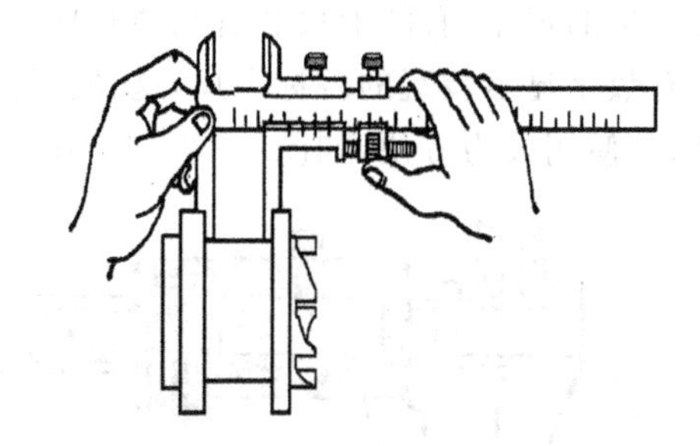

图 1-2-9　测量槽宽时的正确位置

注意事项

游标卡尺使用注意事项：

- 测量或检验零件尺寸时，应按零件尺寸的公差等级选用相应的量具。不允许用游标卡尺测量铸、锻件毛坯尺寸，否则容易损坏量具。
- 测量前，应先把量爪和被测工件表面的灰尘、油污擦拭干净，再将两测量面接触贴合，检查游标卡尺零位的准确性。
- 移动尺框时，活动要自如，不应有过松或过紧，更不能有晃动现象。用固定螺钉固定尺框时，卡尺的读数不应有所改变。在移动尺框时，不要忘记松开固定螺钉，亦不宜过松以免掉落。
- 用游标卡尺测量零件时，不允许过分地施加压力，所用压力应使两个量爪刚好接触零件表面。如果测量压力过大，则不但会使量爪弯曲或磨损，而且量爪在压力作用下也会产生弹性变形，使测量的尺寸不准确，即外尺寸小于实际尺寸，内尺寸大于实际尺寸。
- 读数时，应把游标卡尺水平拿着，朝着亮光的方向，视线尽可能与卡尺的刻线表面垂直，避免因视线的歪斜造成读数误差。
- 测量外形时，测量面的连线垂直于被测表面，不可处于如图 1-2-11 所示的歪斜位置。测量孔径时，如果量爪歪斜，其测量结果将比实际孔径小。

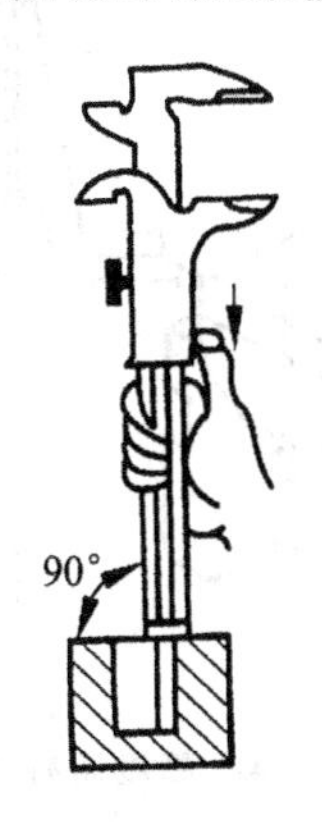

图 1-2-10　游标卡尺测量深度

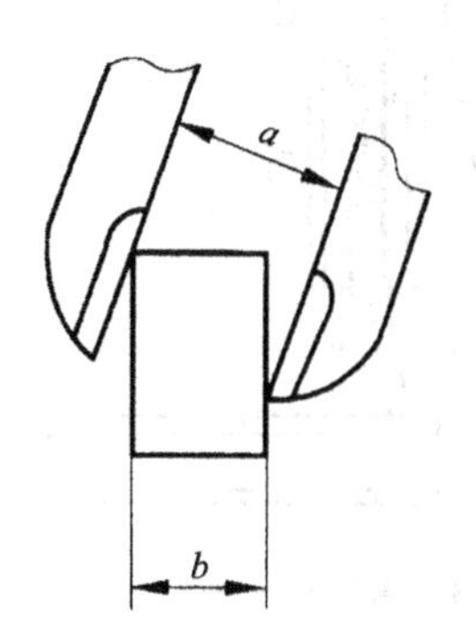

图 1-2-11　游标卡尺错误测量

4. 游标读数量具

一般的游标卡尺读数不很清晰，容易读错，有时不得不借助放大镜将读数部分放大。现在有游标卡尺采用无视差结构，使游标刻线与主尺刻线处在同一平面上，消除了在读数时因视线倾斜而产生的视差;有的卡尺装有测微表成为带表卡尺,便于读数准确,提高了测量精度;更有一种带有数字显示装置的游标卡尺,这种游标卡尺在零件表面上量得尺寸时,就直接用数字显示出来,其使用极为方便,如图 1-2-12 所示。

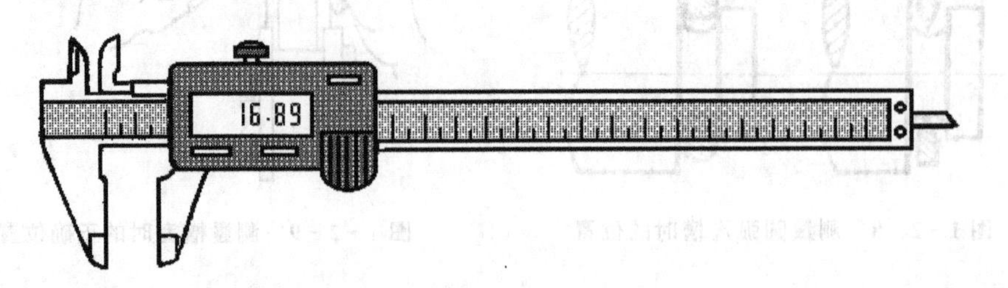

图 1-2-12 数字显示游标卡尺

1.2.2 高度游标卡尺

高度游标卡尺如图 1-2-13 所示,用于测量零件的高度和精密划线。它的结构特点是用质量较大的基座 4 代替固定量爪 5,而动尺框 3 则通过横臂装有测量高度和划线用的量爪,量爪的测量面上镶有硬质合金,可提高量爪使用寿命。

高度游标卡尺的测量工作,应在平台上进行。当量爪的测量面与基座的底平面位于同一平面时,如在同一平台平面上,主尺 1 与游标 6 的零线相互对准。所以,在测量高度时,量爪测量面的高度就是被测量零件的高度尺寸,它的具体数值与游标卡尺一样可在主尺(整数部分)和游标(小数部分)上读出。

应用高度游标卡尺划线时,调好划线高度,用紧固螺钉 2 把尺框锁紧后,也应在平台上先进行调整再进行划线,如图 1-2-14 所示。

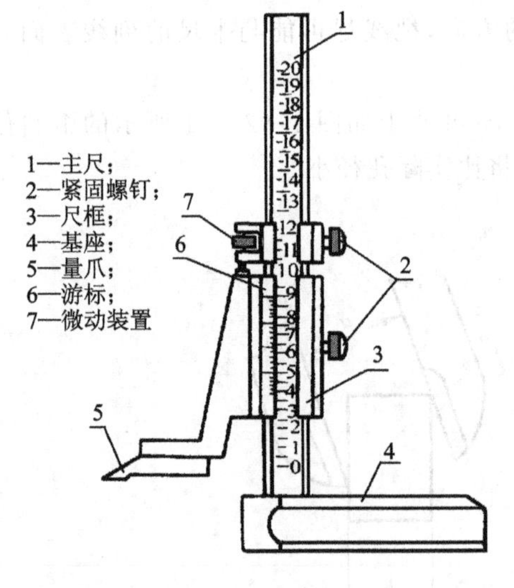

图 1-2-13 高度游标卡尺

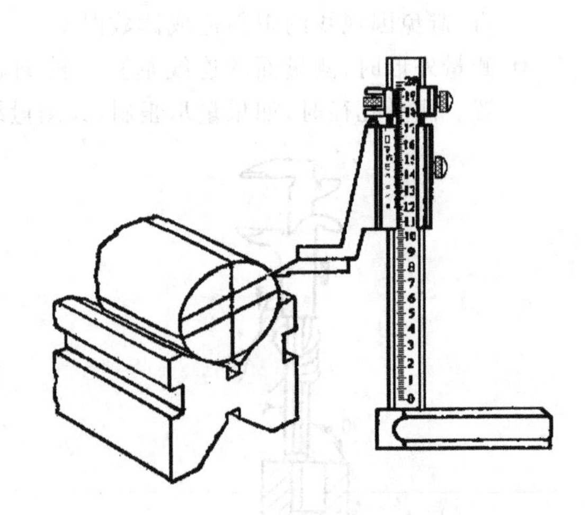

图 1-2-14 高度游标卡尺划线

1.2.3 深度游标卡尺

深度游标卡尺如图 1-2-15 所示,用于测量零件的深度尺寸或台阶高低和槽的深度。它的结构特点是尺框 3 的两个量爪连在一起成为一个带游标测量基座 1,基座的端面和尺身 4

的端面就是它的两个测量面。如测量内孔深度时应把基座的端面紧靠在被测孔的端面上，使尺身与被测孔的中心线平行，伸入尺身，则尺身端面至基座端面之间的距离，就是被测零件的深度尺寸。它的读数方法与游标卡尺完全一样。

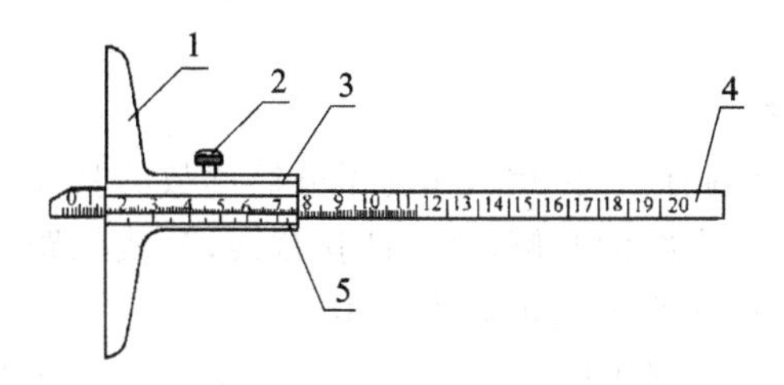

1—测量基座；2—紧固螺钉；3—尺框；4—尺身；5—游标

图 1-2-15　深度游标卡尺

1.2.4　百分尺

百分尺也是一种中等测量精度的量具，它的测量精度比游标卡尺高。普通百分尺的测量精度为 0.01 mm，因此常用来测量加工精度要求较高的零件尺寸。百分尺的规格按测量范围划分，在 500 mm 以内，每 25 mm 为一挡，如 0～25 mm、25～50 mm。在 500～1 000 mm 以内，每 100 mm 为一挡，如 500～600 mm、600～700 mm 等。

1. 百分尺的结构

如图 1-2-16 所示为测量范围 0～25 mm 的百分尺，它由尺架 1、测砧 2、测微螺杆 3、锁紧装置 4、螺纹轴套 5、固定套筒 6、微分筒 7、调节螺母 8、接头 9、测力装置 10 等组成。

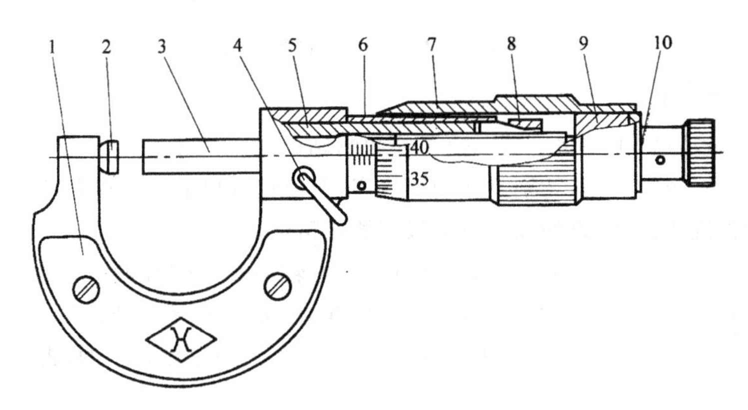

图 1-2-16　百分尺

2. 百分尺的工作原理及读数方法

（1）百分尺的工作原理

用百分尺测量零件的尺寸，就是把被测零件置于百分尺的两个测砧面之间。所以，两测砧面之间的距离，就是零件的测量尺寸。当测微螺杆在螺纹轴套中旋转时，测微螺杆就有轴向移动，使两测砧面之间的距离发生变化，如测微螺杆按顺时针的方向旋转一周，两测砧面之间的距离就缩小一个螺距；若按逆时针方向旋转一周，则两砧面的距离就增大一个螺距。常用百分尺测微螺杆的螺距为 0.5 mm。因此，当测微螺杆顺时针旋转一周时，两测砧面之间的距离就缩小 0.5 mm。当测微螺杆顺时针旋转不到一周时，缩小的距离就小于一个螺距，它的具体数值，可从与测微螺杆结成一体的微分筒的圆周刻度上读出。

微分筒的圆周上刻有50条等分线,当微分筒转一周时,测微螺杆就推进或后退0.5 mm,微分筒转过它本身圆周刻度的一小格时,两测砧面之间转动的距离为0.5÷50=0.01(mm)。

由此可知,百分尺上的螺旋读数机构,可以正确地读出0.01 mm,也就是百分尺的读数值为0.01。

(2) 百分尺的读数方法

在百分尺的固定套筒上刻有轴向中线,作为微分筒读数的基准线。另外,为了计算测微螺杆旋转的整数转,在固定套筒中线的两侧,刻有两排刻线,刻线间距均为1 mm,上下两排相互错开0.5 mm。百分尺的具体读数方法可分为三步:

① 读出固定套筒上露出的刻线尺寸,一定要注意不能遗漏,应读出0.5 mm的刻线值。

② 读出微分筒上的尺寸,要看清微分筒圆周上哪一格与固定套筒的中线基准对齐,将格数乘以0.01 mm即得微分筒上的尺寸。

③ 将上面两个数相加,即为百分尺上测得的尺寸。

如图1-2-17所示为百分尺的读数方法示例,图(a)读数为6 mm+0.05 mm=6.05 mm,图(b)读数为35.5 mm+0.12 mm=35.62 mm。

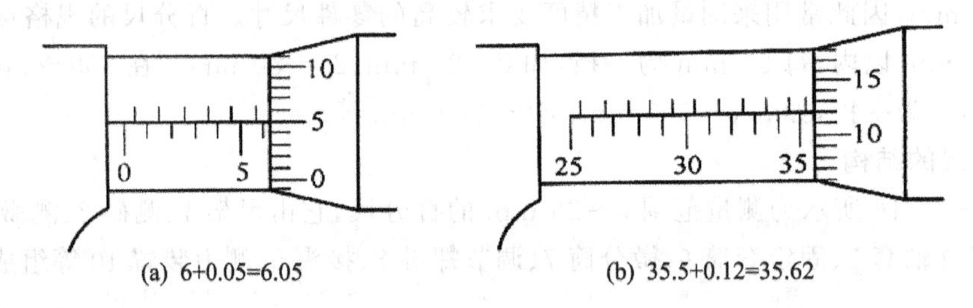

(a) 6+0.05=6.05　(b) 35.5+0.12=35.62

图1-2-17　百分尺读数方法

3. 百分尺的零位校正

百分尺的制造精度,主要由它的示值误差和测砧面的平面平行度公差的大小来决定。百分尺在使用过程中,由于磨损,特别是使用不恰当,会使百分尺的示值误差超差,所以应定期检查,进行必要的拆洗或调整,以便保持百分尺的测量精度。

① 使用前,应把百分尺的两个测砧面擦拭干净,转动测微螺杆使它们贴合在一起。检查微分筒圆周上的"0"刻线,是否对准固定套筒的中线,微分筒的端面是否正好使固定套筒上的"0"刻线露出来。如果两者位置都是正确的,就认为百分尺的零位是对的;否则就要进行校正,使之对准零位。

② 0～25 mm的百分尺,可转动棘轮,使砧端面和测微螺杆端面贴平,当棘轮发出响声后,停止转动棘轮,观察微分筒上的零线和固定套管上的基准线是否对正,以判断百分尺零位是否正确。大于0～25 mm的百分尺可通过标准样柱进行检测。

③ 如果微分筒的端部盖住固定套筒上的"0"刻线,或"0"刻线露出太多,则可用制动器把测微螺杆锁住,再用百分尺的专用扳手插入测力装置轮轴的小孔内,把测力装置松开(逆时针旋转),微分筒轴向移动一点,使固定套筒上的"0"线正好露出来,同时使微分筒的"0"线对准固定套筒的中线,然后把测力装置旋紧。

④ 如果微分筒的"0"线没有对准固定套筒的中线,则可用百分尺的专用扳手插入固定套筒的小孔内,把固定套筒转过一点,使之对准"0"线。但当微分筒的"0"线相差较大时,不应当采用此法调整,而应该采用松开测力装置转动微分筒的方法来校正。

4. 百分尺的使用方法

百分尺使用得是否正确，对保持精密量具的精度和保证产品质量的影响很大，必须重视量具的正确使用，获得正确的测量结果，确保产品质量。

① 选用与零件尺寸相适应的百分尺，如被测零件的基本尺寸是 50 mm，则应选用 50～75 mm 的百分尺。

② 测量工件时，百分尺的测量面和零件的被测表面应擦拭干净，以保证测量准确；左手握尺架，右手转动微分筒，使测杆端面与被测工件表面接近；再用右手转动棘轮，使测微螺杆端面与工件被测表面接触，直到棘轮打滑，发出"咔、咔"声时为止，读出数值。

③ 读数时，最好不取下百分尺进行读数，这样可减少测砧面的磨损。如果必须取下百分尺读数，应先锁紧测微螺杆，再轻轻滑出零件，以防止尺寸变动。读数时要看清刻度，不要错读 0.5 mm。

④ 测量外径时，测微螺杆轴线应通过工件中心，如图 1-2-18 所示。

⑤ 测量尺寸较大的平面时，为了获得正确的测量结果，可多测几个部位。尤其是测量圆柱形零件时，应在同一圆周的不同方向测量几次，检查零件外圆有没有圆度误差，再在全长的各个部位测量几次，检查零件外圆有没有圆柱度误差等，如图 1-2-19 所示。

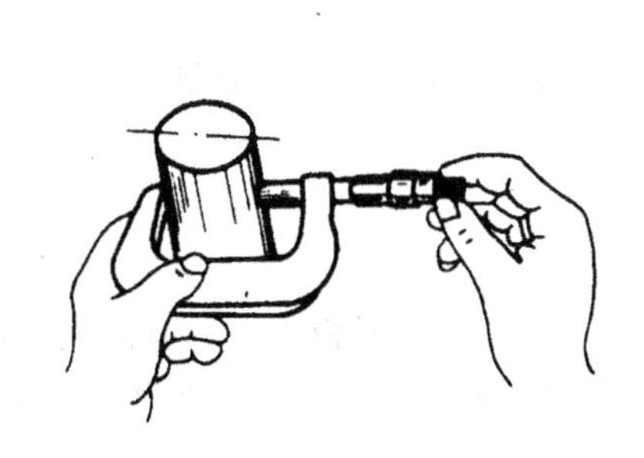

图 1-2-18　百分尺测量外径

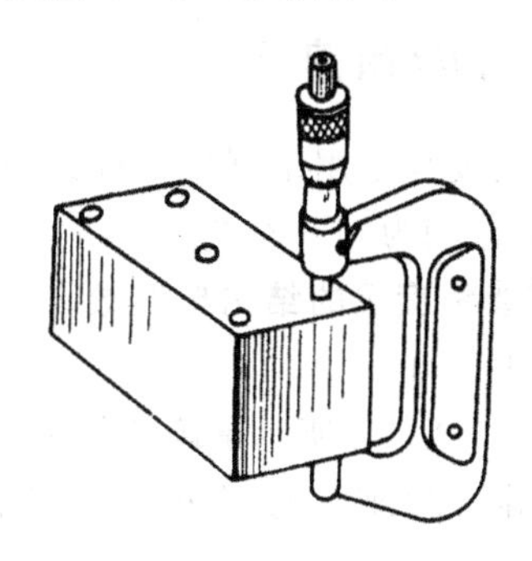

图 1-2-19　百分尺测量大平面

⑥ 测量小型工件时，可用单手使用外径百分尺，如图 1-2-20(a)所示，用拇指和食指或中指捏住活动套筒，小指勾住尺架并压向手掌上，拇指和食指转动测力装置就可测量。用双手测量时，按图 1-2-20(b)所示的方法进行。

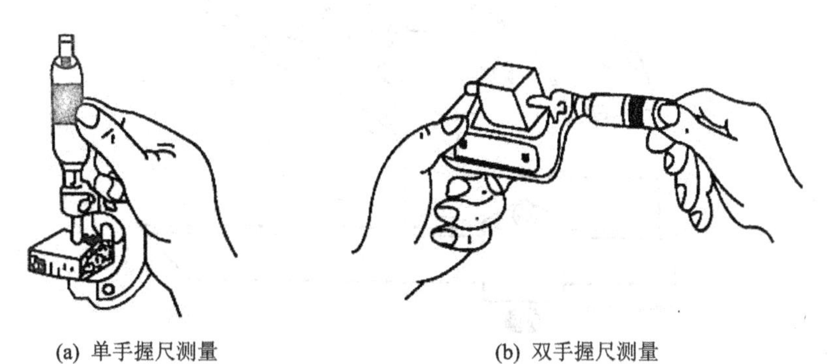

(a) 单手握尺测量　　(b) 双手握尺测量

图 1-2-20　百分尺测量方法

注意事项

百分尺使用注意事项：

- 转动测力装置时，微分筒应能自由灵活地沿着固定套筒活动，没有任何轧卡和不灵活的现象。如有活动不灵活的现象，应送计量站及时检修。
- 用百分尺测量零件时，应当手握测力装置的转帽来转动测微螺杆，使测砧表面保持标准的测量压力，即听到嘎嘎的声音，表示压力合适，并可开始读数。要避免因测量压力不等而产生测量误差。
- 测量零件时，要使测微螺杆与零件被测的尺寸方向一致。如测量外径时，测微螺杆要与零件的轴线垂直，不要歪斜。测量时，可在旋转测力装置的同时，轻轻地晃动尺架，使测砧面与零件表面接触良好。
- 对于超常温的工件，不要进行测量，以免产生读数误差。
- 百分尺用完后应擦干净，并将测量面涂油防锈，放入专用盒内，不能与其他工具、刀具、工件等混放。
- 百分尺应定期送计量部门进行精度鉴定。

1.2.5 万能角度尺

万能角度尺是用来测量工件或样板内外角度的一种游标量具，按其测量精度分有 2′和 5′两种，测量范围为 0°～320°。

1. 万能角度尺的结构与读数

(1) 结　构

如图 1-2-21 所示是读数值为 2′的万能角度尺。在它的扇形板 1 上刻有间隔 1°的刻线。游标 3 固定在尺座 6 上，它可以沿着扇形板转动。用夹紧块 7 可以把角尺 2 和直尺 8 固定在

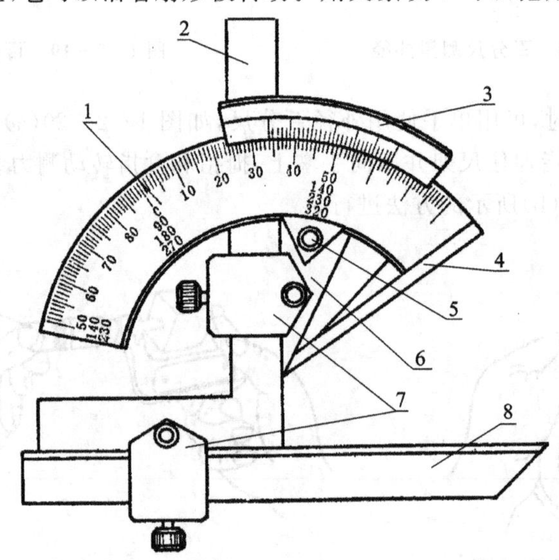

1—扇形板；2—角尺；3—游标；4—基尺；
5—制动器；6—尺座；7—夹紧块；8—直尺

图 1-2-21 万能角度尺的结构

尺座上，可使测量角度在 $0^\circ \sim 320^\circ$ 范围内调整。4 为基尺，5 为制动器。

（2）刻线原理与读数方法

万能角度尺扇形板上刻有 120 格刻线，间隔为 1°。游标上刻有 30 格刻线，若扇形板上的度数为 29°，则游标上每格度数为 $29^\circ/30=58'$，扇形板与游标每格角度相差为 $1^\circ(60')-58'=2'$，即万能角度尺的精度为 $2'$。

万能角度尺的读数方法与游标卡尺相同，先读出游标零线前的角度值，再从游标上读出角度“分”的数值，两者相加就是被测零件的角度数值。

如图 1-2-22 所示，测量角度值分别为 $69^\circ+42'=69^\circ42'$ 和 $34^\circ+08'=34^\circ8'$。

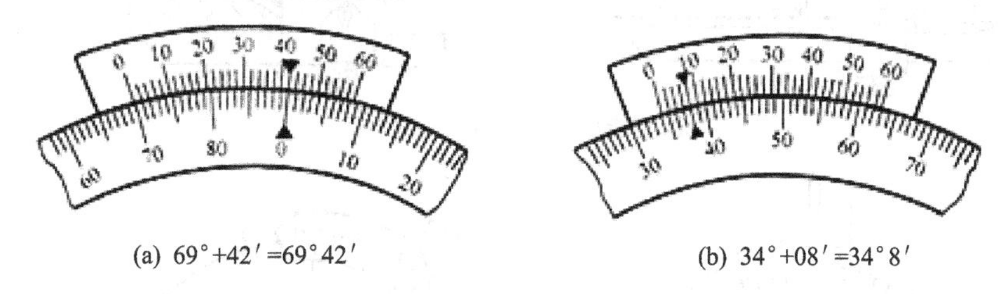

(a) $69^\circ+42'=69^\circ42'$　　(b) $34^\circ+08'=34^\circ8'$

图 1-2-22　万能角度尺的读数

2. 万能角度尺的使用方法

在万能角度尺上，基尺 4 是固定在尺座上的，角尺 2 用夹紧块 7 固定在扇形板上，直尺 8 用夹紧块固定在角尺上。若把角尺 2 拆下，则也可把直尺 8 固定在扇形板上。由于角尺 2 和直尺 8 可以移动和拆换，使万能角度尺可以测量 $0^\circ \sim 320^\circ$ 的任何角度。

① 使用前，先将万能角度尺擦拭干净，再检查各部件的相互作用是否移动平稳可靠、制动后的读数是否不动，然后对零位。

② 测量时，放松制动器上的螺母，移动主尺座作粗调整，再移动游标背面的手把作精细调整，直到使角度尺的两侧量面与被测工件的工作面密切接触为止。然后拧紧制动器上的螺母加以固定，即可进行读数。

③ 角尺和直尺全装上时，可测量 $0^\circ \sim 50^\circ$ 的外角度；只装上直尺时，可测量 $50^\circ \sim 140^\circ$ 的外角度；仅装上角尺时，可测量 $140^\circ \sim 230^\circ$ 的角度；把角尺和直尺全拆下时，可测量 $230^\circ \sim 320^\circ$ 的角度（即可测量 $40^\circ \sim 130^\circ$ 的内角度）。以上情况如图 1-2-23 所示。

注意事项

万能角度尺使用注意事项：

- 用万能角度尺测量零件角度时，应使基尺与零件角度的母线方向一致，且零件应与直角尺的两个测量面的全长上接触良好，以免产生测量误差。
- 万能角度尺用完后应擦拭上油，放入专用盒内保管。
- 万能角度尺的尺座上，基本角度的刻线只有 $0^\circ \sim 90^\circ$，如果测量的零件角度大于 90°，则在读数时，应加上一个基数（90°，180°，270°），如图 1-2-24 所示：
  当零件角度 $>90^\circ \sim 180^\circ$ 时，被测角度 $=90^\circ+$ 量角尺读数；
  当零件角度 $>180^\circ \sim 270^\circ$ 时，被测角度 $=180^\circ+$ 量角尺读数；
  当零件角度 $>270^\circ \sim 320^\circ$ 时，被测角度 $=270^\circ+$ 量角尺读数。

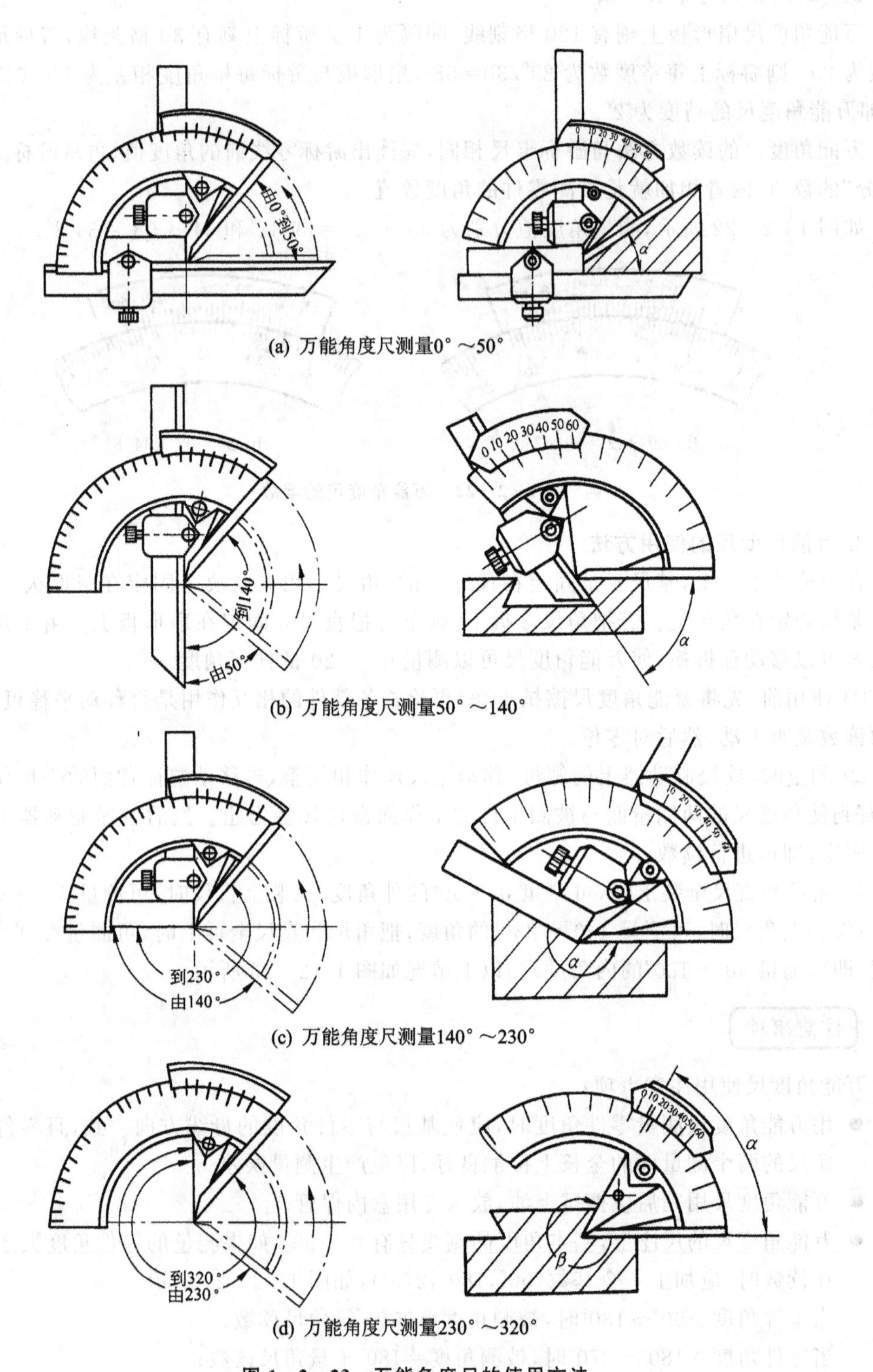

(a) 万能角度尺测量0°～50°

(b) 万能角度尺测量50°～140°

(c) 万能角度尺测量140°～230°

(d) 万能角度尺测量230°～320°

图 1-2-23 万能角度尺的使用方法

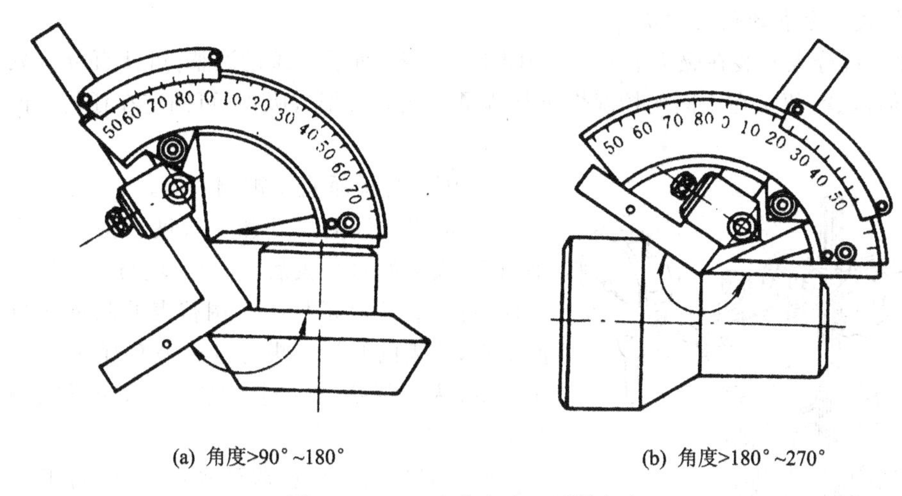

(a) 角度>90°~180°　　(b) 角度>180°~270°

图 1-2-24　万能角度尺测量方法

1.2.6　百分表

1. 钟式百分表

钟式百分表是一种精密量具，它可用于机械零件的长度尺寸、形状和位置偏差的绝对值测量或相对值测量，也可用来检验机床设备的几何精度或调整工件的装夹位置。

(1) 钟式百分表的结构

如图 1-2-25 所示的钟式百分表主要由触头、测量杆、表盘、指针及表内的齿轮、齿条等传动系统组成。测量时，当带有齿条的测量杆 4 上升一定的距离时，通过齿轮、齿条传动系统，转换成表盘 1 上长指针 2、短指针 3 的转动，从而读出数值。

(2) 钟式百分表的读数方法

百分表的表盘上均匀地刻有 100 条刻线，测量杆移动 1 mm 时，长指针正好回转一圈，因此，表盘上的每一小格表示 1/100 mm，即 0.01 mm。这就是百分表的分度值。

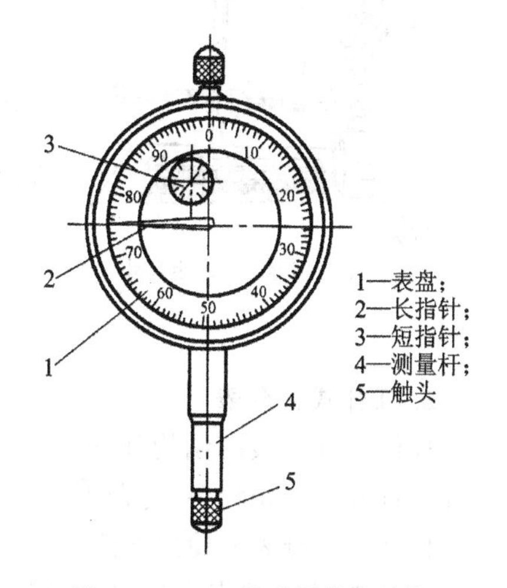

图 1-2-25　钟式百分表结构

测量时，当百分表上的长指针转过一格刻度时，表示测量杆移动 0.01 mm，即零件尺寸变化 0.01 mm。当长指针转动一圈，即短指针转动一格时，表示测量杆移动 1 mm，即零件尺寸变化 1 mm，被测零件尺寸(偏差)等于短指针旋转的整格数(mm)加上长指针旋转的整格数。千分表的读数值(即分度值)是 0.001 mm，其基本结构与百分表相似，读数与使用方法基本相同。

百分表的测量范围一般有 0～3 mm，0～5 mm、0～10 mm 三种，千分表的测量范围为 0～1 mm。百分表的精度分为 0 级和 1 级两种，0 级精度较高。

读数值为 0.01 mm 的百分表用于校正和检验 IT6～IT9 级零件；而读数值为 0.001 mm 的千分表则用于校正和检验 IT5～IT8 级零件。所以，应按被检验零件的公差等级的不同选用百分表或千分表。

(3) 钟式百分表的使用方法

① 钟式百分表安装在磁力表架上,如图 1-2-26 所示。通过调整,可使百分表处于任何方向和任何位置,便于在不同的情况下进行测量。磁力表架有吸力,可固定在任何空间位置的平面上。

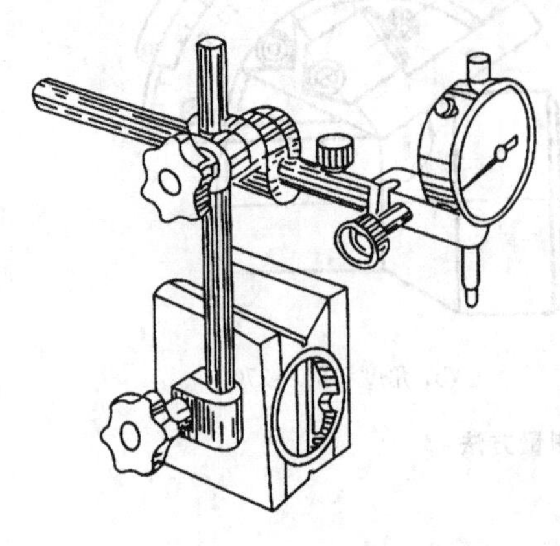

图 1-2-26 百分表的安装方法

② 测量杆应垂直于被测表面。

③ 检测工件的尺寸和平行度。将表架置于平板平面上,安装好百分表后,选择一块与工件尺寸相符的量块,置于表的测量杆下。调整表的测量杆与量块平面垂直,使表的测量触头对量块平面有 0.5～1 mm 的压入量,然后调整指针对准零位后即可测量工件,如图 1-2-27(a) 所示。

测量时先用右手抬起活动测量杆,将工件放入百分表的测量触头下,再慢慢放下测量杆,用手前、后、左、右移动工件,使表的测量触头在工件平面上的不同部位测量,观察表的指针变化情况,测出工件尺寸和平行度,如图 1-2-27(b)所示。

④ 检测工件的圆跳动。测量时,将工件用两顶尖装夹,将百分表的测量触头与被测工件外圆面接触,测量触头对外圆表面有 0.3～0.5 mm 的压入量。转动工件,表针所指的最大与最小范围的数值,即为圆跳动的误差值,如图 1-2-27(c)所示。

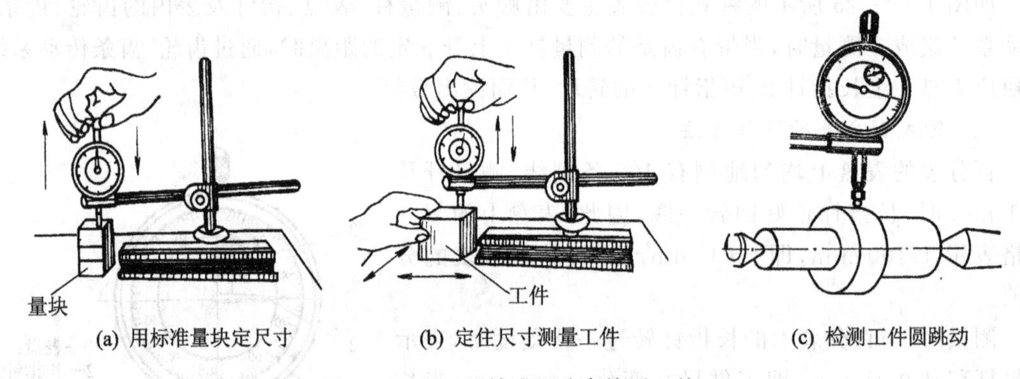

(a) 用标准量块定尺寸　(b) 定住尺寸测量工件　(c) 检测工件圆跳动

图 1-2-27 用钟式百分表检测工件

2. 杠杆式百分表

杠杆式百分表的结构如图 1-2-28 所示,其精度为 0.01 mm,读数与钟式百分表相同。杠杆式百分表体积较小,适合于检查零件上孔的轴心线与底平面的平行度。

杠杆式百分表的使用方法:

① 杠杆式百分表安装在专用表架上,如图 1-2-29 所示。旋松螺钉 4,表头夹紧装置连同表头可在表杆上上下移动。表座可在平板上移动测量。

② 装夹杠杆式百分表时,齿杆轴线最好平行于被测零件表面,如需要倾斜角度时,倾斜角度越小,测量越精确,如图 1-2-30 所示。

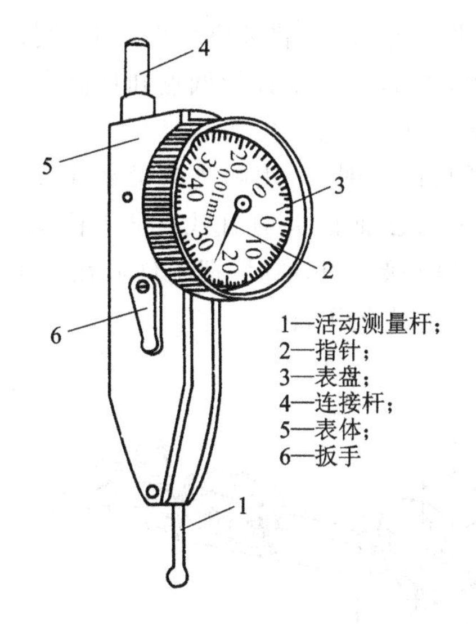

图 1-2-28　杠杆式百分表

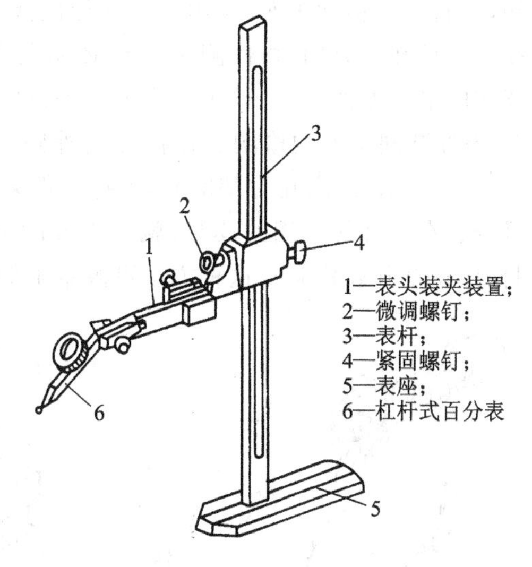

图 1-2-29　杠杆式百分表的安装

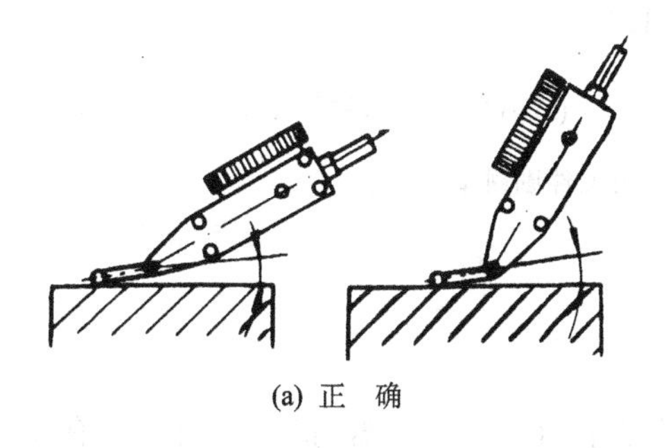

(a) 正　确

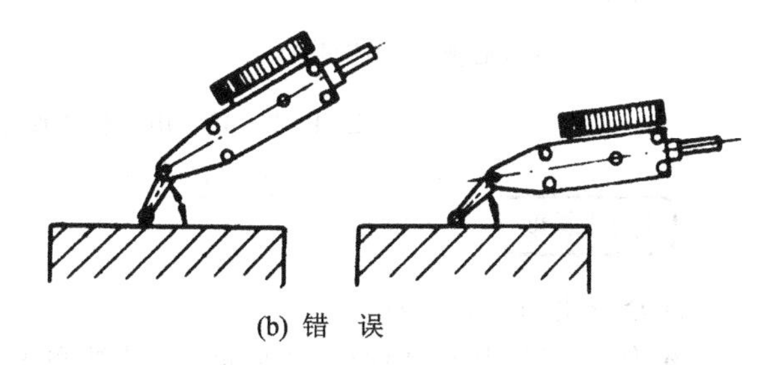

(b) 错　误

图 1-2-30　杠杆式百分表检测工件位置

③ 检测工件台阶面平行度。检测时，将工件置于精密平板表面上，用专用表架或万能表架把杠杆式百分表装上并紧固，将其活动测量杆的触头与工件被测表面接触，测量触头对被测面有 0.1～0.2 mm 的压入量。测量时，表架不动，用手左右、前后移动工件，使表的测量触头在被测面上不同部位测量，观察表针变化情况，表针所指的最大与最小变动范围，即为工件平行度误差值，如图 1-2-31(a)所示。

(a) 检测台阶平行度

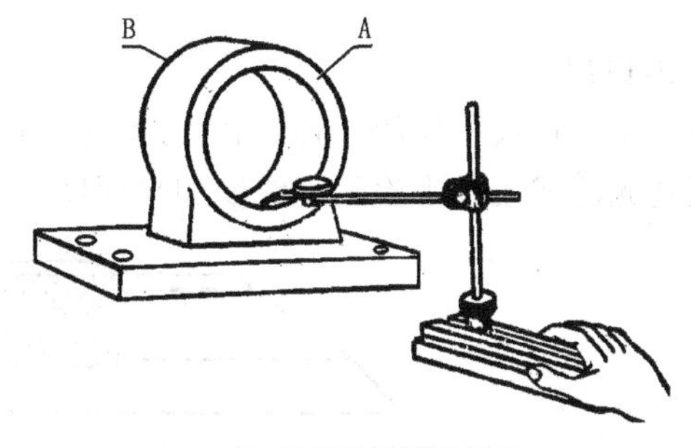

(b) 检测孔轴线平行度

图 1-2-31　用杠杆式百分表检测工件平行度

④ 检测孔的轴心线与底平面的平行度。将工件底平面放在平台上，使测量头与 A 端孔表

面接触，左右慢慢移动表座，找出工件孔径最低点，调整指针至零位，将表座慢慢向 B 端推进。也可以将工件转换方向，再使测量头与 B 端孔表面接触，A、B 两端指针最低点和最高点在全程上读数的最大差值，就是整个长度上的平行度误差，如图 1－2－31(b)所示。

⑤ 内外圆同轴度的检测。在排除内外圆本身的形状误差时，可用圆跳动量来计算。如图 1－2－32 所示，以内孔为基准时，可把工件装在两顶尖的心轴上，用杠杆式百分表检验。杠杆式百分表在工件转一周的读数，就是工件的圆跳动。以外圆为基准时，把工件放在 V 形铁上，用杠杆式百分表检验。这种方法可测量不能安装在心轴上的工件。

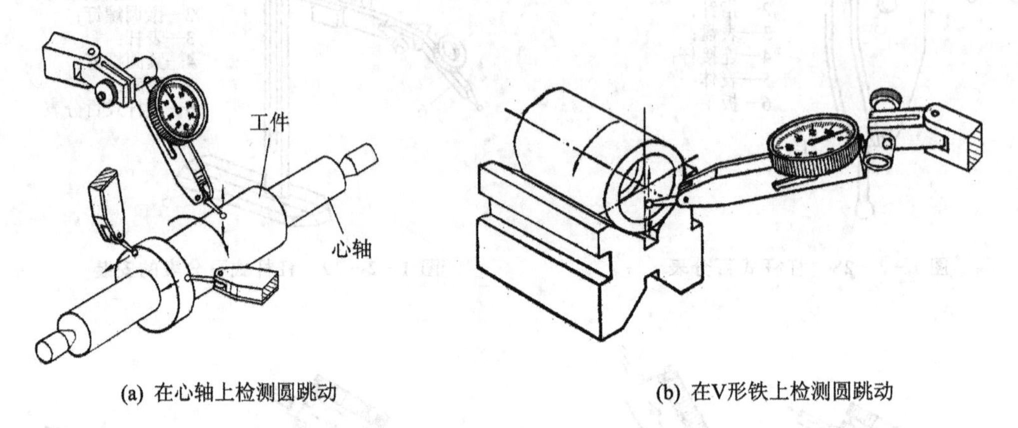

(a) 在心轴上检测圆跳动　　(b) 在V形铁上检测圆跳动

图 1－2－32　用杠杆式百分表检测工件圆跳动

注意事项

百分表使用注意事项：

- 使用百分表前，擦净表座底面、工件被测表面及基准面。检查表盘、指针和测量头有无松动现象，以及指针的灵敏性和稳定性。
- 百分表在使用过程中应避免受到冲击和振动。
- 测量时，测量杆的移动距离不能超出百分表的测量范围。
- 百分表不使用时，应使测量杆处于自由状态，以免使表内的弹簧失效。
- 粗糙的零件表面不允许用百分表进行测量，否则会损坏百分表。

1.2.7　其他常用量具

1. 刀口尺

刀口尺是样板平尺的一种，因它有圆弧半径为 0.1～0.2 mm 的棱边，如图 1－2－33 所示，故可用透光法或痕迹来检测直线度和平面度。

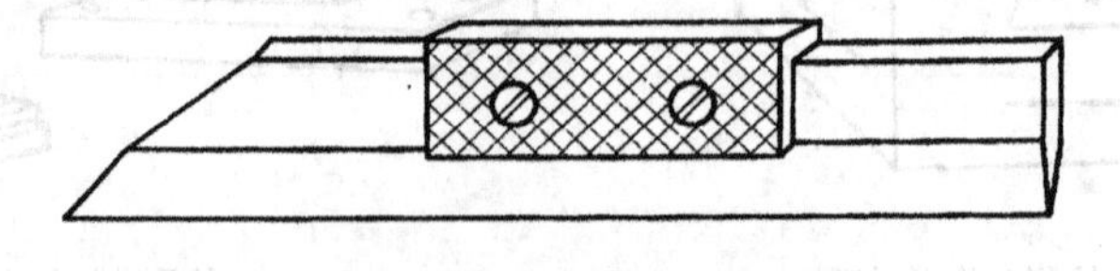

图 1－2－33　刀口尺

检测工件直线度时，刀口尺的测量棱边紧靠工件表面，然后观察透光缝隙大小，判断工件表面是否平直，如图 1－2－34 所示。在明亮而均匀的光源照射下，当全部接触表面能透过均匀而微弱的光线时，表明被测表面很平直。

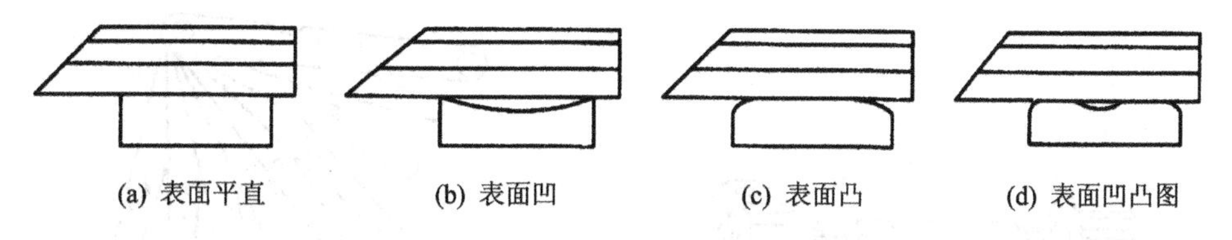

图 1-2-34　用刀口尺检测直线度

2. 直角尺

直角尺用来检测工件相邻两个表面的垂直度。钳工常用的直角尺有宽度直角尺和样板直角尺(刀口直角尺)两种。

用直角尺检测零件外角度时，使用直角尺的内边；检测零件的内角度时，使用直角尺的外边，如图 1-2-35 所示。

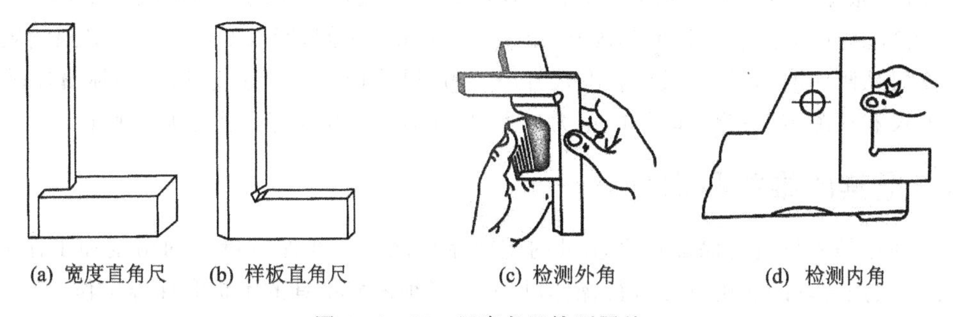

图 1-2-35　用直角尺检测零件

当直角之一边贴住基准表面时，应轻轻压住，然后使直角尺的另一边与零件被测表面接触，根据透光的缝隙判读零件相互垂直面的垂直精度。直角尺的放置位置不能歪斜，否则测量不准确，如图 1-2-36 所示。

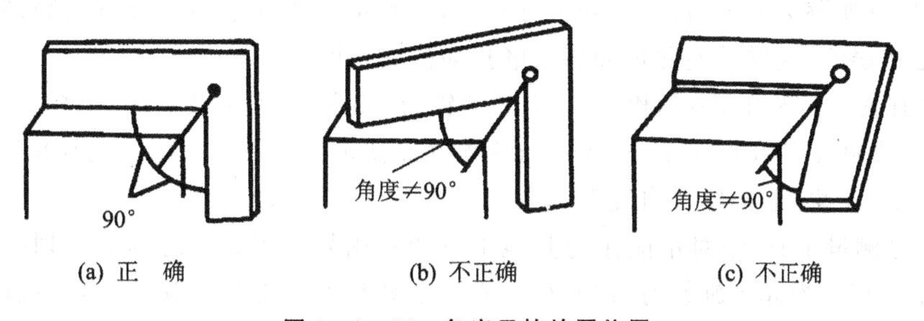

图 1-2-36　角度尺的放置位置

3. 塞　规

塞规一般用来测量孔径，形状如图 1-2-37 所示。它由两个测量端组成，尺寸小的一端在测量内孔或表面时应能通过，称为通端，其尺寸是按被测表面的最小极限尺寸制作的。尺寸大的一端在测量工件时应不通过，称为止端，其尺寸是按被测面的最大极限尺寸制作的。

用塞规检验工件时，如通端能通过，止端不能通过，则表示此工件为合格品，否则为不合格品。

4. 塞　尺

塞尺又叫厚薄规，如图 1-2-38 所示，用于检测两个接触面之间的间隙大小。塞尺有两个平行的测量表面,其长度有 50 mm、100 mm、200 mm 等几种。

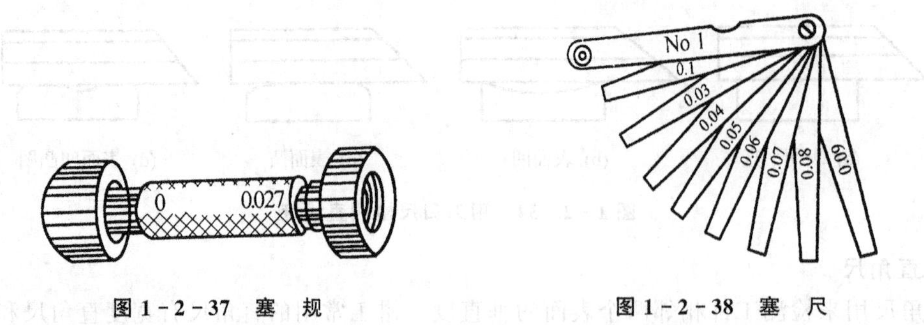

图 1-2-37 塞 规　　图 1-2-38 塞 尺

测量厚度为 0.02～0.1 mm 的,中间每片相隔为 0.01 mm;测量厚度为 0.1～1 mm 的,中间每片相隔为 0.05 mm。

使用时,根据零件尺寸的需要,可用一片或数片重叠在一起塞入间隙内。如用 0.03 mm 能塞入,0.04 mm 不能塞入,说明间隙在 0.03～0.04 mm 之间,所以塞尺是一种极限量规。

将塞尺从匣内取出、放进及组合塞尺片时,要用厚片带动薄片移动,防止损坏薄片;使用前要清洁塞尺和被测表面;测量时不能用力过大;用完后应擦拭干净并上油放入匣内。

1.2.8 量具的维护和保养

正确使用精密量具是保证产品质量的重要条件之一。要保持量具的精度和工作的可靠性,除了要按照合理的使用方法进行操作以外,还必须做好量具的维护和保养工作。

① 在机床上测量零件时,要等零件完全停稳后再进行;否则,不但会使量具的测量面过早磨损而失去精度,还会造成事故。尤其是车工在使用外卡钳时,要注意铸件内常有气孔和缩孔,一旦钳脚落入气孔内,可把操作者的手也拉进去,造成严重事故。

② 测量前应把量具的测量面和零件的被测量表面都揩干净,以免因有脏物而影响测量精度。用精密量具如游标卡尺、百分尺和百分表等,去测量锻铸件毛坯或带有研磨剂(如金刚砂等)的表面是错误的,这样易使测量面很快磨损而失去精度。

③ 量具在使用过程中,不要和工具、刀具如锉刀、榔头、车刀和钻头等堆放在一起,以免碰伤量具。也不要随便放在机床上,避免因机床振动而使量具掉下来损坏。尤其是游标卡尺等,应平放在专用盒子里,避免使尺身变形。

④ 量具是测量工具,绝对不能作为其他工具的代用品。例如拿游标卡尺划线,拿百分尺当小榔头,拿钢直尺当起子旋螺钉,以及用钢直尺清理切屑等都是错误的。把量具当玩具,如把百分尺等拿在手中任意挥动或摇转等也是错误的,都是易使量具失去精度的。

⑤ 温度对测量结果影响很大,零件的精密测量一定要使零件和量具都在 20 ℃的情况下进行。一般可在室温下进行测量,但必须使工件与量具的温度一致;否则,由于金属材料热胀冷缩的特性,会使测量结果不准确。

温度对量具精度的影响亦很大,量具不应放在阳光下或床头箱上,因为量具温度升高后,也不能量出正确尺寸。更不要把精密量具放在热源(如电炉、热交换器等)附近,以免使量具受热变形而失去精度。

⑥ 不要把精密量具放在磁场附近,例如磨床的磁性工作台上,以免使量具感磁。

⑦ 当发现精密量具有不正常的现象时,如量具表面不平、有毛刺、有锈斑以及刻度不准、

尺身弯曲变形、活动不灵活等，使用者不应当自行拆修，更不允许自行用榔头敲、锉刀锉、砂布打光等粗糙办法修理，以免增大量具误差。发现上述情况，使用者应当主动送计量站检修，并经检定量具精度后再继续使用。

⑧ 量具使用后，应及时揩干净，除不锈钢量具或有保护镀层者外，金属表面应涂上一层防锈油，放在专用的盒子里，保存在干燥的地方，以免生锈。

⑨ 精密量具应实行定期检定和保养，长期使用的精密量具，要定期送计量站进行保养和检定精度，以免因量具的示值误差超差而造成产品质量事故。

思考与练习

1. 选择一些典型工件，用游标卡尺、百分尺、万能角尺等正确测量。
2. 结合后面各课题的训练，能正确、熟练使用钳工常用量具。

课题三　划　线

教学要求

- ◆ 会正确使用划线工具。
- ◆ 掌握划线基准的选择方法，能正确地划线及在线条上打样冲眼。
- ◆ 要求划线达到线条清晰，粗细均匀，尺寸误差不大于±0.3 mm。
- ◆ 遵守操作规程，养成良好的安全、文明生产习惯。

1.3.1　划线的概述

划线是根据图样的尺寸要求，用划线工具在毛坯或半成品工件上划出待加工部位的轮廓线或作为基准的点、线的操作过程。通过划线所标明的点、线，反映了工件某部位的形状、尺寸和特性，并确定加工的尺寸界线。

1. 划线的种类

划线分为平面划线和立体划线两种。

(1) 平面划线

只需在工件或毛坯的一个平面上划线后就能明确表示加工界限的划线过程，称为平面划线，如图 1-3-1(a)所示。

(2) 立体划线

需要在工件的几个互成不同角度的表面(通常是互相垂直，反映工件三个方向的表面)划线，才能明确表示加工界限的划线过程，称为立体划线，如图 1-3-1(b)所示。

2. 划线的作用

划线是钳工的一项基本操作。划线工作不仅在毛坯表面上进行，也经常在已加工过的表面上进行。其作用有以下几点：

① 确定工件加工面的位置及加工余量，明确尺寸的加工界线，以便实施机械加工。

② 在板料上按划线下料，可以正确排样，合理使用材料。

③ 复杂工件在机床上装夹时，可按划线位置找正、定位和夹紧。

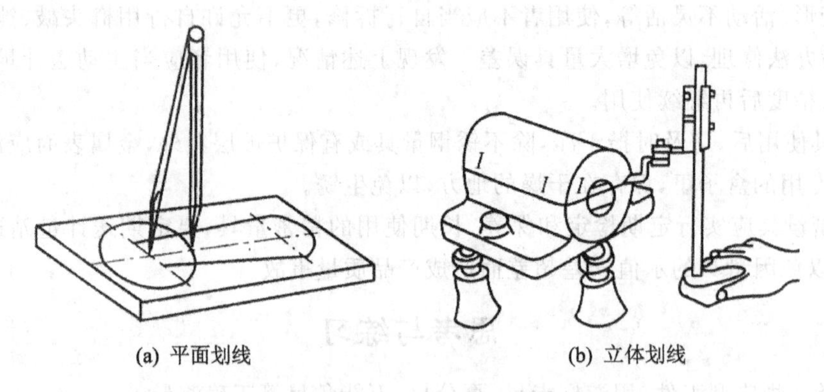

图 1-3-1　划线种类

④ 通过划线能及时地发现和处理不合格的毛坯(如通过借料划线可以使误差不大的毛坯得到补救,使加工后的零件仍能达到要求),避免加工后造成更大的损失。

3. 划线的要求

① 在对工件进行划线之前,必须详细阅读工件图纸的技术要求,看清各个尺寸及精度要求,并熟悉加工工艺。

② 划线时工件的定位一定要稳固,特别是不规则的工件更应注意这一点。调节找正工件时,一定要注意安全,对大型工件需有安全措施。

③ 划线要保证尺寸正确,在立体划线中应注意使长、宽、高三个方向的划线相互垂直。

④ 划出的线条要清晰均匀,不得划出双层重复线,也不要有多余线条。一般粗加工的线条宽度为 0.2～0.3 mm,精加工的线条宽度要小于 0.1 mm。

⑤ 样冲眼深浅合适,位置正确,分布合理。

1.3.2　划线工具

钳工划线的工具很多,按用途分有以下几类:基准工具、量具、绘划工具以及辅助工具等,即常用的工具有:划线平台、划针、划规、划线盘;高度游标尺、角度尺、钢板直尺……;样冲;方箱、V 形铁等。

1. 基准工具

划线平台或称划线平板是钳工划线的主要基准工具,如图 1-3-2 所示。其材料一般为铸铁。它的工作表面经精刨或刮削而成为平面度较高的平面,以保证划线的精度。划线平台一般用木架支承,高度在 1 m 左右。划线平台的正确使用和保养方法如下:

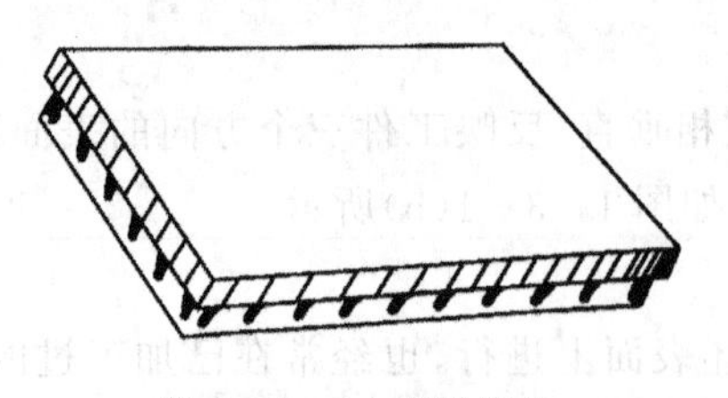

图 1-3-2　划线平台

① 安装时,使工作面保持水平位置,以免日久变形。

② 保持工作面的清洁,防止铁屑、砂粒等划伤平台表面。使用平台时,工件要在平台上轻拿轻放,防止平台受撞击。

③ 平台工作面各处要均匀使用,以免局部磨损。

④ 划线结束后要把平台表面擦净,上油防锈。

⑤ 按有关规定定期检查,并及时调整、研修,以满足平台工作面的水平状态及平面度要求。

2. 量　具

量具有钢尺、直角尺、游标卡尺、高度游标尺等。其中，高度游标尺能直接测量出高度尺寸，其读数精度与游标卡尺一样，可作为精密划线量具。

3. 绘划工具

直接划线工具有划针、划规、划线盘和样冲。

(1) 划　针

如图 1-3-3 所示，划针是直接在工件表面划线的工具。一般由 4～6 mm 工具钢或弹簧钢丝制成，尖端磨成 15°～20°的尖角，并经过热处理，硬度达 HRC55～60。

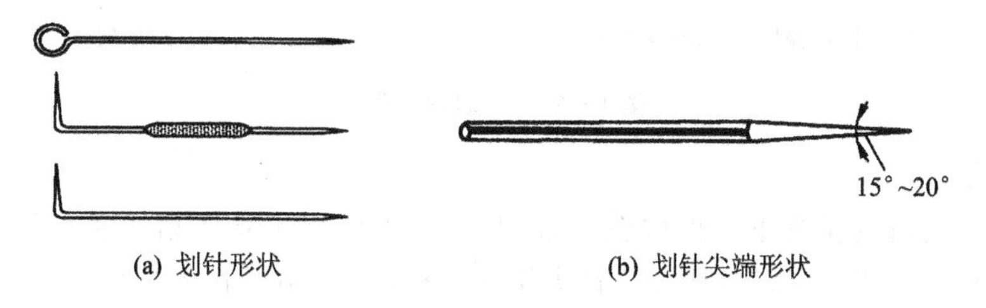

(a) 划针形状　　(b) 划针尖端形状

图 1-3-3　划　针

划针要依靠钢尺或直尺等导线工具而移动，并向外侧倾斜 15°～20°，向划线前进方向倾斜 45°～75°。这样既能保证针尖紧贴导向工具的基准边，又能方便操作者以眼观察。水平线应自左向右划，竖直线从上到下划，倾斜线是自左下向右上方划，或自左上向右下划。划线时用力大小要均匀适宜，尽量做到一次划成，以使线条清晰、准确，如图 1-3-4 所示。

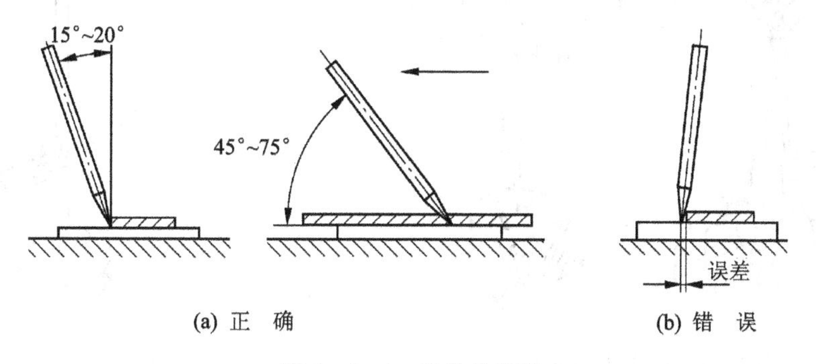

(a) 正　确　　(b) 错　误

图 1-3-4　划针的用法

(2) 划　规

划规也称为单脚划规，是用来划圆或划弧线、等分线段及量取尺寸等操作所使用的工具。一般用中碳钢或工具钢制成，两脚尖端淬硬并刃磨，有的在两脚部焊有一段硬质合金。

如图 1-3-5 所示，常用的划规有普通划规、扇形划规、弹簧划规及长划规等。

普通划规因结构简单制造方便，应用较广，但要求两脚铆接处松紧适度。过松，则在测量和划线时易使两脚活动，使尺寸不稳定；过紧，则不方便调整。

扇形划规因有锁紧装置，两脚间的尺寸较稳定，结构较简单，常用于粗毛坯表面的划线。

弹簧划规易于调整尺寸，但用来划线的一脚易滑动，因此只限于在半成品表面上划线。

长划规专用于划大尺寸圆或圆弧，它的两个划针位置可调节。

使用划规前，应将其脚尖磨锋利，并使两划脚长短一样，两脚尖能合紧，以便划出小尺寸的圆弧，其用法与制图中的圆规相同。在确定轴和孔的中心位置时先划出四条圆弧线，再在圆弧线中冲一个样冲点,如图 1-3-6 所示。

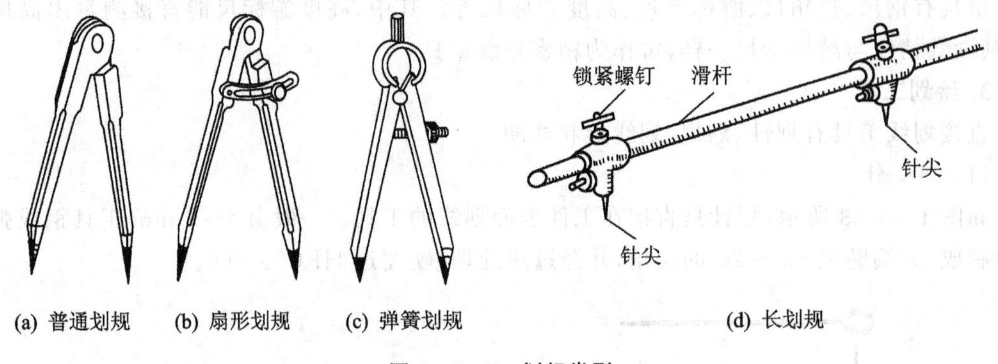

(a) 普通划规　(b) 扇形划规　(c) 弹簧划规　(d) 长划规

图 1-3-5　划规类型

(3) 划线盘

划线盘是直接划线或找正工件位置的常用工具,主要用于立体划线和工件位置的校正。如图 1-3-7 所示,一般情况下,划针的直头用于划线,弯头用于找正工件位置。通过夹紧螺母,可调整划针的高度。使用时,应使划针基本处于水平位置,划针伸出端应尽量短,以增大其刚性,防止抖动。划针的夹紧要可靠。用手拖动盘底划线时,应使盘底始终紧贴平台移动。划针移动时,其移动方向与划线表面之间成 75°左右,以使划线顺利进行。

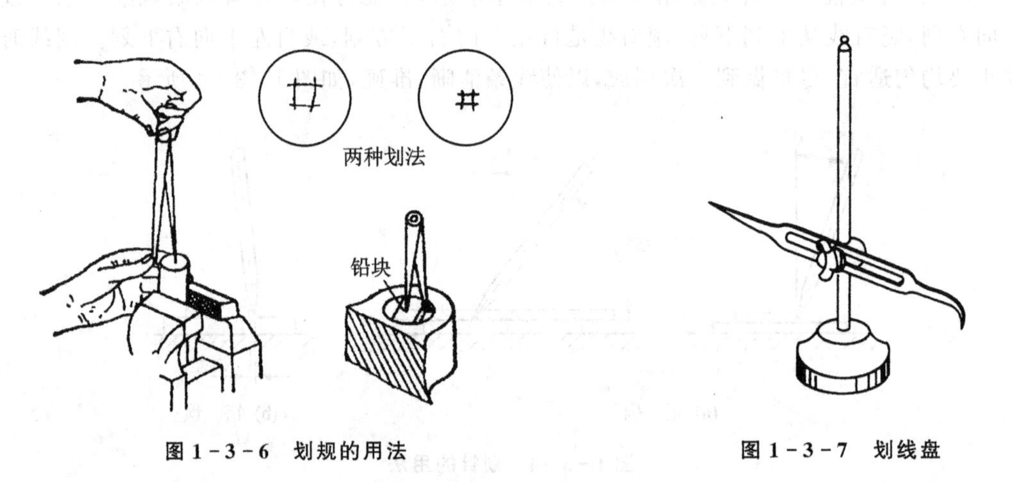

图 1-3-6　划规的用法　　图 1-3-7　划线盘

(4) 样　冲

样冲是在工件划好的线条上打上小而均布的冲眼。一般由工具钢制成,也可用旧的丝锥、铰刀等改制而成。其尖端和锤击端经淬火硬化,尖端一般磨成 40°～60°角,划线用样冲的尖端可磨锐些,而钻孔用样冲可磨得钝一些,如图 1-3-8 所示。

冲眼是为了强化显示用划针划出的加工界线;在划圆时,需先冲出圆心的样冲眼,利用样冲眼作圆心,才能划出圆线。样冲眼也可以作为钻孔前的定心。

使用样冲的方法和注意事项:

- 冲眼时,将样冲斜着放在划线上,锤击前再竖直,以保证冲眼的位置准确,如图 1-3-9 所示。
- 冲眼应打在线宽的正中间,且间距要均匀。线条长而直时,间距可大些;短而曲时,间距应小些;交叉、转折处必须打上样冲眼。

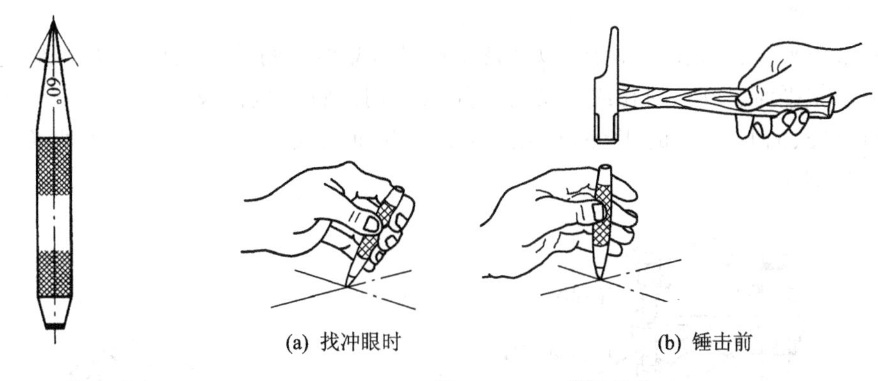

图 1－3－8　样　冲　　　图 1－3－9　样冲的方法

- 冲眼的深浅视工件表面粗糙程度而定。表面光滑或薄壁工件样冲眼要浅些；粗糙表面冲眼要深些；孔的中心眼要冲深些，以便钻孔时钻头对准中心。精加工表面禁止打样冲眼。

4. 辅助工具

（1）V 形铁

图 1－3－10 所示的 V 形铁主要用来支承工件的圆柱面，使圆柱的轴线平行于平台工作面，便于找正或划线。V 形架常用铸铁或碳钢制成，其外形为长方体，工作面为 V 形槽，两侧面互成 90°或 120°夹角。支承较长工件时，应使用成对 V 形铁。成对 V 形铁必须成对加工，且不可单个使用，以免单个磨损后产生两者的高度尺寸误差。

（2）千斤顶

千斤顶是在平板上支承工件划线用的，它的高度可以调整，常用于较大或不规则工件的划线找正，通常三个为一组，如图 1－3－11 所示。千斤顶的顶端一般做成带球顶的锥形，使支承可靠、灵活。若要支承柱形工件或较重的工件，可将顶部制成 V 形架。

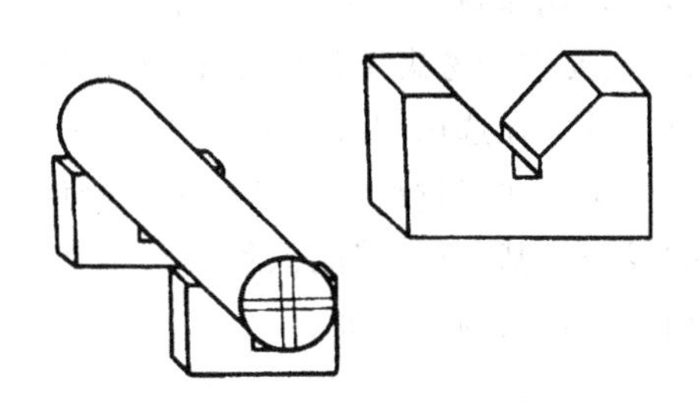

图 1－3－10　V 形铁

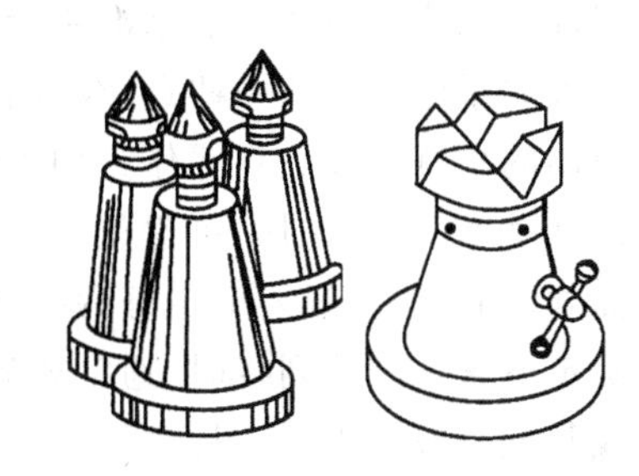

图 1－3－11　千斤顶

使用千斤顶时，底部要擦净，工件要平稳放置。调节螺杆高低时，要防止千斤顶产生移动，以防工件滑倒。一般千斤顶用三个来支承，且三个支承点要尽量远离工件重心。在工件较重的部分用两个千斤顶，另一个千斤顶支承在较轻的部位。

（3）方　箱

如图 1－3－12 所示，带有方孔的立方体或长方体的方箱是用铸铁制成的空心立方体，其六个面都经过精加工，相邻的各面相互垂直；一般用来夹持、支承尺寸较小而加工面较多的工件。通过翻转方箱，可在工件的表面划出相互垂直的线条。

(4) 角 铁

角铁常与夹头、压板配合使用,以夹持工件进行划线。角铁一般用铸铁制成,它有两个互相垂直的工作平面。其上的孔或槽是为搭压板时用螺钉连接而设。它常与C形夹钳配合使用。对质量轻、面积较大的工件,可用C形夹钳和压板压紧在角铁的垂直面上划线,如图1-3-13所示。

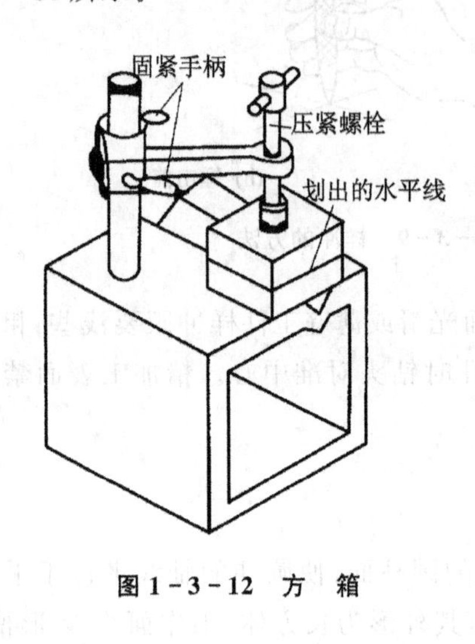

图1-3-12 方 箱

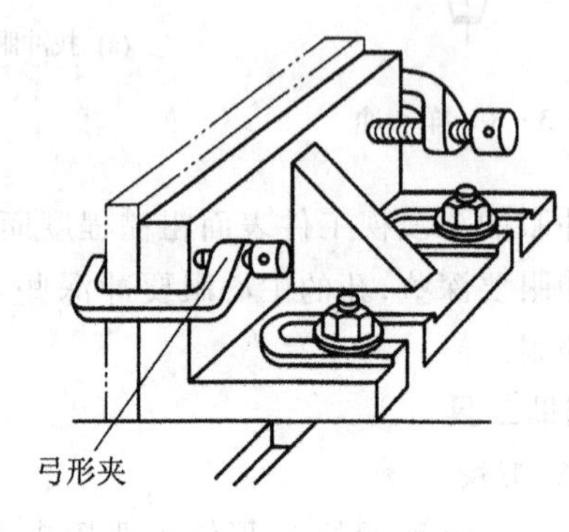

图1-3-13 直角铁

(5) 垫 铁

垫铁是用于支承和垫平工件的工具,便于划线时找正。常用的垫铁有平行垫铁、V形垫铁和斜楔垫铁,一般用铸铁和碳钢加工制成。

1.3.3 划线方法

1. 划线基准的确定

在工件上划线时所选用的基准称为划线基准,它是用来确定工件上各几何要素间的尺寸大小和位置关系所依据的一些点、线、面。基准的确定要综合考虑工件的整个加工过程及各工序间所使用的检测手段。划线作为加工中的第一道工序,在选用划线基准时,应尽可能使划线基准与设计基准一致,这样,可避免相应的尺寸换算,减少加工过程中的基准不重合误差。

平面划线时,一般只要确定好两根相互垂直的线条为基准线,就能把各面上所有形面的相互关系确定下来。立体划线时,通常要确定三个相互垂直的划线基准。

划线基准一般有以下三种类型:

① 以两个相互垂直的平面或直线为划线基准。

如图1-3-14(a)所示,该零件有相互垂直两个方向的尺寸。可以看出,每一方向的尺寸大多是依据它们的外边线确定的。此时,可把这两条边线分别确定为这两个方向的划线基准。

② 以一个平面和一条中心线为划线基准。

如图1-3-14(b)所示,该零件高度方向的尺寸是以底面为依据而确定的,底面就可作为高度方向的划线基准;宽度方向的尺寸对称于中心线,故中心线可作为宽度方向的划线基准。

③ 以两个互相垂直的中心平面或直线为划线基准。

如图1-3-14(c)所示,该零件两个方向的许多尺寸分别与其中心线具有对称性,其他尺寸也从中心线起始标注。此时,就可把这两条中心线分别确定为这两个方向的划线基准。

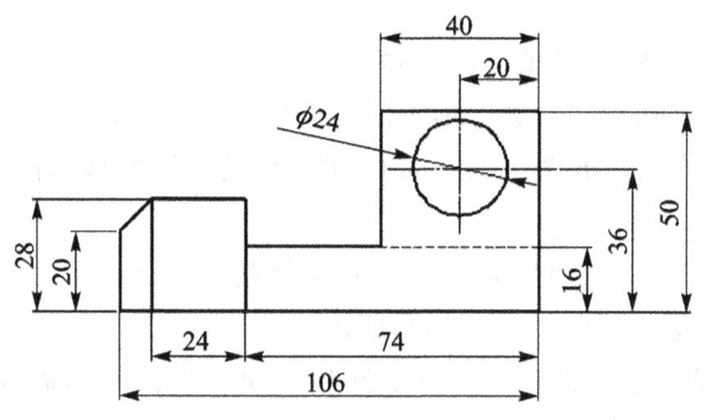

(a) 以两个互相垂直的直线为基准

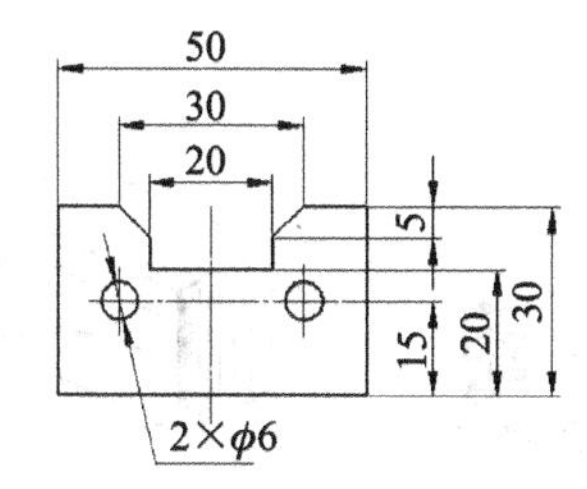

(b) 以一个平面与一个对称直线为基准

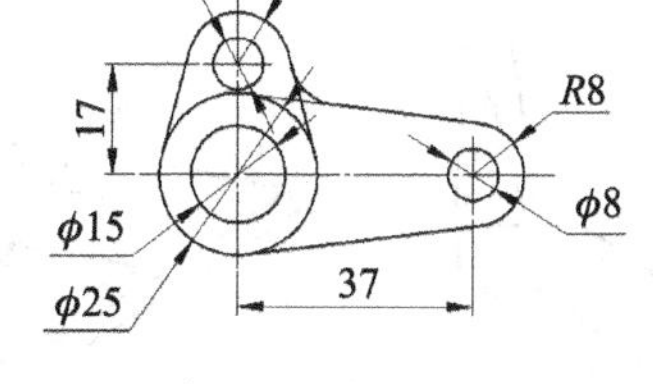

(c) 以两个互相垂直的中心线为基准

图 1-3-14 平面基准的确定

2. 选择第一划线位置原则

① 尽量选择划线面积较大的位置为第一划线位置，即与划线平台的工作面平行。

② 尽量选择精度要求较高或主要加工面的加工线为第一位置线。

③ 尽量选择复杂面或需要划线较多的位置为第一划线位置，便于校正，并能划出大部分的加工线。

④ 尽量选择工件上的主要中心线或平行于平台工作面的加工线为第一划线位置，可提高划线质量和简化划线过程。

一个工件上有很多条线要划，究竟从哪一条线开始，常要遵守从基准开始的原则，即设计基准与划线基准重合，否则将会使划线误差增大，尺寸换算麻烦，有时甚至使划线产生困难，工作效率降低。正确选择划线基准，可以提高划线的质量和效率，并相应提高毛坯合格率。

当工件有已加工平面或孔时，应该以已加工面作为划线基准。若毛坯上没有已加工面，首次划线应选择最主要的或大的不加工面为划线基准作为粗基准，但该基准只能使用一次，在下一次划线时，必须用已加工面作划线基准。

3. 基本线条的划法

(1) 平行线的划法

① 用钢直尺或钢直尺与划规配合划平行线。划已知直线的平行线时，用钢直尺或划规按两线距离在不同两处的同侧划一短直线或弧线，再用钢直尺将两直线相连，或作两圆弧线的切线，即得平行线。

② 用单脚规划平行线。用单脚规的一脚靠住工件已知直边，在工件直边的两端以相同距离用另一脚各划一短线，再用钢直尺连接两短线即成，如图 1-3-15(a)所示。

③ 用钢直尺与 90°角尺配合划平行线。如图 1-3-15(b)所示，用钢直尺与 90°角尺配合划平行线时，为防止钢直尺松动，常用夹头夹住钢直尺。当钢直尺与工件表面能较好地贴合

时,可不用夹头。

④ 用划线盘或高度游标尺划平行线。将工件垂直放在划线平台上,用划线盘或高度游标尺度量尺寸后,沿平台作移动,划出平行线,如图 1-3-15(c)、(d)所示。

⑤ 用 90°角尺划平行线的方法如图 1-3-15(e)所示,其划线原理与图 1-3-15(b)相同。

(2) 垂直线的划法

① 用 90°角尺划垂直线。将 90°角尺的一边对准或紧贴工件已知边,划针沿角尺的另一边垂直划出的线即为所需垂直线,如图 1-3-15(f)所示。

② 用划线盘或高度游标尺划垂直线。先将工件和已知直线调整到垂直位置,再用划线盘或高度游标尺划出已知直线的垂直线。

③ 几何作图法划垂直线。

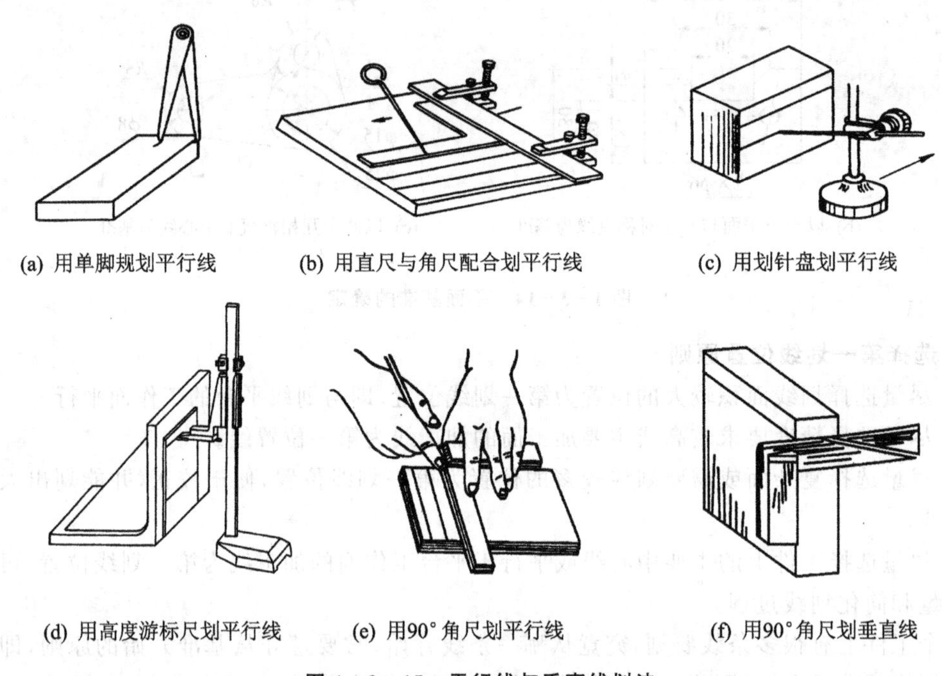

(a) 用单脚规划平行线　(b) 用直尺与角尺配合划平行线　(c) 用划针盘划平行线

(d) 用高度游标尺划平行线　(e) 用90°角尺划平行线　(f) 用90°角尺划垂直线

图 1-3-15　平行线与垂直线划法

(3) 圆弧线的划法

① 用单脚规求圆心。将单脚规两脚尖的距离调到大于或等于圆的半径,然后把划规的一脚靠在工件侧面,用左手拇指按住,划规的另一脚在圆心附近划一小段圆弧,然后再转动工件,每转 1/4 周应依次划出一段圆弧。当划出第四段圆弧后,就可在四段弧的包围圈内由目测确定圆心的位置,如图 1-3-16(a)所示。

② 用划线盘求圆心。把工件放在 V 形架上,将划针的针尖调到略高或略低于工件圆心的高度。左手按住工件,右手移动划线盘,使划针在工件端面划出一短线。然后依次转动工件,每转过 1/4 周,便划一短线,共划出四根短线,再在这个“#”形线内目测出圆心位置,如图 1-3-16(b)所示。

在掌握了以上划线的基本方法及划线工具的使用方法后,结合几何作图知识,可以划出各种平面图形,如划圆的内接或外切正多边形、圆弧连接等。

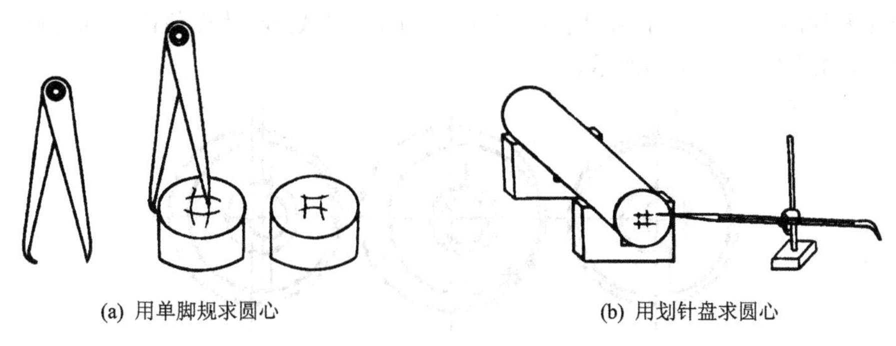

(a) 用单脚规求圆心　　(b) 用划针盘求圆心

图 1-3-16 圆弧线的划法

(4) 斜线的划法

划角度线时，可用万能方箱进行，也可用分度规检查方箱角度，用划线盘划线。如斜线两端有尺寸标记，可先划出两端点，再连成一线，或用几何作图法划出。斜线还可用万能角度尺划出。

1.3.4 划线的找正与借料

1. 找　正

找正就是利用划线工具，如划线盘、角尺、单脚规等，使工件上有关的表面处于合适的位置。如图 1-3-17 所示的轴承座，由于底板的厚度不均，且其底板上表面 A 为不加工面，以该面为依据，再划出下底面加工线，从而使底板上下两面基本保持平行。

找正的要求和方法：

① 当毛坯上有不加工表面时，应按不加工面找正后再划线，使待加工表面与不加工表面各处的尺寸均匀。

② 当毛坯上有两个以上不加工表面时，应选重要的或较大的不加工表面作为找正的依据，使误差集中到次要的或不显眼的部位。

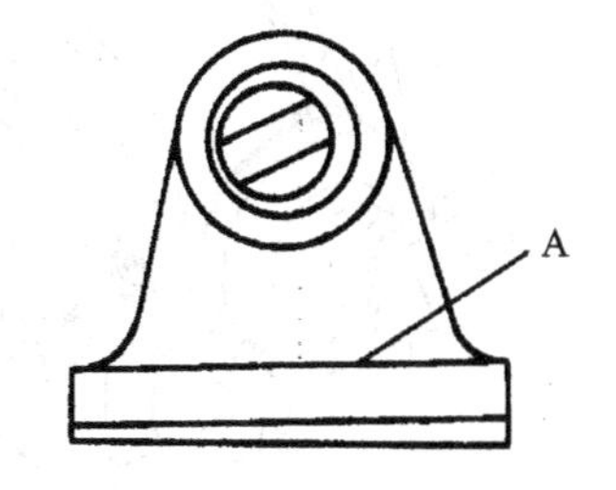

图 1-3-17 毛坯件划线时的找正

③ 当毛坯上没有不加工表面时，将各个加工表面位置找正后再划线，可以使各加工表面的加工余量得到均匀分布。也可以将待加工的孔毛坯和凸台外形作为找正依据。

这样，经划线加工后的加工表面和不加工表面才能够达到尺寸均匀、位置准确、符合图纸要求，而把无法弥补的缺陷反映到次要的部位上去。

2. 借　料

借料就是通过试划和调整，使各个待加工面的加工余量合理分配、互相借用，从而保证各加工表面都有足够的加工余量，而误差和缺陷可在加工后排除。

当铸锻毛坯在形状、尺寸和位置上的误差缺陷用找正后的划线方法不能补救时，就要用借料的方法来解决。要做好借料划线，首先要知道待划毛坯误差程度，确定需要借料的方向和大小，这样才能提高划线效率。

如图 1-3-18 所示为一锻造毛坯，其内外圆偏心较大，若按外圆找正划内孔加工线，则内孔有个别部分的加工余量不够，如图 1-3-18(a)所示；若按内圆找正划外圆加工线，则外圆个别部分的加工余量不够，如图 1-3-18(b)所示。只有在内孔和外圆都兼顾的情况下，适当地将圆心选在锻件内孔和外圆圆心之间的一个适当的位置上划线,才能使内孔和外圆都有足够的加工余量,如图 1-3-18(c)所示。

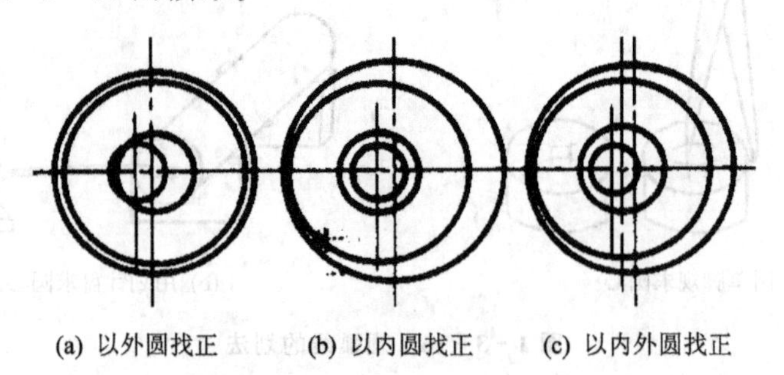

(a) 以外圆找正　(b) 以内圆找正　(c) 以内外圆找正

图 1-3-18　圆环借料划线

1.3.5　万能分度头划线

万能分度头是一种较准确的等分角度的工具,是铣床上等分圆周用的附件,钳工在划线中也常用它对工件进行分度和划线。它的规格是指分度头的中心线到底座的距离。例如:FW125 型,表示为万能分度头主轴中心线到底座的距离为 125 mm。图 1-3-19 所示为 FW125 型分度头的外形,图 1-3-20 所示为分度头的传动原理图。

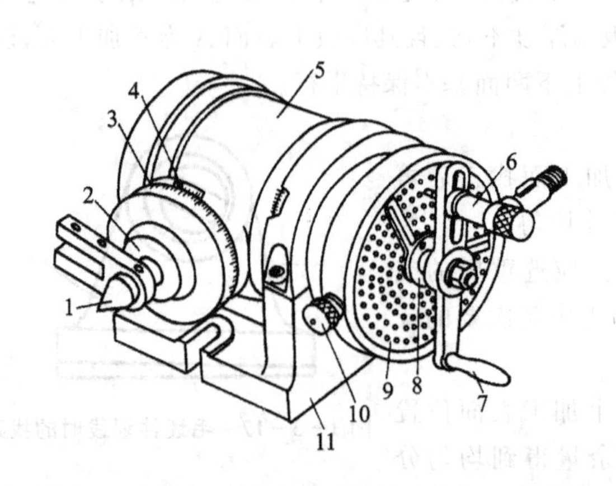

1—顶尖;2—主轴;3—刻度盘;4—游标;5—壳体;6—插销;7—手柄;8—分度叉;9—分度盘;10—锁紧螺钉;11—底座

图 1-3-19　FW125 型万能分度头外形

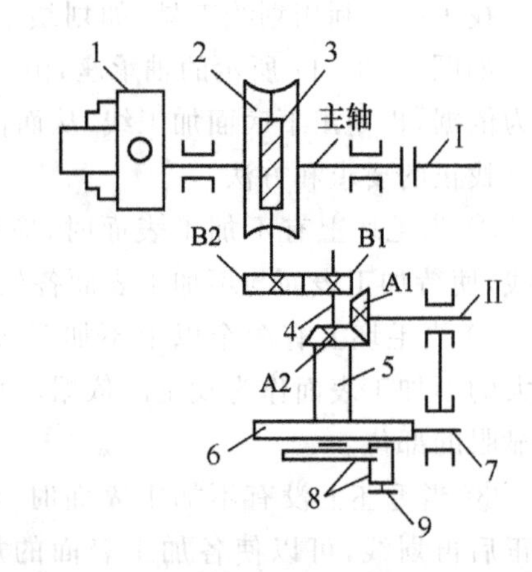

1—卡盘;2—蜗轮;3—蜗杆;4—齿轮轴;5—连接体;6—分度盘;7—分度手柄轴;8—分度手柄;9—插销

图 1-3-20　分度头的传动原理

在分度头的主轴上装有三爪卡盘,把分度头放在划线平板上,配合使用划线盘或高度游标卡尺,便可进行分度划线;还可在工件上划出水平线、垂直线、倾斜线和等分线或不等分线。

1. FW125 型万能分度头的结构

FW125 型分度头主要由主轴、底座、壳体、分度盘和分度叉等组成。分度头主轴安装在壳体内,主轴前端可以装入顶尖或安装三爪自定心卡盘以装夹划线工件。壳体以两侧轴颈支承在底座上,可绕其轴线回转,使主轴在水平线以下 6°至水平线以上 95°范围内调整角度。主轴倾斜的角度可以从壳体侧壁上的刻度看出。若需要分度,拔出插销并转动手柄,就可带动主轴回转到所需的分度位置。手柄转过的转数由插销所对应分度盘上孔圈的小孔数目来确定。这些小孔在分度盘端面上,以不同孔数等分地分布在各同心圆上。FW125 型分度头备有三块分度盘，供分度时选用，每块分度盘有 8 圈孔，孔数分别见表 1-3-1。

表 1-3-1　FW125 型分度盘孔圈的孔数

分度盘	分度盘孔圈的孔数
第一块	16,24,30,36,41,47,57,59
第二块	23,25,28,33,39,43,51,61
第三块	22,27,29,31,37,49,53,63

插销可在手柄的长槽中沿分度盘半径方向调整位置，以便插入不同孔数的孔圈内。

2. 简单分度法

分度的方法有直接分度、简单分度、差动分度等多种。钳工在划线中，主要是采用简单分度法。分度前，先用锁紧螺钉将分度盘固定使之不能转动，再调整插销使它对准所选分度盘的孔圈。分度时先拔出插销，转动手柄，带动分度头主轴转至所需分度位置，然后将插销重新插入分度盘上相应的孔中。分度时分度盘不动，转动手柄，经过蜗轮蜗杆传动进行分度。

分度盘上有几圈不同数目的等分小孔，根据工件等分数的不同，选择合适的等分数的小孔，将手柄转过相应的转数和孔数，使工件转过相应的角度，实现对工件的分度与划线。

简单分度的原理是：当手柄转过一周时，分度头主轴便转过 1/40 周。若工件在圆周上的等分数目 z 已知，则工件每转过一个等分，分度头主轴转过 $1/z$ 圈，则分度头手柄应转过的圈数为

$$n=\frac{40}{z}$$

式中：n 为分度手柄转数，r；40 为分度头的定数；z 为工件等分数(齿数或边数)。

上式为简单分度的计算公式。当计算得到的转数不是整数而是分数时，可利用分度盘上相应孔圈进行分度。具体方法是，选择分度盘上某孔圈，其孔数为分母的整倍数，然后将该真分数的分子、分母同时增大整数倍，利用分度叉实现非整转数部分的分度。

【例 1-3-1】 要在工件的某圆周上划出均匀分布的 10 个孔，试求出每划完一个孔的位置后，手柄转过的圈数。

解：根据公式

$$n=\frac{40}{z}=\frac{40}{10}=4$$

即每划完一个孔的位置后，手柄应转 4 圈再划第二条线。

【例 1-3-2】 要在一圆盘端面上划出六边形，求每划一条线后，手柄应转几周后再划第二条线?

解：根据公式

$$n=\frac{40}{z}=\frac{40}{6}=6\ \frac{2}{3}$$

但分度盘上并没有一周为 3 的孔，这时需将分子、分母同时扩大相同倍数，即把分母扩大到分度盘上有合适孔数的倍数值。如选用第一块分度盘，则可使分母扩大为 24，于是 $n=6\ \frac{2}{3}=6\ \frac{16}{24}$，即在 24 孔的孔圈上转过 16 个孔距数。当然，也可扩大为 $n=6\ \frac{2}{3}=6\ \frac{42}{63}$，还可扩大为其余多种倍数。究竟选用哪一种较好？一般来说，在满足孔数是分母的整倍数条件下，选择孔数

较多的孔圈。因为一方面在分度盘上孔数多的孔圈离轴心较远,操作方便;另一方面分度误差较小,准确度高。例 1-3-2 中 $n=6\frac{2}{3}=6\frac{16}{24}=6\frac{20}{20}=6\frac{24}{36}=6\frac{38}{57}$,在第一块分度盘中可选择的孔圈孔数是:24 孔、30 孔、36 孔、57 孔共 4 种,因此选择孔数为 36 孔或 57 孔的孔圈。

3. 分度叉的调整方法

分度叉是分度盘上的附件,其作用能使分度准确而迅速。分度叉的形状如图 1-3-21 所示,由两个叉脚 1 和 2 组成。

两叉脚间的夹角可以根据孔距数进行调整。在调整时,夹角间的孔数应比需转过的孔距数多一个,因为第一个孔是当作零来计算的,要到第二个孔才算出一个孔距数。例如$\frac{2}{3}=\frac{24}{36}=\frac{38}{57}$,选择孔数为 36 孔的孔圈时,分度叉两叉脚间应有 24+1=25 个孔;选择孔数为 57 孔的孔圈时,则应有 39 个孔(39 个孔只包含 38 个孔距)。

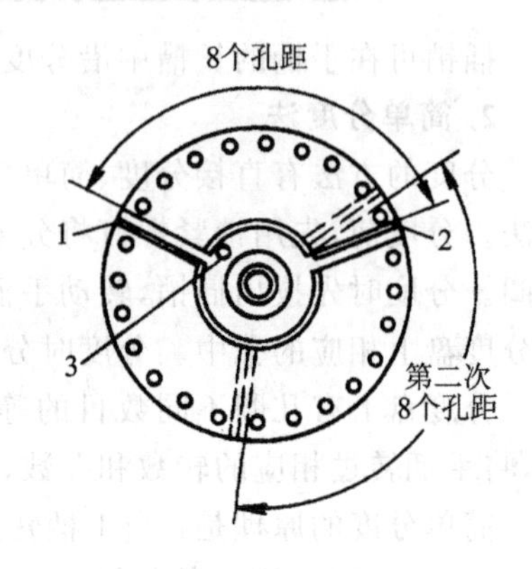

1,2—叉脚;3—螺钉

图 1-3-21 分度叉

在图 1-3-21 中,要在 24 孔的孔圈上转 8 个孔距数,调整方法是先使定位销插入紧靠叉脚 1 一侧的孔中,松开螺钉 3,将叉脚 2 调节到第 9 个孔,待定位销插入后,叉脚 2 的一侧也能紧靠定位锁时,再拧紧螺钉把两叉脚之间的角度固定下来。当划好一条线后要把分度叉调整到下一个分度位置时,叉脚 2 在第二次摇分度手柄前,拔出定位销,并使定位销落入紧靠分度叉 2 一侧的孔内,然后将分度叉 1 的一侧拨到紧靠定位销,叉脚 2 也同时转到了后面的 8 个孔距数的位置上,并保持原来的夹角不变。

注意事项

分度时的注意事项:

- 为了保证分度准确,分度手柄每次必须按同一方向转动。
- 当分度手柄转到预定孔位时,注意不要让它转过了头,定位销要刚好插入孔内。如已转过了头,则必须反向转过半圈左右后再重新转到预定的孔位。
- 在使用分度头时,每次分度前必须先松开分度头侧面的主轴紧固手柄,分度头主轴才能自由转动。分度完毕后仍要紧固主轴,以防主轴在划线过程中松动。

1.3.6 划线实例

1. 划线前的准备工件

(1) 工具的准备

划线前,必须根据工件划线的图样及各项技术要求,合理地选择所需要的各种工具。每件工具都要进行检查,如有缺陷,应及时修整或更换,否则会影响划线质量。

(2) 工件的准备

◆ 工件的清理。

◆ 工件的涂色:石灰水、酒精色溶液。

◆ 在工件孔中装中心塞块,以便找孔的中心,用划规划圆。

2. 划线的步骤

无论是平面划线还是立体划线，都应按以下步骤进行：

① 读图，分析图样，确定划线基准。

② 初步检查毛坯的误差情况，确定借料的方案。

③ 工件的清理。对于毛坯或半成品件表面的油污、铁锈、飞边、氧化铁等要清理干净，否则涂料不牢固，划出的线条不清晰。

④ 为了获得清晰的线条，工件划线部位要涂色。铸件和锻件毛坯上涂石灰水；小的毛坯可以涂粉笔；钢件上一般涂酒精色溶液（在酒精中加漆片和紫蓝色颜料配成）。涂色时要注意涂得薄而均匀。

⑤ 正确选用划线工具及正确安放和装夹工件。检验平台的表面精度是否准确。

⑥ 划线。先划基准线和位置线，再划加工线，即先划水平线，再划垂直线、斜线，最后划圆、圆弧和曲线。

⑦ 仔细检查划线的准确性和完整性。对错划或漏划应及时改正，保证划线的准确性。

⑧ 在所划线条上合理地打样冲眼。冲眼必须打正，毛坯面要适当深些，已加工面或薄板件要浅些、稀疏些。精加工面和软材料上可不打样冲眼。

3. 平面划线实例

按图 1－3－22 所示零件图样，划加工线，工件厚度为 5 mm，划法步骤见表 1－3－2。

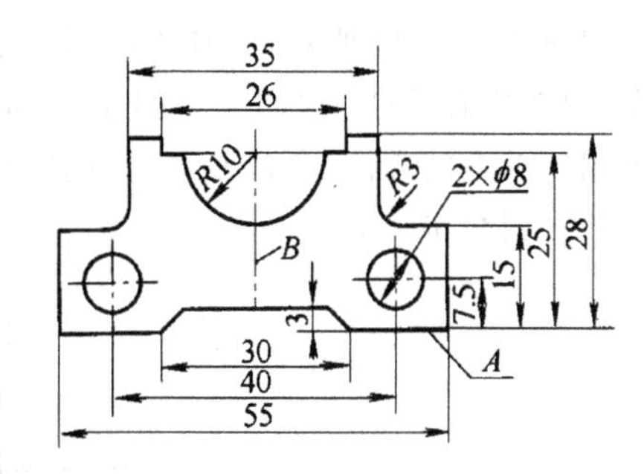

图 1－3－22　平面划线实例

表 1－3－2　平面划线实例步骤

项　目	图　示	划线步骤
准备工作		① 在划线前，对工件表面进行清理，并涂上涂料。 ② 检查待划线工件是否有足够的加工余量。 ③ 分析图样，明确划线位置，确定高度方向基准为 *A* 面，宽度方向基准为中心线 *B*
划线		④ 确定待划线图样位置，划出高度基准 *A* 的位置线，并相继划出其他要素的高度位置线，即平行于基准 *A* 的线，仅划交点附近的线条
划线		⑤ 划出宽度基准 *B* 的位置线，同时划出其他要素宽度位置线
划线		⑥ 用样冲打出各圆心的冲孔，并划出各圆和圆弧

续表 1-3-2

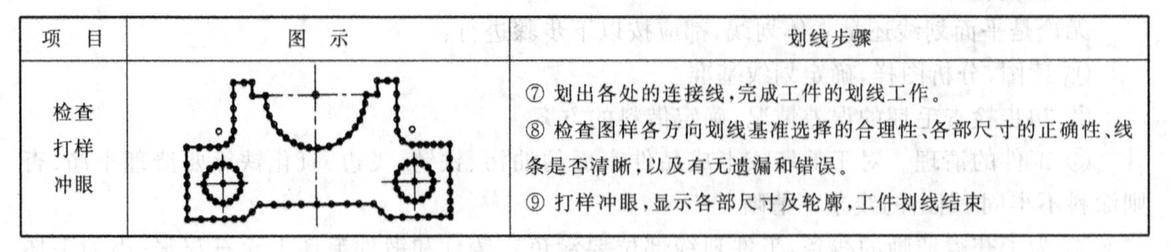

项　目	图　示	划线步骤
检查 打样 冲眼		⑦ 划出各处的连接线,完成工件的划线工作。 ⑧ 检查图样各方向划线基准选择的合理性、各部尺寸的正确性、线条是否清晰,以及有无遗漏和错误。 ⑨ 打样冲眼,显示各部尺寸及轮廓,工件划线结束

提示	合理选择划线基准,确保划线质量和划线后的检查及校对。

4. 立体划线实例

以轴承座为例说明立体划线方法。

如图 1-3-23 所示,此轴承座需要加工的部位有底面、轴承座内孔及其两端面、顶部孔及端面、两螺栓孔及孔口锪平。加工这些部位时,找正线和加工线都要划出。需要划线的尺寸在三个相互垂直的方向,所以是属于立体划线,工件需要翻转 90°,安放三次位置,才能划出全部的线条。划线步骤见表 1-3-3。

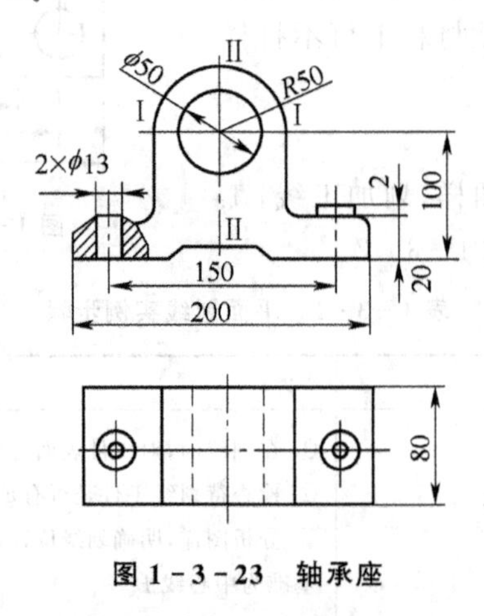

图 1-3-23　轴承座

表 1-3-3　轴承座的划线步骤

项　目	工件图	划线步骤
准备 工作		分析图纸确定划线基准,由于轴承座内孔是主要加工面,划线基准确定为轴承座内孔的两个中心平面,以及两个螺孔的中心平面。用三个千斤顶支承底面

续表 1-3-3

项　目	工件图	划线步骤
划线	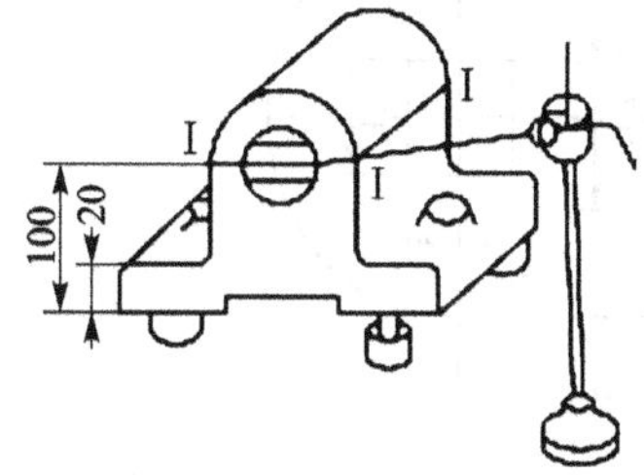 I I I 100 20	第一次支承及找正工件，依据两端孔中心及不加工的上平面，用划线盘找正，使之处于水平位置。然后用划线盘划出底面加工线及内孔水平中心平面线。 以 $R50$ 外轮廓为依据，用单脚规分别求出两端中心，然后试划 $R50$ 圆周线。如余量不够，则需借料，确定出内孔的中心位置
划线	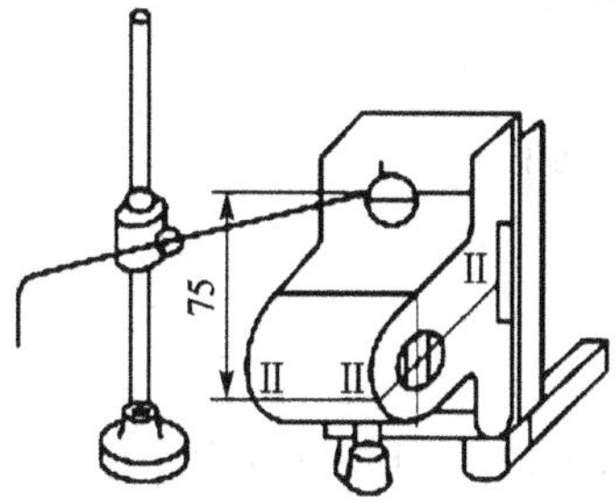 75 II II II	翻转工件，通过调正千斤顶、划线盘找正，使内孔两端中心处于同一高度，并用角尺按已划出的底面线找正垂直位置。划出内孔的另一中心平面线，再按尺寸划出两螺钉孔的中心线
划线	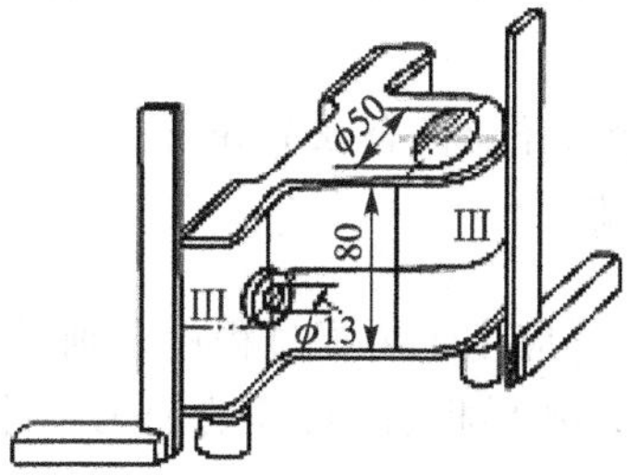 ϕ50 80 III III ϕ13	再次翻转找正，使底面处于垂直位置。划出两螺钉孔中心基准线及两大端面加工线
检查	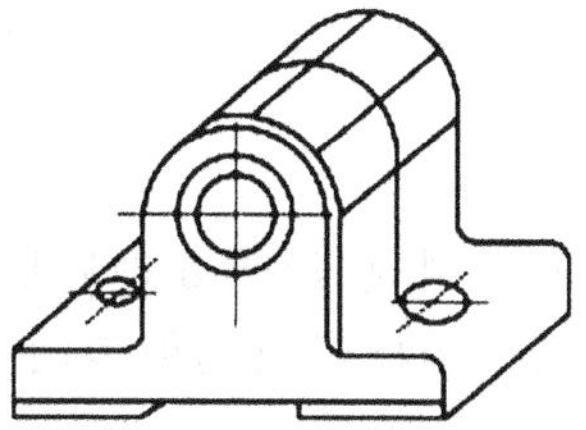	用圆规划出轴承内孔和两螺钉孔圆周线。 检查划出的线是否正确，打样冲眼

思考与练习

1. 什么是平面划线和立体划线？

2. 什么是划线基准？平面划线和立体划线时分别要选几个划线基准？

3. 平面划线基准一般有哪三种类型？

4. 用分度头均匀划出分布在工件某圆周上的 16 个孔的中心位置。试求每划完一个孔的位置线后，分度头手柄应转过几圈？

5. 如图 1-3-24 所示的划线工件，按照图中所标注的尺寸，依次完成划线。

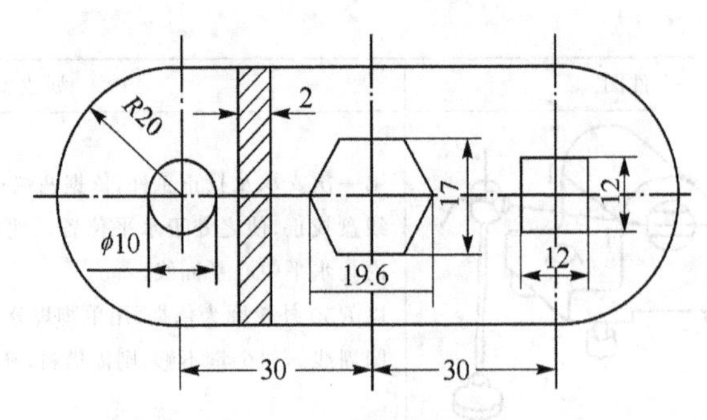

图 1-3-24 平面划线练习

课题四 锉 削

教学要求

- ◆ 熟悉锉削工具的种类及应用,能根据工件形状和要求,正确选用锉刀。
- ◆ 理解在锉削过程中两手用力的变化与控制,从而使操作从模仿逐步向自然协调过渡。
- ◆ 掌握锉削方法的特点及对锉削平面质量的影响,并能做合理的分析。
- ◆ 遵守操作规程,养成良好的安全、文明生产习惯。

用锉刀对工件进行切削加工的操作称为锉削,它广泛应用于装配过程中个别零件的修理、修整,在小批量生产条件下某些形状复杂零件的加工,以及样板、模具等的加工。锉削是钳工基本操作的重要内容之一。

1.4.1 锉 刀

1. 锉刀的结构

锉刀是锉削的主要工具,锉刀用碳素工具钢 T12 或 T13 制成,经热处理后切削部分硬度达 HRC62～70。锉刀一般对工件上的平面、曲面、内外圆弧、沟槽以及其他表面进行加工,其加工尺寸精度为 IT7～IT8,表面粗糙度 Ra 为 1.6～0.8。

锉刀由锉身和锉刀柄两部分组成。锉刀各部分的名称如图 1-4-1 所示。

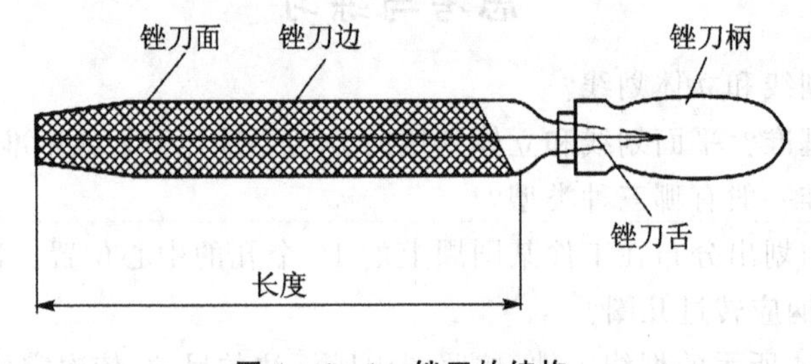

图 1-4-1 锉刀的结构

(1) 锉 身

锉身包括锉刀面、锉刀边、锉刀舌三部分。

① 锉刀面是锉削的主要工作面。一般在锉刀面的前端做成凸弧形，便于锉削工件平面的局部。

② 锉刀边是指锉刀的两个侧面，有的其中一边有齿，另一边无齿（称为光边），这样在锉削内直角工件时，可保护另一相邻的面。

③ 锉刀舌是用来装锉刀柄的，它是不经淬火处理的。

（2）锉刀柄

锉刀柄的作用是便于锉削时握持传递推力。制造锉刀柄常用木质材料，在锉刀柄的前端有一安装孔，孔的最外围有铁箍。

（3）锉刀齿纹

锉刀面上的齿纹分为单齿纹和双齿纹两种。一般锉刀边做成单齿纹，锉刀面做成双齿纹，底齿角为45°，面齿角为65°，如图1－4－2所示。单齿纹锉刀一般用于锉软金属，如铜、锡、铅等。双齿纹锉刀的齿纹有两个互相交错的排列方向，先剁上去的齿纹叫底齿纹，后剁上去的齿纹叫面齿纹。底齿纹与锉刀中心线成45°，齿纹间距较疏；面齿纹与锉刀中心线成65°，间距较密。由于底齿纹与面齿纹的角度不同，间距疏密不同，所以锉削时锉痕不重叠，锉出来的表面平整而光滑。

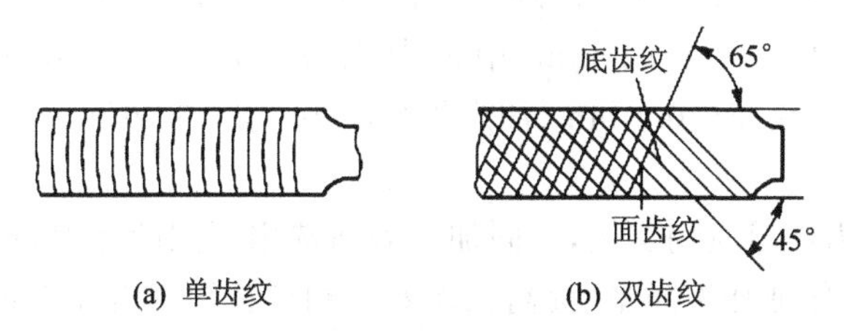

图1－4－2　锉刀的齿纹

2. 锉刀的种类及选择

（1）锉刀的种类

锉刀按用途的不同可分为普通锉、特种锉和整形锉（什锦锉）三类。

① 普通锉按其断面形状分为平锉、方锉、圆锉、半圆锉及三角锉五种，如图1－4－3所示。

② 特种锉是用来加工零件的特殊表面的。有刀口锉、菱形锉、扁三角锉、椭圆锉、圆肚锉等，如图1－4－3所示。

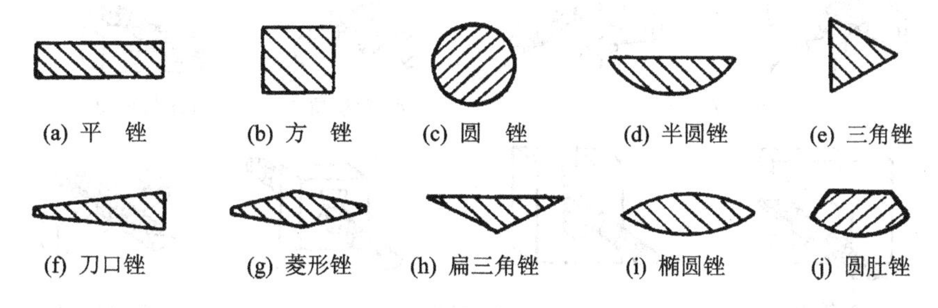

图1－4－3　锉刀的种类

③ 整形锉又叫什锦锉或组锉，因分组配备各种断面形状的小锉而得名，主要用于修锉小型零件及模具上难以进行机械加工的部位。通常以5把、6把、8把、10把或12把为一组，如图1－4－4所示。

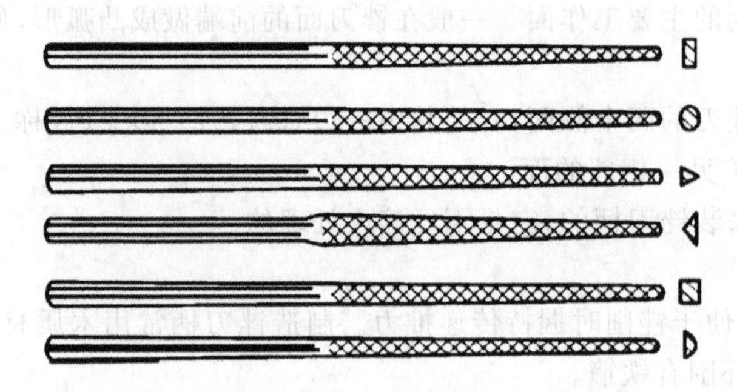

图 1-4-4 整形锉

(2) 锉刀的规格

锉刀的规格主要是指锉刀的大小和粗细,即锉刀尺寸规格和锉齿粗细规格。

① 锉刀的尺寸规格 不同的锉刀用不同的参数表示。圆锉刀规格以直径表示;方锉刀规格以方形尺寸表示;其他锉刀以锉身长度表示。如平锉常用的规格有 100 mm、150 mm、200 mm、250 mm、300 mm 等。

② 锉齿的粗细规格 按锉刀齿纹的齿距大小分为粗齿锉、中齿锉、细齿锉、双细齿锉和油光锉五种。粗齿齿距为 2.3～0.83 mm、中齿齿距为 0.77～0.42 mm、细齿齿距为 0.33～0.25 mm、双细齿齿距为 0.25～0.2 mm、油光齿齿距为 0.2～0.16 mm。

(3) 锉刀的选择

图 1-4-5 所示为锉刀应用实例,不同加工表面选用不同的锉刀,每种锉刀都有一定的功用。合理选用锉刀,对保证加工质量,提高工作效率和延长锉刀寿命有很大影响。一般选择原则如下:

① 根据工件形状和加工面的大小选择锉刀的形状和规格。

② 根据材料软硬、加工余量、精度和表面粗糙度的要求选择锉刀齿纹的粗细。

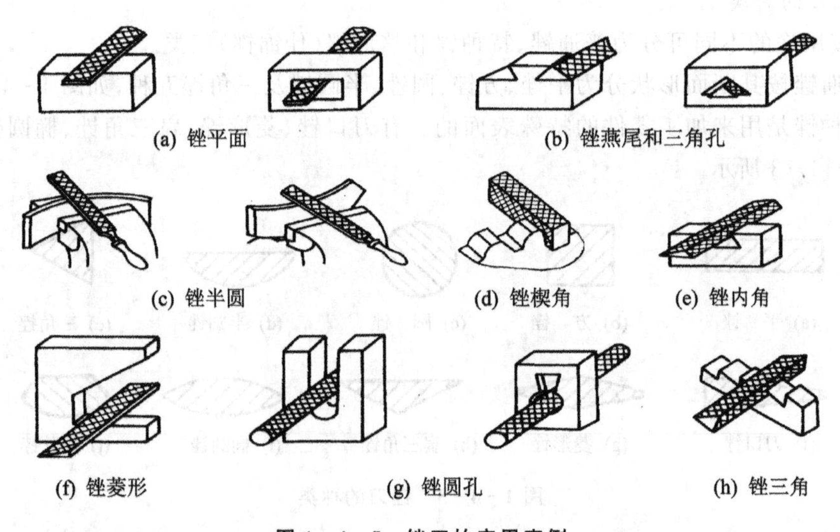

图 1-4-5 锉刀的应用实例

锉刀齿纹粗细的选择如表 1-4-1 所列。

表 1-4-1　锉刀齿纹粗细的选择

锉纹号	锉　齿	适用场合			
		锉削余量/mm	尺寸精度/mm	表面粗糙度 Ra/μm	应　用
1	粗	0.5～1	0.2～0.5	50～25	适于粗加工或有色金属
2	中	0.2～0.5	0.05～0.2	25～6.3	适于粗锉后加工
3	细	0.1～0.3	0.02～0.05	12.5～3.2	锉光表面或硬金属
4	双细	0.1～0.2	0.01～0.02	6.3～1.6	锉光表面或硬金属
5	油光	0.1 以下	0.01	1.6～0.8	精加工时修光表面

加工余量是指加工前工件表面至加工后正确位置表面之间的距离，通俗地讲就是将要锉掉多少材料。根据加工余量的多少，将加工分为粗锉、精锉和半精锉。粗锉是为了较快地把余量去除；精锉是保证达到尺寸精度和表面粗糙度要求；半精锉是根据粗锉情况，介于精锉前的过渡加工，有时粗锉质量较好时可以省去半精锉。

3. 锉刀柄的装卸

锉刀柄的安装有两种方法：第一种方法，右手握锉刀，左手五指扶住锉刀柄，在台虎钳后面的砧面上用力向下冲击，利用惯性把锉刀舌部装入柄孔内；第二种方法，左手握住锉刀，先把锉刀轻放入柄孔内，然后右手用锤子敲击锉刀刀柄，使锉刀舌部装入柄孔内。注意在安装时，要保持锉刀的轴线与柄的轴线一致，如图 1-4-6 所示。

拆锉刀柄时，不能硬拔，否则不但容易出事故，而且不易拔出。通常在台虎钳侧面的上止口，锉刀平放，柄水平方向由远至近地加速冲击，柄运动至台虎钳止口突然停住，而锉刀在惯性的作用下与柄分开，这样做既省力又快。注意拆卸时，锉刀运动方向上不能有人，以免受到伤害，如图 1-4-7 所示。

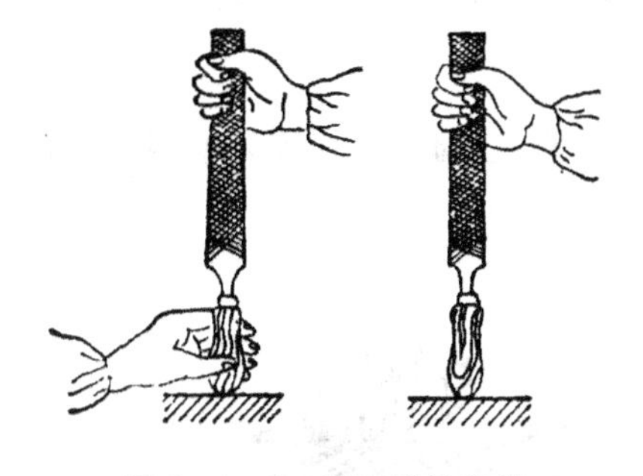

图 1-4-6　锉刀柄的安装

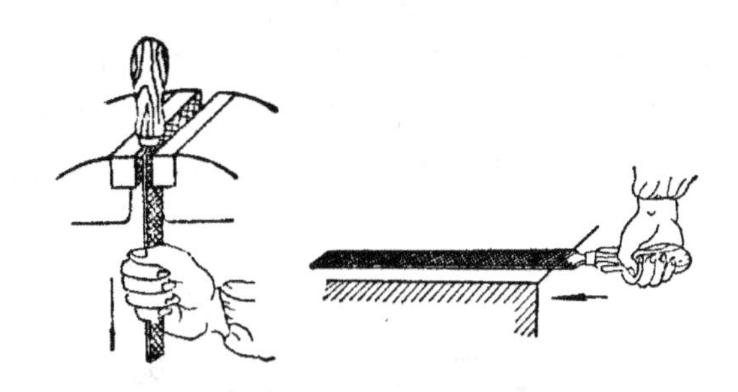

图 1-4-7　锉刀柄的拆卸

4. 锉刀的使用与保养

合理使用和保养锉刀，可以延长它的使用寿命，否则将会过早损坏。为此，必须注意下列使用和保养规则：

① 不可用锉刀来锉毛坯件的硬皮或氧化皮，以及淬硬的工件。氧化皮和铸造硬皮必须先在砂轮上磨掉或先用锉刀的前端或边齿来加工，否则锉刀会很快磨钝。

② 锉刀应先用一面，用钝后再用另一面。因为用过的锉面比较容易锈蚀，两面同时都用，总的使用期限将会缩短。

③ 每次使用完锉刀后，应用锉刷顺着齿纹将残留的铁屑刷掉，以免生锈。在使用过程中，如发现齿纹上嵌有铁屑，也要及时清除或用铁片剔掉。

④ 无论在使用过程中或保管存放的时侯,切不可把锉刀重叠放置,或与其他工具和物件堆放在一起。收藏时应保持整齐,否则锉齿容易因碰撞而损坏。

⑤ 锉削速度不可太快,否则会使锉刀磨钝而造成打滑。锉削速度一般是每分钟推锉40次左右,锉硬钢件更应慢一些。在锉削回程时,不应加压力,以免锉齿磨钝。

⑥ 切不可用细锉刀作粗锉刀使用和锉软金属(打光除外),因为软金属的锉屑容易嵌入锉齿的齿槽内,而使锉刀在工件表面打滑。

⑦ 切不可使锉刀沾水、沾油,以防锈蚀和锉削时打滑。若锉刀沾有机油,用粉笔涂于锉刀上,然后用锉刷清除即可。

⑧ 不可将锉刀当作杠杆撬其他物件,不能用锉舌作斜铁拆卸锥套。

⑨ 使用小锉刀、整形锉时,不可用力过大,以免折断。

1.4.2 锉削的操作

1. 锉刀的握法

锉刀的正确握法是保证锉削姿势自然协调的前提。初学者必须熟练掌握。

(1) 较大锉刀的握法

如图1-4-8所示,右手心抵着锉刀木柄的端头,拇指放在锉刀木柄的上面,其余四指弯在下面,配合拇指捏住锉刀木柄。左手的基本握法是将手掌横放在锉刀的前部上方,拇指根部的手掌轻压在锉刀头上,其余手指自然弯向掌心握住锉刀。根据锉刀大小和用力的轻重,可调整左手的握姿。

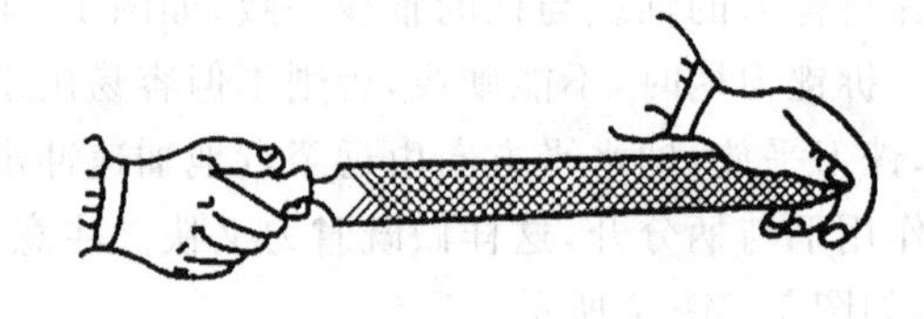

图1-4-8 较大锉刀的握法

(2) 中、小型锉刀的握法

如图1-4-9所示为中、小型锉刀的握法。由于锉刀尺寸小,本身强度不高,锉削时所施加的力不大,中锉刀柄部握法与大锉刀相同,左手用拇指和食指捏住锉刀前端。小锉刀的握法是右手食指伸直,拇指放在锉刀木柄上面,食指靠在锉刀的刀边,左手几个手指压在锉刀中部。

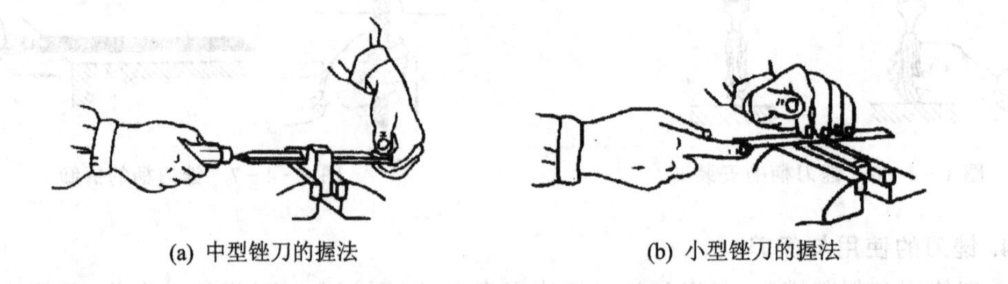

(a) 中型锉刀的握法　　(b) 小型锉刀的握法

图1-4-9 中、小型锉刀的握法

(3) 特种锉与整形锉的握法

如图1-4-10所示,特种锉的握法是双手握住柄部;整形锉一般只用右手拿着锉刀,食指放在锉刀上面,拇指放在锉刀的左侧。

2. 锉削姿势

正确的锉削姿势能够减轻疲劳,提高锉削质量和效率。锉削姿势与锉刀的大小有关。锉削时的站立力求自然、便于用力。

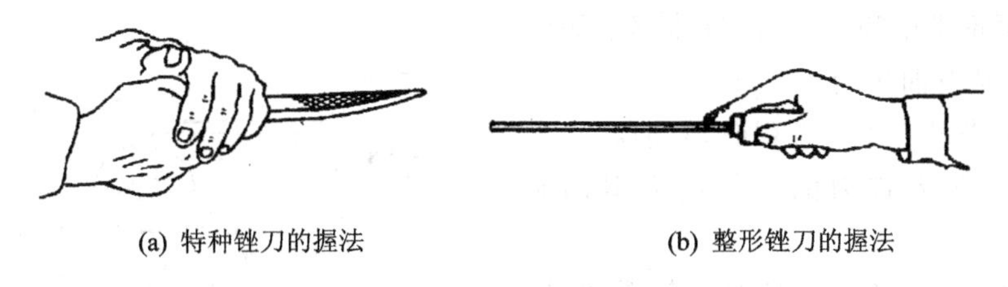
(a) 特种锉刀的握法　　(b) 整形锉刀的握法

图 1－4－10　特种锉刀和整形锉刀的握法

(1) 站立位置

如图 1－4－11 所示，左手、锉刀、右手形成的水平直线称为锉削轴线。右脚掌心在锉削轴线上，右脚掌长度方向与轴线成 75°；左脚略在台虎钳前左下方，与轴线成 30°；两脚跟之间距离因人而异，通常为操作者的肩宽；身体平面与轴线成 45°；身体重心大部分落在左脚，左膝呈弯曲状态，并随锉刀往复运动作相应屈伸，右膝伸直。

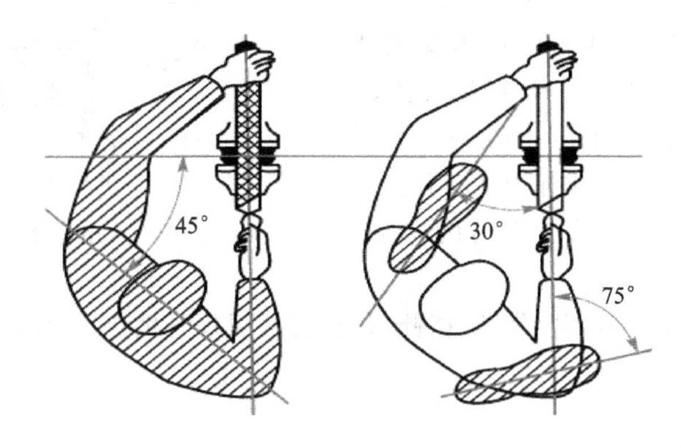

图 1－4－11　锉削站立位置

(2) 锉削时身体动作

锉削时，身体的重心放在左脚，右膝伸直，脚始终站稳不动，靠左膝的屈伸做往复运动。锉削的动作由身体和手臂运动合成，如图 1－4－12 所示。

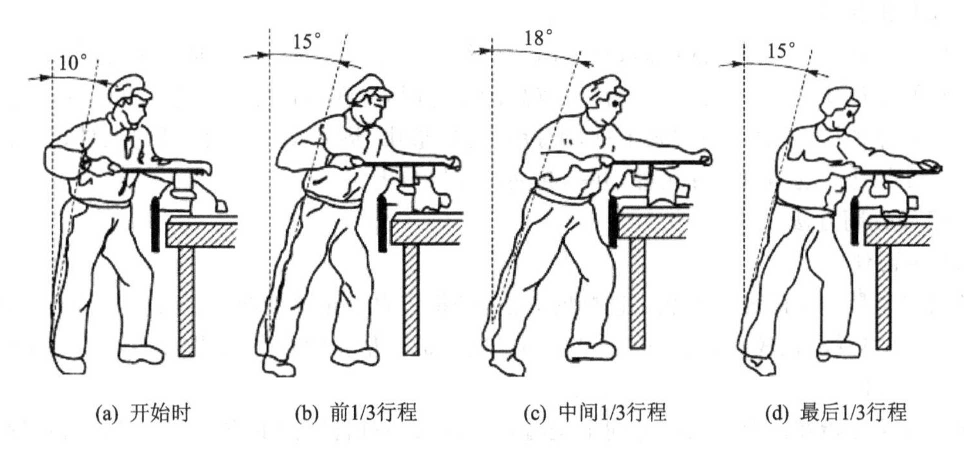

(a) 开始时　　(b) 前1/3行程　　(c) 中间1/3行程　　(d) 最后1/3行程

图 1－4－12　锉削时身体的运动

① 开始锉削时身体向前倾斜 10°左右，右肘尽可能收缩到后方。

② 锉刀向前推进 1/3 时，身体前倾到 15°左右，左膝稍弯曲。

③ 锉刀再推进中间 1/3 时，身体逐渐倾斜到 18°左右，左膝弯曲稍增。

④ 锉刀推进最后 1/3 行程时，右肘将锉刀继续推进，身体随着锉刀的反作用力退回到 15°左右。

⑤ 锉刀回程时，将锉刀略微提起退回，同时手和身体恢复到初始姿势。如此反复进行锉削动作。

(3) 锉削力与锉削速度

保证锉削表面平直的关键在于锉削力矩的平衡，即始终保持锉刀在推进过程中为平直运动。因此，推锉时，两手用在锉刀上的力应随着锉刀的推进不断变化，即右手压力要随锉刀的前行逐步增加，同时左手压力要逐步减小，当行程达到一半时，两手压力应相等。在锉削过程中锉刀应始终处于水平状态，不上下摆动。回程时不加压力，以减少锉齿的磨损，如图 1-4-13 所示。

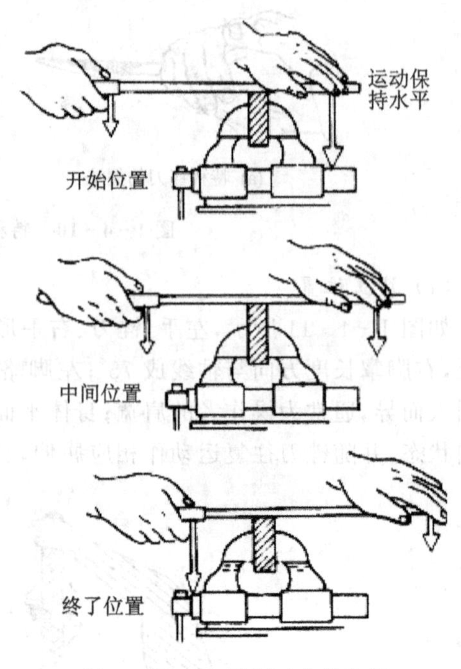

图 1-4-13 锉削时力的控制

锉削速度一般为 30～40 次/分钟，精锉适当放慢，回程时稍快，动作要自然协调，这也是初学者的难点。

1.4.3 锉削平面

平面锉削是最基本的锉削，常用的方法有三种，即顺向锉法、交叉锉法及推锉法。不论选用顺向锉还是选用交叉锉，都是为了保证加工平面的平面度，应尽可能做到锉刀在不同处重复锉削的次数、用力及锉刀的行程都保持相同，并且每次的横向移动量均匀、大小适当。

1. 工件的夹持

工件夹持在台虎钳钳口的中间，且伸出钳口约 15 mm，以防止锉削时产生震动；夹持要牢靠又不致使工件变形；夹持已加工或精度较高的工件时，应在钳口与工件之间垫入钳口钢皮或其他软金属保护衬垫；表面不规则工件，夹持时要加垫块，垫平夹稳；大而薄的工件，夹持时可用两根长度相适应的角钢夹住工件，并一起夹持在钳口上。

2. 平面锉削方法

(1) 顺向锉法

顺向锉是最常用的锉削方法。锉削时，锉刀的推进自始至终朝向一个方向；顺向锉可以得到整齐一致的锉纹，比较美观；适用于锉削小平面和最后精锉的场合，如图 1-4-14(a)所示。

(2) 交叉锉法

交叉锉法是指在两个交叉的方向上交替对工件表面进行锉削的方法。交叉锉可使锉刀与工件的接触面积增大，锉刀运动时容易掌握平稳，能及时反映出平面度的情况，且锉削效率高；但在工件表面易留下交叉纹路，美观度相对顺向锉较差；一般多用于粗锉和半精锉，如图 1-4-14(b)所示。

(3) 推锉法

推锉法是指两手对称地横握住锉刀,且两手尽可能靠近工件,以减小锉刀左右摆动量,用两拇指推动锉刀顺着工件长度方向进行推拉;适于加工余量小、平面相对狭窄和修正尺寸时使用;此法锉削效率较低,如图 1-4-14(c)所示。

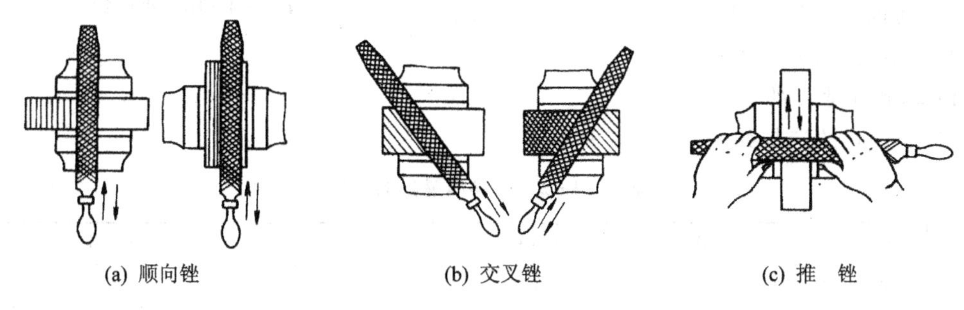

(a) 顺向锉　(b) 交叉锉　(c) 推　锉

图 1-4-14　锉削方法

3. 平面度的检测

锉削较小工件平面时,其平面度通常可采用刀口直尺通过透光法来检查。检查时,刀口直尺应垂直放在工件表面上,如图 1-4-15(a)所示,并在加工面的纵向、横向、对角方向多处逐一进行检验,如图 1-4-15(b)所示,以确定各方向的直线度误差。如果检查部位在刀口尺与平面间透过的光线微弱而均匀,则表示此处较平直;如果检查的部位透过的光线强弱不一,则表示这一部位高低不平,如图 1-4-15(c)所示。

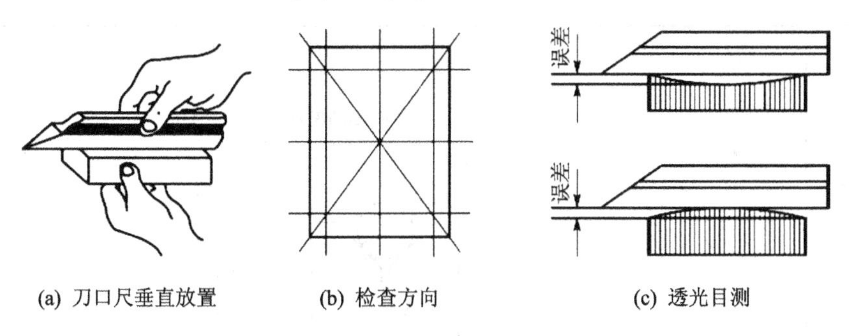

(a) 刀口尺垂直放置　(b) 检查方向　(c) 透光目测

图 1-4-15　检验平面度误差

平面度误差值可以用塞尺做塞入检查。对于中凹平面,其平面度误差可按各检查部位中的最大直线度误差值计;对于中凸平面,则应在两边以同样厚度的塞尺作塞入检查,其平面度误差可按各检查部位中的最大直线度误差值计。

塞尺是用来检验两个结合面之间间隙大小的片状量规。使用时可根据被测间隙的大小,用一片或数片重叠在一起做塞入检验,并须作两次极限尺寸的检验后才能得出其间隙的大小。例如用 0.04 mm 的塞片可以插入,而用 0.05 mm 的塞片就插不进去,则其间隙应为 0.04 mm。

提示	◆ 在检查平面度过程中,不同的检查位置应当将刀口尺提起后再轻放到另一检查位置,以免刀口磨损,影响检查精度。 ◆ 塞尺很薄,容易弯曲和折断,所以测量时不能用力太大。用毕应擦拭干净,及时合到夹板中去。

4. 平面锉削技能训练

如图 1-4-16 所示，在 $\phi 23\times 50$ mm 的 A3 材料圆柱体的长度方向上练习锉削平面，平面度要求达到 0.03 mm，尺寸公差为±0.1 mm，重复 3 次平面锉削训练。尺寸 A 分别为(18±0.1)mm、(17±0.1)mm、(16±0.1)mm。

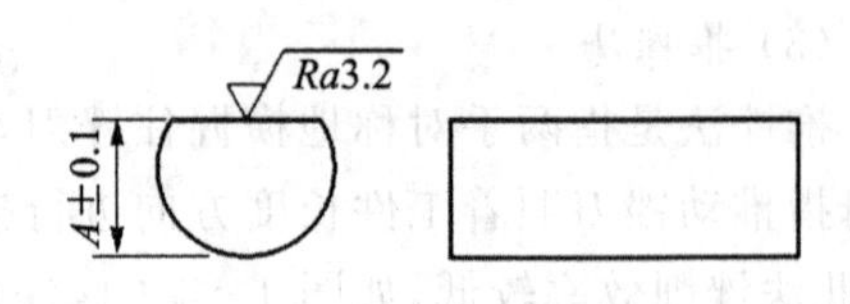

图 1-4-16 平面锉

(1) 工具和量具的选择

工具和量具的选择如表 1-4-2 所列。

表 1-4-2 工具和量具的选择

序 号	分 类	名 称	规 格	精 度	数 量
1	量具	游标卡尺	0～150	0.02	1
2	量具	刀口尺	125	1 级	1
3	量具	高度游标尺	0～300	0.02	根据需要
4	工具	平板锉刀	150、250、300	粗、中齿	各 1
5	其他	锉刀刷、毛刷等			根据需要

(2) 制订操作工艺

制订操作工艺如表 1-4-3 所列。

表 1-4-3 制订操作工艺

操作步骤	操作方法
1. 划线	游标高度尺 φD B A C V形铁 划线平台 先在 V 形铁上找出工件的最高点，读出数据 C，再根据 A 值和 D 值计算出 B 值，从最高点下移数值 B，在工件的四周划线，形成理想的目标平面。在划线过程中要防止工件转动，一旦转动就应重新划线
2. 装夹	台虎钳应夹过工件中心线，否则工件易滑出，目标平面应与水平面平行
3. 锉削	以正确的站姿、操作方法进行锉削练习。锉削过程分粗锉、半精锉、精锉，要正确选用锉刀。当余量较大时，选用长度规格大的粗齿锉刀，可用交叉锉或顺向锉进行粗加工；当余量降至 0.2～0.5 mm 时，选择中齿锉刀进行半精锉，以降低表面粗糙度值；当余量降至 0.2 mm 以下时，选用细齿锉刀，再进行顺向精锉
4. 检测	粗锉时用刀口尺透光法检测，达到一定程度精锉时，用刀口尺，同时配合塞尺检测平面度是否合格
5. 重复步骤 3、4	平面度不合格则重复步骤 3、4 中的精锉和检测

(3) 质量检测

质量检测如表 1-4-4 所列。

表 1-4-4　质量检测

序　号	项目与技术要求	配　分	评分标准	实测记录	得　分
1	握锉刀姿势正确	10	不符合要求酌情减分		
2	站立位置和身体姿势正确	20	不符合要求酌情减分		
3	锉削动作协调、自然	10	不符合要求酌情减分		
4	工量具安放位置正确、排列整齐	8	不符合要求酌情减分		
5	量具使用正确	8	不符合要求酌情减分		
6	平面度≤0.03	18	不符合要求酌情减分		
7	尺寸 $A\pm0.1$	8	不符合要求酌情减分		
8	表面粗糙度 $Ra3.2$	8	升高一级不得分		
9	安全文明生产	10	违者不得分		

1.4.4　锉削长方体

1. 长方体工件各表面的锉削顺序

锉削长方体工件各表面时，必须按照一定的顺序进行，才能方便、准确地达到规定的尺寸和相对位置精度要求。其一般原则如下：

① 选择最大的平面作基准面先锉平，达到规定的平面度要求。

② 先锉大平面后锉小平面。以大面控制小面，能使测量准确，精度修整方便。

③ 先锉平行面后锉垂直面，即在达到规定的平行度要求后，再加工取得相关面的垂直度。这是因为一方面便于控制尺寸，另一方面平行度比垂直度的测量控制方便，同时在保证垂直度时，可以进行平行、垂直这两项误差的测量比较，减小累积误差。

2. 用直角尺检查工件垂直度的方法

在用 90°角尺或活动角尺检查工件垂直度前，应先用锉刀将工件的锐边倒钝。检查时，应注意以下几点：

① 先将角尺尺座的测量面紧贴工件基准面，然后从上轻轻向下移动，使角尺的测量面与工件的被测表面接触，如图 1-4-17(a)所示。眼光平视观察其透光情况，以此来判断工件被测面与基准面是否垂直。检查时，角尺不可斜放，如图 1-4-17(b)所示，否则检查结果不准确。

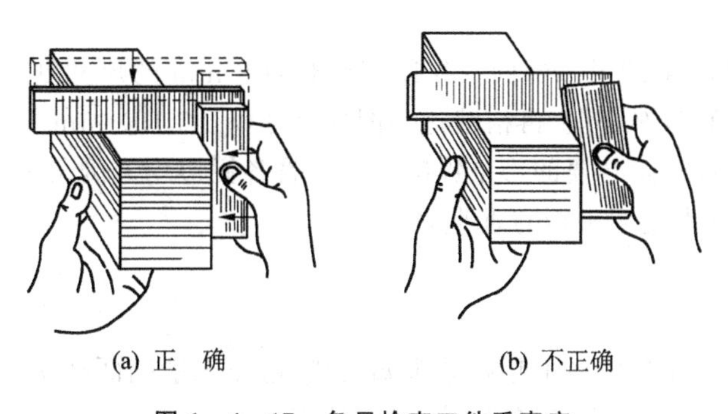

(a) 正　确　　(b) 不正确

图 1-4-17　角尺检查工件垂直度

② 当在同一平面上不同位置进行检查时，角尺不可在工件表面上前后移动，以免磨损，影

响角尺本身精度。

③ 使用活动角尺时,因其本身无固定角度,而是在标准角度样板上定取,然后再检查工件,所以在定取角度时应该很精确。

3. 长方体锉削注意事项

① 在加工前,应对来料进行检查,了解误差及加工余量情况,然后进行加工。

② 加工平行面,必须在基准面达到平面度要求后进行;加工垂直面,必须在平行面加工好以后进行,即必须在确保基准面、平行面达到规定的平面度及尺寸公差值要求的情况下才能进行,使在加工各相关面时具有准确的测量基准。

③ 在检查垂直度时,要注意角尺从上向下移动的速度,压力不要太大,否则易造成尺座的测量离开工件基准面,仅根据被测表面的透光情况就认为垂直正确了,但实际上并没有达到正确的垂直度。

④ 在接近工件要求时的误差修整中,要全面考虑逐步进行,不要过急,以免造成平面的塌角、不平现象。

⑤ 工量具要放置在规定位置,使用时要轻拿轻放,用毕要擦净,做到文明生产。

4. 长方体锉削技能训练

如图 1-4-18 所示,备料尺寸为 81 mm×76 mm×9 mm,按图锉削各尺寸至图纸要求。

操作步骤:

① 按图样检查毛坯各部分尺寸。

② 粗、精锉基准面 A。粗锉用 300 mm 平锉,精锉用 250 mm 细平锉,达到平面度 0.04 mm、表面粗糙度 $Ra \leqslant 1.6\ \mu m$ 的要求。表面粗糙度用样块比较法目测检定。

③ 粗、精锉基准面 A 的对面。在平台上用游标高度尺划出相距为 75 mm 尺寸的平面加工线,先粗锉,留 0.15 mm 左右的精锉余量,再精锉达到尺寸要求(75 ± 0.10) mm。

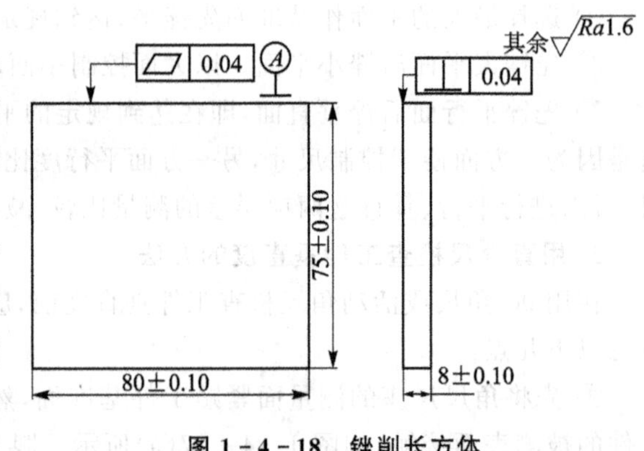

图 1-4-18 锉削长方体

④ 粗、精锉基准面 A 的任一邻面。用角尺和划针划出平面加工线,然后锉削达到平面度 0.04 mm、垂直度 0.04 mm。垂直度用直角尺检查。

⑤ 粗、精锉基准面 A 的另一邻面。先以相距对面 8 mm 的尺寸划出平面加工线,然后粗锉,留 0.15 mm 左右的精锉余量,再精锉达到图样尺寸(8±0.10) mm 要求。

⑥ 全部精度复检,并做必要的修整锉削。最后将各锐边均匀倒角 1×45°。复检尺寸精度采用游标卡尺,复检垂直度用平板与垂直立柱。

注意事项

- 工件夹紧时,要在台虎钳上垫好软金属衬垫,避免工件端面夹伤。
- 锉削过程中要经常检查,以免尺寸、形位精度超差。
- 测量垂直度时锐边必须去毛刺倒棱,保证测量的准确性。

1.4.5　锉削质量分析

锉削加工中产生的质量问题及其原因如表 1－4－5 所列。

表 1－4－5　锉削质量分析

锉削质量问题	产生原因
平面中凸	1. 锉削时双手用力不能使锉刀保持平稳； 2. 锉刀在开始推时，右手压力太大，锉刀被压下；锉刀推到前面时，左手压力太大，锉刀被压下，形成前、后多锉； 3. 锉削姿势不正确； 4. 锉刀本身中凹
对角扭曲或塌角	1. 左手或右手施加压力时重心偏在锉刀一侧； 2. 工件未能夹持正确； 3. 锉刀本身扭曲
平面横向中凸或中凹	锉刀在锉削时左右移动不均匀

注意事项

锉削安全技术：

- 禁止使用无手柄或手柄松动的锉刀，防止锉刀舌刺伤使用者。
- 锉刀表面产生积屑瘤阻塞齿纹时，禁止用力敲打锉刀，应用钢丝刷去除积屑。
- 锉削过程中，禁止用嘴吹工件上的铁屑，以防止铁屑飞进眼睛。
- 锉削过程中，禁止用手触摸锉面，以防锉刀打滑。
- 锉刀放置时，禁止放在工作台以外和台虎钳上，以免坠落损坏锉刀或伤脚。

思考与练习

1. 锉刀光边的作用是什么？锉刀分哪几类？它们的规格分别指什么？
2. 锉刀的锉纹号是按什么划分的？锉刀规格的选择取决于哪些因素？
3. 锉削平面的三种方法各有什么优缺点？应如何正确选用？
4. 锉削凹、凸曲面时，锉刀需分别做哪些运动？

课题五　锯　削

教学要求

- ◆ 能对各种形体材料进行正确的锯削，操作姿势正确，并能达到一定的锯削精度。
- ◆ 根据不同材料正确选用锯条，并能正确装夹。
- ◆ 掌握正确的锯削操作姿势，了解锯条损坏原因及预防措施。

用手锯把材料或工件进行分割或切槽等的操作称为锯削。本课题主要介绍钳工锯削工具的使用以及锯削操作。

1.5.1 手 锯

锯削的工具是手锯,可以锯断各种原料或半成品、工件多余部分,以及在工件上锯槽等。手锯由锯弓和锯条两部分组成。

1. 锯 弓

锯弓用于安装和张紧锯条,有固定式和可调式两种,如图 1-5-1 所示。一般都选用可调式锯弓,这种锯架分为前、后两段。前段套在后段内并可伸缩,故能安装几种长度规格的锯条,具有灵活性,并且可调式的锯柄形状便于用力,因此得到广泛应用。

两种锯弓各有一个夹头,可通过旋转翼形螺母来调节锯条的张紧程度。

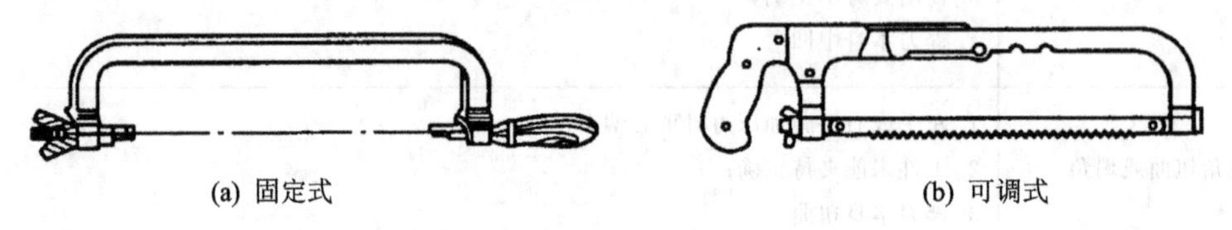

图 1-5-1 锯弓的种类

2. 锯 条

锯条是用来直接锯削材料或工件的刃具。锯条一般用渗碳钢冷轧而成,也可用碳素工具钢或合金钢制成,并经热处理淬硬。锯条分粗齿、中齿和细齿。

(1) 锯条的规格

锯条的规格是以两端安装孔的中心距来表示的。钳工常用的锯条规格是 300 mm,其宽度为 10~25 mm,厚度为 0.6~1.25 mm。

(2) 锯齿的角度

锯条的一边为切削部分,由交叉形或波浪形排列的锯齿组成。常用的锯条后角 $\alpha_0=40°$,楔角 $\beta_0=50°$,前角 $\gamma_0=0°$,如图 1-5-2 所示。制成这一后角和楔角的目的,是使切削部分具有足够的容屑空间和使锯齿具有一定的强度,以便获得较高的工作效率。

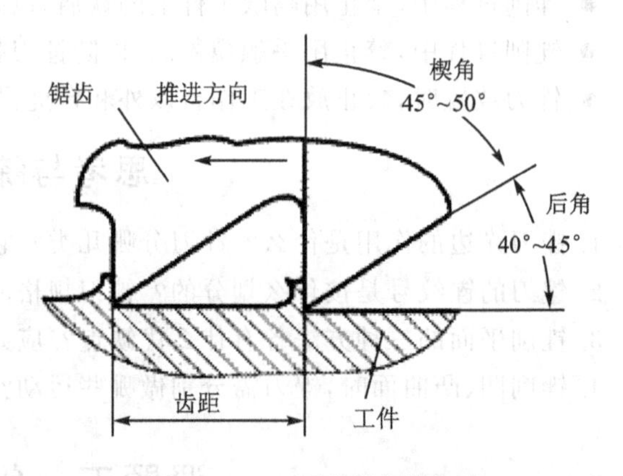

图 1-5-2 锯齿的切削角度

(3) 锯 路

为了减少锯缝两侧面对锯条的摩擦阻力,避免锯条被夹住或折断,锯条在制造时,锯齿按一定的规律左右错开,排列成一定的形状,称为锯路。锯路有交叉形和波浪形等,如图 1-5-3 所示。锯路的形成,能使锯缝宽度大于锯条背的厚度,使锯条在锯削时不会被锯缝夹住,以减小锯条与锯缝间的摩擦,便于排屑;减轻锯条的发热与磨损,延长锯条的使用寿命,提高锯削效率。

(4) 锯齿粗细及其选择

锯齿的粗细是以锯条每 25 mm 长度内的齿数来表示的。根据锯条的锯齿和齿距的大小,锯齿可分为细齿(1.1 mm)、中齿(1.4 mm)和粗齿(1.8 mm)三种,齿数越多,锯齿就越细。使用时应根据所锯材料的软硬和厚薄来选用,以使锯削工作既省力又经济。

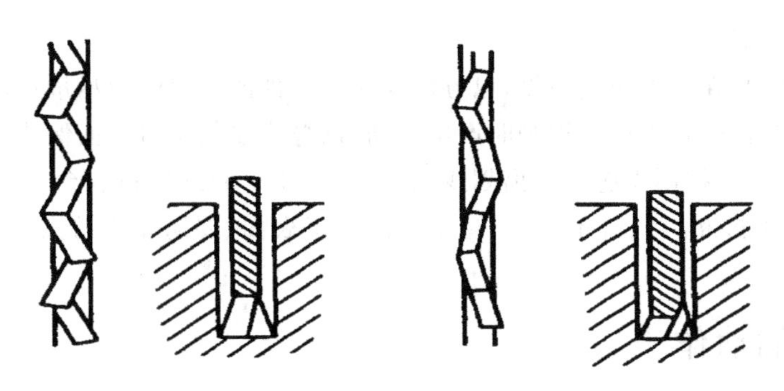

图 1－5－3 锯 路

① 粗齿锯条 适用于锯软材料、较大表面及厚材料。因为，在这些情况下每一次推锯都会产生较多的切屑，要求锯条有较大的容屑槽，以防产生堵塞现象。

② 细齿锯条 适用于锯硬材料及管子或薄材料。对于硬材料，一方面由于锯齿不易切入材料，切屑少，无需大的容屑空间；另一方面，由于细齿锯条的锯齿较密，能使更多的齿同时参与锯削，使每齿的锯削量小，容易实现切削。对于薄材料或管子，主要是为防止锯齿被钩住，甚至使锯条折断。

提示	在锯削截面上至少应有三个齿同时参与锯削，这样才能避免锯齿被钩住或崩裂。

1.5.2 锯条与工件的安装

1. 锯条的安装方向

由于手锯是在向前推进时进行切削，而向后返回时不起切削作用，因此安装锯条具有方向性，即锯条安装应使齿尖的方向朝前，此时前角为零。如果装反了，则前面为负值，就不能正常锯削，如图 1－5－4 所示。

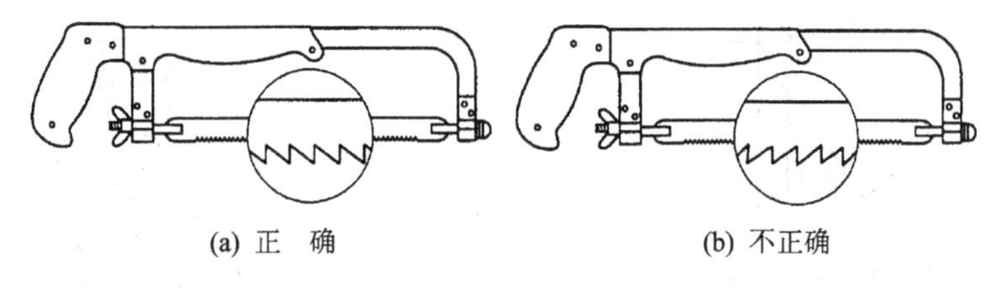

(a) 正 确　　(b) 不正确

图 1－5－4 锯条的安装

将锯条安装在锯弓上，通过调节翼形螺母可调整锯条的松紧程度。锯条的松紧程度要适当：锯条张得太紧，会使锯条受张力太大，失去应有的弹性，以至于在工作时稍有卡阻或受弯曲时就易折断；如果装得太松，又会使锯条在工作时扭曲摆动，同样容易折断，且锯缝易发生歪斜。其松紧程度可用手扳动锯条，以感觉硬实即可。

提示	调节好的锯条应与锯弓在同一中心平面内，以保证锯缝正直，防止锯条折断。

2. 正确装夹工件

工件一般应安装在台虎钳的左侧,以方便操作。工件的伸出端应尽量短,应使锯缝离开钳口侧面 20 mm 左右,防止工件在锯割时产生振动;锯缝线要与钳口侧面保持平行,即锯缝线与铅垂线方向一致,便于控制锯缝不偏离划线线条;工件要牢固地夹持在台虎钳上,防止锯削时工件移动而致锯条折断。但对于薄壁、管子及已加工表面,要防止夹持太紧而使工件或表面变形。

1.5.3 锯削的动作

1. 手锯握法

手锯握法为右手满握锯柄,左手轻扶在锯弓前端,左臂略弯曲,右臂要与锯削方向基本保持平行,如图 1-5-5 所示。

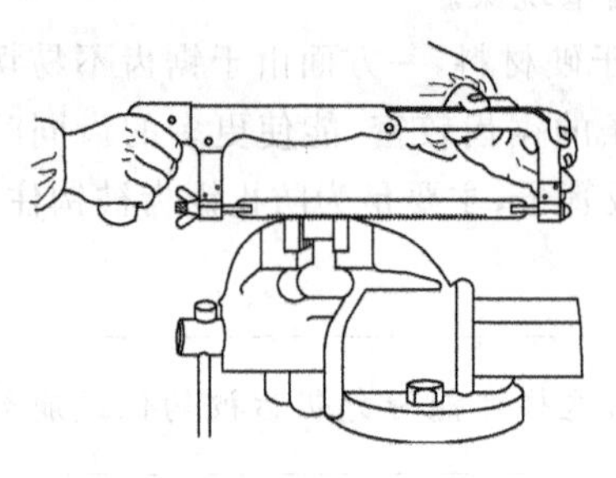

图 1-5-5 手锯握法

锯削操作时,推力与压力由右手控制,左手主要配合右手扶正锯弓,压力不要过大。手锯推出时为切削行程,应施加压力,返回行程时不切削,不施加压力自然拉回。工件将锯断时,右手施加的压力要小,避免压力过大时,锯条断裂,伤及人身。

2. 锯削姿势

正确的锯削姿势能减轻疲劳,提高工作效率。

站立时,两脚互成一定角度,左脚跨前半步,膝部自然稍弯曲;右脚稍向后,右腿伸直;两脚均不要过分用力,身体自然稍倾斜,重心落在左脚上,两脚站稳不动,靠左膝的屈伸使身体做往复摆动,如图 1-5-6 所示。

夹持工件的台虎钳高度要适合锯削时的用力需要,即从操作者的下鄂到钳口的距离以一拳一肘的高度为宜,如图 1-5-7 所示。

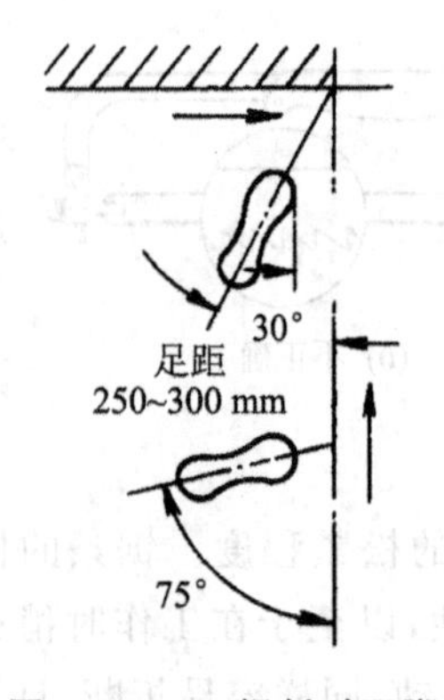

图 1-5-6 锯割时双脚位置

图 1-5-7 台虎钳的高度

3. 锯削运动

锯削运动是小幅度的上下摆动式运动,手锯推进时,身体略向前倾,双手随之压向手锯的同时,左手上翘,右手下压,回程时右手上抬,左手自然跟回。

① 在起锯时,身体稍向前倾,与竖直方向约成 10°角,此时右肘尽量向后收,如图 1-5-8(a)所示。

② 随着推锯行程的增大，身体逐渐向前倾斜 15°。行程达 2/3 时，身体倾斜约 18°角，左右臂均向前伸出，如图 1－5－8(b)、(c)所示。

③ 当锯削最后 1/3 行程时，用手腕推进锯弓，身体随着锯的反作用力退回到 15°角位置，如图 1－5－8(d)所示。

④ 锯削行程结束后，取消压力，将手和身体都退回到最初位置。

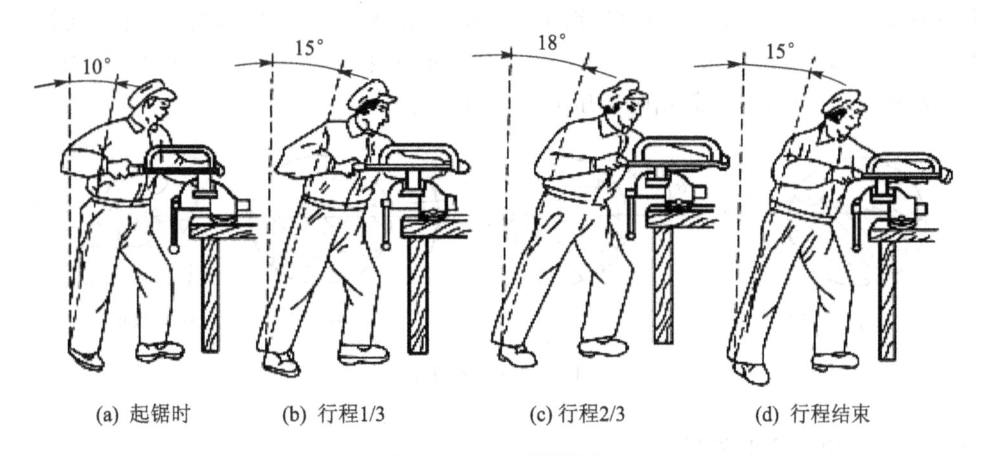

(a) 起锯时 (b) 行程1/3 (c) 行程2/3 (d) 行程结束

图 1－5－8 锯削运动

锯削运动的速度一般为 20～40 次/min。速度过快，易使锯条发热，磨损加重；速度过慢，又直接影响锯削效率。锯削软材料可快些，锯削硬材料可慢些；同时，锯削行程应保持均匀，返回行程的速度相对快些。必要时可用切削液对锯条冷却润滑。

锯削时，不要仅使用锯条的中间部分，而应尽量在全长度范围内使用。为避免局部磨损，一般应使锯条的行程不小于锯条长的 2/3，以延长锯条的使用寿命。

锯削时锯弓运动形式有两种：一种是直线运动，适用于锯薄形工件和直槽；另一种是摆动，即在前进时，右手下压而左手上提，操作自然省力。锯断材料时，一般采用摆动式运动。

4. 起锯方法

起锯是锯削工作的开始。起锯质量的好坏直接影响锯削质量。起锯分远起锯和近起锯两种，如图 1－5－9 所示。

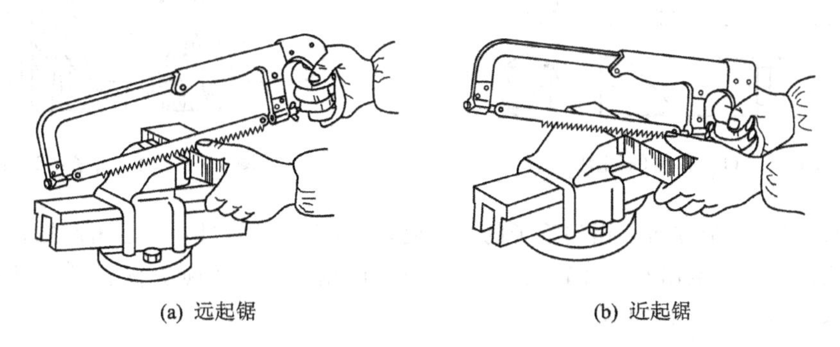

(a) 远起锯 (b) 近起锯

图 1－5－9 起锯的方法

(1) 远起锯

远锯锯是指从工件远离操作者的一端起锯。此时，锯条逐步切入材料，不易被卡住。一般应采用远起锯的方法。

(2) 近起锯

近起锯是指从工件靠近操作者的一端起锯。这种方法如果掌握不好,锯齿会突然切入较深,而易被棱边卡住,使锯条崩裂。因此,一般采用远起锯的方法。

无论用哪一种起锯方法,起锯角度 θ 都要小些,一般不大于 15°,如图 1-5-10(a)所示。如果起锯角太大,锯齿易被工件的棱边卡住,见图 1-5-10(b)。但起锯角太小,会由于同时与工件接触的齿数多而不易切入材料,锯条还可能打滑,使锯缝发生偏离,工件表面被拉出多道锯痕而影响表面质量,见图 1-5-10(c)。为了使起锯平稳,位置准确,可用左手拇指确定锯条位置,见图 1-5-10(d)。起锯时要压力小,行程短。

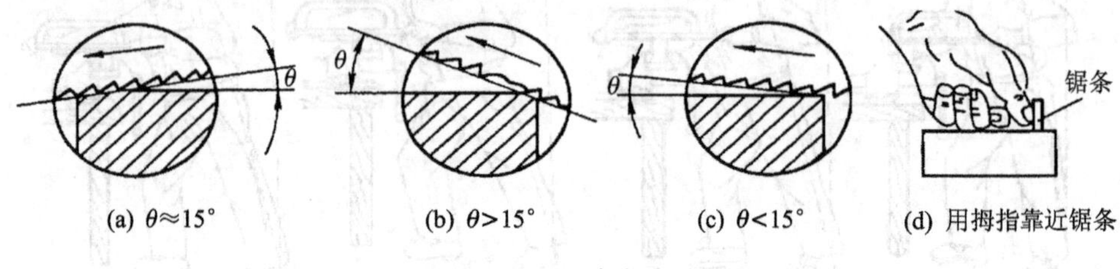

(a) $\theta \approx 15°$　(b) $\theta > 15°$　(c) $\theta < 15°$　(d) 用拇指靠近锯条

图 1-5-10　起锯角度

1.5.4　工件的锯削方法

1. 棒料的锯削方法

锯削棒料时,如果要求锯出的断面比较平整,则应从一个方向起锯直到结束,称为一次起锯。若对断面的要求不高,为减小切削阻力和摩擦力,可以在锯入一定深度后再将棒料转过一定角度重新起锯。如此反复几次从不同方向锯削,最后锯断,称为多次起锯,如图 1-5-11 所示。显然多次起锯较省力。

2. 管子的锯削

若锯薄壁管,应使用两块木制 V 形或弧形槽垫块夹持,以防夹扁管子或夹坏表面,如图 1-5-12 所示。锯削时不能仅从一个方向起锯,否则管壁易钩住锯齿而使锯条折断。

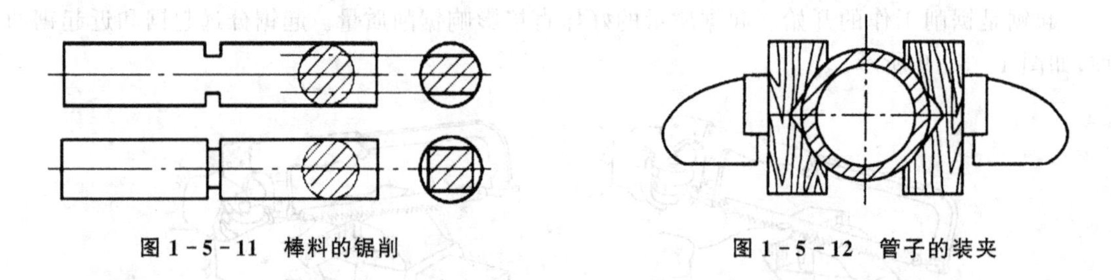

图 1-5-11　棒料的锯削　　**图 1-5-12　管子的装夹**

正确的锯法是每个方向只锯到管子的内壁处,然后把管子转过一角度再起锯,且仍锯到内壁处,如此逐次进行直至锯断。在转动管子时,应使已锯部分向推锯方向转动,否则锯齿也会被管壁钩住,如图 1-5-13 所示。

3. 薄板料的锯削

锯削薄板料时,可将薄板夹在两木垫或金属垫之间,连同木垫或金属垫一起锯削,这样既可避免锯齿被钩住,又可增加薄板的刚性,如图 1-5-14(a)所示。若将薄板料夹在台虎钳上,用手锯作横向斜推,就能使同时参与锯削的齿数增加,避免锯齿被钩住,同时能增加工件的刚性,如图 1-5-14(b)所示。

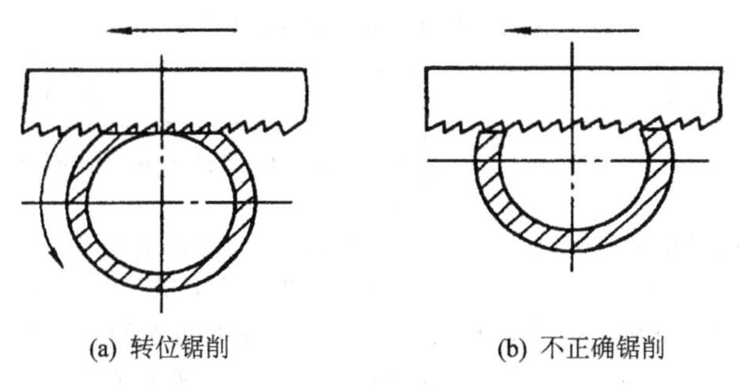

(a) 转位锯削　　(b) 不正确锯削

图 1-5-13　管子的锯削方法

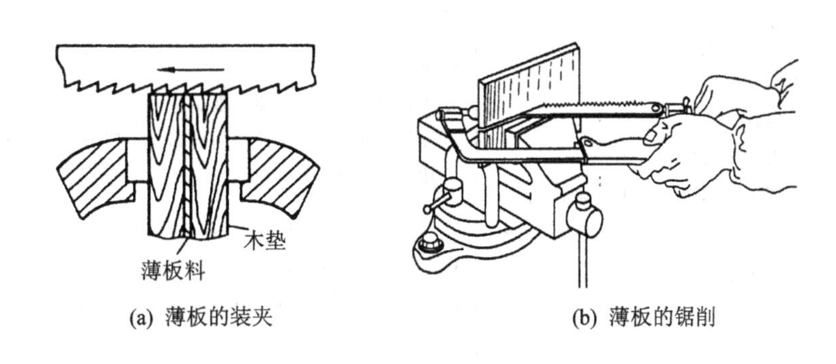

(a) 薄板的装夹　　(b) 薄板的锯削

图 1-5-14　薄板料的锯削方法

4. 深缝的锯削

当锯缝的深度超过锯弓高度时，称这种缝为深缝。在锯弓快要碰到工件时，应将锯条拆下并转过 90°重新安装，如图 1-5-15(b)所示；或把锯条的锯齿朝着锯弓背进行锯削，如图 1-5-15(c)所示，使锯弓背不与工件相碰。

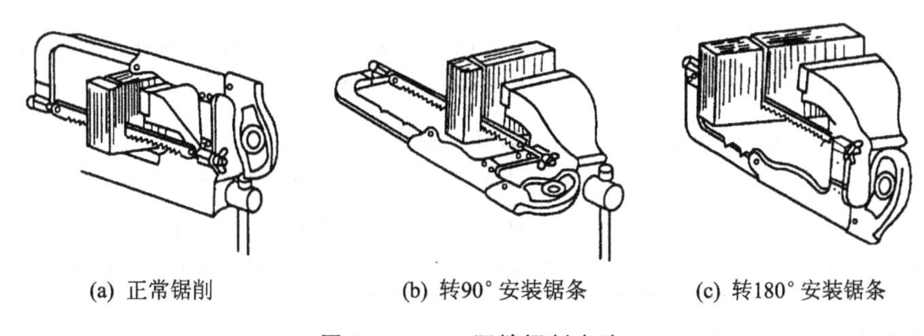

(a) 正常锯削　　(b) 转90°安装锯条　　(c) 转180°安装锯条

图 1-5-15　深缝锯割方法

1.5.5　废品分析和安全文明生产

1. 锯条损坏的原因

锯条损坏的形式有锯齿崩断、锯条折断和锯齿过早磨损等。主要原因及预防措施参见表 1-5-1。

表 1-5-1 锯条损坏的原因

损坏原因	原 因	措 施
锯齿崩断	1. 锯齿的粗细选择不当; 2. 起锯方法不正确; 3. 突然碰到砂眼、杂质或突然加大压力	1. 根据工件材料的硬度选择锯条的粗细,锯薄板或薄壁管时,选细齿锯条; 2. 起锯角要小,远起锯时用力要小; 3. 碰到砂眼、杂质时,用力要减小,锯削时避免突然加压; 4. 发现锯齿崩裂时,立即在砂轮上小心将其磨掉,且对后面相邻的2～3个齿高作过渡处理,避免齿的尺寸突然变化而致锯条折断
锯条折断	1. 锯条安装不当; 2. 工件装夹不正确; 3. 强行借正歪斜的锯缝; 4. 用力太大或突然加压力; 5. 新换锯条在旧缝中受卡后被拉断	1. 锯条松紧要适当; 2. 工件装夹要牢固,伸出端尽量短; 3. 锯缝歪斜后,将工件调向再锯,不可调向时,要逐步借正; 4. 用力要适当
锯齿过早磨损	1. 锯削速度太快; 2. 锯削硬材料时未进行冷却	1. 锯削速度要适当; 2. 锯削钢件时应加机油,锯铸件时加柴油,锯其他金属材料时可加切削液

2. 锯削时产生废品的形式、主要原因及预防措施

锯削时产生废品的形式主要有:尺寸锯得过小、锯缝歪斜过多、起锯时把工件表面锯坏等。产生废品的原因及预防措施见表 1-5-2。

表 1-5-2 锯削产生废品的原因

废品形式	主要原因	预防措施
锯缝歪斜	1. 锯条装得过松; 2. 目测不及时	1. 适当绷紧锯条; 2. 安装工件时使锯缝的划线与钳口外侧平行,锯削过程中经常目测; 3. 扶正锯弓,按线锯削
尺寸过小	1. 划线不正确; 2. 锯削线偏离划线	1. 按图样正确划线; 2. 起锯和锯削过程中始终使锯缝与划线重合
起锯时工件表面被拉毛	起锯方法不对	1. 起锯时左手拇指要挡好锯条,起锯角度要适当; 2. 待有一定的起锯深度后再正常锯削,以避免锯条弹出

3. 锯削的安全文明生产

① 工件装夹要牢固,即将被锯断时,要防止断料掉下,同时防止用力过猛而将手撞到工件或台虎钳上受伤。

② 注意工件的安装、锯条的安装,起锯方法、起锯角度的正确,以免一开始锯削就造成废品和锯条损坏。

③ 要适时注意锯缝的平直情况,及时纠正。

④ 在锯削钢件时,可加些机油,以减小锯条与锯削断面的摩擦并冷却锯条,提高锯条的使用寿命。

⑤ 要防止锯条折断后弹出锯弓伤人。

⑥ 锯削完毕，应将锯弓上张紧螺母适当放松，并将其妥善放好。

1.5.6　锯割长方体

如图 1－5－16 所示，对工件进行锯割锯缝练习。

操作步骤：

① 合理安装和准备用的刀具、量具和辅助工具：手锯、钢直尺、游标卡尺等。

② 检查备料的加工平面和尺寸，以 A、B 为基准面分别进行平面划线，保证其划线精度。

③ 要求每条锯缝之间互相平行，与 A 面垂直，平行度控制在 0.8 mm 以内；与 B 面平行，垂直度控制在 0.8 mm 以内。

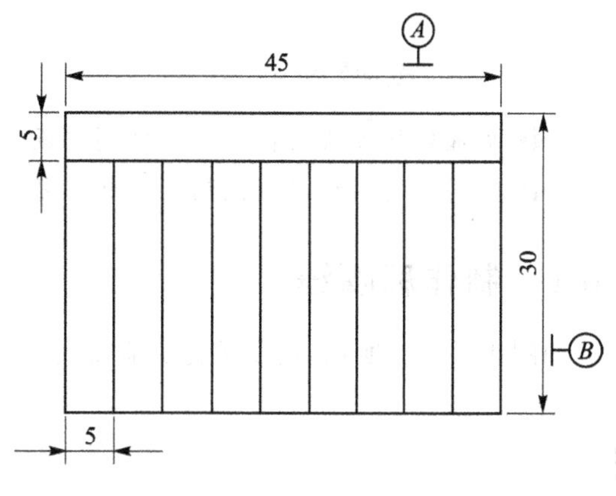

图 1－5－16　锯割长方体

提示	左右手保持平衡，锯条垂直于工件，以保证锯割质量。

提示	控制工件的垂直度和平行度，确保划线质量及加工。

注意事项

- 锯削练习时，必须注意工件的夹持及锯条的安装是否正确。
- 初学锯削时，对锯削速度不易掌握，往往推出速度过快，这样容易使锯条很快磨钝。
- 要经常注意锯缝的平直情况，一旦发现锯缝不平直就要及时纠正，否则无法保证锯割的质量。
- 在锯削钢件时，可加些机油，以起到冷却锯条、提高锯条使用寿命的作用。
- 锯削完毕，应将锯弓上的张紧螺母适当放松。
- 划线时要注意锯条宽度对尺寸的影响，尤其当尺寸公差较小时，需要特别注意。

思考与练习

1. 常见的锯弓有哪几种？它们之间有什么区别？锯条的规格指的是什么，钳工常用的锯条规格是什么？锯条的粗细是如何定义的，如何根据锯条的粗细对锯条进行分类？它们各应用于什么场合？

2. 如何正确安装锯条？如何正确使用锯条来达到既可提高生产率又能减轻劳动强度的目的？

3. 起锯方法可以分为哪两种？起锯角一般为多大？

4. 棒料的锯削方法是什么？

5. 管子的锯削方法是什么？

6. 薄板的锯削方法是什么？

课题六　钳工综合技能训练

教学要求

◆ 掌握锉削方法的特点及对锉削平面质量的影响,并能做合理的分析。

◆ 巩固提高划线、锉削、锯削等钳工基本操作综合技能。

1.6.1　制作扁嘴锤

如图 1-6-1 所示,按要求完成扁嘴锤的制作。

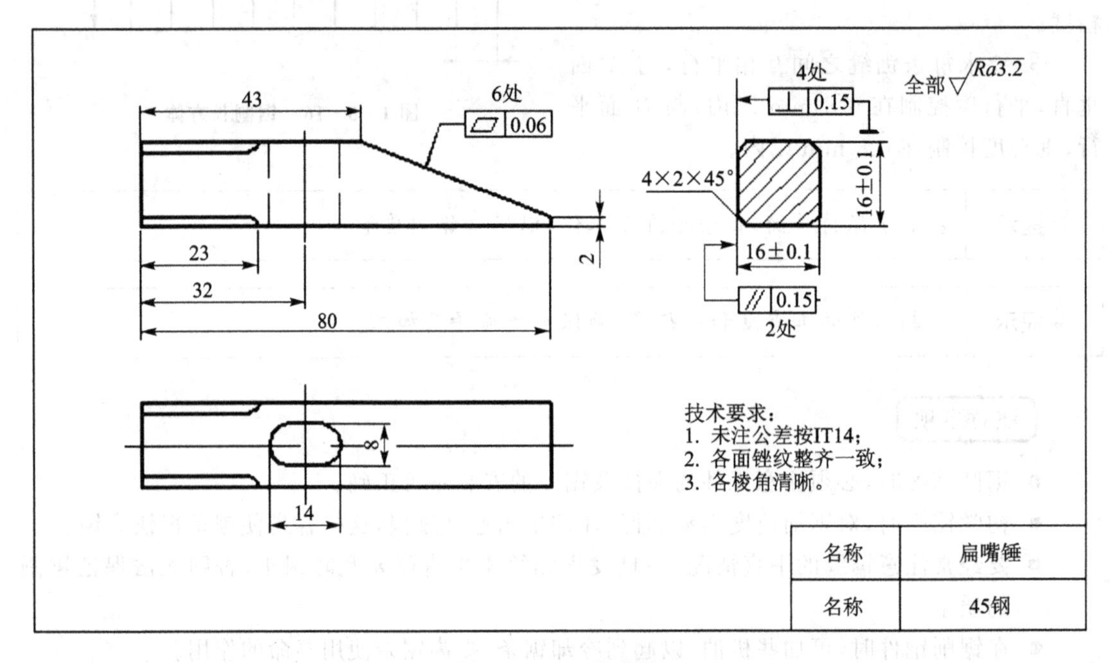

图 1-6-1　扁嘴锤

1. 加工步骤

扁嘴锤加工工艺如图 1-6-2 所示。

① 检查毛坯尺寸大小、形状误差,确定加工余量。

② 加工第一面,达到平面度 0.06 mm、表面粗糙度 Ra3.2 要求。

③ 加工第二面,达到垂直度 0.15 mm、平面度 0.06 mm、表面粗糙度 Ra3.2 要求。

④ 加工第三面,并保证尺寸 16±0.1 mm、平行度 0.15 mm,同时达到垂直度 0.15 mm、平面度 0.06 mm、表面粗糙度 Ra3.2 要求。

⑤ 加工端面并与第一、二面垂直,且垂直度<0.05 mm、平面度<0.04 mm。

⑥ 以端面和第一面为基准划出锤头外形的加工界线,并用锯削方法去除余量。

⑦ 加工第四面,并保证尺寸 16±0.1 mm、平行度 0.15 mm,同时达到垂直度 0.05 mm、平面度 0.04 mm、表面粗糙度 Ra3.2 要求。

⑧ 加工总长保证尺寸 80±0.2 mm。

⑨ 加工斜面,并达到尺寸 43 mm、2 mm 及垂直度、平面度、表面粗糙度要求。

⑩ 按图样要求划出 4×2×45°倒角和 4×$R2$ 的加工界线，先用圆锉加工出 $R2$，再用板锉加工出 2×45°倒角，并连接圆滑。

⑪ 按图样要求划出腰形孔的加工位置线，钻孔 $\phi8$，再锉削成腰形孔。

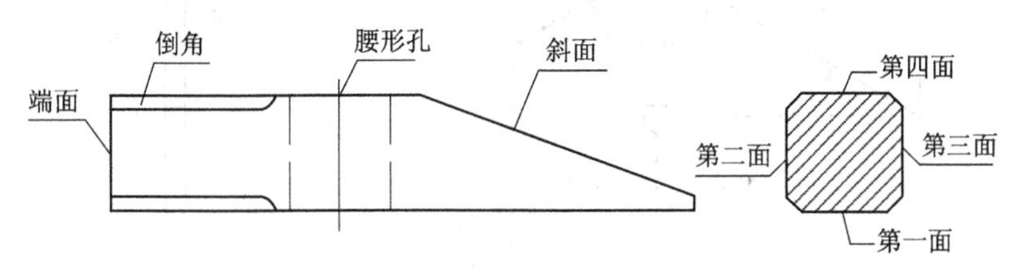

图 1-6-2　扁嘴锤加工工艺

2. 质量检测

质量检测如表 1-6-1 所列。

表 1-6-1　质量检测

序　号	项　目	配　分	检查标准	检测结果	得　分
1	80±0.20	12	超差不得分		
2	43±0.20	8			
3	32±0.20	8			
4	23±0.20	8			
5	16±0.10	12			
6	⏥≤0.06	12	超差不得分		
7	//≤0.15	8			
8	⊥≤0.15	12			
9	2×45°　4 处	4	不正确不得分		
10	*Ra*6.3　6 处	12	降级不得分		
11	安全文明生产	4	违章操作扣 5～10 分		

1.6.2　角度样板

如图 1-6-3 所示为角度样板图，材料为 45 钢，坯料尺寸为 83 mm×65 mm×3 mm，通过锉削、锯割加工达到图纸要求。

1. 角度样板加工步骤

① 锉削 83 mm×65 mm 外形尺寸，控制各面平面度、垂直度。

② 将角度样板划线，通过锯割、锉削$45^{+0.1}_{0}$ mm，43±0.1 mm，使用直角尺控制 90°±2′，保留精锉余量。

③ 锯割多余材料，锉削控制尺寸 57 mm，用万能角度尺锉削控制 120°±2′，30°±2′，$20^{+0.1}_{0}$ mm。

④ 锯割多余材料，通过万能角度尺控制 120°±2′，并保证尺寸 18 mm。

⑤ 精锉达到图样要求。

⑥ 去毛刺，交检。

2. 质量检测

质量检测如表 1-6-2 所列。

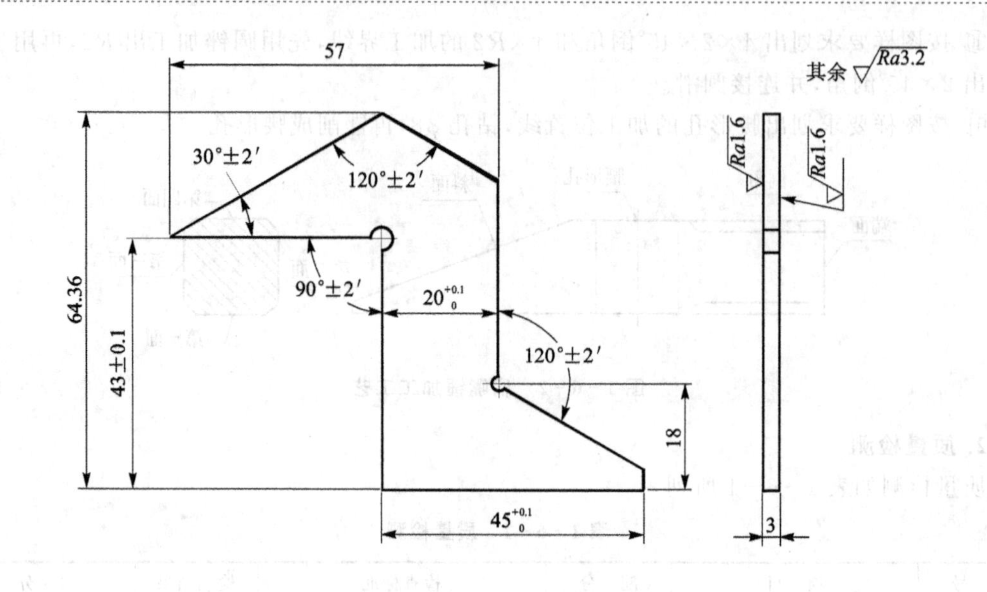

图 1-6-3 角度样板

表 1-6-2 质量检测

序 号	项 目	配 分	检查标准	检测结果	得 分
1	90°±2′ (2 处)	30			
2	120°±2′ (2 处)	30			
3	30°±2′ (2 处)	15			
4	$20^{+0.10}_{0}$	10			
5	43±0.1	4			
6	$45^{+0.1}_{0}$	4			
7	$Ra\,3.2$	7			
8	安全文明生产		违章操作一次扣 5 分		

第二部分　车　削

课题一　车削基本知识

教学要求

- ◆ 了解技术要求的性质和生产实习的任务。
- ◆ 了解文明生产实习和安全操作技术要求。
- ◆ 了解生产实习课的教学特点。

2.1.1　车床的基本知识

车床是利用工件的旋转运动和刀具的直线运动来加工工件的，它能完成的切削加工范围很广。车床可以车削内外圆柱面、端面、切槽、钻孔、钻中心孔、镗孔、铰孔、圆锥面、成形面、滚花、螺纹、盘绕弹簧等，如图 2-1-1 所示。若在车床上装上各种相应的夹具和附件，还可进行磨削、研磨、抛光、拉削和铣削平面，以及其他特殊、复杂零件的内、外圆加工。因此，车床是机械制造业中应用极广的金属切削机床。

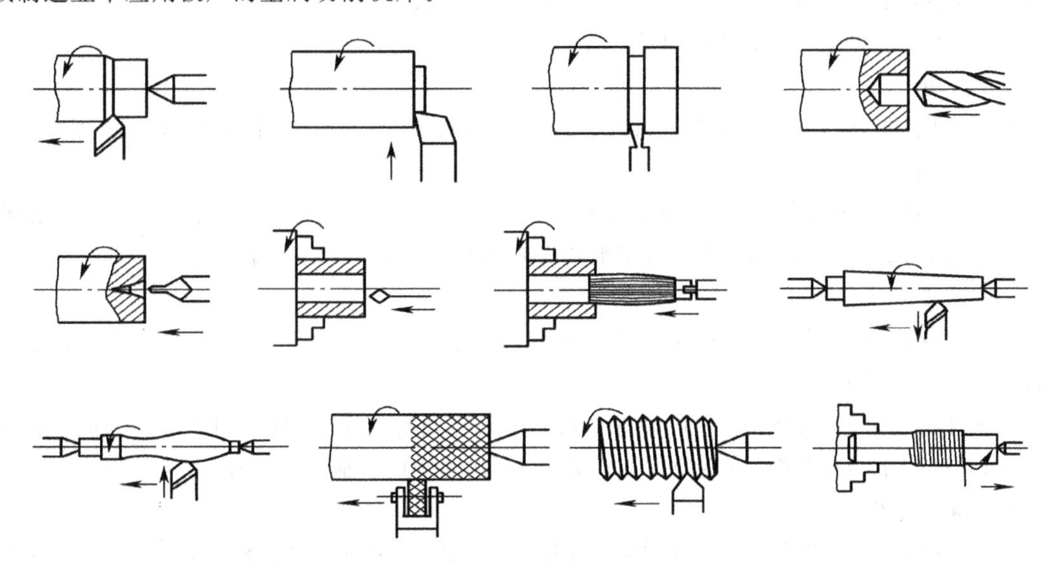

图 2-1-1　车床加工的典型表面

1. 车床的基本结构

车床种类繁多，常用的车床主要有普通车床、六角车床、立式车床、半自动车床、多轴自动车床、多刀仿形车床、专用单功能车床和数控车床等。本书主要讲解普通卧式车床。

如图 2-1-2 所示为 CA6140 型车床外形图，它由主轴箱部分、挂轮箱部分、进给部分、滑板部分、尾座、床身、附件等组成。车床各部件名称及其作用如下：

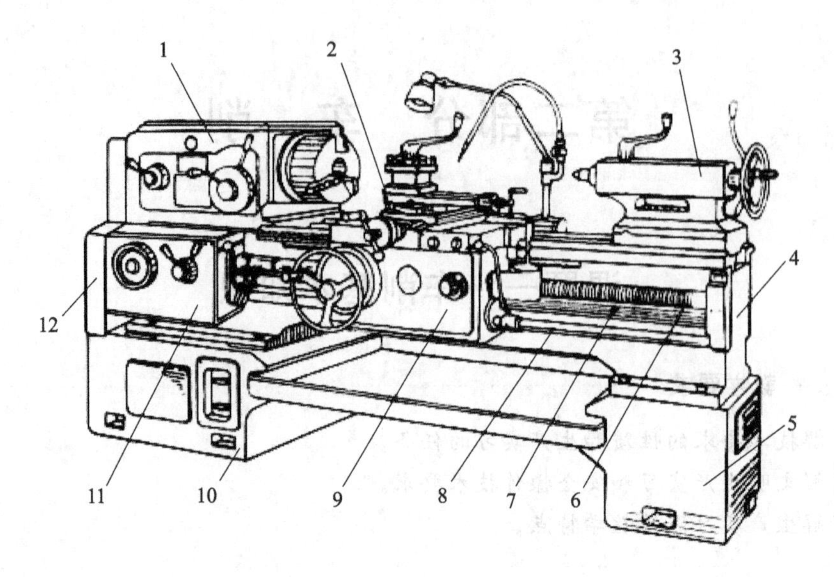

1—主轴箱;2—刀架;3—尾座;4—床身;5、10—床脚;6—丝杠;
7—光杠;8—操纵杆;9—滑板箱;11—进给箱;12—挂轮箱

图 2-1-2 CA6140 型车床外形图

(1) 主轴部分

① 主轴箱:用来支撑主轴旋转,并把运动传给进给箱,主轴是空心结构,前部外锥面用于安装卡盘或其他夹具来装夹工件,内锥面可用来安装顶尖、装夹轴类工件。箱内有多组齿轮变速机构,箱外的手柄位置,可以使主轴得到各种不同的转速。

② 卡盘:用来夹持工件,带动工件一起旋转。

(2) 挂轮箱部分

搭配不同的齿轮,主要用于车削螺纹。调换箱内的齿轮,并与进给箱及长丝杠配合,可以车削各种不同螺矩的螺纹。

挂轮箱内部有两组交换齿轮,分别为 63 齿、100 齿、75 齿和 64 齿、100 齿、97 齿。车削螺纹时交换齿轮选 63 齿、100 齿、75 齿;车削蜗杆时选 64 齿、100 齿、97 齿。

(3) 进给部分

① 进给箱:内含进给运动的齿轮变速机构,通过调整外部手柄的位置,可获得所需要的各种不同的进给量或螺纹。

② 丝杠、光杠、操纵杆:它们可将进给箱的运动传到滑板箱,光杠可用于回转表面自动进给车削,丝杠用于螺纹车削,其变换可通过光杠、丝杠的变换手柄来实现控制。

(4) 滑板部分

① 滑板箱:车床进给运动的操纵箱,内部装有进给运动的变向机构,箱外部有手动进给手柄和自动进给手柄及开合螺母,通过改变手柄位置可使刀具做相应的移动。

② 刀架、滑板:它们是夹持车刀做纵向或横向移动的,由大滑板、中滑板、小滑板、转盘和方刀架组成。

大滑板:可沿导轨做纵向移动,是纵向车削工件时使用的。

中滑板:可沿大滑板上的导轨做横向移动,是横向车削工件和控制吃刀深度时使用的。

小滑板:转盘转动角度后,沿角度方向做进给运动,车削锥体。

方刀架：用于夹持和转换刀具。

（5）尾　座

其底面与床身导轨面接触，可调整并固定在床身导轨面的任意位置。在尾架套筒内装上顶尖可夹持轴类工件，或安装钻头钻孔。尾座能沿床身导轨纵向移动，以调整其工作位置。

（6）床　身

用来支持和安装车床的各个部件，如主轴箱、进给箱、滑板箱、滑板和尾座等。床身上面有两条精确的导轨。滑板和尾座可沿导轨移动，以保证在工作时有准确的相对位置。

（7）附　件

包括中心架和跟刀架，车削较长工件时，起支撑、增加刚性的作用。

2. 车床的传动

车床要完成切削加工，必须具有一套带动工件做旋转运动和使刀具做直线移动的机构，并且两者都应能做正、反两个方向的运动。

如图 2－1－3 所示，电动机输出的动力，经皮带传动传给主轴箱，变换箱外的手柄位置，可使箱内不同的齿轮啮合，从而使主轴得到各种不同转速。主轴通过卡盘带动工件做旋转运动。

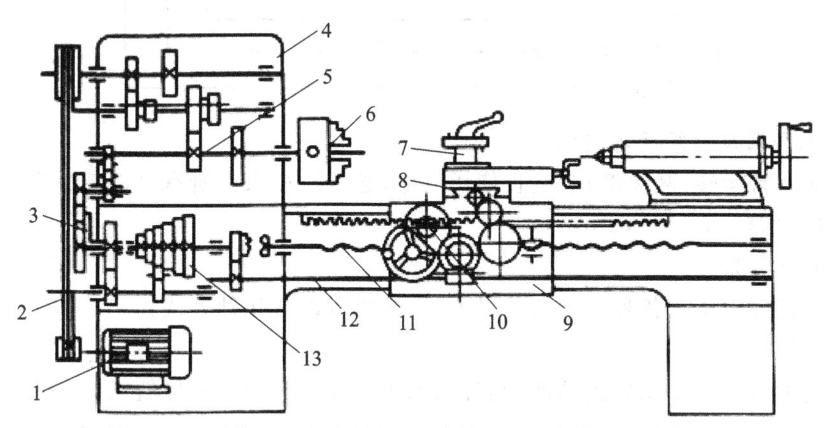

1—电动机；2—传动带；3—交换齿轮；4—主轴箱；5—主轴；6—卡盘；7—刀架；
8—中滑板；9—滑板箱；10—齿条；11—丝杠；12—光杠；13—变速齿轮组

(a) 传动示意图

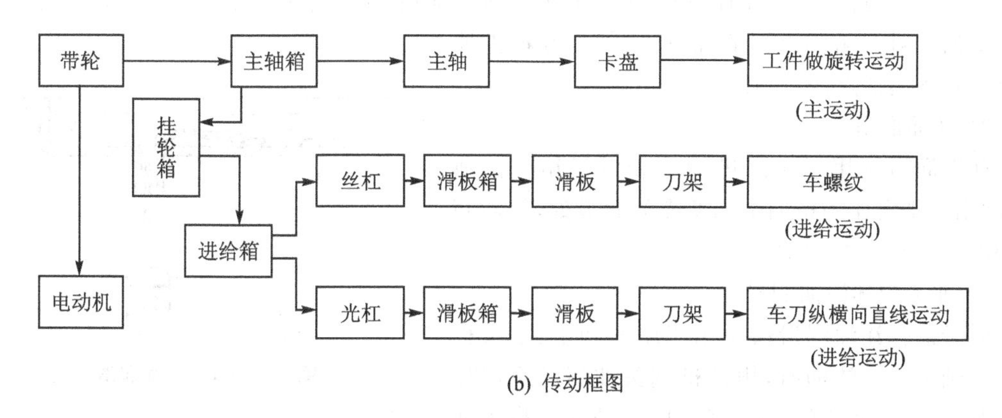

(b) 传动框图

图 2－1－3　CA6140 型车床的传动系统

此外，主轴的旋转通过挂轮箱、进给箱、光杠（或丝杠）和滑板箱的传动，使滑板带动装在刀架上的刀具沿床身导轨做纵向或横向的直线进给运动。

3. 车床的型号

机床的型号是机床产品的代号,用来表示机床的类别及主要技术参数、性能和结构特点。机床型号采用汉语拼音字母和阿拉伯数字,按一定规律组合表示。

车床用大写的汉语拼音字母 C 表示,并按相应的汉字字意读音。

例如 CA6140、C6140A 型号中的代号及数字的含义及区别如下:

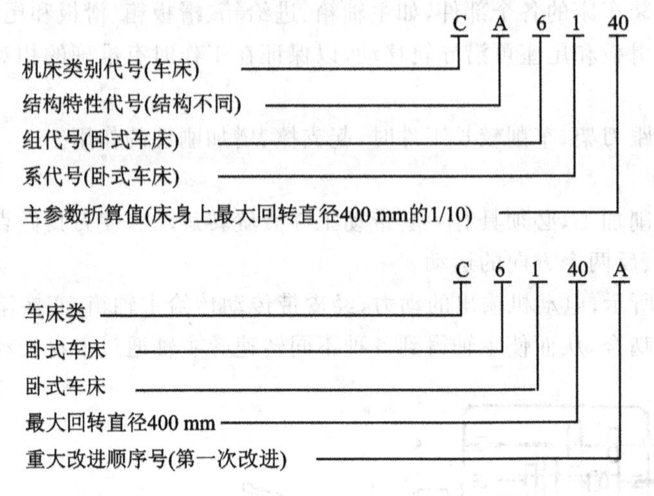

4. 车床的润滑及常规保养方法

要使车床正常运转,减少磨损,延长使用寿命,必须对车床上所有摩擦部分进行润滑,并注意日常的维护保养。

(1) 车床的润滑

车床各不同部位采用各种不同的润滑方式,主要有以下几种方式:

1) 浇油润滑

浇油润滑通常用于车床外露的滑动表面,如床身导轨面和滑板导轨面等,擦净后用油壶浇油润滑。

2) 溅油润滑

溅油润滑通常用于密闭的箱体中。如车床的主轴箱,它利用箱中齿轮的转动将箱内下方的润滑油溅射到箱体上部的油槽中,然后经槽内油孔流送到各润滑点进行润滑。

3) 油绳润滑

油绳润滑常用于车床进给箱和滑板箱的油池中,利用毛细管作用把油引到所需的润滑处,间断滴油润滑,如图 2-1-4 所示。

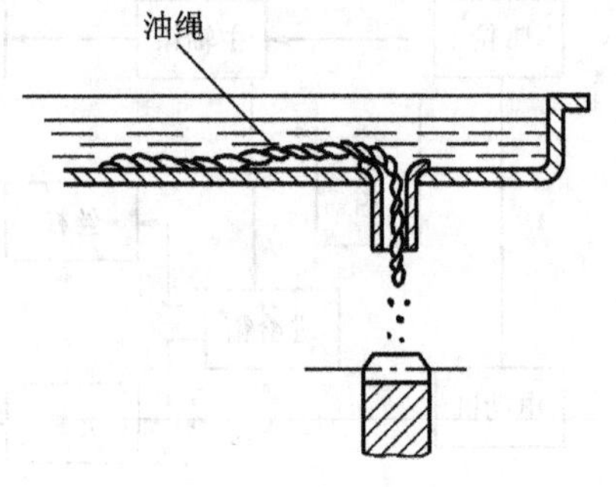

图 2-1-4 油绳润滑

4) 弹子油杯注油润滑

弹子油杯注油润滑通常用于尾座和中、小滑板摇手柄轴承处。注油时,用油枪端头油嘴压下油杯上的弹子,注入润滑油,如图 2-1-5 所示。撤去油嘴,弹子回复原位,封住油杯的注油口,以防尘屑入内。

5) 黄油杯润滑

黄油杯常用于挂轮箱挂轮架的中间轴或不便经常润滑的地方。在黄油杯中事先装满工业润滑脂，当拧进油杯盖时，润滑油就被挤到轴承套内，如图 2－1－6 所示。

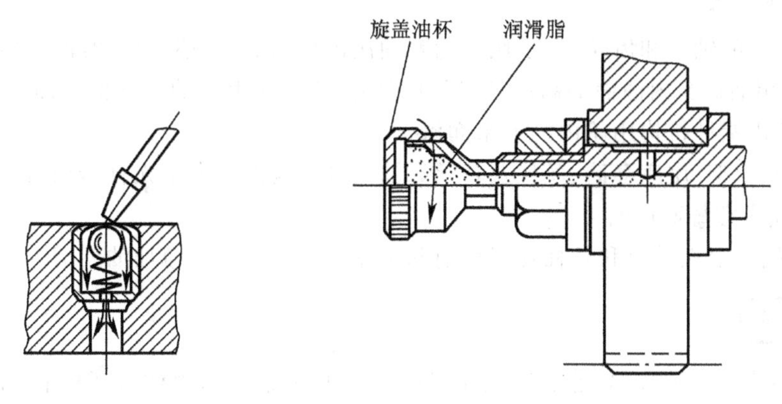

图 2－1－5　弹子油杯注油润滑　　**图 2－1－6　黄油杯润滑**

6）油泵循环润滑

油泵循环润滑常用于转速高、需要大量润滑油连续强制润滑的场合。图 2－1－7 所示是 CA6140 型车床的润滑系统位置示意图。润滑部位用数字标出，其含义如下：

2——该润滑部位用 2 号润滑脂进行润滑。

30—— 该润滑部位用 30 号机油润滑。

30/7—— 分子数字表示润滑油类别（30 号机油）；分母数字表示定期换（加）油的间隔天数（7 天）。

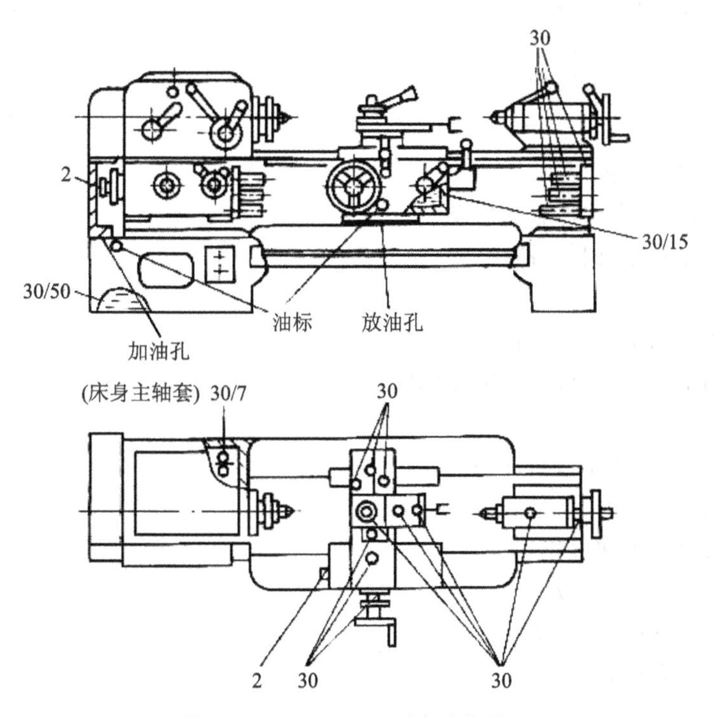

图 2－1－7　CA6140 型车床润滑系

（2）润滑要求

① 主轴箱内润滑油一般三个月更换一次，换油时应把箱体内用煤油洗清后再加油。

② 挂轮箱上的正反机构主要靠齿轮溅油法进行润滑。油面的高度可以从油标孔中看出。换油也是三个月一次。

③ 进给箱内的轴承和齿轮,除了用齿轮溅油法进行润滑外,还可以油绳导油润滑。因此,除了注意进给箱油标孔内油面的高度外,每班还要给进给箱上部的储油槽加油一次。

④ 滑板箱内蜗杆机构用箱内的油来润滑。

⑤ 大滑板、刀架、尾座套筒、丝杠及轴承靠油孔进行润滑。由于光杠、丝杠的转速较高,润滑条件差,必须注意每班加油。

⑥ 床身导轨、滑板导轨和丝杠在工作前和工作后都要擦拭干净加油润滑。

注意事项

换油时,应先将废油放尽,然后用煤油把箱体内部冲洗干净,再注入新机油,注油时应用滤网过滤,且油面应不低于游标的中线。

(3) 车床的常规保养方法

车床保养工作做得好坏,直接影响到零件加工技术的好坏和生产效率的高低。车工除了应能熟练操纵车床外,还必须学会对车床进行合理的保养。主要是清洗、润滑和进行必要的调整。每天下班后应清洗机床上的切屑、切削液及杂物,当清理干净后加注润滑油。

当车床运转 500 h 后,须进行一级保养。保养工作以操作工人为主,维修工人配合进行。保养时,必须先切断电源,然后进行工作。具体保养内容和要求如下:

1) 外保养

① 清洗机床外表及各罩盖。

② 清洗长丝杠、光杠和操纵杆。

③ 检查并补齐螺钉、手柄等。

2) 主轴箱

① 清洗滤油器和油箱。

② 检查主轴,并检查螺母有无松动。

③ 调整摩擦片间隙及制动器。

3) 滑　板

① 清洗刀架。调整中、小滑板镶条间隙。

② 清洗并调整中、小滑板丝杠螺母间隙。

4) 挂轮箱

① 清洗齿轮、轴套并注入新油脂。

② 调整齿轮啮合间隙。

③ 检查轴套有无晃动现象。

5) 尾座部分

① 清洗尾座,保持内外清洁。

② 加油,尾座部分调整。

6) 润滑系统

① 清洗冷却泵、过滤器、盛液盘。

② 清洗油绳、油毡,保证油孔、油路清洁畅通。

③ 检查油质是否良好,油杯要齐全,油窗应明亮。

7）电器部分

① 清扫电动机、电器箱。

② 电器装置应固定，并清洁整齐。

2.1.2　车工安全知识

安全为了生产，生产必须安全。在进行车床实习之前必须牢固树立安全意识、掌握安全知识，才能杜绝安全隐患，防止人身事故，确保安全生产。车床使用安全知识包括文明生产、合理组织工作位置与安全操作技术。

1. 文明生产要求

文明生产是工厂管理的一项十分重要的内容，它直接影响产品质量的好坏，影响设备和工、夹、量具的使用寿命，影响操作者技能的发挥。所以，从开始学习基本操作技能起，就要重视培养文明生产的良好习惯。因此，要求操作者在操作时必须做到：

① 开车前检查车床各部分机构及防护设备是否安好，各手柄是否灵活，位置是否正确，检查各注油孔，并进行润滑，然后使主轴空运转 1～2 min，待车床运转正常后，才能工作。

② 主轴变速必须先停车，变速进给箱手柄要在低速进行，为保持丝杠的精度，除车削螺纹外，不得使用丝杠进行机动进给。

③ 工具箱内应分类摆放，物件应放置稳妥、整齐、合理，有固定的位置，便于操作时取用，用后放回原处，主轴箱盖上不应放置任何物品。

④ 刀具、量具及工具等的放置要稳妥，重物放下层，轻物放上层，不可随意乱放，以免损坏和丢失。

⑤ 正确使用和爱护量具，经常保持清洁，用后擦净，涂油，放入盒内，并及时归还工具室，所使用量具必须定期校验，以保证其度量准确。

⑥ 不允许在卡盘及床身导轨上敲击或校直工件，床面上不准放置工具或工件。装夹找正较重工件时，应用木板保护床面，下班时若工件不卸下，应用千斤顶支撑。

⑦ 车刀磨损后，应及时刃磨，不允许用钝刃车刀继续加工，以免增加车床负荷，损坏车床，影响工件表面的加工质量和生产效率。

⑧ 批量生产的零件，首件应送检，在确认合格后，方可继续加工，精车工件要注意防锈处理。

⑨ 毛坯、半成品和成品应分开放置，半成品和成品应堆放整齐，轻拿轻放，严防碰伤已加工表面。

⑩ 图样、工艺卡片应放置在便于阅读的位置，并注意其清洁和完整。

⑪ 使用切削液前，应在车床导轨上涂润滑油，车铸铁或气割下来的工件应擦去导轨上的润滑油，铸件上的型砂、杂质应尽量去除干净，以免损坏床身导轨面，切削液应定期更换。

⑫ 工作场地周围应保持清洁整齐，避免杂物堆放，以防止绊倒。

⑬ 工作完毕，将所用过的物件揩净归位，清理机床，刷去切削，擦净机床各部位的油污，按规定加注润滑油；最后把机床周围打扫干净，将床鞍摇至床尾一端，各转动手柄放到空挡位置，关闭电源。

2. 工具、夹具、量具、图样的放置位置

合理组织工作位置，注意工具、夹具、量具、图样的位置放置合理，对提高生产效率会有很大的帮助。

① 工作时所使用的工具、夹具、量具以及工件，应尽可能靠近和集中在操作者的周围。布置物件时，右手拿的放在右边，左手拿的放在左边；常用的放得近些，不常用的放得远些。物件放置应有固定的位置，使用后要放回原处。

② 工具箱的布置要分类，并保持清洁、整齐。要求小心使用的物件应放置稳妥，重的放下面，轻的放上面。

③ 图样、操作卡片应放在便于阅读的部位，并注意保持清洁和完整。

④ 毛坯、半成品和成品应分开，并按次序整齐排列，以便安放或拿取。

⑤ 工作位置周围应经常保持整齐清洁。

3. 安全技术要求

操作时必须提高遵守纪律的自觉性，遵守规章制度，并严格按安全技术要求进行操作：

① 工作时应穿工作服、戴袖套，夏季禁止穿裙子、短裤、凉鞋和拖鞋上机操作，女生应戴工作帽，将长发塞入帽子里。

② 工作时，头不能离工件太近，以防切屑飞入眼中，为防止切屑飞入眼中，必须戴防护镜。

③ 工作时必须集中精力，注意手、身体和衣服不能靠近正在旋转的机件，如：工件、带轮、皮带、齿轮等。

④ 工件和车刀必须装夹牢固，否则会飞出伤人，卡盘必须装有保险装置，装好工件后，卡盘板手必须随即从卡盘上取下。

⑤ 凡装卸工件，更换刀具，测量加工表面及变换转速时，必须先停车。

⑥ 车床运转时，不得用手去触摸工作表面，尤其是加工螺纹时，严禁用手触摸螺纹表面，以免伤手，严禁用棉纱擦抹转动的工件。

⑦ 应用专用铁钩清除切屑，绝不允许用手直接清除。

⑧ 车床上操作时不准戴手套。

⑨ 毛坯棒料从主轴孔尾端伸出不得太长，并使用料架或挡板，防止甩弯后伤人。

⑩ 不准用手去刹住转动着的卡盘。

⑪ 不要随意拆装电气设备，有故障时应及时报告，由专业人员维修，未修复不得使用。

2.1.3 车刀的基本知识

在车床上加工工件，主要依靠工件的旋转主运动和刀具的进给运动来完成切削加工，因此车刀几何角度选择是否合理，车刀刃磨角度是否正确，都会直接影响工件的加工质量和切削效率。合理地选择、正确地刃磨车刀，是车工必须掌握的最关键的操作技能之一。

1. 常用车刀的材料

车刀切削部分在切削过程中，承受着很大的切削力和冲击，并且在很高的切削速度下工作，连续经受强烈的摩擦，所以车刀的切削部分必须具备高的硬度、高的耐磨性、足够的强度和韧性、高的耐热性、好的工艺性等性能。

常用车刀材料有高速钢、硬质合金、超硬刀具材料等。

1）高速钢

① 含有钨、铬、钒的合金钢，常用于加工一些冲击性较大、形状不规则的工件，如W18Cr4V、W18Cr4V。

② 不宜高速切削。

2）硬质合金

① 钨钴类硬质合金：由碳化钨和钴组成，代号 YG。坚韧性好，适用于加工脆性材料或冲击性较大的工件。如 YG3、YG6、YG8 分别适合于精、半精、粗加工。

② 钨钴钛类硬质合金：由碳化钨、钴、碳化碳组成，代号 YT。耐磨性好，适用于加工塑性材的工件。如 YT5、YT15、YT30 分别适合于粗、半精（或精）、精加工，而不宜加工脆性材料（如铸铁）。

3）超硬刀具材料

① 陶瓷；② 金刚石；③ 立方氮化硼。

2. 常用车刀的种类和用途

由于车削加工的内容不同，所以必须采用各种不同种类的车刀。如图 2－1－8 所示，常用车刀种类有 90°车刀、45°车刀、切断刀、镗孔刀、成形刀、螺纹刀和机械夹固式硬质合金可转位车刀等，其基本用途如图 2－1－9 所示。

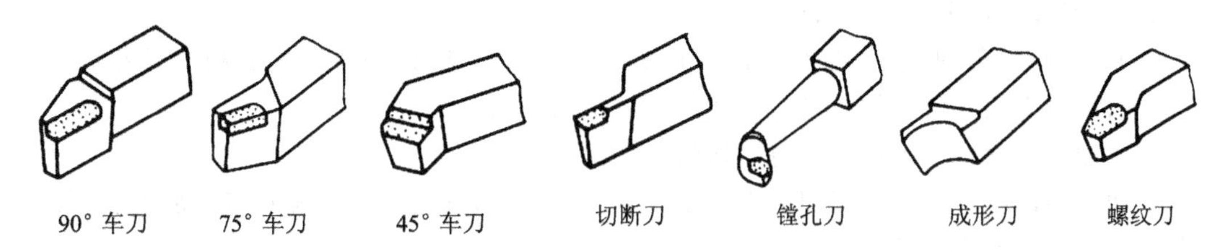

图 2－1－8 常用车刀的种类

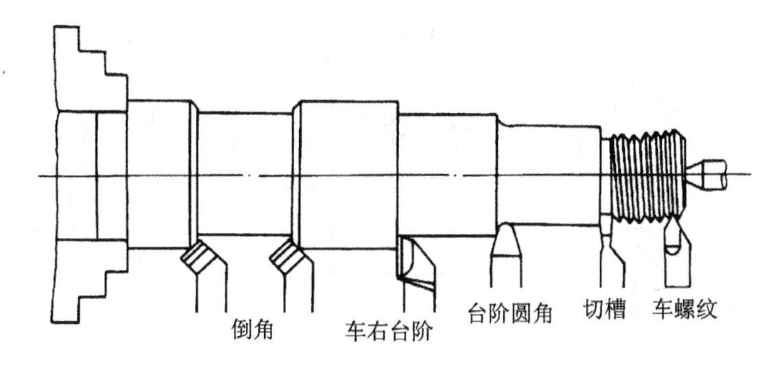

图 2－1－9 常用车刀的用途

① 90°车刀——车削工件的外圆、台阶和端面。90°车刀又称偏刀。

② 45°车刀——车削工件的外圆、端面和倒角。45°车刀又称弯头车刀。

③ 切断刀——切断工件或在工件上切出沟槽。

④ 镗孔刀——车削工件的内孔。

⑤ 成形刀——车削工件台阶处的圆角和圆槽或车削成形面工件。

⑥ 螺纹刀——车削螺纹。

⑦ 硬质合金可转位车刀——这是国内外正在大力发展和广泛应用的先进刀具之一。刀片不需焊接，用机械夹固方式装夹在刀杆上，当刀片上的一个切削刃磨钝后，只需松开夹紧装置，将刀片转过一个角度，即可用新的切削刃继续切削，从而大大缩短了换刀和刃磨车刀的时间，提高刀杆利用率。

硬质合金可转位车刀可根据加工内容的不同，选用不同形状和角度的刀片（如正三角形、凸三角形、五方形、正五边形等刀片),可组成外圆车刀、端面车刀、切断刀、车孔刀、车螺纹刀等。

3. 车削的运动

车削加工是由工件的回转运动和刀具的进给运动叠加完成的。

(1) 切削过程的运动

在切削加工中,为了切去多余的金属,必须使工件和刀具做相对的工作运动。按照在切削过程中的作用,工作运动可分为主运动和进给运动。

① 主运动——形成机床切削速度或消耗主要动力的工作运动。车削时,工件的旋转运动是主运动。通常,主运动的速度较高,消耗的切削功率较大。

② 进给运动——使工件的多余材料不断被去除的工作运动。车刀沿着所要形成的工件表面的纵向或横向移动是进给运动。

车削时,工件的旋转运动是主运动,它消耗了车床的主要动力。刀具的走刀运动是辅助运动。

(2) 切削时工件上的三个表面

车刀在切削工件时,使工件上形成三个表面,即已加工表面、待加工表面和加工表面。

① 已加工表面——工件上经刀具切削后产生的表面。

② 待加工表面——工件上即将要切除的表面。

③ 加工表面——工件上车刀的刀刃正在切削的表面,它是已加工表面与待加工表面之间的过渡表面,又称切削表面。

图 2-1-10 所示为车削加工时,工件上形成的三个表面。

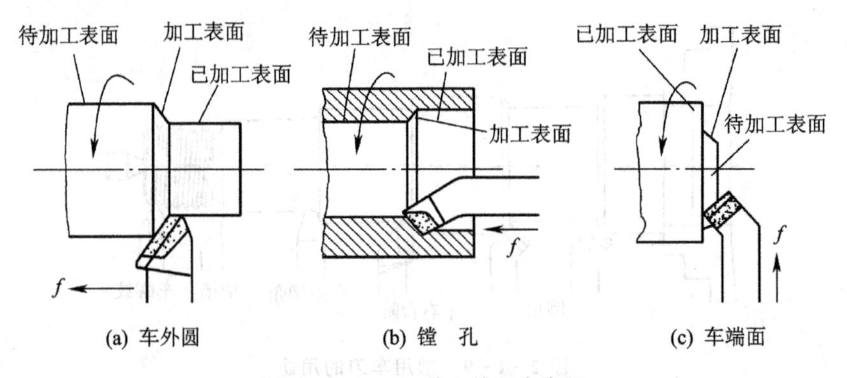

图 2-1-10　工件上的三个表面

4. 车刀的几何形状及其与切削性能的关系

(1) 车刀的主要组成部分

车刀是由刀头(或刀片)和刀杆两部分组成的。刀杆用于把车刀装夹在刀架上;刀头部分担负切削工作,所以又称切削部分。车刀的刀头由以下几部分组成,如图 2-1-11 所示。

① 前刀面——刀具上切屑流过的表面。

② 主后刀面——与工件上加工表面互相作用和相对着的刀面。

③ 副后刀面——与工件上已加工表面互相作用和相对着的刀面。

④ 主切削刃——前刀面与后刀面的相交部位。它担负着主要的切削工作。

⑤ 副切削刃——前刀面与副后刀面的相交部位。它配合主切削刃完成切削工作。

⑥ 刀尖——主切削刃与副切削刃的连接部位。为了提高刀尖的强度和使车刀耐用,很多刀在刀尖处磨出圆弧型或直线型过渡刃。

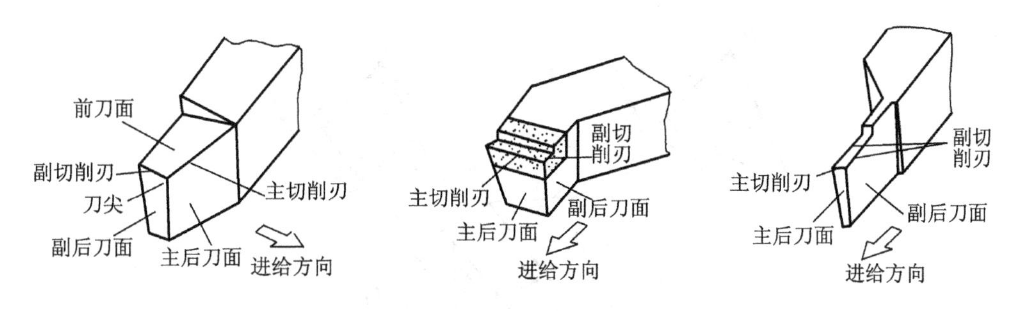

图 2-1-11 车刀的组成

(2) 车刀角度的辅助平面

为了确定和测量车刀的几何角度,需要假想三个辅助平面作为基准,如图 2-1-12 所示。

① 基面—— 通过切削刃选定点,垂直于该点切削速度方向的平面。

② 切削平面—— 通过切削刃选定点,与切削刃相切并垂直于基面的平面。

③ 正交平面—— 通过切削刃选定点并同时垂直于基面和切削平面的平面。截面有主截面、副截面,如图中的 P_0-P_0 截面为主截面,$P'_0-P'_0$截面为副截面。

显然,切削平面、基面、正交平面始终是相互垂直的。对于车削,基面一般是通过工件轴线的。

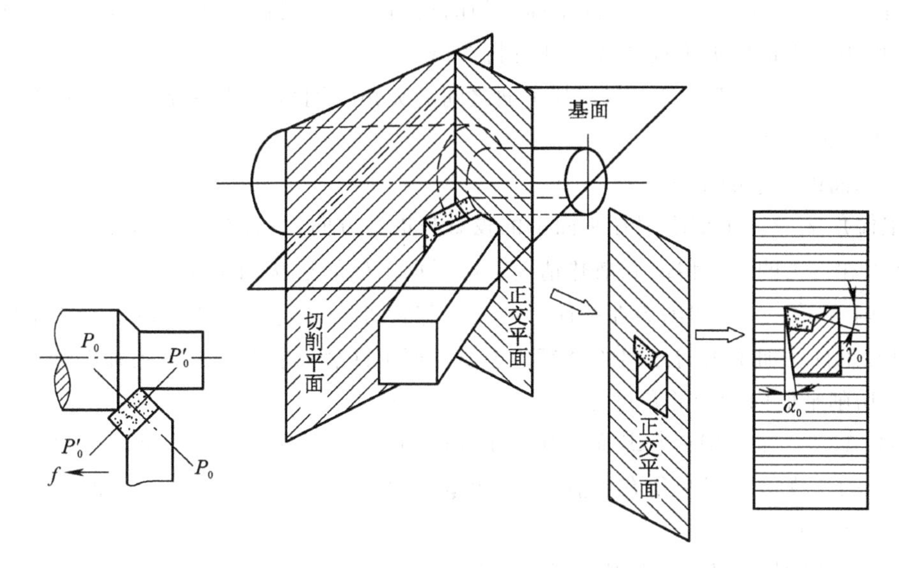

图 2-1-12 车刀角度的投影平面

(3) 车刀的主要角度和作用

刀具的角度对车削加工的影响是很大的。因此,了解车刀的主要角度及其对车削加工的影响是对刀具进行合理刃磨的前提。

车刀切削部分的角度很多,其中对加工影响最大的有前角、后角、副后角、主偏角、副偏角及刃倾角等。它们是在不同的辅助平面内测量得到的。以外圆车刀为例,如图 2-1-13 所示。

1) 在正交平面内测量的角度

① 前角 γ_0——前刀面与基面之间的夹角。前角大小影响刀具的锐利程度与强度,应根据

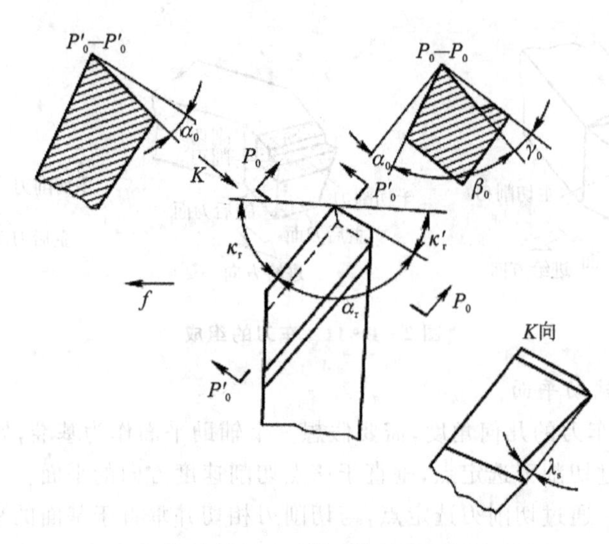

图 2-1-13　车刀的主要角度

工件材料、刀具材料及加工性质选择。增大前角能使车刀刃口锋利,减小切削变形,切削省力,并使切屑容易排出。

② 后角 α_0——主后刀面与切削平面之间的夹角。后角可减少刀具后刀面与工件加工表面之间的磨损。不根据加工性质和工件材料选择。

③ 副后角 α'_0——副后刀面与切削平面之间的夹角。副后角的主要作用是减少车刀副后刀面与工件之间的摩擦。

2) 在基面内测量的角度

① 主偏角 κ_r——主切削刃在基面上的投影与进给方向之间的夹角。它的作用是,可以改变主切削刃和刀头的受力情况和散热情况。应根据工件的形状和刚性选择。

② 副偏角 κ'_r——副切削刃在基面上的投影与背进给方向之间的夹角。它的作用是减少副切削刃与工件已加工表面之间的摩擦。主要根据工件表面粗糙度和刀尖强度选择。

3) 在切削平面内测量的角度

刃倾角 λ_s——主切削刃与基面在切削平面内的夹角。它的作用是,可以控制切屑的排出方向和增强刀头强度。刃倾角有负值、正值和零三种。刃倾角主要根据刀尖部分的要求和切屑流出的方向选择:

- 粗车一般钢材和铸铁时,应取负值刃倾角。
- 精车一般钢材和铸铁时,应取较小的正值刃倾角。
- 有冲击负荷或断续切削时,应取较大的负值刃倾角。
- 当工件刚性较差时,应选取正值刃倾角。

5. 车刀的刃磨

正确刃磨车刀是车工必须掌握的基本功之一。学习了合理选择车刀材料和几何角度的知识以后,还应掌握车刀的实际刃磨,否则合理的几何角度仍然不能在生产实践中发挥作用。

车刀的刃磨一般有机械刃磨和手工刃磨两种。机械刃磨效率高、质量好,操作方便,一般有条件的工厂已应用较多。但手工刃磨灵活,对设备要求低,目前仍普遍采用。另外,手工刃磨是车工必须掌握的基本技能。

(1) 砂轮的选择

目前工厂中常用的磨刀砂轮材料有两种：一种是氧化铝砂轮；另一种是绿色碳化硅砂轮。刃磨时必须根据刀具材料来选择砂轮材料。氧化铝砂轮韧性好，比较锋利，但砂粒硬度稍低，所以用来刃磨高速工具钢车刀和硬质合金车刀的刀柄部分。绿色碳化硅砂轮的砂粒硬度高，切削性能好，但较脆，所以用来刃磨硬质合金车刀的刀头部分。

一般粗磨时用颗粒粗的平形砂轮，精磨时用颗粒细的杯形砂轮。

(2) 磨刀的一般步骤

现以车削钢料的90°主偏角车刀(刀片材料为YT15)为例，介绍手工刃磨的步骤。

① 先把车刀前刀面、后刀面上的焊渣磨去，并磨平车刀的底平面。磨削时采用粗粒度的氧化铝砂轮。

② 粗磨主后刀面和副后刀面的刀柄部分，其后角应比刀片后角大2°～3°，以便刃磨刀片上的后角。磨削时采用粗粒度的氧化铝砂轮。

③ 粗磨刀片上的主后刀面、副后刀面和前刀面。粗磨出的主后角、副后角应比所要求的后角大2°左右。刃磨时采用粗粒度的绿色碳化硅砂轮，如图2-1-14所示。

④ 磨断屑槽。断屑槽一般有两种形状：一种是圆弧形，另一种是台阶形。刃磨圆弧形断屑槽，必须先把砂轮的外圆跟平面的交角处用修砂轮的金刚石笔修整成相应的圆弧。如刃磨台阶形断屑槽，砂轮的交角就必须修整出清角(尖锐)。刃磨时，刀尖可向下磨或向上磨，如图2-1-15所示。

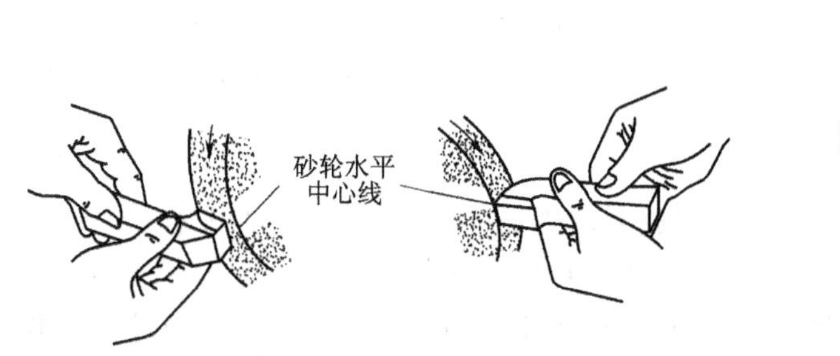

图2-1-14　粗磨主后角、副后角

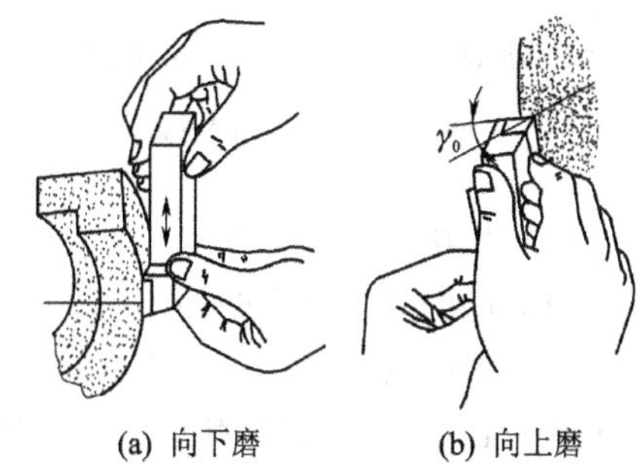

图2-1-15　刃磨断屑槽的方法

⑤ 精磨主后角和副后角。刃磨时，将车刀底平面靠在调整好角度的搁板上，并使切削刃轻轻靠在砂轮的端面上进行。刃磨时，车刀应左右缓慢移动，使砂轮磨损均匀，车刀刃口平直。精磨时采用杯形、细粒度的绿色碳化硅砂轮或金刚石砂轮，如图2-1-16所示。

⑥ 磨负倒棱。刃磨时，用力要轻，车刀要沿主切削刃的后端向刀尖方向摆动。磨削方法可以采用直磨法和横磨法。为了保证刀刃的质量，最好采用直磨法。负倒棱的宽度一般为(0.5～0.8)f(f为走刀量)，负倒棱前角λ_0为$-5°$。采用的砂轮与精磨后角时使用的相同，如图2-1-17所示。

⑦ 磨过渡刃。过渡刃有直线形和圆弧形两种。对于刃磨车削较硬材料的车刀时，也可以在过渡刃上磨出负倒棱，对于大进给量车刀，可用相同的方法在副切削刃上磨出修光刃，采用的砂轮与精磨后角时使用的相同，如图2-1-18所示。

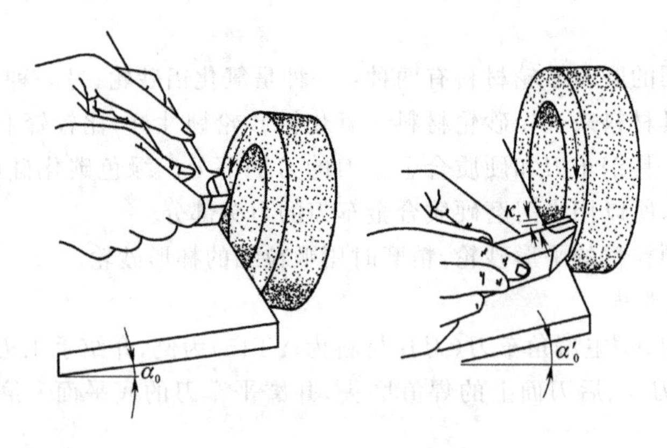

图 2-1-16 精磨主后角和副后角

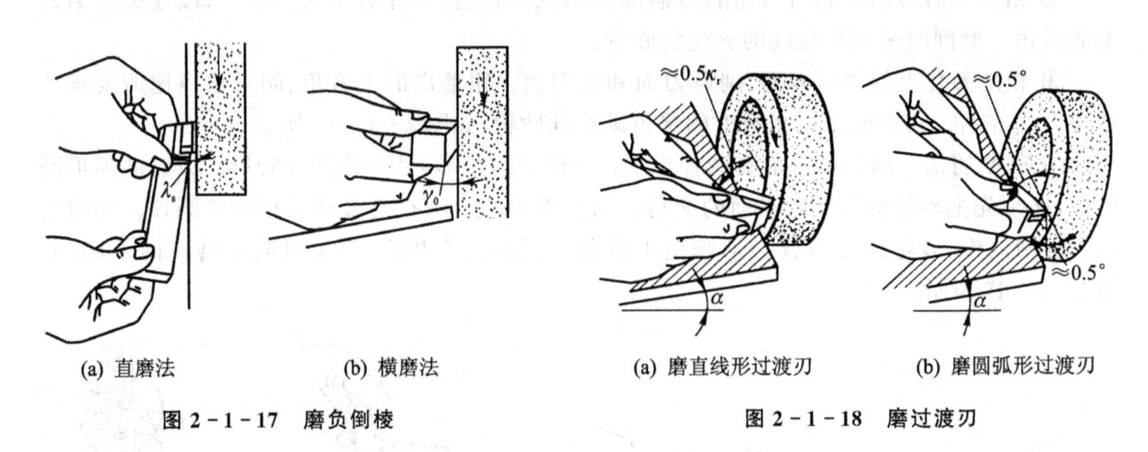

图 2-1-17 磨负倒棱

图 2-1-18 磨过渡刃

(3) 车刀的手工研磨

刃磨后的切削刃有时还不够光洁。如果用放大镜检查,可发现刃口上凹凸不平,呈锯齿状。使用这样的车刀加工工件会直接影响工件的表面粗糙度,而且也会缩短车刀的使用寿命。对于硬质合金车刀,在切削过程中还容易崩刃,所以对于手工刃磨后的车刀还必须进行研磨。一般用油石进行研磨。用油石研磨车刀时,手持油石要平稳。油石要贴平需要研磨的表面并平稳移动,如图 2-1-19 所示。推时用力,回来时不用力。研磨后的车刀,应消除刃磨的残留痕迹,刃面表面粗糙度 Ra 应达到 0.32~0.16 μm。

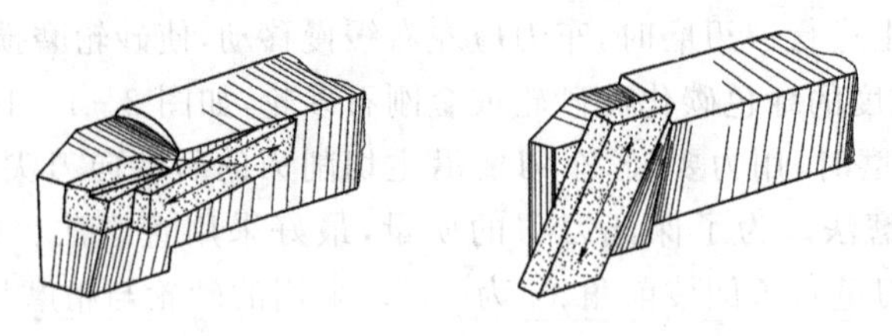

图 2-1-19 用油石研磨车刀

(4) 车刀角度的测量

车刀磨好后,须测量其角度是否符合要求。车刀的角度一般可用样板测量,如图 2-1-20(a)所示。对于角度要求高的车刀(螺纹刀),可以用车刀量角器进行测量,如图 2-1-20(b)所示。

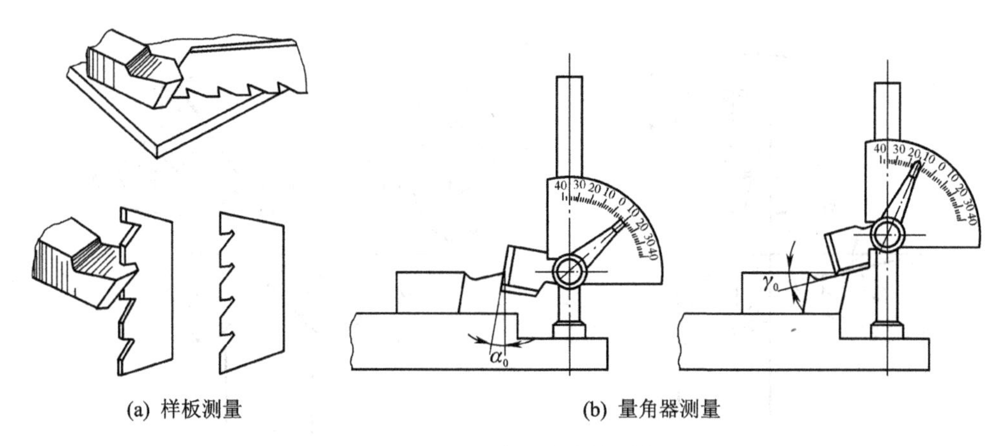

(a) 样板测量　　(b) 量角器测量

图 2-1-20 车刀角度的测量

安全注意事项

- 磨刀时操作者应尽量避免正面对着砂轮，应站在砂轮的侧面，以防砂粒飞入眼内或砂轮碎裂飞出伤人。磨刀时最好戴防护眼镜。
- 磨刀时不能用力过大，以免打滑伤手。
- 两手握刀的距离放开，两肘夹紧腰部，这样可以减小磨刀时的抖动。
- 车刀高低必须控制在砂轮水平中心、刀头略向上翘，否则会出现后角过大或负后角等弊端。
- 刃磨时应做水平左右慢速移动，以免砂轮表面磨出凹坑，而使切削刃不易磨直。
- 在平行砂轮上磨刀时，尽可能避免使用砂轮侧面；在杯形砂轮上磨刀时，不要使用砂轮的外圆或内圆。
- 砂轮磨削表面必须经常修整，以保证砂轮外圆和端面没有明显的跳动。
- 刃磨硬质合金车刀时，不能把刀头部分放入水中冷却，以防刀片突然冷却而碎裂。刃磨高速钢车刀时，应随时用水冷却，以防车刀过热退火，降低硬度。
- 砂轮必须装有防护罩。
- 重新安装砂轮后，要进行检查，经试转后才能使用。
- 刃磨结束后，应随手关闭砂轮机电源。

6. 技能训练

如图 2-1-21 所示，技能训练刃磨 45°、90°硬质合金外圆车刀。

(1) 技能训练要求

① 学会选择砂轮和修磨砂轮的方法。

② 掌握硬质合金车刀的刃磨方法。

③ 会使用刀具、量具和辅助工具，以及角度样板、万能游标量角器。

(2) 参考步骤

① 选择黑色碳化硅砂轮磨去刀头、刀体多余的材料和焊渣；

② 选择黑色碳化硅砂轮粗磨刀体的主、副后刀面，磨出主、副后角和主、副偏角；

③ 选择绿色碳化硅砂轮粗磨刀片的主、副后刀面，磨出主、副后角和主、副偏角；

④ 用砂轮割刀修正绿色碳化硅砂轮；

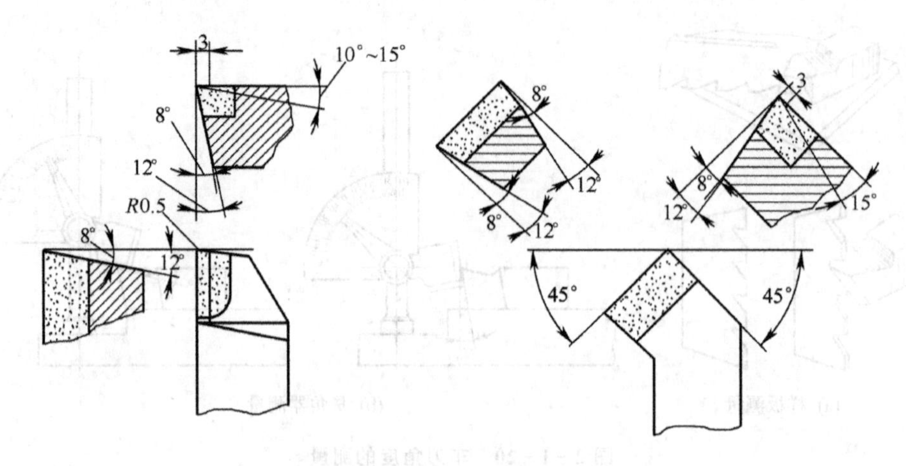

图 2-1-21 技能训练图

⑤ 粗、精磨前刀面,磨出断屑槽和前角;

⑥ 精磨主、副后刀面,磨出主、副后角,修正主、副偏角;

⑦ 修磨刀尖圆弧。

7. 质量检测

质量检测表如表 2-1-1 所列。

表 2-1-1 质量检测

项 目	序 号	考核内容	配 分	检查标准	检测结果	得 分
角度	1	前角	20	超差扣 10~15 分		
	2	主偏角	20	超差扣 10~15 分		
	3	副偏角	10	超差扣 3~6 分		
	4	主后角	20	超差扣 10~15 分		
	5	副后角	10	超差扣 3~6 分		
其他	6	刀面平整	10	超差扣 3~6 分		
	7	刃口平直	10	超差扣 3~6 分		

2.1.4 切削用量的基本概念

切削用量是衡量切削运动大小的参数。它包括吃刀深度、走刀量(进给量)和切削速度。合理地选用切削用量能有效地提高生产效率。

1. 背吃刀量(a_p)

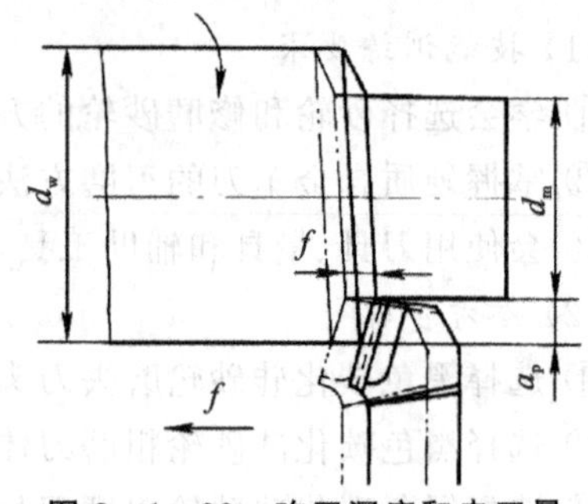

图 2-1-22 吃刀深度和走刀量

背吃刀量(a_p)即工件的待加工表面与已加工表面之间的垂直距离,如图 2-1-22 所示。也就是每次走刀时车刀切入工件的深度(单位: mm),它的计算公式为

$$a_p = \frac{d_w + d_m}{2}$$

式中: d_w 为工件待加工表面的直径, mm; d_m 为工

件已加工表面的直径，mm。

【例 2-1-1】　已知毛坯直径为 80 mm，要一次走刀车到 72 mm，求吃刀深度。

解：$a_p=\frac{d_w+d_m}{2}=\frac{80\ \text{mm}-72\ \text{mm}}{2}=4\ \text{mm}$

2. 走刀量(f)

走刀量(f)即工件每转一转，车刀沿走刀方向移动的距离(见图 2-1-22)。它是表示辅助运动(走刀运动)大小的参数(单位：mm/r)。

走刀量又分纵走刀量和横走刀量两种：

纵走刀量为沿车床床身导轨方向的走刀量；

横走刀量为垂直于车床床身导轨方向的走刀量。

3. 切削速度(v_c)

主运动的线速度通常称为切削速度。它可以理解为车刀在 1 min 内车削工件表面的展开直线理论长度(假定切屑没有变化或收缩)。它是表示主运动速度大小的参数，其计算公式为

$$v_c=\frac{\pi d_w n}{1\,000}$$

式中：v_c 为切削速度，m/min；d_w 为工件待加工表面的直径，mm；n 为车床主轴每分钟转速，r/min。

【例 2-1-2】　如用 YT15 硬质合金车刀，车削直径 $d_w=80$ mm 的工件，车床主轴转速 $n=480$ r/min，求切削速度。

解：$v=\frac{\pi d_w n}{1\,000}=\frac{3.14\times 80\ \text{mm}\times 480\ \text{r/min}}{1\,000}=120.6\ \text{m/min}$

在实际生产中，一般是已知工件直径，并根据工件和刀具材料等因素选定了切削速度，再求出车床主轴的转速(单位为 r/min)，这时可把上面的公式变为

$$n=\frac{1\,000v_c}{\pi d_w}$$

计算出来的是主轴转速，如果与车床铭牌上所列的转速有出入，则应选取铭牌上与计算值相接近的转速。

2.1.5　切削液

切削过程中，由于金属的变形和摩擦会产生很大的热量(切削热)，这些热量往往使车刀发热，加快磨损，缩短使用寿命；使工件受热变形影响尺寸精度，降低工件表面质量等，限制了生产效率的提高。为了减少热量，可以在车削过程中加注冷却润滑液。

1. 冷却润滑液的作用

(1)冷却作用

切削液可以吸收并迅速带走大量的切削热，降低刀具和工件的温度。这样可以提高刀具的耐用度，防止因工件受热变形而产生的尺寸误差。水的冷却性能比油好，乳化液介于两者之间。

(2) 润滑作用

切削液有良好的渗透性及润湿性，能渗入刀具与切屑和工件之间的间隙中，形成一层薄膜，减小金属分子间的结合力，使切削比较容易进行。因此，切削液可以减小刀具、切屑和工件之间的摩擦，使切屑排出顺利，提高工件加工后的表面质量。

(3) 清洗作用

切削液流动性好,能冲刷刀具和工件上的细微切屑,降低工件表面粗糙度值,提高刀具、机床的使用寿命。清洗性能的好坏与切削液的渗透性、流动性和使用的压力有关。可向切削液中加入大量的表面活性剂,以提高清洗效果,并给予一定压力,保持一定流量来提高冲刷能力,及时冲走碎屑和磨粉等杂物。

(4) 防锈作用

切削液能附在金属表面上形成一种保护膜,不使金属受到腐蚀而生锈。

2. 切削液的种类

切削液可分为切削油、乳化液、水溶液三大类。

(1) 切削油

切削油主要起润滑作用,种类有:矿物油、植物油、复合油等。这类冷却润滑液的比热较小,粘度较大、流动性差(散热效果差),主要用来提高被加工工件的表面粗糙度。

(2) 乳化液

乳化液主要起冷却作用。它是把乳化油加15～20倍的水稀释而成。这类切削液的比热大,粘度小,流动性好(传热较好),可以吸收大量的热量,提高刀具耐用度,减少热变形。但因水稀释倍数较大,所以润滑、防锈性能较差。为了提高其润滑和防锈性能,可再加入一定的油性、极压添加剂和防锈添加剂,配成极压乳化液和防锈乳化液。

(3) 水溶液

水溶液的主要成分是水,冷却性能好,但对金属有腐蚀作用。如在溶液中加入一定的水溶性防锈添加剂,如0.25％～0.5％亚硝酸钠和0.25％～0.3％无水碳酸钠,则可配成防锈冷却水。如在溶液中加入一定量的表面活性物质和油性添加剂,还可配成透明冷却水。

3. 切削液的选用

冷却润滑液的种类很多,其用途各不相同,选择时应根据工件材料、刀具材料和工艺要求等具体情况合理选用。

(1) 根据加工性质选用

1) 粗加工

粗加工时,加工余量和切削用量较大,产生大量的切削热,因而会使刀具磨损加快,这时使用切削液的目的是降低切削温度,所以应选用以冷却作用为主并具有一定清洗和防锈性能的乳化液,以便把大量的切削热及时带走,降低切削温度,提高刀具耐用度。

2) 精加工

精加工时,主要保证工件的精度和表面质量,以及提高刀具的耐用度,选择时应考虑减小摩擦,限制积屑瘤的生长,所以要根据切削速度的变化来选用切削油或高浓度的乳化液。

3) 半封闭式加工

在钻削、铰削和深孔加工时,刀具在半封闭状态下工作,排屑困难,切削热不能及时传散,容易使切削刃烧伤并严重破坏工件表面粗糙度,尤其是加工硬度高、强度好、韧性大、冷硬现象较严重的特殊材料。此时,除合理选择刀具几何参数,保证顺利地分屑、断屑和排屑外,还要选用乳化液、极压乳化液或极压切削油进行冷却、润滑,并把切屑冲出来,以降低切削温度,提高刀具耐用度,提高工件表面粗糙度和精度。

(2) 根据工件材料选用

① 钢件粗加工一般用乳化液,精加工用极压切削油。

② 铸铁、铜及铝等脆性材料，由于切屑碎末会堵塞冷却系统，容易使机床导轨磨损，一般不加切削液。但精加工时为了得到较高的表面质量，可采用 10%～20%乳化液、煤油或煤油和矿物油的混合液。

③ 切削有色金属和铜合金时，可使用煤油和粘度较小的切削油，但不宜采用含硫的切削液，以免腐蚀工件。切削镁合金时，不能用切削液，以免燃烧起火，必要时可使用压缩空气。

(3) 根据刀具材料选用

1) 高速钢刀具

粗加工时，用乳化液或水溶液。对钢件进行粗加工时，一般用乳化液；精加工用极压切削油，以减小摩擦，提高表面质量和精度，提高刀具耐用度。

2) 硬质合金刀具

硬质合金刀具一般不加切削液，因为如供应的冷却液的流量不足，会造成硬质合金刀片因冷热不均而碎裂。但在加工某些硬度高、强度好、导热性差的特种材料和细长轴时，可选用以冷却为主的乳化液。

安全注意事项

为了使切削液达到应有的效果，在使用时必须注意以下几点：

- 油状乳化油必须用水稀释后才能使用。
- 切削液必须浇注在切屑形成区和刀头上。
- 切削液的流量不能太少或断续使用，流量太少，冷却作用不大；断续使用，会使硬质合金刀片碎裂。
- 车削脆性材料时，不需加冷却润滑液，因为它们的切屑呈颗粒状，容易跟冷却润滑液混在一起而阻塞滑板及其他部分的运动。另外，铸铁中的石墨也能起一定的润滑作用。

4. 对切削液的要求

切削液应具有以下性质：

① 冷却性要好。冷却性能的好坏，取决于其导热性、比热容、汽化热和汽化速度、流量流速等。

② 润滑性要好。有较强的粘度和吸附性以及坚固的氧化膜。润滑性能的好坏取决于粘度和含表面活性物质的多少。

③ 渗透性、流动性和洗涤性要好，要有助于排屑。

④ 有防蚀性。要对金属材料具有一定的防潮、防锈、防止腐蚀的性能。

⑤ 稳定性好。能保存时间长，不沉淀变质，不易燃烧。

⑥ 环保性好。不危害人体健康及损伤皮肤和无有害气味，也不腐蚀机床。

⑦ 粗加工时，为便于观察工件表面质量情况，具有良好的透明性。

⑧ 经济性好。资源丰富，价格低廉，制造简单，使用方便。

思考与练习

1. 什么是车削加工？车床能加工哪些类型的零件？
2. 主轴箱有什么用途？滑板箱有什么用途？
3. 车刀有哪几个主要角度？它们的作用是什么？
4. 常用的磨刀砂轮材料有哪几种？它们的用途有什么不同？

5. 常用的车刀材料有哪几种？它们的性能和用途如何？

6. 车削加工必须具备哪些运动？

7. 什么是吃刀深度、走刀量和切削速度？

8. 在车床上车一毛坯直径为 40 mm 的轴，现要一次车到直径为 36 mm。如果选用的切削速度为 120 m/min，求吃刀深度及车头转速各等于多少？

9. 在车床上车削直径为 40 mm 的轴选用车头转速为 600 r/min。如果用相同的切削速度车削直径为 15 mm 的轴，问这时主轴的转速应为多少？

10. 为什么要使用冷却润滑液？常用的冷却润滑液有几种？怎样选择？

课题二　车床操纵与工件装夹

教学要求

◆ 熟悉车床手柄和手轮的位置及其用途。

◆ 熟练掌握车床空运转的操纵技能。

◆ 熟练掌握工件的装夹与夹紧。

2.2.1　车床操纵

车床要完成加工工作，必须有一套带动工件做旋转运动和使刀具做直线移动的机构。下面以 CA6140 型车床为例，讲述车床的操纵与工件装夹练习。

CA6140 型卧式车床为普通精度级机床，其主轴中心线在床身导轨面上的高度(中心高)约为 200 mm，所以加工盘类零件的最大工件回转直径为 400 mm。当加工轴类零件时，由于工件在滑板上通过，而横向滑板的上平面位于床身导轨之上，因而刀架滑板上的最大车削直径受到限制，只有 210 mm，如图 2-2-1 所示。

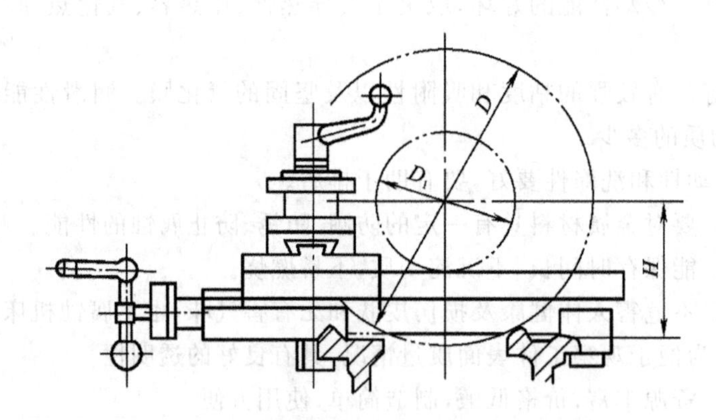

图 2-2-1　卧式车床的中心高与最大车削直径

1. 滑板部分的操作训练

① 床鞍的纵向移动由滑板箱正面左侧的大手轮控制。当顺时针转动手轮时，床鞍向右运动；当逆时针转动手轮时，床鞍向左运动。

② 中滑板手柄控制中滑板的横向移动和横向进刀量。当顺时针转动手柄时，中滑板向远

离操作者的方向移动(即横向进给);当逆时针转动手柄时,中滑板向靠近操作者的方向移动(即横向退刀)。

③ 小滑板可做短距离的纵向移动。当小滑板手柄顺时针转动时,小滑板向左移动;当逆时针转动小滑板手柄时,小滑板向右移动。

【操作训练内容】

① 熟练操作使床鞍左、右纵向移动。

② 熟练操作使中滑板沿横向进刀、退刀。

③ 熟练操作控制小滑板沿纵向短距左、右移动。

提示	◆ 熟练操作,使床鞍和中、小滑板慢速均匀移动,要求双手交替动作。 ◆ 分清中滑板的进给和退刀方向,要求反应灵活,动作准确。

2. 刻度盘的操作训练

① 滑板箱正面的大手轮轴上的刻度盘分为 300 格,每转 1 格,表示床鞍纵向移动 1 mm。若刻度盘逆时针转过 200 格,则床鞍向左纵向进给 200 mm。

② 中滑板丝杠上的刻度盘分为 100 格,每转过 1 格,表示刀架横向移动 0.05 mm;若转过 10 格,则刀架横向进刀 0.5 mm。

③ 小滑板丝杠上的刻度盘分为 100 格,每转过 1 格,表示刀架纵向移动 0.05 mm;刻度盘顺时针转过 10 格,刀架向左纵向进给 0.5 mm。

④ 小滑板上的分度盘在刀架需斜向进刀加工短锥体时,可顺时针或逆时针在 90°范围内转过某一角度。使用时,先松开锁紧螺母,转动小滑板分度盘至所需要的角度后,即时锁紧螺母以固定小滑板。

【操作训练内容】

① 若刀架需向左纵向进刀 250 mm,应该操纵哪个手柄(或手轮)?其刻度盘转过的格数为多少?

② 若刀架需横向进刀 0.5 mm,中滑板手柄刻度盘应朝什么方向转动?转过多少格?

③ 若需车制圆锥角 30°的正锥体(即小头在右),小滑板分度盘应如何转动?

注意事项

- 由于丝杠与螺母之间的配合存在间隙,会产生空行程。
- 使用刻度盘时,要先反向转动适当角度,消除配合间隙,再正向慢慢转动手柄,带动刻度盘转到所需的格数。
- 如果刻度盘多转动了几格,绝不能简单地退回,而必须向相反方向退回全部空行程(通常反向转动 1/2 圈),再转到所需要的刻度位置,如图 2-2-2 所示。

提示	车削工件时,为了准确和迅速地掌握进给深度,通常利用中滑板或小滑板上的刻度盘进行操作。

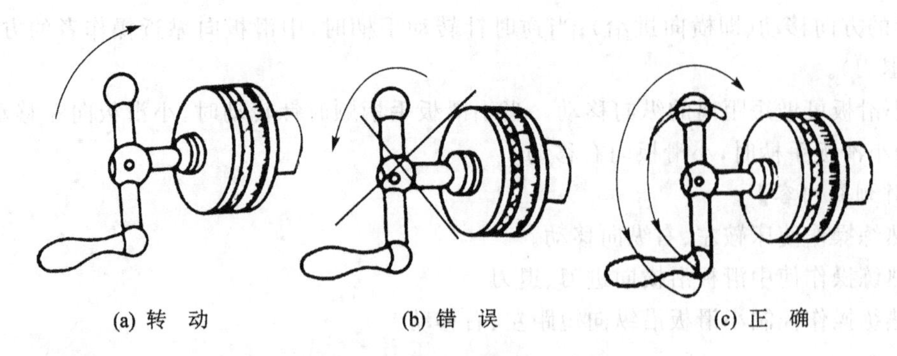

图 2-2-2 消除刻度盘空行程的方法

3. 车床的启动操作训练

启动操作:

① 启动之前检查车床各变速手柄是否处于中间空挡位置,离合器是否处于正确位置,操纵杆是否处于停止状态等。在确定无误后,方可合上车床电源总开关,开始操纵车床。

② 按下床鞍上的启动按钮(绿色),电动机启动。

③ 按下照明灯开关按钮,使车床照明灯亮。

④ 将滑板箱右侧操纵杆手柄向上提起,主轴便逆时针方向旋转(即正转)。操纵杆手柄有上、中、下三个挡位,可分别实现主轴的正转、停止、反转。

停止操作:

① 使操纵杆处于中间位置,实现车床主轴停止转动。

② 按床鞍上的红色的停止(或急停)按钮。

③ 关闭车床电源总开关。

④ 切断本车床电源刀闸开关。

【操作训练内容】

① 作启动车床的操作,掌握启动车床的先后步骤。

② 用操纵杆控制主轴正转、反转和停机。

安全注意事项

若需长时间停止主轴转动,必须按下床鞍上的红色停止按钮,使电动机停止转动。下班时,则需关闭车床电源总开关,并切断本车床电源刀闸开关。

4. 主轴的变速操作训练

① 卧式车床主轴变速是通过改变主轴箱正面右侧两个叠套的手柄位置来控制的。前面的手柄有 6 个挡位,每个挡位上有 4 级转速(主轴共有 24 级转速),若要选择其中某一转速,则可通过后面的手柄来控制。后面的手柄除有 2 个空挡外,尚有 4 个挡位,只要将手柄位置拨到其所显示的颜色与前面手柄所示挡位上的转速数字所标示的颜色相同的挡位即可。

② 主轴箱正面左侧手柄是加大螺距及螺纹左、右旋向变换的操纵机构。它有 4 个挡位:左上挡位是车削左旋螺纹;右上挡位为车削右旋螺纹;左下挡位为车削左旋加大螺距螺纹;右下挡位为车削右旋加大螺距螺纹。

【操作训练内容】

① 调整主轴转速至 16 r/min,450 r/min。

② 选择车削右螺纹和左旋加大螺纹的手柄。

安全注意事项

主轴变速时应该“停车”，以防止打坏齿轮。

5. 车床的空运转练习

（1）主轴正转

① 调整主轴转速至 12.5 r/min。

② 按床鞍上的绿色启动按钮启动电动机，但此时车床主轴不转。

③ 观察车床主轴箱的油窗和进给箱、滑板箱油标，完成每天的润滑工作。

④ 将进给箱右下侧的操纵杆手柄向上提起，实现主轴正转。此时，车床主轴转速为 12.5 r/min。

（2）主轴反转

只要将车床操纵杆手柄向下扳动，就可实现车床主轴反转。其他操作与主轴正转的空运转操作相同。

提示	操纵手柄不要由正转直接变反转，应由正转经中间刹车位置稍停 2 s 左右再至反转位置，这样有利于延长车床的使用寿命。

6. 进给箱操作训练

① CA6140 型车床进给箱正面左侧有一个手轮，右侧有前后叠装的两个手柄，后面的手柄有 A、B、C、D 4 个挡位，是光杠、丝杠变换手柄；前面的手柄有Ⅰ、Ⅱ、Ⅲ、Ⅳ 4 个挡位与有 8 个挡位的手轮配合，以调整进给量及螺距。

② 实际操作时，应根据加工要求，查找进给箱油池盖上的螺距和进给量调配表来确定手轮和各手柄的具体位置。

当前手柄处于正上方是第Ⅴ挡，此时齿轮箱的运动不经过进给箱变速，而与丝杠直接相连。

【操作训练内容】

① 确定车削螺距为 1 mm、1.5 mm、2.0 mm 的米制螺纹在进给箱上的手轮和手柄的位置，并调整。

② 选择纵向进给量为 0.46 mm/r、横向进给量为 0.2 mm/r 时的手轮与手柄的位置，并能熟练调整。

7. 刀架操作训练

刀架逆时针转动时，调换车刀；顺时针转动时，刀架被锁紧。当刀架上装有车刀时，转动刀架，其上的车刀也随之转动，应避免车刀与工件、卡盘或尾座相撞。要求在刀架转位前就把中滑板向后退出适当距离。

（1）刀架机动进给操作

① 把滑板箱右侧的机动进给手柄向左扳动，刀架向左纵向机动进给；

② 把滑板箱右侧的机动进给手柄向前扳动，刀架向前横向机动进给；

③ 把滑板箱右侧的机动进给手柄向右扳动，刀架向右纵向机动进给。

（2）刀架快速移动操作

① 向左扳动手柄，按下手柄顶部的快进按钮，实现刀架向左快速纵向移动。

② 放开快进按钮,快速电动机停止转动;向右扳动手柄,按下手柄顶部的快进按钮,刀架向右快速纵向移动。

③ 向前扳动手柄,按下手柄顶部的快进按钮,实现刀架向前快速横向移动。

④ 放开快进按钮,快速电动机停止转动;向后扳动手柄,按下手柄顶部的快进按钮,实现刀架向后快速横向移动。

【操作训练内容】

① 刀架上不装夹车刀,进行刀架转位与锁紧的操作训练。体会刀架手柄转位或锁紧刀架时的感觉。

② 刀架上安装 4 把车刀,再进行刀架转位与锁紧的操作训练。

安全注意事项

- 当刀架纵向快速移动到离卡盘或尾座有一定距离时,应立即放开快进按钮,停止快进并变成纵向机动进给,以避免刀架因来不及停止而撞击卡盘或尾座。
- 当中滑板向前伸出较远时,应立即停止快进或机动进给,避免 因中滑板悬伸太长而使燕尾导轨受损,影响运动精度。
- 在离卡盘或尾座有一定距离处,可用金属笔在导轨上画出一条安全警示线;也可在中滑板伸出的极限位置附近画出一条安全警示线。

8. 自动进给操作训练

滑板箱右侧有一个带十字槽的手柄,是刀架实现纵、横向机动进给和快速移动的集中操纵机构。该手柄的顶部有一个快进按钮,是控制接通快速电动机的按钮。当按下此按钮时,快速电动机工作;当放开此按钮时,快速电动机停止转动。该手柄扳动方向与刀架运动的方向一致,操作方便,若与快速电动机相互配合,则床鞍或中滑板可做纵向或横向快速移动。

【操作训练内容】

① 做床鞍左、右两个方向快速纵向进给操作训练。

② 做中滑板前、后两个方向快速横向进给操作训练。

安全注意事项

- 当床鞍快速行进到离主轴箱和尾座足够近时,应立即放开快进按钮,停止快进,以免床鞍撞击主轴或尾座。
- 当中滑板前、后伸出床鞍足够远时,应立即放开快进按钮,停止快进,避免因中滑板伸出太长而使燕尾导轨受损,影响运动精度。

9. 开合螺母手柄操作训练

在滑板箱正面右侧有一开合螺母手柄,专门控制丝杠与滑板之间的联系。根据所需螺距和螺纹调配表选择好走刀箱相关手轮、手柄的位置后,做如下操作训练:

【操作训练内容】

① 不扳下开合螺母手柄,观察滑板箱的运动状态。

② 扳下开合螺母手柄后,再观察滑板箱是否按选定的螺距做纵向运动。体会开合螺母手柄下压与扳起时手中的感觉。

③ 先横向退刀,然后快速右向纵进,实现车完螺纹后的快速纵向退刀。

10. 尾座操作训练

① 尾座可以在床身内侧的山形导轨和平导轨上沿纵向移动，并依靠尾座架上的两个锁紧螺母使尾座固定在床身上的任一位置。

② 尾座架上有左、右两个长把手柄。左边为尾座套筒固定手柄，顺时针扳动此手柄，可使尾座套筒固定在某一位置。右边手柄为尾座快进紧固手柄，逆时针扳动此手柄可使尾座快速地固定于床身的某一位置。

③ 松开尾座上左边长把手柄(即逆时针转动手柄)，转动尾座右端的手轮，可使尾座套筒进、退移动。

【操作训练内容】

① 做尾座套筒进、退移动操作训练，掌握操作方法。

② 做尾座沿床身向前移动、固定操作训练，掌握操作方法。

2.2.2　卡盘的装卸

卡盘有三爪自定心卡盘和四爪单动卡盘，它们是车床常用的附件，也是应用最为广泛的一种通用夹具，用于装夹工件，并带动工件随主轴一起旋转，实现主运动。

1. 三爪自定心卡盘

(1) 三爪卡盘的结构

常用三爪自定心卡盘的规格有 150 mm、200 mm、250 mm 等。其结构如图 2-2-3 所示，主要是由三个卡爪、三个小锥齿轮和一个大锥齿轮等零件组成。当卡盘扳手方榫扳插入小锥齿轮 2 的方孔 1 中转动时，小锥齿轮就会带动大锥齿轮 3 转动。大锥齿轮的背面是平面螺纹 4，卡爪 5 背面的螺纹与平面螺纹啮合，从而驱动三个卡爪同时做向心或离心移动，使工件被夹紧或松开。

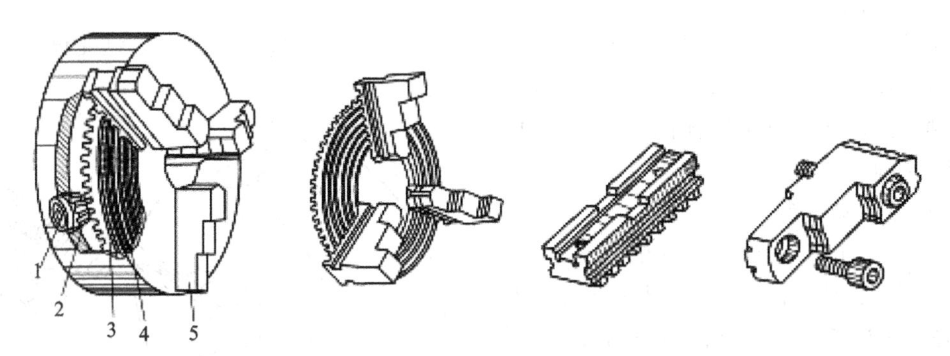

1—方孔；2—小锥齿轮；3—大锥齿轮；4—平面螺纹；5—卡爪

图 2-2-3　三爪自定心卡盘

三爪卡盘能自动定心，不需花很多时间去校正，安装效率比四爪卡盘高，但夹紧力没有四爪卡盘大。一般用于精度要求不是很高、形状规则(如图柱形、正三边形、正六边形)的中、小型工件的安装。

(2) 三爪卡盘卡爪的装卸

三爪卡盘的三个卡爪有正、反两副卡爪。正卡爪用于装夹外圆直径较小和内孔直径较大的工件，反卡爪用于装夹外圆直径较大的工件。

1) 卡爪的判别

卡爪有1、2、3的编号,安装卡爪时必须按顺序装配。如果卡爪的编号不清晰,可将卡爪并排放在一起,如图2-2-4(a)所示。比较卡爪端面螺纹牙数的多少,多的为1号卡爪,其次是2号卡爪,少的为3号卡爪。

2) 正卡爪的安装

将卡盘扳手的方榫插入卡盘外壳圆柱的方孔中(小锥齿轮的方孔),按顺时针方向旋转,驱动大锥齿轮回转,当其背面的平面螺纹的螺扣转到将要接近外壳上的槽1时,将1号卡爪插入壳体的槽1内,如图2-2-4(b)所示。继续顺时针转动卡盘扳手,在卡盘壳体的槽2、槽3依次装入2号、3号卡爪。随着卡盘扳手的继续转动,3个卡爪同步沿径向向心移动,直至汇聚于卡盘的中心。

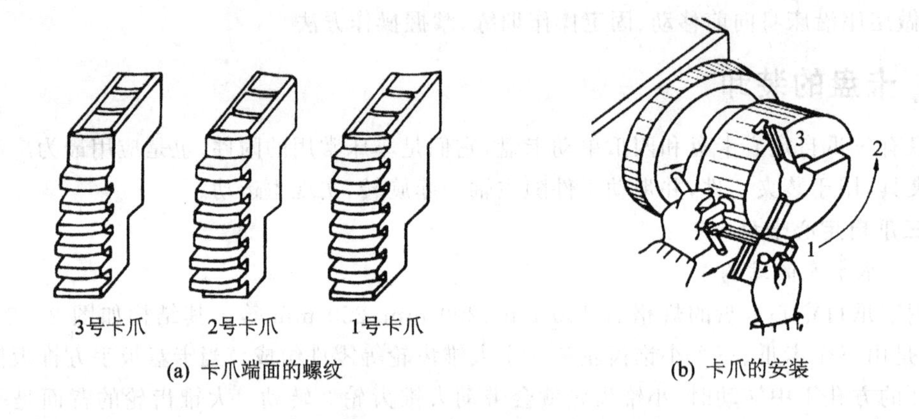

(a) 卡爪端面的螺纹　　(b) 卡爪的安装

图2-2-4 卡爪的安装

3) 正卡爪的拆卸

逆时针方向旋转卡盘扳手,3个卡爪则同步沿径向离心移动,直至退出卡盘壳体。卡爪退离卡盘壳体时要注意防止卡爪从卡盘壳体中跌落受损。

更换反卡爪时,也按同样的方法进行卡爪的安装和拆卸。

2. 四爪单动卡盘

四爪单动卡盘有4个各不相关的卡爪1、3、4、5,每个爪的后面有一半内螺纹与丝杆2啮合,如图2-2-5所示。丝杆的一端有一方孔,用来安插扳手方榫。当用扳手转动某一丝杆时,与它啮合的卡爪就能单独移动,以适应工件大小的需要。卡盘后面配有连接盘,连接盘有内螺纹与车床主轴外螺纹相配合。

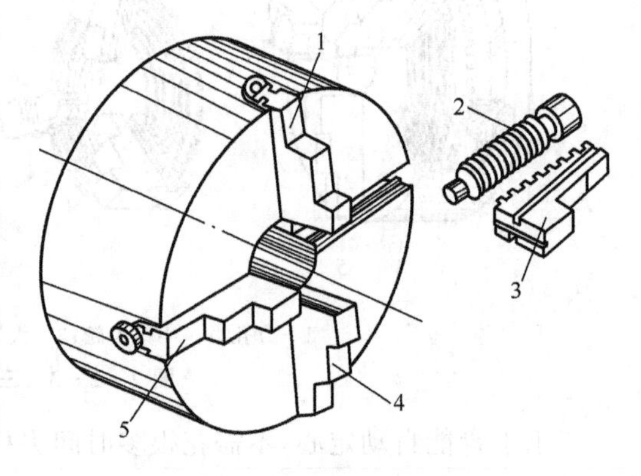

1、3、4、5—卡爪;2—丝杆

图2-2-5 四爪单动卡盘

四爪单动卡盘的优缺点和应用:由于四爪单动卡盘的四个卡爪能各自独立移动,因此工件装夹后必须将工件加工部分的旋转轴线找正到与车床主轴旋转轴线重合后才能车削,找正比较麻烦。但四爪单动卡盘的夹紧力大,因此适合于装夹大型或形状不规则的工件。四爪单动卡盘可装成正爪和反爪两种,反爪用来装夹直径较大的工件。

3. 三爪自定心卡盘的装卸

在车床上加工工件时，因工件的形状不同，有时选用三爪卡盘，有时选用四爪卡盘，因此必须学会卡盘的装卸。下面主要介绍三爪自定心卡盘的装卸。

(1) 三爪自定心卡盘与车床主轴的连接关系

三爪自定心卡盘是通过连接盘与车床主轴连为一体的，所以连接盘与车床主轴、三爪自定心卡盘间的圆同轴度要求很高。连接盘与主轴及卡盘间的连接方式如图 2-2-6 所示。

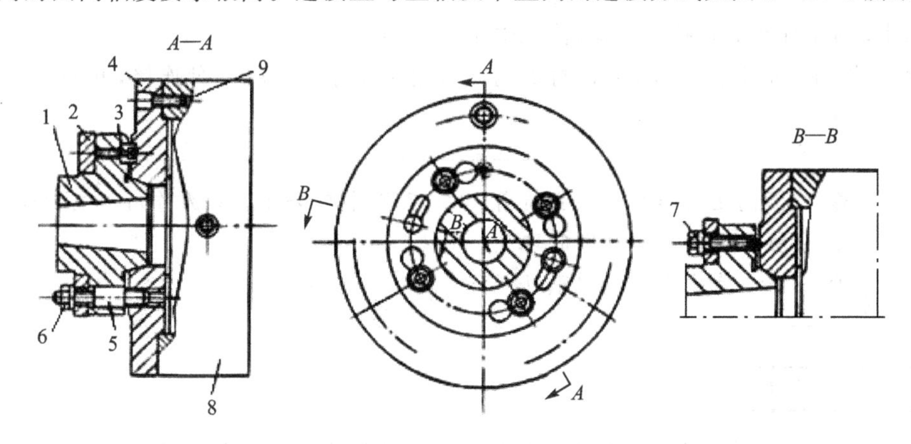

1—主轴；2—锁紧盘；3—端面键；4—连接盘；5—螺栓；6—螺母；7、9—螺钉；8—卡盘

图 2-2-6 连接盘与主轴、卡盘的连接

CA6140 型车床主轴前端为短锥法兰盘形结构(不同于 C620-1 车床靠螺纹连接，由轴、孔配合定位)，用于安装连接盘。连接盘由主轴上的短圆锥面定位。安装时，让连接盘 4 上的 4 个螺栓 5 及其螺母 6 从主轴轴肩和锁紧盘转过一个角度，使螺栓进入锁紧盘上宽度较窄的圆弧槽段，把螺母卡住，接着再拧紧螺母，于是连接盘便可靠地安装在主轴上。

连接盘前面的台阶面是安装卡盘 8 的定位基面，与卡盘后端面的台阶孔(俗称止口)配合，以确定卡盘相对于连接盘的正确位置(实际上是相对于主轴中心的正确位置)。通过 3 个螺钉 9 将卡盘与连接盘连接在一起。这样，主轴、连接盘、卡盘三者都可靠地连为一体，并保证主轴与卡盘同轴。端面键 3 可防止连接盘相对于主轴转动，是保险装置。紧定螺钉 7 用于紧固连接盘。

(2) 卡盘装卸前的准备工作

① 装卸卡盘前应切断电动机电源。

② 将卡盘及卡爪的各表面(尤其是定位配合表面)擦净并涂油。

③ 在靠近主轴处的床身导轨上垫一块木板，以保护导轨面不受意外撞击。

(3) 安装卡盘的步骤

① 用一根比主轴通孔直径稍小的硬质木棒穿在卡盘中。

② 将卡盘抬到连接盘端，将木棒一端插入主轴通孔内，另一端伸在卡盘外，以防卡盘掉下。

③ 小心地将卡盘背面的台阶孔装配在连接盘的定位基面上。当卡盘旋上主轴后用扳手插入卡盘方孔中向反车方向撞击一下(这时车头箱变速手柄放在最低挡转速位置上)，使卡盘旋紧在主轴上。

④ 装上并拧紧卡盘上的螺钉,将连接盘与卡盘可靠地连为一体。

⑤ 检查卡盘背面与连接盘端面是否贴平、贴牢。最后抽去木棒,撤去垫板。

(4) 拆卸卡盘的步骤

① 在主轴孔内插入一根硬质木棒,木棒的另一端伸出卡盘之外并搁置在刀架上。在卡盘下面的导轨面上放一木板。拆除卡盘保险装置。

② 用内六方扳手卸下连接盘与卡盘连接的3个螺钉,并用木锤轻敲卡盘背面,以使卡盘止口从连接盘的台阶上分离下来。

③ 用硬质木棒小心地抬下卡盘,注意安全。

四爪卡盘与三爪卡盘一样,卡盘背面有定位止口,与连接法兰盘连接,并与主轴结合成一体。

提示	◆ 卡盘高速旋转时必须夹持着工件,否则卡爪会在离心力作用下飞出伤人。 ◆ 卡盘扳手用后必须即时取下。 ◆ 三爪自定心卡盘的极限转速 $n<1\,800$ r/min。

安全注意事项

● 在主轴上安装卡盘时,应在主轴孔内插一硬质木棒,并垫好床面护板,防止砸坏床面。

● 安装三个卡爪时,应按逆时针方向顺序进行,并防止平面螺纹转过头。

● 安装卡盘时,不准开车,以防危险。

2.2.3 工件的安装

在车床上安装工件所用的附件有三爪卡盘、四爪卡盘、顶尖、花盘、心轴、中心架和跟刀架等。由于工件的形状、大小和加工数量的不同,安装的方法也不同。下面就几种常用的车床工件安装方法做简要介绍。

1. 三爪卡盘安装工件

三爪自定心卡盘是车床上应用最广的通用夹具,如图 2-2-7(a)所示。由于卡盘上的三个卡爪可以同时向中心靠近或退出,因此三爪卡盘能自动定心,不需花很多时间去找正,装夹效率比四爪单动卡盘高,但夹紧力没有四爪单动卡盘大。定心准确度为 0.05~0.15 mm,工件同轴度要求较高的表面应在一次装夹中车出。这种卡盘适用于大批量的中小型规则零件的装夹,如圆柱形、正三边形、正六边形等工件。

(a) 三爪自定心卡盘

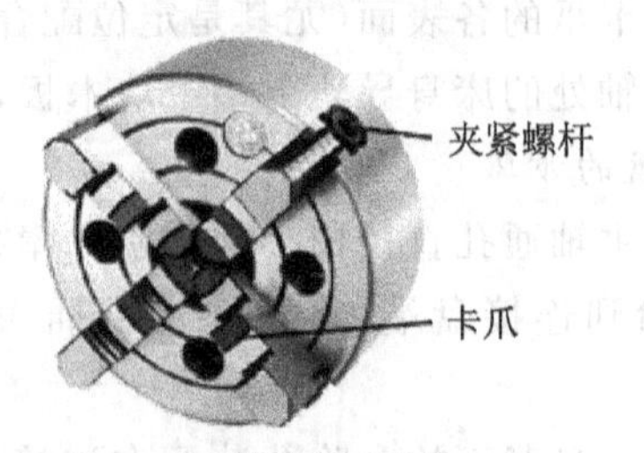

(b) 四爪单动卡盘

图 2-2-7 卡盘安装工件

用三爪卡盘安装车床工件时，可按下列步骤进行：

① 首先把车床工件在卡爪间放正，然后轻轻夹紧。

② 开动机床，使主轴低速旋转，检查车床工件有无偏摆，若有偏摆应停车用小锤轻敲校正，然后紧固车床工件。注意，必须即时取下扳手，以免开车时飞出击伤人或机床。

③ 移动车刀至车削行程的左端，用手旋转卡盘，检查刀架等是否与卡盘或工件碰撞。

安全注意事项

用正爪装夹工件时，工件直径不能太大，一般卡爪伸出卡盘圆周不超过卡爪长度的1/3，否则卡爪跟平面螺纹只有2～3牙啮合，受力时容易使卡爪上的螺纹碎裂。所以，当装夹大直径工件时，尽量采用反爪装夹。

2. 四爪卡盘安装工件

由于四爪卡盘的四个卡爪均可独立移动(见图2-2-7(b))，因此工件装夹后必须找正，将工件加工部分的旋转轴线与车床主轴旋转轴线重合后才能车削，找正比较麻烦。但四爪单动卡盘的夹紧力大，常用来安装较大的圆形工件，也可安装不规则形状的工件。

找正一般用划线盘按工件内外圆表面或预先划出的加工线找正，其定位精度较低，为0.2～0.5 mm。用百分表按工件精加工表面找正，其定位精度可达0.02～0.01 mm。

(1) 盘类工件的找正

盘类工件应先找正端面，再找正外圆。找正端面时，把划针放在工件平面近边缘处，用手慢慢转动卡盘，找出端面上离划针最近位置，然后用铜棒轻轻敲击此处，敲击量应是间隙差值，如此反复调整直到工件旋转一圈，划针尖与端面间隙均匀为止，如图2-2-8(a)所示。

找正外圆时，将划线盘放置在床身导轨上，先使划针靠近工件外圆表面，用手慢慢转动卡盘，观察工件表面与划针之间间隙的大小；然后根据间隙的差异来调整相对卡爪的位置，调整量为间隙差异值的一半。注意：处于间隙小位置的卡爪要向靠近圆心方向调整卡爪(即紧卡爪)；对间隙大位置的卡爪则向远离圆心方向调整(即松卡爪)；若以内孔为基准时则相反。经过几次调整，直到工件旋转一周，针尖与工件表面距离均等为止，如图2-2-8(b)所示。在校正中要耐心、细致，不可急躁。在校正极小的径向跳动时，不要盲目地去松开卡爪，可通过将工件高的那个卡爪向下压的方法来作很微小的调整。

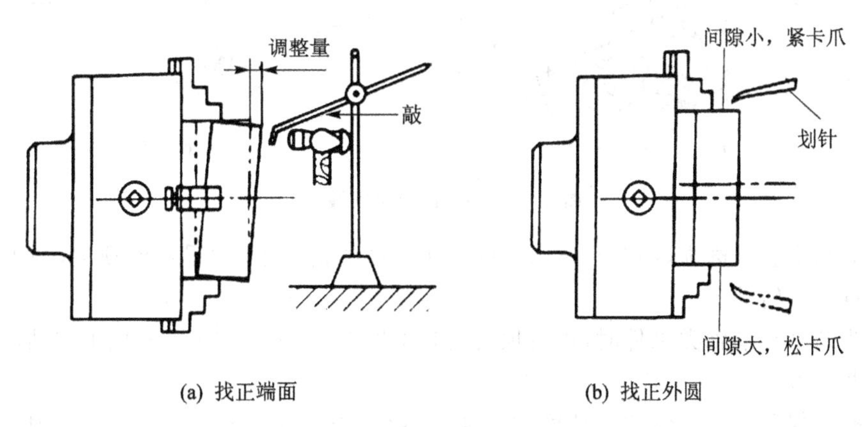

(a) 找正端面　　(b) 找正外圆

图2-2-8　盘类工件找正

(2) 轴类工件的找正

在校正轴类工件时,必须校正工件的前端和后端外圆。如图 2-2-9(a)所示,以靠近卡爪处 A 点为找正基准,然后移动划线盘至工件的另一端 B 点,用手转动卡盘,观察工件与划针之间间隙的大小,找出间隙最小的高点,用铜锤或铜棒轻轻敲击,敲击量是间隙的一半。如此反复调整,直到工件旋转一周,划针与 A、B 两点的间隙分别均匀为止。

若校正精度要求较高的工件,则可用千分表来代替划线盘,如图 2-2-9(b)所示。用这种方法校正工件,精度可达 0.01 mm 以内。图 2-2-9(c)所示是采用千分表进行内孔表面的找正。

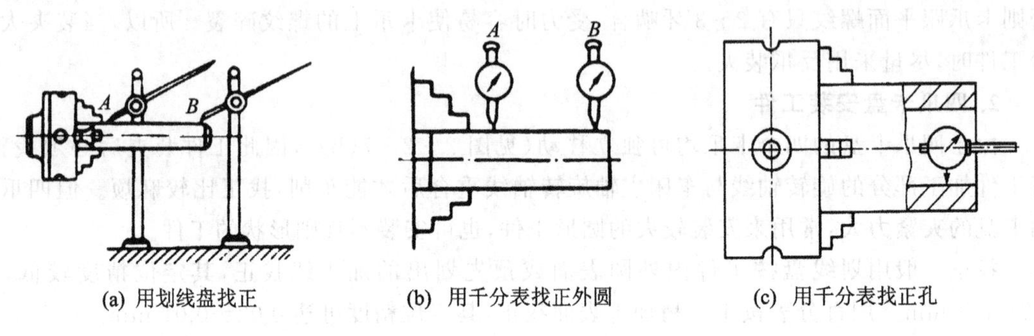

(a) 用划线盘找正　(b) 用千分表找正外圆　(c) 用千分表找正孔

图 2-2-9　轴类工件的找正

3. 两顶尖安装工件

对于较长的(长径比 $L/D=4\sim10$)或加工工序较多的轴类工件,常采用两顶尖安装。工件装夹在前、后顶尖之间,由卡箍(又称鸡心夹头)、拨盘带动工件旋转,如图 2-2-10 所示。前顶尖装在主轴上,与主轴一起旋转。后顶尖装在尾架上固定不动,有时亦可用鸡心夹头代替拨盘,此时前顶尖用一段钢材料车成。

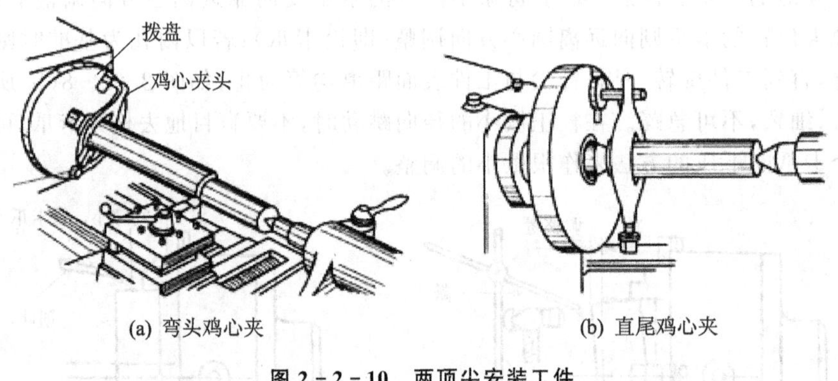

(a) 弯头鸡心夹　(b) 直尾鸡心夹

图 2-2-10　两顶尖安装工件

由于后顶尖容易磨损,因此在车床工件转速较高的情况下,常采用活顶尖,加工时活顶尖与车床工件一起转动。

两顶尖装夹车削轴类工件时,用后顶尖安装支顶工件,必须在工件端面上先钻出中心孔。

(1) 中心孔

中心孔是保证轴类零件加工精度的基准孔,依据国家标准 GB /T 145—2001 规定,中心孔分 A 型、B 型、C 型和 R 型,如图 2-2-11 所示。

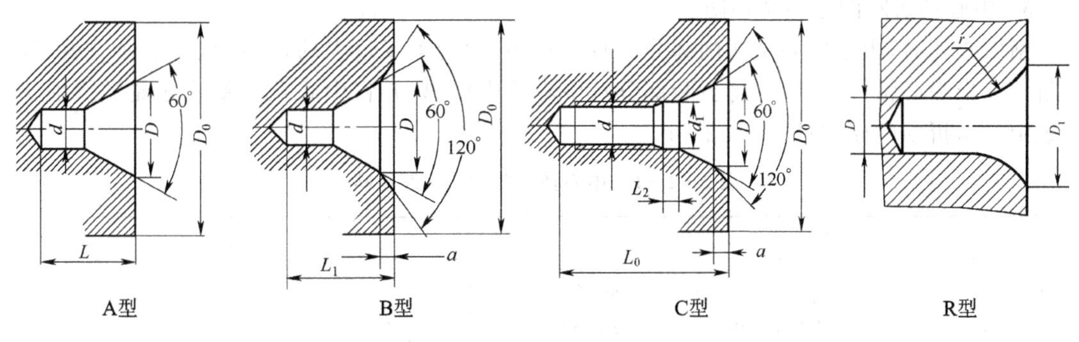

图 2-2-11　中心孔的种类

1）中心孔的作用与结构

A 型中心孔又称不带护锥中心孔，由圆柱孔和圆锥孔两部分组成，圆锥孔是 60 °。这种中心孔仅在粗加工或不要求保留中心孔的工件上采用，其直径尺寸 d 和 D 主要根据轴类工件的直径和质量来确定。A 型中心孔的主要缺点是，孔口容易碰坏，致使中心孔与顶尖锥面接触不良，从而引起工件的跳动，影响工件的精度。

B 型中心孔又称带护锥中心孔，其 60°锥孔的外端还有 120°的保护锥面，以保护 60°锥孔外缘不被损伤和破坏。B 型中心孔主要用于零件加工后，中心孔还要继续使用的情况。

C 型中心孔的主要特点是在其上有一小段螺纹孔，当需要把其他工件轴向固定在轴上时采用。例如铣床上用的锥柄立铣刀及其连接套上面的中心孔等都是 C 型中心孔。

R 型中心孔又称圆弧形中心孔，与顶尖锥面的配合变成线接触，减小了摩擦力，能自动纠正少量的位置偏差。轻型和高精度轴上采用 R 型中心孔。

中心孔既是轴类零件的工艺基准，又是轴类零件的测量基准，所以中心孔对轴类零件的作用是非常重要的。

① 定位和导向作用。一般采用 A 型中心孔。

② 在需要顶尖装夹的零件上作顶尖孔用。一般采用 A 型和 B 型中心孔。

③ 将零件连接固定在轴上。一般采用 C 型中心孔。

2）常用的钻中心孔的方法

中心孔一般是用中心钻直接钻出的。常用的中心钻用高速钢制造，如图 2-2-12 所示。A 型和 B 型中心孔，分别用相应的中心钻在车床或专用机床上加工。加工中心孔之前应先将轴的端面车平，防止中心钻折断。

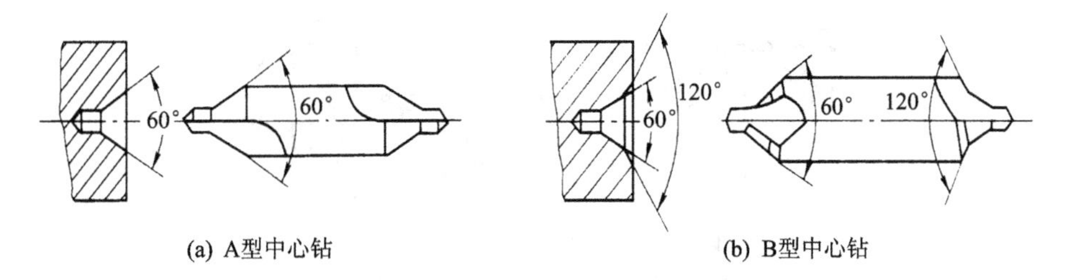

(a) A型中心钻　　(b) B型中心钻

图 2-2-12　常用中心钻

3) 中心钻折断的原因及预防

钻中心孔时,由于中心钻切削部分的直径较小,承受不了过大的切削力,稍不注意就容易折断。如果中心钻折断,则须将折断部分从中心孔中取出,并将中心孔修整后才能继续加工。导致中心钻折断的原因见表 2-2-1。

表 2-2-1 中心钻折断的原因及预防

折断的原因	预防措施
1. 中心钻轴线与工件旋转中心不一致,使中心钻受到一个附加力的影响而弯曲折断。通常是由于车床尾座偏位,钻夹头柄弯曲及与尾座套筒锥孔配合不准确等原因	钻中心孔前必须找正中心钻的位置
2. 工件端面不平整或中心处留有凸头,使中心钻不能准确地定心而折断	工件端面必须车平
3. 切削用量选择不当,如工件转速太低,而中心钻进给太快,造成中心钻折断	选择合适的切削用量
4. 中心钻磨钝后,强行钻入工件,使中心钻折断	中心钻磨损后应及时修磨或调换
5. 没有浇注充分的切削液或没有及时清除切屑,以致切屑堵塞在孔内而挤断中心钻	充分浇注切削液

(2) 顶　尖

顶尖可分为前顶尖和后顶尖两类。

1) 前顶尖

前顶尖随同工件一起旋转,与中心孔无相对运动,不产生滑动摩擦。前顶尖的类型分为两种:一种是插入主轴锥孔内的前顶尖(见图 2-2-13(a)),其硬度高,装夹方便牢靠,适于批量生产;另一种是夹在卡盘上的前顶尖(见图 2-2-13(b)),这种顶尖是随机床加工出来的,使用的过程中不能从卡盘上拆下,如果拆下,需要再使用时,则必须将 60°锥面重新修整,以保证 60°锥面顶尖与车床主轴旋转中心重合。其优点是制造简单方便,定心准确;缺点是顶尖硬度不高,容易磨损,车削过程中如受冲击,易发生移位,降低定心精度,只适合于小批量工件的生产。

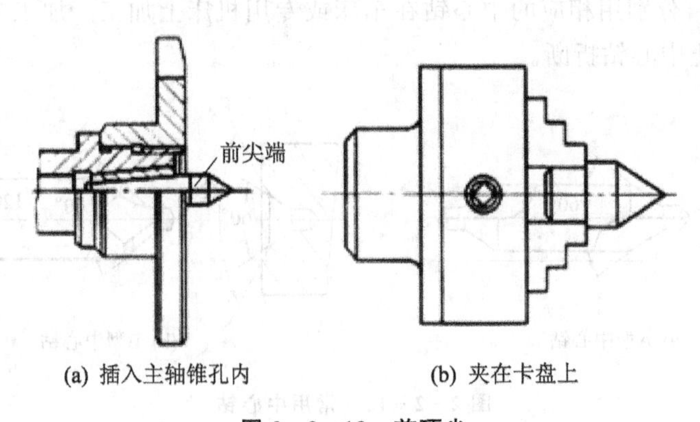

(a) 插入主轴锥孔内　　(b) 夹在卡盘上

图 2-2-13 前顶尖

2）后顶尖

插入尾座套筒锥孔中使用的顶尖叫后顶尖，后顶尖又分固定顶尖和回转顶尖两种，如图 2－2－14 所示。

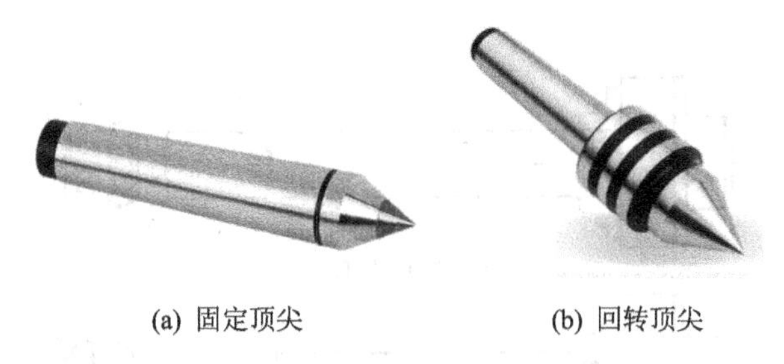

(a) 固定顶尖　　(b) 回转顶尖

图 2－2－14　后顶尖

① 固定顶尖：在切削过程中，使用固定顶尖的优点是定心准确，刚性好，切削时不易产生振动，定心精度高；缺点是与工件中心孔发生滑动摩擦，易磨损，产生摩擦热，常会把中心孔或顶尖烧坏。固定顶尖一般适于低速精车，目前固定顶尖大都镶硬质合金顶尖头。这种顶尖在高速旋转时不易损坏，但摩擦后产生较高热量的情况仍然存在，会使工件发生热变形。

② 回转顶尖：为了避免后顶尖与工件之间的摩擦，目前大都采用回转顶尖支顶。这种顶尖将固定顶尖与中心孔间的滑动摩擦变成顶尖内部轴承间的滚动摩擦，而顶尖与中心孔间无相对运动。这样既能承受高速，又可消除滑动摩擦产生的较高热量，克服了固定顶尖的缺点，是较理想的顶尖。缺点是定心精度和刚性稍差一些，这是因为回转顶尖存在一定的装配累积误差且滚动轴承磨损后会使顶尖产生径向圆跳动。

3）顶尖安装工件步骤

① 在工件一端安装卡箍，先稍微拧紧卡箍螺钉。在工件的另一端中心孔里涂上润滑油。

② 将工件置于顶尖间，根据工件长短调整尾架位置，保证能让刀架移至车削行程的最右端，同时又要尽量使尾架套筒伸出最短，然后将尾架固定。

③ 转动尾架手轮，调节工件在顶尖间的松紧，使之既能自由旋转，又不会有轴向松动。最后紧固尾架套筒。

④ 将刀架移至车削行程最左端，用手转动拨盘及卡箍检查是否会与刀架等碰撞。

⑤ 拧紧卡箍螺钉。

安全注意事项

使用顶尖装夹车削工件应注意下列事项：

- 前后顶尖应对准。若在水平面发生偏移，则工件轴线与刀架纵向移动的方向不平行，此时将车出圆锥体。为使两顶尖轴线重合，可横向调节尾架体。
- 中心孔必须平滑和清洁。
- 两顶尖与车床工件中心孔的配合不宜太松或太紧。顶松时，工件定心不准，容易引起振动，过松时会发生工件飞出的危险。顶紧时，因锥面间摩擦增大，会将顶尖和中心孔磨损甚至烧坏。当切削用量较大时，车床工件因发热而伸长，在加工过程中还需将顶尖位置作一次调整。

4. 一夹一顶装夹工件

用两顶尖装夹虽然精度较高，但装夹刚性差。因此，在车削较重、较长的轴体零件时，可采用一端夹持,另一端用后顶尖顶住的方式安装工件,这样会使工件更为稳固,从而能选用较大的切削用量进行加工。为了防止工件因切削力作用而产生轴向窜动,必须在卡盘内装一限位支承,或用工件的台阶作限位,如图 2-2-15 所示。此装夹方法比较安全,能承受较大的轴向切削力,故应用很广泛。

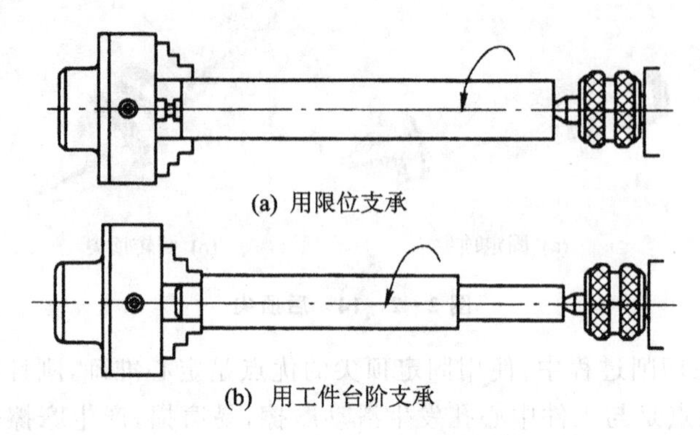

(a) 用限位支承

(b) 用工件台阶支承

图 2-2-15 一夹一顶装夹工件

一夹一顶车轴类工件时的工艺要求:

① 工件端面必须钻中心孔。

② 为了防止车削中工件产生轴向窜动,必须车限位台阶或在车床主轴内放限位装置。

③ 卡盘夹持部分不能过长。一夹一顶安装轴类零件,若卡盘夹持工件的部分过长,卡爪相当于四个支承点,产生重复定位。因此,当卡爪夹紧工件后,后顶尖往往顶不到中心处。如果强行顶入,工件会产生弯曲变形,加工时,后顶尖及尾座套筒容易摇晃。加工后,中心孔与外圆不同轴。当后顶尖的支承力卸去以后,工件会产生弹性恢复而弯曲。因此,当用一夹一顶安装工件时,卡盘夹持部分应短些,这样,卡爪相当于两个支承点,消除了重复定位。

④ 车床尾座的轴线必须与车床主轴的旋转轴线重合。一夹一顶安装轴类零件,若车床尾座的轴线与车床主轴的旋转轴线不重合,车削外圆后,用千分尺检测会发现,加工的外圆一端大一端小,成为一个圆锥体,产生了锥度。前端小后端大,称为顺锥;反之,称为倒锥。

⑤ 车床尾座套筒伸出长度不易过长,在不影响车刀进刀的前提下,应尽量伸出短些,以增加尾座套筒的刚性。

5. 用心轴装夹

当工件内外圆表面间有较高的位置精度要求,且不能将内外圆表面在同一次装夹中加工时,须采用心轴安装进行加工。先加工内圆表面,再用心轴装夹后精加工外圆。心轴选择应根据工件的形状尺寸、精度要求及加工数量的不同采用不同结构的心轴。

(1) 圆柱心轴

圆柱心轴是以外圆柱面定心、端面压紧来装夹工件的,如图 2-2-16(a)所示。心轴与工件孔一般用 H7/h6、H7/g6 的间隙配合,所以工件能很方便地套在心轴上。但由于配合间隙较大,一般只能保证同轴度 0.02 mm 左右。

(2) 锥度心轴

为了消除间隙,提高心轴定位精度,心轴可以做成锥体,但锥体的锥度很小,以免工件在心轴上产生歪斜。常用的锥度为 1/1 000~1/5 000。定位时,工件楔紧在心轴上,楔紧后孔会产生弹性变形,从而使工件不致倾斜,如图 2-2-16(b)所示。小锥度心轴的优点是靠楔紧产生的摩擦力带动工件,不需要其他夹紧装置,定心精度高,可达 0.005~0.01 mm;缺点是工件的轴向无法定位。

当工件直径不太大时，可采用锥度心轴。当工件直径较大时，应采用带有压紧螺母的圆柱形心轴。

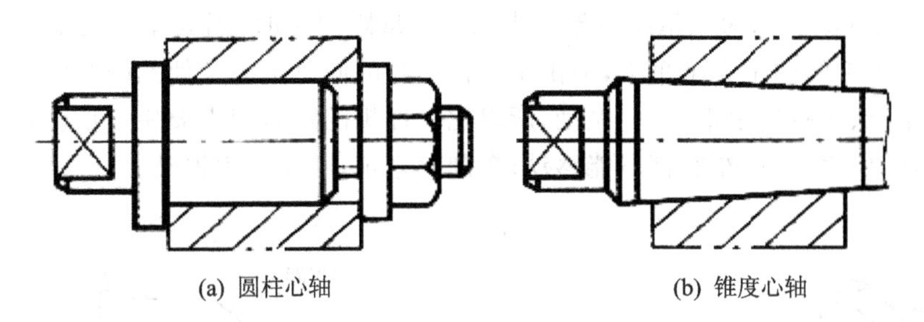

(a) 圆柱心轴　　(b) 锥度心轴

图 2－2－16　心轴装夹

6. 用中心架、跟刀架辅助支承

当工件长度与直径之比大于 10($L/d>10$)时，即为细长轴。细长轴的刚性不足，在车削时，工件受切削力、自重和旋转时离心力的作用，会产生弯曲、振动、让刀等现象，工件出现两头细中间粗的腰鼓形，严重影响其圆柱度和表面粗糙度，此时需要用中心架或跟刀架作为辅助支承，以增加工件刚性。使用中心架或跟刀架作为辅助支承时，都要在工件的支承部位预先车削出定位用的光滑圆柱面，并在工件与支承爪的接触处加机油润滑。

(1) 用中心架支承车细长轴

中心架上有 3 个等分布置并能单独调节伸缩的支承爪。使用时，用压板、螺钉将中心架固定在床身导轨上，且安装在工件中间，然后调节支承爪。首先调整下面两个爪，将盖子盖好固定，然后调整上面一个爪。调整的目的是使工件轴线与主轴轴线重合，同时保证支承爪与工件表面的接触松紧适当，如图 2－2－17 所示。中心架多用于带台阶的细长轴外圆加工。

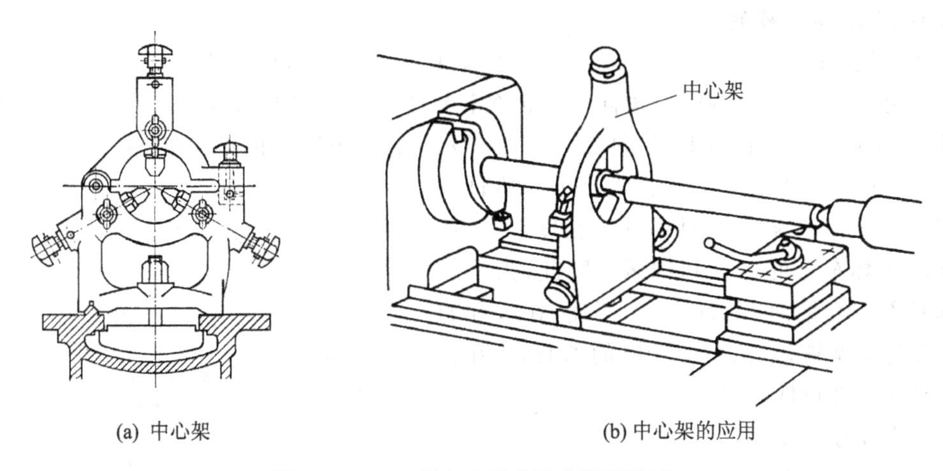

(a) 中心架　　(b) 中心架的应用

图 2－2－17　用中心架支承车削细长轴

(2) 用跟刀架支承车细长轴

对不适宜调头车削的细长轴，不能用中心架支承，而要用跟刀架支承进行车削，以增加工件的刚性。跟刀架适合于车削不带台阶的细长轴。

跟刀架有二爪和三爪之分。图 2－2－18(a)所示为二爪跟刀架。二爪跟刀架上有两个能单独调节伸缩的支承爪，而第三个支承爪则用车刀来代替。两个支承爪分别安装在工件的上面和车刀的对面。加工时,跟刀架的底座用螺钉固定在床鞍的侧面,跟刀架安装在工件头部,与车刀一起随床鞍做纵向移动。每次走刀前应先调整支承爪的高度,使支承爪与预先车削出用于定位的光滑圆柱面保持松紧适当的接触。

图 2-2-18(b)所示为三爪跟刀架。当采用二爪跟刀架时,因为车刀给工件的切削抗力,使工件贴在跟刀架的两个支承爪上,但由于工件本身的向下重力及偶然的弯曲,车削时工件会瞬时离开支承爪、接触支承爪,产生振动,所以比较理想的跟刀架需要用三爪。此时,由三爪和车刀抵住工件,使之上下、左右都不能移动,车削时稳定,不易产生振动。

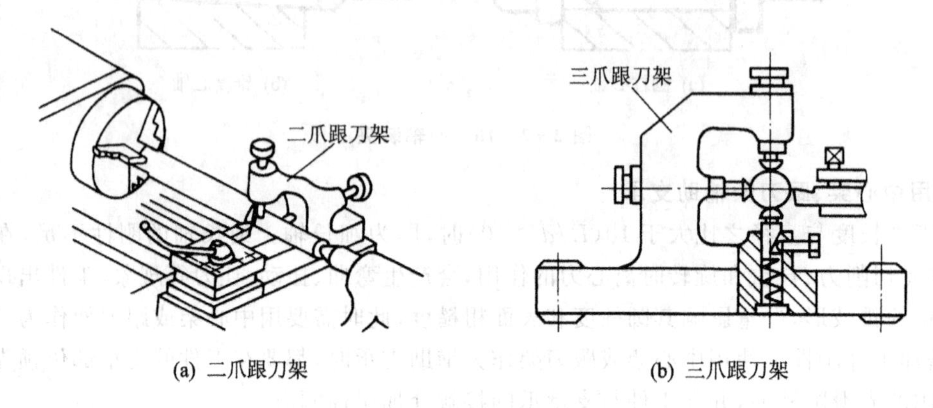

图 2-2-18 用跟刀架支承车削细长轴

安全注意事项

使用中心架和跟刀架时,必须先调整尾座套筒轴线与主轴轴线的同轴度。工件转速不宜过高,并需对支承爪加注机油滑润。

7. 用花盘、角铁装夹

形状不规则的工件、无法使用三爪或四爪卡盘装夹的工件,可用花盘装夹。花盘是安装在车床主轴上的一个铸铁大圆盘,盘面上有很多长短不等呈辐射状分布的 T 形槽,用于安装方头螺栓,把工件紧固在花盘上,如图 2-2-19 所示。花盘可以直接安装在车床主轴上。

在花盘或弯板上装夹的工件大部分是质量偏于一侧的,这样不但影响工件的加工精度,还会引起振动而损坏车床的主轴和轴承。因此,为了防止转动时因重心偏向一边而产生振动,在工件的另一边要加平衡铁,以减小旋转时的离心力,并且主轴的转速应选得低一些。

(1) 花盘的安装

安装花盘时要先检查轴颈、端面和连接部分有无脏物、铁屑及毛刺等,需去毛刺并擦净、加油后再安装到主轴上。

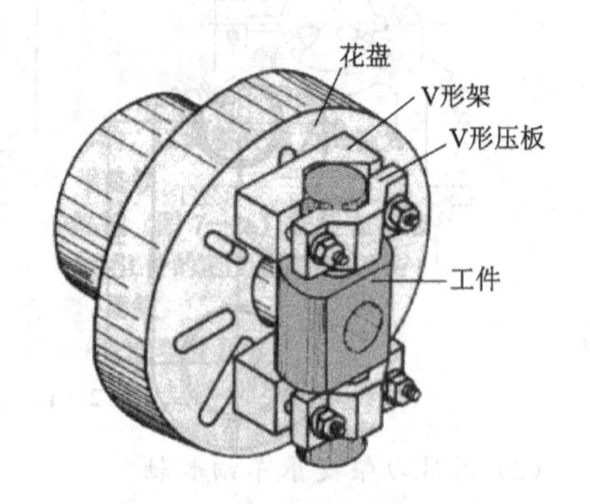

图 2-2-19 用花盘安装工件

安装在车床主轴上的花盘,要求其端平面须与主轴轴线垂直,盘面平整光洁。必要时还需用百分表检测花盘的平面跳动量,一般要求在 0.02 mm 以内。

如果安装后的花盘检查后仍不符合要求，则可对花盘端面精车一刀，车削时应紧固床鞍避免让刀，以保证精车后的端面平整。

(2) 工件在花盘上的装夹

在花盘上安装工件前，必须先检查盘面是否平直，盘面与主轴轴线是否垂直。由于在花盘上安装的工件，质量一般都偏向一边。因此，必须在花盘偏重的对面装上适当的平衡铁。平衡铁安装好后，把主轴挂空挡位置，用手转动卡盘，观察花盘能否在任意位置上停下来。如果能在任意位置停下来，就表明花盘上的工件已调整平衡，否则需要重新调整平衡铁的位置或增减平衡铁的质量。

(3) 在角铁上装夹、车削工件

当工件外形复杂，并要求工件的被加工表面与基准面平行时，可安装在角铁上加工。角铁在花盘上的安装要求是，角铁应具有较高的平面度和垂直度，因此角铁的平面必须经过精刮削。在角铁装上花盘前，必须擦净角铁与花盘接触表面的微小脏物，以保证工件的装夹精度。角铁安装后，用百分表检查角铁工作平面与主轴轴线的平行度。先把磁性表座放在中滑板上，使百分表接触角铁平面，移动中滑板找正角铁的水平位置；然后再缓慢移动床鞍，观察百分表的摆动值，一般允许百分表读数不超过工件公差的1/2。如果出现超允差，则应在角铁与花盘接触表面间垫上薄铜片使角铁找正到符合要求。

安全注意事项

- 在花盘弯板上加工工件时应特别注意安全。因为工件形状不规则，并有弯板或螺钉等露在外面，如果不小心碰到将造成严重的事故。在花盘弯板上加工工件，转速不宜太高；否则，因离心力作用，很容易造成螺钉松动，致使工件飞出，发生事故。
- 在花盘、弯板上装上工件以后，必须经过平衡。
- 对于形位公差要求高的工件，其定位基准面必须经过平面磨削或精刮削，基准面要求平直，从而保证其与花盘、弯板的基准面接触良好。
- 花盘和弯板的定位基准面的形位公差，要小于工件形位公差的1/2。因此花盘平面最好在本身的车床上精车出来，弯板必须经过精刮削。

思考与练习

1. 车床能加工哪些类型的零件？
2. 主轴箱、滑板箱有什么用途？滑板由哪几部分组成？各有什么用途？
3. 三爪、四爪上卡盘的结构是怎样的？
4. 钻中心孔时，怎样防止中心钻折断？
5. 前、后顶尖的工作条件有何不同？怎样正确使用前、后顶尖？
6. 在两顶尖之间加工工件时，应注意什么？
7. CA6140车床中滑板丝杠螺距为5 mm，刻度盘分100格，如果工件毛坯直径为$\phi40$，要一刀车至$\phi38$，问中滑板刻度盘应转过几格？

课题三　车外圆、端面和台阶

教学要求

- ◆ 掌握外圆、端面、台阶的车削方法。
- ◆ 正确使用量具检测尺寸精度。
- ◆ 掌握试切、试测的方法车外圆。
- ◆ 遵守操作规程,养成良好的安全、文明生产习惯。

2.3.1　车削外圆

车外圆是车削加工中最基本的操作,是车工必须熟练掌握的基本功之一。

1. 外圆车刀

常用的外圆车刀主偏角有45°、75°、90°等几种,如图2-3-1所示。

① 90°外圆车刀俗称偏刀,其主偏角 $\kappa_r=90°$。这种车刀主偏角大,切削工件时,作用于工件的径向切削力小,工件不易顶弯,适合加工台阶轴和细长轴。按照加工时刀的方向不同分为左偏刀和右偏刀两种类型。

② 75°外圆车刀俗称尖刀,刀头强度高、耐用。这种车刀适合于粗加工或强力切削铸件等余量较大的工件。75°外圆车刀也有左右之分。

③ 45°外圆车刀又称弯头刀。由于该车刀的刀尖角为90°,所以其刀体强度和散热条件都比90°外圆车刀好。常用于车削工件的端面或45°倒角,也可以车削长度较短的外圆。45°外圆车刀也可分为左弯刀和右弯刀两种类型。

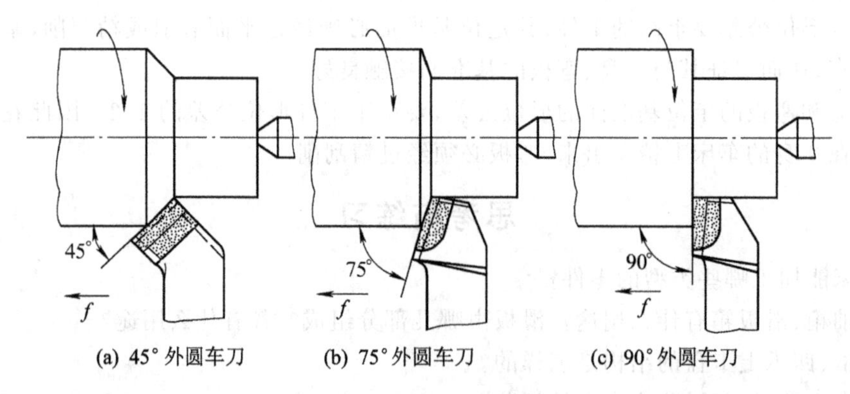

(a) 45°外圆车刀　(b) 75°外圆车刀　(c) 90°外圆车刀

图2-3-1　常用的外圆车刀

外圆车削一般可分为粗车外圆和精车外圆两种。

粗车外圆是把毛坯上的加工余量快速地车去,这时工件尺寸不要求达到图纸的精度和表面粗糙度。粗车时应留一定的精车余量。

精车外圆是把工件上经过粗车后留有的少量余量车去,使工件尺寸精度和表面粗糙度达到图纸或工艺要求。

由于粗车外圆与精车外圆的要求不一样,因此使用的车刀也分为外圆粗车刀和外圆精车刀两种。

（1）外圆粗车刀的选择原则

外圆粗车刀应能适应粗车外圆时吃刀深、走刀快的特点，主要要求车刀有足够的强度，能一次走刀车去较多的余量。

选择粗车刀几何角度的一般原则：

① 前角和后角应取小些，以增强刀头强度。一般后角 $\alpha_0=5°\sim7°$。

② 主偏角不宜过小，最好选用 $\kappa_r=75°$。因为这时刀尖角较大，能承受较大的切削力，而且有利于刀刃散热。

③ 粗车时采用刃倾角 $\lambda_s=0°\sim3°$，以增强刀刃强度。

④ 刀尖圆弧半径取 0.5～1.5 mm。

⑤ 粗车钢类工件时，为了保证切削顺利进行，切屑能自行折断，应在车刀前面磨有断屑槽。

（2）外圆精车刀的选择原则

精车外圆时，要求达到工件的尺寸精度和较高的表面粗糙度，因此要求车刀锋利，刀刃平直光洁，刀尖处必要时还可磨出修光刃，并使切屑流向工件待加工表面。

选择精车刀几何角度的一般原则：

① 前角 γ_0 一般应取大些，使车刀锋利，减小切削变形，切削轻快。

② 后角 α_0 取得大些，以减小车刀和工件之间的摩擦。一般后角 $\alpha_0=6°\sim8°$。

③ 副偏角应取小些或刀尖处磨修光刃，以提高工件的表面粗糙度。修光刃长度一般为 1.2～1.5 mm 的走刀量。

④ 采用负值的刃倾角 $\lambda_s=-3°\sim-8°$，以控制切屑流向待加工表面。

⑤ 精车钢类工件时，车刀前面应磨较窄的断屑槽。

（3）车刀的安装

在车削加工前，必须正确安装好车刀；否则，即便是车刀的各个角度刃磨得合理，但其工作角度发生了改变，也会直接影响切削的顺利进行和工件的加工质量。所以，在安装车刀时，要注意下列事项：

① 车刀不能伸出刀架太长。因为车刀伸出过长，刀杆刚性相对减弱，切削时在切削力的作用下，容易产生振动，使工件表面不光滑。一般伸出的长度不超过刀杆厚度的 1.5 倍。

② 车刀刀尖的高度应对准工件的中心；否则，将使车刀工作时的前角和后角发生改变。如图 2-3-2 所示，车外圆时，若车刀刀尖高于工件旋转轴线，则使前角增大，后角减小，加大后面与工件之间的摩擦；若车刀刀尖低于工件旋转轴线，则使后角增大，前角减小，切削的阻力增大，切削不顺畅。在车端面时，刀尖不对中，当车削至端面中心时会留有凸头，若使用硬质合

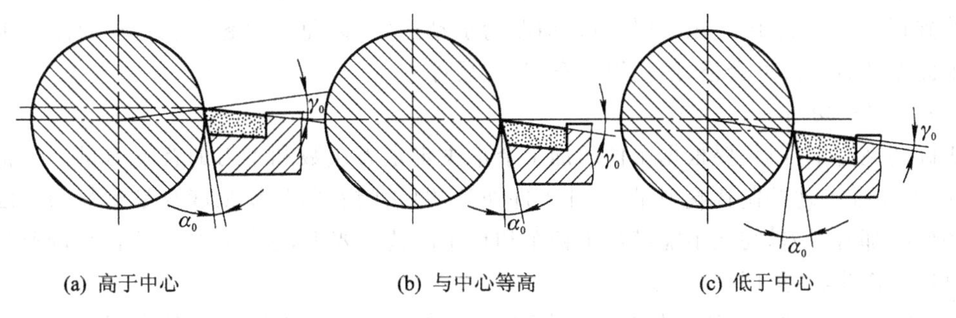

(a) 高于中心　　(b) 与中心等高　　(c) 低于中心

图 2-3-2　车刀刀尖相对工件中心的图示

金车刀,则可能导致刀尖崩碎。

无论装高或装低,一般不能超过工件直径的1%。

③ 车刀刀杆应与进给运动方向垂直,如图2-3-3(b)所示;否则,将使车刀工作时的主偏角和副偏角发生改变。主偏角减小,进给力增大;副偏角减小,加剧摩擦。

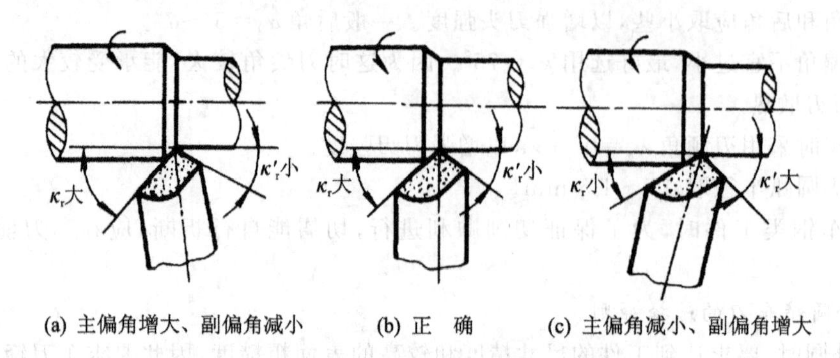

(a) 主偏角增大、副偏角减小　　(b) 正　确　　(c) 主偏角减小、副偏角增大

图2-3-3　车刀装偏对主副偏角的影响

④ 装车刀用的垫片要平整,尽可能用厚垫片以减少片数,一般只用2~3片。如垫片数太多或不平整,会使车刀产生振动,影响切削。应使各垫片在刀杆正下方,前端与刀座边缘对齐。

⑤ 车刀装上后,至少用两个螺钉平整压紧。紧固时,应轮换逐个拧紧。同时,注意使用专用扳手,不允许加套管等,以免使螺钉受力过大而损伤。

2. 外圆的车削

(1) 车削外圆的步骤与方法

不论粗车或精车,一般可按下列步骤进行操作:

① 根据图样要求检验毛坯是否合格,表面是否有缺陷。

② 检查车床是否运转正常,操纵手柄是否灵活。

③ 装夹工件并校正。

④ 安装车刀。

⑤ 选择合适的切削用量。

在零件材料为45钢的情况下粗车外圆时,通常背吃刀量为1.5~3 mm,主轴转速为500~800 r/min,进给量为0.2~0.4 mm/r。精车外圆时,通常余量为0.5 mm(直径方向),主轴转速为900~1200 r/min,进给量为0.1 mm/r。

⑥ 对刀试切削。

⑦ 切削。在试切的基础上,调整好背吃刀量后,扳动自动进给手柄进行自动走刀。当车刀进给到距尺寸末端3~5 mm时,应提前改为手动进给,以免走刀超长或将车刀碰到卡盘爪上。如此循环直至尺寸合格,然后退出车刀,最后停车。

(2) 对刀试切削

正确装夹完工件后,要根据工件的加工余量决定走刀次数和走刀的背吃刀量。半精车和精车时,为了准确地控制背吃刀量,保证工件加工的尺寸精度,只靠刻度盘是不行的。因为刻度盘和丝杠都有误差,往往不能满足半精车和精车的精度要求,这就需要采用试切削测量的方法。具体操作步骤(见图2-3-4)如下:

① 启动车床使工件旋转,左手摇动床鞍手轮,右手摇动中滑板手柄,使车刀刀尖轻轻地接触工件待加工表面,作为确定背吃刀量的零点位置。

② 向右纵向退刀，即反向摇动床鞍手轮(此时中滑板手柄不动)，使车刀向右离开工件 3～5 mm。

③ 摇动中滑板手柄，使车刀横向进给，进给量为背吃刀量。

④ 试切 1～3 mm。

⑤ 当车刀纵向移动约 2 mm 时，纵向快退，停车测量。如此多次进给，直到被加工表面满足图样要求为止。

⑥ 调整好切深后，自动进给车削外圆。当车削至所需部位时，横向退出车刀后再纵向退出，然后停车测量。

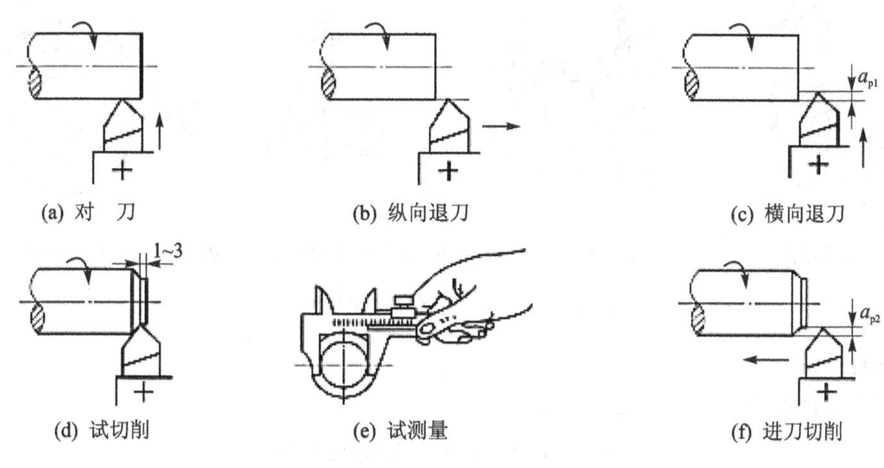

图 2-3-4　试切削步骤

3. 外圆的检测

外圆表面的加工，一方面要保证零件图上要求的尺寸精度和表面粗糙度，另一方面还应保证形状和位置精度的要求。检查时，可采用钢尺、游标卡尺、百分尺或百分表等工具。

(1) 用游标卡尺测外径

测量前，使卡口宽度大于被测量尺寸，然后推动游标，使测量脚平面与被测量的直径垂直并接触，得到尺寸后把游标上的螺钉紧固，然后读数，如图 2-3-5 所示。

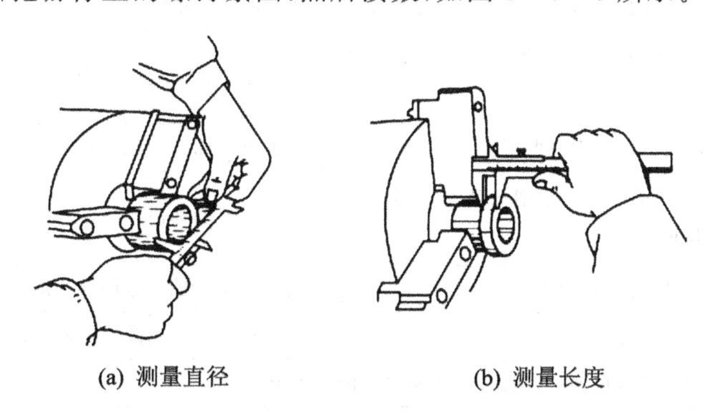

图 2-3-5　游标卡尺测量方法

(2) 用百分尺测外径

用百分尺测量时，工件放置于两测量面间，先直接转动微分筒。当测量面接近工件时，改用测力装置，直到发出“咔、咔”声，此时，应锁紧测微螺杆，进行读数。

用百分尺测量小零件时,测量方法见图 2-3-6(a)。

测量精密的零件时,为了防止百分尺受热变形,影响测量精度,可将百分尺装在固定架上测量,见图 2-3-6(b)。

在车床上测量工件,必须先停车,测量方法见图 2-3-6(c)。

在车床上测量大直径工件时,百分尺两个测量头应在水平位置上,并要求垂直于工件轴线。测量时,左手握住尺架,右手转动测力装置,靠百分尺的自重在工件直径方向找出最大尺寸,见图 2-3-6(d)。

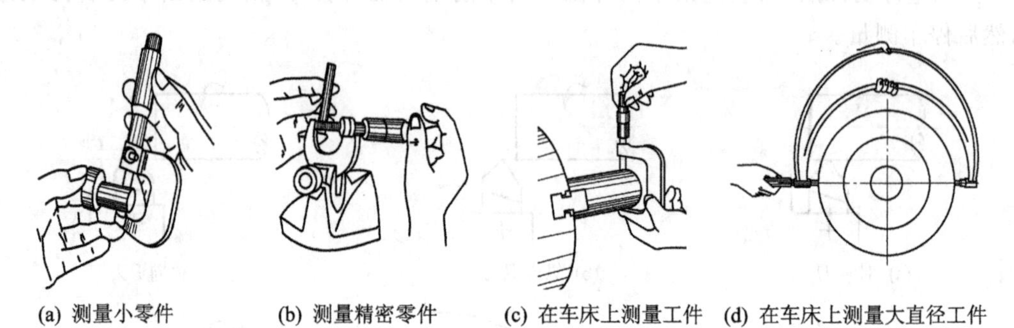

(a) 测量小零件　(b) 测量精密零件　(c) 在车床上测量工件　(d) 在车床上测量大直径工件

图 2-3-6　外径百分尺测量方法

4. 外圆质量分析

车外圆时的质量分析见表 2-3-1。

表 2-3-1　车外圆时的质量分析

废品种类	产生原因	预防措施
尺寸不正确	1. 车削时粗心大意,看错尺寸;刻度盘计算错误,操作不当	看清图纸尺寸,正确使用刻度盘
	2. 车削时盲目吃刀,没有进行试切削	计算吃刀深度,进行试切削
	3. 测量不准确或量具本身有误差	检查量具,掌握正确的测量方法
	4. 由于切削热的影响,使工件尺寸发生变化	充分浇注冷却液
外径有锥度	1. 两顶尖车削时床尾"0"线不在轴心线上	粗车时校正锥度
	2. 用小滑板车削时转盘下基准线未对准"0"线	检查小滑板的刻线是否与中滑板刻线的"0"线对准
	3. 吃刀深度过大,刀具磨损	调整吃刀深度,修磨刀刃
	4. 工件悬臂较长,受切削力影响使前端让开,产生锥度	缩短工件的伸出长度,或另一端用顶尖,增加安装刚性
	5. 车床导轨与主轴中心线不平行	调整车床主轴与床面导轨的平行度
外径有椭圆	1. 车床主轴间隙大	车前检查主轴间隙,并调整合适
	2. 余量不均匀,在加工中吃刀深度发生变化	分粗、精车
	3. 两顶尖安装时,顶尖孔接触不良,或后顶尖顶得不紧,以及活顶尖产生扭动	安装松紧适当,及时修理或更换活顶尖
	4. 前顶尖跳动	更换前顶尖或把前顶尖锥面车一刀,然后安装工件

续表 2-3-1

废品种类	产生原因	预防措施
表面粗糙度不符合要求	1. 前角、主偏角和后角过小	选择合理的车刀角度
	2. 刀具安装不正确或刀具磨损	正确安装车刀，用油石研磨切削刃
	3. 切削用量选择不当	走刀量不易太大，精车余量和切削速度选择适当
	4. 车床各部分间隙过大	调整车床各部分的间隙

安全注意事项

- 工件、刀具必须装夹牢固；工件若在两顶尖安装时，必须注意工件是否顶牢，顶尖是否有磨损。否则，在切削力的作用下，工件会飞出发生事故。
- 工件安装好后，必须把卡盘扳手取下才能开车，否则扳手会被甩出发生事故。
- 车削时若产生带状切屑，不能用手去折断，必须停车，用铁钩把切屑拉断。同时必须重新刃磨车刀的断屑槽，改变车刀的角度或采取增加走刀量等其他断屑措施，使切屑自行折断。
- 车削脆性材料时会产生切屑飞溅，这时必须带防护眼镜或采取其他防护措施。

2.3.2　车削端面

对工件的端面进行车削的方法叫车端面。机器上很多零件都有端面，如车床的卡盘就有较大的端面。端面一般都是用来支承其他零件的表面，以确定其他零件的轴向位置，因此端面一般都必须垂直于零件的轴心线。

1. 车端面用的车刀

车端面时，一般选用主偏角为 90°、45°两种车刀。

(1) 偏刀及其使用

1) 偏刀的角度

主偏角等于 90°的车刀称为偏刀，偏刀分为右偏刀和左偏刀两种，如图 2-3-7 所示。通常把右偏刀称为正偏刀，而把左偏刀称为反偏刀。

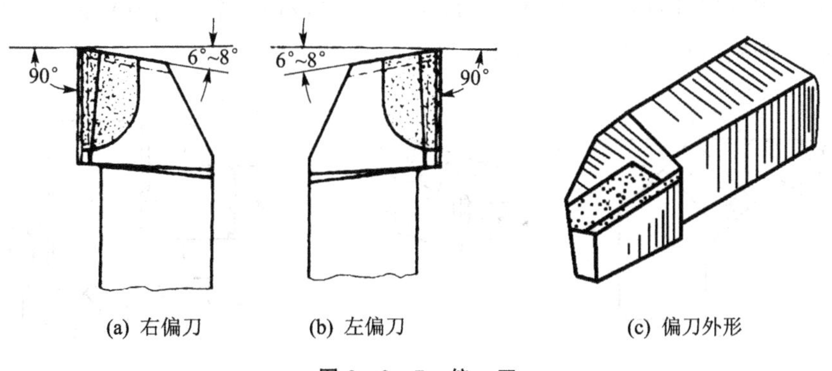

(a) 右偏刀　(b) 左偏刀　(c) 偏刀外形

图 2-3-7　偏　刀

右偏刀车右面台阶，即从尾座向车头方向车削。左偏刀车左面台阶，即从车头向尾座方向车削。偏刀的主要角度大小如下：

① 主偏角 $\kappa_r = 90°$；

② 副偏角 $\kappa_r'=6°\sim8°$；

③ 前角 γ_0 根据工件材料、加工要求及车刀材料来确定；

④ 后角 $\alpha_0=5°\sim7°$；

⑤ 在车削钢料时，车刀的前面必须磨有断屑槽。

由于偏刀的刀尖角小于 90°，在车削外圆、台阶、端面时，使用灵活、方便，因此是车床上用得较广泛的一种车刀。它的缺点是刀尖强度较低，散热条件较差。

2）偏刀的使用

右偏刀用来车削工件的外圆、端面和台阶，因为它的主偏角较大，车削外圆时径向力较小，不容易把工件顶弯。左偏刀一般用来车削左向台阶，也适用于车削直径较大和长度较短的工件端面和外圆，如图 2-3-8 所示。

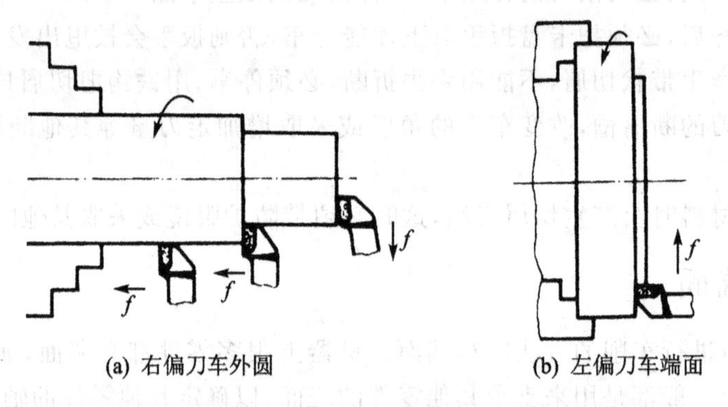

图 2-3-8　偏刀的使用

（2）弯头刀及其使用

主偏角为 45°，刀尖角为 90°的车刀称为弯头刀，如图 2-3-9 所示。弯头刀也分左右两种，其车刀的刀头强度和散热条件比偏刀要好，常用于车削工件的端面和倒角，或用于切削长度较小的外圆。

其主要角度大小如下：

① 主偏角 κ_r 和副偏角 κ_r' 都是 45°。

② 前角 γ_0 根据工件材料、车刀材料来确定。车削钢料时，车刀的前面必须磨有断屑槽。

③ 后角 α_0 和副后角 α_0' 都是 5°～7°；

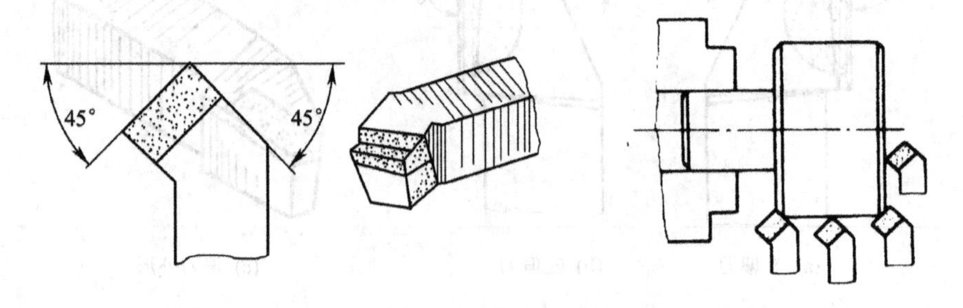

图 2-3-9　弯头车刀及其使用

2. 车刀的安装

车端面时，除了 2.3.1 小节中介绍的外圆车刀安装时应注意的几点外，车刀的刀尖应严格对准中心，否则会使工件端面中心外留有凸头。当使用硬质合金车刀时，如不注意到这一点，车到工件中心时会使刀尖立即崩碎,如图 2－3－10 所示。

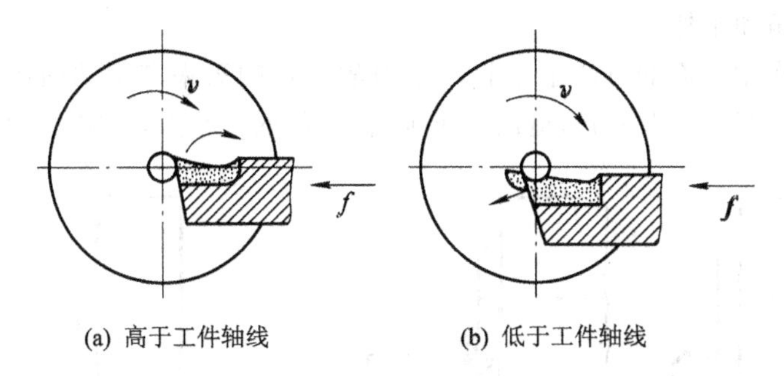

(a) 高于工件轴线　　(b) 低于工件轴线

图 2－3－10　车刀刀尖不对准工件中心使刀尖崩碎

此外,用偏刀车削台阶,装刀时还必须使车刀的主切削刃与工件轴线之间的夹角等于或大于 90°,否则,车出来的台阶会与工件中心线不垂直。

3. 端面车削方法

车端面时,工件安装在卡盘上,伸出卡盘外部分应尽可能短些,开动机床使工件旋转,移动滑板将车刀移至工件附近,移动小滑板,控制背吃刀量,摇动中滑板手柄做横向进给。

(1) *用偏刀车削端面*

右偏刀适于车削带有台阶和端面的工件,如一般的轴和直径较小的端面。通常情况下,当偏刀由工件外缘向中心进给车端面时,是由副切削刃进行切削的,当切削深度较大时,向里的切削力会使车刀扎入工件,而形成凹面(见图 2－3－11(a))。为防止产生凹面,可采用由中心向外缘进给的方法,用主切削刃切削,但切削深度要小(见图 2－3－11(b))。或者在车刀副切削刃上磨出前角,使之成为主切削刃来车削(见图 2－3－11(c))。

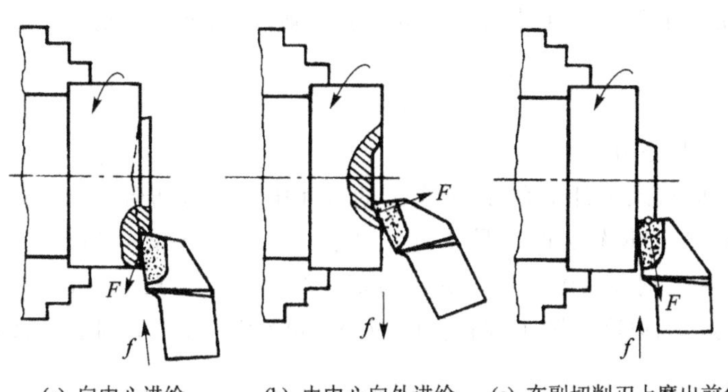

(a) 向中心进给　　(b) 由中心向外进给　　(c) 在副切削刃上磨出前角

图 2－3－11　用右偏刀车削端面

在精车端面时,一般用偏刀由外向中心进刀(背吃刀量很小),因为这时切屑是流向待加工表面的,所以加工出来的表面较光滑。

此外,使用 90°不重磨车刀车削端面和外圆效果很好。因为不重磨车刀的刀片上已预制好各个刀刃上的前角,使车外圆和端面时都很顺利。这一点,用手工磨刀是不可能达到的。

用左偏刀车削端面时(见图 2－3－8(b)),是用主切削刃进行切削,所以切削顺利,车削的表面也较光洁,适用于车削有台阶的平面。

(2) *用 45°车刀车削端面*

45°车刀又称弯头车刀,它是利用主切削刃进行切削的,如图 2－3－12 所示,所以切削顺利,工件表面粗糙度值较小,而且弯头刀的刀尖角等于90°,刀尖强度比偏刀高,适用于车削较大的平面,并能倒角和车外圆。

用75°左车刀车削端面的方法也是利用车刀的主切削刃来车削端面的,这种方法刀尖的强度和散热条件好,车刀的寿命长,适用于车削铸、锻件的大平面,如图2-3-13所示。

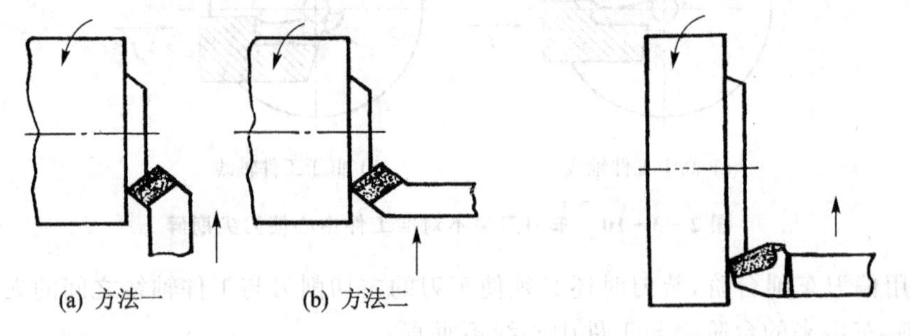

图2-3-12 用45°车刀车削端面

图2-3-13 用75°车刀车端面

(3) 端面检测

端面加工最主要的要求是平直、光洁。检查其是否平直,可采用钢尺作工具,严格时,则用刀口直尺作透光检查。

4. 车端面时的安全技术

① 在车端面时,尤其是平面较大的盘类零件时,应把工件牢固可靠地装夹在卡盘上,校正时必须在车床导轨面上放一木板;也可以用尾座活顶尖通过辅助工具顶住工件,否则工件可能掉下,砸坏机床或使操作者受伤。

② 车削靠近卡爪的端面和台阶时,必须注意避免绊住衣服而发生安全事故。

③ 车好的台阶和平面必须在外圆上倒角或去毛刺,以防划破手指。

注意事项

车端面时应注意以下几点:

- 车刀的刀尖应对准工件中心,以免车出的端面中心留有凸台。
- 车端面,当背吃刀量较大时容易扎刀。粗车 $a_p=0.2\sim1$ mm,精车 $a_p=0.05\sim0.2$ mm。
- 走刀量 f:粗车时 $f=0.3\sim0.7$ mm/r;精车时 $f=0.1\sim0.3$ mm/r。
- 车端面时的切削速度是随工件直径的减小而减小的,在计算时必须按端面的最大直径计算。
- 车直径较大的端面时,若出现凹心或凸肚,则应检查车刀和刀架,以及大滑板是否锁紧。

2.3.3 车削台阶

在同一工件上,有几个直径大小不同的圆柱体连接在一起像台阶一样,就称为台阶工件。台阶工件的车削,实际上就是外圆和平面车削的组合。故在车削时必须兼顾外圆的尺寸精度和台阶长度的要求,保证台阶平面与工件轴线的垂直度要求。

1. 车刀的选择和装夹

车削台阶时,通常使用90°外圆偏刀,这样既可保证外圆的车削,也可保证环形端面的垂直度。

车刀的装夹应根据粗、精车的特点进行安装。如粗车时余量多，为了增加切削深度，减小刀尖压力，车刀装夹取主偏角小于 90°为宜（一般为 85°～90°）。精车时，为了保证台阶平面与轴心线垂直，应取主偏角大于 90°（一般为 93°左右），如图 2－3－14 所示。

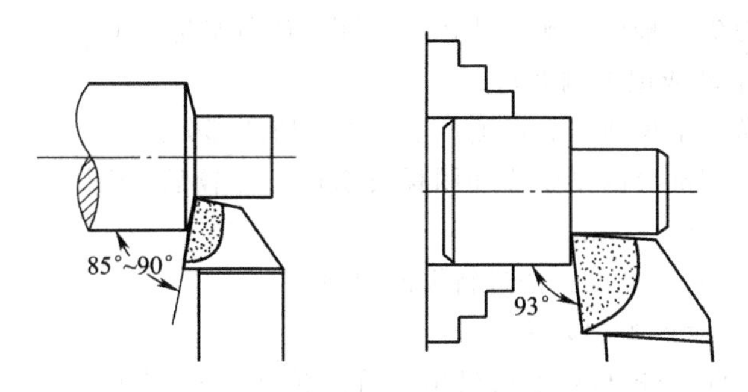

图 2－3－14　车刀的装夹

2. 台阶车削方法

车削台阶工件，一般分粗、精车进行。车削前根据台阶长度先用刀尖在工件表面刻线痕，然后按线痕进行粗车。粗车时的台阶每挡均略短些，留精车余量。精车台阶工件时，通常在机动进给精车外圆至近台阶处时，以手动进给代替机动进给。当车至平面时，变纵向进给为横向进给，移动中滑板由里向外慢慢精车台阶平面，以确保台阶平面垂直轴心线。

台阶根据相邻两圆柱体直径差值的大小，可分为低台阶车削和高台阶车削两种。

（1）低台阶车削

相邻两圆柱体直径差值较小的低台阶可以用一次走刀车出。由于台阶面应与工件中心线垂直，所以必须用 90°偏刀车削。装刀时要使主切削刃与工件轴心线垂直（见图 2－3－15（a））。

（2）高台阶车削

相邻两圆柱体直径差值较大的高台阶宜用分层切削。粗车时可先用主偏角 $\kappa_r \leqslant 90°$ 的车刀进行切削，再把偏刀的主偏角装成 93°，用几次走刀来完成。在最后一次走刀时，车刀在纵向走刀完后用手摇动中滑板手柄，把车刀慢慢地均匀退出。把台阶面车一刀，使台阶与外圆垂直（见图 2－3－15（b））。

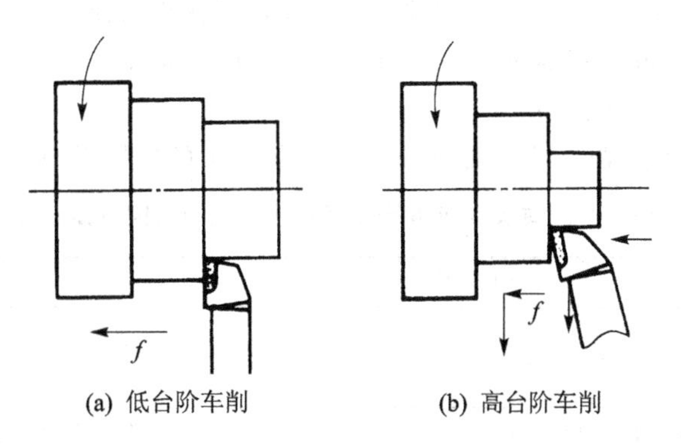

(a) 低台阶车削　　(b) 高台阶车削

图 2－3－15　台阶的车削方法

3. 车削台阶时的尺寸控制方法

车削台阶时，应准确地掌握台阶的长度和直径尺寸，尤其是车削多台阶的工件，否则会造成废品。控制好长度尺寸的关键是必须按图纸找出正确的测量基准，如果基准找得不正确，将会造成累积误差而产生废品。

（1）台阶直径尺寸的控制方法

车削台阶工件，直径尺寸的控制采用对刀→测量→进刀→切削的方法加以保证。

① 对刀——让刀尖沿轴向接触工件，纵向退出，轴向略进刀 0.6～0.8 mm 后，纵向切削，再纵向退出（中滑板不动或记下刻度）。

② 测量——用游标卡尺或百分尺测量上一步的切削部分。

③ 进刀——用切削部分的测量值和图样要求进行比较后，用中滑板进刀（粗车时按 2～3 mm/刀；精车时按 0.6～0.8 mm/刀）。

④ 切削——用机动/手动的方法进行纵向切削。

（2）台阶长度的测量和控制方法

① 刻线法：先用直尺、样板或卡钳量出台阶的长度尺寸，再用车刀刀尖在台阶的所在位置车出细线，然后进行车削。

② 用挡铁控制台阶的长度：在成批生产中常用此方法。

③ 用床鞍纵向进给刻度盘控制台阶的长度。

当粗车完毕时，台阶长度已基本符合要求。在精车外圆的同时，一起把台阶长度尺寸车准。其测量方法，通常用钢直尺检查。当精度要求较高时，可用卡钳、游标深度尺、样板等测量，如图 2-3-16 所示。

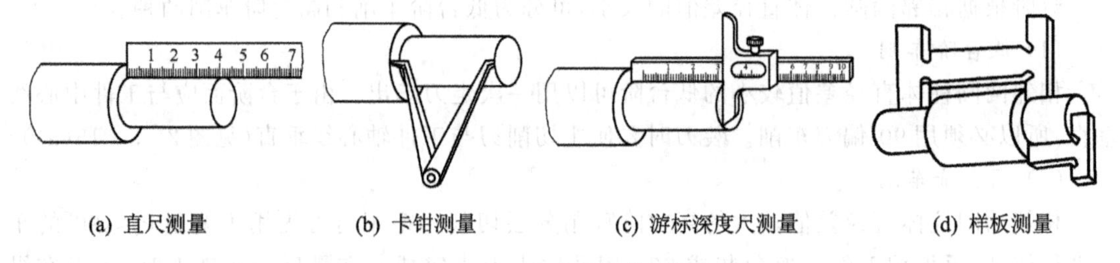

图 2-3-16　台阶长度的测量方法

（3）工件的调头找正和车削

根据习惯的找正方法，应先找正卡爪处工件外圆，后找正台阶处反平面。这样反复多次找正后才能进行车削。当粗车完毕时，宜再进行一次复查，以防粗车时工件发生移位。

4. 车削端面和台阶的质量分析

在车削端面和台阶过程中，有可能产生废品。其产生的原因及预防方法见表 2-3-2。

表 2-3-2　车削端面和台阶时产生废品的原因及预防方法

废品种类	产生原因	预防方法
毛坯表面没全部车出	1. 加工余量不够	车削前必须测量一下毛坯是否有足够的加工余量
	2. 工件在卡盘上没有校正	工件装在卡盘上必须校正外圆及端面
端面产生凹或凸	1. 用右偏刀从外向中心走刀时，床鞍没有固定，车刀扎入工件	在车大端面时，必须把床鞍的固定螺钉旋紧
	2. 车刀不锋利，小滑板太松或刀架未压紧，使车刀受切削抗力的作用而“让刀”，因而产生凸面	保持车刀锋利。中、小滑板的镶条不应太松；车刀刀架应压紧

续表 2-3-2

废品种类	产生原因	预防方法
台阶不垂直	1. 较低的台阶是由于车刀装得歪斜，使主切削刃与工件轴线不垂直	装刀时必须使车刀的主切削刃垂直于工件的轴线
	2. 较高的台阶不垂直的原因与端面凹凸的原因相同	车台阶时最后一刀应从台阶里面向外车出
台阶的长度不正确	1. 粗心大意，看错尺寸或事先没有根据图样尺寸进行测量	树立质量第一的思想，仔细看清图样尺寸，正确测量工件
	2. 自动进刀没有及时关闭，使车刀走刀的长度超越应有的尺寸	注意自动进刀应及时关闭或提前关闭，再用手动进刀到尺寸
表面粗糙度不符合要求	车刀不锋利；手动走刀摇动不均匀或太快；自动走刀切削用量选择不当	修磨刀刃；正确操纵手柄，控制速度；精车时切削用量选择适当

安全注意事项

车削台阶轴时的注意事项：

- 台阶平面和外圆相交处要清角，防止产生凹坑或出现小台阶。
- 车刀没有从里向外横向切削或车刀装夹主偏角小于90°，以及刀架、车刀、滑板等发生移位会造成台阶平面出现凹凸。
- 台阶工件的长度测量，应从一个基准面量起，以防累积误差。
- 刀尖圆弧较大或刀尖磨损会使平面与外圆相交处出现较大圆弧。
- 主轴没有停妥，不能使用量具进行测量。
- 使用游标卡尺进行测量时，卡脚应与测量面贴平，以防卡脚歪斜产生测量误差。松紧程度要适当，以防过紧或过松造成测量误差；取下时，应把紧固螺钉拧紧，以防副尺移动，影响读数的正确性。

2.3.4 综合技能训练

1. 综合技能训练要求

① 能合理组织工作位置，掌握正确的操作姿势。

② 用手动进给均匀移动大滑板、中滑板、小滑板，按图样要求车削工件。

③ 熟练用机动进给车削台阶轴。

④ 掌握正确使用量具的方法。

⑤ 掌握试刀、试切削的方法，控制外圆尺寸。

⑥ 正确使用刀具、量具和辅助工具。

⑦ 遵守操作规程，养成文明生产、安全生产的良好习惯。

2. 机动进给车削工件注意事项

机动进给比手动进给有很多的优点，如操作省力，进给均匀，加工后工件表面粗糙度值小等。但机动进给是机械传动，操作者对车床手柄位置必须相当熟悉，否则在紧急情况下容易损坏工件或机床，初学者应特别注意。

使用机动进给纵向车外圆、横向车平面的过程如下：

装夹、找正并夹紧工件→启动机床工件旋转→试切削→机动进给→纵向车外圆（或横向车平面)→车至接近需要长度时停止进给(车至工件中心时,停止进给)→改用手动进给→车至长度尺寸(车至工件中心)→退刀→停车→检测。

安全注意事项

- 初学者使用机动进给车削时,注意力要集中,车床转速不易选得太高,以防滑板等碰撞而发生事故。
- 机动进给车削至接近中心(横向进给)或接近所需长度(纵向进给)时,应停止机动进给,并改用手动进给车至工件中心或长度尺寸,然后退刀、停机、检测。

技能训练Ⅰ

毛坯直径为 $\phi 45$,需要车出台阶外圆 $\phi 30$、$\phi 40$ 尺寸,表面粗糙度为 $Ra\,3.2$、$Ra\,6.3$。该工件的零件图如图 2-3-17 所示。

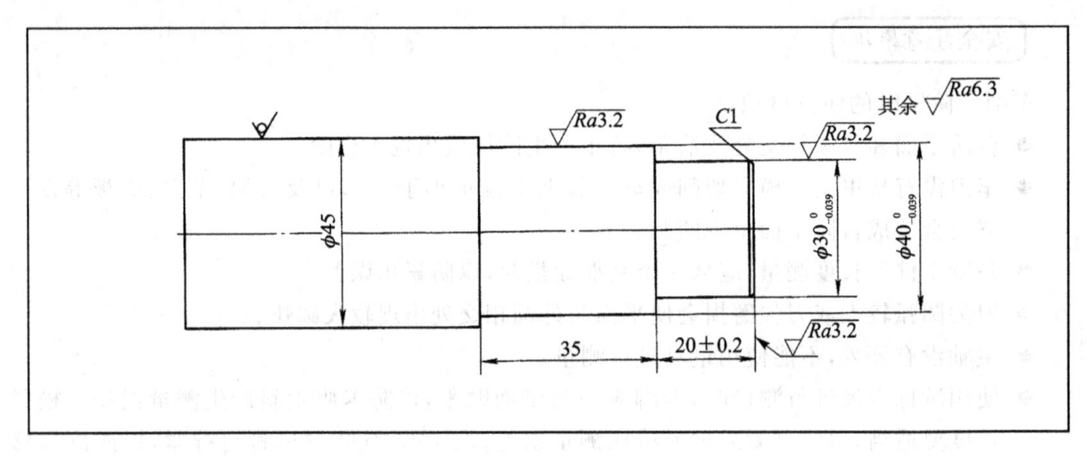

图 2-3-17 技能训练图Ⅰ

【加工分析】

该零件上的主要加工表面为端面、外圆面和台阶。其中两段外圆直径有较高的尺寸精度要求,因此均采用粗车和精车两个阶段来实现。粗加工时,采用较低的切削速度和较大的进给量,并为后续精加工留下足够的余量。精加工时,采用较高的切削速度和较小的进给量。

【加工步骤】

工件的加工步骤见表 2-3-3。

表 2-3-3 工件的加工步骤(见图 2-3-17)

操作步骤	加工内容
1. 夹毛坯外圆,工件伸出卡爪 55 mm 左右,校正并夹紧	① 车平端面 ② 粗、精车 $\phi 40_{-0.039}^{\ 0}\times 55$ mm 外圆,并保证表面粗糙度 ③ 粗、精车 $\phi 30_{-0.039}^{\ 0}$ 外圆,控制长度尺寸(20±0.2) mm,并保证表面粗糙度;倒角 $C1$
2. 工件检测	检查各尺寸,最后卸下工件

【质量检测】

质量检测项目及内容如表 2-3-4 所列。

表 2-3-4 质量检测(见图 2-3-17)

项 目	序 号	考核内容	配 分	评分标准	检 测	得 分
尺寸公差	1	$\phi40_{-0.039}^{\ 0}$	25	超差 0.02 扣 1 分		
	2	$\phi32_{-0.039}^{\ 0}$	25	超差 0.02 扣 1 分		
	3	20±0.2	15	超差 0.01 扣 2 分		
	4	35	10	超差 0.01 扣 2 分		
	5	$C1$	10	超差不得分		
其他	6	$Ra\,3.2$	10	降一级扣 3 分		
	7	$Ra\,6.3$	5	降一级扣 3 分		
	8	安全文明生产	扣分	违章每次扣总分 5 分		

【训练小结】

① 台阶平面和外圆相交处要清角,以免产生凹坑或小台阶。

② 如果台阶平面出现凹凸,则可能是车刀没有从里到外横向切削或者车刀装夹时主偏角小于 90°,或者刀架、车刀以及滑板在加工过程中发生了位移。

③ 多台阶工件的长度测量应该从同一基准面量起,以防止误差累积。

④ 为了保证工件质量,调头装夹时要垫铜皮并校正。

技能训练Ⅱ

加工如图 2-3-18 所示的图样。

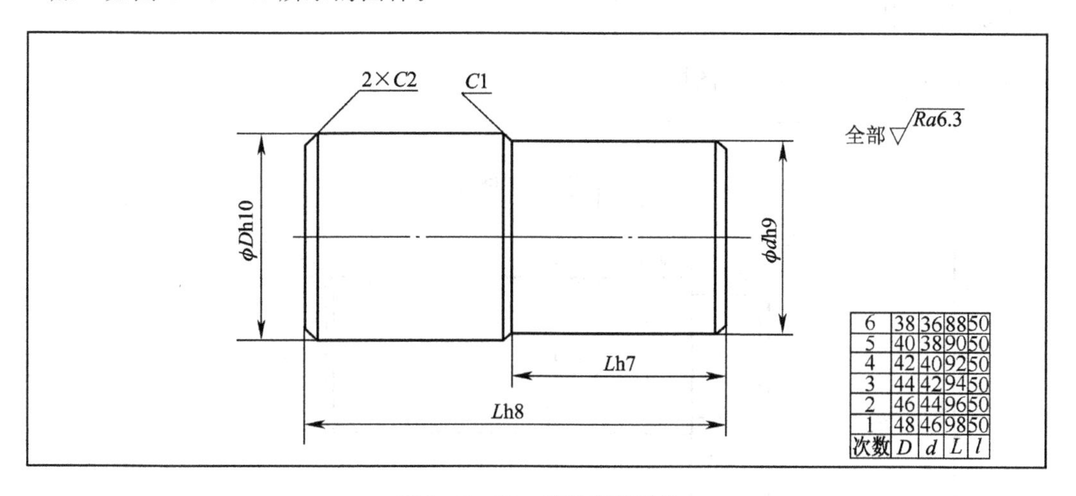

图 2-3-18 技能训练图Ⅱ

【加工分析】

该零件上的主要加工表面为端面、外圆面和台阶,需要调头装夹才能完成整个零件。先粗车、半精车左端,然后调头装夹加工右端尺寸至要求,再调头完成左端尺寸并控制总长。注意留够下道工序的余量。

【加工步骤】

工件加工步骤见表 2-3-5。

表 2-3-5 工件加工步骤(见图 2-3-18)

操作步骤	加工内容
1. 夹毛坯外圆,校正并夹紧	① 车平端面; ② 粗、半精车 ϕDh10 外圆,留工序余量
2. 调头装夹大外圆,校正夹紧	粗、精车 ϕdh9 外圆,控制长度尺寸 Lh7,倒角 C1、C2
3. 调头装夹小外圆,校正夹紧	① 精车 ϕDh10 端面,控制总长 Lh8; ② 精车大外圆 ϕDh10 至尺寸要求,倒角 C2

【质量检测】

质量检测项目及内容如表 2-3-6 所列。

表 2-3-6 质量检测(见图 2-3-18)

项 目	序 号	考核内容	配 分	评分标准	检 测	得 分
尺寸公差	1	ϕDh10	30	超差 0.01 扣 1 分; 超差 0.03 以上不得分		
	2	ϕdh9	30			
	3	Lh8	10	超差 0.02 扣 1 分; 超差 0.06 以上不得分		
	4	Lh7	10			
其他	5	表面粗糙度 Ra6.3	20	降一级扣 2 分		
	6	安全文明实训	扣分	违章每次扣总分 5 分		

技能训练Ⅲ

加工如图 2-3-19 所示的图样。

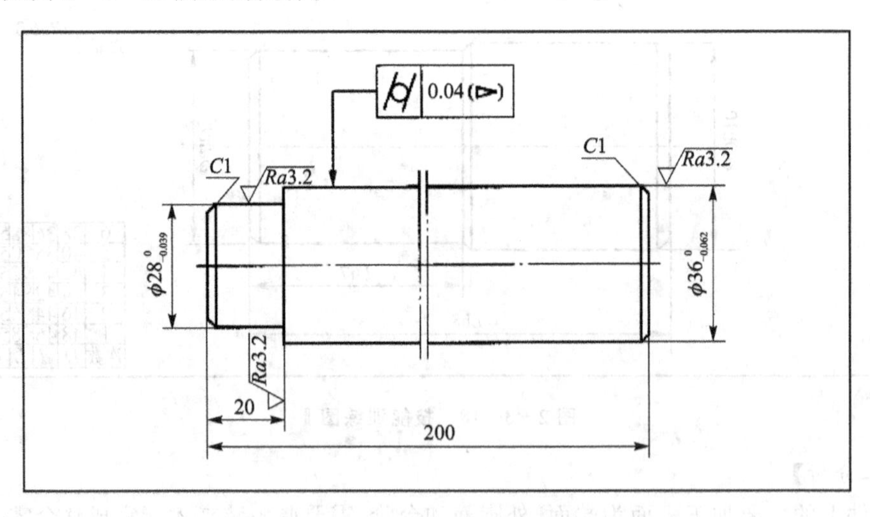

图 2-3-19 技能训练图Ⅲ

【加工分析】

该零件结构较为简单,左侧为台阶,右侧为较长的一段外圆面,轴端有倒角,对工件直径和圆柱度有明确要求。该零件拟采用两顶尖进行装夹,因此加工时,首先车削端面,加工中心孔。将工件装入前后顶尖后,还要调整尾座,使两顶尖同轴,以减小加工误差。

【加工步骤】

工件加工步骤见表2-3-7。

表2-3-7　工件加工步骤(见图2-3-19)

操作步骤	加工内容
1. 夹毛坯外圆,校正并夹紧	车平端面;钻中心孔
2. 调头夹外圆,校正夹紧	调头车端面及钻中心孔方法同上,控制总长
3. 两顶尖装夹工件	① 粗车 $\phi36$ 外圆并检测圆柱度; ② 精车 $\phi36_{-0.062}^{0}$ 外圆,倒角 $C1$
4. 调头两顶尖装夹工件	粗、精车外圆 $\phi28_{-0.039}^{0}$ 至尺寸要求;倒角 $C1$
5. 检测	检测工件质量合格后卸下工件

【质量检测】

工件加工质量检测见表2-3-8。

表2-3-8　质量检测(见图2-3-19)

项　目	序　号	考核内容	配　分	评分标准	检　测	得　分
尺寸公差	1	$\phi36_{-0.062}^{0}$	25	超差0.02扣1分		
	2	$\phi28_{-0.039}^{0}$	25	超差0.02扣1分		
	3	20	10	超差0.01扣2分		
	4	200	10	超差0.01扣2分		
	5	$C1$	10	超差不得分		
	6	圆柱度≤0.04	10	超差0.02扣1分,锥度反向扣完		
其他	7	$Ra3.2$	10	降一级扣3分		
	8	安全文明生产	扣分	违章每次扣总分5分		

技能训练Ⅳ

加工如图2-3-20所示的台阶轴,工件材料:坯料 $\phi35$,45钢,调质。

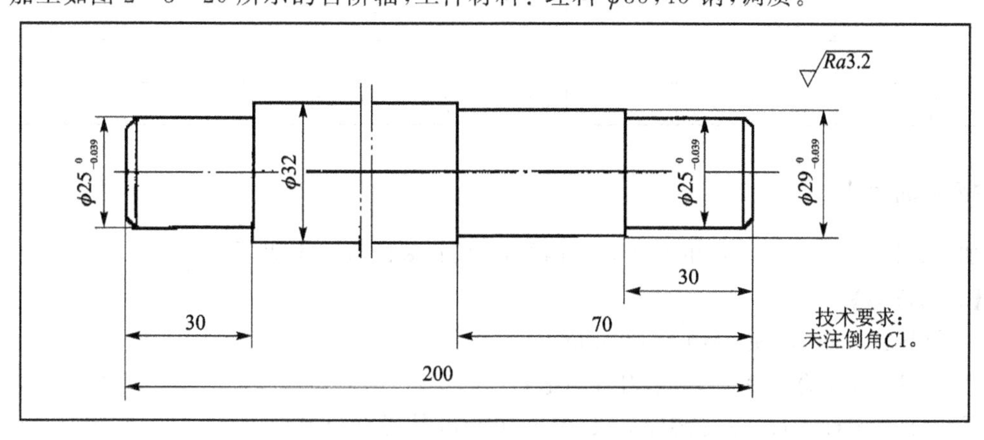

图2-3-20　台阶轴(一)

【加工分析】

与两顶尖装夹工件相比,一夹一顶装夹更稳定,可以承受较大的轴向切削力,加工过程安全可靠。本例中的轴类零件包含一组台阶面,走刀次数多,适合采用一夹一顶装夹。但是一夹一顶装夹,当调头车削时,必须重新找正,否则不能保证表面间的相互位置精度。

【加工步骤】

工件加工步骤见表 2-3-9。

表 2-3-9 工件加工步骤(见图 2-3-20)

操作步骤	加工内容
1. 夹毛坯外圆	车平两端面;钻中心孔
2. 一夹一顶装夹工件	① 粗、精车外圆 $\phi32$,$\phi29_{-0.029}^{0}$,$\phi25_{-0.039}^{0}$至尺寸要求; ② 端面倒角 $C1$
3. 调头一夹一顶装夹,校正夹紧	① 粗、精车外圆 $\phi25_{-0.039}^{0}$至尺寸要求; ② 端面倒角 $C1$
4. 检测	检测工件质量,合格后取下工件

【质量检测】

质量检测项目及内容如表 2-3-10 所列。

表 2-3-10 质量检测(见图 2-3-20)

项 目	序 号	考核内容	配 分	评分标准	检 测	得 分
尺寸公差	1	$\phi25_{-0.039}^{0}$	15	超差 0.02 扣 1 分		
	2	$\phi29_{-0.039}^{0}$	15	超差 0.02 扣 1 分		
	3	$\phi32$	10	超差 0.01 扣 2 分		
	4	30	5	超差 0.01 扣 2 分		
	5	70	5	超差 0.01 扣 2 分		
	6	$\phi25_{-0.039}^{0}$	15	超差 0.02 扣 1 分		
	7	30	5	超差 0.01 扣 2 分		
	8	200	10	超差 0.01 扣 2 分		
	9	$C1$	10	超差不得分		
其他	10	$Ra3.2$	10	降一级扣 2 分		
	11	安全文明生产	扣分	违章每次扣总分 5 分		

技能训练Ⅴ

加工如图 2-3-21 所示的销子,工件材料:坯料 $\phi40$,45 钢,调质。

【工艺准备】

① 材料:45 钢,调质,$\phi40\times180$ mm。

② 刀具:硬质合金 90°、45°车刀各一把。

③ 量具:游标卡尺,深度游标卡尺,25~50 mm 外径百分尺。

④ 工具:钻夹头,回转顶尖及常用工具。

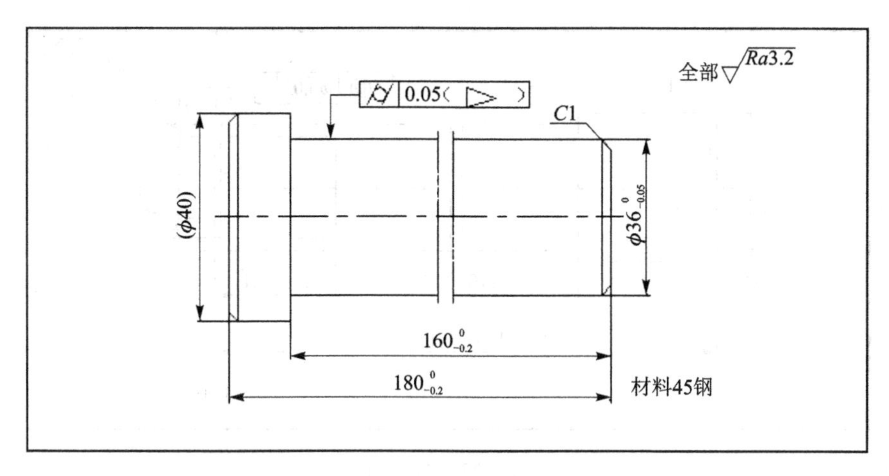

图 2-3-21　销　子

【工艺分析】

该零件用三爪自定心卡盘一夹一顶装夹，夹持部分长约 10 mm，另一端用后顶尖支顶。为防止切削中工件轴向窜动，在卡盘内装一个轴向限位支承。在许可的情况下，也可在工件被夹持部位先车削出一个 10～15 mm 长的台阶作为轴向限位支承。分粗车、精车加工，注意留够下道工序的余量。

【加工步骤】

工件加工步骤见表 2-3-11。

表 2-3-11　工件加工步骤(见图 2-3-21)

操作步骤	加工内容
1. 夹毛坯外圆	车平两端面至总长；在一端面上钻中心孔
2. 一夹一顶装夹工件	① 粗车外圆 $\phi35_{-0.05}^{\ 0}$ 至 $\phi37$，长度至尺寸 159 mm。 ② 半精车 $\phi36_{-0.05}^{\ 0}$ 外圆，把产生的锥度找正，表面粗糙度达到 $Ra6.3$ 以上。尺寸至 $\phi36_{+0.2}^{+0.3}$ 之间，长度可车至图样尺寸要求 $160_{-0.2}^{\ 0}$ mm。 ③ 精车外圆，达图样尺寸要求 $\phi36_{-0.05}^{\ 0}$。 ④ 倒角 $C1$
3. 检测	检测工件质量，合格后取下工件

技能训练Ⅵ

加工如图 2-3-22 所示的台阶轴，工件材料：坯料 $\phi38$，45 钢，调质。

【工艺准备】

① 材料：45 钢，调质，$\phi38\times180$ mm 。

② 刀具：90°、45°外圆车刀，B 型中心钻。

③ 量具：游标卡尺，深度游标卡尺，25～50 mm 外径百分尺。

④ 工具：鸡心夹头，钻夹头，回转顶尖，活扳手，划线盘及车前顶尖用的圆钢 $\phi30\times50$ mm。

【加工步骤】

工件加工步骤见表 2-3-12。

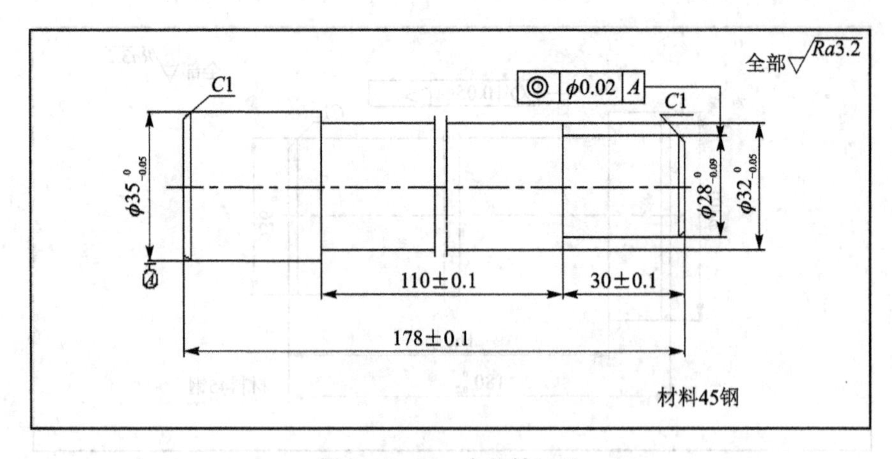

图 2-3-22 台阶轴(二)

表 2-3-12 工件加工步骤(见图 2-3-22)

操作步骤	加工内容
1. 夹毛坯外圆	粗车外圆 $\phi36\times50$ mm 平两端面;钻中心孔
2. 夹外圆 $\phi36$	将已车削的一端 $\phi36$ 用三爪自定心卡盘夹住外圆,用划线盘找正,车端面,钻 $\phi3$ B 型中心孔
3. 工件调头装夹	工件调头、找正、精车端面,定总长度(178±0.1) mm,钻 $\phi3$ B 型中心孔
4. 车削前顶尖	车削前顶尖
5. 两顶尖间装夹工件	① 粗车 $\phi32_{-0.05}^{0}$ 处,至直径尺寸 $\phi33$(留余量 1 mm),长度 140 mm 至尺寸 139 mm(留余量 1 mm); ② 粗车 $\phi28_{-0.05}^{0}$ 处,至直径尺寸 $\phi29$(留余量 1 mm),长度 30 mm 至尺寸 29 mm(留余量 1 mm)
6. 调头两顶尖间装夹工件	调头粗车 $\phi35_{-0.05}^{0}$ 处,至直径尺寸 $\phi36$(留余量 1 mm)
7. 修正前顶尖	修正前顶尖
8. 两顶尖间装夹工件	半精车、精车 $\phi35_{-0.05}^{0}$ 处,至图样尺寸精度要求。半精车时,注意检测、调整锥度;倒角 $C1$
9. 调头装夹	① 半精车 $\phi28_{-0.05}^{0}$ 和 $\phi32_{-0.05}^{0}$ 处,长度至图样尺寸精度要求,分别为 30±0.1 和 110±0.1,直径留精加工余量 0.2~0.3 mm,表面粗糙度为 $Ra6.3$; ② 精车 $\phi32_{-0.05}^{0}$ 和 $\phi28_{-0.05}^{0}$ 处至图样技术要求,倒角 $C1$
10. 检测	检测工件质量,合格后取下工件

思考与练习

1. 装夹车刀应注意哪些事项?
2. 车削外圆时,表面粗糙度达不到要求是什么原因?怎样解决?
3. 控制台阶的长度有哪些方法?
4. 简述机动进给车削的过程。
5. 车外圆时应注意哪些安全技术?
6. 车端面时可以选用哪几种车刀?分析各车刀车端面的优缺点,各适用什么情况下?

7. 车端面时吃刀深度和切削速度跟车外圆时有什么不同?
8. 低台阶和高台阶的车削有什么不同?
9. 控制台阶的长度有哪些方法?
10. 车端面时产生凹面或凸面是什么原因?怎样预防?

课题四 切断和车外沟槽

教学要求

◆ 掌握切断刀的几何角度及刃磨方法。
◆ 掌握切断、切槽的加工步骤及方法。
◆ 遵守操作规程,养成良好的安全、文明生产习惯。

在车削加工中,当零件的毛坯是整根棒料而且很长时,需要把它切成几段,然后进行车削;或是在车削完后把工件从原材料上切下来,这样的加工方法叫切断。外沟槽是在工件的外圆或端面上切有各种形式的沟槽。

2.4.1 切断刀和车槽刀及其刃磨

矩形车槽刀和切断刀的几何形状相似,刃磨的方法基本相同,只是刀头部分的宽度和长度有区别。有时车槽刀和切断刀可以通用。

车槽和切断是车工的基本操作技能之一,相对难度大一些,能否掌握好,关键在于刀具的刃磨质量。由于切断刀和车槽刀的特点是前宽后窄,上宽下窄,且要对称,其刃磨要比外圆车刀的难度大一些。

1. 切断刀的几何形状

通常使用的切断刀和车槽刀都是以横向进给为主,前端的切削刃是主切削刃,两侧的切削刃是副切削刃。为了减少工件材料的浪费,保证切断实心工件时能切到工件的中心,切断刀的主刀刃应较窄,刀头应较长。

(1) 高速钢切断刀

高速钢切断刀的几何形状如图 2-4-1 所示。

① 前角:切断中碳钢时为 20°~30°,切断铸铁时为 0°~10°。

② 主后角:切断塑性材料时取大些,切断脆性材料时取小些,一般为 6°~8°。

③ 两个副后角要保持对称,一般取 1°~2°。它们的作用是减少刀具副后面与工件两侧面的摩擦。

④ 主偏角:切断刀以横向切削为主,因此主偏角 $\kappa_r=90°$。

⑤ 两个副偏角也必须对称,一般取 1°~1.5°。它们的作用是减少副刀刃与工件两侧面的摩擦。副偏角过大会削弱切断刀刀头的强度。

⑥ 切断刀的刀头宽度不能磨得太宽,以免浪费工件材料及引起振动,但磨得太窄又容易使刀头折断。刀头的宽度与工件直径有关,按照下面经验公式计算:

$$a=(0.5\sim 0.6)\sqrt{d}$$

式中:a 为主切削刃宽,mm;d 为被切断工件的直径,mm。

⑦ 刀头的长度 L 不宜太长,愈长愈容易引起振动和使刀头折断,通常按照下式计算:

$$L = h + (2 \sim 3)\ \text{mm}$$

式中:h 为切入深度,mm。切断实心工件时,切入深度等于工件半径。

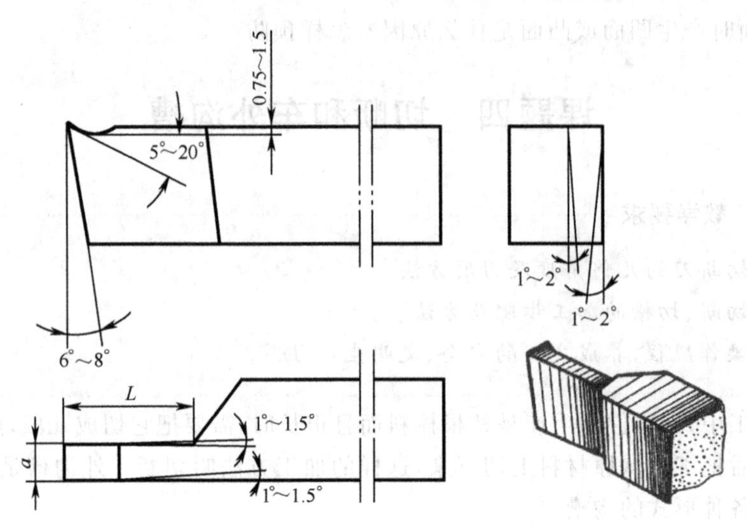

图 2-4-1 高速钢切断刀

为了使切削顺利,切断刀的前面应该磨出一个浅的卷屑槽,一般深度为 0.75~1.5 mm,但长度应超过切入深度。卷屑槽过深,会削弱刀头强度,使刀头容易折断。

(2) 硬质合金切断刀

硬质合金切断刀的几何角度如图 2-4-2 所示。

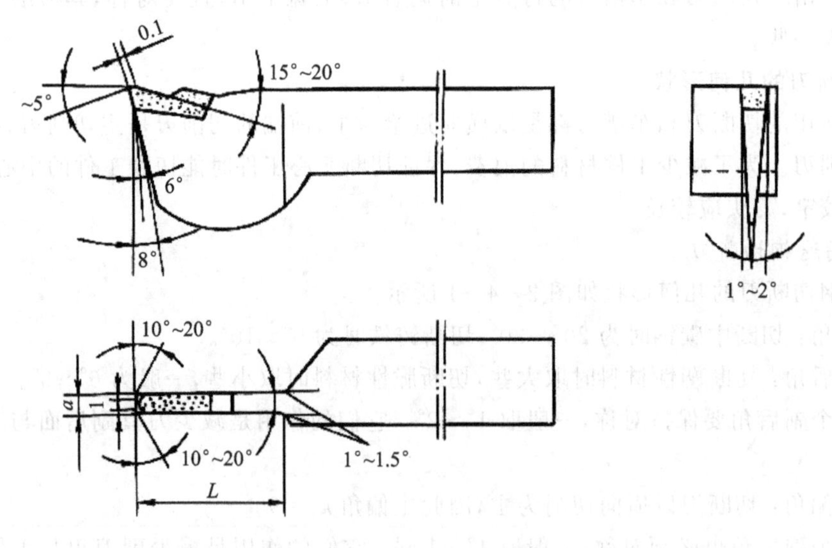

图 2-4-2 硬质合金切断刀

一般切断时,由于切屑和槽宽相等容易堵塞在槽内。为了使切削顺利,同时适当增大刀尖角从而延长刀尖处的寿命和起导向作用,一般可以把主切削刃两边倒角或磨成人字形。为增加刀头的支承强度,可把切断刀的刀头下部做成凸圆弧形。

(3) 弹性切断刀

为了节省高速钢，切断刀可以做成片状，再装夹在弹性刀杆内，这样既节约了刀具材料，刀杆又富有弹性。当进给量太大时，由于弹性刀杆受力变形时刀杆弯曲中心在上面，刀头会自动退让一些，因此切断时不容易扎刀，切断刀不易折断，如图 2-4-3 所示。

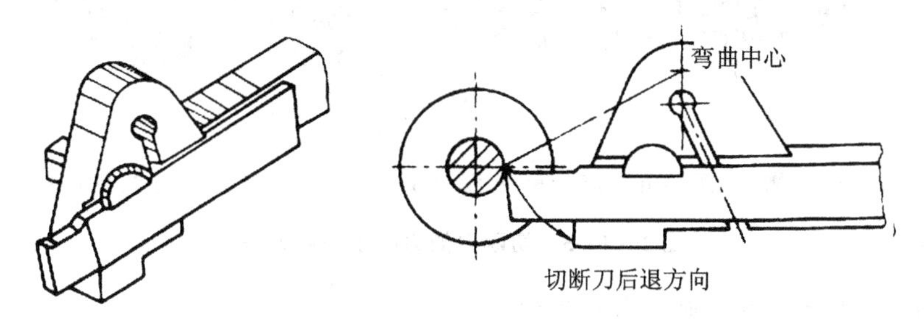

图 2-4-3　弹性切断刀

(4) 反切刀

切断直径较大的工件时，由于刀头较长，刚性较差，容易引起振动，这时可采用反切断法，即使用反切刀，使工件反转。这样，切断时的切削力与工件重力方向一致，不容易引起振动，并且反切刀切断时的切屑从下面排出，不容易堵塞在工件槽中，如图 2-4-4 所示。

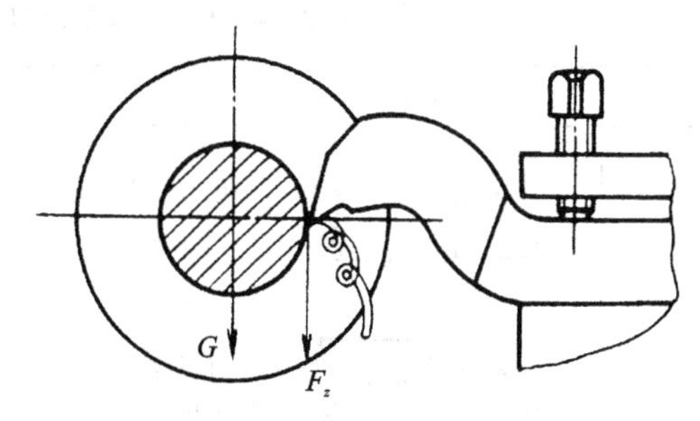

图 2-4-4　反切断法和反切刀

注意事项

在使用反切断法时，卡盘与主轴连接的部分必须装有保险装置，否则卡盘会因倒车而从主轴上脱开造成事故。

2. 切断刀的刃磨

(1) 切断刀的粗磨

粗磨切断刀选用粒度号为 46# ～60# 、硬度为 H～K 的白色氧化铝砂轮。

① 粗磨两侧副后面。两手握刀，车刀前面向上(见图 2-4-5(a))，同时磨出左侧副后角 $\alpha'_0=1.5°$和副偏角 $\kappa'_0=1.5°$。

两手握刀，车刀前面向上(见图 2-4-5(b))，同时磨出右侧副后角 $\alpha'_0=1.5°$和副偏角$\kappa'_0=1.5°$。对于主切削刃宽度，尤其要注意留出 0.5 mm 的精磨余量。

② 粗磨主后面。两手握刀，车刀前面向上(见图 2-4-5(c))，磨出主后面，后角 $\alpha_0=6°$。

③ 粗磨前面。两手握刀，车刀前面对着砂轮磨削表面(见图 2-4-5(d))，刃磨前面和前角、卷屑槽，保证前角 $\gamma_0=25°$。

(2) 切断刀的精磨

精磨切断刀选用粒度号为 80# ～120# 、硬度为 H～K 的白色氧化铝砂轮。

① 修磨主后面，保证主切削刃平直。

② 修磨两侧副后面，保证两副后角和两副偏角对称，主切削刃宽度等于工件槽宽。

③ 修磨前面和卷屑槽，保持主切削刃平直、锋利。

④ 修磨刀尖可在两刀尖上各磨出一个小圆弧过渡刃。

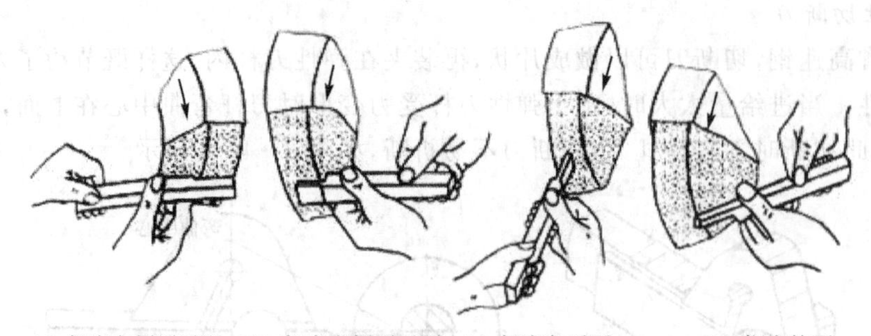

(a) 粗磨左侧副后面 (b) 粗磨右侧副后面 (c) 粗磨主后面 (d) 粗磨前面

图 2-4-5 切断刀的刃磨步骤和方法

(3) 切断刀、车槽刀刃磨时容易出现的问题

刃磨车槽刀、切断刀时容易出现的问题及正确要求,见表 2-4-1。

表 2-4-1 刃磨车槽刀容易出现的问题及正确要求

名　称	缺陷图形	后　果	正确要求
前面		卷屑槽太深:刀头强度低,容易造成刀头折断	卷屑槽刃磨正确
		前面被磨低:切削不顺畅,排屑困难,切削负荷大,刀头易折断	
副后角		副后角为负值:会与工件侧面发生摩擦,切削负荷大	以车刀底面为基准,用钢直尺或角尺检查车槽刀的副后角
		副后角角度太大:刀头强度差,车削时刀头易折断	
副偏角	(a) (b) (c) (d)	(a) 副偏角太大 刀头强度大,容易折断 (b) 副偏角为负值 不能用直进法车削,切削负荷大 (c) 副切削刃不平直 不能用直进法车削 (d) 左侧刃磨太多 不能车削左侧有高台阶的工件	1°~1.5° 1°~1.5° 副偏角刃磨正确

注意事项

- 切断刀刃磨前,应先把刀杆底面磨平,否则会引起副后角的变化。刃磨后,用角尺或钢尺检查两侧副后角的大小。
- 刃磨高速钢切断刀时,应随时冷却,以防退火。硬质合金刀刃磨时,不能用水冷却,以防刀片碎裂;不能用力过猛,以防刀片焊接处产生高热脱焊,使刀片碎裂。

- 刃磨高速钢切断刀时，不可用力过猛，以防打滑伤手。
- 主刀刃与两侧副刀刃之间应对称平直。

2.4.2　切　断

车床上把较长的棒料工件分割成较短的工件，或把加工成形的工件从母体上分离开的车削称为切断。

1. 切断和车外沟槽的切削用量

(1) 吃刀深度 a_p

横向切削时，吃刀深度 a_p 即为在垂直于加工端面（已加工表面）的方向上所量得的切削层的数值。所以，切断时的吃刀深度等于切断刀的刀头宽度。

(2) 走刀量 f

由于切断刀的刀头强度比其他车刀低，所以应适当减小走刀量。走刀量太大时，容易使切断刀折断；走刀量太小时，切断刀后面会与工件产生强烈摩擦而引起振动。具体数值根据工件和刀具材料来决定。一般用高速钢车刀，车钢料时 $f=0.05\sim0.1$ mm/r，车铸铁时 $f=0.1\sim0.2$ mm/r；用硬质合金钢车刀，车钢料时 $f=0.1\sim0.2$ mm/r，车铸铁时 $f=0.15\sim0.25$ mm/r。

(3) 切削速度 v_c

用高速钢车刀，车钢料时 $v_c=30\sim40$ m/min，车铸铁时 $v_c=15\sim25$ m/min；用硬质合金车刀，车钢料时 $v_c=80\sim120$ m/min，车铸铁时 $v_c=60\sim100$ m/min。

2. 切断刀与切槽刀的安装

切断刀装夹是否正确，对切断工件能否顺利进行，切断的工件平面是否平直有直接的关系。刃磨角度正确的切断刀，并不等于其工作角度正确。所以，对切断刀的装夹要求较严。

① 切断刀刀杆伸出不宜太长，以防止振动。

② 切断刀的中心线必须装得与工件中心线垂直，以保证两副偏角对称。

③ 切断实心工件时，切断刃的主刀刃必须严格对准工件的回转中心，主刀刃中心线与工件轴线垂直。

3. 切断方法

(1) 直进法

用直进法切断工件是指刀具做垂直于工件轴线方向进给运动把工件切断，如图 2-4-6(a)所示。这种方法效率高，节省工件材料；但对车床的刚性、切断刀的刃磨与安装、切削用量的选择等方面都有效高的要求，掌握不好，容易造成刀头折断，使所加工表面的质量难以控制。

(2) 左右借刀法

左右借刀法切断工件是指切断刀在工件轴线方向反复地往返移动，随后两侧径向进给，直至工件被切断，如图 2-4-6(b)所示。左右借刀法常在切削系统（刀具、工件、车床）刚性不足的情况下，用来进行切断工件。

(3) 反切法切断工件

反切法切断工件是指车床主轴与工件反转，车刀反向装夹进行切削，如图 2-4-6(c)所示。这种切断方法适用于较大直径工件的切断。

4. 控制切屑流向和防止切断时振动的方法

切断工件时，切断刀伸入工件槽内，刀具周围被工件和切屑包围，散热情况较差，切削刃容

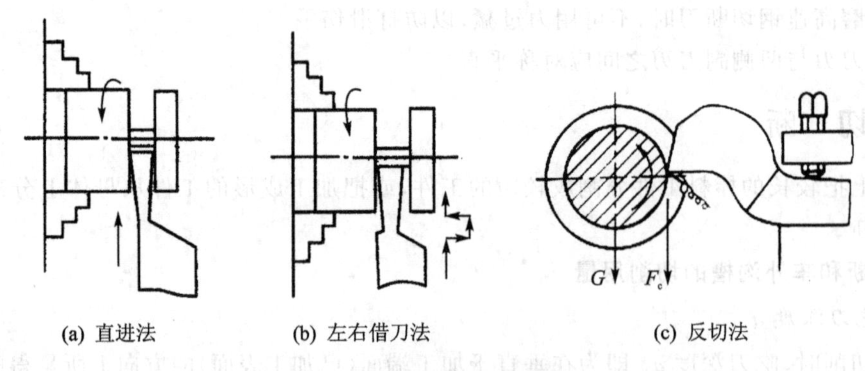

(a) 直进法　(b) 左右借刀法　(c) 反切法

图 2-4-6 切断工件的三种方法

易磨损(尤其在切断刀的两个刀尖处),切屑在工件槽里呈“发条”状卷曲,排屑比较困难,易造成扎刀现象,严重影响刀具的使用寿命。为了克服上述缺点,使切断工件顺利进行,可采取的措施见表 2-4-2。

表 2-4-2 控制切屑流向和防止切断时振动的方法

类　型	控制和防止措施
控制切屑流向的方法	① 在切断刀前面磨出 1°~3°的倾角,使前面左高右低。 当前面倾角为“0”时,切屑会在槽中呈“发条”状不易排出;但若倾角太大,切断刀会受到一个侧向分力,使被切断工件的平面歪斜,或造成“扎刀”现象而损坏刀具。 ② 将切断刀的主刀刃磨成人字形使切屑变狭,以便顺利排出。 ③ 卷屑槽的大小和深度要根据进给量和工件直径的大小决定。 卷屑槽的深度不宜过深,但长度必须超过切入深度,以保证顺利排屑。进给量大,断屑槽要相应增大;进给量小,断屑槽要相应减小,否则切屑易呈长条状缠绕在车刀或工件上,产生不良后果。当工件直径较大时,断屑槽需相应增大一些,否则切屑易成“发条”状卷曲在工件槽内不易排出,使切削力大大增加而折断刀头
防止切断时振动的方法	① 适当加大前角,以减小切削阻力。 ② 在切断刀主刀刃中间磨 $R0.5$ 左右的凹槽(消振槽)。这样不仅能起消振作用,也能起导向作用,保证切断的平直性。 ③ 大直径工件采用反切断法,也可防止振动,并使排屑方便。 ④ 选用合适的刀头宽度。刀头宽度太窄,会使刀头强度减弱;刀头宽度太宽,容易引起振动。 ⑤ 改变刀杆的形状,即在切断刀伸入工件部分的刀杆下面做成“鱼肚”形或其他形状,以减少由刀杆刚性差而引起的振动。 ⑥ 把车床主轴间隙、中滑板和小滑板间隙适当调小

注意事项

- 切断时,工件装夹要牢靠,排屑要顺畅,车刀要对准工件中心,防止产生断刀现象。
- 用一夹一顶装夹工件进行切断时,在工件即将切断前应卸下工件后再敲断。切断较小的工件时,要用盛具接住,以免切断后的工件混在切屑中找不到。

● 不允许用两顶尖装夹工件进行切断，否则切断瞬间工件会飞出伤人。
● 用高速钢切断刀切断工件时，应浇注切削液；用硬质合金刀切断工件时，中途不准停车，以免刀刃碎裂。
● 手动进刀切断时，摇动手柄应连续、均匀，以避免由于切断刀与工件表面摩擦，而使工件表面产生冷硬现象而迅速磨损刀具。若不得不中途停车，则应先把车刀退出再停车。

2.4.3　车外沟槽

在工件上车出各种形状的槽称为车沟槽。沟槽是在工件的外圆、内孔或端面上切的各种形式的槽，沟槽的作用一般是在退刀和装配时保证零件有一个正确的轴向位置。本小节主要介绍矩形构槽的车削方法。

1. 车外圆沟槽的方法

① 车精度不高且宽度较窄的矩形沟槽时，可用刀宽等于槽宽的车槽刀，采用直进法一次进给车出，如图 2-4-7 所示。

② 车精度要求较高的矩形沟槽时，一般采用二次进给车成。第一次进给车沟槽时，槽壁两侧留有精车余量，第二次进给时用等宽车槽刀修整。也可用原车槽刀根据槽深和槽宽进行精车，如图 2-4-8 所示。

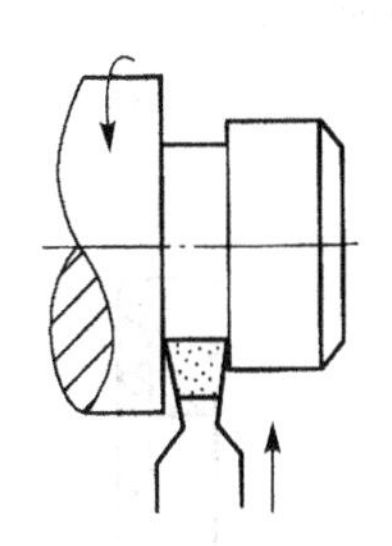

图 2-4-7　直进法车直槽

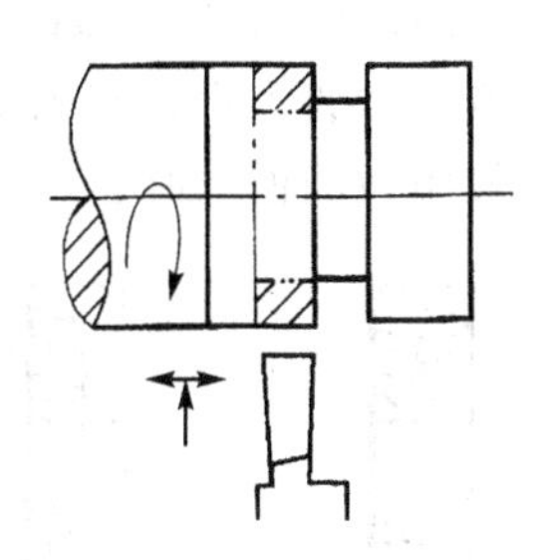

图 2-4-8　精车直槽

③ 车削较宽的矩形构槽时，可用多次直进法切割，如图 2-4-9 所示，并在槽壁两侧留有精车余量，然后根据槽深和槽宽精车至尺寸要求。

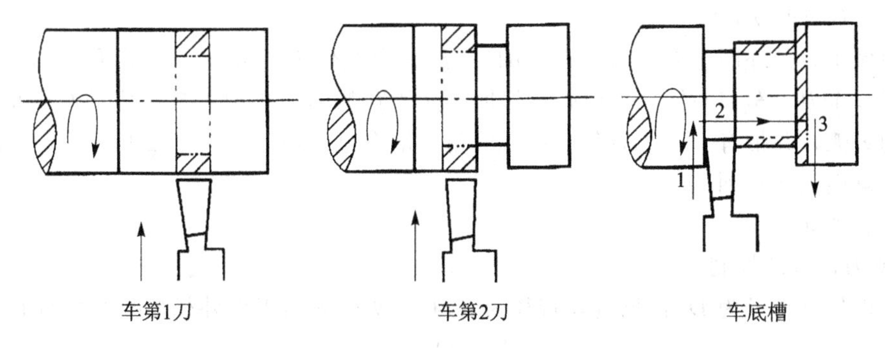

图 2-4-9　车宽直槽

④ 车削较小的圆弧形槽时，一般以成形刀一次车出；车较大的圆弧形槽时，可用双手联动车削，以样板检查修整。

⑤ 车削较小的梯形槽时，一般用成形刀一次完成。通常先车相应的直槽，然后用梯形刀

直进法或左右切削法完成。

⑥ 沟槽的检查和测量。精度要求低的沟槽,一般采用金属直尺和卡钳测量;精度要求较高的沟槽,要用游标卡尺、百分尺、样板等检测,如图 2-4-10 所示。

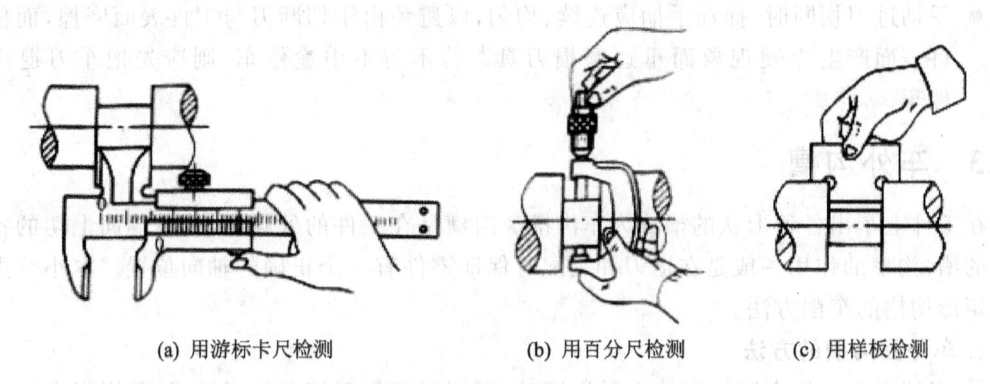

(a) 用游标卡尺检测　(b) 用百分尺检测　(c) 用样板检测

图 2-4-10　沟槽的检查和测量

2. 端面沟槽的车削方法

(1) 端面槽的种类

① 端面直槽:用于密封或减轻零件质量,如图 2-4-11(a)所示。

② T 形槽:一般用做放入 T 形螺钉,如图 2-4-11(b)所示。

③ 燕尾槽:一般用做放入螺钉起固定作用,如图 2-4-11(c)所示。

④ 圆弧槽:一般用做油槽,如图 2-4-11(d)所示。

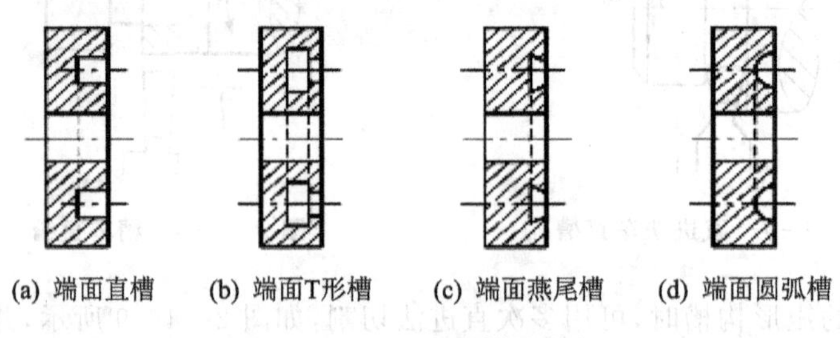

(a) 端面直槽　(b) 端面T形槽　(c) 端面燕尾槽　(d) 端面圆弧槽

图 2-4-11　端面槽的种类

(2) 端面槽车刀的特点

端面槽车刀是外圆车刀和内孔车刀的组合,其中左侧刀尖 a 相当于内孔车刀,右侧刀尖相当于外圆车刀。车刀左侧副后面必须根据平面槽圆弧的大小刃磨成相应的圆弧形(小于内孔一侧的圆弧),并带有一定的后角或双重后角才能车削,如图 2-4-12 所示,否则车刀会与槽孔壁相碰而无法车削。

(3) 车端面直槽

1) 槽刀位置的控制

若工件外圆直径为 D,沟槽内孔直径为 d,则刀头外侧与工件外径之间的距离 L 为

$$L=\frac{D-d}{2}$$

加工时车刀轻碰工件外圆,然后使车刀向右移动离开工件 3～5 mm,接着径向移动 L 加刀宽的距离就是槽的起始位置,如图 2-4-13 所示。

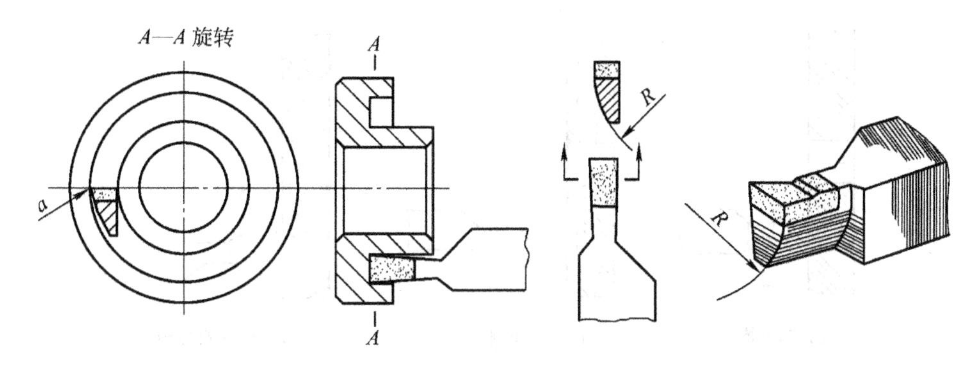

图 2-4-12　端面切槽刀的几何形状

2）车端面直槽的方法

若端面直槽精度要求不高、宽度较窄且深度较浅，通常用等于槽宽的车刀采用直进法一次进给车出；如果槽的精度要求较高，则采用先粗车槽两侧并留精车余量，然后再分别精车槽两侧的方法。

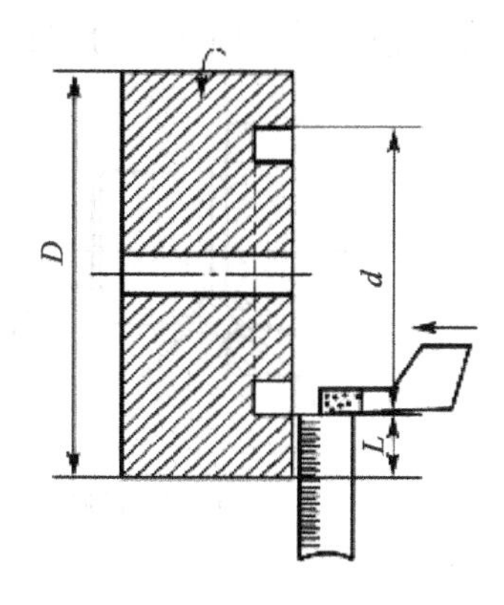

图 2-4-13　控制车槽刀位置

(4) 车 T 形槽

车 T 形槽比较复杂，须使用三种车刀分三个工步进行，如图 2-4-14 所示。通常先用端面直槽刀车出直槽，再用外侧弯头车槽刀车外侧沟槽，最后用内侧弯头车槽刀车内侧沟槽。为了避免弯头刀与直槽侧面圆弧相碰，应将弯头刀刀体侧面磨成弧形。此外，弯头刀的刀刃宽度应小于或等于槽宽 a，L 应小于 b，否则弯头刀无法进入槽内。

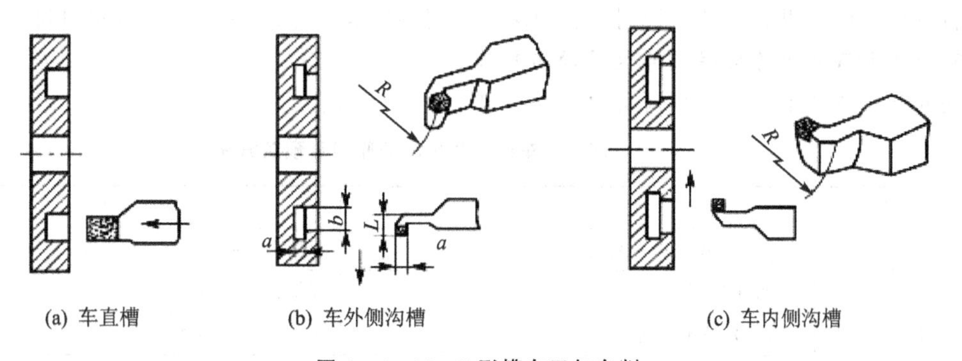

图 2-4-14　T 形槽车刀与车削

(5) 车燕尾槽

燕尾槽的加工与 T 形槽的加工基本相同，工艺上仍是用三个工步完成，如图 2-4-15 所示。第一步用平面切槽刀加工；第二、第三步用左、右角度成形刀车削。

(6) 45°外沟槽车刀和加工方法

45°外沟槽车刀与一般端面直槽车刀的几何形状相似，刀尖 a 处的副后面磨成相应的圆弧，如图 2-4-16(a)所示。切削时，把小滑板转过 45°，用小滑板进刀车削成形。

(7) 圆弧沟槽车刀和车削方法

圆弧沟槽车刀可根据沟槽圆弧的大小，磨成相应的圆弧刀头来进行车削。但必须注意：

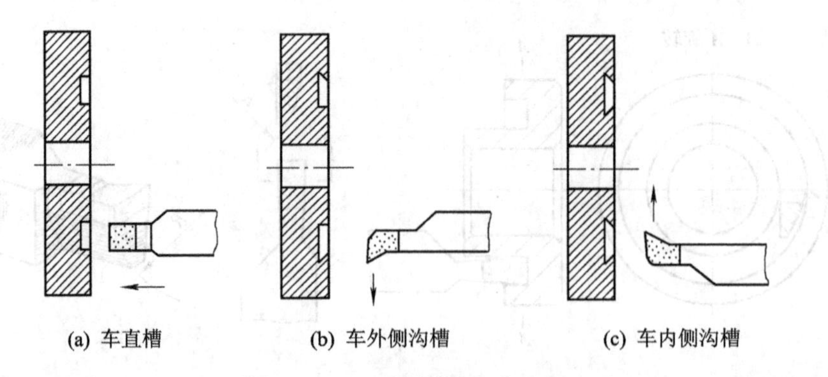

(a) 车直槽　(b) 车外侧沟槽　(c) 车内侧沟槽

图 2-4-15　燕尾槽车刀与车削

在切削端面的一段圆弧刀刃下也必须磨有相应的圆弧后面,如图 2-4-16(b)所示。

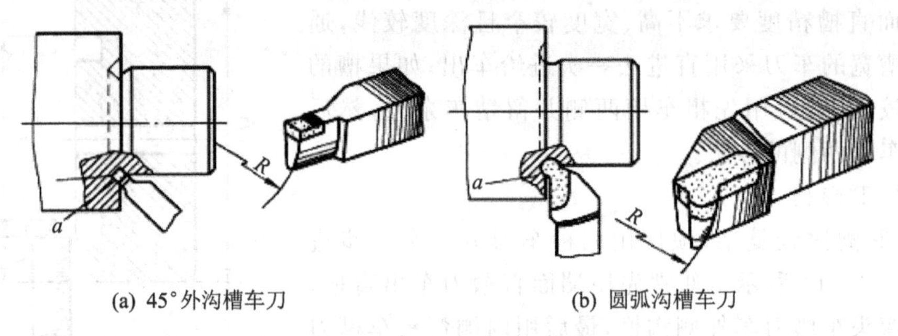

(a) 45°外沟槽车刀　(b) 圆弧沟槽车刀

图 2-4-16　端面沟槽车刀

(8) 端面槽的测量

端面槽外径常用游标卡尺、百分尺及外卡钳等量具进行测量。端面槽内径常用游标卡尺、内测百分尺及内卡钳等量具进行测量。槽深一般用游标卡尺、深度游标卡尺等量具进行测量。

3. 切断和车槽产生废品的原因及预防方法

切断和车槽产生废品的原因及预防方法如表 2-4-3 所列。

表 2-4-3　切断和车槽产生废品的原因及预防方法

废品种类	产生原因	预防方法
沟槽宽度错	① 刀头宽度磨得太宽或太狭	根据沟槽宽度刃磨刀头宽度
	② 测量不正确	仔细、正确测量
沟槽位置错	测量和定位不正确	正确定位,并仔细测量
沟槽深度错	① 没有及时测量	切槽过程中及时测量
	② 尺寸计算错误	仔细计算尺寸,对留有磨削余量的工件,切槽时必须把磨削余量考虑进去
切下的工件长度不对	测量不正确	正确测量

续表 2-4-3

废品种类	产生原因	预防方法
切下的工件表面凹凸不平(尤其是薄工件)	① 切断刀强度不够，主刀刃不平直，吃刀后由于侧向切削力的作用使刀具偏斜，致使切下的工件凹凸不平	增加切断刀的强度，刃磨时必须使主刀刃平直
	② 刀尖圆弧刃磨或磨损不一致，使主刀刃受力不均而产生凹凸面	刃磨时保证两刀尖圆弧对称
	③ 切断刀安装不正确	正确安装切断刀
	④ 刀具角度刃磨不正确，两副偏角过大而且不对称，从而降低刀头强度，产生"让刀"现象	正确刃磨切断刀，保证两副偏角对称
粗糙度达不到要求	① 两副偏角太小，产生摩擦	正确选择两副偏角的数值
	② 切削速度选择不当，没有加冷却润滑液	选择适当的切削速度，并浇注冷却润滑液
	③ 切削时产生振动	采取防振措施
	④ 切屑拉毛已加工表面	控制切屑的形状和排出方向

注意事项

- 车槽刀主刀刃和轴心不平行，使车成的沟槽槽底一侧直径大，另一侧直径小，成竹节形。
- 车沟槽前应调整床鞍、中滑板、小滑板的间隙，以防间隙过大产生振动和"扎刀"现象。

2.4.4　技能训练

技能训练 Ⅰ

根据图 2-4-17 所示，刃磨出符合图样要求的车刀。材料为高速钢。

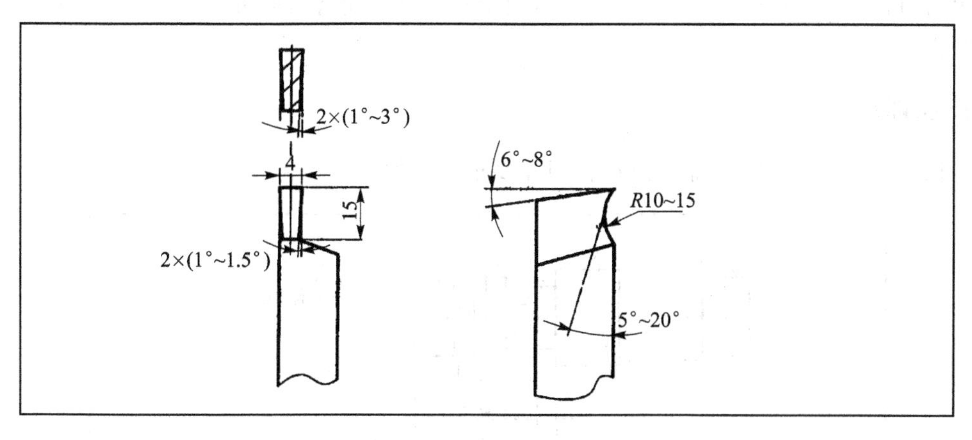

图 2-4-17　切断刀刃磨练习

【刃磨步骤】

刃磨的操作步骤及内容见表 2-4-4。

表 2-4-4 刃磨操作步骤及内容(见图 2-4-17)

操作步骤	刃磨内容
1. 刃磨副后角	双手紧握车刀,车刀前面向上,同时磨出左侧副后角 2°～3°和副偏角 1°～2°、右侧副后角 2°～3°和副偏角 1°～2°
2. 刃磨主后面	双手握刀,车刀前角向上,同时磨出主后面和主后角 6°～8°,保证主切削刃平直
3. 刃磨前面及卷屑槽	车刀前面对着砂磨削表面,刃磨前面和前角 5°～20°、卷屑槽。为保护刀尖,可在两刀尖处各磨出一个圆弧过渡刃

【质量检测】

质量检测见表 2-4-5。

表 2-4-5 质量检测(见图 2-4-17)

项　目	序　号	考核内容	配　分	评分标准	检　测	得　分
几何形状	1	前角	12	不合格不得分		
	2	主后角	12	不合格不得分		
	3	副后角	12	不合格不得分		
	4	主偏角	12	不合格不得分		
	5	副偏角	12	不合格不得分		
	6	刀尖倒角	5	不合格不得分		
	7	切削刃平直度	10	不合格不得分		
	8	三个刀面粗糙度	15	降级不得分		
其他	9	安全文明刃磨	10	违章操作每次不得分		

【刃磨技巧】

因为切断刀和车槽刀的刃磨要比刃磨外圆刀难度大一些。应先用练习刀刃磨,经检查符合要求后,再刃磨正式车刀。同时,刃磨时,通常左侧副后面磨出即可,刀宽的余量应放在车刀右侧磨去。

技能训练Ⅱ

根据图 2-4-18 所示,加工出符合图样要求的工件。

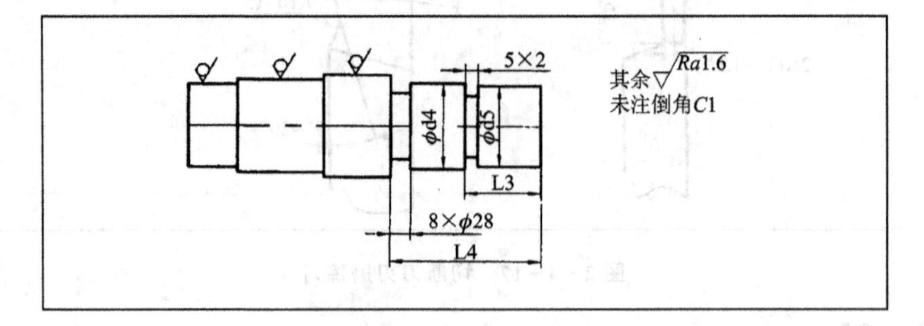

图 2-4-18 加工退刀槽(1)

【操作步骤】

加工退刀槽的操作步骤及内容见表 2-4-6。

表 2-4-6　加工退刀槽的操作步骤及内容(见图 2-4-18)

操作步骤	加工内容
1. 用三爪自定心卡盘夹住不加工外圆 30 mm 长,校正并夹紧	① 车台阶外圆 ϕd5、ϕd4,控制长度尺寸 L3、L4 ② 粗切两槽 5×2、8×ϕ28,留余量 0.1 mm ③ 精切两槽 5×2、8×ϕ28 至尺寸要求 ④ 倒角 $C1$
2. 检测	检验工件质量合格后取下工件

【加工技巧】

为了使切削顺利,在切断刀的弧形前面上磨出卷屑槽,卷屑槽的长度应超过切入深度。但卷屑槽不可过深,一般槽深为 0.75～1.5 mm,否则会削弱刀头强度。

在切断工件时,为使带孔工件不留边缘,实心工件的端面不留小凸头,可将切断刀的切削刃略磨斜些,如图 2-4-19 所示。

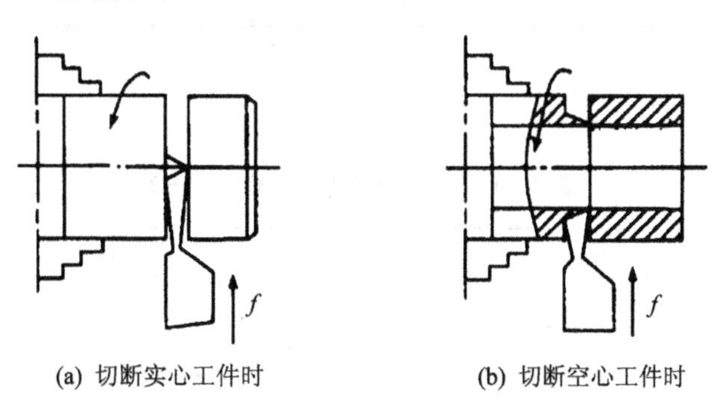

图 2-4-19　斜刃切断刀及应用

技能训练Ⅲ

阅读零件图 2-4-20,了解工件的形状及技术要求,然后完成该零件的加工。

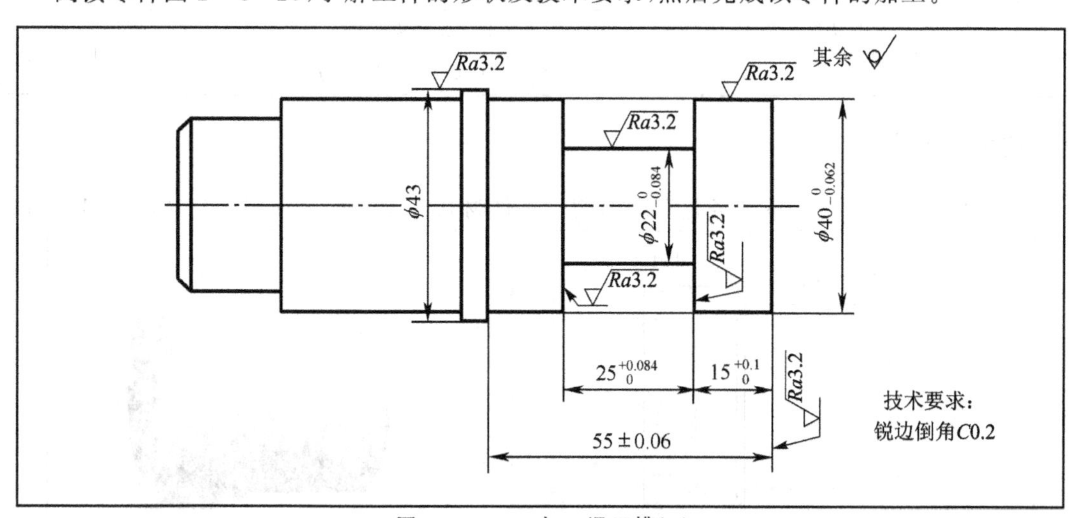

图 2-4-20　加工退刀槽(2)

【加工分析】

该零件由端面、台阶以及宽沟槽组成,其中外圆直径、沟槽宽度都是需要重点保证的尺寸,因此在加工时，首先合理选用装夹方法，这里采用一夹一顶装夹；然后按照一定顺序依次完成端面、外圆以及沟槽的加工。对于重要加工面均采用粗加工和精加工两次完成。

【操作步骤】

加工退刀槽的操作步骤及内容见表2-4-7。

表2-4-7　加工退刀槽的操作步骤及内容(见图2-4-20)

操作步骤	加工内容
1. 用三爪卡盘夹外圆校正	车端面、钻中心孔
2. 一夹一顶装夹工件	① 车外圆 $\phi43$ 至尺寸要求； ② 粗、精车台阶外圆 $\phi40_{-0.062}^{\ 0}\times(55\pm0.06)$ mm 至尺寸要求； ③ 粗车外圆沟槽两侧； ④ 精车外圆沟槽底面至图纸要求； ⑤ 锐边倒角 C0.2
3. 检测	检验工件质量合格后取下工件

【质量检测】

质量检测见表2-4-8。

表2-4-8　质量检测(见图2-4-20)

项　目	序　号	考核内容	配　分	评分标准	检　测	得　分
尺寸公差	1	$\phi40_{-0.062}^{\ 0}$	15	超差0.01扣1分；超差0.03以上不得分		
	2	$\phi43$	5			
	3	55 ± 0.06	12	超差0.02扣1分；超差0.06以上不得分		
	4	$\phi22_{-0.084}^{\ 0}$	15			
	5	$25_{\ 0}^{+0.084}$	15			
	6	$15_{\ 0}^{+0.1}$	15	超差不得分		
其他	7	表面粗糙度 *Ra*3.2	18	降一级扣2分		
	8	锐边倒角 C0.2	5	锐边未倒棱不得分		
	9	安全文明实训	扣分	违章每次扣总分5分		

技能训练Ⅳ

如图2-4-21所示，本任务是车端面槽。零件材料为45钢，毛坯规格为 $\phi45\times55$ mm。

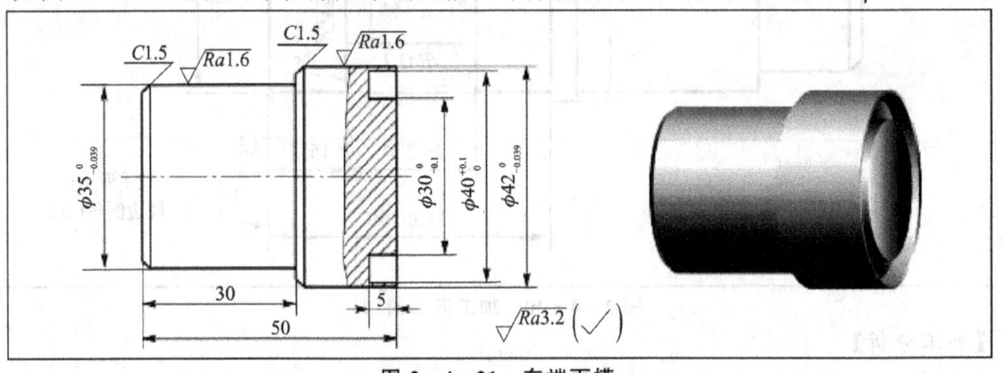

图2-4-21　车端面槽

【工艺准备】

选择切削用量见表 2－4－9。

表 2－4－9 选择切削用量(见图 2－4－21)

刀 具	加工内容	主轴转速/(r·min^{-1})	进给量/mm	背吃刀量/mm
45°外圆车刀	车端面	800	0.1	0.1～1
90°外圆车刀	粗车外圆	500	0.3	2
	精车外圆	1 000	0.1	0.25
端面槽刀	车端面槽	400	0.05	—

【加工步骤】

车端面槽的加工步骤及内容见表 2－4－10。

表 2－4－10 加工步骤(见图 2－4－21)

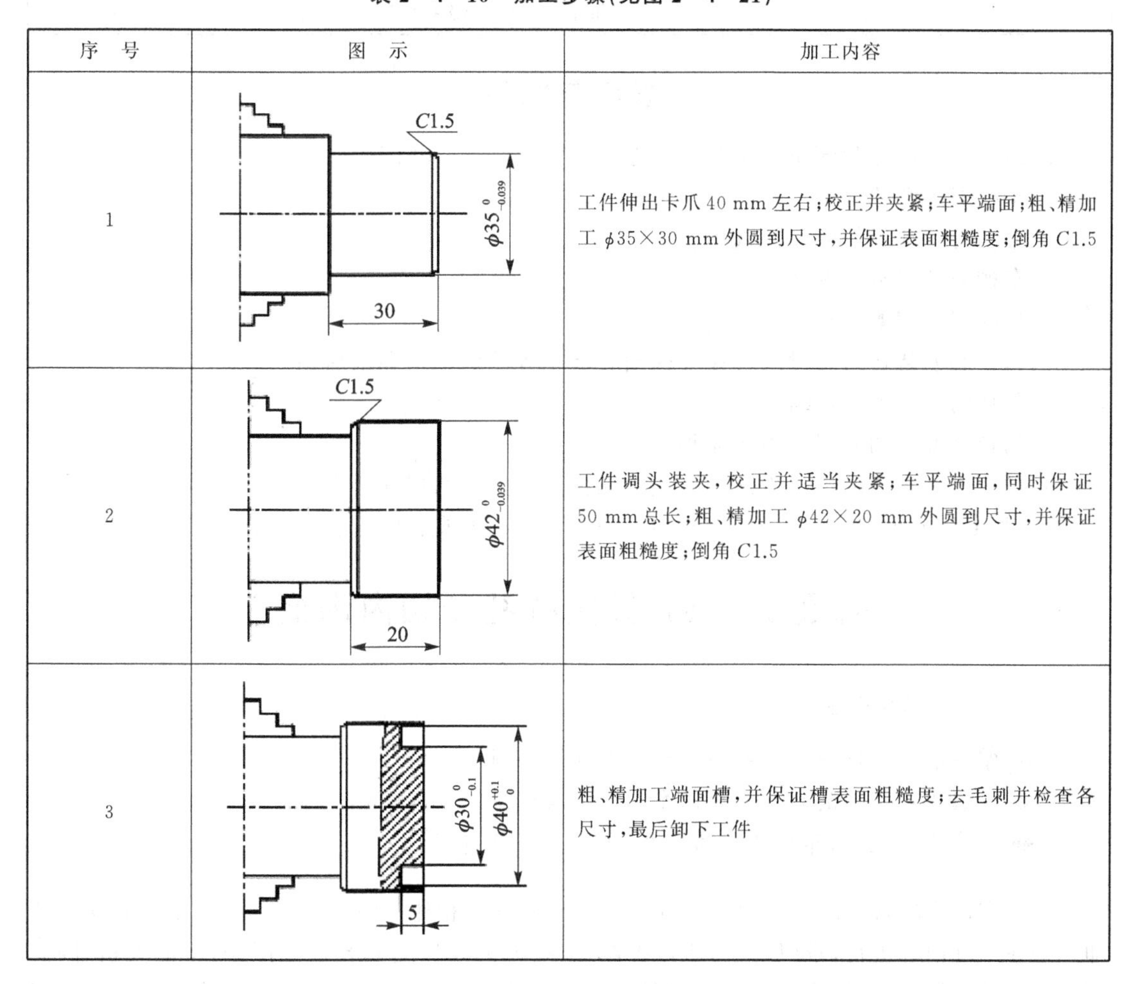

序 号	图 示	加工内容
1		工件伸出卡爪 40 mm 左右；校正并夹紧；车平端面；粗、精加工 ϕ35×30 mm 外圆到尺寸，并保证表面粗糙度；倒角 C1.5
2		工件调头装夹，校正并适当夹紧；车平端面，同时保证 50 mm 总长；粗、精加工 ϕ42×20 mm 外圆到尺寸，并保证表面粗糙度；倒角 C1.5
3		粗、精加工端面槽，并保证槽表面粗糙度；去毛刺并检查各尺寸，最后卸下工件

【质量检测】

质量检测见表 2－4－11。

表 2-4-11 质量检测(见图 2-4-21)

项 目	序 号	考核内容	配 分	评分标准	检 测	得 分
尺寸公差	1	$\phi42_{-0.039}^{0}$、$Ra1.6$	10	超差 0.01 扣 2 分		
	2	$\phi35_{-0.039}^{0}$	10	超差 0.01 扣 2 分		
	3	$\phi40_{0}^{+0.1}$	10	超差 0.01 扣 2 分		
	4	$\phi30_{-0.1}^{0}$	10	超差 0.01 扣 2 分		
	5	5	10	超差不得分		
	6	30、50	20	超差不得分		
其他	7	$Ra1.6$	10	降级不得分		
	8	$Ra3.2$	10	降级不得分		
	9	倒角去毛刺 5 处	10	每处不符扣 4 分		
	10	安全文明操作	扣分	违章每次扣总分 1～10 分		

思考与练习

1. 高速钢车槽刀和硬质合金车槽刀在刃磨中应注意哪些问题?
2. 车槽刀刃磨的步骤?
3. 车槽时切削用量应如何选用?
4. 车槽刀的安装有哪些要求?
5. 切断刀和切槽刀有什么区别?
6. 刃磨和安装切断刀时怎样保证两面具有相等的副偏角和副后角?
7. 怎样防止切断刀折断?
8. 为什么要把切断刀做得窄而长?
9. 说明平面直槽的加工方法。对端面切槽刀有怎样的特殊要求?
10. 切断实心或空心零件时,切断刀的刀头宽度及刀头长度应怎样计算?

课题五 钻、镗圆柱孔和切内沟槽

教学要求

◆ 掌握麻花钻切削部分的刃磨方法及注意事项。
◆ 掌握内孔的车削方法及内圆车刀的刃磨方法。
◆ 遵守操作规程,养成良好的安全、文明生产习惯。

孔是零件中较常见的型面之一。孔加工与外圆加工相比,有许多需要注意的地方,如:孔加工是在工件内部进行,难以观察,难以控制;车孔刀的刀杆受到孔径的限制,不能太粗,因此刚性较差;同时加工时的冷却、排屑及测量等均较外圆加工难。车床上经常用麻花钻与车孔刀进行工件内孔的加工。

2.5.1 麻花钻的刃磨

刃磨麻花钻是车工要掌握的基本技能之一,刃磨质量的高低直接影响钻孔的质量和工作效率。

1. 麻花钻的组成和几何要素

(1) 麻花钻的组成

麻花钻一般用高速钢(W18Cr4V 或 W6Mo5Gr4V2)制成,淬火后的硬度可达 62～68HRC。麻花钻由柄部、颈部和工作部分组成。柄部有直柄和莫氏锥柄两种。一般直径小于或等于 $\phi13$ 的钻头做成直柄,直径大于 $\phi13$ 的钻头做成锥柄,因为锥柄可传递较大扭矩,如图 2－5－1所示。其各部分的作用见表 2－5－1。

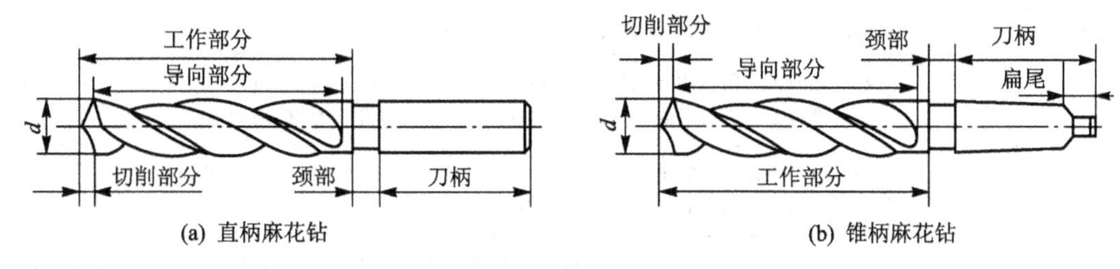

图 2－5－1　麻花钻

表 2－5－1　麻花钻的结构组成及作用

工作部分		颈　部	刀　柄
切削部分	导向部分		
主要起切削作用	在钻削过程中能起到保持钻削方向、修光孔壁的作用,也是切削的后备部分	颈部是磨制钻头时供砂轮越程用的,钻头的规格、材料和商标一般也刻印在颈部	柄部是钻头的夹持部分,用来定心和传递动力,有莫氏锥柄和直柄两种; 锥柄麻花钻的直径见表 2－5－2,直柄麻花钻的直径一般为 0.3～16 mm

表 2－5－2　锥柄麻花钻的直径

莫氏锥柄号	1	2	3	4	5	6
钻头直径/mm	6～15.5	15.6～23.5	23.6～32.5	32.6～49.5	49.66～65	70～80

(2) 麻花钻切削部分的几何要素和角度

麻花钻切削部分的几何要素见图 2－5－2、表 2－5－3 和表 2－5－4。

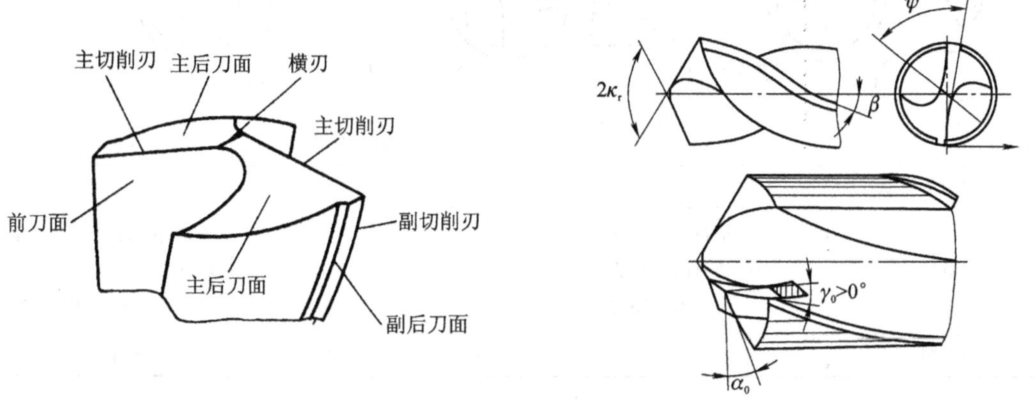

图 2－5－2　麻花钻的几何要素和角度

表 2-5-3　麻花钻工作部分要素和角度

结构要素	定义及作用
两个前面	麻花钻在其轴线两侧对称分布有两个切削部分，即两螺旋槽表面，主要作用是构成切削刃、排出切屑和通切削液
两个后面	麻花钻钻顶的两个曲面是主后面
两个副后面	与已加工表面相对的钻头两棱边。减小钻削时麻花钻与孔壁之间的摩擦
两条主切削刃	前面与主后面的交线，即螺纹槽与主后面的两条交线，主要是钻削
两条副切削刃	前面与副后面的交线，即棱边与螺旋槽的两条交线
横刃	麻花钻两主切削刃的连线称为横刃，也就是两主后面的交线。横刃担负着钻心处的钻削任务。横刃太短会影响麻花钻的钻尖强度，太长会影响定心精度，增大轴向切削力
顶角 $2\kappa_r$	两主切削刃在与它们平行的轴平面上投影的夹角。标准麻花钻的顶角 $2\kappa_r=118°$，麻花钻顶角的大小对切削刃和加工的影响见表 2-5-4
前角 γ_0	在正交平面内前面与基面的夹角。自外缘向钻心逐渐减小，并且约在钻心至 1/3 钻头直径以内为负前角，变化范围为 $+30°\sim-30°$。前角的大小影响切屑的形状和主切削刃的强度，决定切削的难易程度。前角越大，切削越省力，但刃口强度降低
后角 α_0	在正交平面内测量的后面与切削平面的夹角。自外缘向钻心逐渐增大，变化范围为 $8°\sim14°$
螺旋角 β	螺旋槽上最外缘的螺旋线的切线与麻花钻轴线之间的夹角，自外缘向钻心逐渐减小，变化范围为 $18°\sim30°$
横刃斜角 ψ	横刃与主切削刃在端面上投影线之间的夹角，一般取 55°。横刃斜角的大小与后面的刃磨有关，它可用来判断钻心处的后角是否刃磨正确。钻心处后角越大，横刃斜角就越小，横刃长度相应增长，钻头的定心作用因此变差，轴向抗力增大
棱边和倒锥	也叫副切削刃，钻头的导向部分，保持钻削的方向、修光孔壁及担负部分切削工作，为减小与孔壁的摩擦，导向部分应带有锥度(倒锥形刃带构成了麻花钻的副偏角)，以保证切削的顺利进行

表 2-5-4　麻花钻顶角的大小对切削刃和加工的影响

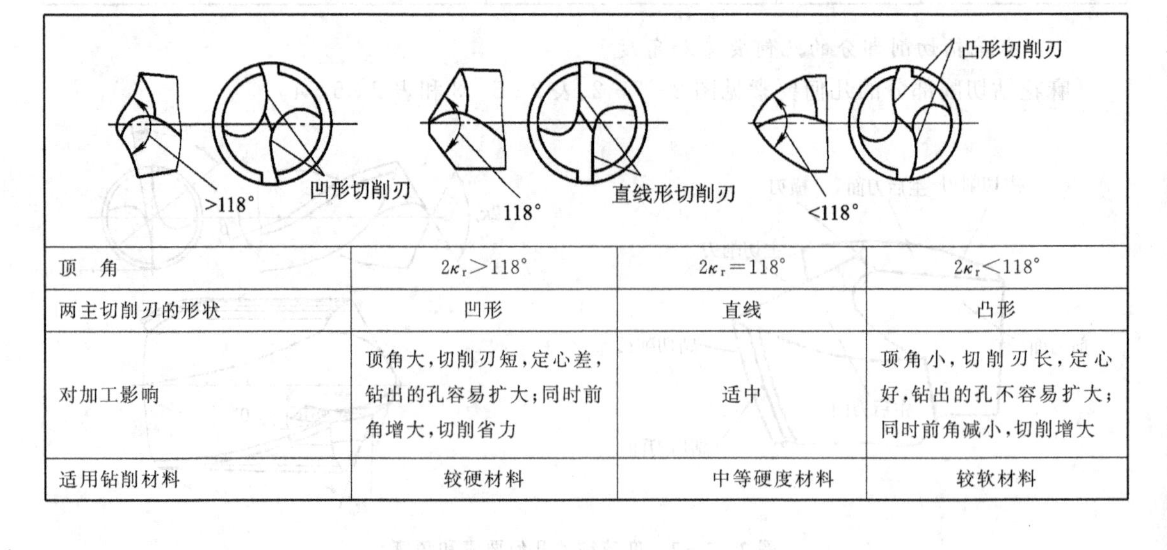

顶　角	$2\kappa_r>118°$	$2\kappa_r=118°$	$2\kappa_r<118°$
两主切削刃的形状	凹形	直线	凸形
对加工影响	顶角大，切削刃短，定心差，钻出的孔容易扩大；同时前角增大，切削省力	适中	顶角小，切削刃长，定心好，钻出的孔不容易扩大；同时前角减小，切削增大
适用钻削材料	较硬材料	中等硬度材料	较软材料

2. 麻花钻的刃磨

麻花钻用钝后或根据加工材料及要求需要进行刃磨。刃磨时,主要刃磨两个后面和修磨前面,即横刃部分。

(1) *麻花钻的刃磨要求*

① 两条主切削刃长短一致并对称,夹角 $2\kappa_r = 118° \pm 2°$。

② 横刃斜角为 55°,顶角 $2\kappa_r = 118° \pm 2°$。

③ 后角正确(防止磨出副后角)。

④ 两主后刀面要刃磨光滑、连续,刃口锋利。

(2) *刃磨标准麻花钻的方法*

① 将麻花钻主切削刃置于与砂轮面平行的位置,使麻花钻的轴线与砂轮圆周素线在水平面内的夹角约为 1/2 顶角(即 59°),钻尾向下倾斜,如图 2-5-3(a)所示。

② 右手握住麻花钻前端并作为支点,左手握钻尾。以麻花钻前端的支点为圆心,钻尾做上下摆动,并略带旋转,如图 2-5-3(b)所示。注意,不能摆动太大而高出水平面,以防止磨出负后角;也不能转动过多,以防将另一条主切削刃磨坏。

③ 当一条主切削刃刃磨后,将麻花钻转过 180°,刃磨另一条主切削刃。其刃磨方法同上。刃磨另一条主切削刃时,要保持原来的位置和姿势,采用相同的刃磨方法才能使磨出的两条主切削刃对称。

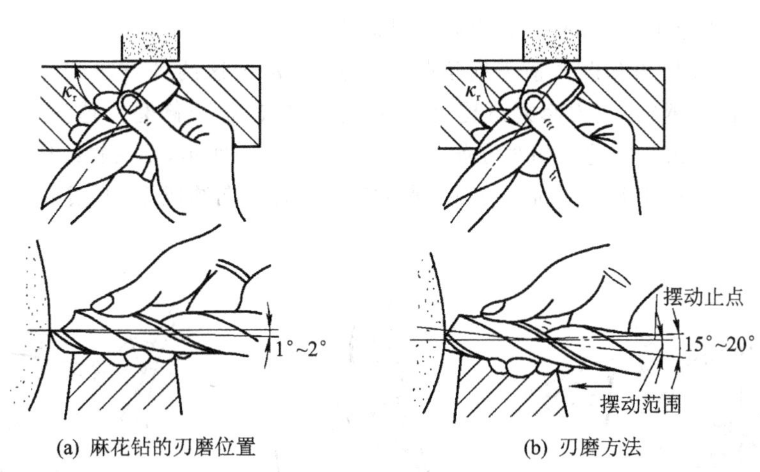

(a) 麻花钻的刃磨位置　　(b) 刃磨方法

图 2-5-3 麻花钻的刃磨方法

(3) *麻花钻的角度检查*

麻花钻刃磨好以后,须检查是否达到刃磨要求。检查方法有目测法或量角器检查。

① 目测法:把钻头垂直竖在与眼等高的位置上,在明亮的背景下用肉眼观察两刃的长短和高低以及它的后角等,见图 2-5-4(a)。但由于视差关系,往往会感觉左刃高、右刃低,此时就要把钻头转过 180°,再进行观察。这样反复观察对比,觉得两刃基本对称,就可使用。如果发现两刃有偏差,必须继续进行修磨。

② 量角器检查:使用量角器检查时,只需将角尺的一边贴在麻花钻的棱边上,另一边搁在刃口上,测量其刃长和角度,见图 2-5-4(b),然后转过 180°以同样方法检查即可。

(4) *麻花钻的修磨*

由于麻花钻自身存在的缺点:主切削刃上各点的前角变化大(±30°),切削条件较差;横刃过长,轴向力增大,定心较差;主切削刃过长,切屑不易排出;棱边处后角较小,钻削时摩擦加剧。所以为改善上述弊病,必须对麻花钻进行修磨。

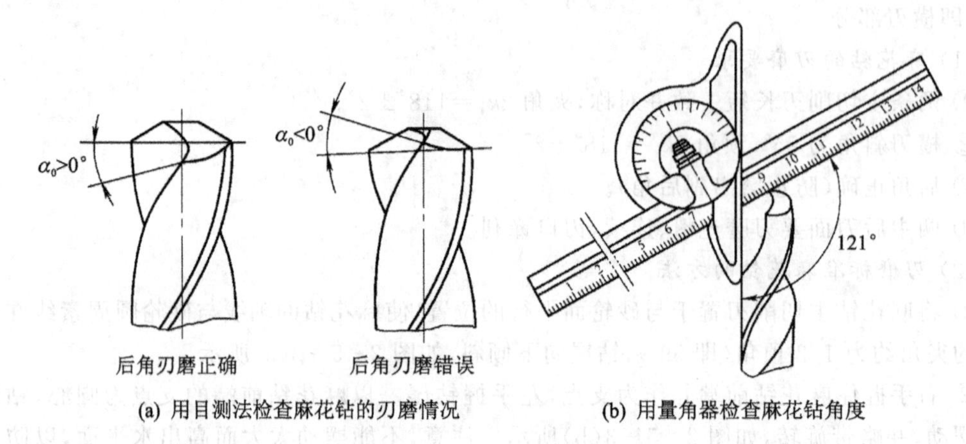

(a) 用目测法检查麻花钻的刃磨情况　(b) 用量角器检查麻花钻角度

图 2-5-4　检测麻花钻

1) 修磨横刃

由于标准麻花钻的横刃较长,且横刃处的前角存在较大的负值。因此在钻孔时,横刃处的切削为挤刮状态,轴向抗力较大,同时,横刃长定心作用不好,钻头容易发生抖动。所以必须修短横刃,并适当增大近横刃处的前角,以减小轴向力。

修磨横刃有修短横刃和改善横刃前角两种方法,通常把这两种方法结合起来使用。修磨的原则是:工件材料越软,横刃修磨得越短;工件材料越硬,横刃修磨得越少。

修磨时要注意钻头与砂轮的相对位置。如图 2-5-5(b)所示,钻头轴线应在水平面内与砂轮侧面左倾约 15°夹角,在垂直平面内与刃磨点的砂轮半径方向约成 55°下摆角,如图 2-5-5(c)所示。

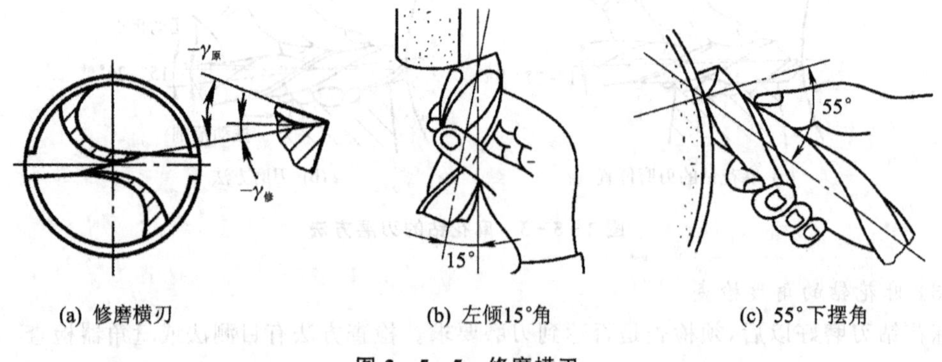

(a) 修磨横刃　(b) 左倾15°角　(c) 55°下摆角

图 2-5-5　修磨横刃

2) 修磨前刀面

如图 2-5-6 所示,把主切削刃和副切削刃交角处的前面磨去一块,图中阴影部,以减小该处的前角。其目的是在钻削硬材料时可提高刀齿的强度。而在切削软材料时,如黄铜,又可以避免由于切削刃过于锋利而引起扎刀现象。

修磨外缘处的前刀面是为了减小前角;修磨横刃处的前刀面是为了增大前角。

3) 顶角双重刃磨

如图 2-5-7 所示,将主切削刃磨出第二顶角 $2\kappa_0$,目的是增加切削刃的总长度,增大刀尖

角 ε_r，从而增大刀齿强度，改善散热条件，提高切削刃与棱边交角处的抗磨性，减小孔的表面粗糙度值。

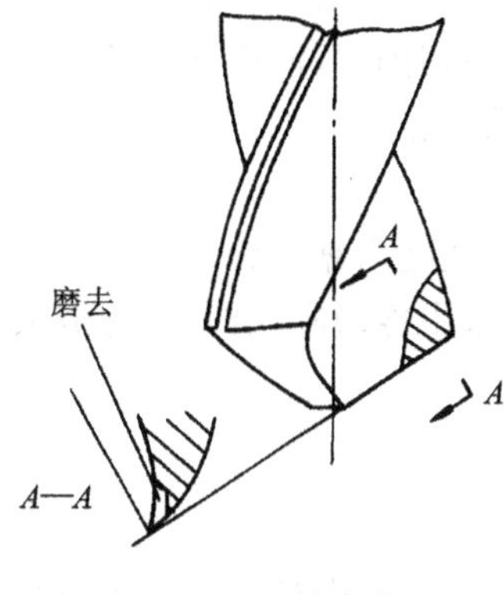

图 2-5-6 修磨前面

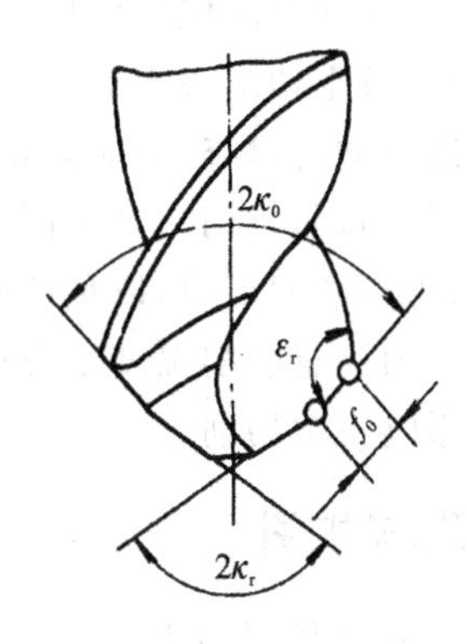

图 2-5-7 修磨主切削刃

（5）麻花钻的刃磨质量对加工的影响

麻花钻的刃磨质量对加工的影响如表 2-5-5 所列。

表 2-5-5 麻花钻刃磨质量对加工的影响

刃磨情况	刃磨正确	刃磨不正确		
		顶角不对称	切削刃长度不等	顶角不对称及切削刃长度不等
钻削情况	钻削时，两条主切削刃同时切削，受力平衡，切削刃磨损均匀（见图 2-5-8(a)）	钻削时，只有一条主切削刃在切削，受力不均衡，钻头较快磨损（见图 2-5-8(b)）	钻削时，麻花钻的工作中心由 $O-O$ 移到 $O'-O'$，切削不均匀，钻头很快磨损（见图 2-5-8(c)）	钻削时，两条主切削刃受力不平衡，而且麻花钻的工作中心由 $O-O$ 移到 $O'-O'$，使钻头很快磨损（见图 2-5-8(d)）
对钻孔质量的影响	钻出的孔质量好	钻出的孔易扩大和倾斜	钻出的孔径扩大	钻出的孔不仅孔径扩大，而且还会产生台阶

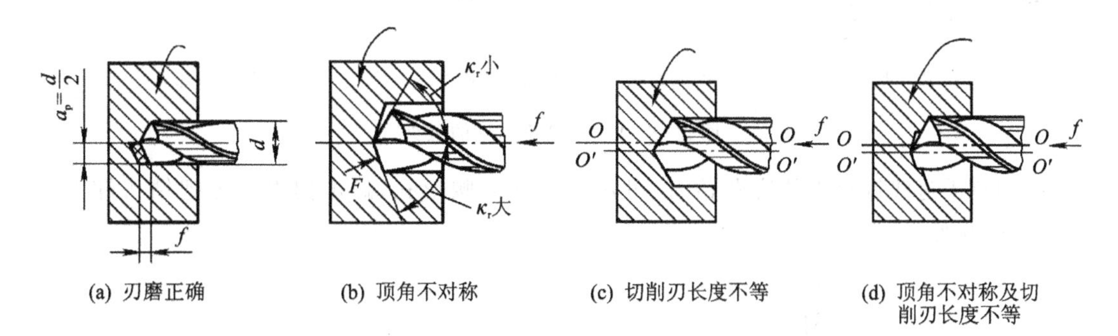

(a) 刃磨正确　(b) 顶角不对称　(c) 切削刃长度不等　(d) 顶角不对称及切削刃长度不等

图 2-5-8 麻花钻刃磨质量对加工的影响

注意事项

刃磨麻花钻时的注意事项：

- 只刃磨麻花钻的两个主后面,但要保证后角、顶角、横刃斜角等刃磨角度同时正确。
- 麻花钻刃磨技术要求高、难度大,建议先用废旧麻花钻进行练习。
- 麻花钻主切削刃的位置应略高于砂轮中心平面,以免磨出负后角。
- 不要把一条主切削刃刃磨好后再刃磨另一条主切削刃,而应该两条主切削刃经常交替刃磨,边刃磨边检查,随时修正,直至达到要求为止。
- 用力要均匀,防止用力过大而打滑伤手。
- 不要由刃背磨向刃口,以免使麻花钻刃口退火或变为锯齿状。
- 刃磨时,须注意磨削温度不应过高,要经常在水中冷却麻花钻,以防退火而降低麻花钻硬度,影响正常切削。

2.5.2 钻孔与扩孔

用麻花钻头在实体材料上加工孔的方法叫钻孔。用扩孔刀具扩大孔径的方法称为扩孔。

1. 钻　孔

钻孔属于粗加工,其尺寸精度一般可达 T11～IT12,表面粗糙度 Ra 为 12.5～25 mm。对于精度要求不高的孔,可用麻花钻直接钻出;对于精度要求较高的孔,钻孔后须经过精加工才能完成。

(1) 麻花钻的选用与装卸

对于精度要求不高的内孔,可用与孔径大小相同的麻花钻直接钻出。

选用麻花钻长度时,一般应使麻花钻螺旋槽部分略长于孔深。但要注意,过长则刚性差,过短则排屑困难。

直柄麻花钻用钻夹头装夹,再将钻夹头的锥柄插入尾座锥孔。锥柄麻花钻可直接或用莫氏变径套过渡插入尾座锥孔,如图 2-5-9 所示。

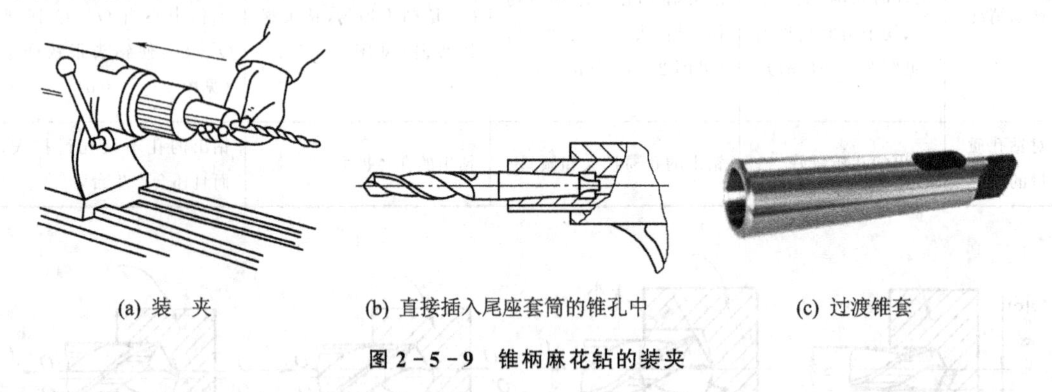

(a) 装　夹　　(b) 直接插入尾座套筒的锥孔中　　(c) 过渡锥套

图 2-5-9　锥柄麻花钻的装夹

拆卸莫氏过渡锥套中的麻花钻时,可用楔铁插入腰形孔,敲击楔铁就可把钻头卸下,如图 2-5-10所示。

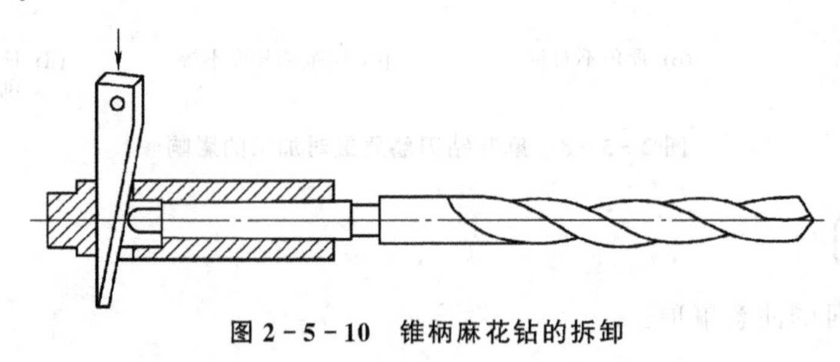

图 2-5-10　锥柄麻花钻的拆卸

(2) 钻孔时的切削用量

图 2-5-11 所示为钻孔时的切削用量。

1) 背吃刀量 a_p

钻孔时的背吃刀量为麻花钻的半径,即

$$a_p = \frac{d}{2}$$

式中:d 为麻花钻的直径,mm。

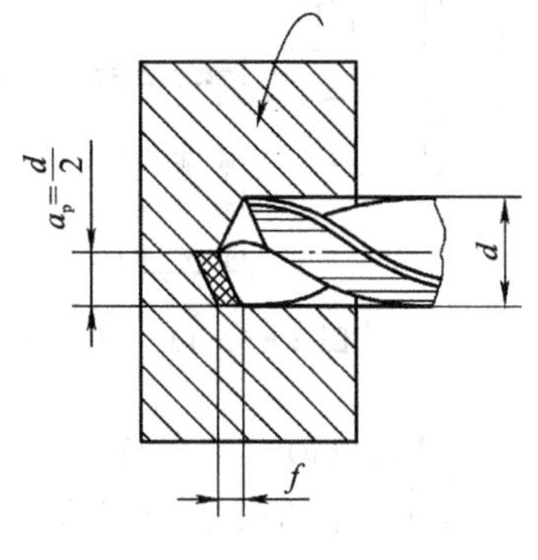

图 2-5-11 钻孔时的切削用量

2) 进给量 f

在车床上钻孔时的进给量通常是用手转动车床尾座手轮来控制的。转动尾座手轮时应缓慢均匀。

3) 切削速度 v_c

钻孔时的切削速度 v_c 可按下式计算:

$$v_c = \frac{\pi d n}{1\,000}$$

式中:v_c 为切削速度,m/min;d 为工件待加工表面的直径,mm;n 为车床主轴每分钟转速,r/min。

用高速钢麻花钻钻钢料时,切削速度一般取 v_c=15~30 m/min;钻铸铁时,取 v_c=10~25 m/min;钻铝合金时,取 v_c=75~90 m/min。

(3) 钻孔时切削液的选用

钻孔时切削液的选用如表 2-5-6 所列。

表 2-5-6 钻孔时切削液的选用

麻花钻的种类	被钻削的材料		
	低碳钢	中碳钢	淬硬钢
高速钢麻花钻	用1%~2%的低浓度乳化液、电解质水溶液或矿物油	用3%~5%的中等浓度乳化液或极压切削油	用极压切削油
硬质合金麻花钻	一般不用,如用可选 3%~5%的中等浓度乳化液		用 10%~20%的高浓度乳化液或极压切削油

(4) 钻孔的方法

① 钻孔前,先将工件端面车平,中心处不允许留有凸台,以利于钻头正确定心。

② 找正尾座,使钻头中心对准回转中心,否则会将孔径钻大、钻偏甚至折断钻头。

③ 用细长麻花钻钻孔时,为防止钻头晃动,可在刀架上夹一挡铁,支顶钻头头部、帮助钻头定心,如图 2-5-12 所示。先使钻尖接近工件端面,然后控制中滑板,使挡铁逐渐接近并轻触钻头前端,摇动尾座手轮使钻头进给,当钻头定心后即可退出挡铁,继续钻进。

④ 钻小孔时,可先钻中心孔,再进行钻孔,以便于定心。

⑤ 对于钻孔径不大的孔,可以用钻头一次钻出,若孔径较大(超过 30 mm),应采用扩孔的加工方法。

⑥ 钻孔后需铰孔的工件,由于所留铰孔余量较少,因此钻孔时,当钻头钻进工件 1~2 mm 后,应将钻头退出,停车检查孔径,防止因孔径扩大没有铰削余量而报废。

⑦ 钻盲孔与钻通孔的方法基本相同,只是钻孔时需要控制孔的深度(见图 2-5-13)。

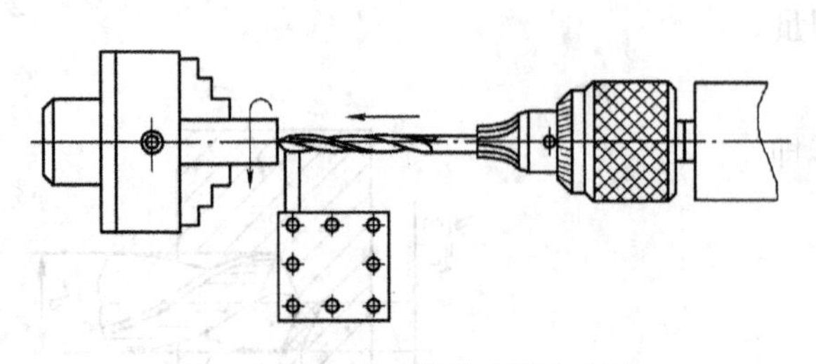

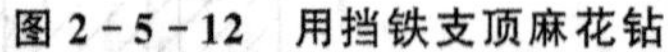

图 2-5-12 用挡铁支顶麻花钻

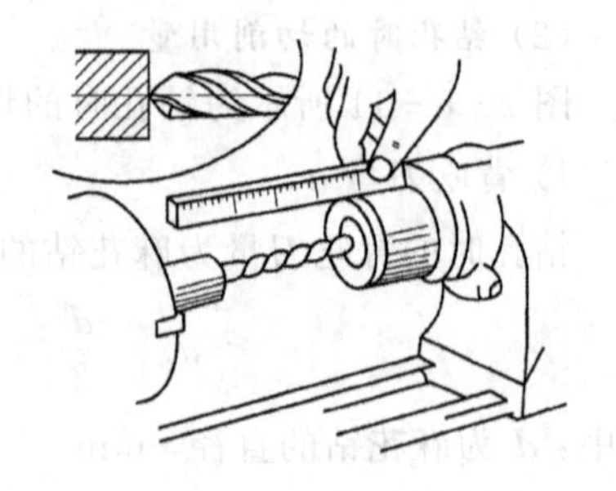

图 2-5-13 钻盲孔时孔深的控制

(5) 钻孔时的质量分析

钻孔时产生的废品，主要是钻出的孔大和孔歪斜，其产生原因及预防方法见表 2-5-7。

表 2-5-7 钻孔时产生废品的原因及预防方法

废品种类	产生原因	预防方法
孔歪斜	① 工件端面不平或与轴线不垂直	钻孔前车平端面，中心不能有凸台
	② 尾座偏移	调整尾座轴线与主轴轴线同轴
	③ 麻花钻刚度低，初钻时进给量过大	选用较短麻花钻或用中心钻先钻导向孔，初钻时进给量要小，钻削时应经常退出麻花钻，清除切屑后再钻
	④ 麻花钻顶角不对称	正确刃磨麻花钻
孔直径扩大	① 麻花钻直径选错	看清图样，仔细检查麻花钻直径
	② 麻花钻主切削刃不对称	仔细刃磨，使两条主切削刃对称
	③ 麻花钻未对准工件中心	检查麻花钻是否弯曲，钻夹头、衬套是否装夹正确

2. 扩 孔

常用的扩孔刀具有麻花钻和扩孔钻等。精度要求一般的工件，扩孔用麻花钻；精度要求较高的孔，其半精加工可使用扩孔钻扩孔。扩孔精度一般可达到 IT10～IT11，表面粗糙度 Ra 值为 12.5～6.3 μm。

孔径大于 30 mm 的孔一般采用扩孔的方法加工，即先用小直径钻头钻出底孔，再用大直径钻头钻至所要求的孔径。通常第一次选用钻头的直径为孔径的 0.5～0.7 倍。

(1) 用麻花钻扩孔

扩孔时，由于钻头横刃不参与工作，轴向力减小，走刀省力，又由于钻头外缘处的前角大，容易把钻头拉进去，使钻头在尾座套筒内打滑。因此，在扩孔时，可把钻头外缘处的前角修磨得小一些(见图 2-5-14)，对走刀量加以适当控制，不要因为钻进轻松而加大走刀量。

(2) 用扩孔钻扩孔

扩孔钻有高速钢扩孔钻和硬质合金扩孔钻两种，如图 2-5-15 所示。

扩孔钻在自动车床和镗床上用得较多，它的特点主要有：

① 扩孔钻的钻心粗，刚度高，且扩孔时背吃刀量小(见图 2-5-16)，切屑少，排屑容易，可提高切削速度和进给量。

② 扩孔钻一般有 3～4 个刀齿，与麻花钻相比，周边的棱边数量增多，导向性比麻花钻好，可以校正孔的轴线偏差，使其获得较正确的几何形状。

③ 扩孔时可避免横刃引起的不良影响，提高了生产率。

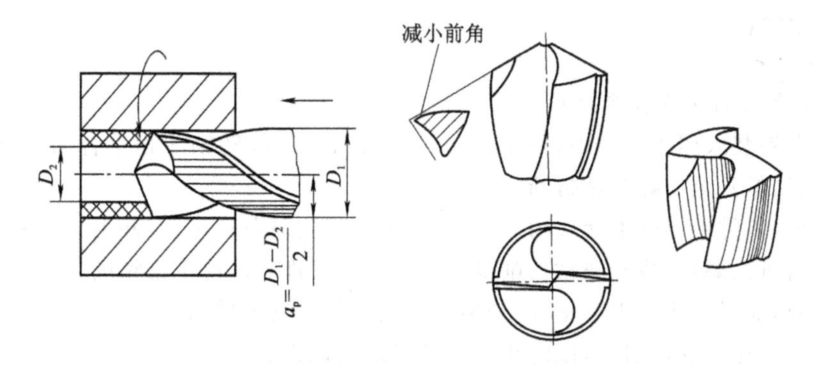

图 2-5-14　麻花钻扩孔示意图

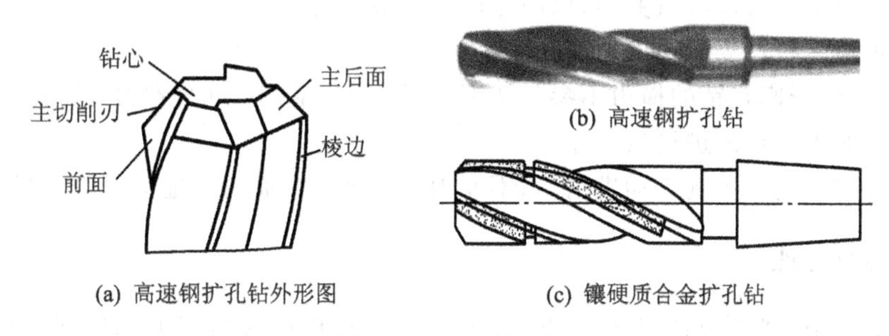

(a) 高速钢扩孔钻外形图　　(c) 镶硬质合金扩孔钻

图 2-5-15　扩孔钻

3. 锪　孔

用锪削方法加工平底或锥形沉孔的方法称为锪孔。车削中常用圆锥形锪钻锪锥形沉孔。圆锥形锪钻有 60°、90°和 120°等几种，如图 2-5-17 所示。60°和 120°锪钻用于锪削圆柱孔直径 $d>6.3$ mm 的中心孔的圆锥孔和护锥，90°锪钻用于孔口倒角或锪沉头螺钉孔。锪内圆锥时，为减小表面粗糙度值，应选取进给量 $f\leqslant0.05$ mm/r，切削速度 $v_c\leqslant$ 5 m/min。

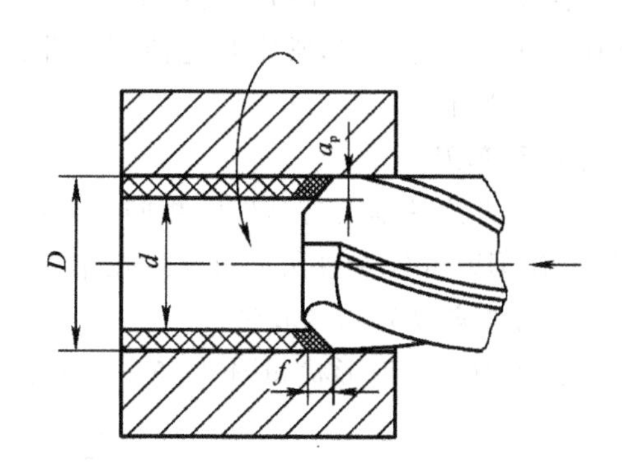

图 2-5-16　用扩孔钻扩孔

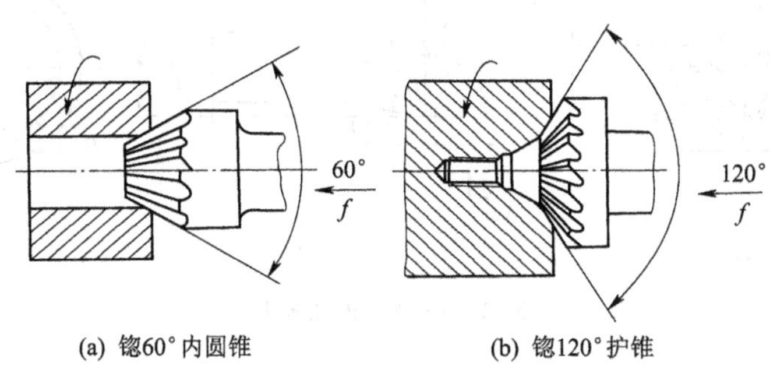

(a) 锪60°内圆锥　　(b) 锪120°护锥

图 2-5-17　锪钻和锪内圆锥

注意事项

钻孔及扩孔时的注意事项如下：

- 将麻花钻装入尾座套筒中，找正麻花钻轴线与工件旋转轴线相重合，否则可能会将孔钻大、钻偏甚至使麻花钻折断。
- 钻孔前，工件中心处不允许留有凸头，否则会影响麻花钻定心，甚至会使麻花钻折断。
- 起钻时进给要慢，待麻花钻切削部分全部进入工件后才可正常钻削。
- 钻孔时，如果麻花钻刃磨正确，切屑会从两螺旋槽均匀排出。
- 必须浇注充分的切削液，以防止麻花钻过热而退火。
- 必须经常退出麻花钻清除切屑，防止切屑堵塞而使麻花钻被“咬死”或折断。
- 工件即将钻穿时进给量要小，以防止麻花钻被“咬住”。
- 扩孔前应先将钻头外缘处的前角修小。
- 扩孔时，由于麻花钻的横刃不参与切削，进给力 F_f 减小，进给省力，故可采用比用麻花钻钻孔时大一倍的进给量。
- 在扩孔时应适当控制手动进给量，不要因为钻削轻松而盲目地加大进给量。

2.5.3 车圆柱孔

车孔是常用的孔加工方法之一，既可作为粗加工，也可作为精加工，加工范围很广。车孔精度可达IT7～IT8，表面粗糙度值 Ra 可达 1.6～3.2 μm，精细车削可达到更小 Ra0.8 μm。在车床上进行孔加工时，常常是先使用比孔径小 2 mm 左右的钻头进行钻孔，然后再用车孔刀对孔进行车削加工。

1. 车孔车刀

车孔的方法基本上与车外圆相同，但内孔车刀和外圆车刀相比有差别。根据不同的加工情况，内孔车刀可分为通孔车刀和盲孔车刀两种。

(1) 内孔车刀的几何形状

内孔车刀的几何形状如图 2-5-18 所示。

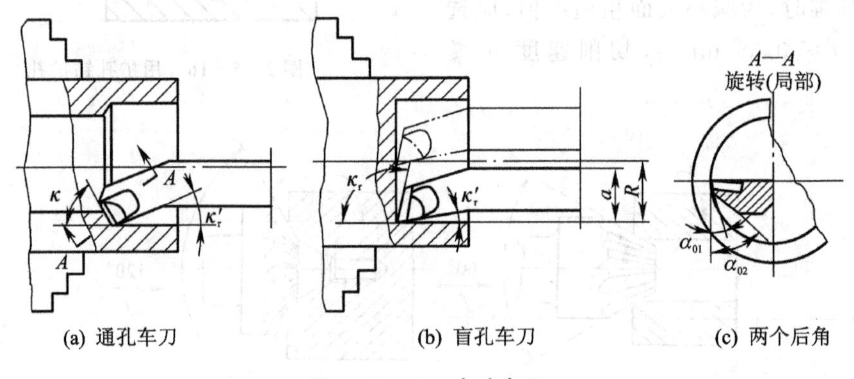

图 2-5-18 内孔车刀

1) 通孔车刀

其切削部分的几何形状基本上与75°外圆车刀相似。为了减小径向切削力，防止振动，主偏角一般取 60°～75°，副偏角取 15°～30°。为了防止车孔刀后刀面和孔壁的摩擦，以及不使车孔刀的后角磨得太大，一般磨成两个后角，α_{01}取 6°～12°，α_{02}取 30°左右。

2）盲孔车刀

盲孔车刀是车台阶孔或盲孔用的，切削部分的几何形状基本上与偏刀相似。它的主偏角一般取 92°～95°。车盲孔时，刀尖在刀杆的最前端，刀尖与刀杆外端的距离 a 应小于内孔半径 R，否则就无法车平孔的底平面。车台阶孔时，只要车刀与孔壁不碰即可。

为了节省刀具材料和增加刀杆强度，可以把高速钢或硬质合金做成很小的刀头（其切削部分的几何形状与外圆车刀相似，但方向相反），装在碳钢或合金制成的刀杆中，如图 2－5－19 所示，在顶端或上面用螺钉紧固。

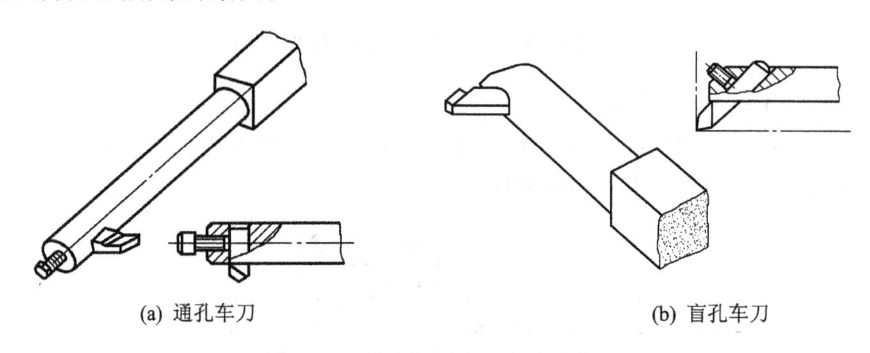

(a) 通孔车刀　　(b) 盲孔车刀

图 2－5－19　机械夹固式内孔车刀

（2）内孔车刀的刃磨

内孔车刀的切削部分基本上与外圆车刀相似，只是多一个弯头而已。

1）内孔车刀刃磨的步骤

根据内孔车刀的几何形状，按照下面步骤进行刃磨：

粗磨前面→粗磨主后面→粗磨副后面→粗、精磨前角并控制刃倾角→精磨主后面→精磨副后面→修磨刀尖圆弧。

2）内孔车刀卷屑槽方向的选择

当内孔车刀的主偏角为 45°～75°时，在主切削刃方向磨卷屑槽，能使其切削刃锋利，切削轻快，在切削深度较深的情况下，仍能保持它的切削稳定性，故适用于粗车。如果在副切削刃方向磨卷屑槽，在切削深度较浅的情况下，能达到较好的表面质量。

当内孔车刀的主偏角大于 90°时，在主切削刃方向磨卷屑槽，它适于纵向切削，但切削深度不能太深，否则切削稳定性不好，刀尖容易损坏。如果在副切削刃方向磨卷屑槽，它适于横向切削。

（3）车孔的关键技术

车孔的关键技术是提高内孔车刀刚度和控制排屑问题。

1）尽量增大刀柄的截面积

一般内孔车刀的刀尖位于刀柄的上面，即刀柄的截面积小于孔截面的 1/4（见图 2－5－20(a)）。如果让镗刀的刀尖位于刀柄的中心线上，则刀柄的截面积就可达到最大（见图 2－5－20(b)）。

内孔车刀的后面如果刃磨成一个大后角，则刀柄的截面积必然减小（见图 2－5－20(c)）。如果刃磨成两个后角（见图 2－5－20(d)），或将后面磨成圆弧状，则既可防止内孔车刀的后面与孔壁摩擦，又可使刀柄的截面积增大。

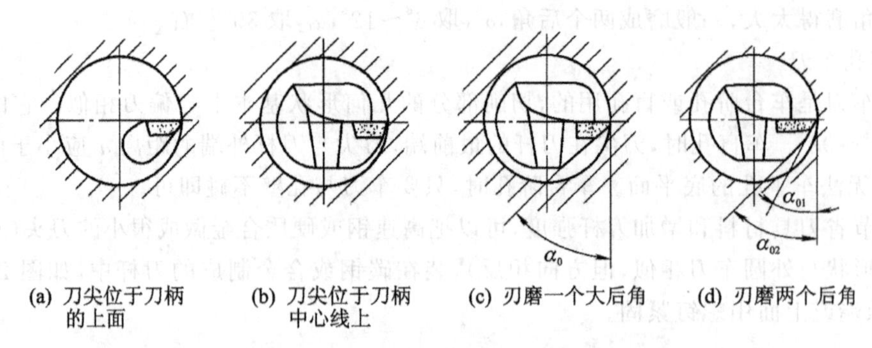

图 2-5-20 增大刀柄截面积

2）刀柄的伸出长度应尽可能短

如果刀柄伸出太长，则会降低刀柄刚度，容易引起振动。因此刀柄伸出长度只要略大于孔深就行了。图 2-5-21 所示为可调长刀柄内孔车刀。

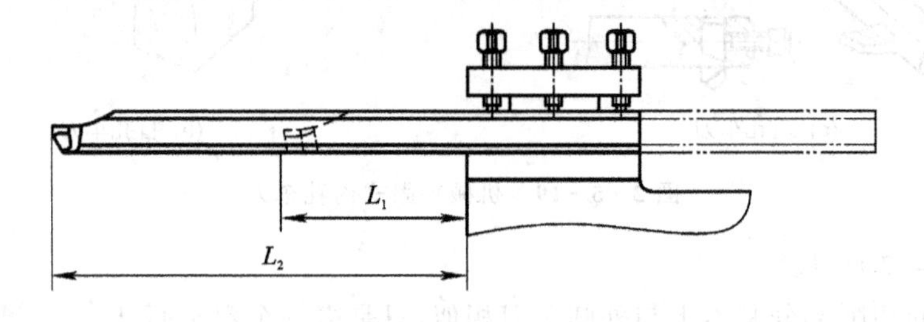

图 2-5-21 可调长刀柄内孔车刀

3）解决排屑问题

排屑问题主要是控制切屑流出的方向。精车孔时，要求切屑流向待加工表面(即前排屑)，前排屑主要是采用正值刃倾角的内孔车刀。车盲孔时，切屑从孔口排出(后排屑)，后排屑主要是采用负值刃倾角内孔车刀。

4）车孔时的切削用量

内孔车刀的刚度较差，排屑较困难，故车孔时的切削用量应选得比车外圆时要小。车孔时的背吃刀量 a_p 应比车外圆的小些；进给量 f 比车外圆时一般小 20%～40%；切削速度 v_c 比车外圆时低 10%～20%。

(4) 内孔车刀的装夹

内孔车刀安装正确与否，直接影响到车削情况及孔的精度，所以在安装时一定要注意：

① 刀尖必须与工件中心线等高或稍高一些，这样就能防止由于切削力大而使刀尖扎入工件，或造成孔径扩大。

② 刀柄伸出长度尽可能短，一般比孔深长 5～6 mm。

③ 刀柄基本平行于工件轴线，否则车削到一定深度时刀柄后半部分容易碰到工件孔口。

④ 安装盲孔车刀时，还要注意保证主偏角大于 90°(见图 2-5-18(b))，否则内孔底平面车不平，并且在车平面时要求横向有足够的退刀余地。

车刀安装后，应先在毛坯孔内走一遍，以防车孔时由于刀柄装得歪斜而碰到孔的表面。

2. 工件的安装

车内孔时，工件的安装一般用三爪或四爪卡盘装夹。有些工件除了有本身的尺寸精度和表面粗糙度要求外，还有它们之间相互位置精度的要求。最常遇到的是内、外圆的同轴度，端面与内孔轴线的垂直度，以及两平面的平行度等。因此要特别注意工件的装夹方法。

(1) 尽可能在一次装夹中完成车削

在一次装夹中加工内外圆和端面，见图 2-5-22。这种方法没有定位误差，如果车床精度高，则可获得较高的形位精度。但在车削时需要经常转换刀架，轮流使用各种刀具，尺寸较难掌握，切削用量也要时常改变。

(2) 以外圆为基准保证位置精度

在加工外圆直径很大、内孔直径较小、定位长度较短的工件时，多以外圆为基准来保证工件的位置精度。采用软卡爪来装夹工件是常用的方法。

软卡爪用未经淬火的钢料制成。整体式软卡爪，是在旧卡爪的前端焊上一块钢料车削而成(见图 2-5-23(a))。软卡爪的最大特点是工件几次装夹，仍能保证一定的相互位置精度，缩短了装夹、校正时间；其次，不易夹伤零件表面，又可根据零件的特殊形状相应地车制软爪。

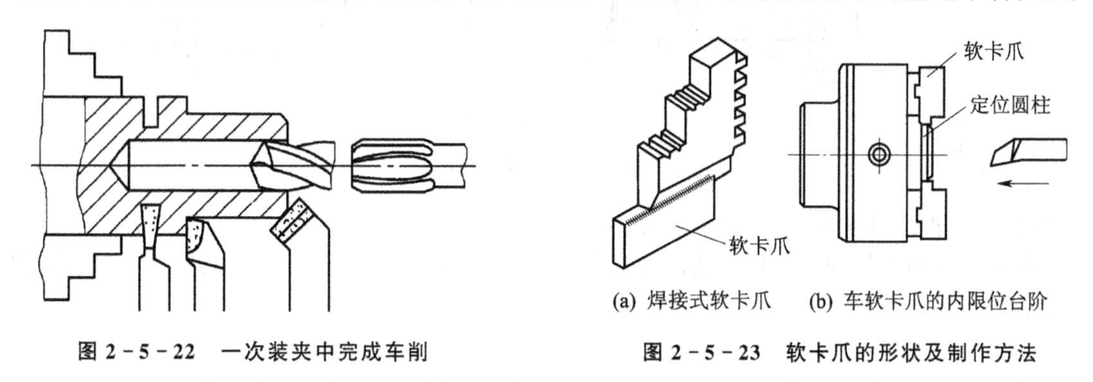

图 2-5-22　一次装夹中完成车削

图 2-5-23　软卡爪的形状及制作方法

为了保证软爪卡盘的精度，在车制软卡爪时应注意下列几点：

① 车削卡爪的直径与被装夹零件的直径基本相同(允差±0.1 mm)，并车出一个台阶，使工件正确定位。

② 车削软卡爪时，为了消除间隙，必须在卡爪内或卡爪外放一适当直径的定位圆柱或圆环。定位件的安放位置应与零件的装夹方向一致，如图 2-5-23(b)所示。

当软卡爪夹紧工件时，定位圆柱应放在卡爪的里面，用卡爪底部夹紧。

当软卡爪以工件内孔涨紧时，定位圆环应放在卡爪的外面。

③ 车削软卡爪时，由于是断续切削，切削量又小，为了车得精确，一般采用高速钢车刀车削。

④ 车削软卡爪或每次装卸零件时，都要固定使用同一个扳手孔，夹紧力也要均匀一致。改变扳手孔位置和夹紧力大小，都会改变卡盘平面螺纹的移动量，影响定位精度。

(3) 以内孔为基准保证位置精度

中小型的轴套、皮带轮、齿轮等零件，一般可用心轴(见图 2-5-24)以内孔作为定位基准，来保证工件的同轴度和垂直度。心轴由于制造容易，使用方便，因此得到广泛应用。

常用的心轴有下列几种：

1) 实体心轴

实体心轴有台阶心轴和小锥度心轴两种，如图 2-5-24(a)、(b)所示。当工件装上小锥度心轴后，依靠弹性变形，消除了工件内孔与心轴间的径向间隙，能满足同轴度要求较高的套类

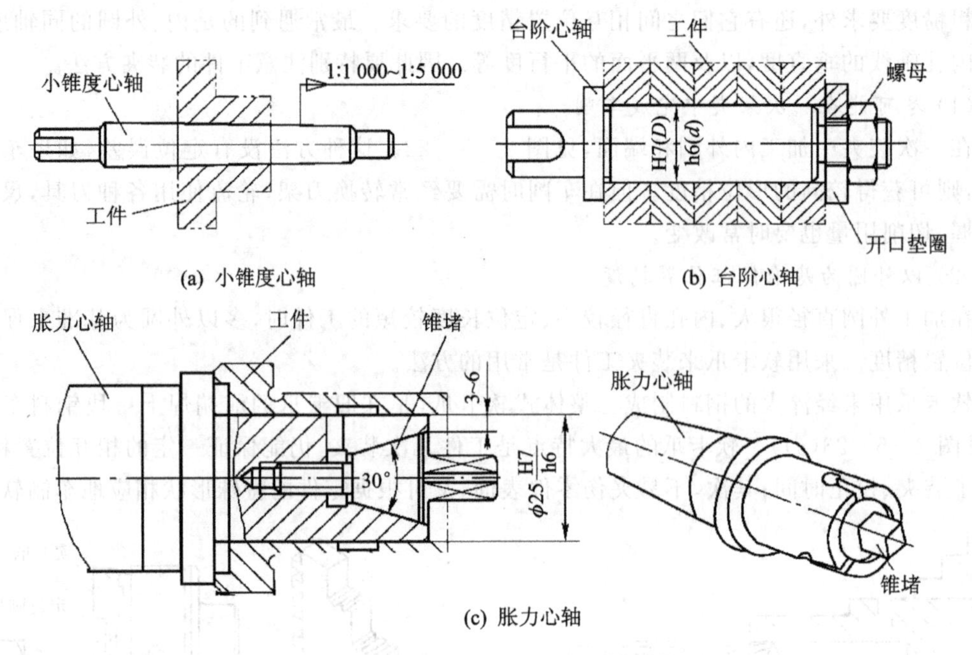

(a) 小锥度心轴　　(b) 台阶心轴

(c) 胀力心轴

图 2-5-24　各种常用心轴

零件的加工;但工件轴向无法定位,装卸不方便。

台阶心轴与零件内孔是较小的间隙配合,工件靠螺母来压紧,因此工件定心精度较差,但工件装卸方便,生产效率高。

2) 胀力心轴

胀力心轴依靠材料弹性变形所产生的力来固定工件,装卸方便,精度较高(见图 2-5-24(c))。

(4) 薄壁工件的安装

为减少薄壁零件的变形,一般采用下列方法装夹:

① 工件分粗、精车。粗车时夹紧些,精车夹得松些,这样可减小变形。

② 应用开缝套筒装夹。由于开缝套筒接触面大,夹紧力均匀分布在工件上,不易产生变形。这种方法还可以提高三爪卡盘的安装精度,达到较高的同轴度。

③ 应用软爪装夹。

3. 车孔的方法

(1) 车直孔方法

直孔车削基本上与车外圆相同,只是进刀和退刀的方向相反。粗车和精车内孔时也要进行试切和试测,其试切方法与试切外圆相同,即根据径向余量的一半横向进给,当车刀纵向切削至 2 mm 左右时纵向快速退出车刀(横向不动),然后停车试测。反复进行,直至符合孔径精度要求。

(2) 车台阶孔方法

① 车削直径较小的台阶孔时,由于观察困难,尺寸精度不易控制,所以通常操作步骤是:粗车小孔→精车小孔→粗车大孔→精车大孔。

② 车削直径大的台阶孔时,在便于测量和观察小孔的前提下,操作步骤是:粗车大孔→粗车小孔→精车小孔→精车大孔。

③ 车削孔径相差较大的台阶孔时,最好先使用主偏角 $\kappa_r=85°\sim88°$ 的车刀进行粗车,再用

盲孔车刀精车至要求。如果直接用盲孔车刀车削，背吃刀量不可太大，否则刀尖容易损坏。因为刀尖处于切削刃的最前沿，切削时刀尖先切入工件，承受力最大，加上刀尖本身强度差，所以容易碎裂。又由于刀柄细长，在纯轴向抗力的作用下，进刀深了容易产生振动和扎刀。

④ 控制车孔深度的方法。粗车时通常采用刀柄上刻线痕作记号(见图 2-5-25(a))，或装夹内孔车刀时安放限位铜片(见图 2-5-25(b))，以及利用床鞍和小滑板刻度线控制孔深等方法。精车时需用深度游标尺等量具控制尺寸。

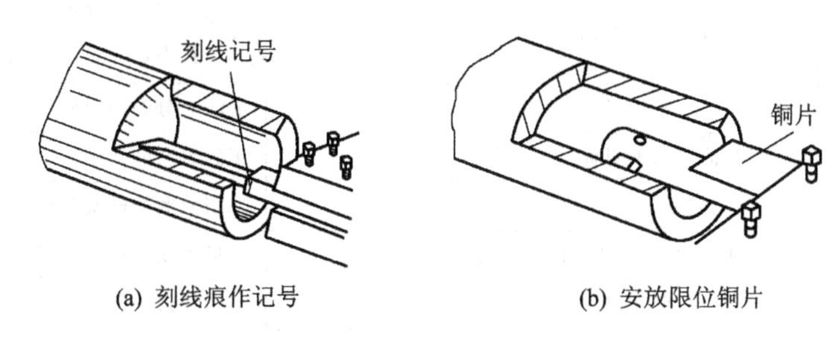

(a) 刻线痕作记号　　(b) 安放限位铜片

图 2-5-25　用刻线和限位片控制孔深

(3) 车盲孔的方法

盲孔加工中最重要的区分点在于盲孔底面的加工。

① 钻底孔。选择比孔径小 2 mm 的钻头钻底孔，钻孔深度从钻顶尖量起，并在钻头上刻线作记号，以控制钻孔深度。由于麻花钻顶角是±118°，所以内孔底平面是不垂直的，需用盲孔车刀把孔底平面车平。

② 盲孔车刀靠近工件端面，移动小滑板，使车刀刀尖与端面轻微接触，将小滑板或床鞍刻度调至零位。

③ 将车刀伸入孔口内，移动中滑板，刀尖进给至与孔口刚好接触时，车刀纵向退出，此时将中滑板刻度调至零位。

④ 用中滑板控制孔径的大小，先作纵向进给，离孔底面还有 2～3 mm 时，改为手动进给，通过观察或者手的感觉可知是否车到底面；最后可做横向进给，车平底面。

如果孔径较小，也可用相同直径的平头钻把底平面锪平，留精车余量(见图 2-5-26(a))。平头钻的后角不宜过大，外缘处前角要修磨得小些(见图 2-5-26(b))，否则容易引起扎刀现象，还会使孔底产生波浪形，甚至使钻头折断。如果加工盲孔，最好采用凸形钻心钻头以获得良好的定心效果，如图 2-5-26(c)所示。

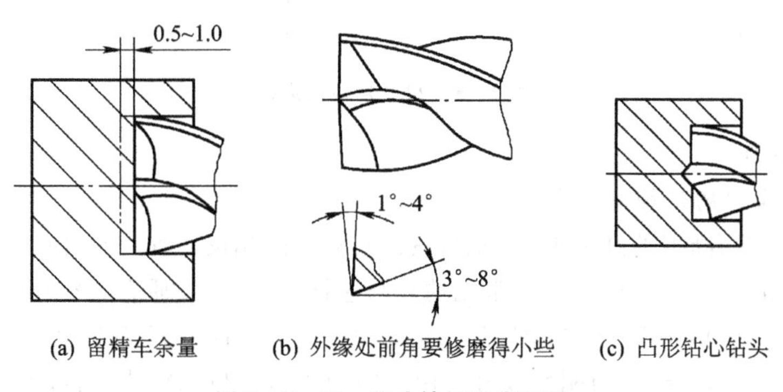

(a) 留精车余量　　(b) 外缘处前角要修磨得小些　　(c) 凸形钻心钻头

图 2-5-26　平头钻加工底平面

4. 产生废品的原因及预防方法

车削内孔产生废品的原因及预防方法如表 2-5-8 所列。

表 2-5-8 钻孔时产生废品的原因及预防方法

废品种类	产生原因	预防方法
尺寸不对	① 测量不正确	仔细测量
	② 车孔刀杆跟孔壁相碰	选择合适的刀杆直径，在开车前，先让车孔刀在孔内走一遍，检查是否相碰
	③ 工件的热胀冷缩	加注充分的切削液
	④ 麻花钻顶角不对称	正确刃磨麻花钻
内孔有锥度	① 刀具磨损	采用耐磨的硬质合金
	② 刀杆刚性差，产生“让刀”现象	尽量采用大尺寸的刀杆，减小切削用量
	③ 刀杆与孔壁相碰	正确装刀
	④ 车头轴线歪斜	检查机床精度，找正主轴轴线与床身导轨的平行度
	⑤ 床身不水平，使床身导轨与主轴轴线不平行	找正机床水平
	⑥ 床身导轨磨损。由于磨损不均匀，使进给轨迹与工件轴线不平行	大修车床

2.5.4 车内沟槽

孔内的沟槽，其截面形状有矩形(直槽)、圆弧形、梯形等几种。内沟槽在机器零件中起退刀、定位、密封、通气等作用，如图 2-5-27 所示。

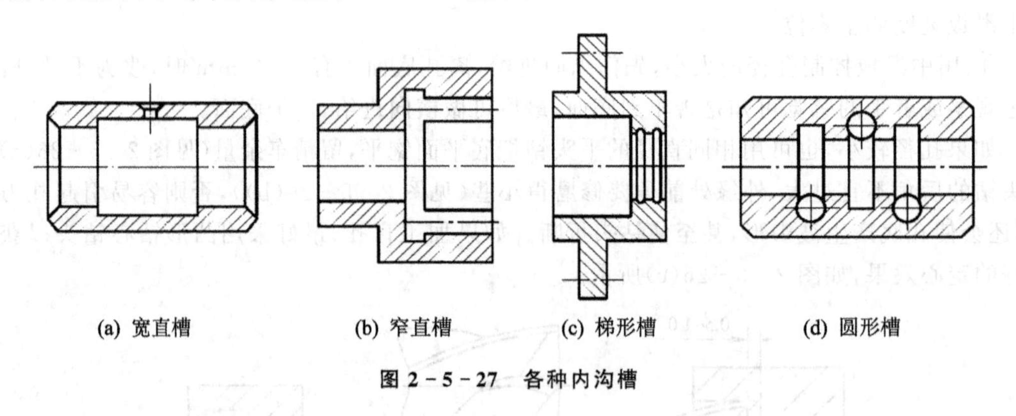

(a) 宽直槽　(b) 窄直槽　(c) 梯形槽　(d) 圆形槽

图 2-5-27 各种内沟槽

1. 内沟槽车刀

(1) 内沟槽车刀的结构与装夹

内沟槽车刀与切断刀的几何形状相似，只是装夹方向相反。加工小孔中的内沟槽时，车刀做成整体式，如图 2-5-27(a)所示。常见的有高速钢整体式、硬质合金整体式；加工较大孔中的内沟槽时，车刀可做成装夹式，即刀头做成切槽刀，然后把刀头装夹在刀柄上使用，如图 2-5-28(b)所示，这样车刀刚性较好。由于内沟槽通常与孔轴线垂直，因此要求内沟槽车刀的刀体与刀柄轴线垂直。

由于内沟槽车刀在孔中切削，所以也磨有两个后角。安装车刀时，应使主刀刃与内孔中心等高或略高，两侧副偏角须对称。采用装夹式内构槽车刀时，刀头伸出长度 a 应比槽深 h 大 1～2 mm，同时应保证刀头伸出长度与刀柄直径之和小于内孔直径，即 $D>d+a$，如图 2-5-28(c)所示。装夹时主切削刃应与内孔素线平行，否则会使槽底歪斜。

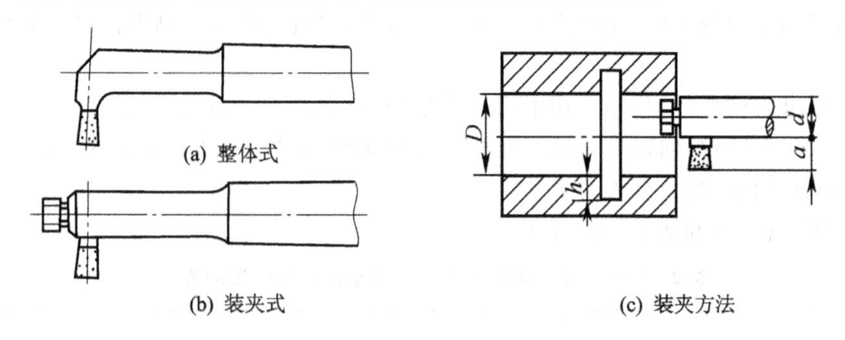

(a) 整体式

(b) 装夹式

(c) 装夹方法

图 2-5-28 内沟槽刀结构

由上可知，车削内沟槽时，刀杆直径受孔径和槽深的限制，比车孔时的直径还要小；另外，出屑特别困难，先要从沟槽内出来，然后再从内孔中排出，切屑的排出要经过转弯，所以车内沟槽比车孔还要困难。

(2) 内沟槽刀的刃磨

① 刃磨内沟槽刀与刃磨外圆切槽刀的方法基本相同。

刃磨顺序是：粗磨前面→粗磨主、副后面→精磨前面→精磨主、副后面。

② 刃磨内沟槽车刀应注意切削刃的平直以及角度、形状的正确与对称。

2. 内沟槽的车削方法

车内沟槽与车外沟槽的方法类似。宽度较小的或要求不高的窄沟槽，可用主切削刃宽度等于槽宽的内沟槽车刀，并采用直进法一次车出，如图 2-5-29(a)所示。精度要求较高或较宽的内沟槽，可采用直进法分几次车出，粗车时，槽壁和槽底留精车余量，然后根据槽宽、槽深进行精车，如图 2-5-29(b)所示。若内沟槽深度较浅，宽度较大，可用盲孔粗车刀先车出凹槽，如图 2-5-29(c)所示，再用内沟槽刀把沟槽两侧斜面修平成直角。

车削梯形密封槽时，一般是先使用内沟槽车刀车出直槽，然后再用样板刀车削成形，如图 2-5-29(d)所示。

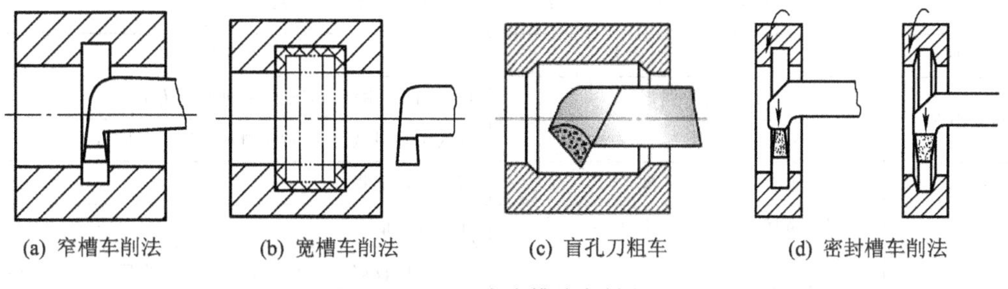

(a) 窄槽车削法　(b) 宽槽车削法　(c) 盲孔刀粗车　(d) 密封槽车削法

图 2-5-29 内沟槽的车削方法

(1) 直进法车削内沟槽的步骤

① 启动车床，移动刀架，使内沟槽车刀的主切削刃轻轻与孔壁接触，将中滑板刻度调至零位，确定槽深起始位置。

② 将内沟槽车刀的外侧刀尖与工件端面轻轻接触，并将床鞍刻度调至零位，以确定内沟

槽轴向起始位置。

③ 移动床鞍,使内沟槽车刀进入孔内,此时应观察床鞍刻度盘数值,以便控制内沟槽的轴向位置。

④ 反向转动中滑板手柄,使内沟槽车刀横向进给,并观察中滑板刻度值,以确保切至所需内沟槽深度。

⑤ 车刀在槽底稍作停留,使主切削刃修正槽底,减小其表面粗糙度值。

⑥ 先横向退刀,再纵向退刀。退刀时要避免内沟槽车刀与内孔孔壁擦碰而伤及内孔。

(2) 控制内沟槽深度和位置的方法

控制内沟槽深度和位置的方法见表 2-5-9。

表 2-5-9 车内沟槽时控制内沟槽深度和位置的方法

内 容	图 示	操作步骤
控制内沟槽的深度		① 确定车内沟槽的起始位置。摇动床鞍和中滑板,将内沟槽刀伸入孔中,使主切削刃轻轻与孔壁接触,此时将中滑板的刻度线调到零位。 ② 确定车内沟槽的终止位置。根据沟槽的深度计算出中滑板的进给格数,并在终点刻度位置上记下刻度值。 ③ 确定沟槽刀的退刀位置。主切削刃离开孔壁 0.2~0.3 mm,在刻度盘上做出退刀位置记号
控制内沟槽的轴向尺寸	L b	① 移动床鞍和中滑板,使内沟槽车刀主切削刃离工件端面 1~2 mm,移动小滑板使左刀刃与工件端面轻轻接触,将床鞍刻度线调整到零位。 ② 内沟槽轴向尺寸的小数部分用小滑板控制,因此也要将小滑板刻线对零。 ③ 移动床鞍使车刀进入孔内,进入深度为沟槽轴向位置尺寸 L 与沟槽车刀的主切削刃宽度 b 之和,即 $L+b$

3. 车内沟槽产生废品的原因及预防方法

车内沟槽时产生废品的主要有沟槽位置不对、槽宽不对及槽深太浅,其产生原因及预防方法如表 2-5-10 所列。

表 2-5-10 车内沟槽时产生废品的原因及预防方法

废品种类	产生原因	预防方法
位置不对	① 车刀定位尺寸计算错误	仔细测量,注意车刀轴向移进距离为 $L+b$
	② 大、小滑板刻度看错	细致耐心,特别要注意小滑板刻度盘的圈数
宽度不对	① 车狭槽时刀头宽度不准	刃磨应仔细测量
	② 当车宽槽时借刀尺寸不对	仔细计算借刀量
槽深太浅	① 刀杆刚性差,产生"让刀"	采用刚性较好的刀杆,切到所需尺寸后,让工件继续旋转,等到没有切屑出来时再退刀
	② 当内孔放有余量时,没有考虑进去	要把余量对槽深的影响考虑进去

2.5.5 铰圆柱孔

铰孔是用多刃铰刀切除工件孔壁上微量金属层的精加工孔的方法。由于铰刀的刀齿数量多，切削余量小，切削阻力小，导向性好，加工精度高，因此更适合加工细长孔。一般铰孔精度可达 IT7～IT9，表面粗糙度 Ra 值可达 0.8～3.2 μm。

1. 铰　刀

铰刀可分为机用铰刀和手用铰刀。机用铰刀有直柄和锥柄两种，铰孔时由于车床尾座定向，因此机用铰刀工作部分较短，主偏角较大，为 15°。手用铰刀的柄部做成方榫形，以便套入铰杠铰削工件。手用铰刀工作部分较长，主偏角较小，一般为 40′～4°。铰刀按切削部分材料分有高速钢铰刀和硬质合金铰刀。

（1）铰刀的几何形状

铰刀由工作部分和柄部及颈部组成，如图 2－5－30 所示，其各部分的作用见表 2－5－11。

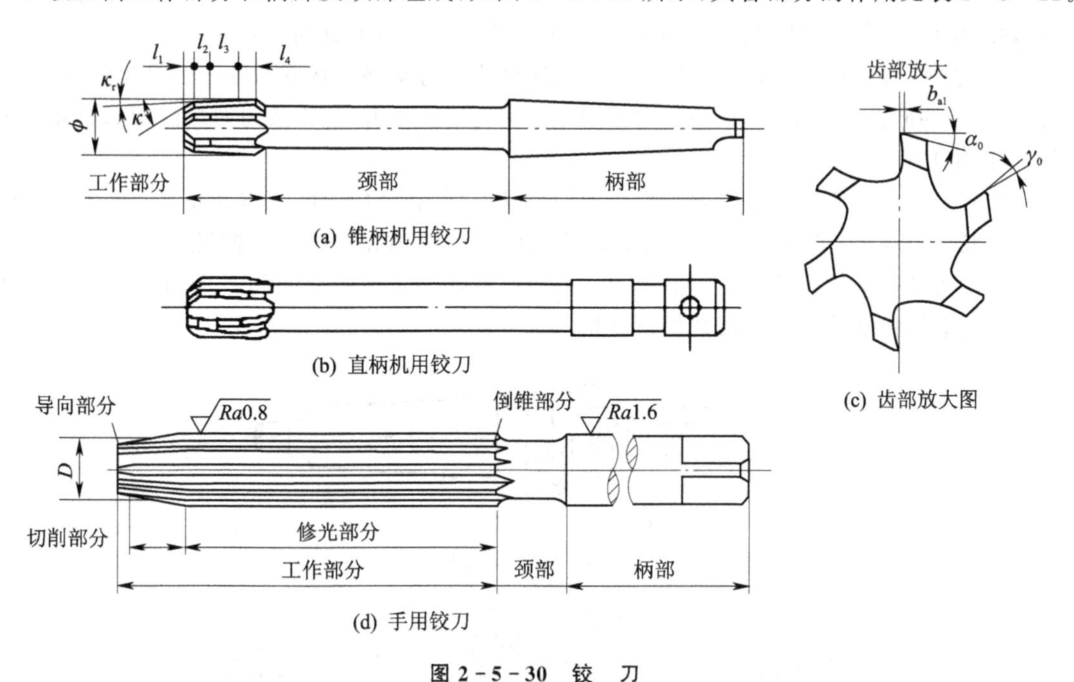

图 2－5－30　铰　刀

表 2－5－11　铰刀的组成及各部分作用

工作部分				颈　部	柄　部
引导部分 l_1	切削部分 l_2	修光部分 l_3	倒锥部分 l_4		
是铰刀开始进入孔内的导向部分，其导向角一般为 45°	担负主要切削工作，其切削锥角较小，因此铰削时定心好	修光部分上有棱边，它起定向、碾光孔壁、控制铰刀直径和便于测量等作用	可减小铰刀与孔壁之间的摩擦，还可防止产生喇叭孔和孔径扩大	在铰刀制造和刃磨时起空刀作用	用来夹持和传递转矩

（2）铰刀的选择

铰刀的精度主要取决于铰刀尺寸。铰刀的基本尺寸与孔的基本尺寸相同，因此只需要确定铰刀的公差即可。铰刀的公差由孔的精度等级、加工时出现的扩大量（或收缩量）、铰刀的磨损量来确定。

一般情况下，铰出孔的实际尺寸要比铰刀大一些，因此要求新铰刀的最大直径比孔的最大极限尺寸小一些。其计算公式如下：

上偏差＝2/3 被加工孔公差

下偏差＝1/3 被加工孔公差

注意事项

使用硬质合金铰刀铰削较软材料时，铰削过程中的挤压比较严重，弹性复原大，因而铰孔后的孔径有缩小的现象。这时就要适当增大铰刀的直径。如确定铰刀直径无法把握时，可通过试铰，根据实际情况选择铰刀的直径。

(3) 铰刀的装夹

在车床上铰孔时，一般将机用铰刀的锥柄插入尾座套筒的锥孔中，并调整尾座套筒轴线与主轴轴线相重合，如果尾座左右有偏移，铰出的孔将大于铰刀本身的尺寸。

对一般精度的车床，要求其主轴轴线与尾座轴线非常精确地在同一轴线上是比较困难的，为保证工件的同轴度小于 0.02 mm，常采用浮动套筒安装铰刀，即将铰刀通过浮动套筒插入尾座套筒的锥孔中。

图 2-5-31(a)所示为装夹圆锥柄铰刀的浮动刀杆，它利用中间套与套筒之间的间隙产生浮动，使铰刀自动定心进行铰削，浮动套筒装置中的圆柱销和中间套是间隙配合。图 2-5-31(b)所示为装夹圆柱柄铰刀的浮动装置，它是利用衬套与套筒之间的一定间隙而产生浮动的，衬套与套筒接触的端面与轴线保持严格的垂直。

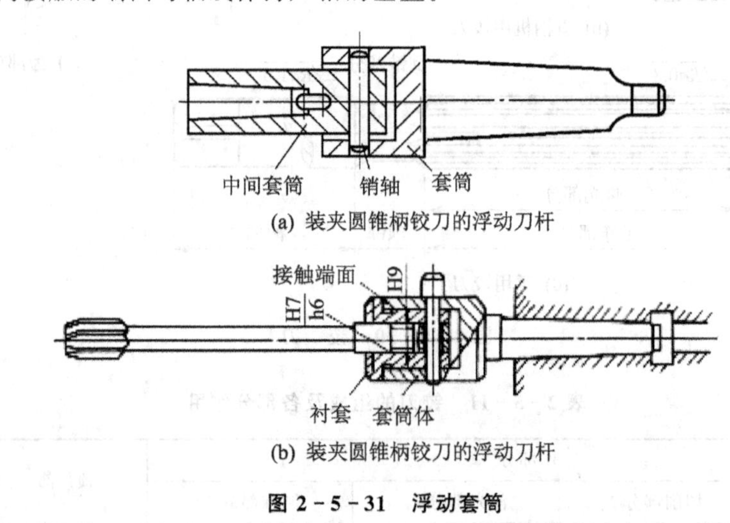

(a) 装夹圆锥柄铰刀的浮动刀杆

(b) 装夹圆锥柄铰刀的浮动刀杆

图 2-5-31 浮动套筒

2. 铰孔的方法

(1) 铰孔余量的确定

铰孔前，一般先车孔或扩孔，并留出铰削余量，余量的大小直接影响铰孔质量。余量太小，往往不能把前道工序所留下的加工痕迹铰去；余量太大，切屑挤满在铰刀的齿槽中，使切削液不能进入切削区，增大表面粗糙度值或使切削刃负荷过大而迅速磨损，甚至崩刃。

铰削余量一般为 0.08～0.15 mm，高速钢铰刀取小值，硬质合金铰刀取大值。

(2) 切削用量的选择

铰削时的背吃刀量是铰削余量的一半。

铰削时，切削速度越低，表面粗糙度值越小。铰削钢件时，其切削速度 $v_c \leqslant 5$ m/min；铰削铸铁时，其切削速度 $v_c \leqslant 8$ m/min。

铰削时，由于切屑少，而且铰刀上有修光部分，进给速度可快些。铰削钢件时，选用进给量 $f=0.2\sim1$ mm/r；铰削铸铁时，进给量 $f=0.4\sim1.5$ mm/r。粗铰用大值，精铰用小值。铰削盲孔时，进给量 $f=0.2\sim0.5$ mm/r。

(3) 切削液的选择

铰孔时，冷却润滑液和孔的扩张量与孔的表面粗糙度有一定的关系见表 2-5-12。

表 2-5-12　铰孔时切削液对孔径和孔表面粗糙度的影响

切削液	孔径变化情况	表面粗糙度值
水溶液切削液(乳化液)	比铰刀的实际直径略小	小
油类切削液(机油、柴油、煤油)	比使用乳化液铰出的孔稍大，而煤油比机油铰出的孔大	中
干铰	最大	大

(4) 铰孔方法

铰孔方法如表 2-5-13 所列。

表 2-5-13　铰孔方法

铰孔类型	图　示	操作步骤
铰通孔		① 摇动尾座手轮，使铰刀引导锥轻轻进入孔口，深度为 1～2 mm。 ② 启动机床，加注充分的切削液，双手均匀摇动手轮均匀地进给，当铰刀的工作部分的 3/4 超出孔末端时，即反向转动尾座手轮，将铰刀从孔内退出。注意铰刀退出时工件不能反转或停止转动
铰盲孔		① 启动机床，加切削液，摇动尾座手轮进行铰孔，当铰刀端部与孔底接触后会对铰刀产生轴向抗力，手动进给，当感觉到轴向抗力明显增加时，表明铰刀端部已到孔底，应立即将铰刀退出。 ② 铰较深的盲孔时，切屑排出比较困难，通常中途应退刀数次，用切削液和刷子清除切屑后再继续铰孔

注意事项

- 尽可能用浮动安装的铰刀铰孔。
- 铰孔结束后，最好从孔的另一端取出铰刀，否则会在表面上划出刀痕，更不允许车头倒转退刀。

3. 铰孔时产生废品的原因及预防方法

铰孔时产生的废品主要有孔扩大和孔不光，其产生原因及预防方法如表 2-5-14 所列。

表 2-5-14 铰孔时产生废品的原因及预防方法

废品种类	产生原因	预防方法
孔径扩大	① 铰刀直径太大	仔细测量,根据孔尺寸要求,研磨铰刀
	② 铰刀刃口径向振摆过大	重新修磨铰刀刃口
	③ 尾座偏,铰刀与孔中心不重合	校正尾座,使其对中,最好采用浮动套筒
	④ 切削速度太高,产生积屑瘤和使铰刀温度升高	降低切削速度,加充分的冷却润滑液
	⑤ 余量太多	正确选择铰削余量
表面粗糙度差	① 铰刀刀刃不锋利及刀刃上有崩口、毛刺	重新刃磨,不许有崩口和毛刺
	② 余量过大或过小	留适当的铰削余量
	③ 切削速度太高,产生积屑瘤	降低切削速度,用油石把积屑瘤从刀刃上磨去
	④ 冷却润滑液选择不当	合理选择冷却润滑液

2.5.6 圆柱孔与内沟槽的测量

1. 尺寸精度检测

(1) 孔径尺寸检测

测量孔径尺寸,当孔径精度要求较低时,可以用游标卡尺等进行测量;当孔径精度要求较高时,通常用塞规、内测千分尺或内径百分表结合千分尺进行测量。

1) 用塞规测量

塞规如图 2-5-32 所示,由过端 1、止端 2 和柄 3 组成。过端按孔的最小极限尺寸制成,测量时应塞入孔内。止端按孔的最大极限尺寸制成,测量时不允许插入孔内。当过端塞入孔内,而止端插不进去时,就说明此孔尺寸是在最小极限尺寸与最大极限尺寸之间,是合格的。

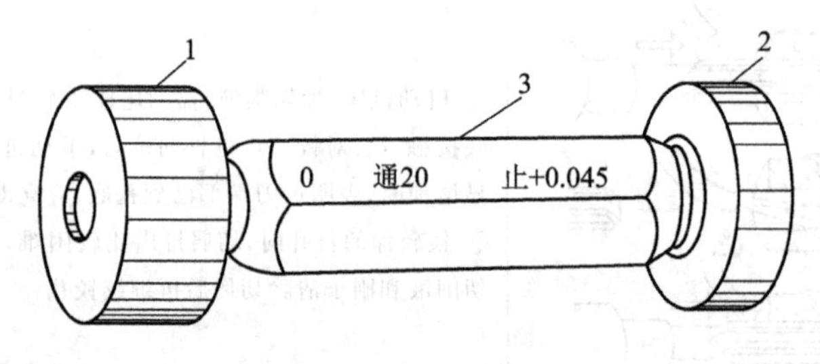

图 2-5-32 塞 规

2) 用内测千分尺测量

内测千分尺及其使用方法如图 2-5-33 所示。这种千分尺刻线方向与外径千分尺相反,当微分筒顺时针旋转时,活动量爪向左移动,量值增大。

3) 用内径百分表测量

内径百分表是用对比法测量孔径,因此使用时应先根据被测量工件的内孔直径,用外径千分尺将内径百分表对准零位后,方可进行测量。在测量时,为了测得准确尺寸,必须摆动内径千分表,如图 2-5-34 所示,所得的最小值就是孔的实际尺寸。

注意事项

在使用内径百分表时,必须注意表上的刻度盘不能转动,如果有转动,就必须重新校正零

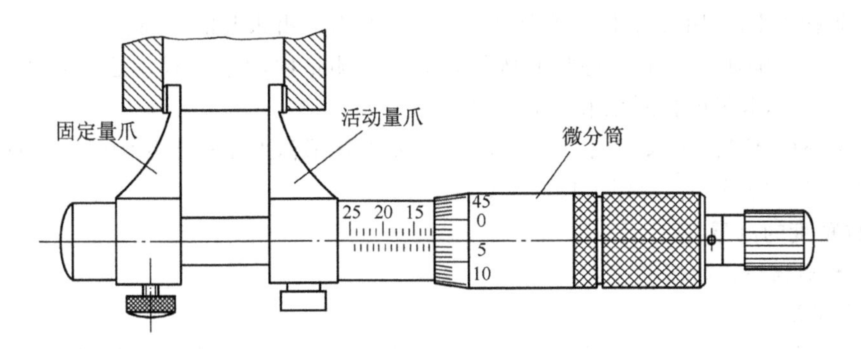

图 2-5-33 用内测千分尺测量

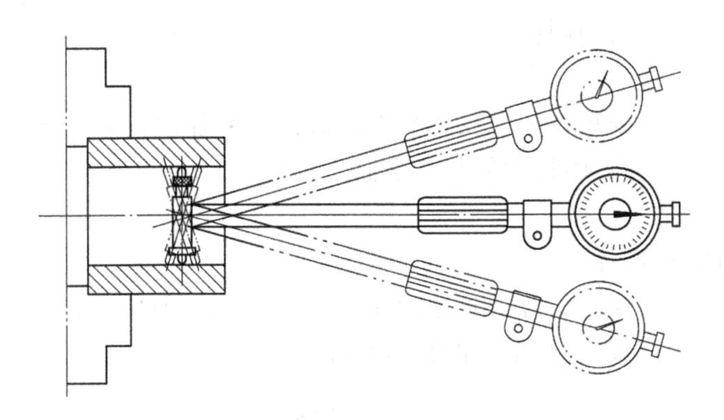

图 2-5-34 内径百分表的测量方法

位，否则不能测得准确尺寸。

(2) 内沟槽直径和宽度测量

如图 2-5-35 所示，深度较深的内沟槽一般用弹簧卡钳测量；内沟槽直径较大时，可用弯脚游标卡尺测量；内沟槽的轴向尺寸可用钩形游标卡尺测量；内沟槽的宽度可用样板或游标卡(当孔径较大时)测量。

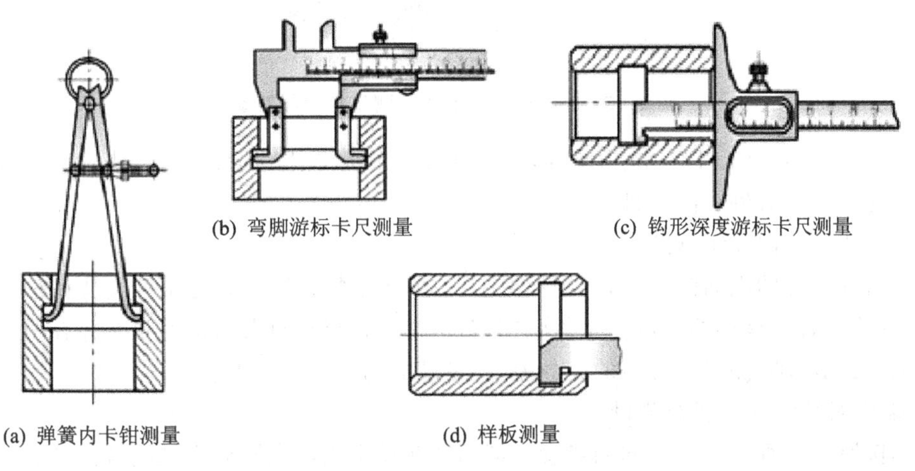

(a) 弹簧内卡钳测量

(b) 弯脚游标卡尺测量

(c) 钩形深度游标卡尺测量

(d) 样板测量

图 2-5-35 内沟槽的测量

图 2-5-35(a)所示，先用弹簧内卡钳测出内沟槽直径，然后把弹簧卡钳收小，从孔中取

出，回复到原来尺寸，再用游标卡尺或千分尺测出弹簧内卡钳张开的距离。

图 2-5-35(b)所示为采用特制的弯脚游标卡尺测量内沟槽直径。这时要注意，内沟槽的直径应等于游标卡尺的指示值和卡脚尺寸之和。

内沟槽的轴向位置，可采用图 2-5-35(c)所示的钩形深度游标卡尺测量。其宽度可用样板(图 2-5-35(d))、钢尺、游标卡尺测量。

2. 形位精度的测量

(1) 孔的形状误差的测量

1) 圆度误差

孔的圆度误差可用内径百分表检测。测量前应先用千分尺将内径百分表调到零位，测量时将测量头放入孔内，在垂直于孔轴线的某一截面内各个方向上测量，百分表读数最大值与最小值之差的一半即是该截面的圆度误差。

2) 圆柱度误差

孔的圆柱度误差可用内径百分表在孔全长的前、中、后各位置测量若干个截面，比较各个截面的测量结果，取所有读数中最大值与最小值之差的一半，即是孔全长的圆柱度误差。

(2) 位置误差的测量

1) 径向圆跳动误差的测量

如图 2-5-36 所示，以内孔为基准，把工件装在两顶尖之间的心轴上，用百分表检测。百分表在工件转一周中的读数，就是工件的径向圆跳动。

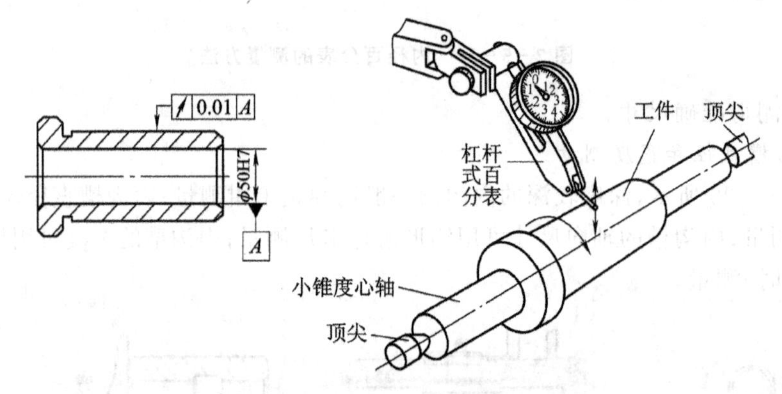

图 2-5-36 安装在心轴上测量径向圆跳动

如图 2-5-37 所示，以外圆为基准，把工件放在 V 形铁上，用杠杆百分表检测。这种方法可测量不能安装在心轴上的工件。

2) 端面圆跳动误差的测量

检测有孔工件的端面圆跳动，可用图 2-5-38 所示的方法。先把工件安装在精度很高的心轴上，利用心轴上极小的锥度使工件轴向定位，然后把杠杆百分表的测量头靠在所需要测量的端面上，转动心轴，测得百分表的读数差，就是端面的圆跳动误差。

3) 端面对轴线垂直度的测量

端面圆跳动与垂直度是不同的概念。端面圆跳动是指给定圆周上被测端面各点与垂直于基准轴心线的平面间最大、最小距离之差。这仅指给定圆周上旋转一周的误差值，而垂直度是整个端面的误差。因此，用端面圆跳动来评定垂直度是不正确的。

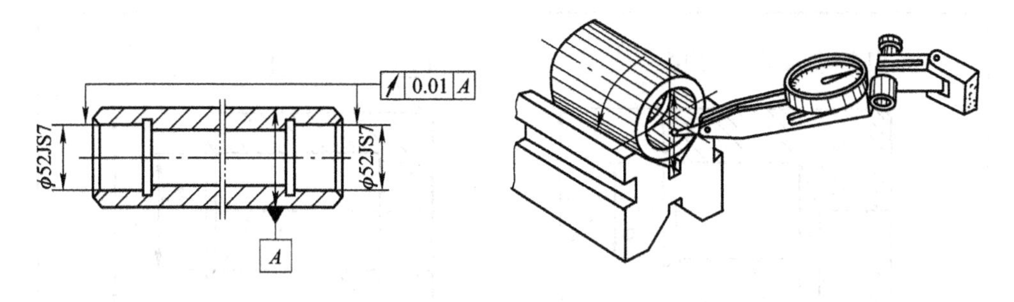

图 2-5-37　在 V 形铁上测量径向圆跳动

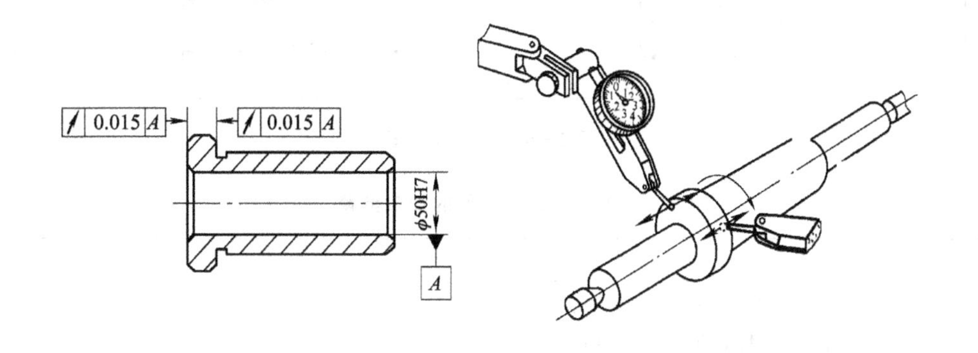

图 2-5-38　端面圆跳动的测量方法

检测端面的垂直度，必须经过两个步骤。首先要检查端面圆跳动是否合格，如果符合要求，再用第二个方法检测端面的垂直度。对于要求较低的工件，可用刀口尺检查平面度；对于精度要求较高的工件，可把工件套在心轴上检测。当端面圆跳动检查合格后，再把工件放在精度很高的平板上检测端面的垂直度，如图 2-5-39 所示。检测时，先校正工件的外缘相隔 90°四点的等高，然后用千分表从端面的最里一点向外拉出，千分表指示的读数差，就是端面的对内孔的垂直度误差。

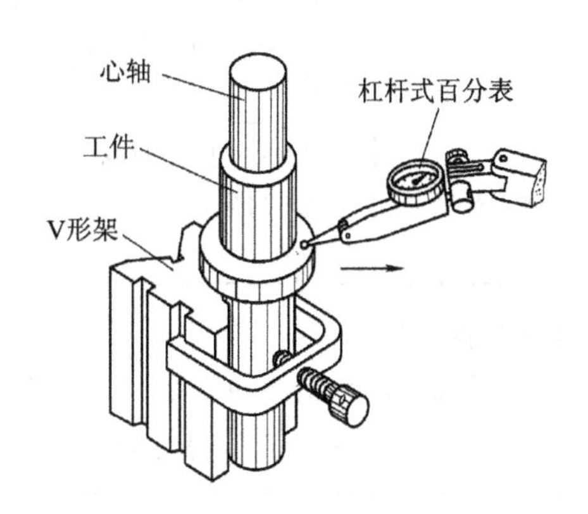

图 2-5-39　端面垂直度检测方法

2.5.7　技能训练

技能训练Ⅰ

如图 2-5-40 所示，先加工左图至尺寸要求，再镗孔至右图尺寸。材料为 45 钢。

【加工步骤】

图 2-5-40 中零件的加工步骤如表 2-5-15 所列。

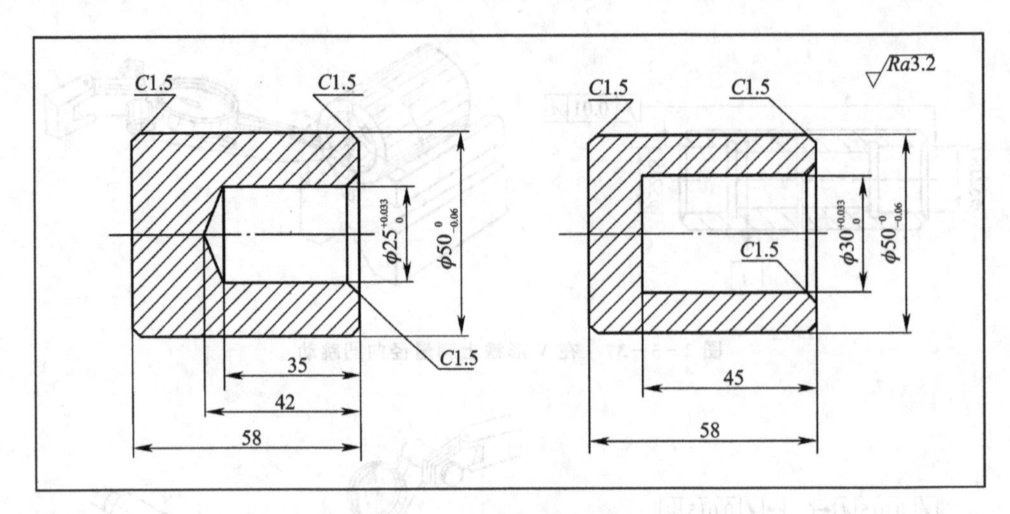

图 2-5-40　零件图

表 2-5-15　零件的加工步骤

工　序	操作步骤(见图 2-5-40)
1. 加工左图	用三爪卡盘夹毛坯外圆，伸出长度为 63 mm。 ① 粗、精车端面，粗车外圆； ② 钻中心孔，钻孔 $\phi12$，扩孔 $\phi23.5$； ③ 精车外圆 $\phi50_{-0.06}^{0}$ 至要求尺寸，长度约 65 mm，倒角，镗孔 $\phi25_{0}^{+0.033}$ 至要求尺寸，倒角； ④ 切断工件，保证工件长 59 mm； ⑤ 调头装夹，车端面至总长 58 mm，倒角； ⑥ 检测
2. 加工右图	① 重新装夹找正，粗、精镗孔 $\phi30_{0}^{+0.033}$ 至要求尺寸； ② 孔口倒角； ③ 检测

【质量检测】

零件的加工质量检测如表 2-5-16 所列。

表 2-5-16　质量检测(见图 2-5-40)

项　目	序　号	考核内容	配　分	评分标准	检　测	得　分
尺寸	1	$\phi50_{-0.06}^{0}$	10	超差 0.01 扣 1 分； 超差 0.03 以上不得分		
	2	$\phi30_{0}^{+0.033}$	30			
	3	$\phi25_{0}^{+0.033}$	30			
	4	42	6	超差 0.02 扣 1 分； 超差 0.06 以上不得分		
	5	45	10			
倒角	6	C1.5	4	不符合要求不得分		
其他	7	$Ra3.2$	5	降级不得分		
	8	安全文明生产	5	违章操作不得分		

技能训练Ⅱ

加工如图 2－5－41 所示的套筒 1，材料为 45 钢，单件。孔表面粗糙度均为 $Ra\,3.2\ \mu m$。

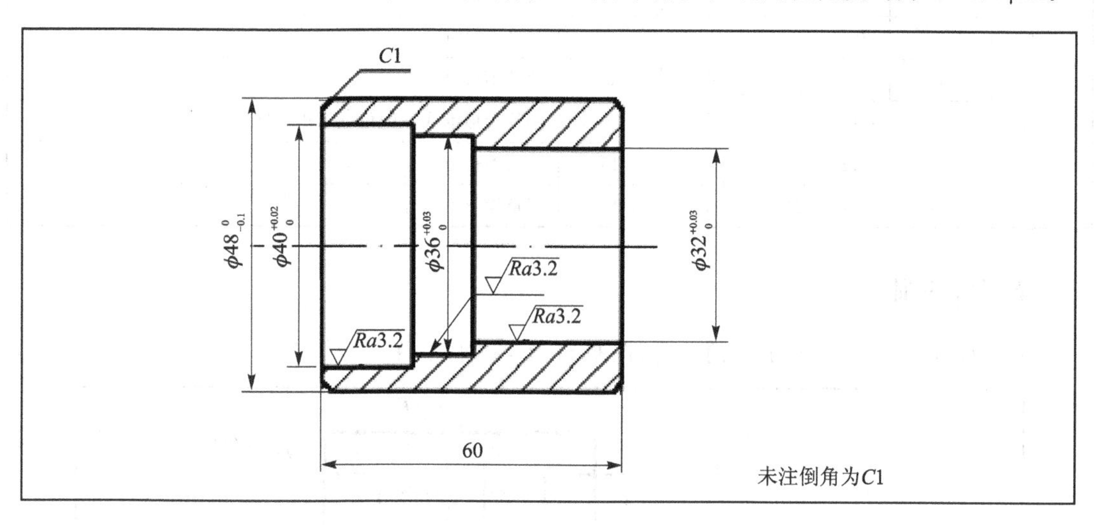

图 2－5－41　套筒 1

【工艺分析】

图 2－5－41 中的套筒结构比较简单，尺寸精度、形位精度、内孔表面精度不高，加工数量少，所以可以采用外圆定位，先钻孔后车孔的方法加工内孔(若批量生产应采用内孔定位)。

【加工步骤】

图 2－5－41 中套筒的加工步骤如表 2－5－17 所列。

表 2－5－17　套筒 1 的加工步骤

工　序	操作步骤(见图 2－5－41)
1. 用三爪卡盘夹毛坯外圆，伸出长度为 65 mm	① 车端面；倒角；车外圆 $\phi 48^{\ 0}_{-0.05}$ 至要求尺寸，长度约 65 mm； ② 切断工件，保证工件长 61 mm
2. 调头装夹	① 车端面，保证工件总长为 50 mm； ② 钻孔 $\phi 25$；粗精车通孔至 $\phi 32^{+0.033}_{\ 0}$，车台阶孔 $\phi 40^{+0.02}_{\ 0}\times 20$ mm、$\phi 36^{+0.033}_{\ 0}\times 10$ mm 至要求尺寸； ③ 倒角
3. 工件检测	检验并卸下工件

【质量检测】

套筒 1 的加工质量检测如表 2－5－18 所列。

表 2－5－18　质量检测(见图 2－5－41)

项　目	序　号	考核内容	配　分	评分标准	检　测	得　分
内外圆	1	$\phi 48^{\ 0}_{-0.1}$	10	超差不得分		
	2	$\phi 40^{+0.02}_{\ 0}$	15	超差不得分		
	3	$\phi 36^{+0.03}_{\ 0}$	15	超差不得分		
	4	$\phi 32^{+0.03}_{\ 0}$	15	超差不得分		

续表 2-5-18

项　目	序　号	考核内容	配　分	评分标准	检　测	得　分
长度	5	60	5	超差不得分		
	6	30	5	超差不得分		
	7	10	5	超差不得分		
倒角	8	$C1$	5	不符合标准或没倒角每处扣 2 分		
其他	9	$Ra3.2$	15	降级不得分		
	10	安全文明生产	10	违章操作不得分		

技能训练Ⅲ

加工如图 2-5-42 所示套筒 2 零件,材料为 45 钢,单件。

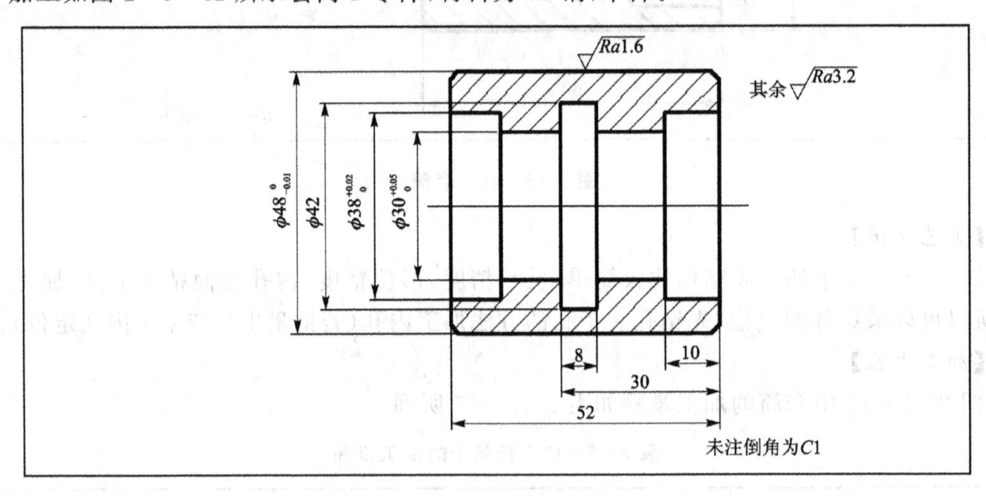

图 2-5-42　套筒 2

【工艺分析】

图 2-5-42 中是带内槽套筒零件,尺寸精度、形位精度、表面精度要求不高,内孔的加工方法为先钻后粗车、精车。因为是单件加工,宜采用外圆定位加工内孔的装夹方法,即先加工好外圆,再装夹外圆加工内孔。若是批量加工,则可采用内孔定位的装夹方法。

【加工步骤】

图 2-5-42 中套筒的加工步骤如表 2-5-19 所列。

表 2-5-19　套筒 2 的加工步骤

工　序	加工内容(见图 2-5-42)
1. 用三爪卡盘夹毛坯外圆,伸出长度为 58 mm	① 车端面,倒角,车外圆 $\phi 48_{-0.05}^{\ 0}$ 至要求尺寸,长度约 55 mm; ② 切断工件,保证工件长 53 mm
2. 调头装夹	① 车端面,保证工件总长为 52 mm; ② 钻通孔 $\phi 28$,粗精车通孔至 $\phi 30_{\ 0}^{+0.05}$,车台阶孔 $\phi 38_{\ 0}^{+0.02}\times 10$ mm,粗精车内沟槽 $\phi 42\times 8$ mm 至要求尺寸; ③ 倒角
3. 调头装夹	粗精车台阶孔 $\phi 38_{\ 0}^{+0.02}\times 10$ mm

【质量检测】

套筒 2 的加工质量检测如表 2-5-20 所列。

表 2-5-20 质量检测(见图 2-5-42)

项 目	序 号	考核内容	配 分	评分标准	检 测	得 分
内外圆	1	$\phi48_{-0.01}^{0}$	20	超差不得分		
	2	$\phi38_{0}^{+0.02}$	20	超差不得分		
	3	$\phi30_{0}^{+0.05}$	15	超差不得分		
	4	$\phi42$	10	超差不得分		
长度	5	52、30、10、8	10	超差不得分		
倒角	6	$C1$	5	不符合标准或没倒角每处扣 2 分		
其他	7	$Ra\,1.6$	5	降级不得分		
	8	$Ra\,3.2$	5	降级不得分		
	9	安全文明生产	10	违章操作不得分		

技能训练Ⅳ

加工如图 2-5-43 所示内沟槽零件,材料为 45 钢,毛坯 $\phi45\times60$ mm,单件。

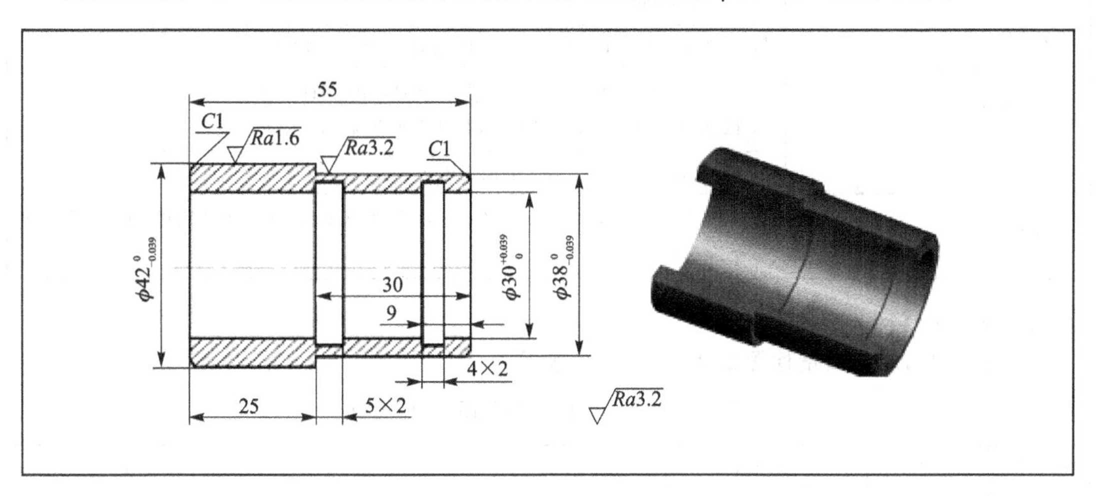

图 2-5-43 车内沟槽

【工艺准备】

(1) 刀 具

45°外圆车刀、90°外圆车刀、内孔镗刀($\phi25\times55$ mm)、整体式内沟槽刀(刀宽小于 4 mm)、$\phi25$ 麻花钻、常用工具。

(2) 量 具

0~150 游标卡尺、0~150 弯脚游标卡尺、25~50 mm 的百分尺。

【切削用量选取】

车内沟槽的切削用量选取如表 2-5-21 所列。

表 2-5-21 切削用量选取(见图 2-5-43)

序 号	刀 具	加工内容	主轴转速/(r·min^{-1})	进给速度/(mm·min^{-1})	背吃刀量/mm
1	45°外圆车刀	车端面	800	0.1	0.1～1
2	90°外圆车刀	粗车外圆	500	0.3	2
3		精车外圆	1 000	0.1	0.25
4	ϕ25 麻花钻	钻孔	250	—	—
5	内孔槽刀	车内沟槽	500	0.05	—
6	盲孔镗刀	粗车内孔	400	0.2	0.1
7		精车内孔	700	0.1	0.15

【加工步骤】

车内沟槽的加工步骤如表 2-5-22 所列。

表 2-5-22 车内沟槽的加工步骤

操作步骤	加工内容(见图 2-5-43)
1. 装夹工件	① 夹毛坯外圆,工件伸出卡爪 30 mm 左右,校正并夹紧。 ② 车平端面;钻 ϕ25 通孔
2. 车外圆	粗、精车 ϕ42×27 mm 外圆,并保证表面粗糙度,倒角 $C1$
3. 调头车外圆	① 工件调头装夹,校正并适当夹紧;车端面,同时保证 55 mm 总长。 ② 粗、精车 ϕ38×30 mm 外圆,并保证表面粗糙度;倒角 $C1$
4. 车孔	粗、精车 ϕ30 内通孔,并保证表面粗糙度
5. 车内沟槽	粗、精车 5 mm×2 mm、4 mm×2 mm 内槽,并保证长度尺寸和表面粗糙度;去毛刺并检查各尺寸,最后卸下工件

【质量检测】

车内沟槽的加工质量检测如表 2-5-23 所列。

表 2-5-23 质量检测(见图 2-5-43)

项 目	序 号	考核内容	配 分	评分标准	检 测	得 分
尺寸公差	1	$\phi42_{-0.039}^{0}$	10	超差 0.01 扣 2 分		
	2	$\phi38_{-0.039}^{0}$	10	超差 0.01 扣 2 分		
	3	$\phi30_{0}^{+0.039}$	10	超差 0.01 扣 2 分		
	4	4×2	10	超差不得分		
	5	5×2	10	超差不得分		
	6	9、30	10	超差不得分		
	7	25、55	10	超差不得分		
其他	8	$C1$、去毛刺 5 处	5	不合格不得分		
	9	Ra3.2(3 处)	15	降级不得分		
	10	安全文明生产	10	违章操作不得分		

技能训练Ⅴ

将实心毛坯 $\phi55\times103$ mm 加工成图 2－5－44 所示的衬套，材料为 45 钢。

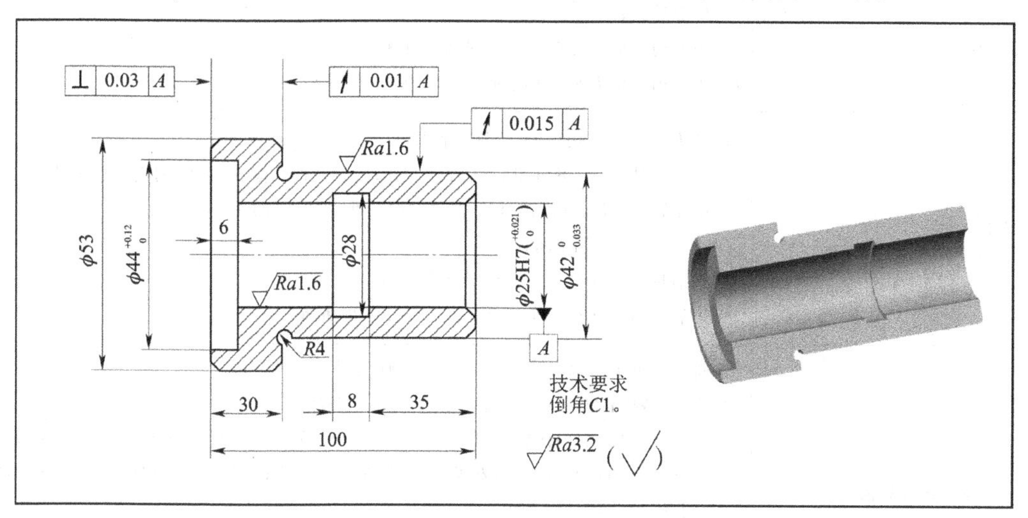

图 2－5－44　衬　套

【工艺分析】

图 2－5－44 中的衬套形位精度要求较高，加工时粗车、精车须分开。先粗车至图 2－5－45 所示的工序图，留精车余量，再精车至图纸要求。精车前按衬套加工工序图检测，看其尺寸是否留出余量，形状位置精度是否达到要求。

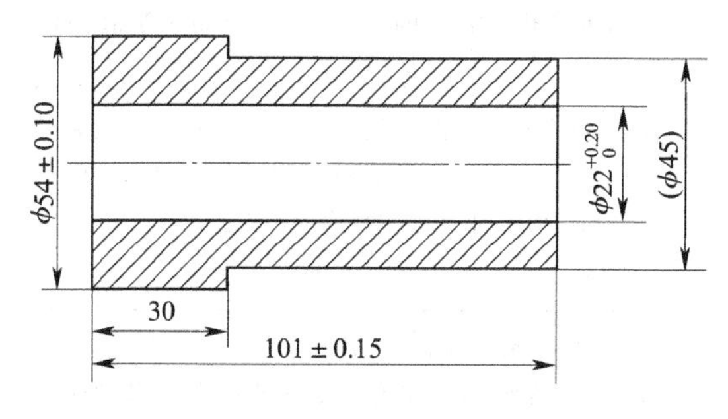

图 2－5－45　衬套加工工序图

【工艺准备】

(1) 刀　具

前排屑通孔车刀、后排屑盲孔车刀、45°车刀、装夹式内沟槽车刀、$R4$ 圆弧轴肩槽车刀、90°粗车刀、90°精车刀、铰刀。

(2) 量　具

0～150 游标卡尺，0～25 mm 和 25～50 mm 的百分尺、内径百分表、$\phi25$H7 的塞规、90°角尺、钩形游标深度尺、半径样板、宽度为 8 mm 的样板、内卡钳。

(3) 工　具

三爪自定心卡盘、软卡爪、浮动套筒、胀力心轴、活扳手、弹簧。

【加工步骤】

衬套的加工步骤如表 2－5－24 所列。

表 2-5-24 衬套的加工步骤

工 序	加工内容(见图 2-5-44)
1.刃磨刀具	① 修整砂轮； ② 刃磨前排屑通孔车刀和后排屑通孔车刀； ③ 刃磨内沟槽刀和 $R4$ 的轴肩槽刀(见图 2-5-46(a))
2. 车孔	① 装夹前排屑通孔车刀、后排屑盲孔车刀、45°车刀； ② 装夹工件：为防止车孔时工件轴向移动，以及便于多次装夹，利用工序图中 $\phi45\times69$ mm 的外圆作为限位台阶，装夹衬套后粗车孔(见图 2-5-46(b))； ③ 用 45°车刀车平端面； ④ 用前排屑通孔车刀将 $\phi22$ 孔车至 $\phi24$； ⑤ 用后排屑盲孔车刀车 $\phi44\times6.3$ mm，分粗、精车
3. 车内沟槽和轴肩槽	① 将工件拆下，用软卡爪装夹 $\phi54$ 外圆(见图 2-5-46(c))。 ② 换刀，装内沟槽刀、90°粗车刀、$R4$ 的轴肩槽刀。 ③ 车 $\phi28\times8$ mm 内沟槽(见图 2-5-46(d))。先粗车内沟槽，槽壁和槽底留精车余量 0.5 mm，注意槽距的位置和偏差；再精车 $\phi28\times8$ mm 内沟槽，同时保证内沟槽的位置尺寸为 30.5 mm。 ④ 扳转车 90°粗车刀至工作位置，将 $\phi44$ 外圆车削至 $\phi43$。 ⑤ 车 $R4$ 的圆弧轴肩槽，同时操纵中、小滑板，车 $R4$ 的圆弧轴肩槽至符合要求(见图 2-5-46(e))
4. 半精车内孔	① 将工件拆下，为防止车孔时工件轴向移动，可利用 $\phi43$ 的外圆端面作为限位台阶； ② 用莫氏 3 号锥精铰刀铰削内孔； ③ 半精车孔：留铰削余量 0.08～0.12 mm，半精车孔径至符合要求
5. 铰孔	① 选择铰刀：根据孔径公差 0.021 mm，可确定铰刀基本尺寸为 25 mm，上偏差为 $0.021\times2/3=0.014$ mm，下偏差为 $0.021\times1/3=0.007$ mm；将铰刀的莫氏锥柄装入浮动套筒的内锥面，再装入尾座套筒内。 ② 铰孔
6. 精车端面	① 扳转 90°精车刀至工作位置。 ② 用 90°精车刀机动进给车 $\phi54$ 的左端面，使端面表面粗糙度和端面圆跳动达到要求，同时保证 $\phi44$ 台阶孔的长度为 6 mm
7. 倒角	旋转 90°精车刀，使副切削刃与工件端面成 45°，紧固车刀，倒角 $C1$
8. 精车外表面	① 拆下工件，卸下卡盘； ② 装夹胀力心轴； ③ 装夹工件：擦净工件的内孔及端面，将衬套轻轻套入胀力心轴上，并使端面靠紧；用扳手拧紧锥堵的方榫，胀紧工件； ④ 精车 $\phi53$ 外圆； ⑤ 精车 $\phi42_{-0.039}^{\ 0}$ 外圆； ⑥ 精车 $\phi53$ 右端面； ⑦ 定总长； ⑧ 倒角 $C1$，$\phi53$ 右端倒角，$\phi42_{-0.039}^{\ 0}$ 外圆右端倒角，$\phi25$H7 的内孔右孔口处倒角

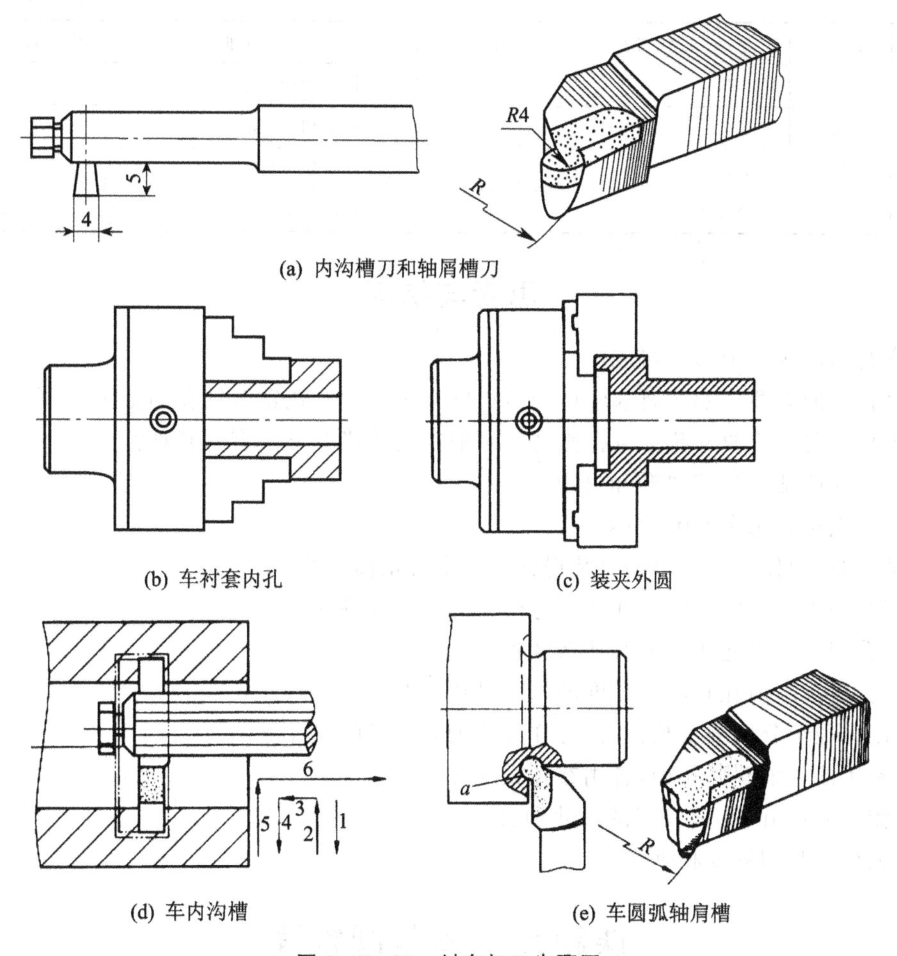

(a) 内沟槽刀和轴肩槽刀

(b) 车衬套内孔　　(c) 装夹外圆

(d) 车内沟槽　　(e) 车圆弧轴肩槽

图 2－5－46　衬套加工步骤图

【质量检测】

衬套的加工质量检测如表 2－5－25 所列。

表 2－5－25　质量检测(见图 2－5－44)

项　目	序　号	考核内容	配　分	评分标准	检　测	得　分
尺寸公差	1	$\phi42_{-0.039}^{\ 0}$	10	超差 0.01 扣 1 分		
	2	$\phi25H7(^{+0.021}_{\ 0})$	10	超差 0.01 扣 1 分		
	3	$\phi44^{+0.12}_{\ 0}$	8	超差 0.01 扣 2 分		
	4	$\phi28$	5	超差不得分		
	5	$\phi53$	5	超差不得分		
	6	6、35	8	超差不得分		
	7	30、100	8	超差不得分		
形位公差	8	↗ 0.02 A	10	超差 0.01 扣 1 分		
	9	↗ 0.015 A	10	超差 0.01 扣 1 分		
	10	⊥ 0.03 A	8	超差 0.01 扣 1 分		

续表 2-5-25

项　目	序　号	考核内容	配　分	评分标准	检　测	得　分
其他	11	$C1$、$R4$	5	不合格每处扣1分		
	12	$Ra1.6$	3	每处降级扣1.5分		
	13	$Ra3.2$	5	每处降级扣1分		
	14	安全文明生产	5	违章操作不得分		

思考与练习

1. 麻花钻由哪几个部分组成?
2. 麻花钻的刃磨有哪些要求? 试分析刃磨不正确的麻花钻对钻孔的影响?
3. 为什么要对普通麻花钻进行修磨? 一般常用的修磨方法有哪几种?
4. 怎样才能钻得“直”、“准”的孔?
5. 为什么镗孔比车外圆困难?
6. 精车时,为什么镗刀刀尖要装得比工件中心稍高一些?
7. 镗孔的关键技术问题是什么? 怎样改善镗刀的刚性?
8. 通孔镗刀与不通孔镗刀有什么区别?
9. 试分析车削内孔时产生锥度的原因是什么?
10. 用内径千分尺测量孔径时,怎样才能测到正确的尺寸?
11. 常用的心轴有哪几种,各用在什么地方?
12. 铰削 $\phi30$ 孔径,求铰刀的尺寸和公差。
13. 怎样检验同轴度和垂直度?

课题六　车削圆锥面

教学要求

◆ 掌握万能角度尺的正确使用方法。
◆ 熟练掌握车削锥度的步骤和方法,并能正确检测。
◆ 遵守操作规程,养成良好的安全、文明生产习惯。

圆锥在机械制造业中应用广泛,圆锥配合具有配合紧密、自动定心、自锁性好、装拆方便、互换性好等优点,常用于机床主轴、尾座锥孔、圆锥齿轮、顶尖、工具和刀具锥柄等。通过本课题的介绍和训练,可以学会锥度的车削与测量方法。

2.6.1　圆锥的基本参数

1. 圆锥的基本参数及其计算公式

与轴线成一定角度,且一端相交于轴线的一条直线段 AB,围绕着该轴线旋转形成的表面,称为圆锥表面(简称圆锥面),如图 2-6-1(a)所示。其斜线称为圆锥母线。如果将圆锥体的尖端截去,则成为一个截锥体,如图 2-6-1(b)所示。

圆锥是由圆锥表面与一定尺寸所限定的几何体。圆锥可分为外圆锥和内圆锥两种。通常把外圆锥称为圆锥体,内圆锥称为圆锥孔。

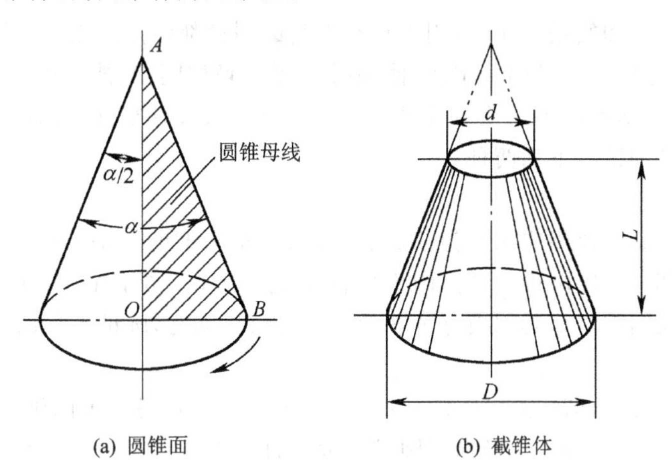

(a) 圆锥面 (b) 截锥体

图 2-6-1 圆 锥

如图 2-6-2 所示为圆锥各部分的参数。表 2-6-1 所列为圆锥的计算公式。

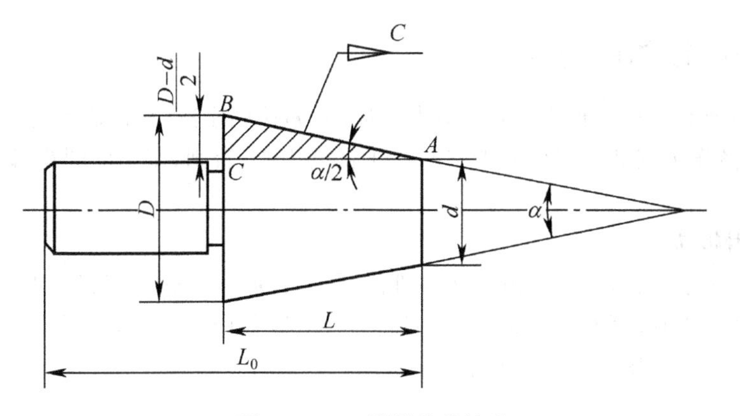

图 2-6-2 圆锥体的计算

表 2-6-1 圆锥的计算公式

基本参数	定 义	计算公式
锥度 C/mm	锥度是两个垂直圆锥轴线截面的圆锥直径差与该两截面间的轴向距离之比	$C=\frac{D-d}{L}$
圆锥半角 $\alpha/2$/(°)	圆锥角 α 是通过圆锥轴线的截面内,两条素线间的夹角	$\tan\frac{\alpha}{2}=\frac{D-d}{2L}=\frac{C}{2}$
圆锥大端直径 D/mm	圆锥最大处直径	$D=d+CL=d+2L\tan\frac{\alpha}{2}$
圆锥小端直径 d/mm	圆锥最小处直径	$d=D-CL=D-2L\tan\frac{\alpha}{2}$
圆锥长度 L/mm	圆锥最大端处直径与最小端处直径的轴向距离	$L=\frac{D-d}{C}=\frac{D-d}{2\tan\frac{\alpha}{2}}$

2. 熟悉标准圆锥

为了降低生产成本和使用方便，常用工具和刀具的圆锥都已标准化。也就是说，圆锥的各部分尺寸，都按照规定的几个号码来制造，使用时只要号码相同，就能紧密配合和互换。标准圆锥已在国际上通用，即不论哪一个国家生产的机床或工具，只要符合标准圆锥都具有互换性。常用的标准工具圆锥有下列两种：

(1) 莫氏圆锥

莫氏圆锥是机械制造业中应用最为广泛的一种，如车床上的主轴锥孔、顶尖锥柄、麻花钻锥柄和铰刀锥柄等都是莫氏圆锥。莫氏圆锥号有0、1、2、3、4、5、6七个号，其中最小的是0号，最大的是6号。莫氏圆锥是从英制换算过来的。当号数不同时，圆锥半角也不同。

(2) 米制圆锥

米制圆锥有7个号码，即4、6、80、100、120、160和200。号码代表圆锥的大端直径，其锥度固定不变，即$C=1:20$；如100号米制圆锥的大端直径$D=100$ mm，锥度$C=1:20$。米制圆锥的优点是锥度不变。

与其他型面相比，圆锥体的加工除保证尺寸精度、表面粗糙度以外，还需要满足角度和锥度的要求。

2.6.2 车削圆锥体的方法

车圆锥体主要有下列4种方法：转动小滑板法、偏移尾座法、靠模法和宽刃刀法。车锥体时，必须特别注意车刀安装的刀尖要严格对准工件的中心；否则，车出的圆锥母线不是直线，而是双曲线。

1. 转动小滑板法

转动小滑板车削圆锥，是将小滑板按零件的要求转动一个圆锥半角(圆锥母线与车床主轴轴线的夹角)，使车刀移动的方向和圆锥母线平行，然后紧固其转盘，再摇动进给手柄进行切削，即可车出外圆锥，如图2-6-3所示。

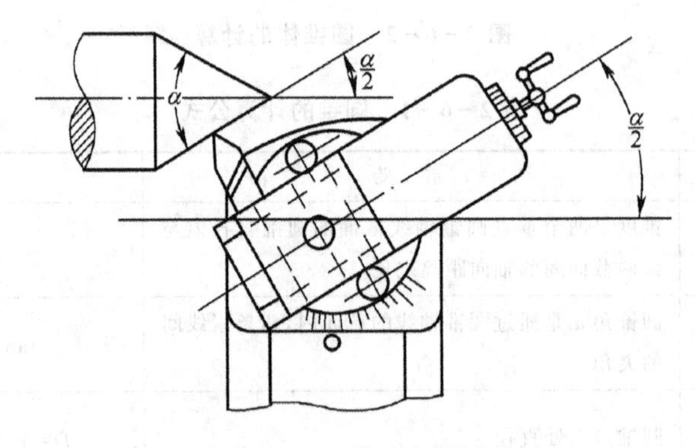

图2-6-3 转动小滑板法

(1) 确定小滑板的转向和转角

车外圆锥和内圆锥工件时，如果圆锥大端直径靠近主轴，圆锥小端直径靠近尾座方向，小滑板则应逆时针方向转动一个圆锥半角；反之，则应顺时针方向转动一个圆锥半角。表2-6-2所列为小滑板转向和转角示例。

表 2-6-2　小滑板转向和转角示例

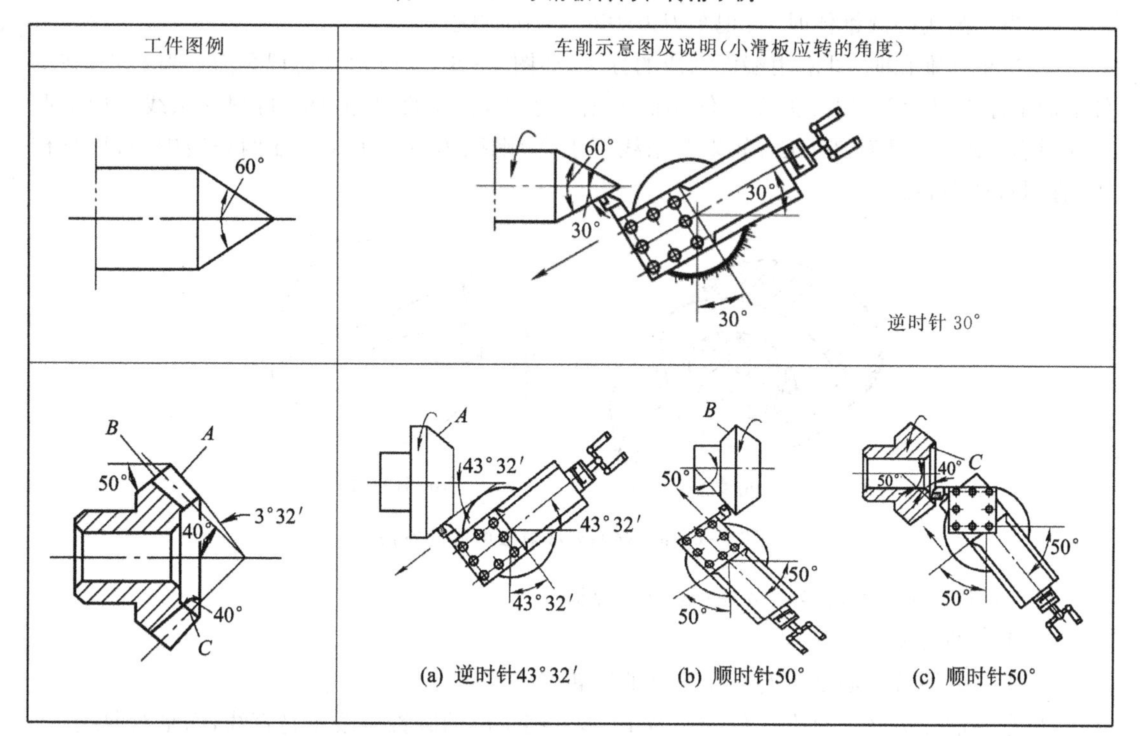

(2) 调校小滑板角度的常用方法

根据小滑板上的角度来确定锥度,其精度不是很高,当车削标准锥度和较小的角度时,一般可用锥度套规或塞规,用着色检验的方法,逐步校正小滑板所转动的角度。当车削角度较大的工件时,可用样板或角度游标尺来检验。

若需要车削的工件已有样件或标准塞规,这时可用百分表校正锥度的方法,如图 2-6-4 所示。先把样件安装在两顶尖之间,然后在刀架上安装一只百分表,把小滑板转动一个所需的 $\alpha/2$ 角度,把百分表的测量头垂直接触在样件上。移动小滑板,观察百分表摆动的情况。如果指针摆动为零,则锥度已校正。用这种方法校正锥度,既迅速又方便。也可直接用百分表调校,如图 2-6-5 所示。

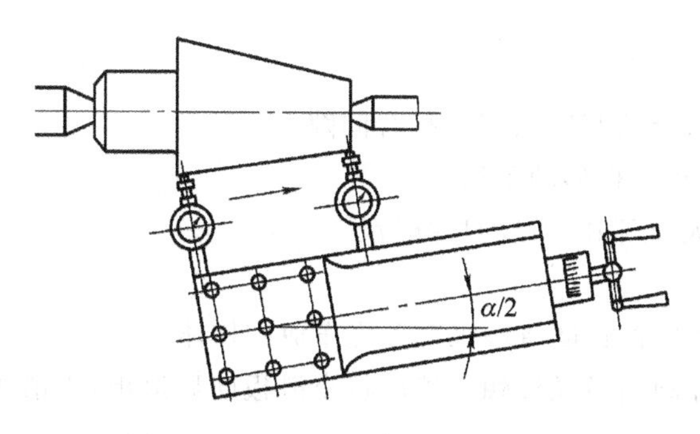

图 2-6-4　用百分表找正圆锥角度

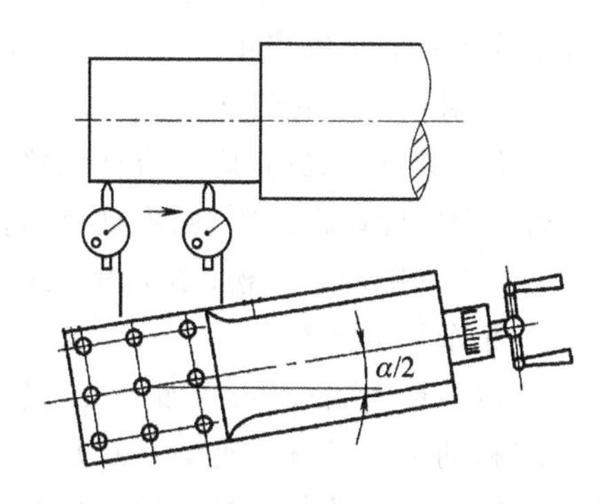

图 2-6-5　直接用百分表找正圆锥角度

(3) 车刀对准中心的方法

① 当车削实心圆锥体时,可把车刀刀尖对准端面中心。

② 当车圆锥孔时,可采用端面划线的方法,如图 2-6-6 所示。先把车刀大概装正,在工件端面上涂上显示剂,用刀尖在工件端面上划一条线,把工件转过 180°再划一条线。如果两条线重合,则车刀已对准中心;如果两条线不重合,则把车刀刀尖调整在两条线中间,反复校正,直到对准中心。

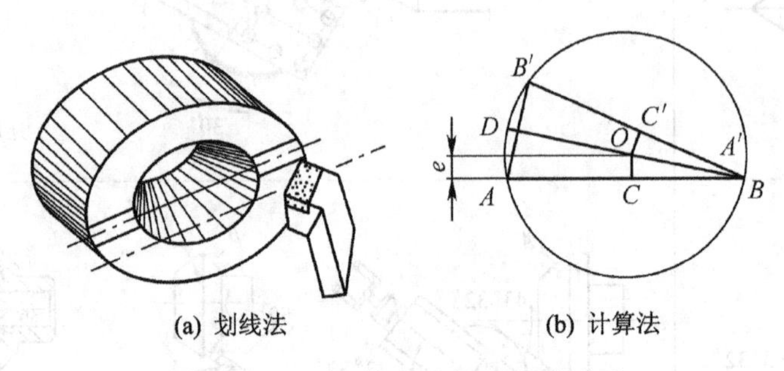

(a) 划线法　(b) 计算法

图 2-6-6　端面划线对准中心的方法

(4) 车削外圆锥面的车削方法(转动小滑板)

1) 车刀的装夹

① 工件的回转中心必须与车床主轴的回转中心重合。

② 车刀的刀尖必须对准工件的回转中心,否则车出的圆锥素线不是直线,而是双曲线。

③ 车刀的装夹方法及车刀刀尖对准工件回转中心的方法与车端面时装刀方法相同。

2) 转动小滑板的方法

① 用扳手将小滑板下面转盘上的两个螺母松开。

② 按工件上外圆锥面的倒、顺方向确定小滑板的转动方向。

③ 根据确定的转动角度 $\alpha/2$ 和转动方向转动小滑板至所需位置,使小滑板基准零线与圆锥半角 $\alpha/2$ 刻线对齐,然后锁紧转盘上的螺母。

④ 当圆锥半角 $\alpha/2$ 不是整数值时,其小数部分用目测的方法估计,大致对准后再通过试车逐步找正。

转动小滑板时,可以使小滑板转角略大于圆锥半角 $\alpha/2$,但不能小于 $\alpha/2$。转角偏小会使圆锥素线车长而难以修正圆锥长度尺寸。

3) 小滑板镶条的调整

车削外圆锥面之前,应检查和调整小滑板导轨与镶条间的配合间隙。

若配合间隙调得过紧,则手动进给费力,小滑板移动不均匀。

若配合间隙调得过松,则小滑板间隙太大,车削时刀纹时深时浅。

4) 粗车外圆锥面

① 按圆锥大端直径(增加 1 mm 余量)和圆锥长度将圆锥部分先车成圆柱体。

② 移动中、小滑板,使车刀刀尖与轴端外圆面轻轻接触。然后将小滑板向后退出,中滑板刻度调至零位,作为粗车外圆锥面的起始位置。

③ 按刻度移动中滑板向前进给并调整吃刀量,开动车床,双手交替转动小滑板手柄,手动进给速度应保持均匀一致和不间断。当车至终端时,将中滑板退出,小滑板快速后退复位。

④ 重复步骤③,调整吃刀量,手动进给车削外圆锥面,直至工件能塞入套规约 1/2 为止。

⑤ 用套规、样板或万能角度尺检测圆锥锥角，找正小滑板转角。

用套规检测圆锥角的方法：将套规轻轻套在工件上，用手分别捏住套规左、右两端并上下摆动，应均无间隙，如图 2－6－7(a)所示。若大端有间隙，如图 2－6－7(b)所示，则说明圆锥角太小。若小端有间隙，如图 2－6－7(c)所示，则说明圆锥角太大。这时可松开转盘螺母，按需用铜锤轻轻敲动小滑板使其微量转动，然后拧紧螺母。试车后再检测，直至找正为止。

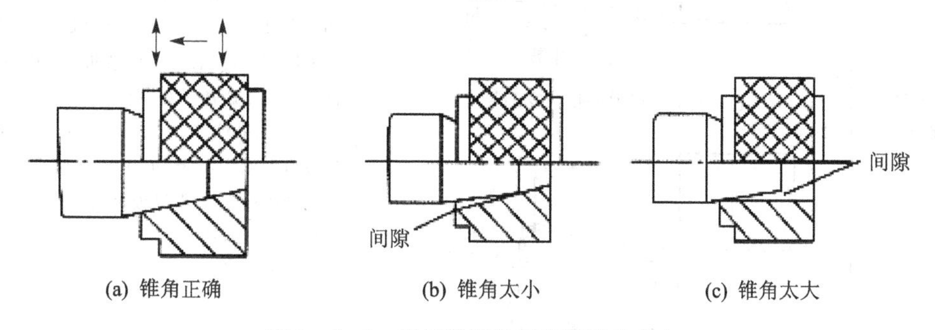

(a) 锥角正确　(b) 锥角太小　(c) 锥角太大

图 2－6－7　用间隙部位判定圆锥角大小

⑥ 找正小滑板转角后，粗车圆锥面，留精车余量 0.5～1 mm。

5）精车外圆锥面

小滑板转角调整准确后，精车外圆锥面主要是为提高工件的表面质量和控制外圆锥面的尺寸精度。因此，精车外圆锥面时，车刀必须锋利、耐磨，进给必须均匀、连续。表 2－6－3 所示为车圆锥时尺寸精度的控制方法。

(5) 转动小滑板法车圆锥的特点

① 因受小滑板行程限制，只能加工圆锥角大且锥面不长的工件。

② 在同一工件上加工不同角度的圆锥时调整方便。

③ 只能手动进给，劳动强度大，表面粗糙度较难控制。转动小滑板法操作简便，角度调整范围广，适用于单件、小批量生产。

表 2－6－3　车圆锥时尺寸测量与背吃刀量的控制方法

方　法	图　示	步　骤
用中滑板调整背吃刀量	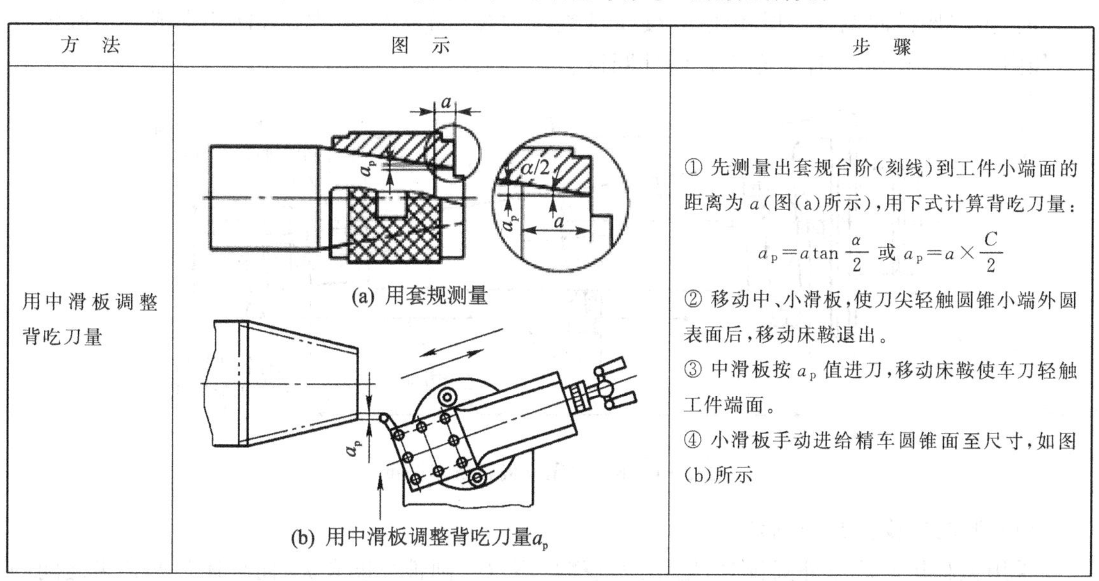 (a) 用套规测量 (b) 用中滑板调整背吃刀量a_p	① 先测量出套规台阶(刻线)到工件小端面的距离为 a(图(a)所示)，用下式计算背吃刀量： $a_p=a\tan\frac{\alpha}{2}$ 或 $a_p=a\times\frac{C}{2}$ ② 移动中、小滑板，使刀尖轻触圆锥小端外圆表面后，移动床鞍退出。 ③ 中滑板按 a_p 值进刀，移动床鞍使车刀轻触工件端面。 ④ 小滑板手动进给精车圆锥面至尺寸，如图(b)所示

续表 2-6-3

方 法	图 示	步 骤
用移动床鞍法调整背吃刀量	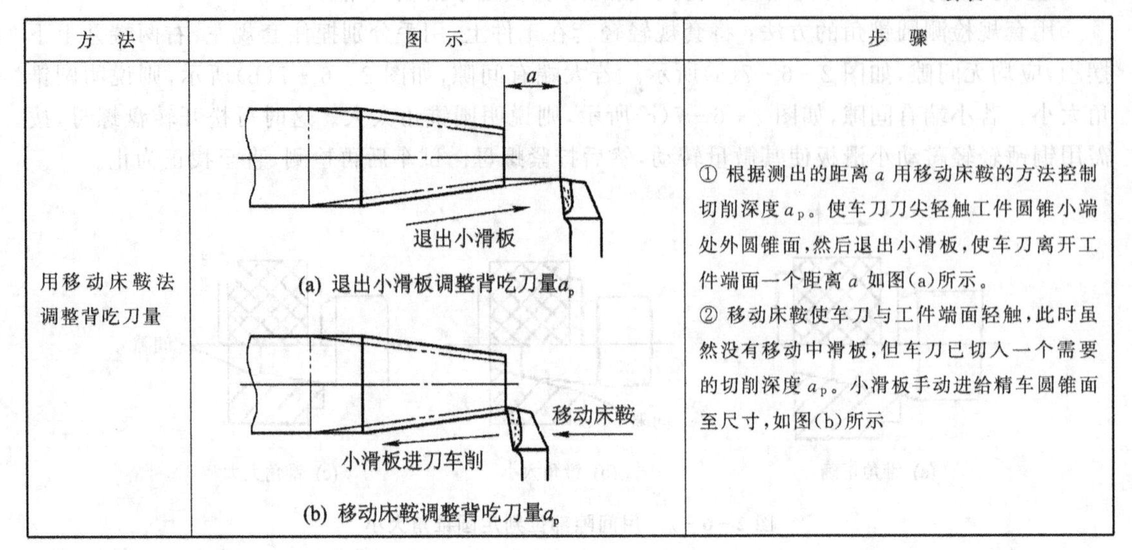 (a) 退出小滑板调整背吃刀量a_p (b) 移动床鞍调整背吃刀量a_p	① 根据测出的距离 a 用移动床鞍的方法控制切削深度 a_p。使车刀刀尖轻触工件圆锥小端处外圆锥面，然后退出小滑板，使车刀离开工件端面一个距离 a 如图(a)所示。 ② 移动床鞍使车刀与工件端面轻触，此时虽然没有移动中滑板，但车刀已切入一个需要的切削深度 a_p。小滑板手动进给精车圆锥面至尺寸，如图(b)所示

注意事项

转动小滑板车圆锥容易产生的问题及注意事项：

- 车刀必须对准工件旋转中心，以避免产生双曲线误差。
- 小滑板不宜过松，应两手握小滑板手柄并均匀移动小滑板，以防工件表面车削痕迹粗细不一。
- 粗车时，进刀量不宜过大，应先找正锥度，一般稍大于圆锥半角($\alpha/2$)，然后逐步找正，以防工件车小而报废。
- 防止扳手在扳小滑板紧固螺母时打滑而撞伤手。

2. 用偏移尾座法车圆锥

车削锥度较小而圆锥长度较长的工件时，应选用偏移尾座法。车削时将工件装夹在两顶尖之间，把尾座横向偏移一段距离 S，使工件旋转轴线与车刀纵向进给方向相交成一个圆锥半角，如图 2-6-8 所示，即可车出正确外圆锥。

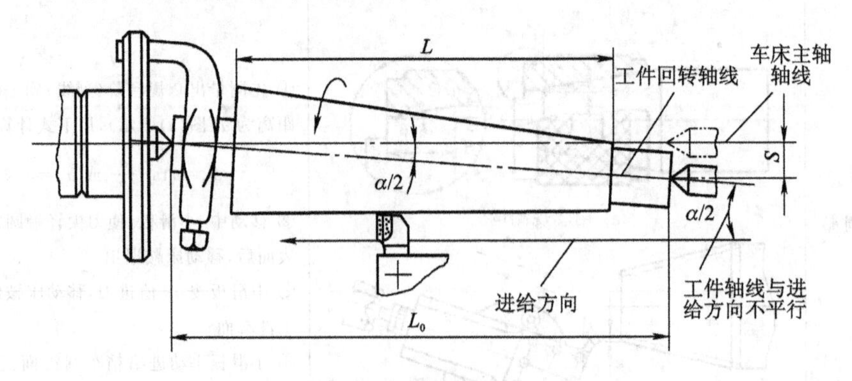

图 2-6-8　用尾座偏移法车圆锥

(1) 尾座偏移量 S 的确定

采用偏移尾座法车外圆锥时，尾座的偏移量不仅与圆锥长度有关，而且还与两顶尖之间的距离(工件长度 L_0)有关，即

$$S = L_0 \tan \frac{\alpha}{2} = L_0 \times \frac{D-d}{2L}$$

(2) 工件的装夹

在工件两中心孔内加润滑脂，用两顶尖装夹工件。工件在两顶尖之间的松紧程度，以手不用力能拨动工件，而工件无轴向窜动为宜。

(3) 尾座偏移的方法

计算得 S 后，即可根据偏移量来移动尾座的上层，偏移尾座的方法有以下几种：

1) 利用尾座刻度偏移

先将尾座上下层零线对齐，然后转动螺钉 1 和 2，把尾座上层移动一个 S 距离，如图 2－6－9 所示。这种方法比较方便，一般尾座上有刻度的车床都能应用。

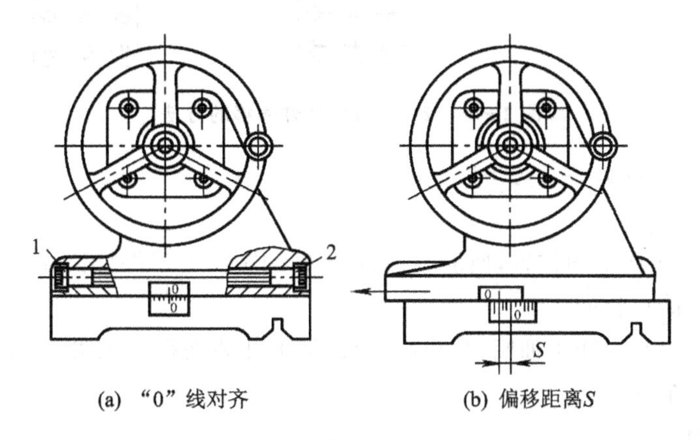

(a) "0"线对齐　　(b) 偏移距离S

图 2－6－9　用尾座的刻度偏移尾座

2) 利用中滑板刻度偏移

在刀架上装上一根铜棒，把中滑板摇进使铜棒和尾座套筒接触，再根据刻度把铜棒退出 S 距离(注意除去丝杆和螺母的间隙)，然后把尾座偏移跟铜棒接触即可，如图 2－6－10 所示。

3) 利用百分表偏移

先把百分表装在刀架上，使百分表的触头与尾座套筒接触，然后偏移尾座，当百分表指针转动至 S 值后，把尾座固定，如图 2－6－11 所示。

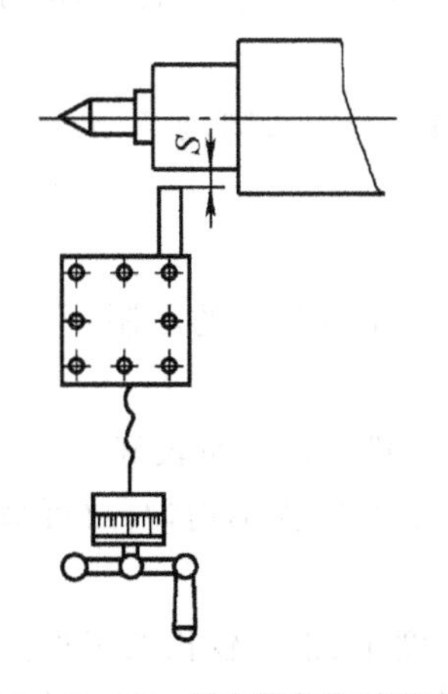

图 2－6－10　用中滑板刻度偏移

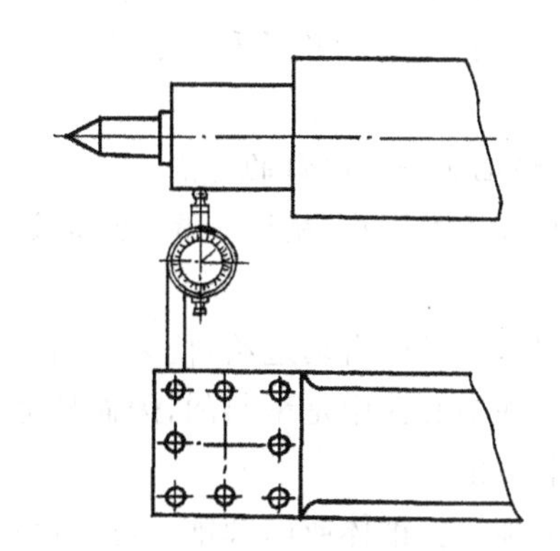

图 2－6－11　用百分表偏移尾座的方法

4）利用锥度样件偏移

把锥度量棒顶在两顶针中间，在刀架上装一百分表，使百分表与量棒接触，并对准中心，再偏移尾座，然后移动大滑板，看百分表在量棒两端的读数是否相同，如图 2-6-12 所示。如果读数不相同，再偏移尾座，直至百分表在量棒两端的读数相同为止。

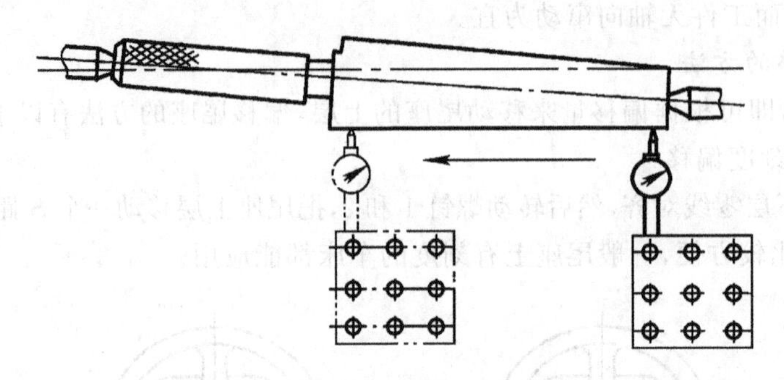

图 2-6-12　用锥度样件偏移的方法

(4) 车圆锥的方法(偏移尾座法)

1）工件的装夹

① 调整尾座在车床上的位置，使前、后两顶尖间的距离为工件总长，此时尾座套筒伸出尾座的长度应小于套筒总长的 1/2。

②工件两端中心孔内加黄油脂，装鸡心夹头，将工件装夹在两顶尖间，松紧程度以手能轻轻拨转工件无轴向窜动为宜。

2）粗车外圆锥面

由于工件采用两顶尖装夹，选择切削用量时应适当降低。粗车外圆锥面时，可以采用机动进给。当粗车圆锥面长度达 1/2 长时，须进行锥度检查，检测圆锥角度是否正确，方法与转动小滑板法车外圆锥面时的检测方法相同。若锥度 C 偏大，则反向偏移，微量调整尾座，即增大尾座偏移量。反复试车调整，直至圆锥角调整正确为止。然后粗车外圆锥面，留精车余量 0.5～1.0 mm。检测圆锥角度的方法与转动小滑板法车外圆锥面检测方法一样。

3）精车外圆锥面

① 用计算法或移动床鞍法确定切削深度 a_p(参见转动小滑板车削外圆锥面的方法)。

② 机动进给精车外圆锥面至要求。

批量生产时，工件的总长和中心孔的大小、深浅必须保持一致；否则，加工出的工件锥度将不一致。

(5) 偏移尾座法车圆锥的特点

① 适宜加工锥度小、精度不高、锥体较长的工件，因受尾座偏移量的限制，不能加工锥度大的工件。

② 可以采用纵向自动进给，使表面粗糙度 Ra 值减小，工件表面质量较好。

③ 顶尖在中心孔中是歪斜的，因而接触不良，顶尖和中心孔磨损不均匀，故可采用球头顶尖或 R 形中心孔。

④ 不能加工整锥体或内圆锥。尾座偏移法适于车削锥度小、锥体较长的工件。可用自动走刀车锥面，加工出来的工件表面质量好。但因为顶针在中心孔中是歪斜的，接触不良，所以中心孔磨损不均匀，车削锥体时尾座偏移量不能过大。

注意事项

- 粗车时，进刀不宜过深，检测并找正锥度，以防止工件报废；精车圆锥面时，a_p 和 f 都不能太大，否则影响锥面加工质量。
- 随时注意两顶尖间松紧和前顶尖的磨损情况，以防止工件飞出伤人。
- 偏移尾座时，应仔细、耐心调整，熟练掌握偏移方向。
- 若工件数量较多，其长度和中心孔的深浅、大小必须一致，否则会使加工出的工件锥度不一致。

3. 靠模法

靠模法是使用专用的靠模装置进行锥面加工，其基本原理如图 2-6-13 所示。车削锥度时，大滑板做纵向移动，滑块就从 A 点沿靠模板斜面滑动到 D 点。又因为滑块与中滑板丝杆连接，则中滑板就从 B 点沿着靠模板斜面做横向进给到 C 点，车刀就合成斜走刀运动。

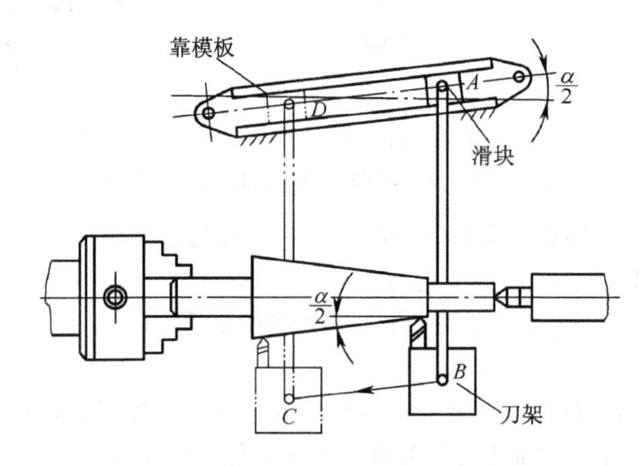

图 2-6-13 靠模法车圆锥的基本原理

靠模板转动的角度一般可用正弦规和百分表来调整。

图 2-6-14 所示为车削锥角小于 12°的纵向靠模装置。

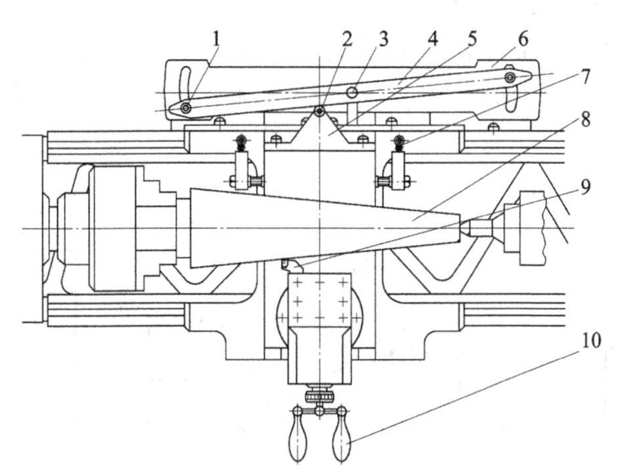

1—螺钉；2—滚轮；3—中心轴；4—靠模板；5—滚轮支架；6—靠模支架；7—弹簧；8—工件；9—车刀；10—手柄

图 2-6-14 车削锥角小于 12°的纵向靠模装置

图 2-6-15 所示为车削大锥度的横向靠模装置。

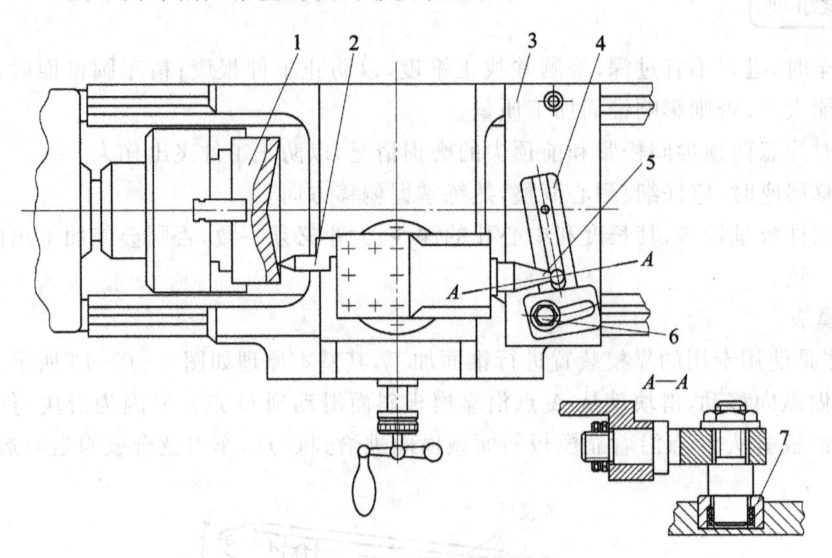

1—工件;2—车刀;3—靠模板座;4—靠模板;5—滚轮支架;6—紧固螺钉;7—滚轮

图 2-6-15 车削大锥度的横向靠模装置

靠模法的优点是:调整锥度方便、准确;由于中心孔与顶尖接触良好,锥面加工质量较高;不论车圆锥体还是车圆锥孔均可自动走刀。

其缺点是,需要配备一套靠模装置,方能车削带锥面的零件。

4. 宽刃刀切削法

宽刃刀法是采用与工件形状相适应的刀具横向进给车削锥面,如图 2-6-16 所示。宽刃刀的刀刃必须平直,刀刃与主轴轴线的夹角应等于工件圆锥半角。当工件的圆锥斜面长度大于刀刃长度时,可以采用多次接刀的方法,但接刀必须平整。

用宽刃刀车圆锥,实质上属于成形法车削,即用成形刀具对工件进行加工。该方法适于车削较短的圆锥面、圆锥精度要求不高的圆锥工件,但要求车床必须具有很好的刚性。

(1) 对宽刃刀的刃磨与装夹要求

宽刃锥孔车刀一般选用高速钢车刀,前角 $\gamma_0=20°\sim30°$,后角 $\alpha_0=8°\sim10°$,刃倾角应为 0°。切削刃必须刃磨平直,与刀柄底面平行,且与刀柄轴线夹角为圆锥半角 $\alpha/2$,如图 2-6-17 所示。

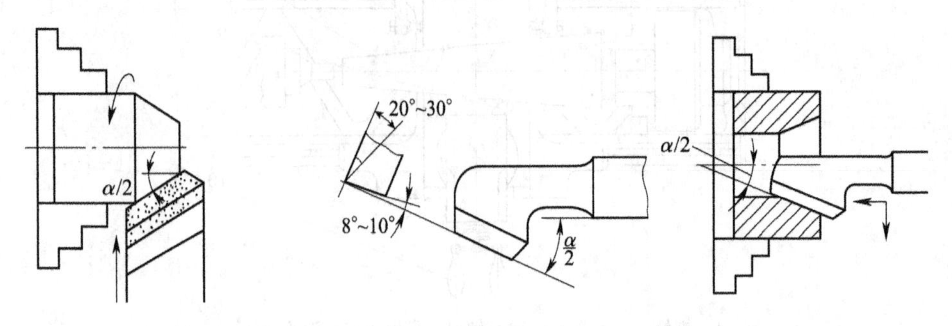

图 2-6-16 宽刃刀切削法 **图 2-6-17 宽刃锥孔车刀及车削**

在装夹车刀时,切削刃应与工件回转中心等高,把主切削刃与主轴轴线的夹角调整到与工

件的圆锥半角 $\alpha/2$ 相等。

(2) 用宽刃刀车圆锥孔的方法

① 先用镗孔刀粗车内锥面，留精车余量。

② 换宽刃车刀精车，将宽刃车刀的切削刃伸入孔内，长度大于锥长，采用横向进给的方法加工出内圆锥。车削中应用切削液，可使内锥面的表面粗糙度达到 $Ra1.6$。

2.6.3 车削圆锥孔的方法

车削圆锥孔比圆锥体困难，因为车削工作在孔内，不易观察。为了便于测量，装夹工件时应使锥孔大端直径的位置在外端。常用车削方法有转动小滑板法、靠模法、铰圆锥孔。

1. 转动小滑板法

(1) 转动小滑板车削圆锥孔

① 先用直径小于锥孔小端直径 1～2 mm 的钻头钻孔(或镗孔)。

② 顺时针方向转动小滑板角度 $\alpha/2$，进行车削，如图 2-6-18 所示。当圆锥塞规塞进孔约 1/2 长度时开始进行检查，找正锥度。

③ 用圆锥界限塞规涂色检查，并控制尺寸。根据塞规在孔外的长度 a 计算孔径车削余量，并用中滑板刻度进刀，如图 2-6-19 所示。

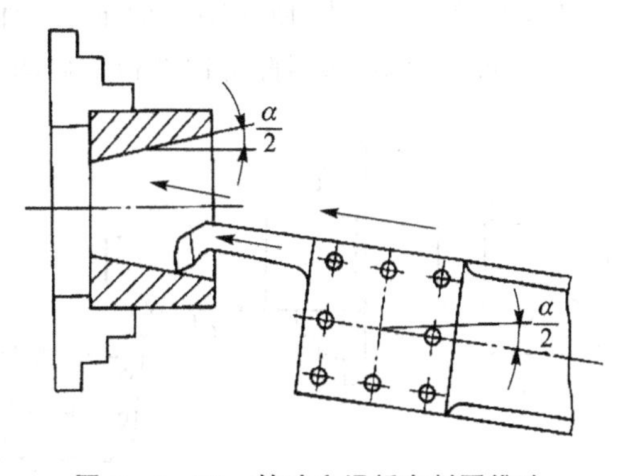

图 2-6-18　转动小滑板车削圆锥孔

(2) 切削用量的选择

① 切削速度比车削圆锥体时低 10%～20%。

② 手动进给量要始终保持均匀，最后一刀的切削深度一般取 0.1～0.2 mm 为宜。

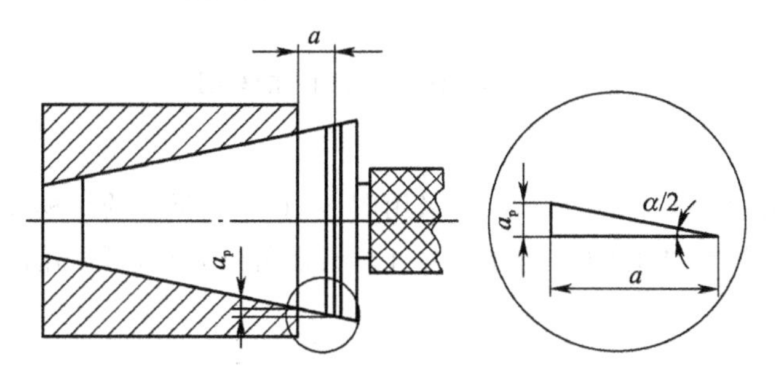

图 2-6-19　圆锥孔检查

③ 精车钢件时可加润滑液，以减小表面粗糙度值。

注意事项

- 车刀刀尖必须对准工件中心，避免产生双曲线。
- 粗车时不宜进刀过深，应先粗调找正锥度。
- 用塞规涂色检查时，必须注意孔内清洁。转动量在半圈之内。
- 要以锥形塞规上的界限线来控制锥孔尺寸。

(3) 对称圆锥的车削

先把外端圆锥孔车削正确,不变动小滑板的角度,把车刀反装,摇向对面,再车削里面的圆锥孔。此方法操作方便,不但能使两对称圆锥孔锥度相等,而且工件不需卸下,两锥孔可获得很高的同轴度,如图 2-6-20 所示。

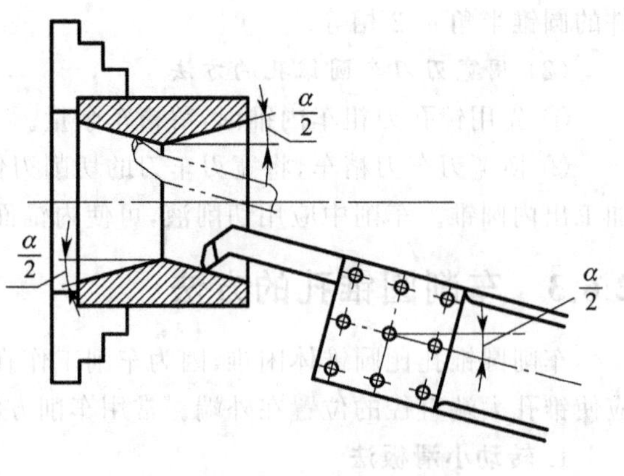

图 2-6-20 车削对称圆锥孔

(4) 配合圆锥面的车削

为了保证内、外锥面的良好配合,车削配套圆锥时的关键在于小滑板在同一调整位置状态下完成内、外锥面的车削。车削时,先把外锥体车削正确,这时不要变动小滑板的角度,只需把镗孔刀反装,使切削刃向下(主轴仍正转),然后车削圆锥孔,如图 2-6-21 所示。由于小滑板角度不变,因此可以获得正确的圆锥配合表面。

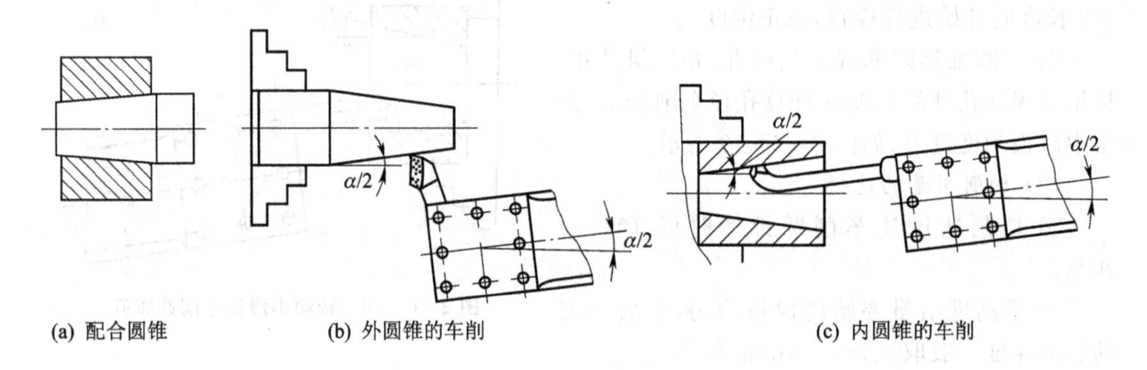

(a) 配合圆锥　(b) 外圆锥的车削　(c) 内圆锥的车削

图 2-6-21 配合圆锥的车削

2. 靠模法

当工件锥孔的圆锥斜角小于 12°时,可采用图 2-6-14 所示的靠模装置进行车削,这时只要把靠模板转到与车圆锥体时的相反位置即可。当锥角很大时,可采用图 2-6-15 所示的靠模装置进行车削。

3. 铰内圆锥

对于直径较小、精度要求较高的内圆锥面,用车刀车削时因刀杆刚度低,难以满足要求。可选择用锥形铰刀加工。用铰削方法加工的锥孔表面精度比车削加工的精度高,表面粗糙度可达 $Ra1.6$～0.8。

(1) 圆锥铰刀

锥形铰刀一般分精铰刀和粗铰刀两种,如图 2-6-22 所示。粗铰刀的槽数比精铰刀少,容屑空间大,对排屑有利。粗铰刀的切削刃上有一条螺旋分屑槽,把原来很长的切削刃分割成若干短切削刃。切削时,把切屑分成几段,使切屑容易排出。精铰刀做成锥度很正确的直线刀齿,并留有很小的棱边(0.1～0.2 mm),以保证铰孔的质量。

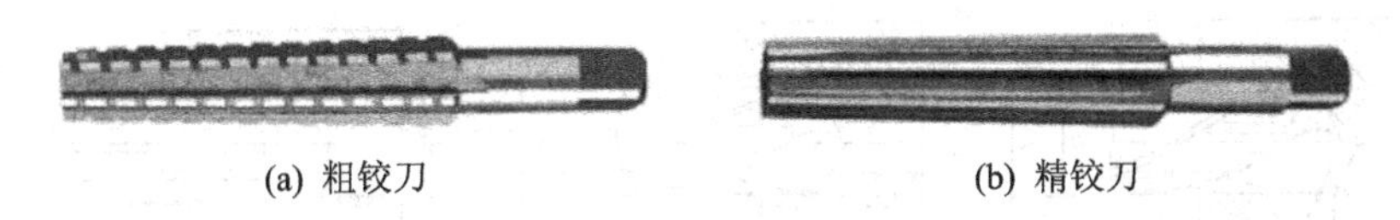

图 2-6-22　锥形铰刀

(2) 铰锥孔的方法

1) 钻→车→铰锥孔

当锥孔的直径和锥度较大，且有较高的位置精度要求时，可以先钻底孔，然后粗车成锥孔，并在直径上留有 0.1～0.2 mm 的铰削余量，再用精铰刀铰削，如图 2-6-23 所示。

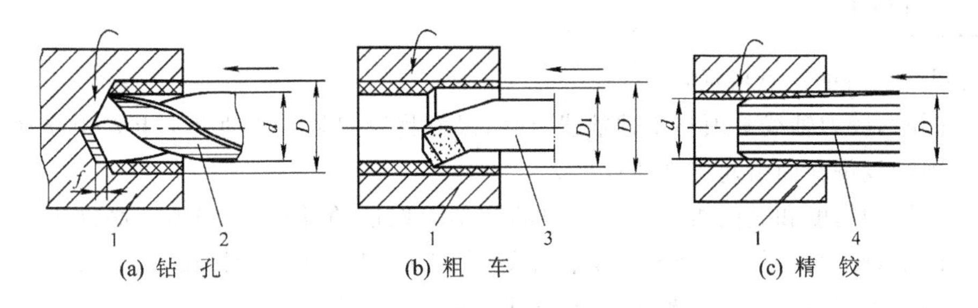

1—工件；2—钻头；3—车刀；4—铰刀

图 2-6-23　铰圆锥孔工艺一

2) 钻→铰内锥面

当内圆锥的直径较小时，可先钻底孔，然后用锥形粗铰刀粗铰锥孔，最后用精铰刀铰削成形，如图 2-6-24 所示。

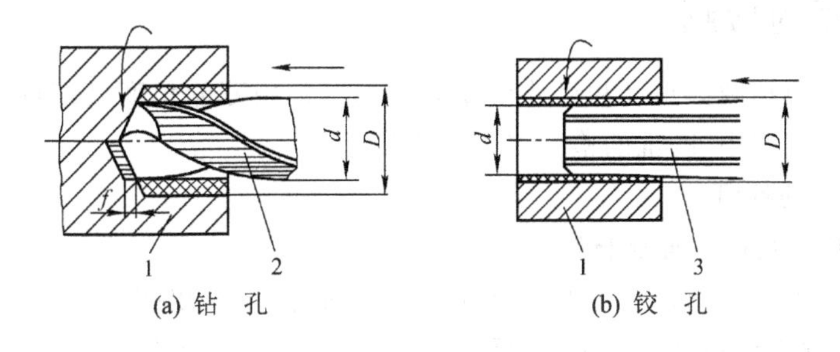

1—工件；2—钻头；3—铰刀

图 2-6-24　铰圆锥孔工艺二

3) 钻→扩→铰内锥面

当内圆锥的长度较长，余量较大，有一定的位置精度要求时，可以先钻底孔，然后用扩孔钻扩孔，最后用粗铰刀、精铰刀铰孔，如图 2-6-25 所示。

(3) 切削用量选择

铰圆锥孔时，参加切削的刀刃长，切削面积大，排屑较困难，所以切削用量要选得小一些。

① 铰削莫氏锥孔，钢料走刀量为 0.15～0.3 mm/r，铸铁走刀量为 0.3～0.5 mm/r。走刀量的选择还要考虑铰刀锥度的大小，锥度大，走刀量要小些；反之，走刀量大些。

② 切削速度选用 5 m/min 以下。

③ 为了减少切削力和提高表面粗糙度，铰削钢料应使用乳化液或切削油作冷却润滑液。铰削铸铁时，可使用煤油。

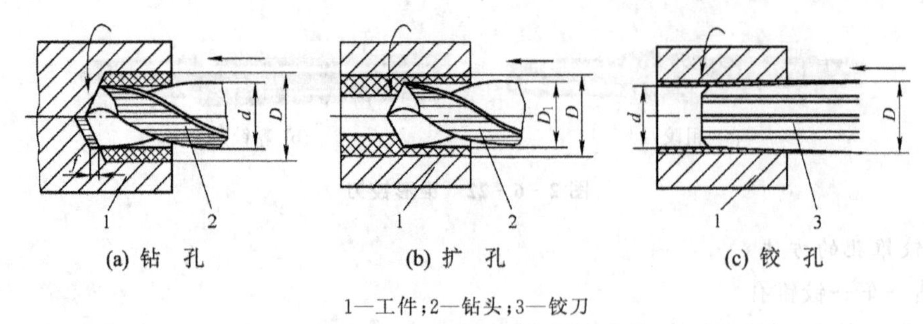

(a) 钻 孔　(b) 扩 孔　(c) 铰 孔

1—工件;2—钻头;3—铰刀

图 2-6-25 铰圆锥孔工艺三

注意事项

铰内圆锥面时的注意事项:

- 铰削时,铰刀轴线必须与主轴轴线重合,最好将铰刀装在浮动夹头上采用浮动铰削,以免因轴线偏斜而引起工件孔径扩大。
- 内圆锥的精度和表面质量是由铰刀的切削刃保证的,因而铰刀刀刃必须很好保护,不准碰毛,使用前要先检查刀刃是否完好;铰刀磨损后,应在工具磨床上修磨(不要用油石研磨刃带);铰刀用毕要擦干净,涂上防锈油,并妥善保管。
- 铰削时要求孔内清洁,无切屑及较小的表面粗糙度 Ra 值;在铰孔过程中应经常退出铰刀,清除切屑,并加注充足的切削油冲刷孔内切屑,以防止由于切屑过多使铰刀在铰孔过程中卡住,造成工件报废。铰削时,手动进给应缓慢而均匀。
- 铰削时,车床主轴只能正转,不能反转,否则会使铰刀切削刃损坏。

2.6.4 圆锥面的检测

圆锥面的检测包括圆锥角度和尺寸精度的检测。常用万能角度尺、角度样板、正弦规、圆锥量规等。大批量生产中,圆锥的检测多用圆锥量规。

1. 角度和锥度的检测

(1) 用万能角度尺检测角度和锥度

万能角度尺的测量范围是 0°～320°,测量精度一般有 5′和 2′两种。用万能角度尺检测外圆锥角度时,应根据工件角度的大小,选择不同的测量的方法,见表 2-6-4。

表 2-6-4 万能角度尺测量工件角度的方法示例

测量方法					
角度	0°～50°	50°～140°	140°～230°		230°～320°
结构变化	将被测工件放在基尺和直尺的测量面之间	卸下 90°角尺,用直尺代替	卸下直尺,装上 90°角尺		卸下 90°角尺、直尺和卡块,由基尺和尺身上的扇形板组成测量面

注意事项

使用角度游标尺的注意事项：

- 按工件所要求的角度，调整好角度尺的测量范围。
- 工件表面要清洁。
- 测量时，角尺面应通过中心，并且一个面要与工件测量基准面吻合，透光检查。读数时，应固定螺钉，然后离开工件，以免角度值变动。

(2) 用角度样板检测

角度样板是根据被测角度的两个极限尺寸制成的。在成批和大量生产时，可做成专用的角度样板来测量工件。图 2－6－26 所示为采用专用的角度样板测量圆锥齿轮坯角度的情况。

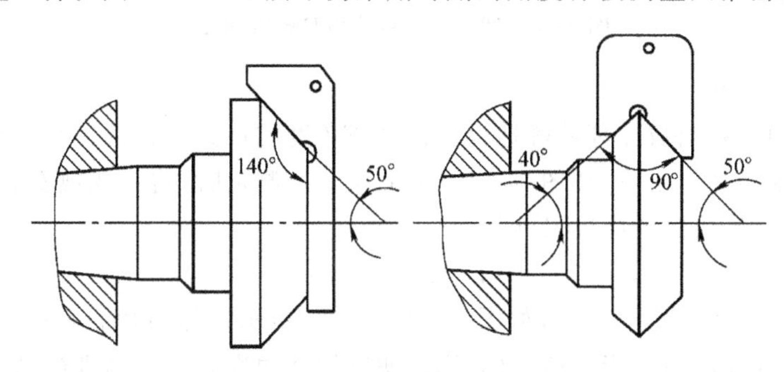

图 2－6－26　用角度样板测量圆锥角度

(3) 用圆锥量规检测

在测量标准圆锥或配合精度要求较高的圆锥工件时，可使用圆锥量规测量。圆锥量规又分为圆锥塞规和圆锥套规，如图 2－6－27(a)、(b)所示。

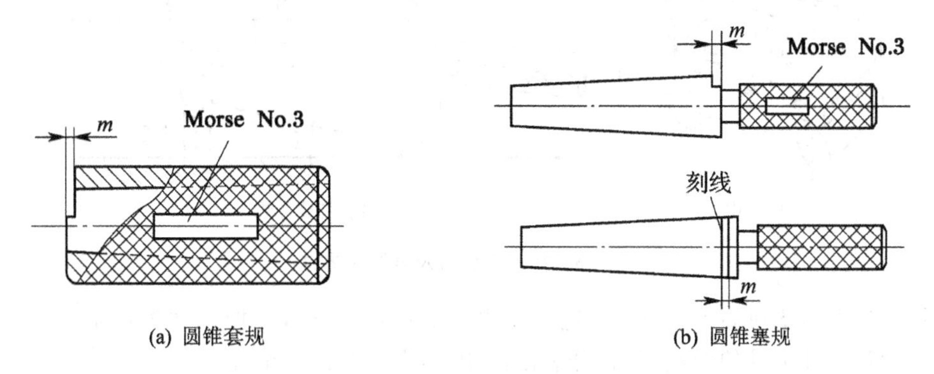

(a) 圆锥套规　　(b) 圆锥塞规

图 2－6－27　圆锥量规

用圆锥量规检验圆锥时，用涂色法检验圆锥角偏差，要求工件和量规的表面清洁，圆锥面的表面粗糙度值应小于 $Ra\,3.2$，且无毛刺。检测方法如下：

① 在工件表面顺着锥体母线涂上薄而均匀的三条显示剂(相隔约 120°)，如图 2－6－28(a)所示。

② 将圆锥套规轻轻套在工件上，稍加轴向推力，并将套规转动 1/3 圈，如图 2－6－28(b)所示。

③ 取下套规，观察工件表面显示剂被擦去的情况。若三条显示剂全长擦痕均匀，说明圆锥接触良好，锥度正确，如图 2－6－28(c)所示。如果小端被擦去，大端没擦着，说明圆锥角小

了;反之,若圆锥大端显示剂被擦去,小端没擦着,则说明圆锥角大了。

检测锥孔使用圆锥塞规,其检验方法与外圆锥基本相同,显示剂应涂在圆锥塞规上。

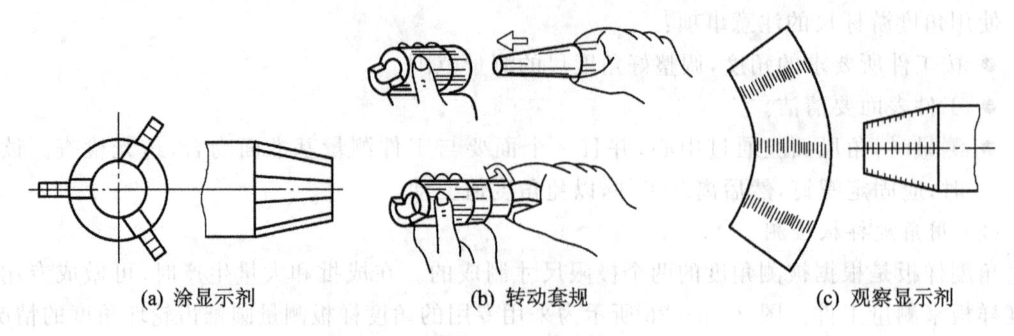

图 2-6-28 用涂色法检验圆锥角度

(4) 用正弦规检测

正弦规是利用正弦函数原理精确地检验锥度或角度的量具。它由一块准确的钢质长方体和两个相同的精密圆柱体组成,如图 2-6-29(a)所示。测量时,将正弦规安放在平板上,一端圆柱体用量块垫高,量块组的高度尺寸为

$$H = L_s \times \sin\alpha$$

被测工件放在正弦规的平面上,如图 2-6-29(b)所示。然后用百分表检验工件圆锥面两端的高度,如指针在两端点指示值相同,则说明圆锥半角准确;反之,则被测工件圆锥角有误差。这时可通过调整量块组的高度,使百分表两端在圆锥面的读数值相同,这样就可以计算出圆锥实际的角度。

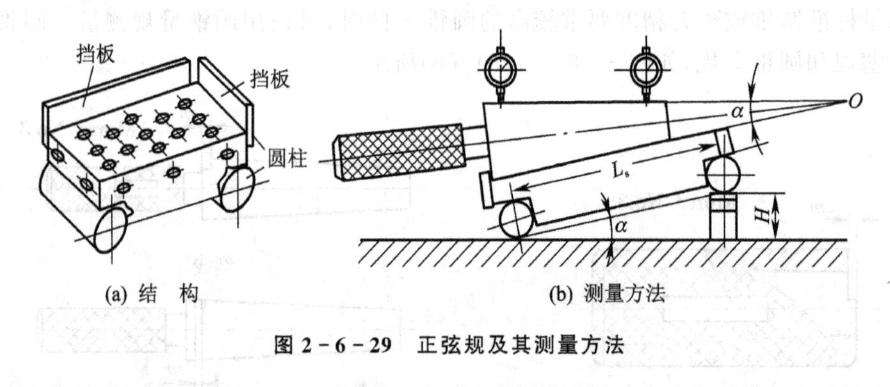

图 2-6-29 正弦规及其测量方法

也可先计算出垫块高度尺寸 H,把正弦规一端垫高 H 值,再把工件放在正弦规平面上,用百分表测量工件圆锥的两端,如百分表读数相同,则说明锥度正确。

如果工件不能直接放在正弦规上,可将工件固定在精密方箱上,再把方箱放在正弦规的平面上进行检测,如图 2-6-30 所示。

2. 圆锥尺寸的检测

(1) 用圆锥界限量规检测

当工件的锥角正确后,可用圆锥界限量规控制圆锥的大、小端直径。圆锥界限量规即圆锥量规,它们除了有一个精确的锥形表面之外,在套规小端处有一个台阶,在塞规大端也有一个台阶或两条刻线,如图 2-6-27 所示。台阶长度 m(或刻线之间的距离 m)就是圆锥大小端直径的公差范围,即通端与止端。

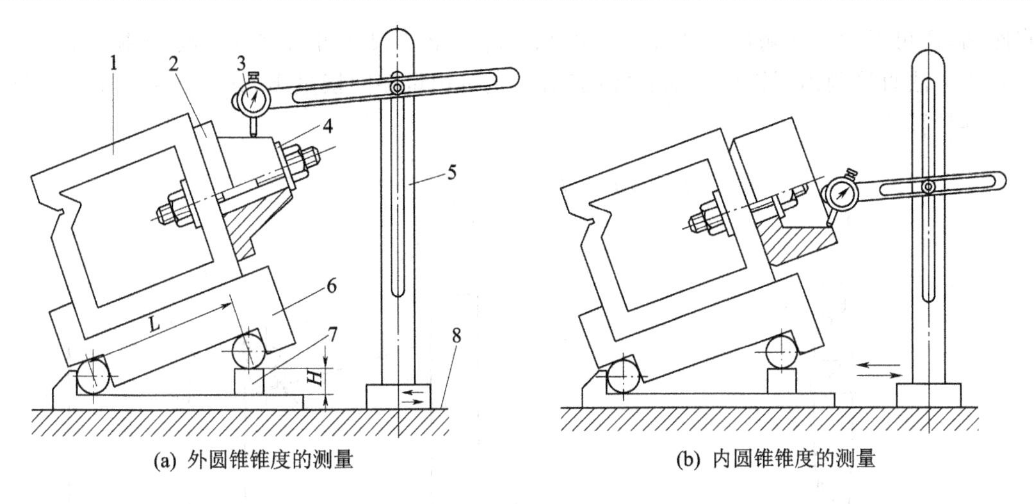

(a) 外圆锥锥度的测量　　(b) 内圆锥锥度的测量

1—方箱；2—工件；3—百分表；4—压板；5—百分表座；6—正弦规；7—量块；8—精密平板

图 2－6－30　精密圆锥角的间接测量方法

① 用圆锥套规检测外圆锥时，如果锥体的小端平面在缺口之间，则说明其小端直径尺寸合格；如果锥体未能进入缺口，则说明其小端直径大了；如果锥体小端平面超过了止端缺口，则说明其小端直径小了，如图 2－6－31 所示。

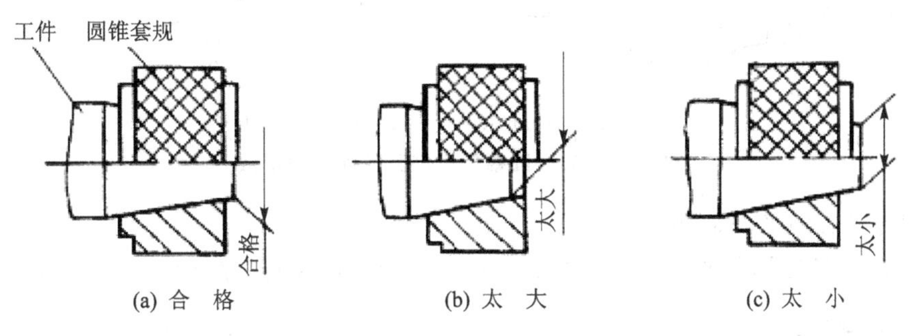

(a) 合　格　　(b) 太　大　　(c) 太　小

图 2－6－31　用圆锥套规检测外圆锥尺寸

② 用圆锥塞规检测锥孔时，如果两条刻线都进入工件孔内，则说明锥孔太大；如果两条线都未进入，则说明锥孔太小。只有第一条线进入，第二条线未进入，内圆锥大端直径尺寸才算合格，如图 2－6－32 所示。

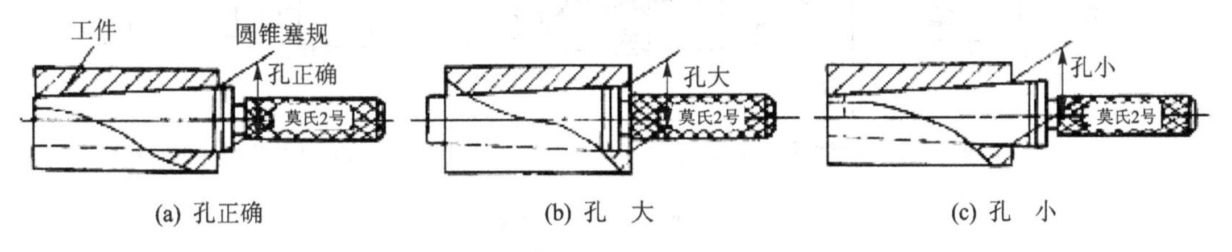

(a) 孔正确　　(b) 孔　大　　(c) 孔　小

图 2－6－32　用圆锥塞规检测外圆锥尺寸

(2) 圆锥体直径的间接测量

有些零件的锥度尺寸精度要求比较高，又无法用圆锥量规测量，这时就可采用图 2－6－33 所示的方法间接测量小端直径，具体测量步骤如下：

把一块平直的平铁靠在零件已车光的端面上，并用尾座轻轻顶住，用两个直径 d 相同的圆柱量棒按图 2－6－33(a)所示的位置安放，用百分尺测量圆柱量棒最外端两点 A、B 之间的垂直距离，便可得到实际测量读数 M，小端直径 d_1 的名义尺寸可由测量读数 M 换算得出。

对于无法直接测出圆锥体大端直径的工件，也可用量棒间接量出，其方法和测量小端直径相同。其计算式为

$$d_1 = M - d - \frac{d}{\tan\left(\frac{90^\circ - \alpha}{2}\right)}$$

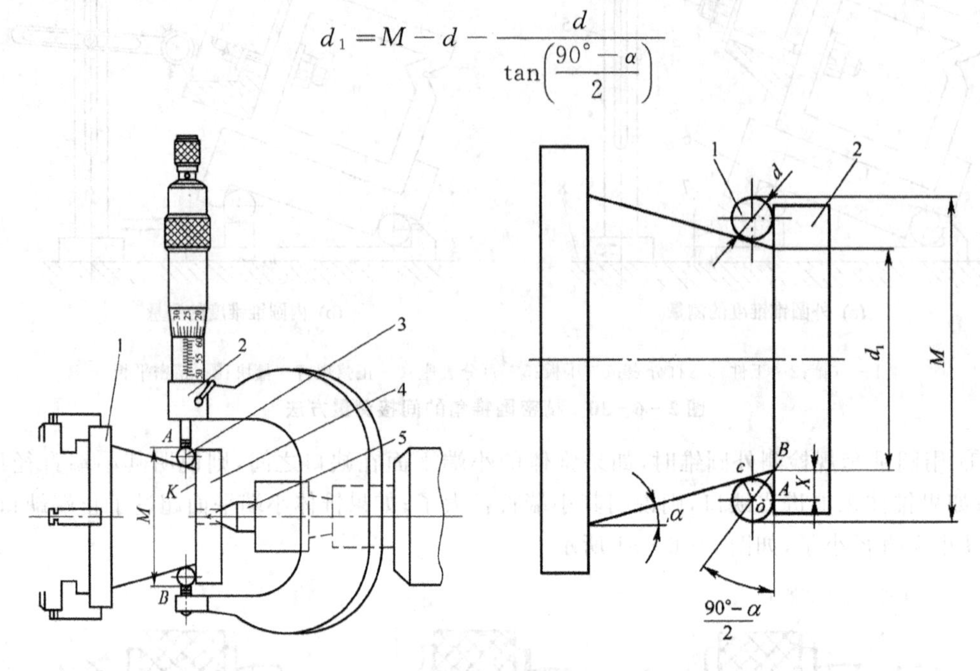

1—工件；2—百分尺；3—量棒；4—平铁；5—顶头

图 2-6-33　圆锥体小端直径间接测量法

(3) 圆锥体圆锥长度的测量

圆锥体圆锥长度的测量如图 2-6-34 所示，采用直接或间接两种方法测量。

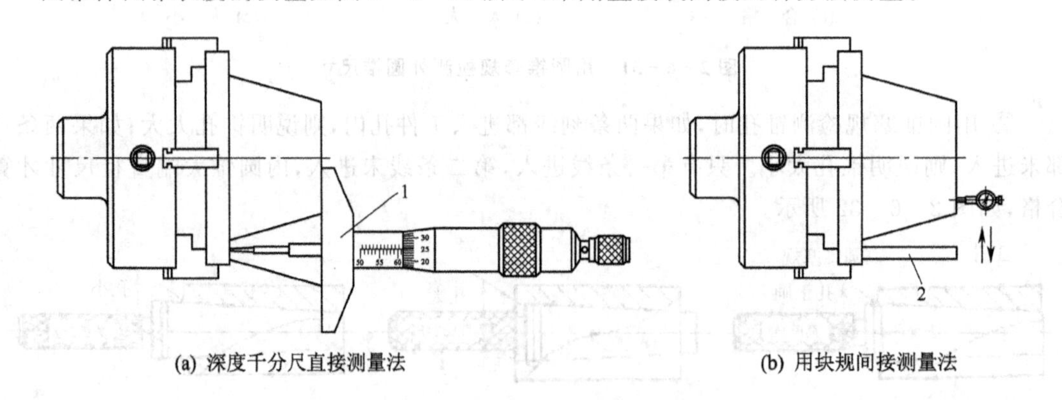

(a) 深度千分尺直接测量法　　(b) 用块规间接测量法

1—深度千分尺；2—块规

图 2-6-34　圆锥长度的测量方法

(4) 圆锥孔的测量

精密圆锥孔的测量方法与精密圆锥体的测量方法大同小异，但难度稍大一些。

1) 用百分表和正弦规测量

用百分表和正弦规测量圆锥孔锥角的方法与测量圆锥体锥角的方法相同，如图 2-6-30(b)所示。

2）圆锥孔直径的间接测量法

圆锥孔直径的间接测量如图 2-6-35 所示，用小滑板轻轻顶住小块规，用一个直径为 d 的圆柱量棒，按图示位置安放，用百分尺测量 A、B 之间的垂直距离 M，大端直径 D 的名义尺寸可由测量读数 M 换算得出：

$$D = A - 2M + d + \frac{d}{\tan\left(\frac{90° - \alpha}{2}\right)}$$

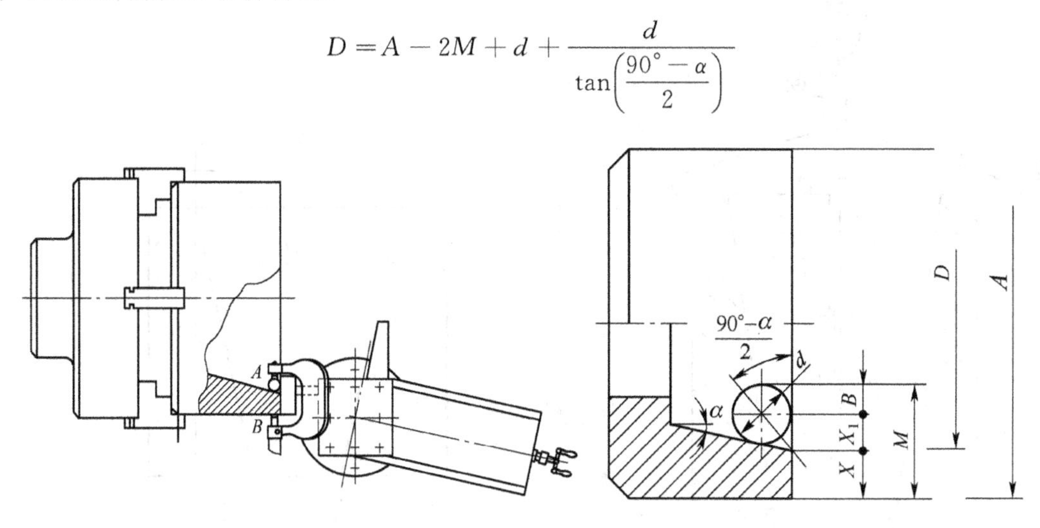

图 2-6-35 圆锥孔直径的间接测量法

3）小圆锥孔的测量

当圆锥孔的直径小于 30 mm 时，受到圆锥孔直径和深度的限制，上述方法不能采用，可用以下测量方法：

① 采用锥度量规的塞规用涂色吻合检验，如图 2-6-32 所示。

② 采用两个钢球间接测量锥角。小圆锥孔的间接测量法，通常是利用两个精密钢球及通用量具来测量，即在锥孔内先放入两个直径不同的钢球，并分别测出钢球顶点到工件端面的距离，然后计算锥度和直径。

图 2-6-36 是采用两个钢球间接测量锥孔锥角的示意图，具体操作步骤如下：

将工件圆锥套立在检验平板上（孔大端朝上），将直径为 d_0 的小钢球放入孔内，用深度千分尺测出最高点距工件端面的距离 H，再把直径为 D_0 的大钢球放入锥孔内，用高度尺测量钢球最高点到工件的距离 h，通过计算可测出工件圆锥半角 α 的大小：

$$\sin\alpha = \frac{(D_0 - d_0)/2}{H \pm h + (d_0 - D_0)/2}$$

也可以采用一个钢球进行测量。但钢球中心要在锥孔端面之下，而且钢球要露出一部分在锥孔端面之外，如图 2-6-37 所示。

提示	当大钢球高于基准面时，式中 h 前面的符号取“+”；反之为“-”。根据测量值，可确定实际被测锥角的数值。

③ 采用一个钢球间接测量直径。锥孔大小头两端直径是否符合图纸要求，可以采用一个钢球进行间接测量。设锥孔的大端直径为 D，小端直径为 d，如图 2-6-37 所示。测量出所使用的钢球直径为 d_0，则圆锥孔大小端直径为

$$D=2\tan\alpha\left(\frac{d_0}{2\sin\alpha}+\frac{d_0}{2}-H\right)$$

$$d=D-2L\tan\alpha$$

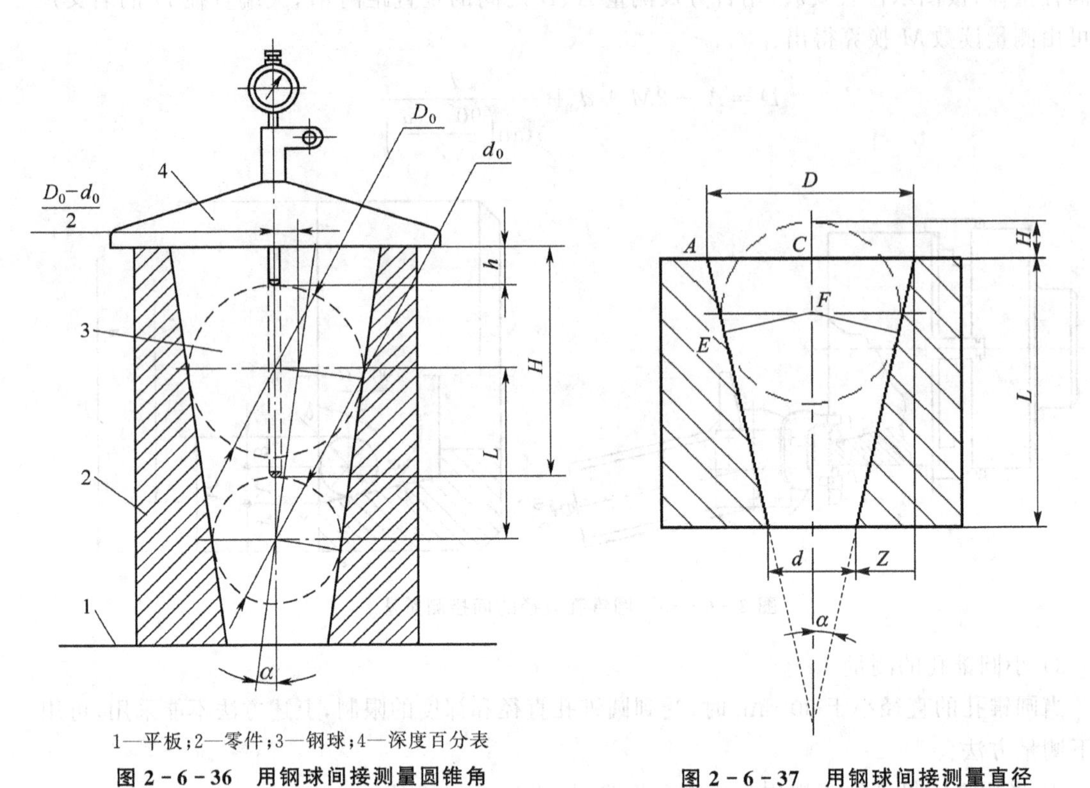

1—平板;2—零件;3—钢球;4—深度百分表

图 2-6-36 用钢球间接测量圆锥角

图 2-6-37 用钢球间接测量直径

④ 利用量规、百分表、量棒测量小圆锥孔大端直径。如图 2-6-38 所示,分别采用量规、量棒、百分表、锥度量规测量锥孔大端的直径。

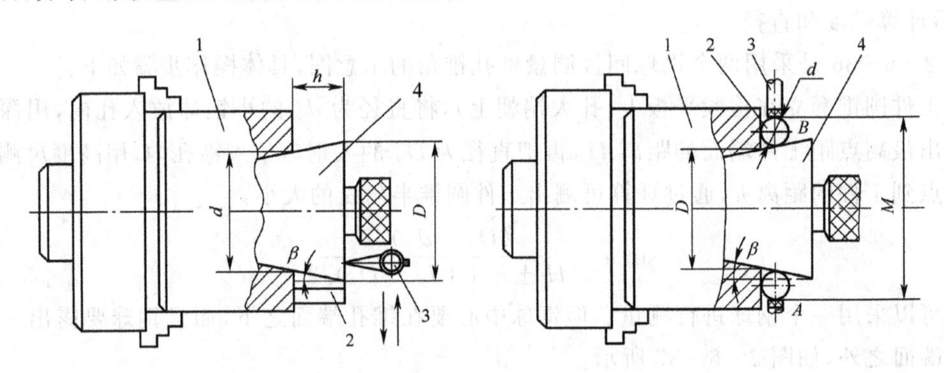

1—工件;2—量规(圆柱量棒);3—百分表(百分尺);4—锥度量规

图 2-6-38 用量规、百分表、量棒测量圆锥孔直径

3. 产生废品的原因及预防方法

车削圆锥面时,往往会发生这样或那样的问题,如锥度或尺寸不对,圆锥母线不直(双曲线误差),表面粗糙度差等。因此必须找出原因,采取措施,加以解决。表 2-6-5 所列为车圆锥时产生废品的原因及预防方法。

表 2-6-5 车削圆锥体时产生废品的原因及预防方法

废品种类	产生原因	预防方法
锥度不正确	1. 用转动小滑板车削时 ① 小滑板转动角度计算错误； ② 小滑板移动时松紧不匀	① 仔细计算小滑板应转的角度和方向，并反复试车校正； ② 调整镶条使小滑板移动均匀
	2. 用偏移尾座法车削时 ① 尾座偏移位置不正确； ② 工件长度不一致	① 重新计算和调整尾座偏移量； ② 如工件数量较多，各件的长度必须一致
	3. 用仿形法车削时 ① 装置仿形角度调整不正确； ② 滑块跟靠板配合不良	① 重新调整仿形装置角度； ② 调整滑块和仿形装置之间的间隙
	4. 用宽刃刀车削时 ① 装刀不正确； ② 切削刃不直	① 调整切削刃的角度和对准中心的高低； ② 修磨切削刃的直线度
	5. 铰内圆锥时 ① 铰刀锥度不正确； ② 铰刀的安装中心与工件旋转轴线不同轴	① 修磨铰刀； ② 用百分表和试棒调整尾座轴线
大小端尺寸不正确	没有经常测量大小端直径	经常测量大小端尺寸，并按计算尺寸控制吃刀深度
双曲线误差	车刀没有对准工件轴线	车刀必须严格对准工件轴线
表面粗糙度差	① 与车外圆分析原理相同； ② 用转动小滑板车削时，手动进刀不均匀或小滑板塞铁松紧不合适； ③ 用偏移尾座法车削锥面时，中心孔接触不良	① 与车外圆相同； ② 调整小滑板塞铁松紧，保持手动进刀均匀； ③ 用圆头顶尖

车圆锥面时，产生双曲线误差分析如下：

车圆锥面时，虽经多次调整小滑板的转角，但仍不能校正；用圆锥套规检测外圆锥面时，发现两端显示剂被擦去，而中间未接触；用圆锥塞规检测内圆锥面时，发现中间部位显示剂被擦去，而两端未接触。造成上述情况的原因是，由于车刀刀尖没有严格对准工件回转轴线，使车出的圆锥母线不直，形成了双曲线，通常称为双曲线误差，如图 2-6-39 所示。

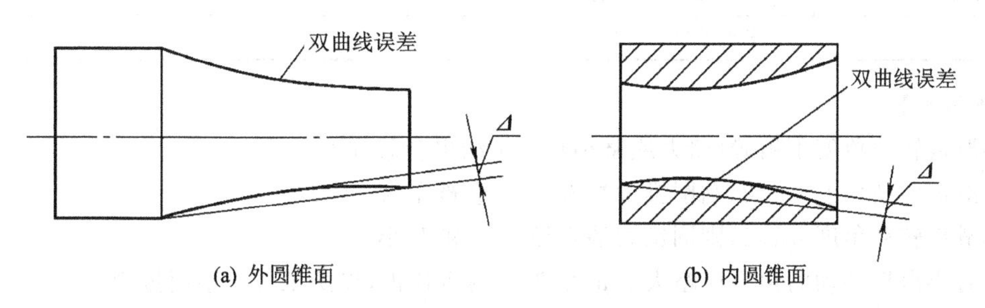

图 2-6-39 圆锥面的双曲线误差

因此，车圆锥面时，非常重要的是要把车刀刀尖严格对准工件的中心。其次，当车刀在中途刃磨以后重新安装时，必须重新调整垫片的厚度，把刀尖再一次严格对准中心。

2.6.5 技能训练

技能训练Ⅰ

加工如图 2-6-40 所示的外短圆锥体。

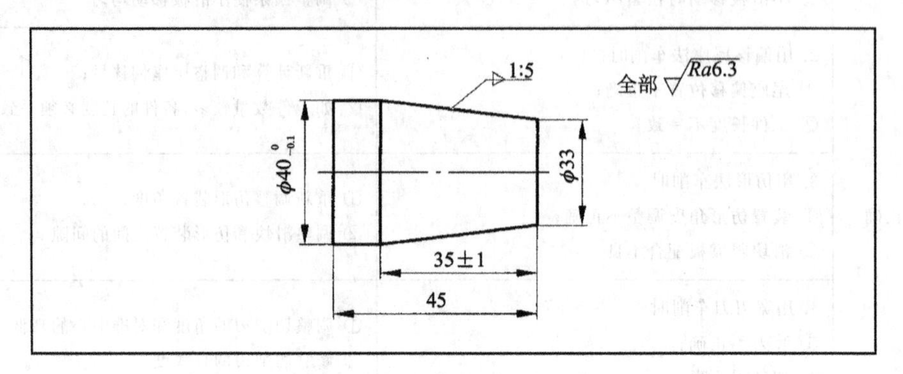

图 2-6-40 车削外短圆锥

【加工步骤】

车削外短圆锥的加工步骤如表 2-6-6 所列。

表 2-6-6 车削外短圆锥加工步骤

操作步骤	加工内容(见图 2-6-40)
1. 计算圆锥半角	根据给定尺寸,先计算出锥体圆锥半角 $\alpha/2$
2. 装夹工件	用三爪自动定心卡盘装夹力和外圆,伸出长度约为 50 mm,并校正工件
3. 装夹刀具	将硬质合金外圆粗车刀、精车刀装夹于刀架上,并严格对准工件的旋转中心
4. 车外圆、端面	粗、精车外圆、端面到尺寸 $\phi 40_{-0.1}^{0}\times 45$ mm
5. 转动小滑板角度	调整小滑板镶条(松紧合适),并调整好小滑板行程以适合车削;松开前后螺母,逆时针转动小滑板一个角度 $\alpha/2=5°44'$,应略大于 $5°44'$,在 $5°44'\sim6°$之间并锁紧螺母
6. 对刀	利用大滑板和中滑板将锥体长度 $L=35$ mm 用刀具刻痕
7. 粗车圆锥体	匀速转动小滑板手柄加工外圆锥长度 L 到 35 mm。将角度尺调整至 $5°44'$,透光检验锥度,切削并调整,直至锥度合适
8. 精车圆锥面	精车圆锥面至符合图纸要求
9. 检测	检验并卸下工件

【难点解析】

若小滑板转动角度不精确(略大或略小),加工结果会怎样?

若小滑板转动角度$>\alpha/2$,则圆锥大端直径 D 会被车大。

若小滑板转动角度$<\alpha/2$,则圆锥大端直径 D 会被车小。

粗车时小滑板转动的角度应略大于 $\alpha/2$,然后逐步找正,以防工件车小而报废。

技能训练Ⅱ

加工如图 2-6-41 所示的莫氏外圆锥体。

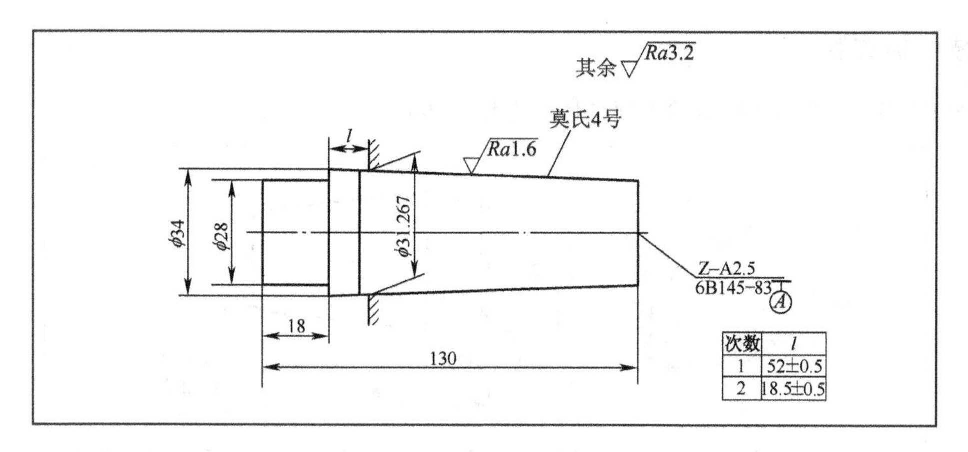

图 2-6-41　车削莫氏外圆锥

【加工步骤】

车削莫氏外圆锥的加工步骤如表 2-6-7 所列。

表 2-6-7　车削莫氏外圆锥的加工步骤

操作步骤	加工内容(见图 2-6-41)
1. 车端面	车两端面,保证总长,打中心孔
2. 车台阶外圆	在两顶尖上安装工件,车外圆
3. 车外圆	调头,在两顶尖上安装工件
4. 粗车锥度	粗车圆锥体,测量圆锥体的锥度,并注意调整,使锥度符合要求
5. 精车锥度	精车莫氏 4 号圆锥面至尺寸要求
6. 车第二件	重复练习以上步骤
9. 检测	检验并卸下工件

【质量检测】

莫氏外圆锥车削加工质量检测如表 2-6-8 所列。

表 2-6-8　质量检测(见图 2-6-41)

项　目	序　号	考核内容	配　分	评分标准	检　测	得　分
尺寸公差	1	锥度	40	接触面积≤60%扣 10 分 接触面积≤55%扣 20 分 接触面积≤50%扣 30 分		
	2	锥体长度	10	低于 IT14 扣 10 分		
	3	130	10	低于 IT14 扣 10 分		
	4	$\phi 34$	20	超差 0.01 扣 1 分 超差 0.03 以上不得分		
其他	5	$Ra\,1.6$	10	降一级扣 5 分		
	6	$Ra\,3.2$	5	降级不得分		
	7	安全文明生产	5	违章操作不得分		

技能训练Ⅲ

加工如图 2-6-42 所示的外圆锥体。毛坯：$\phi65\times100$ mm。

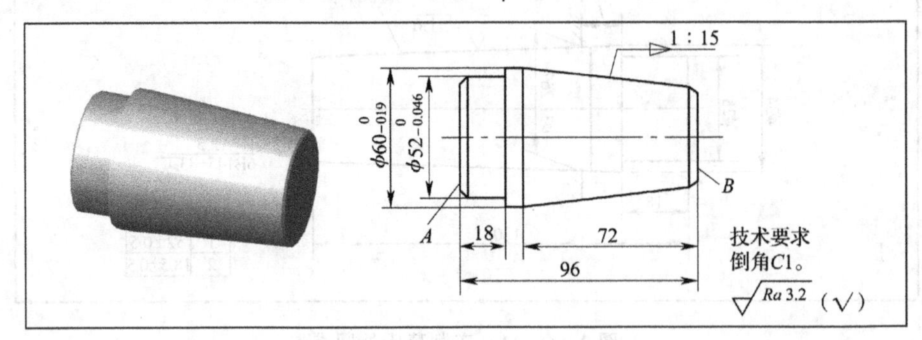

图 2-6-42 车削外圆锥体

【加工步骤】

车削外圆锥体的加工步骤如表 2-6-9 所列。

表 2-6-9 车削外圆锥体的加工步骤

操作步骤	加工内容(见图 2-6-42)
1. 粗、精车左端各表面	① 三爪卡盘夹毛坯外圆，伸出长度为 25 mm 左右； ② 车平端面 A； ③ 粗、精车外圆 $\phi52\times18$ mm 至尺寸要求； ④ 倒角 C1
2. 车右端各表面	① 用铜皮包住 $\phi52$ 外圆，夹住左右，校正并夹紧； ② 车端面，保证总长 96 mm； ③ 粗、精车外圆至尺寸要求； ④ 小滑板逆时针转动粗车外圆锥； ⑤ 用万能角度尺检查圆锥角，并把小滑板转角调整准确； ⑥ 精车外圆锥至要求； ⑦ 倒角
3. 工件检测	检验并卸下工件

【质量检测】

车削外圆锥体的加工质量检测如表 2-6-10 所列。

表 2-6-10 质量检测(见图 2-6-42)

项 目	序 号	考核内容	配 分	评分标准	检 测	得 分
尺寸公差	1	$\phi60_{-0.19}^{0}$	10	不合格不得分		
	2	$\phi52_{-0.046}^{0}$	10	不合格不得分		
	3	锥度 1∶15	40	接触面积≤60%扣 10 分；接触面积≤55%扣 20 分；接触面积≤50%扣 40 分		
	4	18	6	不合格不得分		
	5	72	8	不合格不得分		
	6	96	8	不合格不得分		
其他	7	$Ra\,3.2$	5	降级不得分		
	8	安全文明生产	5	违章操作不得分		

技能训练Ⅳ

将图 2－6－43 所示的锥体加工成莫氏锥套。外圆、台阶已加工完。

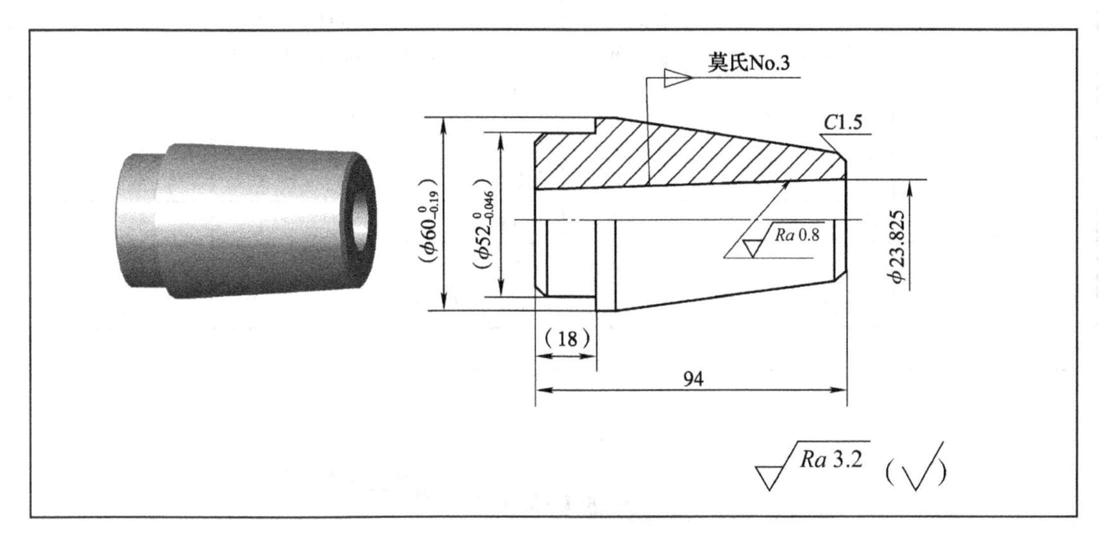

图 2－6－43　莫氏锥套

【工艺准备】

① 刀具：端面车，ϕ16、ϕ18.8 麻花钻，软卡爪。

② 设备：CA6140。

③ 量具：0～150 mm 游标卡尺，百分表，莫氏 3 号圆锥形粗、精铰刀及圆锥塞规。

【加工步骤】

莫氏锥套的加工步骤如表 2－6－11 所列。

表 2－6－11　莫氏锥套的加工步骤

操作步骤	加工内容(见图 2－6－43)
1. 车端面	① 用软卡爪装夹 ϕ52 外圆，找正并夹紧； ② 车端面，保证总长 94 mm； ③ 倒角 C1
2. 钻孔	① 钻中心孔； ② 钻 ϕ16 通孔； ③ 按内锥面小端直径，用 ϕ18.8 麻花钻扩孔
3. 铰孔	① 用莫氏 3 号锥粗铰刀铰削内孔； ② 用莫氏 3 号锥精铰刀铰削内孔
4. 工件检测	检验并卸下工件

【质量检测】

莫氏锥套的加工质量检测如表 2－6－12 所列。

技能训练Ⅴ

根据图 2－6－44 所示，加工出符合图样要求的工件。

表 2-6-12 质量检测(见图 2-6-43)

项 目	序 号	考核内容	配 分	评分标准	检 测	得 分
尺寸公差	1	莫氏 3 号	60	接触面积≤70%扣 20 分;接触面积≤65%扣 30 分;接触面积≤60%扣 60 分		
	2	$\phi 23.82$	10	不合格不得分		
	3	94	10	不合格不得分		
	4	$C1.5$	5	不合格不得分		
其他	5	$Ra0.8$	10	降级不得分		
	6	安全文明生产	5	违章操作不得分		

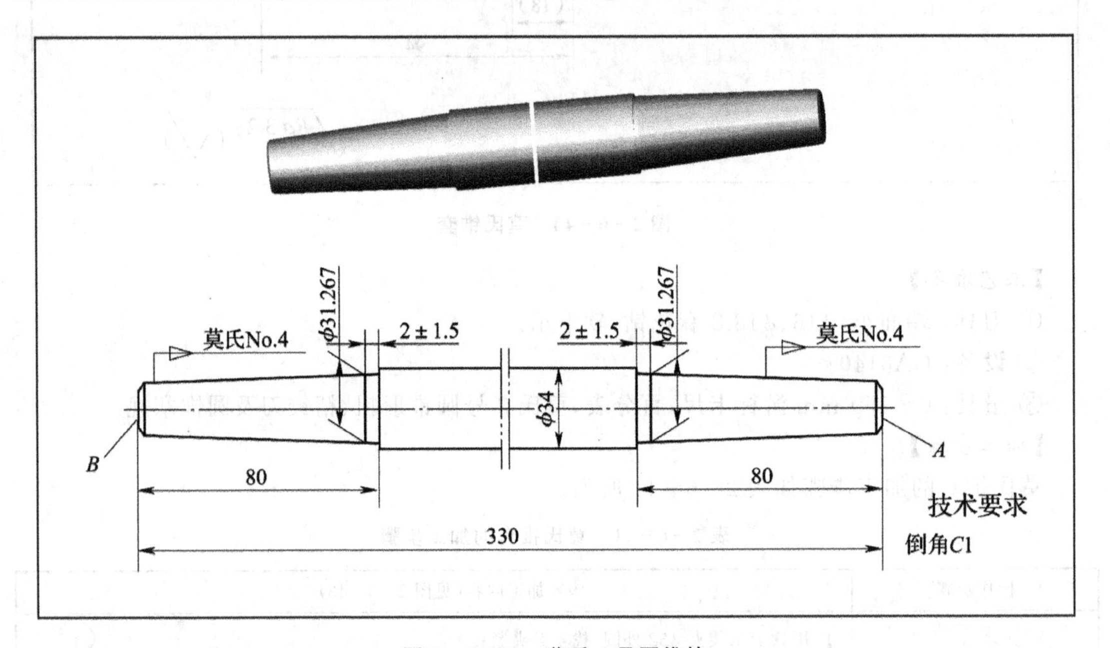

图 2-6-44 莫氏 4 号圆锥棒

【工艺准备】

① 刀具:90°、45°粗车刀,90°精车刀,中心钻,其他工具。

② 设备:CA6140。

③ 量具:0～150 mm 游标卡尺,25～50 mm 百分尺,莫氏 4 号圆锥套规。

【加工工艺】

莫氏 4 号圆锥棒的加工步骤如表 2-6-13 所列。

表 2-6-13 莫氏 4 号圆锥棒的加工步骤

操作步骤	加工内容(见图 2-6-44)
1. 车一端面,钻中心孔	① 三爪夹毛坯外圆,伸出长度为 30 mm 左右,车平端面; ② 钻中心孔
2. 粗车外圆	一夹一顶(夹持长度 30 mm 左右),粗车外圆至 $\phi 35$,长度尽量长

续表 2-6-13

操作步骤	加工内容(见图 2-6-44)
3. 车另一端面，取总长，钻中心孔	① 工件调头，装夹 ϕ35 外圆，找正； ② 以端面 A 为基准，车端面取总长 330 mm； ③ 钻中心孔
4. 车外圆	① 在两顶尖之间装夹工件； ② 车外圆 ϕ34 至要求尺寸； ③ 车两端外圆至要求尺寸 ϕ32，长 80 mm
5. 车一端外圆锥	① 根据偏移量偏移尾座； ② 粗车并检测锥度，修正偏移量； ③ 精车锥面至要求尺寸； ④ 倒角 C1
6. 车另一端外圆锥	① 调头装夹； ② 粗车并检测锥度，调整尾座偏移量； ③ 精车锥面至要求尺寸； ④ 倒角 C1
7. 检测	检验并卸下工件

技能训练Ⅵ

图 2-6-45 所示为一精密圆锥体，材料为 45 钢，已完成粗车并进行热处理，淬火硬度 33～38HRC，两端面已平磨（平行度误差小于 0.01 mm）。

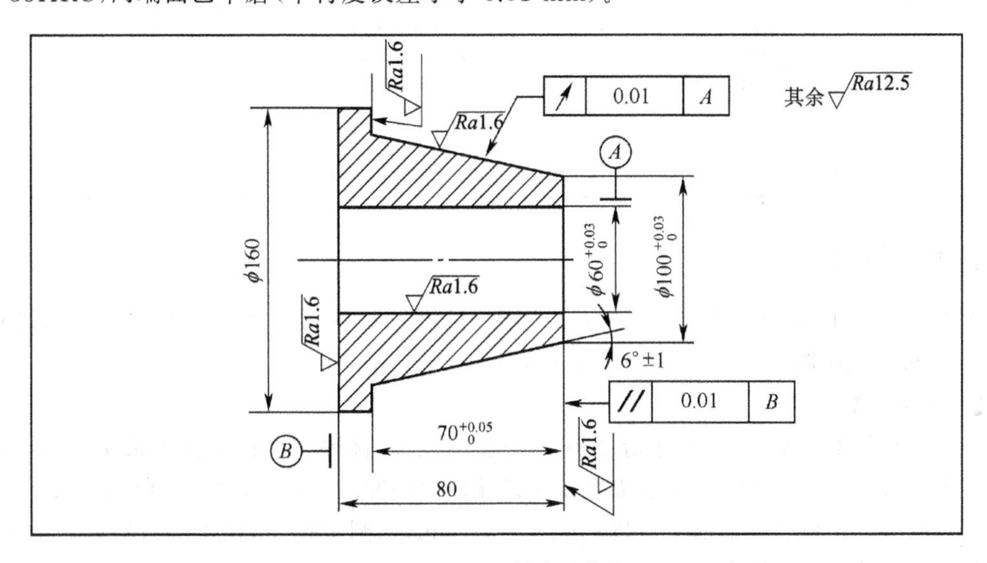

图 2-6-45 精密圆锥体

【加工步骤】

精密圆锥体的加工步骤如表 2-6-14 所列。

表 2-6-14 精密圆锥体的加工步骤

操作步骤	加工内容(见图 2-6-45)
1. 半精车	① 车大端外圆 $\phi160$ 至图样要求。 ② 调头,车内孔 $\phi60^{+0.03}_{0}$,留精车余量 0.5~1.0 mm; ③ 车圆锥体部分,用转动小刀架法车削,留精车余量 0.5~1.0 mm
2. 校正小刀架的转动角度	① 测量锥角; ② 调整小刀架转动角度时,找正工件轴线、百分表测头和车刀刀尖的正确位置
3. 精车	① 车圆锥体和大端面; ② 车内孔 $\phi60^{+0.03}_{0}$ 至图样要求; ③ 测量锥体小端直径
4. 质量检测	检验并卸下工件

【质量检测】

精密圆锥体加工质量检测如表 2-6-15 所列。

表 2-6-15 质量检测(见图 2-6-45)

项目	序号	考核内容	配分	评分标准	检测	得分
尺寸公差	1	$\phi60^{+0.03}_{0}$	20	超差 0.01 扣 2 分		
	2	$\phi100^{0}_{-0.03}$	20	超差 0.01 扣 2 分		
	3	$6°\pm1'$	20	超差 1′扣 2 分		
	4	$70^{+0.05}_{0}$	10	超差 0.01 扣 2 分		
	5	$\phi160$、80	6	低于 IT14 不得分		
	6	↗ 0.01 A	7	超差不得分		
	7	↗ 0.01 B	7	超差不得分		
其他	8	$Ra\,1.6$	5	降级不得分		
	9	安全文明生产	5	违章操作不得分		

技能训练Ⅶ

图 2-6-46 所示为一个精密圆锥孔的零件,材料为 45 钢,已初车并进行热处理,淬火硬度 33~38HRC,两端面已平磨(平行度误差不大于 0.01 mm)。

【工艺分析】

该零件结构不复杂,但对尺寸精度和形位精度都有较高要求。该零件拟采用三爪自定心卡盘装夹,因两端面已平磨,因此装夹找正应以端面为基准。先粗车各尺寸,留精车余量 0.5~1 mm;然后再一次检查两端面平行度误差≤0.01 mm,并测量锥角,校正小刀架的转动角度;最后精车各尺寸至图样要求。

【加工步骤】

精密圆锥孔零件的加工步骤如表 2-6-16 所列。

【质量检测】

精密圆锥孔零件的加工质量检测如表 2-6-17 所列。

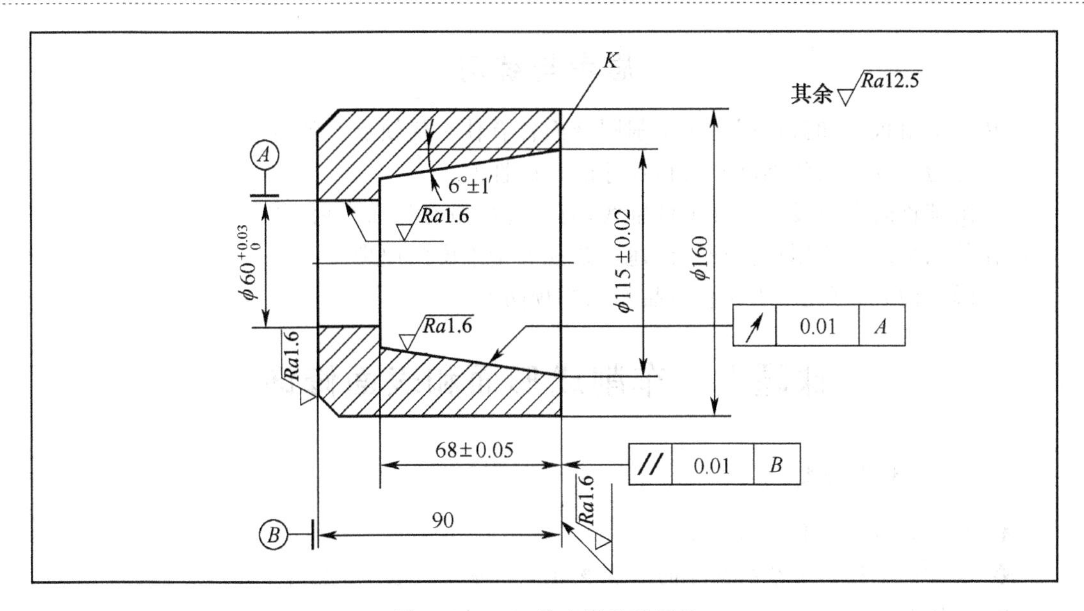

图 2-6-46　精密圆锥孔零件

表 2-6-16　精密圆锥孔零件加工步骤

操作步骤	加工内容(见图 2-6-46)
1. 半精车	① 车外圆 $\phi160$，留精车余量 0.5～1 mm； ② 车内孔 $\phi60^{+0.03}_{0}$，留精车余量 0.5～1.0 mm； ③ 转动小刀架车削圆锥孔部分，留精车余量 0.5～1.0 mm
2. 校正小刀架的转动角度	① 测量锥角； ② 校正小刀架的转动角度
3. 精车	① 精车外圆 $\phi160$ 至图样要求； ② 精车圆锥孔和端面； ③ 车内孔 $\phi60^{+0.03}_{0}$ 至图样要求； ④ 测量圆锥孔尺寸
4. 质量检测	检验并卸下工件

表 2-6-17　质量检测(见图 2-6-46)

项　目	序　号	考核内容	配　分	评分标准	检　测	得　分
尺寸公差	1	$\phi60^{+0.03}_{0}$	20	超差 0.01 扣 2 分		
	2	$\phi115\pm0.02$	20	超差 0.01 扣 2 分		
	3	$6°\pm1'$	20	超差 1′扣 2 分		
	4	68 ± 0.05	10	超差 0.01 扣 2 分		
	5	$\phi160$、90	5	低于 IT14 不得分		
	6	↗ 0.01 A	6	超差不得分		
	7	// 0.01 B	6	超差不得分		
其他	8	Ra1.6	8	降级不得分		
	9	安全文明生产	5	违章操作不得分		

思考与练习

1. 转动小滑板法和偏移尾座法车削圆锥面各有什么优缺点？各适用于什么场合？
2. 怎样检验圆锥面的锥度和直径尺寸的正确性？
3. 车削圆锥时车刀没有对准工件轴线，对工件质量有什么影响？
4. 在什么情况下应用正弦规？试述正弦规测量锥度的原理。
5. 车圆锥面时，可能产生哪些废品？怎样预防？

课题七　车削成形面和表面修饰

教学要求

◆ 掌握球形手柄有关的尺寸计算。
◆ 掌握双手控制法车削圆球的步骤及注意事项，并能正确检测。
◆ 掌握在车床上对工件进行修整、抛光及滚花的方法。
◆ 遵守操作规程，养成良好的安全、文明生产习惯。

2.7.1　成形面车削

1. 车削成形面的方法

有些零件表面的素线不是直线，而是曲线，如手柄、圆球等，这类表面称为成形面。车削成形面的主要方法见表 2-7-1。本节重点讲解用双手控制法车削成形面。

表 2-7-1　车削成形面的主要方法

方　法	图　示	定　义	特点及使用场合
双手控制法		用双手同时控制中、小滑板(或中滑板与床鞍)的手柄，通过双手的协调动作，车出所要求的成形面的方法	这种方法操作技术灵活、方便。但需要较高的操作水平，难度较大，精度低、表面质量差，生产效率低，只适用于精度要求不高的单件、小批量生产
成形刀车削法	R　1　2　f 1—工件；2—成形刀	将刀具切削部分的形状按加工要求，刃磨成与工件加工部分相同的形状，再通过车削得到成形面的加工方法	这种方法生产效率高，但刀具刃磨困难，车削时接触面积大，容易出现振动和工件位移。适用于批量较大的生产中，车削刚性好、长度较短且形状较简单的成形面

续表 2-7-1

方　法	图　示	定　义	特点及使用场合
仿形法	1—模板；2—仿形装置	制造一种与工件形状相符的模板，它是刀具按模板仿形装置进给来加工成形面的方法	这种方法操作简单，劳动强度小，生产效率高，精度高，是一种比较先进的加工方法。但需制造专用靠模。适合质量要求较高的大批量生产

2. 双手控制法车单球手柄

（1）圆弧车刀

圆弧表面要求光滑、具有良好的表面粗糙度，为使每次进给切削时过渡圆滑，需采用主切削刃呈圆弧形的车刀，一般可用切断刀改磨圆弧车刀，如图 2-7-1 所示。

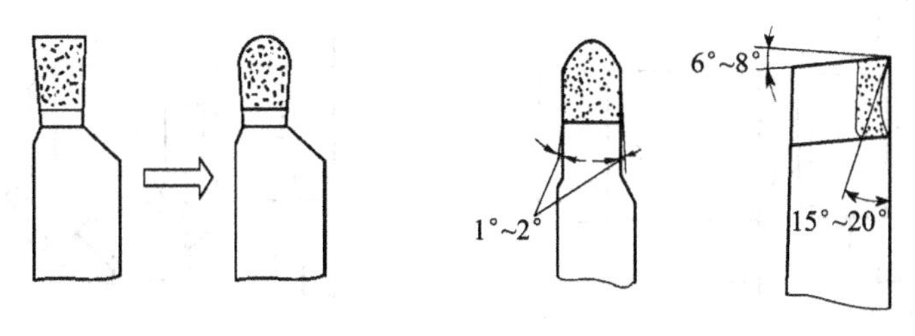

图 2-7-1　圆弧车刀

（2）圆球部分长度计算

车单球手柄前，先根据圆球直径 D 和圆球柄部直径 d 计算圆球部分的长度 L，如图 2-7-2 所示。计算公式如下：

$$L=\frac{1}{2}(D+\sqrt{D^2-d^2})$$

（3）进给速度分析

用双手控制法车成形面时，首先分析曲面各点的斜率，然后根据斜率分析纵向、横向走刀的快慢，确定圆球面的纵、横向走刀速度。如图 2-7-3 所示，车削 A 点时，横向进刀速度要慢，纵向退刀速度要快；车到 B 点时，横向进刀和纵向退刀速度基本相同；车到 C 点时，横向进刀要快，纵向退刀慢，即可车出球面。车削时，关键是双手摇动手柄的速度配合要恰当。

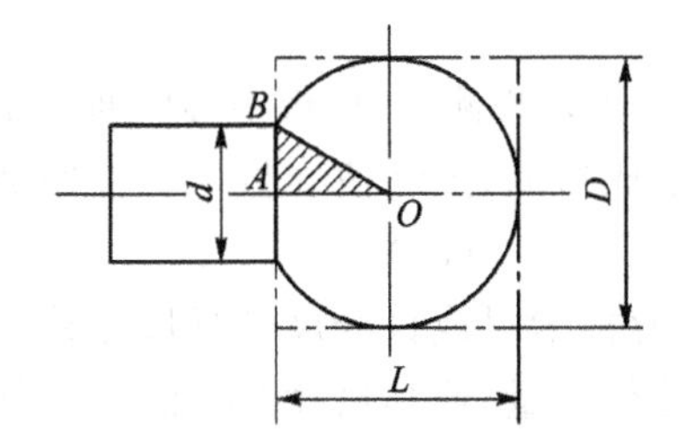

图 2-7-2　单球手柄长度计算

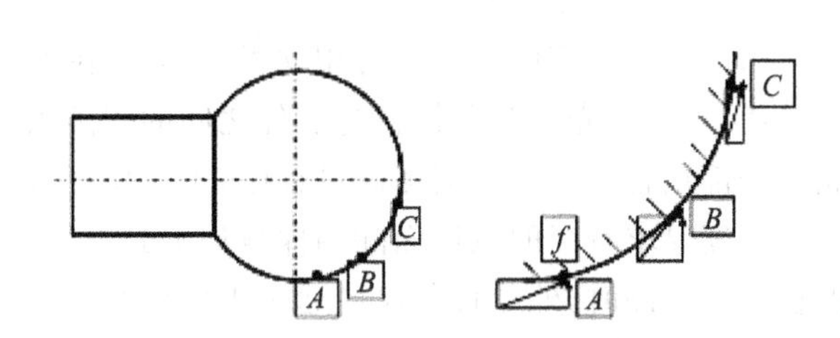

图 2-7-3　车曲面时的走刀速度分析

车削曲面时，车刀最好从高处向低处进给，也可以用床鞍做自动纵向进给，中滑板向里做手动配合进给。为了增加工件刚性,车削时先车离卡盘远的一段曲面,后车离卡盘近的一段曲面。

(4) 双手控制法车削单球的步骤

① 按圆球部分的直径 D 和柄部直径 d 以及长度 L 车出两级外圆,留精车余量 0.3~0.5 mm,如图 2-7-4(a)所示。

② 用直尺量出圆球中心,并用车刀刻线痕,然后用 45°车刀先在圆球的两侧倒角,如图 2-7-4(b)所示。

③ 用 $R3$ 左右的小圆头车刀粗车球面。先从 a 点向 b 点方向逐步粗车右半球;然后再从 a 点向 c 点方向粗车左半球,并在 c 点处用切断刀清角,如图 2-7-4(c)、(d)所示。

④ 精车球面时,车削仍由球中心向两半球进行,最后一刀的起始点则应从球的中心线处开始进给。精车时提高主轴转速,适当减慢进给速度,注意勤检测,防止把球车废。

⑤ 表面修光(操作方法见后面内容)。

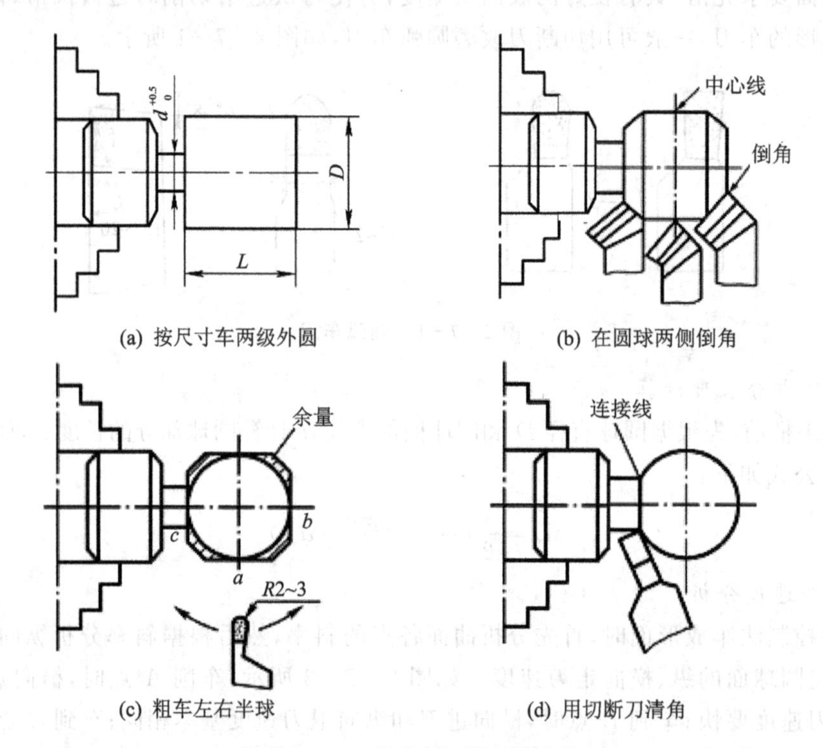

(a) 按尺寸车两级外圆 (b) 在圆球两侧倒角

(c) 粗车左右半球 (d) 用切断刀清角

图 2-7-4 单球手柄的车削步骤

(5) 成形面的检测

精度要求不高的成形面可用样板检测,如图 2-7-5(a)所示。检测时,样板中心应通过工件轴线,采用透光法判断样板与工件之间的间隙大小,并修整成形面,最终使样板与工件曲面轮廓全部重合。在车削圆球的过程中,也应用样板检测(见图 2-7-5(b))。

精度要求较高的成形面除用样板检测其外形外,还须用游标卡尺或百分尺进行尺寸精度的检查。检测时,外径百分尺应通过工件中心,并多方位地进行测量,使其尺寸公差满足工件精度要求,如图 2-7-5(c)所示。

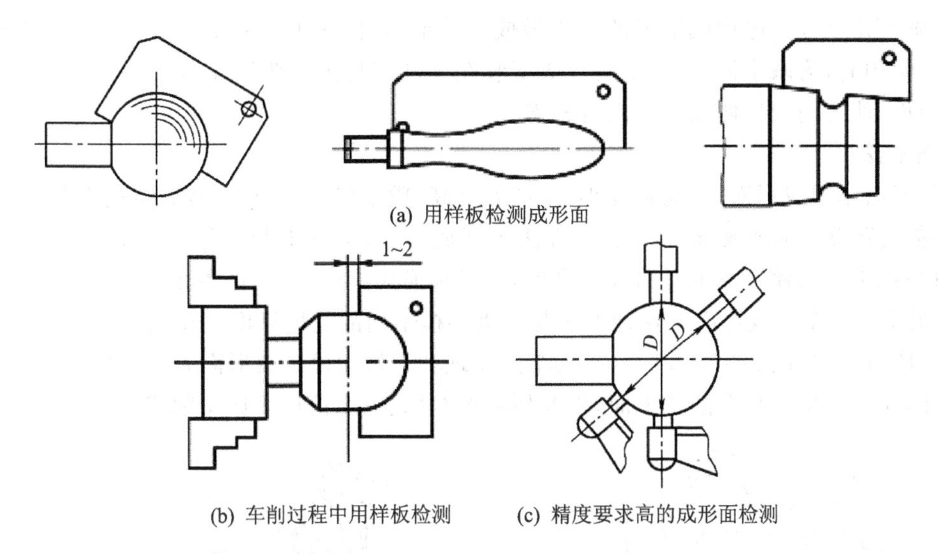

(a) 用样板检测成形面

(b) 车削过程中用样板检测　　(c) 精度要求高的成形面检测

图 2-7-5　成形面的检测

注意事项

要培养目测球形的能力和协调双手控制进给动作的技能，否则容易把球面车成橄榄形或算盘珠形。

3. 成形刀车削法

车削较大的内、外圆弧槽，或数量较多的成形面工件时，常采用成形刀车削法。常用的成形刀有整体式普通成形刀、棱形成形刀和圆形成形刀等几种，如图 2-7-6 所示。

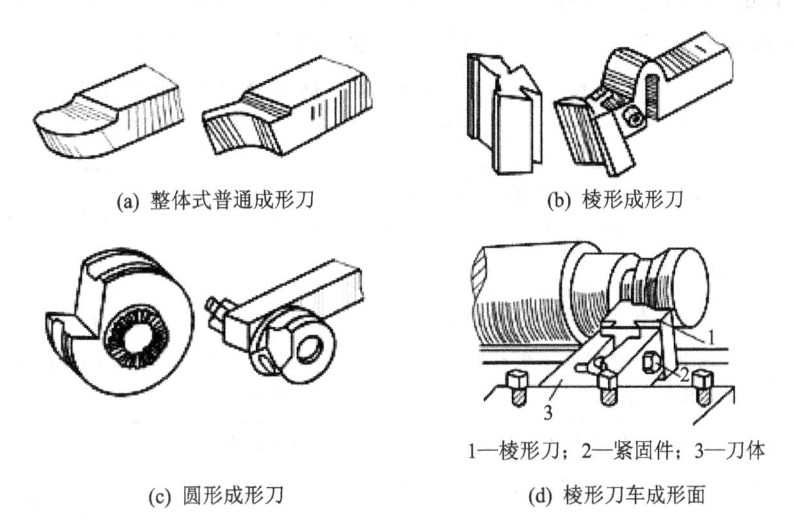

(a) 整体式普通成形刀　　(b) 棱形成形刀

1—棱形刀；2—紧固件；3—刀体

(c) 圆形成形刀　　(d) 棱形刀车成形面

图 2-7-6　成形刀

① 整体式普通成形刀　这种成形刀与普通车刀相似，只是切削刃磨成和成形面表面相同的曲线状。若对车削精度要求不高，切削刃可用手工刃磨；若车削精度要求高，切削刃应在工具磨床上刃磨。

② 棱形成形刀　这种成形刀由刀头和刀杆两部分组成。刀头的切削刃按工件形状在工具磨床磨出，后部的燕尾块装夹在弹性刀杆的燕尾槽内，并用螺钉紧固。

③ 圆形成形刀　这种成形刀的刀头做成圆轮形，在圆轮上开有缺口，以形成前刀面和主切削刃。使用时，为减小振动，通常将刀头安装在弹性刀杆上。为防止圆形刀头转动，在侧面做出端面齿，使之与刀杆侧面的端面齿相啮合。

4. 仿形法

用仿形法车削成形面，劳动强度小，生产效率高，质量好，是一种比较先进的车削方法。

① 靠板靠模法车削成形面　这种方法车削成形面，实际上与采用靠板靠模车圆锥方法相同，只是把锥度靠模换成带有曲线的靠模，把滑板换成滚柱即可，见图 2-7-7。

② 尾座靠模车削成形面　这种方法与靠板靠模不同的是把靠模装在尾座的套筒上，而不是装在车床身上，如图 2-7-8 所示。其车削原理和靠板靠模车成形面完全一样。

另外，还有专用工具车削成形面，以及用数控车床、液压仿形车床车削成形面。

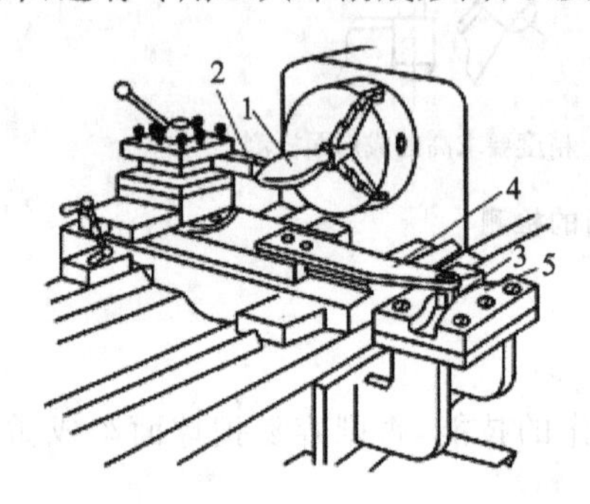

1—成形面；2—车刀；3—滚柱；4—拉杆；5—靠模

图 2-7-7　靠模加工橄榄形手柄

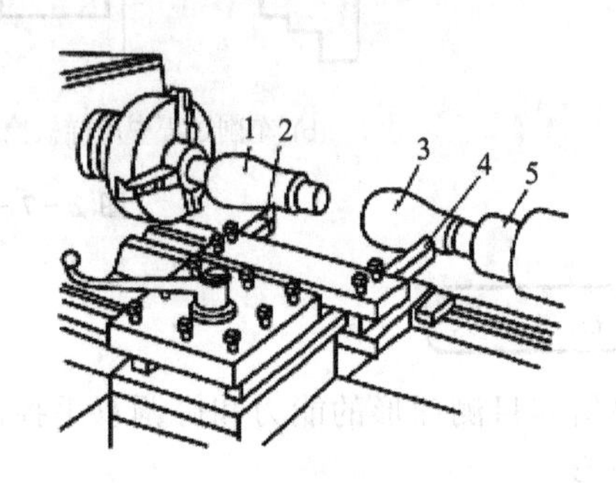

1—成形面；2—车刀；3—靠模；4—靠模杆；5—尾座

图 2-7-8　用尾座靠模车手柄

5. 产生废品的原因及预防方法

车成形面时，可能产生废品的种类、原因及预防措施见表 2-7-2。

表 2-7-2　车成形面时产生废品的种类、原因及预防方法

废品种类	产生原因	预防方法
工件轮廓不正确	① 用成形车刀车削时，车刀形状刃磨得不正确，没有按主轴中心高度安装车刀，工件受切削力产生变形造成误差	仔细刃磨成形刀，车刀高度安装准确，适当减小进给量
	② 用双手控制进给车削时，纵、横向进给不协调	加强车削练习，使纵、横向进给协调
	③ 用靠模加工时，靠模形状不准确，安装得不正确或靠模传动机构中存在间隙	使靠模形状准确，安装正确，调整靠模传动机构中的间隙
表面粗糙度差	① 车削复杂零件时进给量过大	减小进给量
	② 工件刚性差或刀头伸出过长，刀削时产生振动	加强工件安装刚度及刀具安装刚度
	③ 刀具几何角度不合理	合理选择刀具角
	④ 材料切削性能差，未经过预热处理，难于加工；如产生积屑瘤，表面更粗糙	对材料进行预热处理，改善切削性能；合理选择切削用量，避免产生积屑瘤
	⑤ 切削液选择不当	合理选择切削液

2.7.2　表面抛光

用双手控制法车削成形面，由于手动进给不均匀，工件表面往往留下高低不平的痕迹，表面粗糙度难以达到要求，因此，车削完成的成形面还要用锉刀、砂布修整抛光。

(1) 用锉刀抛光

锉刀通常选用板锉或半圆锉，锉纹粗细视工件表面具体情况而定。常用细纹板锉和特细纹板锉进行修整，锉削余量一般在 0.03 mm 之内。

① 操作时，应以左手握锉刀柄，右手握锉刀前端。锉削时，压力要均匀一致，推锉速度要慢，并适当做纵向移动，如图 2－7－9 所示，避免把工件锉扁或呈节状。

② 为防止锉屑滞塞在锉纹里而损伤工件表面，锉削前可在锉齿表面涂上一层粉笔沫，并经常用钢丝刷清理齿缝。

③ 合理选择车床主轴转速，防止转速过高而加速锉刀磨钝，缩短锉刀使用寿命。

(2) 用砂布抛光

工件经过锉削以后，还达不到要求，表面上仍有细微条痕，这时可用砂布抛光。在车床上用的砂布，一般是用刚玉砂粒制成，根据工件表面痕迹，合理选用从粗到细的砂布。常选细粒度的 0 号或 1 号砂布。砂布越细，抛光后表面粗糙度值越小。具体方法如下：

① 选择较高的车床主轴转速。

② 为了确保安全，提高抛光质量和效率，应将砂布垫在锉刀下面，采用锉刀修整的姿势进行抛光。

③ 用砂布进一步抛光时，可直接用手捏住砂布两端，如图 2－7－10(a)所示，并使砂布在工件上做纵向往复移动。注意两手压力不可过猛，以防砂布撕裂发生事故。

(3) 将砂布夹在抛光夹内抛光

成批抛光最好用抛光夹抛光(见图 2－7－10(b))，将砂布垫在木制抛光夹的圆弧内，再用手捏紧抛光夹，且均匀纵向移动。此法比手捏砂布抛光安全，但仅适用形状简单工件的抛光。

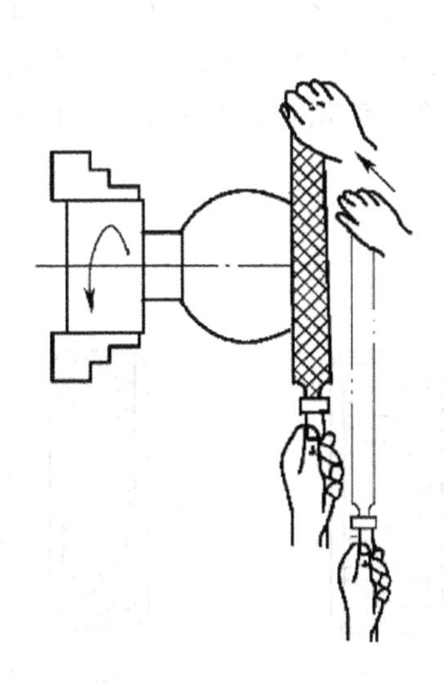

图 2－7－9　锉刀抛光

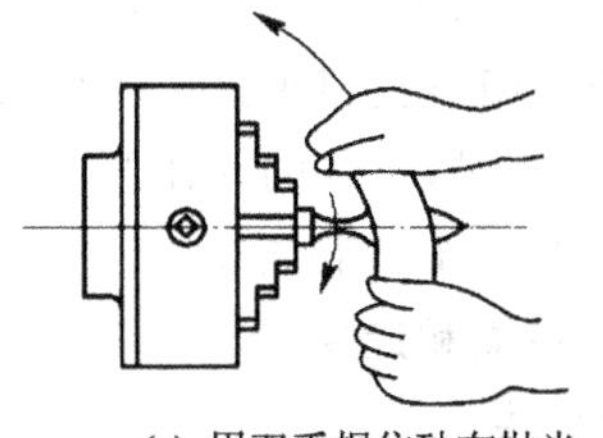

(a) 用双手捏住砂布抛光

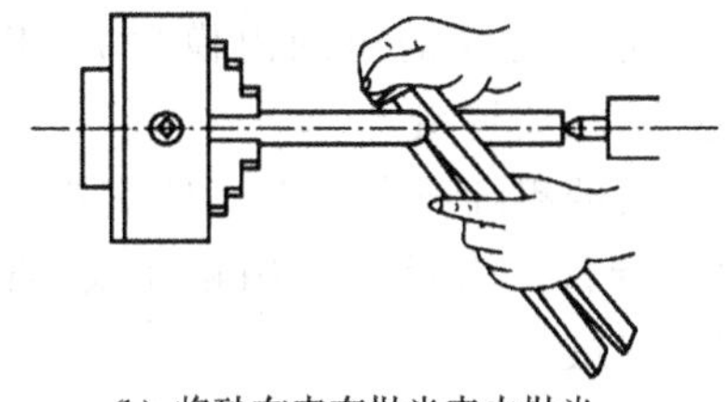

(b) 将砂布夹在抛光夹内抛光

图 2－7－10　用砂布抛光外表面

(4) 用砂布抛光内表面

经过精车后的内孔,如果孔径偏小或不够光滑,可用砂布修整或抛光。

先选用比孔径小的抛光木棒,将撕成条状的砂布顺时针缠绕在木棒上,然后放进孔内抛光。操作时,左手在前,握棒并用手腕向下、向后方向施压力于工件内表面。右手在后握棒并用手腕沿顺时针方向(即与工件旋面相反)匀速转动,同时两手协调沿纵向均匀移动,以求抛光整个内孔,如图 2-7-11 所示。孔径大的工件也可用手捏住砂布抛光,小孔绝不能把砂布绕在手指上去抛光,以防发生事故。

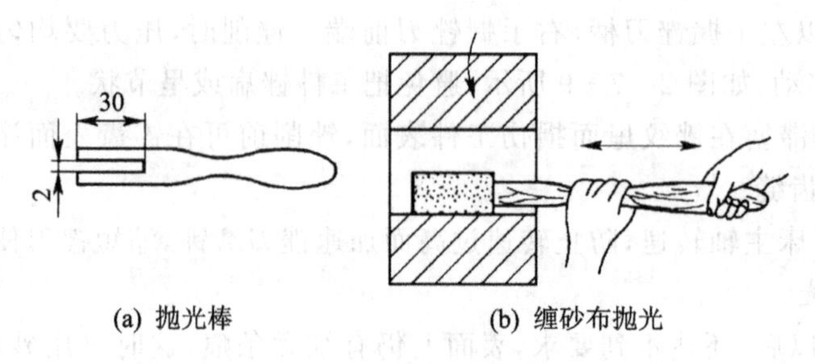

(a) 抛光棒 (b) 缠砂布抛光

图 2-7-11 用抛光棒抛光工件

注意事项

- 用锉刀锉削弧形工件时,锉刀的运动要绕弧面进行。
- 用锉刀修整工件时,车床导轨面上应垫防护板或防护纸,以防止散落在床面上的锉屑损伤导轨。
- 严禁用砂布包裹工件进行抛光,以防发生严重事故。

2.7.3 表面滚花

各种工具和机器零件的手握部分,为了便于握持和增加美观,常常在零件表面上滚出各种不同的花纹,如百分尺的套管、铰杠扳手以及螺纹量规等。这些花纹一般是车床上用滚花刀滚压而成的。滚花是用滚花刀来挤压工件,使其表面产生塑性变形而形成花纹。滚花的径向挤压力很大,因此加工时,工件的转速要低些。需充分供给冷却润滑液,以免研坏滚花刀和防止细屑滞塞在滚花刀内而产生乱纹。

1. 滚花刀的种类和选择

(1) 花纹的种类

花纹有直纹和网纹两种(见图 2-7-12),并有粗细之分。花纹的粗细由模数 m 来决定,模数越大,花纹越粗。

滚花花纹的粗细通常根据工件滚花表面的直径大小选择。直径大选用粗花纹;直径小则选用细花纹。

滚花标记为:直纹 m0.2,网纹 m0.3。

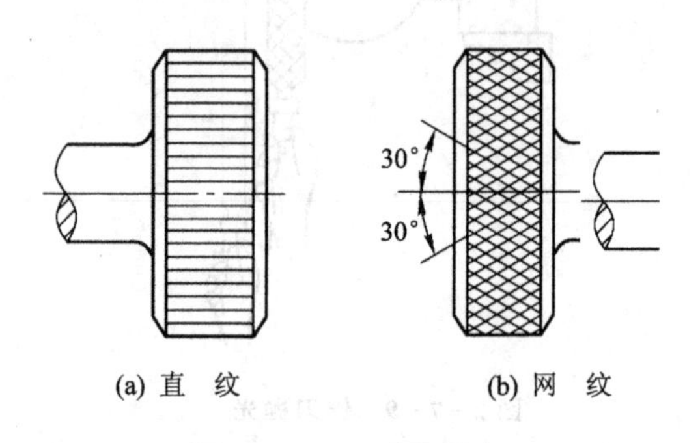

(a) 直 纹 (b) 网 纹

图 2-7-12 滚花花纹

(2) 滚花刀的种类

滚花刀可做成单轮、双轮和六轮三种,其结构、用途见表 2-7-3。

表 2-7-3　滚花刀的种类

种类 项目	单轮滚花刀	双轮滚花刀	六轮滚花刀
图　例			
结　构	由直纹滚轮和刀柄组成	由两只旋向不同的滚轮、浮动连接头及刀柄组成	由三对不同模数的滚轮，通过浮动连接与刀柄组成一体
用　途	用于滚直纹	用于滚网纹	根据需要滚出三种不同模数网纹

2. 滚花操作要点

① 滚花前滚花表面的直径应根据工件材料的性质和模数 m 的大小相应车小(0.8～1.6)m。

② 滚花刀滚轮中心要与工件回转中/s 等高(见图 2-7-13(a))。若滚压有色金属或滚花表面要求较高的工件时，滚花刀滚轮轴线应与工件轴线平行(见图 2-7-13(b))；若滚压碳素钢或滚花表面要求一般的工件时，可使滚花刀刀柄尾部向左偏斜 3°～5°装夹(见图 2-7-13(c))，以便于切入工件表面而且不易乱纹。

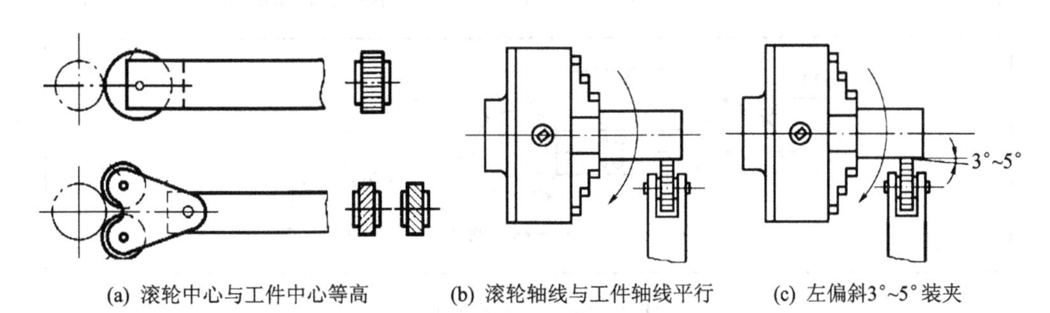

(a) 滚轮中心与工件中心等高　(b) 滚轮轴线与工件轴线平行　(c) 左偏斜3°~5°装夹

图 2-7-13　滚花刀的装夹

③ 先使滚轮表面宽度的 1/3～1/2 与工件表面接触(见图 2-7-14)，使滚花刀容易切入工件表面，在停车检查花纹符合要求后，再纵向机动进给，反复滚压 1～3 次，直至花纹凸出达到要求为止。

注意事项

滚花的注意事项：

- 开始滚压时，挤压力要大且猛一些，使工件圆周上开始就形成较深的花纹，不易乱纹。
- 较低的切削速度，一般为 5～10 m/min。进给量选择大些，一般为 0.3～0.6 mm/r。
- 充分浇注切削液以润滑和冷却滚轮，并经常清除滚压产生的切屑。
- 滚花时径向力很大，所用设备应刚度较高，工件必须装夹牢靠。

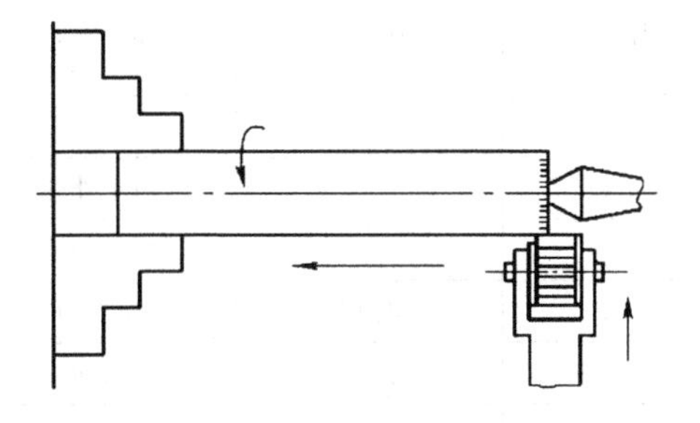

图 2-7-14　滚轮开始接触工件

● 为避免滚花时出现工件移位带来的精度误差,车削带有滚花表面的工件时,滚花应安排在粗车之后,精车之前进行。

3. 产生废品的原因及预防方法

滚花操作方法不当,很容易产生乱纹,其产生原因及预防措施见表 2-7-4。

表 2-7-4 滚花时产生乱纹的原因及预防方法

废品种类	产生原因	预防方法
乱纹	① 工件外径周长不能被滚花刀模数除尽	可把外圆略车小一些
	② 滚花开始时,吃刀压力太小,或滚花刀与工件表面接触面积过大	开始滚花时要用较大的压力,把滚花刀偏一个很小的角度
	③ 滚花刀转动不灵,或与刀柄小轴配合间隙大	检查原因或调换小轴
	④ 工件转速太高,滚花刀与件表面产生滑动	降低转速
	⑤ 滚花前没有清除滚花刀中的细屑,或齿部磨损	清除细屑或更换滚轮

2.7.4 技能训练

技能训练 I

加工如图 2-7-15 所示的双联球杆。零件材料为 45 钢,毛坯规格为 $\phi 25\times 100$ mm。

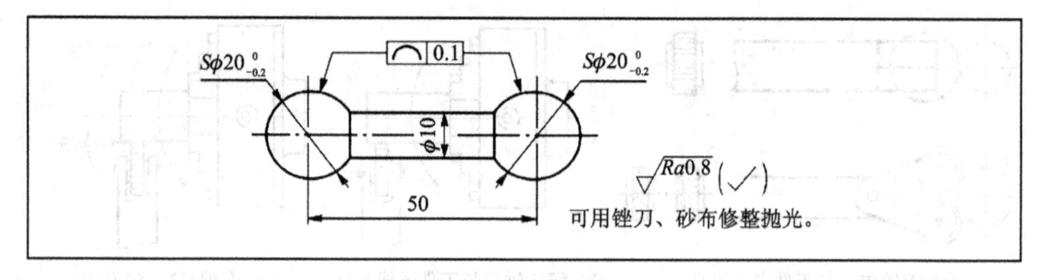

图 2-7-15 车削双联球

【切削用量】

车削双联球的切削用量选取如表 2-7-5 所列。

表 2-7-5 切削用量选取(见图 2-7-15)

序 号	刀 具	加工内容	主轴转速/(r·min⁻¹)	进给速度/(mm·min⁻¹)	背吃刀量/mm
1	45°外圆车刀	车端面	800	0.1	0.1~1
2	90°外圆车刀	粗车外圆	600	0.3	2
3		精车外圆	1000	0.1	0.25
4	切槽刀	切沟槽	700	—	—
5	切断刀	切断	700	—	—
6	圆弧车刀	粗车圆球	400	—	—
7		精车圆球	700	—	—
8	中心钻	钻中心孔	1000	—	—

【加工步骤】

车削双联球的加工步骤如表 2－7－6 所列。

表 2－7－6 双联球的加工步骤

操作步骤	加工内容(见图 2－7－15)
1. 夹毛坯外圆	① 夹毛坯外圆,工件伸出卡爪 30 mm 左右,校正并夹紧 ② 车平端面,钻 A2 中心孔
2. 一夹一顶装夹工件(工步图 2－7－16)	① 粗车两外圆至 ϕ20.5×75 mm,ϕ5×8 mm ② 粗加工沟槽 ϕ10.5×32.68 mm,保证长度;加工圆球中心位置线 10 mm,保证两球中心位置长度 50 mm ③ 粗车两个 $S\phi$20.5 的球面,注意靠近卡盘的球仅先加工右侧球面部分 ④ 精车 ϕ10 沟槽及 ϕ6 沟槽,保证靠近卡盘的球面左侧有足够的加工余量 ⑤ 精车两个 $S\phi$20 的球面,并留抛光余量 ⑥ 对两个 $S\phi$20 的球面及 ϕ10 的柄进行修整抛光后切下工件
3. 夹球面	对工件两端进行粗、精及修整抛光加工
4. 检测	根据图纸要求仔细检查各部分尺寸

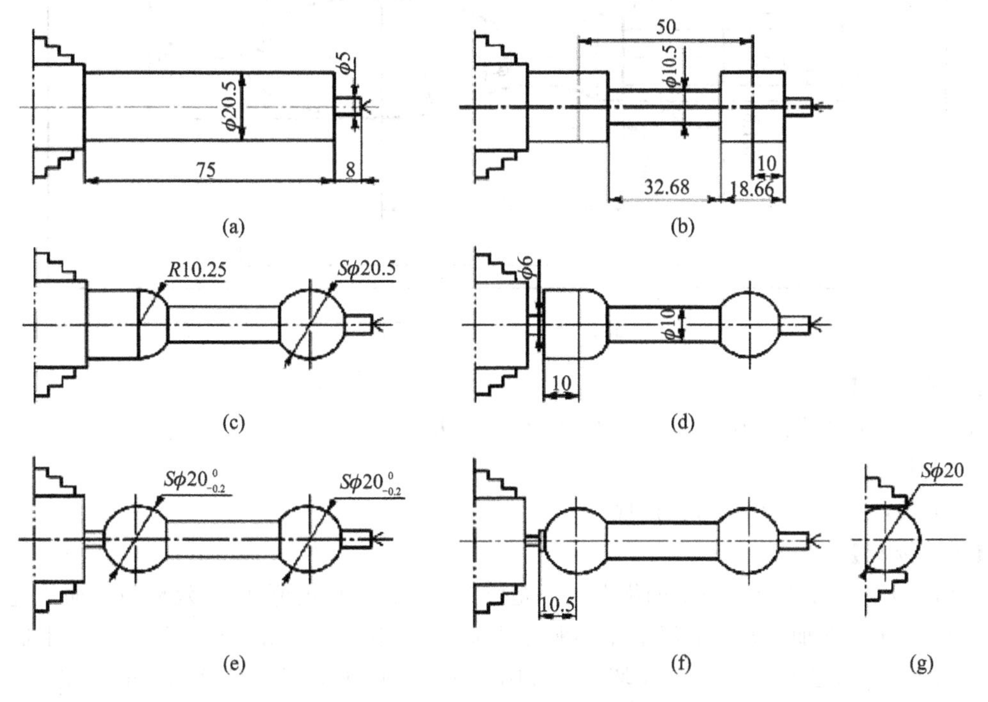

图 2－7－16 一夹一顶车削双联球工步图

【质量检测】

车削双联球的加工质量检测如表 2－7－7 所列。

表 2-7-7 质量检测(见图 2-7-15)

项 目	序 号	考核内容	配 分	评分标准	检 测	得 分
尺寸公差	1	$S\phi 20_{-0.2}^{0}$	20	每超差 0.1 扣 2 分		
	2	$\phi 10$	10	每超差 0.05 扣 2 分		
	3	50	10	超差不得分		
	4	⌒ 0.1	20	每超差 0.1 扣 2 分		
其他	5	$Ra0.8$	30	降一级扣 2 分		
	6	安全文明生产	10	违章操作酌情扣 1~10 分		

技能训练Ⅱ

加工如图 2-7-17 所示的摇手柄。

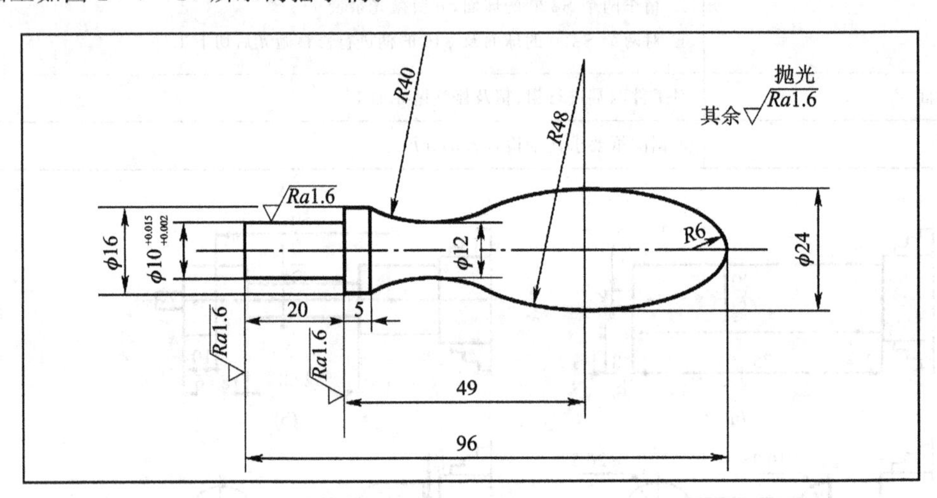

图 2-7-17 车削摇手柄

【工艺分析】

① 刀具：90°外圆车刀、切槽刀、中心钻及钻夹头。

② 设备：CA6140。

③ 量具：0~150 游标卡尺、R 规。

【工艺分析】

采用一夹一顶工艺加工方法的优点在于充分考虑到加工中的刚性，有效地防止加工过程中零件的振动，另外在加工方向上便于加工配合外圆 $\phi 10_{+0.002}^{+0.035} \times 20$ mm。但在调头加工手柄尾部 $R6$ 圆弧面时，增大了装夹难度，易夹坏 $\phi 24$ 外圆，影响美观。同时装夹处接触面小，易松动。

【加工步骤】

车削摇手柄的加工步骤如表 2-7-8 所列。

表 2-7-8 车削摇手柄的加工步骤

操作步骤	加工内容(见图 2-7-17)
1. 夹毛坯外圆	① 工件伸出卡爪 120 mm 左右，校正并夹紧 ② 车平端面；钻 A2 中心孔

续表 2-7-8

操作步骤	加工内容(见图 2-7-17)
2. 一夹一顶装夹工件 (工步图 2-7-18)	① 车三个台阶外圆至尺寸 $\phi10_{+0.002}^{+0.035}\times20$ mm,$\phi16$、$\phi24$,保证长度 45 mm、100 mm ② 从 $\phi16$ 外圆的平面量起,长 17.5 mm 处为中心线,用圆头车刀车出 $\phi12.5$ 定位槽 ③ 从 $\phi16$ 外圆的平面量起,长 5 mm 处开始切削,向 $\phi16$ 定位槽移动车削 $R40$ 圆弧 ④ 从 $\phi16$ 外圆的平面量起,长 49 mm 为中心线,在 $\phi24$ 外圆上向左、右方向车 $R48$ 圆弧面 ⑤ 用锉刀、砂布修整抛光 ⑥ 松去顶尖,用圆头车刀 $R6$,并切下工件
3. 夹球面	调头垫铜皮,夹住 $\phi24$ 外圆找正,用车刀或锉刀修整 $R6$ 圆弧
4. 检测	根据图纸要求仔细检查各部分尺寸

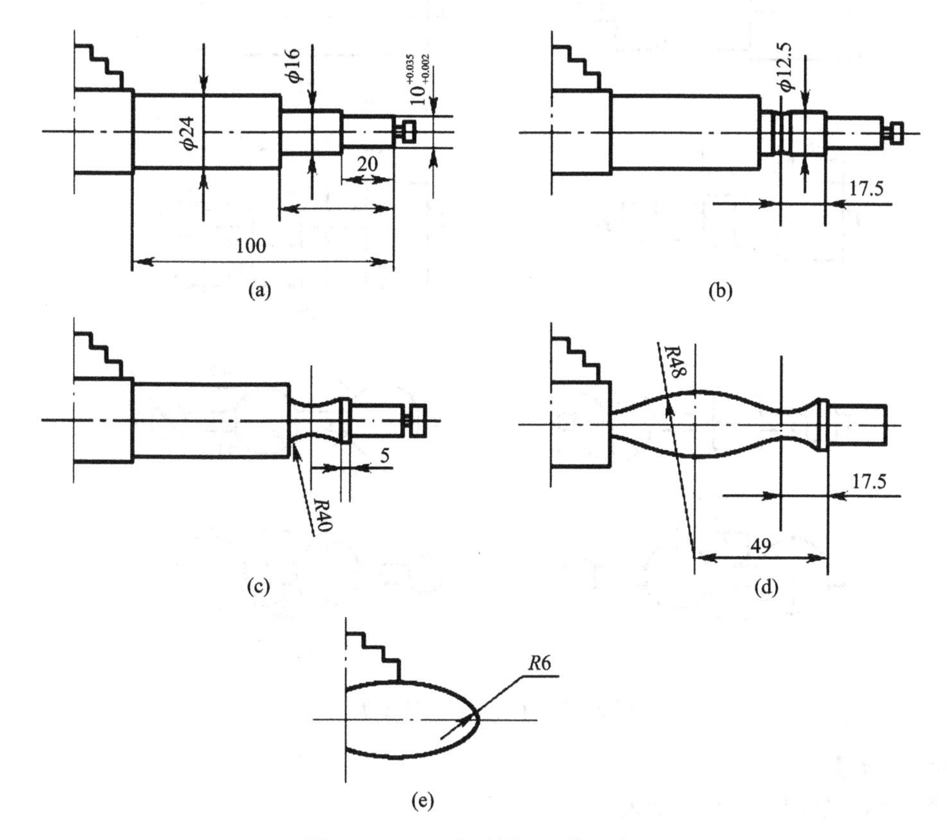

图 2-7-18　车削摇手柄的工步图

技能训练Ⅲ

加工如图 2-7-19 所示的三球手柄。毛坯：$\phi32\times132$ mm。

【工艺分析】

根据图样技术要求,三球手柄形状比较特别,两端面不准留中心孔,因此采取构建辅助定位基准,即增加工艺头。由于两边球有圆跳动要求,因此需自行设计开口锥套作夹具,最后车削掉两端工艺头,完成三球手柄的加工。其加工工步图如图 2-7-20 所示。

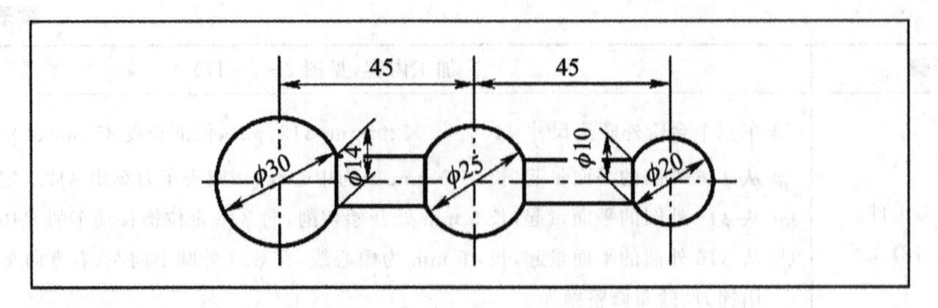

图 2-7-19 车削三球手柄

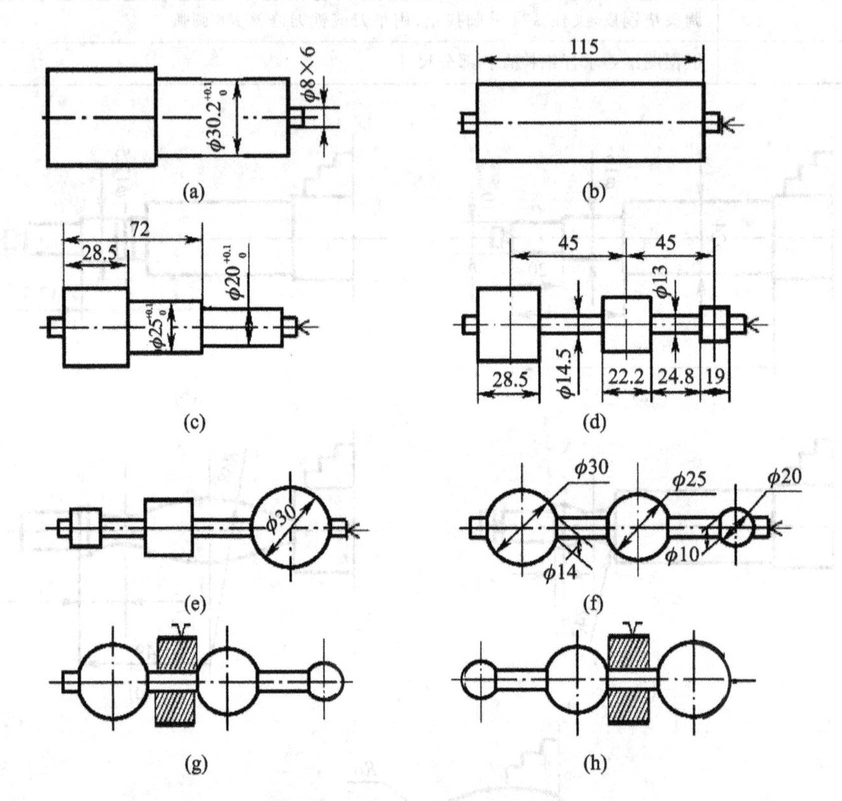

图 2-7-20 车削三球工步图

【加工步骤】

车削三球手柄的加工步骤如表 2-7-9 所列。

表 2-7-9 车削三球手柄的加工步骤

操作步骤	加工内容(见图 2-7-19)
1. 夹毛坯外圆	① 三爪卡盘夹持毛坯外圆,车平端面,钻中心孔 A2/5 ② 车外圆 $\phi30.2^{+0.1}_{0}\times70$ mm;车工艺头 $\phi8\times6$ mm,并钻中心孔 A2/5
2. 调头夹外圆校正	车另一端工艺头 $\phi8\times6$ mm,控制中间外圆长度 115 mm
3. 一夹一顶装夹	① 车台阶外圆 $\phi20^{+0.1}_{0}$、$\phi25^{+0.1}_{0}$,控制长度尺寸 28.5 mm、72 mm ② 粗加工沟槽 $\phi13\times24.8$ mm 和 $\phi14.5$,保证长度 19 mm、22.2 mm、28.5 mm ③ 加工圆球中心位置线,保证三球中心位置长度 45 mm
4. 调头一夹一顶装夹	调头夹 $\phi20$ 外圆,另一端顶住:粗、精车 $S\phi30$,用锉刀、砂布修整抛光

续表 2-7-9

操作步骤	加工内容(见图 2-7-19)
5. 调头一夹一顶装夹 (夹 $\phi30$)	① 调头垫铜皮,夹住 $S\phi30$ 外圆,另一端项住,精车圆锥部分至要求 ② 粗、精车 $S\phi25$、$S\phi20$ 两球面,并用刀尖修去四处柄部 R,然后用锉刀和砂布抛光
6. 用自制夹套装夹	用自制夹套装夹,分别车掉工艺头,用锉刀、砂布将两端抛光至要求
7. 检测	根据图纸要求仔细检查各部分尺寸

【质量检测】

车削三球柄的加工质量检测如表 2-7-10 所列。

表 2-7-10　质量检测(见图 2-7-19)

项　目	序　号	考核内容	配　分	评分标准	检　测	得　分
尺寸公差	1	$\phi30$	20	超差 IT14 每 0.01 扣 1 分		
	2	$\phi25$	20	超差 IT14 每 0.01 扣 1 分		
	3	$\phi20$	20	超差 IT14 每 0.01 扣 1 分		
	4	$\phi10$	5	超差 IT14 不得分		
	5	$\phi14$	5	超差 IT14 不得分		
	6	45	10	超差 IT14 不得分		
其他	7	$Ra\,3.2$	10	降级不得分		
	8	安全文明生产	10	违章操作,酌情扣 1～10 分		

思考与练习

1. 车成面的方法一般有哪几种?
2. 成形车刀有哪几种? 它们的结构特点是什么?
3. 滚花时产生乱纹的原因是什么? 怎样预防?
4. 三球手柄的车削步骤怎样? 试用简图说明。
5. 怎样用锉刀、砂布抛光外圆弧面?

课题八　车削三角形螺纹

教学要求

◆ 掌握普通外螺纹车刀的刃磨。

◆ 掌握普通外螺纹的加工,并能正确检测。

◆ 能根据乱扣知识选择车螺纹的操纵方法。

◆ 遵守操作规程,养成良好的安全、文明生产习惯。

螺纹零件是机器中常用的连接件,螺纹的加工方法很多,其中用车削方法加工螺纹是最常用的方法之一,也是车工的基本技能。采用车削可加工各种不同类型的螺纹,如普通螺纹、梯形螺纹、锯齿形螺纹等。现以普通螺纹加工为例进行介绍,通过该项目的训练,学会螺纹刀具的选择、刃磨、装夹,掌握螺纹的车削、检测方法。

2.8.1 三角形螺纹概述

1. 螺纹的分类

(1) 分　类

螺纹按用途分为连接螺纹和传动螺纹;按牙形分为三角形、矩形、圆形、梯形和锯齿形;按螺旋线方向可分为右旋和左旋;按螺旋线的线数可分为单头和多头螺纹;按母体形状可分为圆柱螺纹和圆锥螺纹等。常用的螺纹简要分类如表 2-8-1 所列。

表 2-8-1 常用的螺纹简要分类

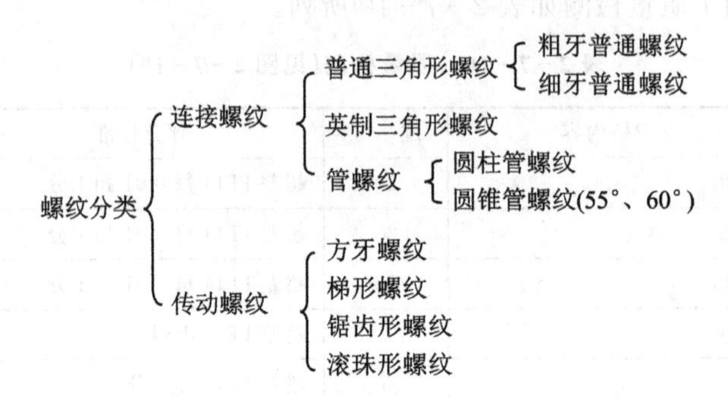

螺纹种类很多,常用的都有国家标准或部颁标准。标准螺纹有很好的互换性和通用性。除标准螺纹外,还有少量的非标准螺纹、方牙螺纹等。

(2) 熟悉螺纹的术语

螺纹是指在圆柱或圆锥表面上,沿着螺旋线所形成的具有相同剖面连续凸起和沟槽。

在圆柱或圆锥外表面上形成的螺纹称为外螺纹;在其内表面上形成的螺纹称为内螺纹。

在圆柱表面上所形成的螺纹称为圆柱螺纹;在圆锥表面上所形成的螺纹称为圆锥螺纹。

沿一条螺旋线所形成的螺纹称为单线螺纹;沿两条或两条以上的螺旋线所形成的螺纹称为多线螺纹。

顺时针旋转时旋入的螺纹称为右旋螺纹;逆时针旋转时旋入的螺纹称为左旋螺纹,如图 2-8-1所示。

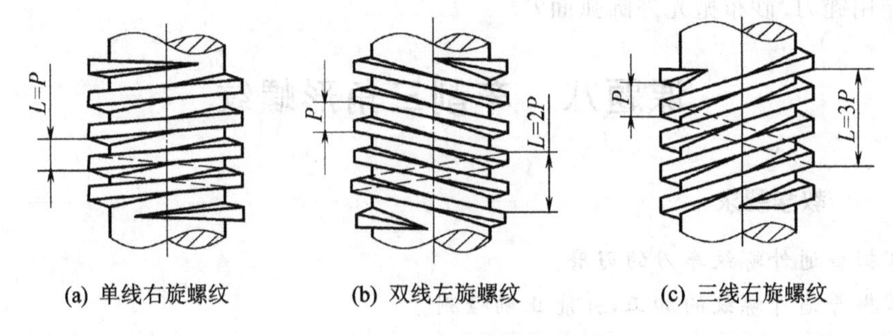

(a) 单线右旋螺纹　　(b) 双线左旋螺纹　　(c) 三线右旋螺纹

图 2-8-1 螺纹的旋向和线数

(3) 普通螺纹的标记

普通螺纹的标记如表 2-8-2 所列。

表 2-8-2　普通螺纹的标记

螺纹种类		代　号	牙形角	标注示例	标注方法
普通螺纹	粗牙	M	60°	M16－6g－L－LH M—粗牙普通螺纹 16—公称直径 6g—中径和顶径公差带代号 L—长旋合长度 LH—左旋	① 粗牙普通螺纹不标示螺距。 ② 右旋不标示旋向代号。 ③ 螺纹公差带代号标注在螺纹代号之后，用“—”分开。如果中径公差带与顶径公差带代号不同，则分别注出。前者表示中径公差带，后者为顶径公差带。两者相同时只标注一个。 ④ 旋合长度分长旋合长度 L；中等旋合长度 N；短旋合长度 S
	细牙	M	60°	M16×1－6H7H M—细牙普通螺纹 16—公称直径 1—乘号后面数字表示螺距 6H—中径公差带代号 7H—顶径公差带代号	
	装配螺纹	M	60°	M20×2－6H/6g M20×2LH－6H/5g6g	内、外螺纹装配在一起，其公差带代号用斜线分开，左边表示内螺纹公差带代号，右边表示外螺纹公差带代号

2. 普通螺纹的尺寸计算

螺纹牙形是指在通过螺纹轴线的剖面上的螺纹轮廓形状。普通螺纹的牙形是等边三角形，牙形角为 60°。图 2-8-2 所示为三角形螺纹主要参数，其代号和定义见表 2-8-3。

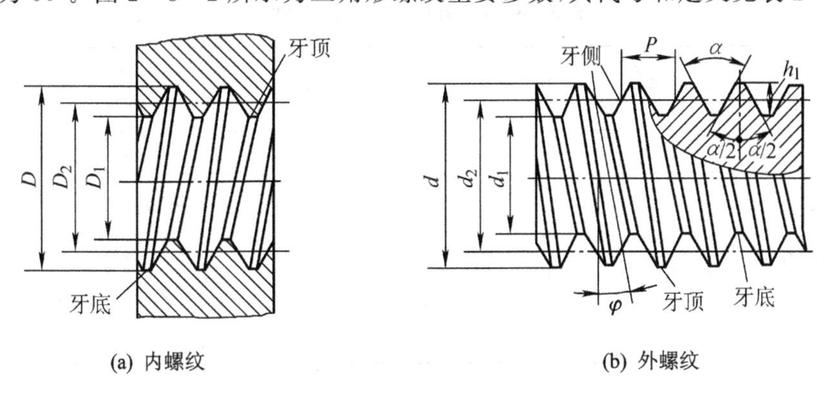

(a) 内螺纹　　(b) 外螺纹

图 2-8-2　三角形螺纹各部分要素

表 2-8-3　普通螺纹主要参数的代号和定义

主要参数	代号 外螺纹	代号 内螺纹	定　义
牙形角	α		在螺纹牙形上，相邻两牙侧间的夹角
牙形高度	h_1		在螺纹牙形上，牙顶到牙底在垂直于螺纹轴线方向上的距离
螺距	P		相邻两牙在中径上对应两点间的轴向距离
螺纹升角	φ		在中径圆柱上，螺旋线的切线与垂直于螺纹轴线的平面之间夹角

续表 2-8-3

主要参数	代号		定义
	外螺纹	内螺纹	
螺纹大径	d	D	垂直于轴线方向螺纹最外两边之间的距离。螺纹外径即公称直径
螺纹小径	d_1	D_1	垂直于轴线方向,在螺纹最里面两边之间的距离
螺纹中径	d_2	D_2	平分螺纹理论高度的一个假想圆柱体的直径

为了防止割伤手及提高牙根强度,螺纹的牙顶和牙底都不是绝对尖的。普通螺纹的基本参数的尺寸计算见图 2-8-3 和表 2-8-4。常用粗牙普通螺纹 M6～M24 螺距见表 2-8-5。

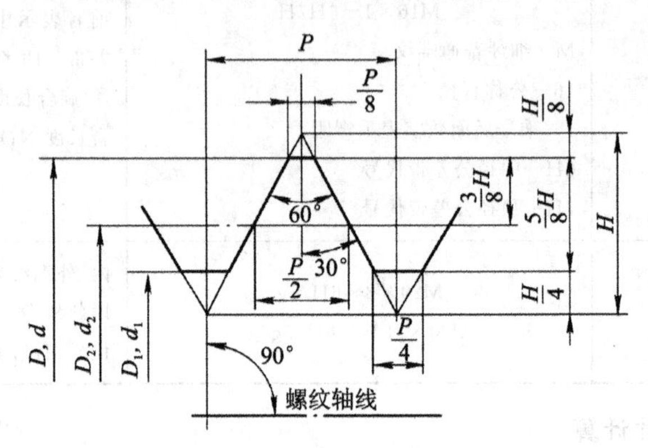

图 2-8-3 普通螺纹的牙形

表 2-8-4 普通螺纹的尺寸计算

基本参数	外螺纹	内螺纹	计算公式
牙形角	α		60°
原始三角形高度	H		$H=0.866P$
牙形高度	h_1		$h_1=\frac{5}{8}H=\frac{5}{8}\times 0.866P=0.5413P$
螺纹大径	d	D	$d=D$
螺纹小径	d_1	D_1	$d_1=D_1=d-1.0825P$
螺纹中径	d_2	D_2	$d_2=D_2=d-0.6495P$

表 2-8-5 粗牙普通螺纹 M6～M24 螺距 mm

公称直径	螺　距	公称直径	螺　距
6	1	16(14)	2
8	1.25	18	2.5
10	1.5	20	2.5
12	1.75	24	3

2.8.2 三角形螺纹车刀及其刃磨

1. 三角形螺纹车刀

常用的螺纹车刀材料有高速钢和硬质合金两类。

(1) 三角形外螺纹车刀

1) 高速钢外螺纹车刀

高速钢螺纹车刀容易磨得锋利,而且韧性较好,刀尖不易崩裂,车出的螺纹表面质量较好。但其耐热性较差,不宜高速车削,常用于低速车削螺纹或作为螺纹精车刀。图 2-8-4 所示为高速钢三角形外螺纹车刀几何角度。

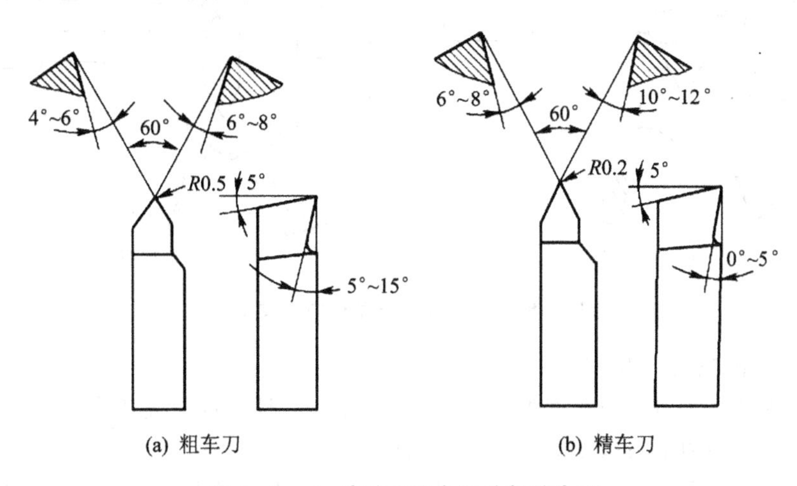

图 2-8-4 高速钢三角形外螺纹车刀

2) 硬质合金外螺纹车刀

硬质合金螺纹车刀硬度高,耐磨性好,耐高温,但抗冲击能力差,适用于高速车削螺纹。其切削部分的材料常用 YT15。图 2-8-5 所示为硬质合金三角形外螺纹车刀的几何角度。

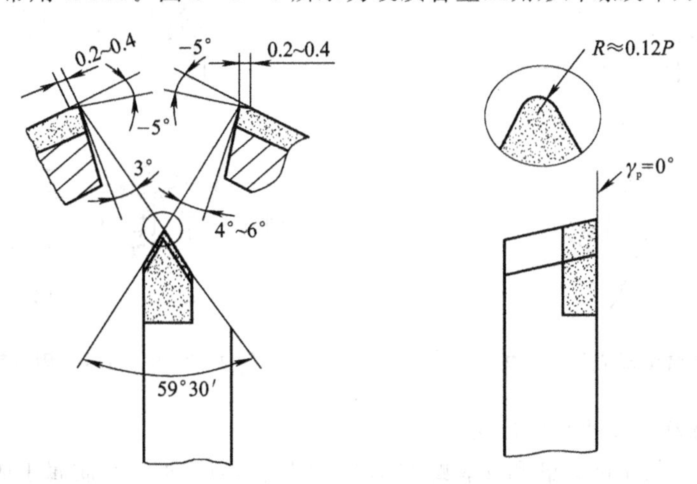

图 2-8-5 硬质合金三角形外螺纹车刀

硬质合金外螺纹车刀与高速钢外螺纹车刀有些不同,图中径向前角 $\lambda_p=0°$,后角 $\alpha=4°\sim6°$;在车削较大螺距($P>2$ mm)以及硬度较高的螺纹时,在车刀的两个主切削刃上磨出宽度为 0.2～0.4 mm、前角为－5°的倒棱。由于在高速切削螺纹时，牙形角会因挤压发生弹性变形而扩大，所以刀尖角应适当减小 30′；另外，车刀的前面、后面的表面粗糙度必须很高，一般为 $Ra=0.8\sim0.4$ mm。

(2) 三角形内螺纹车刀

1) 高速钢内螺纹车刀

内螺纹车刀刀体的径向尺寸应比螺纹孔径小 3～5 mm，否则会影响退刀甚至无法车削。同时，要注意内孔车刀的刚度和排屑问题。高速钢内螺纹车刀几何角度如图 2-8-6 所示。

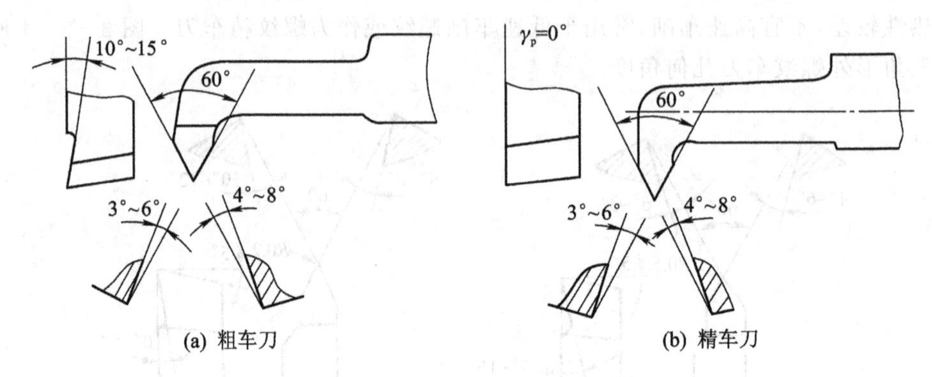

图 2-8-6 高速钢三角形内螺纹车刀

2) 硬质合金内螺纹车刀

硬质合金内螺纹车刀几何角度如图 2-8-7 所示，刀具特点与硬质合金三角形外螺纹车刀基本相同。刀杆的粗细与长度应根据螺纹孔径决定。

图 2-8-8 所示为机械夹固可转位螺纹车刀，刀片用机械夹固方式装夹在刀体上，当切削刃磨损后，只要将刀片转一个角度，便可用新的切削刃继续切削。副刀刃 1、2 可以修光车螺纹时外圆上产生的毛刺。

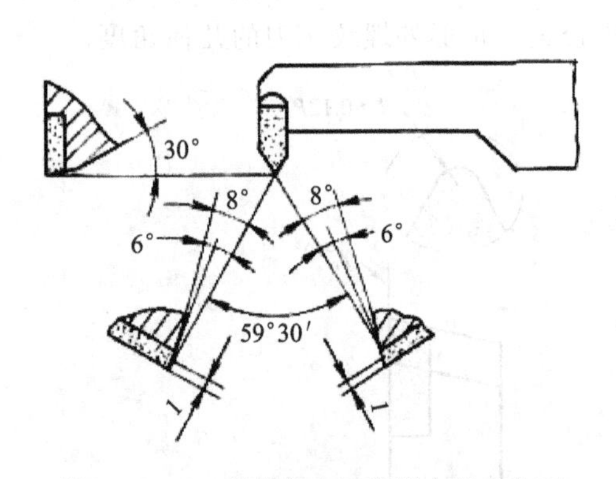

图 2-8-7 硬质合金三角形内螺纹车刀

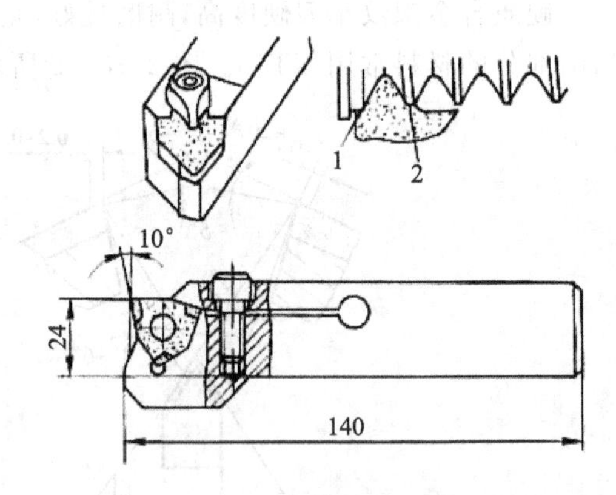

图 2-8-8 机械夹固可转位螺纹车刀

(3) 三角形螺纹车刀的几何角度

要车好螺纹，必须正确刃磨和安装螺纹车刀。螺纹车刀按加工性质属于成形刀具，因此其几何角度一般为：

① 刀尖角 ε_r 应等于牙形角 α。车普通螺纹时 $\varepsilon_r=60°$；车英制螺纹时，$\varepsilon_r=55°$。

② 径向前角一般为 0°～15°。螺纹车刀的径向前角 λ_p 对牙形角有很大影响。粗车时，为了切削顺利，径向前角可取得大一些，为 5°～15°；精车时或精车精度要求高的螺纹时，径向前

角取得小些，$\lambda_p=0°\sim5°$。硬质合金螺纹车刀的径向前角一般为 0°。

③ 后角一般为 5°～10°。因受升角的影响，车刀两侧后角应磨得不相等，沿进给方向一侧的后角大于另一侧后角，即加上一个螺纹升角或减一个螺纹升角。但大直径、小螺距的三角螺纹，这种影响可忽略不计。后角一般保证 3°～5°即可。

(4) 螺纹车刀径向前角 λ_p 对螺纹牙形角 α 的影响

径向前角又称为背前角或纵向前角，它是在假定平面参考中测量的角度。

刀尖角，是指车刀两刀刃之间的夹角。

如图 2-8-9(c)所示，有前角的螺纹车刀刀尖角 ε_r' 与牙形角 α 的关系如下：

$$\tan\frac{\varepsilon_r'}{2}=\cos\lambda_p\tan\frac{\alpha}{2}$$

式中：α 为螺纹的牙形角；λ_p 为螺纹车刀的径向前角；ε_r' 为有径向前角的刀尖角；ε_r 为无径向前角的刀尖角。

由上式可知：当 $\lambda_p=0°$ 时，$\cos\lambda_p=1$，即 $\varepsilon_r'=\varepsilon_r=\alpha$，车出的螺纹牙形角 α 等于车刀刀尖角。用高速钢车刀低速车螺纹时，能获得正确的牙形角，但是排屑不畅，使螺纹牙侧的表面粗糙度值较大。

当 $\lambda_p>0°$ 时，$\cos\lambda_p<1$，即 $\varepsilon_r'>\alpha$，车出的螺纹牙形角大于实际要求的牙形角。为了车削出较正确的牙形角，刀尖角 ε_r' 应进行修正，即 ε_r' 必须小于牙形角 α，才能车出牙形角为 α 的螺纹。

有径向前角的螺纹车刀，切削比较顺利，并可以减少积屑瘤现象，降低螺纹牙侧的表面粗糙度值。但由于刀刃不通过工件轴心线，车削出来的螺纹牙形在轴向剖面内不是直线，而是曲线，影响螺纹副的配合质量，这种误差对一般要求不高的螺纹可以忽略不计。但具有较大径向前角的螺纹车刀，对牙形角的影响也较大，车出的螺纹牙形角大于车刀刀尖角，同时在车削时会产生一个较大的径向力，有把车刀向工件里拉的趋势。如果中滑板丝杆与螺母之间的间隙较大时，就会产生扎刀现象。

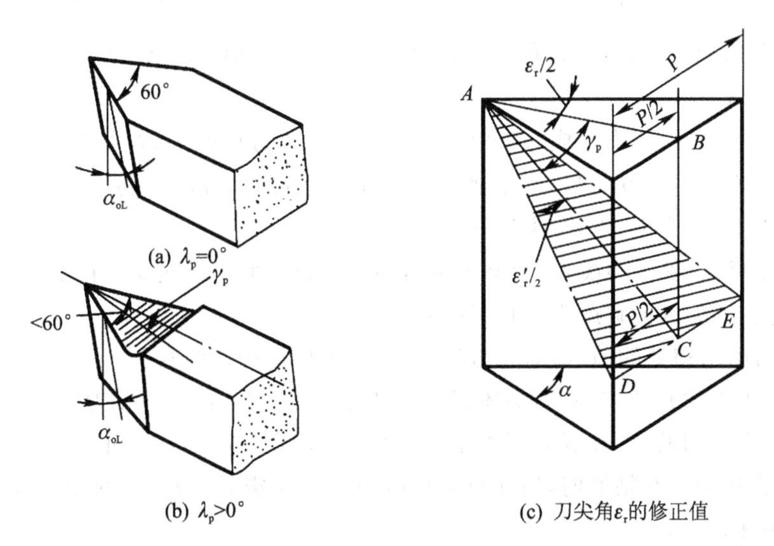

图 2-8-9 螺纹车刀径向前角对牙形角的影响

综上所述，螺纹车刀径向前角对螺纹加工有较大影响。在生产中，应根据实际加工正确选择螺纹车刀径向前角。一般粗加工时,为使切削顺利,提高劳动生产率,可以采用大径向前角5°～15°的螺纹车刀,半精车时要用公式对刀尖角进行修正。精车时,一般选取径向车角0°～5°的螺纹车刀,以保证牙形角的正确。

2. 三角形螺纹车刀的刃磨与检测

(1) 螺纹车刀的刃磨要求

① 当螺纹车刀径向前角为0°时,刀尖角应等于牙形角;当车刀径向前角大于0°时,车刀前面上的刀尖角必须修正,其修正值可参照表2-8-6所列。

② 螺纹车刀两侧切削刃必须是直线,不允许出现崩刃。

③ 螺纹车刀的前面与两个主后面的表面粗糙度值要小。

④ 螺纹车刀切削部分不能歪斜,刀尖半角应对称。

⑤ 螺纹车刀两侧后角是不相等的,应考虑受螺纹升角的影响而加上或减去一个螺纹升角φ。内螺纹车刀的后角应适当增大,通常磨成双重后角。

⑥ 内螺纹车刀刀尖角的平分线必须与刀柄垂直。

表2-8-6 螺纹车刀前面上刀尖角修正值

牙形角α	60°	55°	40°	30°	29°
径向前角λ_p	前面上的刀尖角ε_r'修正值				
0°	60°	55°	40°	30°	29°
5°	59°49′	54°49′	39°52′	29°53′	28°54′
10°	59°15′	54°17′	39°26′	29°34′	28°35′
15°	59°18′	54°23′	38°44′	29°01′	28°03′
20°	56°58′	52°08′	37°46′	28°16′	27°19′

(2) 螺纹车刀刃磨的具体步骤

根据粗、精车的要求,刃磨出合理的前、后角。刃磨方法如图2-8-10所示。

① 粗磨前刀面。

② 粗磨两侧后刀面,初步形成刀尖角。其中先磨进给方向侧刃,控制刀尖半角$\varepsilon_r/2$及进刀后角$\alpha_0+\varphi$;再磨背进给方向侧刃,控制好刀尖角ε_r及背刀后角$\alpha_0-\varphi$。

③ 精磨前刀面,刃磨出0°～5°的前角。

④ 精磨两侧后面,保证刀尖角,刃磨出进刀、背刀后角;并用螺纹车刀样板测量刀尖角。

⑤ 修磨刀尖,刀尖倒棱宽度为0.1×螺距P。

⑥ 用油石研磨刀刃处的前、后面和刀尖圆弧,注意保持刃口锋利。

由于螺纹车刀刀尖角要求高,刀头体积又小,因此刃磨起来比一般车刀困难。

刃磨硬质合金车刀时,应注意刃磨顺序,一般是先将刀头后面适当粗磨,随后再刃磨两侧面,以免产生刀尖爆裂。在精磨时,应注意防止压力过大而震碎刀片,同时要防止刀具在刃磨时骤冷骤热而损坏刀片。

内螺纹车刀的刃磨与外螺纹车刀基本相同。刃磨时,要先根据螺纹长度和牙形深度,刃磨出刀头和刀杆部分。刃磨过程中要特别注意刀尖角的平分线必须与刀柄垂直,否则在车内螺纹时刀柄会碰伤螺纹小径。

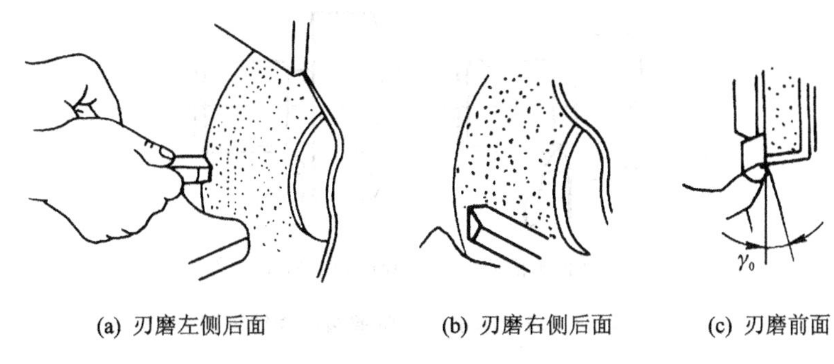

(a) 刃磨左侧后面　　(b) 刃磨右侧后面　　(c) 刃磨前面

图 2-8-10　刃磨高速钢外螺纹车刀方法

(3) 刀尖角的检查与修正

螺纹车刀的刀尖角一般用螺纹对刀样板通过透光法检查。根据车刀两切削刃与对刀样板的帖合情况反复修正。检查时，把刀尖角与样板贴合对准光源，仔细观察两边贴合的间隙并进行修磨。图 2-8-11(a)、(b)分别为内外螺纹车刀刀尖检查。

对于具有径向前角的螺纹车刀可以用一种厚度较厚的特制螺纹样板来测量刀尖角。测量时对刀样板应与车刀基面平行放置，再用透光法检查，这样量出的角度近似等于牙形角，如图 2-8-11(c) 所示的正确检查。如果将对刀样板平行于车刀前面进行检查，车刀的刀尖角则没有被修正，用这样的螺纹车刀加工出来的三角形螺纹，其牙形角将变大，如图 2-8-11(d) 所示 的错误检查。

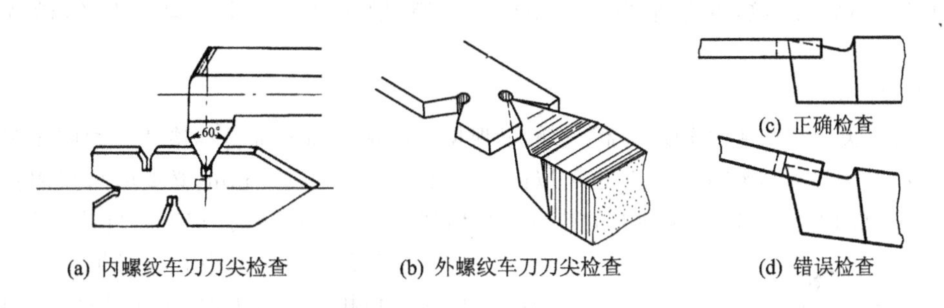

(a) 内螺纹车刀刀尖检查　　(b) 外螺纹车刀刀尖检查　　(c) 正确检查　　(d) 错误检查

图 2-8-11　用对刀样板检查螺纹车刀刀尖角

注意事项

刃磨时应注意的问题：

- 刃磨时，人的站立位置和姿势要正确，特别是在刃磨整体式内螺纹车刀内侧切削刃时，易将刀尖磨歪。
- 刃磨高速钢车刀时，宜选用 80 号氧化铝砂轮，磨削时车刀对砂轮的压力应小于一般车刀，并常蘸水冷却，以防过热而失去切削刃硬度。
- 若磨有径向前角的螺纹车刀，粗磨后的刀尖角略大于牙形角，待磨好前角后再修正刀尖角。亦可以先磨出正确的刀尖角，再磨前角，磨好前角后，刀尖角应略小于牙形角。
- 刃磨刀刃时，要稍带做左右、上下移动，以使刀刃平直。
- 刃磨车削高台阶的螺纹车刀，靠近台阶一侧的刀刃应短些，以防碰撞轴肩（见图 2-8-12)。

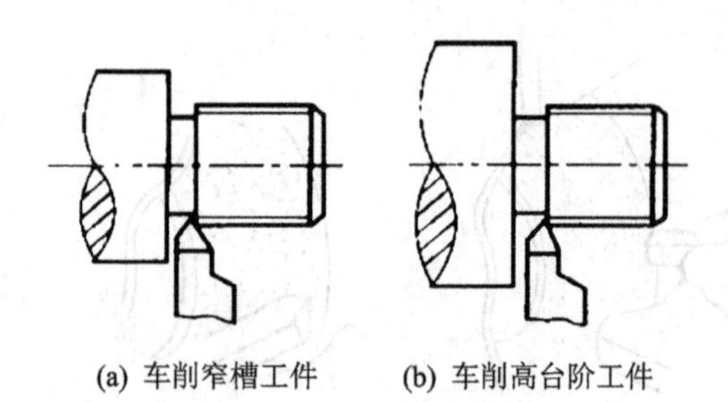

图 2-8-12 车削高台阶窄槽的螺纹车刀

2.8.3 低速车削三角形外螺纹

车削是三角形螺纹的常用加工方法之一。车削三角形螺纹的基本要求是：中径尺寸应符合相应的精度要求；牙形角必须准确，两牙形半角应相等；牙形两侧面的表面粗糙度值要小；螺纹轴线与工件轴线应保持同轴。

1. 车削三角形螺纹的工艺准备

(1) 螺纹车削前对工件的工艺要求

① 外螺纹大径一般应车的比基本尺寸小 0.2～0.4 mm(0.13P)；保证车好螺纹后牙顶处有 0.125P 的宽度。计算公式为 $d_{外}=d-0.13P$。

② 外圆端面处倒角至略小于螺纹小径。

③ 有退刀槽的螺纹，螺纹车削前应先切退刀槽，槽底直径应小于螺纹小径，槽宽等于(2～3)P。

(2) 车刀安装

① 车刀刀尖必须与工件轴线等高，一般可根据尾座顶尖高度调整和检查。为防止车削时产生振动和“扎刀”，外螺纹车刀刀尖也可以高于工件中心 0.1～0.2 mm，必要时可采用弹性刀柄螺纹车刀(见图 2-8-13)，这种刀的特点是当切削力超过一定值时，车刀能自动让刀。

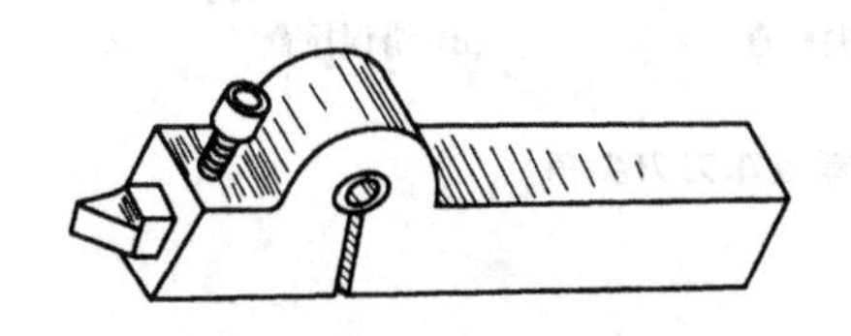

图 2-8-13 弹性刀柄螺纹车刀

② 车刀刀尖角的对称中心线必须垂直于工件轴线，即两半角相等。装刀时，为了使两半角相等，可用样板对刀。如果把车刀装歪，就会产生牙形歪斜，如图 2-8-14 所示。

③ 刀头伸出不要过长，一般为 20～25 mm(约为刀柄厚度的 1.5 倍)。

装刀时，将刀尖对准工件中心，然后用样板在已加工外圆或平面上靠平，将螺纹车刀两侧切削刃与样板角度槽对齐并做透光检查，如出现车刀侧斜现象，则用铜棒敲击刀柄，使车刀位置对准样板角度，符合要求后紧固车刀。一般情况下，装好车刀后，由于夹紧力会使车刀产生很小的位移，故需重复检查并调整。

(3) 车床的调整

① 手柄位置调整　按工件螺距在车床进给箱铭牌上查找到交换齿轮的齿数和手柄位置，并将手柄拨到所需的位置上。

② 交换齿轮调整　某些车床需要更换交换齿轮来达到所需要的工件螺距。调整时保证各齿轮的啮合间隙为 0.1～0.15 mm；如果太紧，挂轮在转动时会产生很大的噪声并损坏齿轮。

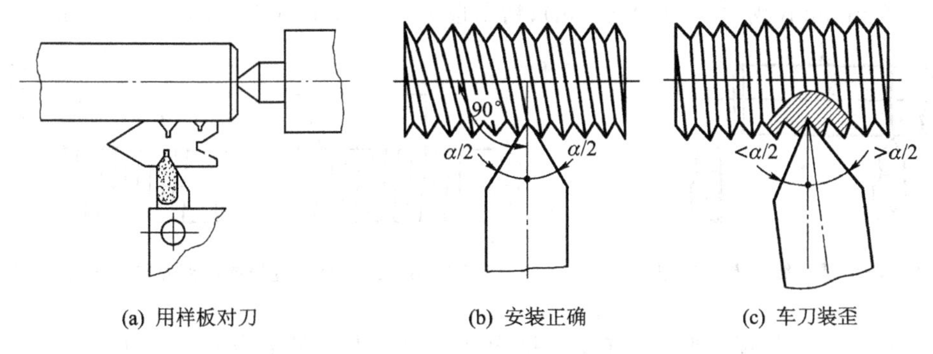

(a) 用样板对刀　　(b) 安装正确　　(c) 车刀装歪

图 2－8－14　用样板对刀安装螺纹车刀

③ 滑板间隙调整　车螺纹之前，应调整中、小滑板的镶条间隙，使之松紧适当。间隙过大，车削时易产生“扎刀”现象；间隙过小，则操作不灵活，摇动滑板费力。

④ 开合螺母松紧调整　开合螺母松紧应适度，过松则车螺纹过程中开合螺母容易跳起，使螺纹产生乱牙，过紧则开合螺母手柄提起或合下时操作不灵活。

（4）车螺纹时的动作练习

车螺纹时的动作练习如表 2－8－7 所列。

表 2－8－7　车螺纹时的动作练习

练　习	步　骤
提起开合螺母退刀操作练习	① 选择主轴转速为 40 r/min。启动车床，右手提起操纵杆手柄，主轴正转
	② 观察丝杆是否旋转。如果不转，说明相关手轮、手柄的位置不到位，应重新检查、调整
	③ 左手握中滑板手柄进 0.5 mm，同时右手压下开合螺母手柄，使开合螺母与丝杆啮合到位，床鞍和刀架按照一定的螺距或导程做纵向移动
	④ 当床鞍移动到一定距离，左手控制中滑板退刀，右手同时迅速提起开合螺母手柄
	⑤ 手摇床鞍手轮，将床鞍移动到初始位置
倒顺车退刀操作练习	①、②步骤与提起开合螺母退刀的方法相同
	③ 左手控制床鞍手轮，右手压下开合螺母手柄，使开合螺母与丝杆啮合到位，左手马上操纵操纵杆，并控制床鞍停下，右手转动中滑板手柄进给 0.5 mm，提起操纵杆，床鞍和刀架按照一定的螺距或导程做纵向移动
	④ 当床鞍移动到一定距离，不提起开合螺母。右手快速退中滑板，左手同时压下操纵杆，使主轴反转，床鞍纵向退回
	⑤ 向上提起操纵杆手柄至中间位置，控制床鞍停在初始位置
试切螺纹	在外圆上根据螺纹长度，用刀尖对准，开车并径向进给，使车刀与工件轻轻接触，车出一条刻线作为螺纹终止退刀标记（见图 2－8－15），并记住中滑板刻度盘读数，退刀。将床鞍摇至离工件端面 8～10 牙处，径向进给 0.05 mm 左右，调整刻度盘“0”位（以便车削螺纹副掌握切削深度），合下开合螺母，在工件表面上车出一条有痕螺旋线，到螺纹终止线时迅速退刀，提起开合螺母（注意螺纹收尾在 2/3 圈之内），用钢直尺或螺距规检查螺距（见图 2－8－16）

（5）切削用量的选择

低速车削三角形外螺纹时，切削用量应根据工件材料、螺纹牙形角和螺距的大小，以及所处的加工阶段（粗车还是精车）等因素来决定。

① 由于螺纹车刀两切削刃夹角较小，散热条件差，所以切削速度比车外圆时低。粗车选

$v_c=10\sim15$ m/min(或 $100\sim180$ r/min);精车选 $v_c=5\sim7$ m/min(或 $44\sim72$ r/min)。

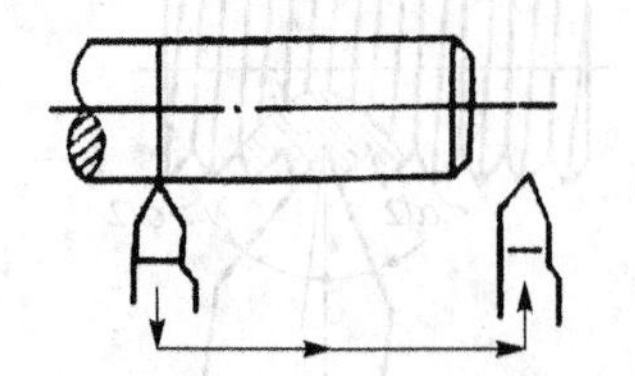

图 2-8-15　螺纹终止退刀标记

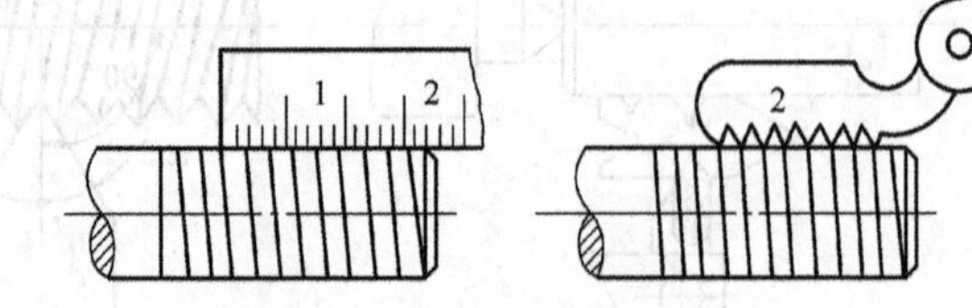

图 2-8-16　用钢直尺或螺距规初步检查螺距

② 背吃刀量:车螺纹时,总背吃刀量为 $a_p\approx0.65P$。粗车为 0.15~0.30 mm,精车为 0.05~0.08 mm。

③ 进给次数:合理选择粗、精车普通螺纹的切削用量后,还应考虑在一定的进刀次数内完成车削。第一次进刀 $a_p/4$,第二次进刀 $a_p/5$,逐次递减,最后留 0.2 mm 的精车余量。表 2-8-8 列出了车削 M24、M20、M16 螺纹的最少进给次数,供参考。

表 2-8-8　低速车削三角形螺纹进给次数

进刀数	M24　$P=3$ mm			M20　$P=2.5$ mm			M16　$P=2$ mm		
	中滑板进刀格数	小滑板赶刀(借刀)格数		中滑板进刀格数	小滑板赶刀(借刀)格数		中滑板进刀格数	小滑板赶刀(借刀)格数	
		左	右		左	右		左	右
1	11	0		11	0		10	0	
2	7	3		7	3		6	3	
3	5	3		5	3		4	2	
4	4	2		3	2		2	2	
5	3	2		2	1		1	1/2	
6	3	1		1	1		1	1/2	
7	2	1		1	0		1/4	1/2	
8	1	1/2		1/2	1/2		1/4		1/2
9	1/2	1		1/4	1/2		1/2		1/2
10	1/2	0		1/4		3	1/2		1/2
11	1/4	1/2		1/2		0	1/4		1/2
12	1/4	1/2		1/2		1/2	1/4		0
13	1/2		3	1/4		1/2	螺纹深度=1.3 mm　$n=26$ 格		
14	1/2		0	1/4		0			
15	1/4		1/2	螺纹深度=1.625 mm　$n=32.5$ 格					
16	1/4		0						
	螺纹深度=1.95 mm　$n=39$ 格								

(6) 车螺纹进刀方法

车削螺纹常用的进刀方法有:直进法、左右切削法、斜进法。螺距较小的可采用直进法;中等螺距的可采用斜进法或左右切削法;螺距较大的可采用左右切削法。进刀方法见表 2-8-9。

表 2-8-9　车削普通螺纹的进刀方法

进刀方法	直进法	左右切削法	斜进法
图　示			
方　法	螺纹车刀刀尖及左右两侧切削刃同时参加切削。每次进给由中滑板做横向进给，随着螺纹深度的加深，背吃刀量相应减小，直至把螺纹车好	除了用中滑板刻度控制螺纹车刀的横向进给外，同时使用小滑板的刻度使车刀左右微量进给。 粗车时可顺着进给方向偏移，一般每边留精车余量 0.2～0.3 mm。精车时，为了使螺纹两侧面都比较光洁，当一侧面车光以后，再将车刀偏移另一侧面车削	斜进法与左右切削法相比，小滑板只向一个方向进给。由于背离小滑板进给方向的牙侧面的表面粗糙度值较大，因此只适宜粗车螺纹。粗车后必须用左右切削法精车。这种方法车刀基本上只有一个刀刃参加切削
加工性质	双面切削	单面切削	单面切削
加工特点	垂直进刀，两刀刃同时车削。能够获得正确的牙形角。切削力大，易扎刀	垂直进刀＋小刀架左右移动，只有一条刀刃切削。切削力小，不易扎刀，切削用量大，牙形精度低，表面粗糙度值小	垂直进刀＋小刀架向一个方向移动。切削力小，不易扎刀，切削用量大，牙形精度低，表面粗糙度值大
使用场合	适用于 $P<3$ mm 的螺纹粗、精车	适用于粗、精加工 $P>3$ mm 的螺纹	适用于螺纹的粗加工

2. 低速车削三角形外螺纹

三角形外螺纹可用开合螺母法或倒顺车法来车削加工。

(1) 车有退刀槽螺纹

提开合螺母法车外螺纹步骤如下：

① 车螺纹前的有关计算。外圆直径的确定；中滑板进刀格数；定螺纹长度、倒角。

② 调整手柄位置，一般按工件螺距在进给箱铭牌上找到手柄位置，并把手柄拨到所需的位置上。调整主轴转速。选择较低的主轴转速，一般选 50～100 r/min。开动机床，检查机床工作情况是否正常。

③ 对刀，确定车螺纹切削深度的起始位置。移动床鞍及中滑板，控制车刀刀尖轻触工件外圆，记下中滑板刻度值，向右退出车刀至离工件端面 8～10 牙处(见图 2-8-17(a))。

④ 试切第一条螺旋线并检查螺距。横向进刀 0.05 mm 左右，合上开合螺母，在工件表面上车出一条螺旋线，至螺纹终止线处退出车刀，停车，图 2-8-17(b)所示。

⑤ 开反车使车刀退到工件右端，停车，用游标卡尺检查螺距是否正确，图 2-8-17(c)所示。

⑥ 进刀，用刻度盘调整切深，开始切削(见图 2-8-17(d))。每次的切深约 0.1 mm。

⑦ 车刀至螺纹终止处时，应做好退停车准备，先快速横向退出车刀，停车，再反车退回刀架，图 2-8-17(e)所示。

⑧ 再次横向进刀,继续循环切削至切深尺寸 $h_{深}$,车出正确的牙形。检测,合格后提起开合螺母,如图 2-8-17(f)所示。

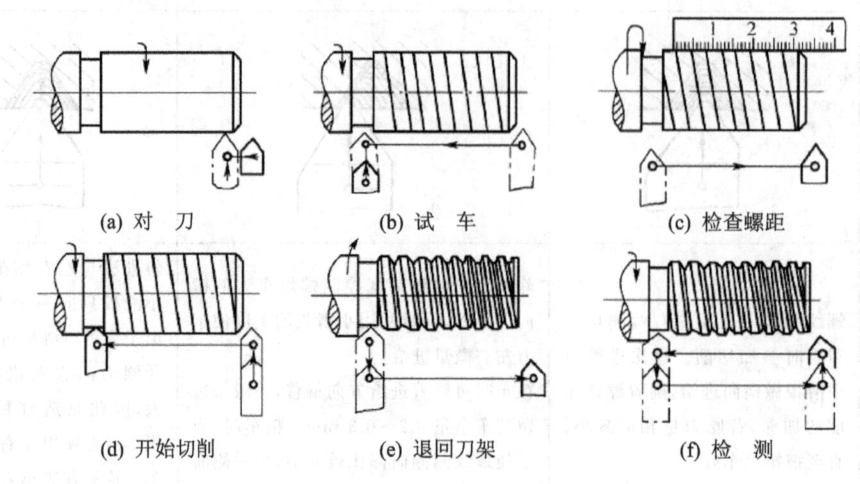

图 2-8-17 车削外螺纹操作步骤

倒顺车法车外螺纹的方法基本上与提开合螺母法相同。只是在螺纹的车削过程中,不提起开合螺母,而是当螺纹车刀车削到退刀槽内时,快速退出中滑板,同时压下操纵杆,使车床主轴反转,机动退回床鞍、滑板箱至起始位置。

(2) 车无退刀槽螺纹

车削无退刀槽螺纹时,先在螺纹的有效长度处用车刀刻划一条线(见图 2-8-15)。当螺纹车刀移动到螺纹终止刻线处时,横向迅速退刀并提起开合螺母或压下操纵杆开倒车,使螺纹收尾在 2/3 圈之内。

(3) 中途对刀方法

在车削螺纹的过程中,当螺纹车刀磨钝经刃磨后重新装夹或中途更换螺纹车刀时,需要重新对刀,使车刀仍落入已车出的螺纹槽内。具体方法是:选择较低的主轴转速,合上开合螺母,启动车床,移动小滑板和中滑板,将车刀刀尖对准已车出的螺旋槽里,记下刻度后退刀,然后再正转开车,观察车刀刀尖是否在槽内,直至对准再开始正常车削。由于传动系统存在间隙,因此对刀时应先使车刀沿切削方向走一段距离,停车后再进行。

(4) 乱扣及防止方法

车削螺纹时,当工件螺距不能被丝杆螺距整除时,会发生第一次进刀完毕后,第二刀按下开合螺母时,车刀刀尖已不在第一刀的螺旋槽里,而是偏左或偏右,把螺纹车乱,这就是乱扣。因此产生乱扣的主要原因是车床丝杆螺距不是工件螺距的整数倍。

预防乱扣常用的方法如下:

① 开倒顺车,即每车一刀以后,不提起开合螺母,而将车刀横向退出,再使主轴反转让车刀沿纵向退回原来的位置,然后开顺车车第二刀,这样反复来回车削螺纹。因为车刀与丝杆的传动链没有分离过,车刀始终在原来的螺旋槽中倒顺运动,就不会产生乱扣。

② 若进行工件测量,从顶尖上取下工件时,不得松开卡箍。重新安装工件时,必须使卡箍与拨盘(或卡盘)保持原来的相对位置。

注意事项

螺纹车削注意事项：

- 车螺纹前应首先调整好床鞍和中、小滑板与开合螺母间隙（松紧程度）。
- 调整进给箱手柄时，车床在低速下操作或停车后用手拨动卡盘配合。
- 应始终保持螺纹车刀锋利。中途换刀或车刀重磨后，必须重新对刀。
- 出现积屑瘤时应及时清除。
- 车脆性材料时，背吃刀量不宜过大，否则会使螺纹牙尖爆裂，产生废品。低速精车螺纹时，最后几刀采取微量进给车削，以修光螺纹牙侧面。
- 车无退刀槽螺纹时，应特别注意螺纹的收尾要在 1/2 圈左右；要达到这个要求，必须先退刀后提开合螺母，且每次退刀要均匀一致，否则会撞坏刀尖。

提示	左螺纹车削特点： ① 对螺纹车刀的刃磨应注意使刀尖尽量向左偏一些（左刀尖比右刀尖短一些），牙形角仍相等，这样便于车高台阶的螺纹，如图 2－8－12 所示。 ② 拨动三星齿轮手柄变换丝杆旋转方向，车刀由退刀槽处进给，从车头向尾座方向进给车螺纹。

3. 安全注意事项

① 由于初学者车螺纹操作不熟练，一般宜采用较低的切削速度并特别注意在练习操作过程中思想集中。

② 调整交换齿轮时，必须切断电源，停车后进行。交换齿轮装好后要装上防护罩。

③ 车螺纹时是按螺距纵向进给，因此进给速度快，退刀和提开合螺母（或倒车）必须及时，动作协调，否则会使车刀与工件台阶或卡盘撞击而产生事故。

④ 倒顺车换向不能过快，否则机床将受到瞬间冲击，易损坏机件，在卡盘与主轴连接处必须安装保险装置以防因卡盘在反转时从主轴上脱落。

⑤ 车螺纹时，必须注意中滑板手柄不要多摇一圈，否则会造成刀尖崩刃或工件损坏。

⑥ 开车时，不能用棉纱擦工件，否则会使棉纱（或手套）卷入工件把手指也一起卷进而造成事故。

4. 螺纹的测量

（1）单项检测

单项检验是指用量具或量仪测量螺纹每个参数的实际值。

1）大径的测量

由于螺纹的大径公差较大，一般采用游标卡尺或百分尺测量，方法如外圆直径的测量。

2）螺距的测量

螺距一般用钢直尺、游标卡尺或螺距规进行测量。从第一刀在工件上切出一条很浅的螺旋线开始检查，到工件完成后再进行测量。用钢直尺测量时，因为普通螺纹的螺距一般较小，最好量 n 个螺距的长度 L，然后按螺距公式 $P=L/n$ 计算出螺距，如图 2－8－18(a)所示。或用螺距规直接测定螺距，测量时把钢片平行轴线方向嵌入齿形中，轮廓完全吻合者，则为被测螺距值，如图 2－8－18(b)所示。

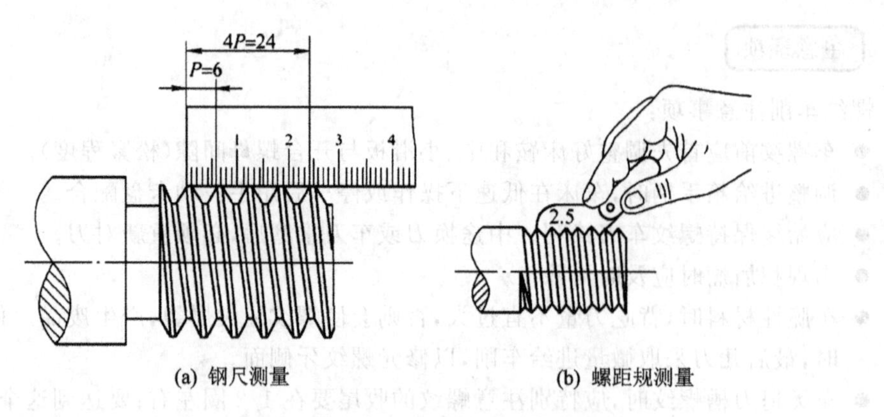

图 2-8-18　普通螺纹螺距实际测量方法

3）中径的测量

① 螺纹百分尺测量：精度较高的三角形螺纹，可用螺纹百分尺测量(见图 2-8-19)。螺纹百分尺的读数原理也与普通百分尺相同，其测量杆上安装了适用于不同螺纹牙形和不同螺距的、成对配套的测量头。在测量时，将 V 形测头 3 与被测螺纹 2 的牙顶部分相接触，锥形测头 1 则与直径方向上的相邻槽底部分相接触。从图 2-8-19(b)中可知，$ABCD$ 是一个平行四边形，因此，螺纹百分尺测得的读数值尺寸 AD，就是中径的实际尺寸。

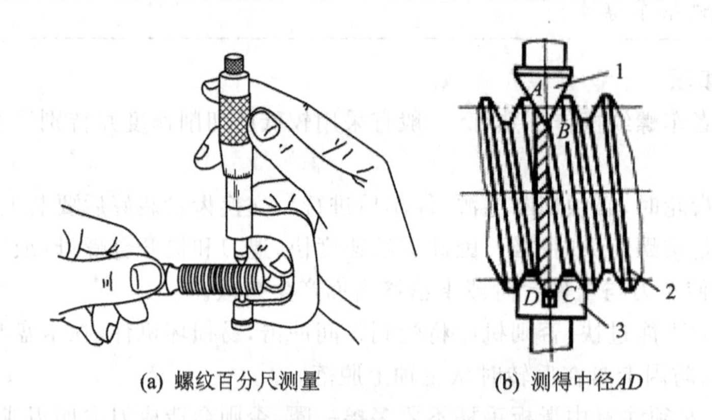

1—锥形测头；2—被测螺纹；3—V 形测头

图 2-8-19　用螺纹百分尺测量中径

② 三针测量：采用的量具是三根直径相同的圆柱形量针。测量时，把三根量针放置在螺纹两侧相对应的螺旋槽内，用百分尺量出两边量针之间的距离 M，如图 2-8-20 所示。根据已知的螺距 P、牙形半角 $\alpha/2$ 及量针直径 d_0 的数值可以计算螺纹中径 d_2 的实际尺寸。M 值和中径的计算公式见表 2-8-10。

表 2-8-10　三角形螺纹量针测量值及量针直径计算公式

螺纹牙形角	M 值计算公式	量针直径 d_0/mm		
		最大值	最佳值	最小值
60°	$M=d_2+3d_0-0.866P$	$d_0=1.01P$	$d_0=0.577P$	$d_0=0.505P$
55°	$M=d_2+3.166d_0-0.9605P$	$d_0=0.894P-0.029$	$d_0=0.564P$	$d_0=0.481P-0.016$

(2) 综合测量

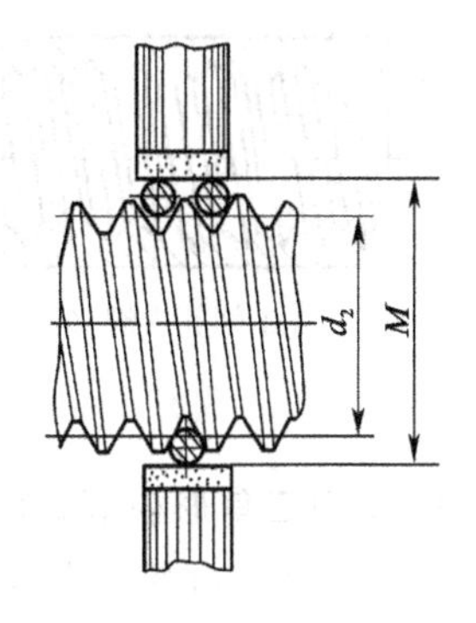

图 2-8-20　三针测量中径

综合测量是指同时检验螺纹各主要部分的精度，通常采用螺纹极限量规来检验内、外螺纹是否合格（包括螺纹的旋合性和互换性）。综合测量不能测出实际参数的具体数值，但检验效率高，使用方便，广泛用于标准螺纹或大批量生产的螺纹测量。

螺纹量规有螺纹环规和螺纹塞规两种，环规测量外螺纹，塞规测量内螺纹。

1) 螺纹环规

螺纹环规有通规和止规。测量时，如果通规能顺利旋入并通过工件的全部外螺纹，止规不能旋合或不完全旋合，则螺纹为合格；反之，通规不能旋合，则说明螺母过小，螺栓过大，螺纹应予修退；若止规与工件能旋合，则螺栓过小，螺纹是废品。对于精度要求不高的螺纹，也可以用标准螺母来检验，以旋入工件时是否顺利和松动感觉来判定螺纹是否合格。检查有退刀槽的螺纹时，环规应通过退刀槽与台阶平面靠平，如图 2-8-21 所示。

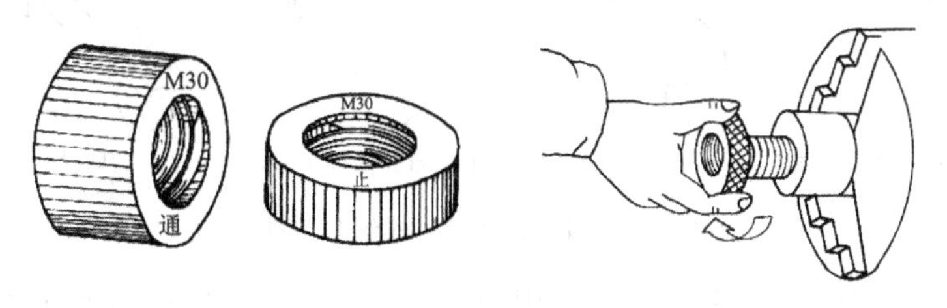

图 2-8-21　用螺纹环规测量外螺纹

2) 螺纹塞规

螺纹塞规由通端和止端组成。测量工件时，只有当通端能顺利旋合通过，而止端又不能通过工件时，才表明该螺纹合格，如图 2-8-22 所示。

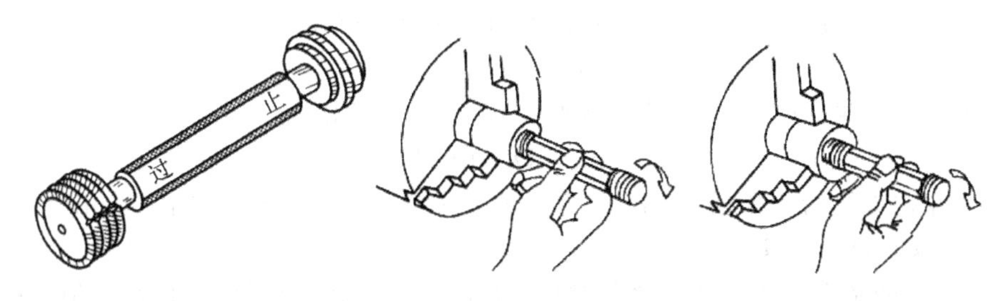

图 2-8-22　用螺纹塞规测量内螺纹

2.8.4　低速车削三角形内螺纹

三角形内螺纹工件形状常见的有三种，即通孔、盲孔和台阶孔，如图 2-8-23 所示。其中通孔内螺纹容易加工。在加工内螺纹时，由于车削方法与工件形状的不同，因此所选用的螺纹车刀也不相同。

车三角形内螺纹比车三角形外螺纹要困难些，主要是因为车削内螺纹时不易观察和测量，排屑和冷却条件也较差。加工内螺纹时，内螺纹刀刀杆受孔径大小和孔深的限制，使得刀具的刚性不足，增大了加工的难度。

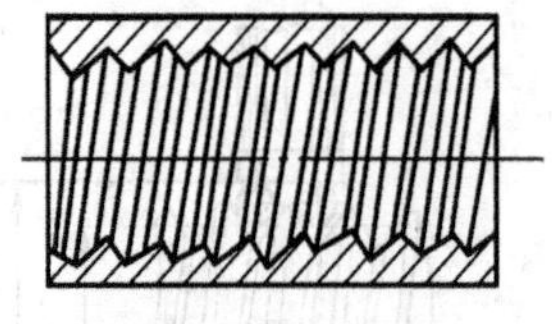

(a) 通孔内螺纹

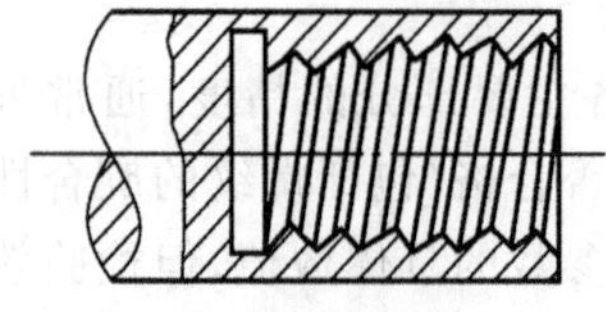

(b) 盲孔内螺纹

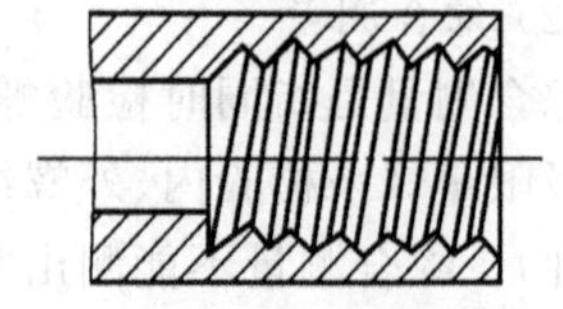

(c) 台阶孔内螺纹

图 2-8-23 内螺纹的形式

1. 车削三角形内螺纹的工艺准备

(1) 三角形内螺纹车刀的选择

车削内螺纹时,应根据不同的螺纹形式选用不同的内螺纹车刀。常见的三角形内螺纹车刀如图 2-8-24 所示。

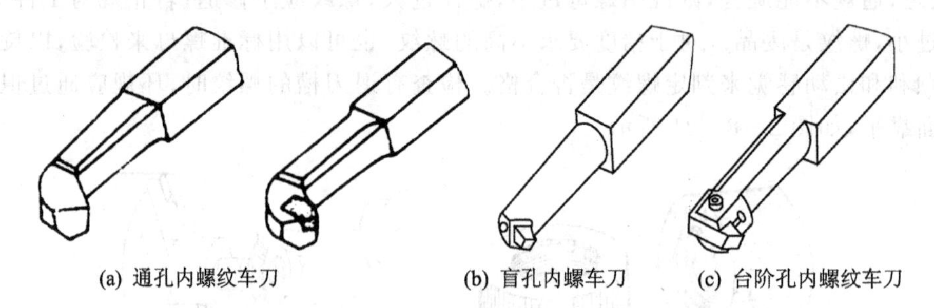

(a) 通孔内螺纹车刀 (b) 盲孔内螺车刀 (c) 台阶孔内螺纹车刀

图 2-8-24 三角形内螺纹车刀种类

内螺纹车刀刀柄受螺纹孔孔径尺寸的限制,一般选用车刀切削部分的径向尺寸比孔径小 3～5 mm,否则退刀时要碰伤牙顶,甚至不能车削。刀柄的大小在保证排屑的前提下,直径应大些,刀柄太细车削时容易振动。内螺纹车刀也分高速钢普通内螺纹车刀和硬质合金内螺纹车刀。

(2) 内螺纹底孔直径的确定

① 车削塑性金属的内螺纹时,内螺纹底孔直径由下式确定:

$$D_{孔} \approx D - P$$

② 车削脆性金属的内螺纹时,内螺纹底孔直径由下式确定:

$$D_{孔} \approx D - 1.05P$$

式中:$D_{孔}$ 为车内螺纹前的孔径,mm;D 为内螺纹的大径,mm;P 为螺距,mm。

(3) 内螺纹车刀的安装

内螺纹车刀的装夹方法与外螺纹车刀基本相同。在安装内螺纹车刀时,必须严格按样板找正刀尖,否则车削后会出现倒牙现象。车刀装好后,应在孔内摇动床鞍至终点检查是否会发生碰撞。

① 刀柄伸出长度应大于内螺纹长度 10～20 mm。

② 刀尖应与工件轴心线等高。如果装得过高,车削时容易引起振动,使螺纹表面产生鱼鳞斑;如果装得过低,刀头下部会与工件发生摩擦,车刀切不进去。

③ 将螺纹对刀样板侧面靠平工件端面,刀尖部分进入样板的槽内进行对刀,调整并夹紧刀具,如图 2-8-25 所示。

④ 装夹好的螺纹车刀应在底孔内手动试走一次,如图 2-8-26 所示,防止刀柄与内孔相碰而影响车削。

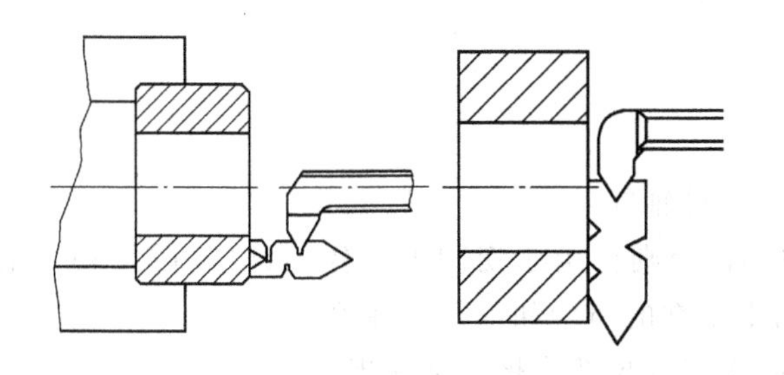

图 2-8-25　内螺纹车刀的对刀方法

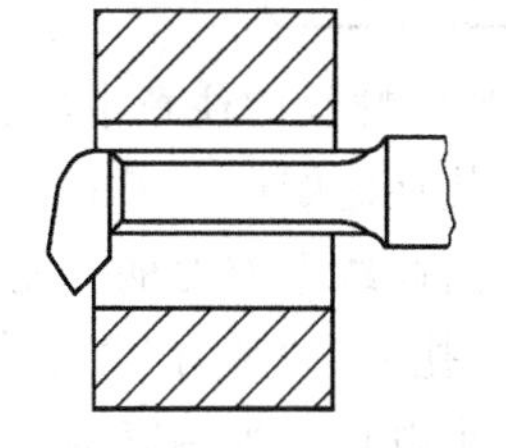

图 2-8-26　检查刀柄是否与底孔相碰

2. 车削三角形内螺纹的方法

（1）车通孔内螺纹的方法

① 车内螺纹前，先把工件的内孔、平面及倒角等车好。

② 开车空刀练习进刀、退刀动作。车内螺纹时的进刀和退刀方向与车外螺纹相反。练习时，需在中滑板刻度圈上做退刀和进刀记号。

③ 选择合理的切削速度，并根据螺纹的螺距调整进给箱各手柄的位置。

④ 内螺纹车刀装好后，开车对刀，记住中滑板刻度或将中滑板刻度盘调零。

⑤ 在车刀刀柄上做标记或用滑板箱手轮刻度控制螺纹车刀在孔内车削的长度。

⑥ 用中滑板进刀，控制每次车削的切削深度（即背吃刀量），进刀方向与车削外螺纹时的进刀方向相反。

⑦ 压下开合螺母手柄车削内螺纹。当车刀移动到标记位置或滑板箱手轮刻度显示到达螺纹长度位置时，快速退刀，同时提起开合螺母或压下操纵杆使主轴反转，将车刀退到起始位置。

⑧ 经数次进刀、车削后，使总切削深度等于螺纹牙形深度。

提示	螺距 $P \leqslant 2$ mm 的内螺纹一般采用直进法车削；螺距 $P > 2$ mm 的内螺纹一般采用左右切削法。为了改善刀杆受切削力的变形，它的大部分切削余量应先在尾座方向切削掉，后车另一面，最后车螺纹大径。车内螺纹时目测困难，一般根据排屑情况进行左右赶刀切削，并判断螺纹的表面粗糙度。

（2）车盲孔或台阶孔内螺纹

① 车退刀槽，其直径应大于螺纹大径，槽宽为（2～3）P，并与台阶平面切平。

② 选择盲孔车刀。

③ 根据螺纹长度加上 1/2 槽宽，作为螺纹刀进刀长度，在刀杆上做好记号，作为退刀和开合螺母起闸之用。

④ 车削前，手动运行车刀到刀长度保证刀尖在槽中退刀，而不发生干涉。

⑤ 车削时，中滑板手柄的退刀和开合螺母起闸（或开倒车）的动作要迅速、准确、协调，以保证刀尖到槽中退刀。

切削用量和切削液的选择与车三角形外螺纹时相同。

注意事项

车削内螺纹的注意事项：

- 装夹内螺纹车刀时,刀尖应对准工件轴线。
- 内螺纹车刀刀柄不能选择得太细,否则会由于切削力的作用,引起震颤和变形,出现“扎刀”、“啃刀”、“让刀”和发出不正常的声音和震纹等现象。
- 小滑板适当调紧些,以防车削时车刀移位造成螺纹乱牙现象。
- 加工盲孔内螺纹,可以在刀柄上做记号,也可用床鞍刻度的刻线等来控制退刀,避免车刀碰撞工件而报废。内沟槽直径应大于内螺纹大径,槽宽为(2～3)P。
- “赶刀”量不宜过多,以防精车螺纹时没有余量。
- 车削过程中如果车刀碰撞孔底,应及时重新对刀,以防因车刀移位而造成乱牙现象。
- 精车时必须保持车刀锋利,否则容易产生让刀现象,致使螺纹产生锥形误差。
- 因“让刀”现象产生的螺纹锥形误差(检查时,只能在进口处拧进几下),不能盲目地加大切削深度,这时必须使车刀在原来的切刀深度位置,反复车削,直至全部拧进。
- 用螺纹塞规检查,应通端全部拧进,感觉松紧适当;止端拧不进。检查盲孔螺纹,通端拧进的长度应达到图样要求的长度。
- 工件在回转中不能用棉纱去擦内孔,绝对不允许用手指去摸内螺纹表面,以免手指旋入而发生事故。

3. 车螺纹时产生废品的原因及预防方法

车螺纹时产生废品的原因及预防方法见表 2-8-11。

表 2-8-11 车螺纹时产生废品的原因及预防方法

废品种类	产生原因	预防方法
螺距不正确	① 交换齿轮在计算或搭配时错误;进给箱手柄位置放错	车削螺纹时先车出很浅的螺旋线,测量螺距的尺寸是否正确
	② 局部螺距不正确 ● 车床丝杠和主轴窜动 ● 滑板箱手轮转动时轻重不均匀 ● 开合螺母塞铁松动	加工螺纹之前,将主轴与丝杠轴向窜动和开合螺母的间隙进行调整,并将床鞍的手轮与传动齿轮脱开,使床鞍能匀速运动
	③ 开倒顺车车螺纹时,开合螺母抬起	调整开合螺母的镶条,必要时用重物挂在开合螺母的手柄上
牙形不正确	① 车刀安装不正确,产生螺纹的半角误差	用螺纹样板对刀
	② 车刀刀尖角刃磨不正确	正确刃磨和测量刀尖角
	③ 车刀磨损	合理选择切削用量,及时修磨车刀
表面粗糙度差	① 切屑从倾斜方向排出,拉毛已加工面	切屑要垂直轴线方向排出
	② 产生积屑瘤	切削厚度应小于 0.06 mm,并加切削液
	③ 刀柄刚性不够产生振动	刀柄不能伸出过长,并选粗刀柄
扎刀和顶弯工件	① 车刀径向前角太大	减小车刀径向前角
	② 工件刚性差,而切削用量选择太大	合理选择切削用量,增加工件装夹刚性

2.8.5　套螺纹和攻螺纹

在车床上除了用车刀来车削各种螺纹外，对于直径和螺距较小的螺纹，还可以用板牙和丝锥来加工。板牙和丝锥是一种成形、多刃切削工具。用它们加工螺纹，操作简单，可以一次切削成形，劳动生产率较高。

1. 套螺纹

用板牙套螺纹（也称为套丝），一般用在不大于 M16 或螺距小于 2 mm 的螺纹。

（1）板牙的结构

板牙是一种标准的多刃螺纹加工工具，其结构形状如图 2－8－27 所示。它像一个圆螺母，板牙上一般有 3～5 个排屑孔，可以容纳和排出切屑，排屑孔的缺口与螺纹的相交处形成前角 $\gamma_0=15°\sim20°$的切削刃。板牙两端的锥角是切削部分，因此正、反都可使用，中间有完整齿深的一段是校正部分。

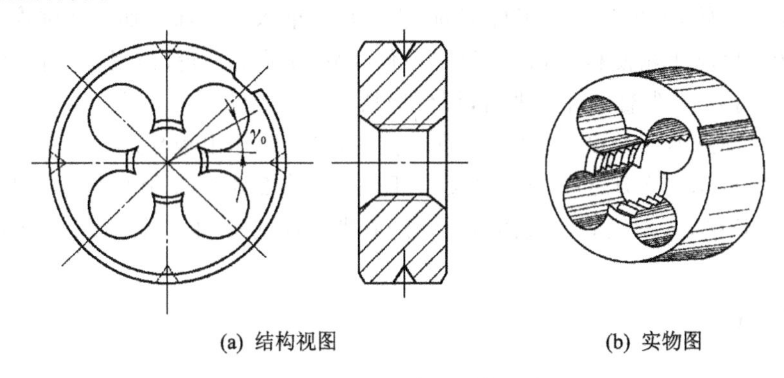

(a) 结构视图　　(b) 实物图

图 2－8－27　圆板牙结构形状

（2）套螺纹前的工艺要求

由于套螺纹时工件材料受板牙的挤压而产生变形，牙顶将被挤高，所以套螺纹前工件外圆车削至略小于螺纹大径，一般可按下式计算而定：

$$d_0=d-(0.13\sim0.15)P$$

式中：d_0 为套螺纹前的外圆直径，mm；d 为螺纹大径，mm；P 为螺距，mm。

（3）切削用量切削液的选择

用板牙套螺纹时，切削速度的选择见表 2－8－12。

表 2－8－12　套螺纹时切削速度的选择

工件材料	钢件	铸铁	黄铜
切削速度 $v_c/(\mathrm{m\cdot min^{-1}})$	3～4	2～3	6～9

在套螺纹时，正确选用冷却润滑液，可提高加工表面的精度和表面粗糙度。切削钢件时，一般选用硫化切削油、机油和乳化液；切削低碳钢或韧性较大的材料（如 40Cr 钢等）时，可选用工业植物油；切削铸铁时，可以用煤油或不使用切削液。

（4）套螺纹方法

在车床上主要用套螺纹工具进行套螺纹，如图 2－8－28 所示。套螺纹前，先把螺纹大径车至要求（下偏差），工件的端面必须倒角，倒角的角度（与中心线相交）要小于 45°，使板牙容易切入工件。具体方法如下：

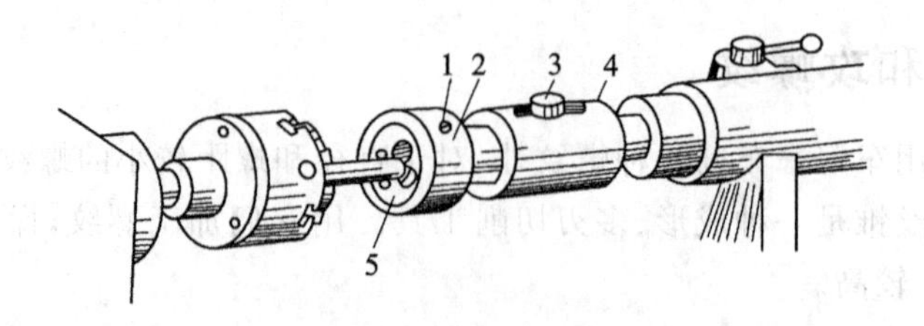

1—螺钉;2—工具体;3—销钉;4—滑动套筒;5—板牙

图 2-8-28 在车床上套螺纹

① 螺纹大径应车到下偏差,端面倒角。

② 将套螺纹工具的锥柄装入尾座套筒锥孔内。

③ 将板牙装入滑动套筒内,使螺钉对准板牙上的锥孔拧紧。

④ 将尾座移动到工件前适当位置(约 20 mm)处锁紧。

⑤ 转动尾座手轮,使板牙靠近工件端面,然后开动车床和冷却泵加注切削液。

⑥ 继续转动尾座手轮使板牙切入工件后,停止转动尾座手轮,由滑动套筒在工具体的导向键槽中随着板牙沿工件轴线自动进给,板牙切削工件外螺纹。

⑦ 当板牙切削到所需长度位置时,开反车使主轴反转,退出板牙。

图 2-8-28 所示为车床上自动套螺纹工具,工具体 2 左端装上板牙,并用螺钉 1 固定。套筒 4 上有一条长槽,套螺纹时工具体可自动随着螺纹向前移动,销钉 3 用来防止工具体切削时转动。

注意事项

- 选用圆板牙时,应检查圆板牙的齿形是否有缺损。
- 套螺纹工具在尾座套筒锥孔中必须装紧,以防止套丝时过大的切削力矩引起套螺纹工具锥柄在尾座锥孔内转动,损坏尾座锥孔表面。
- 圆板牙装入套螺纹工具时不能歪斜,必须使圆板牙端面与主轴轴线垂直。
- 外圆车至尺寸后,端面倒角要小于或等于 45°,使圆板牙容易切入。
- 加工塑性金属材料时,应加注充足的切削液。

2. 攻螺纹

丝锥是一种加工内螺纹的多刃刀具,常用高速钢、碳素工具钢或合金工具钢制成。因其制造简单,使用方便,所以应用很广泛。直径较小或螺距较小的内螺纹可以用丝锥直接攻出来。

由于没有过载保护机构,当切削力矩过大时丝锥容易折断,适用于攻制通孔及精度较低的内螺纹。

(1) 丝维的结构形状

丝锥的结构和形状如图 2-8-29 所示,上面开有容屑槽,这些槽形成了丝锥的切削刃,同时也起容易排屑作用。L_1 是切削部分,铲磨成有后角的圆锥形;L_2 是整形部分,起校正齿形的作用。

丝锥按使用方法不同,分手用丝锥和机用丝锥两大类。手用丝锥是手工攻螺纹时用的一种丝锥,通常为两支或三只组成一套。机用丝锥的形状与手用丝锥基本相同,不同的是其柄部除有方榫外,还割有一条环形槽,用以防止丝锥从攻螺纹工具中脱落;此外,柄部和工作部分同轴度要求较高。因机用丝锥攻螺纹时的切削速度较高,故常用 W18Gr4V 高速钢制造。

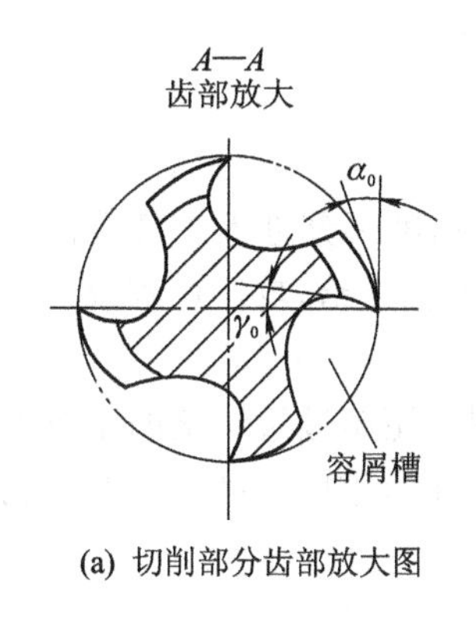

(a) 切削部分齿部放大图

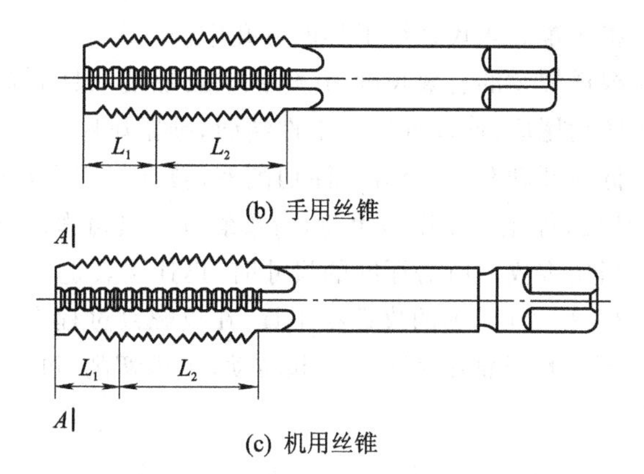

(b) 手用丝锥

(c) 机用丝锥

图 2-8-29　丝　锥

丝锥按其用途不同又可分为常用的三种丝锥，即普通螺纹丝锥、圆柱管螺纹丝锥和圆锥管螺纹丝锥。

机用丝锥通常是单只攻丝，一次成形，效率较高。其齿形一般经过磨削，因此攻出的内螺纹精度和表面粗糙度都较高。

(2) 攻螺纹前的工艺要求

1) 确定攻螺纹前的孔径 $D_{孔}$

由于攻螺纹时，在挤压的作用下把一部分材料挤到螺纹的底部，被加工材料越韧，挤出的部分越多。如果孔径太小，则使切削扭矩大大增加，甚至会使丝锥折断。所以，攻螺纹前工件孔径一般应按下列经验公式计算确定：

车削塑性金属的内螺纹时，$D_{孔} \approx D-P$；

车削脆性金属的内螺纹时，$D_{孔} \approx D-1.05P$。

式中：$D_{孔}$ 为车内螺纹前的孔径，mm；D 为内螺纹大径，mm；P 为螺距，mm。

2) 确定攻盲孔螺纹的底孔深度 H

由于丝锥前端的切削刃不能攻制出完整的牙形，所以钻孔时的孔深要大于规定的螺纹深度。通常钻孔深度应等于螺纹有效长度加上螺纹公称直径的 0.7 倍，即：

$$H \approx h_{有效} + 0.7D$$

式中：H 为攻螺纹前底孔深度，mm；D 为内螺纹大径，mm；$h_{有效}$ 为螺距有效长度，mm。

3) 孔口倒角

攻螺纹前用 60°锪钻或用车刀在孔口倒角，其孔口直径应大于内螺纹大径。

(3) 切削用量及切削液的选择

攻螺纹时的切削速度，按下述选择：

攻制钢件和塑性较大的材料时，$v_c=2 \sim 4$ m/min；

攻制铸铁和塑性较小的材料时，$v_c=4 \sim 6$ m/min。

攻螺纹时选用冷却润滑液与套螺纹时选用切削液的方法相同。

(4) 攻螺纹方法

在车床上攻螺纹前，先进行钻孔，孔口必须倒角，使丝锥容易切入工件，具体操作方法如下：

① 将攻螺纹工具的锥柄装入尾座套筒锥孔中。

② 将丝锥装入攻螺纹工具的方孔中。

③ 根据螺纹的有效长度,在丝锥或攻螺纹工具上做标记。

④ 转动尾座,使丝锥靠近工件端面,锁紧尾座。

⑤ 低速开动车床,充分浇注切削液,转动尾座手轮使丝锥切削部分进入工件孔内,当丝锥切入几牙后,停止转动尾座手轮,由攻螺纹工具可滑动部分随丝锥进给,攻制内螺纹。

⑥ 当丝锥攻至所需深度的尺寸时,迅速反转退出丝锥。

图 2-8-30 所示的攻螺纹工具,在攻螺纹过程中,当切削力矩超过所调整的摩擦力矩时,摩擦杆会打滑,丝锥则随工件一起转动,不再切削,可有效地防止丝锥的折断,适用于盲孔螺纹的攻制。

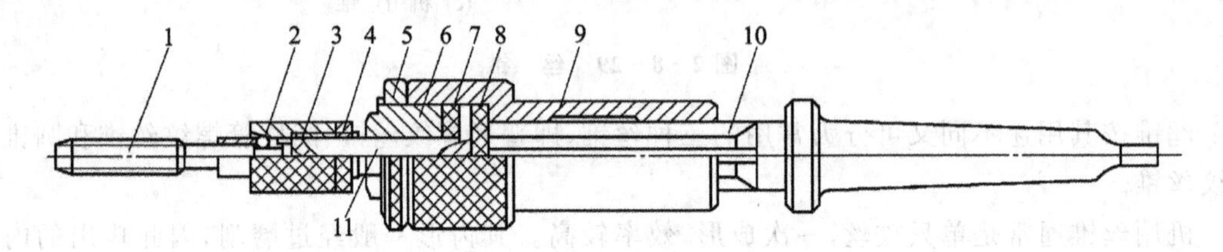

1—丝锥;2—钢球;3—内锥套;4—锁紧螺母;5—并紧螺母;6—调节螺母;
7、8—尼龙垫片;9—花键套;10—花键心轴;11—摩擦杆

图 2-8-30 攻螺纹工具

图 2-8-31 所示是一种简易攻螺纹工具,它与套螺纹工具一样,只是把装板牙换成装丝锥。这种工具结构简单,使用方便,其主要缺点就是没有保险装置,当切削力过大时,会把丝锥折断。对于攻盲孔螺纹时,这种工具显得更加危险,如果丝锥一碰到底,再攻进去,丝锥立即折断。因此只适用于攻制通孔及精度较低的内螺纹。

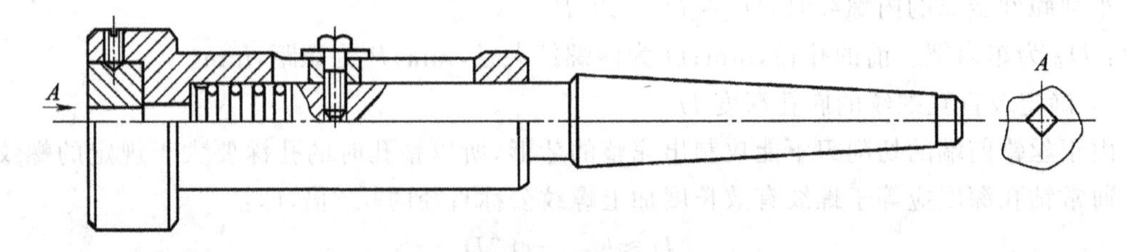

图 2-8-31 简易攻螺纹工具

提示	攻制小于 M16 的内螺纹时,为了防止钻孔歪斜,钻孔前应先钻中心孔,再按攻螺纹前孔径选择钻头钻孔,倒角后再用丝锥一次攻成。 攻制 M16～M24 的内螺纹,钻孔后先用内螺纹车刀粗车内螺纹,再用丝锥攻制。攻螺纹前必须把尾座轴线找正至与主轴轴线重合。

注意事项

- 选用丝锥时,应检查丝锥是否缺齿。
- 装夹丝锥时,应防止丝锥歪斜。
- 攻螺纹时,应充分浇注切削液。

- 攻螺纹时，一般应分多次进给，即丝锥每攻一段深度后应及时退出，清理切屑后再继续进给。
- 攻制盲孔螺纹时，应选用有过载保护机构的攻螺纹工具，并在丝锥上或攻螺纹工具上做出深度标记，防止丝锥攻至孔底而折断。
- 严禁车床运转时用手或棉纱清理螺纹孔内的切屑，以免发生事故。

3. 攻螺纹和套螺纹时产生废品的原因及预防方法

攻螺纹和套螺纹时产生产生废品的原因及预防方法见表 2-8-13。

表 2-8-13　攻螺纹和套螺纹时产生废品的原因及预防方法

废品种类	产生原因	预防方法
牙形高度不正确	① 外螺纹的外圆车得太小 ② 内螺纹的孔径钻得太大	按计算的尺寸来加工外圆和内孔
螺纹中径尺寸不正确	① 丝锥和板牙安装歪斜	校正尾座与主轴不同轴度在 0.05 mm 以内，板牙端面必须装得与主轴中心线垂直
	② 丝锥和板牙磨损	更换丝锥和板牙
表面粗糙度差	① 切削速度太高	降低切削速度
	② 冷却润滑液缺少或选用不当	合理选择和充分浇注冷却润滑液
	③ 丝锥与板牙齿部崩裂	修磨或调换丝锥或板牙
	④ 容屑槽切屑挤塞	经常清除容屑槽中切屑

2.8.6　技能训练

技能训练 I

将 $\phi45\times155$ mm 的毛坯车成图 2-8-32 所示的普通螺纹轴。

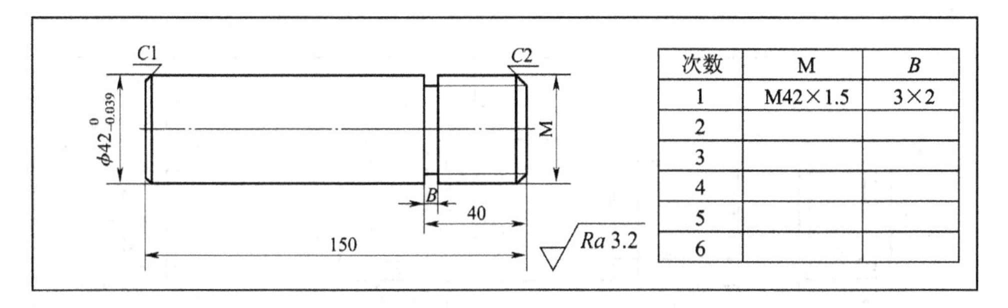

次数	M	B
1	M42×1.5	3×2
2		
3		
4		
5		
6		

图 2-8-32　螺纹轴

【工艺准备】

① 刀具：90°粗精车刀、车槽刀；调整钢外螺纹刀。

② 设备：CA6140。

③ 量具：0～150 mm 游标卡尺、25～50 mm 百分尺、对刀样板、螺纹环规。

【加工步骤】

螺纹轴的加工步骤见表 2-8-14，工步图如图 2-8-33 所示。

表 2-8-14　螺纹轴的加工步骤

操作步骤	加工内容(见图 2-8-32)
1. 车螺纹轴左端外圆	① 夹毛坯外圆,伸出卡爪约长 120 mm,找正并夹紧; ② 车平端面; ③ 粗、精车外圆 $\phi42_{-0.039}^{0}$ 至要求尺寸; ④ 倒角 $C1$
2. 车削螺纹轴右端的外圆及退刀槽	① 调头夹 $\phi42_{-0.039}^{0}$ 外圆,伸出约长 60 mm,找正并夹紧; ② 车端面至总长 150 mm; ③ 粗、精车螺纹大径至 $\phi41.85$; ④ 倒角 $C2$; ⑤ 车退刀槽 3 mm×2 mm,并控制长度 40 mm
3. 车螺纹	粗、精车螺纹至要求尺寸

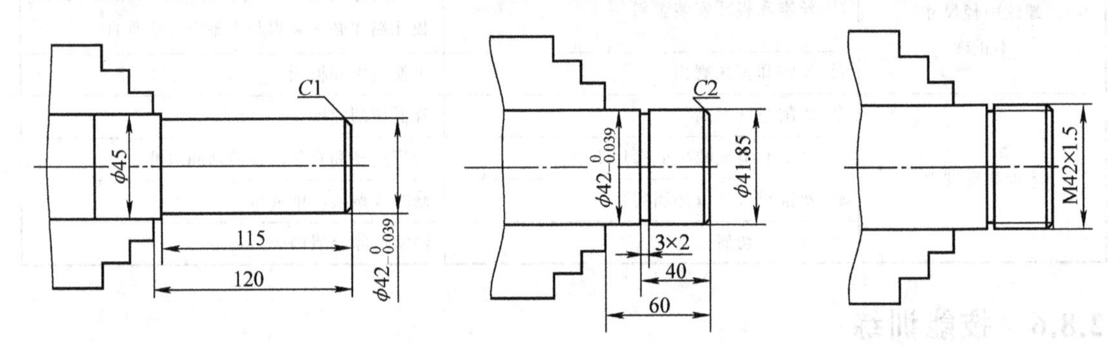

图 2-8-33　车削螺纹轴工步图

技能训练Ⅱ

将图 2-8-32 所示的螺纹轴加工成图 2-8-34 所示的两个螺母。

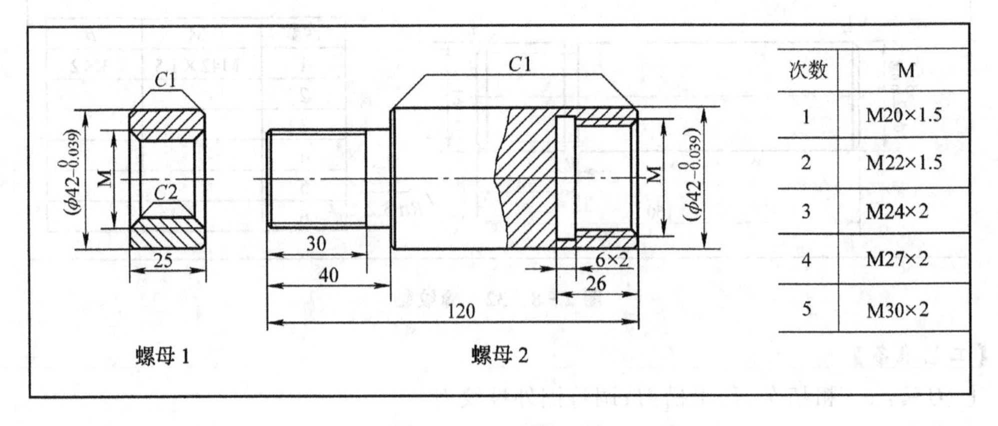

图 2-8-34　螺　母

【加工步骤】

车削图 2-8-34 所示的螺母 1、2 的加工步骤分别见表 2-8-15 和表 2-8-16。

表 2-8-15　车削螺母 1 的加工步骤

操作步骤	加工内容(见图 2-8-34)
1. 钻孔并断	① 夹 ϕ42 的外圆,伸出卡爪约长 50 mm,找正并夹紧; ② 车平端面,外圆倒角; ③ 钻 ϕ17 的孔; ④ 切断,保证长 25.5 mm
2. 取总长	① 调头装夹 ϕ42 的外圆,找正并夹紧; ② 车端面至总长 25 mm; ③ 外圆倒角
3. 车内孔(螺纹底孔)	① 车内孔至 ϕ18.5; ② 倒角
4. 车内螺纹	粗、精车螺纹至要求尺寸

表 2-8-16　车削螺母 2 的加工步骤

操作步骤	加工内容(见图 2-8-34)
1. 车端面,取总长	① 夹 ϕ42 的外圆,找正并夹紧; ② 车端面,保证长 120 mm; ③ 倒角
2. 钻孔、车孔、车内沟槽	① 钻 ϕ17.5 的孔,钻尖深 28 mm; ② 车内孔至 ϕ18.5×26 mm; ③ 孔口倒角 $C2$; ④ 车槽 6 mm×2 mm 至尺寸
3. 车内螺纹	粗、精车螺纹至要求尺寸

注意事项

- 退刀要及时、准确。退刀过早螺纹未车完;退刀过迟车刀容易碰撞孔底。
- 车盲孔螺纹或台阶孔螺纹时,还需车好内沟槽,内沟槽直径应大于内螺纹大径,槽宽为(2～3)P。

技能训练Ⅲ

加工如图 2-8-35 所示的六方螺母,每次加工数量为 5～8 件。毛坯材料为 35 冷拉六角钢,毛坯尺寸为 S36×38 mm。

【加工工艺】

① 车 M30×1.5－6g 大径时,根据螺纹精度等级,外圆直径要小 0.1～0.15 mm。车削时,由于台阶面较大,沟槽宽度又窄,可用低速切削,采用左右切削法。

② 内螺纹 M14×1.5－7H,由于直径及螺距都较小,可用丝锥加工,攻螺纹前的螺纹底孔可以用钻头直接钻至尺寸,钻头直径查表得 d_2＝12.5 mm。

③ 在攻螺纹过程中,会带动尾座移动,所以尾座不应固定,并将尾座与床身导轨面擦净,加润滑油。

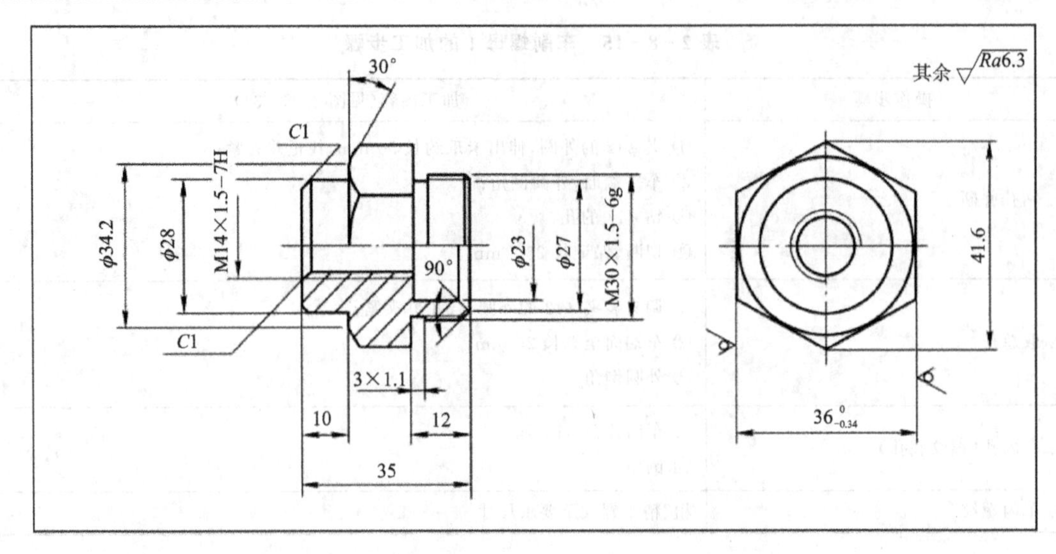

图 2-8-35 六方螺母

④ 螺母的车削顺序如下：车端面、外螺纹大径→调头、车长度及外圆→钻孔、攻螺纹→调头车外螺纹→车孔。

【工件装夹】

车端面及螺纹大径时，用三爪自定心卡盘夹住六角面。装夹时，夹住长度应尽量短于10 mm，以便在车外圆时车去。车削其他加工表面时，可使用软卡爪装夹。

【选择刀具】

① 车外螺纹时，用高速钢车刀，在刃磨时，应控制刀尖至左侧刀杆边缘的距离。

② 攻螺纹时，根据内螺纹的公差等级，查表选用丝锥公差带代号为H4的丝锥。

③ 车外圆时，用外圆粗车刀先车去断续切削层。

④ 加工 $\phi 23$ 台阶孔时，先用 $\phi 22$ 平头钻扩孔后(见图2-8-36)，再用盲孔车刀车孔。

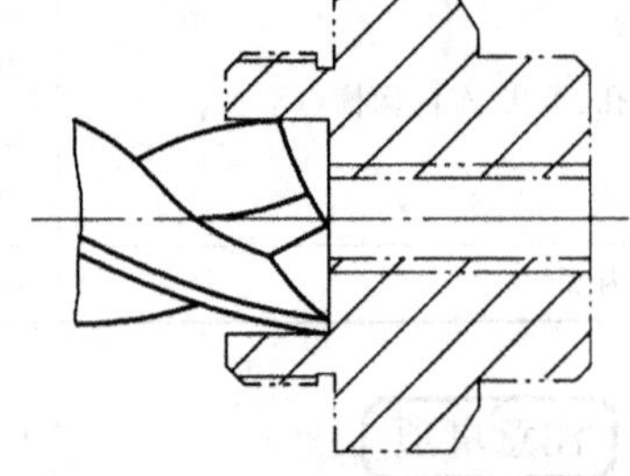

图 2-8-36 用平头钻扩孔

【加工步骤】

车削六方螺母的加工步骤如表2-8-17所列。

表 2-8-17 六方螺母的加工步骤

操作步骤	加工内容(见图2-8-34)
1. 三爪卡盘夹六方表面，夹住长度不大于10 mm	① 车端面，车平即可； ② 车M30×1.5 mm大径至 $\phi 30^{-0.10}_{-0.15}$，长度为12 mm； ③ 车外沟槽3 mm×1.1 mm至要求尺寸； ④ 倒角 $\phi 27\times45°$
2. 调头软卡爪夹住 $\phi 30$ 外圆	① 车端面至总长35 mm； ② 车外圆至 $\phi 28$，长度为10 mm； ③ 倒角 $\phi 34.2\times30°$ 及 $C1$

续表 2-8-17

操作步骤	加工内容(见图 2-8-34)
3. 加工内螺纹(按工序 2 装夹方法)	① 钻内螺纹 M14×1.5−7H 底孔至 ϕ12.5,钻通; ② 孔口用 90°锪钻倒角 C1; ③ 攻螺纹 M14×1.5−7H 至要求尺寸,长度不少于 25 mm
4. 调头,夹住 ϕ28 外圆	车螺纹 M30×1.5−6g 至要求尺寸
5. 加工内孔(按工序 4 装夹方法)	① 平头钻扩孔至 ϕ22,深度尺寸 11.5 mm; ② 车孔 ϕ23、深度 12 mm 至要求尺寸; ③ 孔口倒角 ϕ27×45°

车削六方螺母各工序简图如图 2-8-37 所示。

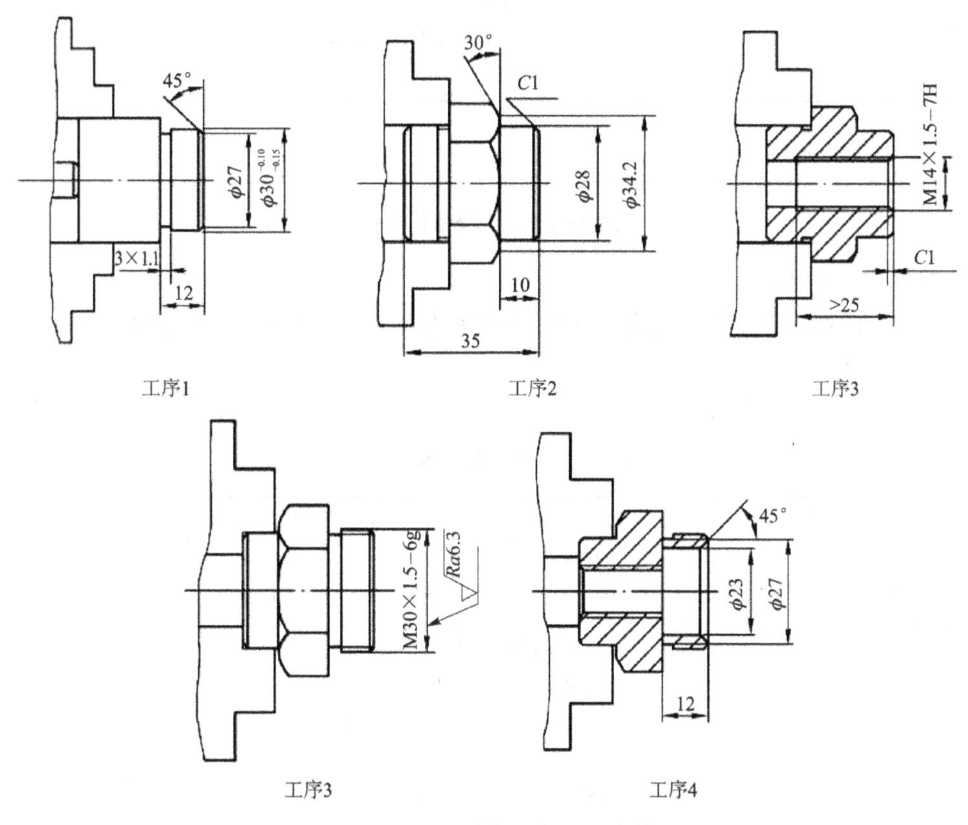

图 2-8-37 六方螺母加工工序简图

【精度检测】

① M30×1.5−6g 螺纹大径的检验可用读数值为 0.02 mm 游标卡尺测量。

② 外螺纹 M30×1.5−6g、内螺纹 M14×1.5−7H 的精度检验用螺纹量规综合测量。

技能训练Ⅳ

加工如图 2-8-38 所示的外短圆锥体。

【工艺准备】

① 刀具:90°粗精车刀、端面车刀、盲孔镗刀、内沟槽刀、普通螺纹刀、车槽刀。

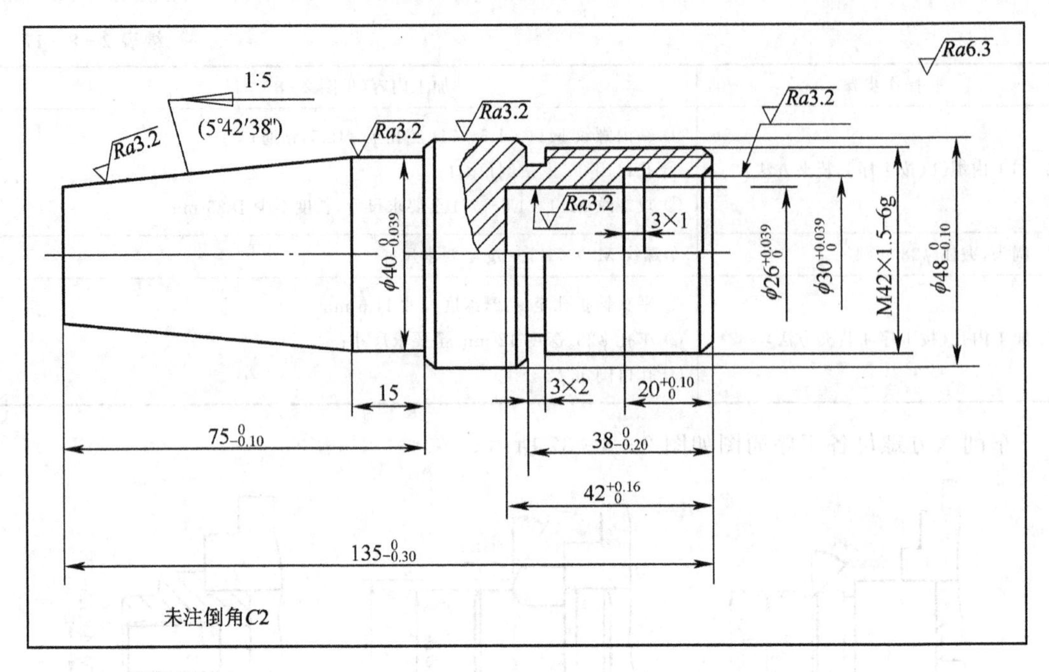

图 2-8-38　外短圆锥体

② 设备：CA6140。

③ 量具：游标卡尺、百分尺、螺纹环规(螺纹百分尺)、万能量角器、中心钻、麻花钻。

【加工步骤】

外短圆锥体的加工步骤如表 2-8-18 所列。

表 2-8-18　外短圆锥体的加工步骤

操作步骤	加工内容(见图 2-8-38)
1. 夹毛坯外圆，找正并夹紧	① 车锥度端端面，车平即可； ② 粗车外圆 $\phi40_{-0.039}^{0}$ 至尺寸 $\phi42$，长度至尺寸 74.5 mm
2. 调头夹 $\phi42$ 外圆	① 车端面，控制总长尺寸 135.5 mm； ② 粗车外圆 $\phi48_{-0.1}^{0}$ 至尺寸 $\phi49$； ③ 钻孔 $\phi24$，钻孔深度 41.5 mm(包括钻尖长度)； ④ 粗镗孔至尺寸 $\phi25\times41.5$ mm； ⑤ 粗车螺纹外径至尺寸 $\phi25\times38$ mm； ⑥ 切槽，留精加工余量
3. 调头装夹	① 半精车外圆至尺寸 $\phi41\times74.5$ mm； ② 粗车锥度，留精加工余量
4. 调头夹 $\phi41$ 外圆找正夹紧	① 车端面，控制总长尺寸 $135_{-0.3}^{0}$； ② 精车外圆 $\phi48_{-0.1}^{0}$ 至尺寸，螺纹大径至尺寸 $\phi41.8$； ③ 切槽至尺寸要求； ④ 精车内孔至尺寸要求，倒角； ⑤ 车螺纹至精度要求
5. 调头软爪装夹 $\phi48_{-0.1}^{0}$ 外圆	① 精车 $\phi40_{-0.039}^{0}$ 外圆，长度 $75_{-0.1}^{0}$ mm，倒角； ② 精车锥度至图样要求尺寸

【质量检测】

图 2-8-38 所示的外短圆锥体加工质量的检测见表 2-8-19。

表 2-8-19　质量检测

项目	序号	考核内容	配分	评分标准	检测	得分
尺寸公差	1	$\phi 40_{-0.039}^{0}$	8	超差 0.01 扣 1 分；超差 0.03 以上不得分		
	2	$\phi 26_{0}^{+0.039}$	8			
	3	$\phi 30_{0}^{+0.039}$	8			
	4	$\phi 48_{-0.1}^{0}$	8			
	5	$20_{0}^{+0.1}$	4	超差 0.02 扣 1 分；超差 0.06 以上不得分		
	6	$75_{-0.1}^{0}$	4			
	7	$38_{-0.2}^{0}$	4			
	8	$42_{0}^{+0.16}$	4			
	9	$135_{-0.3}^{0}$	4			
	10	$C=1:5$	8	超差 1′扣 1 分；超差 3′以上不得分		
螺纹公差	11	M24×1.5－6g	20	超差不得分		
	12	牙侧 $Ra\,3.2$	10	降一级扣 5 分		
其他	13	$Ra\,3.2$(5 处)	10	每处降一级级扣 1 分		
	14	倒角 $C2$	扣分	不符合要求扣总分 1 分		
	15	其余 $Ra\,6.3$	扣分	不符合要求扣总分 1 分		
	16	安全文明刃磨	扣分	违章操作扣总分 5 分		

技能训练Ⅴ

如图 2-8-39 所示的螺杆轴，毛坯为 45 热轧圆钢，毛坯尺寸为 $\phi 50\times 240$ mm，每次车削数量 6～10 件。

【加工工艺】

① 车削左旋螺纹主要是变换车床丝杠的旋转方向，主轴顺转，车刀由退刀槽处进刀，从主轴箱向尾座方向进给车削螺纹。根据 M30×1.5－6g 螺纹的车削条件，可进行高速车削。

② M12 外螺纹，精度等级要求较低，可用板牙套螺纹方法加工。

③ 精车外圆 $\phi 30$f7 时，对台阶面光一刀，是保证达到垂直度要求的措施。

④ 螺杆轴的机械加工顺序如下：热处理调质→车端面、钻中心孔→车 M30×1.5LH 螺纹大径→调头、车端面、取对长度尺寸，钻中心孔→粗车外圆及车 M12 螺纹大径→套螺纹→精车外圆→车螺纹 M30×1.5－6g－LH→铣键槽→修毛刺→清洗入库。

【工件装夹】

① 粗车外圆及螺纹大径采用一端夹住，一端用回转顶尖顶住。

② 精车外圆为保证外圆同轴度，使用两顶尖装夹。

③ 车螺纹 M30×1.5－6g－LH，由于使用高速车削，为增加装夹刚性，所以用一夹一顶的装夹方法车削。但应注意一端夹住长度要短些，不使工件被强制夹住而影响达到形位精度。

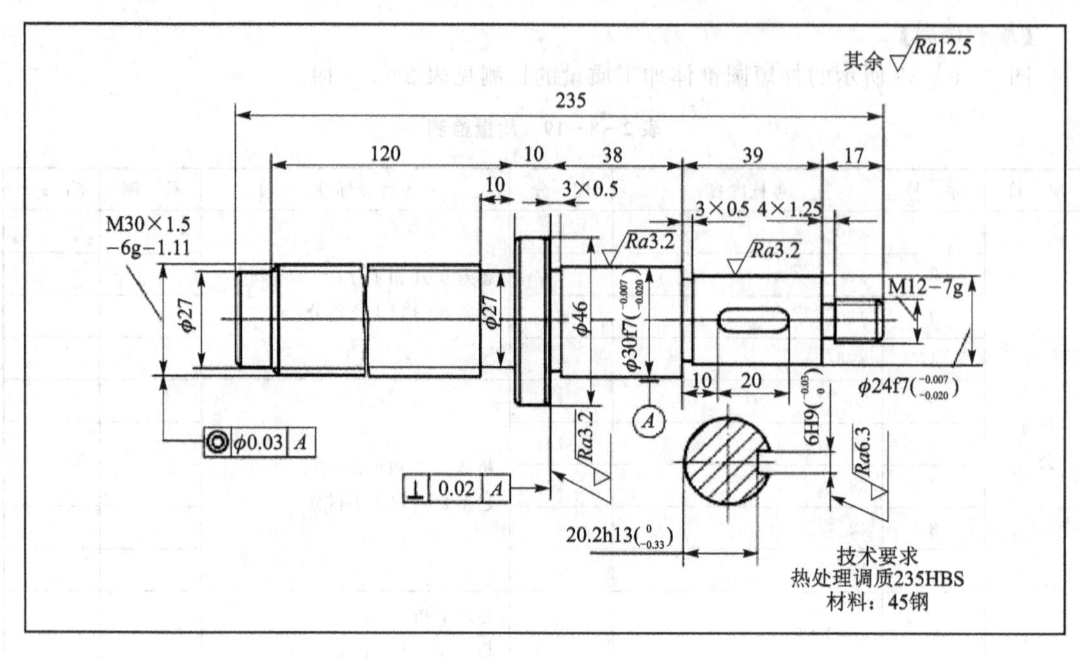

图 2-8-39　螺杆轴

【选择刀具】

① 车 M30×1.5－6g－LH 外螺纹，可用 YT15 牌号硬质合金螺纹车刀进行高速车削。

② 螺纹 M12－7g 用 M12 板牙套螺纹。

【加工步骤】

螺杆轴的加工步骤如表 2-8-20 所列。

表 2-8-20　螺杆轴的加工步骤

操作步骤	加工内容(见图 2-8-39)
1. 三爪卡盘夹毛坯外圆	① 车端面，车平即可； ② 钻 φ3 A 型中心孔
2. 一夹一顶装夹	① 车外圆至 φ48 至要求尺寸，并车至卡爪处； ② 车 M30×1.5－6g－LH 螺纹大径至 $\phi30_{-0.3}^{-0.2}$×131 mm(即 131 mm＝235 mm－17 mm－39 mm－39 mm－10 mm)； ③ 车外圆 φ27 至要求尺寸，长度 120 mm、11 mm； ④ 车外沟槽 φ27×10 mm 至要求尺寸； ⑤ 倒角
3. 三爪牙夹 φ48 外圆	① 车端面，尺寸 104 mm(即 104 mm＝10 mm＋38 mm＋39 mm＋17 mm)； ② 钻 φ3 A 型中心孔
4. 软卡爪夹外圆，一端顶住	① 粗车 φ30f7 外圆至 φ31，尺寸 10 mm 车至$10_{+0.1}^{+0.2}$ mm； ② 粗车 φ24f7 外圆至 φ25，尺寸 38 mm 车至$38_{-0.2}^{-0.1}$ mm； ③ 车 M12－7g 螺纹大径至$12_{-0.3}^{-0.2}$ mm，保持尺寸 39 mm、17 mm； ④ 车外沟槽 4×1.25 mm 至要求尺寸； ⑤ 倒角
5. 套螺纹(按工序 4 装夹方法)	套螺纹 M12－7g 至要求尺寸

续表 2-8-20

操作步骤	加工内容(见图 2-8-39)
6. 装夹于两顶尖	① 精车 ϕ30f7 外圆至要求尺寸，并车出台阶面，长度 10 mm、38 mm； ② 精车 ϕ24f7 外圆至要求尺寸； ③ 车外沟槽 2×3×0.5 mm 至要求尺寸； ④ 倒角
7. 软卡爪，一端夹外圆，一端顶住，卡爪处找正外圆径向圆跳动不大于 0.01 mm	① 沟槽外倒角 1.5×30°； ② 车 M30×1.5-6g-LH 螺纹至要求尺寸； ③ 用锉刀修光螺纹顶面
8. 铣加工	工件装夹于 V 形台虎钳铣键槽 6H9($^{+0.03}_{0}$)×20.2h13($^{0}_{-0.33}$)至要求尺寸
9. 钳加工	修毛刺
10.	清洗、涂防锈油、入库

车削螺杆轴各工序简图如图 2-8-40 所示。

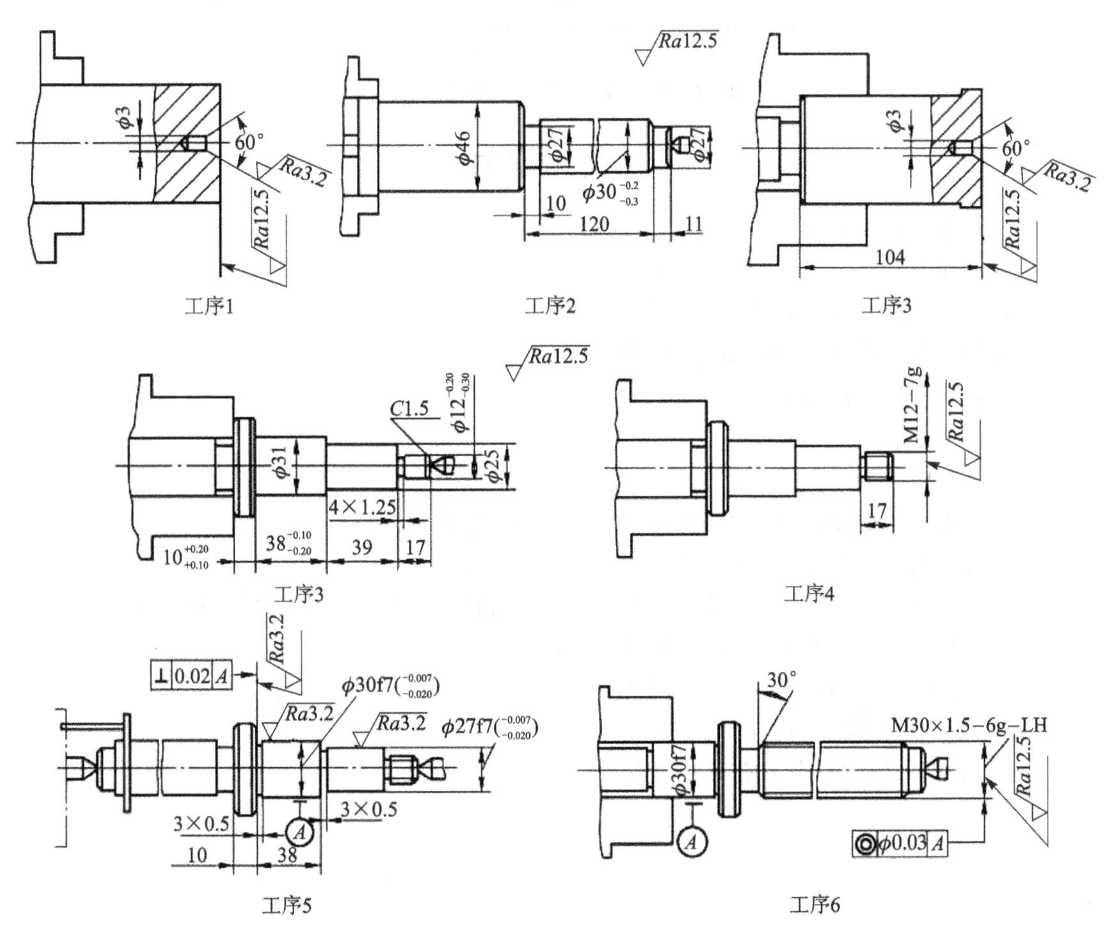

图 2-8-40　螺杆轴加工工序简图

【精度检测】

① 外圆 ϕ30f7、ϕ24f7 的精度检验用外径百分尺测量。

② 外螺纹 M30×1.5－6g－LH、M12－7g 的检验用螺纹环规综合测量。

③ 外圆 ϕ46 右端面对外圆 ϕ30f7 轴线垂直度误差的检验在测量平板上进行，工件外圆 ϕ30f7 为检测基准，装夹于V形架上(见图 2-8-41)。用百分表测量整个被测表面，并记录读数，百分表读数的最大差值不大于 0.02 mm，说明端面对外圆的垂直度合格。

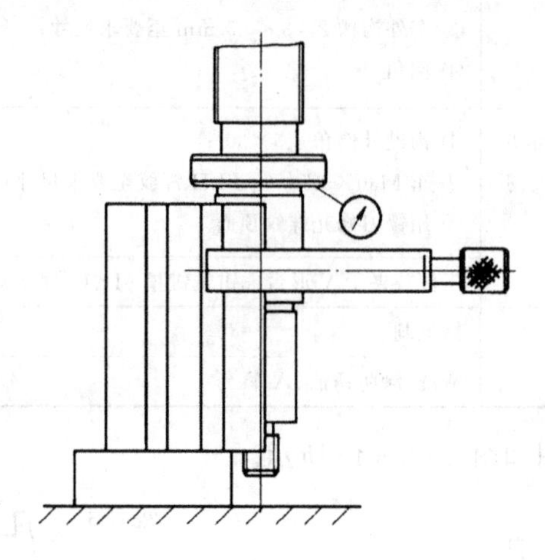

图 2-8-41　检验螺杆轴端面垂直度误差

思考与练习

1. 怎样正确装夹螺纹车刀？
2. 什么叫螺纹？
3. 什么叫螺距？什么叫导程？
4. 低速车削三角螺纹的进给方式有哪些？
5. 怎样测量螺纹的螺距？
6. 怎样测量螺纹的中径？
7. 什么叫螺纹的综合测量？怎样进行？
8. 车削螺纹的螺距、牙形不正确的原因有哪些？怎样预防？
9. 车螺纹时产生乱扣的原因是什么？如何防止乱扣？
10. 车螺纹时要控制哪些直径？影响螺纹配合松紧的主要尺寸是什么？如何检验？
11. 试说明螺纹标记 M20×2－6H/6g 的含义。
12. 查出 M20－5g6g 螺纹大径和中径的上、下偏差。
13. 在套三角形螺纹前有哪些要求？
14. 刃磨三角形螺纹车刀有哪些要求？

第三部分　铣　削

课题一　铣削专业基本知识

教学要求

◆ 掌握常用量具的使用和注意事项。
◆ 掌握工件的一般装夹。
◆ 熟悉铣床结构、型号及操纵练习。
◆ 掌握铣削用量的选择。

3.1.1　铣削加工基本知识

技能目标

◆ 了解铣削常用工具的名称、结构特点和使用方法。
◆ 了解铣削常用量具使用时的注意事项。

1. 铣削加工基本内容

机械零件一般都是由毛坯通过各种不同方法的加工而达到所需形状和尺寸的。铣削加工是最常用的切削加工方法之一。铣床的加工内容如图 3-1-1 所示。

所谓铣削，就是以铣刀旋转作为主运动，工件或铣刀作为进给运动的切削加工方法。铣削过程中的进给运动可以是直线运动，也可以是曲线运动，因此，铣削的加工范围比较广，生产效率和加工精度都较高。

2. 常用铣床种类

由于铣床的工作范围非常广，铣床的类型也很多，先将常用铣床作简要介绍。

(1) 升降台式铣床

升降台式铣床的主要特征是带有升降台。工作台除沿纵、横向导轨做左右、前后运动外，还可沿升降导轨随升降台做上下运动。这类铣床用途广泛，加工范围大，通用性强，是铣削加工常用铣床。根据结构形式和使用特点，升降台铣床又可分为卧式和立式两种。

1) 卧式铣床

图 3-1-2 所示为卧式铣床外形。卧式铣床的主要特征是铣床主轴轴线与工作台平行。因主轴呈横卧位置，所以称为卧式铣床。铣削时将铣刀安装在与主轴相连接的刀杆上，随主轴做旋转运动，被切削工件装夹在工作台面上对铣刀做相对进给运动，从而完成切削工作。

卧式铣床加工范围很广，可以加工沟槽、平面、成形面、螺旋槽等。根据加工范围的大小，卧式铣床又可分为一般卧式铣床（平铣）和卧式万能铣床。卧式万能铣床的结构与一般卧式铣床有所不同，其纵向工作台与横向工作台之间有一回转盘，并具有回转刻度线。使用时，可以按照需要在±45°范围内扳转角度，以适应用圆盘铣刀加工螺旋槽等工件。同时，卧式万能铣床还带有较多附件，因而加工范围比较广。由于这种铣床具有以上优点，所以得到广泛应用。

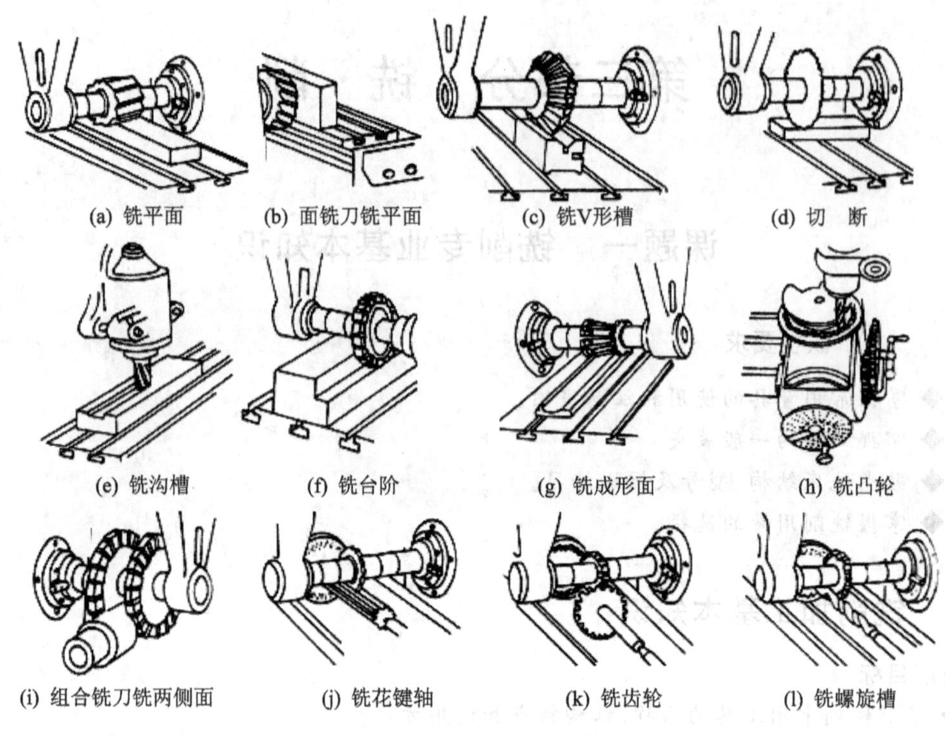

图 3-1-1 铣床的加工内容

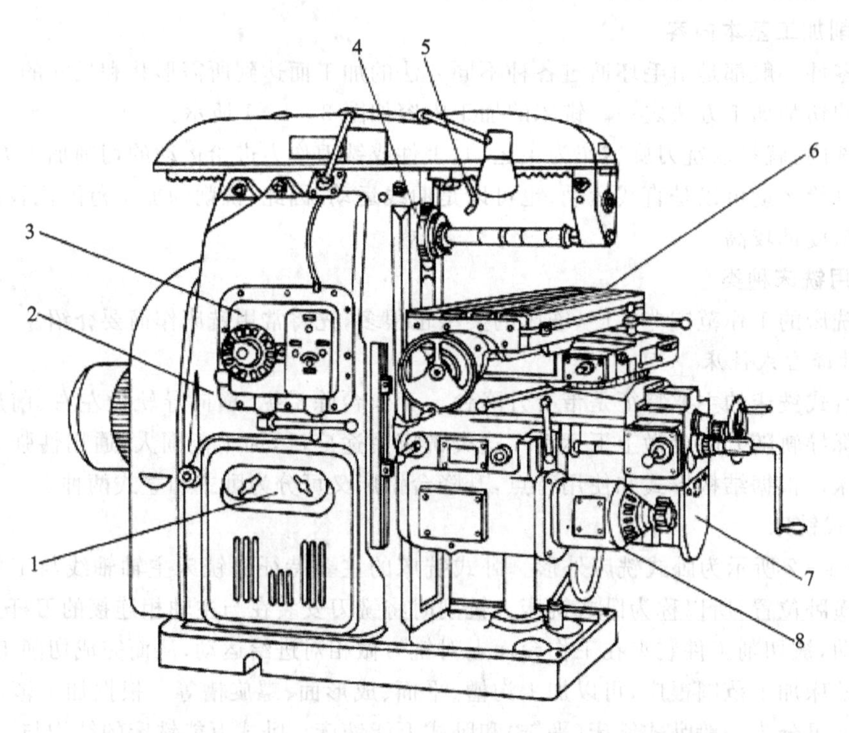

1—机床电器部分;2—床身部分;3—变速操纵部分;4—主轴及传动部分;

5—冷却部分;6—工作台部分;7—升降台部分;8—进给变速部分

图 3-1-2 卧式铣床外形及各部分名称

2）立式铣床

图 3－1－3 所示为立式铣床外形。立式铣床的主要特征是铣床主轴轴线与工作台台面垂直。因主轴呈竖立位置，所以称为立式铣床。铣削时，铣刀安装在与主轴相连接的刀轴上，绕主轴做旋转运动，被切削工件装夹在工作台上，对铣刀做相对运动，完成切削过程。

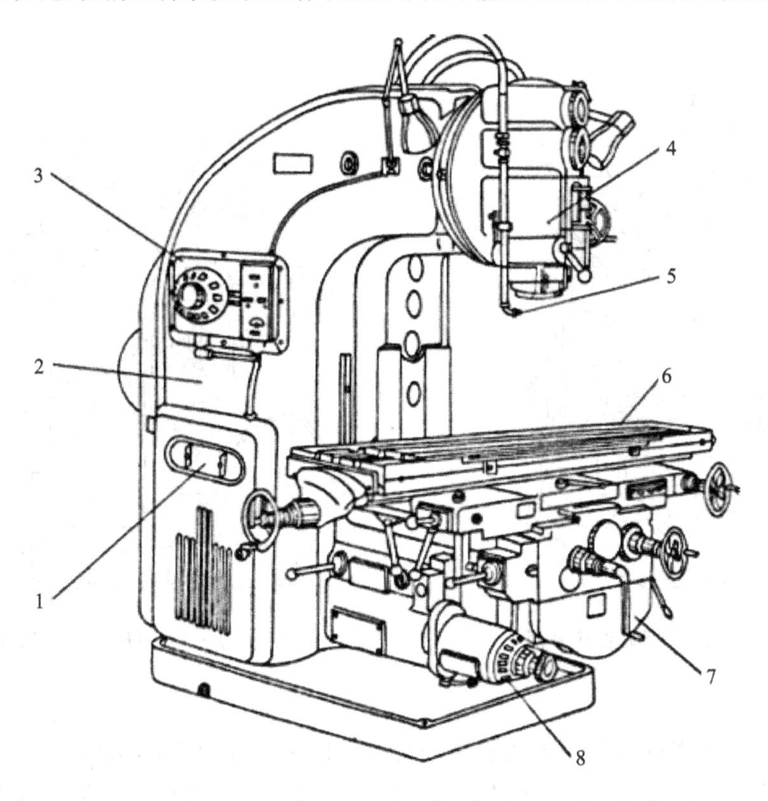

1—机床电器部分；2—床身部分；3—变速操纵部分；4—主轴及传动部分；
5—冷却部分；6—工作台部分；7—升降台部分；8—进给变速部分

图 3－1－3　立式铣床外形及各部分名称

立式铣床加工范围很广，通常在立铣上可以应用面铣刀、立铣刀、成形铣刀等，铣削各种沟槽、表面；另外，利用机床附件，如回转工作台、分度头，还可以加工圆弧、曲线外形、齿轮、螺旋槽、离合器等较复杂的零件。当生产批量较大时，在立铣上来用硬质合金刀具进行高速铣削，可以大大提高生产效率。

立式铣床与卧式铣床相比，在操作方面还具有观察清楚、检查调整方便等特点。立式铣床按其立铣头的不同结构，又可分为以下两种：

① 立铣头与机床床身成一整体，这种立式铣床刚性较好，但加工范围比较小。

② 立铣头与机床床身之间有一回转盘，盘上有刻度线，主轴随立铣头可扳转一定角度，以适应铣削各种角度面、椭圆孔等工件。由于该种铣床立铣头可回转，所以目前在生产中应用广泛。

（2）多功能铣床

多功能铣床的特点是具有广泛的万用性能。

图 3－1－4 所示为一台摇臂万能铣床。这种铣床能进行以铣削为主的多种切削加工，可以进行立铣、卧铣、镗、钻、磨、插等工序，还能加工各种斜面、螺旋面、沟槽、弧形槽等，适用于各

种维修零件和产品加工,特别适用于各种工夹模具制造。该机床结构紧凑,操作灵活,加工范围广,是一种典型的多功能铣床。

图 3-1-5 所示是万能工具铣床。该机床工作台不仅可以做三个方向平移,还可以做多方向回转,特别适用于加工刀具、量具类较复杂的小型零件,具有附件配备齐全,用途广泛等特点。

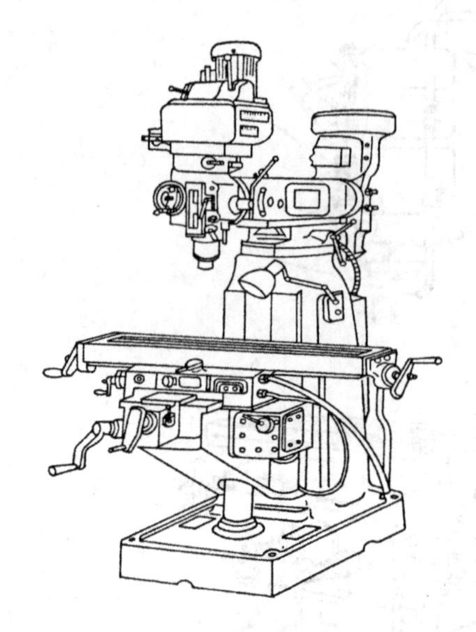

图 3-1-4 摇臂万能铣床外形

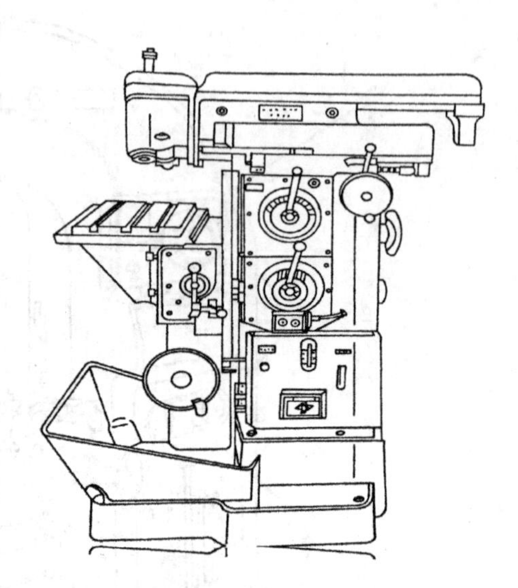

图 3-1-5 万能工具铣床外形

(3) 固定台座式铣床

固定台座式铣床的主要特征是没有升降台,如图 3-1-6 所示。工作台只能做左右、前后的移动,其升降运动是由立铣头沿床身垂直导轨上下移动来实现的。这类铣床因为没有升降台,工作台的支座就是底座,所以结构坚固,刚性好,适宜进行强力铣削和高速铣削;由于其承载能力较大,还适宜于加工大型、重型工件。

(4) 龙门铣床

龙门铣床也是无升降台铣床的一种类型,属于大型铣床。铣削动力头安装在龙门导轨上,可做横向和升降运动;工作台安装在固定床身上,仅做纵向移动。龙门铣床根据铣削动力头的数量分别有单轴、双轴、四轴等多种形式。图 3-1-7 所示为一台四轴龙门铣床。铣削时,若同时安装四把铣刀,可铣削工件的几个表面,工作效率高,适宜加工大型箱体类工件的表面,如机床床身表面等。

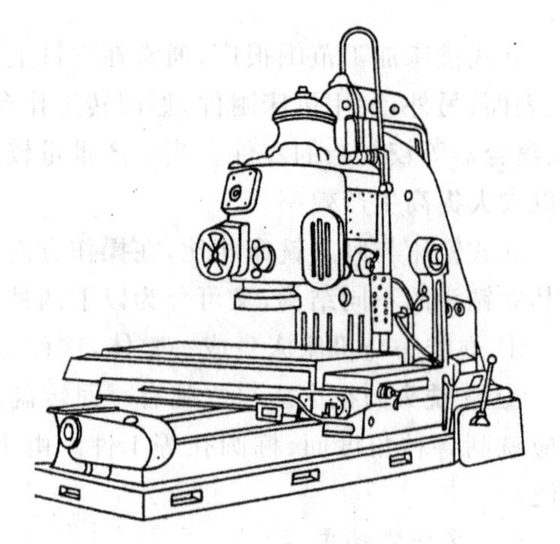

图 3-1-6 固定台座式铣床

(5) 专用铣床

专用铣床的加工范围比较小,是专门加工某一种类工件的。它是通用机床向专一化发展的结果。这类机床加工单一性产品时,生产效率很高。

专用铣床的种类很多，现将几种机床作简要介绍。如图 3－1－8 所示是一台转盘式多工位铣床，这种铣床适宜高速铣削平面。由于其操作简便、生产效率高，因此特别适用于大批量生产。图 3－1－9 所示是一台专门加工键槽的长槽铣床，它具有装夹工件方便，调整简单等特点，适宜于各种轴类零件的键槽铣削。图 3－1－10 所示是一台平面仿形铣床，这种铣床适宜加工各种较复杂的曲线轮廓零件，调整主轴头的不同高度，可以加工平面台阶轮廓。除了仿形铣削外，还能担负立铣的工作，为了适应成批生产，还可采用自动循环控制。

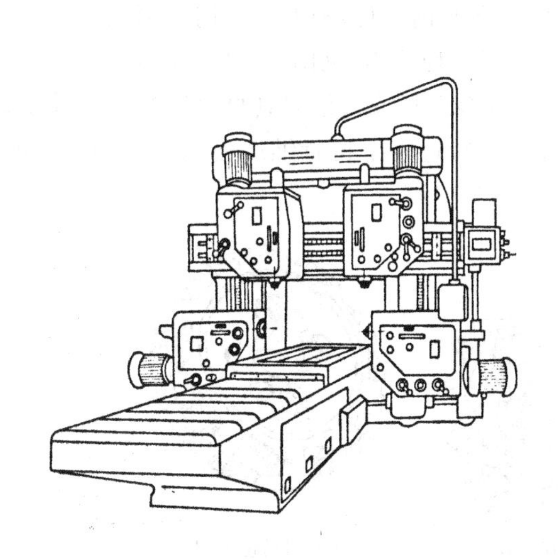

图 3－1－7　四轴龙门铣床外形

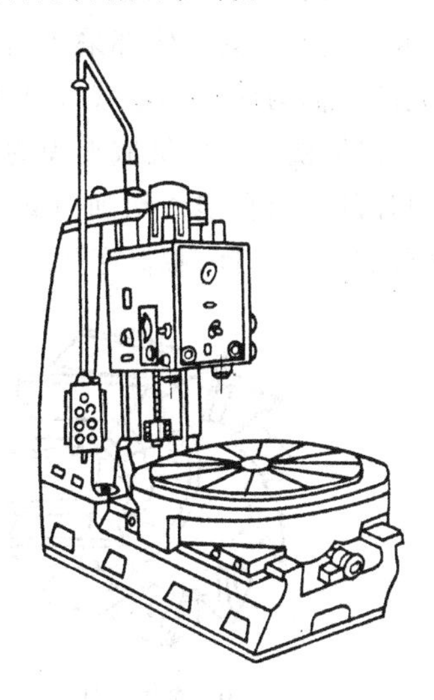

图 3－1－8　转盘式铣床

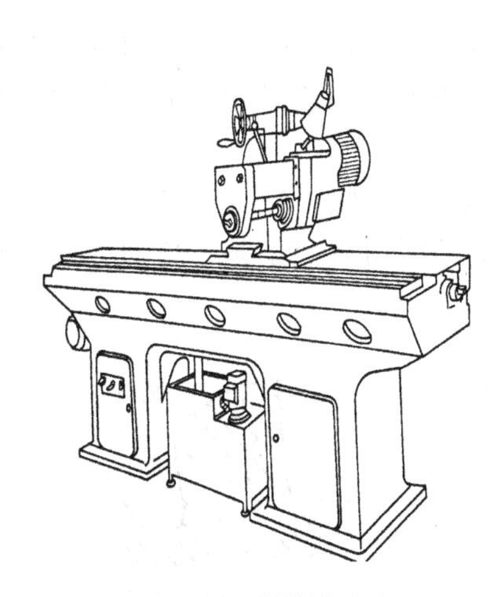

图 3－1－9　长槽铣床外形

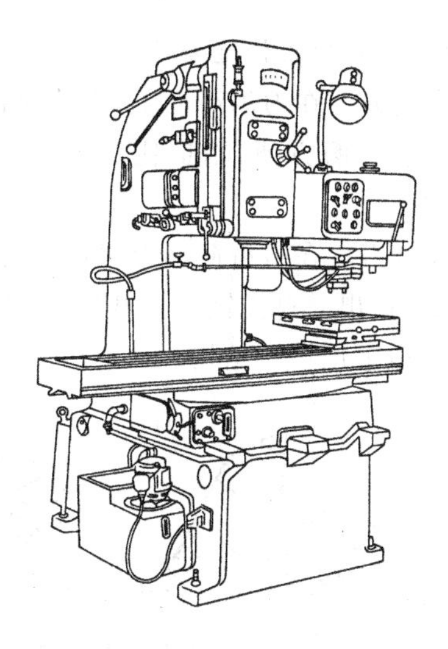

图 3－1－10　平面仿形铣床外形

3. 常用铣刀种类

铣刀的种类很多，其分类方法也有很多，现介绍几种常用的分类方法和铣刀种类。

(1) 按铣刀切削部分的材料分类

① 高速钢铣刀　有整体的和镶齿的两种铣刀，一般形状较复杂的铣刀都是整体高速钢铣刀。

② 硬质合金铣刀　大都不是整体的铣刀,是将硬质合金刀片用焊接或机械夹固的方式镶装在铣刀刀体上,如硬质合金立铣刀、三面刃铣刀等。

(2) 按铣刀的结构分类

① 整体铣刀　铣刀的切削部分、装夹部分及刀体是一整体。这类铣刀可用高速钢整段料制成,也可用高速钢制造切削部分,用结构钢制造刀体部分,然后焊接成一整体。直径不大的立铣刀、三面刃铣刀、锯片铣刀都采用这种结构,见图 3-1-11(a)。

② 镶齿铣刀　其刀体都采用结构钢,刀齿是高速钢,刀体和刀齿利用尖形槽镶嵌在一起。直径较大的三面刃铣刀和套式面铣刀,一般都采用这种结构,见图 3-1-11(b)。

③ 可转位铣刀　用机械夹固的方式把硬质合金刀片或其他刀具材料安装在刀体上,因而保持了刀片的原有性能。切削刃磨损后,可将刀片转过一个位置继续使用。这种刀具既节省材料,又节省刃磨时间,提高了生产效率,见图 3-1-11(c)。

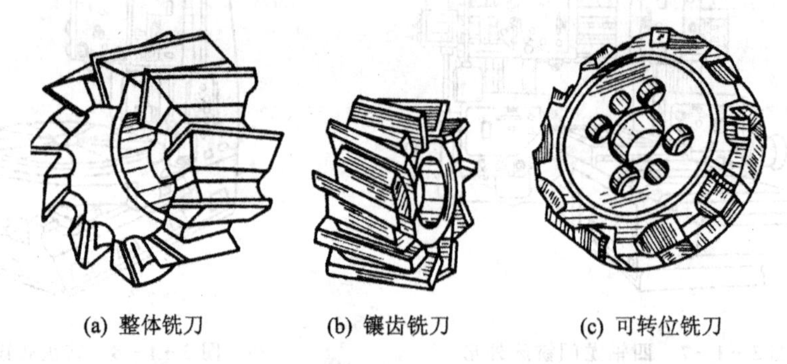

(a) 整体铣刀　(b) 镶齿铣刀　(c) 可转位铣刀

图 3-1-11　不同形状的铣刀

(3) 按铣刀刀齿的构造分类

① 尖齿铣刀　在刀齿截面上,齿背是由直线或折线组成的,如图 3-1-12(a)所示。这类铣刀齿刃锋利,刃磨方便,制造比较容易。生产中常用的三面刃铣刀、圆柱铣刀等都是尖齿铣刀。

② 铲齿铣刀　在刀齿截面上,齿背是阿基米德螺旋线,如图 3-1-12(b)所示,齿背必须在铲齿机床上铲出。这类铣刀刃磨后,只要前角不变,齿形也不变。成形铣刀为了保证刃磨后齿形不变,一般采用铲齿结构。

(a) 尖齿铣刀刀齿截面　(b) 铲齿铣刀刀齿截面

图 3-1-12　铣刀刀齿的构造

(4) 按铣刀的形状和用途分类

为了适应各种不同的铣削内容,设计和制造了各种不同的铣刀,它们的形状与用途有密切的联系,现将一般铣削加工的常用铣刀按形状和用途分类进行介绍,如图 3-1-13 所示。

① 加工平面用的铣刀　主要有两种:面铣刀和圆柱铣刀。加工较小的平面,也可用立铣刀和三面刃盘铣刀。

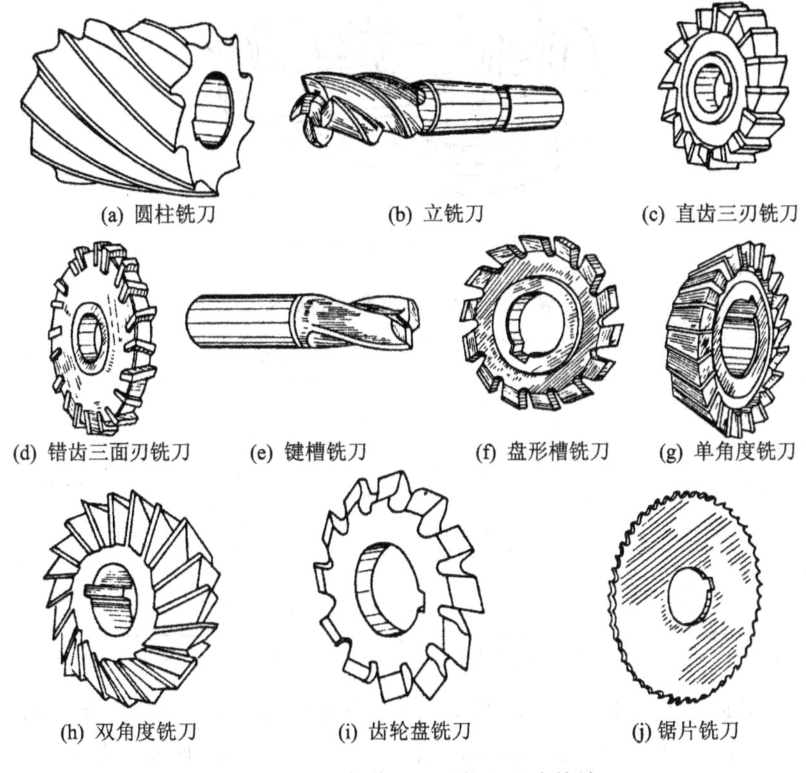

(a) 圆柱铣刀　(b) 立铣刀　(c) 直齿三刃铣刀
(d) 错齿三面刃铣刀　(e) 键槽铣刀　(f) 盘形槽铣刀　(g) 单角度铣刀
(h) 双角度铣刀　(i) 齿轮盘铣刀　(j) 锯片铣刀

图 3-1-13　各种不同形状和用途的铣刀

② 加工直角沟槽用的铣刀　直角沟槽是铣削加工的基本内容之一，铣削直角沟槽时，常用的有三面刃铣刀、立铣刀，还有形状如薄片的切口铣刀。键槽是直角沟槽的特殊形式，加工键槽用的铣刀有键槽铣刀和盘形槽铣刀。

③ 加工各种特形沟槽用的铣刀　需要铣削加工的特形沟槽很多，如 T 形槽、V 形槽、燕尾槽等，所用的铣刀有 T 形槽铣刀、角度铣刀、燕尾铣刀等。

④ 加工各种成形面用的铣刀　加工成形面的铣刀一般是专门设计制造而成的，常用的标准化成形铣刀有凹凸圆弧铣刀、齿轮盘铣刀和指状齿轮铣刀等。

⑤ 切断加工用的铣刀　常用的是锯片铣刀。前面所述的薄片状切口铣刀也可用做切断。

(5) 按铣刀的安装方式分类

① 带孔铣刀　采用孔安装的铣刀称为带孔铣刀，如三面刃铣刀、圆柱铣刀等。

② 带柄铣刀　采用柄部安装的带柄铣刀有锥柄和直柄两种形式。如较小直径的立铣刀和键槽铣刀是直柄铣刀，较大直径的立铣刀和键槽铣刀是锥柄铣刀。

4. 常用铣床夹具、工具种类

(1) 铣床夹具

根据夹具的应用范围可分为通用夹具和专用夹具。铣削所用的通用夹具，主要有平口虎钳、回转工作台、分度头等。它们一般无需调整或稍加调整就可以用于装夹不同工件。专用夹具是为某一工件的某一工序而专门设计的，使用时既方便又准确，生产效率高。

① 机用虎钳　图 3-1-14 所示为机用虎钳，其规格见表 3-1-1。

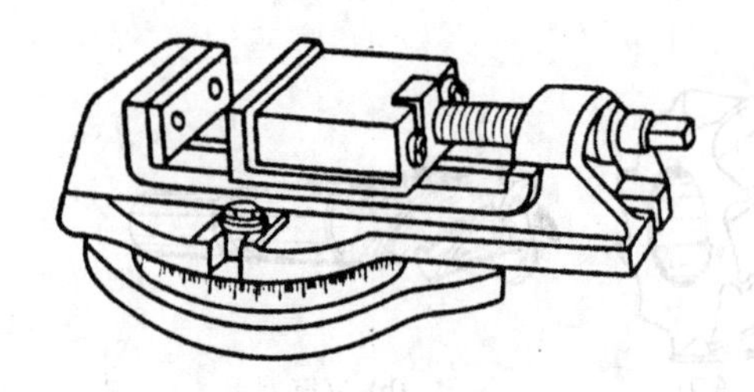

图 3-1-14　机用虎钳

表 3-1-1　机用虎钳的规格

参　数	规格/mm							
	60	80	100	125	136	160	200	250
钳口宽度 B/mm	60	80	100	125	136	160	200	250
钳口最大张开度 A/mm	50	60	80	100	110	125	160	200
钳口高度 h/mm	30	34	38	44	36	50 (44)	60 (56)	56 (60)
定位键宽度 b/mm	10	10	14	14	12	18 (14)	18	18
回转角度	360°							

注：规格 60 mm 和 80 mm 的机用虎钳为精密机用虎钳，适用于工具磨床、平面磨床和坐标镗床。

在用机用虎钳装夹不同形状的工件时，可设计几种特殊钳口，只要更换不同形式的钳口，即可适应各种形状的工件，以扩大虎钳的使用范围。图 3-1-15 所示为几种特殊钳口。

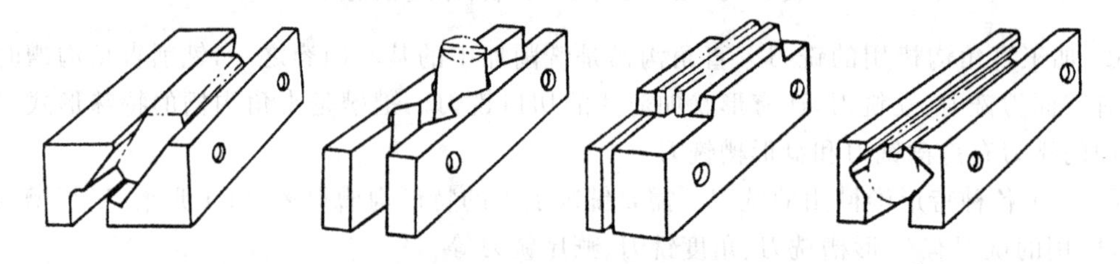

图 3-1-15　机用虎钳的特殊钳口

② 回转工作台　简称转台，又称圆转台，其主要功用是铣圆弧曲线外形和沟槽、平面螺旋槽(面)和分度。回转工作台有几种，常用的是立轴式手动回转工作台和机动回转工作台。

如图 3-1-16 所示为手动回转工作台，在对工件做直线部分加工时，可扳紧手柄 1，使转台锁紧后进行切削。如松开内六角螺钉 2，拔出偏心销 3 插入另一条槽内，使蜗轮蜗杆脱开，此时可直接用手推动转台旋转至所需位置。

图 3-1-17 所示是机动回转工作台的外形。与手动回转工作台的区别主要是能利用万向联轴器，由机床传动装置带动传动轴 1，而使转台旋转。不需机动时，将离合器手柄 2 处于中间位置，直接摇动手轮作手动用。

③ 万能分度头　在铣床上铣削六角、八角等正多边形柱体，以及均等分布或互成一定夹角的沟槽和齿槽时，一般都利用分度头进行分度，其中万能分度头使用最普遍，如图 3-1-18 所示。万能分度头除能将工件作任意的圆周分度外，还可作直线移距分度；可把工件轴线置成水平、垂直或倾斜的位置；通过交换齿轮，可使分度头主轴随工作台的进给运动做连续旋转，以加工螺旋面。

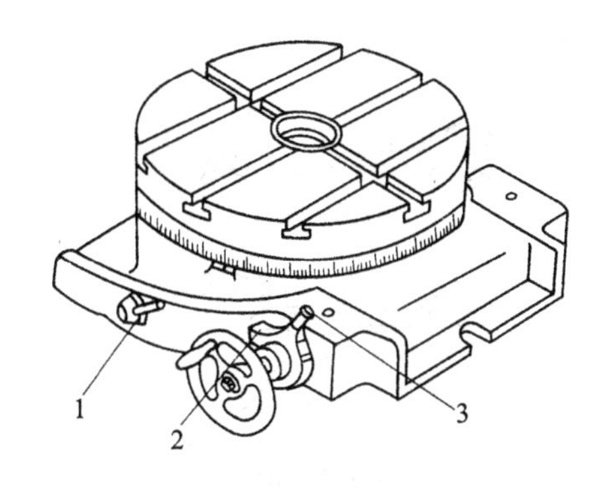

1—手柄；2—内六角螺钉；3—偏心销

图3-1-16　手动回转工作台

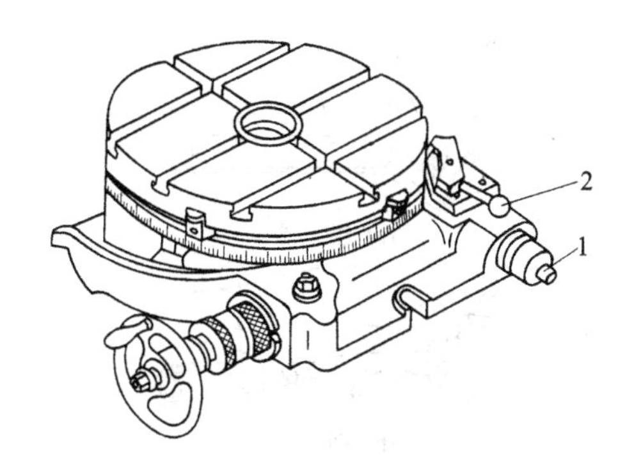

1—传动轴；2—离合器手柄

图3-1-17　机动回转工作台

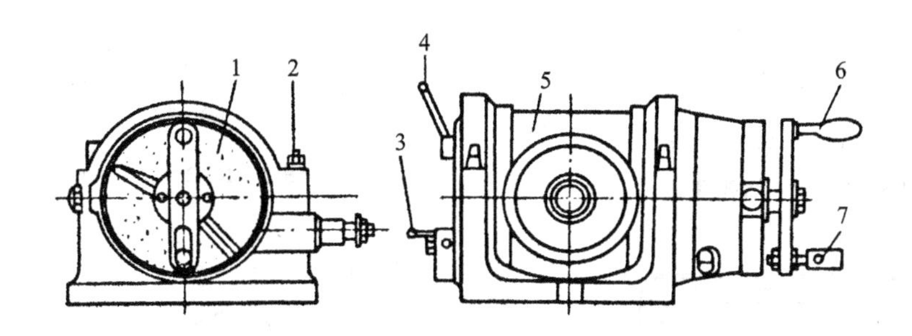

1—分度盘；2—螺钉；3—蜗杆脱落手柄；4—主轴锁紧手柄；

5—球形回转体；6—分度手柄；7—定位销

图3-1-18　F11125分度头

(2) 常用工具

① 活扳手 如图3-1-19所示，扳手由扳口1、扳体2、蜗杆3和扳手体4组成。它是用于扳紧六角、四方形螺钉和螺母的工具，其规格是用扳手长度(mm)和扳口张开尺寸(mm)表示的，如300×36等。使用时，应根据六角对边尺寸，选用合适的活扳手。

② 双头扳手 如图3-1-20所示，其扳口尺寸是固定的，不能调节。使用时根据螺母、螺钉六角对边尺寸选用相应的扳手，伸入六角螺母后扳紧。

③ 内六角扳手　如图3-1-21所示，它用于紧固内六角螺钉，其规格用内六角对边尺寸表示，常用的有3 mm、4 mm、5 mm、6 mm、8 mm、10 mm、12 mm和14 mm等。使用时选用相应的内六角扳手，手握扳手长的一端，将扳手短的一端插入内六角孔中，用力将螺钉旋紧或松开。

④ 可逆式棘轮扳手　如图3-1-22所示，它由四方传动六角套筒1、扳体2和方榫3组成。当六角螺钉埋在孔中，无法用活扳手时，可采用这种扳手。有顺、逆两个方向，只要将扳体2反转180°后插入六角套筒，即可改变扳紧或扳松的方向。其规格是用六角对边尺寸表示的，有10 mm、12 mm、14 mm、17 mm、19 mm、22 mm和24 mm等。使用时，选择与六角对边相应的六角套筒与扳体配合使用。

⑤ 主销钩形扳手　如图3-1-23所示，用来紧固带槽或带孔圆螺母。其规格用所紧固螺母的直径表示。使用时，根据螺母直径选择，如螺母直径为100 mm，选择100～110 mm的柱销钩形扳手，然后手握扳手柄部，将扳手的柱销勾入螺母的槽中或孔中，扳手的内缘卡在螺母的外缘上，用力将螺母扳紧或旋松。

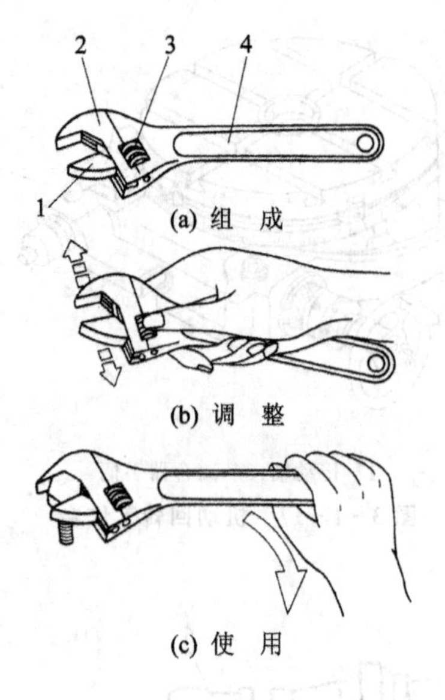

1—扳口;2—扳体;3—蜗杆;4—扳手体

图 3-1-19 活扳手

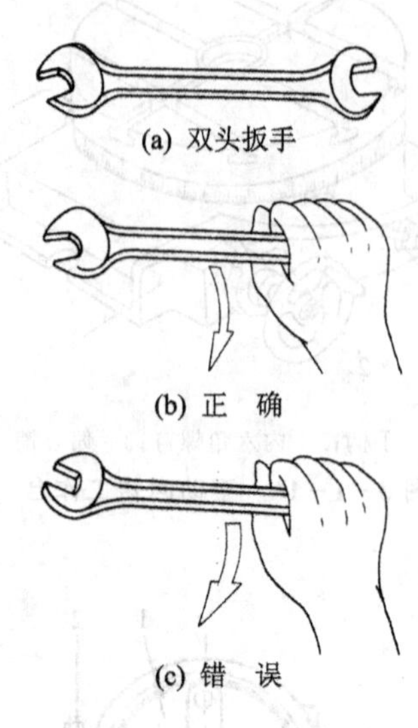

图 3-1-20 双头扳手

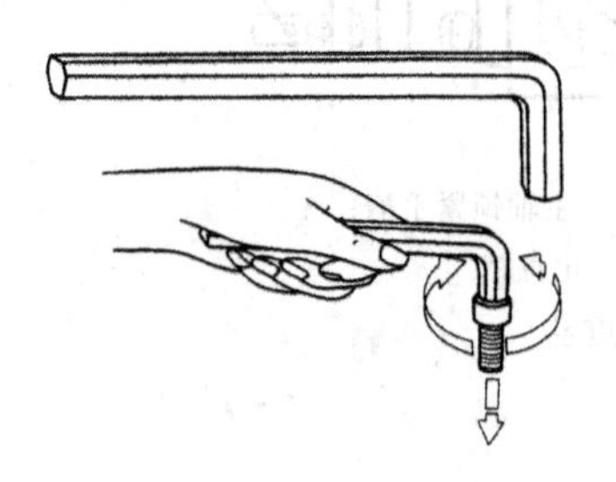

图 3-1-21 内六角扳手

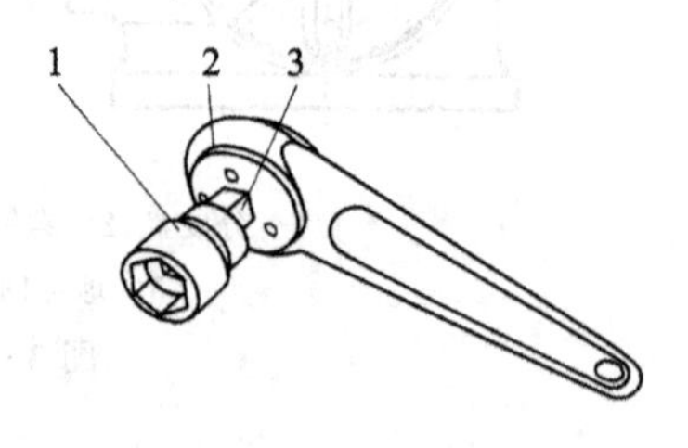

1—四方传动六角套筒;2—扳体;3—方榫

图 3-1-22 可逆式棘轮扳手

⑥ 一字槽和十字槽螺钉旋具 如图 3-1-24 所示,用于旋紧带槽螺钉,使用时,根据螺钉头部槽型,选用一字槽或十字槽旋具旋紧螺钉。

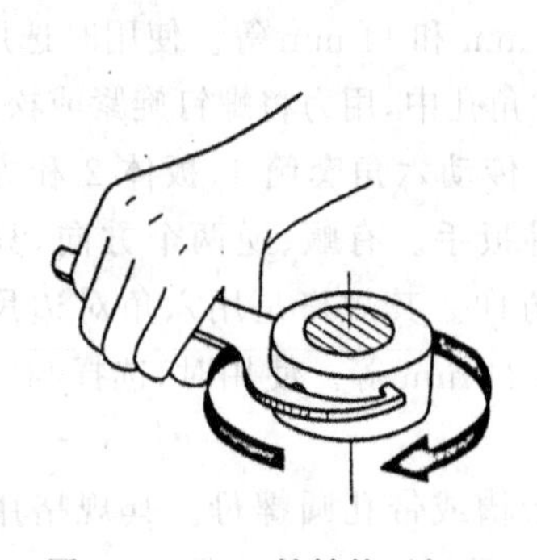

图 3-1-23 柱销钩形扳手

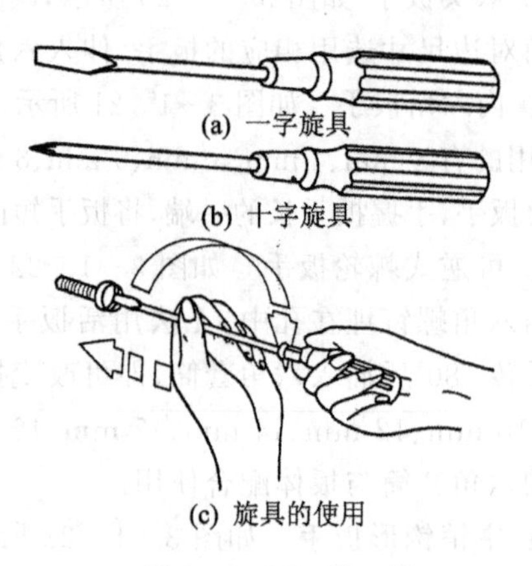

图 3-1-24 旋 具

⑦ 锤 子 如图 3-1-25 所示,装夹工件和拆卸刀具时敲击用。有钢锤和铜锤(或铜

棒)，铜锤用于敲击已加工面。

⑧ 划线盘 有普通划线盘和调节式划线盘。普通划线盘一般用于在工件上划线；调节式划线盘用于找正工件，如图 3-1-26(b)所示。

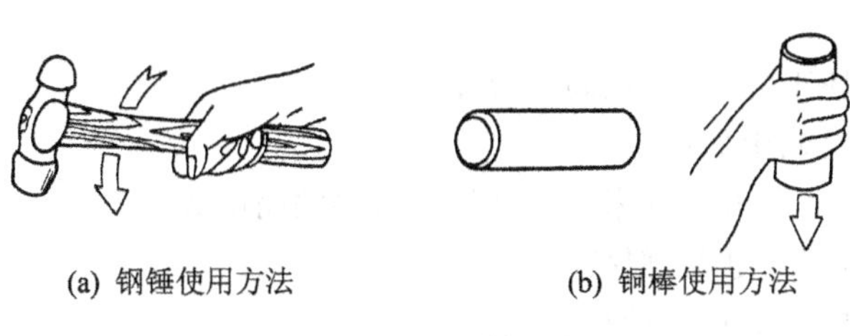

(a) 钢锤使用方法　　(b) 铜棒使用方法

图 3-1-25 锤 子

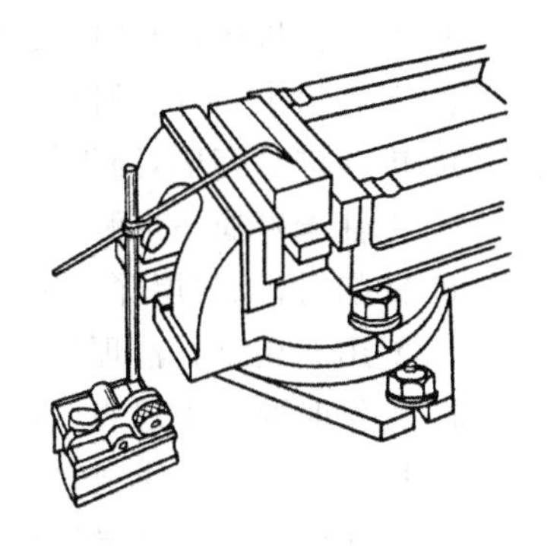

图 3-1-26 划线盘找正工件

⑨ 锉 刀 常用扁锉(平锉)，其规格根据锉刀的长度而定，有 150 mm、200 mm 和 250 mm等，又分粗齿、中齿和细齿三种。铣工一般使用 200 mm 中齿扁锉修去工件毛刺，如图 3-1-27 所示。

⑩ 平行垫铁 装夹工件时用来支撑工件，如图 3-1-28 所示。

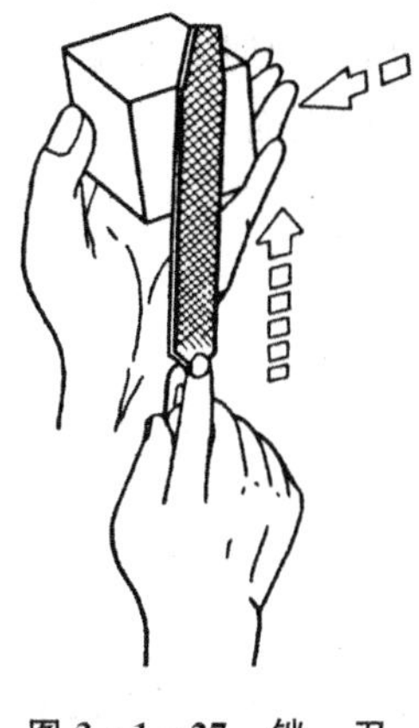

图 3-1-27 锉 刀

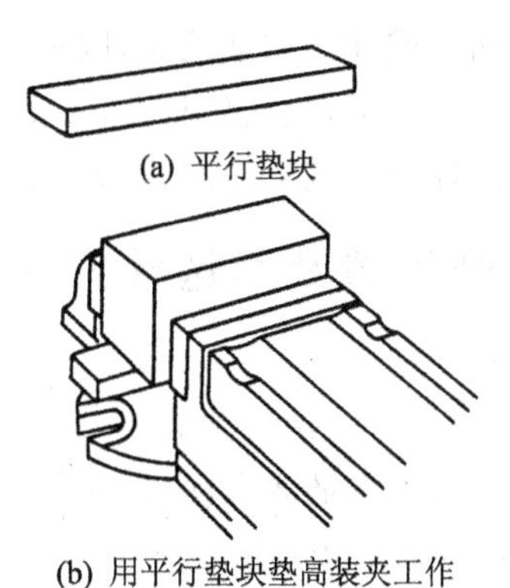

(a) 平行垫块

(b) 用平行垫块垫高装夹工作

图 3-1-28 平行垫块

5. 铣工安全操作规程与文明生产

(1) 安全操作规程

① 防护用品的穿戴：

- 上班前穿好工作服、工作鞋，女工戴好工作帽。
- 不准穿背心、拖鞋、凉鞋和裙子进入车间。
- 严禁戴手套操作。
- 高速铣削或刃磨刀具时应戴防护镜。

② 操作前的检查：

- 对机床各滑动部分注润滑油。
- 检查机床各手柄是否放在规定位置上。
- 检查各进给方向，自动停止挡铁是否紧固在最大行程以内。

- 启动机床检查主轴和进给系统工作是否正常,油路是否畅通。
- 检查夹具、工件是否装夹牢固。

③ 装卸工件、更换铣刀、擦拭机床必须停机,以防止被铣刀切削刃割伤。

④ 不得在机床运转时,变换主轴转速和进给量。

⑤ 在进给中,不准触摸工件加工表面。

⑥ 机动进给完毕,因先停止进给,再停止铣刀旋转。

⑦ 主轴未停稳不准测量工件。

⑧ 铣削时,铣削层深度不能过大。毛坯工件,应从最高部分逐步切削。

⑨ 要用专用工具清理切屑,不准用嘴吹或用手抓。

⑩ 工作时要集中思想,专心操作,不得擅自离开机床。离开机床时要关闭电源。

⑪ 操作中如发生事故,应立即停机,并切断电源,保持现场。

⑫ 工作台台面和各导轨面上,不能直接放工具或量具。

⑬ 电机部分不准随意拆开和摆弄,发生电气故障应请电工修理。

(2) 文明生产

① 机床应做到每天一小擦,每周一大擦,按时进行一级保养。保持机床整齐清洁。

② 操作者对周围场地应保持整洁,地上无油垢、积水、积油。

③ 操作时,工具与量具应分类整齐地安放在工具架上,不要随便乱放在工作台上或与切屑等混在一起。

④ 高速切削或冲注切削液时,因夹放挡板,以防切屑飞出或切屑液外溢。

⑤ 工件加工完毕,应安放整齐,不乱丢乱放,以免碰伤工件表面。

⑥ 保持图样或工艺工件的清洁完整。

3.1.2 铣削用量及其选择方法

技能目标

◆ 了解铣削速度、进给量的基本知识和运算方法。

◆ 了解铣削用量的基本概念。

1. 铣削用量的基本知识

铣削是利用铣刀旋转、工件相对铣刀做进给运动来进行切削的。铣削过程中的运动分为主运动和进给运动。

主运动是指由机床或人力提供的主要运动,它促使刀具与工件之间产生相对运动,从而使刀具前刀面接近工件。

进给运动是指由机床或人力提供的运动,它使刀具与工件之间产生附加的相对运动,加上主运动,即可不断地或连续地切除余量,并得到所需几何特性的表面。

在铣削过程中,所选用的切削用量,称为铣削用量。铣削用量包括吃刀量 a、铣削速度 v_c 和进给速度 v_f。

(1) 吃刀量 a

吃刀量是两平面的距离。该两平面都垂直于所选定的测量方向,并分别通过作用于切削刃上的两个使上述两平面间的距离为最大的点。

吃刀量 a 包括背吃刀量 a_p 和侧吃刀量 a_e。

① 背吃刀量 a_p 是指在通过切削刃基点并垂直于工作平面的方向上测量的吃刀量。

② 侧吃刀量 a_e 是指在平行于工作平面并垂直于切削刃基点进给运动的方向上测量的吃刀量。

在实际生产中吃刀量往往是对工件而言的。

(2) 铣削速度 v_c

选定的切削刃相对于工件的主运动的瞬时速度。铣削速度用符号 v_c 表示,单位为 m/min。在实际工作中,应先选好合适的铣削速度,然后根据铣刀直径计算出转速。它们的相互关系如下:

$$v_c = \frac{\pi d_0 n}{1\,000} \quad 或 \quad n = \frac{1\,000 v_c}{\pi d_0}$$

式中:d_0 为铣刀直径,mm;n 为铣刀转速,r/min。

(3) 进给量

刀具在进给运动方向上相对于工件的位移量,可用刀具或工件每转或每行程的位移量来表述和度量。进给量的表示方法有三种:

① 每齿进给量。多齿刀具每转或每行程中每齿相对于工件在进给运动方向上的位移量,用符号 f_z 表示,单位为 mm/z,每齿进给量是选择铣削进给速度的依据。

② 每转进给量。铣刀每转一周,工件相对于铣刀所移动的距离称为每转进给量,用符号 f 表示,单位 mm/r。

③ 进给速度(又称每分钟进给量)。在 1 min 内,工件相对于铣刀所移动的距离称为进给速度,用符号 v_f 表示,单位为 mm/min。进给速度是调整机床进给速度的依据。

这三种进给量之间的关系如下:

$$v_f = f \cdot n = f_z \cdot z \cdot n$$

式中:n 为铣刀转速,r/min;z 为铣刀齿数。

【例 3-1-1】 在 X6132 型卧式万能铣床上,铣刀直径 $d_0 = 100$ mm,铣削速度 $v_c = 28$ m/min。问铣床主轴转速 n 应调整到多少?

解:按式 $v_c = \frac{\pi d_0 n}{1\,000}$ 得出:

$$n = \frac{1\,000 v_c}{\pi d_0} = \frac{1\,000 \times 28 \text{ m/min}}{3.14 \times 100 \text{ mm}} = 89 \text{ r/min}$$

根据主轴转速表上数值,89 r/min 与 95 r/min 比较接近,所以应把主轴转速调整到 95 r/min。

【例 3-1-2】 在 X6132 型卧式万能铣床上,铣刀直径 $d_0 = 100$ mm,齿数 $z = 16$,转速选用 $n = 75$ r/min,每齿进给量 $f_z = 0.08$ mm/z。问机床每分钟进给速度应调整到多少?

解: $v_f = f_z \cdot z \cdot n = 0.08 \text{ mm/z} \times 16 \times 75 \text{ r/min} = 96 \text{ mm/min}$

根据机床进给量表上的数值,96 mm/min 与 95 mm/min 接近,所以应把机床的进给速度调整到 95 mm/min。

2. 铣削用量的选择方法

(1) 选择铣削用量的原则

① 保证刀具有合理的使用寿命,有高的生产率和低的成本。

② 保证加工质量,主要是保证加工表面的精度和表面粗糙度达到图样要求。

③ 不超过铣床允许的动力和转矩,不超过工艺系统(刀具、工件、机床)的刚度和强度,同

时又充分发挥它们的潜力。

上述三条,根据具体情况应有所侧重。一般在粗加工时,应尽可能发挥刀具、机床的潜力,保证刀具的寿命。精加工时,首先要保证加工精度和表面粗糙度,同时兼顾合理的刀具寿命。

(2) 选择铣削用量的顺序

在铣削过程中,如果能在一定的时间内切除较多的金属,就有较高的生产率。显然,增大吃刀量、铣削速度和进给量,都能增加金属切除量。但是,影响刀具寿命最显著的因素是铣削速度,其次是进给量,而吃刀量对刀具的影响最小。所以,为了保证必要的刀具寿命,应该优先采用较大的吃刀量,其次是选择较大的进给量,最后才是根据刀具的寿命要求,选择适宜的铣削速度。

(3) 选择铣削用量

1) 选择吃刀量 a

在铣削加工中,一般是根据工件切削层的尺寸来选择铣刀的。例如,用面铣刀铣削平面时,铣刀直径一般应选择大于切削层宽度。若用圆柱铣刀铣削平面时,铣刀长度一般应大于工件切削层宽度。当加工余量不大时,应尽量一次进给铣去全部加工余量。只有当工件的加工精度要求较高时,才分粗铣、精铣进行。具体数值的选取可参考表 3-1-2。

表 3-1-2 铣削吃刀量的选取 mm

工件材料	高速钢铣刀		硬质合金铣刀	
	粗铣	精铣	粗铣	精铣
铸铁	5～7	0.5～1	10～18	1～2
软钢	<5	0.5～1	<12	1～2
中硬钢	<4	0.5～1	<7	1～2
硬钢	<3	0.5～1	<4	1～2

2) 选择每齿进给量 f_z

粗加工时,限制进给量提高的主要因素是切削力,进给量主要是根据铣床进给量机构的强度、刀杆刚度、刀齿强度以及机床、夹具、工件系统的刚度来确定。在强度、刚度许可的条件下,进给量应尽量选取得大些。

精加工时,限制进给量提高的主要因素是表面粗糙度。为了减小工艺系统的振动,减小已加工表面的残留面积高度,一般选取较小的进给量。f_z 值的选取可参考表 3-1-3。

表 3-1-3 每齿进给量 f_z 值的选取 mm/z

刀具名称	高速钢铣刀		硬质合金铣刀	
	铸铁	钢件	铸铁	钢件
圆柱铣刀	0.12～0.2	0.1～0.15	0.2～0.5	0.08～0.20
立铣刀	0.08～0.15	0.03～0.06	0.2～0.5	0.08～0.20
套式面铣刀	0.15～0.2	0.06～0.10	0.2～0.5	0.08～0.20
三面刃铣刀	0.15～0.25	0.06～0.08	0.2～0.5	0.08～0.20

3) 选择铣削速度 v_c

在吃刀量 a 和每齿进给量 f_z 确定后,可在保证合理的刀具寿命的前提下确定铣削速

度 v_c。

粗铣时，确定铣削速度必须考虑到铣床的许用功率。如果超过铣床的许用功率，则应适当降低铣削速度。

精铣时，一方面应考虑合理的铣削速度，以抑制积屑瘤产生，提高表面质量；另一方面，由于刀尖磨损会影响加工精度，因此应选用耐磨性较好的刀具材料，并应尽可能使之在最佳铣削速度范围内工作。铣削速度 v_c 可在表 3-1-4 推荐的范围内选取，并根据实际情况进行试切后加以调整。

表 3-1-4 铣削速度 v_c 值的选取

工件材料	铣削速度 v_c/(m·min^{-1})		说 明
	高速钢铣刀	硬质合金铣刀	
20	20～45	150～190	① 粗铣时取小值，精铣时取大值； ② 工件材料的强度和硬度较高时取小值； ③ 刀具材料的耐热性好时取大值，反之取小值
45	20～35	120～150	
40Cr	15～25	60～90	
HT150	14～22	70～100	
黄铜	30～60	120～200	
铝合金	112～300	400～600	
不锈钢	16～25	50～100	

3.1.3 铣刀的几何角度、材料与选用

技能目标

◆ 了解铣刀的基本几何角度和形状。

◆ 了解铣刀的材料和选用。

1. 铣刀的基本几何角度

(1) 铣刀的几何形状

① 前刀面 刀具上切屑流过的表面，又称前面，如图 3-1-29 所示。

② 后刀面 与工件上切削中产生的表面相对的表面，又称后面。

③ 副后面 刀具上同前刀面相交形成副切削刃的后面。

④ 主切削刃 起始于切削刃上主偏角为零的点，并至少有一段切削刃被用来在工件上切出过渡表面的那个整段切削刃。

⑤ 副切削刃 切削刃上除主切削刃以外的刃，亦起始于主偏角为零的点，但它向背离主削刃的方向延伸。

⑥ 刀尖 指主切削刃与副切削刃的连接处相当少的一部分切削刃。

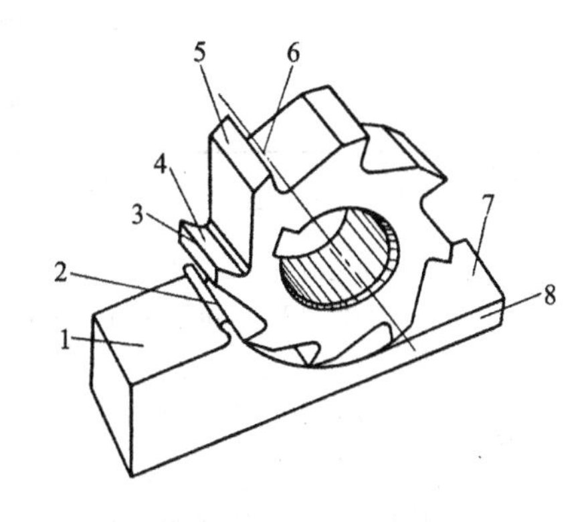

1—待加工表面；2—切屑；3—主切削刃；4—前刀面；5—后刀面；6—铣刀棱；7—已加工表面；8—工件

图 3-1-29 铣刀的几何形状

(2) 铣刀的几何角度

要正确地确定和测量铣刀的几何角度,需要两个角度测量基准的坐标平面,即基面和切削平面。铣刀的主要几何角度是各个刀面或切削刃与坐标平面之间的夹角。基面是过切削刃上选定点的平面,它平行或垂直于刀具。

在制造、刃磨及测量时,适合于安装或定位的一个平面或轴线,其方位垂直于假定的主运动方向。铣刀上的基面一般是包含铣刀轴线的平面。切削平面是通过切削刃上选定点与切削刃相切并垂直于基面的平面。铣刀上的切削平面一般是与铣刀的外圆柱(圆锥)相切的平面。主切削刃上的为主切削平面,副切削刃上的为副切削平面。

铣刀的主要几何角度如图 3-1-30 所示。铣刀主要几何角度的作用见表 3-1-5。

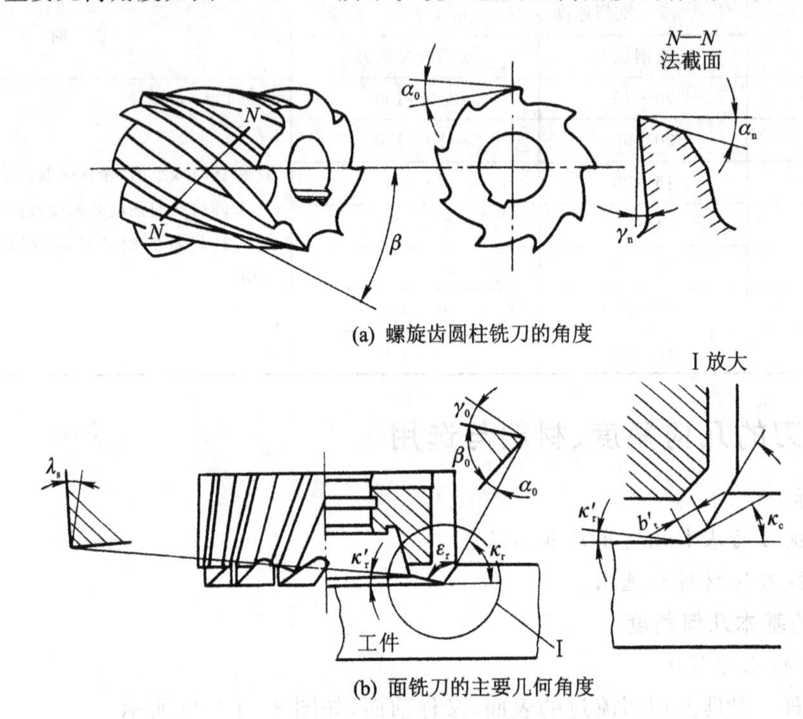

(a) 螺旋齿圆柱铣刀的角度

(b) 面铣刀的主要几何角度

图 3-1-30　铣刀的主要几何角度

表 3-1-5　铣刀的主要几何角度及其作用

名　称	几何角度	作　用
前角 γ_0	前角是前面与基面之间的夹角,在垂直于基面和切削平面的正交平面内测量	影响切屑变形和切屑与前刀面的摩擦及刀具强度。增大前角,则切削刃锋利,切削省力,但会使刀齿强度减弱;前角太小,会使切削费力
后角 α_0	后角是后面与切削平面之间的夹角,在正交平面中测量	增大后角,可减少刀具后刀面与切削平面之间的摩擦,得到光洁的加工表面,但使刀尖强度减弱
主偏角 κ_r	主偏角是主切削平面与平行于进给方向的假定工作平面的夹角,在基面中测量	影响切削刃参加切削的长度,并影响刀具散热、切削分力之间的比值

续表 3-1-5

名 称	几何角度	作 用
副偏角 κ_r'	副偏角是副切削平面与假定工作平面之间的夹角，在基面中测量	影响副切削刃对已加工表面的修光作用。减小副偏角，可以使已加工表面的波纹高度减小，降低表面粗糙度值
刃倾角 λ_s	面铣刀的刃倾角和圆柱铣刀的螺旋角是主切削刃与基面间的夹角，在主切削平面中测量	刃倾角可以控制切屑流出方向，影响切削刃强度并能使切削力均匀
螺旋角 β		螺旋角的大小决定了切削刃的强度。螺旋角越小，切入金属越容易，但切削刃强度较差；反之，切削刃强度好，但较难切入金属

2. 铣刀的选用

铣刀形状复杂、种类较多，为了辨别铣刀的规格和性能，铣刀上都刻有标记。铣刀标记一般包括：制造厂的商标、制造铣刀的材料和铣刀的基本尺寸。

圆柱铣刀、三面刃铣刀和锯片铣刀，一般标记：外圆直径×宽度(长度)×内孔直径。如三面刃铣刀上标记“100×16×32”，表示该铣刀的外圆直径为 ϕ100，宽度为 16 mm，内孔直径为 32 mm。

立铣刀、带柄面铣刀和键槽铣刀，一般只标注刀具直径。如锥柄立铣刀上标记是 ϕ18，表示该立铣刀的外圆直径为 18 mm。

半圆铣刀和角度铣刀，一般标记：外圆直径×宽度×内孔直径×角度(或半径)。如角度铣刀上标记“60×16×22×55°”，表示该角度铣刀外圆直径是 ϕ60，厚度是 16 mm，内孔直径是 22 mm，角度是 55°。

铣刀标记主要是说明铣刀的尺寸和规格，使用方便，不易弄错。

3. 铣刀切削部分的常用材料

(1) 刀具切削部分材料的基本要求

刀具切削部分材料的基本要求见表 3-1-6。

表 3-1-6 刀具材料的基本要求

性能要求	说 明
高的硬度和耐磨性	刀具材料应具有足够的硬度。刀具材料耐磨性好，不但能增加刀具的使用寿命，而且能提高加工精度和表面质量
好的热硬性	热硬性又称耐热性和红硬性。刀具在切削时会产生大量的热，使刃口处温度很高。因此，刀具材料应具有良好的热硬性，即在高温下仍能保持其较高的硬度，以利继续进行切削
高的强度和好的韧性	刀具在切削过程中会受到很大的力，所以刀具材料要具有足够的强度，否则会断裂和损坏。在铣削时，刀具会受到冲击和震动，因此刀具材料还应具有一定的韧性，才不致产生崩刃和碎裂
工艺性好	为了能顺利的制造成一定的形状和尺寸的刀具，尤其对形状比较复杂的铣刀和齿轮刀等，更希望刀具材料具有好的工艺性

(2) 铣刀切削部分的常用材料

1) 高速钢

高速钢是高速工具钢的简称,俗称锋钢。它是以钨(W)、铬(Gr)、钒(V)、钼(Mo)、钴(Co)为主要元素的高合金工具钢。其淬火硬度为6070HRC;在600 ℃高温下,其硬度仍为4755HRC,具有较好的切削性能。故高速钢允许的最高温度为600 ℃,切削钢材时的切削速度一般为35 m/min以下。

高速钢具有较高的强度和韧性,能磨出锋利的刃口,并具有良好的工艺性,是制造铣刀的良好材料。

W18Cr4V是钨系高速钢,是制造铣刀最常用的典型材料,常用的通用高速钢材料还有W6Mo5Cr4V2和W14Cr4MoRe等。特殊用途的高速钢,如含钴高速钢W6Mo5Cr4V2Co8,还有超硬型的高速钢W9Mo3Cr4V3Co10等,适于加工特殊材料。

2) 硬质合金

硬质合金是由高硬度、难熔的金属碳化物(如WC和TiC等)和金属粘接剂(以Co为主)用粉末冶金方法制成的。其硬度可达7282HRC,允许的最高工作温度可达1 000 ℃。硬质合金的抗弯强度和冲击韧性均比高速钢差,刃口不易磨得锐利,因此其工艺性比高速钢差。硬质合金可分为三大类,其代号是P(钨钛钴类,牌号为YT)、K(钨钴类,牌号为YG)和M(通用硬质合金类)。

3) 涂层刀具材料及超硬材料

涂层刀具材料主要是TiC、TiN、TiC－TiN(复合)和陶瓷等,这些材料都具有高硬度、高耐磨性和很好的高温硬度等特性。把涂层材料涂在高速钢和韧性较好的硬质合金上,厚度虽仅几微米,但能使高速工具钢的寿命延长210倍,硬质合金的寿命延长13倍。目前较先进的涂层刀具,为了综合各类涂层的优点,常采用复合涂层,如TiC-TiN和Al_2O_3－TiC等。目前,涂层高速钢刀具,在成形铣刀和齿轮铣刀上已有较广泛的应用。

超硬刀具材料有天然金刚石、聚晶人造金刚石和聚晶立方氮化硼等。超硬刀具材料可切削极硬材料,而且能保持长时间的尺寸稳定性,同时刀具刃口极锋利,摩擦系数也很小,适合超精加工。超硬刀具材料可烧结在硬质合金表面,做成复合刀片。

3.1.4 铣床的操纵方法及其保养

技能目标

◆ 了解X6132型卧式万能铣床主要部件的名称和功用。

◆ 了解X6132型卧式万能铣床各操作手柄的名称、功用和操作方法。

◆ 了解铣床的润滑、保养和维护。

1. 常用铣床的操纵方法

铣床的型号很多,现重点介绍X6132型卧式万能铣床的各个操纵位置及方法,如图3－1－31所示。

(1) 机床电气部分操作

1) 电源转换开关

电源转换开关17位于机床左侧下部。操作机床时,先将转换开关顺时针方向转至接通位置;操作结束时,逆时针方向转至断开位置。

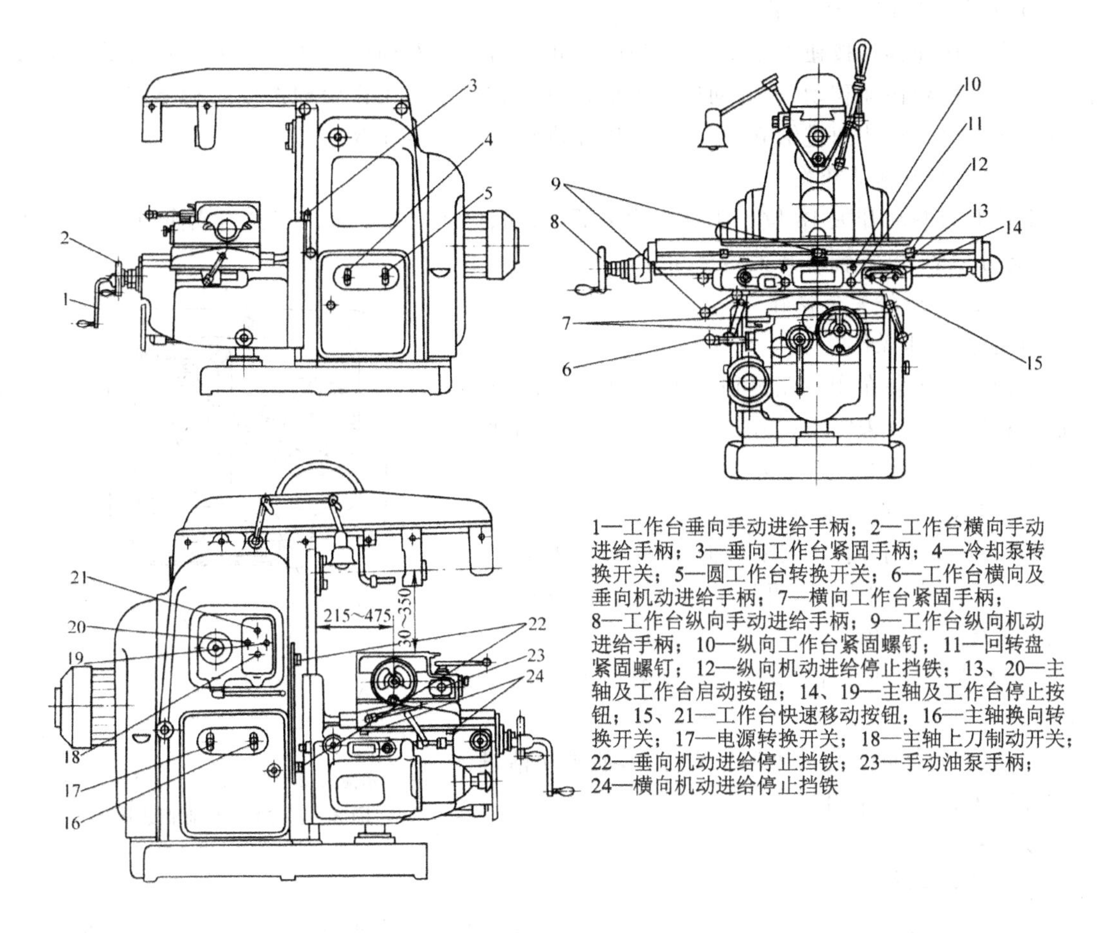

图 3－1－31　X6132 型卧式万能铣床操纵位置图

2）主轴换向转换开关

主轴换向转换开关 16 位于电源转换开关右边。处于中间位置时，主轴停止；将换向开关顺时针方向转至右转位置时，主轴右向旋转；逆时针方向转至左转位置时，主轴左向旋转。

3）冷却泵转换开关

冷却泵转换开关 4 位于床身右侧下部。操作中使用切削液时，将冷却泵转换开关转至接通位置。

4）圆工作台转换开关

圆工作台转换开关 5 位于冷却泵转换开关右边。在铣床上安装和使用机动回转工作台时，将转换开关转至接通位置。一般情况放在停止位置，否则机动进给全部停止。

5）主轴及工作台启动按钮

主轴及工作台启动按钮 13、20 位于床身左侧中部及横向工作台右上方，两边为联动按钮。启动时，用手指按动该按钮，主轴或工作台丝杠即启动。

6）主轴及工作台停止按钮

主轴及工作台停止按钮 14、19 位于启动按钮右面。要使主轴停止转动，按动该按钮，主轴或工作台丝杠即停止转动。

7）工作台快速移动按钮

工作台快速移动按钮15、21位于启动、停止按钮上方及横向工作台右上方左边的一个按钮。要使工作台快速移动，先开动进给手柄，再按动该按钮，工作台即按原运动方向做快速移动，放开快速按钮，快速进给立即停止，仍以原进给速度继续进给。

8）主轴上刀制动开关

主轴上刀制动开关18位于床身左侧中部、启动、停止按钮下方。当上刀或换刀时，主轴不旋转，上刀完毕，再将转换开关转至断开位置。

（2）主轴、进给变速操作

1）主轴变速操作

主轴变速箱装在床身左侧窗口上，变换主轴转速由手柄3和转数盘2来实现，如图3-1-32所示。主轴转速共18种，范围在30～1 500 r/min。

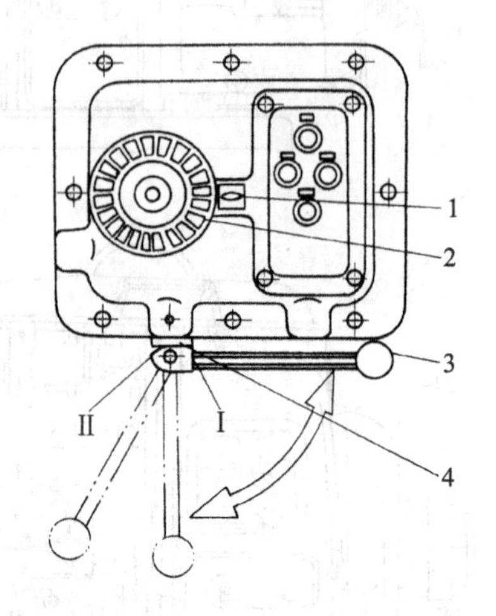

1—指示箭头；2—转数盘；3—手柄；4—固定环

图3-1-32　主轴变速操作

变速时，操作步骤如下：

① 手握变速手柄3，把手柄向下压，使手柄的榫块自固定环4的槽Ⅰ中脱出，再将手柄外拉，使手柄的榫块落入固定环的槽Ⅱ内。

② 转动转数盘2，把所需的转速数字对准指示箭头1。

③ 把手柄3向下压后推回原来位置，使榫块落进固定圆环槽Ⅰ，并嵌入槽中。

注意事项

变速时，要求扳动手柄速度快一些；在接近最终位置时，推动速度减慢，以利齿轮啮合。变速时，若发现齿轮有相碰声，应待主轴停稳后再变速。为了避免损坏齿轮，主轴转动时严禁变速。

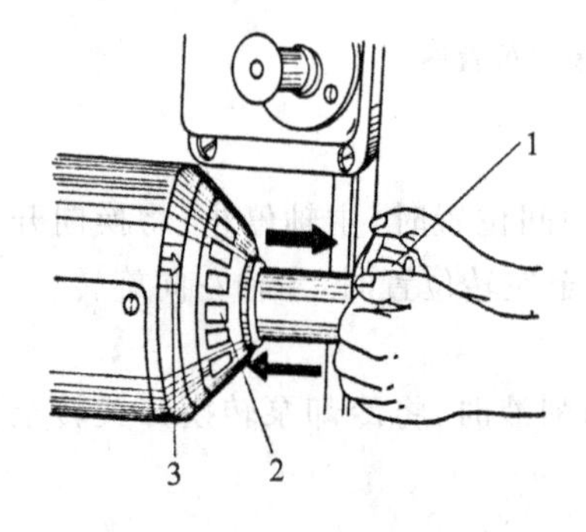

1—蘑菇型手柄；2—转数盘；3—指示箭头

图3-1-33　进给变速操作

2）进给变速操作

进给变速箱是一个独立部件，装在垂直工作台的左边，进给速度共18种，范围在23.5～1 180 r/min。速度的变换由进给操作箱来控制，操作箱装在进给变速箱前面，如图3-1-33所示。

变换进给速度的操作步骤如下：

① 双手把蘑菇形手柄1向外拉出。

② 转动手柄，把转数盘2上所需的进给速度对准指示箭头3。

③ 将蘑菇型手柄1再推回原始位置。

注意事项

变换进给速度时，如果发现手柄无法推回原始位置，则可再转动转数盘或将机动进给手柄开动一下。允许在机床开动情况下进行进给变速，但机动进给时，不允许变换进给速度。

(3) 工作台进给操作

1) 工作台手动进给操作

① 纵向手动进给。

工作台纵向手动进给手柄8(见图3－1－31)位于工作台左端。当手动进给时,将手柄与纵向丝杠接通,右手握手柄并略加力向里推,左手扶轮子做旋转摇动,如图3－1－34所示。摇动时速度要均匀适当,顺时针摇动时,工作台向右移动做进给运动,反之则向左移动。纵向刻度盘圆周刻线为120格,每摇一转,工作台移动6 mm;每摇动一格,工作台移动0.05 mm。

② 横向手动进给。

工作台横向手动进给手柄2(见图3－1－31)位于垂直工作台前面。手动进给时,将手柄与横向丝杠接通,右手握手柄,左手扶轮子做旋转摇动,顺时针方向摇动时,工作台向前移动,反之向后移动。每摇一转,工作台移动6 mm;每摇动一格,工作台移动0.05 mm。

③ 垂向手动进给。

工作台垂向手动进给手柄1(见图3－1－31)位于垂向工作台前面左侧。手动进给时,使手柄离合器接通,双手握手柄,顺时针方向摇动时,工作台向上移动,反之向下移动。垂向刻度盘上刻有40格,每摇一转,工作台移动2 mm;每摇动一格,工作台移动0.05 mm。

2) 工作台机动进给操作

① 纵向机动进给。

工作台纵向机动进给手柄9(见图3－1－31)为复式,手柄有三个位置:向右、向左及停止。当手柄向右扳动时,工作台向右进给,中间为停止位置,手柄向左扳动时,工作台向左进给,如图3－1－35所示。

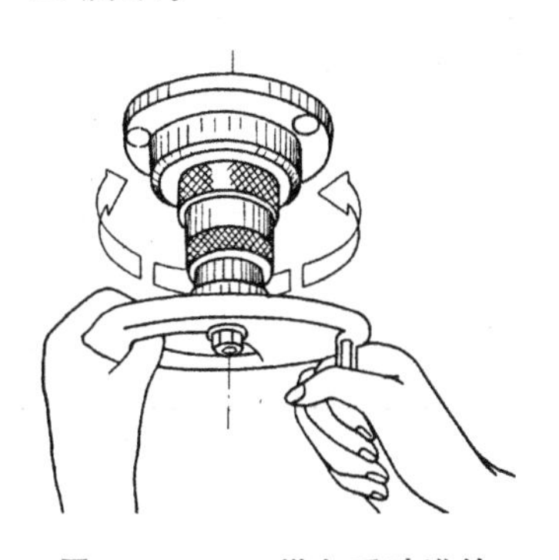

图3－1－34　纵向手动进给

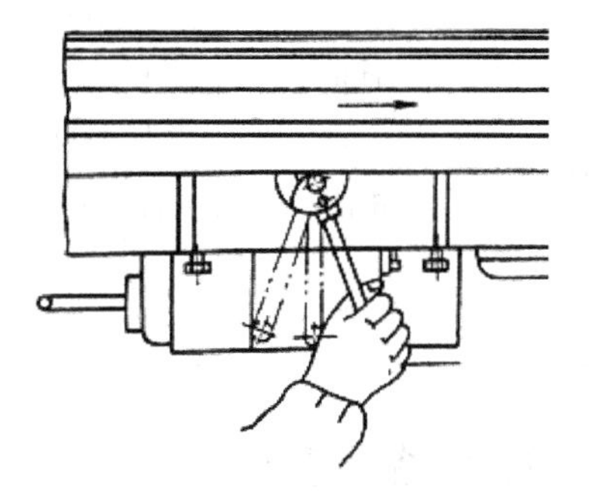

图3－1－35　工作台纵向机动进给

② 横向、垂向机动进给。

工作台横向、垂向机动进给手柄6(见图3－1－31)为复式,手柄有五个位置:向上、向下、向前、向后及停止。如图3－1－36所示,当手柄向上扳时,工作台向上进给,反之向下;当手柄向前扳动时,工作台向里进给,反之向外;当手柄处于中间位置,进给停止。

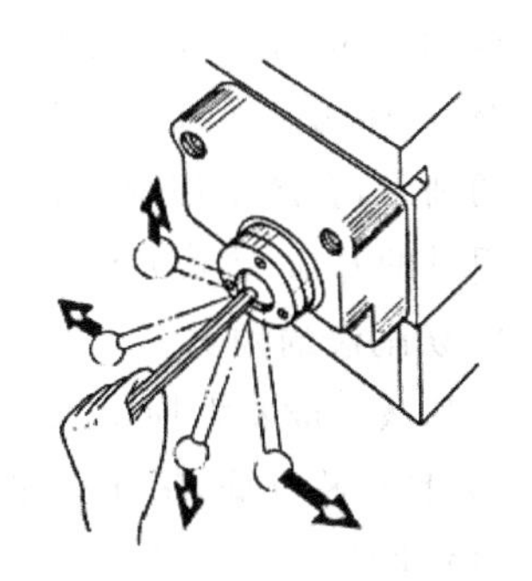

图3－1－36　垂向机动进给

2. 常用铣床的维护与保养

① 平时注意铣床的润滑。操作者应根据机床说明书的要求,定期加油和调换润滑油。对手拉、手揿油泵和注油孔等部位,每天应按要求加注润滑油。

② 开机之前,应先检查各部件,如操纵手柄、按钮等是否在正常位置及其灵敏度。

③ 操作者必须合理使用机床。操作者应掌握一定的基本知识,如合理选用铣削用量、铣削方法,不能让机床超负荷工作。安装夹具及工件时,应轻放。工作台面不应乱放工具、工件等。

④ 在工作中应时刻观察铣削情况,如发现异常现象,应立即停机检查。

⑤ 工作完毕应清除铣床上及周围的切屑等杂物,关闭电源,擦净机床,在滑动部位加注润滑油,整理工具、夹具、计量器具,做好交接班工作。

⑥ 铣床在运转 500 h 后,应进行一级保养。保养作业以操作者为主、维修者配合进行。

一级保养的具体内容和要求见表 3-1-7。

表 3-1-7 铣床一级保养的内容和要求

序 号	保养部位	保养内容和要求
1	外保养	① 机床外表清洁,各罩盖保持内外清洁,无锈蚀,无"黄袍"; ② 清洗机床附件,并涂油防锈; ③ 清洗各部丝杠
2	传动	① 修光导轨面毛刺,调整镶条; ② 调整丝杠螺母间隙,丝杠轴向不得窜动,调整离合器摩擦片间隙; ③ 适当调整 V 带
3	冷却	① 清洗过滤网、切削液槽,应无沉淀物、无切屑; ② 根据情况调换切削液
4	润滑	① 油路畅通无阻,油毛毡清洁,无切屑,油窗明亮; ② 检查手揿油泵,内外清洁无油污; ③ 检查油质,应保持良好
5	附件	清洗附件,做到清洁、整齐、无锈迹
6	电器	① 清扫电器箱、电动机; ② 检查限位装置,应安全可靠

3.1.5 切削液及其选用

技能目标

◆ 了解铣削液的作用及其选用方法。

◆ 了解铣削液的种类及其成分。

切削时,会产生切削热,使刀具和工件被切处温度很高,磨损加快。使用切削液能显著地延长刀具的寿命,提高加工质量,并能减小切削力,提高生产效率。

1. 切削液的种类

切削液一般要无损于人体健康,对机床无腐蚀作用,不易燃,吸热量大,润滑性能好,不易变质,并且价格低廉,适于大量采用。切削液种类很多,按其性质可分为以下三大类:

(1) 水溶液

水溶液的主要成分是水,故冷却性能很好,使用时一般加入一定量的水溶性防锈添加剂。由于水溶液流动性大,价格低廉,所以应用较广泛。

（2）乳化液

乳化液是将乳化油用水稀释而成的。这种切削液具有良好的冷却性能，但润滑、防锈性能较差。使用时常加入一定量的防锈添加剂和极压添加剂。

（3）切削油

切削油主要成分是矿物油（柴油和全损耗系统用油等），也可选择植物油（菜油和豆油等）、硫化油和其他混合油等油类。这种切削液的比热容低，流动性差，是一种以润滑为主的切削液。使用时，亦可加入油性防锈剂，以提高其防锈和润滑性能。

2. 切削液的作用

（1）冷却作用

采用切削液，可以从两个方面降低切削温度：一方面减少刀具与工件、切屑间的摩擦；另一方面能将已产生的切削热从切削区域迅速带走。冷却作用主要是指后一方面。

（2）润滑作用

采用切削液，可以减少切削过程中的摩擦。如果其润滑性能良好，则能减小切削力，显著提高表面质量，延长刀具寿命。

（3）防锈作用

切削液能起到防锈作用，使机床、工件、刀具不受周围介质（如空气、水分、手汗等）的腐蚀。

（4）清洗作用

切削液能起到清洗作用，防止细碎的切屑及砂粒粉末等污物附着在工件、刀具和机床工作台上，以免影响工件表面质量、机床精度和刀具寿命。

3. 切削液的合理选用

切削液的选用，主要应根据工件材料、刀具材料和加工性质来确定。选用时，应根据不同情况有所侧重。

粗加工时，由于切削量大，所产生的热量多，切削区域温度容易升高，而且对表面质量要求不高，因此应选用以冷却为主，并具有一定润滑、清洗和防锈作用的润滑液，如水溶液和乳化液等。

精加工时，由于切削量小，所产生的热量也较少，而对表面质量要求较高，因此应选用以润滑为主并具有一定冷却作用的切削液，如切削油。

在切削铸铁等脆性金属时，因为它们的切屑呈细小颗粒状与切削液混在一起容易粘结堵塞铣刀、工件、工作台、导轨及管道，从而影响铣刀的切削性能和工件表面质量，所以一般不加切削液。在硬质合金铣刀进行高速切削时，由于刀具耐热性能好，故也可不用切削液。

注意事项

在使用切削液时，为了获得良好的效果，应注意以下几点：

- 要冲注足够的切削液，使铣刀充分冷却，尤其是在铣削速度较高和粗加工时，此点更为重要。
- 铣削一开始就应立即加切削液，不要等到铣刀发热后再冲注，否则会使铣刀过早磨损，并可能使铣刀产生裂纹。
- 切削液应冲注在切屑从工件上分离下来的部位，即冲注在热量最大、温度最高的地方。
- 应注意切削液的质量，尤其是乳化液。使用变质的切削液往往达不到预期的效果。

思考与练习

1. 铣削加工的内容主要有哪些?

2. 常用铣床的类型有哪些?最常用的有哪两类?

3. 铣刀有哪些分类方式?试按分类方法举例说明常用铣刀的类别。

4. 简述常用铣床夹具的分类方法。最常用的铣床通用夹具有哪些?

5. 铣刀的主要几何角度有哪些?

6. 试述前角的作用。

7. 试述后角的作用。

8. 刀具切削部分材料应具备什么要求?

9. 铣削用量的原则是什么?

10. 高速钢铣刀有什么特点?

11. 硬质合金铣刀有什么特点?

12. 在 X6132 型卧式万能铣床上,铣刀直径为 80 mm,齿数为 10,铣削速度选用 26 m/min,每齿进给量选用 0.10 mm/z。求铣床主轴转速和进给速度。

13. 切削液有什么作用?常用的切削液有哪些?如何选用切削液?

14. 铣床的一级保养包括哪些内容?

15. 操作铣床应注意哪些事项?

课题二 铣平面和连接面

教学要求

◆ 正确选择铣平面的铣刀和切削用量。

◆ 掌握用圆柱铣刀和端面铣刀铣平面的方法。

◆ 正确区别顺铣和逆铣,掌握它们各自的优点及适用场合。

◆ 掌握铣平面的检验方法。

◆ 分析平面铣削时产生废品的原因和防止方法。

3.2.1 平面与连接面加工必备专业知识

技能目标

◆ 了解铣削常用工具的名称、结构特点和使用方法。

◆ 了解铣削常用量具使用时的注意事项。

1. 平面与连接面的技术要求

(1) 平面铣削的技术要求

在各个方向上都成直线的面称为平面。平面是机械零件的基本表面之一。平面铣削的技术要求包括平面度和表面粗糙度,还常包括相关毛坯面加工余量的尺寸要求。

(2) 平行面铣削的技术要求

与基平面或直线平行的平面称为平行面。平行面铣削的技术要求包括平面度、平行度和表面粗糙度,还包括平行面和基准面的尺寸精度要求。

(3) 垂直面铣削的技术要求

与基准平面或直线垂直的平面称为垂直面。垂直面铣削的技术要求包括平面度、垂直度和表面粗糙度,还包括垂直面与其他基准(如对应表面的加工余量等)的尺寸精度要求。

(4) 斜面铣削的技术要求

与基准平面或直线成倾斜夹角(>90°或<90°)的平面称为斜面。斜面铣削的技术要求包括平面度、夹角和表面粗糙度。

(5) 连接面铣削的技术要求

连接面是指互相交接的平面,这些平面可以互相平行、垂直或形成任意的倾斜角。铣床上铣削加工的连接面工件有六角柱、立方体等。连接面铣削的技术要求包括平面、平行面、垂直面和斜面的所有技术要求,此外还有连接质量要求,如正棱柱的棱带直线度要求、等分要求等。

2. 平面与连接面的铣削特点

在铣床上用铣刀铣削平面与连接面具有以下特点:

① 运用工件装夹方法、铣刀、铣床和铣削方式的不同组合,可以加工各种形状零件上的平面和连接面。例如在立式铣床上用面铣刀加工垂直面和平行面,在龙门铣床上用两个立铣头安装面铣刀同时铣削斜面与垂直面等。又如铣削斜面可采用工件转动角度加工,也可以用倾斜立铣刀头的方法加工。立方体铣削的方法见表 3-2-1,调整主轴角度铣削斜面的方法见表 3-2-2。

表 3-2-1　立方体铣削的步骤和方法

简　图	说　明
	先加工基准面 A,因为基准面 A 是其他各面的定位基准,通常要求具有较小的表面粗糙度值和较好的平面度
	以 A 面为基准,铣削 B 面与 A 面垂直
	以 A 面和 B 面为基准,铣削 C 面,与 A 面垂直,与 B 面平行,并保证尺寸精度要求

续表 3－2－1

简　图	说　明
	以 A、B 面为基准，铣削 D 面与 A 面平行，并达到尺寸精度要求
	找正 A、B 面与工作台台面垂直，A 面与固定钳口贴合，B 面用 90°角尺找正，铣削端面 E 与 A、B 面垂直
	以 A、E 面为基准，铣削端面 F 与 E 面平行，并达到尺寸精度要求

表 3－2－2　调整主轴角度铣削斜面的方法

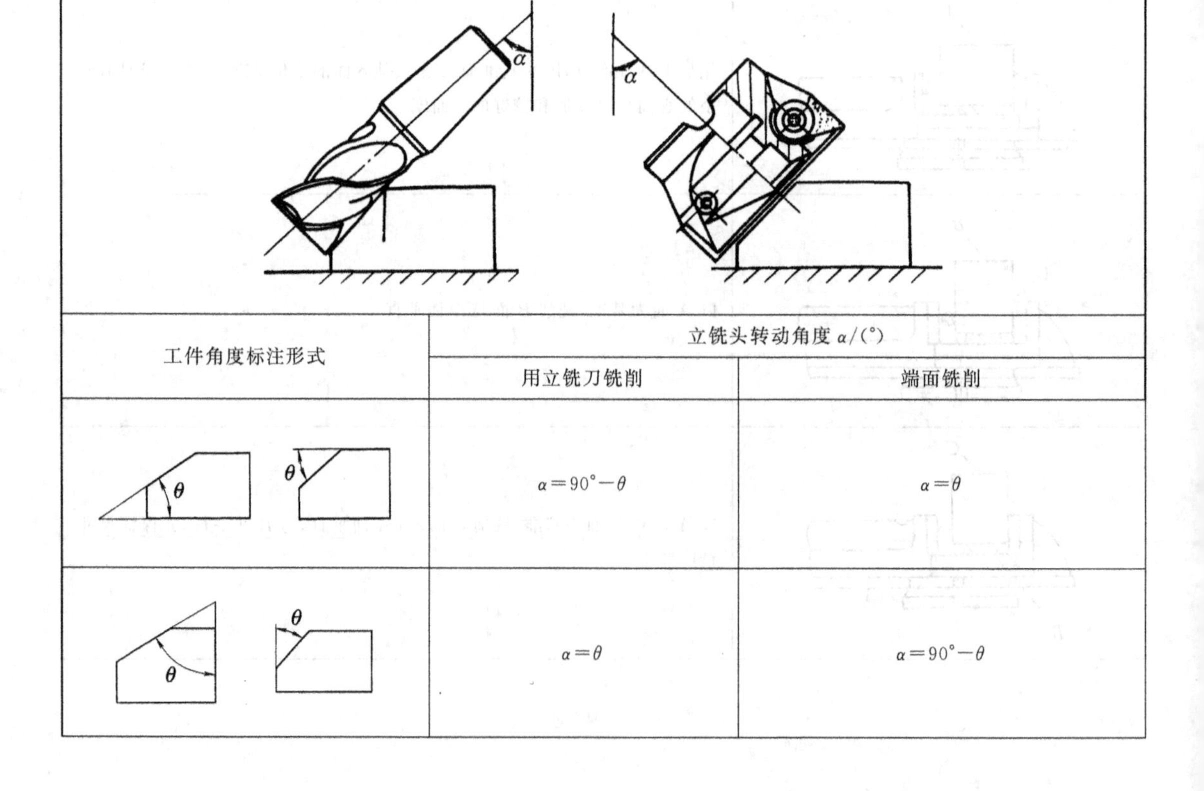

工件角度标注形式	立铣头转动角度 α/(°)	
	用立铣刀铣削	端面铣削
	$\alpha=90°-\theta$	$\alpha=\theta$
	$\alpha=\theta$	$\alpha=90°-\theta$

续表 3－2－2

工件角度标注形式	立铣头转动角度 α/(°)	
	用立铣刀铣削	端面铣削
	$\alpha=\theta-90°$	$\alpha=180°-\theta$
	$\alpha=180°-\theta$	$\alpha=\theta-90°$

② 利用铣刀的形状精度，可直接控制平面和连接面的加工质量。如在卧式铣床上用三面刃铣刀可以直接铣削加工两侧平行且与地面垂直的矩形连接面。又如，用 45°单角度铣刀可以直接加工与水平基准面成 45°夹角的斜面。

③ 合理选择铣刀的几何角度和铣削用量，可以加工较高精度的平面和连接面，并具有较高的切削加工效率。

3. 平面铣削的基本方式

(1) 周边铣削与端面铣削

1) 周边铣削

如图 3－2－1 所示，周边铣削又称圆周铣削，简称周铣，是指用铣刀的圆周切削刃进行的铣削。铣削平面是利用分布在圆柱面上的切削刃铣出平面的。用周铣法加工而成的平面，其平面度和表面粗糙度主要取决于铣刀的圆柱度和铣刀刃口的修磨质量。

2) 端面铣削

如图 3－2－2 所示，端面铣削简称端铣，是指铣刀端面上的切削刃进行的铣削。铣削平面是利用铣刀端面上的刀尖(或端面修光切削刃)来形成平面的。用端铣法加工而成的平面，其平面度和表面粗糙度主要取决于铣床主轴的轴线与进给方向的垂直度及铣刀刀尖部分的刃磨质量。

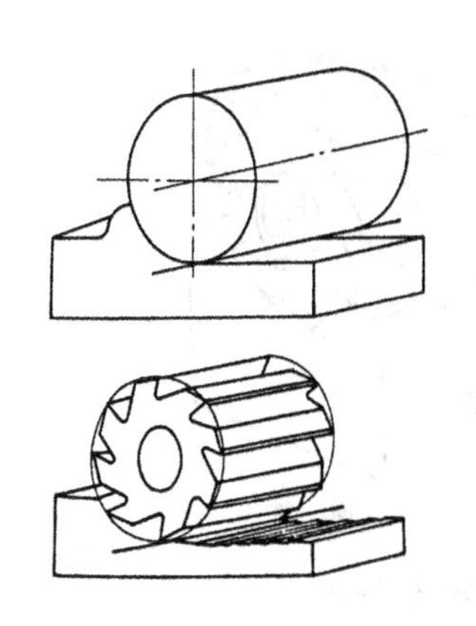

图 3－2－1 周边铣削示意图

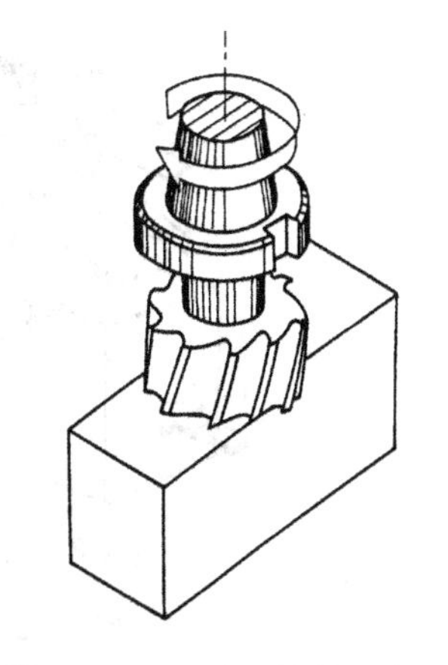

图 3－2－2 端面铣削示意图

3) 周边铣削与端面铣削的比较

周边铣削与端面铣削各具特点，表 3－2－3 从铣削层深度等方面对两者进行了比较分析。

表 3-2-3 周边铣削与端面铣削的比较

比较内容	端面铣削	周边铣削
铣削层深度	端面铣削时由于受切削刃长度的限制，不能很深，一般在 20 mm 以内	切削层深度可很大，必要时可超过 20 mm
铣削层宽度	面铣刀的直径可做得很大，故铣削层宽度可很宽，目前有直径大于 600 mm 的面铣刀	由于圆柱铣刀的长度不太长（最长为160 mm)，故铣削层宽度一般小于 160 mm
进给量	端铣时同时参加切削的齿数多，故进给量较大	周铣时同时参加切削的齿数少，刀轴刚性差，故进给量较小
铣削速度	端铣时刀轴短，刚性好，铣削平稳，故铣削速度较高，尤其适用于高速铣削	由于刚性差，故铣削速度较低
平面度	主要取决于铣床主轴与进给方向的垂直度，铣出的平面只可能凹，不可能凸，适宜于加工大平面	主要决定于铣刀的圆柱度，可能凹，也可能凸，对大平面还会产生接刀痕
表面粗糙度	在每齿进给量相同的条件下，铣出的表面粗糙度值要比周铣时大。但在适当减小副偏角和主偏角，及用修光刀刃时，表面粗糙度值会显著减小。 端铣时表面粗糙度值一般大于 $Ra1.6$；但当采用修光切削刃或高速切削等措施后，则可使表面粗糙度值显著减小，甚至可小于 $Ra0.8$	要减小表面粗糙度值，只能减小每齿进给量和每转进给量，但这样会降低生产效率。增大铣刀直径虽也能减小表面粗糙度值，但增大铣刀直径会受到一定的限制。表面粗糙度值一般在 $Ra1.6$ 左右

(2) 周边铣削时的顺铣和逆铣

1) 顺　铣

在铣刀与工件已加工面的切点处，铣刀旋转切削刃的运动方向与工件进给方向相同的铣削，如图 3-2-3(a)所示。

2) 逆　铣

在铣刀与工件已加工面的切点处，铣刀旋转切削刃的运动方向与工件进给方向相反的铣削，如图 3-2-3(b)所示。

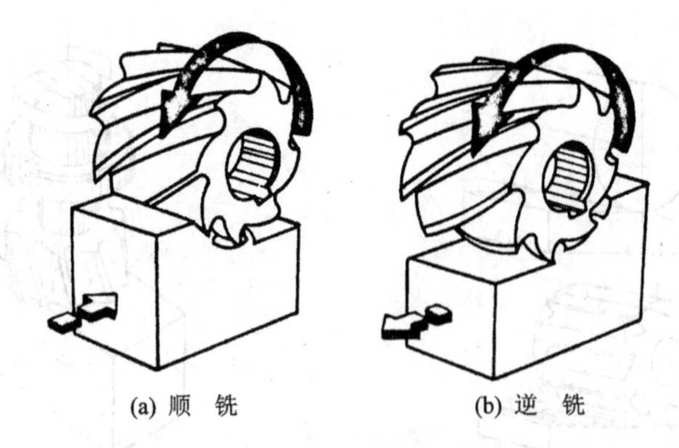

(a) 顺　铣　　(b) 逆　铣

图 3-2-3 周边铣削的顺铣和逆铣

3) 顺铣和逆铣的比较

① 逆铣时，作用在工件上的力在进给方向上的分力 F_f 是与进给方向上的速度 v_f 相反的，所以不会把工作台向进给方向拉动一段距离，因此丝杠轴向间隙的大小对逆铣无明显的影

响。而顺铣时，由于作用在工件上的力在进给方向上的分力 F_f 与进给方向上的速度 v_f 相同，所以有可能会把工作台拉动一段距离，从而造成每齿进给量的突然增加，严重时将会损坏铣刀，造成工件报废甚至更严重的事故。因此在周铣中通常都采用逆铣。

② 逆铣时，作用在工件上的垂直铣削力，在铣削开始时是向上的，有把工件从夹具中拉起来的趋势，所以对加工薄而长的和不易夹紧的工件极为不利。另外，在铣削的过程中，刀齿切到工件时要滑动一小段距离才切入，此时的垂直铣削力是向下的，而在将切离工件的一段时间内，垂直铣削力是向上的，因此工件和铣刀会产生周期性的振动，影响加工的表面粗糙度。顺铣时，作用在工件上的垂直铣削力始终是向下的，有压住工件的作用，对铣削工件有利，而且垂直铣削力的变化较小，故产生的振动也较小，能使加工表面粗糙度值较小。

③ 逆铣时，由于切削刃在加工表面上要滑动一小段距离，切削刃容易磨损；顺铣时，切削刃一开始就切入工件，故切削刃比逆铣时磨损小，铣刀使用寿命较长。

④ 逆铣时，消耗在工件进给运动上的动力较大，而顺铣时则较小。此外，顺铣时切削厚度比逆铣大，切屑短而厚且变形小，所以可减小铣床功率的消耗。

⑤ 逆铣时，加工表面上有前一刀齿加工时造成的硬化层，因而不易切削；顺铣时，加工表面上没有硬化层，所以容易切削。

⑥ 对表面有硬皮的毛坯件，顺铣时刀齿一开始就切到硬皮，切削刃容易损坏，而逆铣则无此问题。

综上所述，尽管顺铣比逆铣有较多的优点，但由于逆铣时不会拉动工作台，所以一般情况下都采用逆铣进行加工。但当工件不易夹紧或工件薄而长时，宜采用顺铣。此外，当铣削余量较小，铣削力在进给方向的分力小于工作台与导轨面之间的摩擦力时，也可采用顺铣。有时为了改善铣削质量而采用顺铣时，必须调整工作台与丝杠之间的轴向间隙（使之为 0.01～0.04 mm）。若设备陈旧且磨损严重，实现上述调整会有一定的困难。

(3) 端面铣削时的顺铣与逆铣

端铣时，根据铣刀和工件不同的位置，可分为对称铣削和不对称铣削。

1) 对称端铣

如图 3-2-4(a)所示，用面铣刀铣削平面时，铣刀处于工件铣削层宽度中间位置的铣削方式，称为对称端铣。

若用纵向工作台进给做对称铣削，工件铣削层宽度在铣刀轴线的两边各占一半。左半部为进刀部分是逆铣，右半部分为出刀部分是顺铣，从而使作用在工件上的纵向分力在中分线两边大小相等，方向相反，所以工作台在进给方向不会产生突然拉动现象。但是，这时作用在工作台横向进给方向上的分力较大，会使工作台沿横向产生突然拉动。因此，铣削前必须紧固工作台的横向。由于上述原因，用面铣刀进行对称铣削时，只适用于加工短而宽或较厚的工件，不宜铣削狭长或较薄的工件。

2) 不对称端铣

如图 3-2-4(b)、(c)所示，用面铣刀铣削平面时，工件铣削层宽度在铣刀中心两边不相等的铣削方式，称为不对称端铣。

不对称端铣时，当进刀部分大于出刀部分时，称为逆铣，如图 3-2-4(b)所示；反之，称为顺铣，如图 3-2-4(c)所示。顺铣时，同样有可能拉动工作台，造成严重后果，故一般不采用。端铣时，垂直铣削力的大小和方向与铣削方式无关。另外，用端铣法作逆铣时，刀齿开始切入时的切削厚度较薄，切削刃受到的冲击较小，并且切削刃开始切入时无滑动阶段，故可提高铣刀的

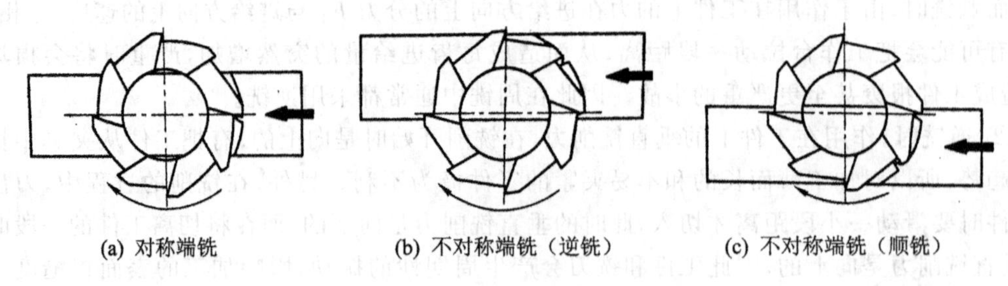

图 3-2-4 对称端铣与不对称端铣

寿命。用端铣法作顺铣时的优点是：切屑在切离工件时比较薄，所以切屑容易去除，切削刃切入时切屑较厚，不致在冷硬层中挤刮，尤其对容易产生冷硬现象的材料，如不锈钢，则更为明显。

4. 平面铣削的常用刀具

(1) 圆柱铣刀

标准圆柱铣刀是用周边铣削法加工平面的主要刀具。圆柱铣刀有粗齿和细齿两种，粗齿圆柱铣刀螺旋角和容屑槽比较大，铣削比较平稳，一次可铣去较多的余量，可用于平面粗、精加工，但刃磨比较困难；细齿圆柱铣刀螺旋角和容屑槽比较小，铣刀的圆柱度比较好，适用于平面的精加工。

(2) 面铣刀

面铣刀是用端面铣削法加工平面的主要刀具。标准的面铣刀有整体式面铣刀、镶齿套式面铣刀及可转位面铣刀三种。镶齿套式面铣刀的刀体为结构钢，可制作较大直径的刀具；可转位面铣刀便于使用，因此在生产中通常都使用这两种面铣刀。在加工平面宽度较小、精度要求较高的修配零件时，可选用整体式面铣刀。

(3) 平面高速铣削刀具

高速铣削是指使用硬质合金刀具，以达到充分发挥刀具的切削性能和利用比高速钢刀具高得多的切削速度来提高生产效率的一种切削方法。目前，端铣平面已大量采用高速铣削，常用的高速铣削平面的刀具有以下几种：

① 正前角铣刀　这种铣刀具有齿刃锋利、切削力小的优点。但由图 3-2-5(a)可以看出，因切削抗力汇集在刀尖上，使脆性的硬质合金非常容易崩碎，所以正前角铣刀适用于铣削强度较低的材料和振动较小的场合。

② 负前角铣刀　图 3-2-5(b)所示为负前角铣刀，切削时不是刀尖先切入，而是前刀面先接触工件推挤金属层，并且切削抗力 F'_r 不是作用在刀尖上，而是作用在离开刀尖的前刀面上，从而提高了刀具的抗振能力和强度。同时，负前角会加剧切削的变形，使切削热增加而提高切削层温度，使加工材料软化，有利于切削加工和提高表面质量。

③ 正前角带负倒棱铣刀　图 3-2-5(c)所示为正前角带负倒棱铣刀切削时的受力情况。带负倒棱的目的在于改善正前角刀具的受力情况，使正前角铣刀既能保持切削轻快的优点，又有足够的强度。因此，当加工余量较大且机床、夹具和工件的刚度不足时，采用这种形式的刀具比较有利。

(4) 平面强力铣削及刀具

强力铣削是用硬质合金刀具采用中速偏高的铣削速度，以加大进给量来提高铣削效率的一种铣削方法。端面铣削平面常采用强力铣削。图 3-2-6 所示是强力铣削的面铣刀刀齿形状，该刀具具有负偏角为 0°的修光切削刃，修光刃的长度一般在每齿进给量的 1.2～1.8 倍，可

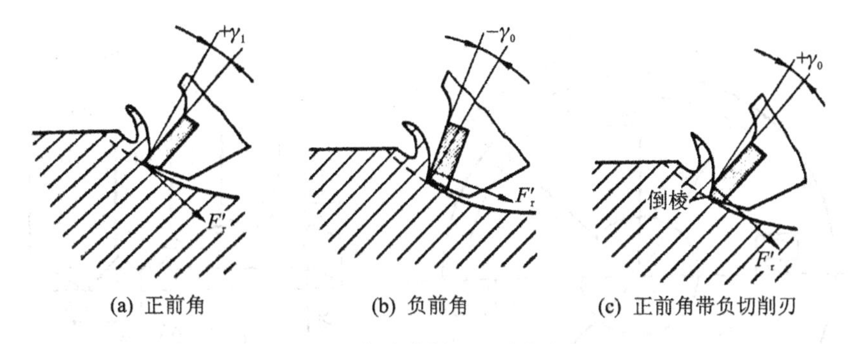

图 3-2-5 平面高速铣削刀具的前角与受力情况

保证在较大的进给量情况下，使平面铣削获得较小的表面粗糙度值。

图 3-2-7 所示是可转位强力面铣刀。这种刀具的刀片立装在刀体槽中，刀片沿刀体圆周不等距分布，具有刀片利用率高、刀齿与主切削刃强度高、切削振动小和加工表面质量高等特点。

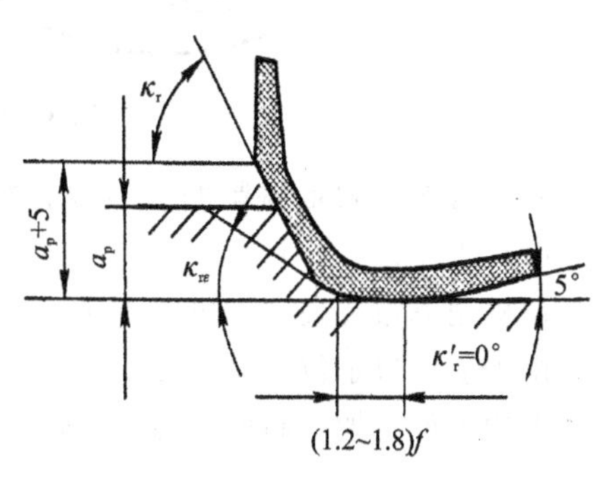

图 3-2-6 强力铣削的面铣刀刀齿形状

(5) 平面阶梯铣削刀具

图 3-2-8 所示为阶梯铣削的示意图，这种形式的刀具一般都是体外刃磨，各刀齿相当于端面车刀，其中刀Ⅰ进行粗铣，刀Ⅱ和刀Ⅲ半精铣，切去工件的大部分余量；刀Ⅳ是精铣刀，切削的余量一般是 0.5 mm左右，以保证加工面得到较小的表面粗糙度值。装刀时，应使刀Ⅰ～Ⅳ的径向距离由大到小，ΔR 为 5～8 mm，而 Δa_p 的尺寸则应根据铣削余量按粗铣、半精铣和精铣进行合理分配。

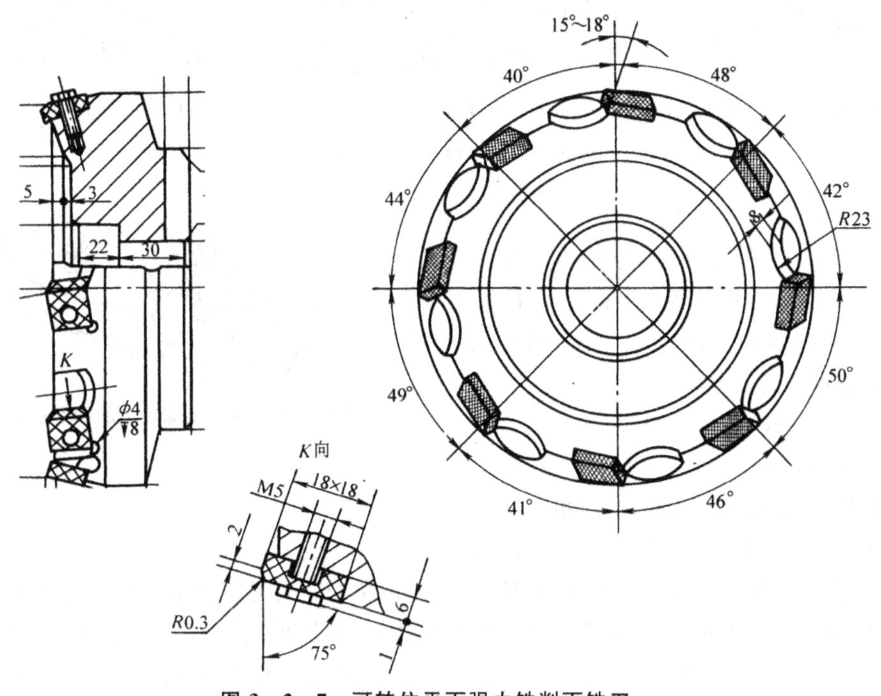

图 3-2-7 可转位平面强力铣削面铣刀

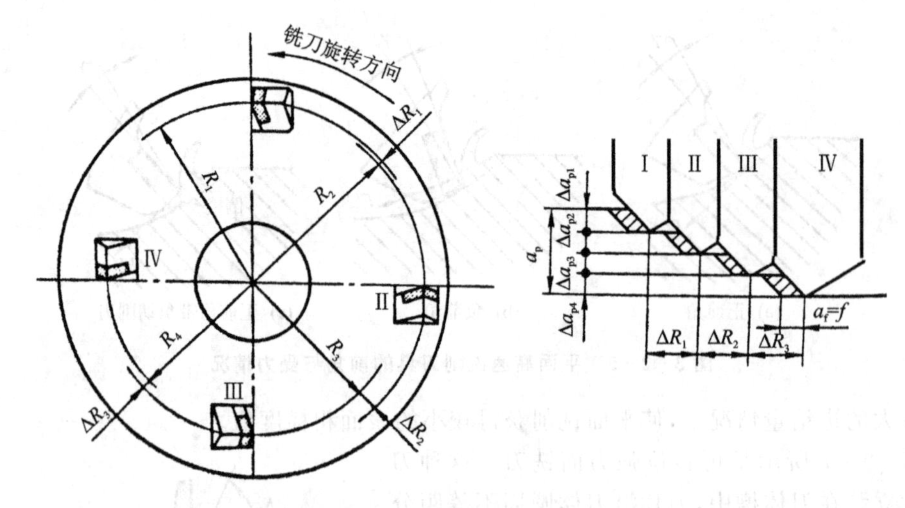

图 3-2-8 平面阶梯铣削工具

5. 平面与连接面铣削的工件装夹方法

(1) 机用虎钳装夹

用机用虎钳装夹工件可铣削平面、平行面、垂直面和斜面,其加工示意图如图 3-2-9 所示。由于受钳口定位、夹紧面尺寸和活动钳口可移动距离的限制,这种装夹方法适用于外形尺寸不大的工件。加工斜面时,还可以使用可倾虎钳装夹工件,如图 3-2-9(c)所示。

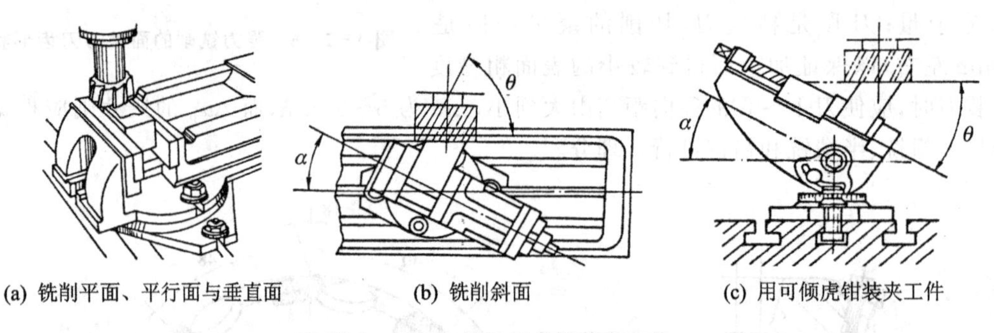

(a) 铣削平面、平行面与垂直面　(b) 铣削斜面　(c) 用可倾虎钳装夹工件

图 3-2-9 用机用虎钳装夹工件

(2) 用螺栓、压板装夹

较大的工件通常采用螺栓、压板装夹。图 3-2-10所示为用螺栓、压板装夹工件,铣削平面、垂直面和斜面。图 3-2-11 所示为用压板装夹工件的方法。

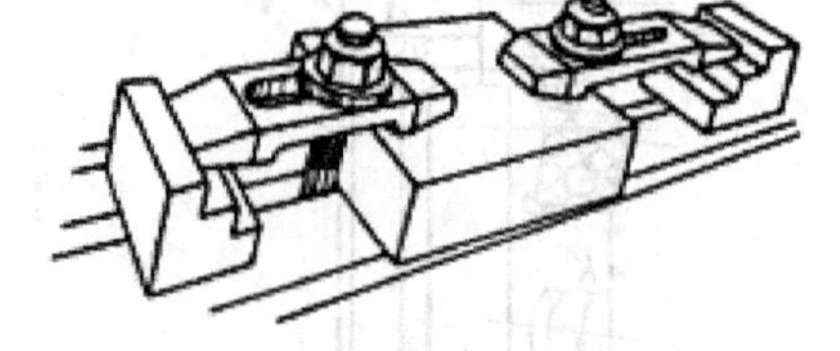

图 3-2-10 用螺栓、压板装夹工件铣削

注意事项

用螺栓、压板装夹工件的注意事项如下:

- 螺栓要尽量靠近工件,以增大夹紧力。
- 压板垫块的高度应保证压板不发生倾斜,以免与工件接触不良,致使铣削时工件移动。
- 压板在工件上的压点应尽量靠近加工部位,所用压板的数目不少于两块。使用多块压板时,应注意合理布置工件上的受压点,即工件受压处要坚固,下面不能悬空,以免受

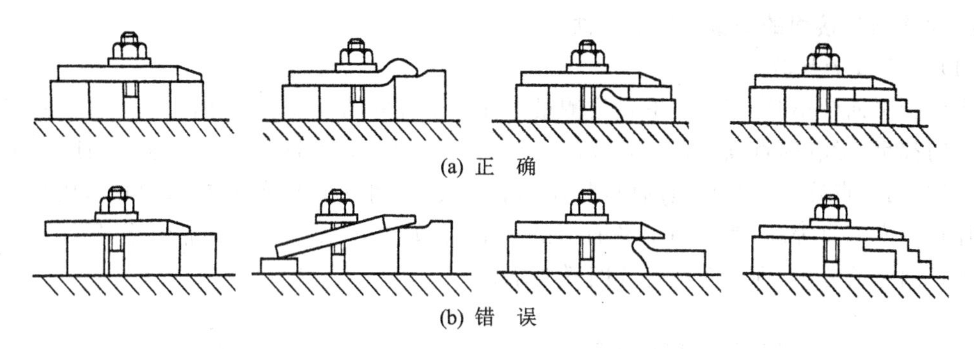

图 3-2-11　用压板装夹工件的方法

力后变形。

- 夹紧力的大小要适合，以减少工件变形，一般粗加工时应大些，精加工时可小些。
- 工件夹压部位是已加工表面时，应在工件与压板之间加垫纸片或铜片。在工作台台面上直接装夹毛坯工件时，应在工件与台面之间加垫纸片或铜片，以保护工作台台面，并可增加工件与台面之间的摩擦力，使工件夹紧牢靠。

(3) 用专用夹具或辅助定位装置装夹

在连接面工件数量较多和批量产生中，常采用辅助定位装置或专用夹具装夹工件。铣削平行面可利用工作台的梯形槽安装定位块(见图 3-2-12(a))；铣削垂直面常利用角铁装夹工件(见图 3-2-12(b))；铣削斜面可利用倾斜垫块定位(见图 3-2-12(c))；批量生产中铣削斜面用专用夹具装夹工件(见图 3-2-12(d))等。

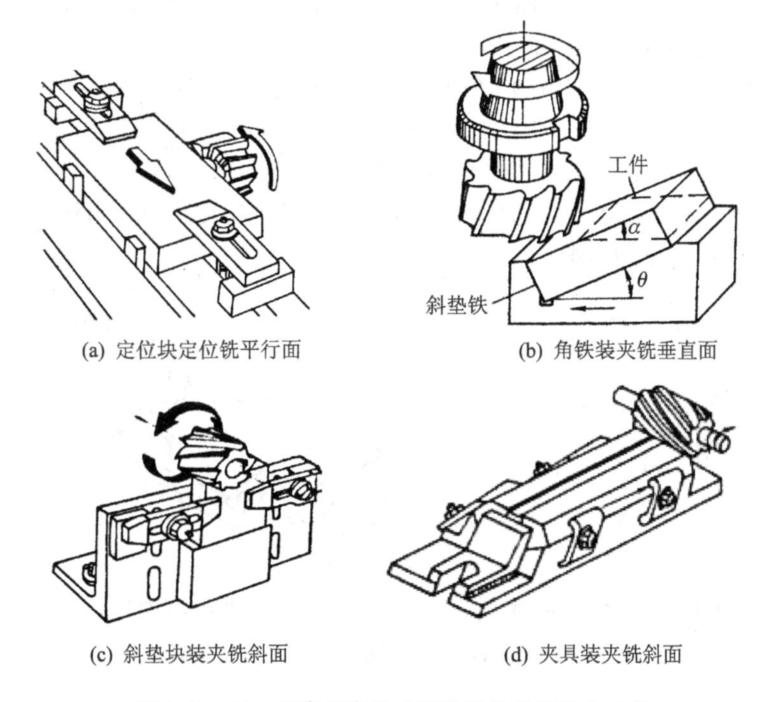

(a) 定位块定位铣平行面　(b) 角铁装夹铣垂直面

(c) 斜垫块装夹铣斜面　(d) 夹具装夹铣斜面

图 3-2-12　用专用夹具或辅助定位装置装夹工件

6. 平面与连接面的测量与检验方法

(1) 平面度的检验

当所测平面较小时,用刀口形直尺测量平面各个方向的直线度,如图 3-2-13(a)所示,若各个方向都呈直线(即直线度在公差范围内),则工件的平面度符合图样要求。当所测平面较大时,可利用三点确定一个平面的原理,在标准平板上,用三个千斤顶将工件顶起,用百分表找正千斤顶上方三点等高,然后测量平面上的其他点,如图 3-2-13(b)所示,若百分表示值变动量在平面度公差内,则平面度符合图样要求。

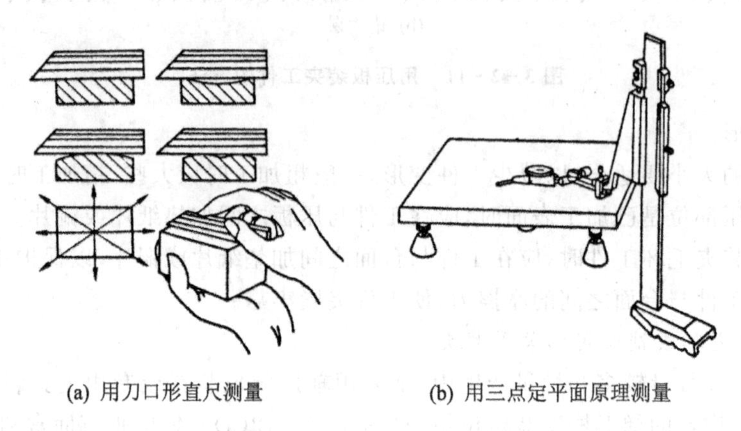

(a) 用刀口形直尺测量　　(b) 用三点定平面原理测量

图 3-2-13　平面度的检验

(2) 平行度与垂直度的检验

平行度及尺寸精度检验通常用游标卡尺或外径百分尺测量,根据平面的大小、形状,测量时应合理确定测量点的数目和分布位置。

较小平面的垂直度检验可使用90°角尺与塞尺配合进行,如图 3-2-14(a)所示,塞尺的厚度规格可按垂直度的公差确定。较大平面的垂直度测量,可将工件基准面与标准平板贴合,然后使用较大规格的 90°角尺与塞尺配合进行测量。精度要求较高的垂直面检验,可采用图 3-2-14(b)所示的方法测量,工件下面起垫块作用的圆柱体可防止角铁倾倒,消除下平面与基准侧面垂直度对测量的影响。

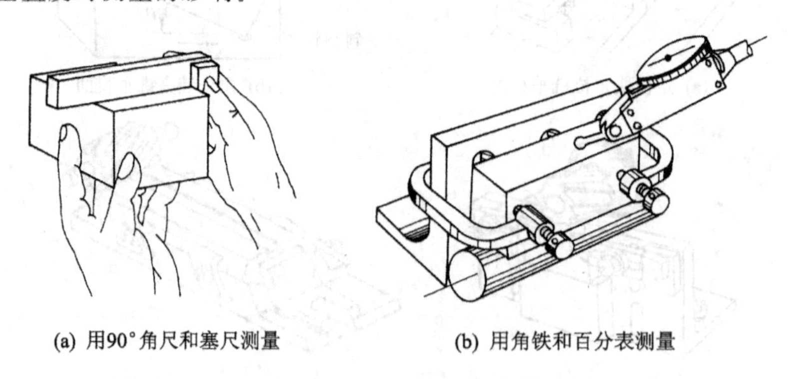

(a) 用90°角尺和塞尺测量　　(b) 用角铁和百分表测量

图 3-2-14　垂直度检验

(3) 斜面的检验

检验斜面与基准面的夹角精度时,通常使用游标万能角度尺进行测量。测量时,先将游标万能角度尺的底边紧贴工件的基准面,然后把直尺调整到紧贴工件斜面,若角度尺的游标读数值在图样要求的公差范围内，则斜面的倾斜角度正确。对精度要求较高的斜面和角度较小的斜面，一般都用正弦规、量块和百分表配合进行测量。

(4) 表面粗糙度的检验

表面粗糙度通常是与样板目测比照进行检验的。由于端铣和周铣的切削纹路不同，因此比照时应选择与加工表面切削纹路一致的，且表面粗糙度值符合图样要求的样板。

3.2.2 平面铣削加工技能训练

技能目标

掌握平面铣削的加工方法和检验方法。

用周边铣削法加工平面与平行面技能训练

重点：掌握周铣法铣削平面的操作方法。

难点：平面度和平行度的控制。平面、平行面铣削加工工艺准备。

铣削加工如图 3-2-15 所示的零件平面、平行面，毛坯尺寸为 80 mm×70 mm×60 mm，材料为 HT200，数量 1 件。

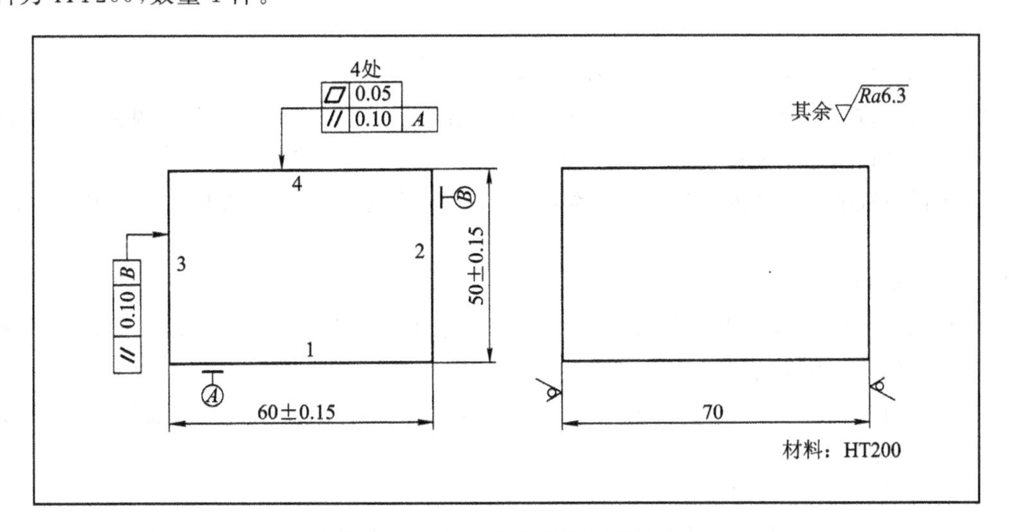

图 3-2-15 平面、平行面零件图

【工艺分析】

① 根据图样的精度要求，平面可在立式铣床上用套式铣刀进行铣削加工，也可以在卧式铣床上用圆柱铣刀铣削加工。本例在卧式铣床上采用圆柱铣刀进行加工。

② 加工表面粗糙度均为 $Ra\,6.3$，采用铣削加工能达到要求。

③ 材料为 HT200，切削性能较好，可选用高速钢铣刀，也可选用硬质合金铣刀加工。平面和平行面加工步骤如下：

坯件检验→安装机用虎钳→装夹工件→安装圆柱铣刀→粗铣四面→精铣 60 mm×70 mm 基准平面→预检平面度→精铣(60±0.15) mm 两平行面→精铣(50±0.15) mm 平行面→平面、平行面铣削工序检验。

【工艺准备】

① 选择铣床。选用 X6132 型卧式万能铣床或类似的卧式铣床。

② 选择工件装夹方式。选择机用虎钳装夹工件。考虑到毛坯面对夹具定位夹紧面精度的影响,以及夹持坯件的夹紧力,坯件装夹时宜在工件和虎钳定位夹紧面中间垫铜片。

③ 选择刀具。根据图样给定的平面宽度尺寸选择圆柱铣刀。选用外径为 $\phi63$,宽度为 80 mm,孔径为 $\phi27$,齿数为 6 的粗齿圆柱铣刀粗铣平面;选用尺寸规格相同,齿数为 10 的细齿圆柱铣刀精铣平面。若铣刀粗铣后磨损较小,也可用同一把铣刀精铣。

④ 选择检验测量方法:

a. 平面度采用刀口形直尺检验。

b. 平行面之间的尺寸和平行度用外径百分尺测量。

c. 表面粗糙度采用目测样板类比检验。

【切削用量】

按工件材料(HT200)和铣刀的规格选择、计算和调整铣削用量:

① 粗铣时取铣削速度 $v_c=15$ m/min,每齿进给量 $f_z=0.012$ mm/z,则铣床主轴转速为

$$n=\frac{1\,000v_c}{\pi d_0}=\frac{1\,000\times15}{3.14\times63}\approx75.83\ (\text{r/min})$$

进给速度(每分钟进给量)为

$$v_f=f_z zn=0.012\times6\times75=54\ (\text{mm/min})$$

实际调整铣床主轴转速为 $n=75$ r/min,进给速度为 $v_f=47.5$ mm/min。

② 精铣时取铣削速度 $v_c=20$ m/min,每齿进给量 $f_z=0.06$ mm/z,实际调整铣床主轴转速为 $n=95$ r/min,进给速度为 $v_f=60$ mm/min。

③ 粗铣时铣削层深度为 2.5 mm,精铣时为 0.5 mm,铣削层宽度分别为 40 mm 和 50 mm。

【加工准备】

1) 坯件检验

① 目测检验坯件的形状和表面质量。如各面之间是否基本平行、垂直,表面是否有无法通过铣削加工的凹陷、硬点等。

② 用钢直尺检验坯件的尺寸,并结合各毛坯面的垂直和平行情况,测量最短的尺寸,以检验坯件是否有加工余量。

2) 安装机用虎钳

① 安装前,将机用虎钳的底面和工作台台面擦干净,若有毛刺、凸起,应用油石磨平整。

② 检查虎钳底部的定位键是否紧固,定位键定位面是否同一方向安装。

③ 将机用虎钳安装在工作台中间的 T 形槽内,如图 3-2-16 所示,钳口位置居中,并用手拉动虎钳底盘,使定位键向 T 形槽一侧贴合。

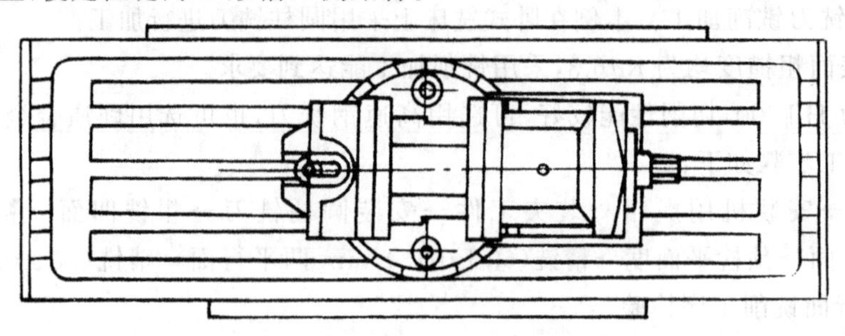

图 3-2-16 在工作台上安装机用虎钳

④ 用T形螺栓将机用虎钳压紧在工作台台面上。

3）装夹和找正工件

工件下面加垫长度大于70 mm，宽度小于50 mm的平行垫块，其高度应保证工件上平面高于钳口10 mm。粗铣时在垫块和钳口处垫铜片。工件夹紧后，用锤子轻轻敲击工件，并拉动垫块检查下平面是否与垫块紧贴。

4）安装铣刀

选用ϕ27的长刀杆安装铣刀，如图3-2-17所示。圆柱铣刀安装和拆卸的步骤如下：

① 安装铣刀杆的步骤如下：

a. 擦干净铣床主轴锥孔和铣刀杆锥柄。

b. 将铣刀杆锥柄装入锥孔，凸缘上的缺口对准主轴端面键块。

c. 用右手托住铣刀杆，左手将拉紧螺杆旋入铣刀杆锥柄端部的内螺纹。

d. 用扳手紧固拉紧螺杆上的螺母。

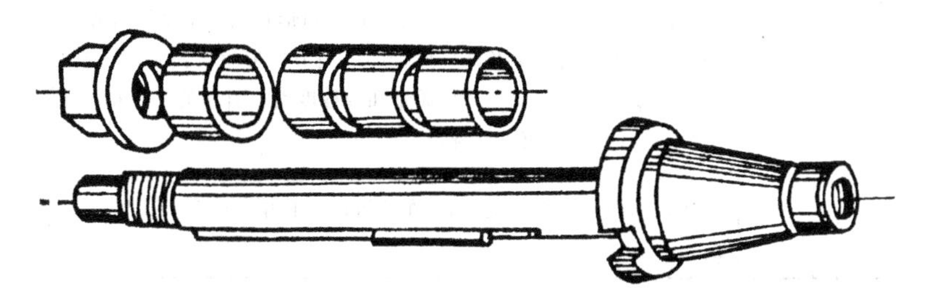

图3-2-17　铣刀长刀杆

② 调整悬梁的步骤如下：

a. 松开悬梁左侧的两个紧固螺母。

b. 转动中间带齿轮的六角轴，调整悬梁外伸到适当的位置，约比刀杆长一些，以便安装支架。

c. 紧固横梁左侧的两个螺母。

③ 安装圆柱铣刀的步骤如下：

a. 擦净铣刀和轴套（垫圈）的两端面。

b. 铣刀安装位置尽可能靠近主轴，铣刀与刀杆之间最好用平键联结。

c. 装入轴套，旋入紧固螺母，轴套的组合长度应使刀杆紧固螺母能夹紧铣刀。

④ 安装支架及紧固刀杆螺母的步骤如下：

a. 松开支架紧固螺母和轴承间隙调节螺母，将支架装入悬梁，并使轴承套入刀杆支持轴颈，与刀杆螺纹有一定的间距。

b. 紧固支架，调节支承轴承间隙。

c. 紧固刀杆螺母。

⑤ 拆卸铣刀和刀杆的过程大致是上述过程的反向操作，在拆卸刀杆时，松开刀杆拉紧螺杆螺母后，须用锤子敲击螺杆的端部，使刀杆的锥柄与主轴内锥孔贴合面脱开，然后旋出拉紧螺杆，取下铣刀杆。

【加工步骤】

平面、平行面零件的加工步骤如表3-2-4所列。

表 3-2-4 平面、平行面零件的加工步骤

操作步骤	加工内容(见图 3-2-15)
1. 对刀和粗铣平面	① 启动主轴,调整工作台,使铣刀处于工件上方,对刀时不必擦到毛坯表面,因毛坯表面的氧化层会损坏铣刀切削刃。 ② 纵向退刀后,按粗铣吃刀量 2.5 mm 上升工作台,用逆铣方式粗铣平面 1。 ③ 将平面 1 与机用虎钳定位面贴合,粗铣平面 2,工件翻转 180°,平面 2 与平面垫块贴合,粗铣平面 3。 ④ 将工件转过 90°,将平面 1 与平行垫块贴合,粗铣平面 4
2. 预检、精铣基准面	① 用刀口形直尺预检工件各面的平行度,挑选平面度较好的平面作为精铣定位基准。 ② 用游标卡尺或百分尺测量尺寸 50 mm、60 mm 的实际余量,本例测得粗铣后实际尺寸为 50.85 ～50.98 mm、60.95～ 61.06 mm。 ③ 换装细齿圆柱铣刀,调整主轴转速和进给量。 ④ 精铣一平面,吃刀量为 0.3 mm,用刀口形直尺预检精铣后表面的平面度,以确定铣刀的切削刃刃磨质量及圆柱度误差。用刀口形直尺测量时,沿刀具轴线方向测得的误差主要是由圆柱铣刀刃口质量和圆柱度误差引起的。若精铣平面的平面度未达到 0.20 mm 的要求,应更换铣刀
3. 精铣各面	按粗铣四面的步骤精铣各面,在精铣的过程中,注意过程测量,在达到尺寸要求的同时,达到平行度要求

【质量检测】

质量检测评分标准见表 3-2-5。

表 3-2-5 评分标准(见图 3-2-15)

项 目	序 号	考核内容	配 分	评分标准	检 测	得 分
尺寸	1	65±0.15	16	超差 0.01 扣 2 分		
	2	50±0.15	16	超差 0.01 扣 2 分		
	3	▱ 0.05 (4 处)	16	超差 0.01 扣 2 分		
	4	// 0.10	10	超差不得分		
	5	// 0.10 B	10	超差不得分		
其他	6	*Ra*6.3(4 处)	12	每处降一级扣 2 分		
	7	去毛刺	10	出现一处扣 2 分		
	8	安全文明生产	10	未清理现场扣 10 分;每违反一项规定从总分中扣 1～10 分;严重违规停止操作		

注意事项

平面、平行面检验的注意事项如下:

- 用百分尺测量平行面之间的尺寸应为 49.85～50.15 mm 和 59.85～60.15 mm,但因平行度公差为 0.10 mm,因此用百分尺测得的尺寸最大偏差应在 0.10 mm 内。
- 用刀口形直尺测量平面度时,参见图 3-2-13,各个方向的直线度均在 0.10 mm 内,必

要时可用 0.10 mm 的塞尺检查刀口形直尺与被测平面之间间隙的大小。

- 表面粗糙度的检验通过目测类比法进行。

【质量分析】

圆柱铣刀铣削平面、平行面的质量分析见表 3-2-6。

表 3-2-6 圆柱铣刀铣削平面、平行面的质量分析

种 类	产生原因
平面度超差	① 铣刀圆柱度不好、铣床工作台导轨的间隙过大； ② 进给时工作台台面上下波动或摆动等
平面度较差	① 工件装夹时定位面未与平行垫块紧贴； ② 圆柱铣刀有锥度，平行垫块精度差； ③ 机用虎钳安装时底面与工作台台面之间有赃物或毛刺等
尺寸超差	① 铣削过程预检尺寸误差大； ② 工作台垂向上升的吃刀量数据计算或操作错误； ③ 量具的精度差、测量值读错等
表面粗糙度超差	① 铣刀刃磨质量差和过早磨损，刀杆精度差； ② 支架支持轴承间隙调整不合理、悬梁未固紧、铣床进给有爬行； ③ 工件材料有硬点等

用端面铣削法加工平面与垂直面技能训练

重点： 掌握端铣法铣削平面的操作方法。

难点： 平面度与垂直度的控制。

铣削加工如图 3-2-18 所示的零件平面、垂直面，毛坯尺寸为 100 mm×60 mm×50 mm，材料 HT200，数量 1 件。

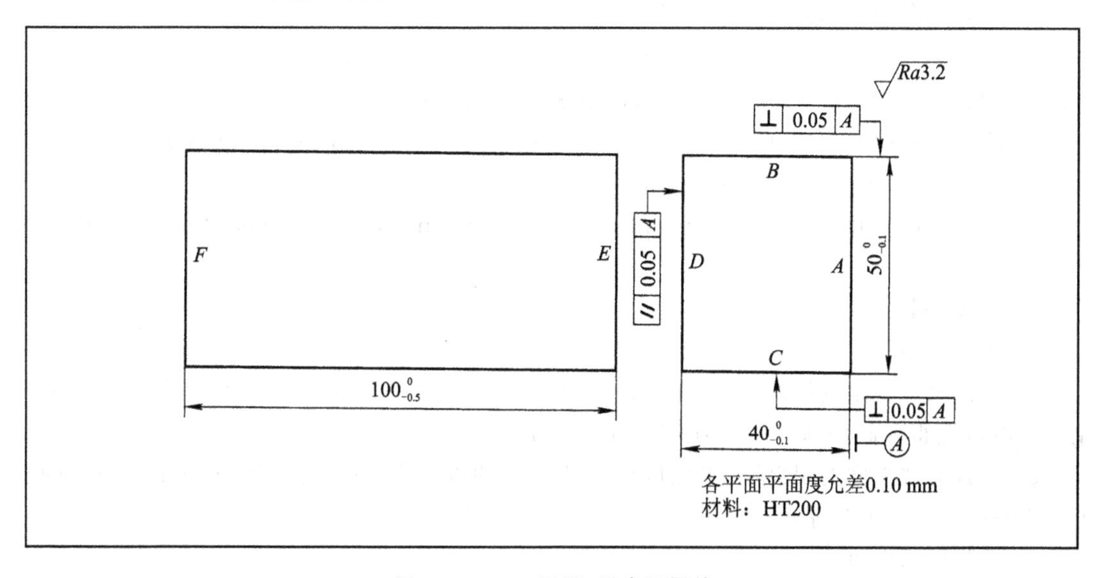

图 3-2-18 平面、垂直面零件

【工艺分析】

根据图样的精度要求,此零件选用在立式铣床上用整体式面铣刀加工。在加工中,基准面尽可能用做定位面,从图 3-2-18 中可知,要求 B、C 面垂直于平面 A,平面 D 平行于平面 A,因此 A 面为定位基准面。工件各表面的表面粗糙度均为 $Ra\,3.2$,铣削加工能达到要求。材料为 HT200,切削性能较好,可选用高速钢铣刀,也可以选用硬质合金铣刀加工。

平面、垂直面零件的加工步骤如下:

坯件检验→安装机用虎钳→装夹工件→安装整体式面铣刀→粗铣四面→精铣 50 mm×100 mm基准平面→预检平面度→精铣 $50_{-0.1}^{\ 0}$ mm 两垂直面→精铣$40_{-0.1}^{\ 0}$ mm 平行面→平面、垂直面铣削工序检验。

【工艺准备】

① 选择铣床。选用 X5032 型立式铣床或类似的立式铣床。

② 选择工件装夹方式。选择机用虎钳装夹工件。

③ 选择刀具。根据图样给定的平面宽度尺寸选择整体式面铣刀规格,现选用外径为 $\phi80$,宽度为 45 mm、孔径为 $\phi32$、齿数为 10 的整体式面铣刀。

④ 选择检验测量方法:

a. 平面度采用刀口形直尺检验。

b. 平行面之间的尺寸和平行度用外径百分尺测量。

c. 垂直度用 90°角尺检验。

d. 表面粗糙度采用目测样板类比检验。

【切削用量】

按工件材料(HT200)和铣刀的规格选择、计算和调整铣削用量:

① 粗铣时取铣削速度 $v_c=16$ m/min,每齿进给量 $f_z=0.1$ mm,则铣床主轴转速为

$$n=\frac{1\,000v_c}{\pi d_0}=\frac{1\,000\times16}{3.14\times80}=63.69(\text{r/min})$$

进给速度(每分钟进给量)为

$$v_f=f_z zn=0.1\times10\times60=60\ (\text{mm/min})$$

实际调整铣床主轴转速为 $n=60$ r/min;进给速度为 $v_f=60$ mm/min。

② 精铣时取铣削速度 $v_c=20$ m/min,每齿进给量 $f_z=0.063$ mm/z,实际调整铣床主轴转速为 $n=75$ r/min;进给速度为 $v_f=47.5$ mm/min。

③ 粗铣时的铣削层深度为 2.5 mm,精铣时为 0.5 mm,铣削层宽度分别为 40 mm 和 50 mm。

【加工准备】

1) 坯件检验

① 用钢尺检验预制件的尺寸,并结合各表面的垂直度、平行度情况,检验坯件是否有加工余量。本例测得预制件基本尺寸为 57 mm×46 mm×100 mm。

② 综合考虑平面的粗糙度、平面度以及相邻面的垂直度,在两个 57 mm×100 mm 的平面中选择一个作为基准平面。

2) 安装机用虎钳

将虎钳安装在工作台中间的 T 形槽内,钳口位置居中,并用手拉动虎钳底盘,使定位键向 T 形槽直槽一侧贴合,然后用 T 形螺栓将虎钳压紧在工作台台面上。

3）装夹和找正工件

工件下面垫长度大于 100 mm、宽度小于 40 mm 的平行垫块，其高度要能够保证工件上平面高于钳口 5 mm。

4）安装铣刀

选用凸缘端面上带有键的刀杆安装铣刀，如图 3-2-19 所示，整体式面铣刀安装和拆卸的步骤如下：

① 擦干净铣床主轴锥孔和铣刀杆 1 锥柄部分。

② 将铣刀杆锥柄装入锥孔，凸缘联结圈上的缺口对准主轴端面键块后用拉紧螺杆紧固刀杆。

③ 装上凸缘联结圈 2，并使联结圈上的键对准刀杆 1 上的槽。

④ 安装铣刀 3，将铣刀端面及孔径擦干净，使铣刀端面上的槽对准凸缘联结圈上的键，然后旋入螺钉 4，用十字扳手扳紧。

⑤ 整体式面铣刀拆卸时，先松开螺钉 4，然后依次拆下铣刀、联结圈、刀杆。拆卸和安装时都必须注意安全操作，以免被锋利的刀尖刀刃划伤。特别是在用十字扳手扳紧螺钉 4 时，应注意自我保护。

⑥ 安装铣刀后，注意检查立铣头与工作台台面的垂直度。

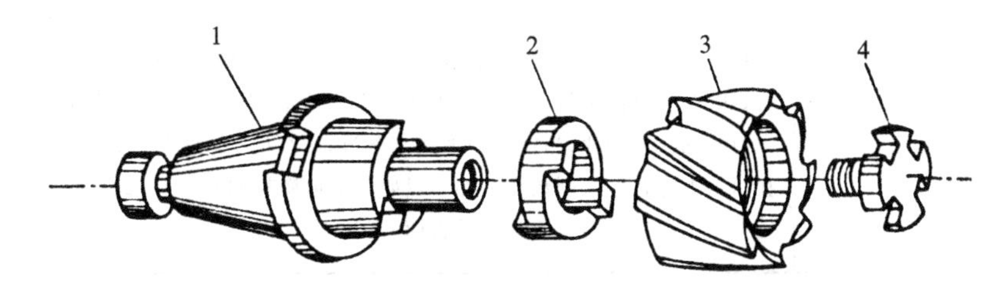

1—刀杆；2—凸缘联结圈；3—铣刀；4—螺钉

图 3-2-19　整体式面铣刀的安装

【加工步骤】

铣削平面、垂直面的加工步骤见表 3-2-7。

表 3-2-7　平面、垂直面铣削的加工步骤

操作步骤	加工内容(见图 3-2-18)
1. 对刀和粗铣平面	① 启动主轴，调整工作台，使铣刀处于工件上方，横向调整的位置使工件和铣刀处于对称铣削或不对称逆铣的位置。 ② 垂向退刀后，按铣削层深度 2.5 mm 上升工作台，用不对称逆铣方式粗铣平面 A。 ③ 将平面 A 与机用虎钳定位面贴合，粗铣平面 B，工件翻转 180°，平面 B 与平行垫块贴合，粗铣平面 C。为了保证平面 A 与平面 B、C 的垂直度，在加工垂直面 B、C 时，应在平面 D 与活动钳口之间加一根圆棒，以使平面 A 能紧贴定钳口，如图 3-2-20(a)所示。若不使用圆棒装夹工件，可能会因夹紧面与基准面 A 不平行等因素，致使工件基准面不能与定钳口定位面完全贴合，如图 3-2-20(b)、(c)所示。 ④ 将工件转过 90°，将平面 A 与平行垫块贴合，粗铣平面 D

续表 3-2-7

操作步骤	加工内容(见图 3-2-18)
2. 预检、精铣基准面	① 用刀口形直尺预检工件各面的平面度，以及平面 A 与平面 B、C 的垂直度，平面 A 与平面 D 的平行度。若预检发现垂直度误差较大，应检查机用虎钳固定钳口定位面与工作台台面的垂直度，如图 3-2-21 所示。在确认虎钳底面与工作台台面之间紧密贴合的前提下，若测得定钳口与工作台台面不垂直，则应对钳口进行找正。找正的方法是松开定钳口铁与虎钳的紧固螺钉，在钳口铁与虎钳之间衬垫一定厚度的铜片或纸片。衬垫物的厚度等于百分表读数的差值乘以钳口铁的高度再除以百分表的测量移距。衬垫的位置根据差值的方位确定，若百分表的读数下面大，则应垫在上面；反之，则垫在下面。 ② 用游标卡尺或百分尺测量尺寸 50 mm、40 mm 的实际余量，本例测得粗铣后实际尺寸为 50.75～50.85 mm、40.78～40.89 mm。 ③ 检查整体式面铣刀的刀尖质量、磨损情况，调整主轴转速和进给量。 ④ 精铣平面 A，铣削层深度为 0.3 mm，用刀口形直尺预检精铣后表面的平面度，以确定铣刀的切削刃质量及铣床立铣头与工作台面的垂直度。用刀口形直尺测量时，对纵向进给铣削的平面，沿横向测得的凹圆弧误差主要是由立铣刀倾斜引起的。若精铣的平面其平面度未达到 0.10 mm 的要求，表面粗糙度未达到 $Ra6.3$，则应更换铣刀并重新调整立铣刀与工作台台面垂直
3. 精铣各面	按粗铣四面的步骤精铣各面，在精铣的过程中注意过程测量，在达到尺寸要求的同时，达到垂直度、平行度要求。若预检垂直度有误差，可在固定钳口与工件定位面之间衬垫铜片或纸片，当铣出的平面与基准面之间的夹角小于 90°时，铜片或纸片应垫在钳口上部；反之，则垫在下部。只要仔细地微量调整纸片、铜片的厚度或衬垫位置，便可铣削出符合图样要求的垂直面

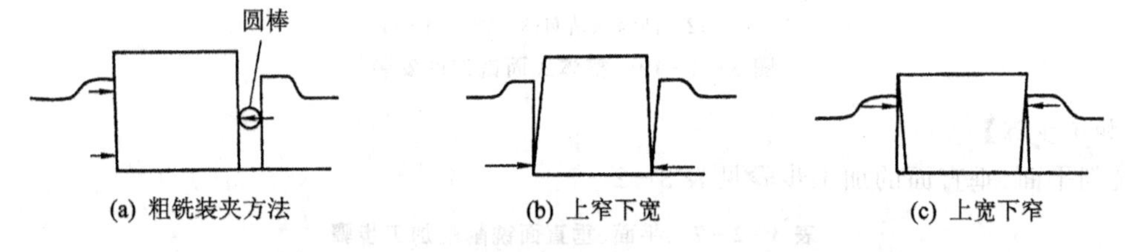

图 3-2-20　在虎钳上铣削垂直面的装夹方法

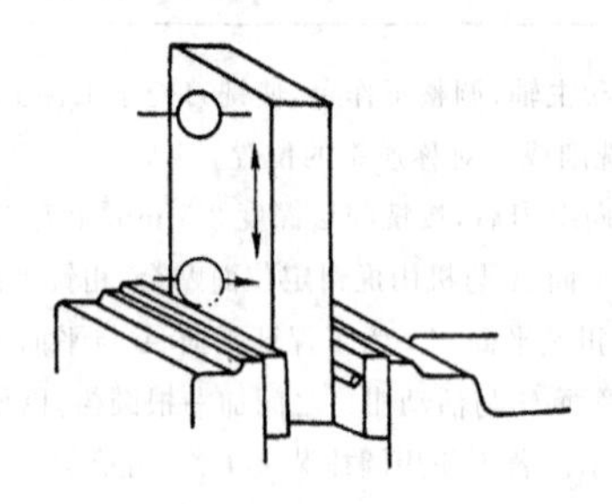

图 3-2-21　校核固定钳口与工作台台面的垂直度

【质量检测】

质量检测评分标准见表 3-2-8。

表 3-2-8 评分标准(见图 3-2-18)

项 目	序 号	考核内容	配 分	评分标准	检 测	得 分
外形尺寸	1	$100_{-0.5}^{0}$	12	超差 0.01 扣 2 分		
	2	$50_{-0.1}^{0}$	12	超差 0.01 扣 2 分		
	3	$40_{-0.1}^{0}$	12			
	4	⏥ 0.10 (6 处)	18	超差 0.01 扣 2 分		
	5	⊥ 0.05 A	6	超差不得分		
	6	⊥ 0.05 A	6	超差不得分		
	7	// 0.05 A	6			
其他	8	*Ra* 3.2(6 处)	12	每处降一级扣 2 分		
	9	去毛刺	6	出现一处扣 2 分		
	10	安全文明生产	10	未清理现场扣 10 分;每违反一项规定从总分中扣 1~10 分;严重违规停止操作		

注意事项

平面、垂直面检验的注意事项如下:

- 用百分尺测量平行面之间的尺寸应在 49.90~50.00 mm、39.90~40.0 mm 范围内,但因平行度公差为 0.05 mm,因此用百分尺测得的尺寸最大偏差应在 0.050 mm 内。
- 用刀口形直尺测量平面度时,参见图 3-2-13,各个方向的直线度均在 0.05 mm 范围内,必要时可用 0.05 mm 的塞尺检查刀口形直尺与被测平面之间缝隙的大小。
- 用 90°角度尺测量相邻面垂直度时(参见图 3-2-14),应以工件上平面 *A* 为基准,并注意在平面的两端测量,以测得最大实际误差,分析并找出垂直度误差产生的原因。

【质量分析】

整体式面铣刀铣削平面、垂直面的质量分析见表 3-2-9。

表 3-2-9 整体式面铣刀铣削平面、垂直面的质量分析

种 类	产生原因
平面度超差	① 铣刀圆柱度不好、铣床工作台导轨的间隙过大; ② 进给时工作台台面上下波动或摆动等; ③ 立铣刀与工作台台面不垂直
平行度较差	① 工件装夹时定位面未与平行垫块紧贴; ② 平行垫块精度差; ③ 机用虎钳安装时底面与工作台台面之间有赃物或毛刺等; ④ 铣刀锥度等形状误差因素

续表 3-2-9

种　类	产生原因
垂直度较差	① 立铣头轴线与工作台台面不垂直； ② 虎钳安装精度差、钳口铁安装精度差或形状精度差； ③ 工件装夹时没有使用圆棒，工件基准面与固定钳口之间有毛刺或脏物、衬垫铜片或纸片的厚度与位置不正确，虎钳夹紧时固定钳口外倾等
尺寸超差	① 铣削过程预检尺寸误差大； ② 工作台垂向上升的吃刀量数据计算或操作错误； ③ 量具的精度差、测量值读错等
表面粗糙度超差	① 铣削位置调整不当采用了不对称顺铣； ② 铣刀刃磨质量差和过早磨损； ③ 刀杆精度差引起铣刀端面跳动、铣床进给有爬行； ④ 工件材料有硬点等

3.2.3 矩形工件加工技能训练

技能目标

掌握矩形工件加工及检验方法。

在立式铣床上加工平板状矩形工件技能训练

重点：掌握矩形工件的铣削步骤。

难点：平板状工件装夹与加工精度的控制。

铣削加工如图 3-2-22 所示的平板状矩形工件，毛坯尺寸为 210 mm×100 mm×40 mm，材料为 HT200，数量 1 件。

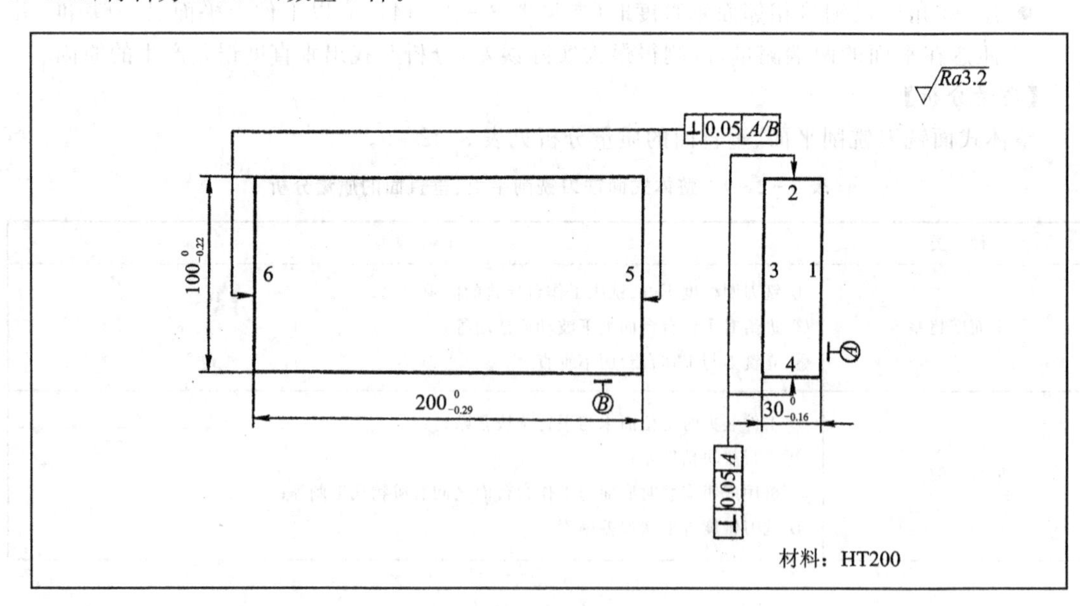

图 3-2-22　平板状矩形工件

【工艺分析】

① 该平板状矩形工件外形尺寸和基准平面较大，工件装夹与切削方式受到一定限制，因此选择在立式铣床上用可转位面铣刀加工。在加工中，基准面尽可能用做定位面，图 3-2-22 中要求平面 2、4 垂直于平面 1，平面 3 平行于平面 1，平面 5、6 垂直于平面 1、4，因此平面 1 为工件主要基准 A，平面 4 为工件侧面基准 B。

② 工件各表面的表面粗糙度均为 $Ra3.2$，精度较高，铣削加工能达到要求。

③ 材料为 HT200，切削性能较好，可选用高速钢铣刀，也可选用硬质合金铣刀加工。

平板状矩形工件的加工步骤如下：

检验预制件→安装机用虎钳和角铁→装夹工件→安装可转位面铣刀→粗铣六面→精铣 100 mm×200 mm 基准平面 A→预检 A 平面度→精铣两垂直面→精铣平行面→精铣两端面→矩形工件铣削工序检验。

【工艺准备】

① 选择铣床。选用 X5032 型立式铣床或类似的立式铣床。

② 选择工件装夹方式。选用 Q12160 型平口虎钳，钳口宽度为 160 mm，钳口最大张开度为 125 mm，钳口高度为 50 mm。选择角铁定位面的尺寸 200 mm×150 mm。

③ 选择刀具。根据图样给定的平面宽度尺寸选择可转位面铣刀。现选用外径 $\phi125$ 和 $\phi63$ 的可转位面铣刀，分别铣削大平面和侧面、端面。根据工件材料，选用 K 类硬质合金 YG6 牌号，SPAN 型(方形)刀片。

④ 选择检验测量方法：

a. 平面度采用三点定平面的原理测量，即在标准平板上，用三个千斤顶支撑平面，用百分表测量检验平面度，参见图 3-2-13(b)。

b. 平行面之间的尺寸和平行度用外径百分尺测量。

c. 垂直度用 90°角尺检验。

d. 表面粗糙度采用目测样板类比检验。

【切削用量】

按工件材料(HT200)和铣刀的规格选择、计算和调整铣削用量：

① 粗铣时取铣削速度 $v_c=80$ m/min，每齿进给量 $f_z=0.15$ mm/z，则铣床主轴转速为

$$n_1=\frac{1000v_c}{\pi d_{01}}=\frac{1000\times80}{3.14\times125}\approx203.82\ (\text{r/min})$$

$$n_2=\frac{1000v_c}{\pi d_{02}}=\frac{1000\times80}{3.14\times63}\approx404.40\ (\text{r/min})$$

每分钟进给量为

$$v_{f1}=f_z z n_1=0.15\times6\times190=171\ (\text{mm/min})$$

$$v_{f2}=f_z z n_2=0.15\times4\times375=225\ (\text{mm/min})$$

实际调整铣床主轴转速为 $n_1=190$ r/min，$n_2=375$ r/min；每分钟进给量为 $v_{f1}=150$ mm/min，$v_{f2}=190$ mm/min。

② 精铣时取铣削速度 $v_c=90$ m/min，每齿进给量 $f_z=0.05$ mm/z，则铣床主轴转速为

$$n_1=\frac{1000v_c}{\pi d_{01}}=\frac{1000\times90}{3.14\times125}\approx229.30\ (\text{r/min})$$

$$n_2=\frac{1000v_c}{\pi d_{02}}=\frac{1000\times90}{3.14\times63}\approx454.96\ (\text{r/min})$$

每分钟进给量为

$$v_{f1}=f_z z n_1=0.15\times6\times235=70.5\ (\text{mm/min})$$

$$v_{f2}=f_z z n_2=0.15\times4\times475=95\ (\text{mm/min})$$

实际调整铣床主轴转速为 $n_1=235$ r/min，$n_2=475$ r/min；每分钟进给量为 $v_{f1}=75$ mm/min，$v_{f2}=95$ mm/min。

③ 粗铣时的铣削层深度为 2.5 mm，精铣时为 0.5 mm，铣削层宽度分别为 100～110 mm 和 30～40 mm。

【加工准备】

1）坯件检验

① 用钢直尺检验预制件的尺寸，并结合各表面的垂直度、平行度情况，检验坯件是否有加工余量，本例测得预制件基本尺寸为 108 mm×39 mm×211 mm。

② 综合考虑平面的表面粗糙度、平面度以及相邻面的垂直度，在两个 211 mm×108 mm 的平面中选择一个作为粗铣基准平面。

2）安装机用虎钳和角铁

将机用虎钳安装在工作台中间 T 形槽内，用 T 形螺栓将角铁安装在工作台台面上，安装时注意底面与工作台台面之间的清洁度。紧固角铁的螺栓，应尽量拉开安装的位置，使角铁的底面与工作台台面紧密贴合。角铁与机用虎钳之间具有合适的间距，以方便工件装拆操作和不影响进给铣削为宜。

3）装夹和找正工件

铣削平面 1、3 时，采用机用虎钳装夹工件，工件下面垫长度大于 200 mm、宽度小于 50 mm 的两等高平行垫块，其高度使工件上平面高于钳口 5 mm。铣削平面 2、4、5、6 时，用角铁装夹工件。铣削平面 2、4 时，在工件下方衬垫高度大于 55 mm、长度大于 200 mm 的平行垫块，以使工件加工面高于角铁的上平面，并用 C 字夹头夹紧工件，如图 3-2-23 所示。铣削 5、6 侧面时，用螺栓压板夹紧工件，如图 3-2-12(a)所示。

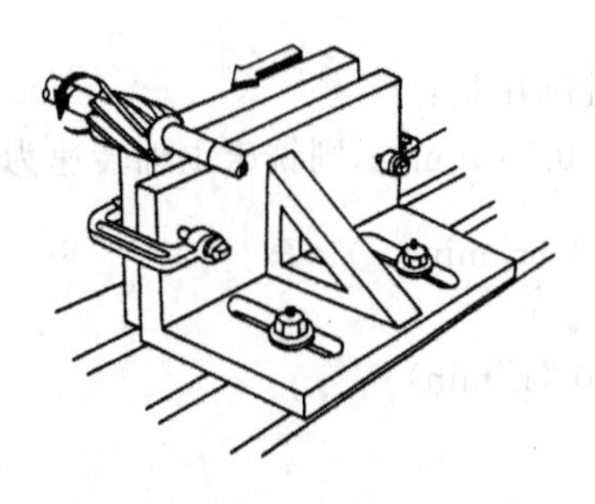

图 3-2-23 用角铁装夹工件

4）安装可转位面铣刀

可转位面铣刀结构如图 3-2-24 所示。安装刀体的方法与安装刀杆的方法相同。铣刀刀片的定位夹紧方式很多，本例是楔块在刀片前面的螺栓楔块夹紧结构，刀片安装的步骤(见图 3-2-25)如下：

① 在刀体上装刀垫 4，使刀垫紧贴刀体槽侧面。

② 装楔块 2，将螺钉 3 旋入螺孔内，用内六角扳手扳紧，使刀垫与刀体槽侧面压紧。

③ 装楔块 1，将螺钉 3 旋入螺孔内。

④ 将刀片 5 装入刀垫，使其与两定位面接触，然后用内六角扳手扳紧。

⑤ 安装铣刀和刀片后，应检查刀片的安装精度，检查时可用百分表测量各刀片最低点示值的等同性，也可以试铣一个平面，然后观测刀片最低点与试切平面的间隙来判断刀片的安装精度。此外，为达到平面度要求，应注意检查立铣头与工作台台面的垂直度。

【加工步骤】

平板状矩形工件的加工步骤见表 3-2-10。

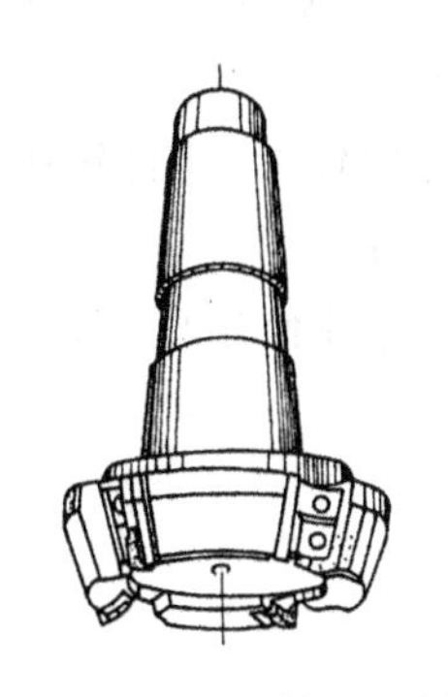

图 3-2-24 可转位面铣刀

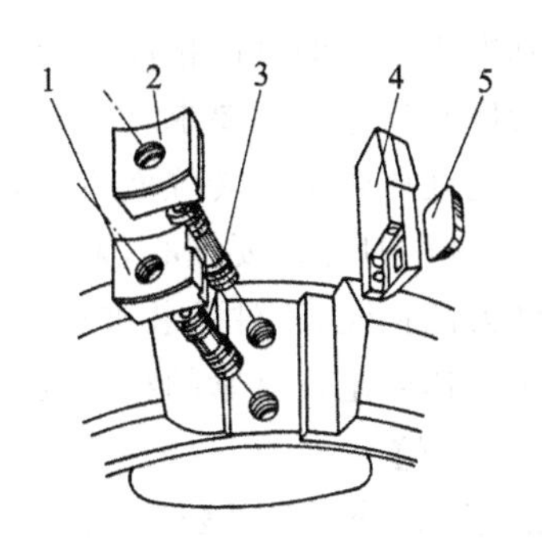

1,2—楔块;3—螺钉;4—刀垫;5—刀片

图 3-2-25 可转位面铣刀刀片的安装

表 3-2-10 平板状矩形工件的加工步骤

操作步骤	加工内容(见图 3-2-22)
1. 粗铣矩形工件	① 用虎钳装夹工件粗铣平面 1,调整工作台,使铣刀处于工件上方,横向调整的位置使工件和铣刀处于对称铣削或不对称逆铣的位置。铣除余量 0.4 mm,保证平面度误差在 0.1 mm 之内。 ② 换装直径为 63 mm 的铣刀,用角铁、C 字夹头装夹工件,粗铣平面 2、4,调整工作台,采用对称端铣,铣削时的横向分力应指向角铁定位面。单面铣除余量 3.5 mm,保证与平面 1 的垂直度误差在 0.05 mm 之内。若铣出的垂直面误差较大,应用百分表复核角铁定位面与工作台台面的垂直度,并用垫纸片的方法保证角铁定位面与工作台台面垂直。 ③ 用角铁、螺栓压板装夹工件,粗铣平面 5、6。铣削平面 5 时,应用 90°角度尺找正平面 4 与工作台台面垂直。铣削平面 6 时,将平面 5 紧贴工作台台面,便可铣出与平面 1、4 垂直,且与平面 5 平行的端面。 ④ 换直径为 125 mm 的铣刀,以平面 1、4 为基准,用机用虎钳装夹工件,粗铣平面 3
2. 预检	① 用游标卡尺或百分尺测量尺寸 100 mm、30 mm 和 200 mm 的实际余量,本例测得粗铣后实际尺寸为 100.90~100.85 mm、30.75~30.85 mm、200.92~201.05 mm。 ② 在标准平板上用三个千斤顶将工件顶起,测量平面 100 mm×200 mm 的平面度误差。三个千斤顶的分布位置应尽量拉开,并且不应放置在一直线上。测量时,用游标高度尺装夹百分表,调整千斤顶的高度,用百分表在千斤顶上方与被测平面接触,使三点的百分表示值相等,然后用百分表测量平面上其余的点,若测得的示值误差在 0.05 mm 以内,则表明被测平面的平面度误差小于 0.05 mm。 ③ 测量平面、端面与大平面的垂直度,可将工件基准面与标准平板测量面贴合,然后将 90°角尺的尺座与平板测量面贴合,用尺身测量侧面与基准面的垂直度。侧面与端面的垂直度也可直接用 90°角尺测量。测量中可借助塞尺判断垂直度误差值
3. 精铣各面	① 检查可转位铣刀的刀尖质量、磨损情况,按精铣数据调整主轴转速和进给量。 ② 按粗铣步骤依次精铣平面 1、2、4、5、6、3。对应面第一面铣削层深度约为 0.3 mm,第二面铣削时以尺寸公差为数据,确定铣削余量。为避免换装刀具的麻烦,精铣时也可以先加工两个大平面,但应在预检中注意选择以大平面垂直度较好的侧面为基准,才能保证平面 1、3 的尺寸精度和平行度要求;然后按平面 2、4、5、6 的顺序精铣

注意事项

平板状矩形工件铣削中应注意以下事项:

- 基准大平面的铣削精度十分重要，因此，在加工中首先要使基准大平面达到平面度、平行度和尺寸精度要求，然后才能依次完成侧面和端面加工。
- 采用硬质合金可转位面铣刀，其铣削速度和进给量值都比较大，并且转速高、自动进给快，铣削时操作要细心，避免工件移动引起梗刀等操作事故。
- 铣刀的换装、工件的装夹比较复杂，操作中应按照要求合理使用压板、C字夹头等，使工件达到定位夹紧的精度要求。

【质量检测】

质量检测评分标准见表3-2-11。

表3-2-11 评分标准(见图3-2-22)

项目	序号	考核内容	配分	评分标准	检测	得分
尺寸	1	$200_{-0.29}^{0}$	16	超差0.01扣2分		
	2	$100_{-0.22}^{0}$	16	超差0.01扣2分		
	3	$30_{-0.16}^{0}$	17			
	4	⊥ 0.05 A/B (2处)	12	超差0.01扣2分		
	5	⊥ 0.05 A (2处)	12	超差不得分		
其他	6	$Ra\,3.2$(6处)	12	每处降一级扣2分		
	7	去毛刺	5	出现一处扣2分		
	8	安全文明生产	10	未清理现场扣10分；每违反一项规定从总分中扣1～10分；严重违规停止操作		

【质量分析】

平板状矩形工件铣削的质量分析见表3-2-12。

表3-2-12 平板状矩形工件铣削的质量分析

种类	产生原因
平面度超差	立铣头与工作台台面不垂直
平行度较差	① 工件装夹时定位面未与平行垫块紧贴； ② 圆柱铣刀有锥度、平行垫块精度差； ③ 机用虎钳安装时底面与工作台台面之间有赃物或毛刺等
垂直度较差	与垂直面铣削质量分析类似，本例采用角铁装夹工件，可能因角铁精度差、高速铣削中弹性偏让等因素造成垂直度误差
表面粗糙度超差	① 铣削位置调整不当采用了不对称顺铣； ② 铣刀刀片型号选择不对，铣刀刀片安装精度差； ③ 铣床进给有爬行，铣床主轴轴向间隙在高速运转中影响表面粗糙度； ④ 工件装夹不够稳固引起铣削振动等

注意事项

平板状矩形工件的检验注意事项如下：

- 用百分尺测量平行面之间的尺寸应分别在 199.71～200.00 mm、29.84～30.00 mm、99.78～100.00 mm 范围内，但因平行度公差为 0.05 mm，因此用百分尺测得的尺寸最大偏差应在 0.05 mm 内。
- 用刀口形直尺测量侧面与端面的平面度时，各个方向的直线度均应在 0.05 mm 范围内。用千斤顶百分表测量平面度，除三点测量基准外，百分表示值的误差应在 0.05 mm 内。
- 用 90°角尺测量相邻面垂直度时，应以 0.05 mm 厚度的塞尺不能塞入缝隙为合格。
- 通过目测类比法进行表面粗糙度检验。

在卧式铣床上加工长条状矩形工件技能训练

重点： 掌握长条状矩形工件的铣削方法。

难点： 端面垂直度控制。

铣削加工如图 3-2-26 所示的长条状矩形工件，毛坯尺寸为 210 mm×80 mm×70 mm，材料为 45 钢，数量 1 件。

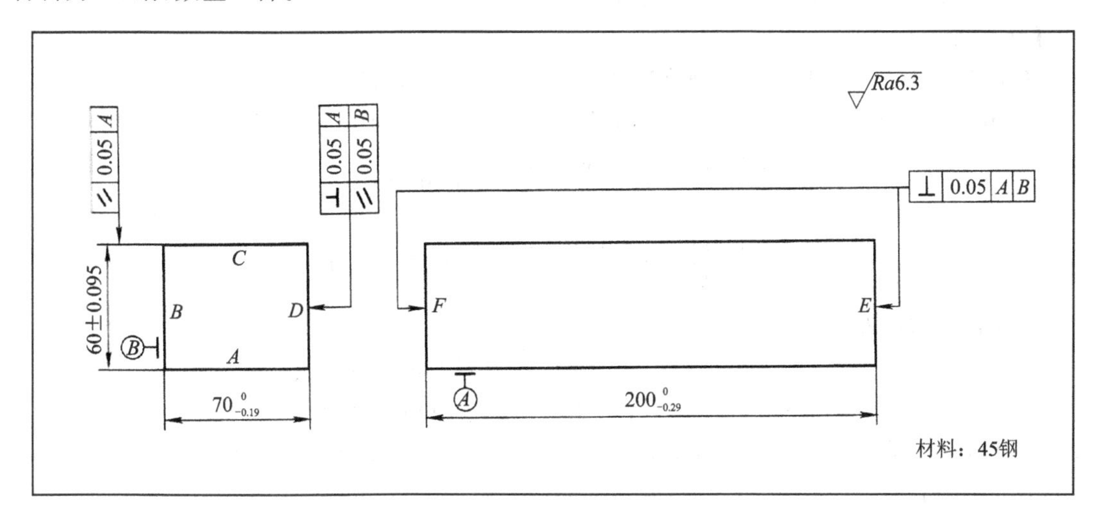

图 3-2-26　长条状矩形工件

【工艺分析】

① 在加工中，基准面尽可能用作定位面，本例要求 *D* 面垂直于 *A* 面、平行于 *B* 面，*C* 面平行于 *A* 面，*E*、*F* 面垂直于 *A*、*B* 面，因此平面 *A*、*B* 为工件定位基准。

② 工件各表面的表面粗糙度均为 *Ra* 6.3，铣削加工容易达到要求。

③ 工件材料为 45 钢（241HBS），其切削性能较好，可选用高速钢铣刀，也可以选用硬质合金铣刀对其进行加工。

④ 工件的形状为长条状矩形，其外形尺寸和基准平面不大，但由于工件较长，使装夹与铣削方式受到一定限制。可在卧式铣床上用周铣法加工侧面，用端面铣削法加工端面，工件可采用机用平口虎钳装夹。

⑤ 根据图样的精度要求，本例是在卧式铣床上进行铣削加工的，长条状矩形工件的加工步骤如下：

预制件检验→安装机用平口虎钳→装夹工件→安装圆柱铣刀→粗铣四侧面→预检、精铣四侧面→虎钳回转90°安装并进行找正→粗铣 $200_{-0.29}^{0}$ mm 两端面→精铣两端面→矩形工件铣削工艺检验。

【工艺准备】

① 选择铣床。选用X6132型卧式铣床或类似的卧式铣床。

② 选择工件装夹方式。选用Q12160型平口虎钳,钳口宽度为160 mm,钳口最大张开度为125 mm,钳口高度为50 mm。选择角铁定位面的尺寸200 mm×150 mm。

③ 选择刀具。根据图样给定的平面最大宽度尺寸选择圆柱铣刀和整体式面铣刀的规格,现选用外径 $\phi 63$、长度为80 mm的粗齿(6齿)圆柱铣刀粗铣侧面;选用尺寸规格相同的细齿(10齿)圆柱铣刀精铣侧面。选用外径 $\phi 80$、长度为45 mm的10齿整体式面铣刀粗精铣两端面。

④ 选择检验测量方法如下:

a. 平面度采用刀口形直尺测量。

b. 平行面之间的尺寸和平行度用外径百分尺测量。

c. 垂直度用90°角尺检验。

d. 表面粗糙度采用目测样板类比检验。

【切削用量】

按工件材料(45钢)和铣刀的规格选择、计算和调整铣削用量:

① 粗铣时取铣削速度 $v_c=18$ m/min,每齿进给量 $f_z=0.10$ mm/z,则铣床主轴转速为

$$n_1=\frac{1000v_c}{\pi d_{01}}=\frac{1000\times 18}{3.14\times 63}\approx 90.99\ (\text{r/min})$$

$$n_2=\frac{1000v_c}{\pi d_{02}}=\frac{1000\times 18}{3.14\times 80}\approx 71.66\ (\text{r/min})$$

每分钟进给量为

$$v_{f1}=f_z z n_1=0.1\times 6\times 95=57\ (\text{mm/min})$$

$$v_{f2}=f_z z n_2=0.1\times 10\times 75=75\ (\text{mm/min})$$

实际调整铣床主轴转速为 $n_1=95$ r/min,$n_2=75$ r/min;每分钟进给量为 $v_{f1}=47.5$ mm/min,$v_{f2}=75$ mm/min。

② 精铣时取铣削速度 $v_c=20$ m/min,每齿进给量 $f_z=0.05$ mm/z,则铣床主轴转速为

$$n_1=\frac{1000v_c}{\pi d_{01}}=\frac{1000\times 20}{3.14\times 63}\approx 101.10\ (\text{r/min})$$

$$n_2=\frac{1000v_c}{\pi d_{02}}=\frac{1000\times 20}{3.14\times 80}\approx 79.62\ (\text{r/min})$$

每分钟进给量为

$$v_{f1}=f_z z n_1=0.05\times 10\times 95=47.5\ (\text{mm/min})$$

$$v_{f2}=f_z z n_2=0.05\times 10\times 75=37.5\ (\text{mm/min})$$

实际调整铣床主轴转速为 $n_1=95$ r/min,$n_2=75$ r/min;每分钟进给量为 $v_{f1}=47.5$ mm/min,$v_{f2}=37.5$ mm/min。

③ 粗铣时的铣削层深度为2.5 mm,精铣时为0.5 mm,铣削层宽度在60~80 mm内。

【加工准备】

1) 坯件检验

① 用钢直尺检验预制件的尺寸,并结合各表面的垂直度、平行度情况,检验坯件是否有加

工余量,本例测得预制件基本尺寸为 208 mm×79 mm×70 mm。

② 综合考虑平面的表面粗糙度、平面度以及相邻面的垂直度,在两个 208 mm×79 mm 的平面中选择一个作为粗铣基准平面。

2) 安装机用虎钳和角铁

将机用虎钳安装在工作台中间的 T 形槽内,用 T 形螺栓将角铁安装在工作台台面上,安装时注意底面与工作台台面之间的清洁度。

3) 装夹工件

铣削 A、B、C、D 面时,采用机用平口虎钳装夹工件,定钳口与工作台的纵向平行。铣削端面 E、F 时,虎钳定钳口与横向平行。因工件尺寸均大于钳口高度 10 mm 以上,故不需采用平行垫块。

4) 安装铣刀

使用长刀杆安装圆柱铣刀,粗铣 A、B、C、D 面安装粗齿圆柱铣刀。铣削端面 E、F 时,换装整体式面铣刀。

【加工步骤】

长条状矩形工件的加工步骤见表 3-2-13。

表 3-2-13　长条状矩形工件的加工步骤

操作步骤	加工内容(见图 3-2-26)
1. 粗铣 A、B、C、D 面	① 用虎钳装夹工件粗铣平面 A,调整工作台,使铣刀处于工件上方,横向调整的位置使工件宽度处于铣刀中间。铣除余量 4 mm,平面度误差在 0.05 mm 之内。 ② 以 A 面为基准,铣削垂直面 B、D,平面度、垂直度和平行度误差均在 0.05 mm 之内,单面铣除余量 4 mm。工件装夹时将 A 面紧贴定钳口,活动钳口与 C 面之间通过圆棒夹紧。 ③ 以 B 面为侧面基准,A 面为底面基准,铣削 C 面与 A 面的平行度误差在 0.05 mm 之内
2. 预检、精铣 A、B、C、D 面	① 用游标卡尺或百分尺测量尺寸 60 mm、70 mm 的实际余量,本例测得粗铣后实际尺寸为 61.05～61.07 mm、71.08～71.12 mm。 ② 刀口形直尺测量各面的平面度,用 90°角尺测量相邻面的垂直度。实际误差值范围可用 0.05 mm 厚度的塞尺判断,若 0.05 mm 的塞尺均不能通过缝隙,则误差值均在 0.05 mm 范围内。 ③ 换装细齿圆柱铣刀,按精铣数据 n_1、v_{f1} 调整主轴转速和进给量。 ④ 按粗铣步骤依次精铣平面 A、B、C、D。对应第一面铣削层深度约为 0.3 mm,第二面铣削时以尺寸公差为依据,确定铣削余量
3. 粗铣端面 E、F	① 换装整体式面铣刀,安装后注意铣刀的端面跳动误差。 ② 松开虎钳上体与转盘底座的紧固螺母,将虎钳水平回转 90°,略紧固螺母后,用百分表找正钳口与工作台横向进给方向平行。找正方法如图 3-2-27(a)所示。找正时,注意防止百分表表座和连接杆的松动,影响找正精度,若不慎将百分表跌落,会造成百分表的损坏。找正操作时,先将百分表测头与定钳口长度方向的中部接触,然后移动横向,根据示值误差微量调整回转角度,直至钳口与横向平行。同时,移动垂向,可以校核定钳口与工作台台面的垂直度误差。当工件垂直度要求不高时,也可采用划针和 90°角尺找正,如图 3-2-27(b)、(c)所示。 ③ 以 A 面和 B 面为基准装夹工件,靠近铣刀一端伸出的部分尽可能少,只要能铣除余量即可。粗铣 E、F 面,单面铣除余量 3.5 mm,垂直度在 0.05 mm 之内
4. 预检、精铣端面	① 预检端面的垂直度及尺寸余量。 ② 检查整体式面铣刀的刀尖质量。 ③ 对刀,精铣一侧面,铣除余量 0.3 mm。 ④ 掉头装夹工件,重新对刀,根据尺寸余量,精铣另一端面,达到尺寸精度要求

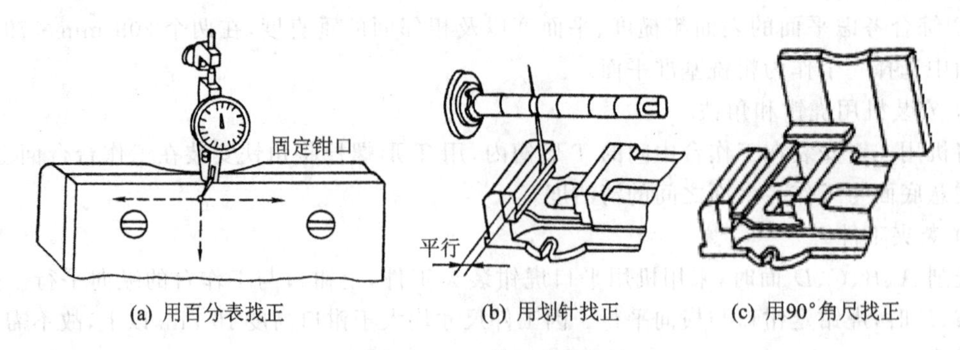

(a) 用百分表找正　(b) 用划针找正　(c) 用90°角尺找正

图 3－2－27　找正虎钳方法

注意事项

端面铣削中应注意以下事项：

- 用虎钳装夹工件铣削端面，与侧面基准的垂直度主要取决于虎钳定钳口的找正精度。因此，定钳口与工作台横向的平行度误差应在 0.02 mm 之内。与底面基准的垂直度取决于工件安装的精度，因端面铣削时工件下方是悬空的，若安装时底面基准与工作台台面不平行或在铣削中微量向下移动，都会使垂直度误差增大。
- 在万能卧式铣床上铣削端面，若由于工作台回转盘的零位未对准，使铣床的主轴与纵向进给方向不垂直，会使铣出的平面出现中间凹陷，引起平面度误差。
- 铣削端面时，铣刀旋转方向、进给方向和虎钳的安装位置，会影响切削力的指向。铣削时，应使纵向切削分力指向定钳口，垂向分力向下，即都应使工件靠向定位面。见图 3－2－28(a)，用虎钳装夹工件铣削端面，垂直分力向下是正确的，而纵向分力指向活动钳口不够合理。图 3－2－28(b)所示是用压板和辅助侧面定位装夹工件进行装夹，铣削分力均使工件靠向定位面，因此装夹是合理的。

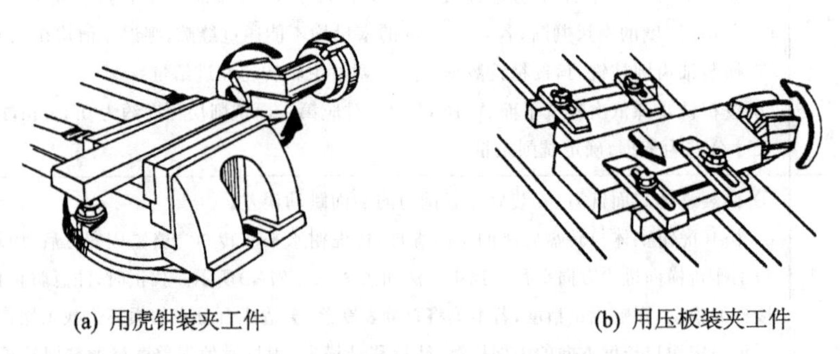

(a) 用虎钳装夹工件　(b) 用压板装夹工件

图 3－2－28　较长工件端面铣削位置和方向

【质量检测】

质量检测评分标准见表 3－2－14。

表 3－2－14　评分标准(见图 3－2－26)

项　目	序　号	考核内容	配　分	评分标准	检　测	得　分
尺寸	1	$200_{-0.29}^{0}$	16	超差 0.01 扣 2 分		
	2	$70_{-0.19}^{0}$	16	超差 0.01 扣 2 分		
	3	60±0.095	17			
	4	⊥ 0.05 A/B (2 处)	12	超差 0.01 扣 2 分		
	5	⊥ 0.05 A	12	超差不得分		
	6	// 0.05 B				
	7	// 0.05 A				
其他	8	*Ra* 3.2(6 处)	12	每处降一级扣 2 分		
		去毛刺	5	出现一处扣 2 分		
		安全文明生产	10	未清理现场扣 10 分；每违反一项规定从总分中扣 1～10 分；严重违规停止操作		

注意事项

长条状矩形工件的检验注意事项：

- 用百分尺测量平行面之间的尺寸应在 99.71～200 mm、69.81～70 mm、59.905～60.095 mm 范围，但因平行度公差为 0.05 mm，因此百分尺测得的尺寸最大偏差应在 0.05 mm 内。
- 用刀口形直尺测量侧面与端面的平面度时，各个方向的直线度均应在 0.05 mm 范围内。
- 用 90°角度尺测量相邻面的垂直度时，应以 0.05 mm 厚度的塞尺不能塞入缝隙为合格。用 90°角度尺测量端面的垂直度时，应将工件侧面和底面基准与标准平板贴合，然后将尺座与平板贴合，用尺身测量端面，塞尺判断垂直度误差值。
- 通过目测类比法进行表面粗糙度检验。

【质量分析】

长条状矩形工件铣削的质量分析见表 3－2－15。

表 3－2－15　长条状矩形工件铣削的质量分析

种　类	产生原因
平面度超差	圆柱铣刀圆柱度不好和铣床主轴与工作台纵向进给方向不垂直
平行度较差	① 工件装夹时定位面未与平行垫块紧贴； ② 圆柱铣刀有锥度、平行垫块精度差； ③ 机用虎钳安装时底面与工作台台面之间有赃物或毛刺等
垂直度较差	与垂直面铣削质量分析类似，本例在卧式铣床上铣削矩形工件，圆柱铣刀有锥度、虎钳精度和找正精度差、工件安装精度、预测误差大等因素造成垂直度误差

3.2.4 斜面铣削加工技能训练

调整主轴角度铣削斜面技能训练

重点：掌握在立铣上用主轴倾斜铣削斜面的方法。

难点：立铣头转角的调整操作与精度控制。

铣削加工如图 3-2-29 所示的斜面工件，毛坯尺寸为 65 mm×40 mm×28 mm，材料为 HT200。

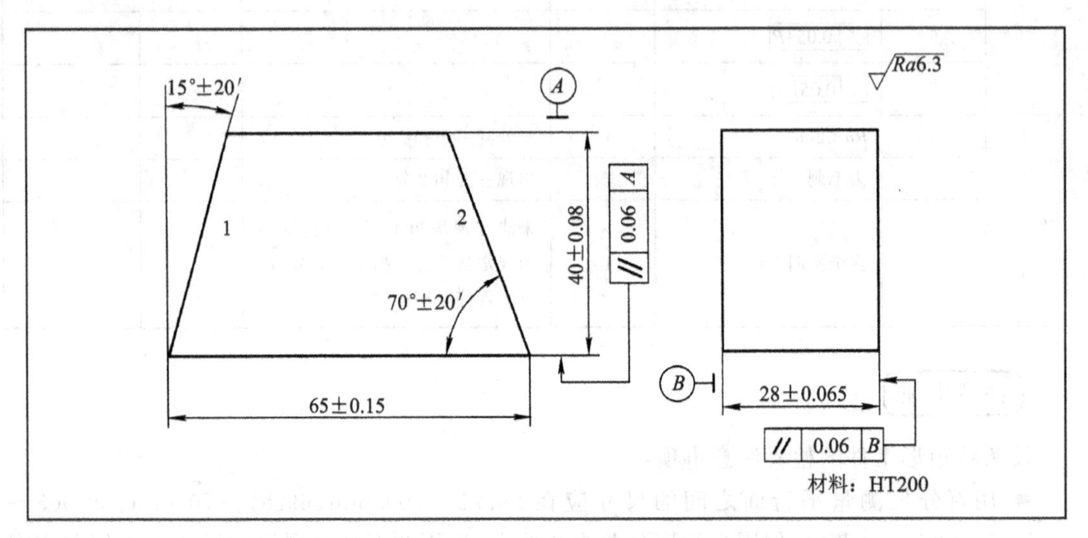

图 3-2-29 斜面工件图一

【工艺分析】

本例加工斜面 1 时，以同侧端面为基准；铣削斜面 2 时，以底面为基准。宜采用机用平口虎钳装夹工件。工件各表面的表面粗糙度均为 $Ra\,3.2$，精度较高，铣削加工能达到要求。材料为 HT200，切削性能较好，选用高速钢铣刀。

根据图样的精度要求，在立式铣床上调整主轴角度铣削加工斜面。其加工步骤如下：

预制件检验→安装、找正机用平口虎钳→装夹工件→安装面铣刀→调整立铣头角度→粗精铣斜面 1→重新装夹工件→换装立铣刀→调整立铣头角度→粗精铣斜面 2→斜面工件铣削工序检验。

【工艺准备】

① 选择铣床。选用 X5032 型立式铣床。

② 选择工件装夹方式。选用 Q12160 型平口虎钳装夹工件。

③ 选择刀具。选用外径 $\phi 63$ 的整体式面铣刀和外径 $\phi 32$ 的锥柄立铣刀，分别铣削斜面 1 和斜面 2。

④ 选择检验测量方法：

a. 平面度采用刀口形直尺测量。

b. 平行面之间的尺寸和平行度用外径百分尺测量。

c. 斜面角度用游标万能角度尺测量，垂直度用 90°角尺检验。

d. 表面粗糙度采用目测样板类比检验。

【切削用量】

按工件材料(HT200)和铣刀的规格选择、计算和调整铣削用量：

① 整体式面铣刀取主轴转速 $n=75$ r/min($v_c=15$ m/min)，进给量 $v_f=47.5$ mm/min。

② 立铣刀取主轴转速 $n=190$ r/min($v_c=19$ m/min)，进给量 $v_f=37.5$ mm/min。

③ 斜面铣刀的背吃刀量粗铣、半精铣一般为 2.5 mm，精铣为 0.5 mm。

④ 斜面 1 的宽度为 40 mm/cos15° = 41.41 mm，斜面 2 的宽度为 40 mm/cos20° = 42.57 mm。

【加工准备】

1）坯件检验

① 用游标卡尺检验预制件的尺寸，本例测得预制件基本尺寸为 65 mm×40 mm×28 mm。

② 综合考虑平面的表面粗糙度、平面度以及相邻面的垂直度，在两个 65 mm×28 mm 的平面中各选择一个作为基准平面。

2）安装、找正机用平口虎钳

将虎钳安装在工作台中间 T 形槽内，安装时注意底面与工作台台面之间的清洁度。用百分表找正虎钳定钳口，使其与工作台纵向平行。

3）装夹工件

铣削斜面 1 时，采用主轴倾斜端铣法，工件以侧面和端面为基准装夹；在工件下面衬垫平行垫块，其高度使工件上平面高于钳口 15 mm(40 mm×tan15°≈10.72 mm)，并找正工件端面，使其与工作台台面平行，见图 3-2-30(a)。铣削斜面 2 时，采用主轴倾斜周铣法，工件以侧面和底面为基准装夹，工件相对钳口的高度和端面外伸的长度以保证斜面铣削位置在钳口之外，并找正工件底面基准，使其与工作台台面平行，如图 3-2-30(b)所示。

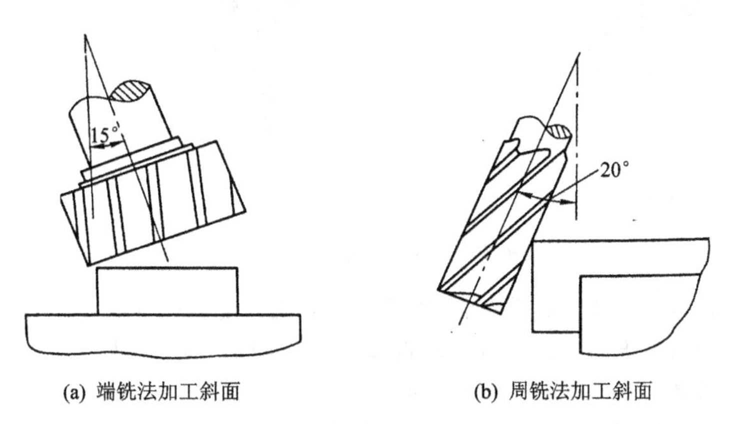

(a) 端铣法加工斜面　　(b) 周铣法加工斜面

图 3-2-30　铣削斜面工件时工件和铣刀的位置

4）调整立铣头倾斜角和安装铣刀

① 铣削斜面 1 时，参照表 3-2-2，立铣头转过的角度等于斜面夹角，即 $\alpha=\theta$。立铣头倾斜角调整的操作方法如下：

a. 用扳手顺时针旋拧立铣头右面定位销顶端的六角螺母，拔出定位销(见图 3-2-31(a))。

b. 松开立铣头回转盘的四个紧固螺母(见图 3-2-31(b))。

c. 根据转角要求，转动立铣头回转盘左侧的齿轮轴(见图 3-2-31(c))，按回转盘刻度逆时针转过15°。

d. 紧固四个回转盘螺母，具体操作方法是按对角顺序逐步紧固。紧固后应观察零线与刻度的位置和立铣头的倾斜角度。

调整立铣头倾斜角后，安装整体式面铣刀，具体方法与铣平面时相同。

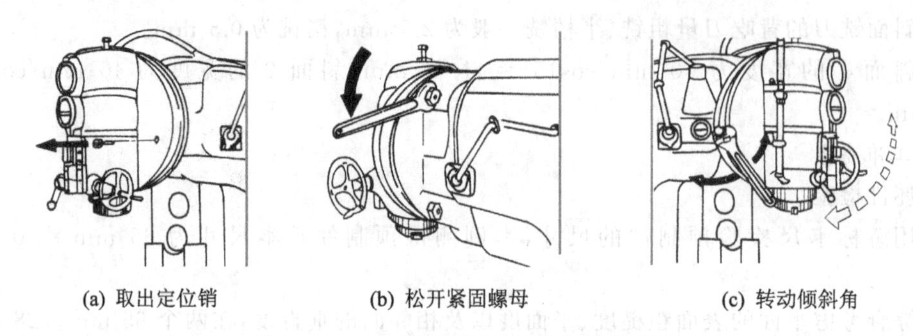

(a) 取出定位销　　(b) 松开紧固螺母　　(c) 转动倾斜角

图 3-2-31　立铣头倾斜角调整操作步骤

② 铣削斜面2时，参照表3-2-1，立铣头逆时针方向转过的角度 $\alpha=90°-\theta=90°-70°=20°$。安装立铣刀的具体操作步骤如下（见图3-2-32）：

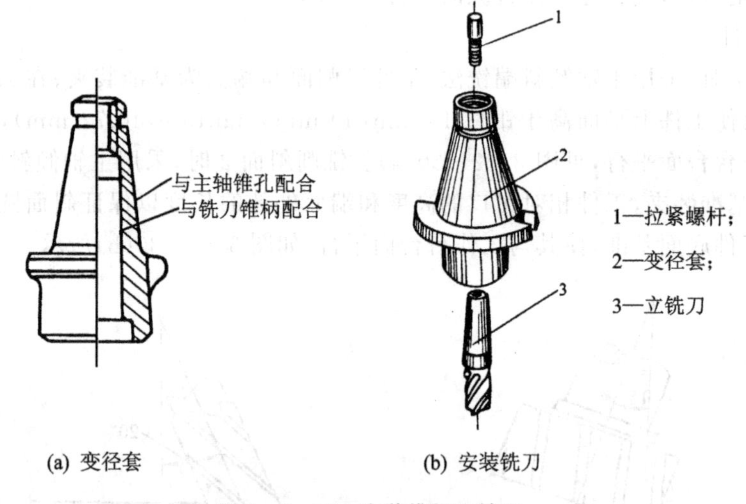

(a) 变径套　　(b) 安装铣刀

图 3-2-32　安装锥柄立铣刀

a. 选择外锥面与铣床主轴锥孔配合、内锥面与立铣刀配合的变径套，并擦净主轴锥孔、铣刀锥柄和变径套的内外锥面。选择与铣刀柄部内螺纹相同的拉紧螺杆。

b. 将立铣刀3锥柄装入变径套2的锥孔。

c. 将变径套连同铣刀装入主轴锥孔，并使变径套上的缺口对准主轴端部的键块。

d. 用拉紧螺杆1将铣刀连同变径套紧固在主轴上。

【加工步骤】

斜面工件的加工步骤见表3-2-16。

表 3-2-16 斜面工件的加工步骤

操作步骤	加工内容(见图 3-2-29)
1. 铣削斜面 1	① 对刀时,调整工作台目测使铣刀轴线处于斜面的中间,紧固工作台纵向,垂向对刀使铣刀端面刃恰好擦到工件尖角最高点,见图 3-2-33(a)。 ② 按斜面 1 的铣除余量(40 mm×sin15°=10.35 mm)分两次调整铣削层深度,第一次为 5 mm;第二次为 4 mm,横向机动进给粗铣斜面 1,如图 3-2-33(b)所示。 ③ 垂向上升 1 mm 左右,精铣斜面 1,使斜面与侧面的交线位置与原交线重合,如图 3-2-33(c)所示
2. 铣削斜面 2	① 调整工作台,使立铣刀的圆周切削刃能一次铣出整个斜面。 ② 纵向对刀,使立铣刀圆周刃恰好擦到工件交线,见图 3-2-34(a)。 ③ 按斜面的铣除余量(40 mm×tan20°=14.56 mm)分三次纵向调整铣削层深度。第一次为 5 mm,第二次为 4.5 mm,第三次为 3.5 mm,横向进给粗铣斜面 2,铣削时注意紧固工作台纵向,见图 3-2-334(b)。 ④ 根据交线的位置和余量,纵向移动 1 mm 左右,精铣斜面 2,使交线恰好与原交线重合,见图 3-2-34(c)

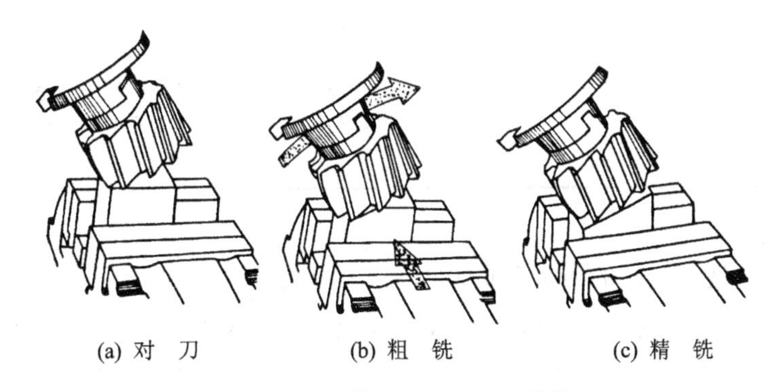

(a) 对 刀　　(b) 粗 铣　　(c) 精 铣

图 3-2-33 立铣头倾斜角度端铣斜面

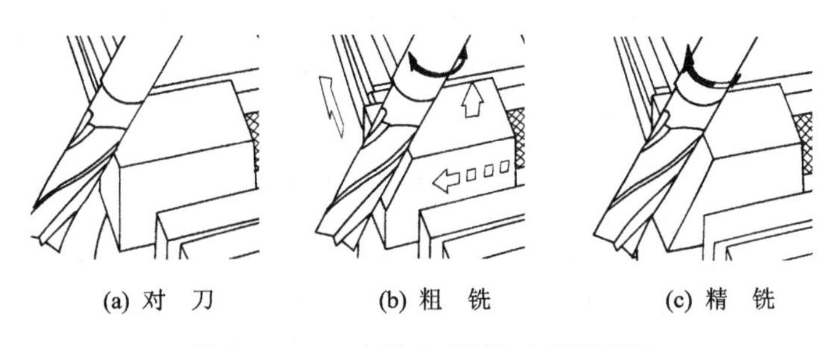

(a) 对 刀　　(b) 粗 铣　　(c) 精 铣

图 3-2-34 立铣头倾斜角度周铣斜面

注意事项

调整主轴角度铣削斜面应注意以下事项:

- 铣削方式(端铣法或周铣法)、工件斜面的角度标注与工件装夹位置、立铣头倾斜角度及其方向有密切的关系。在加工时,应注意按图样对照,以免组合上的错误。
- 调整立铣头角度后,斜面必须采用工作台横向进给铣削。进给的方向最好能使切削分力指向定钳口,并采用逆铣方法。

- 铣削余量应通过计算或划线测量获得,铣削余量调整值的累计应注意将尖角对刀时的切除量估算在内,精铣时应目测与计算余量相结合,以保证斜面位置的准确性。

【质量检测】

质量检测评分标准见表 3-2-17。

表 3-2-17 评分标准(见图 3-2-29)

项目	序号	考核内容	配分	评分标准	检测	得分
外形尺寸	1	65±0.15	10	超差 0.01 扣 2 分		
	2	40±0.08	10	超差 0.01 扣 2 分		
	3	28±0.065	10	超差 0.01 扣 2 分		
	4	15°±20′	12	超差 2′扣 2 分		
	5	70°±20′	12	超差 2′扣 2 分		
	6	// 0.06 B	9	超差 0.01 扣 2 分		
	7	// 0.06 A	9	超差不得分		
其他	8	*Ra*6.3(6 处)	12	每处降一级扣 2 分		
	9	去毛刺	6	出现一处扣 2 分		
	10	安全文明生产	10	未清理现场扣 10 分;每违反一项规定从总分中扣 1~10 分;严重违规停止操作		

【质量分析】

调整主轴角度铣削斜面的质量分析见表 3-2-18。

表 3-2-18 调整主轴角度铣削斜面的质量分析

种类	产生原因
平面度超差	立铣刀圆柱度误差大或立铣头与工作台横向进给方向不垂直
垂直度较差	① 机用平口虎钳定钳口与工作台纵向不平行; ② 工件装夹时定位面之间有脏物等
斜面角度误差大	① 立铣头调整角度有误差、立铣刀圆周刃有锥度; ② 工件基准面装夹位置不准确或铣削过程中微量位移等
表面粗糙度超差	① 铣削位置调整不当采用了不对称顺铣; ② 铣削余量分配不合理、铣削用量选择不当等; ③ 铣床进给有爬行; ④ 工件装夹不够稳固引起铣削振动等

注意事项

斜面工件铣削检验注意事项:

- 用游标万能角尺测量斜面 1 的角度误差通过基准转换测量,斜面 1 与底面基准的角度为 75°±20′,斜面 2 与底面基准的角度为 70°±20′。用游标万能角度尺测量的方法如

图 3-2-35 所示，测量时，将测量面之间的角度调整到与工件相同的角度，即角度尺测量面与工件斜面、基准面贴合，然后将游标尺的读数与图样要求比较，确定斜面加工的角度误差。

- 进行斜面的位置测量时，本例只须用游标卡尺检测 65±0.15 是否合格。
- 用 90°角尺测量斜面与侧面垂直度时，应以 0.05 mm 厚度的塞尺不能塞入缝隙为合格。

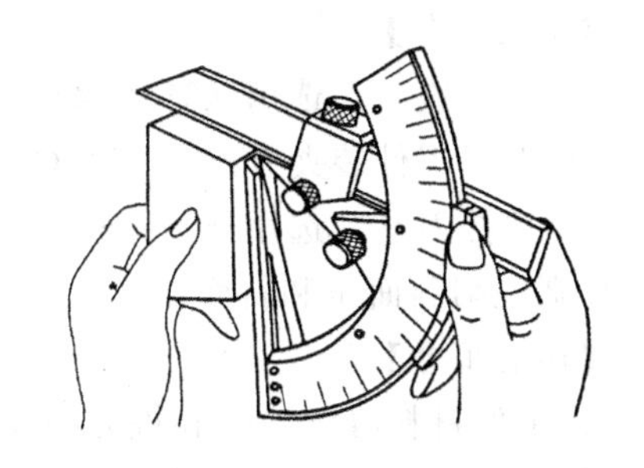

图 3-2-35 游标万能角度尺测量斜面

转动工件角度和用角度铣刀铣削斜面技能训练

重点：掌握工件倾斜周铣法和角度铣刀铣削斜面的方法。

难点：斜面划线及工件转动找正操作方法。

铣削加工如图 3-2-36 所示的斜面工件，毛坯尺寸为 70 mm×45 mm×30 mm，材料为 HT200。

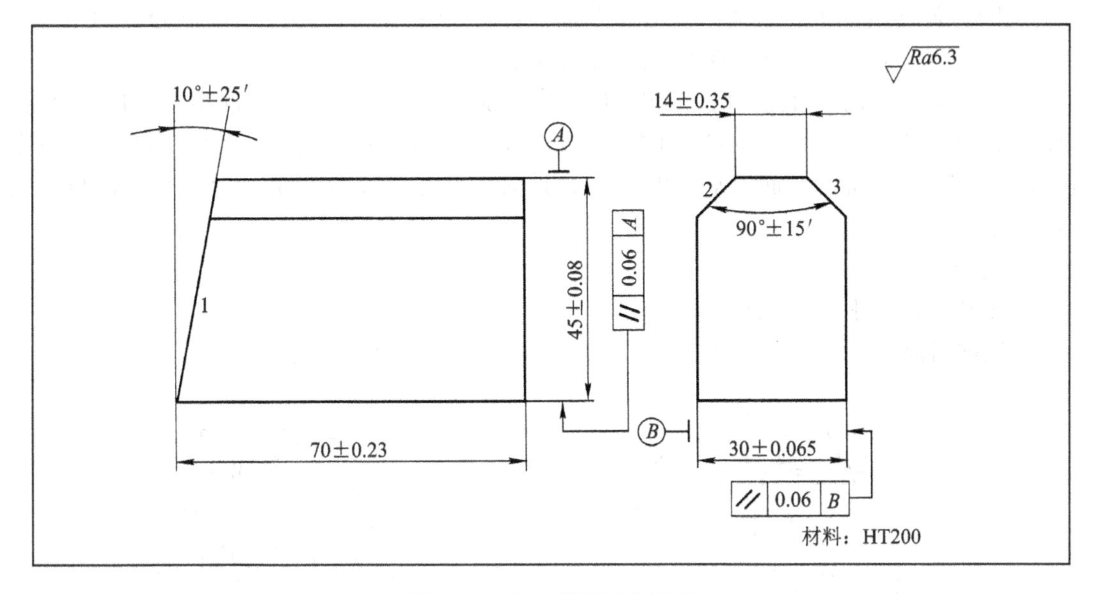

图 3-2-36 斜面工件图二

【工艺分析】

① 根据图样的精度要求，选择在卧式铣床上工件转动角度和用角度铣刀铣削加工斜面。加工斜面 1 时，以端面侧面为基准；铣削斜面 2、3 时，以底面侧面为基准。

② 工件各表面粗糙度值均为 Ra6.3，铣削加工能达到要求。

③ 材料为 HT200，切削性能较好，可选用高速钢铣刀。

加工步骤如下：

预制件检验→安装、找正机用平口虎钳→装夹、找正工件→安装圆柱铣刀→粗精铣斜面 1→调整虎钳定钳口位置→换装角度铣刀→粗精铣斜面 2、3→斜面工件铣削工序检验。

【工艺准备】

① 选择铣床。选用 X6132 型卧式铣床。

② 选择工件装夹方式。选用 Q12160 型平口虎钳装夹工件。

③ 选择刀具。选用外径 $\phi 63$、长度为 80 mm 的圆柱铣刀;选用外径 $\phi 75$ 的 45°单角度铣刀,分别铣削斜面 1 和斜面 2、3。

【切削用量】

按工件材料(HT200)和铣刀的规格选择、计算和调整铣削用量:

① 圆柱铣刀取主轴转速 $n=75$ r/min($v_c=15$ m/min),进给量 $v_f=47.5$ mm/min。

② 角度铣刀取主轴转速 $n=47.5$ r/min($v_c\approx 11$ m/min),进给量 $v_f=23.5$ mm/min。

③ 斜面铣刀的背吃刀量粗铣、半精铣一般为 2.5 mm,角度铣刀因刀齿强度差,可再小一些。精铣时为 0.5 mm。斜面 1 的宽度为 45 mm/cos10°=45.69 mm,斜面 2、3 的宽度为(30−14) mm/2cos 45°=11.31 mm。

【加工准备】

① 坯件检验。用游标卡尺检验毛坯尺寸,两侧面平行度误差为 0.06 mm。

② 安装、找正机用平口虎钳。将虎钳安装在工作台中间 T 形槽内,铣削斜面 1 时,用百分表找正钳口,使其与工作台横向平行;铣削斜面 2、3 时,找正定钳口,使其与工作台纵向平行。

③ 在工件侧面划出斜面参照线,划线方法如图 3-2-37 所示。

④ 装夹工件。铣削斜面 1 时,采用工件倾斜周铣法,工件以侧面为基准装夹,用划针找正斜面划线,并使工件斜面加工位置高于钳口,如图 3-2-38 所示。铣削斜面 2、3 时,采用角度铣刀铣削,工件以侧面和底面为基准装夹,工件顶面高于钳口 15 mm,以保证斜面铣削位置线在钳口之外。

⑤ 安装铣刀:

a. 铣削斜面 1 时,安装圆柱铣刀。

b. 铣削斜面 2、3 时,安装单角度铣刀。安装时应注意铣刀的切削方向。

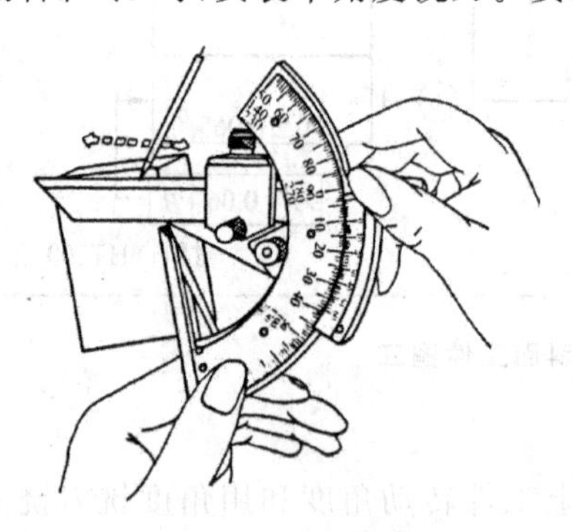

图 3-2-37 工件表面划线

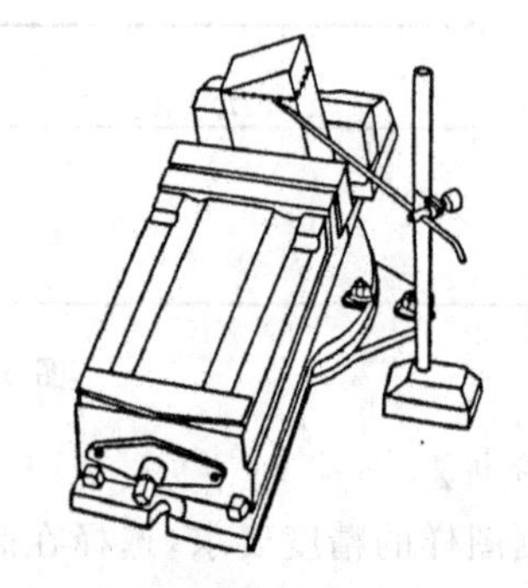

图 3-2-38 按划线找正铣削位置

【加工步骤】

斜面工件的加工步骤见表 3-2-19。

表 3－2－19　斜面工件的加工步骤

操作步骤	加工内容(见图 3－2－36)
1. 铣削斜面 1	① 对刀时,调整工作台目测使斜面处于圆柱铣刀长度的中间,紧固工作台横向,垂向对刀使铣刀圆周刃恰好擦到工件尖角最高点。 ② 按斜面 1 的铣除余量(45 mm×sin 10°＝7.81 mm)分两次调整铣削层深度:第一次为 4 mm,第二次为 3 mm,纵向机动进给粗铣斜面 1。 ③ 预检夹角合格后,垂向上升 1 mm 左右,精铣斜面 1,使斜面与侧面的交线位置与原交线重合
2. 铣削斜面 2 和斜面 3	① 换装单角度铣刀,调整工作台,使角度铣刀的锥面切削刃能一次铣出整个斜面。 ② 横向对刀,使角度铣刀柱面刃恰好擦到工件交线。 ③ 按斜面铣削 8 mm 的余量分两次横向调整铣削层深度:第一次为 4 mm,第二次为 3.5 mm,纵向进给粗铣斜面 2,铣削时注意紧固工作台横向。 ④ 根据交线的位置和余量,横向移动 0.5 mm 左右,精铣斜面 2,使斜面与顶面交线距离同侧侧面 8 mm。 ⑤ 将工件水平回转 180°装夹,此时斜面 3 处于精铣位置,铣削斜面 3 可以重复斜面 2 的铣削步骤,即重新对刀、粗铣、精铣。也可以不重新对刀,参照横向的刻度,先退刀,然后进行两次粗铣,最后根据图样标注的尺寸(14±0.35) mm 微量调整横向位置,铣削斜面 3,达到图样的尺寸精度要求。用单角度铣刀工件换面法铣削斜面加工如图 3－2－39 所示

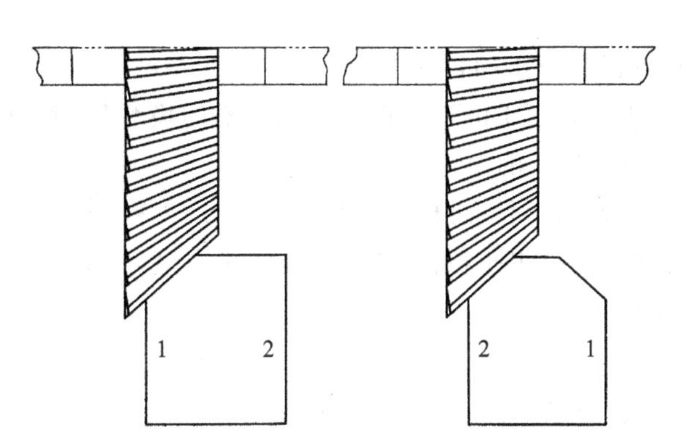

图 3－2－39　用单角度铣刀工件换面法铣削斜面

注意事项

用单角度铣刀工件换面法铣削斜面时应注意以下事项:

- 单角度铣刀刀齿强度差、容屑槽浅,所以在铣削是应注意采用较小的铣削用量。
- 单角度铣刀在工作时有左切和右切之分,因此,安装和使用时应注意铣刀旋转方向和工件进给,绝对不可使用顺铣。
- 使用工件换面装夹的方法铣削两侧对称的斜面时,应注意预检两侧的平行度误差,本例中两侧面平行度误差在 0.06 mm 内,因此要对两侧的 45° 斜面进行加工是可行的。

【质量检测】

质量检测评分标准见表 3－2－10。

表 3-2-20　评分标准(见图 3-2-36)

项　目	序　号	考核内容	配　分	评分标准	检　测	得　分
外形尺寸	1	70±0.23	10	超差 0.01 扣 2 分		
	2	45±0.08	10	超差 0.01 扣 2 分		
	3	30±0.065	10	超差 0.01 扣 2 分		
	4	14±0.35	5	超差 0.01 扣 2 分		
	5	10°±25′	10	超差 2′扣 2 分		
	6	90°±15′	10	超差 2′扣 2 分		
	7	// 0.06 B	9	超差 0.01 扣 2 分		
	8	// 0.06 A	9	超差不得分		
其他	9	Ra6.3(8 处)	12	每处降一级扣 2 分		
	10	去毛刺	5	出现一处扣 2 分		
	11	安全文明生产	10	未清理现场扣 10 分;每违反一项规定从总分中扣 1～10 分;严重违规停止操作		

注意事项

斜面工件铣削检验分析注意事项:

- 用游标万能角尺测量斜面 1 的角度误差通过基准转换测量,斜面 1 与底面基准的角度为 80°±25′。斜面 2 与 3 的角度为 90°±15′。
- 进行斜面位置测量时,只须用游标卡尺检测 70±0.23 和 14±0.35 是否合格。
- 用 90°角尺测量斜面 1 与侧面,斜面 2、3 与端面垂直度时,应以 0.05 mm 厚度的塞尺不能塞入缝隙为合格。

【质量分析】

转动工件和用角度铣刀铣削斜面的质量分析见表 3-2-21。

表 3-2-21　转动工件和用角度铣刀铣削斜面的质量分析

种　类	产生原因
平面度超差	① 圆柱铣刀圆柱度误差大或角度铣刀锥面刃直线度误差大; ② 工件装夹位置变动等
垂直度较差	① 机用平口虎钳定钳口与工作台纵向不平行; ② 工件装夹时定位面之间有脏物等
斜面角度误差大	① 工件划线和找正误差大; ② 圆柱铣刀圆周刃有锥度、角度铣刀角度选错和刃磨误差大; ③ 工件基准面装夹位置不准确或铣削过程中微量位移等
表面粗糙度超差	① 铣削位置调整不当有接刀痕、铣刀切削刃刃磨质量差; ② 铣削余量分配不合理、角度铣刀铣削用量过大; ③ 铣床进给有爬行; ④ 工件装夹不够稳固引起铣削振动等

思考与练习

1. 手摇进给手柄，正摇一圈后反摇一圈，刻度盘恢复到原位，工作台能否恢复到原位，为什么？

2. 按刻度盘刻度摇进给手柄，若摇过了量，直接反摇至预定刻度是否可以？为什么？简述正确的操作方式。

3. 什么叫端面铣削？什么叫周边铣削？

4. 什么叫顺铣？什么叫逆铣？

5. 简述顺铣和逆铣的优缺点。

6. 什么叫对称铣削？不对称逆铣和不对称顺铣？

7. 使用机用平口虎钳装夹工件应注意些什么？

8. 使用螺栓、压板装夹工件应注意些什么？

9. 铣削垂直面为什么要在活动钳口与工件之间放置圆棒？

10. 简述铣削矩形工件的步骤。

11. 斜面铣削的方法有哪几种？

12. 周边铣削法和端面铣削法铣削平面，影响平面度的主要因素是什么？如何解决？

13. 影响平面平行度和垂直度的主要因素都有哪些？

14. 试述斜面的检验方法。

课题三　铣台阶、沟槽和切断

教学要求

◆ 掌握台阶和直角沟槽铣削。

◆ 掌握轴上键槽的铣削。

◆ 掌握工件的切断。

◆ 遵守操作规程，养成良好的安全、文明生产习惯。

3.3.1　铣台阶

技能目标

◆ 掌握台阶铣削方法和测量方法。

◆ 正确选择铣台阶用的铣刀。

◆ 分析铣削中出现的问题和注意事项。

在机械加工中，台阶、直角沟槽与键槽的铣削技术是生产各种零件的重要基础技术，由于这些部件主要应用在配合、定位、支撑与传动等场合，故在尺寸精度、形状和位置精度、表面粗糙度等方面都有较高的要求。在铣床上铣削台阶和沟槽，其工作量仅次于铣削平面，如图 3-3-1所示。其技术要求主要体现在以下三个方面：

① 在尺寸精度方面。大多数的台阶和沟槽要与其他的零件相互配合，所以对它们的尺寸公差，特别是配合面的尺寸公差，要求都会相对较高。

② 在形状和位置精度方面。如各表面的平面度、台阶和直角沟槽的侧面与基准面的平行

度、双台阶对中心线的对称度等要求,对斜槽和与侧面成一夹角的台阶还有斜度的要求等。

③ 在表面粗糙度方面。对与零件之间配合的两接触面的表面粗糙度要求较高,其表面粗糙度一般应不大于 $Ra6.3$。

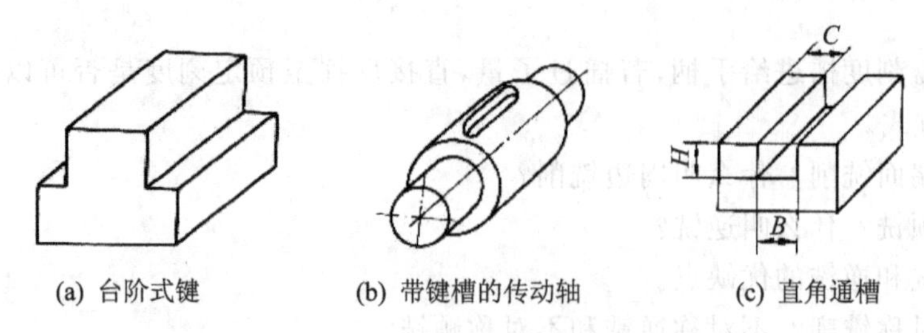

(a) 台阶式键　(b) 带键槽的传动轴　(c) 直角通槽

图 3-3-1　带台阶和沟槽的零件

零件上的台阶通常可在卧式铣床上采用一把三面刃铣刀或组合三面刃铣刀铣削,或在立式铣床上采用不同刃数的立铣刀铣削。下面介绍台阶的铣削方法。

(1) 用一把三面刃铣刀铣台阶

1) 铣刀的选择

选择铣刀时,应使三面刃铣刀的宽度大于台阶的宽度,以便一次进给铣出台阶的宽度。铣削时,为了使工件的上平面能够在铣刀刀轴下通过,铣刀的直径 D 应按下式确定:

$$D > d + 2t$$

式中:d 为刀轴垫圈直径,mm;t 为台阶的深度,mm。

2) 工件的安装和校正

一般情况下采用平口钳装夹工件,尺寸较大的工件可用压板装夹,形状复杂的工件或大批量生产时可用夹具装夹。安装平口钳时,应校正固定钳口与铣床主轴轴心线垂直(或平行)。安装工件时,应使工件的侧面靠向平口钳的固定钳口,工件的底面靠向钳体导轨平面,铣削的台阶底面应高于钳口上平面,如图 3-3-2 所示。

注意事项

- 校正铣床工作台零位。在用盘形铣刀加工台阶时,若工作台零位不准,铣出的台阶两侧将呈凹弧形曲面,且上窄下宽,使尺寸和形状不准,如图 3-3-3 所示。

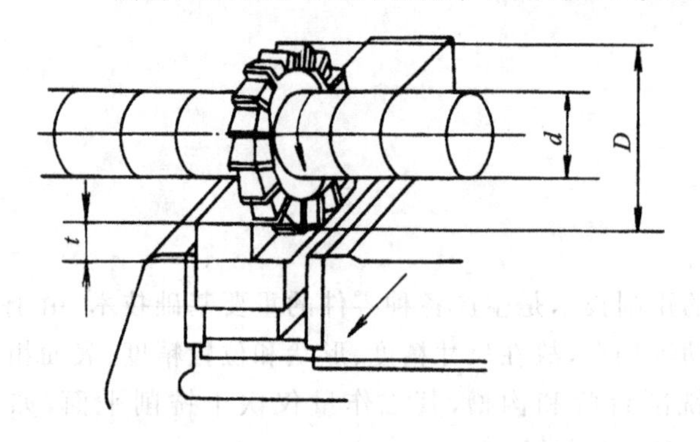

图 3-3-2　用一把三面刃铣台阶

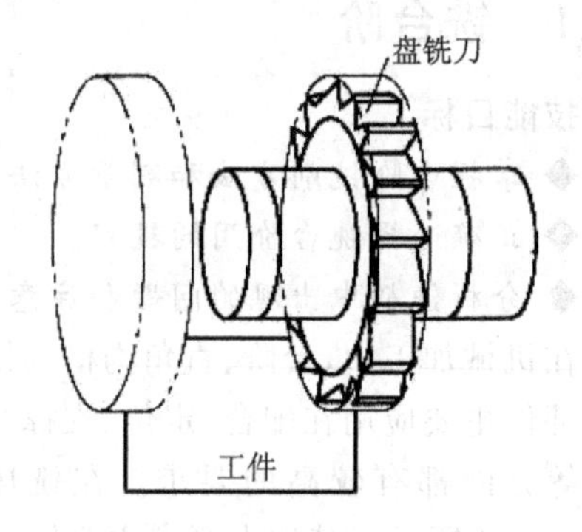

图 3-3-3　工作台零位不准对加工台阶的影响

- 校正机用虎钳。机用虎钳的固定钳口一定要校正到与进给方向平行或垂直,否则,钳口歪斜将加工出与工件侧面不垂直的台阶。

3）铣削方法

安装校正工件后，摇动各进给手柄，使铣刀侧面擦到台阶侧面，如图 3－3－4(a)所示；然后垂直降落工作台，见图 3－3－4(b)，横向移动工作台一个台阶宽度的距离，并紧固横向进给；再上升工作台，使铣刀的圆周刃轻轻擦着工件上表面，如图 3－3－4(c)所示；手摇工作台纵向进给手柄，使铣刀退出工件，上升工作台一个台阶深度，摇动纵向进给手柄使工件靠近铣刀，手动或扳动自动进给手柄铣出台阶，如图 3－3－4(d)所示。

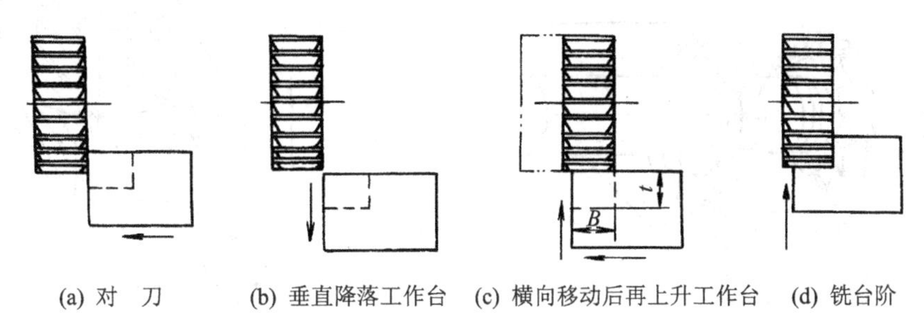

(a) 对　刀　(b) 垂直降落工作台　(c) 横向移动后再上升工作台　(d) 铣台阶

图 3－3－4　台阶的铣削方法

4）铣削较深的台阶

铣削较深台阶时，台阶的侧面留 0.5～1 mm 的余量，分次铣出台阶深度，最后一次进给时，可将台阶底面和侧面同时精铣到要求尺寸，如图 3－3－5 所示。

5）一把三面刃铣刀铣双面台阶

铣双面台阶时，先铣出一侧的台阶，并保证要求尺寸，然后使铣刀退出工件，将工作台横向移动一个距离 $A=L+C$，再将横向进给紧固，铣出另一侧的台阶，如图 3－3－6 所示。

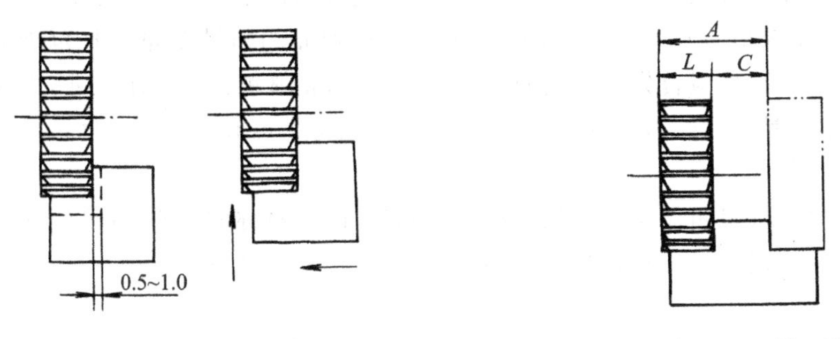

图 3－3－5　铣较深的台阶　　**图 3－3－6　一把三面刃铣刀铣双面台阶**

(2) 用组合三面刃铣刀铣台阶

成批铣削双面台阶零件时，可用组合的三面刃铣刀，如图 3－3－7 所示。铣削时，选择两把直径相同的三面刃铣刀，用薄垫圈适当调整两把三面刃铣刀内侧刃间距，并使间距比图样要求的尺寸略大些，以避免因铣刀侧刃摆差使铣出的尺寸小于图样要求。静态调好之后，还应进行动态试铣，即在废料上试铣并检测凸台尺寸，直至符合图样尺寸要求。加工中还需经常抽检该尺寸，避免造成过多的废品。

用三面刃铣刀铣台阶，三面刃铣刀的周刃起主要切削作用，而侧刃起修光作用。由于三面刃铣刀的直径较大，刀齿强度较高，便于排屑和冷却，能选择较大的切削用量，效率高，精度好，因此通常采用三面刃铣刀铣台阶。

(3) 端铣刀铣台阶

如图 3-3-8 所示,宽度较宽且深度较浅的台阶用端铣刀加工。工件可用平口钳装夹,也可用压板夹紧在工作台面上。铣削时所选择的端铣刀直径应大于台阶的宽度,一般可按 $D=(1.4\sim1.6)B$ 选取,以便在一次进给中铣出台阶。台阶的深度可分数次铣成。

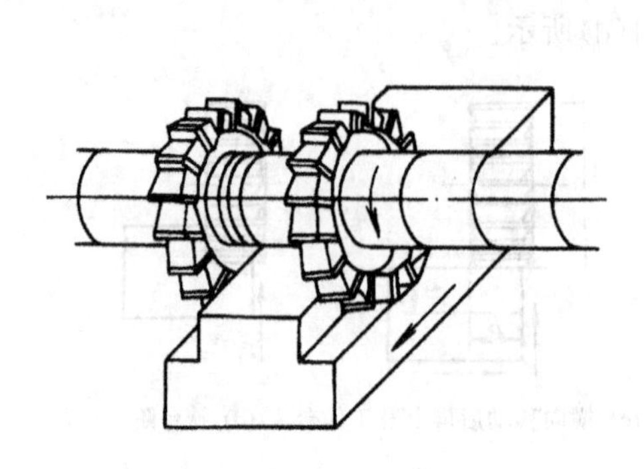

图 3-3-7 用组合三面刃铣刀铣台阶

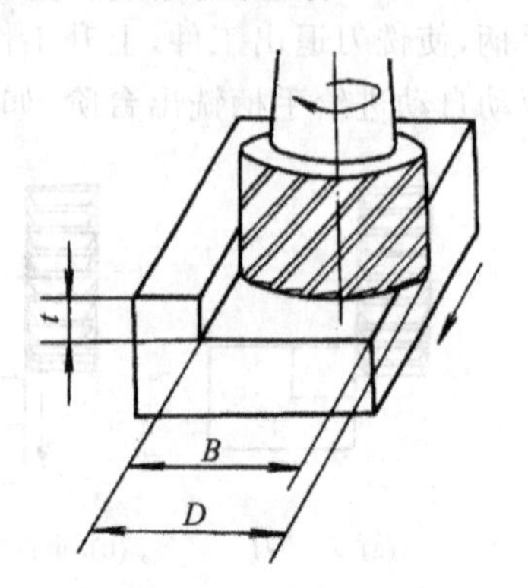

图 3-3-8 用端铣刀铣台阶

(4) 用立铣刀铣台阶

如图 3-3-9 所示,铣削较深台阶或多级台阶时,可用立铣刀铣削。立铣刀周刃起主要切削作用,端刃起修光作用。由于立铣刀的外径通常都小于三面刃铣刀,因此,铣削刚度和强度较差,铣削用量不能过大,否则铣刀容易加大"让刀"导致变形,甚至折断。因此,在条件许可的情形下,应选择直径较大的立铣刀,以提高铣削效率。

当台阶的加工尺寸及余量较大时,可采用分段铣削,即先分层粗铣大部分余量,并预留精加工余量,后精铣至最终尺寸。粗铣时,台阶底面和侧面的精铣余量选择范围通常在 0.5~1.0 mm之间。精铣时,应首先精铣底面至要求尺寸,后精铣侧面至要求尺寸,这样可以减小铣削力,从而减小夹具、工件、刀具的变形和振动,提高尺寸精度和表面粗糙度。

(5) 台阶的测量

台阶的宽度和深度可用游标卡尺或深度尺测量,两边对称的台阶,深度较深时用百分尺测量,用百分尺测量不便时,可用极限量规测量,如图 3-3-10 所示。

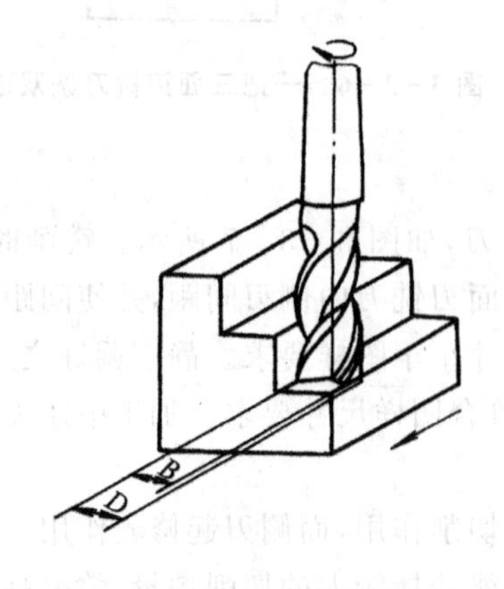

图 3-3-9 用立铣刀铣台阶

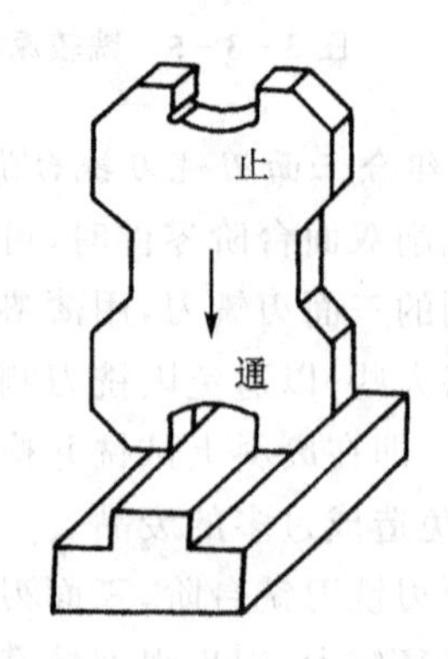

图 3-3-10 用极限量规测量台阶宽度

双台阶加工技能训练

重点：掌握用三面刃铣刀铣削台阶的方法。

难点：台阶宽度尺寸及平行度的控制。

铣削加工如图 3-3-11 所示的双台阶工件，毛坯尺寸为 80 mm×30 mm×26 mm，材料为 45 钢。

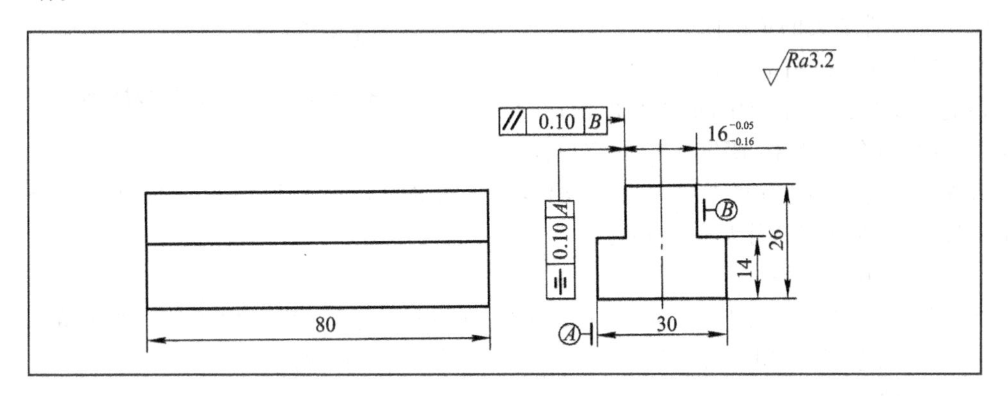

图 3-3-11 双台阶工件

【工艺分析】

① 根据图样的精度要求，双台阶工件可在立式铣床上用立铣刀铣削加工，也可以在卧式铣床上用三面刃铣刀铣削加工。由于主要精度面在台阶侧面，因此选择在卧式铣床上用三面刃铣刀加工，以端铣形成台阶侧面精度比较高。

② 工件各表面的表面粗糙度均为 Ra3.2，铣削加工比较容易达到。

③ 45 钢的切削性能较好，加工时可选用高速钢铣刀，加注切削液进行铣削。

④ 双台阶工件加工步骤如下：

粗铣一侧台阶→预检，准确微量调整精铣一侧台阶→调整另一侧台阶铣削位置→粗铣另一侧台阶→预检，准确微量调整另一侧台阶→双台阶铣削工序检验。

【工艺准备】

① 选择铣床。选用 X6132 型卧式万能铣床。

② 选择工件装夹方式。选用机用虎钳夹装工件。考虑到工件的铣削位置，须在工件下垫平行垫块，使工件台阶底面略高于钳口上平面。

③ 选择刀具。根据图样给定的台阶底面宽度尺寸(30－16) mm/2＝7 mm，以及台阶高度尺寸(26－14) mm＝12 mm 选择铣刀规格。现选用外径为 ϕ80、宽度为 12 mm、孔径为 ϕ27、铣刀齿数为 12 的标准直齿三面刃铣刀。

④ 选择检验测量方法：

a. 台阶的宽度尺寸用 0～25 mm 的外径百分尺测量，因精度不高，也可以采用 0.02 mm 示值的游标卡尺测量。

b. 台阶底面高度尺寸用游标卡尺测量。

c. 台阶侧面对工件宽度的对称度用百分表借助标准平板和六面角铁进行测量。测量时采用工件翻身法进行测量，具体操作方法见图 3-3-12 所示。

【切削用量】

按工件材料 45 钢和铣刀的规格选择和调整铣削用量，调整主轴转速和进给量如下：

$n=75$ r/min($v_c=18.85$ m/min)

$v_f=47.5$ mm/min($f_z\approx0.053$ mm/z)

【加工准备】

1) 坯件检验

检验工件宽度和高度实际尺寸,检验工件侧面与上下平面的垂直度,挑选垂直度较好的相邻面作为工件装夹的定位面。

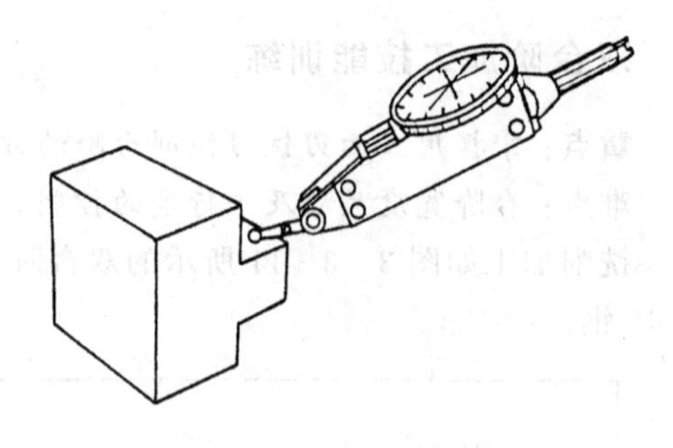

图 3-3-12 测量台阶对称度

2) 安装、找正机用平口虎钳

将虎钳安装在工作台中间的 T 形槽内,位置居中,并用百分表找正,使定钳口的定位面与工作台纵向平行。因工作的装夹位置比较高,选择虎钳时应注意活动钳口的滑枕与导轨的间隙不能过大,以免工件夹紧后向上抬起。

3) 装夹和找正工件

在工件下面垫长度大于 80 mm,宽度小于 30 mm 的平行垫块,使工件上平面高于钳口 13 mm。工件夹紧后,可用百分表复核工件定位侧面与纵向的平行度。

4) 安装铣刀

采用直径 $\phi27$ 的刀杆安装铣刀。安装后。目测铣刀的跳动情况,若端面跳动较大,则应检查刀杆和垫圈的精度,并重新安装。

【加工步骤】

双台阶铣削的加工步骤见表 3-3-1。

表 3-3-1 双台阶铣削的加工步骤

操作步骤	加工内容(见图 3-3-11)
1. 对刀调整	① 侧面横向对刀。在工件一侧面贴薄纸,使三面刃铣刀的侧刃恰好擦到工件侧面,在横向刻度盘上作记号,调整横向,使一侧面铣削量为 6.5 mm,如图 3-3-13(a)所示。 ② 上平面垂向对刃。在工件上平面贴薄纸,使三面刃铣刀的圆周刃恰好擦到工件上平面,在垂向刻度盘上作记号,调整垂向,使工件上升 11.5 mm
2. 粗铣和预检一侧台阶	① 粗铣一侧台阶时注意紧固工作台横向,因工件夹紧面积较小,铣刀切入时工件较易被拉起,此时可用手动进给缓缓切入,待切削比较平稳时再使用自动进给。 ② 预检时,应先计算预检的尺寸数值。留 0.5 mm 精铣余量时,测得台阶侧面与工件侧面的尺寸为 23.41 mm,若按宽度为 15.89 mm 计算,台阶单侧铣除余量为(29.91−15.89)mm/2=7.01 mm。因此,精铣一侧台阶后的尺寸应为(7.01+15.89) mm=22.90 mm,铣削余量为(23.41−22.90)mm=0.51 mm。台阶底面高度的尺寸可直接用游标卡尺测量,若粗铣后测得高度尺寸为 14.45 mm,则精铣余量为(14.45−14) mm=0.45 mm
3. 精铣和预检一侧台阶	① 工作台按 0.51 mm 横向准确移动,按 0.45 mm 垂向升高,精铣一侧台阶,铣削时为保证表面质量,全程使用自动进给。 ② 预检精铣后的两侧面尺寸应为 22.90 mm,底面高度尺寸为 14 mm

续表 3-3-1

操作步骤	加工内容(见图 3-3-11)
4. 粗铣和预检另一侧台阶	① 工作台横向移动宽度 A 与刀具宽度 L 之和,铣削另一侧台阶,粗铣时可在侧面留0.5 mm余量,因此横向移动距离为 $S=28.39$ mm,按计算出的 S 值横向移动工作台粗铣另一测,如图 3-3-13(b)所示。$S=A+L+0.5$ mm=(15.89+12+0.5) mm=28.39 mm。 ② 由于计算出的 S 值中铣刀的宽度为公称尺寸,预检时,测得另一侧粗铣后的台阶宽度为16.30 mm,因此实际精铣余量为(16.30−15.89)mm=0.41 mm
5. 精铣另一侧台阶	按预检尺寸与图样中间公差的台阶宽度尺寸差值 0.41 mm 准确横向移动工作台,精铣另一侧台阶

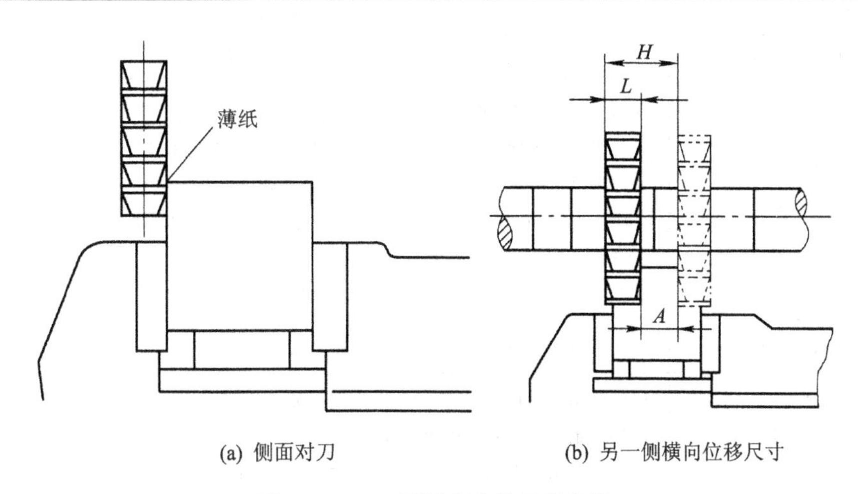

(a) 侧面对刀　　(b) 另一侧横向位移尺寸

图 3-3-13　调整双台阶铣削位置

【质量检测】

质量检测评分标准见表 3-3-2。

表 3-3-2　评分标准(见图 3-2-11)

项　目	序　号	考核内容	配　分	评分标准	检　测	得　分
尺寸	1	$16_{-0.16}^{-0.05}$	20	超差 0.01 扣 2 分		
	2	80、30	12	超差不得分		
	3	14、26	12	超差不得分		
	4	⌯ 0.10 A	15	超差不得分		
	5	// 0.10 B	15	超差不得分		
其他	6	Ra3.2(10 处)	10	每处降一级扣 2 分		
	7	去毛刺	6	出现一处扣 2 分		
	8	安全文明生产	10	未清理现场扣 10 分;每违反一项规定从总分中扣 1~10 分;严重违规停止操作		

注意事项

双台阶工件检验注意事项：

用百分表在标准平板上测量键宽对工件两侧面的对称度时，将工件定位底面紧贴六面角铁垂直面，工件侧面与平板表面贴合，然后用翻身法比较测量，百分表的示值误差应在0.10 mm范围内。

【质量分析】

铣削双台阶工件的质量分析见表3-3-3。

表3-3-3 铣削双台阶工件的质量分析

种 类	产生原因
台阶宽度尺寸超差	对刀不准确、预检不准确、工作台调整数值计算错误等
台阶侧面的平行度较差	① 铣刀直径较大，工作时受力一侧偏让。 ② 工件定位侧面与纵向不平行，如图3-3-14(a)所示。 ③ 万能铣床的工作台台面回转盘零位未对准。工作台零位未对准时，用三面刃铣刀铣削而成的台阶两侧面将会出现凹弧形曲面，且上窄下宽而影响宽度尺寸和形状精度，如图3-3-14(b)所示
台阶宽度与外形对称度超差	① 工件侧面与工作台纵向不平行。 ② 工作台调整数据计算错误、预检测量误差
表面粗糙度超差	① 铣削用量选择不当，尤其是进给量过大。 ② 切削钢件时没有使用切削液。 ③ 铣削时振动太大，进给机构没有紧固，工作台产生蹿动等

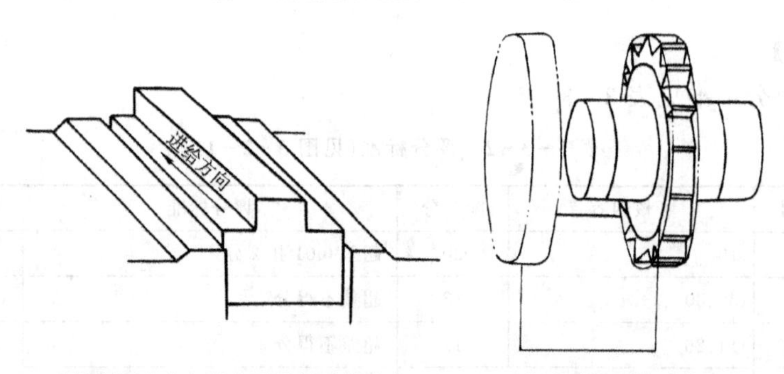

(a) 台阶侧面定位与纵向不平行时的影响　(b) 工作台零位不准时的影响

图3-3-14 台阶侧面平行度误差大的原因

塔形台阶加工技能训练

重点： 掌握用立铣刀加工台阶的方法。

难点： 多级U字形台阶工件装夹、铣削操作与尺寸控制。

铣削加工如图3-3-15所示塔形台阶工件，毛坯尺寸为60 mm×38 mm×37 mm，材料为HT200。

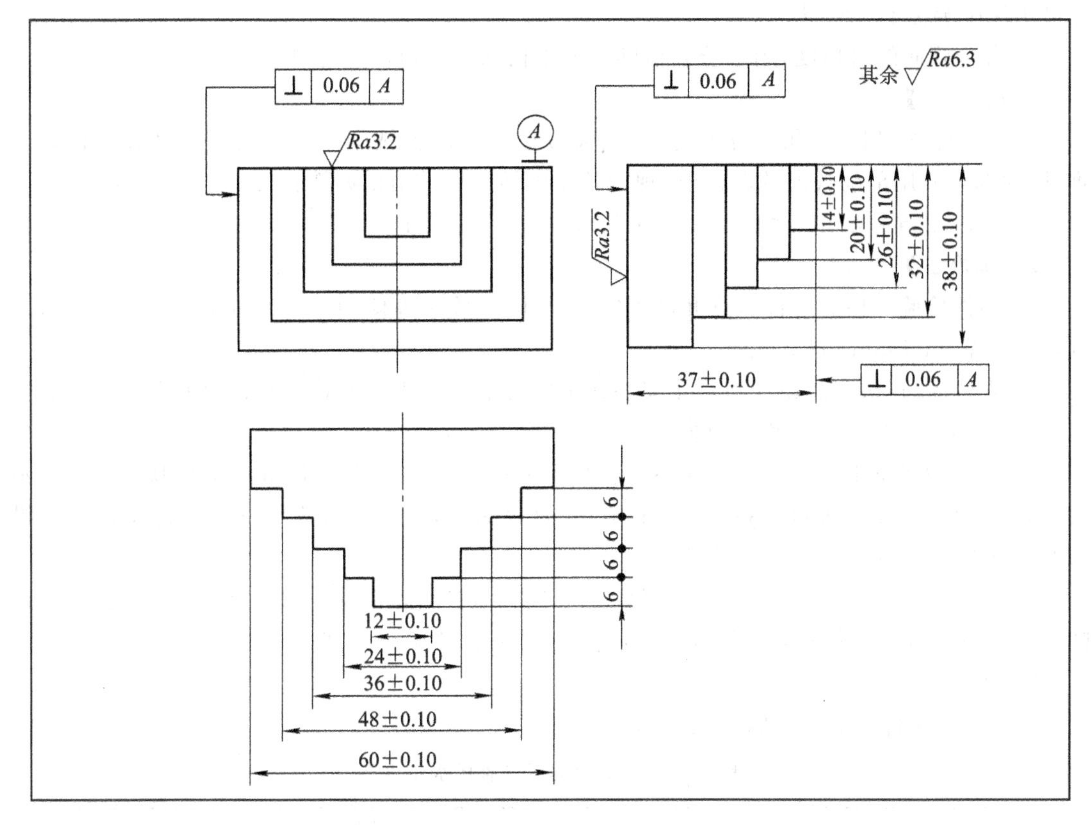

图 3-3-15　塔形台阶

【工艺分析】

① 台阶高度以顶面为基准,逐级间隔 6 mm。四级台阶俯视为 U 形分布,侧视向上逐级收缩。毛坯件为矩形零件,若四级台阶一次装夹加工,则侧面定位于夹紧面积为 13 mm×60 mm,宜采用机用平口虎钳装夹。

② 根据图样的精度要求和台阶 U 形分布的特点,选择在立式铣床上用立铣刀铣削加工塔形台阶工件比较方便。若在卧式铣床上用三面刃铣刀进行铣削加工,则只能沿纵向铣削,U 形工作台无法一次装夹铣削而成。加工步骤如下:

对刀调整粗精铣(12×14)台阶→依次粗、精铣(24×20)、(36×26)、(48×32)台阶→塔形台阶铣削工序的检验。

【工艺准备】

① 选择铣床。选用 X5032 型立式铣床。

② 选择工件装夹方式。选择机用虎钳装夹工件。考虑到工件的铣削位置,须在工件下垫平行垫块。为便于检查和测量,采用两块等高的平行垫块,并使工件最低的台阶底面略高于钳口上平面。

③ 选择刀具。根据图样给定的台阶底面最大铣削宽度尺寸(60−12) mm/2=24 mm,以及台阶最大高度尺寸(6 mm×4)=24 mm 选择立铣刀规格。现选用外径为 $\phi 25$ 中齿锥柄标准立铣刀。因硬质合金刀具的切削速度比较高,而本例装夹面积较小,因而不宜采用。

④ 选择检验测量方法:

a. 台阶的宽度尺寸精度不高,可采用 0.02 mm 示值的游标卡尺测量。台阶底面高度尺寸也可用深度游标卡尺测量。

b. 台阶侧面的对称度,用百分表借助标准平板和六面角铁进行测量。

【切削用量】

按工件材料 HT200 和立铣刀的直径、齿数选择和调整铣削用量。由于工件装夹比较困难,因此选择使用范围数值的较低值,现调整主轴转速和进给量如下:

$$n=235\ \mathrm{r/min}(v_c\approx18.45\ \mathrm{m/min}),\quad v_f=47.5\ \mathrm{mm/min}(f_z\approx0.05\ \mathrm{mm/z})$$

【加工准备】

① 坯件检验。检验工件宽度和高度实际尺寸,检验工件侧面与对基准面 A 的垂直度,本例均在公差 0.06 mm 范围内。

② 安装、找正机用虎钳。将虎钳安装在工作台中间的 T 形槽内,位置居中,并用百分表找正定钳口定位面,使其与工作台纵向平行。

③ 装夹和找正工件。工件下面垫长度约为 100 mm,宽度约为 15 mm 的两块等高平行垫块,其高度使工件上平面高于钳口 25 mm。工件夹紧后,可用百分表复核工件定位侧面与纵向的平行度,以及上平面与工作台面的平行度。

④ 安装铣刀。采用变径套安装立铣刀。安装后,目测检验铣刀的跳动情况。此外,因铣削过程兼用纵向和横向进给,因此还应检查立铣头零位线是否对准。

【加工步骤】

塔形台阶工件的加工步骤见表 3-3-4。

表 3-3-4　塔形台阶工件的加工步骤

操作步骤	加工内容(见图 3-3-15)
1. 对刀和一侧台阶(U 形左槽)粗铣调整	① 侧面纵向对刀。在工件一侧面贴薄纸,使立铣刀的圆周刃恰好擦到工件侧面,在纵向刻度盘上作记号,调整纵向,使一侧面铣削量为 $S_1=(60.05-12)\mathrm{mm}/2-0.5\ \mathrm{mm}=23.53\ \mathrm{mm}$。 ② 上平面垂向对刀。在工件上平面贴薄纸,使立铣刀的端面刃恰好擦到工件,在垂向刻度盘上作记号,调整垂向,使工件上升 5.5 mm
2. 粗铣及预检一侧台阶	① 粗铣一侧台阶时注意紧固工作台纵向,因工件夹紧面积较小,粗铣时可采用手动横向进给。 ② 预检时,应先计算预检的尺寸数值。粗铣后,若测得台阶侧面与工件侧面的尺寸为 36.49 mm,若按宽度为 12 mm 计算,台阶单侧铣除的余量为(60.05−12)mm/2=24.03 mm。因此,精铣一侧台阶后的尺寸为 24.03 mm+12 mm=36.03 mm,铣削余量为 36.49 mm−36.03 mm=0.46 mm。台阶高度的尺寸可直接用深度游标卡尺测量,若粗铣后得到高度尺寸为 5.52 mm,则精铣余量为 6 mm−5.52 mm=0.48 mm
3. 精铣及预检一侧台阶	① 工作台按 0.46 mm 纵向准确移动,按 0.48 mm 垂向升高,精铣一侧台阶,铣削时为保证表面质量,全程使用自动进给。 ② 预检精铣后的两侧面尺寸应为 36.03 mm,高度尺寸为 6 mm
4. 粗铣及预检另一侧(U 形右槽)	① 工作台纵向移动台阶宽度 A 与刀具直径 L 之和,铣削另一侧台阶,粗铣时可在侧面留 0.5 mm 余量,按计算值 S_2 纵向移动工作台,粗铣另一侧。$S_2=A+L+0.5\ \mathrm{mm}=(12+25+0.5)\ \mathrm{mm}=37.05\ \mathrm{mm}$。 ② 由于计算值 S_2 中铣刀的直径为公称尺寸,预检时,测得另一侧粗铣后的台阶宽度为 12.30 mm,因此实际精铣余量为(12.30—12) mm=0.30 mm

续表 3-3-4

操作步骤	加工内容(见图 3-3-15)
5. 精铣另一侧台阶	按预检尺寸与图样中间公差的台阶宽度尺寸差值 0.30 mm 准确移动工作台纵向，精铣另一侧台阶
6. 铣削同高度、宽度为(14+0.1)mm 台阶(U 形底)	方法和步骤与步骤 1、3 相同，操作时按类似的计算方法计算调整数据，如图 3-3-16 所示
7. 粗精铣台阶	重复步骤 1、6，可依次粗精铣(24×20)、(36×26)、(48×32)台阶至要求尺寸

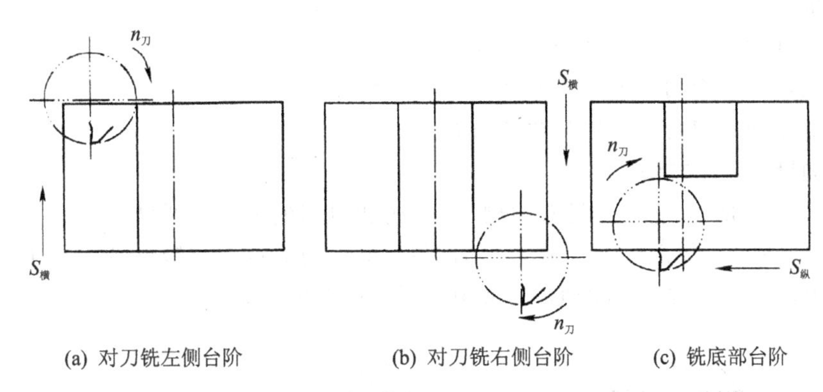

图 3-3-16　用立铣刀铣削 U 形台阶的步骤

【质量检测】

质量检测评分标准见表 3-3-5。

表 3-3-5　评分标准(见图 3-3-15)

项　目	序　号	考核内容	配　分	评分标准	检　测	得　分
外形尺寸	1	12±0.1、14±0.1	10	超差不得分		
	2	24±0.1、20±0.1	10	超差不得分		
	3	36±0.1、26±0.1	10	超差不得分		
	4	48±0.1、32±0.1	10	超差不得分		
	5	60±0.1、38±0.1	10	超差不得分		
	6	37±0.1	6	超差不得分		
	7	6(4 处)	12	超差不得分		
	8	⊥ 0.06 A (3 处)	15	超差不得分		
其他	9	Ra 3.2(2 处)	6	每处降一级不得分		
	10	去毛刺	6	出现一处扣 2 分		
	11	安全文明生产	5	未清理现场扣 10 分；每违反一项规定从总分中扣 1～10 分；严重违规停止操作		

【质量分析】

铣削塔形台阶工件的质量分析除了与铣削双台阶工件类似的质量分析外，还应注意以下几点：

① 由于兼用纵、横向进给，立铣头与工作台台面的垂直度会影响台阶底面的接刀平整度。

② 因工件装夹位置比较高，铣削时又从上至下，因此容易产生拉刀、铣削振动等现象，严重时会发生梗刀、工件移动，影响工件的尺寸、形位和表面精度。

③ 由于本例尺寸多，形状与位置较复杂，调整数据计算比较多，铣削操作的准确度要求比较高，因此加工之前应作充分的准备，避免操作失误。

3.3.2 铣直角沟槽

技能目标

◆ 掌握直角沟槽的铣削方法和测量方法。

◆ 正确选择铣直角沟槽的铣刀及铣刀的刃磨方法。

◆ 分析铣直角沟槽时易出现的质量问题。

1. 直角沟槽的铣削方法

如图 3-3-17 所示，直角沟槽有通槽、半通槽和封闭槽三种。通槽(敞开式直角沟槽)通常用三面刃铣刀加工；封闭槽(封闭式直角沟槽)一般采用立铣刀或键槽铣刀加工；半通槽(半封闭直角沟槽)则须根据封闭端的形式，采用不同的铣刀进行加工。

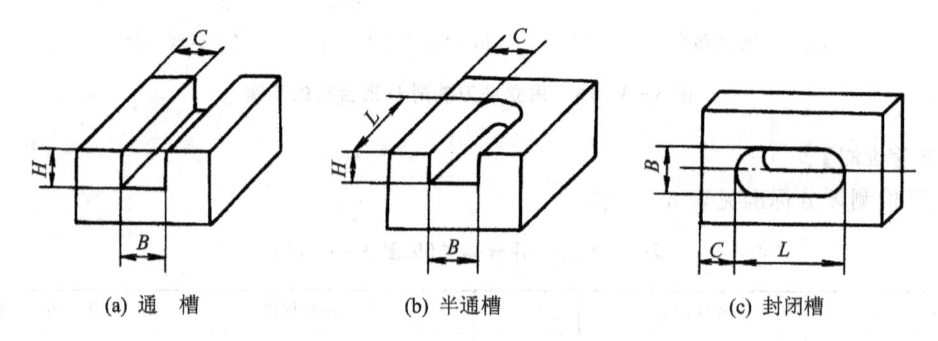

(a) 通　槽　　(b) 半通槽　　(c) 封闭槽

图 3-3-17　直角沟槽的种类

(1) 通槽和半通槽的铣削

1) 用三面刃铣刀铣通槽

三面刃铣刀适用于加工宽度较窄，深度较深的通槽，如图 3-3-18(a)所示。所选择的三面刃铣刀的宽度 L，应等于或小于所加工的槽宽 B；刀具的直径 D 应大于刀轴垫圈的直径 d 与 2 倍的沟槽深度 H 之和，即 $D>d+2H$，如图 3-3-18(b)所示。对槽宽尺寸精度要求较高的沟槽，通常选择宽度小于槽宽的三面刃铣刀，先铣好槽深，再扩刀铣出槽宽。有对称度要求时，一定要保证对称度要求。

三面刃铣刀侧面对刀时，先使侧面刀刃轻轻与工件侧面接触，垂直降落工作台，横向移动工作台一个铣刀宽度 L 和工件侧面到沟槽侧面的距离 C 之和的位移量 A，将横向进给紧固后，调整切削深度铣出沟槽，如图 3-3-18(c)所示。

2) 用立铣刀铣半通槽

如图 3-3-19 所示，用立铣刀铣半通槽时所选择的立铣刀直径应小于沟槽的宽度。由于立铣刀刚性较差，铣削易产生偏让现象，或因受力过大引起铣刀折断，损坏刀具。加工沟槽深度较深时，应该分数次铣到要求的槽深，但不能来回吃刀铣削工件，只能由沟槽铣向沟槽的里端。槽深铣好后，再扩铣沟槽两侧，扩铣时，应避免顺铣，以免损坏刀具，啃伤工件。

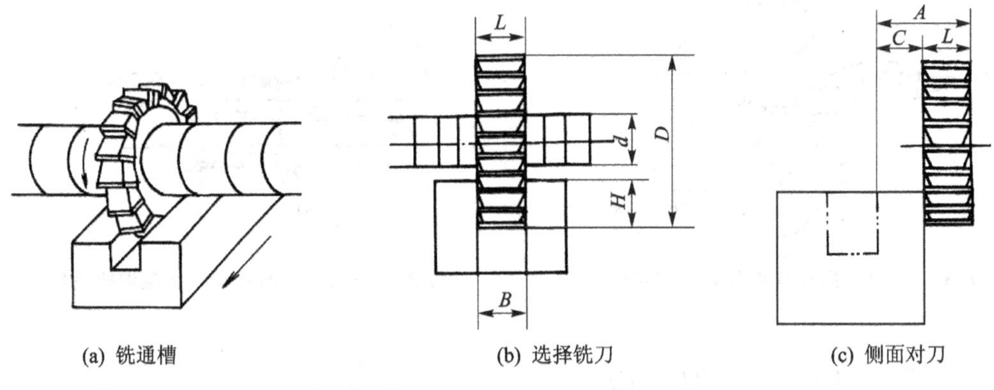

(a) 铣通槽　(b) 选择铣刀　(c) 侧面对刀

图 3-3-18 用三面刃铣刀铣通槽

(2) 封闭槽的铣削

封闭槽一般都采用立铣刀或键槽铣刀来加工。用立铣刀铣封闭槽时,如图 3-3-20 所示,因立铣刀端面刀刃不能全部通过刀具中心,不能垂直进行切削工件,所以铣削前应在工件上划出沟槽的尺寸位置线,并在所划线沟槽长度线的一段预钻一个直径略小于槽宽的落刀圆孔,以便由此孔落刀切削工件。铣削时应分数次进刀铣透工件,每次进刀都由落刀孔的一端铣向沟槽的另一端。沟槽铣透后再铣够长度和两侧面。铣削中不使用的进给机构应紧固,扩铣两侧应注意避免顺铣。

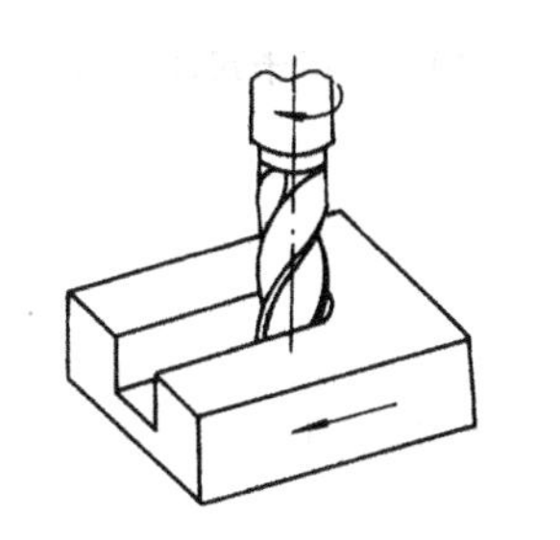

图 3-3-19 用立铣刀铣半通槽

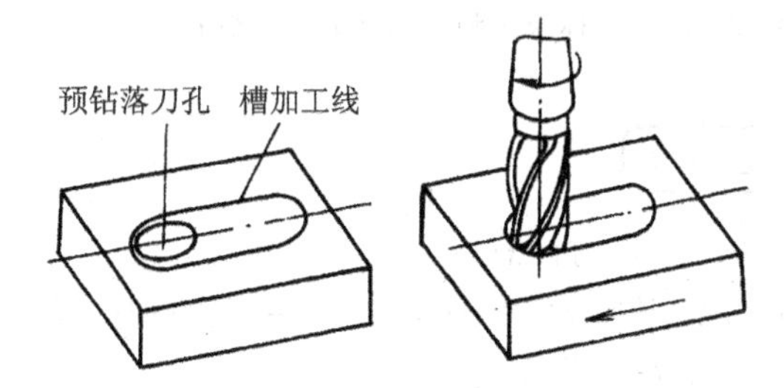

图 3-3-20 用立铣刀铣封闭槽

(3) 直角沟槽的检验

直角沟槽的长度、宽度、深度可分别用游标卡尺、百分尺或杠杆百分表检验。

① 用杠杆百分表检验沟槽对称度,如图 3-3-21 所示,将工件分别以 A、B 面为基准放在平板的平面上,使表的触头触在沟槽的侧面上,来回移动工件,观察表的指针变化情况。若两次测得的数值一致,则沟槽两侧对称于工件。

② 若沟槽精度不高,可采用游标卡尺测量,如图 3-3-22 所示,测量时将一个量爪紧贴被测量面,另一个量爪做微量摆动,以寻得槽侧间最小距离后,读出测量数值。测量时量爪的位置如图 3-3-23 所示。

③ 用游标卡尺测量槽深的方法见图 3-3-24,测量时,应使尺身端面与测量基准面贴合,用手拉动尺框,使深度尺与槽底接触,测量时尺身应垂直于被测部位,不可歪斜。

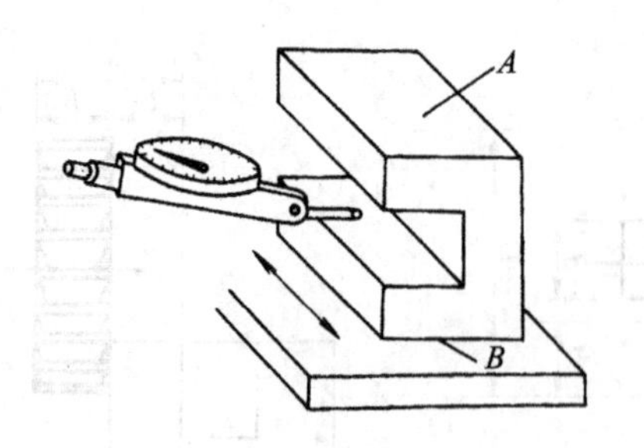

图 3-3-21 用杠杆百分表检测对称度

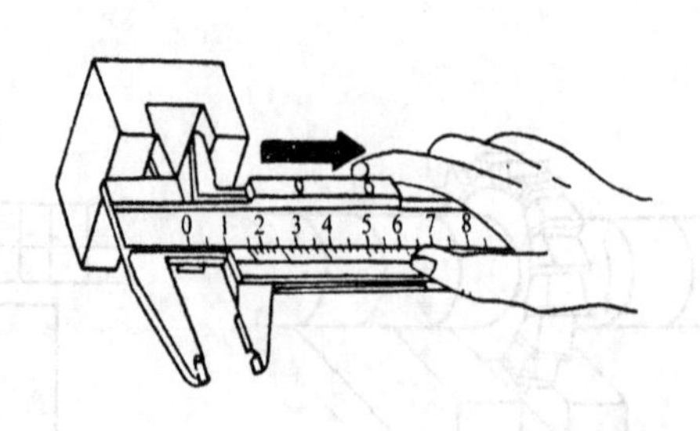

图 3-3-22 用游标卡尺测量沟槽宽度

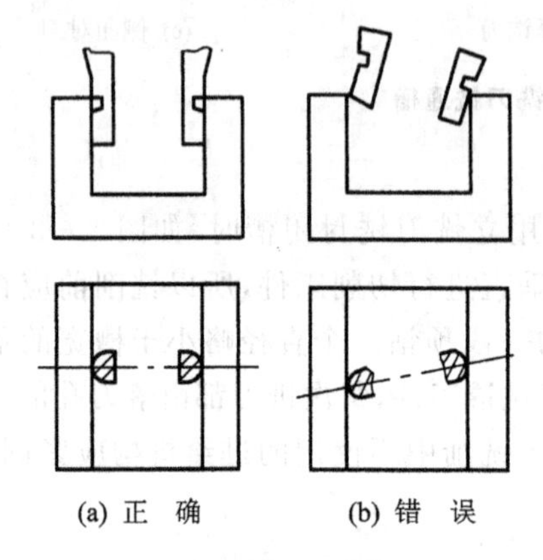

(a) 正 确 (b) 错 误

图 3-3-23 游标卡尺测量槽宽时量爪位置

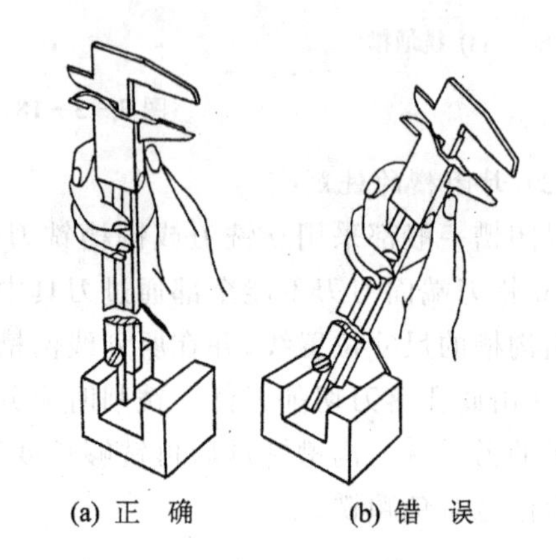

(a) 正 确 (b) 错 误

图 3-3-24 游标卡尺测量槽深

注意事项

铣削加工沟槽时注意以下事项：

- 用立铣刀加工沟槽时，要注意铣刀的轴向摆差及铣刀单面切削时的让刀现象，以免造成沟槽宽度尺寸超差。
- 用三面刃铣刀加工时，若工作台零位不准，铣出的直角沟槽会出现上宽下窄的现象，并使两侧面呈弧形凹面。
- 在铣削过程中，不能中途停止进给，也不能退回工件。因为在铣削中，整个工艺系统的受力是有规律和方向性的，一旦停止进给，铣刀原来受到的铣削力发生变化，必然使铣刀在槽中的位置发生变化，从而使沟槽的尺寸发生变化。
- 对于尺寸较小、槽宽要求较高及深度较浅的封闭式直角沟槽，可采用键槽铣刀加工。铣刀的强度、刚度都较差时，应考虑分层铣削。分层铣削时应在槽的一端吃刀，以减小接刀痕迹。
- 当采用自动进给功能进行铣削时，不能一直铣到头，必须预先停止，改用手动进给方式走刀，以免铣过有效尺寸，造成报废。

2. 刃磨键槽铣刀

键槽铣刀用钝后可在普遍的砂轮机上或在工具磨床上刃磨，一般情况下只刃磨端面刃。刃磨时，右手在前握住刀具切削部分，左手在后握住刀具柄部，使刀体自然向下倾斜一个 $\alpha_0 \approx 8° \sim 10°$ 的后角，同时使刀体向右倾斜一个 $\varphi_0 \approx 2°$ 的向心角，使端面刀刃与砂轮的圆周面处于平行状态，双手轻轻用力使端面刃的后刀面与砂轮圆周面或端面接触，同时刃磨出后角和向心角,如图 3-3-25 所示。刃磨后的端面两刃口应处在同一回转平面内,以保证两刃口均匀地切削工件。

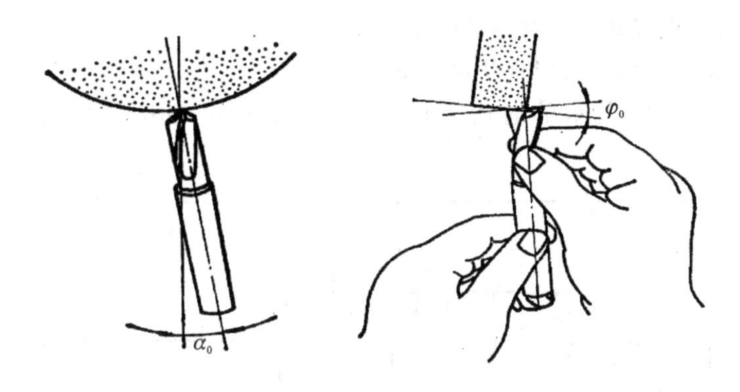

图 3-3-25　刃磨键槽铣刀

3. 直角沟槽铣削的质量分析

直角沟槽铣削的质量分析见表 3-3-6。

表 3-3-6　直角沟槽铣削的质量分析

质量问题	产生原因
沟槽尺寸超差	① 铣刀的尺寸选择不正确; ② 铣刀刀刃的圆跳动和端面跳动过大,使沟槽尺寸铣大; ③ 用立铣刀铣沟槽时,产生让刀现象; ④ 来回数次吃刀切削工件,将槽宽尺寸铣大; ⑤ 测量尺寸时有错误,或将刻度盘数值摇错,使沟槽尺寸铣错
沟槽两侧与 工件中心不对称	① 对刀时对偏; ② 扩铣两侧时将槽铣偏; ③ 测量尺寸时不正确,按测量的数值铣削,将铣偏
沟槽侧面与工件侧面不平行 沟槽地面与工件底面不平行	① 平口钳的固定钳口没有校正好; ② 选择的垫铁不平行; ③ 装夹工件时工件没有校正好
沟槽的两侧出现凹面	工作台零位不准,用三面刃铣刀铣削时,沟槽两侧出现凹面,两侧不平行
沟槽的形位精度超差	① 沟槽两侧与工件中心不对称。主要是对刀时对偏;扩铣两侧时将槽铣偏;测量尺寸时不正确,按测量的数值铣削,将铣偏。 ② 沟槽两侧面与工件侧面不平行,沟槽地面与工件底面不平行。原因是平口钳的固定钳口没有校正好;选择的垫铁不平行;装夹工件时工件没有校正好。 ③ 沟槽的两侧出现凹面,原因是工作台零位不准,用三面刃铣刀铣削时,沟槽两侧出现凹面,两侧不平行
表面粗糙度不符合图样要求	① 主轴转速过低,或进给量过大; ② 切削深度过大,铣刀切削时不平稳; ③ 切削钢件没有加注切削液; ④ 刀具变钝,刃口磨损等

通槽加工技能训练

重点：掌握用三面刃铣刀铣削通槽的方法。

难点：直角沟槽宽度尺寸、形位精度控制。

加工如图 3－3－26 所示的通槽零件，毛坯尺寸为 60 mm×60 mm×50 mm，材料为 HT200。

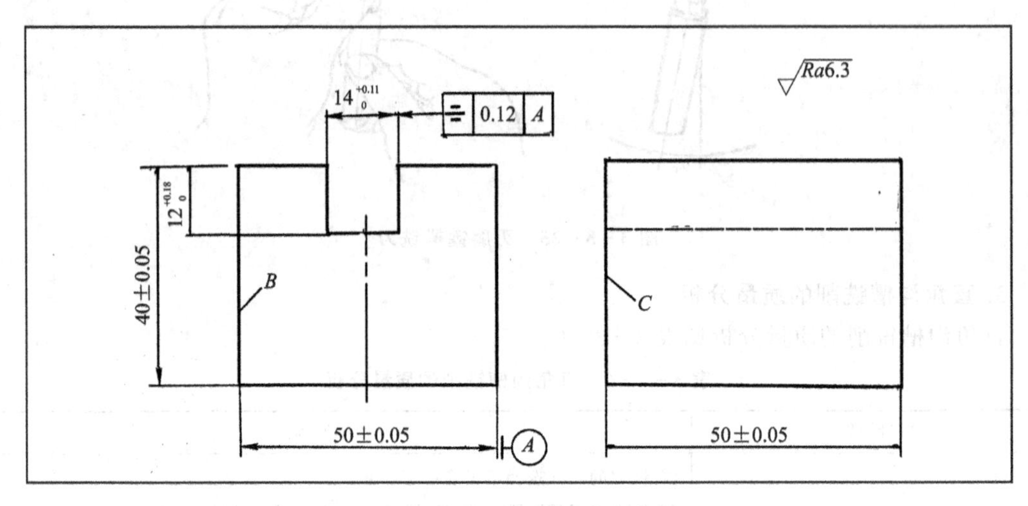

图 3－3－26 通槽零件

【工艺分析】

① 根据图样的精度要求，通槽可在立式铣床上用立铣刀加工，也可以在卧式铣床上用三面刃铣刀铣削加工。本例应在卧式铣床上用三面刃铣刀加工。

② 工件各表面粗糙度均为 Ra6.3，铣削加工比较容易达到。

③ HT200 的切削性能较好，可选用高速钢或硬质合金铣刀。

④ 通槽加工步骤如下：

按划线对刀调整铣削中间槽→预检、准确微量调整精铣一侧→预检准确微量调整精铣另一侧→通槽铣削工序的检验。

【工艺准备】

① 选择铣床。选用 X6132 型卧式万能铣床。

② 选择工件装夹方式。选用机用平口虎钳装夹工件。

③ 选择刀具。根据直角沟槽的宽度和深度尺寸选择铣刀规格，现选用外径为 ϕ80、宽度为 12 mm、孔径为 ϕ27、铣刀齿数为 18 的标准直齿三面刃铣刀。

④ 选择检验测量方法：

a. 直角沟槽的宽度用 0～25 mm 的内径百分尺测量，深度尺寸用深度游标卡尺测量。

b. 直角沟槽对工件宽度的对称度，用百分表借助标准平板进行测量，测量时采用工件翻身法进行对比测量，具体操作方法与台阶对称度测量相同。

【切削用量】

按工件材料 HT200 和铣刀的规格选择和调整铣削用量。因材料强度比较低，夹紧比较稳固，加工表面的粗糙度要求也不高，故调整主轴转速和进给量如下：

$$n=75\ \text{r/min}(v_c\approx18.85\ \text{m/min}),\quad v_f=60\ \text{mm/min}(f_z\approx0.05\ \text{mm/z})$$

【加工准备】

① 坯件检验。检验工件侧面与底平面的垂直度，两侧面的平行度。本例 B 面与底面的垂直度较好，可作为侧面定位基准。

② 安装、找正机用虎钳。将虎钳安装在工作台上，并用百分表找正定钳口定位面与工作台纵向平行。

③ 在工件表面划线。以工件侧面定位，游标高度尺的划线头调整高度为 18 mm，用翻身法在工件上平面划出对称外形的槽宽参照线。

④ 在工件下面垫长度大于 50 mm，宽度小于 50 mm 的平行垫块，其高度应使工件上平面高于钳口 13 mm，以避免加工时夹紧力对直角沟槽的影响。工件夹紧以后，可用双手推动垫块，感觉垫块两端的定位接触面的贴合程度，还可用 0.02 mm 的塞尺检查侧面定位情况。

⑤ 安装铣刀。采用直径 27 mm 的刀杆安装铣刀，安装后，目测铣刀的跳动情况，也可用百分表测量铣刀安装后的径向、端面圆跳动，如图 3－3－27 所示。

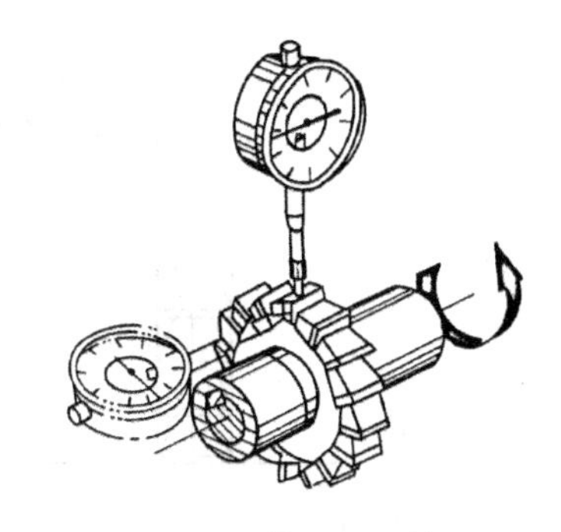

图 3－3－27 测量三面刃铣刀圆跳动

【加工步骤】

通槽零件的加工步骤见表 3－3－7。

表 3－3－7 通槽零件的加工步骤

操作步骤	加工内容(见图 3－3－26)
1. 对刀	① 按划线测刃对刀时，如图 3－3－28(a)所示，调整工作台，使铣刀处于铣削位置上方，目测铣刀两侧刃与槽宽参照线距离相等，然后开动机床，垂向缓缓上升试铣切痕，停机垂向退刀后，目测切痕是否处于槽宽参照线中间，如图 3－3－28(b)所示，若有偏差，微量调整工作台横向使切痕处于划线中间。 ② 在工件上平面对刀，使三面刃铣刀的圆周刃恰好擦到工件上平面，在垂向刻度盘上作记号，调整垂向，使工件上升 11.5 mm
2. 铣削中间槽并预检	① 铣削中间槽时注意紧固工作台横行，并注意铣削振动情况，适当调节挂架的支持轴承间隙。 ② 预检时，应先计算相关数据。若槽宽按 14.05 mm 计算，槽侧与工件侧面的尺寸为(50－14.05)mm/2＝17.98 mm，粗铣后预检，测得槽侧与工件定位侧面的实际尺寸为 18.80 mm，槽宽为 12.10 mm，槽深为 11.55 mm，如图 3－3－29(a)所示
3. 精铣及预检直角槽的一侧	工作台按(18.80－17.98)mm＝0.82 mm 横向移动，按(12.10－11.55)mm＝0.55 mm 垂向升高，精铣直角槽一侧，铣削时全程使用自动进给，如图 3－3－29(b)所示
4. 精铣及预检直角槽的另一侧	工作台横向恢复到中间槽位置，反向移动 0.3 mm，半精铣直角槽另一侧，预检槽宽尺寸，若测得槽宽为 13.62 mm，按(14.05－13.62)mm＝0.43 mm 准确移动工作台横向，精铣直角槽另一侧。再次测量槽宽尺寸应在 14.05 mm 左右，如图 3－3－29(c)所示

【质量检测】

质量检测评分标准见表 3－3－8。

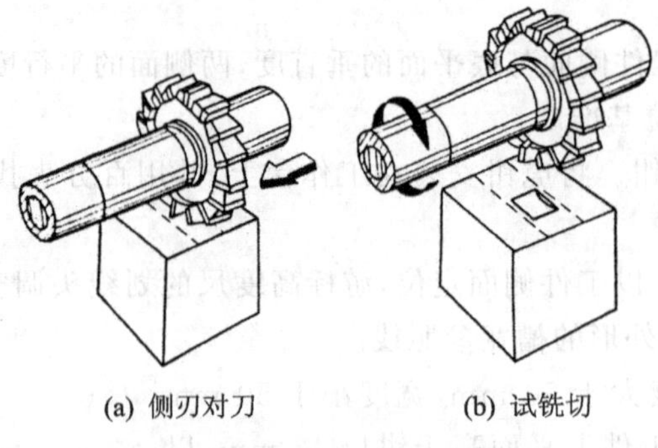

图 3-3-28 直角沟槽按划线对刀

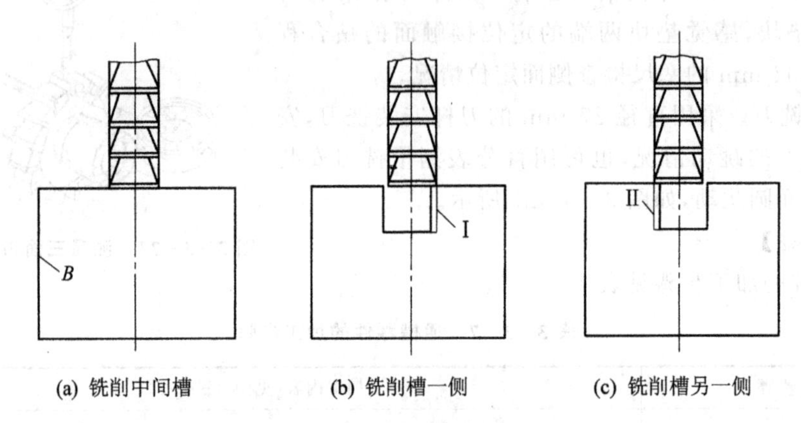

图 3-3-29 多次进给铣削直角沟槽的步骤

表 3-3-8 评分标准(见图 3-3-26)

项 目	序 号	考核内容	配 分	评分标准	检 测	得 分
外形尺寸	1	50±0.05(2 处)	26	超差不得分		
	2	40±0.05	13	超差不得分		
	3	$12^{+0.18}_{0}$	12	超差不得分		
	4	$14^{+0.11}_{0}$	15	超差不得分		
	5	⌯ 0.12 A	15	超差不得分		
其他	6	Ra6.3(9 处)	9	每处降一级不得分		
	7	去毛刺	5	出现一处扣 2 分		
	8	安全文明生产	5	未清理现场扣 10 分;每违反一项规定从总分中扣 1~10 分;严重违规停止操作		

【质量分析】

铣削通槽零件的质量分析见表 3-3-9。

表 3-3-9　铣削通槽零件的质量分析

种　类	产生原因
直角槽尺寸	对刀不准确、预检不准确、工作台调整数值计算错误等
直角槽侧面的平行度较差	① 铣刀直径较大，工作时受力一侧偏让； ② 工件定位侧面与纵向不平行； ③ 万能铣床的工作台零位未对准时，用三面刃铣刀铣削而成的直角槽两侧面将会呈现上宽下窄而影响宽度尺寸和形状精度
直角槽宽度与外形对称度超差	① 工件侧面与工作台纵向不平行； ② 工作台调整数据计算错误、预检测量误差
表面粗糙度超差	① 刃磨质量差和过早磨损、刀杆精度差； ② 支架支持轴承间隙调整不合理

5. 铣削直角沟槽小结

(1) 沟槽铣削中的加工特点

① 相互位置精度　工件的沟槽在通常情况下是要与其他零件相配合的，故除本身有一定的精度和表面粗糙度外，还要求沟槽与其他零件的其他表面间具有一定的位置精度。因此，在对工件的安装，刀具的选择，调整中有较高的要求。

② 工件的强度和刚性　工件在铣出沟槽后，其强度和刚性会降低，因此，在安装工件时，除了要保证工件的定位精度和夹紧的可靠性外，还应注意合理选择夹紧部位，并控制夹紧力的大小，以免由于工件刚度下降而引起变形。

③ 工件的切削条件　铣沟槽时，铣刀尺寸的选择受到沟槽尺寸的限制，特别是铣小尺寸沟槽的铣刀，其强度、散热性及排屑条件均较差。

(2) 机用虎钳装夹工件的技巧

正确使用机用虎钳不仅可保证工件具有较高的精度和表面粗糙度，而且可以保证虎钳本身的精度，并延长其使用寿命。使用机用虎钳时，应注意以下几点：

① 及时清除油污、铁屑及其他杂物，保证虎钳清洁。

② 应以固定钳口为基准，校正虎钳在工作台上的位置。

③ 为使夹紧可靠，应使工件与钳口的接触面尽可能大些。为提高万能虎钳的刚性，可将底座取下，把钳身直接固定在工作台上。要根据工件的材料、结构确定适当的夹紧力，不可过小，也不能过大，不允许任意加长虎钳的手柄。

④ 工件安装后，不宜高出钳口过多(过高，在铣削过程中工件的振动大)，必要时可在两钳口处加垫板。

⑤ 装夹较长工件时，可用两个(或多个)虎钳同时夹紧，以保证夹紧可靠，并防止工作时发生振动。

⑥ 铣深槽时，首先要注意校正虎钳的固定钳口，并使工件的定位基准面与固定钳口及水平垫铁很好地贴合；其次要注意合理地确定工件上的夹紧部位，防止在铣出沟槽后，由于刚性降低，工件在夹紧力的作用下产生变形，使槽宽变窄或出现夹刀现象。正确的夹紧部位应选在槽底附近。

3.3.3 铣轴上键槽

技能目标

- ◆ 掌握轴上键槽的铣削方法,并正确选择铣刀。
- ◆ 掌握轴上键槽的测量方法。
- ◆ 分析轴上键槽铣削出现的质量问题和注意事项。

键连接是通过键将轴与轴上零件结合在一起,用于传递扭矩,防止机构打滑。轴上的键槽称为轴槽,轴上零件上的键槽称为轮毂槽。在平键连接中,轴槽和轮毂槽都是直角沟槽。轴槽多用铣削的方法加工。由于轴键的两侧面与平键两侧面相配合,以传递转矩,是主要工作面,因此轴槽宽度的尺寸精度要求较高,轴槽两侧面的表面粗糙度值较小,对轴槽与轴线的对称度也有较高的要求,对轴槽深度的尺寸一般要求不高。具体要求如下:

① 键槽必须对称于轴的中心线。在机械行业中,一般键槽的对称度应小于或等于0.05 mm,侧面和底面须与轴心线平行,其平行度误差应小于或等于0.05 mm(在100 mm范围内)。

② 键槽宽度、长度和深度需达到图纸要求。键槽宽度的公差参照机械设计手册。

③ 键槽在零件上的定位尺寸需根据国家标准或者图纸要求进行严格控制。

④ 表面粗糙度要求一般应不大于 $Ra6.3$。

1. 轴上键槽的铣削方法

轴槽的结构主要有通槽、半通槽和封闭槽三种,如图3-3-30所示。轴上的通槽和槽底一端是圆弧的半通槽,一般选用盘形槽铣刀铣削,轴槽的宽度由铣刀宽度保证,槽底圆弧半径由铣刀半径保证。轴上的封闭槽和槽底一端是直角的半通槽,用键槽铣刀铣削,并按轴槽的宽度尺寸来确定键槽铣刀的直径。

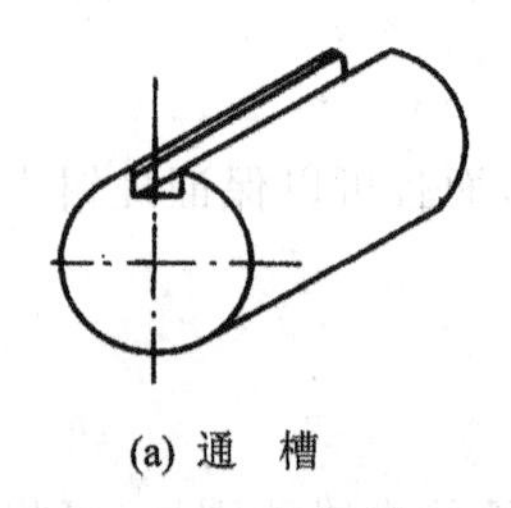

(a) 通　槽

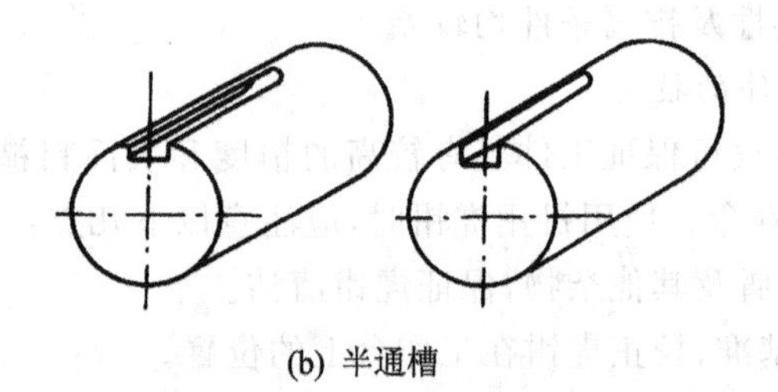

(b) 半通槽

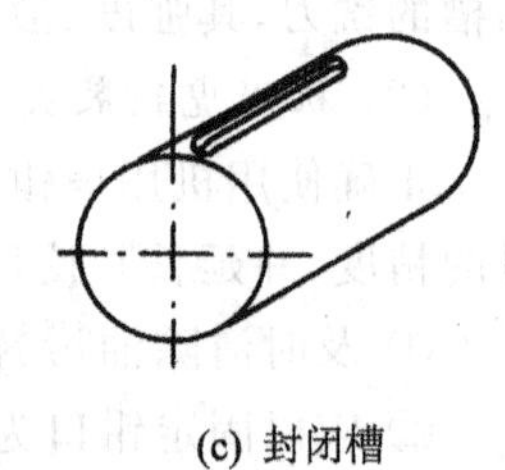

(c) 封闭槽

图3-3-30　轴上键槽的种类

(1) 工件的装夹及校正

装夹工件时,不但要保证工件的稳定性和可靠性,还要保证工件在夹紧后的中心位置不变,即保证键槽中心线与轴心线重合。铣键槽的装夹方法一般有以下几种:

1) 用平口钳安装

用平口钳安装适用于在中小短轴上铣键槽,装夹简便、稳固,适用于单件生产,如图3-3-31(a)所示。当工件直径有变化时,工件中心在钳口内也随之变动,影响键槽的对称度和深度,如图3-3-31(b)所示。若轴的外圆已精加工过,也可用此装夹方法进行批量生产。

2) 用V形铁装夹

用V形块装夹轴类工件,如图3-3-32(a)所示。其特点是工件中心只在V形铁的角平分线上,随直径的变化而上下变动,因此只要键槽铣刀的轴线或盘形铣刀的中分线对准V形槽的角平分线,铣出的直角槽只会在深度尺寸上有变化,而对称度不会有变化,如图3-3-32

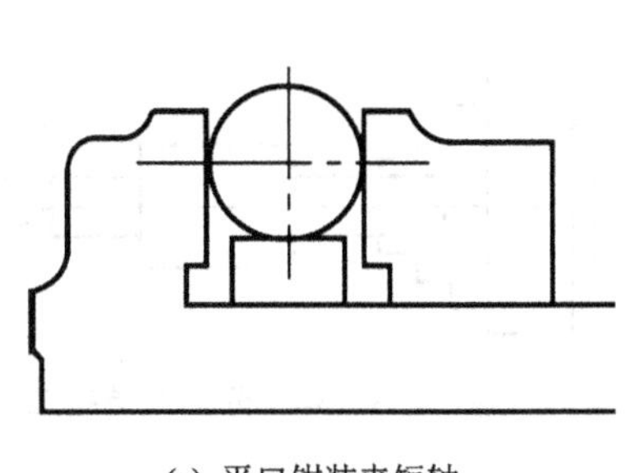
(a) 平口钳装夹短轴

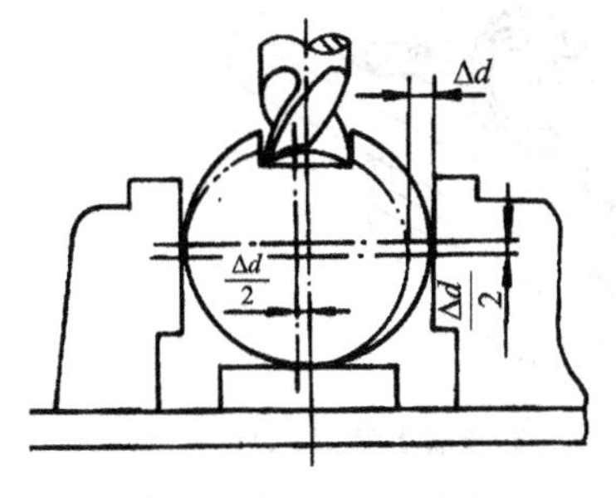

(b) 工件直径变化影响对称度和深度

图 3-3-31 平口钳装夹零件

(b)所示。当铣削直径有偏差的工件时，虽对铣削深度有影响，但变化量一般不会超过槽深的尺寸公差。但如果在卧式铣床上用键槽铣刀铣削，或在立式铣床上用盘形铣刀铣削，若 V 形槽的角平分线仍垂直，则工件直径有变化，将会直接影响直角槽的对称度，如图 3-3-32(c)所示。

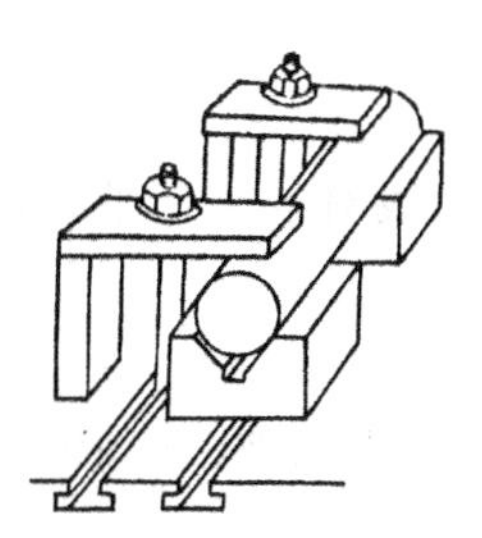
(a) V型槽装夹长轴

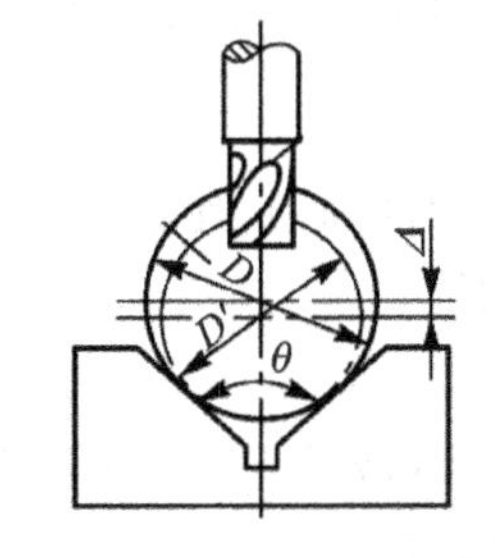

(b) 直径变化不影响对称度

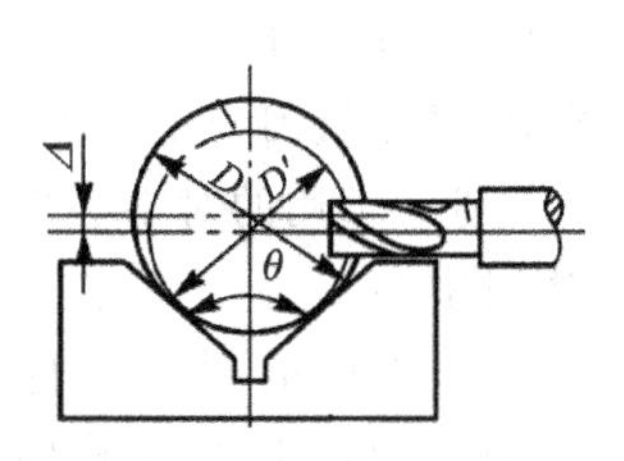

(c) 直径变化影响对称度

图 3-3-32 V 形铁装夹零件

3) 工作台上 T 形槽装夹

图 3-3-33 所示为将圆柱形工件直接安装在铣床工作台 T 形槽上，并使用压板将工件夹紧的情况。T 形槽槽口处的倒角相当于 V 形铁上的 V 形槽，能起到定位作用。当加工直径在 $\phi20\sim\phi60$ 范围内的长轴时，可直接装夹在工作台的 T 形槽口上，而阶梯轴和大直径轴不适合采用这种方法。

4) 用分度头装夹

用分度头装夹轴类工件，如图 3-3-34 所示。如果是对称键与多槽工件的安装，为了使轴上的键槽位置分布准确，大都采用分度头或者是带有分度装置的夹具装夹。利用分度头的三爪自定心卡盘和后顶尖装夹工件时，工件轴线位置不会因直径变化而变化，因此轴上键槽的对称性不会受工件直径变化的影响。

5) 工件的校正

如图 3-3-35 所示，要保证键槽两侧面和底面都平行于工件轴线，就必须使工件轴线既平行于工作台的纵向进给方向，又平行于工作台台面。用平口钳装夹工件时，用百分表校正固定钳口与纵向进给方向平行，再校正工件上母线与工作台台面平行；用 V 形铁和分度头装夹工件时，既要校正工件母线与纵向进给方向平行，又要校正工件上母线与工作台台面平行。在装夹长轴时，最好用一对尺寸相等且底面有键的 V 形铁，以节省校正时间。

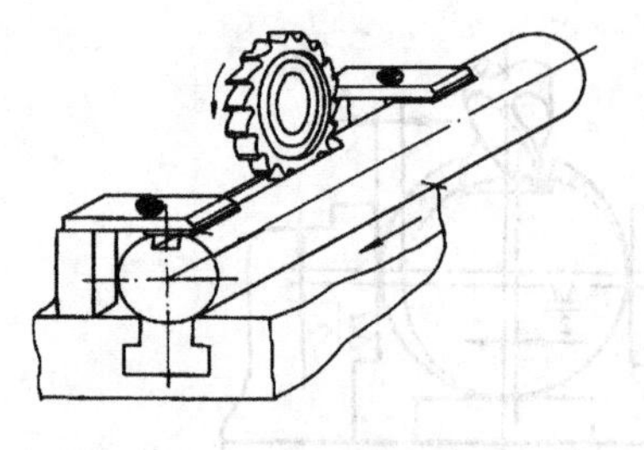

图 3-3-33 T形槽上装夹工件

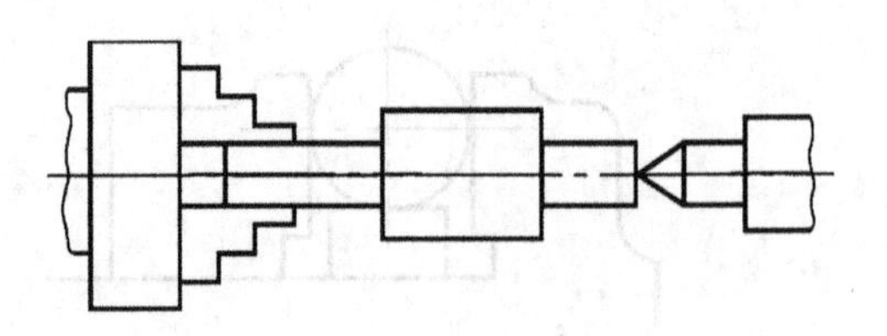

图 3-3-34 分度头装夹工件

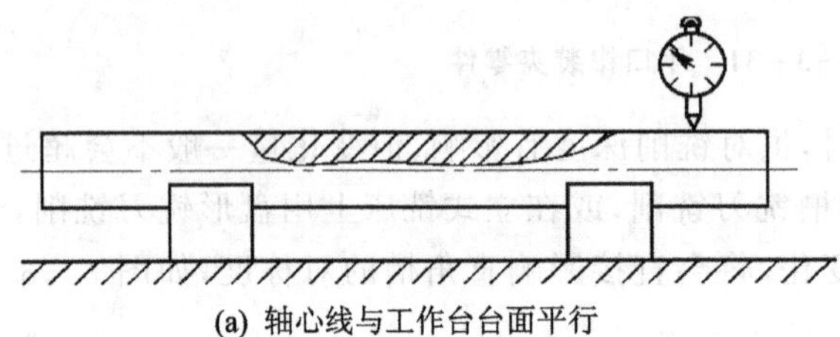

(a) 轴心线与工作台台面平行

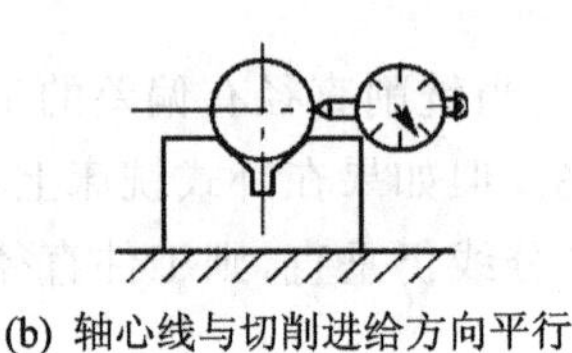

(b) 轴心线与切削进给方向平行

图 3-3-35 用百分表校正工件轴心线

(2) 调整铣刀切削位置

铣键槽时,调整铣刀与工件相对位置(对中心),使铣刀旋转轴线对准工件轴线,是保证键槽对称性的关键。常用的对中心方法如下:

1) 擦边对中心

如图 3-3-36 所示,先在工件侧面贴张薄纸,用干净的液体作为黏液,开动铣床,当铣刀擦到薄纸后,向下退出工件,再横向移动铣刀。

用三面刃盘形铣刀时移动距离 A 为

$$A=\frac{D+L}{2}+\delta$$

用键槽铣刀或者立铣刀时移动距离 A 为

$$A=\frac{D+d}{2}+\delta$$

式中: A 为工作台移动距离,mm; L 为铣刀宽度,mm; D 为工件直径,mm; d 为铣刀直径,mm; δ 为纸的厚度,mm。

2) 切痕对中心

切痕对中心的方法使用简便,但精度不高,是最常用的对中心方法。

① 盘形铣刀切痕对中心法。如图 3-3-37(a)所示,先把工件大致调整到铣刀的中心位置上,开动铣床,在工件表面上切出一个接近铣刀宽度的椭圆形切痕,然后横向移动工作台,使铣刀落在椭圆的中间位置。

② 键槽铣刀切痕对中心法。如图 3-3-37(b)所示,其原理和盘形铣刀的切痕对中心法相同,只是键槽铣刀的切痕是个边长等于铣刀直径的四方形小平面。对中心时,使铣刀在旋转时落在小平面的中间位置。

3) 百分表对中心

图 3-3-38(a)所示为工件装夹在平口钳内加工键槽。此时,可将杠杆百分表装在铣床主轴上,用手转动主轴,观察百分表在钳口两侧、两点的读数,若读数相等,则铣床主轴轴线对准

了工件轴线。这种对中心法较精确。

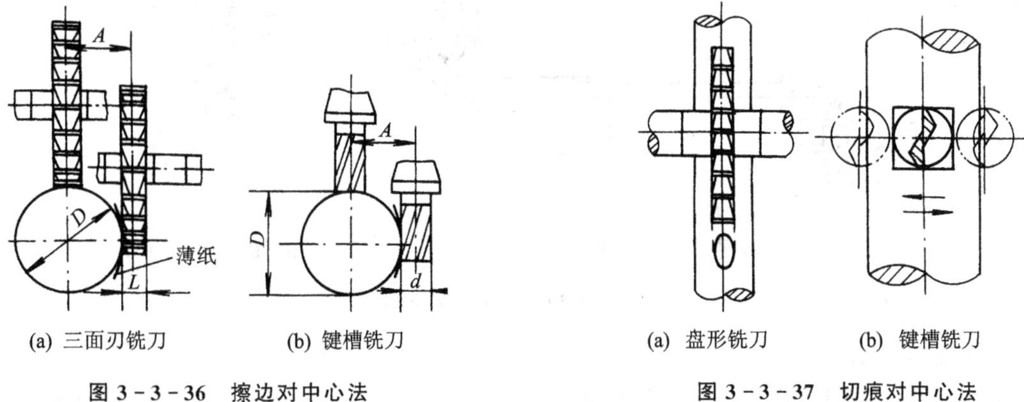

(a) 三面刃铣刀　　(b) 键槽铣刀

图 3-3-36　擦边对中心法

(a) 盘形铣刀　　(b) 键槽铣刀

图 3-3-37　切痕对中心法

图 3-3-38(b)所示为工件装在 V 形铁或分度头上铣削键槽。移动工作台，使百分表在 a、b 两点的数值相等，即对准中心。

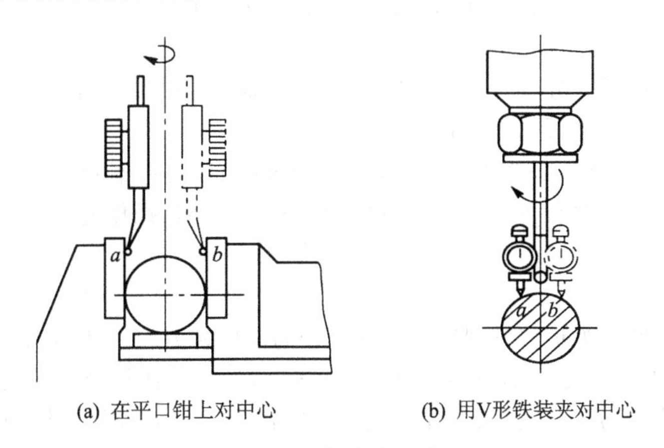

(a) 在平口钳上对中心　　(b) 用V形铁装夹对中心

图 3-3-38　百分表对中心法

(3) 键槽的铣削方法

1) 铣轴上通键槽

轴上键槽为通槽或一端为圆弧形的半通槽，一般都采用盘形槽铣刀来铣削。这种长的轴类零件，若外圆已经磨削准确，则可采用平口钳装夹进行铣削。为避免因工件伸出钳口太多而产生振动和弯曲，可在伸出端用千斤顶支承。若工件直径已经粗加工，则采用三爪自定心卡盘和尾顶尖来装夹，且中间需用千斤顶支承，如图 3-3-39(a)所示。

工件装夹完毕并调整对中心后，应调整铣削宽度(即铣削深度)。调整时先使回转的铣刀刀刃与工件表面接触，然后退出工件，再将工作台上升到轴槽的深度，即可开始铣削。当铣刀开始切到工件时，应手动慢慢移动工作台，不浇注切削液，并仔细观察。在铣削深度(即铣削层宽度)接近铣刀宽度时，轴的一侧是否出现台阶现象，如图 3-3-39(b)所示，若有，则说明铣刀还未对准中心，应将工件有台阶一侧向铣刀做横向移动调整，直至对准中心为止。

当工件采用 V 形架或工作台中央 T 形槽加压板装夹时，可先将压板压在距工件端部60～100 mm 处，由工件端部向里铣出一段槽长，然后停车，将压板移到工件端部，垫上铜皮重新压紧工件(见图 3-3-33)，观察确认铣刀不会碰着压板后，再开车继续铣削全长。

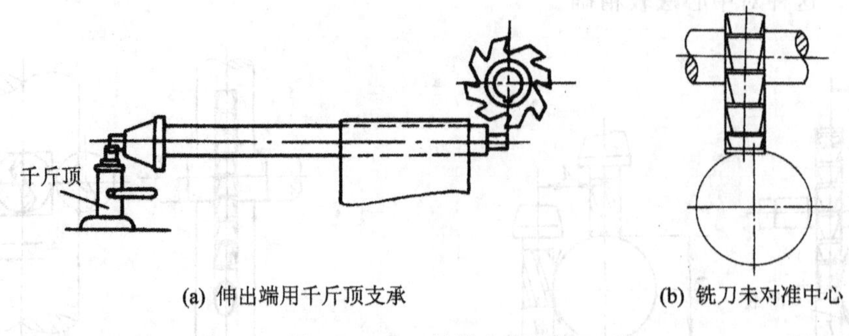

(a) 伸出端用千斤顶支承　　(b) 铣刀未对准中心

图 3-3-39　铣轴上通键槽

2）铣轴上封闭键槽

轴上键槽是封闭槽或一端为直角的半通槽，用键槽铣刀铣削。用键槽铣刀铣削轴槽，通常不采用一次铣准轴槽深度的铣削方法，因为当铣刀用钝时，其刀刃磨损的轴向长度等于轴槽深度，如刃磨圆柱刀刃，会使铣刀直径磨小而不能再用精加工，因而一般采用磨去端面一段的方法较合理，但磨损长度太长对铣刀使用不利。常用的方法如下：

① 分层铣削法。

如图 3-3-40 所示为分层铣削法。用这种方法加工，每次铣削深度只有 0.5～1 mm，以较大的进给速度往返进行铣削，直至达到深度尺寸要求。

使用此加工方法的优点是铣刀用钝后，只需刃磨端面，磨短不到 1 mm，铣刀直径不受影响；铣削时不会产生“让刀”现象；但在普通铣床上进行加工时，操作的灵活性不好，生产效率反而比正常切削更低。

② 扩刀铣削法。

如图 3-3-41 所示为扩刀铣削法。将选择好的键槽铣刀外径磨小 0.3～0.5 mm(磨出的圆柱度要好)。铣削时，在键槽的两端各留 0.5 mm 余量，分层往复走刀铣至深度尺寸，然后测量槽宽，确定宽度余量，用符合键槽尺寸的铣刀由键槽的中心对称扩铣槽的两侧至要求尺寸，并同时铣至键槽的长度。铣削时注意保证键槽两端圆弧的圆度。这种铣削方法容易产生“让刀”现象，使槽侧产生斜度。

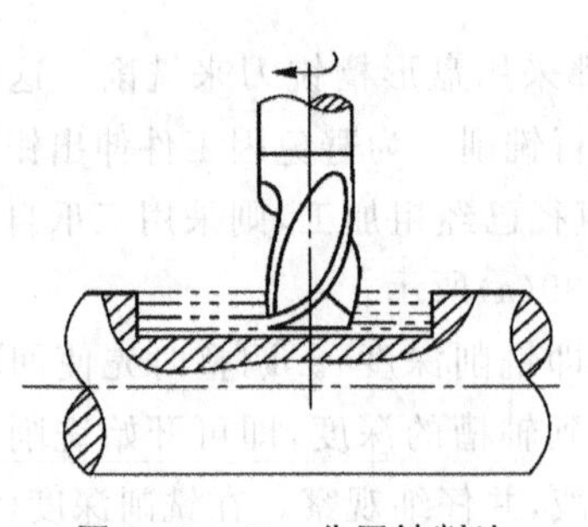

图 3-3-40　分层铣削法

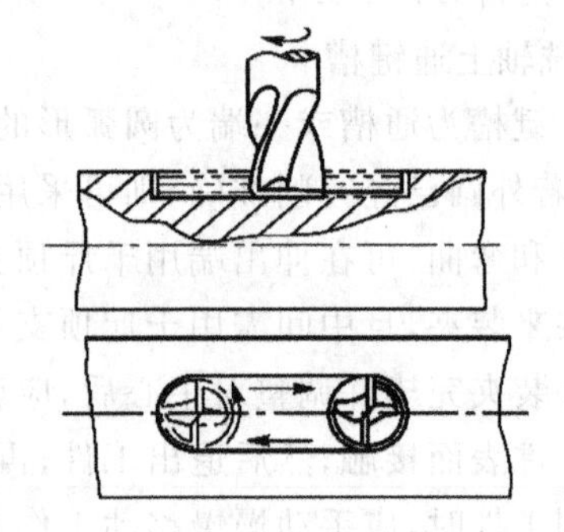

图 3-3-41　分层铣至深度再扩铣两侧

2. 轴上键槽的检测和铣削质量分析

(1) 轴上键槽的检测方法

1) 键槽宽度检测

根据键槽的具体精度要求，可选用游标卡尺、内径千分尺和塞规测量键槽宽度。图 3-3-42

(a)所示为圆形塞规的通端 1、止端 2 检测槽宽，测量时，应选用与槽宽尺寸公差等级相同的塞规，以过端能塞进，止端不能塞进为合格。

图 3－3－42(b)所示为内径千分尺检测槽宽，测量时左手拿内径千分尺顶端，右手转动微分筒，使两个内测量爪测量面之间的距离略小于槽宽尺寸放入槽中，以一个量爪为支点，另一个量爪做少量转动，找出最小点，然后使用测力装置直至发出响声，便可直接读数，若要取出后读数，先将紧固螺钉旋紧后取出读数。

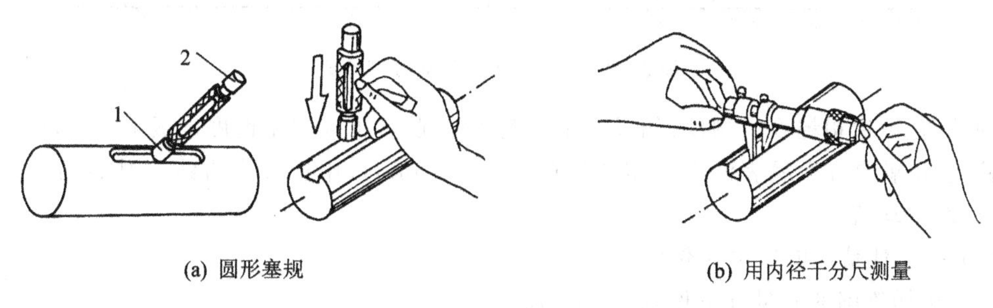

(a) 圆形塞规　　(b) 用内径千分尺测量

图 3－3－42　轴上键槽宽度的检测

2）键槽深度检测

键槽深度检测可用各类游标卡尺、外径千分尺进行测量，如图 3－3－43 所示。测量时常需要进行尺寸换算，用游标卡尺测量后，若槽深尺寸基准是轴线，则须减去工件实际半径才能得到槽深测量尺寸。

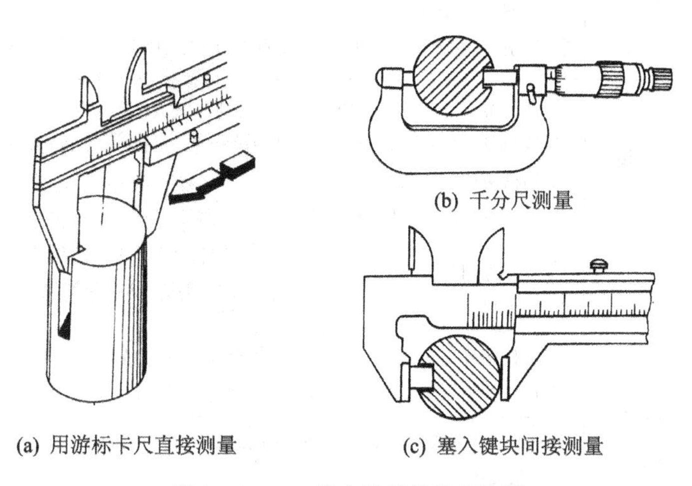

(a) 用游标卡尺直接测量　　(b) 千分尺测量　　(c) 塞入键块间接测量

图 3－3－43　轴上键槽的深度检测

3）键槽中心平面与轴心线的对称度检测

如图 3－3－44 所示，将工件放在 V 形铁上，选择一块与键槽宽度尺寸紧密配合的塞块塞入槽内，并使塞块的平面大致处于水平位置，用百分表检测塞块 A 面与平板(钳工高精度检验和划线专用工具)平面平行并读数，然后将工件转 180°，用百分表检测塞块 B 面与平板平面平行并读数，两次读数差值的一半，就是键槽对称度误差。

4）测量键槽的长度和轴向位置

这两项可用钢直尺或游标卡尺测量。

5）表面粗糙度的检测

表面粗糙度的检测应注意选择相对应的对比样板，也可用粗糙度仪进行检验。如果知道

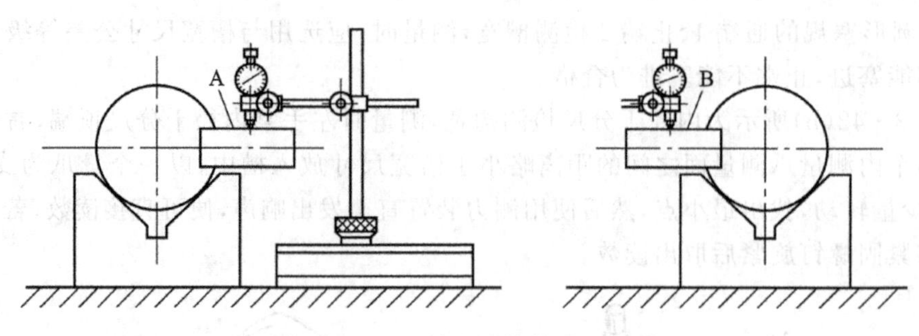

图 3-3-44　轴上键槽对称度检测

具体的数值，则用粗糙度检测仪；如果只是大概地评判，就可以用粗糙度样板来对比，也可以用探针检测，也就是在金属表面取一定长度的距离(10 mm)，用探针沿直线测其表面的凹凸深度，最后取平均值。

(2) 轴上键槽铣削的质量分析

轴上键槽铣削的质量分析见表 3-3-10。

表 3-3-10　轴上键槽铣削的质量分析

质量问题	产生原因
键槽宽度尺寸不合格	① 铣刀宽度尺寸不合适或人为测量误差，铣刀刀尖刃质量不高或磨损。 ② 铣刀有摆差，用键槽铣刀铣槽，铣刀径向圆跳动过大；用盘铣刀铣槽，铣刀端面跳动过大，导致将槽铣宽。 ③ 铣削时，吃刀深度过大，进给量过大，产生"让刀"现象，将槽铣宽
轴槽两侧与工件轴线不对称	① 铣刀未对准中心。目测切痕对中心法导致人为误差过大。 ② 铣削时因进给量较大产生了"让刀"现象，或铣削时工作台横向未锁紧等。 ③ 轴槽两侧扩铣余量不一致。 ④ 成批生产时，工件外圆尺寸公差太大
轴槽两侧与工件轴线不平行	① 工件外圆直径不一致，有锥度。 ② 用平口钳或 V 形铁装夹工件时，平口钳没有校正好
轴槽槽底与工件轴线不平行	① 工件圆柱面上素线与工作台台面不平行、V 形特殊钳口安装误差过大等。 ② 选用的垫铁不平行，或选用的两 V 形架不等高
键槽端部出现较大圆弧	铣刀的转速过低、垂向手动进给速度过快、铣刀端齿中心部位刃磨质量不好，使端面齿切削受阻
键槽深度超差	① 铣刀夹持不够牢固，铣削时，沿螺旋线方向被拉下。 ② 垂向调整尺寸出现计算或操作失误

半通键槽加工技能训练

重点：掌握轴上键槽用盘状铣刀切痕对刀加工方法。

难点：对称度、长度尺寸控制及对称度测量操作。

铣削加工如图 3-3-45 所示的半通键槽零件，毛坯尺寸为 $\phi30\times80$ mm，材料为 45 钢。

【工艺分析】

根据图样的精度要求和键槽端部的收尾形式，选择在卧式铣床上用三面刃铣刀或盘形槽

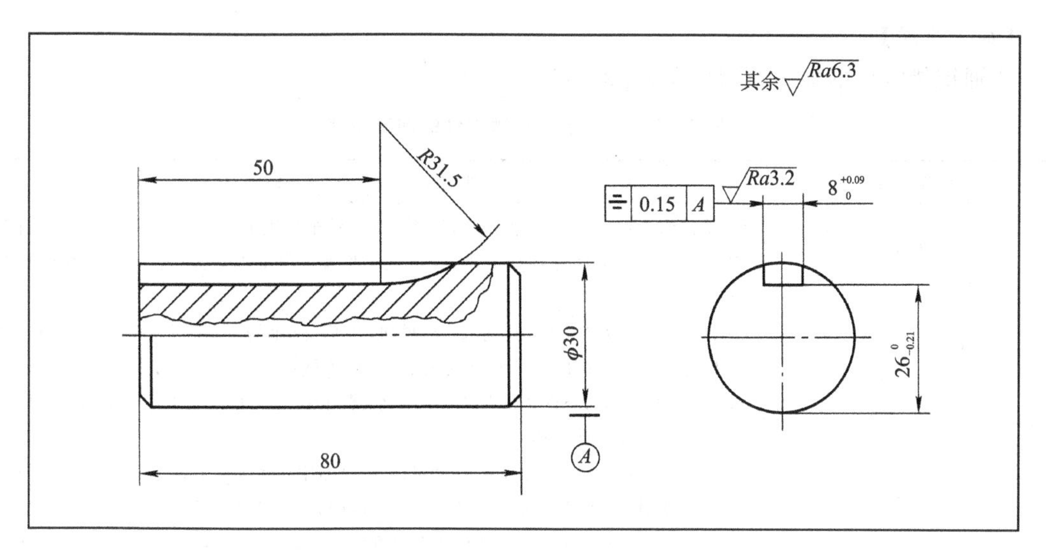

图 3-3-45　半通键槽零件

铣刀铣削加工。材料为 45 钢，其切削性能较好。键槽侧面的表面粗糙度为 $Ra\,3.2$，其余为 $Ra\,6.3$，铣削加工比较容易达到。半通键槽加工步骤如下：

切痕对刀（对中、槽深、槽长）→铣削键槽→半通键槽铣削工序检验。

【工艺准备】

① 选择铣床。选用 X6132 型卧式万能铣床。

② 选择工件装夹方式。单件加工，采用平口钳装夹。

③ 选择刀具。根据直角沟槽的宽度尺寸 $8^{+0.09}_{0}$ mm 和端部收尾形式及圆弧半径尺寸 31.5 mm 选择铣刀规格，因槽宽精度要求不高，现选用外径为 $\phi63$、宽度为 8 mm、孔径为 $\phi22$、铣刀齿数为 14 的标准直齿三面刃铣刀。铣刀的宽度应用外径千分尺进行测量，按图样槽宽尺寸的公差和铣刀安装后的端面圆跳动误差，铣刀的宽度应在 8.0～8.05 mm 范围内。

【切削用量】

按工件材料 45 钢和铣刀的规格选择和调整铣削用量，因材料强度、硬度都不高，装夹比较稳固，加工表面的表面粗糙度要求也不高，故调整主轴转速和进给量如下：

$$n=95\ \text{r/min}(v_c\approx18\ \text{m/min}),\quad v_f=47.5\ \text{mm/min}(f_z\approx0.036\ \text{mm/z})$$

【加工准备】

① 安装、找正机用虎钳。将虎钳安装在工作台上，换装 V 形特殊钳口。安装时，应注意各接触面的清洁度，去除表面毛刺，然后略旋紧紧固螺钉，将标准棒夹持在 V 形钳口内，用百分表找正标准棒的上素线与工作台面平行，随后旋紧紧固螺钉，并找正钳口定位面与工作台纵向平行。

② 在工件表面划线。以工件端面定位，将游标高度尺的划线头调整高度为 50 mm，在工件圆柱面上划出键槽有效长度参照线。

③ 装夹和找正工件。工件装夹在 V 形钳口中，应注意上方外露的圆柱面具有 2 倍槽宽尺寸的位置，以便铣削对刀。

④ 安装铣刀。采用直径 $\phi22$ 的刀杆安装铣刀。安装后，用百分表测量铣刀安装后的端面圆跳动。

【加工步骤】

半通键槽零件的加工步骤见表 3-3-11。

表 3-3-11 半通键槽零件的加工步骤

操作步骤	加工内容(见图 3-3-45)
1. 对刀	① 垂向槽深对刀时,调整工作台,使铣刀处于铣削位置上方。开动机床,使铣刀圆周刃齿恰好擦到工件外圆最高点,在垂向刻度盘上作记号,作为槽深尺寸调整起点刻度。 ② 横向对中对刀时,往复移动工作台横向,在工件表面铣削出略大于铣刀宽度的椭圆形刀痕。通过目测使铣刀处于切痕中间,垂向再微量升高,使铣刀铣出浅痕。停车后目测浅痕与椭圆刀痕两边的距离是否相等,若有偏差,则再调整工作台横向。调整结束后,注意锁紧工作台横向。 ③ 纵向槽长对刀时,垂向退刀,移动纵向,使铣刀中心大致处于 50 mm 槽长划线的上方,垂向上升,在工件表面铣出刀痕,停机后目测划线是否在切痕中间,若有偏差,再调整工作台纵向位置,调整完毕,在纵向刻度盘上做好铣削终点的刻度记号。此时,注意工作台的移动方向应与铣削进给方向一致,还应调整好自动停止挡铁,调整的要求是:在工作台进给停止后,刻度盘位置至终点刻度记号还应留有 1 mm 左右的距离,以便通过手动进给较准确地控制键槽有效长度尺寸。 ④ 纵向退刀后,垂向按对刀记号上升(30.07−25.95) mm=4.12 mm
2. 铣削并预检键槽	① 铣削时,应先采用手动进给使铣刀缓缓切入工件,当铣削平稳后再采用机动进给。在铣削至纵向刻度盘记号之前,机动进给自动停止,改用手动进给铣削至刻度盘终点记号位置。 ② 预检槽宽尺寸用塞规和内径千分尺测量。 ③ 测量槽深尺寸,用游标卡尺直接测量槽底至下素线的尺寸。 ④ 键槽的长度尺寸可用钢直尺或游标卡尺直接量出

【质量检测】

质量检测评分标准见表 3-3-12。

表 3-3-12 评分标准(见图 3-3-45)

项 目	序 号	考核内容	配 分	评分标准	检 测	得 分
外形尺寸	1	$26_{-0.21}^{0}$	20	超差不得分		
	2	$8_{0}^{+0.09}$	20	超差不得分		
	3	$R31.5$	10	超差不得分		
	4	50	10	超差不得分		
	5	⌯ 0.15 A	20	超差不得分		
其他	6	$Ra\,3.2$(2 处)	5	每处降一级不得分		
	7	去毛刺	5	出现一处扣 2 分		
	8	安全文明生产	10	未清理现场扣 10 分;每违反一项规定从总分中扣 1~10 分;严重违规停止操作		

【质量分析】

铣削半通键槽的质量分析见表 3-3-13。

表 3-3-13　铣削半通键槽的质量分析

种　类	产生原因
键槽宽度尺寸超差	① 刀宽度尺寸测量误差； ② 铣刀安装后端面跳动过大； ③ 铣刀刀尖刃磨质量差或早期磨损等
键槽槽底与轴线不平行	① 工件圆柱面上素线与工作台台面不平行； ② V 形特殊钳口安装误差过大等
键槽对称度超差	① 切痕对刀误差过大； ② 铣削时产生让刀，铣削时工作台横向未锁紧

封闭键槽加工技能训练

重点：掌握轴上键槽用盘状铣刀切痕对刀加工方法。

难点：对称度、长度尺寸控制及对称度测量操作。

铣削加工如图 3-3-46 所示的封闭键槽零件，阶梯轴已按图纸车削成形，材料为 45 钢。

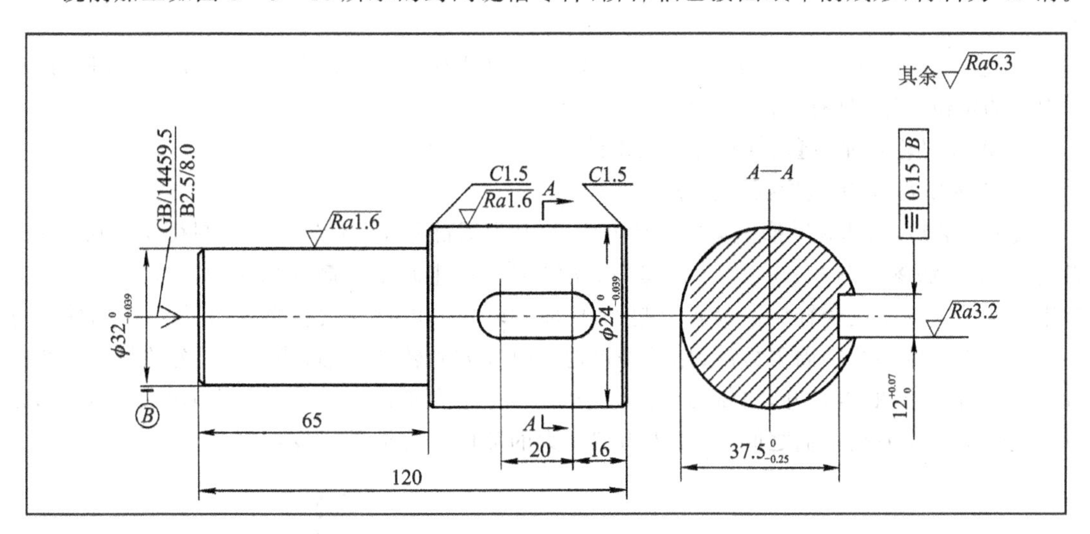

图 3-3-46　封闭键槽零件

【工艺分析】

选择在立式铣床上用键槽铣刀进行铣削加工。键槽侧面的表面粗糙度为 $Ra\,3.2$，其余为 $Ra\,6.3$，铣削加工能达到要求。材料为 45 钢，其切削性能较好。封闭键槽加工步骤如下：

切痕对刀（对中、槽深、键槽轴向位置）→铣削键槽→封闭键槽铣削工序检验。

【工艺准备】

① 选择铣床。选用 X5032 型立式铣床或类同的立式铣床。

② 选择工件装夹方式。单件加工，采用平口钳装夹。

③ 选择刀具。根据键槽的宽度尺寸 $12^{+0.07}_{0}$ mm 选择铣刀规格，现选用外径为 $\phi12$ 的标准键槽铣刀。铣刀的直径应用外径千分尺进行测量，考虑到铣刀安装后的径向圆跳动误差对键槽宽度的影响，铣刀的直径应在 12.00～12.03 mm 范围内。

【切削用量】

按工件材料45钢、表面粗糙度要求和键槽铣刀的直径尺寸,选择和调整铣削用量:

$n=475\ \mathrm{r/min}(v_c\approx17.9\ \mathrm{m/min})$, $v_f=23.5\ \mathrm{mm/min}(f_z\approx0.25\ \mathrm{mm/z})$

【加工准备】

1) 安装轴用虎钳

将虎钳定位V形块向上安装在工作台上,用百分表、标准棒检测V形块与纵向的平行度。

2) 在工件表面划线

以工件上$\phi42$圆柱面端面定位,将游标高度尺的划线头调整高度分别设置为10 mm、42 mm,在工件圆柱面上划出键槽两端铣刀轴向位置参照线。

3) 装夹和找正工件

工件装夹在V形钳口中,用百分表复核工件上素线与工作台台面平行。

4) 安装铣刀

采用铣夹头和弹性套安装直柄键槽铣刀,如图3-3-47所示,安装步骤如下:

① 擦净铣床主轴锥孔及夹头体1的外锥部分。

② 将夹头体1装入主轴锥孔中,并使主轴锥孔端部的键对准铣夹头上的槽,用拉紧螺杆紧固。

③ 选用与铣刀柄部直径相同的弹性套2,装入夹头体内。弹性套有三条均分弹性槽,以利于刀柄的定位夹紧,具有自定心作用。

④ 将铣刀装入弹性套2中,伸出长度约为25 mm。

⑤ 旋入螺母3,用钩形扳手扳紧。

铣刀安装后,为达到键槽槽宽尺寸精度要求,必须用百分表测量铣刀径向圆跳动在0.02 mm以内,测量方法参见图3-3-48。测量时,先将主轴转速调至较高的挡次(如750 r/min),此时用手扳动主轴能比较轻快。为安全起见,应将主轴换向电器开关转换至"0"位。随后使百分表测头与铣刀端部的圆周刃接触,用手缓慢地逆时针方向转动主轴,若发现铣刀的径向圆跳动过大,可将铣夹头螺母松开,将铣刀转过一个角度,重新夹紧再找正。若此法不能达到要求,则可在主轴锥孔与夹头锥柄之间,对准刃齿偏差大的部位垫薄纸进行找正。

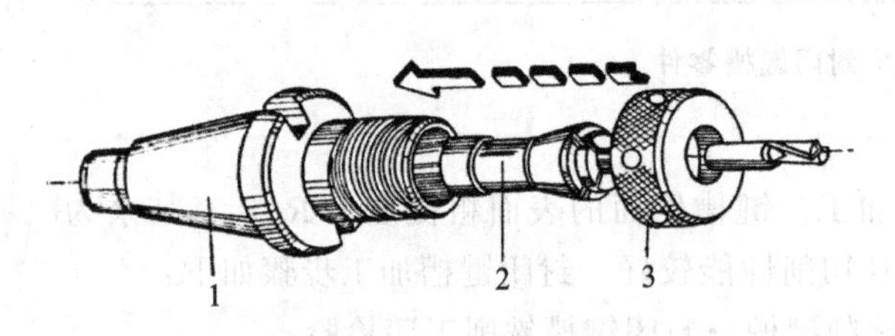

1—夹头体;2—弹性套;3—螺母

图3-3-47 安装键槽铣刀

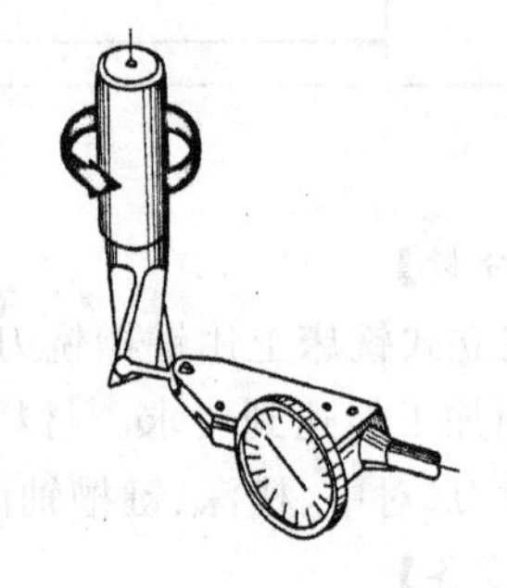

图3-3-48 测量铣刀径向圆跳动

【加工步骤】

封闭键槽零件的加工步骤见表3-3-14。

【质量检测】

质量检测的评分标准见表3-3-15。

表 3-3-14　封闭键槽零件的加工步骤

操作步骤	加工内容(见图 3-3-46)
1. 对刀	① 垂向槽深对刀时，调整工作台，使铣刀处于铣削位置上方。开动机床，使铣刀端面刃齿恰好擦到工件外圆最高点，在垂向刻度盘上作记号，作为槽深尺寸调整起点刻度。 ② 横向对中对刀时，先锁紧工作台纵向，垂向上升适当尺寸(通过目测切痕大小确定)，往复移动工作台横向，在工件表面铣削出略大于铣刀宽度的矩形刀痕。目测使铣刀处于切痕中间，垂向再微量升高，使铣刀铣出圆形浅痕，停车后目测浅痕与矩形刀痕两边的距离是否相等，若有偏差，则在调整工作台横向。调整结束后，注意锁紧工作台横向。 ③ 纵向槽长对刀时，垂向退刀，用游标卡尺测量工件端面与切痕侧面的实际尺寸，若测得尺寸为 20.5 mm，向工件大端纵向移动(20.5－10)mm＝10.5 mm，此时铣刀处于键槽起点位置，应在此处做好刻度记号，目测铣刀刀尖的回旋圆弧应与工件表面的槽长划线相切。反向调整工作台纵向位置，使铣刀刀尖的回旋圆弧与另一划线相切，在纵向刻度盘上做好铣削终点的刻度记号
2. 铣削并预检键槽	① 铣削时，移动工作台纵向，将铣刀处于键槽起始位置上方，锁紧纵向，垂向手动进给使铣刀缓缓切入工件，槽深切入尺寸为(40.01－37.37)mm＝4.64 mm。然后采用纵向机动进给，铣削至纵向刻度盘键槽长度终点记号前，停止机动进给，改用手动进给铣削至终点记号位置增加 0.1 mm，停机后垂向下降工作台。 ② 封闭键槽宽度、长度的预检方法与半通键槽的测量方法相同。若键槽的宽度大于测砧直径，可直接用千分尺测量。若键槽的宽度小于测砧直径，可将小于键宽的平行键块塞入键槽内，然后用千分尺测量，测得的尺寸应减去键块的厚度。预检后，按图样要求根据预检尺寸进行修正

表 3-3-15　评分标准(见图 3-3-46)

项　目	序　号	考核内容	配　分	评分标准	检　测	得　分
外形尺寸	1	$37.5_{-0.25}^{\ 0}$	20	超差不得分		
	2	$12_{\ 0}^{+0.07}$	20	超差不得分		
	3	20	10	超差不得分		
	4	16	10	超差不得分		
	5	⌯ 0.15 *B*	20	超差不得分		
其他	6	*Ra*3.2(2 处)	5	每处降一级不得分		
	7	去毛刺	5	出现一处扣 2 分		
	8	安全文明生产	10	未清理现场扣 10 分；每违反一项规定从总分中扣 1～10 分；严重违规停止操作		

【质量分析】

铣削封闭键槽的质量分析见表 3-3-16。

表 3-3-16 铣削封闭键槽的质量分析

种 类	产生原因
键槽宽度尺寸超差	① 铣刀直径尺寸测量误差； ② 铣刀安装后径向跳动过大； ③ 铣刀端部周刃刃磨质量差或早期磨损等
键槽深度超差	① 铣刀夹持不牢固,铣削时被拉下； ② 垂向调整尺寸计算或操作失误
键槽对称度超差	① 切痕对刀误差过大； ② 铣削时进给量较大产生让刀,铣削时工作台横向未锁紧
键槽端部出现较大圆弧	铣刀转速过低、垂向手动进给速度过快、铣刀端齿中心部位刃磨质量差,使端面齿切削受阻

3.3.4 切断和铣窄槽

技能目标

◆ 掌握用锯片铣刀切断的方法。

◆ 能正确选择切断用的锯片铣刀及工件夹持方法。

◆ 掌握用开缝铣刀铣窄槽的方法。

◆ 能分析造成锯片铣刀折断的原因及预防措施。

1. 切 断

为了节省材料,切断工件时多采用薄片圆盘的锯片铣刀或开缝铣刀(又称为切口铣刀)。锯片铣刀直径较大,一般都用做切断工件。开缝铣刀的直径较小,齿也较密,用来铣工件上的切口和窄缝,或用于切断细小的或薄型的工件。这两种铣刀的构造基本相同。为了减小铣刀两侧面与切口之前的摩擦,铣刀的厚度自周边向中心凸缘逐渐减薄。

(1) 切断用锯片铣刀的选择

在铣床上切断工件或材料时用锯片铣刀,如图 3-3-49 所示。选择锯片时,主要是选择锯片铣刀的直径和厚度。在能够把工件切断的情况下,应尽量选择直径较小的锯片铣刀,铣刀直径按以下确定：

$$D > d + 2t$$

式中：D 为铣刀直径,mm;d 为刀轴垫圈直径,mm;t 为切削时的深度,mm。

铣刀直径确定后,再确定铣刀厚度。一般情况下,铣刀厚度可取 2～5 mm,铣刀直径大时取较厚的铣刀,直径小时取较薄的铣刀。

(2) 锯片铣刀的安装

由于锯片铣刀厚度较薄,刚度也较差,切断时深度也较深,受力较大,切削过程中容易折断或崩齿,因此安装锯片铣刀时应符合以下要求：

① 当锯片铣刀切断工件所受的力不是很大时,在刀柄和铣刀之间一般不用键,而是使用刀柄螺母、垫圈把铣刀压紧在刀柄上。铣刀紧固后,依靠刀轴垫圈和铣刀两端面间的摩擦力,在铣刀旋转时切断工件。如果在刀柄和铣刀之间放了键,反而容易使锯片铣刀碎裂,因为当切削受力过大时,甚至超出了铣刀所能承受的力,无键状态则会使刀片与刀柄打滑。安装锯片铣刀时,应尽量将铣刀靠近铣床床身,并且要严格控制铣刀的端面跳动及径向跳动。在铣削过程

中，为了防止刀柄螺母受铣削力作用而旋松或愈旋愈紧，影响切断工作的平稳，可在铣刀与刀柄螺母之间的任一垫圈内，安装一段键，如图 3－3－50 所示。

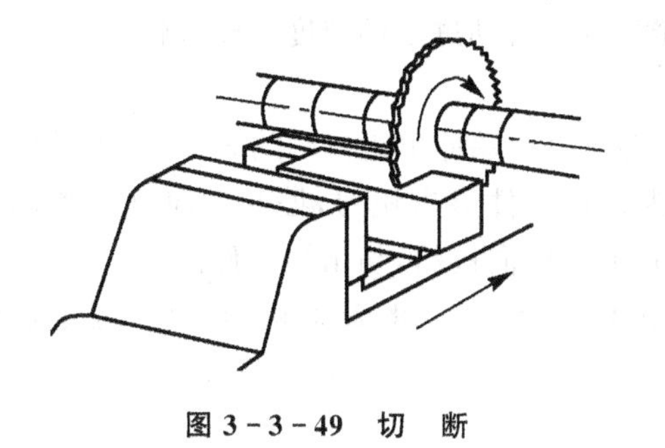

图 3－3－49 切 断

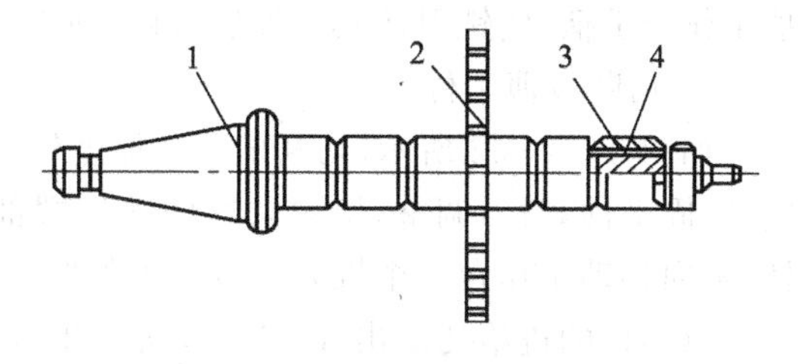

1—刀轴；2—铣刀；3—垫圈；4—防松键

图 3－3－50 刀柄螺母的防松措施

② 安装锯片铣刀时，铣刀尽量靠近铣床主轴端部。安装挂架时，挂架尽量靠近铣刀，以增加刀轴刚度，减少切断中的振动。

③ 安装大直径的锯片铣刀时，应在铣刀两侧增设夹板，以增加安装刚度和摩擦力，使切断工作平稳。

④ 铣刀安装后，应检查刀齿径向圆跳动和端面圆跳动是否在要求范围内，以免因径向圆跳动过大，减少了同时工作的齿数，而使切削不均匀，排屑不畅而损坏刀齿；或因端面圆跳动过大，使刀具两端面与工件切缝两侧摩擦力增大，出现夹刀现象，损坏铣刀。

(3) 工件的装夹和安装

1）平口钳装夹工件

用平口钳装夹工件时，一般固定钳口应与铣床主轴轴心线平行，铣削力应与固定钳口成法向，工件伸出钳口端长度应尽量短，以铣不到钳口为宜。这样可减少切断时的振动，增加工件刚度，如图 3－3－51(a)所示。

2）用压板压紧装夹工件

用压板将工件夹紧在工作台台面上时，压板的压紧点要尽量靠近铣刀，工件侧面和端面可安装定位靠铁，用来定位和承受一定切削力，防止切断过程中工件位置移动而损坏刀具。工件切缝应处于工作台 T 形槽间，防止切断过程中损伤工作台台面，如图 3－3－51(b)所示。

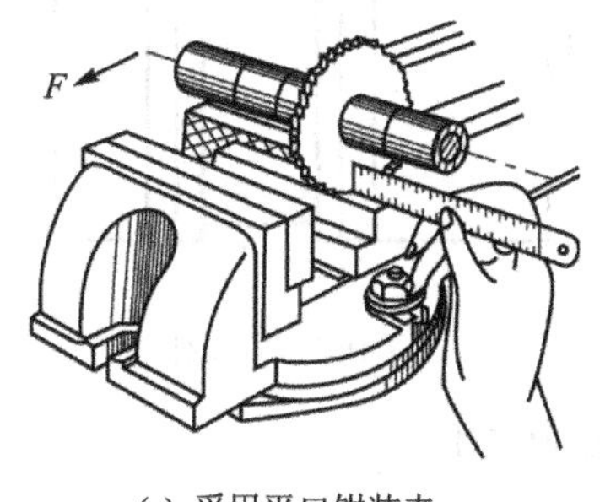

(a) 采用平口钳装夹

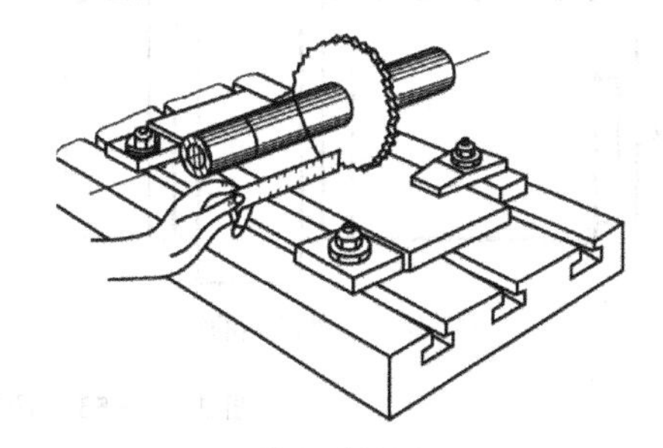

(b) 采用压板装夹

图 3－3－51 在铣床上切断工件

3）用夹具装夹工件

用夹具装夹工件时，夹具的定位面应与主轴轴心线平行，铣削力应朝向夹具的定位支承部位。

(4) 平口钳装夹工件切断的方法

用平口钳装夹工件切断时,应尽量手动进给,进给速度要均匀。当使用机动进给时,应先摇工作台手柄,使铣刀切入工件后,再自动走刀切断工件,自动进给的速度不能过快。

1) 切断较薄工件

如图 3-3-52 所示,切断的工件厚度较薄时,将条料一端伸出钳口端约 3~5 个工件的厚度,紧固工件,对刀调整,切去条料的毛坯端部。然后将工件退出铣刀,松开横向进给紧固手柄,横向移动工作台一个铣刀厚度与工件厚度之和,紧固横向进给,切出第一件。

以同样的进给切断出 3~5 件,松开工件,重新装夹,使铣刀擦着条料端部后,逐个切断工件。

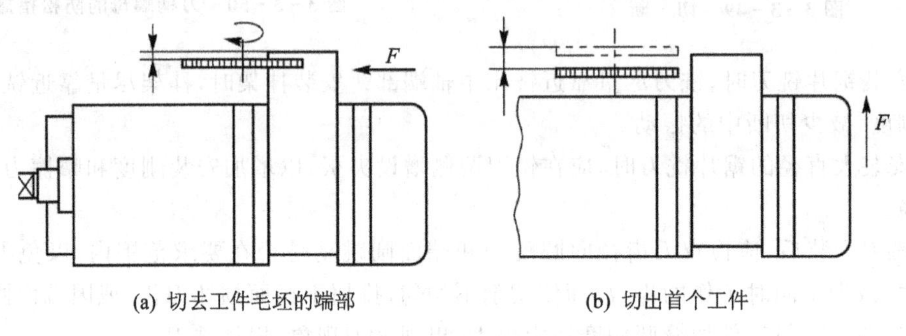

(a) 切去工件毛坯的端部　　(b) 切出首个工件

图 3-3-52　切断较薄工件

2) 切断较厚工件

如图 3-3-53 所示,当切断较厚的工件时,将条料一端伸出钳口端部 10~15 mm,切去条料的毛坯端部,然后退刀松开条料,再使条料伸出钳口端部一个工件厚度加 5~10 mm 的长度,将工件夹紧,移动横向进给使铣刀擦着条料端部,退出工件,移动横向进给一个工件厚度与铣刀厚度之和,将横向进给紧固,切断工件。

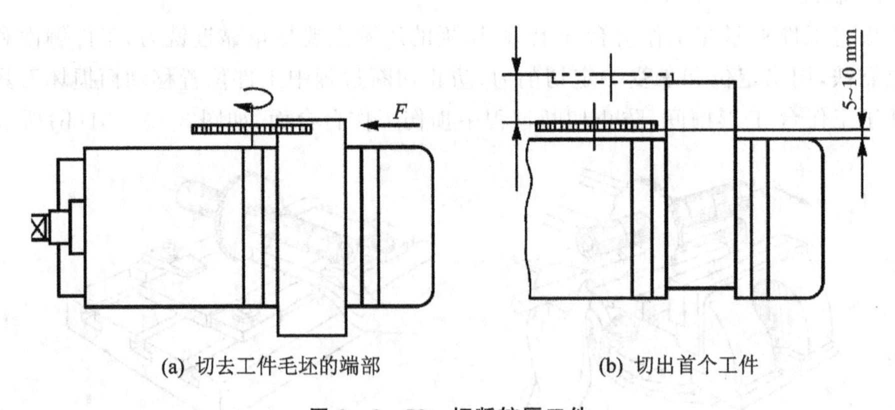

(a) 切去工件毛坯的端部　　(b) 切出首个工件

图 3-3-53　切断较厚工件

3) 切断较短的条料

如图 3-3-54 所示,条料切到最后,长度变短,装夹后进行切断时,会使钳口两端受力不均匀,活动钳口易歪斜(又称为喇叭口),切断中工件易被铣刀抬挤出钳口,损坏铣刀,啃伤工件。因此,条料切到最后,应在钳口的另一端垫上切成的工件或同等厚度的垫块,使钳口两端受力均匀,从而使最后的工件切断过程顺利进行。工件切到最后留下 20~30 mm 的料头,就不能再切了。

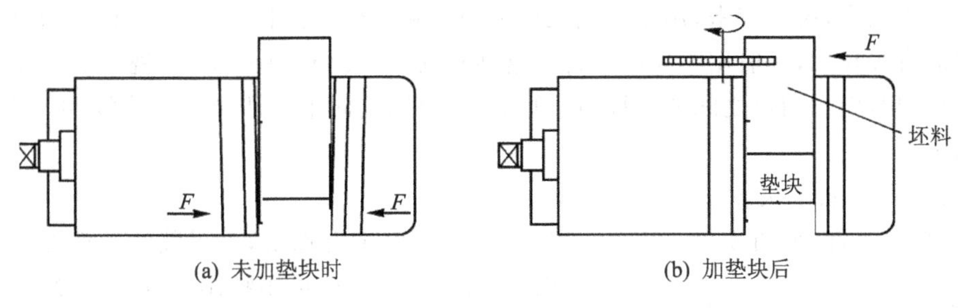

(a) 未加垫块时　　(b) 加垫块后

图 3-3-54　切断较短工件

4）切断带孔工件

应将平口钳的固定钳口与铣床主轴轴心线平行安装，夹持工件孔的两侧面，将工件切透，如图 3-3-55 所示。

5）切断时铣刀的位置

切断过程中，为了使铣刀工作平稳和安全，防止铣刀将工件抬挤出钳口，损坏铣刀，铣刀的圆周刃以刚好与条料工件的底面相切为宜，即刚刚切透工件，如图 3-3-56 所示。

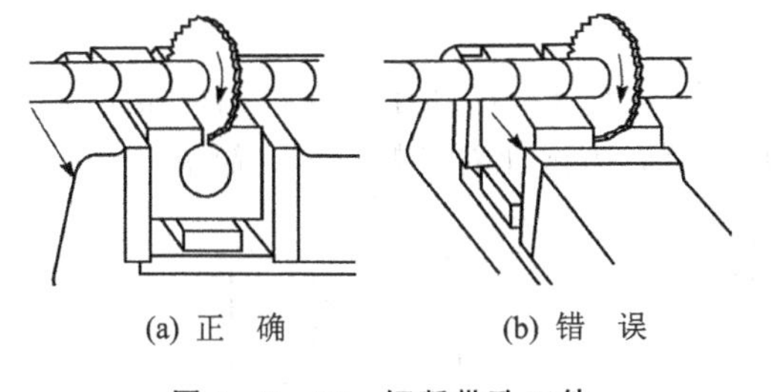
(a) 正　确　　(b) 错　误

图 3-3-55　切断带孔工件

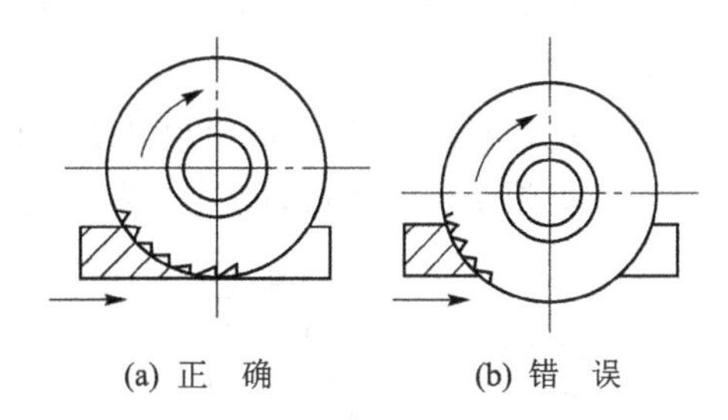
(a) 正　确　　(b) 错　误

图 3-3-56　切断时铣刀的位置

注意事项

切断时的注意事项：

- 应尽量采用手动进给，进给应均匀。若采用机动进给，必须先手动切入工件后，再机动进给，进给速度不能过快。
- 加工前应先检查工作台的零位的准确性。
- 使用大直径铣刀切断时，应采用加大的垫圈，以增强锯片铣刀的安装刚性。
- 切断钢件时，应先加充足的切削液。
- 切断时，注意力应集中，走刀中途发现铣刀停转或工件移动，应先停止工作台进给，再停止主轴旋转。
- 禁止用变钝的铣刀切断，铣刀用钝后应及时换刀刃磨。
- 切断时，非使用的进给机构应紧固。
- 切断时的力应朝向夹具的主要支承部分。
- 操作者不要面对着锯片铣刀，应站在铣刀的倾斜方向，以免铣刀碎裂后飞出伤人。

2. 用开缝铣刀铣窄槽工件的装夹方法

（1）窄槽铣刀的特点

零件上较窄的直角沟槽（如开口螺钉），一般用窄槽铣刀（切口铣刀）在铣床上加工。窄槽铣刀的直径比较小,齿也较密,用于铣削工件上切口和窄缝,或用于切断细小的或薄型的工件。锯片铣刀的直径较大,一般用于切断工件。这两种铣刀的结构基本相同,铣刀侧面无切削刃。为了减少铣刀侧面与切口之间的摩擦,铣刀的厚度自圆周向中心凸缘逐渐减薄,铣刀用钝后仅修磨外圆齿刃。

(2) 窄槽工件的装夹方法

窄槽、切口工件(见图 3-3-57),一般直径不大,常带有螺纹,为了装夹工件方便,又不损伤工件的螺纹部分,可用特制螺母、对开螺母、带橡胶V形夹紧块,在平口钳上装夹加工,如图 3-3-58 所示。还可用开口的螺纹保护套或垫铜皮,将工件用三角卡盘夹持加工。

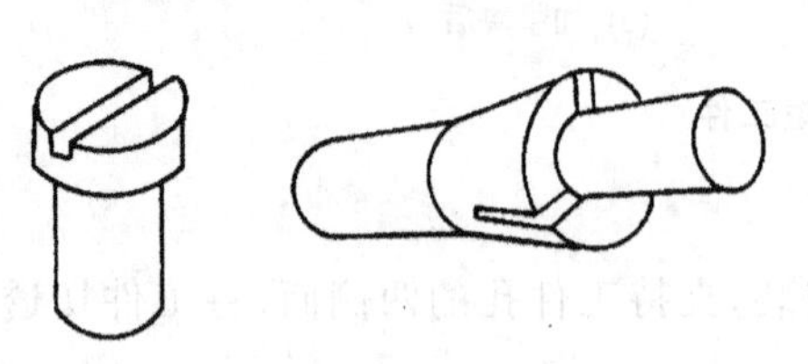

图 3-3-57 带有窄槽、切口的工件

① 特制螺母装夹工件的方法,如图 3-3-58(a)所示。先将螺母装夹在三爪卡盘(或机用虎钳)内,再把螺钉旋紧在螺母内。加工时,当第一个螺钉铣准后,以后的工件的加工尺寸是不变的。

② 用对开螺母装夹工件的方法,如图 3-3-58(b)所示。把螺钉放在对开螺母中,再用虎钳(或卡盘)把对开螺母夹紧。

③ 用带硬橡胶的V形钳口装夹工件的方法,如图 3-3-58(c)所示。在机用虎钳上安装带有硬橡胶的V形钳口,把工件装夹在V形钳口内。这种方法比对开螺母更为简单。

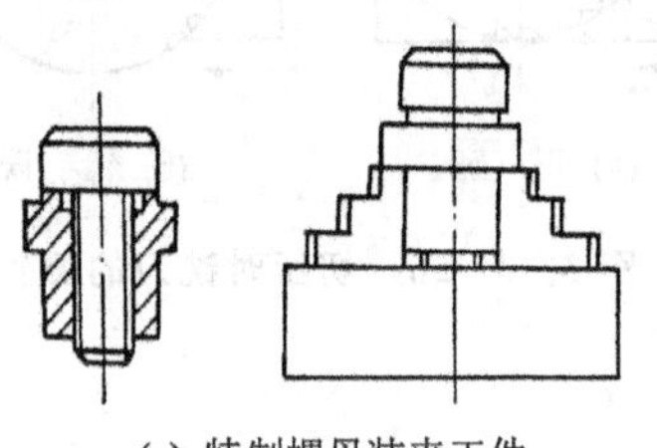

(a) 特制螺母装夹工件

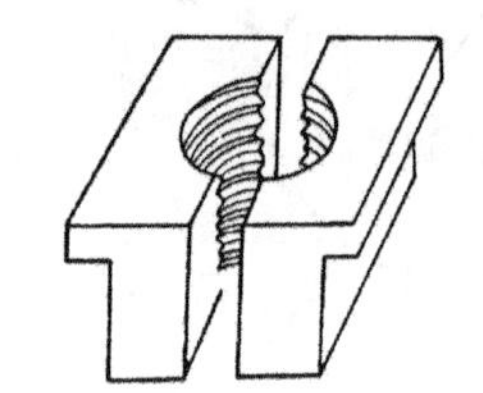

(b) 对开螺母装夹工件

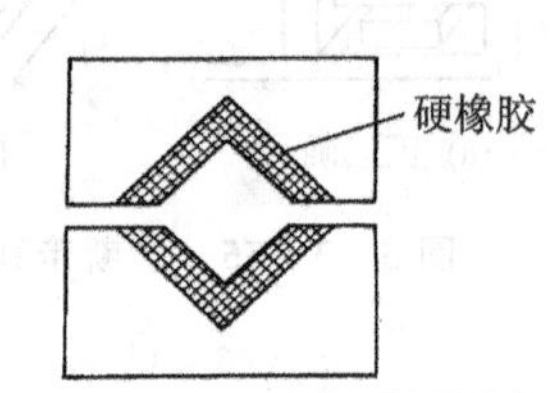

(c) 带硬橡胶的V形钳口装夹工件

图 3-3-58 装夹带螺纹工件的常用方法

螺钉起口槽加工技能训练

重点: 掌握轴端窄槽铣削方法。

难点: 螺钉类工件的装夹方式及窄槽对中方法。

加工如图 3-3-59 所示的圆柱头螺钉起口槽,外形已车削成形,材料为 HPb56-1 (140HBS)。

【工艺分析】

根据图样的精度要求,本例应在卧式铣床上用切口(锯片)铣刀铣削加工,材料为 HPb56-1 (140HBS),它的切削性能与灰铸铁类似。螺钉零件,宜用专用内螺纹套装夹。

螺钉起口槽加工步骤如下:

安装、找正铣刀→切痕对刀(对中、槽深)→铣削窄槽→窄槽铣削工序检验。

【工艺准备】

① 选择铣床。选用 X6132 型卧式万能铣床。

② 选择工件装夹方式。制作专用螺纹套,如图 3-3-60 所示。专用螺纹套的内螺纹与

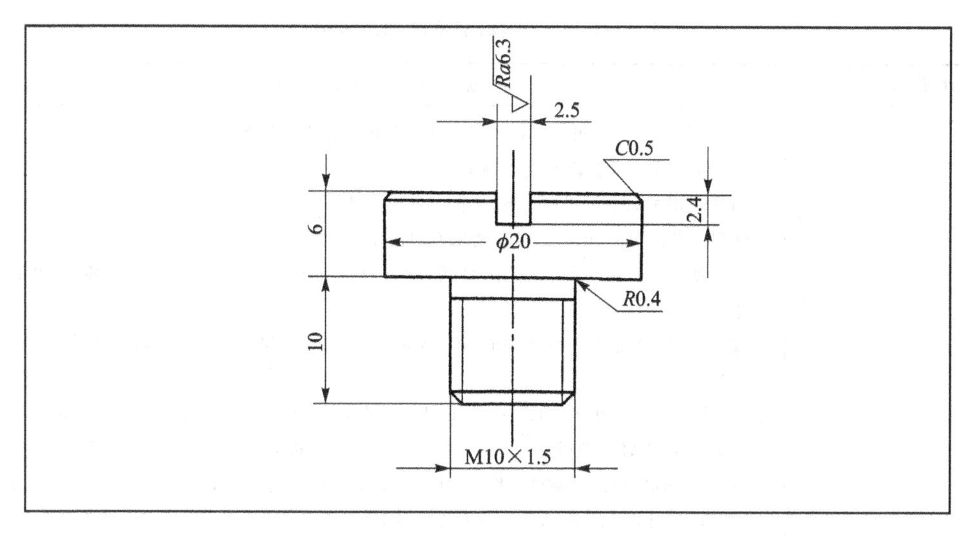

图 3-3-59 开槽圆柱头螺钉

螺钉螺纹相配。通常用铸铁制成，为了能夹紧工件，在外圆上沿轴线有一条窄槽，使专用螺纹套具有一定的弹性。当工件数量较少时，采用万能分度头三爪自定心卡盘装夹；工件数量较多时，可采用等分分度头三爪自定心卡盘装夹。

③ 选择刀具。根据窄槽的宽度尺寸 2.5 mm 和工件材料选择铣刀种类与规格，因材料硬度不高，现选用外径为 ϕ63、宽度为 2.5 mm 的 20 齿标准锯片铣刀。

④ 选择检验测量方法。起口槽的精度要求比较低，槽深与槽宽采用游标卡尺测量，具体方法与直角沟槽相同。

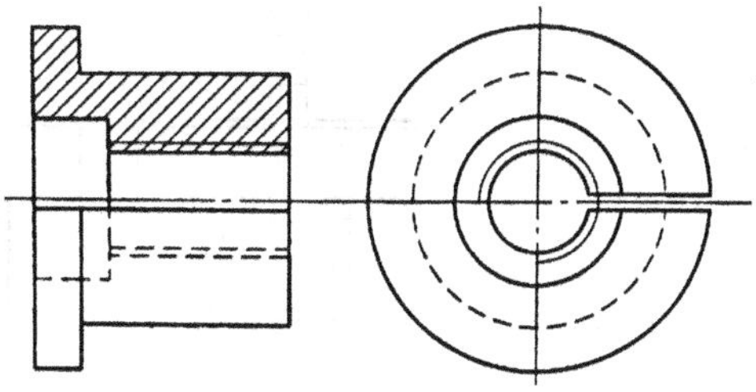

图 3-3-60 专用螺纹套

【切削用量】

按工件材料 HPb56-1、表面粗糙度和锯片铣刀的直径尺寸选择铣削用量，现调整主轴转速和进给量如下：

$$n=95\ \text{r/min}(v_c\approx 18.8\ \text{m/min}),\quad v_f=75\ \text{mm/min}(f_z\approx 0.04\ \text{mm/z})$$

【加工准备】

① 坯件检验。目测外形检验，此外，主要是通过旋入螺纹套检验螺纹的配合间隙，间隙过大和无法旋入的螺钉应另行处理。

② 安装分度头。分度头主轴垂直工作台台面安装。

③ 装夹工件。装夹时将工件旋入螺纹套，工件圆柱头环形面与螺纹套的凸缘端面贴合，然后将螺纹套连同工件一起装入三爪自定心卡盘。螺纹套的窄槽应处于卡爪之间，不要对准卡爪夹紧面。套的凸缘下平面应与卡爪的顶面贴合，作为窄槽的深度尺寸定位。

④ 安装铣刀。锯片铣刀安装时不可采用平键联结刀杆和铣刀，在不妨碍铣刀的前提下，尽可能靠近机床主轴。安装后注意目测检验其圆跳动，若端面圆跳动较大，必须重新安装，因端面圆跳动会直接影响窄槽的宽度。

【加工步骤】

起口窄槽的加工步骤见表 3-3-17。

表 3-3-17 起口窄槽的加工步骤

操作步骤	加工内容(见图 3-3-59)
1. 对刀	① 横向对中对刀时,可采用试件对刀法。具体操作步骤见图 3-3-61 所示: a. 在三爪自定心卡盘内装夹一轴类试件。 b. 目测或用游标卡尺测量,使锯片铣刀处于工件中间部位。 c. 铣削一条试切槽,用游标卡尺测量槽的宽度。 d. 分度使工件转过 180°,再铣削窄槽,此时只铣到槽的一个侧面,铣出一段后,再次测量槽宽。 e. 按两次测量的槽宽尺寸之差的一半移动工作台横向,移动方向为工件退离第二次铣削的铣刀侧面。 f. 将试件转过一个角度,再次试切,此时铣成的窄槽在转过 180°试切后,若窄槽两侧面都,没有被铣到(铣刀轻快地通过窄槽),则铣刀已调整到对称分度头回转中心的铣削位置。 ② 垂向槽深对刀时,应调整工作台,使铣刀处于工件铣削位置上方。开动机床,使铣刀圆周刃齿恰好擦到工件顶面,在垂直刻度盘上做记号,作为槽深尺寸调整起点刻度
2. 铣削起口窄槽	按垂向对刀刻度,上升 2.4 mm,采用自动进给铣削起口窄槽。工件首先应进行检验

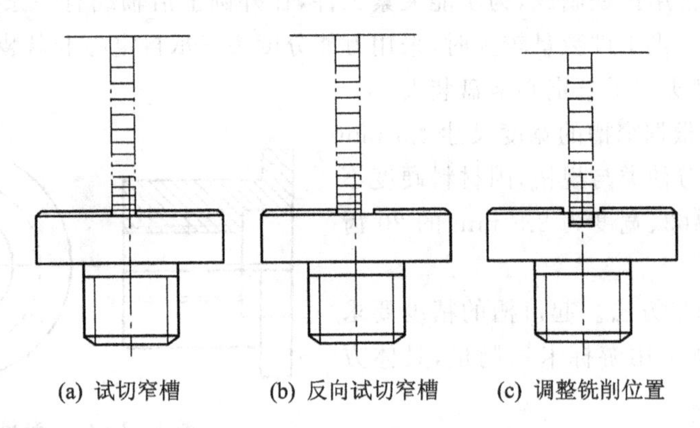

图 3-3-61 轴端窄槽横向对刀法

【质量分析】

起口窄槽的质量分析见表 3-3-18。

表 3-3-18 起口窄槽的质量分析

种 类	产生原因
槽宽尺寸超差	① 铣刀厚度尺寸选错; ② 铣刀安装后端面圆跳动过大; ③ 铣刀早期磨损
窄槽深度超差	① 垂向调整尺寸计算或操作失误; ② 批量工件中圆柱头长度尺寸超差
窄槽对称度超差	① 对刀不准确; ② 工件螺纹与圆柱头同轴度误差太大

弹性圈窄槽加工技能训练

重点：重点掌握薄壁件窄槽的铣削方法。

难点：薄壁套类工件的装夹方法。

铣削加工如图 3－3－62 所示的弹性圈窄槽，车削尺寸已加工完成，材料为 65Mn(HBS302)。

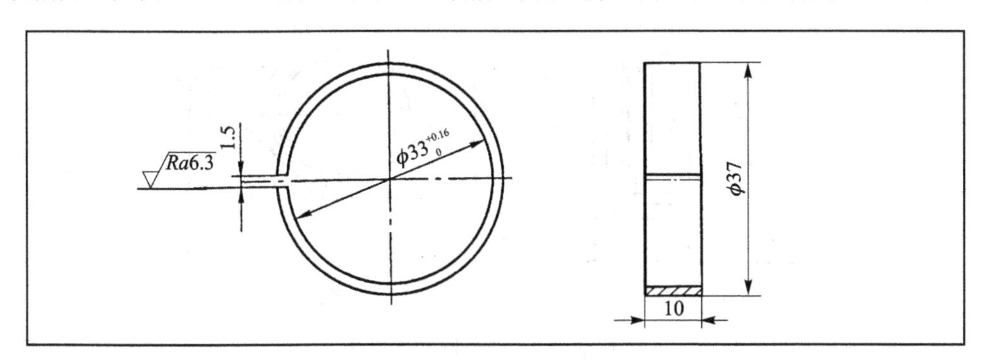

图 3－3－62 弹性圈

【工艺分析】

根据图样的精度要求，本例应在卧式铣床上用切口(锯片)铣刀进行铣削加工。材料为 65Mn(HBS302)，其强度与硬度都比较高。零件为薄壁套类，宜用专用心轴装夹。

其加工步骤如下：

用专用心轴装夹工件→安装、找正切口铣刀→切痕对刀(对中、槽深)→铣削窄槽→窄槽铣削工序检验。

【工艺准备】

① 选择铣床。选用 X6132 型卧式万能铣床。

② 选择工件装夹方式。制作专用阶梯心轴，如图 3－3－63 所示。专用心轴通常用铸铁制成，阶梯心轴的小直径部分与工件内孔配合，为了能夹紧工件长度略小于工件长度，工件装入心轴的目的是便于装夹和防止工件铣削窄槽时发生变形，影响铣削。设置凸缘(较大直径圆柱面)的目的是便于铣削过程中的对刀操作。

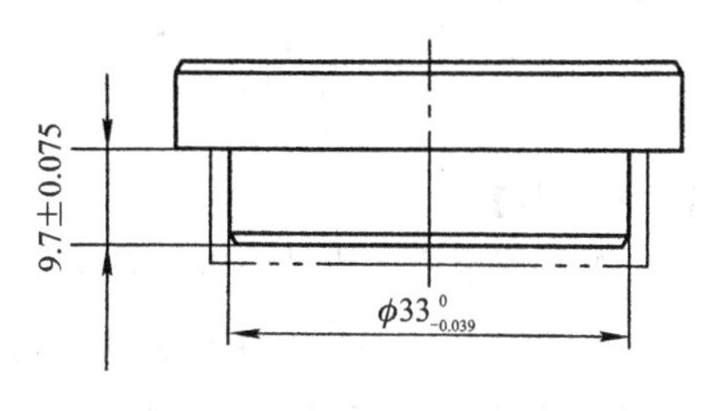

图 3－3－63 专用阶梯心轴

③ 选择刀具。根据窄槽的宽度尺寸 1.5 mm 和工件材料选择铣刀外径为 ϕ63、宽度为1.5 mm 的 20 齿标准锯片铣刀。

【切削用量】

按工件材料 65Mn 有较高的强度和硬度，宜选用选择范围内较小的数值，现选择并调整主轴转速和进给量：

$$n=75\ \text{r/min}(v_c\approx14.8\ \text{m/min}),\quad v_f=37.5\ \text{mm/min}(f_z\approx0.025\ \text{mm/z})$$

【加工准备】

① 安装、找正轴用虎钳。安装并用百分表找正机用平口虎钳的固定钳口定位面，使其与工作台横向平行。

② 装夹工件。装夹时，先将工件套在心轴小直径部分，工件一端与心轴台阶处的环形平

面贴合，工件的另一端应略高于心轴的端面，工件内孔与心轴的配合间隙应在 0.15 mm 范围内，然后将心轴连带工件一起装夹在平口虎钳上(见图 3-3-64(a))。在工件或心轴下方垫上平行垫块，使工件铣削窄槽的部分高于钳口上平面。若是多件加工，为减少重复对刀，可在固定钳口上叠装一块 V 形定位块(图 3-3-64(b))装夹工件。

③ 安装铣刀。安装铣刀的具体方法与铣削起口窄槽相同。

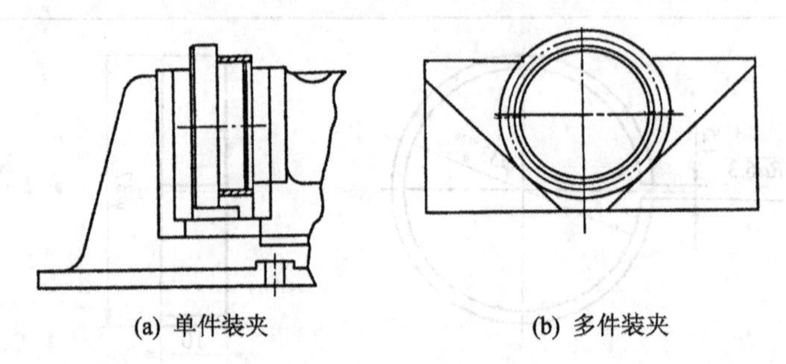

(a) 单件装夹　　(b) 多件装夹

图 3-3-64　弹性圈装夹方法

【加工步骤】

铣削弹性圈窄槽的加工步骤见表 3-3-19。

表 3-3-19　铣削弹性圈窄槽的加工步骤

操作步骤	加工内容(见图 3-3-62)
1. 对刀	① 横向对中对刀时，可在心轴的大直径外圆柱面上采用试件切痕对刀法。操作步骤与铣削半通键槽的切痕对刀法相同。 ② 垂向槽深对刀时，调整工作台，使铣刀处于工件铣削位置上方。开动机床，使铣刀圆周刃齿恰好擦到工件圆柱面最高点，在垂向刻度盘上做记号，作为槽深尺寸调整起点刻度
2. 铣削弹性圈窄槽	按垂直向对刀刻度上升 2.5 mm，采用自动进给铣削窄槽，铣削时可将心轴的凸缘部分一起铣通。工件首先应进行检验

【质量分析】

铣削弹性圈窄槽的质量分析见表 3-3-20。

表 3-3-20　铣削弹性圈窄槽的质量分析

种　类	产生原因
槽宽尺寸超差	① 铣刀厚度尺寸选错； ② 铣刀安装后端面圆跳动过大； ③ 铣刀早期磨损
窄槽与轴线不平行	工件两端面不平行，以致装夹后工件轴线与进给方向不平行

T 形键块切断加工技能训练

重点：掌握用锯片铣刀切断加工方法。

难点：锯片铣刀选择、安装与切断位置调整。

切断加工如图 3-3-65 所示的 T 形键块，外形尺寸已加工完成，材料为 45 钢。

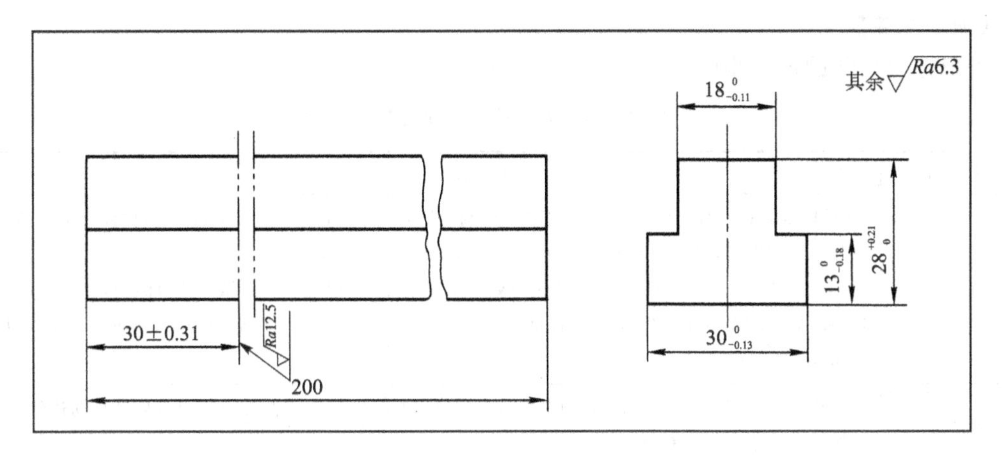

图 3-3-65 T 形键块

【工艺分析】

根据图样要求，选择在卧式铣床上用锯片铣刀切断加工。采用机用虎钳装夹。

其加工步骤如下：

安装、找正机用虎钳→安装、找正锯片铣刀→装夹工件→切断加工→T 形键块切断工序检验。

【工艺准备】

① 选择铣床。选用 X6132 型卧式万能铣床。

② 选择工件装夹方式。采用机用虎钳装夹工件，工件用平行垫块垫高。

③ 选择刀具。根据图样可知，工件总长 $B'=200$ mm、厚度 $t=28^{+0.21}_{-0}$ mm，切断长度 $B=(30\pm0.31)$ mm，切断后成品的数量 $n=6$，选择铣刀刀杆垫圈外径 $d=40$ mm。按锯片铣刀外径和厚度的计算公式计算如下：

$$D>d+2t=40\text{ mm}+2\times28\text{ mm}=96\text{ mm}$$

$$L<\frac{B'-Bn}{n-1}=\frac{200\text{ mm}-30\text{ mm}\times6}{6-1}=4\text{ mm}$$

现选用外径 $\phi125$、厚度为 3 mm 的 48 齿标准锯片铣刀。

【切削用量】

按工件材料 45 钢、表面粗糙度要求和锯片铣刀的直径尺寸选择和调整铣削用量：

$$n=47.5\text{ r/min}(v_c\approx18.7\text{ m/min}),\quad v_f=30\text{ mm/min}(f_z\approx0.013\text{ mm/z})$$

【加工准备】

① 安装、找正轴用虎钳。安装虎钳，使定钳口与工作台横向平行，并使水平切削力指向定钳口。

② 装夹工件。装夹时，工件端面的伸出距离不宜过长，只要大于成品长度与铣刀宽度之和(本例约 35 mm)，以使切断加工的位置尽量靠近钳口。平行垫块应使工件上平面与钳口基本持平，并与工作台台面平行。工件夹持部分较少时，可在虎钳另一端垫一块已锯下的工件一起夹紧。

③ 安装铣刀。锯片铣刀安装时不可采用平键联结刀杆和铣刀。在不妨碍铣削的情况下，尽可能靠近机床主轴。本例铣刀直径比较大，安装后应目测检验其圆跳动，若圆跳动较大，则必须重新安装，以避免锯片铣刀折断。

【加工步骤】

T形键块切断的加工步骤见表3-3-21。

表3-3-21 T形键块切断的加工步骤

操作步骤	加工内容(见图3-3-65)
1. 对刀	① 采用侧面对刀时,应移动工作台使铣刀外圆最低处低于工件下平面1 mm,铣刀侧面与工件端面恰好接触纵向退刀,横向移动 $S=B+L=(30+3)$mm=33 mm,如图3-3-66(a)所示。 ② 采用测量对刀时,调整工作台,使铣刀处于工件上方,将钢直尺端面靠向铣刀侧面,移动工作台横向,使钢直尺30 mm刻线与工件端面对齐(见图3-3-66(b)),然后退刀,按垂向对刀记号升高28 mm
2. 切断加工	开动机床,纵向移动工作台,当切到工件后,缓慢均匀手动进给,切削较平稳时可启动自动进给,也可继续手动进给完成切断加工

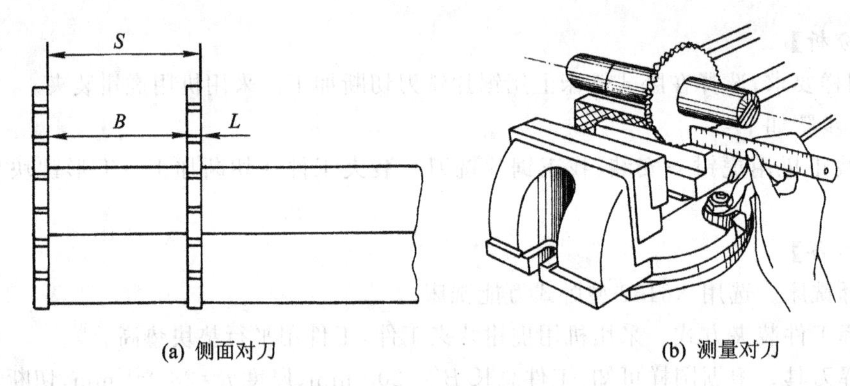

(a) 侧面对刀 (b) 测量对刀

图3-3-66 切断加工对刀

【质量分析】

T形键块切断的质量分析见表3-3-22。

表3-3-22 T形键块切断的质量分析

种 类	产生原因
长度尺寸超差	① 侧面对刀移动尺寸计算错误或操作失误; ② 测量对刀时钢直尺刻线未对准
切断面垂直度超差	① 工件微量抬起、铣刀偏让; ② 虎钳固定钳口与工作台横向不平行; ③ 工件装夹时上平面与工作台台面不平行
铣刀折断	① 工作台零件不准; ② 切断加工时工作台横向未锁紧; ③ 铣削受阻停转时没有及时停止进给和主轴旋转; ④ 铣刀安装后端面圆跳动过大; ⑤ 工件未夹紧铣削时被拉起

薄板切断加工技能训练

重点:掌握用锯片铣刀切断薄板加工方法。

难点：薄板工件装夹与切削方式选择。

切断加工如图 3-3-67 所示的薄板零件，材料为 45 钢。

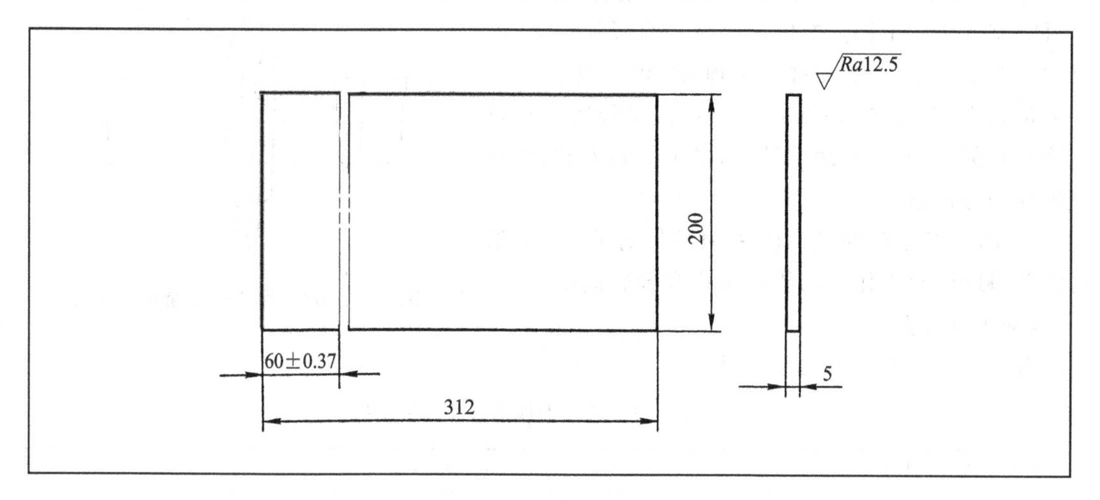

图 3-3-67　薄板零件

【工艺分析】

切断加工的长度尺寸(60±0.37) mm，精度要求比较低。切断面的表面粗糙度为 $Ra12.5$，在铣床上切断加工能达到要求。材料为 30 钢，其切削性能较好。厚度尺寸为 5 mm，宜在工作台台面上采用压板螺栓装夹工件。其加工步骤如下：

安装、找正铣刀→装夹工件→切断加工→薄板切断工序检验。

【工艺准备】

① 选择铣床。选用 X6132 型卧式万能铣床。

② 选择工件装夹方式。工件以工作台台面和侧面定位，用螺栓压板装夹。

③ 选择刀具。根据图样可知，工件总长 $B'=312$ mm、厚度 $t=5$ mm、切断长度 $B=(60\pm0.37)$mm、切断后成品的数量 $n=5$，工件上部压板螺栓等高度约为 45 mm，刀杆垫圈外径 $d=50$ mm。按锯片铣刀外径和厚度的计算公式计算如下：

$$D>2t+d+2H=2\times5\text{ mm}+50\text{ mm}+2\times45\text{ mm}=150\text{ mm}$$

$$L<\frac{B'-Bn}{n-1}=\frac{312\text{ mm}-60\text{ mm}\times5}{5-1}=3\text{ mm}$$

现选用外径 $\phi160$、厚度为 3 mm 的 48 齿标准锯片铣刀。

④ 选择铣刀方式。因切断薄板零件，若加工时采用逆铣，会将薄板工件拉起，造成工件变形，故采用顺铣方式，铣削力向下压，工件变形比较小。

【切削用量】

按工件材料 30 钢、表面粗糙度要求和锯片铣刀的直径尺寸选择和调整铣削用量：

$$n=47.5\text{ r/min}(v_c\approx24\text{ m/min}),\quad v_f=23.5\text{ mm/min}(f_z\approx0.01\text{ mm/z})$$

【加工准备】

① 安装并找正侧面定位。选择带孔的平行垫块，用 T 形螺钉装夹在内测 T 形槽位置的工作台台面上，并找正两垫块侧面，使其与工作台纵向平行。两垫块定位面的位置，纵向应靠近工件的两侧面，横向应使锯缝处于铣床 T 形槽中间。

② 装夹工件。装夹时，将工件端面紧贴平行垫块侧面定位，压板的压紧点尽可能靠近锯

缝位置,压板垫块的高度应略高于工件厚度。

③ 安装铣刀。将锯片铣刀安装在 $\phi32$ 刀杆上,尽可能靠近机床主轴。本例中因铣刀直径比较大,但厚度仅 3 mm,为了增加铣刀的刚度,可在铣刀两边安装带孔夹板,如图 3-3-68 所示。安装后注意目测检验其圆跳动,若圆跳动较大,必须重新安装,以避免锯片铣刀折断。

④ 调整工作台间隙。因采用顺铣方式,故应请机修工协助调整工作台的传动机构和导轨间隙。

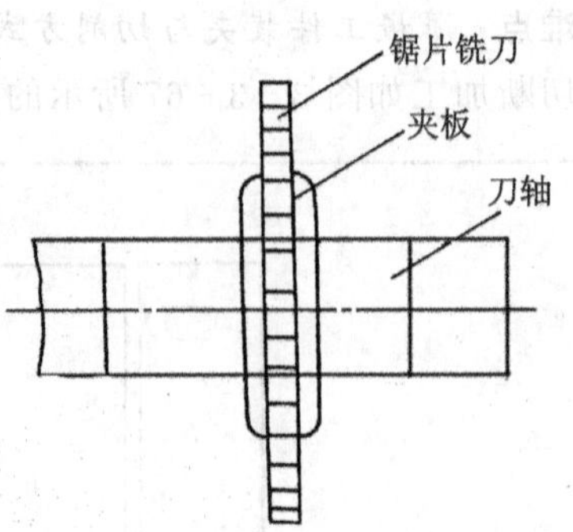

图 3-3-68 用夹板安装锯片铣刀

【加工步骤】

薄板零件切断的加工步骤见表 3-3-23。

表 3-3-23 薄板零件切断的加工步骤

操作步骤	加工内容(见图 3-3-67)
1. 对刀	采用测量对刀法时,调整工作台,使铣刀处于工件铣削位置上方,将钢直尺端面靠向铣刀的侧面,横向移动工作台,使钢直尺 60 mm 刻线与工件定位侧面对齐,紧锁横向,然后垂向对刀,纵向退刀,按垂向对刀记号升高 5 mm
2. 切断加工	开动机床,纵向移动工作台,当铣刀切到工件后,启用自动进给,本例采用顺铣方式(见图 3-3-69),目的是防止薄板变形。铣削时注意工作台的拉动情况,若拉动较明显应立即停止加工,重新调整传动机构和导轨间隙后再进行加工,否则会因工作台间隙形成的冲力折断锯片铣刀

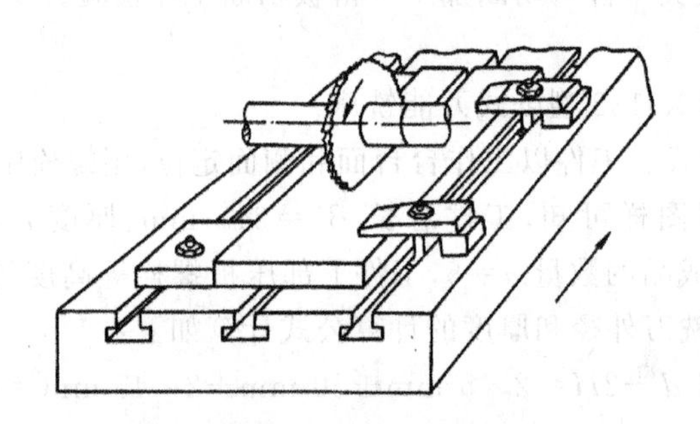

图 3-3-69 薄板顺铣切断

【质量分析】

薄板切断的质量分析见表 3-3-24。

表 3-3-24 薄板切断的质量分析

种 类	产生原因
长度尺寸超差	① 测量对刀时钢直尺刻线未对准; ② 定位块侧面与工作台纵向不平行; ③ 工件装夹时侧面定位不准确等
铣刀折断	① 切断加工时工作台横向未锁紧; ② 铣削受阻停转时没有及时停止进给和主轴旋转; ③ 铣刀安装后端面圆跳动过大; ④ 工作台传动机构和导轨间隙未调整好,进给铣削时产生突然拉动等

思考与练习

1. 台阶和直角沟槽有哪些技术要点？

2. 铣削台阶的方法有哪几种？各有何特点？

3. 铣削台阶和直角沟槽时为什么要精确地校正夹具？怎样校正？

4. 用三面刃铣刀和用立铣刀铣直角沟槽有哪些特点？

5. 装夹轴类工件的方法有哪几种？各有何特点？

6. 简述常见直角沟槽和特形沟槽的种类及其特点。

7. 铣削直角沟槽和特形沟槽时有哪些技术要求？

8. 锯片铣刀与盘形槽铣刀有什么结构特点？

9. 切断加工的铣刀直径选择依据是什么？假设工件厚度为 10 mm，刀杆垫圈的外径为 $\phi 40$，试计算选择铣刀的直径尺寸。

10. 简述螺钉类工件铣削窄槽时的装夹方式，并说明各自的特点。

11. 试分析在卧式万能铣床上用三面刃铣刀铣削台阶和直角沟槽时，若工作台零位不准确，会产生什么现象？

12. 简述键槽铣刀和盘形槽铣刀铣轴上键槽时，用切痕对刀法对中的对刀操作方法。简要说明两者切痕的不同点。

13. 用内径千分尺测量直角沟槽宽度须注意哪些方面？为什么？

14. 铣削键槽时，为了达到槽宽尺寸精度要求，铣刀安装后用百分表测量径向圆跳动，若两侧刃的示值差为 0.02 mm，试问若不考虑其他因素，铣出的槽宽比铣刀直径大多少？

15. 简要分析直角沟槽与基准面不平行的原因。

16. 简要分析切断用锯片铣刀折断的原因。

17. 键槽铣刀与立铣刀有什么区别？封闭键槽端部出现大圆弧的原因是什么？

18. 在铣床上薄板切断加工采用顺铣还是逆铣？为什么？

课题四　特形沟槽与特形面的铣削

教学要求

- ◆ 掌握特形沟槽和特形面的铣削方法和检验方法。
- ◆ 能正确选择铣特形沟槽用铣刀。
- ◆ 能分析铣削中出现的质量问题。
- ◆ 遵守操作规程，养成良好的安全、文明生产习惯。

3.4.1　V 形沟槽的铣削

技能目标

- ◆ 掌握特 V 形沟槽的铣削方法和检验方法。
- ◆ 能正确选择铣 V 形沟槽用铣刀。
- ◆ 能分析铣削中出现的质量问题。

1. 相关工艺知识

V 形槽结构特殊,应用比较广泛,常作为轴类零件的定位和夹紧元件,在机床上被用做 V 形导轨。精度不高的 V 形槽常采用铣削方式,精度较高的 V 形槽铣削后还需采用磨削等精加工方式。

V 形槽一般用来支撑轴类零件并对工件进行定位,因此其对称度与平行度要求较高,这是加工 V 形槽时需要保证的重要精度。其次,为了保证与配合件的正确配合,V 形槽的底部与直角槽相通,该直角槽较窄,一般采用锯片铣刀铣削。V 形槽的铣削方法较多,一般是使用角度铣刀直接铣出,也可采用改变铣刀切削位置或改变工件装夹位置的方法铣削。V 形槽技术要求如下:

① V 形槽的夹角一般为 90°、60°、120°,通常以 90° V 形槽最为常见。

② V 形槽的中心与窄槽中心重合,一般情况下矩形工件两侧对称于 V 形槽中心。

③ V 形槽两 V 形面夹角中心线垂直于工件基准面。

④ 窄槽略深于两 V 形面的交线。

2. V 形槽的铣削方法

V 形槽铣削时先铣出中间窄槽,然后铣削 V 形面。铣削 V 形面可采用角度铣刀,也可以将工件转动角度装夹或立铣头扳转角度后用标准铣刀加工。对于有着较高工件外形对称度要求的 V 形槽,可以用工件翻转 180°定位装夹的方法铣削 V 形面,以保证达到 V 形槽的对称度要求。

(1) V 形槽的加工要点

铣削 V 形槽可使用单角度、双角度铣刀,也可将工件转动角度装夹后用三面刃铣刀、立铣刀和面铣刀等标准铣刀加工。铣削 V 形槽前,一般要铣削底面的直角槽和中间窄槽。

铣削底面的直角槽时用平口钳装夹,根据槽宽选用合适的立铣刀进行铣削。直角槽的作用是避免 V 形铁安放时不稳定。

中间窄槽用锯片铣刀铣削,如图 3-4-1 所示。窄槽的作用是当用角度铣刀铣 V 形面时保护刀尖不易被损坏,同时,使 V 形槽面与其配合的零件表面密贴合,如图 3-4-2 所示。

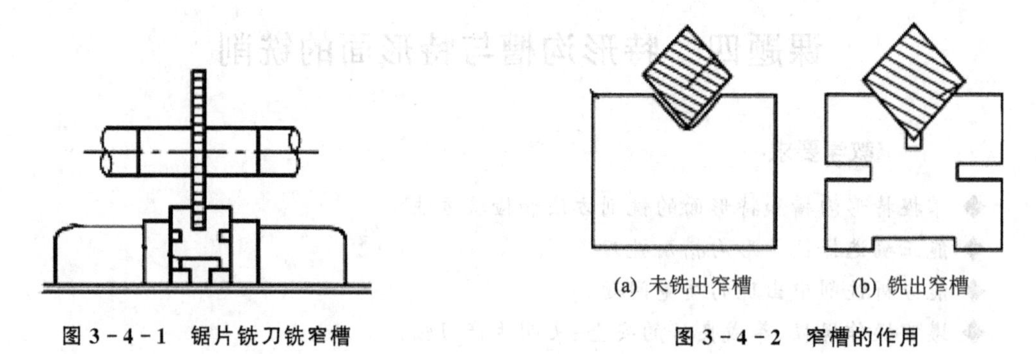

图 3-4-1 锯片铣刀铣窄槽　　**图 3-4-2 窄槽的作用**

铣削中间窄槽时,可以按槽宽划线并参照横向对刀法对刀,也可换面对刀法对刀。具体操作如下:工件第一次铣出切痕后,将工件回转 180°,以另一侧面定位再次铣出切痕,目测两切痕是否重合,如有偏差,按偏差的一半微量调整横向工作台,直至两切痕重合。

(2) 调整立铣头用立铣刀加工 V 形槽

当毛坯件铣成长方体或正方体后,夹角≥90°的 V 形槽,可调整立铣头角度用立铣刀加工,如图 3-4-3 所示。其加工步骤如下:

① 先用短刀轴安装锯片铣刀铣出窄槽。

② 然后调整立铣头角度，安装立铣刀铣V形槽。用立铣刀在立式铣床上加工，加工前先把立铣头转过45°，再把工件安装在机用虎钳内进行铣削。

③ 当一条V形槽的一边铣削好后，把虎钳松开；将工件回转180°并安装好。注意不能变动工件的安装高度及工作台的高低和纵向位置。

④ 接着铣V形槽的另一边。

用这种方法铣出的V形槽，其角平分线必定能准确地与两侧面对称。在立式铣床上铣V形槽，用横向进给走刀铣出工件，夹具或工件的基准面应与横向工作台进给方向平行。

图3-4-3　用立铣刀铣V形槽

(3) 在卧式铣床用双角度铣刀铣V形槽

尺寸较小的V形槽或夹角小于90°的V形槽，也可以用对称双角度铣刀加工。铣削时先在卧式铣床上用锯片铣刀铣出窄槽，然后安装对称双角铣刀铣出V形槽。但铣刀宽度必须大于槽宽，才能铣出合格的V形槽。在卧式铣床上用双角铣刀铣V形槽时，用纵向进给走刀铣出工件，夹具或工件的基准面应与纵向工作台进给方向平行。精度较低的V形面夹角大于或等于90°的V形槽，可调整工件加工。操作步骤如下：

① 换刀。换装对称双角度铣刀，在不影响横向移动的前提下，铣刀尽可能靠近铣床主轴，以增强刀柄的刚度。

② 对刀。对刀时，目测铣刀刀尖处于窄槽中间，垂向上升，使铣刀在窄槽槽口铣出切痕。如图3-4-4所示，微量调整横向，使铣出的两切痕基本相等，此时窄槽已与双角度铣刀中间平面对称。同时，当铣刀的锥面刃与槽口恰好接触时，可作为垂向对刀记号位置。

③ 计算V形槽深度。如图3-4-5所示，根据V形槽槽口的宽度尺寸B和槽形角α以及中间窄槽的宽度b，计算V形槽的深度。

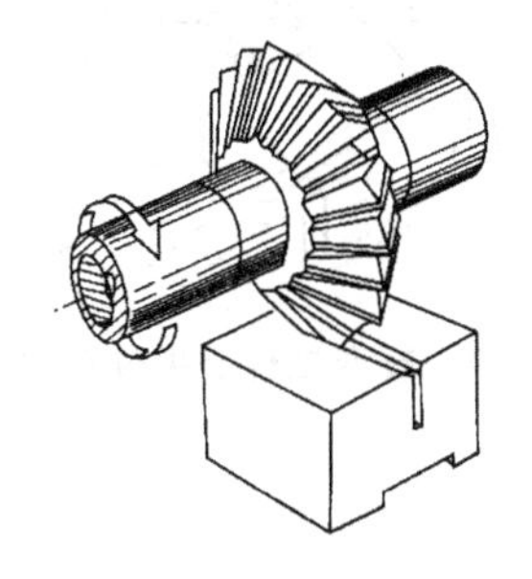

图3-4-4　槽口切痕对刀

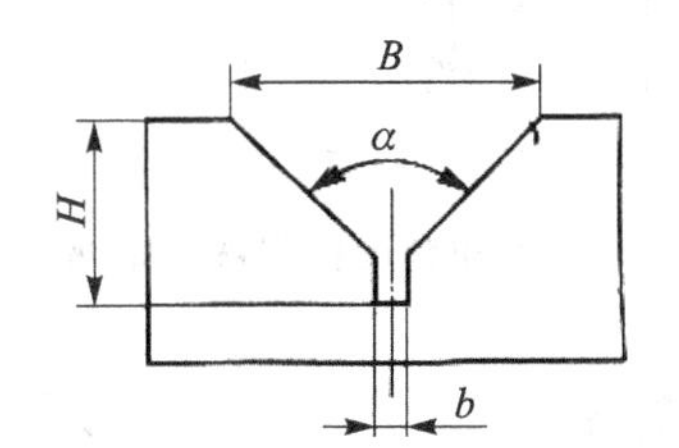

图3-4-5　V形槽深度计算

④ 粗铣。根据加工余量的大小，可将整个加工分为多次粗铣和一次精铣。在每次粗铣后，都应用游标卡尺测量槽的对称度，如图3-4-6所示。适当调整横向工作台，调整量为误差的1/2。

⑤ 预检。在完成粗铣后，取下工件，放置在测量平板上，预检槽的对称度。如图3-4-7所示，测量时应以工件的两个侧面为基准，在V形槽内放入标准圆棒，用百分表测出圆棒的最高点，然后将工件翻转180°，再用百分表测量圆棒最高点，若示值不一致，需按示值差的一半

再进一步调整工作台横向进给,试铣,直至符合对称度要求。

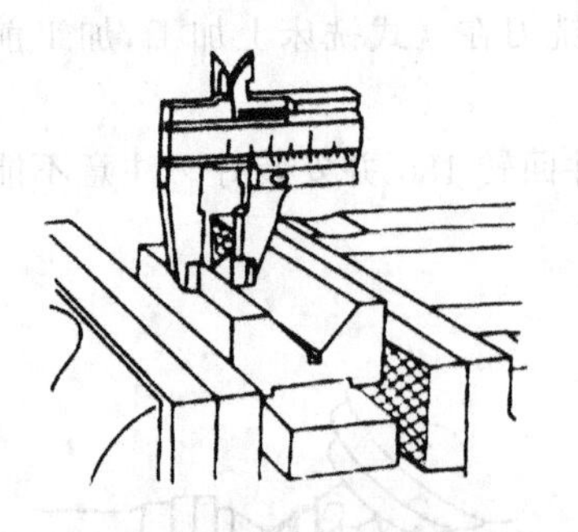

图 3-4-6 粗铣 V 形槽后测对称度

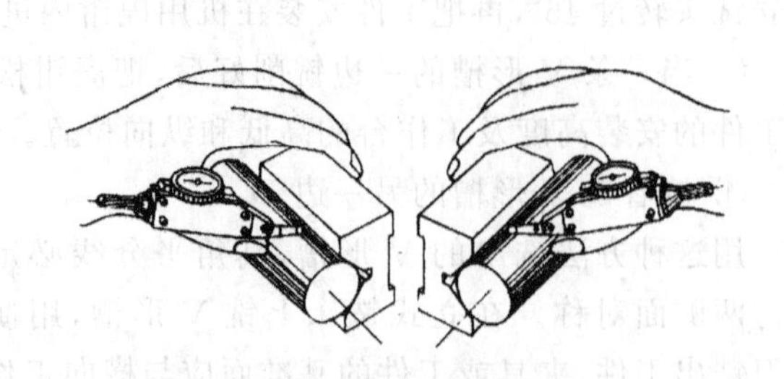

图 3-4-7 预检 V 形槽对称度

⑥ 精铣。对称度调整好以后,把刀具移至合适加工位置,按精铣余量上升工作台,精铣 V 形槽,此时可根据经验法或查表法,把转速提高一个挡次,进给速度降低一个挡次,以提高表面质量。

(4) 在卧式铣床用单角度铣刀加工 V 形槽

在没有双角度铣刀的情况下,也可采用单角度铣刀加工 V 形槽,如图 3-4-8 所示。单角度铣刀的角度等于 V 形槽形角度的一半,用单角度铣刀先铣削好 V 形槽的一侧,然后将工件翻转 180°装夹,再铣削另一侧。或者将铣刀卸下转动 180°,重新安装好后,将 V 形槽铣出。这种方法虽然费时,但是装夹位置准确,铣削出的 V 形槽对称度较好。

(5) 改变工件装夹位置加工 V 形槽

在卧式或万能铣床上铣 90°V 形槽时,先安装锯片铣刀铣出窄槽,按划线再将 V 形槽的一个 V 形面与工作台台面找正至平行或垂直位置,用三面刃铣刀、立铣刀或面铣刀等加工 V 形槽,如图 3-4-9 所示。

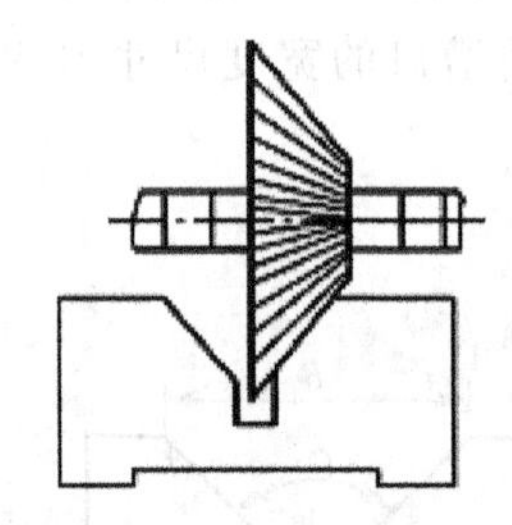

图 3-4-8 用单角度铣刀铣 V 形槽

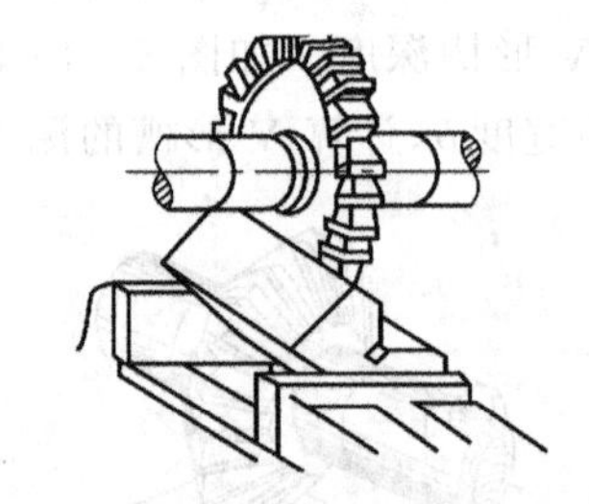

图 3-4-9 改变工件装夹位置铣 V 形槽

注意事项

V 形槽铣削时易产生的问题和注意事项:

- 两 V 形面夹角中心与基准面不垂直,应校正工件或夹具基准面,使其与工作台台面平行。
- 用立铣刀铣 V 形槽时,立铣刀的端面将另一 V 形面铣伤,操作时应注意刀尖对准窄槽中心。
- V 形槽角度超差。立铣头调整角度或工件调整角度不准确。
- V 形槽两面半角与中心不对称。工件二次装夹有误差,或二次调整立铣头角铣削时调整角度不一样。

3. V 形槽的检验方法

V 形槽检测项目包括：V 形槽宽度 B、槽形角 α 和槽对称度。

(1) V 形槽宽度的测量

如图 3－4－10 所示，用游标卡尺直接测量槽宽 B，测量简便，但精度较差。因此要先用标准圆棒间接测量出 h，如图 3－4－11 所示，根据公式计算槽宽 B 的实际尺寸精度。

$$B=2\times\left(\frac{R}{\sin\frac{\alpha}{2}}+R-h\right)\tan\frac{\alpha}{2}$$

式中：R 为标准圆棒半径，mm；α 为 V 形槽的槽形角，(°)；h 为标准圆棒顶点至 V 形槽上平面距离，mm。

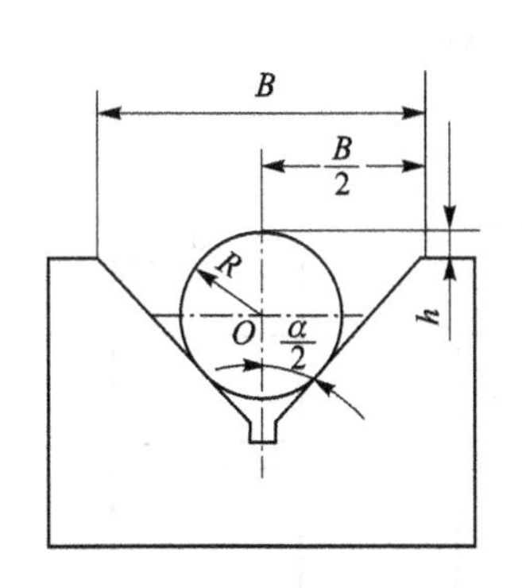

图 3－4－10　V 形槽宽度 B 的测量计

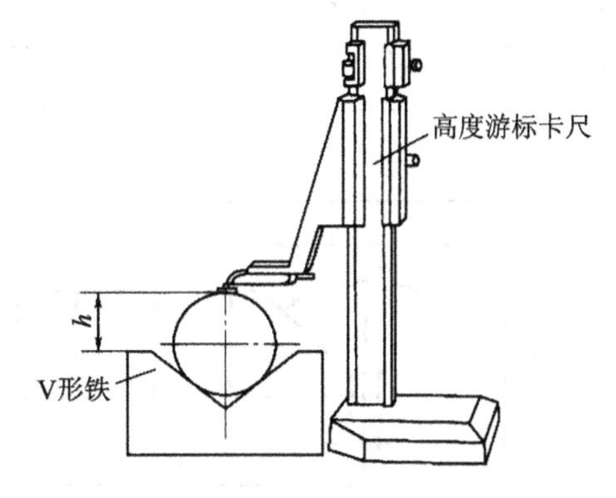

图 3－4－11　高度游标卡尺测量 h 值

(2) 用万能角度尺测量槽形角

V 形槽的槽形角一般用万能游标量角器或角度样板测量，如图 3－4－12 所示。比较精确的测量是选用两根不同直径的标准圆棒进行间接测量，如图 3－4－13 所示。测量时，分别测得 H 和 h，然后按下面的公式计算出槽形角的实际值：

$$\sin\frac{\alpha}{2}=\frac{R-r}{H-R-(h-r)}$$

式中：R 为较大标准圆棒半径，mm；r 为较小标准圆棒半径，mm；H 为较大标准圆棒顶点至 V 形槽底面距离，mm；h 为较小标准圆棒顶点至 V 形槽底面距离，mm。

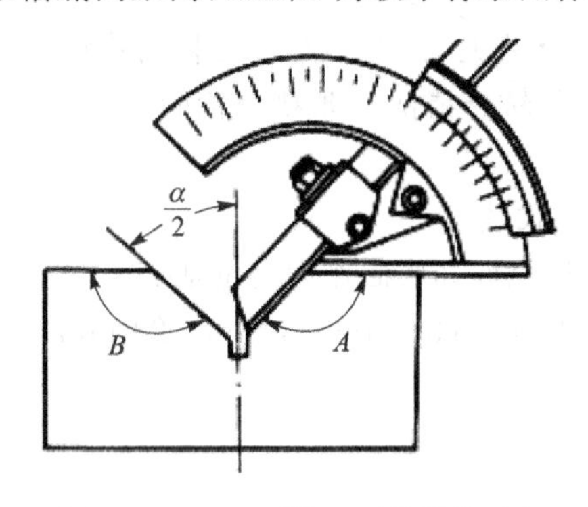

图 3－4－12　测量 V 形槽的槽形角

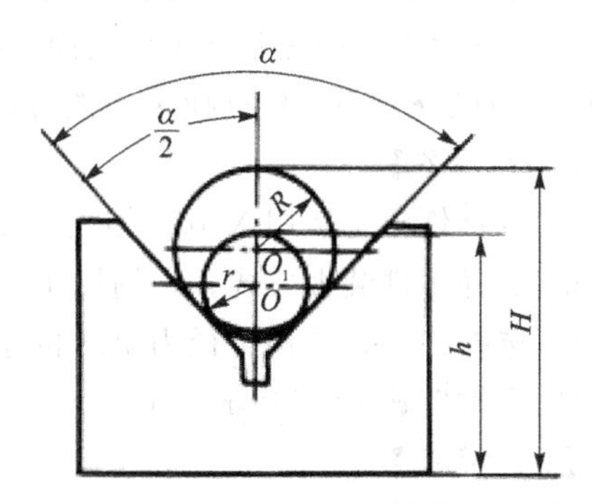

图 3－4－13　V 形槽槽形角的测量计算

(3) V 形槽对称度的检测

测量时以工件两侧面为基准,分别放在平板上,V 形槽内放一圆棒,用百分表分别测量圆棒的最高点,若两次测量结果相同,则两 V 形面对称于工件中心,如图 3-4-14 所示。若用高度游标卡尺测量圆棒的最高点,则能获得 V 形槽中心至侧面的实际距离。

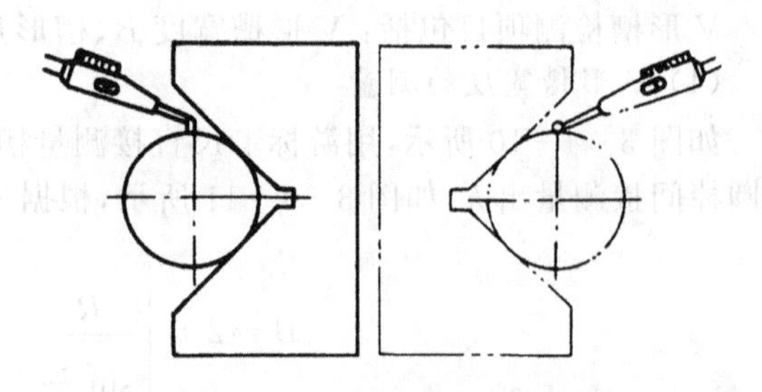

图 3-4-14 V 形槽对称度的检测

铣削 V 形槽技能训练

重点: 掌握用双角度铣刀铣削 V 形槽的方法。

难点: V 形槽对称度控制。

铣削加工如图 3-4-15 所示的 V 形槽零件,材料为 45 钢。

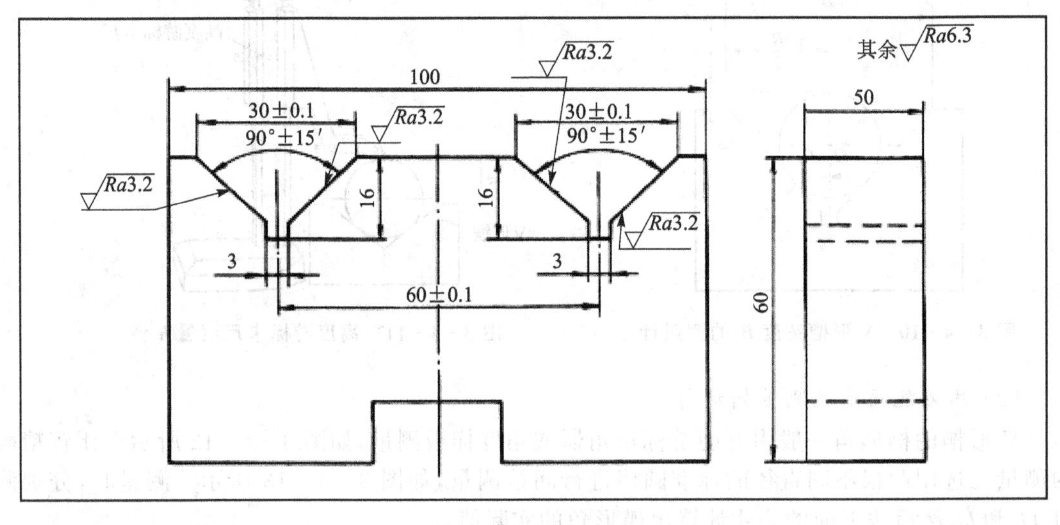

图 3-4-15 V 形槽零件

【工艺分析】

V 形槽铣削加工可在立式铣床上用立铣刀铣削加工,也可在卧式铣床上用双角度铣刀铣削。根据图样要求,选择在立式铣床上用立铣刀铣削,其加工步骤如下:

安装→找正机用虎钳→工件表面划出窄槽对刀线→装夹、找正工件→安装锯片铣刀→对刀、试切预检→铣削窄槽→换装立铣刀,调整立铣头→粗铣→精铣 V 形槽→检验。

【工艺准备】

① 选择铣床。选用 X5032 型立式铣床或类同的立式铣床。

② 选择工件装夹方式。采用机用虎钳装夹,工件以侧面和底面作为定位基准。

③ 选择刀具。选用直径为 $\phi18$ 的锥柄立铣刀,锯片铣刀(80 mm×3 mm×22 mm)。

④ 主轴转速 n=118 r/min。

【加工步骤】

铣削 V 形槽零件的加工步骤见表 3-4-1。

表 3-4-1　铣削 V 形槽零件的加工步骤

操作步骤	加工内容(见图 3-4-15)
1. 铣削中间窄槽	① 按工件表面划出的对称槽宽参照线试铣法对中心，以保证其对称度要求。 ② 由于深度余量比较大，应注意锁紧横向，并应用手动进给铣削
2. 粗铣、半精铣	① 换刀，调整立铣头，按划线粗铣，留余量 1 mm。用卡尺测量槽的对称度。 ② 调整切削层深度，半精铣 V 形槽一侧面，然后将工件转 180°装夹，铣削另一 V 形槽的另一侧面。 ③ 将工作台横向移动(60±0.1)mm 后，用相同的方法铣两 V 形槽的另一个侧面。 ④ 半精铣后，松夹取下工件，在测量平板上预检槽的对称度
3. 精铣	调整并精铣至(30±0.1)mm，加工时，主轴转速可提高一个挡次，进给速度降低一个挡次，以提高表面质量

【质量检测】

铣削 V 形槽零件的质量检测评分标准见表 3-4-2。

表 3-4-2　评分标准(见图 3-4-15)

项　目	序　号	考核内容	配　分	评分标准	检　测	得　分
外形尺寸	1	30±0.1(2 处)	28	超差不得分		
	2	60±0.1	15	超差不得分		
	3	90°±15′(2 处)	28	超差不得分		
	4	16、3	6	超差不得分		
其他	5	Ra3.2(4 处)	8	每处降一级不得分		
	6	去毛刺	5	出现一处扣 2 分		
	7	安全文明生产	10	未清理现场扣 10 分；每违反一项规定从总分中扣 1～10 分；严重违规停止操作		

【质量分析】

铣削 V 形槽的质量分析见表 3-4-3。

表 3-4-3　铣削 V 形槽的质量分析

种　类	产生原因
槽口宽尺寸超差	① 工件上平面与工作台台面不平行； ② 工件夹紧不牢固； ③ 铣削过程中工件底面基准脱离定位面
对称度超差	① 铣刀夹持不牢固，铣削时被拉下； ② 垂向调整尺寸计算或操作失误
键槽对称度超差	① 预检测量不准确； ② 精铣时工件重新装夹有误差

续表 3-4-3

种　类	产生原因
槽与工件侧面不平行	① 机用虎钳钳口与纵向不平行； ② 铣削时虎钳微量位移； ③ 工件多次装夹时侧面与虎钳定位面之间有毛刺和赃物
槽侧面表面粗糙度超差	① 铣刀刃磨质量差； ② 铣刀刀杆弯曲引起铣削振动

3.4.2 铣削T形沟槽

技能目标

◆ 掌握铣削T形槽的方法。

◆ 能正确选用铣削T形槽的铣刀。

◆ 能分析铣削过程中出现的问题及注意事项。

1. 相关工艺知识

T形槽是铣削加工中铣特形槽的一种。它在机械中被广泛地运用。例如，铣床工作台台面上用来定位和紧固分度头、机用虎钳等夹具或直接安装工件的槽就是T形槽。

T形槽由直槽和底槽组成，其底部的宽槽称为底槽，上部的窄槽称为直槽。底槽两侧上平面为T形槽的工作面。

T形槽一般可在铣床上进行加工，铣削时可分为铣直角槽、铣底槽和倒角三个步骤完成，如图3-4-16所示。T形槽已经系列化和标准化。

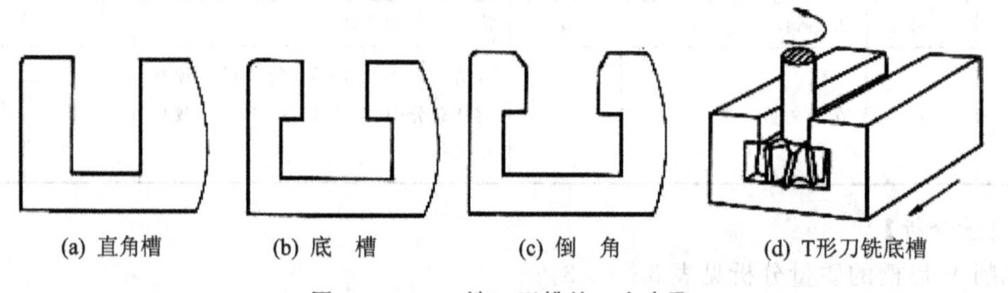

图3-4-16　铣T形槽的三个步骤

(1) 工件的装夹与校正

工件的装夹可根据工件形状和尺寸的不同，采用不同的装夹方法。当工件尺寸较小时，可用机用虎钳夹持铣削。如果工件的尺寸较大，应将工件直接平压在铣床工作台台面上加工，采用这种方法铣削时，工件平稳，切削振动小。

T形槽槽口方向应与工作台进给方向一致，再用百分表校正工件上平面与工作台台面的平行度，使它与铣床工作台台面基本平行，以保证T形槽的铣削深度一致。铣T形槽首先需按照所划槽线来校正工件的位置，当找正槽线时，如果工件侧面已经加工过，则可在工作台台面上紧固一个平铁，将平铁找正，用工件侧面靠紧定位平铁，压紧工件即可。如果工件的侧面未加工，则可用大头针粘在刀尖上，按工件已经划好的槽加工线校正工件。

(2) T形槽铣刀

T形槽铣刀是专门用来加工T形槽底槽的，通常有锥柄和直柄两种，如图3-4-17所示。

其切削部分与盘形铣刀相似，又可分为直齿和交错齿两种。较小的 T 形槽铣刀，由于受 T 形槽直槽部分尺寸的限制，刀具柄部和刀头连接部分直径较小，因而刀具的刚度和强度均比较低。应根据 T 形槽的尺寸选用直径和厚度合适的 T 形槽铣刀。T 形槽铣刀的规格应与所要铣削的 T 形槽尺寸相符，要注意 T 形槽铣刀的颈部直径要小于直角槽的宽度。

2. T 形槽铣削步骤

(1) 铣削直角槽

铣削直角槽可以在卧式铣床上用三面刃盘形铣刀或在立式铣床上用立铣刀加工。铣刀安装好后，摇动工作台，使铣刀对准工件毛坯上的线印，并紧固防止工作台横向移动的手柄。开始切削时，采取手动进给，铣刀全部切入工件后，再用自动进给进行切削，铣削出直角槽，如图 3－4－18 所示。铣直角槽时可将整个槽深铣出。若工件上有 2 条或 2 条以上的 T 形槽，可先将所有 T 形槽的直槽铣出。

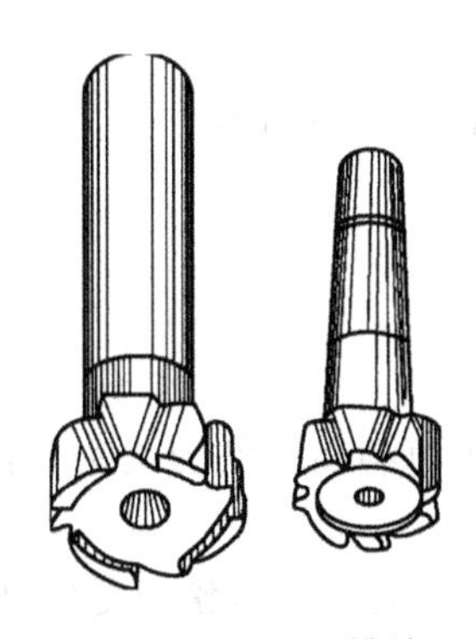

图 3－4－17　T 形槽铣刀

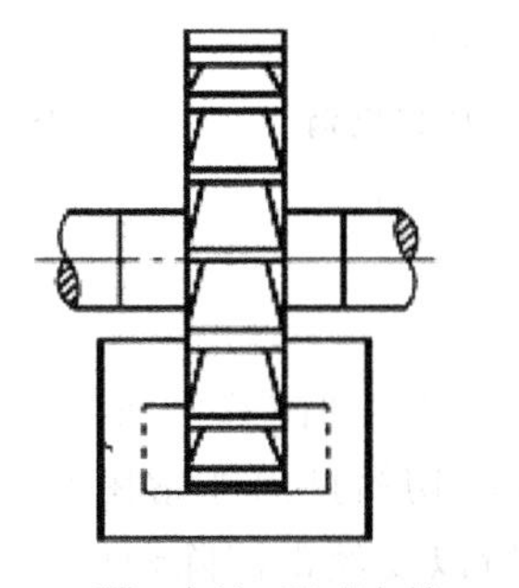

(a) 三面刃盘铣刀铣直角槽

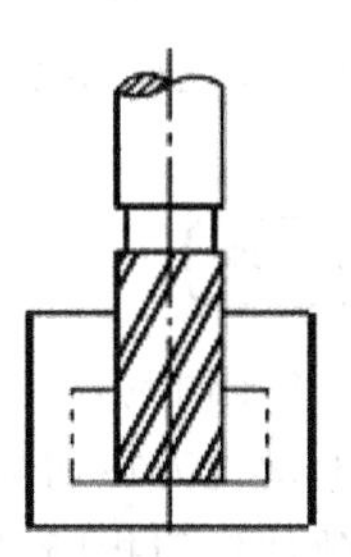

(b) 立铣刀铣直角槽

图 3－4－18　直角槽的铣削

(2) 铣削 T 形槽底槽

直角槽铣出后，更换 T 形槽铣刀铣 T 形槽，如图 3－4－19 所示。

① 若 T 形槽铣刀直径小于直槽宽度时，则可采用逆铣法铣削一边，再铣削另一边，达到 T 形槽槽宽的尺寸要求；若铣刀厚度小于底槽的厚度，则要分层铣出底槽的厚度，即先铣削上平面，再铣削底面，逐步达到 T 形槽槽深的尺寸要求，这样槽底面的表面粗糙度值会小一些。

② 若 T 形槽铣刀直径大于直槽宽度，在铣削底槽时，须对中心方可进行铣削。操作方法如下：

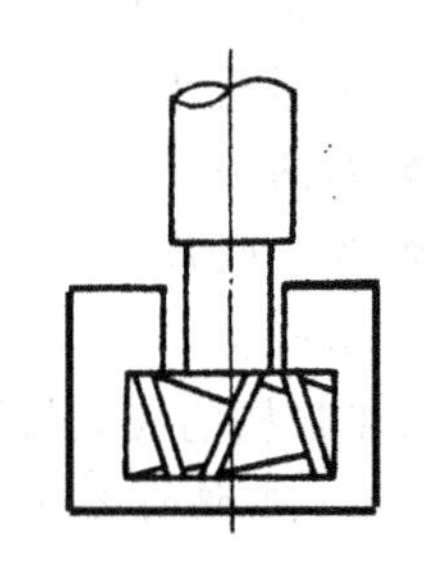

图 3－4－19　T 形槽底槽铣削

调整工作台，使 T 形槽铣刀的端面处于 T 形槽加工面的上方，在工件表面涂上粉笔，升高工作台，当铣刀刚好擦到粉笔时记好刻度，这时槽深就已经对好。然后调整铣床，使 T 形槽铣刀轻接近槽端面，试切底槽，观察铣刀两侧刃是否同时切到直角槽槽侧，两边的切痕是否一致。

铣削时先手动进给，待底槽铣出一小部分时，测量槽深，如符合要求可继续手动进给。当铣刀大部分进入工件后可使用机动进给，在铣刀铣出槽口时也最好采用手动进给。

(3) T 形槽槽口倒角

铣削好 T 形槽后，换装角度铣刀倒角，如 3－4－20 所示。对于需要倒角的 T 形槽，可根据图样要求，用单角度铣刀在立式或卧式铣床加工出倒角。也可以自己用立铣刀刃磨出所需的角度,铣削倒角时应注意两边的对称度。

如果T形槽两端是封闭的,在加工T形槽前,应先在T形槽的两端各钻一个落刀孔,落刀孔的直径应大于T形槽的底槽宽度,深度略大于T形槽的总深度,如图3-4-21所示。落刀孔钻完后,可按照铣削T形槽的步骤加工出图样要求的T形槽。

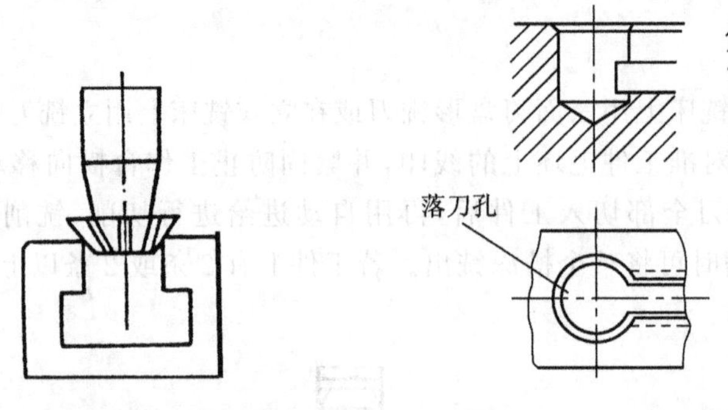

图3-4-20 角铣刀槽口倒角

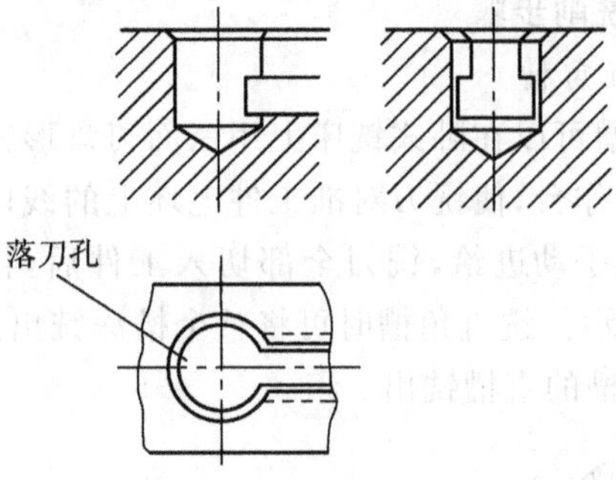

图3-4-21 加工落刀孔示意图

注意事项

T形槽铣削时易产生的问题和注意事项:

- T形槽铣刀在切削时切屑排出非常困难,经常把容屑槽填满而使铣刀失去切削能力,以致使铣刀折断,所以要经常清除切屑。
- T形槽铣刀的颈部受T形槽的限制,直径较小,强度较低,要注意因铣刀受到过大的铣削力和突然的冲击力而折断。
- 铣钢件时,应充分加注冷却润滑液。
- T形槽铣刀不能用得太钝。因为钝的刀具切削能力太弱,铣削力和切削热迅速增加,是铣刀折断的主要原因。
- T形槽铣刀在工作时工作条件非常差,所以要采用较小的进给量和较低的切削速度。
- 对两头都不穿通的T形槽,应先加工落刀圆孔。
- 为了改善切屑排出条件,减少铣刀与槽底的摩擦,在条件允许的情况下,可将直槽稍铣深些。

3. T形槽的检测与质量分析

(1) T形槽的检测

T形槽的检测比较简单。要求不高的T形槽可用游标卡尺测量槽宽、槽深以及槽底与直角槽的对称度;要求比较高的槽可在平板上用杠杆表检测它与基准的平行度,也可用内径千分尺或塞规进行检验。

(2) T形槽的质量分析

T形槽的质量分析见表3-4-4。

表 3-4-4 T 形槽的质量分析

质量问题	产生原因
直角槽的宽度超差	① 对刀不准； ② 横向工作台未紧固，铣削时工件移位； ③ 计算有误或测量时看错量具读数，造成进刀失误； ④ 工件未能装夹牢固，而造成铣削时移位
底槽与基准面不平行	① 工件上平面未找正； ② 铣刀未夹紧，铣削时产生“掉刀”的现象
表面粗糙度	① 产生的切屑未能及时清除； ② 切削时的进给量过大； ③ 切削时刀具用得过钝

T 形槽加工技能训练

重点： 掌握 T 形槽的加工步骤。

难点： T 形槽底槽的铣削操作。

铣削加工如图 3-4-22 所示的 T 形槽零件，材料为 45 钢。

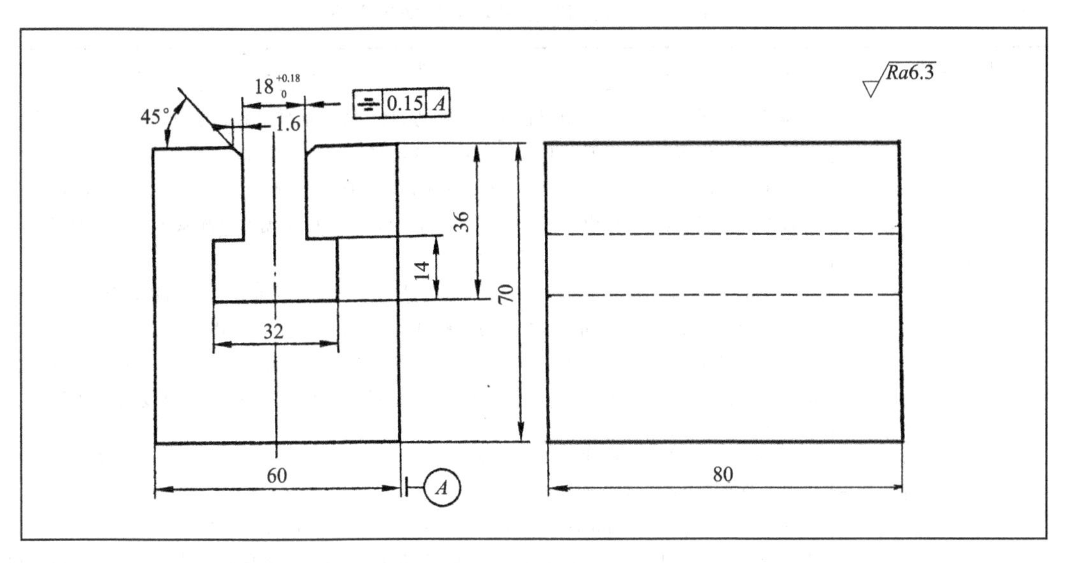

图 3-4-22 T 形槽

【工艺分析】

根据图样的精度要求，选择在立式铣床上用立铣刀铣削加工直槽，用 T 形槽铣刀加工 T 形底槽。其加工步骤如下：

对刀、试切预检→铣削直槽→换装 T 形槽铣刀→垂向深度对刀→铣削槽底→铣削槽口倒角→T 形槽铣削工序检验。

【工艺准备】

① 选择铣床。选用 X5032 型立式铣床或类同的立式铣床。

② 选择工件装夹方式。采用机用虎钳装夹，工件以侧面和底面作为定位基准。

③ 选择刀具。根据图样给定的 T 形槽基本尺寸，选用为 $\phi18$ 的标准直柄立铣刀铣削直

槽;选择基本尺寸为 18 mm、直径为 $\phi32$、宽度为 14 mm 的标准直柄 T 形槽铣刀铣底槽;选择外径为 $\phi25$、角度为 45°的反燕尾槽铣刀铣削直槽口倒角。

④ 主轴转速 $n=118$ r/min。

【加工准备】

① 安装机用虎钳,并找正定钳口,使其与工作台纵向平行。

② 划线与工件装夹。在工件表面划直槽位置参考线。划线时,可将工件与划线平板贴合,划线尺高度为(60－18)mm/2＝21 mm,用翻身法划出两条参照线。工件装夹时,注意侧面、底面与虎钳定位面之间的清洁度。

③ 安装铣刀。根据立铣刀、T 形槽铣刀和反燕尾槽铣刀的柄部直径,选用弹性套和夹头体安装铣刀,铣刀伸出部分应尽可能短,以增加铣刀的刚度。找正立铣头位置。

④ 按工件材料 HT200 和铣刀参数,选择铣削用量:

铣削直角槽时,$n=250$ r/min($v_c\approx15$ m/min),$v_f=30$ mm/min;

铣削 T 形槽底时,$n=118$ r/min($v_c\approx12$ m/min),$v_f=23.5$ mm/min;

铣削倒角时,$n=235$ r/min($v_c\approx18$ m/min),$v_f=47.5$ mm/min。

【加工步骤】

铣削 T 形槽零件的加工步骤见表 3－4－5。

表 3－4－5 铣削 T 形槽零件的加工步骤

操作步骤	加工内容(见图 3－4－22)
1. 铣削直角槽	① 调整工作台,将铣刀调整到铣削位置的上方,按工件表面划出的对称槽宽参照线移动横向对刀。开动机床,垂向对刀并上升 1 mm 后,移动纵向,在工件表面铣出浅痕。停机后用游标卡尺预检槽的对称位置,若有误差,应按两侧测量数据差值的一半微调横向,直至浅槽对称工件外形。同时,也需对槽宽的实际尺寸进行预检测量,应避免刀尖圆弧或倒角对槽宽测量的影响。 ② 按垂向表面对刀的位置,将 36 mm 深度余量分两次铣削,若侧面不再精铣,槽深余量的分配最好为 22 mm 与 14 mm,以避免直槽侧面留有接刀痕。铣削时,由于深度余量比较大,应注意紧锁横向,并应先用手动进给缓慢切入工件,然后改用机动进给。为避免顺逆铣对槽宽的影响,两次铣削应采用同一方向。直槽铣削完毕后,应对槽深、槽宽、对称度进行预检
2. 铣削 T 形底槽	① 换装 T 形槽铣刀,因直槽铣削后横向没有移动,不必重新对刀。如果工件重新安装或横向已经移动,可采用以下方法对刀: a. 用刀柄对刀。将 18 mm 直柄立铣刀掉头安装在铣夹头内,露出一段柄部,先通过目测使铣刀柄部对准已加工的直槽,微量调整横向,移动纵向,使刀柄能顺畅地进入槽内,此时,主轴与工件的横向相对位置已恢复至直槽加工位置。 b. 用切痕对刀。换装 T 形槽铣刀后,调整垂向,使铣刀的端面刃与直角槽底恰好接触;调整横向,目测使铣刀中心与直槽对准,开动机床,缓慢移动工作台纵向,使 T 形槽铣刀在直角槽槽口铣出相当于两个切痕,此时,主轴与工件的横向相对位置已恢复至直槽加工位置。 ② 对刀完成后,铣削底槽
3. 铣削槽口倒角	换装反燕尾槽铣刀,垂向对刀,使铣刀锥面刃与槽口恰好接触,垂向升高 1.6 mm,铣削槽口倒角

注意事项

垂向对刀时,铣刀端面刃与直角槽底恰好接触,为减少 T 形槽铣刀端面与槽底的摩擦,也可以使直槽略深一些。底槽铣削开始用手动进给，当铣刀大部分缓慢切入后改用机动进给，铣削过程中注意及时清除切屑，以免因切屑堵塞，切削区温度升高，致使铣刀退火或折断，从而影响铣削，甚至造成废品。

3.4.3 铣削燕尾槽

技能目标

◆ 掌握燕尾槽的铣削方法。

◆ 能正确选用燕尾槽的铣刀。

◆ 掌握加工燕尾槽时有关测量和计算。

◆ 能分析铣削中出现的质量问题。

1. 相关工艺知识

燕尾槽是机械零部件联结中广泛采用的一种结构，用来作为机械移动部件的导轨，如铣床身和悬梁相配合的导轨槽、升降台导轨、车床滑板等。燕尾槽分为内燕尾槽和外燕尾槽，它们是相配合使用的，如图 3－4－23 所示。其角度、宽度和深度都有较高的精度要求，对燕尾槽上斜面的平面度要求也较高，且表面粗糙度 Ra 的值要小。精度要求较高的燕尾导轨铣削后还需经过磨削、刮削等精密加工。燕尾槽的角度有 45°、50°、55°、60°等多种，一般采用 55°。

(1) 工件的装夹与校正

工件的装夹可根据工件形状和尺寸的不同，采用机用虎钳夹持铣削或将工件直接平压在铣床工作台上加工。

校正工件时，可先找正工件的上平面，使之与工作台台面平行，以保证铣出的燕尾槽深浅一致。然后再校正燕尾槽的加工线，校正的方法可参照 T 形槽找正法。

(2) 燕尾槽铣刀的选择

加工燕尾槽的方法与加工 T 形槽的方法相似，也是先加工出直角槽，然后用带柄的角度铣刀(燕尾槽铣刀)铣出燕尾槽。燕尾槽铣刀有锥柄和直柄两种，如图 3－4－24 所示。其切削部分与单角度铣刀相似，铣刀可用铣夹头或快换夹头装夹。为了使铣刀有较好的刚度，刀柄不宜伸出太长。

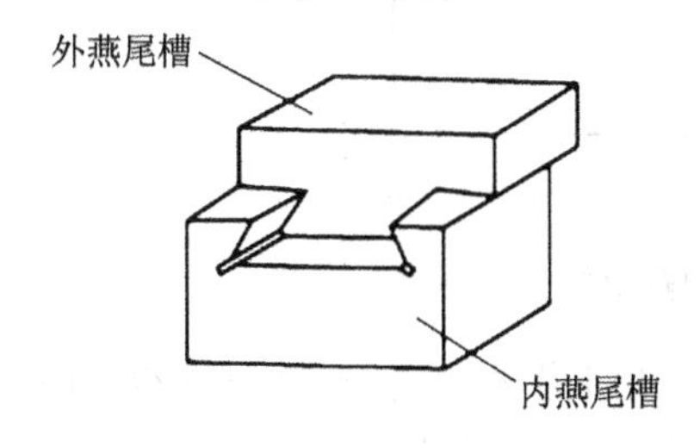

图 3－4－23 内燕尾槽和外燕尾槽

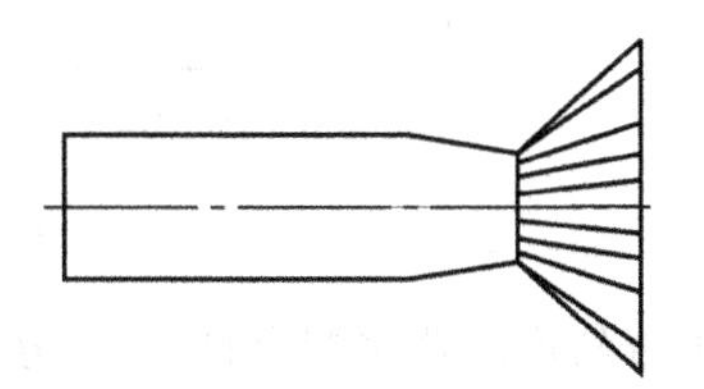

图 3－4－24 直柄燕尾槽铣刀

在铣削燕尾槽时要正确选用铣刀，加工直角槽应选用立铣刀或三面刃铣刀。如何选用燕尾槽铣刀是关键，首先应根据图纸燕尾槽标注尺寸得出燕尾槽的角度，再相应地选用角度与槽形角相等的刀具；铣刀的直径与厚度应根据燕尾槽的宽度与深度选择。在满足加工条件的同时，应尽量选用直径较大的燕尾槽铣刀，这样铣刀的刚度会稍好一些，以便能承受较大的切削力。

2. 燕尾槽的铣削步骤

燕尾槽的铣削方法分为两个步骤：先在立式铣床上用立铣刀或端铣刀铣出直槽，再用燕尾槽铣刀铣出燕尾槽。铣带斜度燕尾槽时，第一步先铣出不带斜度的一侧，第二步将工件按图样规定的方向和斜度调整至于工作台进给方向成一定斜度，铣出带斜度的一侧。

(1) 铣削凹直角槽和凸台直角

在卧式铣床上用三面刃盘形铣刀或在立式铣床上用立铣刀，铣削出凹凸直角，如图 3-4-25 所示。铣出的凹凸直角宽度应按图纸要求铣削，深度应留有 0.3～0.5 mm 的余量，等到加工燕尾时将此余量一起铣去，这样就不会产生接刀痕。

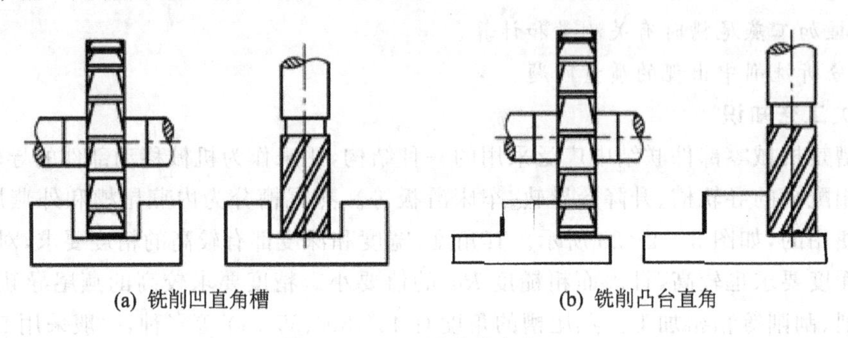

(a) 铣削凹直角槽　　(b) 铣削凸台直角

图 3-4-25　凹凸直角加工

(2) 燕尾槽的加工

将加工好的直角槽加工成燕尾槽，如图 3-4-26 所示。由于燕尾槽的加工要求较高，故铣削燕尾槽时应分粗、精铣两次进行。粗铣时留 0.5 mm 的精铣余量。铣削时常用逆铣法，先铣好一侧面后再铣另一侧。燕尾槽尺寸较小时，可两侧同时铣出。由于铣刀颈部较细，强度差，所以不能一次铣去全部余量，可分多次铣削加工到要求尺寸。

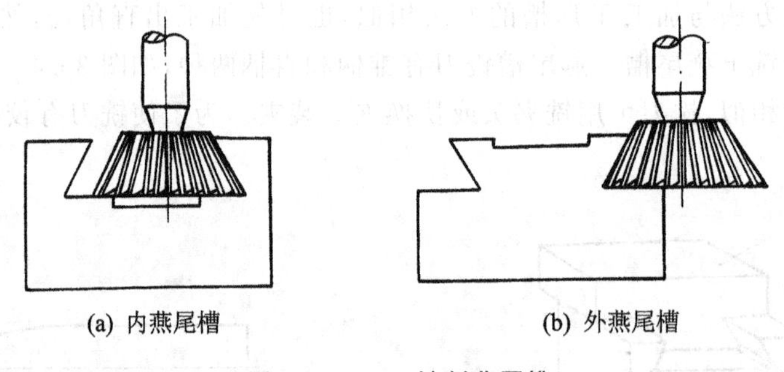

(a) 内燕尾槽　　(b) 外燕尾槽

图 3-4-26　铣削燕尾槽

加工带斜度的燕尾配合件时，应按斜度要求找正工件基准侧面，使其与进给方向成一定夹角。夹角精度要求较高时，可采用正弦规、量块和百分表找正工件。

精度要求较高的燕尾槽应在加工过程中采用标准圆棒与内径千分尺配合测量的方法来控制燕尾的宽度尺寸。

注意事项

燕尾槽铣刀刀尖处的切削性能和强度均较差，故更应注意充分冷却、合理排屑及减小铣削力。每次进刀铣削时均采用逆铣，纵向进给时采用手动进给切入工件，然后采用机动进给铣削，快加工完时，最好也采用手动进给。

3. 燕尾槽的测量方法

(1) 内燕尾槽的计算与测量

对于内燕尾槽来说，槽宽不能直接测出，应借助标准圆棒与内径千分尺配合测量的方法来控制燕尾的宽度尺寸。先用游标万能角度尺和深度千分尺检验燕尾槽槽角及槽深，然后在槽内放两根标准圆棒，用内径千分尺或精度较高的游标卡尺测量出圆棒之间的尺寸 M_1，根据图 3－4－27(a) 所示的几何关系，计算燕尾槽的宽度，即：

$$A_1 = M_1 + d\left(1 + \cot\frac{\alpha}{2}\right) - 2h\cot\alpha$$

式中：A_1 为内燕尾槽的最小宽度，mm；M_1 为两标准圆棒内侧的距离，mm；α 为燕尾槽的角度，(°)；h 为燕尾槽的深度，mm；d 为标准棒的直径，mm。

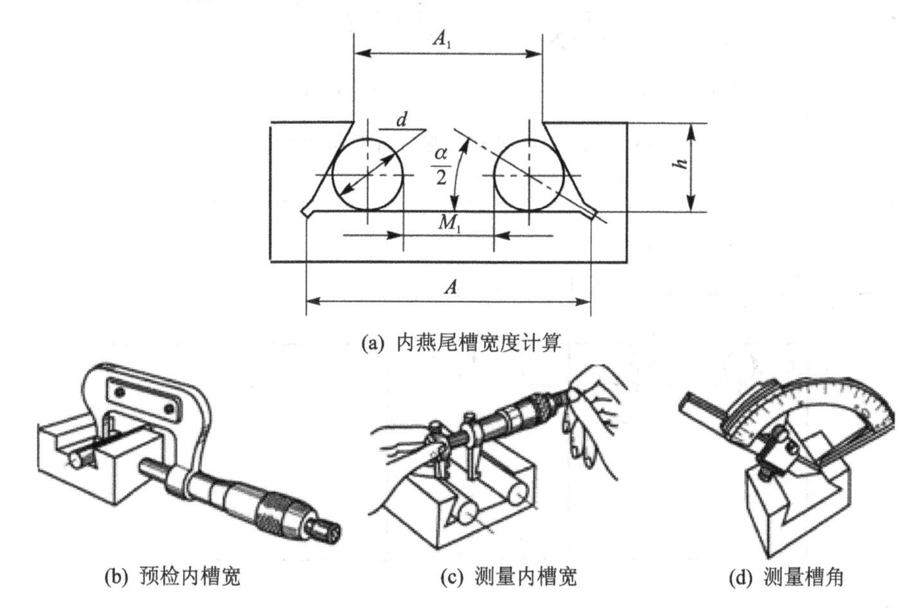

(a) 内燕尾槽宽度计算

(b) 预检内槽宽　　(c) 测量内槽宽　　(d) 测量槽角

图 3－4－27　燕尾槽的计算与测量

(2) 外燕尾槽的计算与测量

外燕尾槽的测量方法与内燕尾槽相同，用内径千分尺或精度较高的游标卡尺测量出圆棒之间的尺寸，根据图 3－4－28(a)所示的几何关系，计算外燕尾槽的宽度，即：

$$A_2 = M_2 - d\left(1 + \cot\frac{\alpha}{2}\right)$$

式中：A_2 为外燕尾槽的最小宽度，mm；M_2 为两标准圆棒外侧的距离，mm。

内、外燕尾槽加工技能训练

重点：掌握内外燕尾槽铣削加工步骤和方法。

难点：燕尾宽度与测量。

铣削加工如图 3－4－29 所示的内、外燕尾槽零件，材料的 HT200。

【工艺分析】

从图样可知，内、外燕尾槽的最小宽度 25 mm、深度 8 mm、槽形角 60°及对称度公差均相同。用标准棒 $\phi 6$ 测量时，内燕尾槽为 17.848 mm，外燕尾槽为 41.392 mm。材料切削性能较

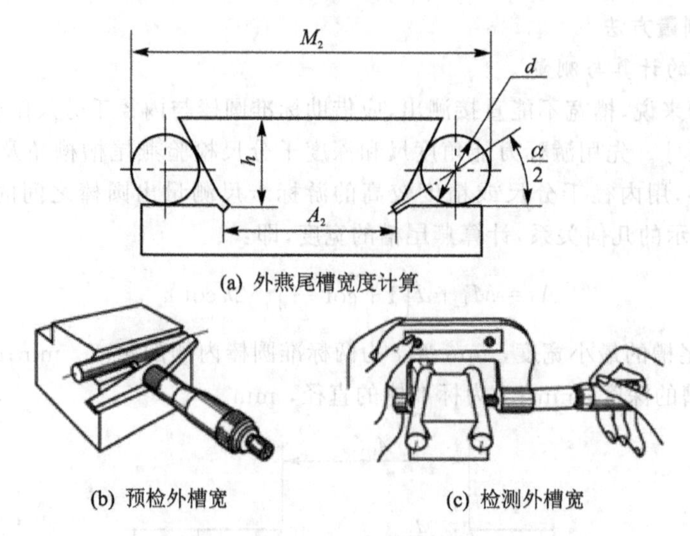

(a) 外燕尾槽宽度计算

(b) 预检外槽宽　　(c) 检测外槽宽

图 3-4-28　外燕尾槽的计算与测量

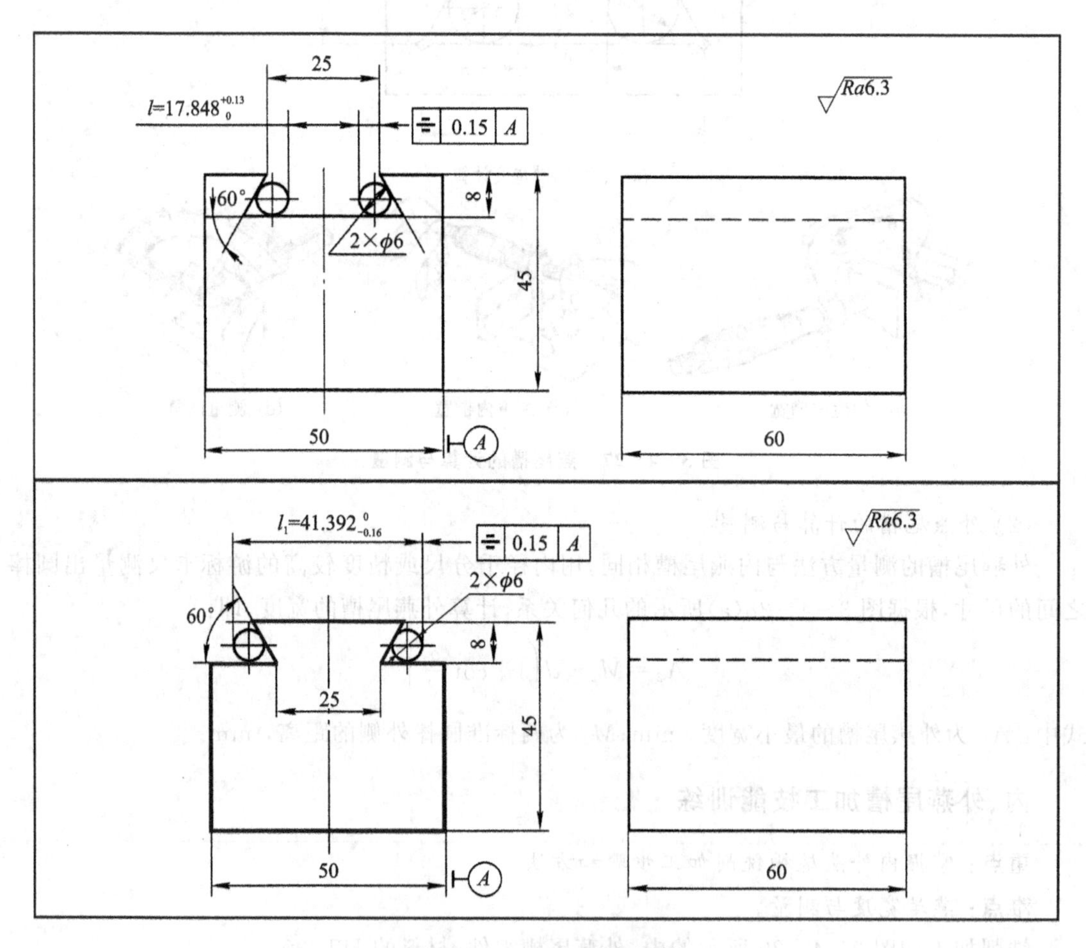

图 3-4-29　内、外燕尾槽

好。外形为矩形工件，便于装夹。根据图样的精度要求，选择在立式铣床上用立铣削加工直角槽(双台阶)后，用燕尾铣刀铣削内、外燕尾槽，其加工步骤如下：

铣削直角槽(双台阶)→换装燕尾铣刀→垂向深度对刀→铣削内、外燕尾槽一侧并预检→铣削内、外燕尾槽另一侧并预检→检验。

【工艺准备】

① 选择铣床。选用X5032型立式铣床或类同的立式铣床。

② 选择工件装夹方式。采用机用虎钳装夹,工件以侧面和底面作为定位基准。

③ 选择刀具。根据图样给定的燕尾槽基本尺寸,选用直径为ϕ20立铣刀铣削中间直角槽;选择外径ϕ25、角度60°的燕尾槽铣刀铣削燕尾槽。

【加工准备】

① 划线与工件装夹。在平面划直角槽位置参照线(50－25)mm/2＝12.5 mm。划线时,将工件与划线平板贴合,用翻身法划出两条参照线。工件装夹时,注意侧面、底面与虎钳定位面之间的清洁度。

② 按工件材料HT200和铣刀参数,选择铣削用量:

铣削直角槽时,n＝235 r/min(v≈14.8 m/min),v_f＝30 mm/min;

铣削燕尾槽时,n＝190 r/min(v≈15 m/min),v_f＝23.5 mm/min。

【加工步骤】

铣削内燕尾槽的加工步骤见表3－4－6。

表3－4－6　铣削内燕尾槽的加工步骤

操作步骤	加工内容(见图3－4－29)
1. 铣削直角槽	① 按工件表面划出的对称槽参照线横向对刀。 ② 粗,精铣直角槽。槽侧与工件侧面的尺寸为12.525 mm。铣削时可分粗、精铣,以提高直角槽的铣削精度
2. 铣削燕尾槽	① 换装燕尾槽铣刀,考虑铣刀的刚度,刀柄不应伸出过长。 ② 槽深对刀。目测使燕尾槽铣刀与直角槽中心大致对准,垂向上升工作台,使铣刀端面刃齿与工件直角槽面接触,并调整槽深为8.10 mm。 ③ 铣削内燕尾槽一侧(见图3－4－30(a))。先使铣刀刀尖恰好擦到工件直角槽一侧,然后按偏移量$S=h\cot\alpha=8.1\times\cot 60°=4.676$ mm调整横向。铣削时,应将余量分为粗、精铣,粗铣余量为2.5 mm和1.5 mm。 ④ 预检(见图3－4－30(b)),放入直径6 mm的标准圆棒后,工件侧面至一侧圆棒的尺寸为(50.05－17.91)mm/2＝16.07 mm。 ⑤ 铣削内燕尾槽另一侧(见图3－4－30(c))。按粗、精铣方法,逐步铣削至槽宽测量尺寸17.848 mm范围内

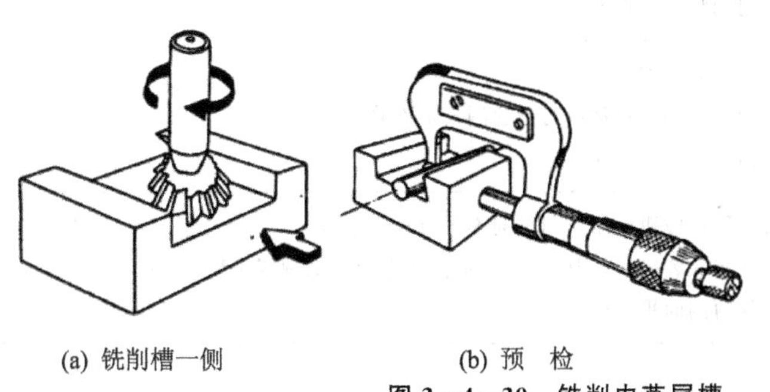
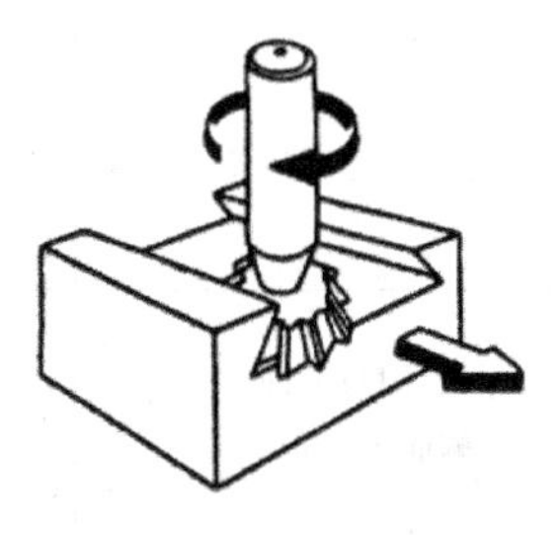

(a) 铣削槽一侧　　(b) 预　检　　(c) 铣削槽另一侧

图3－4－30　铣削内燕尾槽

铣削外燕尾槽的加工步骤见表 3-4-7。

表 3-4-7 铣削外燕尾槽的加工步骤

操作步骤	加工内容(见图 3-4-29)
铣削台阶	铣削双台阶时,台阶宽度尺寸为 25 mm+2×8 mm×cot 60°=34.24 mm;台阶侧面与工件侧面的尺寸为(50.05−34.24) mm/2=7.905 mm,或(50.05−7.905) mm=42.145 mm,用于控制台阶对工件侧面的对称度
铣削外燕尾槽	① 铣削双台阶后换装燕尾槽铣刀,考虑铣刀的刚度,刀柄不应伸出过长。 ② 外燕尾槽高度对刀时,使铣刀端面刃与台阶底面恰好接触,并调整高度尺寸为 7.9 mm。 ③ 铣削外燕尾槽一侧(见图 3-4-31(a))。侧面对刀使铣刀刀尖恰好擦到台阶侧面,然后按 s 值分粗、精铣。粗铣后,应进行预检(见图 3-4-31(b)),按工件侧面实际尺寸和燕尾槽宽度测量尺寸,逐步达到精铣测量尺寸(50.05+41.31) mm/2=45.68 mm。 ④ 铣削外燕尾槽另一侧(图 3-4-31(c))。按侧面粗、精铣方法,逐步铣削至槽宽测量尺寸 41.392 mm 范围内

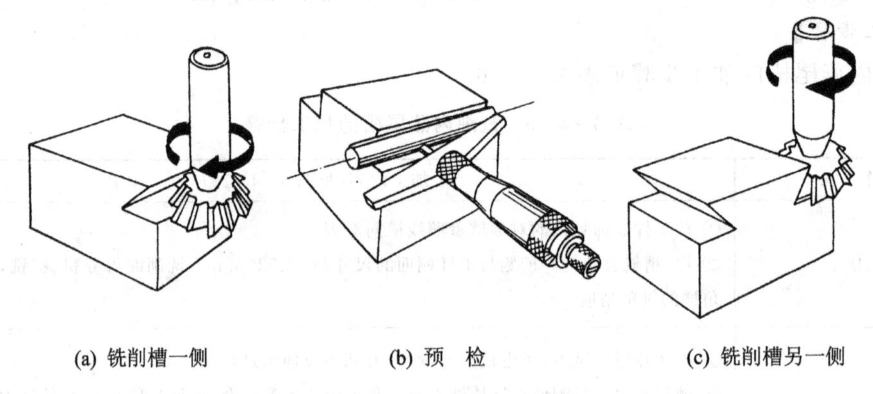
(a) 铣削槽一侧　(b) 预　检　(c) 铣削槽另一侧

图 3-4-31 铣削外燕尾槽

【质量分析】

内、外燕尾槽加工的质量分析见表 3-4-8。

表 3-4-8 内、外燕尾槽加工的质量分析

种　类	产生原因
燕尾槽宽度尺寸超差	① 标准圆棒精度差; ② 测量操作不准确(特别是在用内径千分尺测量槽宽尺寸时); ③ 横向调整操作误差
燕尾槽对称度超差	① 尺寸计算错误; ② 铣削一侧调整对称度时预检测量不准确; ③ 横向调整操作失误
燕尾槽与工件侧面不平行	① 机用平口虎钳定钳口与纵向不平行; ② 工件多次装夹时,侧面与虎钳定位面之间有毛刺或赃物; ③ 工件两侧面平行度误差大

续表 3-4-8

种　类	产生原因
燕尾槽槽形角角度误差大	铣刀角度选错或角度不准确
燕尾槽侧面的表面粗糙度差	① 铣刀刀刃磨质量差； ② 安装刀柄伸出较长引起铣削振动； ③ 铣削余量分配不合理和铣削用量选用不适当

3.4.4　铣削特形面

技能目标

◆ 掌握双手进给铣曲线外形的方法。

◆ 能正确选择铣刀。

◆ 铣出的工件较圆滑。

◆ 了解工件加工时的顺序。

◆ 能分析铣削中的质量问题。

1. 相关工艺知识

一个或一个以上方向截面内的形状为非圆曲线的特形面称为特形面。只在一个方向截面内的形状为非圆曲线的特形面称为简单特形面。简单特形面是由一条直素线沿非圆曲线平行移动而形成的。本小节中只介绍简单特形面的铣削。

根据零件的形状不同,简单特形面又分为两种类型。直素线较短时称为曲线回转面即曲线外形,如图 3-4-32 所示的压板、凸轮和连杆等,其外形轮廓中有一部分为曲线回转面。曲线回转面可用立铣刀在立式铣床或仿形铣床上加工。直素线较长时称为成形面,一般可用成形铣刀在卧式铣床上加工,如图 3-4-33 所示。铣削曲线回转面的工艺要求如下:

① 曲线形状应符合图样要求,曲线连接的切点位置准确;

② 曲线回转面对基准应处于要求的正确相对位置;

③ 曲线回转面连接处圆滑,无明显的啃刀和凸出余量,曲线回转面铣削刀痕平整均匀。

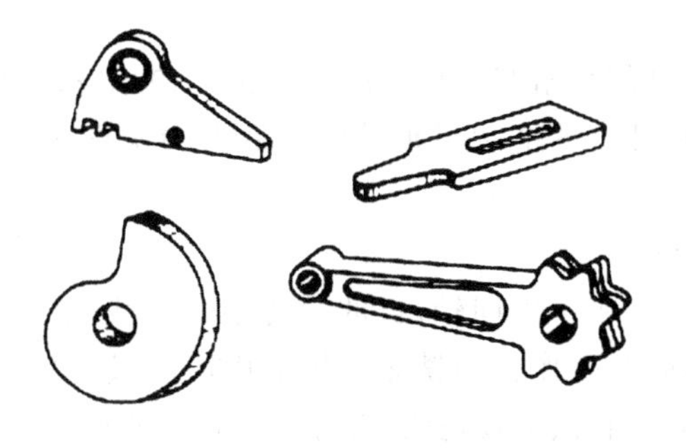

图 3-4-32　具有曲线回转面的工件

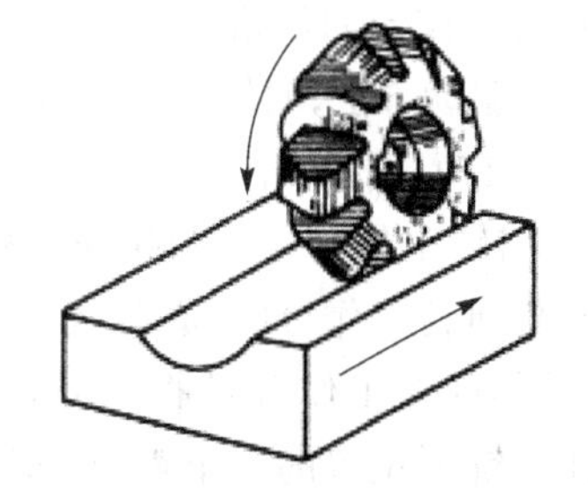

图 3-4-33　成形铣刀铣削成形面

2. 曲线回转面的铣削

在立式铣床上铣削曲线回转面的方法有三种,按划线用双手配合进给铣削、用回转工作台铣削和用仿形法(靠模)铣。

(1) 按划线手动进给铣曲线回转面

单件、小批量生产,且精度要求不高的曲线回转面,通常采用按划线由双手配合手动进给铣削的方式,在立式铣床上用立铣刀的周齿进行切削。

1) 工件的装夹

工件装夹前,先在工件上划出加工部位外形轮廓线,并在线的中间打上样冲眼。工件用压板夹紧在工作台面上,工件下面应垫以平行垫铁,以防止铣伤工作台。工件的安装位置要便于双手配合操作,如图 3-4-34 所示。

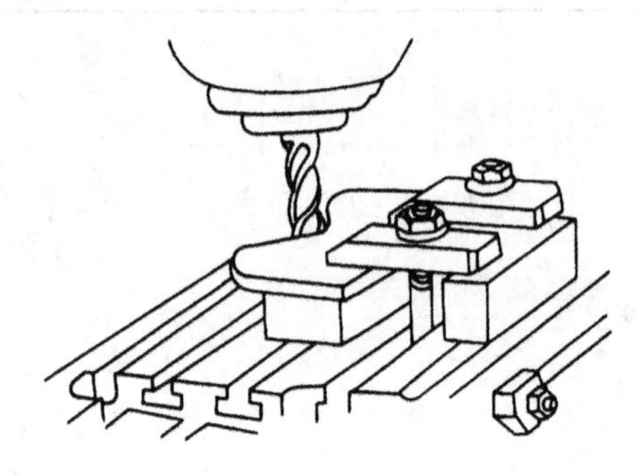

图 3-4-34 手动进给铣曲线回转面

2) 铣刀的选择

铣削只有凸弧的曲线回转面,立铣刀直径不受限制;铣削凹圆弧时,立铣刀半径应等于或小于零件最小的凹圆弧半径,否则曲线外形表面将被铣伤。为保证铣刀有足够的刚性,在条件允许的情况下尽量选择直径较大的立铣刀。

3) 铣削方法

① 曲线外形各处余量不均匀,有时相差悬殊,因此首先进行粗铣,把大部分余量分几次切除,使划线轮廓周围的余量大致相等。

② 铣削时,双手同时操作铣床的纵向和横向进给手柄,协调配合进给。操作时要精神集中,密切注视观察铣刀切削刃与划线相切的部位,用逐渐趋近法分几次铣削至要求尺寸,即铣去样冲眼的一半。

③ 铣削时应始终保持逆铣,尤其在两个方向同时进给时更应注意,以免因顺铣折断铣刀和铣废工件。

④ 铣削外形较长又比较平坦的部分时,可以一个方向采用机动进给,另一个方向采用手动进给相配合。

(2) 用回转工作台铣曲线回转面

曲线外形由圆弧组成或由圆弧和直线组成的曲线回转面工件,在数量不多的情况下,大多采用回转工作台在立式铣床上加工。

1) 回转工作台的结构

回转工作台的规格以转台的外径表示,常见的规格有 250 mm、315 mm、400 mm、500 mm 四种。按驱动方法,回转工作台进给分为手动和机动两种,其外形结构在课题一(见图 3-1-16、图 3-1-17)已作介绍。

2) 回转工作台中心与铣床主轴同轴度的校正

安装回转工作台时,必须校正中心,使其与铣床主轴同轴,目的是便于以后找正工件圆弧面,使其与回转工作台同轴。这是精确地控制回转工作台与铣床主轴的中心距及确定工件圆弧面开始铣削位置的一个重要步骤。校正的方法有顶尖校正法、百分表校正法两种。

① 顶尖校正法。如图 3-4-35(a)所示,在回转工作台主轴孔内插入带有中心孔的校正心棒,在铣床主轴中装入顶尖,校正时回转工作台在铣床工作台上不固定,使顶尖对准心棒上的中心孔,利用两者内外锥面配合的定心作用,使铣床主轴与回转工作台中心同轴,然后再压紧圆转台。这种方法操作简便,校正迅速,适用于一般精度要求的工件校正。

② 百分表校正法。如图 3-4-35(b)所示,将百分表固定在铣床主轴上,使表的测量头与

回转工作台中心部的圆柱孔表面保留一定间隙，然后用手转动铣床主轴，根据间隙大小调整工作台。待间隙基本均匀后，再按表的测量头接触圆柱孔表面，然后根据百分表读数的差值调整工作台，直到符合规定要求。百分表校正法精度高，适用于精度要求较高的工件的校正。

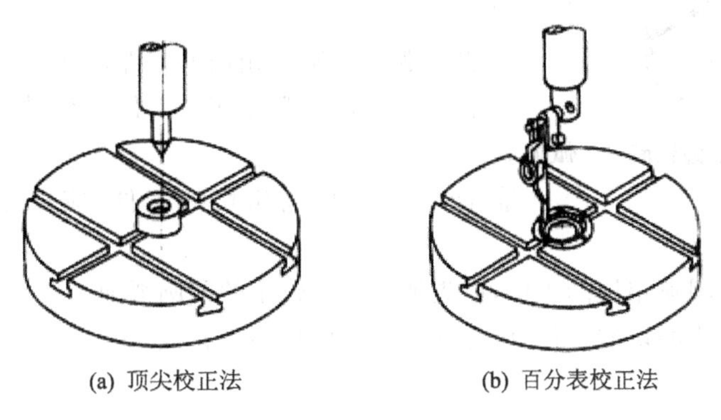

(a) 顶尖校正法　　(b) 百分表校正法

图 3-4-35　校正回转工作台，使其与铣床主轴同轴

3）工件在圆转台上的安装和校正

安装工件前，先在工件上划出加工部位的外形轮廓线。一般工件的安装是在工件下面垫上平行的垫铁，用夹板夹紧在圆转台上。平行垫铁不应露出工件的加工线以外。工件的安装位置、T 形螺钉高度及平行垫铁的长度和宽度都要合适，以免妨碍铣削。

① 按划线校正法。如图 3-4-36 所示，将已划好线的工件放在回转工作台上，在立铣头上用润滑脂粘上大头针进行校正。手摇圆转台手柄，适当左右调整工件，用肉眼观察，使大头针针尖的运动轨迹与工件上所校正部位的圆弧相吻合。工件校正后，用压板将工件夹紧，再复校一次。校正时一旦调整好针尖与圆转台圆心的距离后，工作台将不再移动，只移动工件进行校正。

② 用心轴定位校正工件。如图 3-4-37 所示，如果工件上圆弧面以内孔为基准，只要将工件内孔校正到与回转工作台中心同轴即可。在回转工作台的锥孔内或台阶孔内放入锥度心轴或台阶心轴，使心轴的圆柱部分与工件的孔配合定位，达到使工件的内孔与回转工作台的圆心同心的目的，铣出工件上的圆弧部分，如图 3-4-38 所示。

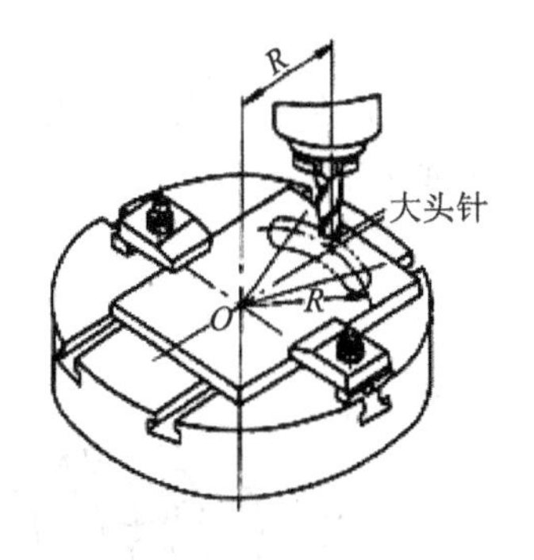

图 3-4-36　按划线校正

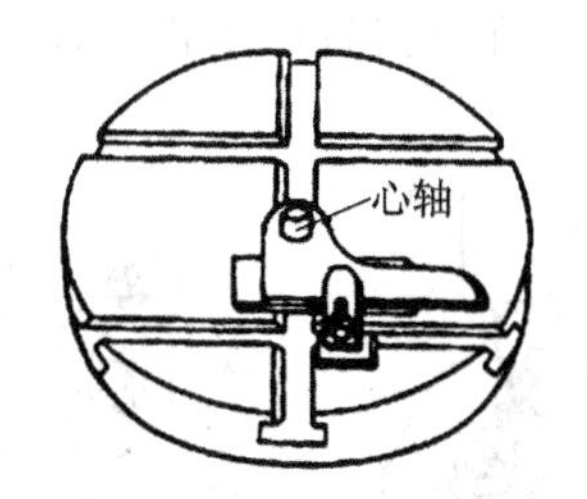

图 3-4-37　心轴定位校正

4）铣刀与回转工作台中心距的调整

为了保证所铣得的圆弧面半径的准确，必须准确调整铣刀与回转工作台的中心距。当铣削凸圆弧面时，中心距等于凸圆弧半径与铣刀半径之和；铣削凹圆弧面时，中心距等于凹圆弧

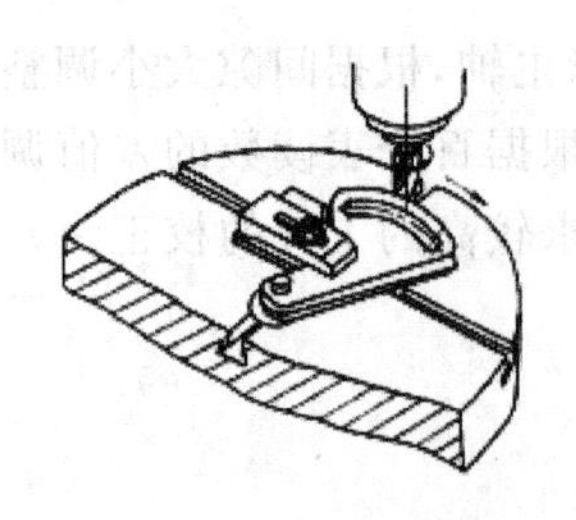

图 3-4-38 铣削圆弧面

半径与铣刀半径之差。

5) 铣削顺序

为保证轮廓表面各部分连接圆滑，便于操作，按下列顺序进行铣削：

① 凸圆弧与凹圆弧相切的工件，应先加工凹圆弧面。

② 凸圆弧与凸圆弧相切的工件，应先加工半径较大的凸圆弧面。

③ 凸圆弧与直线相切的工件，应先加工直线再加工圆弧面。

④ 凹圆弧与凹圆弧相切的工件，应先加工半径较小的凹圆弧面。

⑤ 凹圆弧与直线相切的工件，应先加工圆弧面再加工直线。

注意事项

用回转工作台铣曲线回转面的注意事项：

- 在校正过程中，工作台的移动方向和回转工作台的回转方向，应与铣削时的进给方向一致，以消除传动丝杆及蜗杆蜗轮副的间隙影响。
- 铣削时，铣床工作台及回转工作的进给方向均须处于逆铣状态，以免发生“扎刀”现象和造成立铣刀折断。对回转工作台来说，铣凸圆弧面时，回转工作台的转动方向应与铣刀旋转方向相同；铣凹圆弧面时，两者旋转方向则相反。

(3) 按靠模铣削曲线回转面

靠模铣削是将工件与靠模板一起装夹在夹具体上，如图 3-4-39(a)所示，或直接装夹在工作台上，如图 3-4-39(b)所示，用手动进给使铣刀靠在靠模曲线型面上进行铣削的一种方法。靠模铣削可在立式铣床或仿形铣床上进行，除手动进给外，也可采用机动进给。

手动进给铣削时，用双手分别操纵纵向和横向进给手轮，使靠模铣刀的柄部外加始终沿着靠模板的型面做进给运动，即可将工件的曲线回转面铣出。粗铣时，铣刀的柄部外圆不与靠模板直接接触，而是保持一定的距离，以使精铣余量均匀；精铣时，双手配合均匀进给，铣刀与靠模之间接触压力适当、稳定，以保证获得圆滑、平整的加工表面。

3. 成形面的铣削

成形面是直素线较长的简单特形面，由于直素线较长，不能用立铣刀圆周刃进行加工，而要使用成形铣刀在卧式铣床上进行加工，如图 3-4-40 所示。

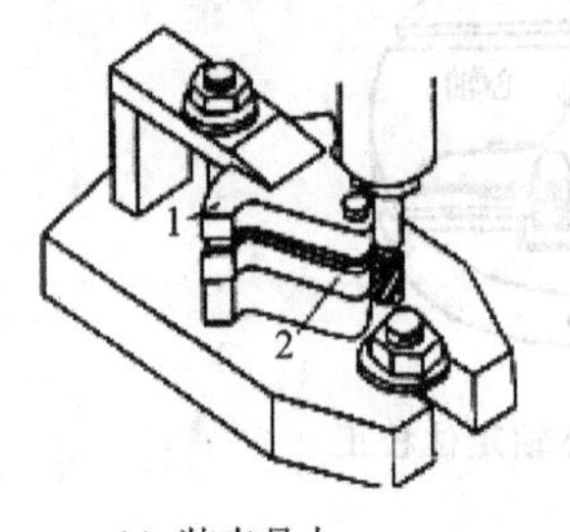

(a) 装夹具上

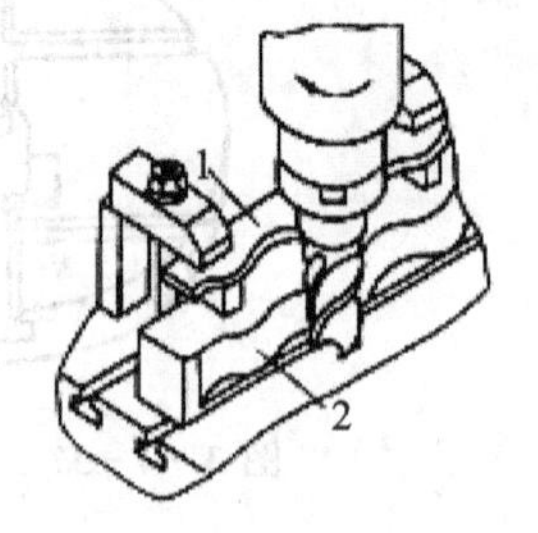

(b) 装在工作台上

1—靠模；2—工件

图 3-4-39 按靠模铣削曲线回转面

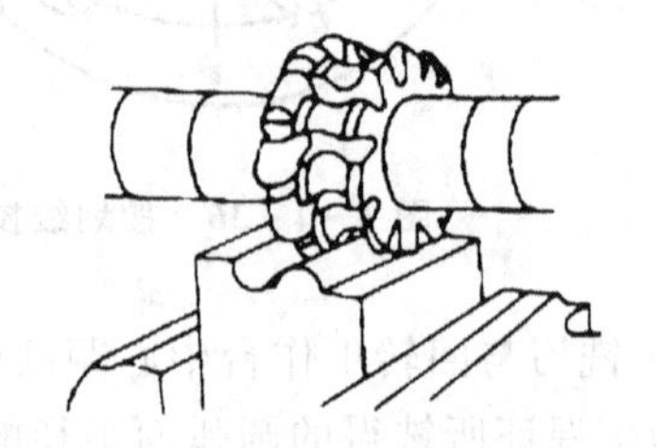

图 3-4-40 成形铣刀铣特形面

(1) 成形铣刀

成形铣刀又称为特形铣刀，其切削刃截面形状与工件特形表面完全一样。成形铣刀分整体式和组合式两种，后者一般用于铣削较宽的特形表面。为了便于制造和节约材料，大型的成形铣刀很多做成镶齿的组合铣刀。

成形铣刀的刀齿一般都做成铲齿形，以保证刃磨后的刀齿仍保持原有的截面形状；前角大多为 0°，刃磨时只磨刀齿的前面。

成形铣刀的切削性能较差，制造费用较高，使用时切削用量应适当降低，用钝后应及时刃磨，以减小刃磨量，延长铣刀的使用寿命。

(2) 成形面的铣削方法

先在工件的基准面上划出特形面的加工线，然后安装和校正夹具和工件，再按划线对刀进行粗铣和精铣。当工件加工余量很大时，可先用普通铣刀粗铣，铣去大部分余量后，再用成形铣刀精铣，以减小成形铣刀的磨损。其铣削过程如图 3-4-41 所示。

成形面的加工质量由成形铣刀的精度来保证，检验一般采用样板进行。

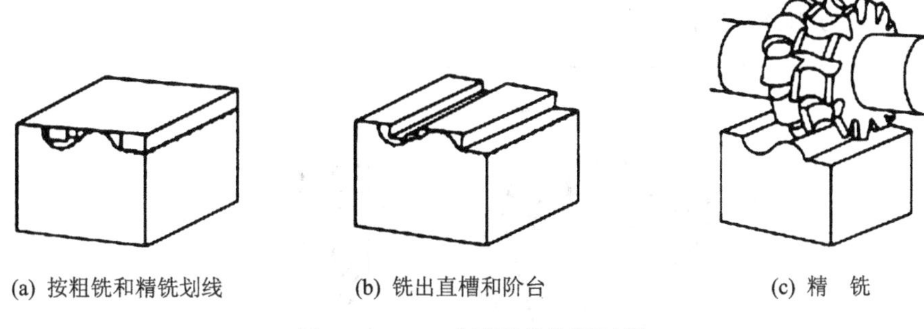

(a) 按粗铣和精铣划线　(b) 铣出直槽和阶台　(c) 精 铣

图 3-4-41 成形面的铣削过程

4. 简单特形面的检测与铣削质量分析

(1) 检测方法

① 圆弧半径的检测。可以用游标卡尺和圆弧样板配合检测。

② 切点位置的检测。可以用游标卡尺和目测配合检测，游标卡尺检测切点的尺寸是否正确，目测是观察连接部位是否圆滑(有无过大的切痕)。

③ 型面素线的检测。型面素线应垂直于两基准平面，检测时可用 90°角尺检查素线是否垂直于端平面。

④ 型面表面质量的检测。表面质量要求高的型面可以用表面粗糙度样块比较检测；表面质量要求低的型面，只检查形状误差(切痕的大小)，可用样板目测间隙是否合格。

(2) 质量分析

简单特形面铣削的质量分析见表 3-4-9。

表 3-4-9 简单特形面铣削的质量分析

质量问题	产生原因
曲线外形连接不圆滑	① 划线不正确； ② 切点位置确定错误； ③ 回转工作台转角错误

续表 3-4-9

质量问题	产生原因
圆弧尺寸不准确	① 划线错误或偏差较大； ② 铣削过程中检测不准确； ③ 圆弧加工位置找正不准确； ④ 操作过程中铣削深度过量
表面质量差	① 铣削用量不当，回转工作台进给速度过大或进给不均匀； ② 铣削方选择错误(顺铣)，引起“扎刀”； ③ 铣刀用钝后未及时更换，精铣表面质量差； ④ 回转工作台及机床传动系统间隙过大，引起较大的铣削振动

简单特形面铣削技能训练

图 3-4-42 所示扇形板工件，其曲线外形由圆弧和直线组成，利用回转工作台在立式铣床上加工。材料为 45 钢，单件生产。

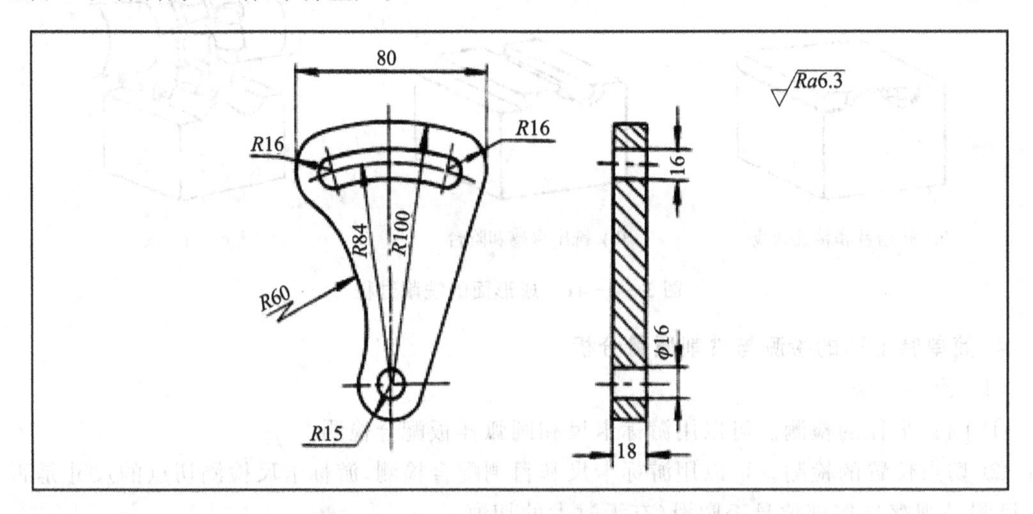

图 3-4-42　扇形板

【加工准备】

① 划线。工件曲线由凹、凸圆弧，圆弧槽及直线等组成。圆弧 $R15$、$R100$、圆弧槽中心位置 $R84$ 都是以 $\phi16$ 孔的中心为基准，所以该孔可以作为它们的定位基准，$R60$ 为连接圆弧。按图划线，并打样冲眼。按 $\phi16$ 孔和圆弧槽两端的位置，预钻定位孔和落刀孔。

② 铣刀选择。铣外形时选用直径 $\phi20$ 的立铣刀；铣圆弧槽时选用直径 $\phi14$ 的立铣刀或键槽铣刀。

③ 装夹、校正工件。先校正回转工作台，使其与铣床主轴同轴，并记下纵、横向进给手轮刻度值，然后校正工件圆弧中心，使其与回转工作台同轴(以 $\phi16$ 孔用定位心轴定位)，并按划线找正 $R60$ 和 $R16$ 圆弧。工件找正后用压板螺栓压紧。

【加工步骤】

铣削扇形板的加工步骤见表 3-4-10。

表 3-4-10　铣削扇形板的加工步骤

操作步骤	加工内容(见图 3-4-42)
1. 铣削曲线	① 铣 $R60$ 凹圆弧面。工件校正夹紧后,调整立铣刀轴线与回转工作台中心距(60－10)mm＝50 mm,转动回转工作台铣削。 ② 铣直线部分。调整回转工作台,使工件的直线与纵向进给方向平行,并锁紧回转工作台,纵向移动工作台铣削。 ③ 铣 $R100$ 凸圆弧。调整立铣刀轴线与回转工作台中心距(100＋10)mm＝110 mm,转动回转工作台铣削。 ④ 铣 $R15$ 凸圆弧面。调整立铣刀轴线与回转工作台中心距(15＋10)mm＝25 mm,对准两切点位置,转动回转工作台铣削。 ⑤ 铣 $R16$ 两角连接弧面。按划线找正后,对刀并转动回转工作台铣削,铣削时注意两切点位置。 ⑥ 铣 $R16$ 宽的圆弧槽。调整立铣刀轴线与回转工作台中心距 84 mm,改用直径 14 mm 立铣刀或键槽铣刀,转动回转工作台粗铣一刀,然后用扩刀法铣削,保证尺寸要求
2. 检验	用游标卡尺检测圆弧及圆弧位置尺寸;凹圆弧可用圆弧样板检测

思考与练习

1. V 形槽的铣削方法有哪几种?

2. 试述铣 T 形槽时容易出现的问题和注意事项。

3. 如图 3-4-10 所示,测量 $\alpha=120°$ 的 V 形槽,用直径为 30 mm 的标准量棒测得量棒上素线至 V 形槽上平面的距离是 17.87 mm。试计算 V 形槽宽度 B。

4. 如图 3-4-13 所示,测量 $\alpha=90°$ 的 V 形槽,分别用直径 $\phi40$ 和 $\phi25$ 的标准量棒测得 $H=55$ mm,$h=26.38$ mm。试计算 V 形槽实际槽角。

5. 如图 3-4-26(a)所示,测量 55°燕尾槽,已测得槽深 $h=10.05$ mm,用直径为 $\phi8$ 的标准量棒间接测量,两量棒内侧距离 $M_1=20.75$ mm。求燕尾槽槽口宽度 A_1。

6. 什么是简单特形面? 简单特形面中的曲线回转面与成形面如何区分? 它们在铣削方法上有什么不同?

7. 在立式铣床上加工曲线回转面的方法有哪几种?

8. 有用回转工作台铣削曲线回转面应注意哪些要点?

9. 铣曲线回转面,曲线外形连接不圆滑的原因是什么?

10. 造成简单特形面铣削表面质量差的原因有哪些?

课题五　分度头与回转工作台的应用

教学要求

◆ 掌握简单分度法、角度分度法、差动分度法和直线移距分度法的计算和操作步骤。
◆ 能借助分度头和回转工作台进行简单的分度划线和测量。
◆ 会对分度头和回转工作台进行维护保养。
◆ 遵守操作规程,养成良好的安全、文明生产习惯。

3.5.1 分度头应用必备专业知识

1. 万能分度头各部分名称及应用

(1) 分度头的种类

万能分度头是铣床的主要附件之一，利用分度刻度环和游标、定位销、分度盘以及交换齿轮，能将装夹在顶尖间或卡盘上的工件分成任意角度，可将圆分成任意等份。许多机械零件如花键轴、牙嵌离合器、齿轮等在铣削时，需要利用分度头进行圆周分度，才能铣出等分的齿槽。

在铣床上使用的分度头有万能分度头、半万能分度头和等分分度头 3 种，其型号见表 3-5-1和表 3-5-2。目前常用的万能分度头型号有 F11100、F11125A、F11160A 等。

表 3-5-1 机械分度头型号

<table>
<tr><th rowspan="2">产品名称</th><th rowspan="2">型 号</th><th rowspan="2">原型号</th><th colspan="5">技术规格</th></tr>
<tr><th>中心高/mm</th><th>主轴锥孔锥度号(莫氏)</th><th>主轴锥孔大端直径/mm</th><th>主轴法兰盘定位短锥直径/mm</th><th>蜗杆副转动比</th></tr>
<tr><td rowspan="6">万能分度头</td><td>F1180</td><td>FW80</td><td>80</td><td>3 号</td><td>φ23.825</td><td>φ36.541</td><td rowspan="6">40</td></tr>
<tr><td>F11125</td><td>FW125</td><td>125</td><td rowspan="2">4 号</td><td rowspan="2">φ31.267</td><td rowspan="2">φ53.975</td></tr>
<tr><td>F11160</td><td>FW160</td><td>160</td></tr>
<tr><td>F1110A</td><td></td><td>100</td><td>3 号</td><td>φ23.825</td><td>φ41.275</td></tr>
<tr><td>F11125A</td><td></td><td>125</td><td rowspan="2">4 号</td><td rowspan="2">φ31.267</td><td rowspan="2">φ53.975</td></tr>
<tr><td>F11160A</td><td></td><td>160</td></tr>
<tr><td rowspan="4">半万能分度头</td><td>F1280</td><td>FB80</td><td>80</td><td rowspan="2">3 号</td><td rowspan="2">φ23.825</td><td>φ36.541</td><td rowspan="4">40</td></tr>
<tr><td>F12100</td><td>FB100</td><td>100</td><td>φ41.275</td></tr>
<tr><td>F12125</td><td>FB125</td><td>125</td><td rowspan="2">4 号</td><td rowspan="2">φ31.267</td><td rowspan="2">φ53.975</td></tr>
<tr><td>F12160</td><td>FB160</td><td>160</td></tr>
</table>

万能分度头的型号由大写汉语拼音字母和阿拉伯数字组成，目前常用的万能分度头型号有 F11125A、F11160A 等。万能分度头的代号用下述方法表示：

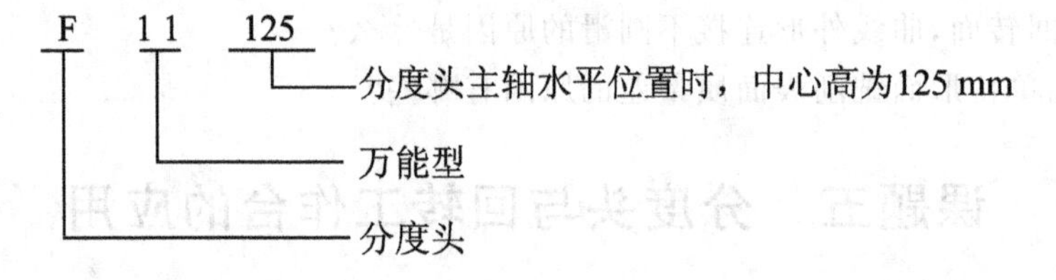

(2) 万能分度头的主要功能

① 能够将工件做任意的圆周等分，或通过交换齿轮做直线移距分度。

② 能在－6°～＋90°的范围内，将工件轴线装夹成水平、垂直或倾斜的位置。

③ 能通过交换齿轮，使工件随分度头主轴旋转和工作台直线进给，实现等速螺旋运动，用以铣削螺旋面和等速凸轮的型面。

表 3-5-2　等分分度头型号

产品名称	型号	原型号	技术规格				
			中心高/mm	主轴锥孔锥度号(莫氏)	主轴锥孔大端直径/mm	可等分数	工作台直径/mm
立卧等分度头	F43125A	FN125A	125	4 号	ϕ31.267	2、3、4、6、8、12、24	ϕ125 ϕ160 ϕ200
	F43160A	FNL160A	160				
	F43160	FNL160					
	F43100C	FNL100C	100	3 号	ϕ23.825		
	F43125C	FNL125C	125	4 号	ϕ31.267	2、3、4、6、8、12、24	
	F43160C	FNL160C	160				

(3) 万能分度头的结构和传动系统

F11125 型分度头的外形结构如图 3-5-1 所示。分度头主轴 10 是空心的，两端均为莫氏 4 号内锥孔，前段锥孔用于安装顶尖和锥柄心轴，后端锥孔用于安装交换齿轮轴，作为差动分度、直线移距及加工小导程螺旋面时安装交换齿轮之用。主轴的前端外部有一段定位锥体，用于三爪自定心卡盘连接盘的安装定位。

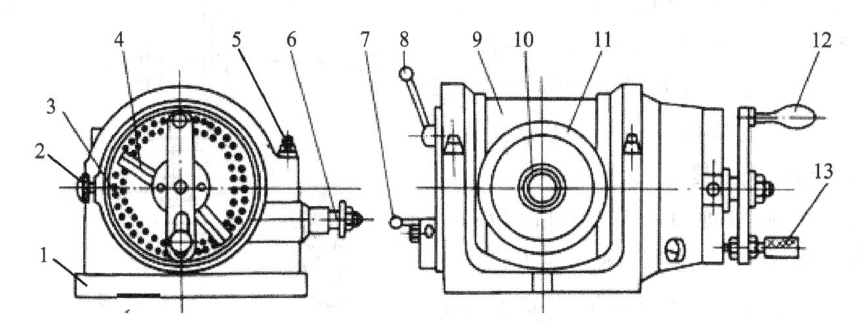

1—基座；2—紧固螺钉；3—分度盘；4—分度叉；5—螺母；6—侧轴；7—蜗杆脱落手柄；
8—主轴锁紧手柄；9—回转体；10—主轴；11—刻度盘；12—分度手柄；13—定位插销

图 3-5-1　F11125 型分度头外形

装有分度蜗轮的主轴安装在回转体 9 内，可随回转体在分度头基座 1 的环形导轨内转动。因此，主轴除安装成水平位置外，还可在－6°～＋90°范围内任意倾斜，调整角度前应松开基座上部靠主轴后端的两个螺母 5，调整之后再予以紧固。主轴的前端固定着刻度盘 11，可与主轴一起转动。刻度盘上有 0°～360°的刻度，可作分度之用。

分度盘 3 上有数圈在圆周上均布的定位孔，如表 3-5-3 所列。在分度盘的左侧有一分度盘紧固螺钉 2，用以紧固分度盘，或微量调整分度盘。在分度头的左侧有两个手柄：一个是主轴锁紧手柄 8，在分度时应先松开，分度完毕后再锁紧；另一个是蜗杆脱落手柄 7，可使蜗杆与蜗轮脱开或啮合。蜗杆与蜗轮的啮合间隙可用偏心套调整。

表 3-5-3　分度盘孔圈的孔数

分度头形式	分度盘孔圈的孔数
带 1 块分度盘	正面：24,25,28,30,34,37,38,39,41,42,43 反面：46,47,49,51,53,54,57,58,59,62,66

续表 3－5－3

分度头形式	分度盘孔圈的孔数	
带 2 块分度盘	第 1 块	正面：24,25,28,30,34,37 反面：38,39,41,42,43
	第 2 块	正面：46,47,49,51,53,54 反面：57,58,59,62,66

在分度头右侧有一个分度手柄 12，转动分度手柄时，通过一对转动比为 1∶1 的斜齿圆柱齿轮及一对传动比为 1∶40 的蜗杆副使主轴旋转。此外，分度盘右侧还有一根安装交换齿轮用的侧轴 6。

分度头基座 1 下面的槽里装有两块定位键。可与铣床工作台台面的 T 形直槽相配合，以便在安装分度头时，使主轴轴线准确地平行于工作台的纵向进给方向。

(4) 万能分度头传动系统

万能分度头虽有多种型号，但结构大体一样，其传动也基本相同。F11125 万能分度头的传动系统如图 3－5－2 所示。

分度时，从分度盘定位孔中拔出定位插销 13，转动分度手柄，手柄轴一起转动，通过一对齿数相同即传动比为 $i=1$ 的直齿圆柱齿轮，以及传动比为 40∶1 的蜗杆蜗轮副，使分度头主轴带动工件转动实现分度。

此外，右侧的侧轴通过一对传动比为 1∶1 的交错轴传动的斜齿轮与空套在分度手柄轴上的分度盘相连，当侧轴转动时，带动分度盘转动，用以进行差动分度或铣削螺旋面。

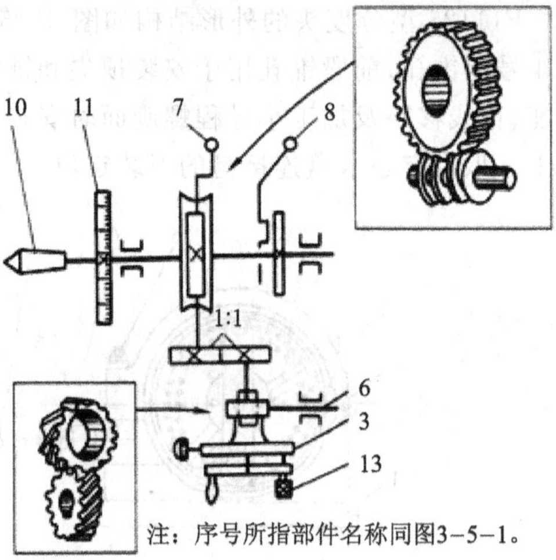

注：序号所指部件名称同图3－5－1。

图 3－5－2　F11125 分度头的传动系统

2. 万能分度头的附件及功用

(1) 尾　座

尾座与分度头配合使用，装夹带中心孔的工件，如图 3－5－3 所示。从图 3－5－4 可知，转动尾座手轮 1 可使顶尖 3 进退移动，以便装卸工件；松开紧固螺钉 4、5，用调整螺钉 6 可调节顶尖升降或倾斜角度；定位键 7 使尾座顶尖轴线与分度头主轴轴线保持同轴。

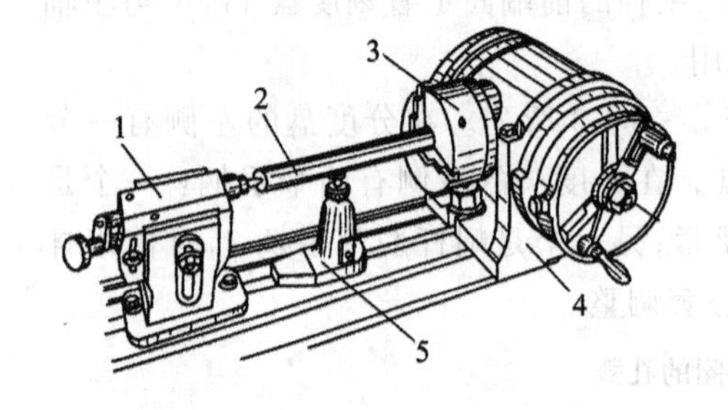

1—尾座；2—工件；3—三爪卡盘；
4—分度头；5—千斤顶

图 3－5－3　分度头的功用

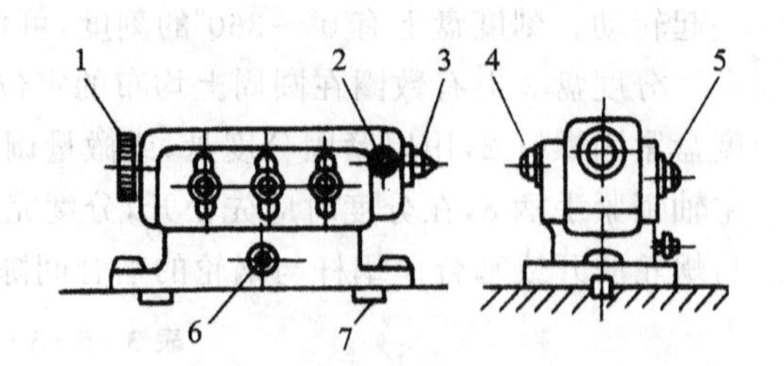

1—手轮；2—紧固螺钉；3—顶尖；4、5—紧固螺钉；
6—调整螺钉；7—定位键

图 3－5－4　尾　座

(2) 千斤顶

为了使细长轴在加工时不发生弯曲、颤动，在工件下面可以支撑千斤顶，如图 3－5－5 所示。松开锁紧螺钉 4，转动螺母 2，使顶头 1 上下移动，当顶头的 V 形槽与工件接触稳固后，拧紧锁紧螺钉。千斤顶座 3 具有较大的支承底面，以保持千斤顶的稳定性。

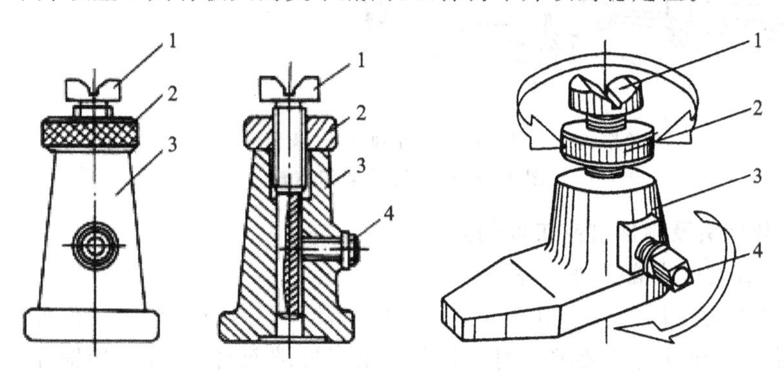

1—顶头；2—螺母；3—千斤顶座；4—锁紧螺钉

图 3－5－5　千斤顶

(3) 顶尖、拨叉和鸡心夹

顶尖、拨叉和鸡心夹(见图 3－5－6)用来装夹带中心孔的轴类零件。使用时，将顶尖装在分度头主轴前锥孔内，将拨叉(又称拨盘)装在分度头主轴前端端面上，然后用内六角圆柱头螺钉紧固。用鸡心夹将工件夹紧放在分度头与尾座两顶尖之间，同时将鸡心夹的弯头放入拨叉的开口内，工件顶紧后，拧紧拨叉开口上的紧固螺钉，使拨叉与鸡心夹连接。

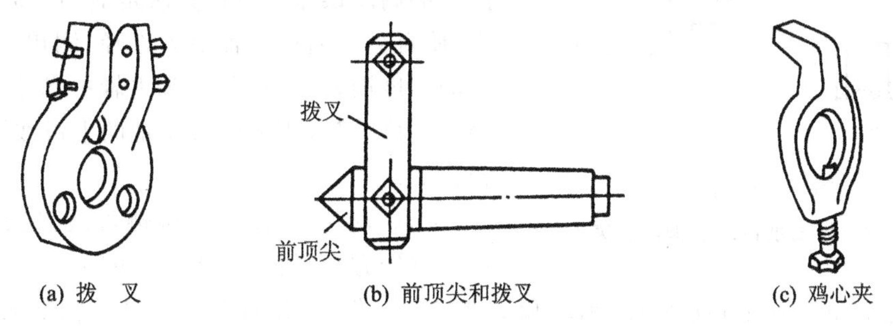

(a) 拨　叉　　(b) 前顶尖和拨叉　　(c) 鸡心夹

图 3－5－6　顶尖、拨叉和鸡心夹

(4) 挂轮轴、挂轮架和交换齿轮

挂轮轴、挂轮架用来安装交换齿轮。如图 3－5－7 所示，挂轮架 1 安装在分度头的侧轴上，挂轮轴套 3 用来安装交换齿轮，它的另一端安装在挂轮架的长槽内，调整好交换齿轮后紧固在挂轮架上。支撑板 4 通过螺钉轴 5，安装在分度头基座后方的螺孔上，用来支撑挂轮架。锥度挂轮轴 6 安装在分度头主轴后锥孔内，另一端安装交换齿轮。

交换齿轮即挂轮。分度头上的交换齿轮，用做直线移距、差动分度及铣削螺旋槽等工件。F11125 型万能分度头配有一套是 5 的整数倍的交换齿轮，齿数分别为 25(2 个)、30、35、40、50、55、60、70、80、90、100，共 12 只齿轮。

(5) 三爪自定心卡盘、法兰盘

与车床的三爪自定心卡盘一样，通过法兰盘安装在分度头主轴上，用来夹持工件。

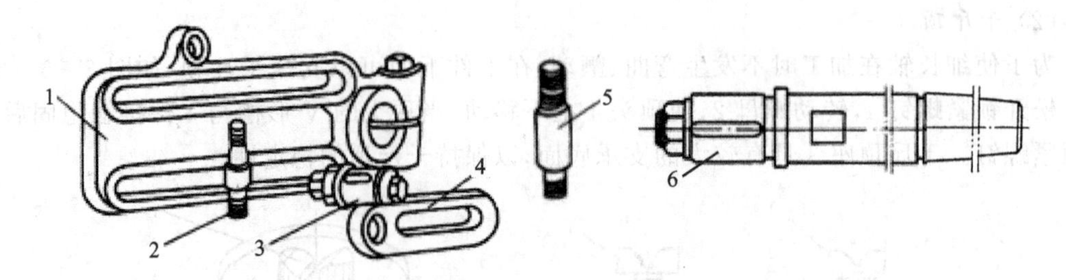

1—挂轮架;2、5—螺钉轴;3—挂轮轴套;4—支撑板;6—锥度挂轮轴

图 3-5-7　挂轮架和挂轮轴

3. 用万能分度头及附件装夹工件的方法

(1) 用三爪自定心卡盘装夹工件

加工短轴或套类工件可直接用三爪卡盘夹持工件。用百分表校正工件外圆,在高点的卡爪内垫铜皮,使外圆跳动符合要求。用百分表校正工件端面时,将高点用铜棒轻轻敲击,使端面跳动符合要求,如图 3-5-8 所示。

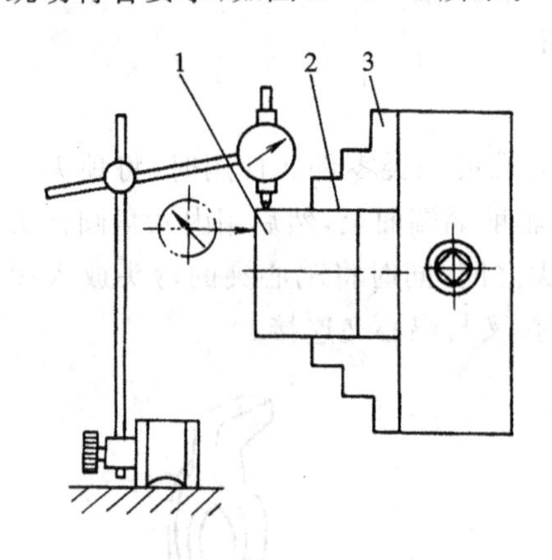

1—工件;2—铜皮;3—卡爪

图 3-5-8　用三爪自定心卡盘装夹工件

(2) 用两顶尖装夹工件

用两顶尖装夹两端有顶尖孔的工件。装夹工件前,先校正分度头和尾座。

首先,在校正时,将锥度检验心轴放入分度头主轴锥孔内,用百分表校正心轴 a 点处跳动,如图 3-5-9(a) 所示。符合要求后,再校正 a 和 a' 点处的高度误差。校正方法是摇动纵向、横向工作台,使百分表通过心轴最大直径,测出 a 和 a' 两点处的高度误差,调整分度头主轴的角度,使 a 和 a' 两点高度一致,则分度头主轴的上母线平行于工作台台面。

然后,校正分度头主轴侧母线,使其与纵向工作台进给方向平行,图 3-5-9(b)所示。校正的方法是将百分表触头置于心轴侧面,纵向和垂直摇动工作台,使百分表通过心轴最大直径,测出 b 和 b' 两点处的高度误差,并通过调整分度头的水平方向,使 b 和 b' 两点处的读数一致,则分度头主轴侧母线与纵向工作台进给方向平行。分度头校正完毕。

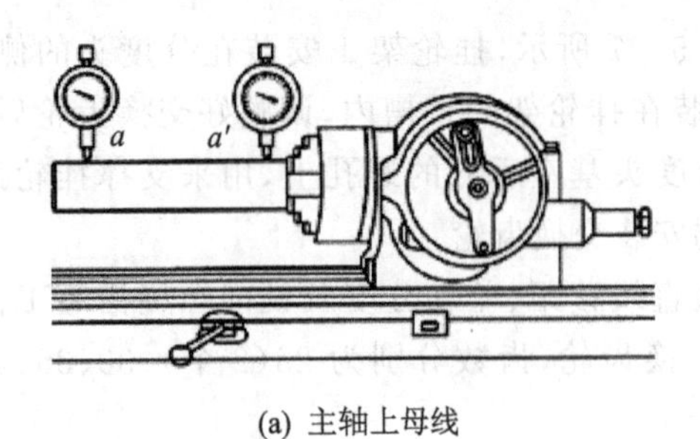

(a) 主轴上母线

b
b'

(b) 主轴侧母线

图 3-5-9　校正分度头主轴母线

最后，安装尾座及分度头顶尖，用标准心轴夹持在两顶尖之间，测量母线是否符合要求，如不符合要求，则对尾座进行调整，使之符合要求，如图 3－5－10 所示。

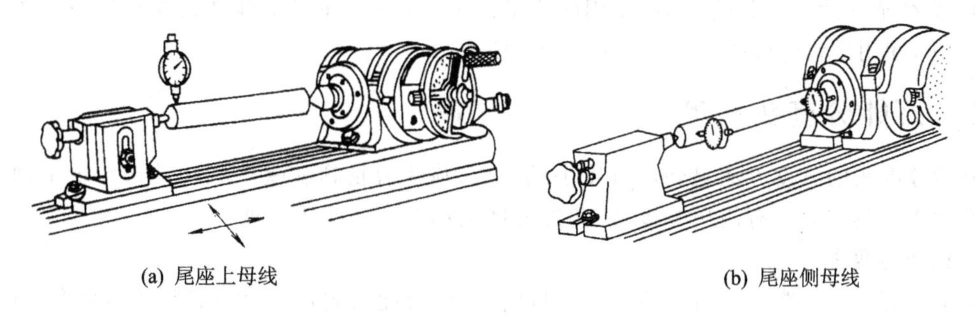

(a) 尾座上母线　　(b) 尾座侧母线

图 3－5－10　校正尾座

(3) 用一夹一顶装夹工件

在较长的轴类工件上铣齿或铣槽时，可一端用三爪卡盘夹持，另一端用尾座顶尖夹持，即以一端有顶尖孔而另一端没有顶尖孔的工件来装夹更为适合。装夹工件前先校正分度头主轴的上母线、侧母线，然后校正尾座，如图 3－5－11 所示。

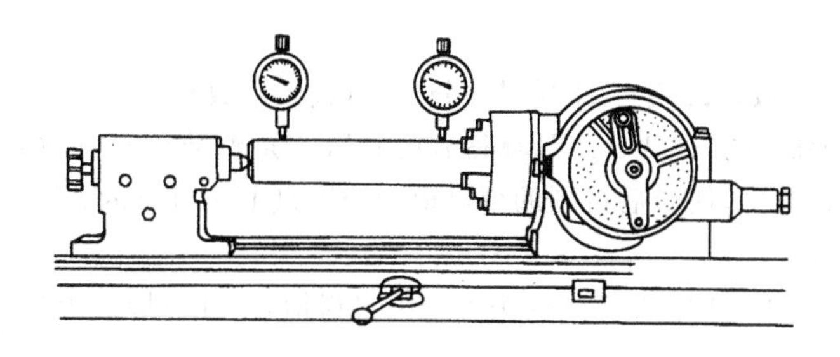

图 3－5－11　一夹一顶装夹工件的校正

(4) 用心轴装夹工件

用心轴装夹套类工件。心轴有锥度心轴和圆柱心轴两种。装夹前应先校正心轴轴线与分度头主轴轴线的同轴度，并校正心轴的上母线与侧母线。

注意事项

分度头是铣床的精密附件，因此在使用时应注意以下几点：

- 分度头内蜗轮和蜗杆的啮合间隙(0.02～0.04 mm)不得随意调整，以免间隙过大影响分度精度，间隙过小增加磨损。
- 在分度头上夹持工件时，先锁紧分度头主轴，切忌使用接长套管套在手柄上施力。
- 分度前先松开主轴锁紧手柄，分度后紧固分度头主轴；铣削螺旋槽时主轴锁紧手柄应松开。
- 分度时，应顺时针转动分度手柄，如手柄摇错孔位，应将手柄逆时针转动半周后再顺时针转动到规定孔位。分度定位插销应缓慢插入分度盘的孔内，切勿突然将定位插销插入孔内，以免损坏分度盘的孔眼和定位插销。

- 调整分度头主轴的仰角时，应检查基座上部靠近主轴前端的两个内六角螺钉是否松开，否则会使主轴的“零位”位置变动。
- 要经常保持分度头的清洁，使用前应清除表面脏物，并将主轴锥孔和基座底面擦拭干净，使用后将分度头擦干净放在规定的地方。

3.5.2 万能分度头分度

万能分度头的分度方法是转动分度手柄，驱动圆柱齿轮副和蜗轮副转动来实现主轴的转动分度动作。具体方法有简单分度法、角度分度法和差动分度法三种。

1. 简单分度法

简单分度法是最常用的分度方法。分度时，先将分度盘固定，拔出插销，转动分度手柄，通过一对直齿轮及蜗轮、蜗杆使主轴旋转带动工件分度。

(1) 分度原理

从图 3-5-2 所示的万能分度头传动系统可知，当分度手柄(蜗杆)转 40 周，蜗轮(工件)转 1 周，即传动比为 40∶1,“40”称为分度头的定数。各种常用的分度头都采用这个定数，则分度手柄的转数与工件圆周等分数的关系如下：

$$n=\frac{40}{z}$$

式中：n 为分度手柄转数，r；z 为工件圆周等分数(齿数或边数)。

上式为简单分度的计算公式。当计算得到的转数不是整数而是分数时，可使分子分母同时缩小或扩大一个整数倍，使最后得到的分母值为分度盘上所具有的孔圈数，其分子即为在此孔圈上转过的孔距数。

【例 3-5-1】 在 F11125 万能分度头上铣削多齿槽，工件齿槽的等分数 $z=23$，求每铣一齿分度手柄相应的转数。

解 利用上式计算

$$n=\frac{40}{z}=\frac{40}{23}(\mathrm{r})$$

但分度盘上并没有一周为 23 孔的孔圈，这时，需将分子、分母同时扩大相同倍数，即

$$n=\frac{40}{23}=1\frac{17}{23}=1\frac{34}{46}(\mathrm{r})$$

所以，每铣一齿，分度手柄在 46 孔圈的分度盘上转过一整周后再转过 34 个孔。

(2) 分度盘和分度叉的使用

① 选择孔圈时，在满足孔数是分母的整倍数条件下，一般选择孔数较多的孔圈。因为在分度盘上孔数多的孔圈离轴心较远，操作方便，且分度误差较小，准确度高。

② 分度叉两叉脚间的夹角可调，调整的方法是使两叉脚间的孔数比需转的孔数应多 1 个。例如，$\frac{2}{3}=\frac{28}{42}=\frac{44}{66}$，选择孔数为 42 的孔圈时，分度叉两叉脚间应有 28+1=29 个孔；选择孔数为 66 的孔圈时，则应有 45 个孔。

为简化计算，简单分度时可参见表 3-5-4，直接查得分度手柄转数。

表 3-5-4　简单分度表

工件等分数 z	孔盘孔数	手柄回转数 n	转过的孔距数	工件等分数 z	孔盘孔数	手柄回转数 n	转过的孔距数
2	任意	20	—	27	54	1	26
3	24	13	8	28	42	1	18
4	任意	10	—	29	58	1	22
5	任意	8	—	30	24	1	8
6	24	6	16	31	62	1	18
7	28	5	20	32	28	1	7
8	任意	5	—	33	66	1	14
9	54	4	24	34	34	1	6
10	任意	4	—	35	28	1	4
11	66	3	42	36	54	1	6
12	24	3	8	37	37	1	3
13	39	3	3	38	38	1	2
14	28	2	24	39	39	1	1
15	24	2	16	40	任意	1	—
16	24	2	12	41	41	—	40
17	34	2	12	42	42	—	40
18	54	2	12	43	43	—	40
19	38	2	4	44	66	—	60
20	任意	2	—	45	54	—	48
21	42	1	38	46	46	—	40
22	66	1	54	47	47	—	40
23	46	1	34	48	24	—	20
24	24	1	16	49	49	—	40
25	25	1	15	50	25	—	20
26	39	1	21	51	51	—	40

2. 角度分度法

角度分度法是简单分度的另一种形式，只是计算的依据不同。简单分度法是以工件的等分数 z 作为计算分度的依据，而角度分度法是以工件所需转过的角度 θ 作为计算的依据。由于分度手柄转过 40 r，分度头主轴带动工件转过 1 r，即 360°，所以分度手柄每转 1 r，工件转过 9°或 540′，因此，可得出角度分度法的计算公式：

工件角度 θ 的单位为(°)时，$n=\dfrac{\theta}{9}$；

工件角度 θ 的单位为(′)时，$n=\dfrac{\theta}{540}$。

式中：n 为分度手柄的转数，r；θ 为工件所需转的角度，(°)或(′)。

为简化计算，角度分度时可参见机械手册，直接查得分度手柄转数。

【例 3-5-2】　在 FW250 型万能分度头上，铣夹角为 116°的两条槽，求分度手柄转数。

解 $$n=\frac{\theta}{9}=\frac{116}{9}=12\frac{8}{9}=12\frac{48}{54}(\mathrm{r})$$

答 分度手柄转 12 转又在分度盘孔数为 54 的孔圈上转过 48 个孔距。

【例 3-5-3】 在圆柱形工件上铣两条槽，其所夹圆心角为 $38°10'$，求分度手柄应转的转数。

解 以 $\theta=38°10'=2\,290'$代入下式得：

$$n=\frac{\theta}{540}=\frac{2\,290}{540}=4\frac{13}{54}(\mathrm{r})$$

答 分度手柄在孔数为 54 的孔圈上转 4 转又 13 个孔距。

3. 差动分度法

差动分度法用于加工单式分度法无法分度的直齿轮和一般零件等。如 63、83、101、… 质数，用 40 除不尽，也没有这些孔的分度盘，这时就要用差动分度法来解决。

(1) 齿轮简单传动计算

在齿轮传动中，凡两个以上的齿轮组成的传动系统叫做轮系。根据传动时齿轮组合形式，可分为单式轮系和复式轮系。

1) 单式轮系

单式轮系由一个主动轮、一个从动轮和若干个中间轮组成，如图 3-5-12(a)所示。从动轮与主动轮转速之比称为速比，用 i 表示。而中间轮不改变速比，只起改变从动轮转向及起啮合作用。单式轮系的转速比计算公式为

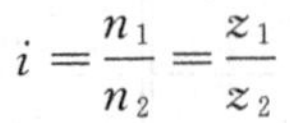

$$i=\frac{n_1}{n_2}=\frac{z_1}{z_2}$$

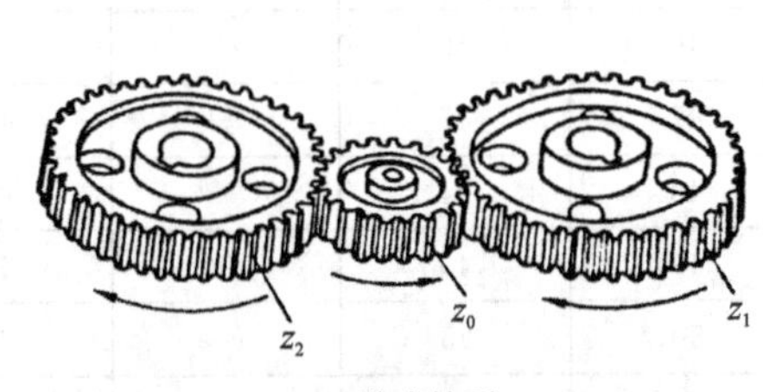

(a) 单式轮系

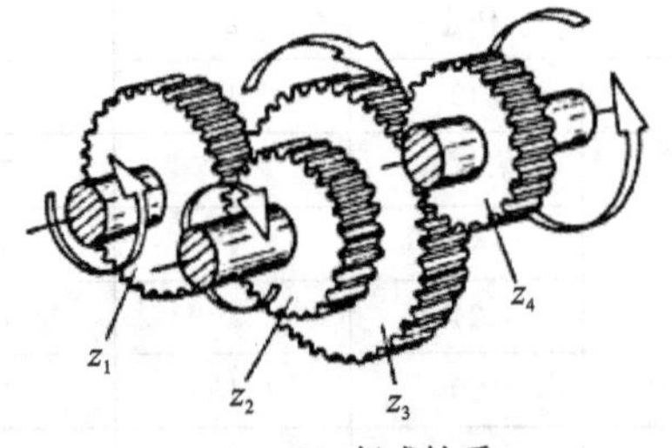

(b) 复式轮系

图 3-5-12　轮　系

2) 复式轮系

复式轮系是除第一根主动轮轴和最后一根从动轮轴外，其他各轴中至少有一根轴装有两个齿轮：一个为主动轮，另一个为从动轮，这样的轮系叫复式轮系，如图 3-5-12(b)所示。装有主动轮 z_4 的轴叫主动轴，装有从动轮 z_1 的轴叫从动轴，z_1 与 z_4 间的轴叫中间轴。当中间轴为奇数时，主动轴和从动轴转向相同；中间轴为偶数时，主动轴与从动轴转向相反。复式轮系的转速比计算公式为

$$i=\frac{n_{从}}{n_{主}}=\frac{z_1z_3\cdots z_{n-1}}{z_2z_4\cdots z_n}$$

(2) 差动分度原理

差动分度法就是在分度头主轴后锥孔中装上挂轮轴，用交换齿轮 z_1、z_2、z_3、z_4 把主轴与

侧轴连接起来，使分度手柄和分度盘同时转动，如图 3－5－13 所示。分度时松开分度盘的紧固螺钉，拔出插销，在分度手柄转动的同时，分度盘随着分度手柄以相反（或相同）的方向转动，因此分度手柄的实际转数是分度手柄相对分度盘的转数与分度盘本身转数之和。

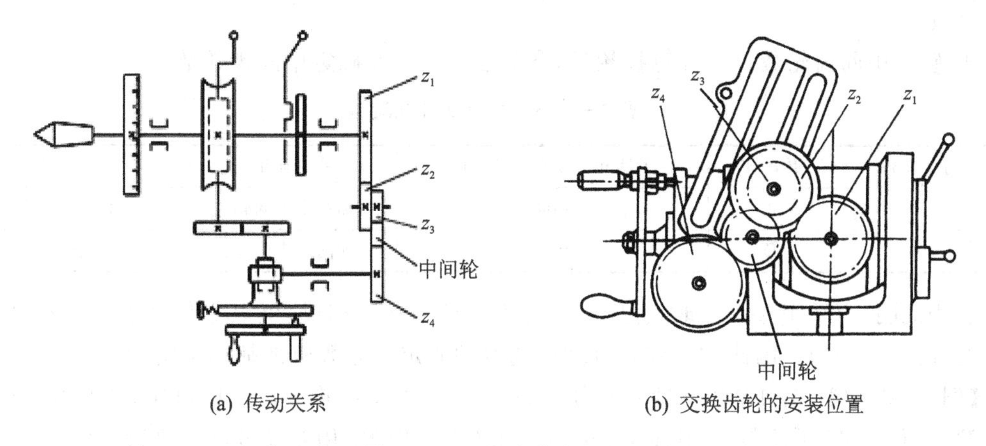

(a) 传动关系　　(b) 交换齿轮的安装位置

图 3－5－13　差动分度法

(3) 差动分度交换齿轮的计算

设工件分度数为 z，则每次分度一次，工件应转动 $1/z$ 转，此时手柄应转过 $40/z$ 转，定位插销应由 A 点移至 B 点，但因分度盘在 B 点没有相应的孔，因此不能用简单分度法实现分度（见图 3－5－14）。如图 3－5－15 所示，为了借用分度盘上的孔圈，可选取假定齿数 z_0 来计算手柄转数，具体计算按以下步骤进行。

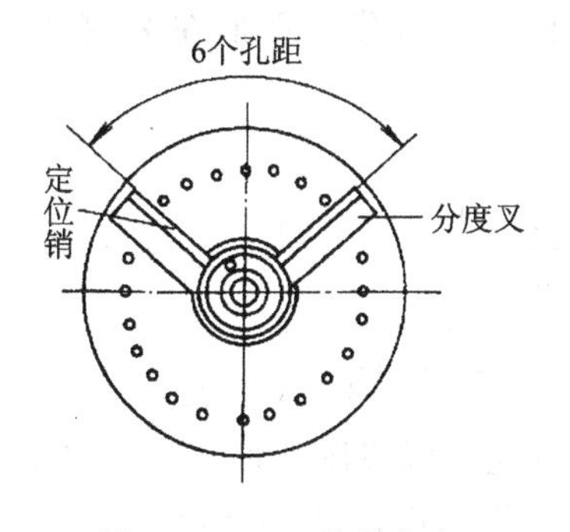

图 3－5－14　简单分度

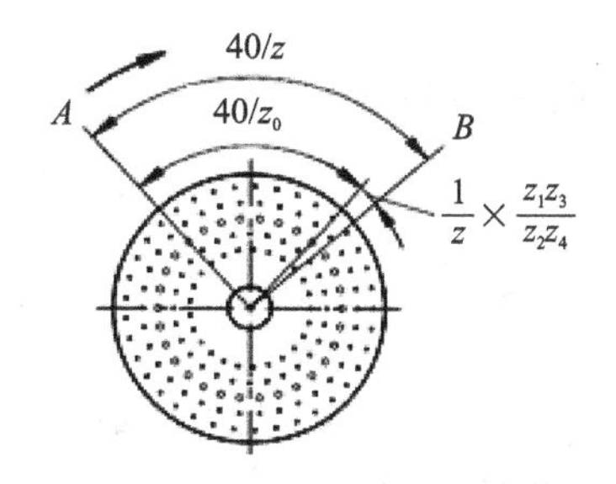

图 3－5－15　手柄与分度盘转数的关系

① 选取一个能用简单分度实现的假定齿数 z_0，尽量选 $z_0 < z$，这样可以使分度盘与分度手柄转向相反，避免传动系统中的传动间隙影响分度精度。

② 按假定齿数 z_0 计算分度手柄相对分度盘的转数 n_0，并确定所用的孔圈：

$$n_0 = \frac{40}{z_0}$$

③ 计算交换齿轮的传动比，确定交换齿轮齿数。由图 3－5－13(a)可知，当分度头主轴转过 $1/z$ 转时，分度盘转过 $\frac{1}{z}\times\frac{z_1z_3}{z_2z_4}$ 转。根据差动分度原理，得：

$$\frac{40}{z} = \frac{40}{z_0} + \frac{1}{z}\times\frac{z_1z_3}{z_2z_4}$$

因此交换齿轮的传动比为

$$\frac{z_1 z_3}{z_2 z_4}=\frac{40(z_0-z)}{z_0}$$

式中：z_1、z_3 为主动交换齿轮的齿数；z_2、z_4 为从动交换齿轮的齿数；z 为实际等分数；z_0 为假定等分数。

④ 确定中间齿轮数目。计算挂轮后，参照表 3－5－5 确定中间齿轮数。

表 3－5－5　分度头挂轮装置

z_0 与 z 比较	传动比	手柄和分度盘回转方向	一对挂轮	二对挂轮
$z_0>z$	正	相同	加一个中间轮	不加中间轮
$z_0<z$	负	相反	加两个中间轮	加一个中间轮

实践证明，当采用 $z_0<z$ 时，分度盘与分度手柄的转向相反，可以避免分度头传动副间隙的影响，使分度均匀。因此，在差动分度时，选取的假定等分数通常都小于实际等分数。

【例 3－5－4】 在 FW250 型万能分度头上分度，加工齿轮 $z=67$ 的链轮，试调整计算。

解　因 $z=67$ 不能与 40 化简，且选不到孔圈数，故确定用差动分度法进行分度。

① 若选取 $z_0=70(z_0>z)$，则

$$n=\frac{40}{z_0}=\frac{40}{70}=\frac{4}{7}=\frac{16}{28}$$

$$\frac{z_1}{z_2}\times\frac{z_3}{z_4}=\frac{40(z_0-z)}{z_0}=\frac{40(70-67)}{70}=\frac{12}{7}=\frac{2\times 6}{1\times 7}=\frac{80}{40}\times\frac{48}{56}$$

即采用两对交换齿轮，80、48 是主动轮，40、56 是从动轮。因假设齿轮 $z_0>z$，因此手柄和分度盘的回转方向相同，两对交换齿轮不加中间轮。每铣一齿，分度手柄在 28 孔圈圆周上转过 16 个孔距。

② 若选取 $z_0=60(z_0<z)$，则

$$n=\frac{40}{z_0}=\frac{40}{60}=\frac{2}{3}=\frac{16}{24}$$

$$\frac{z_1}{z_2}\times\frac{z_3}{z_4}=\frac{40(z_0-z)}{z_0}=\frac{40(60-67)}{60}=\frac{14}{3}=\frac{7\times 2}{3\times 1}=\frac{56}{24}\times\frac{80}{40}$$

即采用两对交换齿轮，56、80 是主动轮，24、40 是从动轮。因假设齿轮 $z_0<z$，因此手柄与分度盘的回转方向相反，两对交换齿轮加一个中间轮。每铣一齿，分度手柄在 24 孔圈圆周上转过 16 个孔距。

在实际使用差动分度时，为方便分度，可由表 3－5－6 直接查得各相关数据。表中数据均按 $z_0<z$ 得出，适用于定数为 40 的各型万能分度头。在配置中间轮时，应使分度盘与分度手柄转向相反。

表 3－5－6　差动分度表(分度头定数为 40)

工件等分数 z	假定等分数 z_0	分度盘孔数	转过的孔距数	交换齿轮				分度头交换齿轮形式
				z_1	z_2	z_3	z_4	
61 63	60	30	20	40 60			60 30	a
67	64	24	15	90	40	50	60	b

续表 3-5-6

工件 等分数 z	假定 等分数 z_0	分度盘 孔数	转过的 孔距数	交换齿轮				分度头 交换齿轮形式
				z_1	z_2	z_3	z_4	
69	66	66	40	100			55	a
71	70	49	28	40			70	a
73				60			35	
77	75	30	16	80	60	40	50	b
79				80	50	40	50	
81	80	30	15	25			50	a
83				60			40	
87	84	42	20	50			35	a
89	88	66	30	25			55	a
91	90	54	24	40			90	a
93				40			30	
97	96	24	10	25			60	a
99				50			40	
101	100	30	12	40			100	a
103				60			50	
107				70			25	
109	105	42	16	80	30	40	70	b
111				80			35	a
113	110	66	24	60			55	a
117				70	55	50	25	b
119				90	55	60	30	b
121	120	54	18	30			90	a
122				40			60	
123				25			25	
126				50			25	
127				70			30	
128				80			30	
129				90			30	
131	125	25	8	80	25	30	50	b
133				80	50	40	25	
134	132	66	20	50	55	40	60	b
137				100	30	25	55	
138	135	54	16	80			90	a
139				80	30	40	90	b

续表 3-5-6

工件等分数 z	假定等分数 z_0	分度盘孔数	转过的孔距数	交换齿轮				分度头交换齿轮形式
				z_1	z_2	z_3	z_4	
141	140	42	12	40	50	25	70	b
142				40			70	a
143				30			35	a
146				60			35	a
147				50			25	a
149				90	25	50	70	b
151	150	30	8	40	50	30	90	b
153				40			50	a
154				40	60	80	50	b
157				70	30	40	50	b
158				80	30	40	50	b
159				90	30	40	50	b
161	160	28	7	25			100	a
162				25			50	
163				30			40	
166				60			40	
167				70			40	
169				90			40	
171	168	42	10	50			70	a
173				100	35	25	60	b
174				50			35	a
175				50			30	a
177	176	66	15	40	55	25	80	b
178				40	55	50	80	
179				60	55	50	80	
181	180	54	12	40	50	25	90	b
182				40			90	a
182				40			60	a
186				40			30	a
187	180	54	12	40	60	70	30	b
189				50			25	a
191				80	60	55	30	b
193	192	24	5	30	90	50	80	b
194				25			60	a
197				100	30	25	80	b
198				50			40	a
199				70	30	50	80	b

注：a 为单式轮系，b 为复式轮系。采用单式轮系时加 2 个中间轮，采用复式轮系时加 1 个中间轮。

4. 直线移距分度法

直线移距分度法适用于加工精度较高的齿条和直尺刻线等的等分移距。这种分度方法就是把分度头主轴或侧轴与工作台纵向丝杠用交换齿轮连接起来，移距时只要转动分度手柄，通过交换齿轮传动，使用工作台作较精确的移距。常用的直线移距法有主轴交换齿轮法和侧轴交换齿轮法两种。

(1) 主轴交换齿轮法

主轴交换齿轮分度方法是在分度头主轴后锥孔中装上挂轮轴，用交换齿轮把分度头主轴与工作台纵向丝杠连接起来，如图 3-5-16 所示。这样，在转动分度手柄时，利用分度头的减速作用，将主轴的转动传至纵向丝杠，使工作台产生移距。由于运动经过 1∶40 的蜗杆蜗轮减速，所以不适于刻线间隔较大的移距，但移距精度很高。

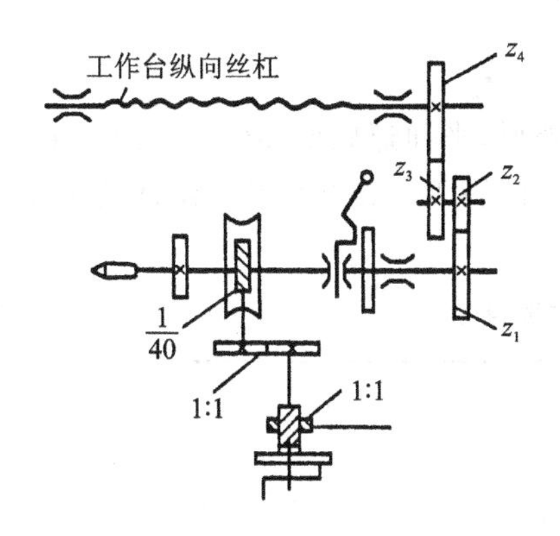

图 3-5-16　主轴交换齿轮法

交换齿轮计算公式，由图 3-5-16 可知：

$$n\frac{1}{40}\frac{z_1z_3}{z_2z_4}P_{丝}=L$$

$$\frac{z_1z_3}{z_2z_4}=\frac{40L}{nP_{丝}}$$

式中：z_1、z_3 为主动交换齿轮的齿数；z_2、z_4 为从动交换齿轮的齿数；n 为每次分度时分度手柄的转数，r；40 为分度头定数；L 为工件移距量，即每等分、每格的距离，mm；$P_{丝}$ 为工作台纵向丝杠螺距，mm。

计算交换齿轮时，一般先确定分度手柄的转数 n，当计算出的交换齿轮传动比$\left(\frac{z_1z_3}{z_2z_4}\right)$不大于 6 或不小于 1/6 时，采用单式轮系；当传动比大于 6 或小于 1/6 时，采用复式轮系，并满足交换齿轮正常啮合的条件：

$$\begin{cases}z_1+z_2>z_3+(15\sim20)\\z_3+z_4>z_2+(15\sim20)\end{cases}$$

(2)侧轴交换齿轮法

侧轴交换齿轮分度方法是在分度头侧轴与工作台纵向丝杠之间装上挂轮，由于运动不经过 1∶40 的蜗杆蜗轮传动，所以适用于间隔较大的移距。

交换齿轮计算公式，由图 3-5-17 可知：

$$n\frac{z_1z_3}{z_2z_4}P_{丝}=L$$

$$\frac{z_1z_3}{z_2z_4}=\frac{L}{nP_{丝}}$$

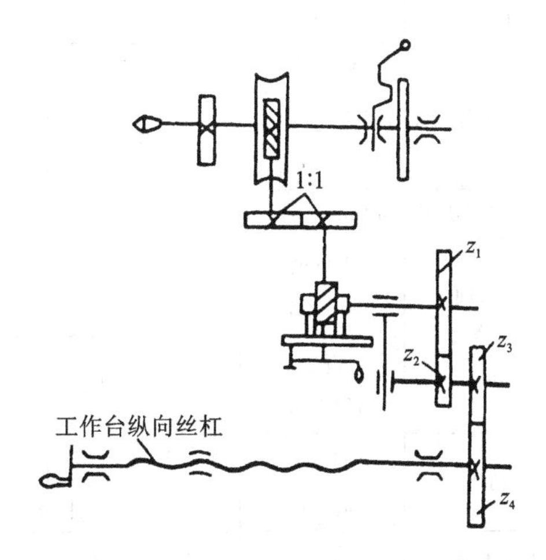

图 3-5-17　侧轴交换齿轮法

由于分度头传动结构的原因，在采用侧轴交换齿轮法分度时，不能将分度手柄的定位销拔出，应该松开分度盘的紧固螺钉连同分度盘一起转动。为了正确地控制分度手柄的转数，可将分度盘的紧固螺钉,改装为侧面定位销,并在分度盘外圆上钻一个定位孔,在分度时,左手拔出侧面定位销,右手将分度手柄连同分度盘一起转动,当转到预定转数时,靠弹簧的作用,侧面定位销自动弹入定位孔内。

【例 3-5-5】 在 X62W 铣床上用 F11125 型分度头,铣削一齿条,每次移距 $L=6\pi$ mm,求分度头手柄转数和挂轮齿数。

解 取分度手柄转数 $n=3$,则

$$\frac{L}{nP_{丝}}=\frac{6\pi}{3\times6}=\frac{6\times\frac{22}{7}}{3\times6}=\frac{22}{21}=\frac{4\times5.5}{3\times7}=\frac{80\times55}{60\times70}$$

即挂轮为 $z_1=80$,$z_2=60$,$z_3=55$,$z_4=70$,分度手柄每次分度应转 3 转。

3.5.3 用回转工作台分度

回转工作台简称转台,其主要功能是铣削圆弧曲线外形、平面螺旋槽和分度。回转工作台有立轴式和卧轴式两种,铣床上常用的是立轴式手动进给回转工作台和机动进给回转工作台。常用型号回转工作台的主要参数见表 3-5-7。

表 3-5-7 回转工作台的主要参数

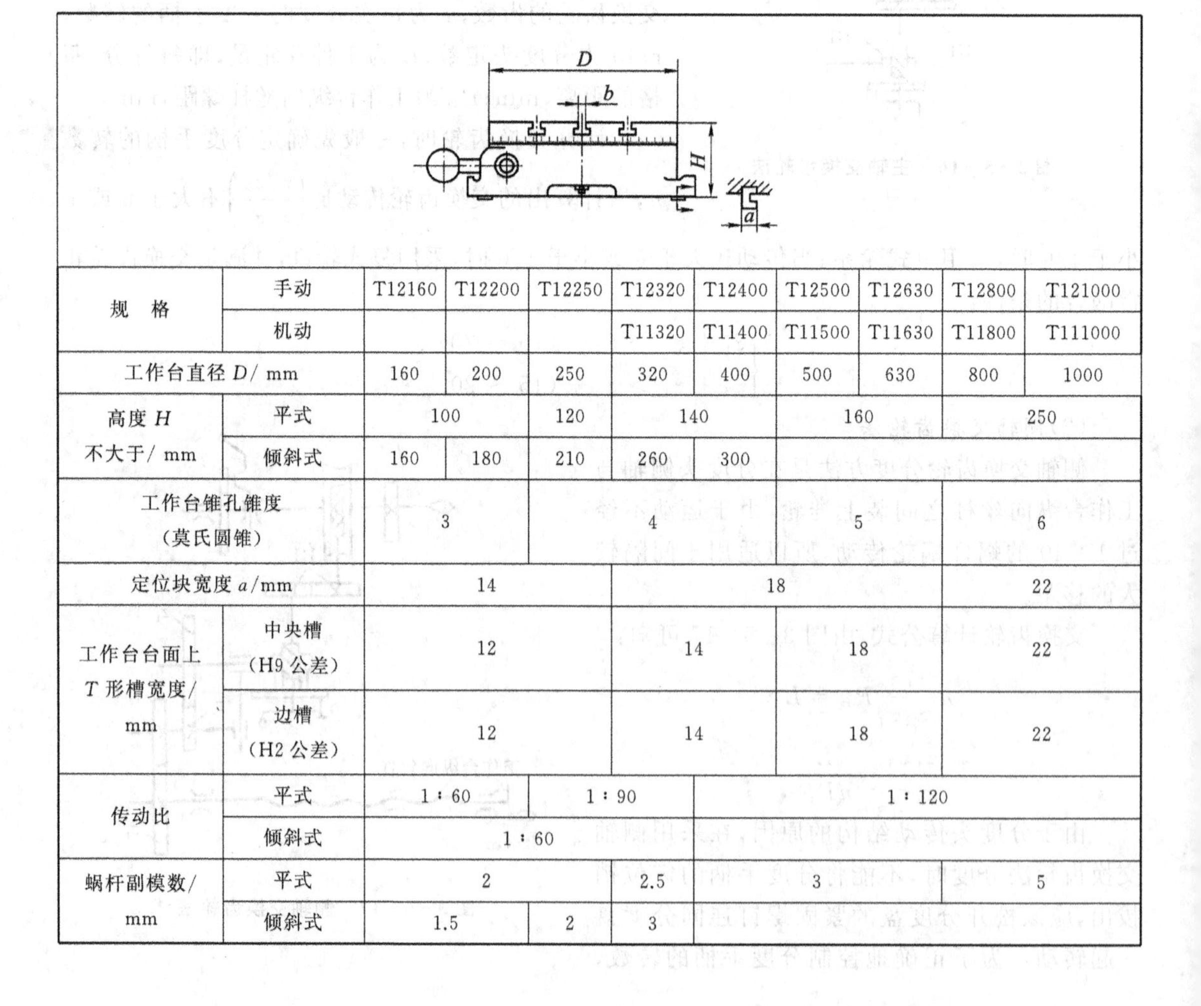

规 格	手动	T12160	T12200	T12250	T12320	T12400	T12500	T12630	T12800	T121000
	机动				T11320	T11400	T11500	T11630	T11800	T111000
工作台直径 D/ mm		160	200	250	320	400	500	630	800	1000
高度 H 不大于/ mm	平式	100		120	140		160		250	
	倾斜式	160	180	210	260	300				
工作台锥孔锥度(莫氏圆锥)		3		4			5		6	
定位块宽度 a/mm		14			18				22	
工作台台面上 T 形槽宽度/ mm	中央槽(H9 公差)	12			14		18		22	
	边槽(H2 公差)	12			14		18		22	
传动比	平式	1∶60		1∶90		1∶120				
	倾斜式	1∶60								
蜗杆副模数/ mm	平式	2			2.5	3			5	
	倾斜式	1.5		2	3					

1. 回转工作台的结构和传动系统

图3-5-18中,回转工作台5的台面上有数条T形槽,用于装夹工件和辅助夹具。工作台的回转轴上端有定位圆台阶孔和锥孔6,工作台的周边有360°的刻度圈7,在底座4前面有0线刻度,方便操作时观察工作台的回转角度。

底座前面左侧的锁紧手柄1,可锁紧或松开回转工作台;右侧的手轮与蜗杆同轴连接,转动手轮使蜗杆旋转,从而带动与回转工作台和主轴连接的蜗轮旋转,以实现工件做圆周进给和分度运动。

偏心销3与穿装蜗杆的偏心套连接,如松开偏心套锁紧螺钉2,使偏心销3插入蜗杆副啮合定位槽或脱开定位槽,可使蜗轮蜗杆处于啮合或脱开位置。当涡轮蜗杆处于啮合位置时,应锁紧偏心套;处于脱开位置时,可直接用于推动回转工作台旋转至所需要位置。

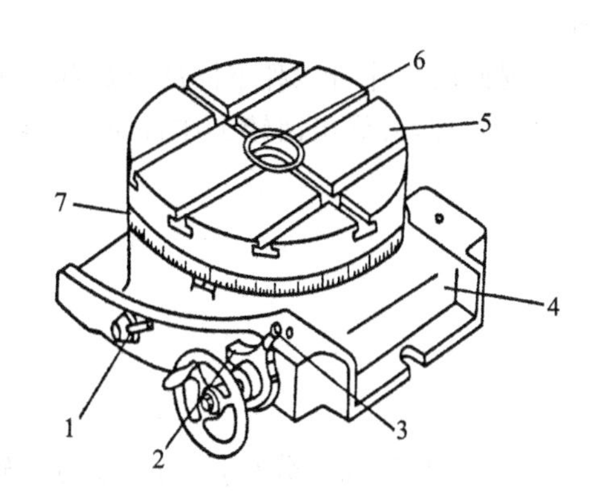

1—锁紧手柄;2—偏心套锁紧螺钉;3—偏心销;4—底座;5—回转工作台;6—定位台阶圆与锥孔;7—刻度圈

图3-5-18 手动进给回转工作台

注意使用机床工作台直线进给铣削时,应锁紧回转工作台,使用回转工作台做圆周进给进行铣削或分度时,应松开回转工作台。

图3-5-19中,机动进给回转工作台的结构与手动进给基本相同,主要区别是它的传动轴1可通过万向联轴器5与铣床传动装置连接,实现机动回转进给,离合器手柄2可改变回转工作台的回转方向和停止回转工作台的机动进给。

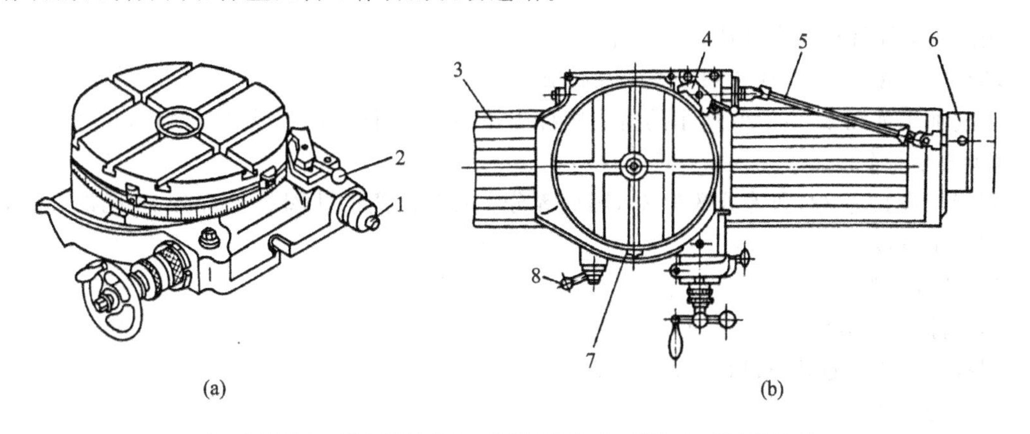

1—传动轴;2—离合器手柄;3—机床工作台;4—拨块;5—万向联轴器;6—传动齿轮箱;7—挡铁;8—紧固手柄

图3-5-19 机动进给回转工作台

机动操作时,逆时针扳动或顺时针扳动离合器手柄,可使回转工作台获得正、反方向的机动旋转。在回转工作台的圆周中部圈槽内装有机动挡铁7,调节挡铁位置,可利用挡铁7推动拨块2,使机动旋转自动停止,用以控制圆周进给的角位移行程位置。

2. 在回转工作台上分度

回转工作台上分度原理与万能分度头相同。回转工作台配有分度盘,在蜗杆轴(即手轮轴)上套装分度盘和分度叉,转动带有定位插销的分度手柄,则蜗杆轴转动,并带动蜗轮(即圆工作台)和工件回转,达到分度目的。

回转工作台的蜗杆蜗轮副的传动比,常用的有 60∶1、90∶1、120∶1 三种,即回转工作台的手柄转 1 r,回转工作台相应地转过$\frac{1}{60}$r、$\frac{1}{90}$r、$\frac{1}{120}$r。也就是回转工作台的定数有 60、90、120 三种。

根据回转工作台三种不同的定数和手柄与回转工作台转数间的关系,与万能分度头的简单分度法同理,可导出回转工作台简单分度法的计算公式为

$$n=\frac{60}{z}$$

$$n=\frac{90}{z}$$

$$n=\frac{120}{z}$$

式中:z 为工件圆周等分数;n 为分度时回转工作台手柄转数,r。

注意事项

回转工作台上只能作简单分度(或角度分度),不能进行差动分度;此外,回转工作台的定数不是 40。

3.5.4 简单分度法操作技能训练

万能分度头简单分度操作技能训练

重点: 掌握简单分度法计算与操作。

难点: 孔盘选择、分度叉调整及分度检验。

铣削加工如图 3-5-20 所示的直齿圆柱齿轮零件,坯件已加工成形,材料为 45 钢。

【工艺分析】

直齿轮齿数为 38,即等分数为 38,圆周等分。查分度盘的孔圈数规格有 38 孔的孔圈,即可进行简单分度。

【工艺准备】

1) 选择万能分度头型号

根据工件直径选用 F11125 型分度头。

2) 安装分度头

擦净分度头底面和定位键的侧面,将分度头安装在工作台中间的 T 形槽内,用 M16 的 T 字头螺栓压紧分度头。在压紧过程中,注意使分度头向操作者一边拉紧,以使底面定位件侧面与 T 形槽定位直槽一侧贴紧,以保证分度头主轴与工作台纵向平行。

3) 计算分度手柄转数 n

$$n=\frac{40}{z}=\frac{40}{38}=1\ \frac{2}{38}(\mathrm{r})$$

4) 调整分度装置

① 选装分度盘。若原装在分度头上的分度盘中没有 38 孔圈则需换装分度盘,具体操作步骤是:松开分度手柄紧固螺母,拆下分度手柄;拆下分度叉压紧弹簧圈,拆下分度叉;松开分

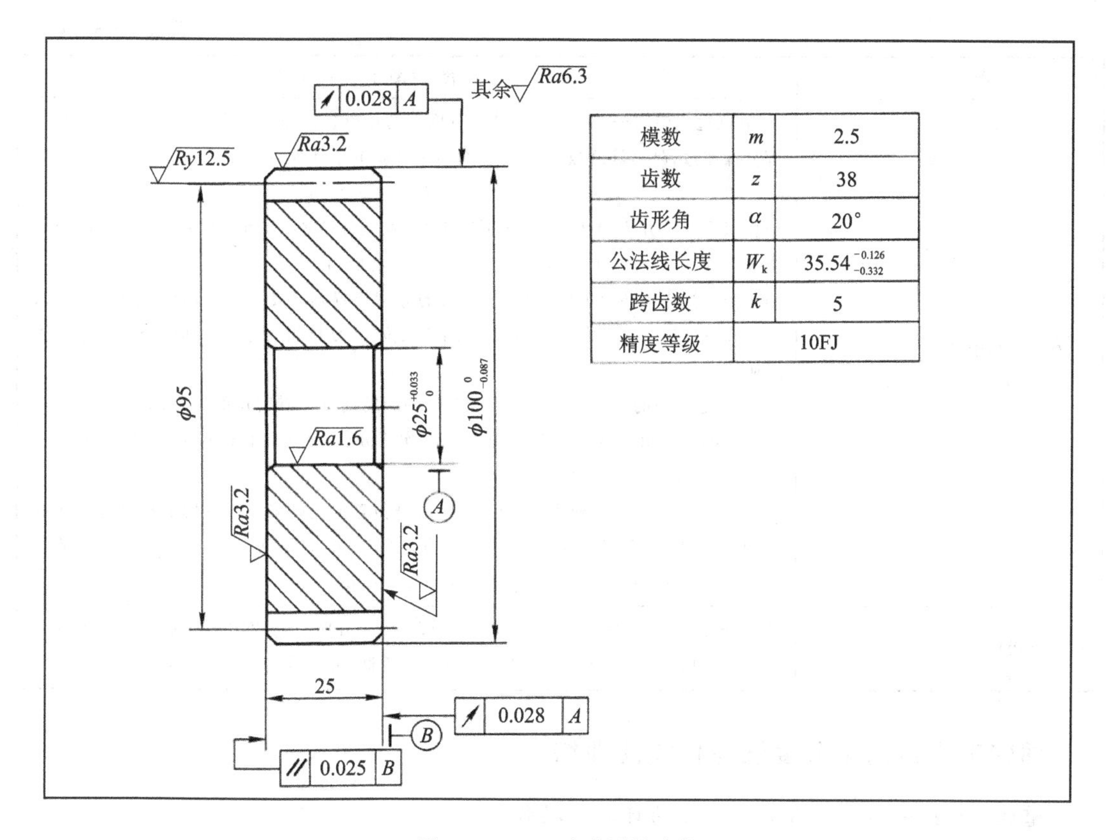

图 3-5-20 直齿圆柱齿轮

度盘紧固螺钉,并用两个螺钉旋入孔盘的螺纹孔中,逐渐将孔盘顶出安装部位,拆下分度盘;选择含有 38 孔圈的分度盘,按拆卸的逆顺序安装分度盘。安装分度盘手柄时,注意将孔内键槽对准手柄轴上的键块。

② 调整分度销位置。松开分度销紧固螺母,将分度销对准 38 孔圈位置,然后旋紧紧固螺母。旋紧螺母时,注意用手按住分度销,以免分度销滑出损坏孔盘和分度销定位部分。

③ 调整分度叉位置。松开分度叉紧固螺钉,拨动叉片,使分度叉之间含 2 个孔距(即 3 个孔),并紧固分度叉。

【加工步骤】

铣削直齿圆柱齿轮的加工步骤如表 3-5-8 所列。

表 3-5-8 铣削直齿圆柱齿轮的加工步骤

操作步骤	加工内容(见图 3-5-20)
1. 消除分度间隙	在分度操作前,应按分度方向(一般是顺时针方向)转分度手柄,以消除分度传动机构的间隙
2. 确定起始位置	为了便于记忆,主轴的位置最好从刻度的零位开始,而分度销的起始位置最好从两边刻有孔圈数的孔圈位置开始

续表 3-5-8

操作步骤	加工内容(见图 3-5-20)
3. 分度过程中校验	① 分度过程中的任一等分数 z_i 时,分度叉的孔距数 n_1 的累计数 $n_i=n_1\times z_i$。如 38 等分操作过程中,等分数 $z_i=3$ 时,分度叉孔距的累计数为 $n_i=n_1\times z_i=2\times 3=6$ 根据以上计算方法,要使分度销重新回复到起始孔位置,本例需经过 19 次等分操作,即 $n_i=n_1\times z_i=2\times 19=38$ 或 $z_i=n_i/n_1=38/2=19$。 由于分度操作整转数不易出错,孔距数的分度位置容易发生差错,而运用以上方法,可以在分度操作过程中,通过分度销的插入位置,复核当前分度手柄的分度操作是否正确。 ② 分度过程中的任一等分数与分度头主轴的转动度数有密切的关系,如 38 等分,每一等分的中心角 θ_1 为 $360°/38\approx 9.47°$,15 次等分后,分度头主轴应转过的度数为 $\theta_i=\theta_1\times z_i\approx 9.47°\times 15=142.05°$。 ③ 若进行铣削加工或划线,可通过工件等分位置的间距来判断分度的准确性。如等分圆周上的每一等分的弧长尺寸,工件直径为 95 mm,38 等分后,每一等分所占的外圆周弧长 s 为 $s=\pi D/z=3.14\times 95/38=7.85$ mm
4. 分度操作	拔出分度销,分度手柄转过 1 r 又 38 孔圈中 2 个孔距,将分度销插入孔圈中。如等分用于铣削加工,应注意分度前松开主轴紧固手柄,分度后锁紧主轴紧固手柄

回转工作台简单分度法操作技能训练

重点: 掌握回转工作台简单分度的计算与操作。

难点: 分度装置调整及分度检验。

铣削加工如图 3-5-21 所示的等分孔板零件,坯件已加工成形,材料为 45 钢。

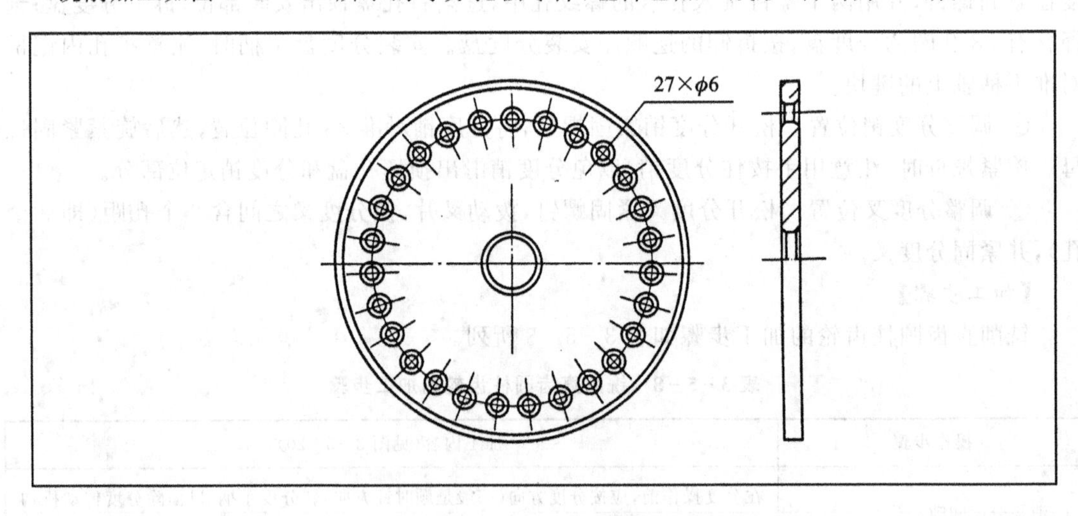

图 3-5-21 等分孔板

【工艺分析】

等分孔板为 27 孔均布,即等分数为 27、工件直径为 200 mm 的等分圆板。查分度盘的孔圈数规格,又 27 的倍数 54 孔圈数,即可进行简单分度。

【工艺准备】

1）选择回转工作台型号

根据工件直径，选用 T12320 型回转工作台，查表 3－5－6 有关参数，得传动比为 1∶90。

2）安装回转工作台

擦净回转工作台底面和定位键的侧面，将回转工作台安装在工作台中间的 T 形槽内，用 M16 的 T 字头螺栓压紧回转台。

3）计算分度手柄的转数 n

$$n=\frac{90}{z}=\frac{90}{27}=\frac{10}{3}=3\,\frac{1}{3}=3\,\frac{22}{66}$$

4）调整分度装置

① 选装分度盘。若原装在回转工作台的分度装置是分度手柄与刻度盘，需换装分度盘和带分度销的分度手柄。选择和安装有 66 孔圈的分度盘，具体操作步骤与分度头类似。

② 调整分度销位置。松开分度销锁紧螺母，将分度销对准 66 孔圈位置，然后旋紧紧固螺母。

③ 调整分度叉位置。松开分度叉紧固螺钉，拨动叉片，使分度叉之间含 22 个孔距（即 23 个孔），并紧固分度叉。

【加工步骤】

铣削等分孔板的加工步骤如表 3－5－9 所列。

表 3－5－9　铣削等分孔板的加工步骤

操作步骤	加工内容（见图 3－5－21）
1. 消除分度间隙	在分度操作前，应按分度方向，一般是顺时针转分度手柄，消除分度传动机构的间隙
2. 确定起始位置	回转工作台台面圆周边缘的刻度从零位开始，而分度销的起始位置从两边刻有孔圈数的圈孔位置开始
3. 分度过程中进行校验	① 分度过程中的任一等分数 z_i 时，如 27 等分操作过程中，等分数 $z_i=6$ 时，分度叉孔距的累计数为 $n_i=n_1\times z_i=22\times6=132$。 132 恰好是 66 的 2 倍，故分度销应重新回复到起始孔位置，即本例每经过 3 次等分操作，$n_i=n_1\times z_i=22\times3=66$ 或 $z_i=n_i/n_1=66/22=3$，分度销应重新回复到起始孔位置。 ② 本例为 27 等分，每一等分中心角 $\theta_1=360°/27\approx13.33°$，第 12 次等分后，分度头主轴应转过的度数为 $\theta_i=\theta_1\times z_i=13.33°\times12=159.96°$。 ③ 本例需进行孔加工位置划线，通过工件等分位置的距离来判断分度的准确性。本例工件孔加工位置分度直径为 150 mm，27 等分后，每一等分所占的等分圆周弦长为 $s_n=D\sin\frac{180°}{z}=150\times\sin\frac{180°}{27}=17.41\text{ mm}$
4. 分度操作	拔出分度销，分度手柄转过 3 r 又 66 孔圈中 22 个孔距，将分度销插入孔圈中。如等分用于加工时，应注意分度前松开回转台主轴紧固手柄，分度后锁紧主轴紧固手柄

3.5.5 角度分度法操作技能训练

万能分度头简单角度分度法操作技能训练

重点：掌握万能分度头角度分度操作与计算方法。

难点：分度手柄转数计算与分度检验操作。

铣削加工如图 3-5-22 所示的具有半圆键槽的轴，坯件已加工成形，材料 45 钢。

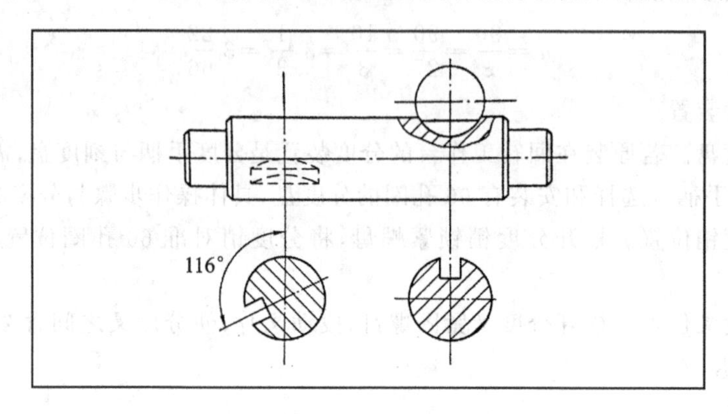

图 3-5-22 具有半圆键槽的轴

【工艺分析】

轴上有两条半圆键槽，半圆键槽中间平面之间的夹角为 116°，属于角度分度。因角度值比较简单，仅为“度”单位，可直接使用简单角度分度。

【工艺准备】

1）选择万能分度头型号

根据工件直径选用 F11125 型分度头。

2）安装分度头

擦净分度头底面和定位键的侧面，将分度头安装在工作台中间的 T 形槽内，用 M16 的 T 字头螺栓压紧分度头。本例还需安装顶尖和尾座。

3）计算分度手柄的转数 n

按简单角度分度法计算公式和直角槽的夹角 116°：

$$n=\frac{\theta}{9^\circ}=\frac{116^\circ}{9^\circ}=12\,\frac{8}{9}=12\,\frac{48}{54}(\mathrm{r})$$

4）调整分度装置

① 选装分度盘。换装具有 54 孔圈的分度盘。

② 调整分度销位置。松开分度销紧固螺钉，将分度销对准 54 孔圈位置，然后旋紧紧固螺母。

③ 调整分度叉位置。松开分度叉紧固螺钉，拨动叉片，使分度叉之间含 4 个孔距(即49 个孔)，并紧固分度叉。角度分度也可以在分度盘上通过点数，确定角度分度与分子数相同的孔距数，并用彩色粉笔做好记号。

【加工步骤】

铣削具有半圆键槽的轴的加工步骤如表 3-5-10 所列。

表 3-5-10 铣削具有半圆键槽的轴的加工步骤

操作步骤	加工内容(见图 3-5-22)
1. 消除分度间隙	在分度操作前,顺时针转分度手柄,消除分度传动机构的间隙
2. 确定起始位置	使分度头主轴的位置从主轴刻度的零位开始,分度销的起始位置从两边刻有孔圈数的圈孔位置开始
3. 分度过程中进行校验	① 为避免 48 孔距(49 孔)数点数错误,一般在做好起始和终点位置记号的同时,再数一下孔圈的余数,即顺时针点数终点至起点的孔数应为 54－8＝6,注意此孔数不包括终点孔。 ② 分度过程中分度头主轴刻度盘的度数应转过 116°
4. 分度操作	铣削完第一条半圆键槽后,松开主轴紧固手柄,拔出分度销,分度手柄转过 12 r 又 54 孔圈中 48 个孔距,将分度销插入孔圈中,锁紧主轴紧固手柄可铣削第二条半圆键槽

回转工作台简单角度分度法操作技能训练

重点: 掌握回转工作台角度分度计算与操作方法。

难点: 角度分度起始位置找正与角度检验方法。

铣削加工如图 3-5-23 所示的角度面工件,坯件已加工成形,材料为 45 钢。

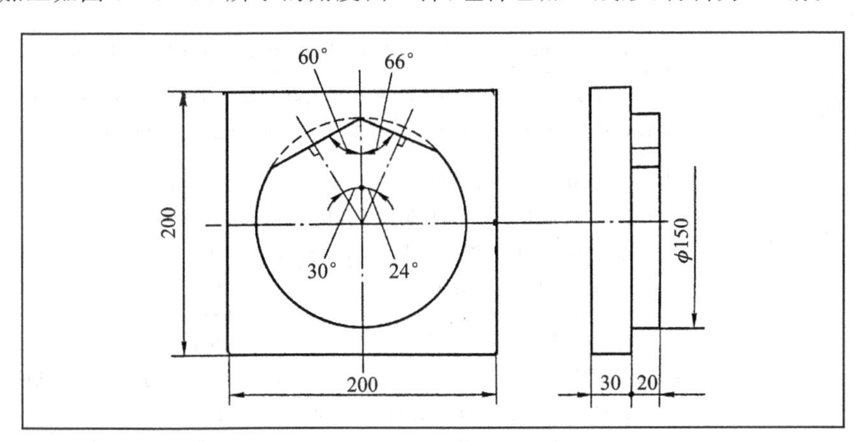

图 3-5-23 角度面工件

【工艺分析】

根据图样分析,角度的基准是与工件矩形部位(200 mm×200 mm)侧面平行的圆柱台阶(直径 150 mm)的轴向平面。角度面与基准的夹角分别为 60°和 66°,即角度面与基准面的中心角为 30°和 24°。因角度面的夹角角度值仅为“度”单位,可进行简单角度分度。

【工艺准备】

1) 选择回转工作台型号

根据工件外形尺寸,选用 T12320 型回转工作台,查表 3-5-6 有关参数,得传动比为 1∶90。

2) 安装回转工作台

将回转工作台安装在工作台中间的 T 形槽内,用 M16 的 T 字头螺栓压紧回转台。装夹工件时,使工件的圆柱台阶轴线与回转工作台的主轴轴线同轴。

3) 计算分度手柄的转数 n

按简单角度分度法计算公式和中心转角 30°和 24°,回转工作台分度手柄的转数为

$$n_1=\frac{\theta}{4^\circ}=\frac{30^\circ}{4^\circ}=7\frac{2}{4}=7\frac{33}{66}(\mathrm{r})$$

$$n_2=\frac{\theta}{4^\circ}=\frac{24^\circ}{4^\circ}=6(\mathrm{r})$$

4) 调整分度装置

① 选装分度盘。若原装在回转工作台的分度装置是分度手柄与刻度盘,需换装分度盘和带分度销的分度手柄。选择和安装有 66 孔圈的分度盘,具体操作步骤与分度头类似。

② 调整分度销位置。松开分度销锁紧螺母,将分度销对准 66 孔圈位置,然后旋紧紧固螺母。

③ 调整分度叉位置。松开分度叉紧固螺母,拨动叉片,使分度叉之间含 33 个孔距(即 34 个孔),并紧固分度叉。

【加工步骤】

铣削角度面工件的加工步骤如表 3-5-11 所列。

表 3-5-11 铣削角度面工件的加工步骤

操作步骤	加工内容(见图 3-5-23)
1. 消除分度间隙	在分度操作前,顺时针转分度手柄,消除回转工作台分度传动机构的间隙
2. 确定起始位置	转动分度手柄,用百分表找正,使工件的侧面 A 与工作台进给方向平行。此时如顺时针转过 30°可加工角度面 B,如逆时针转过 24°可加工度面 C,如图 3-5-24 所示
3. 分度过程中进行校验	① 33 孔在 66 孔圈中恰好是 1/2,因此,角度分度时可将 66 孔圈等分为两份,并做好标记,可以防止分度时分度销插错孔位。 ② 假定找正工件的侧面与进给方向平行后,回转工作台的主轴刻度对准 150°。若要铣削角度面 B 时,主轴刻度应对准 150°−24°=126°
4. 分度操作	① 回转工作台处于工件侧面 A 与进给方向平行位置,拔出分度销,将分度销锁定在收缩位置,分度手柄转过 7 r 又 66 孔圈中 33 个孔距,将分度销插在孔圈中使工件顺时针转过 30°,紧固回转工作台主轴,加工角度面 B。 ② 角度面 B 加工完毕后,松开回转工作台主轴紧固手柄,分度手柄反方向转动,使回转工作台逆时针转过 30°,恢复到基准位置。 ③ 分度手柄继续转过 6 r,使回转工作台逆时针转过 24°,紧固回转工作台主轴,可加工角度面 C。 分度操作过程中,注意反向分度时需消除间隙,如无间隙方向是顺时针转动分度手柄,则反向转动分度手柄时,应多转过一圈,然后再顺时针回到分度终点孔位

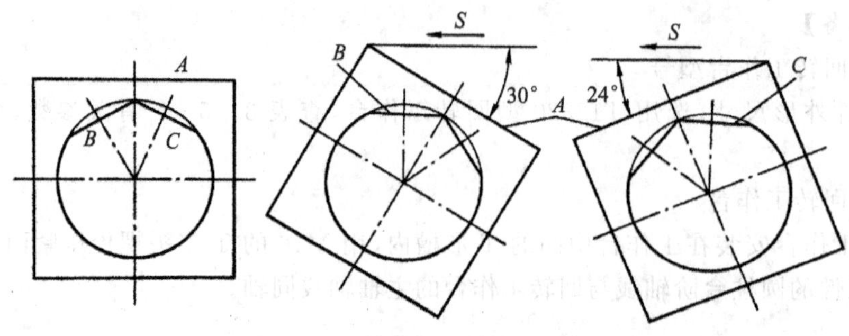

图 3-5-24 角度面铣削位置与角度分度

3.5.6　差动分度法操作技能训练

等分差动分度法操作技能训练

重点：掌握等分差动分度的操作方法。

难点：差动交换齿轮的计算和配置操作。

铣削加工如图 3-5-25 所示的尖齿花键分度操作，坯件已加工成形，材料为 45 钢。

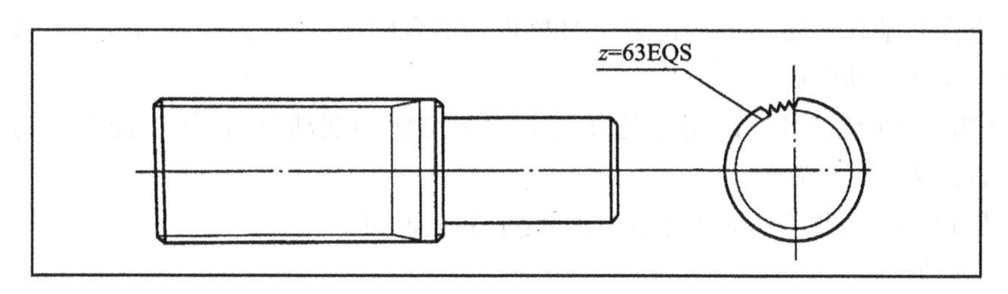

图 3-5-25　尖齿花键轴

【工艺分析】

轴上 63 齿均布的齿轮花键，属于圆周等分分度。因分度盘无 63 孔圈，故无法使用简单分度，宜采用差动等分分度。

【工艺准备】

1）选择万能分度头型号

根据工件直径选用 F11125 型分度头。

2）安装分度头

将分度头安装在工作台中间的 T 形槽内，用 M16 的 T 字头螺栓压紧分度头。安装位置应便于装夹工件和配置交换齿轮操作，本例还需安装三爪自定心卡盘用以装夹工件。

3）计算分度手柄转数 n 和交换齿轮

① 选取假定等分数 $z_0=60<63$。

② 计算分度手柄转数，并确定所用的孔圈

$$\frac{z_1}{z_2}\times\frac{z_3}{z_4}=\frac{40(z_0-z)}{z_0}=\frac{40(60-63)}{60}=\frac{2}{1}=\frac{60}{30}$$

4）调整分度装置

① 选装分度盘。选择和安装具有 66 孔圈的分度盘，松开分度盘紧固螺钉。

② 调整分度销位置。松开分度销紧固螺母，将分度销对准 66 孔圈位置，然后旋紧紧固螺母。

③ 调整分度叉位置。松开分度叉紧固螺钉，拨动叉片，使分度叉之间含 44 个孔距（即 45 个孔），并紧固分度叉。

5）配置、安装交换齿轮

① 在分度头主轴的后锥孔内安装交换齿轮轴。操作时应先擦净主轴锥孔和交换齿轮轴的外锥部分。插入后，可用铜棒在轴端敲击，以使交换齿轮轴与分度头主轴通过锥面贴合进行连接。然后再交换齿轮轴上安装主动齿轮 $z_1=60$，齿轮与轴通过平键连接，并用轴端的螺母和平垫圈锁定其轴向位置。

② 在分度头的侧轴轴套上安装交换齿轮架，略紧固齿轮架紧固螺钉。

③ 在侧轴上安装从动齿轮 $z_4=30$,注意平键连接和安装平垫圈及锁紧螺母。

④ 在交换齿轮架上安装交换齿轮轴和中间齿轮。具体操作如下:

a. 将交换齿轮轴紧固在齿轮架上,装上齿轮套和中间齿轮,中间齿轮的齿数以能与主动齿轮和从动齿轮都啮合为宜,中间齿轮的个数则根据交换齿轮计算结果前的符号确定(本例为负号),交换齿轮的个数应使分度手柄与分度盘的转向相反。

b. 略松开交换齿轮轴的紧固螺母,使中间齿轮与侧轴从动齿轮啮合,若是两个中间轮,则使第一个中间轮与从动轮啮合,再使第二个中间轮与第一个中间轮啮合。扳紧中间轮轴的紧固螺母,固定齿轮轴在齿轮架上的位置。复核齿轮啮合间隙后,在齿轮轴端安装平垫圈和锁紧螺母,以防齿轮在传动中脱落。

c. 松开齿轮架的紧固螺母,用手托住让分度架绕侧轴摆动下落,使中间齿轮与分度头主轴主动轮啮合,然后紧固齿轮架。

d. 转动分度手柄,检查分度盘转向与分度手柄是否相反。

【加工步骤】

铣削尖齿花键轴的加工步骤如表 3-5-12 所列。

表 3-5-12 铣削尖齿花键轴的加工步骤

操作步骤	加工内容(见图 3-5-25)
1. 消除分度间隙	在分度操作前,应顺时针转动分度手柄,消除分度传动机构的间隙
2. 确定起始位置	使分度头主轴的位置从主轴刻度的零位开始,分度销的起始位置从两边刻有孔圈数的圈孔位置开始
3. 分度过程中进行校验	① 44 孔距(45 孔)是 66 孔圈的 2/3,因此在分度操作中,起始于终点孔位始终在 66 孔圈的 3 分点位置上,即 0 孔位、44 孔位和 22 孔位上。 ② 分度过程中分度头每一等分主轴刻度盘的度数应转过 360°/63≈5.71°
4. 分度操作	铣削完第一条花键槽后,松开主轴紧固手柄,拔出分度销,分度手柄转过 66 孔圈中 44 个孔距。由于分度盘相对于分度手柄逆向转动,所以分度头主轴实际上转过 40/63 r,将分度销插入孔圈中,锁紧主轴紧固手柄,可铣削第二条花键槽

角度差动分度法操作技能训练

重点: 掌握角度差动分度操作方法。

难点: 分度计算与交换齿轮配置。

在铣床上刻制如图 3-5-26 所示的游标,坯件已加工成形,材料为 45 钢。

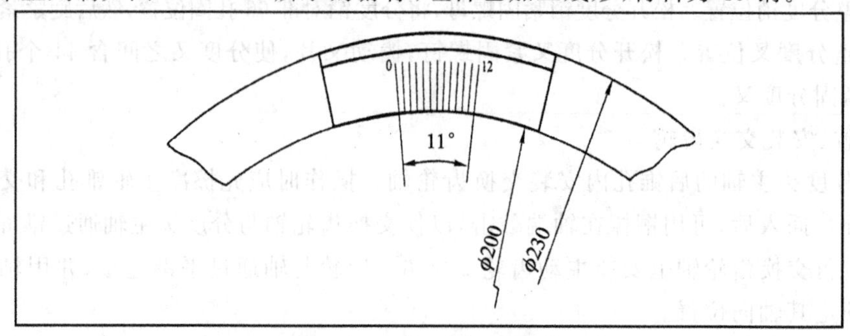

图 3-5-26 游标刻线环

【工艺分析】

游标刻度线上每格为 55′,属于角度分度。查表只有 55′06″的角度分度参数,即在分度盘 49 孔圈中转过 5 个孔距,因此简单角度分度无法达到游标刻线精度要求,此时宜采用角度差动分度。

【工艺准备】

1）选择万能分度头型号

根据工件直径选用 F11125 型分度头。

2）安装分度头

将分度头安装在工作台中间的 T 形槽内,用 M16 的 T 字头螺栓压紧分度头。本例还需安装三爪自定心卡盘用以装夹工件。

3）计算分度手柄转数 n 和交换齿轮

① 选取假定等分数 $\theta_0 = 1° > 55'$

② 计算分度手柄转数,并确定所用的孔圈

$$n_0 = \frac{\theta}{9°} = \frac{1°}{9°} = \frac{6}{54}$$

③ 计算、选择交换齿轮

$$\frac{z_1}{z_2}\frac{z_3}{z_4} = \frac{40(\theta - \theta_0)}{\theta} = \frac{40(55' - 60)}{55'} = -\frac{40}{11} = -\frac{8 \times 5}{11 \times 1} = -\frac{25 \times 80}{55 \times 10} = -\frac{100 \times 80}{55 \times 40}$$

即主动轮 $z_1 = 100$, $z_3 = 80$;从动轮 $z_2 = 55$, $z_4 = 40$。

4）调整分度装置的步骤

① 选装分度盘。选择和安装具有 54 孔圈的分度盘,松开分度盘紧固螺钉。

② 调整分度销位置。松开分度销紧固螺母,将分度销对准 54 孔圈位置,然后旋紧紧固螺母。

③ 调整分度叉位置。松开分度叉紧固螺钉,拨动叉片,使分度叉之间含 6 个孔距(即 7 个孔),并紧固分度叉。

5）配置、安装交换齿轮的步骤

① 在分度头主轴的后锥孔内安装交换齿轮轴。然后再交换齿轮轴上安装主动齿轮 $z_1 = 100$,齿轮与轴通过平键连接,并用轴端的螺母和平垫圈锁定其轴向位置。

② 在分度头的侧轴轴套上安装交换齿轮架,略紧固齿轮架紧固螺钉。

③ 在侧轴上安装从动齿轮 $z_4 = 40$,注意平键连接和安装平垫圈及锁紧螺母。

④ 在交换齿轮架上安装交换齿轮轴和中间齿轮。具体操作如下:

a. 将两根交换齿轮轴紧固在齿轮架,一根装上齿轮套和从动齿轮 $z_2 = 55$、主动齿轮 $z_3 = 80$;另一根安装中间齿轮,中间齿轮的齿数以能与主动齿轮 $z_3 = 80$ 和从动齿轮 $z_4 = 40$ 都啮合为宜,中间齿轮个数则根据交换齿轮数计算结果前的符号确定(本例为负号),交换齿轮数的个数应使分度手柄与分度盘的转向相反。

b. 略松开交换齿轮轴的紧固螺母,使主动齿轮 $z_3 = 80$ 与侧轴从动轮 $z_4 = 40$ 啮合(也可以在 z_3、z_4 之间配置中间齿轮)。扳紧交换齿轮和中间轮齿轴的紧固螺母,固定轮齿轴在齿轮架上位置。复核齿轮啮合间隙后,在齿轮轴端安装平垫圈和锁紧螺母,以防齿轮在转动中脱落。

c. 松开齿轮架的紧固螺母,用手托住让分度架绕侧轴摆动下落,使中间齿轮与分度头主轴主动轮啮合,然后紧固齿轮架。

d. 转动分度手柄,检查分度盘转向与分度手柄是否相反。

【加工步骤】

游标刻线环的加工步骤如表 3-5-13 所列。

表 3-5-13 游标刻线环的加工步骤

操作步骤	加工内容(见图 3-5-26)
1. 消除分度间隙	在分度操作前,顺时针转分度手柄,消除分度传动机构的间隙
2. 确定起始位置	使分度头主轴的位置从主轴刻度的零位开始,分度销的起始位置从两边刻有孔圈数的圈孔位置开始
3. 分度过程中进行校验	① 6 孔距(7 孔)是 54 孔圈的 1/9,因此在分度操作中起始与终点孔位始终在 54 孔圈的 9 分点位置上,即 0 孔位、6 孔位、12 孔位……48 孔位上。 ② 分度过程中分度头每一等分主轴刻度盘的度数应转过 55′,刻制 12 格以后,分度头主轴总计转过 11°
4. 分度操作	刻制完第一条线后,松开主轴紧固手柄,拔出分度销,分度手柄转过 54 孔圈中 6 个孔距(由于分度盘相对分度手柄逆向转动,分度手柄实际上转过 55/540 r),将分度销插入孔圈中,锁紧主轴紧固手柄,可刻制第二条线

3.5.7 直线移距分度法操作技能训练

直齿条直线移距分度法操作技能训练

重点: 掌握侧轴交换齿轮直线移距分度操作方法。

难点: 交换齿轮配置计算与移距精度控制。

铣削如图 3-5-27 所示的直齿条,采用直线移距分度操作,坯件已加工成形,材料为 45 钢。

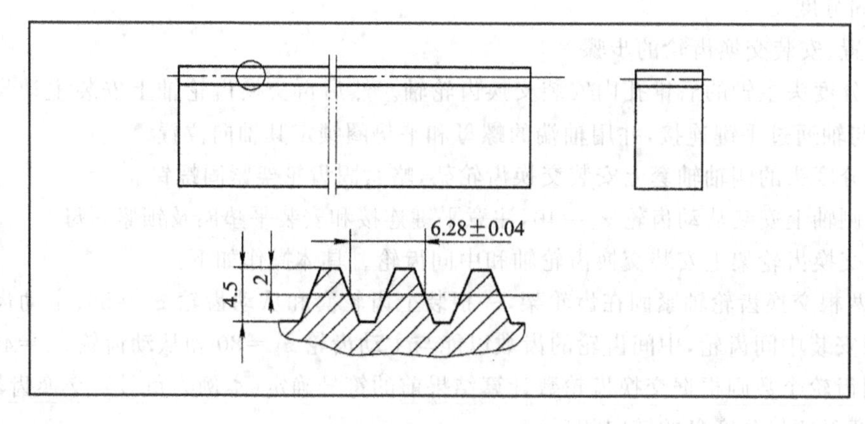

图 3-5-27 直齿条

【工艺分析】

齿距 $p=(6.28\pm0.04)$ mm,即铣削一条齿槽后,须直线移距 6.28 mm 铣削下一条齿槽。因直线移距精度要求比较高,移距数值比较大,宜在分度头侧轴配置交换齿轮进行直线移距分度。

【工艺准备】

1）选择万能分度头型号

根据工件直径选用 F11125 型分度头。

2）安装分度头

将分度头安装在工作台中间的 T 形槽内，安装位置应靠向工作台右端，以便在分度头主轴与工作台的纵向丝杠之间配置交换齿轮。

3）计算分度手柄转数 n 和交换齿轮

① 选取分度手柄转数 $n=1$。

② 计算、选择交换齿轮。根据图样的齿距公差，取 $p=6.3$ mm，计算得

$$\frac{z_1 z_3}{z_2 z_4}=\frac{L}{nP_{丝}}=\frac{6.3}{1\times 6}=\frac{63}{60}=\frac{7}{10}\times\frac{9}{6}=\frac{70}{100}\times\frac{90}{60}$$

4）配置、安装交换齿轮

① 在分度头的侧轴轴套上安装交换齿轮架，略旋紧齿轮紧固螺钉。

② 在侧轴上安装主动齿轮 $z_1=70$，注意平键连接，安装平垫圈及锁紧螺母。

③ 在交换齿轮架上安装交换齿轮轴和中间齿轮，具体操作步骤如下：

a. 将交换齿轮轴紧固在齿轮架上，装上齿轮套，主动轮 $z_3=90$、从动轮 $z_2=100$ 及中间齿轮。中间齿轮的齿数以能与主动齿轮和从动齿轮都啮合为宜。

b. 松开交换齿轮轴的紧固螺母，使从动轮 $z_2=100$ 与侧轴的主动轮啮合，中间齿轮与主动齿轮 $z_3=90$ 啮合(若有两个中间轮，则使第一中间轮与从动轮啮合，再使第二个中间轮与第一个中间轮啮合)。旋紧齿轮轴的紧固螺母，固定齿轮轴在齿轮架上的位置。复核齿轮啮合间隙后，在齿轮轴端安装平垫圈和锁紧螺母，以防齿轮在转动中脱落。

c. 拆下工作台端面的端盖，在纵向丝杠右端装上轴套，在轴套上安装从动齿轮 $z_4=60$，并装上垫圈和螺钉，以防齿轮转动时脱落。

d. 松开齿轮架的紧固螺母，用手托住让分度架绕侧轴摆动下落，使中间齿轮与纵向丝杠的从动轮啮合，然后紧固齿轮架。

【加工步骤】

直齿条的加工步骤如表 3－5－14 所列。

表 3－5－14　直齿条的加工步骤

操作步骤	加工内容(见图 3－5－27)
1. 消除分度间隙	在分度操作前，松开分度盘紧固螺钉，将分度销插入某一孔圈内，按直线移距方向转分度手柄，消除分度传动机构和交换齿轮及工作台传动的间隙
2. 确定起始位置	工件对刀确定铣削第一条齿槽位置后，在分度盘和分度头壳体的下方，用划针划下零位线
3. 分度操作	① 分度过程中进行校验。为了便于在分度过程中进行校核，在本例操作中可应用以下验算方法：分度手柄带动分度盘每转过 1 r，工作台纵向移动 6.30 mm。 ② 分度操作。铣削时，紧固工作台纵向，铣削完条齿槽后，松开纵向紧固螺钉，分度手柄带动分度盘按零位线转过 1 r，紧固工作台纵向，铣削第二条齿槽

刻线直线移距分度法操作技能训练

重点：掌握主轴交换齿轮直线移距分度操作方法。

难点：交换齿轮计算配置及移距精度控制。

在铣床上刻制如图 3-5-28 所示的直尺刻线，坯件已加工成形，材料为 45 钢。

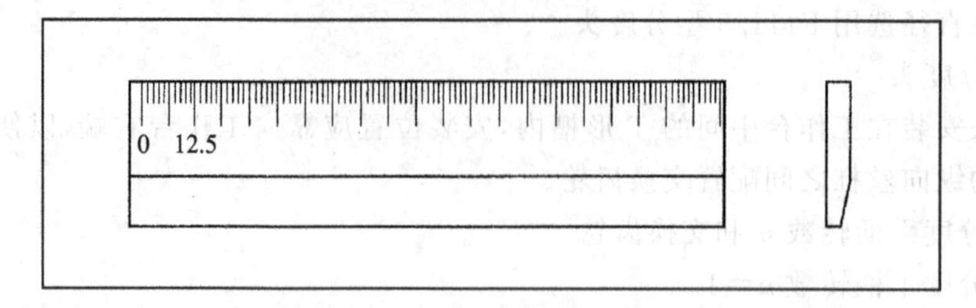

图 3-5-28　直尺刻线

【工艺分析】

刻线间距 $s=1.25$ mm，即刻制一条线后，须直线移距 1.25 mm 后再刻制下一条线。因直线移距精度要求比较高，且移距数值较小，宜在分度头主轴配置交换齿轮进行直线移距分度。

【工艺准备】

1）选择万能分度头型号

根据工件直径选用 F11125 型分度头。

2）安装分度头

将分度头安装在工作台中间的 T 形槽内，安装位置应靠向工作台右端，以便在分度头主轴与工作台的纵向丝杠之间配置交换齿轮。

3）计算分度手柄转数 n 和交换齿轮

① 选取分度手柄转数 $n=5$。

② 计算、选择交换齿轮：

$$\frac{z_1 z_3}{z_2 z_4}=\frac{40L}{nP_{丝}}=\frac{40\times 1.25}{5\times 6}=\frac{50}{30}$$

4）配置、安装交换齿轮

① 在分度头的侧轴轴套上安装交换齿轮架，略旋紧齿轮架紧固螺钉。

② 安装主轴交换齿轮轴，并安装主动齿轮 $z_1=50$。安装时应注意平键连接和安装平键垫圈及锁紧螺母。

③ 交换齿轮架上安装中间轮，并使中间齿轮与主动轮和从动轮啮合，然后紧固齿轮架。

【加工步骤】

直尺刻线的加工步骤如表 3-5-15 所列。

表 3-5-15　直尺刻线的加工步骤

操作步骤	加工内容(见图 3-5-28)
1. 消除分度间隙	在分度操作前，将分度销调整到某一孔圈位置上，按直线移距方向转分度手柄，消除分度传动机构和交换齿轮及工作台传动的间隙
2. 确定起始位置	工件对刀确定刻制第一条线位置后，将分度销插入最近的一个圆孔内，作为分度起始孔
3. 分度过程中进行校验	分度手柄每转过 5 r，分度头主轴转过 45°，而工作台纵向移动 1.25 mm
4. 分度操作	刻线时，需紧固工作台纵向，刻制完第一条线后，松开纵向紧固螺钉，分度手柄转过 5 r，紧固工作台纵向，刻制第二条线

思考与练习

1. 简述分度头的功用。

2. 简述分度头的结构和传动系统。

3. 万能分度头的附件有哪些？各有什么功用？

4. 简述回转工作台的结构和传动系统。

5. 回转工作台的主要参数有哪些？

6. 常用的分度方法有哪几种？各使用于什么范围？

7. 简述差动分度法的原理。

8. 在F11125型分度头上铣削齿型为50、68、90的直齿轮，试分别进行分度计算。

9. 在T12320型回转工作台上铣削夹角为26°20′的两角度面，应如何进行分度？

10. 在万能分度头上刻制一个游标，每格为1°55′，共12格，应如何进行分度？

11. 在X6132型铣床上用F11125型分度头，采用主轴交换齿轮法直线移距，工作台和工件每次移动1.56 mm，求分度手柄转数和交换齿轮齿数。

12. 在T12500型回转工作台上对工件进行26等分分度，求分度手柄转数。

课题六　角度面与刻线加工

教学要求

◆ 熟练掌握各种角度面的铣削加工方法。

◆ 掌握平面、圆柱面和锥面的刻线加工方法。

◆ 会利用刀具改制、修磨刻线工具。

◆ 遵守操作规程，养成良好的安全、文明生产习惯。

3.6.1　角度面与刻线加工必备专业知识

技能目标

◆ 了解角度面加工的计算和调整方法。

◆ 了解铣削加工对刀调整要点。

1. 角度面与刻线加工技术要求

(1) 角度面和刻线零件的基本特征

① 角度面零件的基本特征(见图3-6-1)具有角度面的零件与连接面零件有许多共同点。角度面零件加工的平面基本上都是斜面，即所加工的平面互相之间成一定的倾斜角，例如棱柱、棱台、棱锥体等，这些零件的坯件一般是圆柱体，斜面与斜面之间除了有夹角要求外，对于轴线还有中心角或等分度等要求。

② 刻线零件的基本特征(见图3-6-2)　在铣床上刻线具有较高的加工精度，刻线通常分布在工件的圆柱面、圆锥面和平面上，在平面上刻线还有向心刻线和直线移距刻线之分。刻线通常按需要有长、中、短线3种。刻线加工，实质上是在铣床上用静止刀具在工件表面加工截面为V形的沟槽的切削过程。V形槽的夹角、深度会影响槽口宽度(即刻线宽度)，刻线的

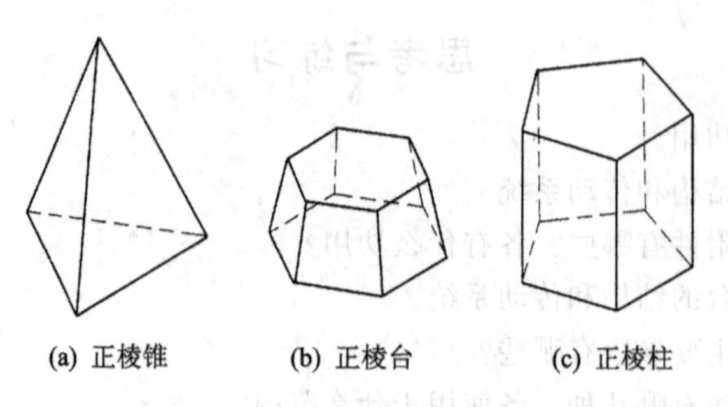

(a) 正棱锥　(b) 正棱台　(c) 正棱柱

图 3-6-1　具有角度面的零件

等分或间距的尺寸精度是刻线加工的主要技术要求。

(2) 角度面加工的技术要求

① 角度面的平面度和交线(棱)的直线度要求,以及棱线点汇交(如棱锥顶点)和棱线工面连接(如棱柱与棱台连接)要求。

② 正棱柱、正棱台、正棱锥的端面边长(或外接圆、对角线)和高度(或棱长)尺寸精度要求。

③ 棱台、棱锥侧面与工件轴线或其他基准之间的夹角要求,侧面之间的夹角要求。

④ 角度面与端面、轴线等基准的位置精度要求。

⑤ 角度面的表面粗糙度要求。

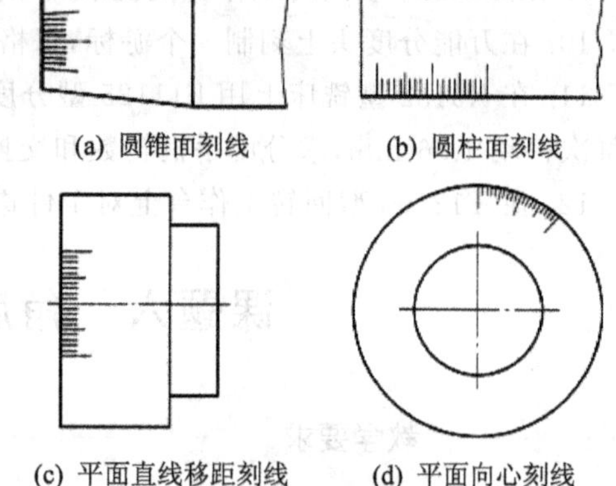

(a) 圆锥面刻线　(b) 圆柱面刻线

(c) 平面直线移距刻线　(d) 平面向心刻线

图 3-6-2　具有表面刻线的工件

(3) 刻线加工的技术要求

① 刻线(槽)的对称度和线向要求,如圆柱面刻线槽形对称工件轴向平面,刻线与轴线平行。

② 刻线的长度尺寸要求,如长、中、短线的尺寸要求。

③ 刻线起始位置要求,如平面向心刻线的起始圆直径尺寸,又如直尺线线长起始位置及第一条刻线与基准的位置尺寸。

④ 刻线的宽度尺寸要求,宽度与刻线槽的夹角和刻线的深度尺寸有关。

⑤ 刻线的直线度和清晰度要求,实质上是刻线槽侧面的表面粗糙度要求,清晰度还与刻线槽底(刻线刀刀尖)圆弧的刻线所在表面的质量有关。

2. 角度面加工的计算和调整方法

(1) 角度面铣削的计算

1) 分度计算

角度面工件通常用分度夹具装夹加工,因此须进行等分分度计算或角度分度计算。

① 圆周均布的角度面的分度计算。铣削正棱锥、棱台和棱柱,因为这些工件的角度面与棱的等分数是相同的,在分度夹具上铣削加工时,须按角度面或棱的等分数计算分度手柄的转数 n。

如在 F11125 型分度头上铣削加工一个正六棱柱工件,分度手柄转数 n 按照简单分度计算 $n=\frac{40}{6}=6\ \frac{2}{3}=6\ \frac{44}{66}$(r),即每铣削加工完一个角度面,分度手柄转过 6 r 又 66 孔圈上 44 个孔距。

② 与工件轴线平行的单角度面分度计算。例如在轴上加工一个角度面(见图 3-6-3)，此面与工件轴线平行并与端面直角槽夹角为 30°。此时，角度面与直槽之间的夹角 1 与加工位置中心角 2 是相等的，因此，找正工件端面的直角槽后，在 30°夹角分度时，分度手柄转数按角度分度公式计算 $n=\frac{\theta}{9^\circ}=\frac{30^\circ}{9^\circ}=3\frac{1}{3}=3\frac{18}{54}$(r)，即找正端面直角槽后，铣削角度面时分度手柄应转过 3 r 又 54 孔圈上 18 个孔距。

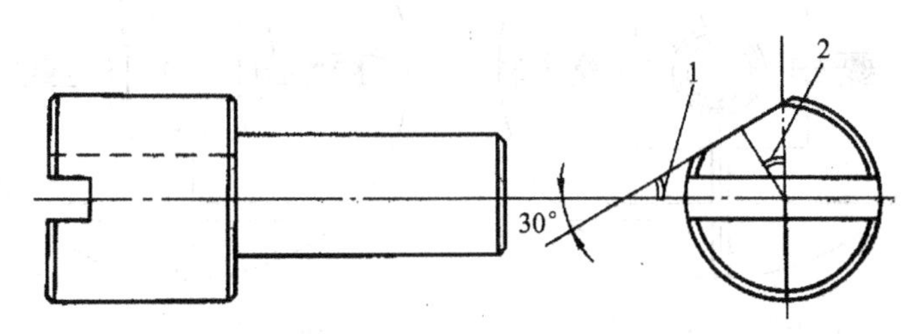

图 3-6-3 单角度面分度计算示意图

2) 分度头仰角计算

铣削与轴线倾斜的单角度面时，须调整分度头的仰角。仰角的计算与斜面加工时工件转动角度的调整计算方法基本相同。如在立式铣床上用立铣刀铣削，若图样要求角度面与轴线的夹角为 α，则分度头的仰角等于 α；若图样要求角度面与端面的夹角为 β，则分度头的仰角 $\alpha=90^\circ-\beta$。

若角度面不仅与轴线倾斜，还与某一基准(如前例的端面直角槽)有夹角要求时，可分别进行计算后，再调整分度头仰角与分度头主轴旋转角度。

(2) 角度面铣削调整要点

1) 工件找正要点

找正工件，使其与分度头同轴，找正工件轴线，使其与进给方向平行。按图样要求找正工件轴线，使其与工作台台面平行或成一定仰角。

2) 工件装夹要点

通常采用安装在分度头或回转工作台上的三爪自定心卡盘装夹工件。工件伸出部分应尽量短，必要时可采用尾座后顶尖作辅助定位。

3) 铣削调整要点

铣刀直径不宜过大，以免铣削振动；切除余量须按角度面与工件轴线的尺寸进行调整，一般不用角度面的宽度控制；分度计算时尽量用较大的孔圈数，以满足角度中“度”“分”“秒”的要求；铣削棱柱、棱台、棱锥连接的工件，应在调整切削余量时，注意观察棱的共面连接和点汇交质量。

3. 用分度头和回转工作台等分刻线的方法

(1) 用分度头和回转工作台装夹工件的方法

① 用分度头及其附件装夹轴类和套类零件的方法。

② 用回转工作台刻线工件装夹的方法：

a. 矩形工件在回转工作台上的装夹方法如图 3-6-4 所示。在刀架平面上刻制角度线时，可直接用螺栓、压板将工件装夹在回转工作台台面上，如图 3-6-4(a)所示；也可以先在回转工作台台面上安装一个平口虎钳,然后用机用虎钳装夹工件,如图 3-6-4(b)所示。工件高度尺寸比较大时,可先在回转工作台台面上安装六面角铁,然后将工件装夹在六面角铁上,如图 3-6-4(c)所示。

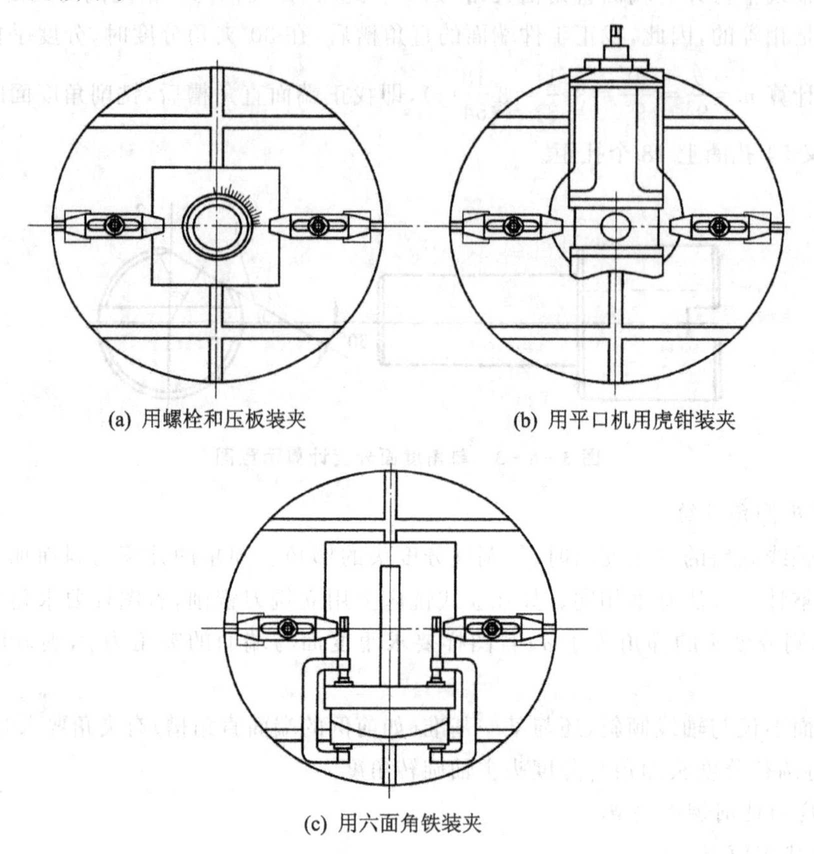

(a) 用螺栓和压板装夹　　(b) 用平口机用虎钳装夹

(c) 用六面角铁装夹

图 3-6-4　在回转工作台上装夹矩形工件的方法

b. 较大直径的套类或盘状工件在回转工作台上的装夹方法如图 3-6-5 所示。在大直径弧形块的圆柱面上刻线时,可直接用螺栓和压板装夹工件,如图 3-6-5(a)所示;也可用较大规格的三爪自定心卡盘装夹工件,如图 3-6-5(b)所示。

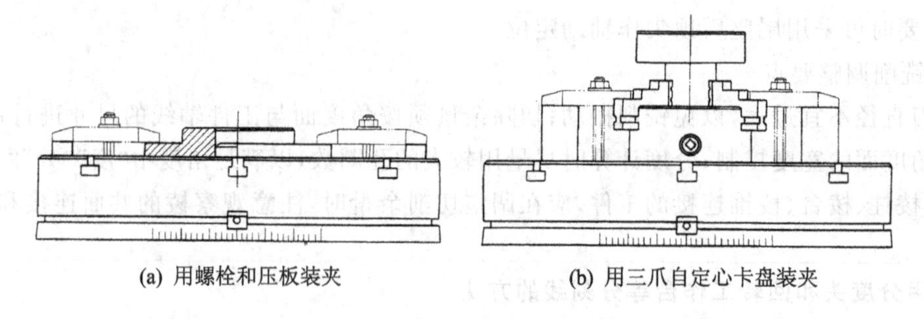

(a) 用螺栓和压板装夹　　(b) 用三爪自定心卡盘装夹

图 3-6-5　在回转工作台上装夹套类和盘状工件的方法

(2) 工件找正和对刀调整要点

1) 工件找正要点

① 在圆柱面和圆锥面上刻线,应找正工件的圆柱面和圆锥面,使其与分度夹具回转中心同

轴，并找正工件轴线，使其与刻线进给方向平行，然后找正工件素线，使其与工作台台面平行。

② 平面上直线移距刻线，应找正工件刻线表面，使其与工作台台面平行，并找正工件侧面基准，使其与工作台移距方向平行。

③ 在平面上刻制向心角度线，应找正工件刻线表面，使其与工作台台面平行，并找正工件圆周基准，使其与分度夹具回转中心同轴。

2）对刀调整要点

① 准确安装刻线刀具。安装刀具时最好采用刻线刀具刀夹，如图 3－6－6(a)所示，也可以将刀具装夹在长刀杆的垫圈之间，在立式铣床上可用铣夹头和弹性套装夹刻线刀。刀尖的对称中间平面应与工作台台面垂直，并使刀具处于静态正前角和后角的位置，如图 3－6－6(b)、(c)所示。

② 对刀调整刻线位置。常用的方法是在刻线表面划线，并将划线调整到最准确的刻线加工位置。如用卧式铣床在圆柱面上刻线，应先在工件表面划出水平中心线，将工件转过 90°，使中心划线处于上方刻线加工位置。随后，调整工作台使刻线刀刀尖对准划线，然后调整刻线深度和长度便可进行刻线加工。

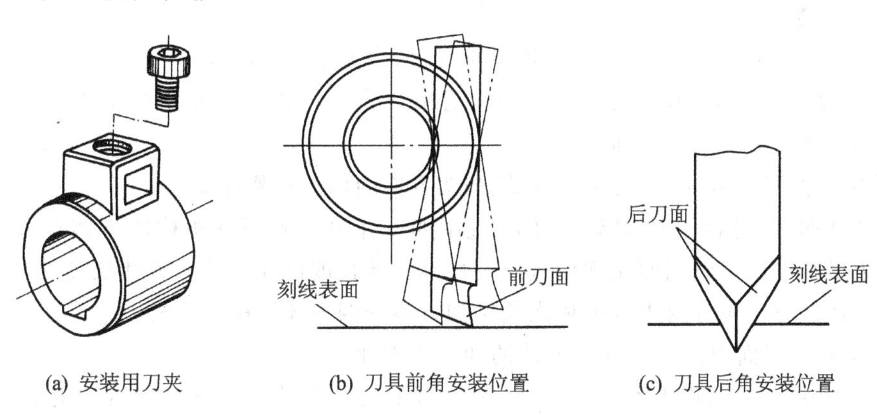

(a) 安装用刀夹　(b) 刀具前角安装位置　(c) 刀具后角安装位置

图 3－6－6　刻线刀具的安装方法

4. 刻线刀具的制作刃磨方法

(1) 刻线刀具的选材

刻线刀具一般是利用高速钢材料的废键槽铣刀、中心钻、锯片铣刀或车刀等改制而成的。其他材料，如碳素工具钢因硬度不够，硬质合金因韧性不够而不宜作为刻线刀材料。

(2) 刻线刀的几何角度

一般情况下，刻线刀的前角 $\gamma_0=0°\sim8°$，刀尖角 $\varepsilon_r=45°\sim60°$，后角 $\alpha_0=6°\sim10°$，如图 3－6－7 所示。

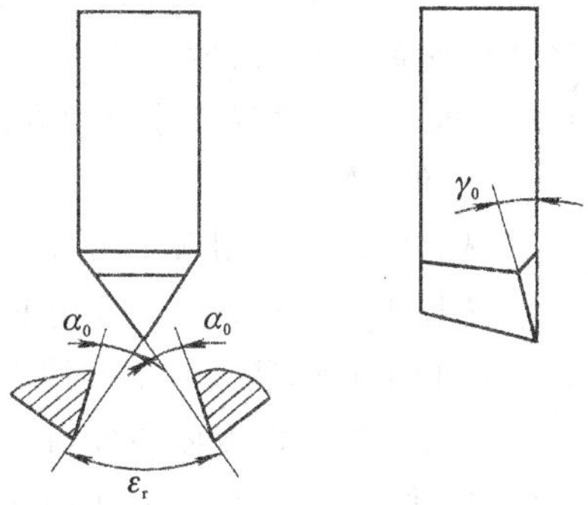

图 3－6－7　刻线刀具的几何角度

3.6.2　角度面加工技能训练

四方体加工技能训练

重点： 掌握四方体铣削操作方法。

难点： 对称度和对边尺寸控制。

铣削加工如图 3-6-8 所示的带四方轴类零件,坯件已加工成形,材料为 45 钢。

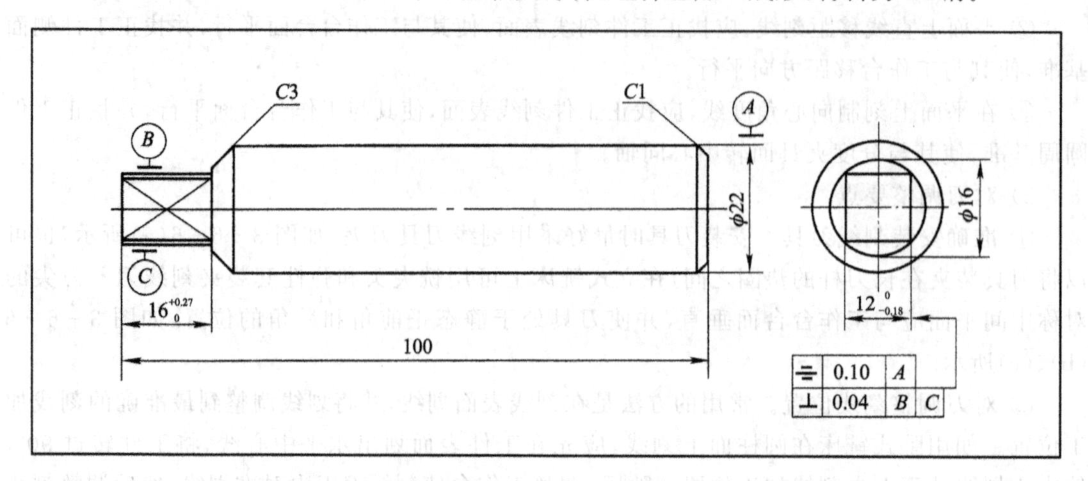

图 3-6-8 四方轴类零件

【工艺分析】

从图 3-6-8 可知,四方轴为阶梯轴类零件,两端无定位中心孔,四方体在工件一端,长度为 16 mm,因此,工件宜采用分度头三爪自定心卡盘装夹。采用三面刃铣刀组合后,用内侧刃同时铣削四方体的对应平行侧面。

① 采用一把三面刃铣刀(或立铣刀)铣削四方体的加工步骤如下:

对刀试铣四方体侧面→工件转过 180°铣削四方体另一侧面→预检四方体对边尺寸→按四方体对边尺寸准确调整侧面铣削位置→预检四方体长度尺寸→按四方体长度尺寸准确调整铣削位置→按四方体等分要求分度依次铣削四方体→四方体铣削工序检验。

② 采用两把三面刃铣刀铣削四方体的加工步骤如下:

安装铣刀并测量内侧刃之间的尺寸(试切时的尺寸约为 13 mm)→目测对刀试铣两侧面→预检四方体对边尺寸 A_1→工件转过 180°再次铣削四方体同一对边→再次测量四方体对边尺寸 A_2→按四方体对边尺寸 A 与 A_1 差值准确调整中间垫圈厚度→按(A_1—A_2)/2 准确调整对边铣削位置→预检四方体长度尺寸→按四方体长度尺寸准确调整铣削位置→按四方体等分要求分度依次铣削四方体→四方体铣削工序检验。

【工艺准备】

① 选择铣床。选用 X5032 型立式铣床。

② 选择工件装夹方式。选用 F11125 型万能分度头分度,采用三爪自定心卡盘装夹工件。考虑到工件的刚度,装夹时工件伸出距离应尽可能小。

③ 选择刀具。四方体外接圆和对边尺寸,选用三面刃铣刀,铣刀外径大于刀杆垫圈外径与 2 倍四方体长度尺寸之和(本例为 72 mm)。铣刀的厚度应大于四方体外接圆与对边差值的一半(本例为 2 mm)。先选用 80 mm×27 mm×10 mm 的标准直齿三面刃铣刀。

若采用立铣刀端铣四方体侧面,则选用直径为 20 mm 的标准锥柄立铣刀。

【工艺准备】

① 安装分度头和三爪自定心卡盘。将分度头水平安装在工作台中间 T 形槽内,底部的定位键向操作者方向靠紧。分度头的位置略偏向右侧。安装三爪自定心卡盘时注意各接合面之间的清洁度。

② 分度计算及分度定位销的调整。根据简单分度公式计算分度头的分度手柄转数 n，对于正多边形，边数即为等分数，故：$n=40/z=40/4=10$ r，即每铣完一边后，分度手柄应转过 10 r。

调整分度定位销。将分度定位销调整到任一个孔圈，因为 n 是整转数，与孔圈数无关，分度叉只起到整转定位孔的作用。

③ 装夹和找正工件。用三爪自定心卡盘装夹工件，工件伸出长度为 24 mm，找正工件 $\phi22$ 外圆柱面，使其与分度头轴线的同轴度在 0.04 mm 以内，用百分表找正上素线，使其与工作台台面平行，找正侧素线，使其与纵向进给方向平行，如图 3-6-9 所示。

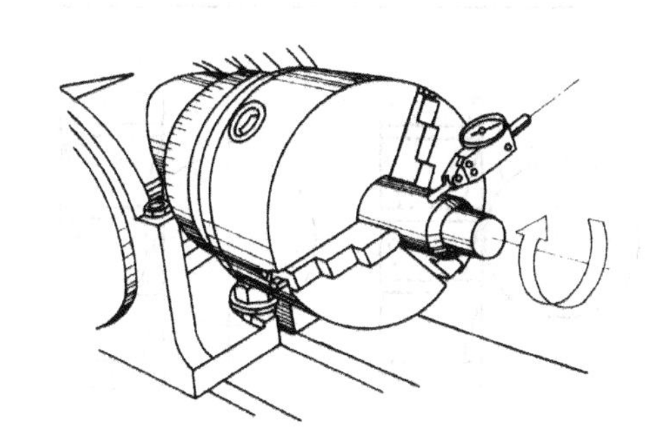

图 3-6-9　工件装夹与找正

④ 安装铣刀。在立式铣床上，三面刃铣刀须采用短刀杆安装。立铣刀采用与铣刀锥柄和机床主轴内锥相配的变径套安装。由于短刀杆的刚性比较差，因此铣刀的安装位置应尽可能靠近主轴，但需注意不要妨碍铣削加工。

⑤ 按工件材料为 45 钢和铣刀参数，选择铣削用量：

选用三面刃铣刀时，$n=75$ r/min($v_c\approx19$ m/min)，$v_f=60$ mm/min($f_z\approx0.044$ mm/z)；

选用立铣刀时，$n=60$ r/min($v_c\approx15$ m/min)，$v_f=47.5$ mm/min($f_z\approx0.067$ mm/z)。

【加工步骤】

铣削四方轴类零件的加工步骤如表 3-6-1 所列。

表 3-6-1　铣削四方轴类零件的加工步骤

操作步骤	加工内容(见图 3-6-8)
1. 调整侧面铣削位置	① 用三面刃铣刀铣削时，侧面铣削对刀示意图如图 3-6-10(a)所示，在工件 $\phi16$ 外圆柱面上贴薄纸，调整工作台，使三面刃铣刀圆周刃最远点与工件端面的距离约为 10 mm，铣刀下方侧刃缓缓接近工件，待薄纸移动、擦去，此时，铣刀恰好擦到工件的圆柱面最高点，将此位置在垂向刻度盘上做好侧面对刀标记。工件沿纵向退离刀具，根据对刀位置，工作台垂向移动量 $s=(16-12)/2=2$ mm，考虑到粗精铣的余量分配，先移动 1.5 mm 做粗铣，留 0.5 mm 作精铣余量。 ② 用立铣刀铣削时，应用端面刃铣削侧面，对刀示意图如图 3-6-10(b)所示
2. 调整铣削长度	用三面刃铣刀铣削的对刀示意图如图 3-6-11(a)所示。对刀操作步骤与侧面对刀类似，先在工件端面贴薄纸，调整工作台，先目测工件中心对准铣刀的轴线，然后缓缓移动工作台纵向，使铣刀的圆周刃恰好擦到工件端面薄纸，在纵向的刻度盘上做好标记，将工件沿横向退离铣刀。根据刻度盘上的标记，工作台纵向移动 15.5 mm，留 0.5 mm 作精铣余量。用立铣刀铣削时长度的对刀方法与上述方法基本相同，如图 3-6-11(b)所示。调整完毕后，锁紧工作台纵向
3. 试铣预检	调整好铣削位置后，铣削第一面，然后将工件转过 180°(即分度手柄转过 20 r)，铣削第三面，随后用千分尺预检四方体对边尺寸，若测得对边尺寸为 12.90 mm，根据中间公差计算，单面还有 0.50 mm 的精铣余量；用游标卡尺预检四方体长度，若测得长度为 15.6 mm，则还需铣除 0.50 mm，可进入长度尺寸公差范围

续表 3-6-1

操作步骤	加工内容(见图 3-6-8)
4. 粗铣各面	按对面尺寸 12.9 mm 和长度尺寸 15.6 mm 的铣削位置,每铣削一面,分度手柄转过 10 r,粗铣四方体各面
5. 精铣各面	按精铣余量准确调整铣削位置,准确分度,一次精铣四方体各面

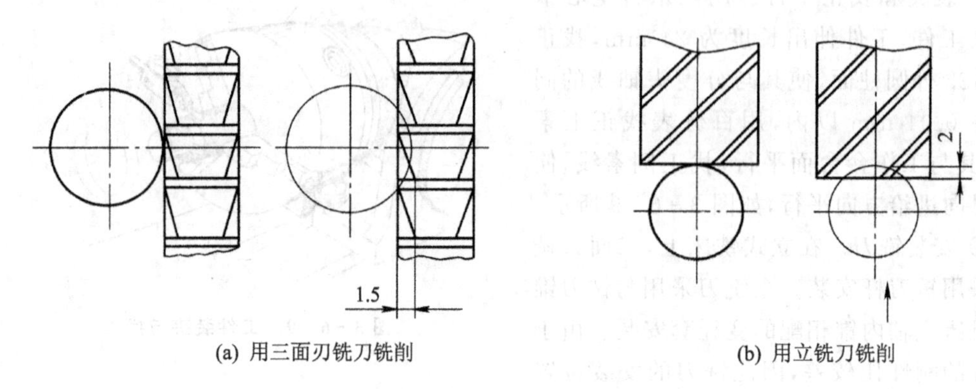

(a) 用三面刃铣刀铣削　　(b) 用立铣刀铣削

图 3-6-10　四方体侧面铣削对刀调整示意图

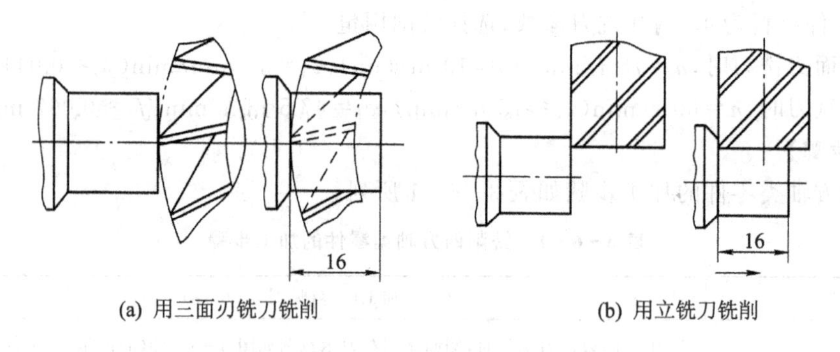

(a) 用三面刃铣刀铣削　　(b) 用立铣刀铣削

图 3-6-11　四方体铣削长度对刀示意图

【质量检测】

① 用百分表测量四方体对称度误差。对称度的检验方法如图 3-6-12 所示。检验一般在铣削完毕后直接在机床上进行,操作方法与测量轴上键槽基本相同。检验时用带座的百分表测头与工件上表面接触,并将百分表的指针指示值调整至零位,移动表座,使测头脱离工件上表面,再将分度手柄转 20 r 即工件准确转过 180°,使四方体对应面处于上方的测量位置,用百分表测量该面,百分表的示值变动应在 0.10 mm 范围内。

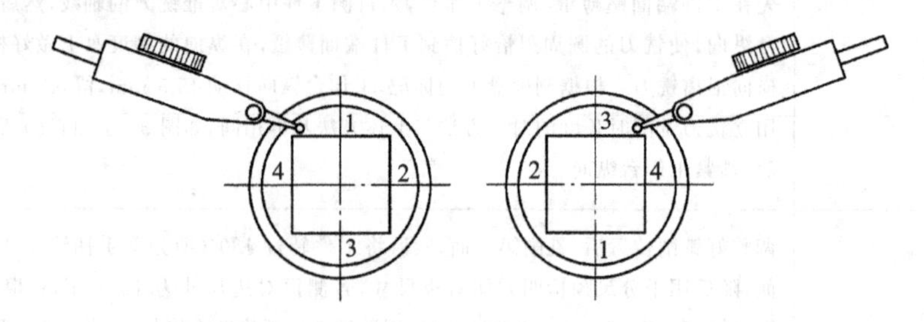

图 3-6-12　用百分表测量四方体对称度

② 用 90°宽座直角尺检测四方体侧面垂直度，具体操作方法与垂直面测量相同。

③ 四方轴铣削质量分析见表 3－6－2。

表 3－6－2　四方轴加工质量分析

质量问题	产生原因
对边和长度尺寸超差	① 操作过程计算错误、刻度盘转过格数差错； ② 移动工作台未消除传动结构间隙； ③ 对刀时未考虑外接圆直径的实际尺寸、对刀微量切痕未计入切除量； ④ 量具示值读错、铣削时分度头主轴未锁紧等
相邻面角度超差	① 分度计算错误、分度手柄转数操作错误； ② 测量不准
对称度超差	① 工件与分头主轴同轴度差； ② 铣削时各面铣削余量不相等
四方体对应面不平行	① 分度失误； ② 工件上素线与工作台台面不平行
四方体阶梯面未接平	工件的侧素线与纵向进给方向不平行

六角体加工技能训练

重点： 掌握六角体铣削操作方法。

难点： 组合三面刃铣刀铣削时对称度与尺寸控制，以及带内螺纹零件的夹装方法。

铣削加工如图 3－6－13 所示的六角体零件，坯件已加工成形，材料为 45 钢。

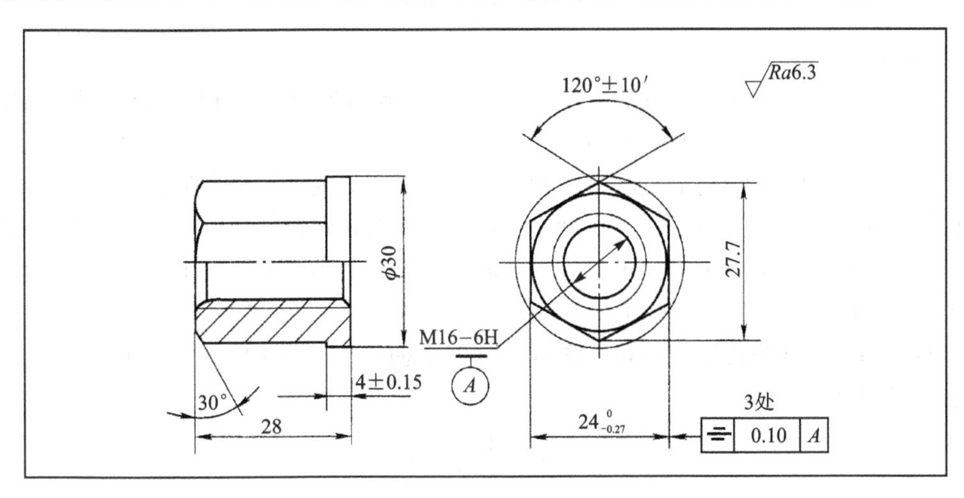

图 3－6－13　六角体

【工艺分析】

该零件采用分度头三爪自定心卡盘装夹带螺纹的专用心轴，工件装夹在专用心轴上。选择三面刃或立铣刀侧面铣削加工，当工件数量较多时，也可以采用两把三面刃铣刀组合后，用内侧刃同时铣削六角体的对应平行侧面。采用两把三面刃铣刀铣削六角体的加工方法，与四方体加工工序过程基本相同，加工步骤如下：

装夹和找正工件→安装铣刀并测量内侧刃之间的尺寸（试切时的尺寸约为 25 mm）→目

测对刀试铣六角体两侧面→预检六角体对边尺寸 A_1→工件转过 180°再次铣削六角体同一对边→再次测量六角体对边尺寸 A_2→按六角体对边尺寸 A 与 A_1 差值准确调整中间垫圈厚度→按$(A_1-A_2)/2$ 准确调整六角体长度铣削位置→预检六角体长度尺寸→按尺寸(4±0.15)mm 准确调整六角体长度铣削位置→按六角等分要求分度依次铣削六角体→六角体铣削工序检验。

【工艺准备】

① 选择铣床。X6132 型卧式万能铣床。

② 选择工件装夹方式。选用 T12320 型手动立轴式回转工作台分度,采用三爪自定心卡盘与回转工作台轴线的同轴度用专用定位盘,如图 3-6-14(b)所示定位,也可采用百分表找正。工件数量较大时一般采用六角等分专用夹具。

③ 选择刀具。根据图样给定的六角体长度尺寸(24 mm)和对边尺寸,选用三面刃铣刀的规格,铣刀外径应大于刀杆垫圈外径与 2 倍六角体长度尺寸之和(本例为 88 mm)。铣刀的厚度应大于六角体外接圆与对边差值的一半(本例为 1.85 mm)。现选用 100 mm×27 mm×12 mm 的标准直齿三面刃铣刀,两把铣刀的外径应严格相等。

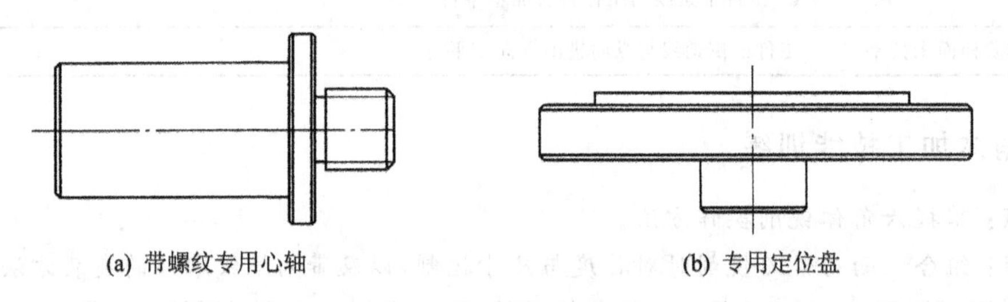

(a) 带螺纹专用心轴　　(b) 专用定位盘

图 3-6-14　专用心轴和定位盘

【加工准备】

① 安装回转工作台和三爪自定心卡盘。将回转工作台安装在工作台中间的 T 形槽内,位置居中。安装三爪自定心卡盘时,注意各接合面之间的清洁度。由于定位盘的精度比较高,它相当于分度头连接盘的作用,它的一端外圆与回转工作台的主轴定位台阶孔配合,另一端外圆与三爪自定心卡盘的定位内圆配合,中间盘的两环形平面具有较高精度的平行度,因此采用定位盘可方便的安装卡盘,并使卡盘的轴线与回转工作台的轴线同轴。定位盘安装后,用螺栓、压板将卡盘压紧在回转工作台台面上。

② 根据简单分度公式计算回转工作台的分度手柄转数 n,T12320 型的回转工作台定数 90,六角等边数为 6,故

$$n=\frac{90}{z}=\frac{90}{6}=15(\mathrm{r})$$

即每铣完一边后,分度手柄应转过 15 r。

③ 调整分度定位销。将回转工作台分度刻度盘换成分度手柄和孔圈分度盘,并将分度定位销调整到任一个孔圈,因 $n=15$ 是整转数,与孔圈数无关,分度叉只起到指示整转定位孔的作用。

④ 装夹和找正工件。用三爪自定心卡盘装夹专用心轴,心轴中间凸缘的两侧面具有较高的平行度,一侧与三爪自定心卡盘的阶梯顶面贴合,另一侧作为工件的端面定位。用百分表找正心轴凸缘外圆柱面,使其与回转工作台轴线的同轴度在 0.05 mm 以内,将工件内螺纹旋入

心轴外螺纹，并用管子钳将工件板紧扣在心轴上。

⑤ 安装铣刀。选择外径与三面刃铣刀内孔相配的刀杆安装组合铣刀。组合铣刀的安装位置应尽可能靠近主轴，但须注意不要妨碍铣削加工。组合铣刀垫圈的厚度，试切时按铣刀内侧刃之间的尺寸确定，而铣刀内侧刃之间的尺寸应略大于六角的对边尺寸(本例为 25 mm)。用游标卡尺测量时，应注意将铣刀的刀刃大致对齐，以便于测量，如图 3-6-15 所示。

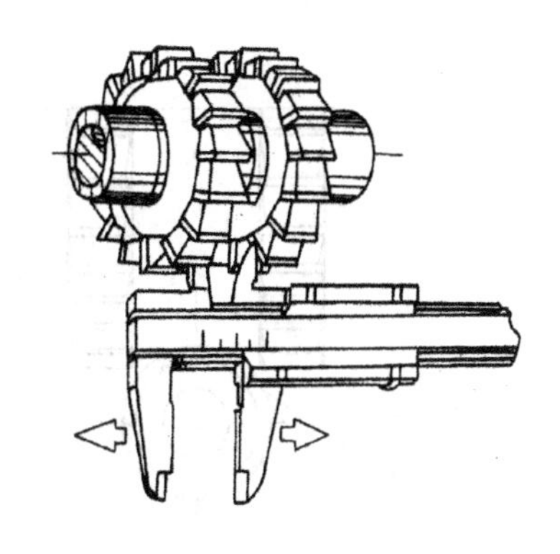

图 3-6-15 用游标卡尺测量组合铣刀内侧刃之间的尺寸

⑥ 按工件材料 45 钢和铣刀参数，选择铣削用量：

主轴转速为 $n=75$ r/min($v_c\approx23$ m/min)；

进给量为 $v_f=60$ mm/min($f_z\approx0.044$ mm/z)。

【加工步骤】

铣削六角体的加工步骤如表 3-6-3 所列。

表 3-6-3 铣削六角体的加工步骤

操作步骤	加工内容(见图 3-6-13)
1. 调整侧面铣削位置	① 切痕对刀示意图如图 3-6-16(a)所示，调整工作台垂向，使三面刃铣刀圆周刃最低点与工件端面的距离约为 10 mm，调整工作台横向，铣刀沿纵向缓缓接近工件，使两把铣刀恰好同时擦到工件。先试切，观察切痕大小，若切痕大小不一致，向切痕小的一面微量调整横向，将切痕相等的位置在横向刻度盘上做好对刀标记。 ② 擦边对刀示意图如图 3-6-16(a)所示，在工件的圆柱上面贴薄纸，使铣刀外侧刃与工件外圆接触，然后工作台横向移动距离为 $s=(D+b)/2+L=(30+24)\text{ mm}/2+10\text{ mm}=37\text{ mm}$ ③ 试切调整六角体的对边尺寸和对称度的方法与采用组合铣刀铣削四方体的方法完全相同
2. 调整铣削长度	调整操作方法与四方体铣削基本相同，本例铣削时，应按 4 mm 的台阶预检长度尺寸调整工作台垂向
3. 试铣预测	调整好铣削位置后，铣削第一对应面，预检对边尺寸应在 $24_{-0.27}^{\ 0}$ mm，然后将工件转过 180°(即分度手柄转过 45 r)，反向铣削第一对应面，因对称度和对边尺寸都已调整好，两侧面不应再有切除余量；用游标卡尺预检台阶长度，若测得长度为 10 mm，则还需铣除 6 mm，才可进入台阶尺寸公差范围
4. 粗铣各面	按对边尺寸 24 mm 和长度尺寸 4 mm 的铣削位置，每铣一面，分度手柄转过 15 r，依次铣削六角体各面

【质量分析】

六角体加工的质量分析如表 3-6-4 所列。

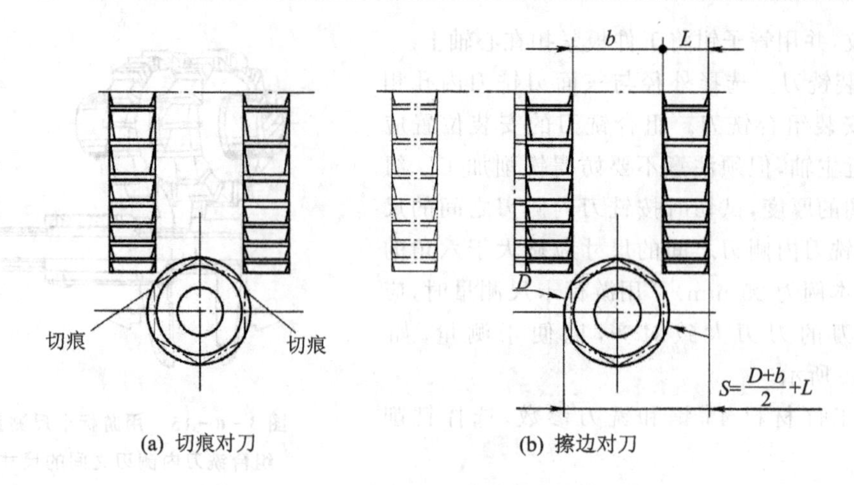

(a) 切痕对刀　　(b) 擦边对刀

图 3-6-16　六角体侧面铣削对刀调整示意图

表 3-6-4　六角体加工的质量分析

质量问题	产生原因
对边和长度尺寸超差	① 在调整对边尺寸时垫圈厚度计算错误； ② 工作台移动、测量中的误差和操作失误
相邻面角度超差	① 分度计算错误、分度手柄转数操作错误； ② 测量夹角操作和量具读数不准确
对称度超差	① 专用心轴与分度头主轴同轴度差； ② 对称度调整、预检失误
六角体对应面不平行	工作台纵向进给方向与机床轴线不垂直
四方体阶梯面未接平	两把铣刀的外径不一致

角度面零件加工技能训练

重点：掌握圆柱零件角度面铣削方法。

难点：角度面的位置控制与检测。

铣削加工如图 3-6-17 所示的角度面零件，坯件已加工成形，材料为 45 钢。

【工艺分析】

该角度面零件在铣床上可采用立铣刀铣削加工，其加工步骤如下：

工件端面划线→调整 35°±10′角度面铣削位置→粗铣 35°±10′角度面→调整 80°±10′角度面铣削位置→粗铣 80°±10′角度面→预检角度面位置和夹角精度→准确调整角度面铣削位置→精铣角度面→角度面铣削工序检验。

【工艺准备】

1）选择铣床

选用 X5032 型立式铣床。

2）选择工件装夹方式

选用 F1125 型分度头，采用三爪自定心卡盘装夹工件。考虑到工件找正角度面铣削位置时需以键槽为基准，但工件悬臂装夹伸出距离不宜过长，因此宜将键槽位置处于卡爪中间，如图 3-6-18 所示。

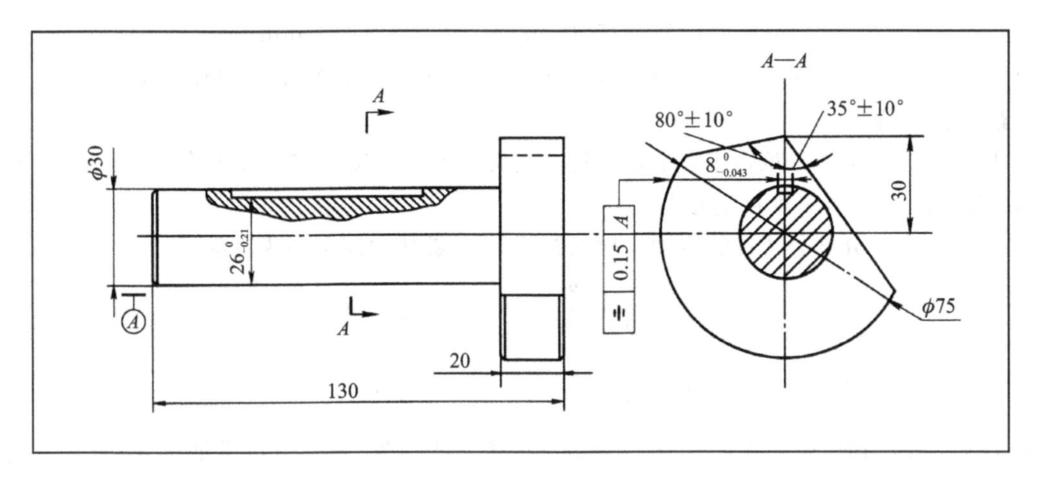

图 3-6-17　角度面零件

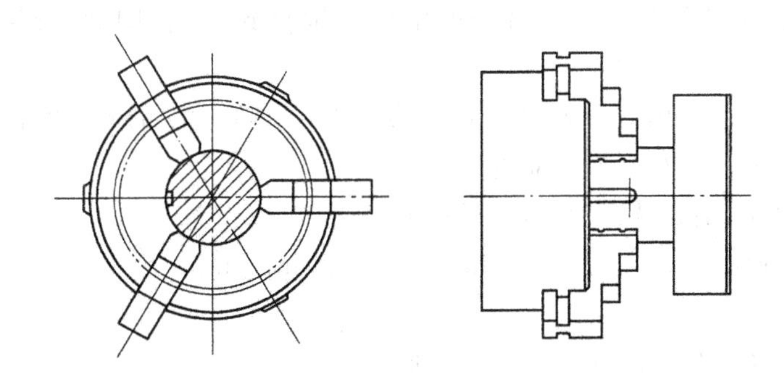

图 3-6-18　工件装夹方式和位置

3）选择刀具

根据图样给定的角度面所在圆柱面的长度尺寸 20 mm，选用直径为 28 mm 的锥柄中齿标准立铣刀。

4）选择检验测量方法

① 角度面夹角测量借助分度头和百分表测量，具体的测量步骤见图 3-6-19。

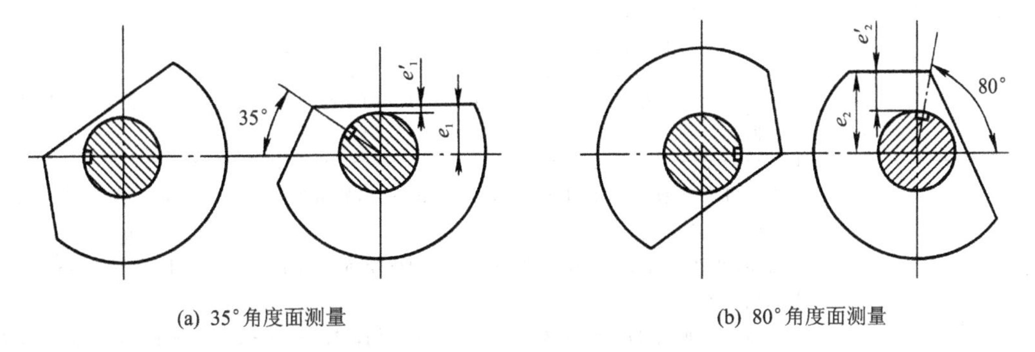

(a) 35°角度面测量　　(b) 80°角度面测量

图 3-6-19　角度面位置精度测量

② 角度面与轴线的位置尺寸测量须先进行计算，按图样给定的角度面交线至轴线的尺寸 e 为 30 mm，由几何关系可以计算得到尺寸 e_1、e_2 和 e'_1、e'_2值，然后借助百分表测量。若测得角度面中心位置及夹角正确，则保证了交点位置尺寸：

$$e_1 = 30\ \text{mm} \times \sin 35° = 17.2\ \text{mm}, e'_1 = (17.2 - 15)\ \text{mm} = 2.2\ \text{mm}$$

$$e_2 = 30\ \text{mm} \times \sin 80° = 29.54\ \text{mm}, e'_2 = (29.54 - 15)\ \text{mm} = 14.54\ \text{mm}$$

【加工准备】

① 安装分度头和三爪自定心卡盘。将分度头主轴水平位置安装在工作台中间的 T 形槽内,位置居中,并安装三爪自定心卡盘。

② 根据角度分度公式计算分度手柄的转数 n,以键槽中间平面为基准,则:

$$n_1 = \frac{\theta_1}{9°} = \frac{35°}{9°} = 3\frac{8}{9} = 3\frac{48}{54}(\text{r})$$

$$n_2 = \frac{\theta_2}{9°} = \frac{80°}{9°} = 8\frac{8}{9} = 8\frac{48}{54}(\text{r})$$

即铣削 35°角度面时,应先找正键槽,使其处于一侧水平位置,然后分度手柄按 n_1 分度。铣削 80°角度面时,应找正键槽,使其处于另一侧水平位置,然后按 n_2 分度,如图 3-6-19 所示。

③ 调整分度定位销和分度叉。将分度定位销调整到 54 孔圈数,分度叉调整为 48 个孔距。

④ 装夹和找正工件。用百分表找正工件,使其与分度头轴线的同轴度在 0.05 mm 以内。

⑤ 安装铣刀。采用半径套安装立铣刀。

⑥ 按工件材料 45 钢和铣刀参数,选择铣削用量:

$$n = 235\ \text{r/min}(v_c \approx 20\ \text{m/min}), v_f = 47.5\ \text{mm/min}(f_z \approx 0.05\ \text{mm/z})$$

【加工步骤】

铣削角度面的加工步骤如表 3-6-5 所列。

表 3-6-5 铣削角度面的加工步骤

操作步骤	加工内容(见图 3-6-17)
1. 工件表面划线 (见图 3-6-20)	① 用百分表测量对称度的方法找正工件键槽处于水平位置。 ② 用高度游标卡尺在工件端面划水平中心线和垂直中心线。 ③ 将垂直中心线处于水平位置,按 30 mm 在键槽一侧划平行线得出斜面交线。 ④ 按 n_1 与 n_2 分度,过交线位置分别划两个角度面的参照线,并过中心线交点划出两角度面参照线的平行线。 ⑤ 划线后,用游标卡尺复核角度面参照线与中心的距离,应等于 e_1、e_2
2. 对刀	用立铣刀端面铣角度面,铣刀端面刃与工件外圆最高处擦边对刀,作为控制 e_1、e_2 尺寸的依据
3. 试铣预测	① 将工件槽通过准确分度处于水平位置的一侧,如图 3-6-21(a)所示。按 n_1 进行角度分度,使 35°角度面参照线处于水平铣削位置,按 $(D/2)-e_1$ 调整工作台垂向。为了预检需要,可留 0.5 mm 作为精铣余量,使铣出的角度面至工件中心的尺寸为 17.70 mm,粗铣 35°角度面。 ② 将工件槽通过准确分度处于水平位置的一侧,如图 3-6-21(b)所示。按 n_2 逆时针进行角度分度,使 80°角度面参照线处于水平铣削位置。为了预检需要,也可留 0.5 mm 作为精铣余量,使铣出的角度面至工件中心的尺寸为 30 mm,粗铣 80°角度面。 ③ 预检过程与划线过程相似
4. 精铣角度面	按预检尺寸与图样尺寸的差值移动工作台,准确调整精铣位置,分别精铣 35°、80°角度面

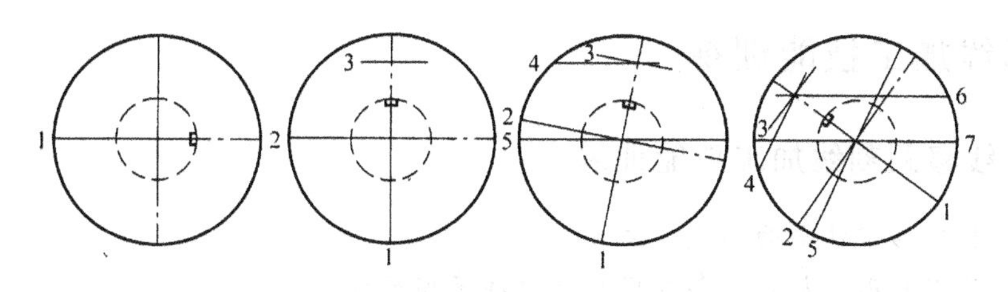

图 3-6-20 划线步骤示意图

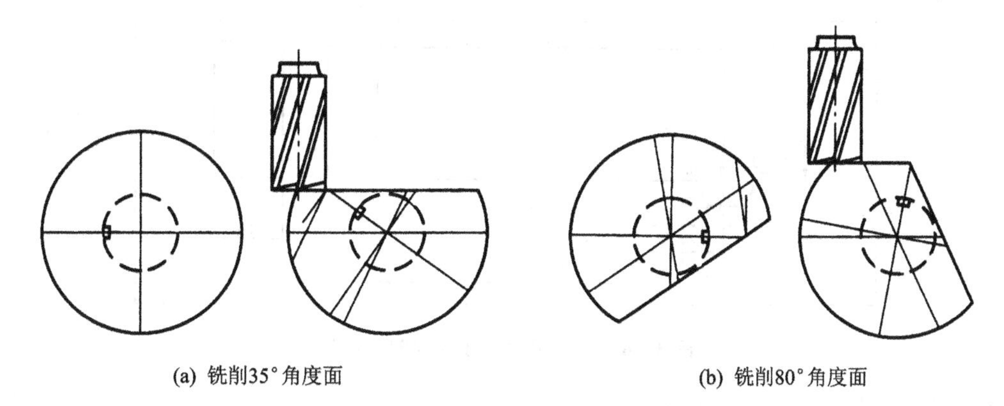

(a) 铣削35°角度面　　(b) 铣削80°角度面

图 3-6-21 角度面铣削步骤示意图

【质量检测】

① 用百分表和分度头进行角度的检验。具体的操作与划线过程基本相同，所不同的是当工件 35°角度面处于水平测量位置时，用百分表测量角度面与工作台台面的平行度，若测得平行度误差为 0.03 mm，角度面长度约为 23 mm，此时角度误差为 $\Delta\theta_1=\sin_{-1}\left(\frac{0.03}{23}\right)=0.747°=4'29''$，角度误差在公差范围内。用同样的方法可以测量 80°角度面进行检验。

② 因角度面至轴线的尺寸公差比较大，可用游标卡尺测量角度面至与之平行的中心线的尺寸，35°角度面至中心的垂直尺寸应为 17.20 mm；80°角度面至中心的垂直距离为29.54 mm。此时，角度面交线与中心的尺寸应为 30 mm。

【质量分析】

角度面加工的质量分析如表 3-6-6 所列。

表 3-6-6 角度面加工的质量分析

质量问题	产生原因
角度面夹角超差	① 划线错误和误差大； ② 分度计算错误、分度时未消除分度机构传动间隙； ③ 铣削时未锁紧分度头主轴
角度面交线位置尺寸误差	① 角度面夹角错误、角度面至工件中心的尺寸计算错误； ② 铣削位置调整失误
角度面与工件轴线不平行	① 分度头主轴与工作台台面不平行； ② 用横向进给铣削时，立铣头与工作台台面不平行； ③ 用纵向进给铣削时，立铣头与工作台台面不垂直

3.6.3 刻线加工技能训练

平行直线移距刻线加工技能训练

重点：掌握矩形零件平面刻线方法。

难点：刻线刀具刃磨与刻线移距操作及刻线清晰度控制。

铣削加工如图 3-6-22 所示的平面直线移距刻线零件，坯件已加工成形，材料为 45 钢。

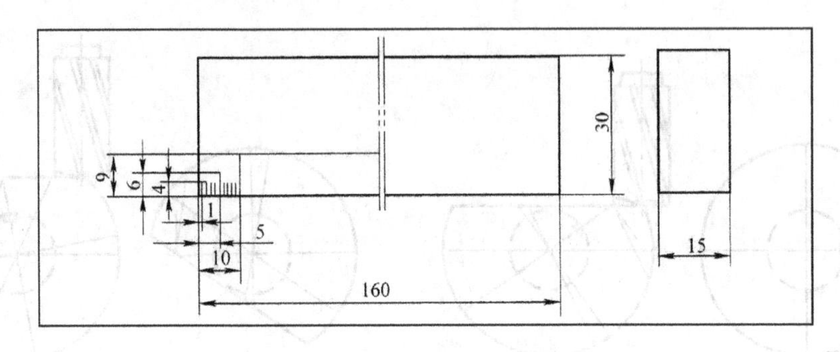

图 3-6-22 平面直线移距刻线零件

【工艺分析】

刻线的清晰度与铣削加工的表面粗糙度有相似之处，刻度槽底部交线及侧面与刻线表面的交线的直线度是刻度线的主要目测指标。材料为 45 钢，其切削性能比较好，刻线刀取正前角。其加工步骤如下：

端面对刀并调整移距方向刻线起始位置→侧面对刀并调整刻制方向起始位置→表面对刀并调整刻线深度→纵向移动间距，横向控制刻线长度，试刻长线(1 条)、短线(4 条)、中线(1 条)→预检刻线位置尺寸、长度尺寸和清晰度→准确调整刻线位置、深度和刻线进给距离→一次准确移距和刻线→刻线工具的检验。

【工艺准备】

① 选择铣床。选用 X5032 型立式机床。

② 选择工件装夹方式。选用钳口宽度为 125 mm 的机用平口虎钳装夹工件。考虑到工件的长度为 160 mm，因此宜用长度大于 160 mm 的平行垫块垫高工件，使工件刻线表面略高于钳口上表面。

③ 选择刀具。根据在立式铣床上刻线的特点，刻线刀具采用 $\phi 10$ 左右的废旧件槽铣刀改制而成。根据工件材料和刻线尺寸、间隔距离的要求，选取 $\gamma_0=4°\sim5°$，$\varepsilon_r=45°$，$\alpha_0=6°\sim7°$。刻线刀具的刃磨方法如图 3-6-23 所示。

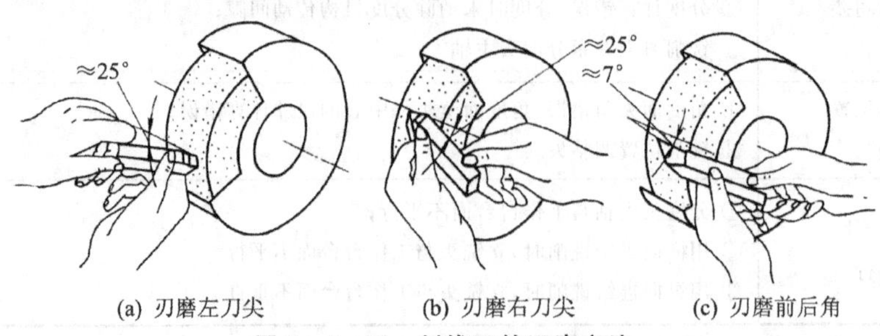

(a) 刃磨左刀尖　(b) 刃磨右刀尖　(c) 刃磨前后角

图 3-6-23 刻线刀的刃磨方法

④ 选择刻度移距方法。本例刻度间距要求比较低，并没有间隔误差和累计误差精度要求，故直接用工作台刻度盘刻度进行刻线移距操作。

⑤ 选择检验测量方法。用游标卡尺测量刻线的长度尺寸以及刻线的间距尺寸。间距尺寸通常是通过抽检、目测及测量总移距长度进行测量检验。刻线的位置尺寸也可用游标卡尺测量。此外，刻线的线向可用90°角尺测量。对于刻度的清晰度以及四短一中、四短一长的刻线长度分布要求，一般用目测检验。

【加工准备】

① 安装、找正机用平口虎钳。将机用平口虎钳安装在工作台中间的T形槽内，位置居中，并用百分表找正定钳口定位面，使其与工作台纵向平行。

② 装夹、找正工件。将工件装夹在平口虎钳内，用平行垫块使工件刻线平面高于钳口5 mm左右，用百分表找正工件上平面，使其与工作台台面的平行度误差在0.03 mm以内，若垫块夹紧后平行度不够好，可在定钳口和平行垫块上垫薄纸进行找正。

③ 安装和找正刻线刀具。用铣刀夹头和弹性套装夹刻线刀，将机床的主轴转速调整到最低档，并将主轴换向电器开关转至"停止"位置。找正刻线刀刀尖的中间平面，使其与工作台横向平行，使刻线刀在沿横向刻线时具有预定的前角、后角和刀尖角。

【加工步骤】

平面直线移距刻线零件的加工步骤如表3-6-7所列。

表3-6-7　平面直线移距刻线零件的加工步骤

操作步骤	加工内容(见图3-6-22)
1. 对刀	① 纵向端面对刀时，先调整工作台，使刻线刀刀尖对准工件起始端面与上平面的交线(见图3-6-24(a))，锁紧工作台纵向，调整纵向刻度盘使刻度零线和基准零线对齐。 ② 横向侧面对刀时，先调整工作台，使刻线刀刀尖对准工件起始侧面与上平面的交线对齐(见图3-6-24(b))，锁紧工作台横向，调整横向刻度盘使零刻度线与基准零线对齐。 ③ 垂向对刀如图3-6-24(c)所示。使刀尖恰好与上平面接触，可稍留一些间隙
2. 调整刻线位置	纵向按对刀位置使刀尖向刻线移距方向移动5 mm；横向沿刻线进给方向，在横向刻度盘上作记号：调整长线为9 mm、中线为6 mm、短线为4 mm，并采用不同颜色的粉笔，如红、黄、蓝粉笔做好记号；垂向升高0.1 mm，作为第一条刻线的试刻深度
3. 试刻预检	① 在第一条刻线位置，横向手动进给，试刻长线。 ② 横向退刀后测量刻线与端面的尺寸为5 mm，长度尺寸为9 mm，目测刻线是否清晰，直线度及粗细是否符合要求
4. 依次刻线	如图3-6-24(d)所示，按预检的结果，微量调整垂向，达到刻线的粗细要求，随后每刻一条线纵向移距1 mm，横向根据图3-6-22中短线、中线、长线的分布要求依次刻线。 在刻线的过程中，应掌握以下要点： ① 注意纵向和横向的刻度盘不能丝毫松动，否则会产生废品。 ② 为保护刻线刀的刀尖，退刀时可略降垂向，刻下一条线时再恢复原来位置。 ③ 因本例刻线间距是1 mm，累计的尺寸可在过程中进行复核，还可将线长的规律记为"一长四短，一中四短"口诀以便操作

【质量分析】

平面直线移距刻线零件加工的质量分析如表3-6-8所列。

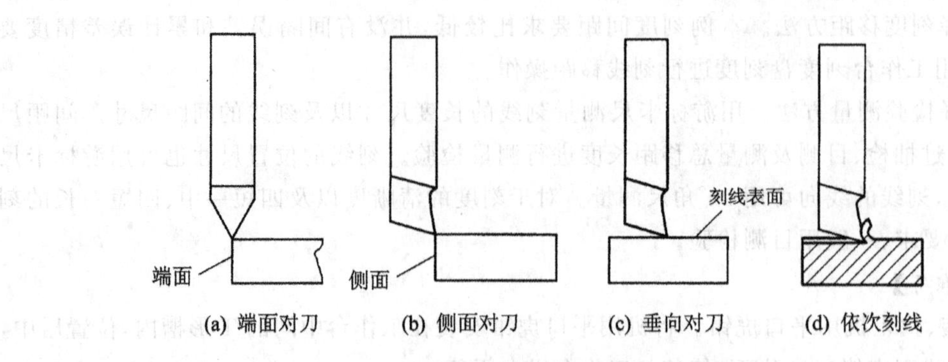

(a) 端面对刀 (b) 侧面对刀 (c) 垂向对刀 (d) 依次刻线

图 3-6-24 平面直线移距刻线步骤

表 3-6-8 平面直线移距刻线零件加工的质量分析

质量问题	产生原因
刻线起始位置误差	① 对刀不准确； ② 工件侧面与工作台纵向不平行； ③ 第一条线位置调整错误和遇预检错误； ④ 调整时未消除传动间隙
刻线长度和间距尺寸误差	① 工作台移距精度差； ② 刻度盘松动； ③ 纵向未锁紧或锁紧机构性能不好； ④ 横向进给操作或纵向移距失误
刻线不清晰、直角度不好或粗细不均匀	① 刻线刀刃磨质量不好； ② 刀具安装位置不正确影响刻制切削； ③ 刻线过程中刀尖损坏或微量偏转(见图 3-6-25)； ④ 工件刻线台面不平行

上述质量问题中，刀尖损坏可使刻线阻力增大，槽底圆弧变大，侧面出现振纹，从而影响刻线的清晰度和直线度，如图 3-6-25(a)所示。刀尖微量偏转是由于刀具刻线中两侧刃受力不均匀和安装找正不正确引起的，由于偏转后影响对称刻制切削，可能会出现单边毛刺较大、有振纹的现象，如图 3-6-25(b)所示。

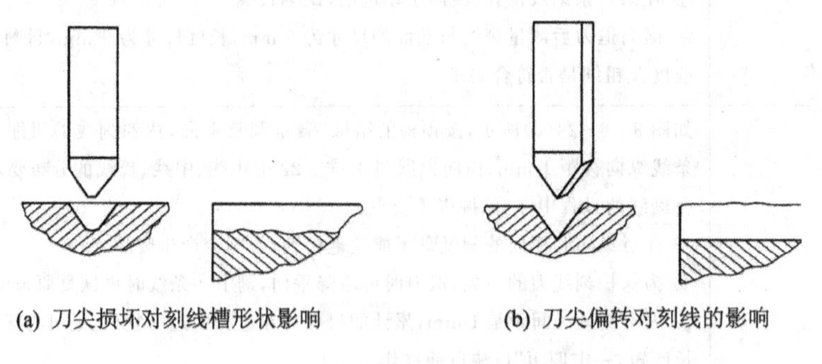

(a) 刀尖损坏对刻线槽形状影响 (b) 刀尖偏转对刻线的影响

图 3-6-25 刀尖损坏或微量偏转对刻线的影响

圆柱面刻线加工技能训练

重点：掌握圆柱面刻线方法。

难点：刻线刀具刃磨与刻线移距操作及刻线清晰度控制。

铣削加工如图 3-6-26 所示的圆柱面等分刻线零件，坯件已加工成形，材料为 45 钢。

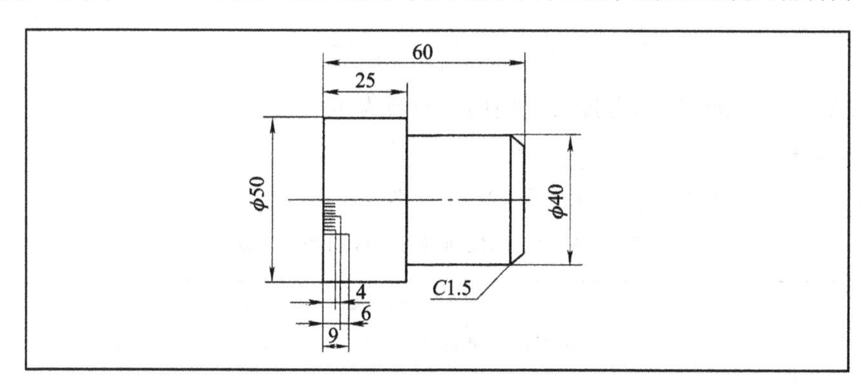

图 3-6-26 圆柱面等分刻线零件

【工艺分析】

刻线有短线 4 mm、中线 6 mm、长线 9 mm 三种。在 φ50 圆柱面上 60 等分均布，刻线间距弧长为 $S=\pi D/n=(3.1416\times50\ \text{mm})/60=2.62\ \text{mm}$。材料为 45 钢，具有较高硬度，刻线刀取较小正前角。采用三爪自定心卡盘装夹。其加工步骤如下：

端面对刀并调整刻线长度起始位置→工件表面划中心线并对刀调整刻线对中位置→表面对刀并调整刻线深度→纵向控制刻线长度，按等分试刻短线（4 条）、中线（1 条）、长线（1 条）→预检刻线长度尺寸和清晰度→准确调整深度和刻线长度→依次准确分度和刻线→刻线工序检验。

【工艺准备】

① 选择铣床。选用 X6132 型卧式铣床。

② 选择工件装夹方式。选用 F11125 型万能分度头，采用三爪自定心卡盘装夹工件。

③ 选择刀具。根据在立式铣床上刻线的特点，刻线刀具采用 12 mm×12 mm 正方形高速钢车刀条刃磨而成。根据工件材料和刻线间距的要求，选取 $\gamma_0=2^\circ\sim3^\circ$，$\varepsilon_r=50^\circ$，$\alpha_0=5^\circ\sim6^\circ$。

④ 选择等分分度方法。本例等分数 $z=60$，采用分度头简单分度法进行等分操作。

⑤ 选择检验测量方法。检验测量方法与平面刻线相同，但须注意对中的操作步骤，否则刻线槽会在圆柱面上发生偏斜。

【加工准备】

① 安装、找正分度头。将分度头安装在工作台中间的 T 形槽内，位置居中，注意底部定位键的侧向定位。安装三爪自定心卡盘，并借助标准棒用百分表找正分度头轴线，使其与工作台台面及工作台纵向平行。

② 装夹、找正工件。将工件装夹在三爪自定心卡盘内，环形面与卡爪上面贴合。用百分表找正工件，使其与分度头同轴，同轴度误差在 0.03 mm 以内；使上素线与工作台台面平行，平行度误差在 0.02 mm 以内。若同轴度不够好，可在工件和卡爪之间垫薄纸进行找正。

③ 刃磨、安装和找正刻线刀具。刻线刀具的刃磨方法见图 3-6-24。在卧式铣床上采用长刀杆和导杆垫圈装夹刻线刀。夹紧刀具的两个垫圈内孔与刀杆的间隙不宜过大，两端面应

具有较高的平行度。具体操作时,注意将机床的主轴转速调整到最低挡,并将主轴换向电器开关转至“停止”位置。刻线刀刀柄背面紧贴刀杆,这样可使夹紧面积尽可能大一些,刀尖一端不宜伸出太长,以增加刀具的刚度。安装完毕,需回转刀杆,找正刻线刀刀杆的前面,使其与工作台台面垂直。刻线刀在沿纵向刻线时具有预定的前角、后角和刀尖角。

④ 计算分度手柄转数 n。本例等分数 $z=60$,分度手柄转数为

$$n=\frac{40}{z}=\frac{40}{60}=\frac{44}{66}(\text{r})$$

即分度销调整至66孔圈位置,分度叉之间的孔距数为44。

【加工步骤】

圆柱面等分刻线的加工步骤如表3-6-9所列。

表3-6-9 圆柱面等分刻线的加工步骤

操作步骤	加工内容(见图3-6-26)
1. 划线	在工件刻线表面划出水平中心线,并将中心线准确地转过90°,处于上分刻线位置
2. 对刀	① 纵向端面对刀时,调整工作台,使刻线刀刀尖对准工件起始端面,紧锁工作台纵向,调整纵向刻度盘使刻度零线与基准零线对齐。 ② 横向对中对刀时,调整工作台,使刻线刀刀尖对准工件表面的中心线划线,锁紧工作台横向。 ③ 垂向对刀时,使刀尖恰好与刻线表面最高点接触,可稍留一些间隙
3. 调整刻线长度	纵向按对刀位置使刀尖向刻线方向在刻度盘上作记号:调整长线为9 mm、中线为6 mm,短线为4 mm,并分别采用不同颜色的粉笔,如红、黄、蓝粉笔做好记号;垂向升高0.1 mm,作为第一条刻线的试刻深度
4. 试刻线及检验	① 在第一条刻线位置,纵向手动进给,试刻长线。 ② 按 n 分度,试刻4条短线,一条中线。 ③ 用游标卡尺预检刻线长度尺寸,刻线间距尺寸。目测刻线是否清晰,直线度及粗细是否符合要求
5. 依次刻线	如图3-6-27所示,按预检的结果,微量调整垂向,达到刻线的粗细要求,随后根据图3-6-26中短线、中线、长线的分布要求和等分要求,由分度头分度、纵向手动进给依次刻线。在刻线的过程中,除了掌握“平行直线移距刻线加工”训练所述的要点外,还应注意分度后须锁紧分度头主轴进行刻线,否则可能因分度机构间隙影响刻线直线度

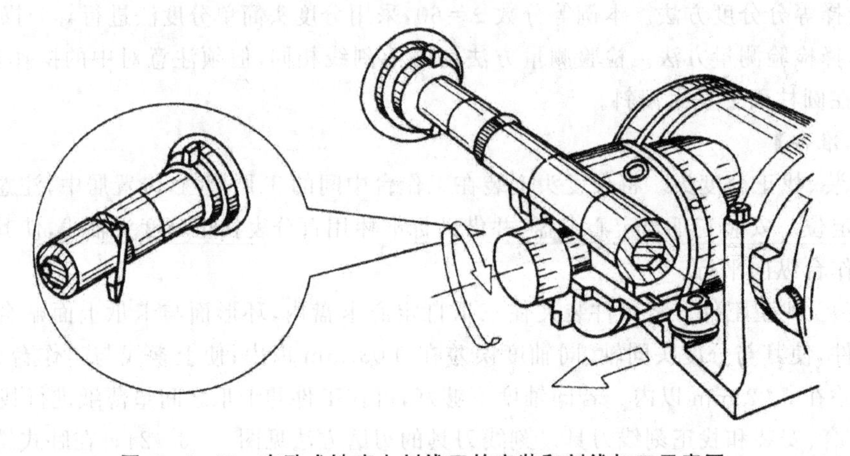

图3-6-27 在卧式铣床上刻线刀的安装和刻线加工示意图

【质量分析】

圆柱面等分刻线零件加工的质量分析如表3-6-10所列。

表3-6-10　圆柱面等分刻线零件加工的质量分析

质量问题	产生原因
刻线起始位置误差大	① 对刀不准确、划线不准确； ② 工件侧面与工作台纵向不平行； ③ 第一条线位置调整错误和预检错误； ④ 调整时未消除传动间隙
刻线长度和间距尺寸误差大	① 分度计算、调整错误； ② 分度操作失误； ③ 纵向刻度盘松动、手动进给操作失误
刻线不清晰、直角度不好或粗细不均匀	除了与平面刻线类似的原因外，可能还有选用夹紧刻线刀的刀杆垫圈端面夹紧用的环形面积较小、垫圈两端面平行度较差、内孔与刀杆的间隙过大，从而使得刀具夹紧不稳固等因素

思考与练习

1. 角度面与斜面有什么共同点？主要区别是什么？

2. 简述角度面加工的技术要求。

3. 简述刻线加工的技术要求。

4. 正棱柱加工和单角度面加工的分度方法有什么不同？试举例子以说明。

5. 按照正棱柱训练拟定铣削工序的方法，试拟定正八棱柱的铣削工序过程。

6. 简述用组合三面刃铣刀铣削六角体的过程。

7. 刻线刀常用什么材料制成？刃磨刻线刀应控制的是哪些主要几何角度？试述这些几何角度的取值范围。

8. 刻线刀安装后为什么要进行找正？简述在立式铣床和卧式铣床上找正的主要目测位置。

9. 以“角度面零件加工”训练的角度面工件为例，若角度面与键槽中间平面的夹角改成30°和70°，交线至工件的轴线的尺寸改为18 mm，试计算调整数据e_1、e_2。

10. 试分析刻线不清晰、直角度差的主要原因。

课题七　在铣床上加工孔

教学要求

- ◆ 掌握钻孔的方法，理解钻孔的质量分析。
- ◆ 掌握铰刀的基本知识，了解铰孔的方法。
- ◆ 掌握镗孔刀具的相关知识及镗孔的方法和孔系的镗削。
- ◆ 遵守操作规程，养成良好的安全、文明生产习惯。

在铣床上进行钻孔、铰孔和镗孔的加工特点是：主运动是通过刀具做旋转运动来完成的，而辅助运动由刀具的上下移动或工作台的上下移动来完成，并可以通过工作台的三个方向移动，较方便地调整切削刀具与工件的相对位置。

孔的主要工艺要求包括孔的尺寸精度、形状精度、位置精度和表面粗糙度。

3.7.1 在铣床上钻孔

1. 相关工艺知识

在实体材料上用钻头加工孔的方法称为钻孔。在铣床上，一般使用麻花钻来钻削中、小型工件上的孔和相互位置不太复杂的孔系。在铣床上进行钻孔时，钻头的回转运动是主运动，(工作台)工件或钻头沿钻头轴向运动是进给运动。

(1) 麻花钻的结构

麻花钻是一种形状复杂的孔加工刀具，如图 3-7-1 所示。它的应用十分广泛，常用来钻削精度较低和表面粗糙度要求不高的孔。用高速钢钻头加工的孔精度可达 IT13～IT11，表面粗糙度 Ra 可达 2.5～6.3 μm；用硬质合金钻头加工的孔精度可达 IT11～IT10，表面粗糙度 Ra 可达 12.5～3.2 μm。标准麻花钻主要由切削部分、导向部分和刀柄三部分组成。钻头的切削部分由切削刃和横刃起切削作用。导向部分在切削过程中能保持钻头正直的钻削方向，同时具有修光孔壁的作用，是切削的后备部分。刀柄用来夹持和传递钻孔时所需的扭矩和轴向力。麻花钻上的沟槽起排屑的作用。

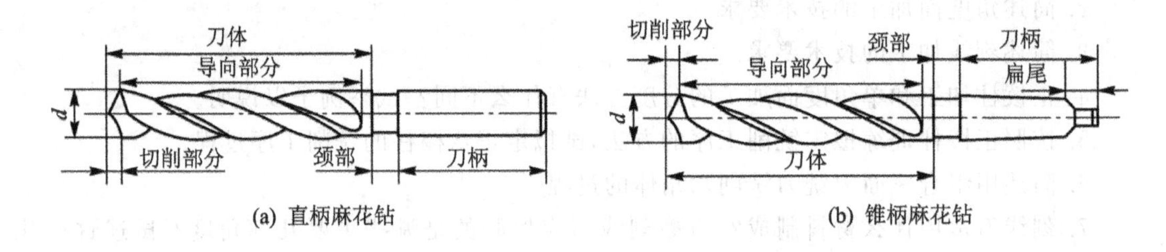

图 3-7-1 麻花钻

① 刀体　包括切削部分和导向部分。麻花钻在其轴线两侧对称分布有两个切削部分。两螺旋槽面是前面，麻花钻顶端的两个曲面是后面。两后面的交线称为横刃，前面与后面的交线是主切削刃。导向部分是切削部分的后备部分，在钻削时沿进给方向起引导作用。导向部分包括副切削刃、第一副后面(刃带)、第二副后面和螺旋槽等。

② 颈部　刀体与刀柄之间的过渡部分。在麻花钻制造和磨削过程中起退刀槽作用，通常麻花钻的直径、材料牌号标记在这个部分。

③ 刀柄　麻花钻的夹持部分，切削时用来传递转距。刀柄有锥柄(莫氏标准锥度)和直柄两种。

(2) 麻花钻的主要角度

1) 顶角 $2\kappa_r$

顶角是两主切削刃在与它们平行的轴平面上投影的夹角，图 3-7-2 所示。顶角的大小影响钻头尖端强度、前角和轴向抗力。顶角大，钻头尖端强度大，并可加大前角，但钻削时轴向抗力大。标准麻花钻的顶角 $2\kappa_r = 180° \pm 2°$。

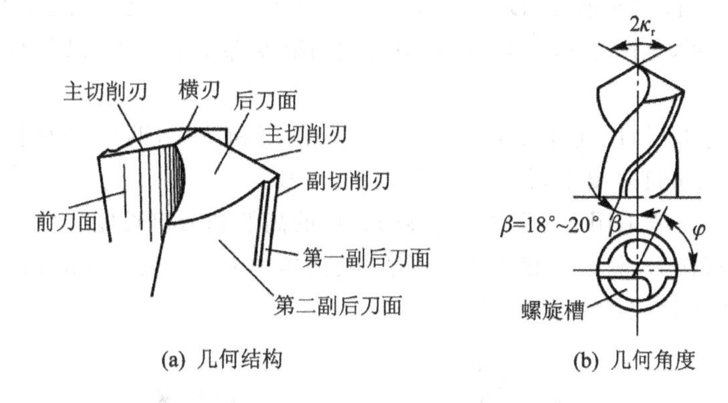

(a) 几何结构　　(b) 几何角度

图 3-7-2　麻花钻头的结构

2)前角 γ_0

前角是在正交平面 P_0 内测量的前面与基面 P_r 的夹角。麻花钻的前面是螺旋槽面，因此，主切削刃上各点处的前角大小是不同的，钻头外缘处的前角最大，约为 30°，越靠近中心，前角越小，靠近横刃处的前角约为－30°，横刃上的前角则小至－50°～－60°。前角的大小影响切屑的形状和主切削刃的强度，决定切削的难易程度。前角越大，切削越省力，但刃口强度也降低。

3) 后角 α_0

后角是在正交平面 P_0 内测量的后面与切削平面 P_s 的夹角。

4) 侧后角 α_f

侧后角是在假定工作平面 P_0 内测量的后面与切削平面的夹角。钻削中实际起作用的是侧后角 α_f。主切削刃上各点处的后角大小也不一样，钻头外缘处的侧后角最小，为 8°～14°，越靠近中心越大，靠近钻心处为 20°～25°。后角的大小影响后面的摩擦和主切削刃的强度，后角越大，麻花钻后面与工件已加工面的摩擦越小，刃口强度也降低。

5) 横刃斜角 φ

横刃斜角是横刃与主切削刃在端面上投影线之间的夹角，一般取 50°～55°。横刃斜角的大小与后面的刃磨有关，它可用来判断钻心处的后角是否刃磨正确。钻心处后角越大，横刃斜角就越小，横刃长度也相应增长，钻头的定心作用因此变差，轴向抗力增大。

(3) 麻花钻刃磨的基本要求

麻花钻用钝后或根据加工材料及要求需要进行刃磨。刃磨时，主要刃磨两个后面和修磨前面(横刃部分)。

① 顶角 $2\kappa_r$ 为 118°±2°。

② 钻头外缘处的后角 α_0 为 10° ～14°。

③ 横刃斜角 φ 为 50° ～55°。

④ 两主切削刃长度要相等，同时两主切削刃与钻头轴心线组成的夹角也要相等。

⑤ 两主后刀面要刃磨光滑、连续。

(4) 麻花钻的刃磨方法

① 刃磨前先检查砂轮表面是否平整，如砂轮表面不平或有跳动现象，须先进行修正。

② 将钻头的切削刃放平，并置于砂轮中心平面以上，使钻头的轴线与砂轮圆周母线成顶角的 1/2 左右，即 κ_r＝59°，见图 3-7-3(a)。

③ 刃磨时,一手握钻头前端,以定位钻头,一手握钻柄,然后上下摆动,并略作转动,同时磨出主切削刃和后面,见图 3-7-3(b),转动与摆动幅度都不应过大,以免磨出负后角和磨坏另一条切削刃。

④ 将钻头转过 180°,用同样方法刃磨另一主切削刃和后面,两切削刃也可以交替地进行刃磨,保证钻头的顶角符合要求,并且两刃要对称、等长。

⑤ 钻头刃磨后一般采用目测检验,观察两刃口的高低和刃口长度是否相等。

⑥ 按需要修磨横刃,就是将横刃磨短,钻心处前角增大。通常 5 mm 以上的横刃须修磨,修磨后的横刃长度为原长的 1/3～1/5。

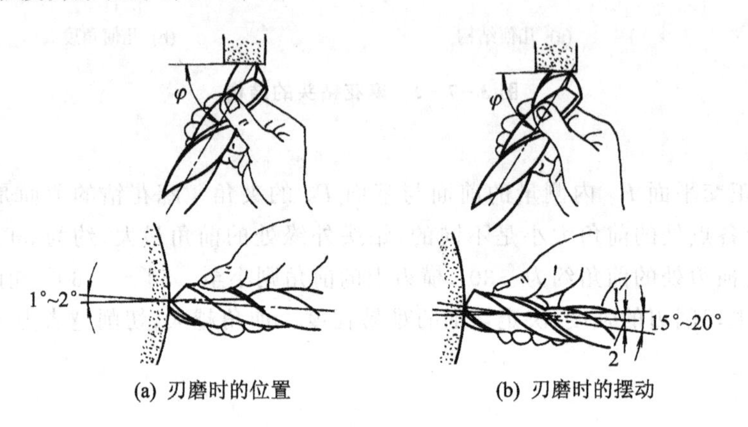

(a) 刃磨时的位置　　(b) 刃磨时的摆动

图 3-7-3　麻花钻的刃磨方法

注意事项

- 刃磨时,用力要均匀,不能过猛,应经常目测刃磨情况,随时修正。
- 刃磨时,应注意磨削温度不应过高,要经常在水中冷却钻头,以防退火降低硬度。
- 刃磨时,钻头切削刃的位置应略高于砂轮中心平面,以免磨出负后角,致使钻头无法切削,见图 3-7-4 所示。
- 刃磨时,不要由刃背磨向刃口,以免造成刃口退火。

(5) 钻削用量

钻销用量与切削层各物理量的关系如图 3-7-5 所示。选择钻削用量的顺序依次为切削深度→进给量→钻削速度。

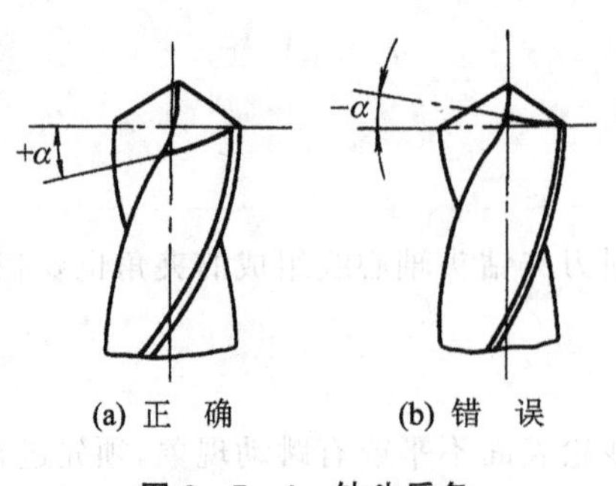

(a) 正　确　　(b) 错　误

图 3-7-4　钻头后角

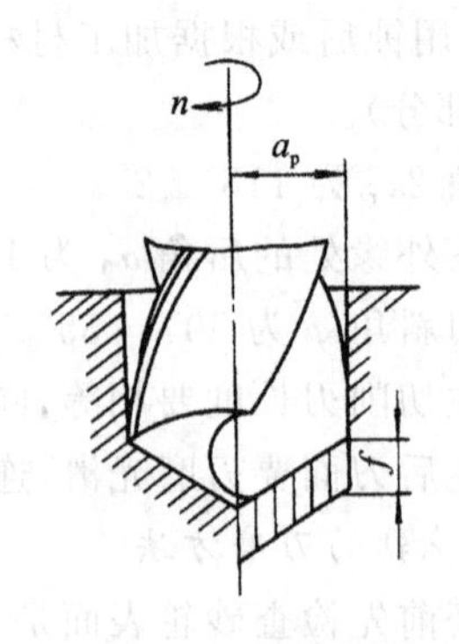

图 3-7-5　钻销用量

1）钻削速度 v_c

钻削速度是指钻头切削刃的线速度，表达式为

$$v_c = \frac{\pi d n}{1\,000}$$

式中：v_c 为切削速度，m/min；d 为麻花钻直径，mm；n 为麻花钻转速，r/min。

2）进给量 f

麻花钻每回转一转，钻头与工件在进给运动方向。上的相对位移为每转进给量 f，单位为 mm/r。麻花钻为多刃刀具，有两条刀刃，其每齿进给量 f_z 等于每转进给量 f 的一半，即 $f_z = 0.5f$。当加工孔的直径在 5 mm 以下时，一般采用手动进给，选用直径 3～5 mm 的小钻头。普通麻花钻的进给量可按经验公式 $f=(0.01\sim0.02)d$ 计算得到。当加工铸铁和有色金属材料时，进给量 f 可取 0.15～0.50 mm/r；当加工钢件时，进给量 f 可取 0.10～0.35 mm/r。如采用先进钻型与修磨方法，则能有效降低轴向力，提高进给量。

3）切削深度 a_p

一般指工件已加工表面与待加工表面间的垂直距离。钻孔时的切削深度为麻花钻直径的一半，即 $a_p=0.5d$。

切削深度 a_p 应根据加工孔直径 d 来选择：当 $d<35$ mm 时，可以一次性完成钻削；当 $d>35$ mm 时，分两次钻削，第一次选择 $a_p=0.35d$，第二选择 $a_p=0.15d$，即需要进行扩孔时，钻头直径 d 取孔径的 0.3～0.7 倍。

钻孔时，切削速度的选择主要根据被钻孔工件的材料和所钻孔的表面粗糙度要求及麻花钻的耐用度来确定。一般在铣床上钻孔，选择尽量低的钻削速度。即使加工较大直径的孔，也要在规定范围内选择较低的钻削速度。钻削速度的选择见表 3-7-1。

表 3-7-1 钻削速度选用表 m/min

加工材料	v_c	加工材料	v_c
低碳钢	25～30	铸铁	20～25
中、高碳钢	20～25	铝合金	40～70
合金钢、不锈钢	15～20	铜合金	20～40

2. 钻孔的对刀方法

(1) 按划线钻孔

按图样上孔的位置尺寸要求，在工件上划出孔的中心位置线和孔径尺寸线，并在孔的中心位置及孔的圆周上打上样冲眼。较小的工件可用平口钳装夹，如图 3-7-6 所示；较大的工件可用压板、螺栓装夹，如图 3-7-7 所示。

钻削时，先根据加工孔的材料和刀具，合理选择主轴转速。然后移动工件，使钻头对准划线的圆心样冲眼，即试钻。如发现有偏心现象，需重新进行校准。但由于钻头在工件上已定心，即使移动工件再钻，钻头还会落到原来位置上，所以，应在浅孔坑与划线距离较大处錾数条浅槽，如图 3-7-8(b)所示，使试钻孔底变平不再起导向作用，落钻再试，等对准后即可开始钻孔。当钻头快要钻通时应减慢进给速度，钻通后方可退刀。

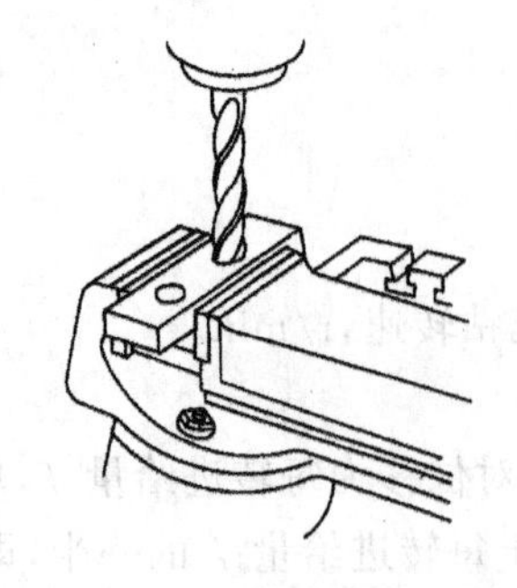

图 3-7-6　用平口钳装夹工件

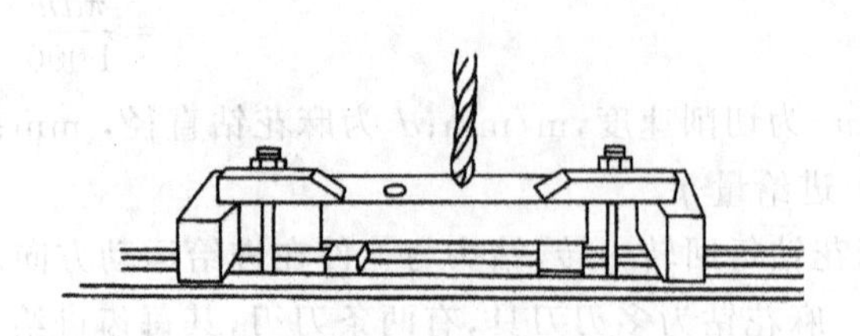

图 3-7-7　用压板、螺栓装夹工件钻孔

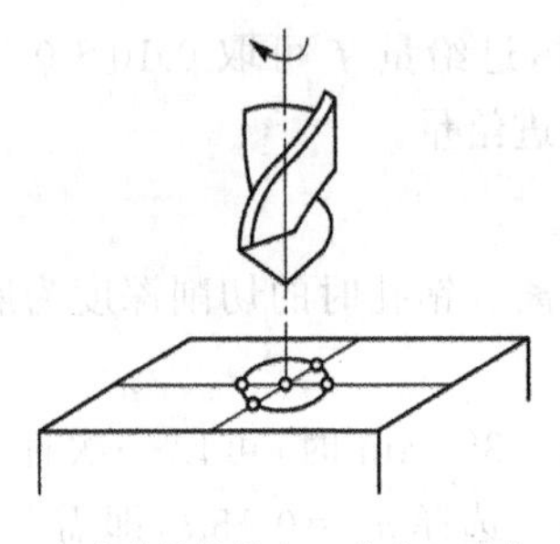

(a) 麻花钻轴线与工件中心重合

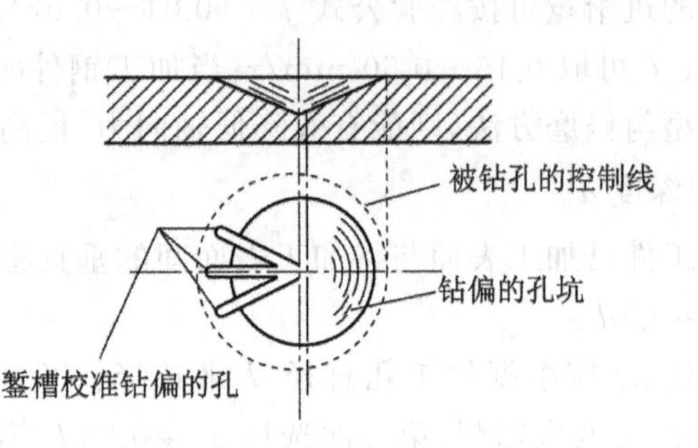

(b) 校准钻偏孔的方法

图 3-7-8　按划线法钻孔

提示	试钻后若发现孔有偏差，可更换比图样尺寸小的键槽铣刀，先铣一较小较浅的孔，检测后若符合图样要求，即可换钻头钻孔；若有偏差，则纵向或横向移动工作台，直至孔的中心位置符合图样要求为止。

(2) 按靠刀法钻孔

如图 3-7-9 所示，工件上的孔对基准的孔距尺寸精度要求较高时，如果还采用划线法钻孔就不容易控制了，这时应利用铣床纵、横手轮有刻度的特点，采用靠刀法来对刀实现孔的钻削加工。

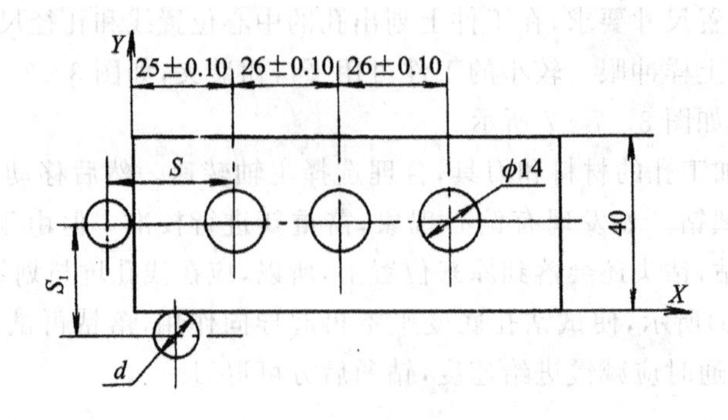

图 3-7-9　用靠刀法移动距离确定孔的中心位置

具体加工方法如下：

① 先将平口钳固定钳口(或工件的基准边)校正与纵向进给方向平行(或垂直)。

② 工件装夹好后用标准圆棒或中心钻装夹在钻夹头中,使标准圆棒与工件基准刚好靠到后,再向 X 轴负方向摇进,使中心钻离开工件,再向 Y 轴正方向摇进距离 S_1。

③ 在此位置上,靠近另一基准后,就可摇过距离 S,即对好左起第一个孔的中心位置。

④ 如直接用麻花钻钻孔,会因钻头横刃较长或顶角对称性不好而产生定心不准造成钻偏,使孔距公差难以保证。为保证尺寸公差,可先用中心钻钻出锥孔作为导向定位,然后再用麻花钻钻孔就不会产生偏差。

⑤ 中心钻的切削速度不宜太低,否则容易损坏钻头。一般情况下,用直径 4～12 mm 的中心钻钻孔时,主轴速度可调到 950～1 000 r/min。

一个孔钻削完毕,将工作台移动一个中心距,再用同样的方法钻另一个,依次完成各孔的加工,孔距公差则易得到保证。

(3) 利用分度头装夹工件钻孔

在盘类工件上钻圆周等分孔时,可在分度头上装夹工件钻孔。先校正分度头主轴的轴线,使其与铣刀主轴的轴线平行,并平行于工作台台面,两主轴的轴线要处于同一轴向平面内。校正工件的径向和端面圆跳动,使其符合要求。然后将升降台和横向进给固紧,以保证钻孔正确,按要求分度和纵向进给钻孔,如图 3－7－10 所示。

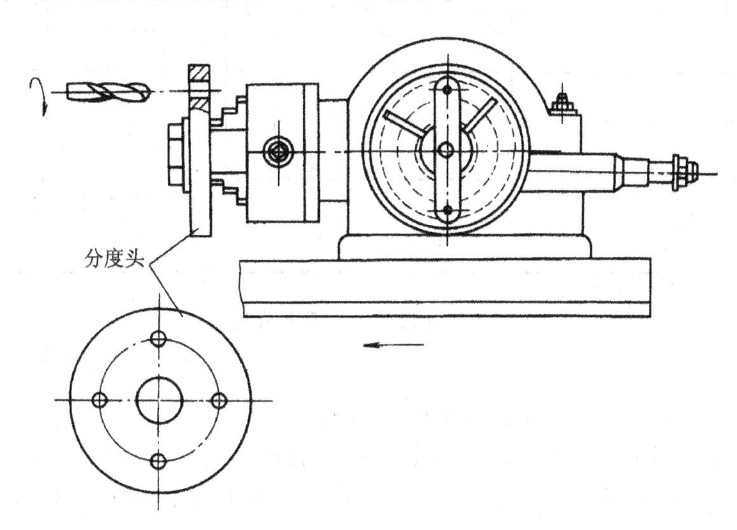

图 3－7－10　用分度头装夹工件钻孔

(4) 在回转工作台上装夹工件钻孔

工件直径较大时,可用压板装夹在回转工作台上钻孔。安装回转工作台并校正其主轴的轴线,使其与立铣头主轴的轴线同轴,然后装夹工件,校正工件,使其与回转工作台同轴,移动工作台等于圆半径的距离,使钻头轴线对准被钻孔中心,将工作台纵、横向固紧,用升降台进给钻孔。

钻孔技能训练

(1) 钻孔板上的孔

如图 3－7－11 所示,孔板外形符合规定尺寸要求,各面之间保证相互垂直、平行。钻孔时按划线进行钻孔或用靠刀法钻孔。其步骤如下:

① 按图样要求,划出各孔的位置线与孔径线,并打样冲眼,且样冲眼要小,位置准确。

② 安装平口钳，校正固定钳口，使其平行于工作台纵向进给方向，装夹工件。装夹时，应使工件底面与平口钳钳身导轨面离开一定的距离，以防钻孔完成时，钻头钻坏平口钳钳身导轨面。

③ 按孔径选好麻花钻 $\phi8.4$，用钻夹头和锥套安装于立铣头主轴锥孔中。

④ 调整机床主轴转数为 600 r/min，移动工作台，使工件孔中心与钻头轴线重合，然后紧固工作台的纵向、横向，即可启动机床，手动升降台进给钻第一个孔。

⑤ 纵向移动工作台一个中心距 20 mm(手轮刻度盘控制)，钻第二孔。同样方法钻出其他 $\phi8$ 的孔。

⑥ 更换 $\phi10$ 的麻花钻，横向移动工作台 18 mm，钻 $\phi10$ 的第一个孔。

⑦ 纵向移动工作台，保证孔距(20±0.1) mm，依次钻出其余 $\phi10$ 的孔。

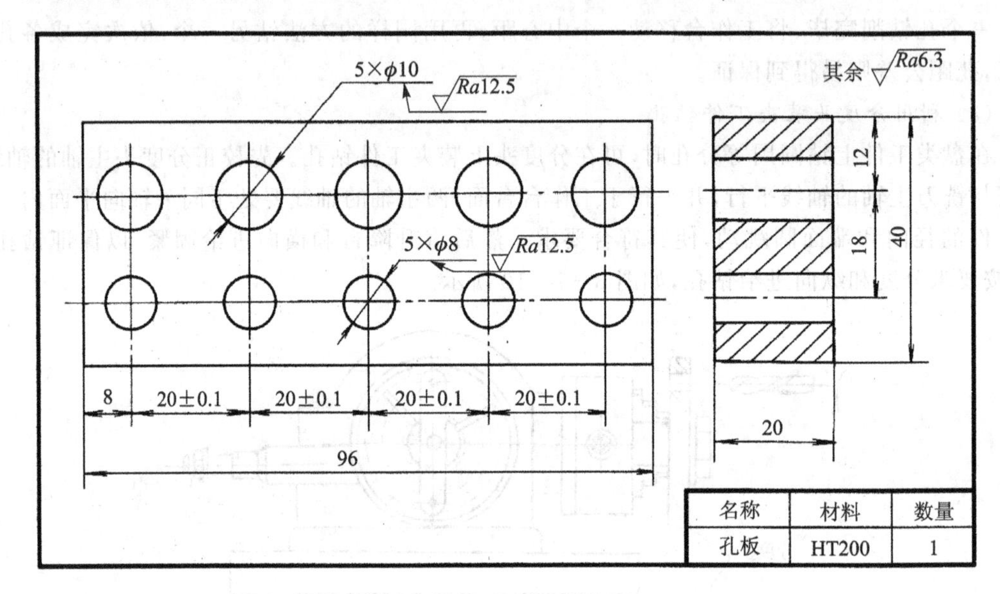

图 3-7-11　在孔板上钻孔

(2) 钻圆盘上的孔

按图 3-7-12 所示，在圆盘上钻孔的步骤如下：

① 按图样要求，划出各孔的位置线与孔径线，并打样冲眼，且样冲眼要小，位置准确。

② 选用麻花钻 $\phi10$，通过钻夹头和锥套安装在立铣头主轴锥孔中。调整机床主轴转数为 600 r/min。

③ 工件以内孔 $\phi30^{+0.021}_{0}$ 定位，用心轴安装在分度头主轴锥孔中。

④ 开车，手动纵向进给，先分度钻 4 个 $\phi10$ 的孔，用游标卡尺检测中心距，合格后，换上 $\phi14$ 的麻花钻，转动分度头 45°，依次分度钻出 4 个 $\phi15$ 的孔。

注意事项

钻孔技能训练中需注意的事项如下：

- 选择钻头直线性更好，切削刃要锋利、对称、无崩刃、裂纹、碰伤、退火等缺陷。
- 钻削时，应经常退出钻头，排除切屑，以防切屑堵塞而折断钻头。
- 划线、打样冲眼要准确，钻头横刃不能太长，以防止钻孔位置发生偏移。
- 进给量不能太大，否则孔的表面粗糙度值会增大。
- 钻孔接近尾声时，要将机动进给转为手动进给，减小进给量，防止钻头冒出孔端折断。

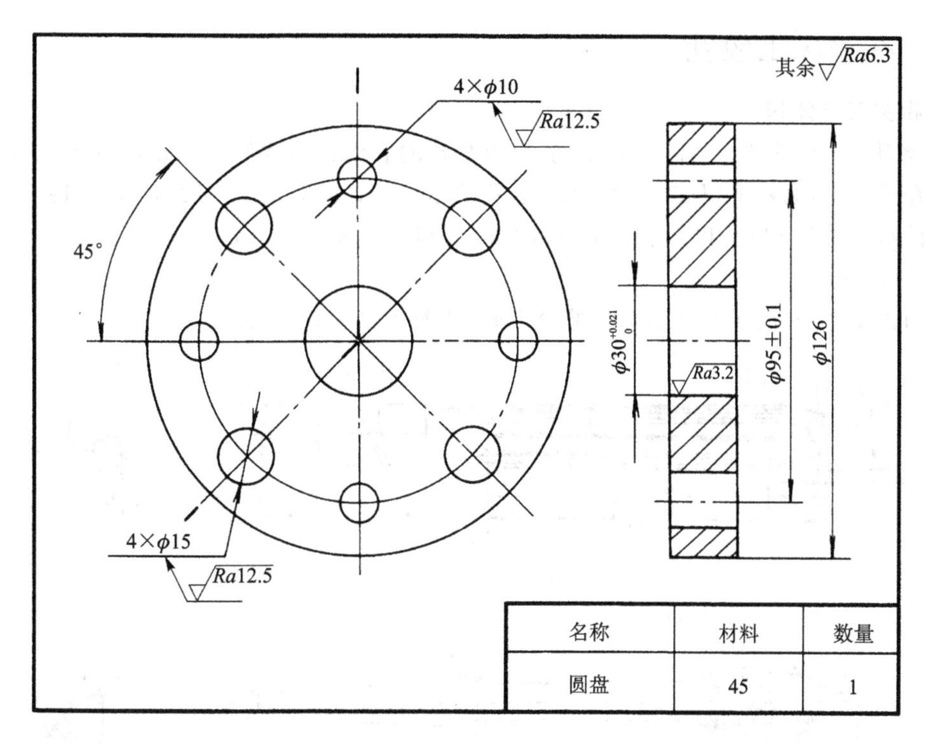

图 3-7-12　在圆盘上钻孔

● 钻头用钝后应及时刃磨，不要用过钝的钻头钻孔。

【质量分析】

在铣床上钻孔的质量分析如表 3-7-2 所列。

表 3-7-2　在铣床上钻孔的质量分析

质量问题	产生的原因	改进措施
孔位置不准	① 划线不准或样冲眼未打准。 ② 钻头横刃太长使定心不稳。 ③ 调整孔距时移动尺寸不准	① 提高划线、打样冲眼和钻孔时的对中精度。 ② 合理修磨钻头横刃。 ③ 正确调整铣床移距的坐标尺寸
孔偏斜	① 钻头两主切削刃不对称。 ② 进给量太大而使钻头弯曲。 ③ 工件端面与钻头轴线不垂直。 ④ 在圆柱端面上钻孔时，钻头中心未通过工件轴线	① 正确修磨钻头。 ② 合理选择进给量。 ③ 若工件端面不平整，应在钻孔前加工平整或在端面预钻一个引导凹坑。 ④ 在圆柱端面上钻孔时，应仔细调整，使钻头中心通过工件轴线，并用中心钻预钻引导凹坑
孔呈多角形	① 钻头后角太大。 ② 钻头角度不对称，即两主切削刃长短不一致	① 用砂轮打磨钻头，使其后角小一些。 ② 保证两主切削刃的长度一致
孔壁粗糙	① 选用切削液不合理或进给量小。 ② 背吃刀量 a_p 过大。 ③ 钻头被磨损，不够锋利。 ④ 钻头过短，排屑槽堵塞	① 合理选择切削液和切削用量。 ② 在加工前合理选择钻头，检查刀具磨损程度，正确修磨钻头。 ③ 选择工作部分长度大于孔深的钻头或及时退刀排屑

3.7.2 在铣床上铰孔

1. 相关工艺知识

用铰刀从工件孔壁上切除少量金属,以提高孔的表面粗糙度和尺寸精度的加工方法称为铰孔。在铣床上,通常采用铰刀来完成普通孔的精加工,如图 3-7-12 所示。用铰刀铰孔可以使孔的精度达到IT9~IT7,孔的表面粗糙度达到 $Ra\,6.3 \sim 1.6\ \mu m$。

(1) 铰刀的结构

铰刀由工作部分、颈部和柄部三部分组成,如图 3-7-13 所示。

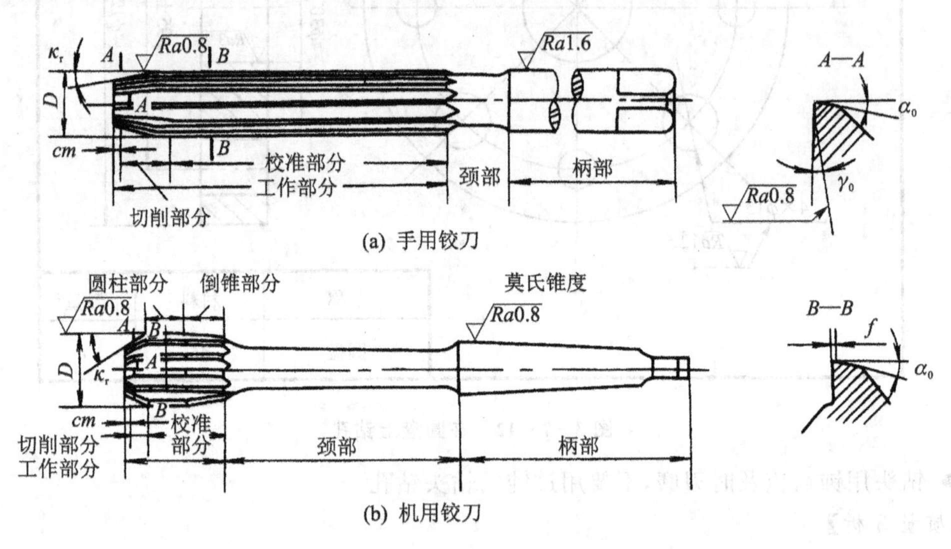

图 3-7-13 圆柱铰刀

1) 工作部分

铰刀的工作部分由引导锥、切削部分和校正部分组成。引导锥是铰刀工作部分最前端的45°倒角部分,便于铰削开始时将铰刀引导入孔中,并起保护切削刃的作用。紧接引导锥的是顶角(切削锥角)$2\kappa_r$ 的切削部分,切削部分是承担主要切削工作的一段锥体,其半锥角 κ_r 较小。再后面是校准部分,这部分分为圆柱部分和倒锥部分。圆柱部分起导向、校准和修光作用,也是铰刀的备磨部分;倒锥部分起减少摩擦和防止铰刀将孔径扩大的作用。

2) 颈　部

在铰刀制造和刃磨时起空刀作用。

3) 柄　部

铰刀的夹持部分,铰削时用来传递转矩,有直柄和莫氏锥柄两种。

(2) 铰刀的种类

铰刀按其使用时动力来源不同分为手用铰刀和机用铰刀两大类;按铰刀刀具材料不同分为高速工具钢铰刀和硬质合金铰刀;按所铰削孔分成圆柱铰刀和圆锥铰刀;按结构可分为整体式铰刀和套式铰刀等。

1) 手用铰刀

如图 3-7-13(a)所示,手用铰刀的切削部分比机用铰刀的切削部分要长,顶角 $2\kappa_r$ 很小,一般手用铰刀的 $\kappa_r = 30' \sim 1°30'$,定心作用好,铰削时轴向抗力小,工作时比较省力。手用铰刀的校准部分有一段倒锥部分。为了获得较高的铰孔质量,手用铰刀各刀齿间的齿距在圆周上不是均匀分布的。

2）机用铰刀

如图 3－7－13(b)所示，切削部分较短，其半顶角 κ_r 在铰削钢及其他材料的通孔时为 15°，铰削铸铁及其他脆性材料时为 3°～5°。铰削盲孔时，为使铰出孔的圆柱部分尽量长，采用 κ_r＝45°。机用铰刀的校正部分也较短，分圆柱、倒锥两部分。机用铰刀工作时其柄部与机床连接在一起，铰削时连续稳定。为制造方便，各刀齿间的齿距在圆周上成等距分布。

标准手用铰刀，柄部为直柄，直径范围为 1～71 mm，主要用于单件、小批量生产或装配工作中。标准机用铰刀，直柄的直径范围为 1～20 mm；锥柄的直径范围为 5.5～50 mm，主要用于成批生产，装于钻床、车床、铣床、镗床等机床上进行铰孔；成批生产中铰削直径较大的孔时使用套式机用铰刀，铰刀套装在专用的 1∶30 锥度心轴上铰削，其直径范围为 25～100 mm。

(3) 铰削用量

铰削用量包括铰削余量、切削速度和进给量。在铰削过程中，摩擦、切削力、切削热及积屑瘤都是影响铰削用量是否合理的原因，铰削用量的选择将直接影响加工孔的精度和表面粗糙度。

1）铰削余量

选择铰孔余量时，应考虑铰孔精度、表面粗糙度、孔径大小、工件材料的软硬和铰刀类型等因素。表 3－7－3 列出了铰孔余量范围。

表 3－7－3　铰孔余量　mm

孔的直径	≤6	＞6～10	＞10～18	＞18～30	＞30～50	＞50～80	＞80～120
粗铰	0.10	0.10～0.15	0.10～0.15	0.15～0.20	0.20～0.30	0.35～0.45	0.50～0.60
精铰	0.04	0.04	0.05	0.07	0.07	0.10	0.15

注：如仅用一次铰孔，铰孔余量为表中粗铰、精铰余量之总和。

铰削余量应适中。太小时，上道工序残留余量去除不掉，使铰孔质量达不到要求，且铰刀啃刮现象严重，增加刀具的磨损；太大时，将破坏铰削过程的稳定性，增加切削热，铰刀直径胀大，孔径也会随之变大，且会增大加工表面粗糙度值。

2）切削速度与进给量

采用普通的高速钢铰刀进行铰孔加工，当加工材料是铸铁时，切削速度 $v_c \leqslant 10$ m/min，进给量 $f \leqslant 0.8$ mm/r；当加工材料为钢料时，切削速度 $v_c \leqslant 8$ m/min，进给量 $f \leqslant 0.4$ mm/r。

3）切削液的选择

为了能提高铰孔的加工表面质量并延长刀具的耐用度，应选用有一定流动性的切削液，用来冲去切屑和降低温度，同时也要有良好的润滑性。当铰削韧性材料时，可采用润滑较好的植物油作为切削液；当铰削铸铁等脆性材料时，通常采用机油。

2. 铰孔方法

铰孔是用铰刀对已粗加工或半精加工的孔进行精加工，铰孔之前，一般先经过钻孔或扩孔。要求较高的孔，需先扩孔或镗孔，对精度高的孔，还需要分粗铰和精铰 。

(1) 试铰孔

铰孔前，应先在废件上试铰一孔，测量孔径尺寸，检查孔壁表面粗糙度等是否符合图样技术要求。合格后再加工工件。而一般新铰刀，其直径尺寸公差大都在上偏差，这样铰出的孔径尺寸就会超差。所以，新铰刀需研磨铰刀直径，合格后再投入使用。

研磨铰刀的方法是先将铰刀装于铣床主轴锥孔中,用主轴转数。将铰刀刀刃及研磨套内涂上研磨剂。然后,将研磨套套装在铰刀上,反转铰刀,使铰刀的余量在研磨套内磨掉。研磨时间的长短应视研磨余量的大小而定。经研磨后的铰刀,仍要试铰。待孔径尺寸合格后,才可投入使用。

(2) 精铰孔

将已粗加工好的孔,清除切屑后,可按选定的切削用量,进行铰孔。铰孔时应使用切削液。铰孔前,孔的位置精度一定要准确,因铰孔不能改变孔的位置精度。只能改变孔径的大小和提高表面粗糙度。

3. 铰孔时的铰削质量分析

铰孔时的铰削量一般均比较小,而铰刀装夹的刚性又较差,所以铰削时都以铰削前孔的位置为基准均匀地切去余量。因此,铰孔不能纠正孔的位置误差,对孔的形状误差(主要是圆度误差)纠正能力也不强。故在铰孔前,孔的位置精度和形状精度都必须达到一定要求。

铰孔时,影响铰削质量的因素较多,常见的质量问题和产生原因如表 3-7-4 所列。

表 3-7-4　在铣床上铰孔的质量分析

质量问题	产生原因
表面粗糙度值太大	① 铰刀刀口不锋利,切削和校准部分不光洁。 ② 铰刀切削刀上粘有积屑瘤,容屑槽内粘屑过多。 ③ 铰削余量太大或太小。 ④ 切削速度太高,以致产生积屑瘤。 ⑤ 铰刀退出时反转。 ⑥ 切削液选择不当或浇注不充分。 ⑦ 铰刀偏摆过大
孔径扩大	① 铰刀与孔的中心不重合,偏摆过大。 ② 铰削余量和进给量过大。 ③ 切削速度太高,铰刀温度上升而直径增大。 ④ 铰刀直径不对
孔径缩小	① 铰刀超过磨损标准尺寸变小仍在继续使用。 ② 铰刀磨钝后继续使用,造成孔径过度收缩。 ③ 铰削钢件时加工余量太大,铰后内孔弹性变形恢复使孔径缩小。 ④ 铰铸铁时加了煤油
孔轴线不直	① 铰孔前的预加工孔不直,铰小孔时由于铰刀刚度小而未能纠正原有的弯曲。 ② 铰刀的切削顶角 $2\kappa_r$ 太大,导向不良,使铰削时发生偏歪
孔呈多棱形	① 铰削余量太大和铰刀刀刃不锋利,使铰削时发生"啃切"现象,发生振动而出现多棱形。 ② 铰孔前预加工孔圆度误差太大,使铰孔时发生弹跳现象。 ③ 机床主轴振摆过大

注意事项

铰孔时的注意事项如下:

- 铣床上装夹铰刀,有浮动连接与固定连接两种方式。固定连接时,必须防止铰刀偏摆,否则铰出的孔径会超差。

- 铰刀的轴线与钻、扩后孔的轴线应相同，因此，最好钻扩、扩孔、铰孔连续进行。
- 铰刀退出时不能反转、停车，铰刀反转会使切屑轧在孔壁与铰刀刀齿的后面之间，将孔壁刮毛；同时，铰刀也容易磨损，甚至崩刃。因此，必须在铰刀退离工件后再停车。
- 铰通孔时，铰刀的校准部分不能全部铰出孔外，否则会刮坏孔的出口端，退刀困难。
- 铰刀是精加工刀具，用毕应擦净加油，放置时要防止刀刃被碰坏。

3.7.3　在铣床上镗孔

镗削加工是利用镗刀对已有孔、孔系进行再加工的方法。镗孔可在车床、镗床、组合机床、数控机床及自动线机床上进行。

一般镗孔精度可达 IT7～IT8，精镗可达 IT6，表面粗糙度 Ra 为 0.8～1.6 μm。除浮动镗削外，镗孔能纠正孔的直线度误差，获得高的位置精度，特别适合于箱体、支架、杠杆等零件上的单个孔或孔系的加工。

1. 相关工艺知识

(1) 镗　刀

镗孔用的刀具称为镗刀。常用的镗刀种类很多，一般可分为单刃镗刀和双刃镗刀两大类。在铣床上大多用单刃镗刀镗削，有时也使用双刃镗刀镗削。

1) 单刃镗刀

常用的单刃镗刀有整体式（焊接式）镗刀、机夹式镗刀和可转位式镗刀。整体式镗刀的镗刀和刀杆是一体的，如图 3－7－14(a)、(b)所示，一般装在可调镗刀盘上使用，借助镗刀盘的调节来控制孔径，大多用于镗削直径较小的孔。机夹式镗刀由镗刀头和镗刀杆组成，如图 3－7－14(c)、(d)所示，一般由镗刀杆上的紧固螺钉将镗刀头紧固在镗刀杆的方孔内，大多用于镗削直径比较大的孔。可转位式镗刀如图 3－7－14(e)、(f)所示。单刃镗刀结构简单，制造方便，通用性好。

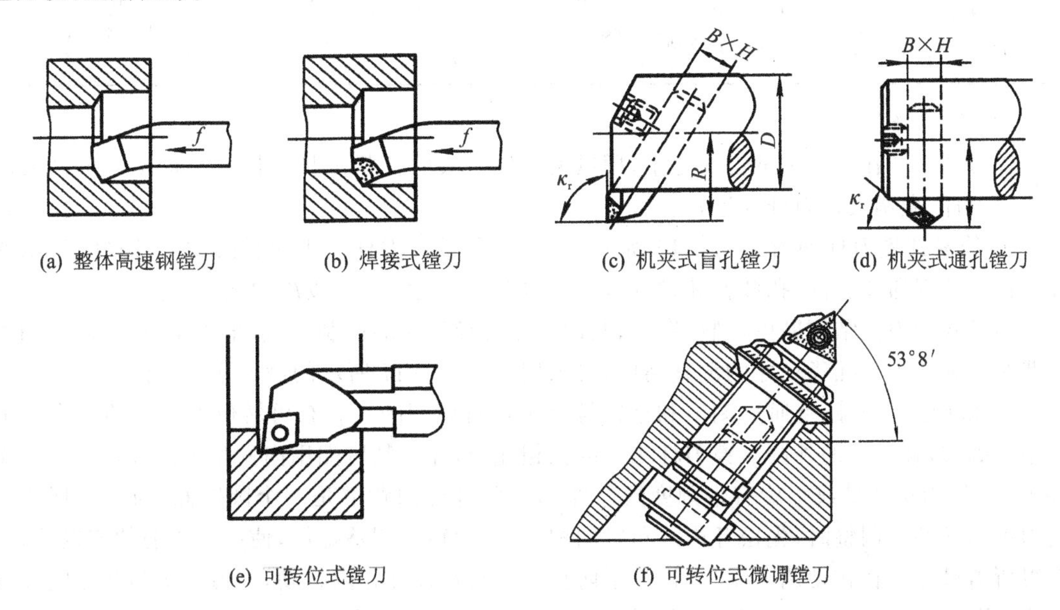

(a) 整体高速钢镗刀　(b) 焊接式镗刀　(c) 机夹式盲孔镗刀　(d) 机夹式通孔镗刀

(e) 可转位式镗刀　(f) 可转位式微调镗刀

图 3－7－14　单刃镗刀

2) 双刃镗刀

所谓双刃镗刀,是指两端都有切削刃的镗刀。图 3-7-15(a)所示为固定式双刃镗刀,镗刀块两个切削刃切削时背向力互相抵消,不易引起振动。镗刀块的刚性好,容屑空间大,切削效率高。固定式镗刀用于粗镗、半精镗 $d>40$ mm 的孔,对孔进行粗加工、半精加工、锪沉孔或端面等。

图 3-7-15(b)所示为浮动式双刃镗刀,多用于孔的精加工,当精镗时,镗刀块通过作用在两端的切削刃上大小相等、方向相反的切削抗力,保持自身的平衡状态,实现自动定心。

适用于单件、小批生产加工直径较大的孔,特别适用于精镗直径 $d>200$ mm 以上且深的筒件和管件孔。镗刀切削部分的几何角度与车刀、铣刀的切削部分基本相同。几何参数一般根据工件材料及加工性质选取,具体参考值见表 3-7-5。

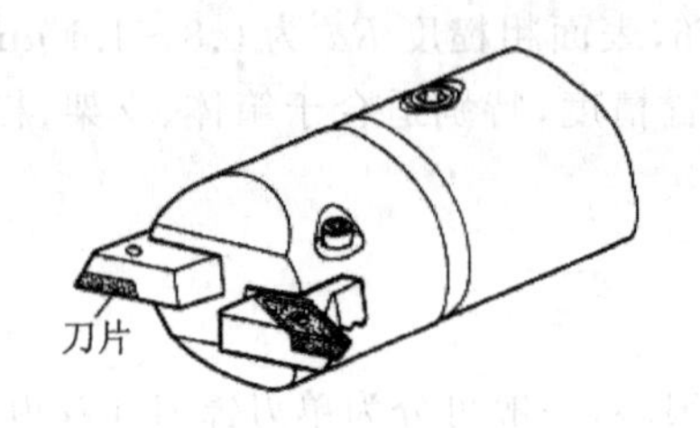

(a) 固定式双刃镗刀

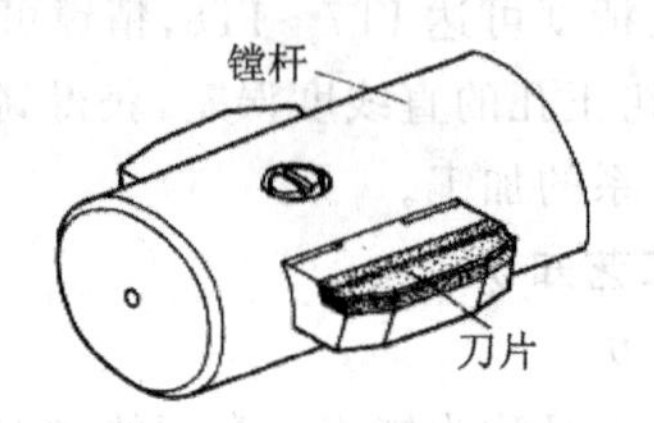

(b) 浮动式双刃镗刀

图 3-7-15 双刃镗刀

表 3-7-5 镗刀几何角度选取参考数值

工件材料	前角 γ_0	后角 α_0	刃倾角 λ_0	主偏角 κ_r	副偏角 κ_r'	刀尖圆弧半径 r_ε
铸铁 40Cr 45 1Cr18Ni9Ti 铝合金	5°～10° 10° 10°～15° 15°～20° 25°～30°	6°～12° 粗镗时取小值 精镗时取大值 孔径大取小值 孔径小取大值	一般情况下 取 0°～5° 通孔精镗时 取−5°～−15°	镗通孔时 取 60°～75° 镗台阶孔取 90°	一般取 15° 左右	粗镗孔时 取 0.5～1 mm 精镗孔时 取 0.3 mm 左右

(2) 镗刀杆

镗刀杆是装在机床主轴锥孔之中,用以夹持镗刀头的杆状工具。根据结构不同可分为简易式镗刀杆、微调式镗刀杆等形式。

① 简易式镗刀杆如图 3-7-16 所示,图(a)所示的镗刀杆用于通孔的镗削;图(b)所示的镗刀杆可镗削通孔、台阶孔和盲孔;图(c)所示的镗刀杆适宜镗削较深的孔。

简易式镗刀杆结构简单,制造容易;其缺点是孔径尺寸的控制,一般采用敲刀法调整,调整较费时。为了提高孔径尺寸的调整精度,可采用图 3-7-17 所示的微调式镗刀杆。

② 微调式镗刀杆是通过刻度和精密螺纹来进行微调的。装有可转位刀片 4 的镗头 3 上有精密螺纹,镗刀头的外圆与镗刀杆 1 上的孔相配合,并在其后端用内六角紧固螺钉 8 及垫圈 7 拉紧。镗刀头的螺纹上旋有带刻度的螺母 2,调整螺母的背部是一个圆锥面,与镗刀杆孔口的内锥面紧贴。调整时,先松开内六角紧固螺钉,然后转动调整螺母,使镗刀头前伸或退缩,以获得所需尺寸。在转动调整螺母时,为了防止镗刀头在镗杆孔内转动,在镗刀头与孔之间装有只能沿孔壁上的直槽做轴向移动而不能转动的止动销 6。此微调式镗刀杆精密螺纹的螺距是 0.5 mm,调整螺母游标刻度为一周 40 格(等分),调整螺母每转一小格,镗刀头移动距离为

0.5/40=0.0125 mm。由于镗刀头与镗刀杆轴线倾斜 53°8′，因此镗刀头在径向实际调整距离为 0.0125×sin 53°8′=0.01 mm，实现了微调的目的。

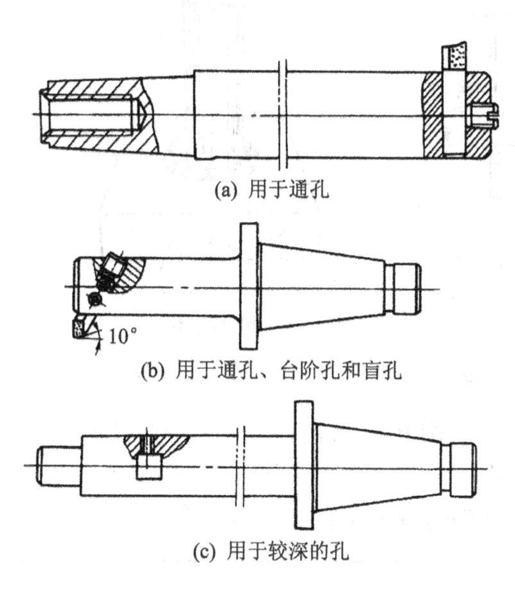

(a) 用于通孔

(b) 用于通孔、台阶孔和盲孔

(c) 用于较深的孔

图 3-7-16 简易式镗刀杆

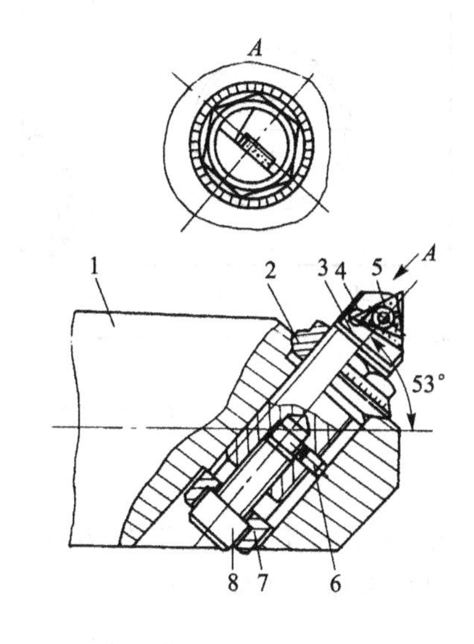

1—镗刀杆；2—调整螺母；3—镗刀头；4—刀片；5—刀片螺钉；6—止动销；7—垫圈；8—内六角螺钉

图 3-7-17 微调式镗刀杆

(3) 镗刀盘

镗刀盘又称镗头或镗刀架。图 3-7-18 所示是一种结构简单的镗刀盘，它具有良好的刚性，而且能精确地控制镗孔的直径尺寸。镗刀盘的锥柄与铣床主轴锥孔配合，转动调节螺钉时，可精确地移动带刻度线的燕尾块，从而微量改变镗刀的位置，达到改变孔径尺寸的目的。燕尾块带有几个装刀孔，用内六角螺钉将各种规格的镗刀杆固定在装刀孔内，就可方便地镗削各种尺寸规格的孔。

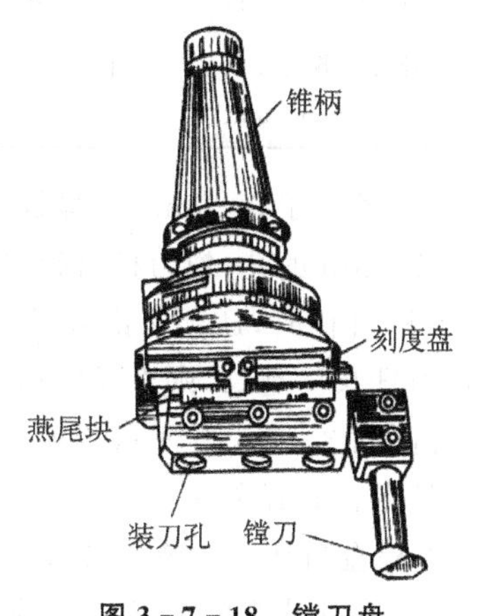

图 3-7-18 镗刀盘

2. 镗孔方法

(1) 单孔镗削

用简易式镗刀杆在铣床上镗削图 3-7-19 所示的单孔零件。

其镗削方法和步骤如下：

1) 划线和钻孔

根据图样，划出孔的中心线和轮廓线，并在孔中心打样冲眼，然后把工件装夹在铣床工作台上，装夹时应将工件垫高、垫平。用钻头钻出直径 40～45 mm 的孔(应先用直径为 20～25 mm 的钻头先钻出小孔后，再扩钻到要求的孔径)，也可在钻床上钻孔后再将工件装夹到铣床上。

2) 选择镗刀杆和镗刀头尺寸

为了保证镗刀杆和镗刀头有足够的刚度，当被加工孔的直径在 30～120 mm 时，镗刀杆直

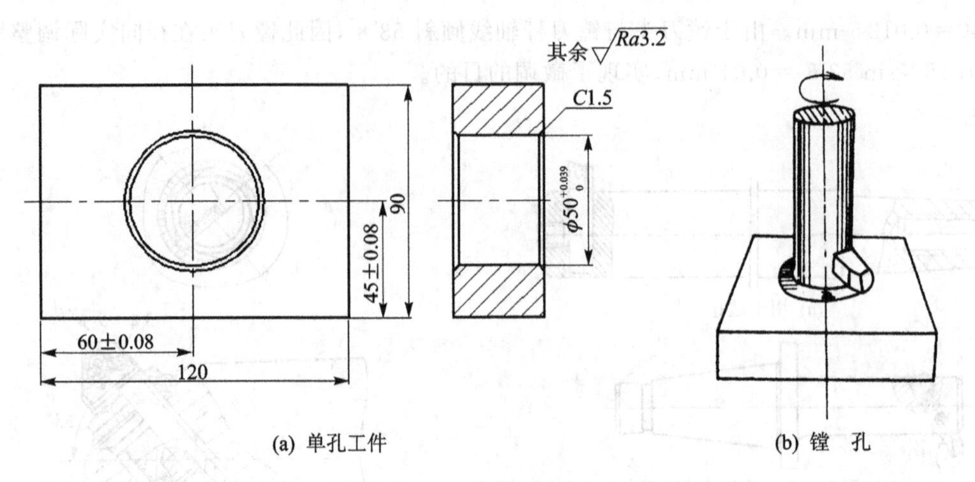

(a) 单孔工件　　(b) 镗　孔

图3-7-19　单孔工件的镗削

径一般为孔径的0.7～0.8倍；镗刀杆上方孔边长(或圆孔的直径)为镗刀杆直径的0.2～0.4倍。具体选择时可参考表3-7-6。

表3-7-6　镗刀杆直径及镗刀头截面尺寸

孔径/mm	30～40	40～50	50～70	70～90	90～120
镗刀杆直径/mm	20～30	30～40	40～50	50～65	65～90
镗刀头截面尺寸 $a\times a$/mm×mm	8×8	10×10	12×12	16×16	16×16 20×20

当孔径小于30 mm时，最好采用整体式镗刀，并用可调节镗刀盘装夹进行加工。对直径大于120 mm的孔，镗刀杆直径可不必很大，只要镗刀杆、镗刀头的刚性足够即可。此外，在选择镗刀杆直径时，还须考虑孔的深度和镗刀杆所需的长度。镗刀杆长度较短，直径可适当减小，镗刀杆长度越长，则直径应选得越大。

镗削图3-7-19所示的工件时，因孔的深度尺寸不大，工件形状较简单，可采用较短的镗刀杆，镗刀杆直径采用35 mm，镗刀头截面采用8 mm×8 mm。

3）检查机床主轴或立铣头主轴位置

采用在立式铣床上镗孔，必须检查机床主轴轴线与垂直进给方向是否平行(即是否与工作台台面垂直)，若平行度(或垂直度)误差大，镗出的孔圆度误差(呈椭圆孔)大。一般垂直度误差在150 mm范围内不应大于0.02 mm。

4）切削用量选择

切削用量随刀具材料、工件材料以及粗、精镗的不同而有所区别。粗镗时的切削深度 a_p 主要根据加工余量和工艺系统的刚度来决定。镗孔的切削速度可比铣削略高。镗削钢等塑性较好的材料时还需充分浇注切削液。当采用高速工具钢镗刀时，切削用量如下：

粗镗时，$a_p=0.5\sim2$ mm，$f=0.1\sim1$ mm/r，$v_c=15\sim40$ m/min；

精镗时，$a_p=0.1\sim0.5$ mm，$f=0.05\sim0.5$ mm/r，$v_c=15\sim40$ m/min。

5）对　刀

在铣床上镗孔，铣床主轴轴线与所镗孔的轴线必须重合。镗孔前，常用的调整方法如下：

① 按划线对刀。调整时，在镗刀顶端用油脂粘一颗大头针，并使刀杆大致对准孔的中心，然后用手慢慢转动主轴，一方面把针尖拨到靠近孔的轮廓线，另一方面移动工作台，使针尖与孔轮廓线间的间隙尽量均匀相等。用这种方法对刀，准确度较低，对操作者要求较高，一般用于对孔的位置精度要求不高的场合。

② 靠镗刀杆法对刀。当镗刀杆圆柱部分的圆柱度误差很小，并与铣床主轴同轴时，可使镗刀杆先与基准面 A 刚好接触，再横向移动距离 S_1，然后使镗刀杆与基准面 B 接触，并纵向移动距离 S_2。为了控制镗刀杆与基准面之间接触的松紧程度，可在镗刀杆与基准面之间放一量块，如图 3-7-20 所示。接触的松紧程度以用手能轻轻推动量块，而将手松开量块又不落下为宜。此法也可用标准圆棒或心轴对刀。

③ 测量法对刀。如图 3-7-21 所示，用深度千分尺或深度游标卡尺测量镗刀杆（或心轴）圆柱面至基准面 A 和 B 的距离，应等于图样尺寸与镗刀杆（或心轴）半径之差。若测量值与计算值不符，则调整工作台位置直至相符为止。

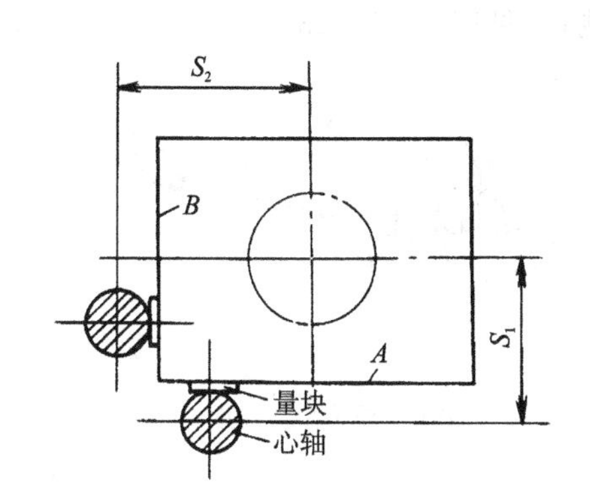

图 3-7-20　靠镗刀杆法对刀

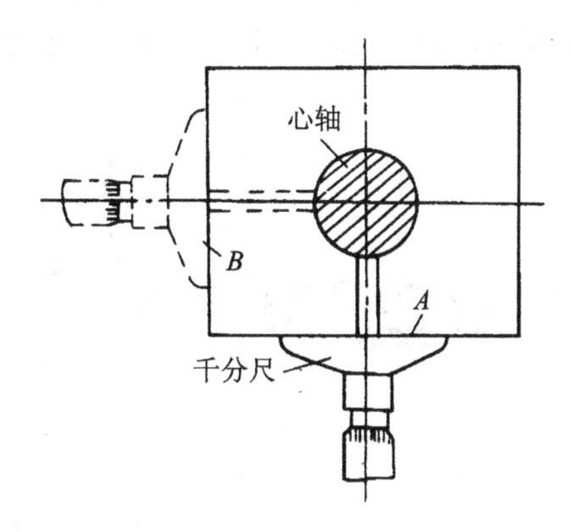

图 3-7-21　测量法对刀

6）控制孔径尺寸

控制孔径尺寸的方法，视镗刀杆结构而定。简易式镗刀杆镗孔时，一般都用敲刀法来调整。敲出量大多凭手感，也可借助游标卡尺、百分表来控制，如图 3-7-22 所示。用敲刀法调整，需经过几次试镗才能获得准确的尺寸。试镗时，一般只在孔口镗深 1 mm 左右，经测量尺寸符合要求后再正式镗孔。经常镗孔的铣床上，一般都备有可调节镗刀头和微调式镗刀杆，以便较快且准确地控制孔径。

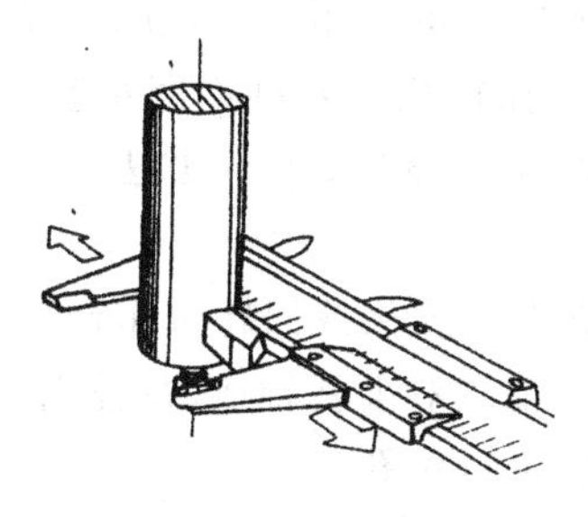

(a) 用游标卡尺测量敲出量

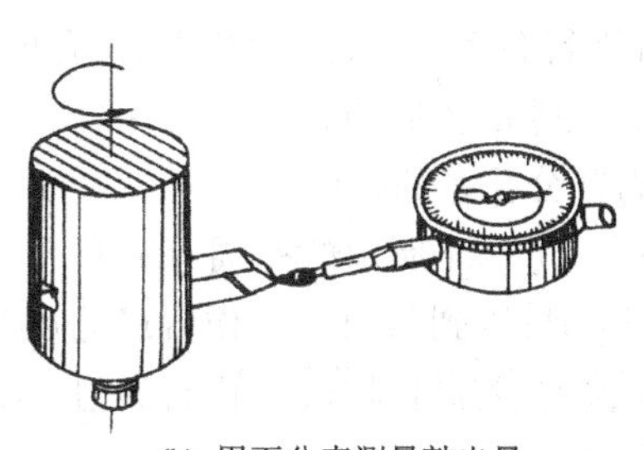

(b) 用百分表测量敲出量

图 3-7-22　镗刀敲出量的控制

7) 镗 孔

在镗刀与工件相对位置调整好后,应把立式铣床的纵向与横向运动锁紧,然后开始镗孔。镗孔分为粗镗和精镗。粗镗时,单边留 0.3 mm 左右的精镗余量,粗镗结束后,换上调整好的精镗刀杆,精镗至要求尺寸。

精镗后退刀时,应使镗刀刀尖指向操作者,即与床身相反,这样在退刀时,可使工作台下降时外倾,不致在孔壁上拉出刀痕,影响孔的表面粗糙度。

8) 预 检

粗镗孔后,对孔径应做一次检测。若孔距准确,则可调整孔径尺寸后加工至图样要求。

① 测量孔径。用内经千分尺测量,测量时应多测量几个方向,看孔是否成椭圆形或所镗孔是否有锥度。

② 测量孔距。测量孔壁侧面尺寸,测量方法有:用游标卡尺测量;用壁厚千分尺测量,见图 3-7-23(a);在普通千分尺测量面上,用铜管(或塑料管)套上一粒钢球,此千分尺上的读数应减去钢球直径,见图 3-7-23(b);用改装千分尺测量,见图 3-7-23(c)。

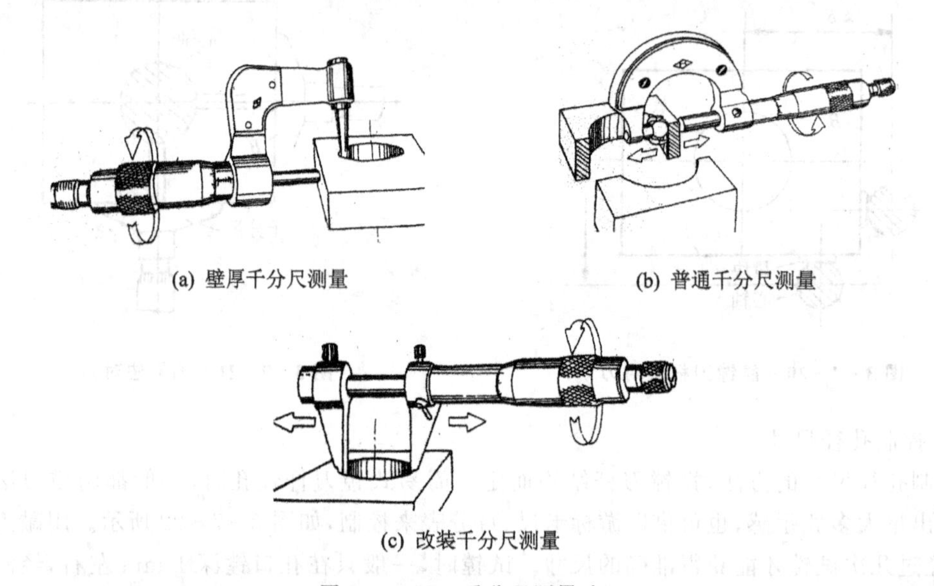

(a) 壁厚千分尺测量

(b) 普通千分尺测量

(c) 改装千分尺测量

图 3-7-23 千分尺测量孔距

(2) 平行孔系镗削

平行孔系是由若干个轴线相互平行的孔或同轴孔系所组成的一组孔。铣床主要镗削平行孔系。具有平行孔系的零件,对孔本身、孔的轴线之间以及孔轴线与基准面间都有精度要求。加工时,孔径尺寸的控制与镗单孔时一样,而重点应掌握好孔中心距的控制方法。

1) 圆周等分孔系的镗削

镗削图 3-7-24 所示的圆周等分孔系,可将工件装夹在分度头或回转工作台上进行。镗削时,先将工件校正到与回转工作台或分度头同轴,镗刀杆轴线对准孔轴线,每镗完一孔后,分度镗削下一个孔;或操作回转工作台转过一定角度,锁紧后进行镗孔。

2) 坐标法

用擦边找正法、试切找正法等镗削起始孔,然后以起始孔为基准原点,按坐标值逐次移距,坐标法可加工精度较高的平行孔系,在铣床上镗削平行孔系大多采用坐标法。

图 3-7-25 所示由 3 个孔组成的平行孔系,在用镗单孔的方法镗第一个孔 O_1 后,将工作

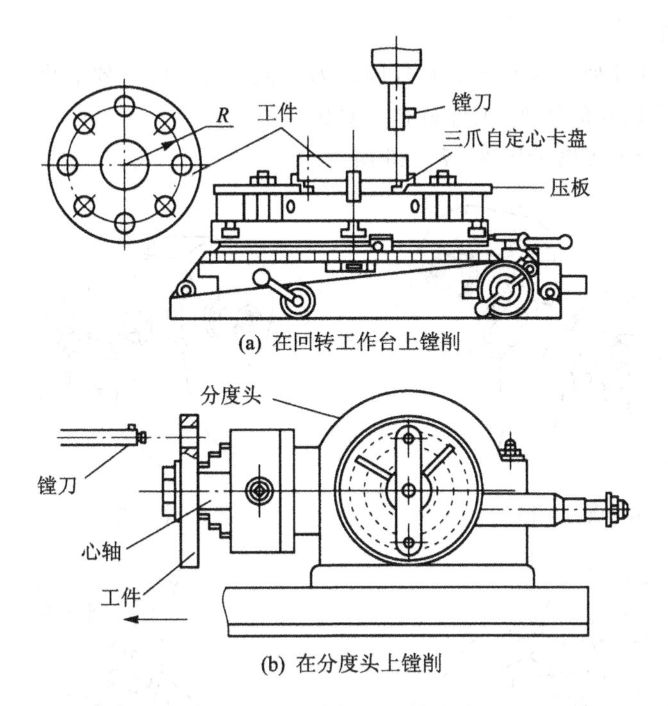

(a) 在回转工作台上镗削

(b) 在分度头上镗削

图 3-7-24　镗削圆周等分孔系

台纵向移动 36 mm，镗第二个孔 O_2，然后将工作台纵向退回 18 mm，再横向移动 31.2 mm，镗第三个孔 O_3。

当孔距精度要求不高时，工作台的移动距离可直接利用铣床手柄处的刻度盘来控制；当孔距精度要求较高时，则一般利用百分表和量块来控制。

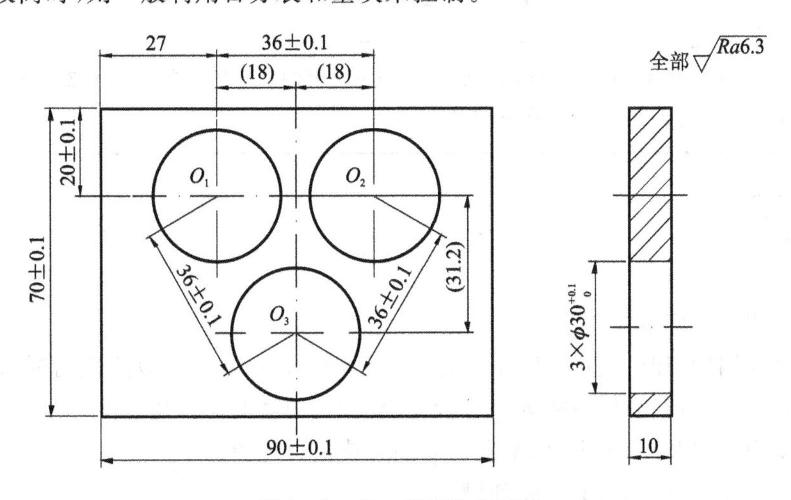

图 3-7-25　平行孔系零件

3）镗模法

在成批大量生产中，一般采用专用镗床夹具（镗模）加工，其同轴度由镗模保证。工件装夹在镗模上，镗刀柄支承在前后镗套的导向孔中，由镗套引导镗刀柄在工件的正确位置上镗孔。用镗模镗孔时，镗刀柄与机床主轴通过浮动夹头浮动连接，保证孔系的加工精度不受机床精度的影响。

3. 镗刀的刃磨

镗刀切削部分的几何形状基本上和外圆车刀相似。刃磨时需要磨出前刀面、主后刀面、副后刀面，其主要参数视孔的精度、工件材料等具体条件而定。

镗刀各切削部分的刃磨如图 3－7－26 所示。

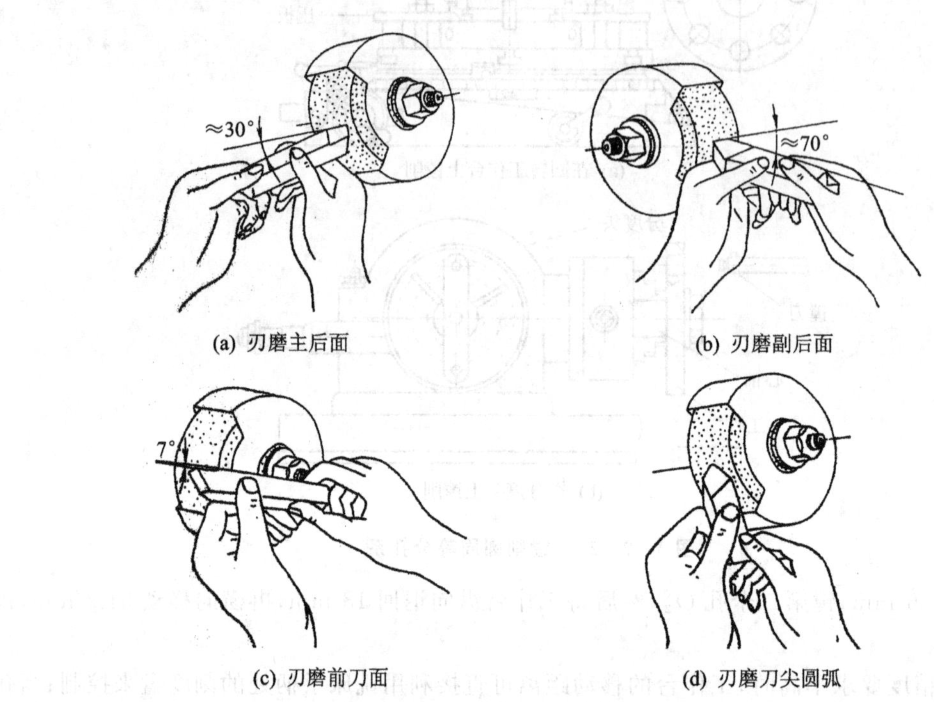

(a) 刃磨主后面　(b) 刃磨副后面

(c) 刃磨前刀面　(d) 刃磨刀尖圆弧

图 3－7－26　镗刀的刃磨

提示	镗刀各切削部分刃磨好后，可用油石对各切削部分进行修磨，这样可提高孔壁的表面粗糙度。效果真的很好喔！

注意事项

镗刀刃磨时的注意事项：

- 刃磨时用力不应过猛。
- 刃磨高速钢镗刀时，应用白刚玉砂轮，并经常放入水中冷却，以防止切削刃退火。
- 刃磨硬质合金镗刀时，应在碳化硅砂轮上刃磨，刃磨时不可用水冷却。
- 各角度面应刃磨准确、平直，不允许有崩刃或退火现象。
- 刃磨钢件镗刀时，应刃磨出断削槽。

镗孔技能训练

如图 3－7－27 所示，镗削孔板上的三个孔。

【训练步骤】

① 计算坐标尺寸，以孔 O_1 中心为坐标原点，以平行于两基准面 A 和 B 的直线为坐标轴，计算三孔中心的坐标尺寸，得 $O_1(0,0)$、$O_2(0,80)$、$O_3(40,59.87)$。

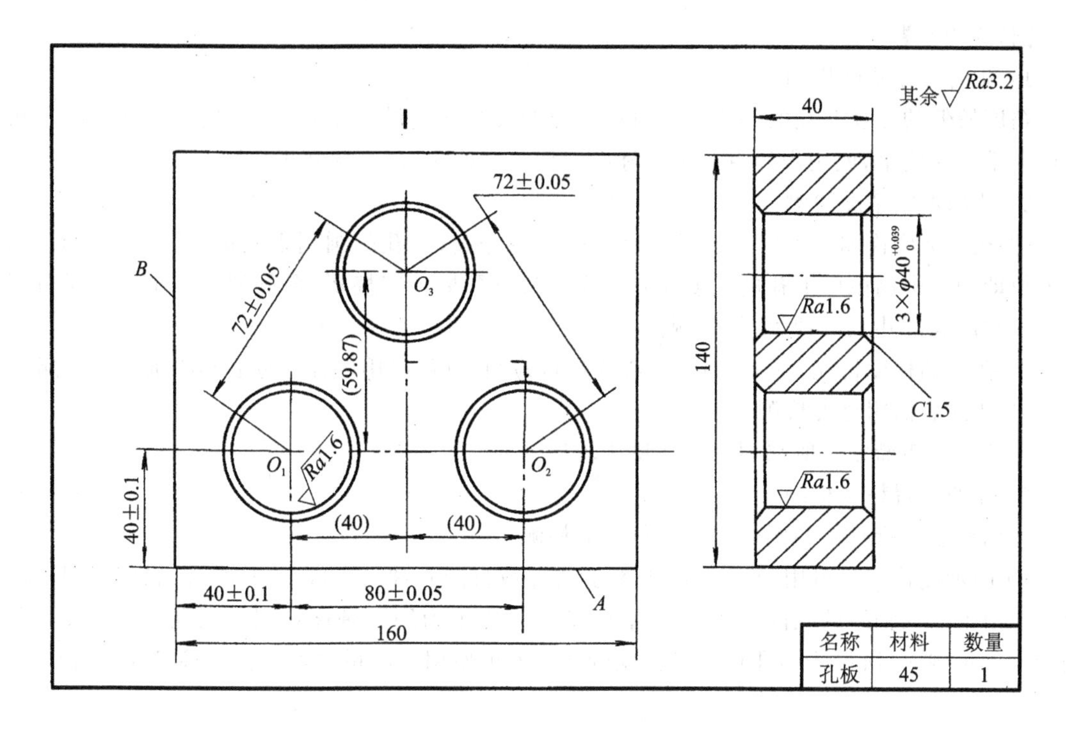

名称	材料	数量
孔板	45	1

图 3-7-27 镗三孔板

② 将工件涂色后,按照图样尺寸和坐标尺寸,划出三孔的中心位置以及孔的轮廓线,并在孔的中心处打样冲眼。

③ 镗刀直径选择 $\phi30$,方孔 8 mm×8 mm;根据工件材料为 45 钢和镗刀的几何参数,选择前角 $\gamma_0=10°$,后角 $\alpha_0=8°$,刃倾角 $\lambda_0=5°$(精镗时取 $\lambda_0=-5°$),主偏角 $\kappa_r=60°$,副偏角 $\kappa'_r=15°$,刀尖圆弧半径 $r_\varepsilon=0.5$ mm。

④ 切削用量选择。用调整工具钢镗刀,粗镗时切削深度 $a_p\approx2$ mm,进给量 $f=0.5$ mm/r,切削速度 $v_c=15$ m/min,实取转速 $n=118$ r/min;精镗时切削深度 $a_p=0.2$ mm。

⑤ 校正立铣头主轴轴线,使其垂直于工作台台面,在 300 mm 长度上垂直度误差不大于 0.03 mm。校正时,将磁性表座吸在铣床主轴端面,移动表座上的连杆,使其回转直径约为 500 mm。装主轴换向开关转换至“0”位,主轴转速调整至 750 r/min。摇动纵、横、垂向手柄,使百分表测头与纵向工作台台面接触约 0.2 mm。用手缓慢转动主轴,使百分表至工作台台面的另一端后,观看读数是否一致。若有偏差,则松开立铣头上的 4 个紧固螺母,调整主轴转角,直至两端读数差不小于 0.03 mm。

⑥ 校正工件基准面 A,使其与工作台纵向进给方向平行,用平行垫铁垫平工件,并用压板和螺栓将工件装夹在工作台台面上。

⑦ 用 $\phi35$ 的麻花钻钻 3 个底孔。

⑧ 粗镗 3 孔,留精镗余量 0.5~0.8 mm。

⑨ 精镗 3 孔至要求尺寸。

⑩ 用主偏角 $\kappa_r=45°$的镗刀镗孔口倒角。

⑪ 检验。

【精度检测】

1) 孔的尺寸精度检测

精度较低的孔径及孔的深度一般可用游标卡尺和深度游标卡尺测量;精度较高的孔径可用内径千分尺测量,或用内径百分表和标准套规配合检测,也可用塞规检测。

2) 孔的形状精度检测

① 孔的圆度检测。可用内径千分尺或内径百分表,在孔的圆周上测量不同点处的直径,其差值即为该圆周截面上孔的圆度误差。为了防止孔呈现三棱形,最好使用三爪内径千分尺检测。精度高的孔,可用圆度仪检测。

② 孔的圆柱度检测。一般用检验心棒进行检测,也可以用内径百分表和心轴配合检测。

3) 孔的表面粗糙度检测

孔的表面粗糙度一般都用标准样块比较检测。

4) 孔的位置精度检测

下面介绍平行孔系的同轴度和平行度的检测。

① 同轴度检测。可用同轴度量规、检验心棒或自制心轴,也可用与其配合的轴进行检验,以能自由推入同轴线的孔内为合适。图 3-7-28 所示为用同轴度量规检测孔的同轴度。使用同轴度量规时,所检测的孔径须经检验合格后方可使用。测量时,只要量规通过即为合格。

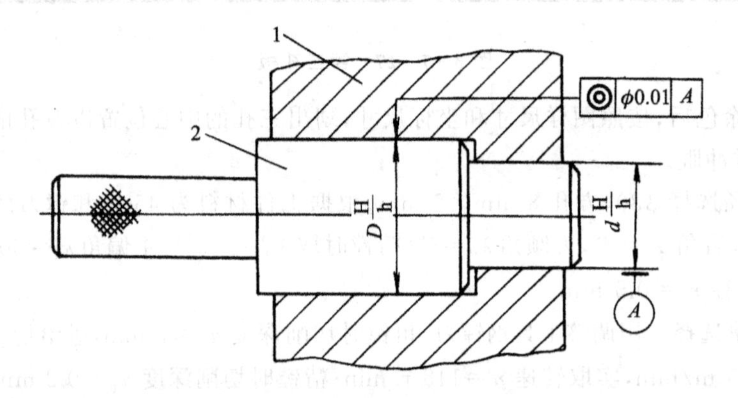

1—工件;2—量规

图 3-7-28 用同轴度量规检测

② 两孔轴线和中心距的检测。分别在两孔内装一配合精度较高的测量棒,如图 3-7-29 所示,然后在两端用外径千分尺测量两量棒外侧的距离 L_1,或用内径千分尺测量两量棒内侧的距离 L_2。两端的中心距的差值即为平行度误差。两孔的中心距 A 为

$$A = L_1 - \frac{1}{2}(d_1 + d_2) \quad 或 \quad A = L_2 + \frac{1}{2}(d_1 + d_2)$$

式中:d_1、d_2 为两测量棒的直径,mm。

③ 孔的轴线与基准面垂直度的检测。将工件的基准面紧贴并固定在检验角铁上,用百分表测量孔口或标准心棒两端至检验平台读数的差值,差值即为垂直度误差。检验时应将工件转 90°后进行第二次测量。也可如图 3-7-30 所示用专用检验工具插入孔内,再用着色法或塞尺检测工具圆盘与工件基准面的接触情况,其最大的间隙值 δ,即为检验范围内的垂直度误差。

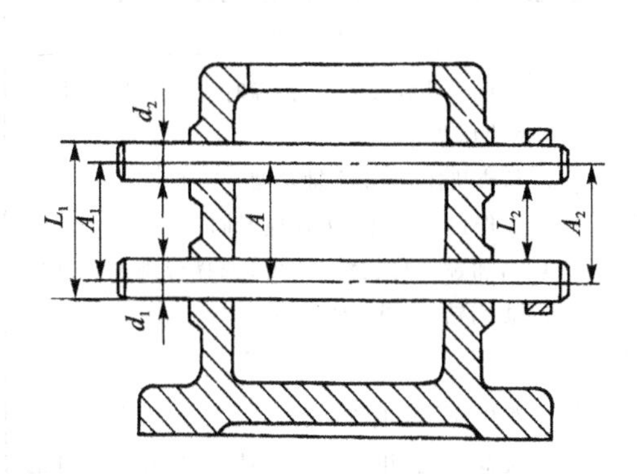

图 3-7-29 平行度和中心距的检测

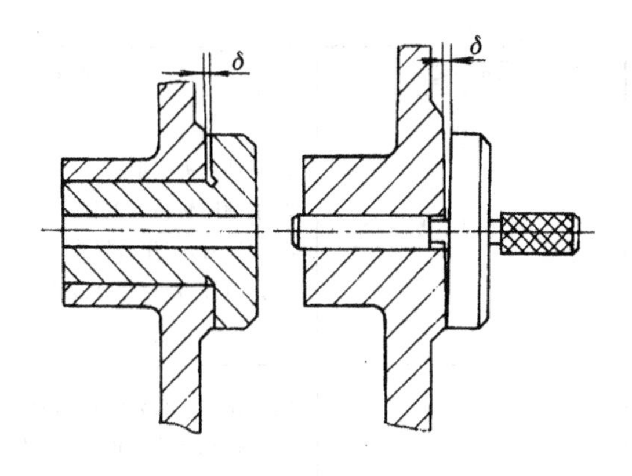

图 3-7-30 孔轴线与基准面垂直度的检测

【质量分析】

镗孔时，镗刀的尺寸和镗刀杆的直径受孔径大小的限制，镗刀杆的长度又必须满足镗孔深度的要求，因此，镗刀与镗刀杆的刚性较差，在镗削过程中，容易产生振动和"让刀"等现象，影响镗孔的质量。镗孔时常见的质量问题、产生原因及防止措施见表 3-7-7。

表 3-7-7 圆柱孔镗削的质量分析

质量问题	产生原因	防止措施
表面粗糙度值大	① 刀尖角或刀尖圆弧半径太小； ② 进给量过大； ③ 刀具磨损； ④ 切削液使用不当	① 修磨刀具，增大刀尖圆弧半径； ② 减小进给量； ③ 修磨刀具； ④ 合理选择及使用切削液
孔呈椭圆	立铣头"0"位不准，并用升降台垂向进给	重新校正立铣头"0"位
孔壁产生振纹	① 镗刀杆刚性差，刀杆悬伸太长； ② 工作台进给爬行； ③ 工件夹持不当	① 选择合适镗刀杆，镗刀杆另一端尽可能增加支承或增加支承面积； ② 调整机床垫铁并润滑导轨； ③ 改进夹持方法
孔壁有划痕	① 退刀时刀尖没有远离孔壁； ② 主轴未停稳，快速退刀	① 退刀时将刀尖拨转朝向操作者； ② 主轴停止转动后再退刀
孔径尺寸超差	① 镗刀回转半径调整不准； ② 测量不准； ③ 镗刀产生偏让； ④ 镗刀刀尖磨损	① 重新调整镗刀回转半径； ② 仔细测量； ③ 增加镗刀杆刚性； ④ 刃磨镗刀头，选择合适的切削液
孔呈锥形	① 切削过程中刀具磨损； ② 镗刀松动	① 修磨刀具； ② 安装刀头时要拧紧紧固螺钉
孔轴线与基准面的垂直度误差较大	① 工件定位基准选择不当； ② 装夹工件时，清洁工作未做好； ③ 采用主轴进给时，"0"位未校正	① 选择合适的定位基准； ② 做好基准面与工作台台面的清洁工作； ③ 重新校正主轴"0"位

续表 3-7-7

质量问题	产生原因	防止措施
圆度误差大	① 工件装夹变形； ② 主轴回转精度差； ③ 立镗时，工作台纵横向进给未紧固； ④ 镗刀杆、镗刀弹性变形	① 薄壁工件装夹适当，精镗时应重新压紧，并适当减小压紧力； ② 检查机床，调整主轴精度； ③ 工作台不进给的方向应紧固； ④ 增加镗刀杆、镗刀刚度，选择合理的切削用量，提高钻孔、粗镗的质量
平行度误差大	① 不在一次装夹中镗几个平行孔； ② 在钻孔和粗镗时，孔已不平行，精镗时镗刀杆产生弹性偏让； ③ 定位基准面与进给方向不平行，使镗出的孔与基准不平行	① 采用同一个基准面； ② 提高钻孔、粗镗的加工精度，增加镗刀杆的刚度； ③ 精确校正基准面

思考与练习

1. 麻花钻由哪几部分组成？各有何作用？

2. 麻花钻刃磨的基本要求是什么？刃磨时应注意什么？

3. 钻孔的方法有哪几种？

4. 按划线钻孔时，造成钻孔位置偏移的原因有哪些？如何防止位置偏移？

5. 整体式圆柱机用铰刀由哪几部分组成？其工作部分又由哪几部分组成？各组成部分的功用是什么？

6. 铰孔余量的大小对铰孔质量有何影响？怎样确定铰孔余量？

7. 铰孔时应注意哪些事项？

8. 铣床上常用的简易式镗刀杆有哪几种？各有何特点？

9. 镗单孔时，对刀的方法有哪几种？

10. 镗孔时，镗刀杆和镗刀头的尺寸怎样选择？

11. 镗平行孔系时，控制孔中心距的方法有哪几种？

12. 镗孔中常见的质量问题有哪些？产生的原因是什么？

13. 单孔与平行孔系应检测哪些内容？

课题八　外花键加工

教学要求

◆ 了解外花键的种类及定心方式。

◆ 熟练掌握用三面刃铣刀铣削外花键的加工方法。

◆ 掌握外花键的检验方法。

◆ 遵守操作规程，养成良好的安全、文明生产习惯。

3.8.1 外花键加工必备专业知识

1. 花键的种类及特征

花键按其齿廓形状分为矩形、渐开线形、三角形和梯形等四种。其中以矩形花键使用最广泛。矩形花键的定心方式有大径定心、小径定心和齿侧定心三种，如图 3-8-1 所示。其他齿形的花键一般都采用齿侧定心。

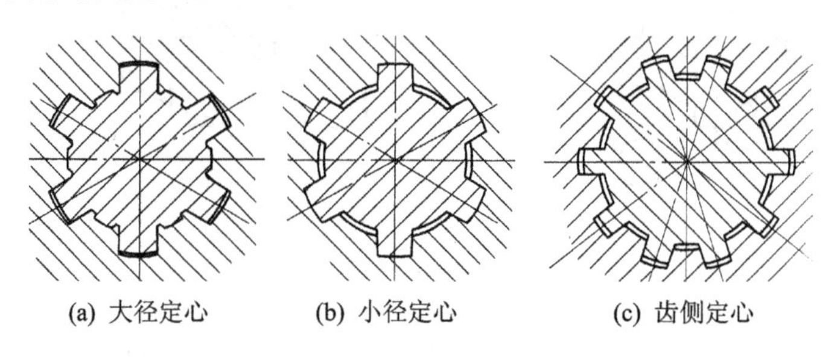

图 3-8-1 矩形花键定心方式

我国现行国家标准 GB/T 1144—2001 中只规定了小径定心一种方式，因为小径定心稳定性好，精度高。一些技术先进国家都采用渐开线花键连接的齿侧配合制。

在普通铣床上，可加工配用的大径定心矩形外花键，对小径定心的矩形外花键，一般只进行粗加工。矩形花键的参数可查机械手册。

2. 矩形外花键的加工要求

(1) 尺寸精度

键的宽度和花键的定心面是主要配合尺寸，精度要求较高。

(2) 表面粗糙度

键的两侧面和定心配合面的表面粗糙度，一般为 $Ra\,0.2 \sim 3.2\ \mu m$。

(3) 形状和位置精度

① 外花键定心小径(或大径)与基准轴线的同轴度。

② 键的形状精度和等分精度。

③ 键的两侧面和基准轴线的对称度和平行度。

花键的定心配合面的尺寸公差一般采用 f7 或 h7；键的宽度尺寸公差一般采用 f8 或 h8 和 f9 或 h9。花键位置偏差的最大量见表 3-8-1。

3. 矩形花键铣削加工的特点和方法

外花键的加工方法应根据零件的数量、技术要求及设备和刀具等具体条件确定。当大批量生产时，可在花键滚床上加工；对精度要求高和表面硬度高的外花键，则可在花键磨床上加工。当零件数量较少时，可在普通铣床上加工。

(1) 用单刀铣削外花键

当工件的数量较少时，使用三面刃单刀铣削较为简便，如图 3-8-2(a)所示。用这种方法加工对铣刀的直径及铣刀的安装精度都没有很高的要求，缺点是生产效率较低。

单刀铣削可采用先铣削中间齿槽，后铣削键侧的方法，也可采用先铣削键侧，后铣削槽底的方法。这两种方法各有特点。

表 3-8-1 花键的对称度(包括等分误差)公差 mm

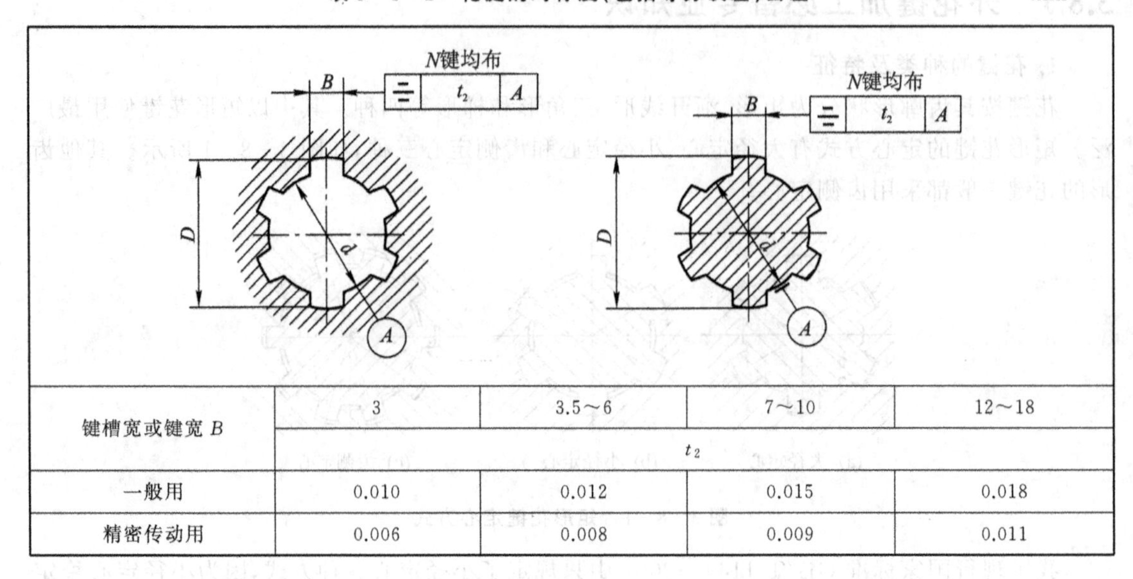

键槽宽或键宽 B	3	3.5～6	7～10	12～18
	t_2			
一般用	0.010	0.012	0.015	0.018
精密传动用	0.006	0.008	0.009	0.011

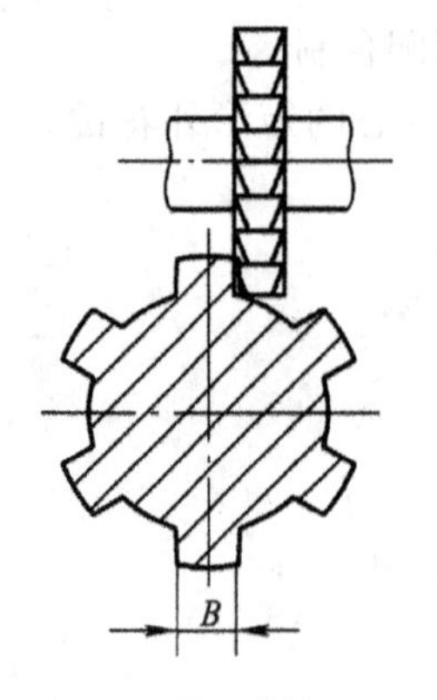

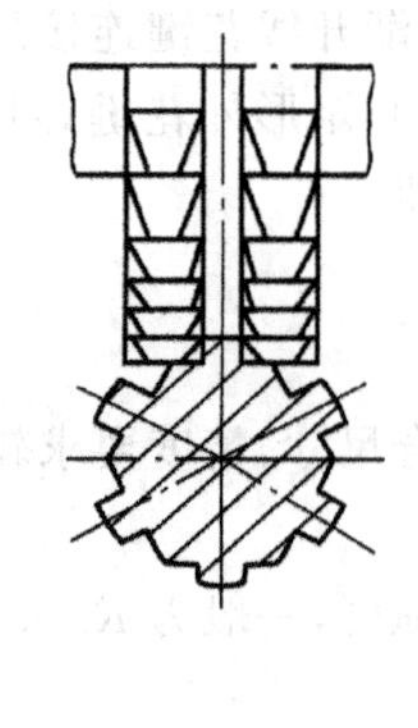

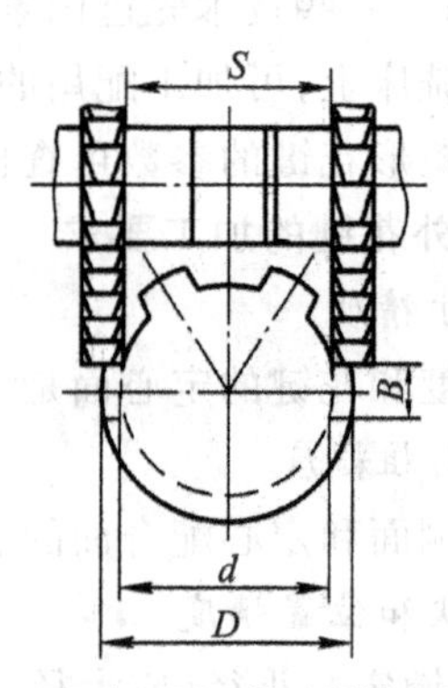

(a) 单刀铣削　(b) 组合三面刃铣刀内侧刃铣削　(c) 组合三面刃铣刀圆周刃铣削

图 3-8-2 用三面刃铣刀铣削外花键

1）先铣削中间槽，后铣削键侧的加工特点

① 先铣削中间槽可以铣除花键加工的大部分余量，只留较少的余量铣削键侧，减少侧刃铣削次数。

② 借助中间槽的铣削位置，通过计算，按横向移动$(B+L)/2$调整键侧的铣削加工位置。

③ 先铣削中间槽，三面刃铣刀的厚度受到一定限制，限制条件按下式计算：

$$L'=d'\sin\left(\frac{\pi}{N}-\arcsin\frac{B}{d'}\right)$$

式中：L'为铣刀最大宽度，mm；d'为外花键留磨量小径，mm；N为外花键齿数；B为外花键宽度，mm。

④ 对于大径定心的外花键，经允许，可铣成折线槽底。若需要用小径铣刀加工，这种方法因槽底中部没有残留的凸尖部分，减小了小径的铣削余量。

2）先铣削键侧，后铣削槽底的加工特点

① 键宽尺寸及其对工件轴线的对称度、平行度是花键加工的重点。对不够熟练的操作

者，可利用较多的余量进行多次测量，逐步达到图样要求。

② 先铣削键侧，可选用厚度较大的铣刀，提高了铣刀的刚度。

③ 先铣削键侧，一次铣除的余量较少，有利于减少铣削振动。

④ 对于直径较大齿数较少的花键，槽底中部残留余量比较多，直接用于槽底圆弧单刀加工比较困难。

(2) 用组合铣刀侧面刀刃铣削外花键

利用组合的两把三面刃铣刀内侧刃，使花键的两个键侧同时铣出，如图 3－8－2(b)所示，铣削时应掌握以下要点：

① 两把三面刃铣刀的直径相同，其误差小于 0.2 mm。

② 两把铣刀侧面刀刃之间的距离应等于花键键宽，使铣出的键宽在规定的公差范围内。

③ 两把三面刃铣刀的内侧刃应对称于工件中心。方法是用试件试切一段后，将试件反转 90°，用百分表测量键侧对称度。根据差值的一半移动工作台横向做精确调整。

(3) 使用组合铣刀圆周刃铣削

利用组合的两把三面刃铣刀的圆周刃铣削，如图 3－8－2(c)所示，使花键的两个侧键同时铣出。铣削时应该掌握以下要点：

① 两把三面刃铣刀的直径要求严格相等，最好一次磨出。

② 利用铣床工作台的垂向移动量控制键的宽度。铣削时，先铣一刀，将工件转过 180°再铣削一刀。用千分尺测量键宽后，按余量的一半上升工作台。重复以上铣削步骤，便能获得准确的键宽尺寸，以及精度高的对称度。

③ 两把铣刀之间的距离 S 为

$$S=\sqrt{d^2+B^2}-1$$

式中：d 为外花键小径，mm；B 为外花键宽度，mm。

S 值调整时一般控制在 ± 0.5 mm 的范围内。

④ 两把三面刃铣刀的内侧刃对工作中心的对称度不要求十分精准。

⑤ 分度头主轴和尾部顶尖必须同轴，加工时尾座的顶尖应顶得比较紧，否则，铣出的键宽两端尺寸会不一致。

(4) 使用成形铣刀铣削

大批量生产时，通常使用专用成形铣刀，铣削时能一次铣削出键槽，如图 3－8－3 所示。此方法具有生产效率高、加工质量好和操作简便等优点。

铣削时，通过调整背吃刀量来控制键的宽度。因此，首件加工须细致调整背吃刀量，以获得精确的键宽和小径尺寸。此外，加工前应进行“切痕对中”，并在逐步达到键宽尺寸的同时，通过百分表的检测和工作台横向微量调整，使键的两侧面达到对称度要求。

4. 矩形外花键的检验与质量分析方法

检验外花键的方法与检验键槽的方法基本相同。在单件和小批量生产时，使用千分尺检验键的宽度，用千分尺或游标卡尺检验小径，等分精度由分度头精度保证，必要时可用百分表检验外花键键侧的对称度，如图 3－8－4(a)所示。在大批量生产时可用如图 3－8－4(b)所示的综合量规检验。检验时，先用千分尺或卡规检验键宽，在键的宽度不小于最小极限尺寸的条件下，以综合量规能通过为合格。

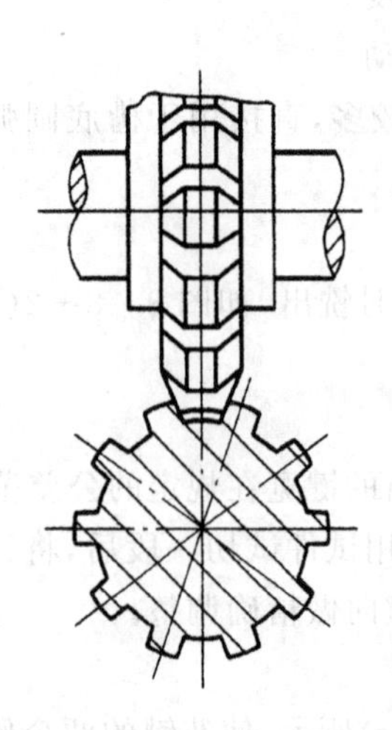

图 3-8-3 用成形铣刀铣削外花键

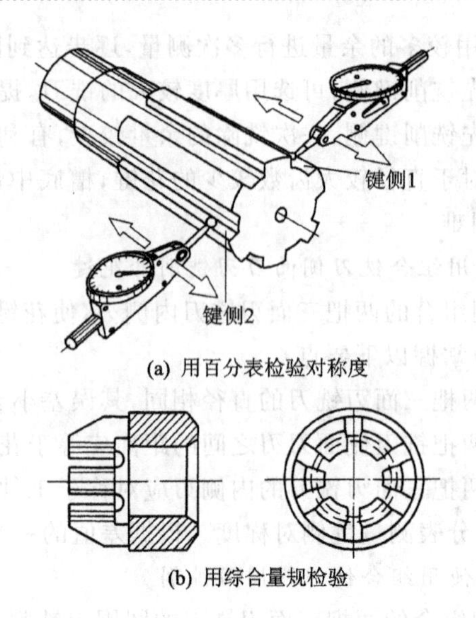

(a) 用百分表检验对称度

(b) 用综合量规检验

图 3-8-4 用成形铣刀铣削外花键

3.8.2 外花键单刀铣削操作技能训练

单刀加工大径定心外花键技能训练

重点：掌握先中间槽后键侧的单刀铣外花键的方法。

难点：工件装夹、找正与键宽尺寸、对称度控制。

铣削加工如图 3-8-5 所示的大径定心的花键轴，坯件已加工成形，材料为 45 钢。

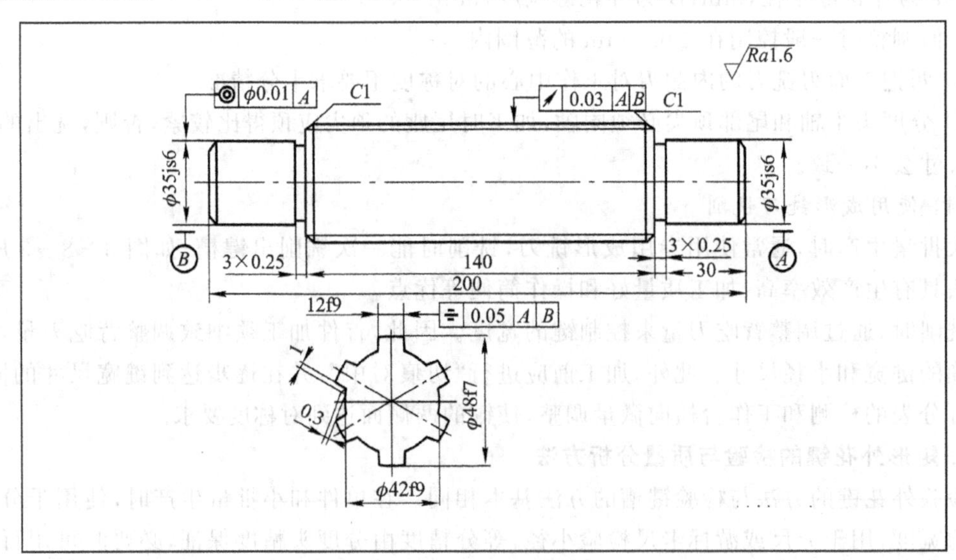

图 3-8-5 矩形外花键一

【工艺分析】

该矩形外花键为轴类零件，两端有定位中心孔，便于工件按基准定位，但工件两端的直径为 ϕ35js6 的圆柱面长度为 30 mm，加上两端退刀槽宽 3 mm，使工件的夹紧部位比较短(仅

33 mm)，用鸡心夹头和拨盘装夹比较困难。

根据图样的精度要求，此花键在铣床上只能作粗加工，键宽与小径应留有磨削加工余量 0.3～0.5 mm，并相应地降低加工精度等级。本拟定键宽与小径均留有磨削余量 0.4 mm，即 $B'=(12.4+0.045)$ mm，$d'=(42.4+0.105)$ mm。粗铣花键平行度公差仍为 0.06 mm，对称度公差仍为 0.05 mm。采用先铣削中间槽，后铣削键侧的方法。其加工步骤如下：

切痕对刀调整中间槽→试铣键两侧调整铣削位置→铣削键一侧(六面)→铣削键另一侧→调整试铣小径 180°对称圆弧面铣削位置→铣削小径圆弧面→花键粗铣工序检验。

【工艺准备】

1) 选择铣床

选用 X6132 卧式万能铣床。

2) 选择工件装夹方式

选用 F11125 型万能分度头分度，采用两顶尖和拨盘、鸡心夹头装夹工件。本例中的工件鸡心夹头装夹的部位长度尺寸为 30 mm，考虑到花键铣削时铣刀的切出距离，若选择外圆直径为 63 mm 的三面刃铣刀，此时切出距离为 31.5 mm，有可能铣到夹头。因此，须选择柄部尺寸略小于 12 mm 键宽尺寸的鸡心夹夹紧工件，而且在找正铣削位置时，应将夹头柄部侧面调整到与某一键侧对齐(见图 3-8-6)，以避免铣削过程中铣刀铣坏鸡心夹头，影响加工精度。鸡心夹部分的尺寸也不宜过大，否则也会影响铣削。

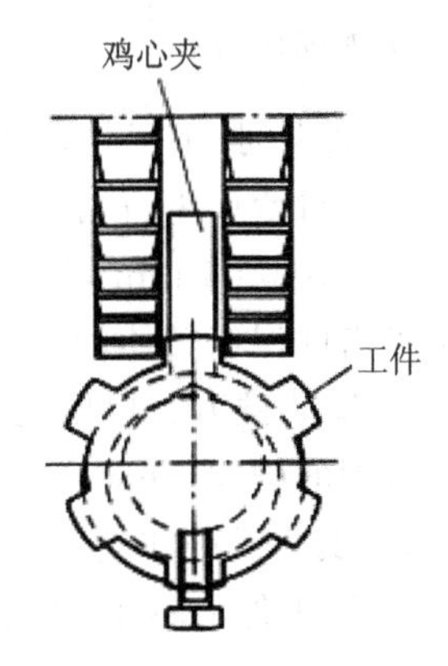

图 3-8-6　铣刀与鸡心夹的相对位置

3) 选择刀具

① 选择铣削中间槽和键侧的铣刀。采用先铣削中间槽的加工方法，铣刀的厚度受到限制。受工件装夹部位的长度限制，铣刀的直径应尽可能小。选择时先按图样给定数据计算铣刀厚度限制条件，按图样给定数据：

$d=42$ mm，$d'=42.4$ mm(0.4 mm 为小径磨削余量)；

$B=12$ mm，$B'=12.4$ mm(0.4 mm 为键宽磨削余量)。

计算出：$L'=d'\sin\left(\dfrac{\pi}{N}-\arcsin\dfrac{B}{d'}\right)=42.4\sin\left(\dfrac{180^\circ}{6}-\arcsin\dfrac{12.4}{42.4}\right)=9.35$ mm。

按铣刀标准，选择 63 mm×22 mm×8 mm 标准直齿三面刃铣刀。

② 选择铣削小径圆弧的铣刀。选用 63 mm×22 mm×1.60 mm 标准细齿锯片铣刀，用每铣一刀转动一个小角度，逐步铣出圆弧面的加工方法，铣削留有磨削余量的花键槽底小径圆弧面。

4) 选择检验测量方法

键宽尺寸用 0～25 mm 的外径千分尺测量检验；键侧与轴线的平行度、键宽对轴线的对称度测量与检验均在铣床上借助分度头分度，用带座的百分表检验；测量对称度时将键侧置于水平位置，然后采用 180°翻身法测量检验；小径尺寸用 25～50 mm 的外径千分尺测量检验。

【加工准备】

① 检验坯件。根据花键轴的一般加工工艺，在铣削花键前，定心大径已磨削。检验主要是用千分尺测量 $\phi48$ 的实际尺寸、圆柱度，以及用百分表、两顶尖测量座(见图 3-8-7)测量与两端中心孔定位轴线的圆跳动。也可以在机床上安装分度头后进行检验。

② 安装分度头和尾座。安装时注意底面和定位键侧的清洁度，在旋紧紧固螺栓时，可用

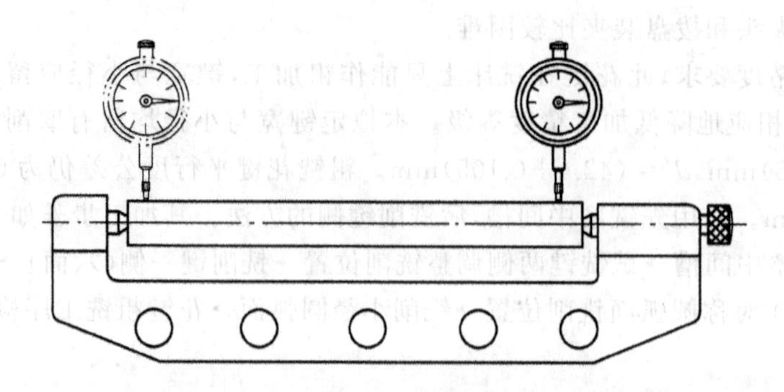

图 3-8-7 用两顶尖测量座测量工件的圆跳动

手向定位键贴合方向施力。两顶尖的距离按工件长度确定,尾座顶尖的伸出距离要尽可能小一些,以增强尾座顶尖的刚度。按工件 6 齿等分数调整分度盘、分度销位置和分度叉展开角度。本例选用 $n=\frac{40}{z}=3\frac{22}{66}$。

③ 装夹、找正工件。两顶尖定位并用鸡心夹和拨盘装夹工作后,用百分表找正上素线,使其与工作台台面平行,找正侧素线,使其与纵向进给方向平行,找正工作台,使其与分度头轴线的同轴度在 0.03 mm 以内。若工件有几件,应找正尾座顶尖的轴线,使其与工作台台面平行,通常可借助尾座转体的上平面进行找正。

④ 安装铣刀。根据铣刀孔径选用 $\phi 22$ 的刀杆,三面刃铣刀和锯齿铣刀安装的位置大致在刀杆长度的中间,并应有一定的间距,铣削时互不妨碍。因刀杆直径比较小,铣削时容易发生振动,在安装横梁和支架后,应注意调节支架刀杆支持轴承的间隙并加注润滑油。

⑤ 按工件材料 45 钢和铣刀参数,选择铣削用量主轴转速和进给量:

$$n=95\ \text{r/min}(v_c \approx 19\ \text{m/min}),\ v_f=47.5\ \text{mm/min}(f_z \approx 0.03\ \text{mm/z})$$

在粗铣中间槽和侧面时,主轴转速和进给量均可以提高一个挡次。

【加工步骤】

矩形外花键一的加工步骤如表 3-8-2 所列。

表 3-8-2 矩形外花键一的加工步骤

操作步骤	加工内容(见图 3-8-5)
1. 试切对刀	将鸡心夹柄部置于水平位置,用切痕对刀,调整三面刃铣刀铣削中间槽的位置,具体操作方法与三面刃铣刀铣削轴上直角沟槽相同。使铣出的直角槽与工件轴线对称
2. 调整铣削长度	本例花键虽然是在圆柱面上贯通的,但因受到装夹位置的限制,铣削终点位置选在铣刀中心刚过花键靠近分度头一侧的台阶端面为宜,并注意不能铣到鸡心夹头
3. 铣削中间槽	① 中间槽铣出一段后,用百分表测量槽的对称度。测量时,先用外径千分尺测量槽的实际宽度,然后将工件转过 90°,用杠杆百分表测量处于水平向上的槽侧面,再将工件按原方向转过 180°,用处于原高度的杠杆百分表比较测量槽的另一侧面,若百分表示值不一致,记住示值高的一侧,移动的距离是两侧示值的一半。重复以上过程,直至中间槽与工件轴线对称。 ② 调整中间槽的深度。中间槽深 H 按大径实际尺寸与小径留有磨量的尺寸确定。本例为 $H=(D-d')/2=(48-42.4)/2=2.8$ mm。 ③ 铣削中间槽。按试切的位置铣削第一条中间槽,然后按分度手柄转数 n 分度,依次铣削六条中间槽,如图 3-8-8(a)所示

续表 3-8-2

操作步骤	加工内容(见图 3-8-5)
4. 调整键侧铣削位置	中间槽铣削完毕后，将分度头主轴转过 $\theta/2=180°/N=30°$，使键处于上方位置。根据原工作台横向位置，按实际槽宽尺寸 L 和留磨键宽尺寸 B' 移动距离 $S_1=10.25$ mm，如图 3-8-8(b)所示。$S_1=(L'+B')/2=10.25$ mm
5. 铣削键侧 1 并预检键的对称度	为了保证键的对称度，可按磨键宽尺寸再留有 1 mm 左右的余量(本例留余量 1 mm，则试切时 $s=10.75$ mm)试切键两侧，用杠杆百分表预检测对称度。试切时，在移动 $S_1=10.75$ mm 试铣键侧 1 后，工作台横向移动 $S_2=2S_1$，铣键侧 2，然后用百分表比较测量两侧，若测得键侧 1 与键侧 2 的示值不一致，根据百分表的示值差，将高的一侧余量铣去。 当键对称度达到图样要求时，用千分尺测量键宽尺寸，按键宽的实际尺寸与 12.4 mm 差值的一半，准确移动工作台横向，此外，工作台垂向按键侧的深度 $H_1+0.5$ mm 调整，随后依次铣削各键键侧 1。$H_1=(D-d')/2$
6. 铣削键侧 2	按 $S_2=20.5$ mm 横向准确移动工作台，铣削键侧 2。铣出一段后，可测量键宽尺寸，确保键宽尺寸在 12.4 mm 的公差范围内。随后按等分要求，依次铣削各键键侧 2，如图 3-8-8(c)所示
7. 铣削小径圆弧面	① 对刀。调整工作台，目测使锯片铣刀宽度的中间平面通过工件轴线(即对中对刀)，如图 3-8-9(a)所示。将分度头主轴转过 30°使工件槽处于上方位置，铣刀处于槽的中间位置。通过垂向对刀，确定小径铣削位置。 ② 铣削小径圆弧面。调整工件的圆周位置，使锯片铣刀从靠近键的一侧处于开始铣削(见图 3-8-9(b))，并调整好纵向自动进给停止限位挡块，每铣削一刀后，应退刀，再转动分度手柄，使工件转过一个小角度后，继续进行铣削。工件每次转过的角度越小，圆弧面的形状精度越高。铣削好一个槽的槽底圆弧面后，按起始或终点位置分度，依次铣削六个圆弧面。铣削时应注意，锯片铣刀不能碰伤键侧面

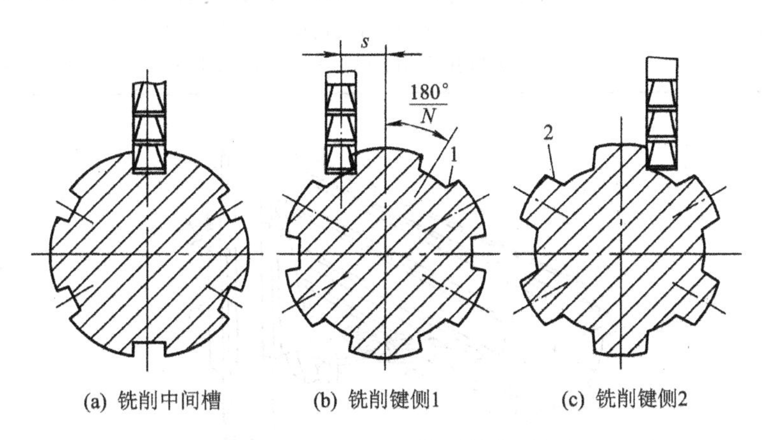

图 3-8-8 外花键先铣中间槽后铣键侧的加工步骤

【质量检测与分析】

用百分表检验对称度的方法如图 3-8-4(a)所示，检验一般在铣削完毕后直接在机床上进行。平行度的测量也可用同样办法进行(见图 3-8-10)，测量各键侧时百分表的示值变动量均应在 0.06 mm 范围内。测量等分度时，应注意按原分度方向进行，以免传动间隙影响测量精度。

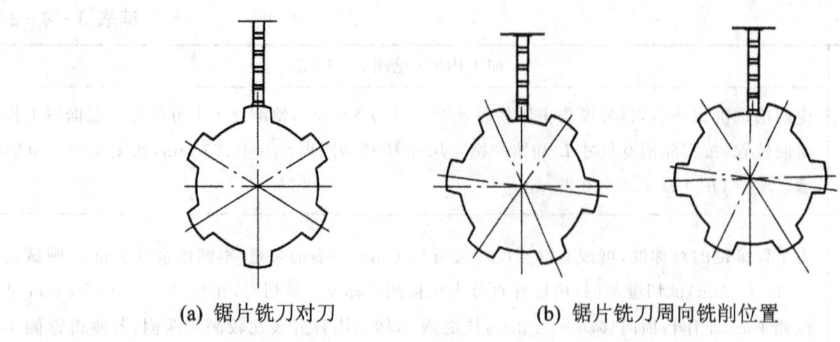

图 3-8-9 用锯片铣刀铣削槽底圆弧面

矩形外花键一加工质量分析见表 3-8-3。

表 3-8-3 矩形外花键一加工质量分析

质量问题	产生原因
键宽尺寸超差和等分度误差	① 中间槽加工后横向移动距离计算错误; ② 横向调整不准确; ③ 预检测量有误差; ④ 试切调整键侧对称度和键宽时余量控制不合理; ⑤ 分度不准确
平行度和对称度超差	① 测量及操作上的失误和不正确; ② 分度头尾座的顶尖轴线与工件台台面和进给方向不平行; ③ 两顶尖轴线不同轴或工件装夹后与分度头同轴度较差; ④ 尾座顶尖顶得较松
表面粗糙度值超差	① 铣削起点和终点位置过于靠近键侧,碰伤键侧; ② 每铣一刀分度头转过的小角度较大,会引起较大的表面误差; ③ 锯片铣刀铣削时铣刀径向圆跳动大或进给量过大,加工表面出现振纹

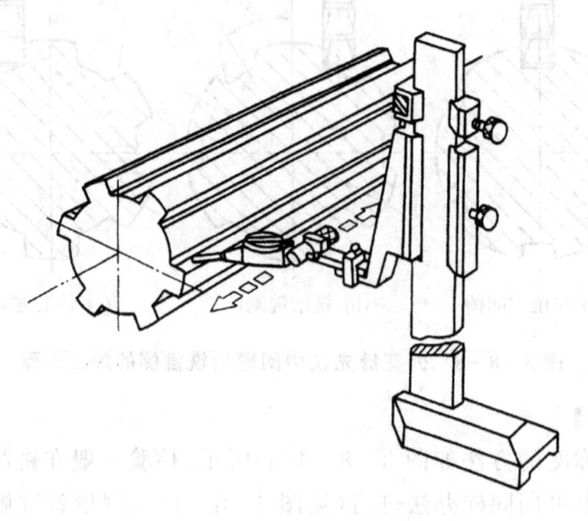

图 3-8-10 用百分表测量花键平行度

单刀加工小径定心外花键技能训练

重点：掌握先键侧后小径圆弧的单刀铣削外花键的方法。

难点：用成形单刀铣削小径圆弧的操作调整。

铣削加工如图 3－8－11 所示的小径定心的花键轴，坯件已加工成形，材料为 45 钢。

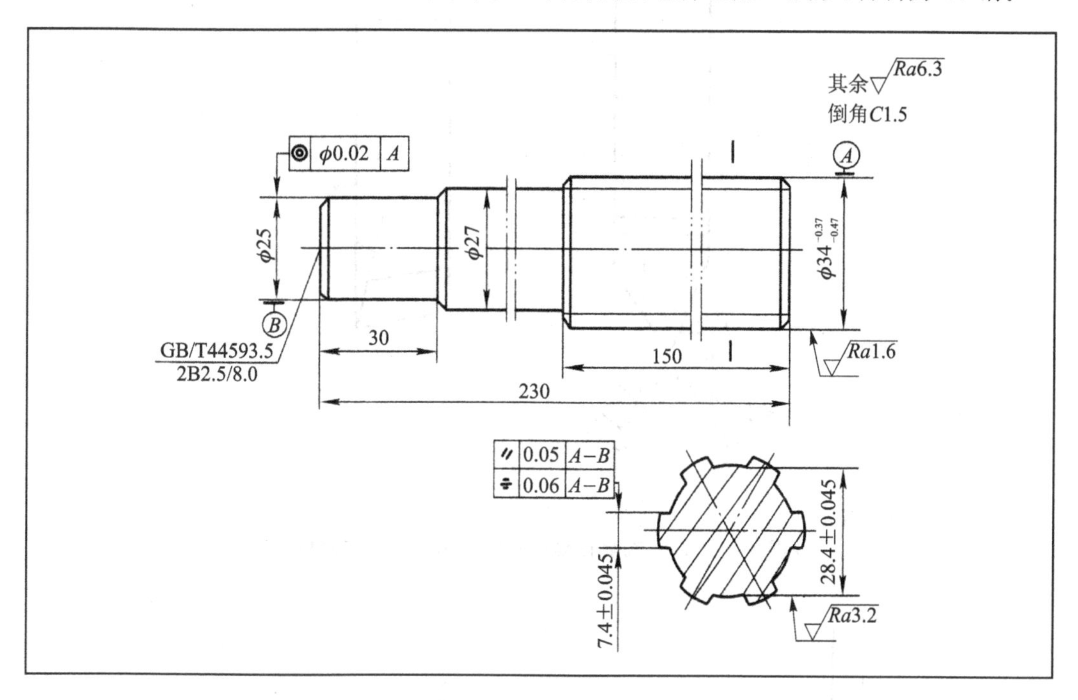

图 3－8－11 矩形外花键二

【工艺分析】

该矩形外花键为阶梯轴，花键在 ϕ34×150 mm 外圆上贯通，两端有孔径为 2.5 mm 的 B 型中心孔，而且有 ϕ25×30 mm 的外圆柱面，便于工件定位装夹。花键的直径比较小，采用先铣削键侧、后铣削中间槽的方法加工花键轴，其加工步骤如下：

工件表面划键宽线→按划线对刀调整键侧 1 铣削位置→试切两侧面并预检键对称度→铣削键侧 1(六面)→调整键侧 2 铣削位置并达到工序要求→铣削键侧 2(六面)→调整槽底圆弧面铣削位置→铣削槽底圆弧面达到小径要求→花键工序检验。

【工艺准备】

1）选择铣床

工件长度 230 mm，分度头及尾座安装长度约 550 mm，选择与 X6132 型类同的卧式铣床。

2）选择工件装夹方式

工件两端有顶尖孔，又具有可供夹紧的 ϕ25×30 mm 圆柱面，既可以采用两顶尖、鸡心夹和拨盘装夹工件，也可以采用三爪自定心卡盘和尾座顶尖一夹一顶的方式装夹。本例选用 F11125 型万能分度头采用一夹一顶方式装夹。

3）选择刀具

① 选择铣削键侧刀具。本例采用先铣削键侧后铣削槽底圆弧面的加工方法，铣刀的厚度不受严格限制，选用 63 mm×8 mm×22 mm 直齿三面刃铣刀。

② 选择铣削槽底圆弧面刀具。本例采用成形单刀铣削。单刀的形式与结构如图 3－8－12 所示。单刀的刀刃形状由工具磨床刃磨，圆弧部分的长度和半径尺寸应进行检验，侧刃夹角用游标量角器测量，如图 3－8－13(a)所示。侧刃与圆弧刃的两个交点距离和圆弧半径通常进行试件试切后，对切痕进行测量，如图 3－8－13(b)所示。

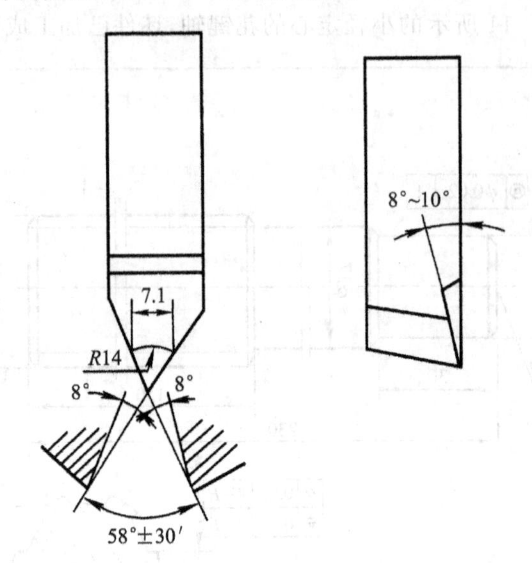

图 3－8－12 铣削花键槽底成形单刀形式与结构

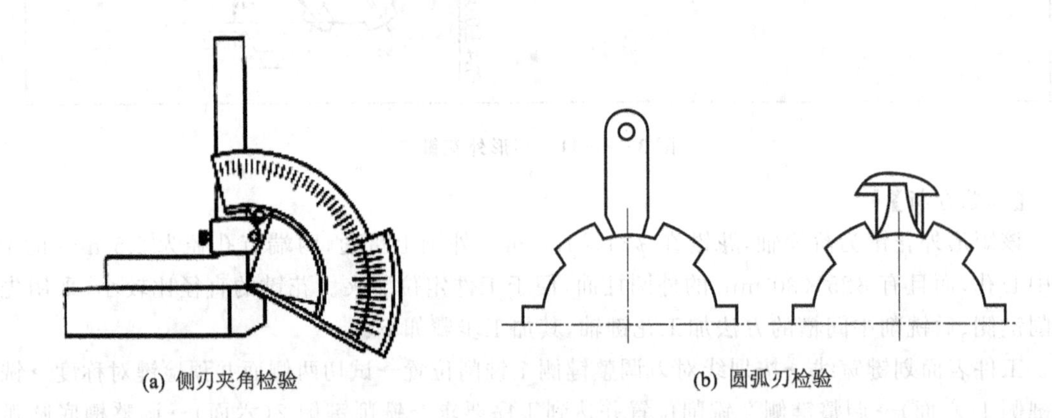

图 3－8－13 铣削花键槽底成形单刀的检验

4) 选择检验测量方法

按工序要求，键的宽度尺寸、对称度和平行度，以及小径尺寸的检验测量方法均与“单刀加工大径定心外花键”训练相同。

【加工准备】

① 安装分度头和尾座，并在分度头安装三爪自定心卡盘，安装前应选择自定心精度较高的卡盘，安装时应注意清洁各定位接合面，保证安装精度。其他操作与“单刀加工大径定心外花键”训练相同。

② 工件找正的方法与“单刀加工大径定心外花键”训练基本相同，当工件与分度头轴线同轴度有误差，可将工件转过一个角度装夹后，再进行找正，若还有误差，也可在卡爪与工件之间垫薄铜片，直至工件大径外圆与回转中心同轴度在 0.03 mm 之内。上素线与工作台台面的平

行度、侧素线与进给方向平行度均为 0.02 mm/100 mm。

③ 安装铣刀。三面刃铣刀与装夹成形单刀头的紧固刀盘一起穿装的刀杆上，并有一定的间距。铣削槽底圆弧面的成形单刀头装夹方式如图 3－8－14 所示，本例选用图 3－8－14(b) 所示的装夹方式。

④ 三面刃铣刀的铣削用量与“单刀加工大径定心外花键”训练相同，圆弧面单刀的铣削用量根据试切时工件的振动情况及圆弧面的表面质量(包括圆弧的形状和表面粗糙度)确定。

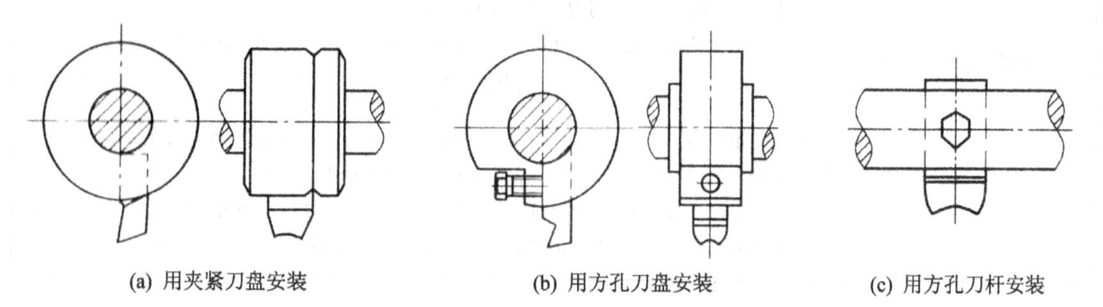

(a) 用夹紧刀盘安装　(b) 用方孔刀盘安装　(c) 用方孔刀杆安装

图 3－8－14　铣削花键槽底成形单刀安装方法

【加工步骤】

矩形外花键二的加工步骤如表 3－8－4 所列。

表 3－8－4　矩形外花键二的加工步骤

操作步骤	加工内容(见图 3－8－11)
1. 工件表面划线	① 划水平中心线。将划线游标高度尺调整至分度头的中心高度 125 mm，在工件外圆水平位置两侧划水平线，然后将工件转过 180°，按同样高度在工件两侧重复划线，若两侧划线不重合，则将划线位置调整到两条线的中间，再次划线，直至翻转划线重合。该重合的划线即为水平位置中心线。 ② 划键宽线。根据水平中心线的划线位置，将高度游标卡尺调高或调低键宽尺寸的一半(本例为 3.7 mm)。仍按上述方法，在工件水平位置的两侧外圆上划出键宽线
2. 调整键侧铣削位置	① 划线后，将工件转过 90°，使键宽划线转至工件上方，作为横向对刀依据。调整工作台使三面刃铣刀侧刃切削平面离开键侧 1 键宽线 0.3～0.5 mm。在横向刻盘上用粉笔做记号锁紧工作台横向。 ② 根据花键铣削长度、铣刀切入和切出距离，调整铣削终点自动停止限位挡块。 ③ 调整键侧垂向铣削位置时，先使铣刀圆周刃恰好擦到工件表面，然后工作台垂向上升 $H+0.4$ mm。$H=(D'-d)/2=(33.65-28)$ mm$/2=2.82$ mm
3. 试切与对称度预检	试铣键侧 1 与 2，见图 3－8－15(a)、(b)。试铣键侧 2 时，工作台横线移动距离 $S=L+B+2(0.3\sim0.5)$ mm$=16.2$ mm
4. 铣削键侧 1	根据检验结果，若测得键侧 1 比键侧 2 少铣去 0.15 mm，则将工件由水平预检测量位置转至上方铣削位置，然后调整工作台横向，将键侧 1 铣去 0.15 mm。再次测量键宽尺寸，按工序图样的键宽尺寸与实测尺寸差值一半调整工作台横向，按等分数分度，依次铣削键侧 1(六面)
5. 铣削键侧 2	键侧 1 铣削完毕后，调整工作台横向，保证键宽尺寸达到(7±0.045) mm，按等分要求，依次铣削键侧 2(六面)

续表 3-8-4

操作步骤	加工内容(见图 3-8-11)
6. 铣削槽底小径圆弧面	① 安装成形单刀。单刀伸出尺寸尽可能小,以提高刀具的刚度。由于成形单刀铣削时常用圆弧刀刃对刀,因此应注意单刀的安装精度。目测检验安装精度的方法如图 3-8-16(a)所示,借助的平行垫块应尽可能长,若安装正确,则垫块应与刀轴平行。 ② 横向对刀。调整工作台,目测使用单刀的圆弧刀刃的两个尖角与工件的键顶同时接触,如图 3-8-16(b)所示,对刀后锁紧工作台横向。 ③ 调整工件转角。将工件由铣削键侧的位置转至铣削槽底位置。转角为 $\frac{\theta}{2}=\frac{180^\circ}{N}=\frac{180^\circ}{6}=30^\circ, n=3\frac{22}{66}$ ④ 试切预检小径尺寸。工作台垂向在槽底对刀,试切出圆弧面,工件转过 180°,按垂向同样铣削位置,试切出对应的圆弧面,用外径千分尺预检小径尺寸。 ⑤ 按实测尺寸与工序尺寸差值的一半调整工作台垂向。当试切的小径尺寸符合图样要求时,按工件等分要求,依次铣削槽底圆弧面,使小径尺寸达到(28.4±0.105)mm

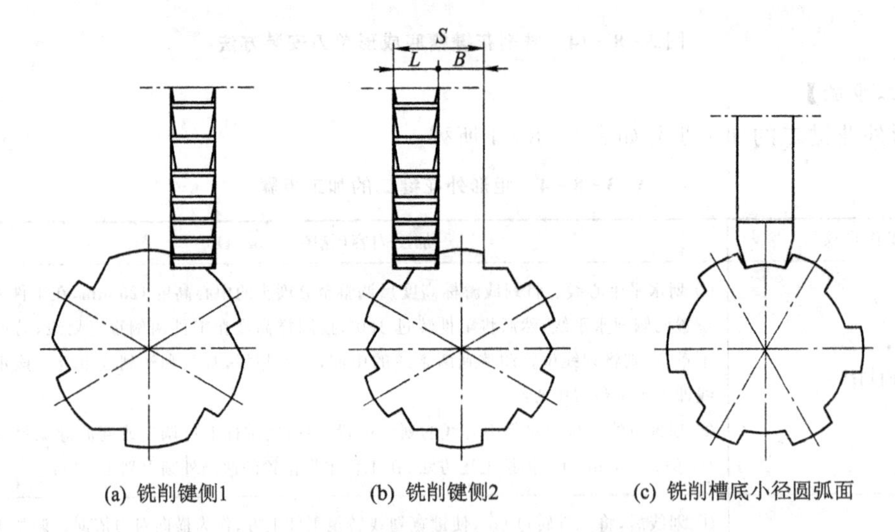

(a) 铣削键侧1　(b) 铣削键侧2　(c) 铣削槽底小径圆弧面

图 3-8-15　先键侧后槽底铣削花键步骤

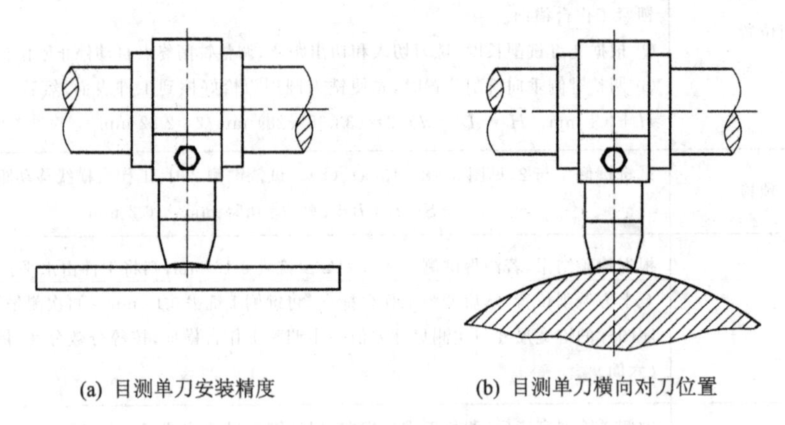

(a) 目测单刀安装精度　(b) 目测单刀横向对刀位置

图 3-8-16　铣削槽底的单刀安装与对刀位置

【质量分析】

矩形外花键二的加工质量分析如表 3-8-5 所列。

表 3-8-5　矩形外花键二的加工质量分析

质量问题	产生原因
平行度和对称度超差	采用一顶一夹的方式装夹工件，由于工件夹紧部位无台阶面，在铣削过程中，可能因切削力波动、冲击，使工件沿轴向发生微量移动，从而使工件脱离准确的定位和找正位置，影响对称度、平行度和等分度
表面粗糙度值超差	选用成形单刀铣削槽底圆弧面，受刀具刃磨质量、安装精度、刀具切削性能等影响，铣削而成的小径圆弧面形状和尺寸精度、表面粗糙度都会产生一些误差。如刀具几何角度不好，可能引起切削振动，从而影响表面粗糙度。又如，刀具安装精度和对刀误差可能形成槽底圆弧面的不同轴位置误差，如图 3-8-17 所示

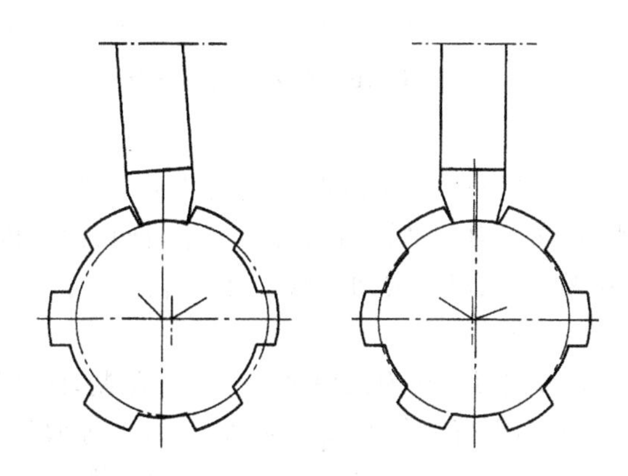

图 3-8-17　槽底圆弧面的不同轴误差

3.8.3　外花键组合铣刀铣削操作技能训练

用组合三面刃铣刀内侧刃铣削外花键技能训练

重点：掌握用组合三面刃铣刀内侧刃铣削外花键的方法。

难点：铣刀组合调整、对刀操作和划键对称度控制。

铣削加工如图 3-8-18 所示的花键轴，坯件已加工成形，材料为 45 钢。

【工艺分析】

该花键轴为光轴，花键在外圆柱面上的有效长度为 80 mm，工件两端有孔径为 3.15 mm 的 B 型中心孔，而且有 $\phi38\times125$ mm 的光轴部分，便于工件定位装夹。采用组合三面刃铣刀加工键侧，其加工步骤如下：

试件试切调整键宽尺寸→预检对称度→装夹、找正工件→在工件表面划键宽线→工件试切、复核对称度→铣削键侧(6 键 12 面)→调整槽底圆弧面铣削位置→铣削槽底圆弧面达到小径要求→花键工序检验。

【工艺准备】

1）选择铣床

选用 X6132 卧式万能铣床。

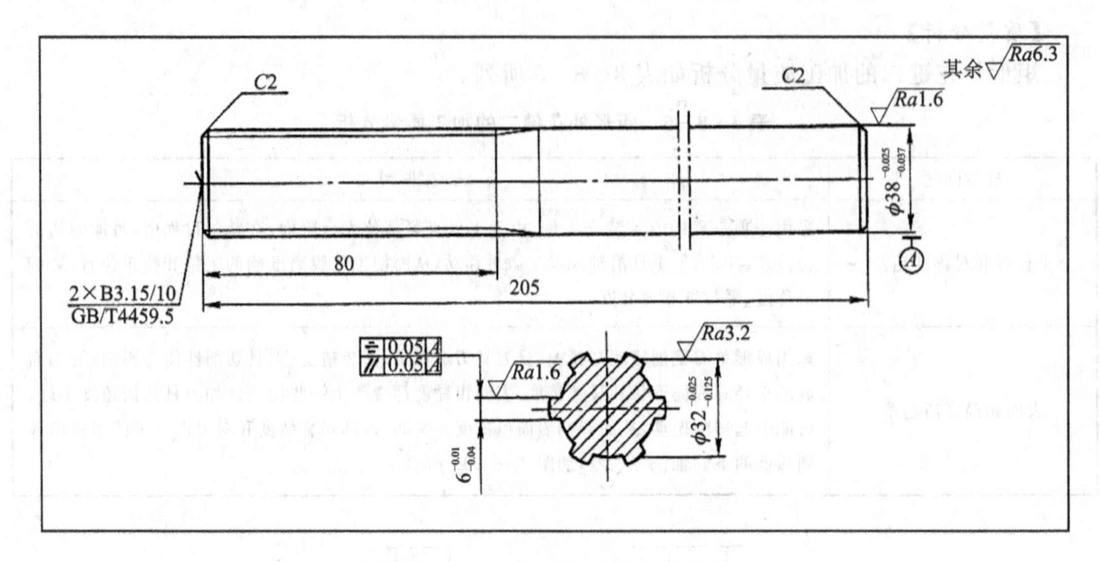

图 3-8-18 组合铣刀铣削外花键一

2）选择工件装夹方式

由形体分析可知，工件可采用一顶一夹或两顶尖的装夹方式。本例考虑采用两把三面刃铣刀同时铣削键的两个侧面，切削力使轴转动的力矩很小，而指向分度头的轴向力较大，因此选用 F11125 型分度头采用两顶尖、鸡心夹和拨盘装夹工件。

3）选择刀具

① 铣削键侧的组合三面刃铣刀。铣刀的厚度不受严格限制，两把铣刀进行组合的侧面刃应完好无损，刃磨质量基本相同，夹持部位的表面无凸起、拉毛等瑕疵。因花键的收尾部分圆弧并没有尺寸要求，故选 63 mm×8 mm×22 mm 直齿三面刃铣刀。

② 铣削槽底圆弧面刀具。因花键属于大径定心的修配零件，使用成形单刀刃磨、安装、对刀等比较麻烦，故采用锯片铣刀铣削槽底圆弧面，可以达到圆弧面的表面粗糙度和尺寸精度要求。本例选用 63 mm×1.6 mm 的标准锯片铣刀。

4）选择铣削用量

工件材料为 45 钢，调质后的材料硬度为 235HBS，宜选用优质碳素结构钢切削用量范围内较小的切削速度和进给量：

$$n=75\ \text{r/min}(v_c\approx15\ \text{m/min}),v_f=47.5\ \text{mm/min}(f_z\approx0.03\ \text{mm/z})$$

5）选择检验测量方法

试件试切的检验是采用组合铣刀铣削花键的重要操作步骤。试件的长度应与工件大致相同，而直径尺寸、精度并无严格要求。对称度检验方法与单刀铣削时基本相同，其试切测量过程如下：

按划线对刀→试切两侧面→用外径千分尺测量键宽尺寸→调整中间垫圈厚度直至宽度符合要求→将工件转过 90°用千分尺测量键一侧→将工作转过 180°测量键另一侧→将工件回转恢复至圆铣削位置→横向微量移动百分表示值差的一半（移动的方向是使示值高的一侧多铣去一些）→工件回转一个位置重复以上对称度试切测量步骤，直至对称度符合要求。

【加工准备】

① 安装分度头和尾座。具体方法与单刀铣削花键相同。

② 装夹和找正工作。因本例采用试件试切调整键宽和对称度，故工件的找正在对称度和键宽调整完毕后进行。具体方法与单刀铣削花键相同。

③ 安装铣刀。根据铣刀的孔径选择刀杆，为减少铣削振动，便于键宽的调整，铣刀杆与刀杆垫圈的精度应进行检验。一些刀杆由于铣削受过切削力的冲击等因素，造成其直线度较差、刀杆弯曲，铣削中会使铣刀产生跳动，影响尺寸调整和表面粗糙度的控制。

通常可借助标准平板检验刀杆。检验时将刀杆放置在平板上，用手缓慢转动刀杆，若刀杆的素线始终在全长内与平板贴合，说明刀杆的直线精度较高。刀杆垫圈主要是检验两端面的平行度，测量时可使用千分尺，也可在标准平板上将一侧端面与平板贴合，另一侧端面用百分表进行测量。

组合铣刀中间垫圈的尺寸选择，应按铣刀侧刃与装夹面之间的尺寸确定。测量铣刀侧刃刀尖与装夹的距离尺寸，可借助中间带孔的平行垫块(见图 3-8-19(a))，将刀具用于组合的侧面刃向上，另一侧轻放在标准平板上，再将带孔的平行垫块沿径向放在多个刀尖上，然后用深度千分尺测量垫块的厚度，即为刀具侧刃刀尖至装夹面的尺寸，测得的尺寸减去垫块的厚度 $b=B'+e_1+e_2$。若装夹面低于侧刃刀尖，则 e 为正值；若装夹面高于侧刃刀尖，则 e 为负值。装夹面高于刀具侧刃刀尖，可用环形垫圈测量(见图 3-8-19(b))，下面的垫圈将刀具垫高，使刀具与平板平行，上面的垫圈用于深度千分尺测量，按计算值选择垫圈厚度可先略厚一些，使试切键宽有一定的余量，然后按实测键宽对中间垫圈进行磨削修正(单个垫圈)或组合调整(多个垫圈)。本例若 $e_1=0.5$ mm，$e_2=0.35$ mm，则

$$b=B'+e_1+e_2=6.4\text{ mm}+0.5\text{ mm}+0.35\text{ mm}=7.25\text{ mm}$$

组合铣刀与锯片铣刀可同时安装在刀杆上，但应保持一定的间距。

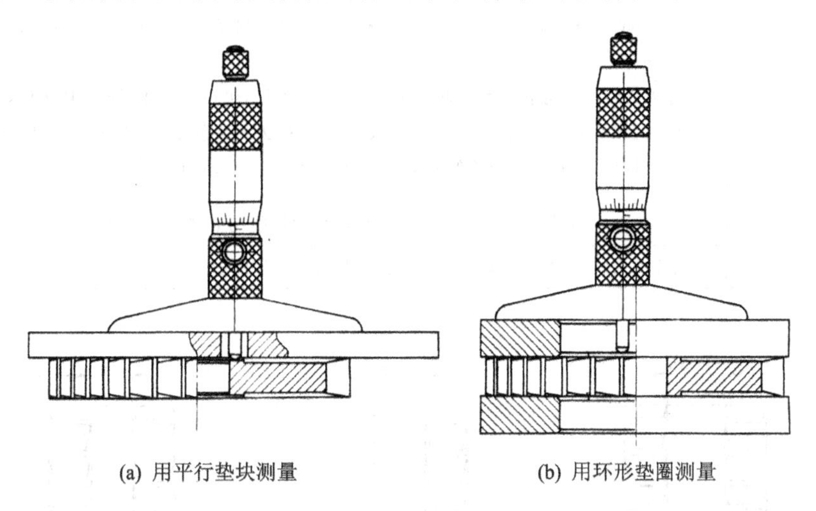

(a) 用平行垫块测量　　(b) 用环形垫圈测量

图 3-8-19 测量刀具侧刃刀尖与装夹的位置尺寸

【加工步骤】

组合铣刀铣削外花键一的加工步骤如表 3-8-6 所列。

表 3-8-6 组合铣刀铣削外花键一的加工步骤

操作步骤	加工内容(见图 3-8-18)
1. 试切对刀	按预定的试件试切过程操作,操作时掌握以下要点: ① 试件的装夹应与工件一样重视,特别是顶尖定位应无轴向间隙,但分度时不能感觉太紧。 ② 试件试切调整应首先调整键宽尺寸。试切后,按试切的键宽尺寸与 6.4 mm 的差值,在平面磨床上磨削修正垫圈厚度,组合铣刀中间的垫圈最好采用单个垫圈,这样调整速度快、精度高。若由几个垫圈组合,垫圈的数量不宜太多,以免积累误差。 ③ 试切调整对称度时,应铣出较长一段键侧,键侧深度应与工件一致,否则会因侧面面积过小而影响测量精度
2. 装夹找正工件并试切复核对称度	采用试件试切后,拆下试件,装夹找正工件,具体方法与单刀铣削花键相同。试切复核对称度时,只需在端部铣出一小段,便可进行复核,以保证工件的对称度和键宽尺寸精度。若无法找到合适的试件,则在工件上直接试切来调整键宽的对称度,可按以下步骤进行(见图 3-8-20): ① 在工件圆柱面上划出水平位置键宽线,将键宽线转至上方铣削位置。 ② 将组合铣刀的中间垫圈厚度按测量计算值 b 增加 1 mm,安装组合铣刀。 ③ 调整工作台,目测对刀,使键宽线处于组合刀具内侧刃的中间,键侧深度留有余量试切一段。 ④采用在机床上用百分表测量对称度的方法,预测工件试切段的对称度,并按示值差值调整工作台横向,利用原试切键再试切出新的一小段,重复调整,直至达到对称度要求。 ⑤ 对键宽尺寸进行测量时,若测量的键宽比要求的键宽尺寸大 0.95 mm(7.35 mm),则应拆下外侧的铣刀和中间垫圈,调整中间垫圈的组合厚度使其减去 0.95 mm。 ⑥ 夹紧留在刀杆的内侧三面刃铣刀,用内侧单刀在原位置铣削键内侧,铣削的余量应是 0.95 mm的一半,即 0.475 mm。试铣一小段后,键宽尺寸应为 6.875 mm(7.35 mm−0.475 mm)。 ⑦ 将调整后的中间垫圈和外侧三面刃铣刀装入刀杆,仍在原铣削位置试切工件,此时外侧面将键外侧铣出 0.475 mm,由于对称的花键两侧面铣去相等的余量,因此切出的键仍然对称于工件轴线;同时,通过中间垫圈的调整,就达到了键宽 6.4 mm 的要求尺寸
3. 铣削键侧	调整键侧深度,花键铣削长度,按等分分度,依次铣削花键键侧(6 键 12 面)
4. 铣削槽底圆弧面	用锯片铣刀铣削槽底圆弧面的方法与单刀铣削花键相同

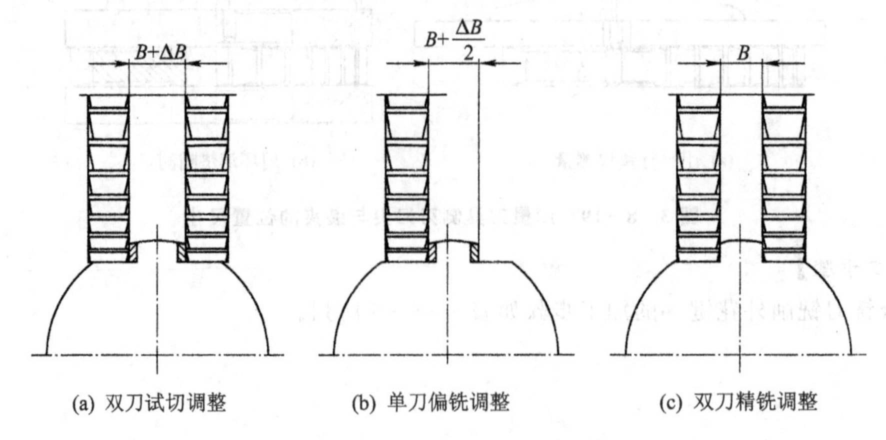

(a) 双刀试切调整　(b) 单刀偏铣调整　(c) 双刀精铣调整

图 3-8-20 双刀铣花键试切调整步骤

【质量分析】

组合铣刀铣削外花键一的加工质量分析如表 3－8－7 所列。

表 3－8－7　组合铣刀铣削外花键一的加工质量分析

质量问题	产生原因
试切调整误差增大影响花键铣削精度	用组合铣刀铣削花键，除槽底外，一般是一次铣削成形。铣削后，键宽尺寸、对称度、平行度和等分度都同时形成。因此，在试切调整操作中，若试切调整步骤错误，键宽尺寸预检不准确、中间垫圈尺寸组合或修正不正确、中间垫圈的组合数量较多、横向偏移值计算错误、横向移动量不准确等，均可能导致试切调整误差增大，影响花键铣削精度。在无法试件试切直径在工件上试切调整时还可能损坏工件
键宽尺寸调整困难 尺寸不稳定 表面粗糙度差	用组合铣刀内侧刃铣削花键，对刀杆、刀杆垫圈、铣刀和中间垫圈的精度有较高的要求，若刀杆弯曲、刀杆垫圈的组合质量差（如采用较多的铜片垫圈、垫圈孔与刀轴外圆的间隙过大、垫圈端面的环形面积较小等）可能造成键宽尺寸调整困难、尺寸不稳定、表面粗糙度差等问题

用组合三面刃铣刀圆周刃铣削加工外花键技能训练

重点：掌握用组合三面刃铣刀圆周刃铣削外花键的方法。

难点：工件装夹、找正花键平行度控制。

铣削加工如图 3－8－21 所示的花键轴，坯件已加工成形，材料为 40Cr 钢。

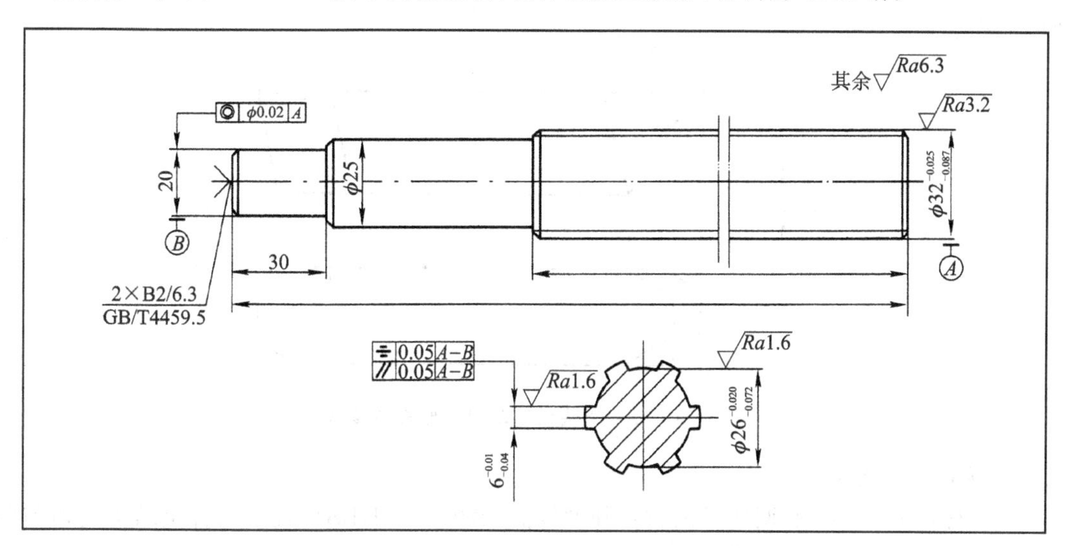

图 3－8－21　组合铣刀铣削外花键二

【工艺分析】

工件是阶梯轴，花键在大径外圆柱面上贯通，工件两端有孔径为 2.00 mm 的 B 型中心孔，而且有 ϕ20×30 mm 阶梯轴部分，便于工件定位装夹。工件材料为 40Cr 钢，材质硬度 220～230HBS。工件直径比较小，数量较多，现采用组合三面刃铣刀圆周刃加工键侧，成形单刀加工槽底小径圆弧面的方法，其加工步骤如下：

工件表面划键宽线→试切预检对称度、键宽→铣削键侧(6 键 12 面)→调整槽底圆弧面铣削位置→铣削槽底圆弧面达到小径要求→花键工序检验。

【工艺准备】

1) 选择铣床

选择 X6132 型或类似的卧式铣床。

2) 选择工件装夹方式

由形体分析可知,工件是阶梯轴,两端有中心孔可一顶一夹或两顶尖装夹方式。本例考虑采用两把三面刃铣刀圆周刃铣削键的两个侧面,切削力有使轴向上拉起的趋势,这种拉力影响工件的键宽尺寸、平行度和对称度,因此选用 F11125 型分度头。三爪自定心卡盘夹紧 $\phi20\times30$ mm 阶梯轴部分,夹持长度为 30 mm,可克服或减小工件受切削力作用可能沿轴线的微量位移。

3) 选择刀具

① 铣削键侧选用组合三面刃铣刀。铣刀的厚度不受严格限制,两把铣刀进行组合的圆周刃完好无损,直径尺寸应严格相等,最好一次磨出,刀具定位孔与刀杆外圆应具有较高的配合精度,夹持部位的表面无凸起、拉毛等瑕疵。铣刀的直径与工件的直径、刀杆垫圈的直径及键宽尺寸有关,其限制条件为 $D_{刀}\geqslant D+D_{垫圈}-B+2$ mm,本例为 $D+D_{垫圈}-B+2$ mm$=$78 mm,故选 80 mm×8 mm×27 mm 的直齿三面刃铣刀。

② 铣削槽底选用圆弧面刀具。使用成形单刀铣削槽底圆弧面,对留有磨削余量的圆弧面能达到表面粗糙度和尺寸精度要求。因工件有一定数量,铣削小径圆弧面的成形单刀采用两个刀头的形式(见图 3-8-22),刀具采用带方孔的刀杆安装,以减少刀具的刃磨次数,提高铣削加工效率。

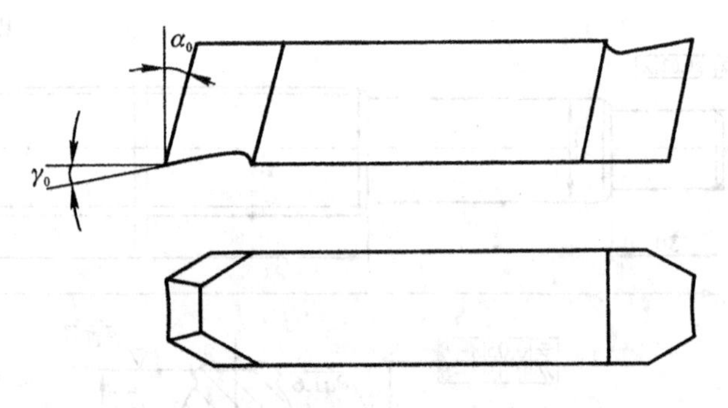

图 3-8-22 双头成形单刀的形式与参数

4) 选择铣削用量

工件材料为 40Cr 钢,调质后的材料硬度较高(220~230HBS),宜选用合金结构钢切削用量范围内较小的切削速度和进给量:

$$n=75\ \text{r/min}(v_c\approx15\ \text{m/min}),v_f=47.5\ \text{mm/min}(f_z\approx0.03\ \text{mm/z})$$

5) 选择检验测量方法

采用组合三面刃铣刀圆周刃铣削花键的重要步骤是,严格控制工件轴线与工作台台面的平行度、工件大径圆柱面与分度头回转轴线的同轴度。键宽尺寸、对称度检验方法与单刀铣削时基本相同,其试切测量过程如下:

按垂向对刀切痕调整横向使内侧刃与工件中心对称→试切两侧面(2 键 4 面)→用外径千

分尺测量键宽尺寸→调整工作台垂向位置直至宽度符合要求→用百分表测量键一侧→将工件转过180°测量键另一侧→重复以上对称度测量步骤，直至对称度和平行度符合要求。

【加工准备】

① 安装和找正分度头和尾座。具体方法与单刀铣削花键相同。由于工件数量多，键侧和小径圆弧面可能分开加工，因此，尾座顶尖的轴线必须与分度头主轴同轴，否则会因不同工件的中心孔间距不一致，影响工件上素线与工作台的平行度，从而影响花键精度。

② 装夹和找正工件的具体方法与单刀铣削花键相同。装夹时尾座顶尖定位应使工件台阶面与卡盘爪端面贴合，无轴向间隙，但分度时不能感觉太紧。找正重点是工件轴线与工作台台面的平行度，若借助大径外圆柱面找正，则应严格控制上素线与工作台的平行度和径向圆跳动。

③ 安装铣刀。根据铣刀的孔径选择刀杆，为减小铣刀的径向圆跳动，铣刀应尽量靠主轴安装。安装前应对铣刀刀杆的直线度进行检验。若刀杆弯曲，铣削中会使铣刀产生跳动，直接影响键宽尺寸、对称度、平行度和键侧表面粗糙度。

组合铣刀内侧刃之间的距离 S（见图 3-8-2）由下式确定：

$$S=\sqrt{d^2+B^2}-1\ \text{mm}$$

S 值调整控制在±0.5 mm 范围内。由于铣刀的侧刃一般与装夹面不在同一平面上，所以中间垫圈厚度尺寸的确定，须通过测量两把铣刀的内侧刃刀尖之间的尺寸进行调整。本例中

$$S=\sqrt{d^2+B^2}-1\ \text{mm}=\sqrt{26^2+6^2}\ \text{mm}-1\ \text{mm}=24.3\ \text{mm}$$

若安装两把铣刀内侧刃刀尖之间的尺寸为 26 mm，则中间垫圈的厚度应减小 1.7 mm。

组合铣刀与成形单刀分别安装在不同的刀杆上，若工件数量较多时，可以先加工所有工件键侧，然后再加工槽底圆弧面。

【加工步骤】

组合铣刀铣削外花键二的加工步骤如表 3-8-8 所列。

表 3-8-8　组合铣刀铣削外花键二的加工步骤

操作步骤	加工内容（见图 3-8-21）
1. 工件表面划线	工件表面划水平键宽线的方法与前述相同
2. 调整横向铣削位置	目测使工件处于组合铣刀的内侧刃中间，缓慢上升工作台，并微量移动工作台横向，使两把铣刀同时擦到工件外圆，也可以切出月牙切痕，若切痕大小基本相同，便可锁紧工作台横向
3. 试切调整键宽尺寸	垂向升高试铣一刀，工件转过 180°再铣一刀，预检键宽尺寸（注意两端的尺寸是否相等）并测量键侧面与工件素线的平行度。按试切的键宽尺寸与 6.4 mm 的差值一半准确升高工作台。重复以上过程，直至键宽符合图样要求
4. 预检	预检复核花键对称度和平行度
5. 铣削键侧	按等分要求分度，铣削键侧面（6 键 12 面）
6. 铣削槽底圆弧面	换装槽底圆弧面成形单刀，双刀成形单刀铣削圆弧面的方法基本与前述相同，但两个刀头的伸出距离可调整为三种状态：可以在同一圆周位置上，使单刀切削变为双刀刃切削（见图 3-8-23(a)）；也可以一高一低，一把刀刃粗铣，一把刀刃精铣（见图 3-8-23(b)）；还可以一高一低，高的刀刃切削，低的刀刃备用，如图 3-8-23(c)所示

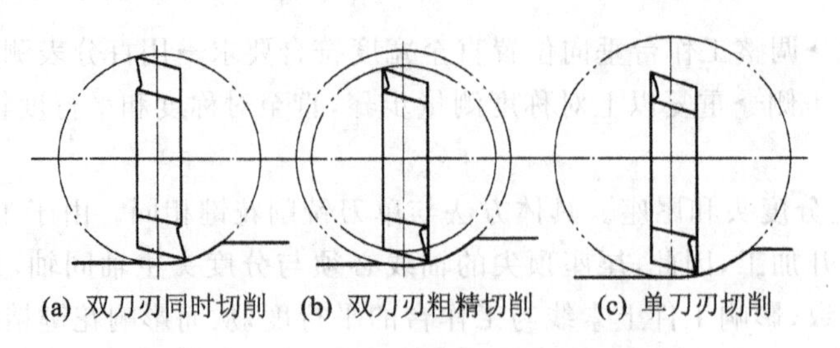

(a) 双刀刃同时切削 (b) 双刀刃粗精切削 (c) 单刀刃切削

图 3-8-23 槽底单刀双刀头调整状态

【质量分析】

组合铣刀铣削外花键二加工的质量分析如表 3-8-9 所列。

表 3-8-9 组合铣刀铣削外花键二加工的质量分析

质量问题	产生原因
影响花键的铣削精度	用组合铣刀圆周刃铣削花键,两把铣刀圆周刃一次铣削两个键的同侧面,铣削后键宽尺寸、对称度、平行度和等分度都同时形成。因此,在工件找正、铣削操作中,若工件装夹不合理(如工件有三爪自定心卡盘夹紧的部分较短、尾座顶尖伸出较长)、试切调整步骤错误,铣刀外径尺寸不完全相等、刀轴直线度误差大,支架支承轴间隙较大等,均会影响花键的铣削精度
花键加工产生误差	用组合铣刀圆周刃铣削花键,预检测量要求较高,若测量方法错误和测量不准确,如键宽尺寸没有在全长内测量;测量平行度时没有以工件上素线为基准,而是以工作台台面为基准等,也会使花键加工产生误差
影响花键的平行度、对称度和键宽尺寸精度	由于铣刀圆周刃铣削时有将工件向上拉起的趋势,所以分度头的回转体紧固、尾座顶尖的锁紧都十分重要,如果出现松动,不仅影响表面粗糙度,而且会影响花键的平行度、对称度和键宽尺寸精度

思考与练习

1. 试述花键的种类及定心方式。其中最常用的花键和定心方式是哪一种?

2. 矩形花键有哪些基本工艺要求?

3. 在铣床上铣削加工花键的方法有几种,各有什么主要特点?

4. 用一把三面刃铣刀铣削花键键侧有几种方法?简述各自的加工要点和步骤。

5. 用两把三面刃铣刀组合铣削花键键侧有几种方法?简述各自的加工要点和步骤。

6. 花键槽底圆弧面的常用铣削方法有几种?简述各自在对刀时的主要步骤。

7. 简述花键对称度、平行度的检验测量方法。

8. 用组合铣刀内侧刃铣削花键时,对铣刀的装夹有什么要求?

9. 用两把三面刃铣刀圆周刃铣削花键侧面时,对工件的装夹和找正有哪些要求?

10. 用两把三面刃铣刀内侧刃铣削 6×23×28×6 花键轴,若测得 $e_1=0.35$ mm,$e_2=0.55$ mm,试计算中间垫圈的厚度尺寸。

11. 用两把三面刃铣刀圆周刃铣削 6×23×28×6 花键轴,试计算内侧刃之间的尺寸 S。

12. 用一把三面刃铣刀铣削 8×62×68×12 花键轴,若采用先铣中间槽的方法,试确定铣刀的厚度,以及铣削中间槽后,调整键侧 1、2 铣削位置时失误工作台横向移动量 S 和键侧高度 H。